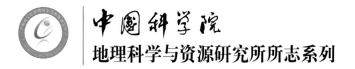

中国科学院
地理科学与资源研究所所志系列

中国科学院
自然资源综合考察委员会
会　志

(1956~1999)

U0361540

科 学 出 版 社
北 京

内 容 简 介

《中国科学院自然资源综合考察委员会会志(1956～1999)》全面记载了中国科学院自然资源综合考察委员会自1956年成立到1999年与中国科学院地理研究所整合为止，我国近半个世纪的自然资源综合考察与研究活动以及自然资源科学的发展历程。全书分为十篇：第一篇为概况和发展历程；第二篇为综合科学考察队；第三篇为自然资源综合科学研究；第四篇为研究室、野外试验站及国际交流与合作；第五篇为科研辅助系统；第六篇为管理系统；第七篇为挂靠单位；第八篇为人物志；第九篇为大事记；第十篇为附表。

本书可为研究我国科学发展史和自然资源学科发展史提供宝贵的史料，也可为从事自然资源学科教育的师生和从事自然资源开发利用与保护工作的专业人员和管理部门提供借鉴和参考。

图书在版编目(CIP)数据

中国科学院自然资源综合考察委员会会志：1956～1999.—北京：科学出版社，2016.8

(中国科学院地理科学与资源研究所所志系列)

ISBN 978-7-03-049263-0

Ⅰ.①中… Ⅱ.①中… Ⅲ.①中国科学院-自然资源-综合考察-科学研究组织机构-概况-1956～1999 Ⅳ.①P96-242

中国版本图书馆CIP数据核字(2016)第149327号

责任编辑：彭胜潮 等 / 责任校对：何艳萍 张小霞
责任印制：徐晓晨 / 封面设计：黄华斌

科 学 出 版 社 出版
北京东黄城根北街16号
邮政编码：100717
http://www.sciencep.com

北京厚诚则铭印刷科技有限公司 印刷
科学出版社发行 各地新华书店经销

*

2016年8月第 一 版 开本：889×1194 1/16
2017年3月第二次印刷 印张：45 1/2 插页：16
字数：1 405 000

定价：398.00元
(如有印装质量问题，我社负责调换)

中国综合考察事业奠基人竺可桢

1956～1960 年综考会所在地（北京市文津街 3 号）

1960～1963年综考会所在地（北京市五四大街沙滩松公府夹道6号）

1964～1999年综考会所在地（北京市朝阳区大屯路甲3号九一七大楼）

国家领导人对综合考察事业的关怀

中苏黑龙江流域综合科学考察队第四次学术会议在北京召开（1962年4月17日），周恩来总理在人民大学堂接见了苏联科学家代表团、中方科学家和考察队的领导成员。照片前排为周总理（中）、水电部冯仲云副部长（前右二）、科学院竺可桢副院长（前右三）；二排考察队副队长朱济凡所长（左二）、三排考察队办公室孙新民主任（右一）、综考会漆克昌主任（右四）、地理所吴传钧教授等科学家

1980年邓小平在人民大会堂接见参加青藏高原科学讨论会中外科学家

1980年邓小平在人民大会堂同参加青藏高原科学讨论会中外科学家亲切交谈

1993年江泽民主席参观中国科学院成果展综考会展区

1980年方毅副总理（前左）在青藏高原科学讨论会上致辞

1990年周光召院长（前中）在综考会江西千烟洲生态试验站参观考察

2000 年 7 月路甬祥院长（前左三）视察综考会拉萨农业生态试验站

继续做好自然资源
调查研究工作，为国民
经济建设和社会发展
服务。

宋平 加雄
十一月

发挥我院多学科、
多兵种、多层次的综合
优势，加强自然资源的
综合考察研究，为我国
社会主义现代化建设服
务！

值中国科学院自然资源综合考察委员会
庆祝成立三十周年之际书此与全会同志们共勉！
卢嘉锡 一九八六年十二月

1955 年水土保持检查组在山西考察

1955 年中苏科学院云南紫胶考察工作

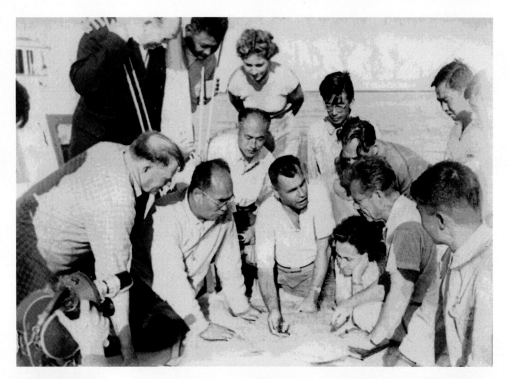

1956～1960 年中国科学院黑龙江流域综合考察

1956～1961 年中国科学院新疆综合考察

1958～1960 年中国科学院青海甘肃综合考察

1959 年中国科学院治沙队民勤沙地考察

1961～1964 年中国科学院内蒙古、宁夏综合考察

1959～1961 年中国科学院西部地区南水北调综合考察

1963 年中国科学院西南地区综合考察队在西昌、安宁河谷考察

1965 年西北炼焦煤基地考察

1966~1968 年中国科学院西藏综合科学考察队

1970 年陕西国防工业厂址选址考察

1975 年雅鲁藏布江科学考察

1973～1980 年中国科学院青藏高原（西藏）综合科学考察

1975 年中国科学院珠穆朗玛峰科学考察

1977～1978 年中国科学院托木尔峰登山科学考察

1980～1990 年中国科学院南方山区综合科学考察队

1981～1985 年中国科学院青藏高原（横断山区）综合科学考察

1982～1984 年中国科学院南迦巴瓦峰登山科学考察

14

1984～1989 年中国科学院黄土高原综合科学考察

1985～1989 年中国科学院新疆资源开发综合考察

1986～1988 年中国科学院西南地区资源开发考察

1987～1990 年中国科学院青藏高原(喀喇昆仑山-昆仑山区)综合科学考察

1989～1990 年青海可可西里综合科学考察

1992～1995 年青藏高原形成演化、环境变迁与生态系统研究考察

1989～1996 年西藏自治区区域资源开发与经济发展系列考察

1997～2000 年青藏高原环境变迁与可持续发展研究考察

1987～1998 年科技扶贫与资源开发

野外试验站

中国科学院拉萨农业生态试验站

试验站科研人员在试验田中工作

中国科学院江西千烟洲红壤丘陵综合开发试验站

试验站科研人员在试验林中工作

1992年中国科学院副院长孙鸿烈以及黄秉维、吴传均、阳含熙院士在红池坝考察

四川(现重庆)巫溪红池坝草地 畜牧生态系统试验站

中国科学院科技扶贫河北滦平试验站

国际合作及联合科学考察

1957年黑龙江综合考察联合学术会议

1957年中苏科学院云南紫胶考察

1956年中苏科学家在黑龙江流域考察

1957年新疆队苏联专家扎哈里英娜向农十师同志作土壤改良报告

1959年中苏联合在云南进行热带生物资源考察　　　　国际山地学会主席、副主席考察二郎山

1959年苏联专家考察冷胡油田

1980 年中外科学家在青藏高原考察

1980 年中外科学家在青藏高原考察羊八井地热田

1989 年中法喀喇昆仑山-昆仑山联合考察

1989 年中日青藏高原冰川联合考察

中瑞联合考察

1985 年联合国大学考察团在云南考察

1989年联合国山地中心官员在西藏曲水同科考队员座谈

1992年新西兰生态学专家访问综考会

1993年丹麦环境部专家考察拉萨站

综合考察项目获奖证书

综考会成立三十周年部分科研成果

中国科学院地理科学与资源研究所所志系列
编 研 机 构

领 导 小 组

顾　问：施雅风　　陈述彭　　吴传钧　　阳含熙　　孙鸿烈　　郑　度
　　　　刘昌明　　李文华　　石玉林　　陆大道　　孙九林　　刘燕华
　　　　赵士洞　　刘纪远

组　长：刘　毅

副组长：成升魁

成　员：葛全胜　　周成虎　　于贵瑞　　孙俊杰　　高　星

领导小组办公室

主　　　任：成升魁

常务副主任：唐登银

副　主　任：陈远生

成　　　员：杨勤业　　何希吾　　温景春　　张国义　　王群力

《中国科学院自然资源综合考察委员会会志(1956～1999)》
编写工作小组

召集人：何希吾　温景春

成　员：(以姓氏笔画为序)

马　宏　　王群力　　华海峰　　那文俊　　苏宝琴　　何希吾

张谊光　　陈远生　　郭志芬　　蒋世逵　　温景春　　蔡希凡

参加编写人员

(以姓氏笔画为序)

于桂芸　　王　旭　　王　捷　　王乃斌　　王广颖　　王双印　　王立新

王淑强　　石竹筠　　叶　萍　　冯雪华　　朱霁虹　　华海峰　　刘广寅

刘燕鹏　　那文俊　　孙九林　　李　飞　　李　爽　　李文彦　　李立贤

李光荣　　李泽辉　　李家永　　李福波　　杨　生　　杨汝荣　　杨逸畴

吴国栋　　吴晓凡　　张天光　　张红旗　　张克钰　　张彦英　　张谊光

何希吾　　何建邦　　沈长江　　苏大学　　苏宝琴　　陆亚洲　　陈百明

陈传友　　陈沈斌　　闵庆文　　林耀明　　郎一环　　侯　奎　　侯光华

姚则安　　封志明　　胡孝忠　　胡淑文　　赵士洞　　赵东方　　赵健安

赵献英　　钟烈元　　袁子恭　　郭长福　　郭志芬　　郭绍礼　　梁春英

章铭陶　　黄文秀　　温景春　　程　彤　　董锁成　　蒋世逵　　韩进轩

韩裕丰　　蔡希凡　　樊江文　　霍明远

序

新中国成立后,我国的经济亟待发展,但许多地区的自然条件与资源状况却很不清楚,尤其是边远地区的科学资料几近空白。为了适应国家建设的需要,中国科学院率先组织了一系列大规模的综合科学考察。

最早组织的综合考察始于1951年。为了配合西藏和平解放,中央政府派出了一支多学科的西藏工作队,揭开了中国综合考察史的第一页。其后,又于1952年、1954年、1956年先后启动了华南热带生物资源、黄河中游水土保持和黑龙江流域三项大型综合考察工作。

为适应日益增多的综合考察任务,中国科学院院务会议于1955年12月27日决定成立"综合调查工作委员会"(后改称"中国科学院综合考察委员会"),由中国科学院副院长竺可桢兼任主任,1956年9月7日中共中央政治局会议批准了竺可桢主任的任职,并由中央宣传部9月25日正式发文。1958年12月中国科学院院务会议决定聘请裴丽生等18人为该委员会委员。

中国科学院综合考察委员会(简称综考会)成立后,根据国家决策和不同历史时期的科学技术发展规划,先后组织了规模不等的40多个考察队,为社会主义经济建设作出了重要贡献。

综考会成立之初只是一个组织协调机构,参加考察队的科研人员都是来自中国科学院内外有关单位,队长由中国科学院直接任命,经费由中国科学院直拨。由于实际工作的需要,1956~1959年会内已拥有部分专业人员,1960年中国科学院决定综合考察工作在继续坚持广泛依靠院内外单位的前提下,综考会吸收相关科研人员,长期稳定从事科学考察工作。在此基础上组建了4个研究室,这样综考会就具备了既是组织协调机构,又是科研机构的双重职能。

1966年,"文化大革命"开始,综合考察事业遇到挫折。全体人员被下放到中国科学院湖北潜江县"五七干校"。1970年综考会被中国科学院撤销。但终因综合考察工作的重要性,1974年底中国科学院又决定恢复综合考察机构,定名为"中国科学院自然资源综合考察组",开展了以青藏高原综合科学考察为主的综合考察工作。

1978年后,科学考察迎来第二个春天,国务院批准恢复中国科学院自然资源综合考察委员会机构。为密切研究单位与决策部门的联系,更好地为国民经济建设服务,国务院于1982年11月决定对中国科学院自然资源综合考察委员会实行中国科学院和国家计划委员会双重领导,并进一步明确了"立足资源、加强综合,为国土整治服务"的办会方针。随之相继组建了东部地区南水北调考察队、南方山区综合科学考察队、西藏南迦巴瓦峰登山科考队、黄土高原综合科学考察队、新疆资源开发考察队、西南地区资源开发考察队、青藏高原综合科学考察队等。

20世纪90年代前后,大规模的自然资源综合科学考察工作基本结束。为此,中国科学院设立了区域开发前期研究专项,综考会开始对我国区域发展的重大战略问题开展科学考察研究。这个时期还开展了多项全国性资源研究工作。如全国1:100万土地资源图和1:100万草地资源图的编制,以及全国宜农荒地资源、中国土地资源生产能力及人口承载量、中国国情分析、中国自然资源和世界资源态势、中国农业气候资源以及科技扶贫等项研究,还承担国家科技攻关项目"我国重点产粮区主要农作物遥感估产试验研究"等。

不同阶段各项考察与研究工作都取得了丰富的第一手科学资料,编写了大量考察报告。所提出的建议、方案等,许多都被国家和地方政府所采纳。很多科研成果还获得了国家和中国科学院的重奖,其中青藏高原考察研究获中国科学院科技进步奖特等奖和国家自然科学奖一等奖。综合科学考察还为科研人员不断成长提供了有利条件,培养出大批高素质优秀人才,包括中国科学院院士和中国工程院院士。

综考会在20世纪80~90年代先后建有江西泰和千烟洲红壤丘陵综合开发试验站、四川(现重庆)巫溪红池坝草地畜牧生态系统试验站、西藏拉萨农业生态试验站。此外,还受中国科学院委托主持中国科学院生态网络建设,并取得重要进展。

根据中国科学院决定,2000年中国科学院地理研究所与中国科学院自然资源综合考察委员会进行整合,组建为中国科学院地理科学与资源研究所。

中国是一个地大物博、人口众多的发展中国家,自然资源绝对量大,但人均相对量小,资源供求矛盾长期存在是基本国情。同时区域开发始终面临环境与发展的矛盾。今后应面向国家需求,关注基础性、战略性和前瞻性环境资源问题,加强区域性、全国性的综合研究。

中国科学院地理科学与资源研究所组织编纂《中国科学院自然资源综合考察委员会会志(1956~1999)》(以下简称《会志》),旨在追忆往昔,留存史料,承继经验,创新未来。它忠实地记录了综考会及其历年组织的几十个大型综合科学考察研究的史料。此外,编写组还组织动员了科考队员编写回忆录(另书出版),着重回忆广大科考队员艰苦奋斗、勇于拼搏、团结协作和刻苦钻研的科考生活和奉献精神。

在我国的综合科学考察事业的发展历程中,竺可桢先生倾注了大量的心血,他是我国综合考察事业的积极倡导者和组织者,对综合考察的性质、任务都给予了明确的指示,从筹建到正式建立中国科学院综合考察机构发挥了关键作用。竺可桢先生作为我国综合科学考察事业的奠基人而载入史册。作为长期担任综考会副主任和主任的漆克昌亦功不可没,他是综合考察事业的主要奠基者之一。

值得欣慰的是,《中国科学院自然资源综合考察委员会会志(1956~1999)》除收录了综考会全体人员名单外,还在相关章节中列出了20世纪50年代至20世纪末曾先后参加综合考察工作的上万名科学考察人员名单。他们既有院士、研究员、教授等科研人员,也有部长、司局长等党政干部和行政管理人员,更有司机、炊事员等后勤服务人员。其中一些人已离我们而去,相当部分人已迈入耄耋之年,当年的小伙子都已步入中老年。让我们在此对他们表示崇高的敬意!学习他们不畏艰险、刻苦工作的拼搏精神!让我们永远怀念那些为综合考察事业献出宝贵生命的同志。

编写《会志》的过程,同时也是回顾历史,我们对几十年来给予综合考察工作大力支持的中央和地方单位表示衷心地感谢!对各产业部门、科研院所、高等院校在考察工作中的真诚合作表示崇高的敬意!

感谢《会志》编写组的同志们,是他们付出了数年的努力、辛勤的劳动,才得以使这部《会志》与大家见面。

2013年3月

编 者 的 话

2008 年秋,根据中国科学院要求,中国科学院地理科学与资源研究所领导决定,组织原中国科学院自然资源综合考察委员会人员开展《中国科学院自然资源综合考察委员会会志(1956～1999)》(以下简称《会志》)编纂工作。编写《会志》的目的是为了客观、全面记载一个研究单位发展的真实历史,为社会保存一份宝贵文献。尤其是像中国科学院自然资源综合考察委员会这样已被整合的科研单位,通过编纂《会志》为国家保留比较完整的史料,具有重要意义。《会志》也是一个研究单位在其长期发展过程中所形成的文化的一项总结。一种优秀的研究机构文化,不仅对当代而且也对后代具有重要的价值。在研究所领导的直接指导下,由原中国科学院自然资源综合考察委员会人员组织了《会志》编辑工作小组。按《会志》编写要求,工作小组提出编写大纲,小组人员进行工作分工。根据大纲先后组织近 70 余人参与编写工作,前后历时近五年才完成。

中国科学院自然资源综合考察委员会是 20 世纪 50 年代建立的我国第一个自然资源考察研究机构,"文化大革命"期间曾被撤销,各方面人员尤其是广大科研人员被遣散,各种档案管理工作变动大,并且历经 50 载,不少人员年事已高,有的已故去,这些因素都给编纂《会志》工作带来很多困难。为了忠于史实,编好《会志》,参编人员积极到中国科学院档案馆和本所档案室查找有关资料,以及采访部分有关人员,获得大量真实资料,为编写《会志》创造了条件。

中国科学院自然资源综合考察委员会是一个从事自然资源综合考察工作的组织协调和研究机构。几十年来,综考会先后组织过数十个归属中国科学院领导的科学考察队,并相应建立研究体系。因此,《会志》中把各考察队的历史放在了重要位置。同时,由于时间紧迫以及人力有限,《会志》编写的内容不可能事无巨细,只好突出重点,照顾一般。

《会志》共分十篇。第一篇概况和发展历程,第二篇综合科学考察队,第三篇自然资源综合科学研究,第四篇研究室、野外试验站及国际交流与合作,第五篇科研辅助系统,第六篇管理系统,第七篇挂靠单位,第八篇人物志,第九篇大事记,第十篇附表。

在编写《会志》过程中,学习兄弟所编写《所志》的经验,尤其是中国科学院植物研究所的经验,使我们获益匪浅,少走一些弯路。中国科学院档案馆和所内档案室提供了大量史料,原参加过综合考察研究工作的会内外工作人员给予了大力支持。《会志》初稿送孙鸿烈、石玉林、李文华、郑度、孙九林、赵士洞、杨生、成升魁、袁子恭、沈长江、郭绍礼、陈传友、韩裕丰、黄文秀、章铭陶、封志明、刘毅、李文彦、陆亚洲、张九辰、王乃斌、陈百明、钟烈元、刘厚培、郎一环、杜占池等专家审阅并提出宝贵意见,在此表示衷心感谢!

由于编写组人员水平所限,错漏之处难免,请批评指正。

目　录

第三篇 自然资源综合科学研究

第四篇　研究室、野外试验站及国际交流与合作

第五篇 科研辅助系统

第六篇　管理系统

第七篇　挂靠单位

第八篇 人 物 志

第九篇 大 事 记

第十篇 附 表

第一篇　概况和发展历程

1 概　　况

自然资源综合科学考察研究是一项从事跨学科、跨部门、跨行业、跨地区的综合科学考察与研究活动，探索自然资源合理开发利用的有效途径，为国家和地方有关部门制定国民经济发展战略和发展规划提供科学依据。其主要任务是在查明并评价自然资源数量、质量和分布的基础上，为国家和地方编制中、长期经济发展规划提出可供选择的科学设想和方案，并对资源开发利用中的重大问题提出可行性建议。实践证明，这类科研成果已对生产力发展、社会进步和生态环境改善等起到了推动和促进作用，为区域可持续发展奠定了科学基础，而且也带动了自然资源科学和相关学科的发展；同时，自然资源综合科学考察研究还为国家培养了一大批从事资源研究的科学家。

1.1　综考会的性质与方向

从19世纪末到新中国成立之前，随着现代科学进入创建阶段，中国的资源研究也随之进入了科学调查的萌芽阶段。20世纪初成立的"中国科学社"、20年代成立的"中央研究院"、30年代成立的"资源委员会"等都进行过零星的资源调查。同时，外国学者和情报部门出于不同目的，在中国也进行过一些资源调查。这些调查工作积累了一些可贵的历史资料，但调查的区域和专业范围有限，缺乏足够的科学深度。新中国成立后，百废待兴，急需发展生产，进行国民经济建设，但自然资源家底不清，科学资料残缺不全，同时又面临帝国主义对我国的全面经济封锁。20世纪50年代初期，中央人民政府便委托中国科学院组织由多学科组成的资源调查工作队。1955年起，中国科学院根据国务院的决定和十年科学技术发展远景规划，陆续组织多个综合考察队，为了做好统筹管理和组织协调工作，于1956年中国科学院组建了综合考察委员会，作为院的直属机构之一。最早成立了中苏科学院紫胶调查队、中国科学院黄河中游水土保持综合考察队及土壤队、黑龙江队、新疆队、盐湖队等。1960年队、会合并后，成立了4个研究室，拥有一批自己的研究人员，从此综考会便从一个单纯的组织协调机构转变成兼具组织协调与资源研究双重职能的机构。此后，全面系统地开展了我国以查明资源，提出以生产力布局远景设想方案为中心的自然资源综合科学考察研究。1963年，全国农业科技工作会议提出开发利用自然资源与保护生态环境并重的建议之后，综考会组织的自然资源综合考察研究，更加明确了合理开发利用自然资源与改善生态环境有机结合的考察研究方向。近半个世纪以来，综考会组织的自然资源综合考察，对我国经济建设和生态建设以及自然资源科学和相关学科的发展，发挥了重要的支撑与促进作用。

1.1.1　自然资源综合科学考察研究的指导思想

中国自然资源综合科学考察事业及自然资源科学研究的奠基人——中国科学院竺可桢副院长在组建自然资源综合考察委员会(以下简称"综考会")的前后，根据苏联的综合考察经验并结合我国的实际，对中国科学院组织自然资源综合科学考察研究工作(简称"综考工作")的性质和方法等，作出了一系列的重要指示，可概括为：

(1)要利用自然资源，首先必须认识自然资源，研究资源的变化及其内在要素相互联系的发展规律；而要认识自然资源，就必须到大自然中去，到野外去进行实地考察研究。

(2)自然资源综合科学考察是一种包括社会科学在内的多学科、多专业的综合研究工作，必须是自然科学、社会科学和技术科学的全面合作；各专业从不同角度全面分析、综合比较、多方论证，进行综合研究，才有可能取得突破性的重大科学成果。因此，各专业必须在统一的中心目标基础上，做到综合研究下的专业深入、专业深入基础上的综合研究。

（3）自然资源综合科学考察研究是大区域的宏观研究。这种宏观研究只有同国民经济发展的长远需要与当前经济建设的中心任务相结合，才能提出具有科学性与可行性的资源开发和生产力发展远景设想方案。这就要根据地区自然资源、社会、经济特点与关键性的重大问题，进行以点带面、点面结合、以远为主、远近结合的多学科实地考察与深入的综合研究。

（4）与某一学科、某一专业或某一部门的研究不同，自然资源综合考察研究必须全面考虑各种资源的合理开发利用与保护，以避免片面性和盲目性。

在1963年春召开全国农业科技工作会议期间，竺老联合23位科学家向中央提交的《关于自然资源破坏情况及今后加强合理利用与保护的意见》报告，特别强调了自然资源的整体性、有限性及其合理利用与保护的重要性。竺老这一系列学术思想逐渐发展成为科考工作指导思想体系，其中最突出强调的是"综合"，所以，"综合考察研究"便成了科考工作的灵魂。这些科考思想对我国的自然资源综合考察研究工作的顺利开展及其以后的资源科学和相关学科的发展，发挥了重要的指导作用。

新中国成立以来，综考会根据国民经济发展及国防建设的需要，按照我国历次"科学技术发展规划"所指定的任务，组建了40多个大中型的考察队。在综考会成立之初，有关领导就为综合科学考察活动制定了非常明确的科考准则，特别是1959年底，综考会根据竺可桢、裴丽生、漆克昌等老一辈科学家和院（会）领导历次指示精神以及在科考实践中的经验积累，将这种准则归纳、概括为"政治挂帅，经济为纲，科学论证"的"综合考察十二字方针"。这个方针多年来一直贯穿于科考工作中。

"政治挂帅"强调的是科考人员的政治立场和思想基础。经济发展与国防建设是决定一个国家是否能以强盛的姿态立足于世界民族之林的头等大事。所以，强调科考人员必须把科考工作当做一项政治任务，牢固树立起"为人民服务"的思想，遵循党和国家的大政方针，根据社会主义建设事业的需要，兢兢业业、全心全意、各尽所能、协力合作，发挥集体精神、协作精神、艰苦奋斗精神，出色地完成党和国家交给的科考任务。科考人员为了"查明资源"，每年在野外科学考察的时间都在4～5个月，特别是20世纪50～70年代，常年在野外考察的时间都在6～8个月左右，少数科考队还超过10个月，考察条件相当艰苦，有些科考队员在野外还曾遭遇过兽险、水险、车险、匪险、坠马等，有的科考队员甚至牺牲了宝贵的生命。但是，长期以来科考人员都不畏艰险，任劳任怨，克服重重困难，忠于职守，积极地工作着。这些事实非常清楚地说明了科学考察强调"政治挂帅"的重要意义。

"经济为纲"指的是综合科学考察研究的中心目标。我国的科学考察是为经济建设服务的，其最高使命是使资源考察研究工作对我国经济的健康发展和持续发展起到促进作用。经济发展涉及方方面面，参与科学考察的各学科各部门都必须有全局观念和经济观点，在全面考虑局部与整体之间、部门与部门之间、地区与地区之间、当前与未来之间、社会需要与资源供给之间，以及资源开发与生态环境之间的协调发展的基础上，提出符合自然规律和经济规律的自然资源合理开发利用的设想和解决重大问题的对策，以及生产力布局的远景发展方案。由于考察队的成员来自中国科学院的有关研究所、全国各地的高等院校、各级政府有关部门，包括自然科学、社会科学以及技术科学在内的几十个专业，如果没有一个统一的目标，在考察研究过程中，很可能出现各自为政的现象，很难进行多部门、多专业的大协作。在进行考察总结时，又很容易发生"各言其志"的毫无意义的争论，影响综合研究的深度与效果。所以自然资源考察研究要求多部门、多学科的大协作，必须把发展经济放在中心地位，全面考虑各种相互关联的系统，立足经济、放眼全局，才能使科考工作达到协调优选、相互促进、持续发展。

"科学论证"强调的是科考观点的科学性与可行性的统一。科考观点的产生，是科考工作者进行一系列自然资源综合考察研究的结果。为了保证科考成果的质量，首先要求科考观点必须建立在多学科的实地考察、掌握大量科学资料的基础上，进行实事求是、严谨细致的综合研究，使之具有较高的科学价值；同时也要重视科考建议和方案的可行性，使之具有明显的实用价值。只有这种科学性与可行性的统一，考察研究成果才能对使用部门具有参考价值。其次为了避免科考观点的空泛性，科学考察要求在"以远为主、远近结合"（既要考虑未来发展远景，又要考虑当前需要和现实条件）和"点面结合、相互验证"（既要有面向全局的设想，又要有典型经验作为科学依据）的综合研究基础上得出的科考观点，进行条理分明、具有较强说服力的科学论证。也就是说，要求综合考察提出的科考观点和比较方案，既不可附会某一领导的意图，也不可迁就某一地区或某一部门的要求，必须在掌握和分析大量有关资料的基础上，实事求是地按照客观规律进行科学选比和论据充分的系统论证，并明确指出选比方案的特点、优缺点、难点及其对策等，只有这样才能便于国家和地方有关部门进行比较和选用。

这"十二字方针"的重要意义，在于它从原则上规范了自然资源综合科学考察研究的性质，即指明了科考工作为谁服务、服什么务，以及怎样服务的方向问题。它是约束科考队员在工作中必须遵循的"科考精神"。综合考察就是以这种精神规范了科考人员的服务意识、考察研究的工作过程以及科考成果的验收标准。这个"十二字方针"在"文化大革命"初期虽然受到了断章取义的"批判"，但其精髓却一直在我国的科考事业发展中起着指导作用。

半个世纪以来，自然资源综合考察研究经历了不同的历史发展阶段。根据各个历史时期科学考察任务的不同，对于科考工作提出的要求和方针也有所差异。在 20 世纪 50 年代提出了"摸清资源，提出方案"的方针，60 年代提出的是"政治挂帅，经济为纲，科学论证"的十二字方针，80 年代提出"立足资源，加强综合，为国民经济建设服务"的方针，90 年代又提出"立足资源，突出综合，面向经济，开放办会"的方针。

1.1.2　自然资源综合科学考察研究的方向与任务

自然资源综合科学考察研究是为区域经济发展规划服务的。近半个世纪以来，我国自然资源综合科学考察研究的任务、重点及其要求等，在不同时期虽然各有侧重，但总的考察研究方向始终是面向我国社会主义经济建设的需要，把社会、生态、经济作为一个有机联系的整体，通过对区域的全面考察研究，不断深化对自然规律和经济规律的认识，在查明资源数量、评价质量、研究分布特点和规律，并全面考虑与资源开发相关联的各种要素之后，提出经过严格科学论证的、有利于发挥区域优势的资源合理开发利用方案，和解决重大问题的科考建议，供国家和地方的计划部门及有关生产部门参考、选用，以达到推动和促进自然资源合理开发利用，保护和改造生态环境，实现区域可持续发展之目的。我们把这种科考的主要内容和成果称为"查明资源，提出方案"，并将其视为自然资源综合科学考察研究的方向任务。竺老曾把这种科学考察非常形象地比喻为"建设计划的计划""计划的尖兵""对计划起着探照灯的作用"。

几十年来，中国科学院综合考察项目的主要来源是：①国家科学技术发展规划，主要包括《1956～1967年科学技术发展远景规划》《1963～1972 年科学技术发展规划纲要》和《1978～1985 年全国科学技术发展规划纲要》等。②中国科学院科研规划，如《1973～1980 年科技发展规划》，20 世纪 90 年代的"区域开发前期研究"重点支持项目等。③国家和地方有关部门的委托或倡议，如水利部、国家体委、国家计委、国家科委、内蒙古自治区、西藏自治区等都曾正式要求中国科学院组织进行综合科学考察。④外国官方的倡议合作，如 1955 年由苏联科学院倡议，并经中苏双方正式谈判后组织的中苏合作黑龙江流域综合考察等。

综考会组织的自然资源科学考察，除了完成国家"科学技术发展规划"、促进区域经济发展的科考任务之外，还有一个同等重要的是"任务带学科"的任务，即在完成科考任务的基础上，带动自然资源科学及其相关学科的发展。多年来的科考实践证明，必须重视有关学科的发展，不断提高专业人员的科技水平。所以，在综考会建会之初就明确提出：在完成科考任务的基础上，还要带动学科发展。

1.2　组 织 机 构

1956 年中国科学院决定成立中国科学院综合考察委员会，明确其任务是"协助院长、院务会议领导综合调查工作"。主要具体工作是根据国家科技发展规划协助院领导制定并组织实施有关地区综合考察任务。依据这一机构所要承担的基本任务和特点，决定了综合考察委员会的所属上下级领导关系、内部的机构设置，以及随着不同时期所承担国家任务的变化而带来的组织机构相应的调整。国家科委为了加强对综合考察工作的领导，批准成立科委综合考察组，组长竺可桢（兼）、副组长漆克昌（兼）和曹言行，组员有谢鑫鹤、许杰等 12 人。委员会下设西藏分组、西南分组、西北分组、治沙分组和海南分组等 5 个分组。每个分组设正、副组长各一人，组员十余人。

1.2.1　机构的隶属关系

中国科学院明确，中国科学院综合考察委员会是直属中国科学院的委员会，归属中国科学院直接领导，是与中国科学院学部同级的组织协调机构，这主要是考虑在院内外便于开展科学考察组织工作，并赋予学部级某些职权。综考会主任属副部级干部，由中组部和国务院直接任命，一般情况下是由中国科学院一名副院长兼任。其他主要领导人由科学院任命，但要报国务院和党中央备案。为了更好接受国家任务和更直接为国家建设服务，在某些时期也实行中国科学院与国家科委（科技部）双重领导（如 20 世纪 50～60 年代），或中国科学院与国家计划委员会双重领导（如 20 世纪 80 年代）。

1.2.2　综考会的委员会制

综考会是实行主任负责制下的委员会制。委员会委员及负责人由中国科学院党务会议确定，设主任一人，副主任一人，委员若干（详见附表 1-1）。委员由著名专家（或学部委员）和少量高级党政干部担任。委员会的职责是负责督促、检查科考任务执行情况，研究和制定综考会科研业务方向。

1.2.3　考察队组织

1960 年以前，中国科学院各个考察队均归属院部直接领导和管理，有的考察队，如黑龙江队因是国际合作项目，则归国务院直接领导。这期间，综考会只起组织协调作用。1960 年实行队、会合并后，综考会对考察队实行直接领导。考察队正副队长由科学院直接任命，一般是由院内外在任的高级党政领导干部、知名学者担任。为了考察工作和地方建设需要更好结合，大多数考察队都实行科学院和地方双重领导，并派出高级干部担任队领导职务。大型考察队根据工作需要都配备若干名副队长，分管业务、党政和后勤工作。同时也配备必要的政工、业务秘书、资料员、分析人员，以及后勤保障如财会、司机、医务、炊事员等具体工作人员。一个考察队人数从几十人到几百人不等，最大的考察队总人数可达上千人。一般考察队工作周期为三至五年。考察队所需要的人员均从院内外各单位遴选，任务完成后就回原单位。

1.2.4　研究室和科研辅助机构

根据多年的实践，综考会如果没有自己的研究力量和业务骨干，很难完成综合考察工作的协调任务，而且也不利于人才培养和科学资料的积累。为此，在 1960 年经中国科学院批准成立了 4 个研究室，即综合经济研究室、农林牧资源研究室、水利资源研究室、矿产资源研究室。这是综考会最早建立的自己的研究机构。由于业务骨干缺乏，当时的研究室主任都由有关研究所派出一些著名学者担任。1963 年又建立了动能研究室。研究室的主要方向任务是承担各个考察队的考察研究任务。同时建立了研究辅助部门，如分析室、制图室和图书资料室。以上机构一直保留到 1970 年综考会被撤销为止。

1975 年中国科学院批准恢复综合考察机构，成立自然资源综合考察组，由于专业人员少，只建立一个综合研究室，至 1978 年又建土地资源研究室、水资源研究室、生物资源研究室和能源研究室。并建有分析室、制图室、航判室、暗室，1978 年合并成技术室。

随着综合科学考察事业的发展，研究室和辅助机构也在不断调整和发展。20 世纪 80 年代初，综考会在实行中国科学院与国家计委双重领导期间，在原有 4 个研究室基础上，又建立了农业资源经济研究室、气候资源研究室、国土资源信息研究室和编辑出版室。到 80 年代末，又增加了工业布局研究室和资源战略研究组，计算机应用研究室更名为国土资源信息研究室，分析室从技术室分离出来成立综合分析测试室。同期，生物资源研究室一分为三，分别成立了林业资源生态研究室、农业资源生态研究室、草地资源生态研究室；土地资源研究室与遥感组合并成立土地资源与遥感应用研究室。

到了 20 世纪 90 年代初，资源战略组更名为资源战略研究室，90 年代中期又改名为国情研究室。

此外，综考会还先后建有(江西)千烟洲红壤丘陵综合开发试验站、(西藏)拉萨农业生态试验站、(四川，现属重庆)红池坝草地畜牧生态系统试验站、(江西)九连山森林生态研究站，以及中国生态系统研究网络(CERN)综合研究中心。

至 1999 年，综考会已将研究室系统、野外试验台站和业务辅助部门调整合并成四个综合研究中心，即国土资源研究中心、资源经济发展研究中心、资源环境信息网络与数据中心、文献与期刊中心。

1.2.5　管 理 系 统

综考会刚成立时，由于只承担协调考察任务，而且单位规模小，管理机构只设有办公室，下设计划科、行政科、秘书人事处，各考察队也同时设有自己的办公室，处理各自事务。到 60 年代以后，随着综考会壮大，其管理系统也不断扩大，前后设有办公室、业务处、人事处、保卫处、党委办公室、开发部、财务处、行政处(汽车队、食堂、医务室)等。

1.2.6　挂 靠 单 位

由于在业务方向和任务上与综考会有密切联系的一些单位，经其主管部门的批准，将一部分业务和人事交给综考会代行管理，以利于更好地开展工作，这样的单位便称为挂靠单位。挂靠在综考会的单位有：

中国科学技术协会系统：

　　中国自然资源学会(1983～)

　　中国青藏高原研究会(1988～)

　　中国科学探险协会(1992～1993)

中国科学院系统：

　　中国生态系统研究网络(CERN)(1988～)

　　中国科学院可持续发展研究中心(1990～)

　　中国科学院航空遥感中心(1985～1988)

　　中国科学院竺可桢野外工作奖委员会(1984～)

　　中国科学院国情研究小组(1987～)

　　中国科学院科技扶贫办公室(1988～1999)

　　中国科学院北郊计算机网络(1995～)

农业部门系统：

　　资源与农业发展综合研究中心(1991～1999)

国际组织：

　　联合国教科文组织中国人与生物圈国家委员会秘书处(1972～1982)

　　世界数据中心(WDC-D)-再生资源与环境科学中心(1988～)

1.3 职工队伍与人才培养

1.3.1 职工队伍变化

综考会在 1956 年成立时，只有职工 21 人，以行政人员为主。到 1962 年已有职工 245 人，其中科研人员 135 人，占总人数的 55.1％。1965 年发展到 364 人，其中科研人员 231 人，占总人数的 63.5％，这一人数基本上维持到 1970 年综考会被撤销。这个时期综考会的组织协调工作任务很重，行政人员所占比例基本为 35％～45％左右。在 1975 年综考组建立时，科学院给 160 人职工指标。实际上到 1977 年恢复至 234 人，其中科研人员 124 人。1987 年综考会在职职工总人数达到历史上的峰值 433 人。从 80 年代末期以后，由于地区性大型科学考察任务急剧减少，到了 1997 年职工人数又降至 270 人。在这个时期因为室内科研任务增多，职工中科研人员所占比例大约为 70％左右。在科研人员中，中高级人员在六七十年代仅占 15％左右，而到 80 年代则增加到 60％左右，90 年代更上升至 70％～80％以上(表 1-1)。

表 1-1　中国科学院自然资源综合考察委员会不同时期人员组成

年份	总职工人数/人	研究工作＋辅助工作人员					党政人员/人
		高级职称/人	中级职称/人	初级职称/人	合计		
					人	占比例/%	
1962	245	1	30	104	135	55.1	110
1965	364	6	32	193	231	63.5	133
1968	358	6	21	197	224	62.6	134
1977	234	4	13	107	124	53.0	110
1987	433	59	100	137	296	68.4	137
1991	349	69	102	63	234	67.0	115
1999	252	101	71	12	184	73.0	68

1.3.2 人才培养

综考会的人才培养教育方面主要采取了三项措施：其一，大力狠抓在科学考察实践中培养专业骨干队伍；其二，注重抓好在职职工培训教育；其三，认真抓好研究生教育。

经过多年不懈努力，一批能胜任综合科学考察任务的队级、分队级和专业组等业务岗位上的业务骨干茁壮成长，他们的业务水平有了很大提高，一批原来只具有初级、中级职称水平的科技人员很快达到具有中级职称和高级职称的科技人员。从 20 世纪 50～60 年代至 80～90 年代，综考会培养出中国科学院院士孙鸿烈、中国工程院院士石玉林、李文华、孙九林和一大批多种专业的硕士、博士生导师优秀人才。几十年来，综考会正是主要依靠这批不断更新的业务骨干的带领和推动，在全体科考人员的共同努力拼搏下，完成了一项又一项国家重大科学考察任务。

在职职工培训教育方面，为提高科研人员资源研究水平做了大量工作，如为研究人员举办了多种形式的有关资源研究领域培训班、讲座等；开展大型计算机运行管理人员技术培训；为了提高在职职工的文化素质，于 1980 年前后对在行政、业务、人事管理人员和技术部门工作的部分年轻同志进行了电大的培训。

同时，对在器材管理、图书管理、档案管理、保卫部门工作的同志也进行了专业培训；还对文化大革命后分配到综考会的转业军人，选派到大专院校学习深造。长期以来，还培训了会内外大量汽车驾驶员。

在研究生培养方面，1978 年综考会开始恢复招收硕士研究生，设有自然地理学硕士学位授权点。1981 年成为全国首批硕士学位授权单位。

1986 年 7 月被批准为生态学博士、硕士授权单位，同时新增人文地理学硕士学位授予点，并于 1987 年招收了首批博士研究生。

1978～1999 年，综考会研究生教育累计向国家输送了 51 名博士毕业生和 114 名硕士毕业生，为相关行业提供了人力资源支撑。历届毕业研究生有 3 人分别获得中国科学院有突出贡献中青年专家称号、中国青年科技奖、中国青年科学家奖，有 7 人担任或曾任研究机构院长或副所长以上职务。

1.4 国际合作与交流

第一时期：1949～1962 年

新中国成立初期，是我们"向苏联学习"的时代，全国各部门以苏联的先进经验为榜样，接受"苏联老大哥"的援助，是当时国际合作与交流的主要渠道。苏联科学院比我们较早地开展了自然条件与自然资源的综合考察工作，积累了较多的科学资料与经验，培养出众多的科学考察人才。这个时期苏联先后共派遣 200 多位专家、学者来中国参加中国科学院组织的 9 个考察队的科学考察活动。

50 年代前期，中国科学院和相关部门组织开展的橡胶、紫胶等热带生物资源考察研究工作，有 7 位苏联专家参加了工作计划纲要的讨论与制定，10 余位参加了野外考察。1955 年中国科学院组建了黄河中游水土保持综合考察队，当时担任中国科学院总顾问的苏联专家柯夫达曾协助制定了"1955 年黄河中游水土保持工作计划纲要"。随后，苏联专家 9 人参加了此项综合考察工作。

50 年代后期，随着综合考察工作的扩大，来华合作与交流的苏联专家也有所增加。根据 1956 年《十二年科学发展远景规划》，先后成立了新疆、热带生物资源、青海、甘肃、盐湖、治沙等综合考察队，均有苏联专家参加合作与交流。其中，新疆考察队的苏联专家人数较多，时间也较长，先后有地理、水文、土壤等专业的 11 位苏联专家，参加了历时 3～4 年的考察工作。华南和云南热带生物资源的考察工作中，以苏卡契夫院士为首的 10 多位苏联专家参加了 5 个月的工作。盐湖队先后有 4 位苏联专家参加了野外工作和学术活动。青海、甘肃考察队有 3 位苏联专家参加了考察研究。黄河中游水土保持考察队于 1956 年初修订了工作计划纲要，规定三年内完成普查和重点调查。为此，苏联科学院又派出 9 位专家，参加了这项综合考察工作。

黑龙江考察队是 1956 年根据中苏两国政府签署的协定而组建的，在综合考察工作中是国际合作与交流规模最大的一个。按照协定的要求，中苏双方科学院共同成立了黑龙江综合考察联合学术委员会，其任务是保证双方综合考察队在科学工作和方法上统一协调，检查年度工作计划执行情况，以及审查和批准科学考察成果。中苏双方各有 13 人担任联合学术委员会委员。联合学术委员会先后召开过 4 个学术会议，为双方考察人员进行学术交流活动提供了良好的条件。在历时 3 年多的野外考察工作中，先后有 180 多位苏联专家参加。每个年度的野外工作结束后，中方曾派 30 多名科考人员去莫斯科苏联科学院生产力研究委员会参加室内总结。通过专业总结和学术交流，使中方科考人员在专业知识和业务能力方面都得到了提高。

第二时期：1975～1999 年

20 世纪 70 年代中后期，特别是 1978 年开始国家实施改革开放政策之后，综考会的对外交往和合作也不断扩大。

1975～1999 年，出访 700 多人次，来访 900 多人次。在国际组织兼职的科学家 30 多人次，交流范围涉及 100 多个国家和地区，主要集中于美国、英国、德国、法国、加拿大、澳大利亚、瑞典、尼泊尔、泰国和日本等。

70 年代中期，国际合作交流处于恢复阶段，1975～1982 年，共计出访 35 人次，来访 41 人次。这时期，出访国家大多是发达国家。目的是初步建立与国际相应组织的联系，并了解国外同行的研究进展。来访项目主要是依国际惯例开展一般性访问、交流或座谈，少数是依照中国科学院相关交流计划完成相应学术交流任务。

1983～1992 年期间，综考会国际合作与交流的主要特点是在巩固原有合作关系的基础上，逐步开拓新的合作渠道，建立新的合作伙伴关系，学术交流频繁，合作研究快速稳步发展。据统计，1983～1992 年间，出访 396 人次。与恢复阶段相比，出访从无到有，参加会议、考察和进修的交流人次明显增加，覆盖面明显扩大。此期间出国考察的人数增加，与综考会考察任务的转移和学科研究的调整有关。来访 641 人次（含参加综考会举办的国际会议 153 人次），大大超过恢复阶段来访人数。与此同时，来访项目的倾向性发生了变化，由一般性考察访问逐渐向以合作和建立长效合作机制为目的的转变。在非会议来访的 488 人次中，有 60 多人次为合作性来访，从而促进了国际合作研究发展，增加了国际合作项目的数量，建立了国际学术交流长效机制，扩大了学术影响与合作领域。

此外，为了进一步提高中国科学考察在国际上的知名度，在此期间综考会成功组织、承担或参与组织了多次各种大型国际学术会议。

进入 20 世纪 90 年代中后期，随着大型科考任务的结束和科学研究的不断深化，以及"中国生态研究网络"的建立，综考会的国际交流内容和形式有所转变。除原有的合作关系外，又新增了一些国际合作组织，并建立了一些新的合作项目。出访项目仍保持了良好的发展势头，但来访项目有所减少。

据统计，1993～1999 年间，出访 298 人次。在出访者参加会议的 144 人次中，约 20% 为综考会在国际组织任职的理事或委员；出国进修项目绝大部分属中国生态系统研究网络人才培训计划；同期来访 223 人次，一般性来访项目居多，合作研究项目来访较少。这时期内与联合国环境署、国际科联世界数据中心、国际长期生态研究网络(ILTER)执行委员会、全球变化研究、分析、培训系统(START)指导委员会等 10 多个国际组织建立起合作与交流关系。

1.5　综合科学考察研究成就

近半个世纪以来，综考会先后组织了 850 多个单位、上百个专业、约 2 万人次参加了遍布于全国 31 个省区的 40 多个大中型综合科学考察队、10 多个专题科考组、近 10 个科学试验示范站点的考察研究工作，培养了一大批专业的和综合的科考人才(包括一批院士)，在系统总结生产实践中的成功经验和吸取前人研究成果的基础上，通过实地考察研究，提出了一系列具有科学价值和实用意义的资源开发利用和环境保护方案和建议，卓有成效地完成了科考任务，为国家、地方制定与资源开发方向、生产力布局与工农业基地建设，以及生态环境建设有关的计划与规划提供了科学依据，有力地促进了区域经济发展与环境整治，并带动了相关学科与自然资源科学的发展。

1.5.1　资源综合考察促进区域经济发展与生态环境整治

新中国成立以来，科学考察成果累累，丰富多彩，但不同发展阶段又各具特色。科学考察提出的方案和建议为国民经济发展提供了科学依据，其中有相当一部分科考观点已被中央与地方采纳，在地方选择与确定发展方向，优选一些工程项目上马，改善生态环境，加速自然资源合理开发利用的进程以及解决当前生产实践中的某些老、大、难问题等方面，起到了"科学导向"或"参谋"作用。但在其中，也有相当一部分科考方案和建议，在近期内尚无条件纳入发展计划，有少数科考观点一时还未能与有关部门取得共识，但因其科学价值的客观存在，仍可成为区域发展的一项重要"科学储备"。因此可以说，科学考察成果对国家和地方的决策部门不仅具有"科学导向"作用，而且还具有"科学储备"作用。

1. 促进区域农业发展

科考成果中"提出的农业自然资源的数量、质量、分布与评价和自然条件等方面的系统资料，以及自然资源合理开发利用途径或生产基地建设等科考建议，基本上都是当地制定国民经济发展计划和开发立项的重要参考文献与科学依据"。这是有关省区对科考成果应用情况的一种比较普遍的反馈意见。如新疆第一次科考提出的重点建成粮食、长绒棉、细毛羊、瓜果等 8 个农业基地；把新疆划分为 8 个农业远景开发区以及扩大水源；盐碱土改良；沙漠开发与改造等重大问题的解决途径与措施等，对新疆的农业发展与基地建设，特别是对新疆建设兵团 10 个农垦师的发展起了明显的推动作用。黑龙江流域考察提出的开垦宜农荒地，建立以粮食、工业原料、饲料为主的现代化农业基地也已实现。热带生物资源考察选出三个等级的橡胶树宜林地，对我国的橡胶事业发展起了立竿见影的促进作用。青藏高原科考提出的以水为龙头，强化农田基本建设；实施农牧结合，调整种植业现行的粮、经准二元结构为粮、经、饲三元结构；以农促牧，发展农区畜牧业；建立以多功能防护林体系为主的绿色屏障，促进农业生态系统的良性循环；建立起适应农业产业化发展的优化模式，已成为高原大农业发展普遍的指导思想。青藏科考为西藏自治区编制的"一江两河中部流域地区""尼洋河区域""昌都三江流域""阿里地区"等综合开发规划；"艾马岗""江当""江北"农业综合开发区的可行性研究或规划设计；以及"西藏农业综合开发中长期规划"等，均已付诸实施或正在实施，收到良好的经济、生态和社会效益。西南地区的考察，提出实现区内粮食自给平衡；发展农林牧结合的综合农业的战略目标和设想；分别建立山地、丘陵、旱地、水田和石山的农业发展模式；以及自给型为主的粮食基地，已形成西南地区四省五方农业生产部门的共识。南方山区考察提出的充分利用亚热带水热资源优势；开发利用与生态环境整治相结合；发掘资源深层潜力，走"农业转型""丘谷并重""以质补量"等"立体农业"道路的农业发展战略等建议，得到有关部门的认同，认为这是很有创建性的观点，非常适合南方人多地少的丘陵地区。按此观点进行的生产性开发治理试验，已经取得明显的生态与经济效益。考察提出的赣南山区开发荒丘建设柑橘生产基地；吉泰盆地在现有耕地基础上建设商品粮生产基地；南宁地区开发与建设左江流域谷地以建成甜菜糖基地等建议，均已实现。京九铁路经济带考察提出的建立黄淮海平原粮牛复合农业基地；鄱阳湖平原以鱼鸭为主的粮棉牛复合农业基地；以及赣南粤东亚热带林果复合基地组成的"三高"农业带，得到广泛赞赏与实施。综上所述，各考察队（组）提出的这类成果，许多已为有关省区采用，在区域发展中发挥了重要的决策作用。

2. 促进区域工业发展

考察提出的矿产资源开发利用、工业发展方向与布局以及基地建设的建议，一般都得到有关省区与中央有关部门的重视和采纳。如黑龙江流域考察提出在北部与西部建设新兴工业基地；发现松辽平原油田并提出加快勘探、开发等建议都基本实现。盐湖考察发现柴达木盆地的盐湖地区有量大质优的石盐、芒硝、钾镁氧化物以及硼、锂等矿产资源；第一次找到硫酸盐湖大型硼矿并协助建立了大柴旦湖硼矿基地；发现和确定了我国第一个现代内陆湖大型钾镁盐基地——察尔汗盐湖；论证了锂盐储量与柴达木盆地西部油田水中的硼、锂、溴等矿藏的远景，为深入研究油田与油田水的综合开发利用指出了方向。青甘地区考察提出应以石油、化工、冶金为主导部门，建设由钾镁盐基地与硼锂化工、有机合成化工组成的无机与有机并重、采矿与加工兼备的化工体系；重点建设永昌镍矿采选冶炼基地等建议，也基本实现。内蒙古考察提出建设以全国性原材料工业基地为中心、门类齐全的工业体系，优先建成钢铁、森工两大主导部门；并根据白云鄂博富含铁与稀土的巨型共生矿床的特点，提出钢铁生产与稀土加工并重；发展支农工业与轻工业、原材料与电力工业等建议已基本实现，"包头钢铁公司"也已更名为"包头钢铁稀土公司"。西南地区考察提出的建设以水电为主、实现西电东送的能源基地；以钢铁、有色金属、综合化工为主的重要原材料工业基地；满足本地人民生活需要，建设西南特色的轻工业基地；在粮食充分自给的基础上，建设成强大林业、造纸和畜牧业基地等一系列建议，受到西南地区"四省五方"的高度重视，已纳入发展计划，论证的不少重大建设项目也很快上马实施。黄土高原地区考察提出的晋陕蒙接壤地区的神府-东胜煤田综合开发利用；晋陕豫黄河三角地带综合开发；建成以兰州为中心的高科技产业开发区，白银市开发为全国最大的"有色城"；西宁-兰州水电、冶金、石油化工基地；黄河上游"多金属走廊"；宁夏回族自治区建成我国西北地区水、火电统一调度的能源基地；以及高耗能原材料工业和化工基地等建议，有关省区基本认同，有的已纳入发展规划。青藏高原科考发现了 40 余处有电能开发潜力的水热活动区，为缺油少煤的西藏增添了有现实意义的新能源。其中的羊八井地热田是中国首次发现的高温湿蒸汽地热田，20 世纪 80 年代建成的羊八井地热发电站的发电量，在当时占拉萨电网总容量的 45%，大大缓解了拉萨市及周边城镇电力供应紧张的局面。

3. 促进生态环境整治

我国的自然资源综合科学考察，从一开始就是把资源开发利用与环境整治作为一个整体进行综合考察研究的。早在 20 世纪 50 年代，综考会就组织考察队对新疆沙漠的开发与改造、盐碱土的改良和跨流域调水等进行了考察；60 年代开展的内蒙古、宁夏综合考察研究，在深入系统总结当地群众已有经验基础上提出的"西辽河流域引洪淤灌、改造下游沙区"的建议，得到了地方和中央有关部门的重视，现已开展的大规模引洪淤灌工程成效显著；70 年代的"青藏高原隆起及其对自然环境与人类活动影响的综合研究"，是一项基础性、理论性的研究，也是大范围自然环境的高层次研究；80 年代的红壤丘陵与黄土高原的治理研究以及 90 年代的"区域开发前期研究"等科学考察，都是把生态环境整治作为合理开发利用自然资源的前提条件进行的考察研究。例如：

（1）西北地区的治沙考察。通过对塔克拉玛干沙漠等 16 个主要沙漠与沙地的考察以及一系列的定点综合试验，基本摸清了我国沙漠和沙漠化土地的分布及其特征、沙漠的形成和类型、风力作用和沙丘的形成过程、就地起沙与风沙危害的防治、沙化土地的改造与开发利用等一般规律，提出以生物措施为主，必要时可辅以工程措施的"生物措施与工程措施相结合、普遍治理与重点治理相结合、改造与利用相结合、保护巩固已有植被与沙地造林育草相结合"等一系列防治措施。同时，为了探讨治理沙化土地、发展农业生产的有效途径，在各定点试验站进行了防止风沙危害农田、合理利用土地防止风沙再起、沙区盐碱土改良以及防治风沙危害铁路等定点试验研究，获得了明显效果，对农田、工业、交通以及对杜绝沙源、防止滥垦滥牧和过度樵采等均发挥了重要作用。例如，包兰铁路通过腾格里沙漠 16km 的流沙地区，考察队在宁夏中卫县沙坡头采用 1m×1m 的草方格沙障进行治沙实验，在铁路两侧建造了一条宽 500m 的绿色走廊，控制了流沙，40 多年来铁路安全穿过沙漠，未因沙害发生事故。该地居民也用此原理，开展植物治沙，发展农业生产。过去狂风扬沙的沙坡头，现已变成了举世公认的"沙坡头绿洲"。

（2）黄土高原水土流失的治理。经过两次科学考察，综合分析认为，黄土高原的水土流失不仅仅是生态环境问题，而且是患了一种"综合症"，必须采取综合措施。考察队把治理与开发作为一个辩证统一的整体，进行了系统论证，提出了"级级拦蓄利用水沙资源""陡坡还林还草""缓坡尽量梯化""建立农林牧草水综合体""以开发促治理，以治理保开发"五条综合治理开发的水土保持方略，并提出除了做好"农业措施、林草措施、工程措施三项技术性措施外，更要做好经济措施、社会措施、组织措施"三项非技术性措施。同时指出黄土高原的水土保持必须经过几代人，甚至十几代人持之以恒的艰苦努力，才能取得预期效果。

（3）红壤丘陵的水土流失治理。考察根据亚热带红壤丘陵区水热条件均优，植物生长较快的特点，提出了"只要能合理开发利用，就可根治荒丘的水土流失"的科考结论，并具体提出了"从最初级的小流域着手，以治水为突破口，丘谷并重，建设河谷高产基本农田与开发利用红壤荒丘同步，建立丘陵山区主体农业生产体系，寓治理于开发之中，以开发带治理，兼顾当前利益与长远利益，进行综合开发治理"等，既可调动当地农民参与开发治理的积极性，使水土流失得到根治和持久，又可使农民脱贫致富的科学设想。根据这一设想，考察队在江西泰和、河南商城、广东五华等地，与地方政府有关部门合作，指导当地农民进行生产性综合开发治理实验，均获成功。地方非常重视这种"以开发带治理"的科学实验效果，并将其誉为"开发治理模式"，因地制宜地组织推广。

（4）青藏高原生态环境的综合治理。青藏高原科学考察针对西藏"一江两河"中部流域河谷农区的沙化、水土流失、泥石流等自然灾害，提出建设农田、草场防护林工程和防护林带，发展混农林业；以防护林为主体，薪炭林、用材林、经济林为内容，形成带、片（林）卡一体的世界最高的多功能防护林体系，辅以多能互补替代生物质能以及治沙工程；针对以藏北羌塘高原为代表的高寒牧区的草场退化、荒漠化、暴雪、大风等对畜牧业的危害，提出削减牲畜总饲养量，提高个体生产能力，发展人工种草、网围栏和分区轮牧，改良天然草地，实行南草北运，北畜南育措施。开展灭鼠，建设暖棚等抗灾防病的基础设施。加强羌塘、可可西里、珠峰等自然保护区的建设。针对高原东南部我国最大的林区和主要江河上游区的高山深谷区频发山崩、滑坡、泥石流、洪水等山地灾害，提出减少乃至停止森林采伐，实施"三江"天然林保护工程和长江中上游生态防护林建设工程。开展暗针叶林人工更新，切实保护林线附近的植被条件。实施退耕还林和退牧还草。实行坡地改梯地，开发水能资源推广以电代柴。营造造纸林，实现林纸结合，建立起极高山区的绿色屏障。科考队还在藏中农区建立了高原农业生态试验站；在滇西北白马雪山进行中、短期山地气象垂直剖面的观测；还在云南小中甸林场进行暗针叶林人工更新试验；以及森林水文气象效应的定位观测，为实现上述战略措施，提供科学依据。

4. 促进重大开发建设项目的科学决策

科学考察对区域自然资源开发利用方向和途径的选择，特别是对长期争持不下、悬而不决，但又影响深远、厉害关系重大的建设项目的抉择起了"科学导向"作用。

（1）四川丘陵地区农田水利化途径之争。根据四川丘陵地区耕地主要分布在中小河流域的特点，以及中小河径流年内变化大的水文特点，考察认为必须采用多种形式，把径流分散拦蓄在广大中小河流的流域内；蓄水是根本，在解决水源的基础上实行自流引水灌溉，无自流引水条件者，则采取提水灌溉。这一科考观点恰与当时（20世纪60年代）四川省提出的"以机电提灌为主"的农田水利化方针相反，因而形成了一场尖锐的争论。多年实践证明，科考观点是科学的。四川省在全面总结过去水利建设正反两方面经验的基础上，使水利建设走上了"蓄提结合"的发展阶段。

（2）西藏自治区羊卓雍湖开发规模之争。对羊卓雍湖的开发，当时有两种不同的认识：一是认为"不能开发"，理由是羊卓雍湖是"神湖"不能动，可不予考虑。二是主张装机40万千瓦的大开发。经考察分析认为，羊卓雍湖水位消落过深的方案会对羊卓雍湖周围的生态环境，特别是对湖滨的草场产生严重影响。根据羊卓雍湖的水量平衡结果，考察认为"既要开发，但又不宜大开发"，提出装机在10万千瓦左右为宜，并建议采取抽水蓄能开发方式，这些考察成果为后来电站设计建设部门提供了重要参考依据。

（3）"大柳树"与"小观音"方案之争。位于甘肃与宁夏交界处的黄河干流黑山峡，是一个兴建大型水利水电枢纽的理想之地。早在20世纪60年代，国家就拟议开发。当时，甘肃省提出了"小观音高坝-大柳树低坝两级开发"方案（简称"小观音方案"）；宁夏回族自治区提出了"大柳树高坝一级开发"方案（简称"大柳树方案"）。这一大型水利工程因这两个方案相持不下而搁浅，一拖就是几十年，对这一区域的发展造成了不可弥补的损失。科学考察综合分析了双方的分歧要点及其争论的实质，认为大柳树方案可多蓄水40亿m³，并能更好地调节径流，可满足下游需水要求。从大局和长远利益出发，提出在兼顾甘宁两省区利益的前提下，宜采用"大柳树方案"。这一建议已得到水电水利部门认可。

（4）我国南方草山草坡的"宜林"与"宜牧"之争。20世纪80年代初，国家有关部门组织的南方草场调查，认为草山草坡应该发展以牛羊为主的草食畜牧业。一时间，"向南方山地要牛肉"的呼声很高。考察队通过实地考察研究与生产性实验，认为南方草山草坡的产草量低、草质差，数十亩才能放养一头牛，经济效益太低；更重要的是降雨量大、且多暴雨，草山草坡遭受牛羊践踏很容易加剧水土流失，生态效益更差。据此认为，我国南方草山草坡的利用方向应全面考虑社会效益、生态效益和经济效益，除局部山坡草地外，一般都应以林为宜。至于"要牛肉"的问题，考察队认为平原或盆地发展草食畜牧业的潜力很大，建议借鉴山东省蒙城县秸秆养牛、沼气肥田、粮牛结合的致富经验，建设粮牛复合基地，"向农田的作物秸秆要牛肉"，既可减少化肥用量，改善农田生态环境，提高粮食单产，又可发展畜牧业生产，大幅度增加农民收入。该项建议得到地方有关部门的赞同和采纳。

（5）洱海水资源单项开发和综合利用之争。洱海是云南省第二大湖。20世纪60年代，云南省水电厅为利用洱海出流的西洱河600多米落差，开展建设水电站的勘测。正在当地考察的中国科学院西南地区综合考察队提出不建西洱河电站，将洱海水源东调至宾川盆地，利用落差建设水电站后，尾水再用于灌溉干热河谷的一举两得的不同意见。这一建议并未得到重视。80年代西洱河电站运行后，洱海水位由此而大幅度削落，引起水体和周边一系列生态失衡，西洱河电站不得不停运。80年代青藏高原横断山考察时，面对这一既成事实，提出了由相邻的漾濞江跨流域调水，既解决洱海生态失衡问题又满足西洱河电站发电用水，并可进一步调水至宾川盆地，建电站后尾水再进行灌溉的综合利用方案。这一方案由中国科学院前党组书记张稼夫上报党中央和国务院后，水利部长钱正瑛来洱海视察，在听取和志强省长汇报和看到有关60年代中国科学院西南考察队的建议后说："我们犯了个历史性的错误"。

总之，我国的自然资源综合科学考察与经济建设紧密结合，不仅帮助地方解决了生产建设中的一些实际问题，而且对长期经济发展战略也发挥了"科学导向"与"参谋"作用，所以深受国家和地方有关部门的欢迎，给予了很高评价。

综考会组织的自然资源综合科学考察，除各科考队编写出版的系列科考成果之外，还在综合考察的基础上，进行了一系列专门研究，出版了一系列专著。这些成果在区域可持续发展中发挥了重要作用，得到了国家和地方有关部门以及科学界的高度评价。

1.5.2　资源综合考察带动资源科学与相关学科的发展

多年来的自然资源综合科学考察，不仅在查明资源、提出合理开发利用方案以及改善生态环境等方面做出了重要贡献，同时也在"任务带学科"的方针指导下，带动了自然资源科学及相关学科的发展，并催生了一批新兴学科和边缘学科，有力地推动了我国科学事业的创新与发展。

1. 积累大量第一手科学资料，为相关学科发展创造了条件

科学的发展依赖于基础资料的不断积累，这对于刚刚从半封建半殖民地脱胎而来的新中国来说尤为重要。百废待兴的新中国一切都须从头开始，许多科学领域还相当落后，很多地区、特别是边疆及未开发的僻远地区还处于科学空白状态，自然条件和自然资源方面的基础资料十分欠缺。为了摸清自然资源的家底，科考队进行了大量野外实地调查，积累了丰富而宝贵的第一手资料，既填补了资源家底空白，为区域资源开发和国民经济发展战略决策提供了重要科学依据，同时也为相关学科的发展打下了厚实的资料基础。近50年来，在多种形式的自然资源综合科学考察研究与试验研究中，尤以科学资料极其稀少的青藏高原的综合科学考察，最为全面、系统，也最具典型、最为珍贵。

青藏高原的科学考察在收集的大量宝贵第一手资料中，特别以地学与生物学方面的资料最为丰富，由此取得了许多重要科学发现。例如，通过对古生代、中生代及新生代地层的划分与对比，建立了完整的地层剖面系统。在探讨喜马拉雅造山运动的年代与青藏高原隆起原因方面积累了十分有价值的基础科学资料，取得许多重要的科学成果。大量古生物化石的发现，也为研究青藏高原地质发展历史及其隆起过程提供了重要依据，并使板块学说新理论获得有力验证。在地球物理学方面，也有诸多新论据、新资料为青藏高原形成隆起与演化等重大课题研究提供了极为丰富的基础资料。在高原生物区系组成方面，通过大范围的植物调查，积累了大量植物标本，全面系统地阐明了高原的植被特点、类型与分布规律，为高原植物区系起源、组成与演替等研究，打下十分坚实的基础，促进了我国高山植物生态学的发展。通过实地调查分析，发现西藏乃是野生大麦的发源地，揭开了大麦起源之谜。在动物方面发现的鸟类、哺乳类、鱼类、两栖动物、爬行动物，昆虫等的新种和新亚种，均创造了国内的新纪录。在对高原的自然条件、生态环境与自然资源等进行广泛深入而系统的调查分析方面，气候、地貌、水文等许多学科都积累了大量第一手科学资料，促进了这些学科的理论向纵深发展。对高原上广泛分布的冻土、冰川、地热、盐湖等的形成机理、分布，以及地热、盐湖资源的开发利用条件进行了考察研究，发现了我国高温水热活动最强烈的喜马拉雅地热带，它连结环太平洋地热带和地中海地热带而具有全球意义；证实了我国是一些稀贵盐类资源最丰富的国家，而且发现新的盐类矿物，这些都充实了相关学科的内涵。对珠穆朗玛峰和南迦巴瓦峰特高海拔地区的一系列登山科学考察，同样也带动高山气象、高山生理等学科的发展。

在新疆、蒙宁、甘肃、黑龙江等地的综合考察研究，也填补了气候、水文、水文地质、地貌、土壤、植物、动物、自然地理等学科的空白，拓宽了经济地理等学科的研究领域，带动了这些学科的发展。

2. 催生并发展了自然资源科学

在多年的自然资源综合科学考察的带动下，自然资源科学(亦称资源科学)已初步形成比较完整而独立的科学体系。尤其是在20世纪90年代以来，资源科学体系日趋完善。以孙鸿烈院士为首的资源科学家们普遍认为，"资源科学是一门研究自然资源的形成、演化、质量特征与时空分布及其与人类社会发展之间相互关系的综合性科学"。

自然资源科学研究，在20世纪70年代之前，主要是侧重于单项自然资源研究。尽管20~30年代就已有自然资源的整体观念，但把资源作为一个整体对象进行综合性研究，则在70年代之后才得到应有重视。我国的自然资源研究，也是在1977年《自然资源》刊物上发表"农业自然资源及其开发利用"的文章中，提出"组成农业自然资源的各种资源要素是一个统一体"之后，才引起普遍重视。从1980年起，综考会在多年考察研究基础上，相继设立了中国自然资源学会、中国青藏高原研究会、中国生态系统网络综合研究中心，以及江西泰和县千烟洲红壤丘陵综合开发试验站、四川巫溪县红池坝亚热带中高山草地畜牧业试验站、江西九连山森林生态试验站、西藏拉萨市达孜农业生态系统实验站。进一步加强了自然资源开发利用规律及其科学理论的研究，开展并编写出版了《自然资源研究的理论和方法》《中国自然资源态势与对策研究》《中国农业自然资源经济研究》《中国农业气候资源研究》《中国森林资源研究》《中国区域经济发展模式研究》《自然资源研究》《南方丘陵综合开发利用研究》等学术著作，汇编了《中国国土资源数据集》《中国自然资源手册》等科学资料。同时还与国家计委共同组织国内各有关单位科技人员编写出版了《中国自然资源丛书》系列专著42部，综考会编写了其中的《中国自然资源·综合卷》。相继出版了《中国土地资源》《中国草地资源》《中国资源科学百科全书》《资源科学》等科学著作，特别是《中国自然资源丛书》和《中国资源科学百科全书》的问世，对于自然资源科学的研究对象、任务、内容、方法等均作了系列论述，在有关学术著作中还创造性地提出了许多很有价值的科学论点，促进了自然资源科学体系的形成和不断完善，填补了我国自然资源科学的学术空白，使我国自然资源科学从无到有地蓬勃发展起来。

总之，综考会组织的数十个科学考察队(组)，都是以单项性自然资源研究为基础，以综合性自然资源研究为主题(即通过学科交叉，在吸取各单项自然资源研究成果精华的基础上，经多学科、大协作的综合分析研究，最终形成大综合的科考观点)的两个研究层次有机结合、相互反馈，具有相当完整的自然资源科学体系的研究群体，不仅出色地完成了历次科考任务，而且也促进了两个层次的学科发展。其中，需要特别指出的是，随着综合科学考察研究在深度与广度上的深入，日益丰富的科学基础资料积累和自然资源科学与相关学科理论的不断深化，衍生与发展了一大批新兴分支学科和边缘学科，如盐湖、冰川、冻土、沙漠、黄土、水土保持、高原湖泊、高山生理、高山病理、气候资源、水资源、地热、地球物理、地球化学、航空航天遥感技术应用等。同时，在综合科学考察的基础上，一些相关的研究机构也陆续建立起来，如中国科学院盐湖研究所、冰川冻土研究所、沙漠研究所、水土保持研究所、遥感应用研究所、能源研究所、紫胶研究所、青藏高原研究所等，中国科学院地理研究所的一部分也根据研究对象和学科主体的定位而相继改名为湖泊(南京)、沼泽(长春)、山地灾害(成都)等研究所，专门承担相应的研究课题。这些学科在地学、生物学以及经济学等领域内所显现的欣欣向荣、蓬勃发展的大好局面，充分体现了自然资源综合科学考察"以任务带学科"方针的重大意义。

据不完全统计，1956~1996年的40年间，综考会编写出版了科考著作310卷、学术著作及科普丛书94卷、画册及图册18部、外文及译作24卷，并主持出版了6种科学刊物。

综考会历年的研究成果中，有14项获国家奖，其中自然科学奖一等奖1项，科技进步奖一等奖2项、二等奖4项、三等奖4项、全国科技大会奖5项；53项成果获省部级奖，其中特等奖3项、一等奖10项、二等奖181项、三等奖16项、重大科技成果奖6项。

在20世纪末，由国家自然科学基金委员会主持完成的《全国基础研究"十五"计划和2010年远景规划》把资源环境科学列为18个基础学科中的一个独立科学领域，主要包括资源科学与技术、环境科学与工程、资源与环境管理3个一级学科。在资源科学与技术学科下设自然资源、资源生态、资源经济和资源工程技术等4个二级学科，几乎涵盖了现代资源科学研究的所有领域。目前，国内设立资源科学相关专业的高等院校已近100所，极大地促进了资源科学体系的完善、学位体系的形成和高等专业人才的教学培养工作。

在回顾近半个世纪以来自然资源综合科学考察研究的辉煌成就之际，我们不能忘记竺可桢、裴丽生、漆克昌等老一辈科学家的远见卓识、艰苦创业精神，是他们的科学远见为我国自然资源科考事业以及综考会的发展奠定了牢固基础，指明了前进的方向；不能忘记马溶之、冯仲云、邓叔群、柳大纲、朱济凡、刘崇乐、刘东生、李连捷、陈剑飞、陈道明、周立三、张肇骞、侯德封、郭敬辉、席承藩、蔡希陶、吴征镒、施雅风等老一辈考察队领导人对科考事业的热心和执著；不能忘记从中央到地方各级政府有关部门的大力支持和大专院校的真诚合作；不能忘记广大科技人员及其眷属和为科考第一线服务的广大后勤人员为科考事业所做的贡献；更不能忘记那些为我国科考事业献出宝贵生命的科技工作者。在此，谨向他们致以崇高的敬意。

2 发展历程

20世纪50年代初,在竺可桢副院长的指导下,开始了自然资源综合考察的历史。1956年综考会成立以来,共组织了40多项大中型综合科学考察和资源研究活动。由于不同历史时期国家经济建设的进展,政治生活的变迁,自然资源综合科学考察的指导思想、方向任务、机构设置、组织形态、技术手段、重点区域也有相应的调整和变化。回顾近半个世纪以来自然资源综合科学考察的历史沿革,大致可以概括为六个阶段:

2.1 第一阶段(1951~1955)

新中国成立伊始,百废待兴,在自然资源科学资料几近空白的国土上,中国科学院为配合进军西藏,为解决国家经济恢复时期对一些战略资源紧迫的需求,先后组建了4支综合考察队伍。与此同时,中国科学院酝酿成立专门的机构,协助院长、院务会议统一领导综合科学考察工作。由此揭开了自然资源综合考察历史的序幕。

(1)中国科学院受中央文化教育委员会的委托,从1951年到1953年,分两批组建了以地质学家李璞为队长的西藏工作队,配合进军西藏。先后共有59名自然科学家和社会科学学者参加,调查内容涉及地质、地理、气象、农业、畜牧、水利、历史、社会、语言、文艺、民族、法律、医药等方面。工作队分别到达藏东、藏南和藏北,初步考察认识了西藏东部的地层系统、岩性变化、火山活动;划分出澜沧江西岸的铁矿带、拉萨附近的多金属矿带、昌都以东的煤矿和石膏矿带、藏北湖群的盐碱区;初步估算了藏东、藏南主要河流的水能资源;收集了土壤资料,提出土壤分类;调查了藏北牧区、藏南农区、亚东林区的农林牧业发展问题;提出拉萨河谷实行"农、林、牧三位一体"生产方针的建议,建立了农业试验场;考察了当地民众的地方病、常见病和营养状况。

(2)新中国成立初期,橡胶是国家工业、国防建设大量需要的战略物资。1952年政务院为了打破西方国家对我国的封锁禁运,决定由林业部和国家农垦总局组织以植物学家张肇骞为首,有中国科学院土壤所、植物所等7个研究所组成的华南热带生物资源考察队,对广东省的原海南岛、雷州半岛和其他沿海地区,为选择引种三叶橡胶树进行综合科学考察。工作过程中收集了与三叶橡胶树生长有关的土壤、生物、气候等资料,初步选择了橡胶树宜林地,为我国发展以橡胶为主的热带经济作物积累了第一手资料。

(3)为实施"黄河水利综合规划",配合黄河水资源全面开发,中国科学院于1955年1月成立了以土壤学家马溶之为首的中国科学院黄河中游水土保持综合考察队。考察队先后组织了中国科学院8个研究所,水利部黄河水利委员会,林业部林科所,北京农业大学等高等院校,以及山西、陕西、甘肃等省有关厅局共34个单位8个专业331人和9名苏联专家参加考察研究。通过点面结合的考察,明确了农、林、牧、水综合治理的方针;提出不同措施,因地制宜、合理配置的原则;以高产、少种、多收为根本途径,实现耕地利用的"三三制"和大地园林化;完成黄土高原的自然区划、农业区划、社会经济区划和11个水保点的土地利用规划。这项研究在黄河中游水土保持规划中发挥了积极作用。竺可桢副院长认为这项研究"为黄土高原水土流失的治理起了奠基作用。"

(4)20世纪50年代,紫胶是军工、化工、机电部门不可替代的辅助原料。经政务院批准,同意苏联政府派遣植物学家来我国进行紫胶调查研究。1955年3月,中国科学院成立了以昆虫学家刘崇乐为首的"中国科学院-苏联科学院紫胶工作队"。中国科学院昆虫所、植物所,部分大专院校,有关部委,云南省有关厅局约200多人,以及苏联科学院15人参加了工作队。主要研究课题为云南省紫胶产区的自然环境;紫胶虫寄主植物的种类、分布与生长的自然条件；紫胶虫的生活史；紫胶虫天敌的生活状况和危害程度；向苏联引种紫胶虫的试验；不同寄主植物的虫胶化学成分分析；工作区的动、植物区系。工作队完成了云南省南部的考察，并建成了景东紫胶工作站。1958 年以后，紫胶考察先后纳入云南热带生物资源综合考察队和西南地区综合科学考察队。16 年的考察研究，确定了紫胶虫的适生范围、寄主植物的种类、分布和规模，对我国紫胶生产自给有余做出了贡献。

(5) 1955 年 4 月 16 日，中国科学院第 19 次院务会议决定：为了更好地组织领导我国综合科学考察工作，中国科学院成立"综合调查工作委员会"。同年 6 月 2 日，郭沫若院长在学部成立大会上的报告中提出：中国科学院将成立"综合考察工作委员会"，以适应日益繁重的综合考察任务；11 月 15 日，在中国科学院报送陈毅副总理的报告中提出"拟成立综合考察工作委员会"，协助院长、院务会议统一领导此项综合科学考察工作。12 月 27 日，国务院批准中国科学院成立"综合考察工作委员会"。

2.2 第二阶段(1956～1960)

1956 年，国务院根据国家建设的需要，制定了我国第一个科学技术发展远景规划——《国家十二年(1956～1967)科学技术发展远景规划》，简称《国家十二年科技规划》。在这项规划中，规定了广泛的综合科学考察任务。为此，中国科学院成立以竺可桢副院长兼任主任的综考会，先后组织了 11 个大型区域性或专题性综合科学考察队，主要对边远未开发或欠开发地区进行综合科学考察研究。这一时期的自然资源综合考察研究，不仅在国民经济建设中起到了先行作用，而且积累了丰富的资料，带动了从中央到地方一批科研机构的诞生和科学技术人员的成长，把我国的自然资源研究，由零星分散的状态，整合为一个整体，掀起了综合科学考察的高潮。

(1) 1956 年 1～6 月，国务院科学规划委员会制定的《国家十二年(1956～1967)科学技术发展远景规划》，其中的第 3、4、5、6 和第 27 项为自然资源考察和区域开发的战略研究，即西藏高原和横断山区、新疆、青海、甘肃、内蒙古地区的综合考察及其开发方案的研究；我国热带地区特种生物资源的综合研究和开发；我国重要河流水利资源的综合考察和综合利用的研究；盐湖资源开发利用的综合考察研究。

(2) 根据《国家十二年科技规划》，1956 年 6 月，中国科学院成立以土壤学家李连捷为队长(1958 年起由周立三接任)的中国科学院新疆综合考察队。考察队组织了中国科学院综考会、土壤所、植物所、地理所、地质所、南京地理所等研究所，北京农业大学、北京大学等高等院校，新疆自治区水利、农业、畜牧等有关部门，13 个专业，90～226 人参加了考察研究，苏联专家有 9 人。这次历时 4 年的考察着重查明了自然条件与大农业自然资源的数量、质量和分布；结合原有生产基础，提出粮食、棉花、甜菜、果品和畜牧五大生产基地建设；探讨了实现扩大水源、改良盐碱土、草田轮作、饲料生产、改造沙漠等重大问题的途径。

(3) 1956 年 8 月 18 日，竺可桢作为中华人民共和国全权代表，在中苏两国政府关于共同进行黑龙江流域自然资源和生产力发展远景的科研工作以及编制额尔古纳河上游综合利用规划的勘测设计工作的协定上签字，国务院成立了以中国科学院竺可桢副院长为主任的黑龙江流域综合研究委员会，下设以水利部冯仲云副部长为首的中国科学院黑龙江流域综合考察队。参加考察的有中国科学院综考会、林业土壤所、地质所等有关研究所，水利、电力、地质、交通、农业、林业等各部委的勘测设计与科研单位，长春地质学院、东北师范大学等高等院校，以及辽、吉、黑三省和内蒙古自治区等有关单位，考察研究历时 4 年。中方先后参加考察的科技人员有 400 多人，苏方有 100 多人。通过对流域内地貌、植被、气候、土壤等自然条件和水、土地、饲料、森林、渔业等自然资源的考察，提出扩大耕地，建立机械化、现代化的农业和饲料基地；建设辽吉黑三省西部和内蒙古东三盟防护林网、水土保持和水源涵养林以及新的林业基地；开发松辽运河，实行平原地区水网化；查明流域内丰富的铁、煤、金、镍、铅锌、铜、钼、萤石、石油等矿产资源，布局钢铁工业基地，建立有色金属冶炼、煤炭和石油工业；对黑龙江干流不同区段布局水能、防洪、灌溉和航运综合开发的重大水利枢纽，提出径流调节的原则性方案；在大煤炭工业基地和耗电中心建设百万千瓦以上的火力发电站，结合黑龙江干流大型水电站，构成东北、华北统一电力系统；建设以铁路为主，包括水运、公路、管道、航空在内的综合运输网。

（4）1956 年 9 月 7 日，中共中央政治局会议批准，竺可桢副院长兼任"中国科学院综合考察委员会"主任。1956 年 10 月 1 日，中国科学院任命顾准为"中国科学院综合考察委员会"副主任。

（5）根据《国家十二年科技规划》，中国科学院于 1957 年 9 月成立以化学家柳大纲为首的中国科学院盐湖调查队，对以柴达木盆地盐湖资源为重点，同时对盆地以西含盐地层和油田水以及藏北盐湖进行综合考察研究。中国科学院化学所、地质所等有关研究所，地质部、化工部等中央有关部委的研究所，北京地质学院等高等院校共 30 多个单位，包括地质、水文地质、物理、化学等 20 多个专业总计 120 多人参加了考察。考察研究证实，柴达木盆地的盐湖不仅有作为化工原料的石盐、芒硝，有作为肥料和轻金属原料的钾和镁，更重要的是有作为原子能、高能燃料、特种合金和发展尖端技术所必需的硼和锂。其中硼、锂的品位和储量为任何国家所无可比拟。这次考察还发现了油田水中硼、锂、溴等元素富集的现象以及含硼泥岩。通过考察，协助工业部门建立了大型硼矿基地；建设了我国第一个钾、镁生产基地；为建立锂矿工业提供了科学依据；还提出了盐湖资源综合利用的工艺流程；编制了中国式的水化学图；发展了陆相沉积矿床学。

（6）1957 年 10 月 29 日，中国科学院第 17 次院务常务会议任命漆克昌为综考会副主任。

（7）根据《国家十二年科技规划》，中国科学院于 1957 年和 1958 年，先后成立了以植物学家张肇骞和昆虫学家刘崇乐为队长的华南和云南热带生物资源综合考察队。两个队先后组织了中国科学院综考会、地理所、广州地理所(中南地理所)、昆虫所、土壤所、植物所、沈阳林土所、中国林业科学院、华南热带作物所、南京大学、中山大学、云南大学、广西大学、华南师范学院、西南师范学院、福建师范学院，以及粤、闽、滇、黔、川六省(区)的科技、农、林、牧、水、气等 80 多个单位，20 多个专业，1000 余科技人员，10 多位苏联专家参加考察研究。全面分析不同种类热带作物要求的生态环境条件，选出了一、二、三个等级的橡胶树宜林地 137 万 hm²，其他热带作物宜林地 1064 万 hm²。

（8）根据《国家十二年科技规划》，国家计委与中国科学院于 1958 年 2 月，共同成立了以地质学家侯德封为队长的中国科学院青甘综合考察队，开展甘肃河西走廊、青海柴达木盆地和祁连山区的综合科学考察，历时 3 年。参加考察的有中国科学院综考会、地质所、地理所、植物所、综合运输所等 9 个研究所，国家计委、水利部、冶金部、煤炭部、化工部、铁道部、林业部等中央部委有关部门，北京大学、南京大学等高等院校，青海、甘肃两省有关部门共 180 多人，以及 3 名苏联专家。考察队在全面评价区内的土地、生物、矿产资源的基础上，论证了通过荒地开发、低产田改造、农牧结合，提出分别建设以河西为中心的粮棉基地、海北的油料基地、河西和柴达木的糖料基地以及祁连山区的商品畜产品基地；开发石油、盐类、铁、镍、铅锌等矿产资源，分别建设无机有机并举、采矿加工兼备的化学工业体系；建设以镍、铜、镁、铅锌为主的四大有色冶金基地；建立西北地区的钢铁工业基地——酒泉钢铁公司；建设区内负荷中心的中、大型火电站，远期从黄河中上游梯级电站输入电力，最终完成《青甘地区生产力远景设想》等 8 部专著和考察报告。

（9）根据《国家十二年科技规划》，1958 年 11 月，中国科学院成立了以冷冰为队长的中国科学院西藏综合考察队。参加考察的有中国科学院综考会、地理所、地质所、植物所、土壤所等研究所，水电部勘测设计院等中央有关部委，南京大学等高等院校，西藏自治区等有关部门共 15 个专业。在其后两年中，考察队考察了藏北那曲地区、藏南日喀则、江孜、山南地区和拉萨市的自然条件，地质、农牧业、水利和社会经济情况；考察了雅鲁藏布江中游的水能资源，提出不完全连续的水电站梯级开发方案；重点考察那曲地区、昌都西部和雅鲁藏布江中游南岸以铬、煤为主的矿产资源；调查了那曲地区西部和阿里东部的盐湖资源。1962 年西藏的综合考察因故暂停。

（10）1958 年 12 月 9 日，中国科学院第 13 次常务会议通过，聘请裴丽生、谢鑫鹤、孙冶方、尹赞勋、童第周、张子林、林镕、李秉枢、侯德封、马溶之、朱济凡、熊毅、于强、孙新民、简焯坡、陈道明、施雅风、马秀山为综合考察委员会委员。竺可桢副院长任委员会主任，漆克昌任副主任。

（11）根据 1958 年国务院农业办召开的西北六省(区)治沙会议决定，中国科学院于 1959 年 1 月，组成以微生物学家邓叔群为队长的中国科学院治沙综合考察队,对我国西北、华北 16 处沙漠、沙地进行考察。考察队组织中国科学院综考会、微生物所、地理所、地质所等 11 个研究所,北京地质学院等 15 所高等院校,60 多个生产部门和地方共 1000 多人参加考察研究。治沙队对 16 处沙漠的特征、分布、成因和发展趋势,以及沙漠内的荒地、植物、水、热量、风能和矿产资源进行了调查,同时建立了 7 个综合试验站和 24 个中心试验站,开展沙漠考察与定位治理示范相结合的考察研究。制定了包括水利工程、防护林工程、飞播、人工降雨、封沙育草和交通建设在内的治沙规划。

(12) 为配合国家登山队攀登珠穆朗玛峰,中国科学院与国家体委于 1959 年 1 月,组成以刘肇昌为队长的珠穆朗玛峰中国登山科学考察队,隶属于中国科学院西藏综合考察队。参加考察的有中国科学院地质所、地理所、植物所等研究所和南京大学、北京大学、北京地质学院、中山大学、国家测绘局等 16 个单位,共 8 个专业的 46 名科学工作者。考察队调查了区内地层分布、构造特征、变质作用和矿产资源;对中绒布和东绒布冰川进行了短期观测;建立了绒布河流量站;概述了植被垂直带和森林带的林型;调查了鸟兽的区系,发现了国内新种和新亚种。

(13) 根据中共中央《关于水利工作的指示》,1959 年 2 月,中国科学院成立以水电部副部长冯仲云为队长的中国科学院西部地区南水北调综合考察队。为把长江、怒江、澜沧江上游的水资源以自流方式引至西北、华北广大干旱区,进行选线、制定方案和区域分析的考察研究。参加考察的有中国科学院综考会、地质所、地理所、地球物理所等研究所,水电部黄河水利委员会、长江流域规划办公室等中央有关部委,北京大学、兰州大学、北京农业大学等高等院校,四川省、云南省有关部门共 77 个单位,共 476 人次。考察工作历时 3 年,重点是三条备选线路中全长 3200km 的怒、定引水河线。完成该线的地质、地貌、第四纪地质、工程地质的调查;提交沿线高坝和长隧道等水工建筑的测量和设计方案;完成引水区农、林、牧、水资源及其开发利用的考察研究。

(14) 1959 年 5 月 8 日,国家科委任命第一届综合考察组成员,组长竺可桢,副组长冯仲云、漆克昌、曹言行,成员谢鑫鹤等 13 人(详见附表 1-2)。

(15) 根据《国家十二年科技规划》,中国科学院于 1960 年成立以地质学家侯德封为队长的中国科学院内蒙古宁夏综合考察队。参加蒙宁考察队的有中国科学院综考会、地理所、地质所、土壤所等 7 个研究所,农业部、林业部、水利部等中央部委所属研究勘测设计部门,内蒙古大学、北京大学等高等院校,以及内蒙古、宁夏等 28 个单位 20 个专业的 100 多名科研、设计、生产管理人员。1961～1964 年的考察研究对内蒙古提出优先开发原料、燃料、材料资源,发展具有地方特色的钢铁、有色金属、化工、建材、森工、煤炭、造纸、畜产品加工等工业;建立粮食、畜牧业、用材林基地;建设防护林、水源涵养林体系;进行工农业发展分区。对宁夏地区提出建立以煤炭能源为主导的工业体系,和发展以黄灌区种植业及山区牧业为主的农业基地。

2.3　第三阶段(1961～1965)

从 1961 年起,综考会在继续主持协调中国科学院各项综合考察工作的基础上,相继建立起以资源科学研究为方向的的五个自然资源和资源经济研究室以及辅助机构。提出综合考察研究以"政治挂帅、经济为纲、科学论证"的十二字指导思想;以"任务带学科"为办会方向,从原则上规范了综合科学考察的性质,形成一支从事自然资源综合考察和研究的专业实体,承担组织协调综合考察和发展资源科学的双重任务,在以后的历次综合考察工作中发挥了骨干作用。

鉴于我国十二年科学技术发展规划中规定的科学研究和综合科学考察任务已提前完成或正在执行,国务院科学规划委员会又制定了《国家十年(1963～1972)科学技术发展规划》,简称《国家十年科技规划》。要求继续进行区域性和专题性的综合科学考察。促使自然资源综合考察事业进入蓬勃发展的第一个高峰时期。

(1) 自漆克昌接任综考会副主任以来,经过深入调查研究,认为需要建立一支长期从事自然资源考察研究的科研力量，以加强综考会的业务组织与科学研究的职能。这一认识取得院、会领导的一致赞同。1960 年 9 月，综考会遵照裴丽生副院长和秦力生副秘书长的指示，决定建立类似学部性质的领导机构，除与各考察队之间的业务指导关系外，还需设置科学研究和业务辅助机构。根据院党委批示，于 1961 年初，成立综合经济、水利资源、矿产资源、农林牧资源 4 个研究室以及分析室、资料测绘室，将各考察队业务人员和业务助理人员在会内统一编制，分配在各个研究室和业务辅助机构。1963 年经李富春、聂荣臻两位副总理批示，将中国科学院数学所、电工所、力学所等单位从事动能经济研究的人员调来综考会，成立综合动能研究室。以后各研究室建立专业组，实行定方向、定任务、定人员的"三定"方针，进行各队之间、专业之间，以及队内外、会内外的业务和学术交流，大大提高了业务人员的专业素质和加快有关学科的发展。

（2）1962 年，由国务院科学规划委员会制定了我国十年科学技术发展规划，其中规定了西南、西北和西藏三项综合科学考察任务，以及多项专题性的科学考察研究。在重大措施方面，建议将综合考察委员会置于中国科学院和国家计委双重领导之下。

（3）根据"国家十年科技规划"，并且配合西南地区"三线"建设，1962 年 1 月，中国科学院第一次院务常务会议通过，并经国家科委批准，同意将原中国科学院西部地区南水北调综合考察队与云南热带生物资源综合考察队合并，成立以水利部副部长冯仲云为队长的中国科学院西南地区综合考察队。考察队下设四川、贵州、川滇接壤地区三个农业水利分队，以及工交分队、紫胶分队和可燃矿物组。考察队组织了中国科学院综考会、地理所、植物所等研究所，水电部长江流域规划办公室等中央有关部门的科研、生产单位，南京大学、昆明工学院等高等院校，西南三省有关厅局的科研、生产、管理部门共 50 多个单位、20 多个专业的 447 人参加了考察。中心任务是考察研究农林牧资源的开发利用；粮食增产的潜力与途径；主要矿产资源的成矿规律与大型工矿基地的布局；水能、燃料动力资源的开发利用与布局；交通运输网络建设；区域发展与生产力布局。

（4）1962 年 2 月 24 日国家科委任命第二届综合考察组成员，组长竺可桢，副组长漆克昌、吕克白，成员王勋等 17 人；1965 年 1 月 31 日，国家科委任命第三届综合考察组成员，组长竺可桢，副组长漆克昌，成员冯仲云等 22 人（详见附表 1-2）。

（5）1962 年 4 月 17 日下午，周恩来总理在人民大会堂安徽厅，接见了参加中苏黑龙江考察联合学术委员会第四次（总结）会议，以瓦西里耶夫为团长的苏方代表团和苏联大使，以及以竺可桢为团长的中方代表团，周恩来总理与苏联代表团进行了亲切友好的谈话。

（6）依据《国家十年科技规划》（综合考察专项）的西北综合考察任务内的"西北地区矿产资源开发利用发展方向与工业基地布局的研究"项目，其中第二课题"酒泉工业基地建设条件与发展方向"，第三课题"西北各大煤田开发条件与基地布局问题"。中国科学院综考会决定成立以经济地理学家李文彦为首的西北炼焦煤基地考察组，1965~1966 年进行酒钢炼焦煤基地专题研究。参加考察组的有中国科学院综考会、煤炭部、冶金部有关设计研究单位共 14 人。考察研究认为，酒钢"基础煤"基地，近期立足于宁夏，远期推荐新疆艾维尔沟和青海木里矿区；"配焦煤"基地近期选择新疆六道湾矿区，远期开发甘肃天祝矿区；并优选了配煤方案。

（7）为满足西北三线建设需要，1965 年 7 月，中国科学院综考会与甘肃省河西建委共同组织以土壤学家黄自立为队长的甘肃河西荒地考察队。参加考察队的有中国科学院土壤所、地理所，生产建设兵团农建十一师、西北水电勘测设计院黑河勘测规划队、甘肃省水文地质大队、甘肃师范大学等 8 个单位的土壤、水利、水文地质、农学等 9 个专业约 60 名科技人员。考察队调查了黑河中游以水土资源为中心的荒地资源的数量、质量、分布规律和开垦条件；酒泉金塔农业区稳产高产田建设和荒地资源的开发利用。

（8）为执行《国家十年科技规划》与配合国家体委登山队再次攀登珠穆朗玛峰，经中国科学院 1965 年第四次院务常务会议批准，任命刘东生为中国科学院西藏综合科学考察队队长，从 1966 年起对珠穆朗玛峰地区和藏东的林芝、昌都地区进行综合科学考察。科考队组织中国科学院综考会、地理所、地质所、地球物理所、土壤所、动物所、植物所等 12 个研究所，国家测绘局、气象局、地质科学院等中央有关部门，北京大学、北京地质学院等高等院校共 100 多名科学工作者。珠峰科考：建立了较完整的地层剖面系统；划分了构成喜马拉雅山主脉的变质岩层序；阐明了喜马拉雅山脉的气候屏障作用和青藏高原对南支西风气流的影响；证实珠峰是全球太阳辐射最强烈的地区之一；划分了珠峰自然垂直带；确认了珠峰发生过三次冰期和两次间冰期；详查了冰川的数量、分布、结构、物理特征和成冰作用。藏东的科考：评价了以易贡为中心的农林牧水土资源开发潜力；探讨了农业发展的途径；考察了煤、铁等矿产资源。

（9）为执行"国家十年科技规划"，1966 年 6 月，中国科学院常务会议通过，在原中国科学院内蒙古宁夏综合考察队的基础上，组成以地质学家侯德封兼任队长的中国科学院西北地区综合考察队。该项目后因"文化大革命"运动而未执行。

2.4　第四阶段(1966～1977)

1966 年开始的"文化大革命"，迫使大规模区域性的综合科学考察停顿或推迟，只保留或开展少量专题性的考察活动。1970 年综考会大部分人员下放到湖北潜江中国科学院"五七干校"。综考会被宣布撤销，业务人员分配到院内各有关研究所或外地。1972 年，遵照周恩来总理关于重视基础科学的指示精神，中国科学院制定了"中国科学院青藏高原 1973～1980 年综合科学考察规划"，并于 1973 年在西藏自治区开始了大规模综合科学考察研究。以此为契机，1974 年经中国科学院批准，1975 年成立了中国科学院自然资源综合考察组(简称"综考组")，从而保留了一批从事综合科学考察研究的骨干力量，为后来自然资源综合考察事业的复兴和大发展奠定了基础。

（1）为配合西北地区三线建设，1966 年综考会在甘肃祁连山区的肃南县开展了天然草地资源的专题考察研究。参加这项考察的还有中国科学院植物所、中国农科院畜牧所、甘肃河西建委、甘肃农牧厅草原工作队、甘肃肃南县草原工作站，共 6 个单位农牧草水专业的 30 多人。这次考察将全县 142 万 hm^2 草地划分为 6 种类型，并按质量分为 4 个等 6 个级；通过草畜平衡计算确定了载畜量；在评价草地资源的基础上推行合理放牧制度；提出增辟夏季草场、培育人工草场、以草定畜和加强畜种改良等发展畜牧业的措施。

（2）为打破国外对我国的紫胶封锁，1968 年作为国防任务，综考会组成中国科学院综合考察委员会紫胶考察队。参加考察研究的还有中国科学院动物所、林业部森林四大队、云南省林业厅、云南省林科所、昆明紫胶厂、云南省景东林业局、林科院景东紫胶研究所，共 7 个单位约 60 人。考察队协助建成了石屏县小型紫胶土法加工厂；1970 年完成了滇、川、黔三省紫胶虫、寄主树适生范围以及紫胶资源合理利用的考察研究。

（3）为建立青海省东部地区粮食生产基地以支持西北"三线"建设任务，1970 年综考会成立中国科学院综合考察委员会青海省海南州宜农荒地考察队。参加考察队的还有中国科学院青海生物所、青海科技局等 4 个单位，包括土壤、水利、农业、农经，共 4 个专业 20 余人。考察队对青海省海南州发展粮油生产的自然资源和社会经济条件进行了评价。

（4）综考会组建陕西考察队，全队由地貌、水文地质与工程地质、水文、水工、测绘、工业、交通、经济等专业的 28 人组成。在陕西省 703、705 等铁路沿线进行工业场址建设条件的综合考察。

（5）为建立青海省东部区畜产品基地以支持西北"三线"建设任务，1970 年综考会成立中国科学院综合考察委员会青海省海西州天然草场资源考察队。考察队由中国科学院综考会、青海生物所等 3 个单位的草场、畜牧等，共 5 个专业 20 人组成。考察队评价了青海玉树州的草场资源；提出该州"东畜西迁"的草场条件和战略措施。

（6）1970 年 7 月 15 日，中国科学院(70)科字第 21 号文件关于体制调整的通知，经国务院批准，撤销综考会等 5 个单位。

（7）1972 年，中国科学院遵照周总理关于重视基础理论研究的指示，制定了《中国科学院青藏高原 1973～1980 年综合科学考察规划》。为此，中国科学院成立先后以冷冰、何希吾、为队长的中国科学院青藏高原综合科学考察队。中心任务是"阐述高原地质发展的历史及上升原因，分析高原隆起后对自然环境和人类活动的影响，研究自然条件与资源特点及其利用改造的方向和途径"，对西藏自治区进行全面系统的综合科学考察。青藏科考队组织中国科学院、中央有关部委、地方共 92 个单位的地球物理、地质、地理、生物和农、林、牧、水等 50 多个学科专业，近 500 人参加了外业考察和室内研究。

首次阐明西藏地区是由三条岩石圈断裂带（缝合线）分隔的 4 个构造单元组成；各构造单元是从古生代以来印度板块依次向北漂移与欧亚大陆碰撞拼合的结果；高原隆升是最新一次碰撞产生的强大挤压导致地壳增厚的重力均衡效应；建立了由多层介质构成的高原地壳模型。

推算早更新世以来，高原快速上升累计达 3500～4000m；其间发育过 4 次冰期和 3 次间冰期；近代自然景观从东南到西北表现为森林—草甸—草原—荒漠的地带性更替，深刻影响着大农业自然资源的分布。

记录了西藏的 8300 多种植物和 4100 多种动物，其中包括大量新的种、属、甚至是一个目的研究空白；认为西藏植物区系与东亚、北美区系有共同的起源；西藏是北温带植物剧烈分化和发展的中心；动物区系是更新世以来发展形成的独特综合体。

对藏北密集的盐湖资源考察证实：钾、镁、硼、锂、铷、铯的丰度为世界罕见；地热资源的考察发现我国水热活动最强烈的喜马拉雅地热带，它贯连地中海和环太平洋两大地热带而具全球意义；考察发现的羊八井湿蒸汽地热田已建成中国首座工业规模地热电站；查明和估算西藏河流的年径流总量和水能蕴藏量；首次证实雅鲁藏布江下游大峡弯是世界上水能资源密度最高的区段，提出引水式开发建设世界最大水电站的方案；调查和评价森林、草场、畜牧、作物、土壤等资源的数量、质量及其开发利用途径；进行西藏农业区划。

1980 年召开的"青藏高原科学讨论会"有 240 多名中外学者参加，在当时是我国规模空前的国际科学讨论会。党和国家领导人邓小平、方毅接见了全体代表。

（8）1972 年由国家计委和中国科学院联合组织的"我国工业二次能源合理利用"重大研究项目，由综考会徐寿波任项目负责人。通过对电力、冶金、机械、化工、建材与轻纺工业的调查分析，阐明了二次能源的性质、特征、赋存状态、分布规律、利用途径及计算方法，确定我国二次能源约占企业燃料总消耗量的 21.4%，其中冶金、化工潜力最大，通过采取管理的、技术的、政策的措施，工业二次能源利用大有可为。

（9）1974 年 12 月 14 日，中国科学院党的核心小组会议决定：成立自然资源综合考察机构，定名为"中国科学院自然资源综合考察组"，根据中央的统一计划，组织、协调自然资源的综合考察，开展必要的研究工作。

（10）为配合中国登山队攀登珠穆朗玛峰，中国科学院青藏高原综合科学考察队和中国登山队于 1975 年 4 月共同成立珠峰科考分队，对珠峰地区进行第三次综合科学考察。参加这次考察的有中国科学院综考组、地质所、大气所、冰川所等研究单位。这次考察确定了珠峰峰顶为奥陶系石灰岩；发现属于冈瓦纳沉积相的冷水型动物群和舌羊齿植物群化石；描述了 3 个逆掩断层带的特征；探讨了喜马拉雅山隆起方式；阐述了珠峰北坡冰川风的高空气象特征及成因；给出了攀登珠峰天气预报规律的历史经验总结；第一次提出对珠峰地区大气环境本底状况的初步认识；分析了海拔高度对人体生理功能的影响。

（11）1976 年，综考组与贵州省科委共同成立以那文俊为队长的中国科学院贵州省山区资源综合利用调查队。调研队组织了中国科学院土壤所和贵州省有关研究所、高等院校、生产部门等 19 个单位共 50 位科技工作者参加。调查队以贵州省长顺县山区综合开发利用问题的典型调查研究为重点，开展了长顺县马路公社马路大队以基本农业建设为中心的综合规划；长顺县摆所公社小寨生产队以治山改水为中心的综合规划；提出解决长顺县农业生产中重要问题的途径。

（12）1977 年 2 月，根据内蒙古自治区科技局的要求，综考组成立以郭绍礼为队长的内蒙古乌兰察布盟滩川地考察队。考察队除综考组科技人员外，还组织内蒙古水利勘测设计院等 7 个协作单位，重点考察乌兰察布盟后山地区以滩川地水土资源为中心的高产稳产农田基本建设的途径和潜力。

（13）根据《中国科学院 1973～1980 年科技发展规划》，1977 年 4 月综考组在中国科学院林土所、黑龙江省土地管理处等 8 个单位协作下，组织农、林、牧、农经、遥感、气候、土壤等 10 个专业的约 50 人，组成中国科学院黑龙江农业自然资源考察队，对伊春地区荒地开发和农业发展进行考察研究。考察队依照以林为主、林农结合、因地制宜、全面发展的方针，将 10 万 hm² 耕地和 25 万 hm² 荒地统一规划，制定了农、林、牧业用地的标准，促使农、林、牧业全面发展。

（14）为配合国家体委登山队攀登新疆天山托木尔峰，综考组 1977 年 4 月成立以地质学家刘东生为队长的中国科学院托木尔峰登山科学考察队。考察队组织了中国科学院地质古生物所、地球化学所、微生物所、动物所、冰川冻土所，以及自然博物馆等单位的 36 名科学工作者，对托木尔峰进行考察研究。发现了 4 次冰期和 3 次间冰期以及冰后期完整的沉积剖面；获得第一手高山区探空对比气象资料；复原了地质发展史，提出板块构造模式；发现了一批动植物的新纪录。

2.5 第五阶段（1978～1988）

1978 年党的十一届三中全会开创了我国社会主义现代化建设的新时期。国家制定了《1978～1985 年全国科学技术发展规划纲要》《全国自然科学学科规划》，以及"1979～1985 年农业自然资源和农业区划研究计划要点"。同年，经国务院批准恢复"中国科学院自然资源综合考察委会员"。1981 年和 1982 年，国务院又先后批准对综考会实行中国科学院和国家建委以及中国科学院和国家计划委员会的双重领导。为了适应新的形势，综考会进一步明确了"立足资源，加强综合，为国土整治服务"的综合考察方针，重新布局了各研究室，基本形成了一支专业齐全，素质优良，具有从事自然资源综合考察研究和组织管理能力的科技队伍。从此自然资源综合考察事业迎来了第二次高峰。

这一时期自然资源综合考察研究工作的特点：一是重新组建大规模区域性的综合考察研究，并向已开发地区转移；二是遥感和信息系统等新技术在资源调查中广泛运用；三是区域考察与典型试验示范相结合；四是开展全国性的自然资源系统研究。

（1）1978 年 5 月 9 日，中国科学院(78)科发计字 0658 号文件通知：我院《关于恢复我院自然资源综合考察委员会的请求报告》已经党中央批准，有关问题通知如下：一是中国科学院自然资源综合考察委员会在现有自然资源综合考察组的基础上恢复。二是综考会的主要任务是：组织协调有关我国自然资源（主要是农业资源）的综合考察，对一些考察结果进行综合分析研究，提出开发利用和保护的意见。三是综考会为院直属司局级单位，单立户头，工作人员编制为 360 人。

（2）1978 年 8 月 21～30 日，国家科委、中国科学院、农林部召开会议，落实《1978～1985 年全国科学技术发展规划纲要》108 项重点项目第一项"农业自然资源和农业区划研究"，以及"全国自然科学学科规划"地学重点项目第五项"水土资源和土地合理利用的基础研究"两项任务。

（3）根据中国科院的决定，综考会 1978 年组成以水利专家张有实为队长的中国科学院中国东部地区南水北调综合考察队。考察队由综考会水资源室的水文、农田水利、水能、水文地质等专业的 14 人组成。考察研究了从长江流域通过东线、中线向华北平原及京、津两市调水的规模、水资源的合理利用、技术经济效益、社会和环境影响等问题。

（4）综考会于 1978 年以生态学家李文华为首，参加"中国科学院吉林长白山生态系统定位研究站"的"长白山森林生态系统结构功能和生产力"的研究项目，承担了该项目主要组成的 5 个课题。

（5）1978 年 7 月 28 日，中国科学院(78)科发字 1088 号文件批复综考会：同意设土地资源研究室（含资源经济组）、水资源研究室（含气候资源组）、生物资源研究室、能源研究室和技术室。1978 年 8 月 2 日，综考会党的临时领导小组研究决定：设气候资源研究组，暂由生物资源研究室领导。

（6）1978 年 9 月 26 日，经国务院批准白铁同志为中华人民共和国《人与生物圈》国家委员会副主席，阳含熙为委员兼秘书长，李文华、李龙云为副秘书长。

（7）根据《1978～1985 年全国科学技术发展规划纲要》和《全国自然科学学科规划》，综考会作为主编单位，于 1979 年组成以土地资源学家李孝芳和石玉林为首的专门小组，承担《中国 1：100 万土地资源图》的编制。中国科学院地理所、沈阳林土所、成都地理所等 9 个研究所为副主编单位，编委会由 47 个单位的人员组成。该图以土地评价为核心进行多因素综合制图，反映土地的潜力、性质和成因；首次提出土地分类系统，结合评价系统处理多宜性与主宜性、主导因素与综合因素、全国统一性与地区差异性的关系；其统计系统和数据库可提取反映土地潜力、性质和现状的数据和图表。

（8）根据国家科委、国家农委(1979)国科发四字第 363 号文件，综考会作为主编单位，于 1979 年组成先后以草地专家廖国藩、苏大学为首的《中国 1∶100 万草地资源图》编委会，中国科学院植物所与内蒙古大学为副主编单位。同时在综考会和中国农业科学院草原所，分别设立南方、北方草场资源调查科技办公室，负责全国草地资源调查。依据实地调查，完成中国第一个草地分类系；首创将牧草经济利用属性用作草地分类级别，在同一图斑上反映草地多要素的叠加成图法；采用变距等高距选取与草地类型、垂直带、重要牧草分布界线有关的等高线。该图首次查清中国草地资源的面积、生产力、利用现状，为国家编制资源白皮书，进行草地资源监测等提供了科学依据。

（9）根据《1978～1985 年全国科学技术发展规划纲要》，1980 年中国科学院组建以土壤学家席承藩为首的中国科学院南方山区综合科学考察队，对我国亚热带东部山区开展综合科学考察。参加考察的有中国科学院综考会、植物所、土壤所、地理所、动物所、庐山植物园等 9 个研究所，上海师范大学、中国人民大学等 6 所高等院校，以及江西、广东、广西、湖南、河南等省(区)36 个生产、科研和管理部门，共 51 个单位，40 个专业的 600 余人。考察研究分两期进行，第一期考察提出吉泰盆地商品粮基地建设的建议；论证并促进了赣南柑橘基地的建立；提出农业立体化、集约化和商品化经营的设想；开展了千烟洲红壤丘陵综合开发治理实验研究。第二期考察提出深层开发，实现农业转型；丘谷并重，建设立体农业生产体系和商品粮生产基地；开发生物、畜产和矿产资源，建设八大系列加工增值的经济体系。

（10）根据《1978～1995 年全国基础科学技术发展规划》，1981 年中国科学院青藏高原综合科学考察队将考察研究区域东移到川西、滇西北的横断山区，继续完成 1973 年制定的青藏高原综合科学考察的中心任务，并加强了自然资源开发利用和保护等应用课题的考察研究。科考队组织了院内外科研、教学、生产部门的 40 个单位，40 个专业近 300 多人次参加考察。这次考察证实了高原主体构造带向东再向南的继续延伸；对于板块构造和岩浆活动的研究判断，横断山区是我国以锡、铜、银、铅锌为主的多金属成矿带；采集和鉴定了大量动物、植物、菌类新种和特有种属；横断山区处在两大生物区系交汇处，以丰富的生物资源和子遗生物著称于世，是宝贵的物种基因库；横断山区悬殊的三度空间变异，形成复杂的垂直气候、生物组合，深刻影响农、牧、林、水资源的分布和生产条件的差别。横断山区的科考强化了定位研究：在金沙江河谷通过白马雪山到澜沧江，建立了我国第一个气候垂直定位观测站；在云南丽江建立辐射观测站；在云南小中甸林区进行林内外小气候及水文效应对比观测；在小中甸林场进行冷杉人工育苗和越冬试验研究；在云南腾冲热田进行了微地震和地球化学的半定位观测。这些考察研究深化了学科基础理论和对资源开发与保护的认识。

（11）国家建委 1981 年 8 月 15 日在报国务院"关于开展国土整治的报告"提出，根据中央书记处第九十七次会议决定，国家建委要把国土整治作为全委重点，为此与中国科学院商定，中国科学院自然资源综考会由中国科学院与国家建委双重领导。1981 年 10 月国务院以国发〔1981〕145 号文件批转同意国家建委关于开展国土整治工作的报告。

（12）1982 年 1 月，经中国科学院地学部同意，综考会成立以阳含熙、冯华德为首的学位评定委员会。

（13）为配合国家体委登山队攀登南迦巴瓦峰，1982 年综考会负责组织协调，成立以地质学家刘东生为队长的中国科学院南迦巴瓦峰登山科学考察队。组织院内外 35 个单位的地学、生物学等 20 个专业共 50 余人参加考察。考察研究的中心课题是"南迦巴瓦峰的形成、演变及其对自然环境的影响"。这次考察证实雅鲁藏江大峡弯峡谷作为板块缝合线的存在；指出南峰地区是喜马拉雅山区成陆最早的地区；近期域内应力集中、隆升速度超过侵蚀速度；雅鲁藏布大峡弯是高原最主要的水汽通道；南峰地区集中了西藏 2/3 高等植物和 80％的大型真菌；考察发现大量真菌，爬行动物和昆虫的新种甚至新属。

（14）1982 年 11 月，中国科学院、国家计划委员会以(82)科发地字 0973 号文件通知：国家机关进行机构体制改革之后，国土整治工作已划归国家计委主管，为此综考会也需相应改由中国科学院和国家计委双重领导。1983 年 12 月 8 日，国家计委下发计土〔1983〕1845 号文件，同意将综考会名称改为"中国科学院国家计划委员会自然资源综合考察委员会"。

（15）1983 年初，中国科学院南方山区综合科学考察队在江西泰和县千烟洲建立试验示范基地。1988 年千烟洲试验站移交综考会，由生态学家李文华兼任站长，进行红壤丘陵综合开发治理试验研究，创建了"丘上林草丘间塘，河谷滩地果渔粮"的立体农业模式，建立了"林—果—经""林—牧—粮""畜—沼—果"和"水陆复合生产系统"等多种生态农业模式。1992 年千烟洲试验站归入中国科学院生态系统研究网络，开展了气象和小气候、生物生长量等多项监测。

（16）1983 年 3 月，应联合国教科文组织的要求，由综考会承担出版该组织 *Nature & Resources* 杂志中文版的任务。同年 5 月，中文版编辑部成立，李文华任主编。1984 年 2 月，国家科委正式批准中文版创刊，公开发行。

（17）1983 年 6 月 20 日，经中国科学院报请党中央同意，孙鸿烈任自然资源综合考察委员会主任。

（18）1983 年 10 月 19 日，中国科学院院务会议决定：执行 1983 年 7 月院务会议讨论决定，恢复综考会为院的直属委员会。

（19）1983 年 10 月 23 日，在北京举行"中国自然资源研究会成立大会暨第一次中国自然资源学术交流会"，从事自然资源研究以及地学、生物学、生态学、环境科学、经济科学等方面 120 个单位的 190 多人参加。会上选举第一届理事会，理事长侯学煜，副理事长孙鸿烈、阳含熙、陈述彭、王慧炯、李文彦、李文华，秘书长郭绍礼。

（20）1983 年 12 月 1 日，中国科学院派出以秦力生为团长、阳含熙为副团长的代表团，参加尼泊尔国际山地综合开发中心成立大会。为数 10 人的中国代表团是与会各国最大的代表团，其中半数由综考会派出。尼泊尔国际山地综合开发中心是在联合国教科文组织倡导下成立的区域性山地科学研究机构，旨在亚洲中南部兴都库什—喜马拉雅山地区从事山地开发、情报交流、技术咨询和组织培训的国际中心。中国科学院是该中心在中国的归口单位，综考会负责承担中国科学院与该组织之间的合作事宜和日常管理工作。李文华、孙鸿烈先后任该组织的国家理事。

（21）1984 年 1 月 24 日，《自然与资源》编委会成立，李文华任主编。

（22）根据国家计委的建议以及中国科学院的科学技术发展规划，1984 年 9 月，综考会负责组建了以张有实为队长的黄土高原地区综合考察队。中国科学院综考会、地理所、土壤所、地质所、植物所、沙漠所等 12 个研究所，地矿部、水利部、铁道部、国家计委等中央有关部委的 6 个管理和科研部门，人大、北师大、北大等 15 所高等院校，以及晋、陕、甘、宁、蒙、青、豫等省（区）和其他有关的业务部门，共约 50 多个单位 650 人参加了考察研究。提出依托煤炭、稀土等优势资源的开发与环境整治相结合的原则，建设由周围山系组成的"外环"生态屏障，强化由平原、盆地、塬地构建的"内环"；将防治水土流失和沙化、建立黄河经济带、农林牧综合开发、水资源合理利用以及开发旅游业等列为黄土高原开发治理的重大问题，并提出战略措施。

（23）根据中国科学院支援新疆的决定，1985 年 2 月，中国科学院成立以土地资源学家石玉林为队长的中国科学院新疆资源开发综合考察队。中国科学院综考会、地理所、系统所、新疆生土所等研究所，国家计委、国家经委、林业部等中央有关科研和业务部门，以及有关高等院校，新疆有关厅局和科研部门共 45 个单位、30 多个专业的 710 多人次参加考察研究，工作历时 5 年。通过资源环境和基本区情的评价和分析，提出建成国家级农牧业、轻纺工业、石油和石油化工工业基地的建议；指明节水和保护山地是一切事业的根本；制定工、农业结构调整的初步方案；提出以天山北坡产业带为中心，伊犁、库尔勒-阿克苏为两翼，喀什、伊宁为窗口的生产力布局；重新修订大农业资源数量、质量的评估。

（24）根据国务院(85)国函字 105 号文件，中国科学院以(85)科发字 1235 号文件批复：请综考会作为牵头单位，完成好"西南地区国土资源综合考察和发展战略研究"任务。1986 年 8 月，综考会成立了以生态学家李文华为队长的中国科学院西南资源开发考察队。中国科学院综考会、地理所、地化所、成都山地所、昆明植物所等 23 个研究所，东北工学院、北京大学、北师大等 19 所高等院校，地矿部、铁道部、水电部、机电部、林业部等中央有关部委所属业务部门的 14 个单位，川、滇、黔、桂、渝省（市）和全国其他有关部门的 63 个单位，总计 120 个单位共 606 人参加历时 3 年的考察研究。重点论证建设以水电为主的强大的能源基地，实现西电东调；建设既能独立存在又能支援全国的综合性原材料基地；在粮食自给的基础上，建成国家林业造纸和综合畜产品基地；建设具有西南特色的轻工业基地；并提出分期排序的重大建设项目建议。

（25）1986 年，在中国科学院和农业部共同倡议下，国家立项在亚热带中高山地区的四川省巫溪县红池坝（现属重庆市）建立"中国科学院红池坝草地畜牧生态系统试验站"。由综考会负责管理和运转，廖国藩、刘玉红、黄文秀、樊江文历任负责人。试验站相继承担国家"七五""八五"重点科技攻关课题"亚热带中高山地区人工草地养畜试验区""北亚热带中高山草地畜牧业优化生产模式"课题，并与德国、俄罗斯、新西兰等国家进行合作和交流。筛选出高产、质优、适应性强的牧草，提出适于推广的混播组合；首次在川东建成万亩人工草地，解决大面积人工草地关键技术问题；成功引进优良绵羊品种，倡导"北羊南调"的科学方案；确定了草地载畜量的放牧控制模型和综合管理优化模式；提出牧业生产系统内部优化模式，以及农牧结合的草地畜牧优化模式。

（26）1986 年 12 月 16 日，召开"纪念中国科学院自然资源综合考察委员会成立三十周年学术讨论会"。中国科学院院长卢嘉锡、副院长周光召、原国家计委副主任徐青、中国科协书记处书记刘东生、水电部咨询顾问谢家泽、中国科学院院士黄秉维、吴征镒、施雅风等出席了会议。

（27）1987 年 3 月，经中国科学院批准孙鸿烈为中国科学院青藏高原综合科学考察队队长，开展研究程度低的喀喇昆仑山-昆仑山地区的综合科学考察。项目主持人郑度。中国科学院综考会、地理所、地质所、昆明植物所以及南京大学等 19 个单位、20 个专业的 67 名科学工作者参加了考察。这次考察发现了第五缝合带和近百种古生物新种，完善了区域地层系统，确定了早古大洋的存在；确认地壳中存在 1～2 个低速层和高导层；证实早更新世以来的三次冰川作用，以及 1.5 万年以来湖泊普遍萎缩甚至干涸；发现植物新属 2 个、新种 185 个、新纪录 6 种；以帕米尔高原、乔格里峰为界，划分了动、植物区系；完成了干旱、极干旱、高寒极干旱、高寒干旱和高寒半干旱 5 个垂直自然带的划分。1992 年召开了"喀喇昆仑山—昆仑山国际学术讨论会"，共有 148 名中外科学家出席。

（28）受中共中央农村研究室、国务院农村发展研究中心的委托，1987 年中国科学院由周立三院士领衔的国情分析小组，为中国科学院院长基金长期支持的研究课题，挂靠在综考会。中国科学院综考会、南京地理所、生态中心、政策研究所先后有 200 多人参加课题研究。国情分析小组对制约我国中长期发展的限制性因素进行分析，提出了发展战略和主要对策，在解决中国资源瓶颈的三大国策中，"建立资源节约型国民经济体系"和"双向自然资源发展战略"是由国情小组提出的；在参与将"三农"问题列为全党工作重中之重的讨论中，主要观点和对策与党中央、国务院高度一致。基本国情分析已形成相当完整的理论体系。

（29）在 1987 年国家机关第二次扶贫工作会议上，国务院将全国主要贫困区第 11 片冀、内蒙古、辽接壤地区的努鲁儿虎山区，指定为中国科学院重点科技扶贫区。中国科学院将扶贫区的资源开发与经济发展列为院重大科研项目，委托综考会主持。康庆禹、朱景郊、王旭先后为项目主持人。参加该项目的有中国科学院综考会、地理所、水保所、应用生态所、沙漠所、西北植物所、遗传所、植物所、地质所、黑龙江农业现代化所、病毒所、水生生物所，以及陕西省科学院西安植物园等 13 个单位 93 人，地方 19 个有关单位的 35 人，共 128 人参加了工作。通过执行科技扶贫总体规划、综合开发和生态治理试验示范、生态经济建设、生态农业优化模式研究、新技术以及实用技术引进和推广、蔬菜花卉基地建设等措施，使当地近半数贫困人口脱贫。

2.6　第六阶段（1989～1999）

20 世纪 80 年代末，全国改革开放不断深入，国家确立可持续发展和全面建设小康社会的战略目标。在全球人口、资源、环境危机日益加深的态势下，我国明确提出解决这一问题的战略要求。综合科学考察事业也随之转向为我国 21 世纪资源、环境、社会经济协调发展创造条件的阶段。其主要进展：一是开展全国性的气候、水、土、森林、草地等可再生资源和国情的研究。加强了自然资源系统的理论研究和完善资源科学建设。二是以中国生态系统研究网络的建立，标志着全国、区域、台站(点)三个层次有机结合的生态环境监测、研究、管理的格局基本形成。三是开展区域开发前期研究，深化了跨学科、跨行业、跨地区的综合科学考察研究。四是直接为地方社会经济发展服务的区域资源开发和社会经济发展的考察和规划，推动了资源、环境、社会经济的协调发展，丰富了资源科学的理论与实践。五是进一步加强了新技术、新方法的应用研究。1999年底，中国科学院决定将中国科学院地理研究所与综考会进行整合，建立中国科学院地理科学与资源研究所。

(1) 1989年2月，国家科委发出"关于开展青海可可西里综合科学考察工作的通知"，由国家科委、中国科学院、国家环保局、青海省人民政府共同立项，成立以宋瑞祥省长、班马丹增副省长为组长，孙鸿烈副院长、金鉴明副局长为副组长的领导小组，由中国科学院和青海省组建以武素功为队长的可可西里综合科学考察队。中国科学院昆明植物所、地理所、综考会、古生物所、地质所等有关研究所，以及青海省地质局等有关单位的地质、地理、生物等27个专业共68名科技工作者参加了考察。重点课题是：①地质特征和演化，晚新生代高原隆起对自然环境的影响；②动植物区系的特征、形成，高原隆起对生物区系演变的影响及人类对高原的适应；③环境特征、区域分异及演化；④自然资源开发利用前景的评价与保护。

(2) 根据1987年党中央召开的第二次西藏工作会议的指示，西藏自治区政府将"一江(雅鲁藏布江)两河(拉萨河、年楚河)"中部流域地区开发建设作为政府经济工作的重点，于1988年委托中国科学院青藏高原综合科学考察队编制"西藏自治区'一江两河'中部流域地区资源开发和经济发展规划"。为此，西藏自治区和中国科学院联合成立了以马李胜、孙鸿烈为组长的领导小组，组成由章铭陶主持的项目组。参加本项目组的有中国科学院综考会、北京大学、交通部情报所、西藏自治区计委、西藏水文总站等11个有关单位的农田水利、土地、农学、林业、畜牧等14个专业共48人。规划提出坚持开发大农业，建立良性生态循环；以水为龙头，大力发展粮食生产、相应发展林业、畜牧业和民族手工业；积极发展交通和能源；重视文化教育、科学技术和人才引进；把"一江两河"中部流域地区建设成西藏自治区的商品粮基地、副食品基地、轻纺手工业基地和科技实验推广基地，带动自治区的振兴和发展。1990年7月22日，国家主席江泽民亲临"一江两河"中部流域地区视察，指出："这个开发项目是西藏发展农牧业，加快经济发展的实破口，要精心规划设计，严密组织，务求见效"。

(3) 为了向从事资源开发和经济发展的各界人士提供一部基础性工具用书，1989年综考会以程鸿、何希吾为首组成编辑组，编辑出版了《中国自然资源手册》。该手册包括土地、森林、草地、生物、水、气候、矿产、海洋等自然资源，以及自然保护区、资源和经济、自然资源考察研究和出版、资源法和有关条例等十三方面内容。

(4) 中国科学院为支持基础性研究工作稳定发展，决定将"区域开发前期研究"作为科学院特别支持的领域之一。1990年8月，成立以孙鸿烈为主任的专家委员会。其任务是：研究区域经济、社会的总体发展战略与布局，经济、社会、资源、环境的协调发展，资源开发与环境治理的方向、途径，为区域的持续发展提供宏观决策的科学依据。现阶段重点研究地区为"重要战略地位的经济开发区；近期国家将重点开发的地区；生态环境恶化有待治理的地区；重大自然改造工程涉及的地区。"专家委员会办公室设在综考会。

(5) 根据西藏自治区人民政府关于"西藏'一江两河'中部流域地区资源开发和经济发展规划"方案，报国家计划经济委员会的藏政[1990]80号文件，1990年9月，西藏自治区计划经济委员会和西藏自治区一江两河开发建设委员会办公室，委托中国科学院青藏高原综合科学考察队，对规划中8个重点农业综合开发区之一的艾马岗综合开发区进行规划设计。青藏科考队组成以章铭陶为首的规划设计组。中国科学院综考会、西藏日喀则地区和南木林县的有关部门的农田水利、农学、畜牧等8个专业的25名科技工作者参加了规划设计。规划设计组完成艾马岗引水大渠改建和配套的水利工程设计；对开发区9693hm² 土地进行以建设区域性草畜生产基地和商品粮生产基地为目标的农、牧、林业生产规划和管理中心的布局；对开发区的投资和收益进行了财务分析。

(6) 1990年9月，西藏自治区计委和"一江两河"开发办委托中国科学院青藏高原综合科学考察队，对西藏"一江两河"地区的江北农业综合开发区进行规划设计。青藏科考队的规划设计组在完成艾马岗综合开发区规划设计的外业工作后，开展江北农业综合开发区的规划设计工作。规划设计组完成了多布塘引水干渠改扩建和江北干渠延伸的工程设计；对开发区的8607.7hm² 土地进行以建成粮油和畜产品生产基地为目标的农、牧、林业生产规划和经营管理体制的布局；对开发区的投资和收益进行了财务分析。

（7）根据中国科学院"区域开发前期研究"第一期的安排，1991年4月，综考会组成以倪祖彬为首的"黄河上游多民族地区经济发展战略研究"项目组。参加项目组的有中国科学院综考会、能源所、地理所、生态中心、沙漠所共18人。对青海龙羊峡至内蒙古托克托之间的黄河干流沿岸地区进行的考察研究：提出强化能源、有色金属与化学工业基地建设；优先发展深加工和依托型、协作配套型工业；延长产业链，形成不同层次的优势产业群；兴建高扬程提黄灌溉水利工程，"再造一个河套灌区"；加强粮、猪、奶牛等生产基地建设，进行适度规模化的经营；加强生态环境整治与"三江"（黄河、长江、澜沧江）上游防护林体系建设。

（8）根据中国科学院"区域开发前期研究"第一期的安排，1991年5月，综考会成立由姚建华负责，有山西能源所参加的11人项目组，对"晋陕蒙接壤地区工业与能源发展及布局"项目进行考察研究：提出依托自身优势资源和全国劳动分工中的地位，建设优质动力煤、天然气、电力供应的基地，铝工业和化工基地；评估主导产业和支柱产业的发展规模；将全区划分成5个小区进行工业、能源建设的布局；提出工业合理发展的对策。

（9）根据中国科学院"区域开发前期研究"第一期的安排，1991年5月，综考会成立由郎一环负责，综考会和武汉测量与地球物理所共同主持，长沙农业现代化所、地理所、生态中心、国家计委国土所、江西山江湖开发办共21人参加的"长江中游地区资源开发与产业布局"项目组，对湘鄂赣三省沿长江的14个地市进行资源开发与产业布局的考察研究：提出以上海浦东开发和长江经济带建设为契机，形成外向型经济新格局；对于农业、原材料工业、加工制造业、交通运输网、能源等主要工业和基础设施提出发展方向和建设规模；分别对以武汉为中心、九江为次中心的鄂东沿江产业区段，以岳阳为中心的沿江产业区段和以宜昌为中心的鄂西沿江产业区段进行相关产业布局。

（10）中国科学院青藏高原综合科学考察队受西藏一江两河建设委员会的委托，对西藏自治区规模最大的日喀则地区江当农业综合开发区的开发建设进行可行性研究。为此，青藏科考队组成由章铭陶主持，中国科学院综考会、北京水利局参加，包括农业气候、土地、农学、农田水利、测量等13个专业共27名科技工作者参加的项目组。完成以雅鲁藏布江为水源，由不同高程、不同引水量和不同渠间电站容量配置组成的五种江当引水大渠线路设计方案；对开发区150km² 土地进行以建设区域性商品粮、油、畜产品和蔬菜副食品基地为目标的农、牧、林业生产规划，以及管理中心的布局；对开发区建设投资和收益进行的财务分析表明，项目的抗风险能力较强。

（11）根据国务院国函(1991)27号文件，西藏自治区人民政府组织中央有关部委的勘测设计部门和西藏职能机构进行农、牧、林、水、交通、能源、工业7项行业规划。同时委托中国科学院青藏高原综合科学考察队对各行业规划的编制进行协调和总体控制，并在此基础上编制综合规划。1991年5月，青藏科考队组成由章铭陶主持，中国科学院综考会、水利部松辽委、西藏自治区农牧林委和计经委4个单位11个专业共28人参加的综合规划组。综合规划制定了"一江两河"地区开发方向、任务、建设项目、总体规模；分别进行土地、水利、种植业、畜牧业、林业、能源、工业、交通运输业等各行业或专业的规划；遴选了农业综合开发区和试验区；提出区域开发重大对策与措施的建议；对项目进行投资和收益的财务分析和综合效益评价表明，项目抗风险能力较强。

（12）根据中国科学院"区域开发前期研究"第一期的安排，1991年6月，组成由中国科学院地理所、综考会、南京湖泊与地理所共同主持，综考会郭文卿为主持人之一，共25人组成的项目组，开展包括福建省南部和广东省东部的"东南沿海地区外向型经济发展与区域投资环境综合研究"，提出三次产业结构调整的方向与重点，发展外向型经济是促使产业结构转型升级的主要动力，以及加快产业外向化的步伐；确保港口、能源、通信基础设施的超前发展，优化区域投资环境；建立沿海工业带的一级发展轴和沿内河水运线、铁路和干线公路延伸的二级发展轴；提出大福州地区、闽东南地区和粤东地区共14个重点开发地区的产业布局。

（13）中国科学院青藏高原综合科学考察队受西藏自治区人民政府委托，开展藏东尼洋河流域和雅鲁藏布江下游宽谷区的考察研究，并编制资源开发和经济发展综合规划。为此，青藏科考队于1991年9月，组成由章铭陶主持，中国科学院综考会、地理所、水电部科学研究院泥沙所等8个单位的林学、森工、水能、水工、农田水利、农学、工业经济、畜牧、测量等16个专业共38人参加的规划项目组。确定以市场为导向、科技为依托，能源、交通等基础设施为先导，兴利除弊开发水资源，优先发展林产工业，拓展以旅游为重点的第三产业，促进商品经济发展、社会繁荣进步、生态协调平衡的指导思想；提出区域开发的总体方向、目标、时序，主要建设项目和投资；分别进行土地、农田水利、林业、种植业、畜牧业、水能、地方工业、交通、旅游、乡镇企业、人口劳动力等行业或专业规划；完成规划区投资和收益的财务分析。

（14）国家"八五"计划期间，综考会以孙九林为首，承担国家科技攻关项目"遥感技术应用研究"（02）号"重点产粮区主要农作物遥感估产"课题，参加这一课题的有中国科学院地理所、遥感所、遥感卫星地面站、南京湖泊与地理所、长春地理所、中国林科院资源信息所、南京农科所、山西遥感中心等单位共100多人。该课题选取黄淮海平原的小麦，松辽平原的玉米，江汉平原和太湖平原的水稻作为遥感与估产的试点目标。构建了一批适合我国主要农作物大面积估产的模型；将原定的试点目标面积分别扩大；在作物收割前一周提出产量估算报告；小麦估算精度达到95%，水稻、玉米分别达到85%以上；每年除向国家报告估产地区的粮食单产、总产外，还向地方政府通报苗情、墒情，便于指导农业生产，达到了攻关总目标。

（15）为更加深入广泛地对青藏高原进行研究，1992年8月，"青藏高原形成演化、环境变迁与生态系统研究"项目，被列为国家重大关键基础研究的"攀登"计划，同时列入中国科学院基础研究项目。孙鸿烈院士任首席科学家，中国科学院综考会为主持单位。中国科学院地质所、冰川冻土所、高原大气所、地球物理所、地理所、西北高原生物所等15个研究所，兰州大学等3所高等院校的地学、生物学、资源科学的相关专业共260多人参加了研究。该项目首次以青藏高原的整体作为研究对象，分解为5个课题：①青藏高原岩石圈结构，演化和地球动力学研究；②晚新生代以来环境变化研究；③近代气候变化、趋势预测及对环境影响的研究；④生态系统结构功能和演化分异的研究；⑤高原隆起及对资源、环境和人类活动影响的综合研究。该项目概括了40多年以来青藏高原综合科学考察各阶段的成果：建立元古代以来地层的建造序列；复原高原古地理环境变迁；划分三种岩浆岩类型为12个岩浆岩带；查明高原岩石圈为多圈层结构；创立自早古生代以来高原形成演化的多地体分阶段拼合-叠加变形模式；高原于上新世起以整体性、差异性和阶段性的特征隆起；分析高原隆升对河湖水系形成演化的影响；论述高原第四纪4次冰期的序列和现代冰川类型；描述全新世环境变迁和演变的趋势；东亚季风气候的发生是对高原隆升的响应；新近纪以来气候总体由暖湿变为干冷；论证高原地面冷热源的性质、强度和季节变化；高原水汽输送的三条路径与地生态效应；高原是全球气候变化的敏感区；高原地跨植物的泛北极区和古热带区和动物的古北界和东洋界；高原生物具物种多样性、特有种丰富、垂直变化明显、植物趋同演化和动物适应演化的特征；高原生物区系起源于晚白垩世至始新世，定型于晚更新世；划分高寒生物群落为7个类型；高原具有自然地理的年轻性、高寒气候的特殊性、冰雪寒冻作用的普遍性、生物群落多样性的自然环境基本特征；划分高原景观生态为3个季风性带谱系统和6个大陆性带谱系统；完成高原综合自然区划；评价高原农业、生物、矿产、能源等自然资源的形成、特征、分布和开发潜力；分析高原脆弱生态环境趋于恶化的人为因素；提出建设自然保护区的对策和措施；制定西藏"一江两河"等五个优先开发地区，带动高原经济发展的区域发展战略。1998年7月举行"青藏高原国际科学讨论会——青藏高原形成演化、环境变迁与可持续发展"。

（16）1991年淮河水灾之后，中国科学院、水利部、中国人民保险公司于1992年联合主持，开展了"淮河流域洪涝灾害与对策"综合研究项目，中国科学院将此列为"八五"期间重点研究项目。由中国科学院综考会、水利部淮河水利委员会、中国人民保险公司农村业务部共同牵头，综考会方主持人何希吾、陈远生。中国科学院地理所、南京湖泊与地理所、安徽省水利厅、中国人民保险公司的安徽、河南、江苏、山东4省分公司共36人参加综合研究。重点考察研究淮河流域水系变迁；洪水特征；洪泽湖水情分析；防洪工程体系；淮河干流行洪区社会经济和水环境；洪涝灾害社会保障机制和主要对策。

（17）根据"八五""攀登"计划实施和生态系统网络布局的需要，以及西藏"一江两河"开发办的要求，中国科学院在西藏达孜建立了先后由综考会张谊光、王钟建、张宪洲主持的"拉萨农业生态试验站"。参加该站试验研究的还有南京农学院、西藏气象局和中国科学院青海高原生物所。生态站是为西藏发展生态农业，实现传统农业向高产、优质、高效的现代农业转化而进行的试验和示范。其任务是研究高原农业生态系统的能量流动与物质循环；生态系统的结构、功能、生产力及其调控；生物多样性的保护、培育及其利用；生态系统对全球变化的贡献及响应；人口、资源、环境与土地承载力；完成"攀登"计划有关研究；引进244种作物、牧草、树木新品种；建立农田生态系统优化模式；完成基本建设任务。

（18）1995年，由国家计委国土地区司主持，房唯中副主任任主编，国家计委与中国科学院综考会参与共同组织全国各部委、省（区、市）参与撰写，出版《中国自然资源丛书》共42卷。其中各省（区、市）31卷，十大资源类各1卷，综合卷1卷，总字数约1500万。该《丛书》中的的《中国自然资源总论》由综考会负责编写。该《丛书》是我国有史以来第一部全面系统，融科学性、政策性、实用性为一体的资源科学巨著，是我国资源研究实践的总结，为发展我国资源科学理论奠定了基础。

（19）1998年7月，中瑞合作出版的《AMBIO——人类环境杂志》中文版编辑部正式成立，李文华任中文版主编。1994年1月，国家科委正式批准中文版创刊并在全国公开发行。

（20）中国生态系统研究网络（CERN），经由综考会主持和21个研究所的参与，于1993年完成总体设计，成立以孙鸿烈院士为主任的科学委员会，并在中国科学院生态网络工程和世界银行"中国环境技术援助项目"的共同支持下，实施第一期能力建设。2002年又在中国科学院知识创新工程的支持下，启动第二期能力建设，形成包括中国科学院禹城综合试验站、江西省千烟洲红壤丘陵综合开发试验站、拉萨高原生态试验站在内的40个农业、森林、草原、湖泊、海洋生态系统定位站，建成按统一规格和标准，对生态系统的结构、功能、动态和管理进行检测、研究和示范的生态研究网络系统。为解决中国面临日益严重的资源环境压力，提供基础性科学数据和分析资料，作为生态环境研究的共享平台。目前已与美国、英国相应的网络系统，并列为世界三大国家级生态网络，确立了中国生态学在国际生态学界的地位。

（21）根据中国科学院"区域开发前期研究"第二期的安排，"河西走廊地区经济发展与环境整治综合研究"项目，由综考会与兰州沙漠研究所共同主持，兰州冰川冻土研究所参加。综考会由姚建华负责，组成16人的项目组，考察研究甘肃河西走廊地区可持续发展的产业结构调整布局、人口迁移、城市体系、区域水资源承载力、资源开发对环境的影响以及整治途径。

（22）根据中国科学院"区域开发前期研究"第二期的安排，"京九铁路经济带"项目由综考会与地理所共同主持，南京地理与湖泊所和土壤所参加，共同组成20人的项目组。综考会由倪祖彬负责。考察研究京九铁路沿线九省（市）23个地市区的总体开发战略：提出立足本地区位与资源优势，接纳夕阳产业的转移；以大开放促进大开发；加快中心城市建设，分段培育增长极；农业产业化经营，优化产业结构；寓生态环境整治于资源开发之中，为经济带的发展战略目标。为此，划分全经济带为5个区段，分别进行产业发展布局。论证了交通运输网建设，"三高"农业带建设，开放型工业体系建设，乡镇企业发展，旅游业发展与中心城市建设，生态环境建设6项战略问题，提出发展方向、规模与途径。

（23）根据中国科学院"区域开发前期研究"第二期的安排，"中国环北部湾地区总体开发与协调发展战略"项目，由综考会主持，孙尚志、郎一环负责，成都山地所参加，组成16人的项目组。对桂、粤、琼三省区环北部湾地区进行考察研究：在明确建成西南出海通道，发展滨海重化工业、三高农业和外向型农业，形成具有特色的旅游线网，严格控制污染源为区域开发建设总体目标的基础上，提出建设以热带水果、热作、水产为内容的主导产业；稳定粮、蔗生产，搞好林业生产，建设具有特色的农业基地；发展能源、冶金、石化、机械、电子、轻纺工业；加强以港口为核心的交通运输体系建设。

（24）根据中国科学院"区域开发前期研究"第二期的安排，"晋冀鲁豫接壤地区区域发展与环境整治"项目，由中国科学院生态中心、综考会和地理所共同主持，石家庄农业现代化所参加，综考会由唐青蔚负责，组成15人参加的项目组。对晋冀鲁豫接壤地区的11个地市进行考察研究：确定以能源、冶金和化学工业为主导产业；抓紧粮食生产，坚持五业并举为农业发展目标；包括重点产业、工业区建设、农业商品基地建设和重大基础设施建设为主要内容，进行总体战略布局；通过综合评判模型，评价各地市经济-环境系统的协调程度；提出调整工、农业结构，推广节水技术，开展生态环境建设等区域经济可持续发展主要问题的对策。

（25）根据党中央政治局召开的第三次西藏工作会议精神，西藏自治区党委和政府决定以开发超大型的玉龙铜矿，带动藏东地区的经济发展。为此，将昌都地区中南部条件较好的六个县划为农业综合开发区，委托中国科学院综考会编制农业综合开发规划。综考会于 1996 年 4 月组成以章铭陶、成升魁为首，包括气候、土地、水利、农学、林业、草地、畜牧、工经、农经等 12 个专业的 15 名科技人员参加的规划组。通过实地考察，提出把昌都地区三江流域建设成为适应市场经济和可持续发展的农牧林业生产基地，支撑以玉龙铜矿开发为重心的工业、能源和交通建设；分别对土地利用、农业灌溉、种植业、畜牧业、林业发展和基地建设、农村能源开发、地方工业、乡镇企业发展进行规划和布局，提出发展目标、途径，建设项目、规模，以及建设时序；投资和收益的财务分析表明，其结果可以被接受。

（26）《中国资源科学百科全书》是由中国自然资源学会主持，综考会牵头，中国大百科全书出版社、中国水利水电科学研究院水资源研究所、国家计委国土地区司、农业部区划办联合参与，孙鸿烈院士任编辑委员会主任，有 600 多名学者、专家参加撰写的资源科学专著和工具书。全书分 19 个分支学科，共 2589个条目，327 万字，1670 张插图和照片。内容涉及自然科学、社会科学和工程技术科学等领域，是我国长期以来开发、利用、保护资源的研究与实践的总结。首次从资源科学的角度，系统全面地论述了资源、资源分类与资源考察的内涵，以及资源科学的学科体系与分支学科的科学定位，为读者提供了准确、全面、崭新的科学信息。全书科学体现资源开发、利用、保护与管理的高度统一，融自然科学、社会科学与工程技术科学于一体，为我国资源科学的发展做出贡献。

（27）"我国新亚欧大陆桥双向开发型经济带建设研究"为中国科学院"区域开发前期研究"第三期特别支持项目，由综考会主持，主持人姚建华、李岱，地理所、南京地理所、新疆地理所参加，组成共 21 人的课题组。对东起连云港，西至阿拉山口，横跨我国东、中、西 10 个省区铁路沿线的经济带进行考察研究：新陆桥经济带建设的战略思路是以陆桥为轴，以五大核心城市为中心，着力发展五大片经济区，不断加强区片联系，带动整个经济带的发展。战略产业包括：新建和扩建由港口、铁路、干线公路、机场、管道组成的交通运输体系；建设以黄淮、关中、银川、河西走廊、北疆为主的粮、棉、油、瓜果和畜产品生产基地；建设包括煤、石油、天然气生产基地和能源传输带；以太钢、安钢、酒钢为龙头组建集团；建立各具特色的机电工业中心；加强景点建设和沿陆桥旅游产业；进行以徐州、郑州、西安、兰州、乌鲁木齐为中心的五大经济区的产业布局。

（28）"中国西部区域类型与产业转移综合研究"为中国科学院"区域开发前期研究"第三期特别支持项目，由综考会主持，董锁成负责，中国科学院新疆地理所、兰州沙漠所、成都山地所，以及国家计委地区经济司、首都经贸大学经济所、西北师大地理系参加。开展包括西北、西南 10 省区的考察研究：评述西部能矿资源在全国的绝对优势和水土资源的潜力；应用定性和定量结合的方法，划分西部区域类型为内陆发达区、资源富集开发区、资源富集远景区、资源贫乏农牧区和边远偏僻农牧区；提出包含重点突破的主导战略、阶段递进、循序发展的时续战略、因地制宜的布局战略、后发优势战略的西部非均衡系统协调的生态经济发展模式；分析东部产业向西部转移的态势，提出促进产业转移的对策。

（29）"南昆铁路沿线产业协调发展研究"为中国科学院"区域开发前期研究"第三期特别支持项目，由综考会主持，郎一环负责。开展南昆铁路沿线 6 个地、市的考察研究：铁路沿线产业协调发展的基本思路是大通道变大商道，大商道促大商贸，大商贸拉动资源开发和工农业发展；区域经济发展的战略设想是以旅游、商贸为先导产业，磷、煤、铝、能源、原材料工业发展为主导产业；实施以点带线，以线带面，提高两头带中间的空间发展战略；实施经济、社会与生态协调的可持续发展战略；实现持续发展必须加快交通网络建设，推进城市化进程，调整产业结构、实现劳动力转移，加大石灰岩山区治理力度，建立区域联合发展机制。

(30) 由孙鸿烈院士任首席科学家的"九五"国家攀登项目和中国科学院资源与环境重大项目"青藏高原环境变化与区域可持续发展"，由综考会主持，中国科学院地球物理所、大气物理所、地理所、地质所等单位参加，于1997年8月启动。项目课题：①青藏高原深部状态、形成与隆升过程的动力机制；②青藏高原隆起与环境变化重大事件的研究；③高原近代气候变化及其对东亚和全球气候的影响与响应；④青藏高原生态系统全球变化的贡献与响应；⑤青藏高原区域可持续发展。

(31) 1998年，中国自然资源学会在《中国自然资源丛书》和《中国资源科学百科全书》的基础上，组成以石玉林院士任主任的《资源科学》编委会，组织撰写两种版本的《资源科学》。其一，《资源科学》普及版，是由中国科协组织，周光召任主编的《21世纪百科丛书》中的一部。编撰的宗旨是提高广大公众对资源科学的了解，增强全民资源意识，正确理解开发、利用、保护和节约自然资源。上篇总论共5章，阐述自然资源综合性方面的问题；下篇5章，分别为气候资源、生物资源、土地资源、水资源、矿产资源5大资源的数量、质量、分布规律，以及对资源的开发利用、保护、节约、管理。其二，《资源科学》学术版，上篇是从理论高度阐述资源科学概念的形成、发展，以及研究任务、方法与内容；中篇为五大基础资源学科的分论；下篇为资源科学的热点问题、战略问题及发展趋势。

(32) 1999年12月29日，中国科学院副院长陈宜瑜在地理所五楼会议室宣布院党组对中国科学院地理科学与资源研究所领导班子和所党委组成的决定；2000年4月13日，中国科学院下发文件，原则同意中国科学院地理科学与资源研究所的组建方案，在中国科学院地理所与综考会基础上组建中国科学院地理科学与资源研究所。

第二篇　综合科学考察队

3 中国科学院黄河中游水土保持综合考察队
（水土保持队 1953～1958）

3.1 立项过程与主要任务

黄河中游水土保持工作是治理黄河水害和开发黄河水利综合规划中的重要组成部分，国家提出水土保持的任务，要求到 1957 年减少进入黄河干流的泥沙 1/3 左右，为了完成这项复杂而综合性强的较为长期的光荣任务，中国科学院从 1953 年起配合水利、农、林等有关部门，组织各有关学科专业人员开始对黄河中游地区进行综合调查试验，为完成水土保持任务准备必要的技术条件的保证。在调查研究的基础上和在苏联总顾问的协助下，制定了《中国科学院黄河中游水土保持工作计划纲要》（简称《工作计划纲要》），要求中国科学院组织以地质、地理、气候、土壤、植物、农业、林业、水利、经济各方面的学科之间密切联系进行综合研究。主要任务是阐明自然规律、研究土地利用现状，提出水土保持规划与设计的科学资料以及原则性和关键性的水土保持措施，为根治黄河水害、开发黄河水利资源、提高山区农业生产，减轻三门峡水库的泥沙淤积，防治水土流失提供科学依据。采用调查研究、田间试验研究、专题研究和室内研究四方面互相联系和密切结合的方法。《工作计划纲要》要求中国科学院组织考察队对东起太行山，西至洮河流域，南至秦岭，北抵大青山的 35 万 km² 的黄河中游地区进行各种自然和人文因素对土壤侵蚀关系的调查研究。同时总结劳动人民水土保持的经验，完成 1：20 万水土保持土地利用合理区划图，并提出原则性的建议，作为区域规划和为推广水土保持措施提供科学依据。通过详查完成重点地区的万分之一的规划图，并提出具体实施的意见，交有条件的生产合作社或水土保持推广站试验推广。另一方面，逐步开展专题研究、学科研究和试验研究，进行长期性的自然状况观察、土壤侵蚀规律与水土保持措施和侵蚀土壤合理利用等研究。为了完成《工作计划纲要》要求，1955 年 1 月中国科学院成立了以马溶之为队长，林镕为副队长的黄河中游水土保持综合考察队，1956 年又增补陈道明为副队长。同时成立了以马溶之为主任委员，林镕、王守礼、刘东生、罗来兴、朱显谟、高尚武、崔友文、任承统、楼同茂、肖前椿、李继侗、李连捷 13 人组成的学术委员会，后又增补赵增荣、雷清荣、方正三、张一飞、王作宾、王兆凤为学术委员会委员。

3.2 队伍组织与计划的实施

1955 年黄河中游水土保持队组织了来自中国科学院土壤研究所、地理研究所、地质研究所、地球物理研究所、植物研究所、经济研究所、西北农业生物研究所、水利部黄河规划委员会、林业部林业科学研究所、西北农业科学研究所、北京农业大学、北京大学、南开大学、西北大学、兰州大学、东北地质学院、河北农学院、山西农学院、山西省农业科学研究所、山西省水利局、农业厅、牧业厅等 34 个单位 231 名科技工作者，组成 8 个专业组和 1 个行政小组：

地质组，组长刘东生；

地貌组，组长罗来兴；

土壤组，组长朱显谟；

植物组，组长崔友文；

水文气象组，组长廖新奇、肖前椿；

农牧组，组长任承统、雷清荣、赵增荣；

森林组，组长高尚武；

经济组，组长王守礼；

行政小组，组长陈道明。

3.2.1　1955 年 任 务

1955 年，在 8 个专业组的基础上，组建 2 个分队、4 个小队和 2 个工作组开展野外工作：

第一分队，分队长朱显谟，副队长刘东生；

第二队队，分队长崔友文，副队长高尚武；

隰阳地区普查小队，队长任承统、潘志刚、朱震达；

离山绥德小队，队长肖前椿、刘海泉；

阳高小队，队长张海泉、方正三；

平顶小队，队长肖前椿；

田间工程小组，组长任承统、方正三；

测绘小组，组长郭建超、孙宝镜。

黄河中游水土保持队全队 5 月 20 日在太原集中讨论工作计划，并选定晋西偏关到隰县、吕梁山西坡到黄河东岸的水土流失严重并与三门峡水库修建关系密切，群众水土保持经验较丰富的地区，又有 1∶20 万的地形图和重点地区的 1∶5000、1∶1 万的地形图地区，开展调查研究、重点专题研究和学科研究。

1. 调查研究

（1）在开展普查工作的基础上完成区域的地貌图、气候分区图、第四纪地质图、植被图、土壤分区图、土壤侵蚀分区图、农林分区图、经济区域图；

（2）总结群众水土保持和土地合理利用的经验和方法；

（3）完成水土保持、合理利用区划图。

2. 重点地区的详查和规划

在深入调查研究的基础上完成地貌、植被、土壤、第四纪地质、土壤侵蚀、农业利用万分之一的样图和土壤合理利用规划图。

3. 学科研究

（1）第四纪沉积物的成因类型、分布及其对土壤流失的影响；

（2）地貌类型特征及其与水土流失的关系；

（3）植被类型分布及其与土壤侵蚀的关系；

（4）土壤类型、分布与形成及其与土壤侵蚀的关系；

（5）农作物的种类、耕作制度、作物栽培与生长特点对土壤流失的影响；

（6）社会经济活动对土壤流失的影响，水土保持措施的经济评价；

（7）气候特点与水土流失的关系；

（8）水文情况与水土流失的关系，河流含沙量变化的调查；

（9）造林树种规划，主要乔灌木水土保持造林方法的研究。

5 月 20 日至 8 月 9 日，黄河中游水土保持队集中全队力量完成山西省西部的离山、临县、中阳、石楼等县约 7900km² 的普查任务和离山县王寨王家沟的重点规划任务。同时又派小队赴山区进行调查访问。有关高校参加人员还分别对隰县、中阳进行了地质、地貌、土壤、植被调查。8 月 10 日至 10 月 15 日第一分队完成对山西的偏关、河曲、保德、神池、五寨等县 7000km² 的普查和河曲县曲峪乡道黄沟的重要规划；第二分队完成对兴县、岢岚、保德等县的 6000km² 的普查任务和兴县蔡家崖西沟的重点规划任务。

10月15日至10月20日黄河中游水土保持队全队在太原集中进行总结。至此完成对山西省西部自偏关至石楼约2.3万km²的狭长地带的自然区划、经济区划和农林牧现状分布的研究。同时派小队赴隰县、永和、蒲县、大宁等县对约9000km²的面积进行普查；派小队赴阳高大泉山、离山贾家坡、平顺羊底村、溪德菲园沟等地总结群众治山、治水经验。期间9月16-26日，竺可桢副院长率黄秉维、林镕、过兴先、尤劳湖、张乃凤等组成中国科学院水土保持检查队，除在离山、兴县的重点地区现场观察讨论考察队制定的合理利用规划外，还在太原、离石、兴县、宁武、大同等地召开座谈会，听取当地劳模、地方当局和黄委会的干部交换有关水土保持意见并视察太原西山水土流失情况，还在阳高大泉山视察水土保持措施等。

3.2.2 1956 年 任 务

1956年5月5~10日，黄河中游水土保持队8个专业组约165人在陕西西安集中讨论工作计划，野外考察期间组织2个分队：第一分队亦称陕西队，第二分队亦称甘肃队。主要任务如下。

1. 调查研究工作

第一分队调查无定河流域及白于山至中田间地区，并在绥德、米脂、榆林、大理河中上游选小区进行详查。

第二分队调查天水、兰州地区，在兰州、会宁两地选小区进行规划，并在陇西、西吉、白崾口、绥德、甘盐池、天水、马鞍山、兴隆山、秦安等地进行详查。

完成专业类型图或区划图、自然区划、农林牧分区图、经济区划图和水土保持土地合理利用区划图及说明书，以及关键性的水土保持措施和意见。

2. 重点地区研究

在晋陕地区选择水土保持经验丰富的地区，对重点区群众水土保持经验进行总结。

3. 学科研究

(1) 调查研究第四纪地层的分层、成因类型、岩石性质和分布规律与水土保持关系；

(2) 编制1：20万、1：5万的地貌图；

(3) 地貌类型及分区，提出水土保持意见；

(4) 气候特点及其与水土流失、水土保持措施的关系，并在绥德、离山、天水、兰州、白于山进行小气候的观测研究；

(5) 植被类型分布及演替规律，植物区系的种类分布和习性；

(6) 土壤分布规律及侵蚀规律，土壤性质及土壤肥力研究；

(7) 水文情况及与水土流失的关系；

(8) 农作物的分布现状及发展途径和潜力；

(9) 牧业特性及其与水土流失的关系，家畜分布及畜牧业发展途径；

(10) 森林分布及主要乔灌习性，营林造林保持水土的关系及经验；

(11) 研究梯田的设计方案，规格及适用范围及水土保持经验；

(12) 社会经济现状和发展规律。

5月11日至9月15日第一分队陕西队从西安出发，沿绥德—菲园沟—三星峁—武家坡—米脂—榆林—横山—靖边—安边—定边—盐池—红柳沟—豫旺—同心—中心—兰州，对陕北无定河流域白于山河源区和六盘山以西的毕家岭区约3万km²的范围进行水土普查，并在绥德—米脂、榆林、大理河中上游选择典型地区进行详查；第二分队（甘肃队）从西安出发分两个小队：一小队沿天水—甘谷—观音堡—武山—新寺镇—漳县—陇西—石川镇—通渭—会宁—六十里铺—海源—靖远—兰州；二小队沿天水—泰安—通花镇—莊浪—通边镇—隆德—西吉—单家集—静宁—青家镇—会宁—定西—渭源—临洮—榆中—五十里铺—后山沟—侯城—兰州进行调查。甘肃队重点对天水—兰州间地区约 4 万 km² 地区进行了普查，并在会宁安西沟、兰州小金沟等地区进行详查规划。此外，还对陇西、白菴口、隆德、盐池、天山等地进行了详细调查。

3.2.3　1957～1958 年 任 务

依据 1956 年中苏两国科技协定，中苏两国科学院 1957～1958 年合作进行黄河中游水土保持综合考察。1957 年苏联科学院派地貌第四纪地质、水文、综合自然地理、土壤、森林、植物、固沙方面的专家来华与中方科学家共同组成黄河中游水土保持综合考察队（中苏联合考察队）。针对黄河中游有关的水土保持理论和关键性的问题进行综合调查研究，典型地区的观测试验研究。

队伍组成：

中苏联合第一分队，亦称黄土高原区水土保持队，队长：马溶之、阿尔曼德（苏方），副队长：崔友文、罗来兴、蒋德祺、杜豁然、陈道明；

中苏联合第二分队，亦称风沙区防沙固沙队，队长：彼得洛夫（苏方），副队长：李鸣岗、王作宾、马毅民。除中苏联合一队、二队外，黄河中游水土保持队还组成以下 3 个分队：

洮河分队，分队长周鸣岐；

汾河分队，分队长楼桐茂；

泾、洛河分队，分队长罗来兴。

全队开展了以下调查研究：

1. 综合调查研究

（1）黄土及其他土状堆积物小分层，成因类型及其岩性对于侵蚀的关系，侵蚀地貌类型及其发生过程；

（2）土壤分类及其分布规律、土坡壤性与侵蚀的关系；

（3）残存天然林的分布及其主要乔灌树种习性，总结群众保持水土营林造林经验，植物类型分布演变规律及其对防止侵蚀的作用，植物种类及习性；

（4）研究各水土保持站的小径流问题和各水文站的河流含沙量的变化；

（5）调查农作物的分布及合理发展途径，总结群众水土保持农业技术措施和农业增产的潜力；

（6）调查研究各种牧草习性及其对水土保持的效能，研究家畜分布情况及今后发展方向；

（7）总结群众田间工程各种方法防治土壤侵蚀的效益，田间工程设计规范及其适应的地域；

（8）研究沙的来源及流沙的成因，沙丘的移动及黄沙地的各种自然条件与植物生存的关系，研究固定流沙及防止土状堆积物的措施；

（9）各种牧草特性及对保持水土的效能，家畜分布和今后发展意见；

（10）总结群众田间工程的各种方法及其防治侵蚀的效益工程建设规格及适应地域；

（11）调查社会经济现状及历史，研究区域发展配置。

2. 专题研究

利用 1∶5000 的小流域实测地图编制详细的地貌类型图、第四纪地质图、土壤图、植被图、土壤侵蚀图、农田地力等级图，调查分析农林牧水利及其经济情况，研究水土流失规律及其防治措施，提出水土保持土地合理利用综合规划图及报告。

中苏联合考察队一队和二队于 5 月 15 日至 6 月 30 日进行路线考察，15 日从北京出发，一队沿北京—联高—太原—三门峡—西安—天水—兰州—平凉—西峰—西安—延安—离山，进行路线调查；二队沿北京—包头—东胜—榆林—乌审旗—卓子山—银川—中卫一线，进行路线考察；7 月 1 日至 9 月 15 日两队集中对黄土高原区的山西离山王家沟、陕西绥德、榆林为重点进行调查研究；防沙固沙区以宁夏中卫、陕西榆林为重点，调查流域水土保持和土地合理利用，并进行定位实验研究；

汾河分队和泾洛河分队于 4 月 25 日分别在太原和西安集中，洮河分队于 5 月 15 日在兰州集中后，于 5～9 月分别对三门峡水库以上的汾河、洛河、无定河、泾河、渭河流域的黄土高原地区以及刘家峡水库以上的洮河流域进行了普查，同时还考察了乌兰察布沙漠、毛乌素沙地、腾格里沙漠和库布齐沙漠。三个队 10 月集中太原，历时 50 天的总结，完成了自然区划、经济区划、水土保持规划初稿。

3.2.4　1958 年苏联科学院 6 位科学家来华与中国科学院黄河中游水土保持考察队共同组成中苏水土保持联合考察队

考察队有自然地理、土地规划、土壤、森林土壤改良、水文、地貌、第四纪等专业。中方队长马溶之、林镕(代)；苏方队长：阿尔曼德。下设 10 个组：

(1) 苏联专家组：组长阿尔曼德(代)，组员罗扎若夫、凯司、戈德明、纳扎洛夫、苏德昆琴。

(2) 土地规划综合组：组长楼桐茂，副组长蒋德祺、任康绕，组员刘迪生、王志超、姜义仓、王金洲、祝志明、王亦民、俞泽潮。

(3) 土壤组：组长朱显谟，组员姚振缟、罗贤安、黄自立、何同康、季鼎新、贾文锦、唐德琴、寇军、王睿、罗素群、刘迪生。

(4) 地貌第四纪组：组长祁延年，组员杜镕桓、李长甫、吴功成。

(5) 水文组：组长任有茂，组员江忠善、冯寺焰、孙国浩、刘朝端、周佩华。

(6) 田间工程组：组长方正三，组员郭荣卿。

(7) 农牧组：组长李宜农，组员马学曾、王炳光。

(8) 森林植物组：组长王兆凤，组员宋朝枢、李昌林、李文荣、赵更生、南忠信、张景略。

(9) 翻译组：董文娟、蒋蕴荣、李曼军、胡克林、石中璞、赵萌仁。

(10) 行政组：组长马毅民，组员孙启民、王守彬、赵海福、陈马奎、马春波。

1958 年黄河中游水土保持队在过去的工作基础上进一步进行重点研究工作，支援群众水土保持、促进农业生产的跃进。主要任务是进行综合研究，选择典型地区黄土塬类型、黄土丘陵类型研究水土流失规律，并拟定适用农业生产合作社的水土保持土地合理利用规划的方法。典型地区选择陕北洛川的安民沟、陇中定西的小溪沟。前者代表黄土埂地类型，后者代表黄土丘陵类型。

研究项目：分综合研究和专题研究。

1. 综合研究

(1) 土壤侵蚀类型和土壤侵蚀规律的研究；

(2) 土地利用规划的研究；

(3) 研究区域径流在不同自然条件下，径流形成过程，以及水土保持措施对径流的影响；

(4) 土壤的分类和特性及其与侵蚀的关系；

(5) 黄土的分层和特性及与水土流失的关系；

(6) 拟定农林牧水及田间的工程等各种水土保持措施的初步分法。中苏双方共同进行，以苏联科学家为主体，并请苏联专家领导。

2. 专题研究

(1) 土壤分类及土壤侵蚀的研究(土壤组)；

(2) 黄土分层及其分布的研究(地貌地质组)；

(3) 黄土高原地貌发育过程及黄土侵蚀地形的研究(地貌地质组负责)；

(4) 水土保持与河川径流、泥沙、洪水的关系(水文组负责);

(5) 编制植物手册(森林植物组负责);

(6) 水土保持耕作法的研究(农牧组负责);

(7) 水土保持造林技术研究和造林树种选择(在离山定西)(森林植物组负责);

(8) 天然草地和人工草地的改进、经营和利用研究(农牧组);

(9) 梯田规格和修梯田的机械化问题以及坡地整治和机械化耕作问题(田间工程组负责);

(10) 总结群众水土保持经验;

(11) 研究灌渠的黄土滑坡问题(请苏联专家考察);

(12) 研究引洮灌渠选线和黄土滑坡问题(请苏联专家考察)。

3. 三门峡水库的输沙量和径流量研究

(1) 在各典型区测定坡面径流和输沙量;

(2) 研究各种水土保持措施对黄河含沙量的影响(以苏联专家为主,并由专家负责领导)。

4. 编写水土保持手册

手册内容包括规划方法、水土保持措施、综合配置。中方负责编辑,请苏联专家指导。

中方队员5月15日在西安集中,苏联专家5月24日抵西安,5月31日全队人员抵洛川,6月3~25日在洛川安民沟进行重点考察研究,7月2~26日在定西小溪沟进行考察研究。其中森林土壤专家还沿西安—郑州—天水—定西—静宁—平凉(洛川)—西峰—西安,森林土壤专家沿西安—洛川—黄龙—洛川—西安—定西—兴隆—西安—武功进行了考察。

3.3 主 要 成 果

黄河中游水土保持队,4年来对黄河中游地区35万 km²的范围进行了考察,制定了自然区划、农业区划、经济区划、水土保持和土地利用等区划,提供了农林牧综合开发和水土保持措施合理配置的科学依据。同时,编制了在推广水土保持工作中,一般干部和群众便于使用的《水土保持手册》。此外,还根据不同区域水土流失类型,结合群众生产需要,对11个小流域(离山王家沟、兴县蔡家岩西沟、河曲曲峪乡道黄沟、榆林青云山沟、靖边长渠沟、会宁稍岔沟、宁西安家沟、兰州小金沟、绥德菲园高舍窝社、洛川安民沟灯塔二社、定西盐土岔沟榆树河等)的水土保持、土地合理利用规划和土地利用规划问题进行重点深入调查研究,并分别制定了水土保持土地合理利用综合配置规划。编辑出版14部考察报告。

(1) 山西西部水土保持调查报告,林镕、肖前椿、王振梅、罗来兴、崔友文、朱显谟、王作宾、雷清荣、王兆凤、赵增荣、高尚武、王守礼、方正三、马溶之、楼桐茂、史德明、张珍万、瘳新奇、祁延年、李鲁航、任承统、周佩华、黄自立、高以信、赵志普、周鸣岐、潘志刚等。

(2) 晋西北水土保持综合考察报告集,中国科学院黄河中游水土保持综合考察队刘东生、王守礼、李凯明等。

(3) 山西省(黄河流域部分)省内经济区划,王守礼、李凯明等。

(4) 甘肃省(黄河流域部分)省内经济区划,中国科学院黄河中游水土保持综合考察队。

(5) 黄河中游黄土高原的自然、农业、经济与水土保持合理利用区划,中国科学院黄河中游水土保持综合考察队。

(6) 黄河中游黄土高原梯田的调查研究,中国科学院黄河中游水土保持综合考察队。

(7) 黄河中游地区水土保持手册,林镕。

(8) 黄河中游的林业,王兆凤等。

(9) 黄河中游植被类型的研究,中国科学院黄河中游水土保持综合考察队。

（10）黄河中游黄土地区植物名录，王义凤等。

（11）黄河中游黄土高原区域沟道流域侵蚀地貌及其对水土保持关系论著，中国科学院黄河中游水土保持综合考察队。

（12）黄河中游黄土高原农业生产初步规划，中国科学院黄河中游水土保持综合考察队；

（13）黄河中游地区土壤侵蚀区域森林土壤改良措施，中国科学院黄河中游水土保持综合考察队；

（14）黄河中游第四纪地质调查报告，王振梅、苏联义、丁梦鳞、王克鲁、刘敏厚、吴子荣、田国光、杨国立、文启忠、吴恩威、张惠英、宋明华、张瑛、朱海元、翟礼生、曹冠娥、曲佩玉、高福清、鲍芸英、杨陧华。

参加中国科学院黄河中游水土保持综合考察队人员名单
（以姓氏笔画为序）

丁梦鳞	万国胜	幺枕生	马永瑞	马步瀛	马学会	马保福	马溶之	马鹏龙	马毓泉	马毅民
公权度	尹寿	方正三	方毓喆	毛军淳	毛树珍	牛之亮	王兴	王国	王颖	王一民
王义凤	王士元	王飞燕	王天一	王天喜	王心钗	王文中	王文秀	王丕珠	王永清	王兆凤
王守礼	王守彬	王作宾	王克鲁	王志超	王治邦	王炳生	王振先	王振权	王挺梅	王海涛
王素香	王起舞	王鸿翔	王朝品	王瑞明	王模善	王毓德	王蔚斌	邓叔群	丘德明	仝允果
包世英	包浩生	卢友裕	卢登仕	史德明	叶蒸	巨仁	田国光	田泽生	申长祺	白凤梧
白宗儒	石元春	艾丕福	乔凤翔	乔有泽	伍先述	仲士奇	任英	任参统	刘文治	刘炳
刘泰	刘涛	刘濂	刘东生	刘正寇	刘永利	刘仲凯	刘兆升	刘华训	刘吉浈	刘汝筬
刘进荣	刘国昌	刘忠明	刘忠福	刘泽纯	刘牧灵	刘茂林	刘荣山	刘荣尧	刘怡富	刘钟龄
刘振中	刘致远	刘领棣	刘景西	刘景霞	刘朝端	刘满祥	刘慕贤	刘毓飞	吕珠	吕克已
孙恒	孙仁铣	孙永华	孙生铣	孙启民	孙志文	孙进才	孙宝镜	孙尚武	孙鸿烈	孙醒东
曲佩玉	朱大奎	朱灵益	朱国辉	朱秉衡	朱显谟	朱家桢	朱海之	朱景郊	朱德俊	朱震达
朱儒盈	汤奇成	牟昀智	祁世章	祁延年	纪敏	许跃义	邢汉流	邢吉庆	何光	何同康
何尚贤	何善宝	余延延	余炳生	利广安	吴秀	吴玲	吴功成	吴子荣	吴贵兴	吴海长
吴婉坡	宋朝枢	张一飞	张楷	张子忠	张子英	张云衢	张仁甫	张仁敖	张凤崑	张向义
张成保	张怀清	张沛伦	张芳球	张芸球	张国治	张国维	张宝根	张珍万	张祖锡	张钟先
张海泉	张淑媛	张敬业	张营凤	张锁乡	张殿瑾	张满祥	张蕴威	张襄明	李涛	李博
李锦	李毅	李乃仁	李广臣	李文乾	李长甫	李长春	李以林	李永福	李玉山	李伟民
李兴农	李吉均	李安仁	李连捷	李凯明	李国华	李学会	李学曾	李学魁	李松华	李茂英
李宝贵	李鸣岗	李昭淑	李段公	李宽胜	李振华	李继云	李继侗	李曼君	李清德	李景道
李智方	李雁芳	李鲁航	李静涵	杜益庸	杜榕桓	杜豁智	杜豁然	杨升	杨澄	杨小寅
杨文治	杨志锐	杨怀仁	杨国立	杨国英	杨宝珍	杨金祥	杨荣祥	杨淑宽	杨盛源	杨景春
杨森源	汪忠善	汪崇林	沈巨金	沈汝生	肖疏	肖前椿	芦玉山	苏成坤	苏时雨	苏联义
辛金星	陈凯	陈钧	陈占魁	陈永安	陈永和	陈永宗	陈玉民	陈传衡	陈兴瑶	陈守仁
陈安仁	陈丽成	陈启文	陈宏略	陈怡富	陈治平	陈思健	陈栋生	陈家珊	陈桂兰	陈耕余
陈培元	陈富根	陈超智	陈道明	周云	周佩华	周宝桑	周鸣岐	周思济	周炳生	周淑莲
周琦锈	孟述文	岳振义	庞茂黑	易理辉	林培	林镕	罗来兴	罗素群	郎学忠	郑吉兴
郑沃富	郑建勋	侯书田	俞序君	姚振镐	姜恕	施兰生	洪嘉琏	胡克林	胡孝宏	胡绥增
胡景俊	要志刚	赵福	赵玉祥	赵志普	赵进荣	赵国范	赵庚申	赵城斋	赵荫仁	赵沛伦
赵福海	赵增荣	郝礼惠	钟补求	党超远	唐全和	唐邦兴	唐克丽	徐琦	徐连魁	翁士良
翁世良	耿大禄	袁定域	贾炳文	贾梅芳	贾新政	郭忠	郭长春	郭智胜	郭连超	郭建超
郭荣青	钱尧熹	钱增麟	顾治正	高九荣	高以信	高声华	高进才	高宝鑫	高曼娜	高福清
商淳	崔友文	崔立山	崔顺昌	康金娥	曹玉兰	曹冠娥	曹新苏	梁开海	梁尧烹	梁志忠

盛承禹　章良猷　章祖同　阎天海　麻凤山　黄义端　黄自立　黄荣生　黄银晓　傅子明　傅文明
彭思均　彭祥鳞　童立中　葛鸿钧　董文娟　董惠民　蒋德祺　蒋蕴渠　谢宇平　韩　端　韩同春
楼桐茂　蒲源森　裘凌沧　雷元群　雷文进　雷明德　雷清荣　鲍芸英　廖舜韶　廖新奇　翟礼生
蔡汝荣　蔡希藩　蔡爱智　蔡智新　谭顺杰　潘志刚　穆嘉兴　薛龙园　薛增俭　戴伦凯　魏光波
韵洪禄　鄞海珍

4 中苏科学院云南紫胶工作队
（1955～1957）

紫胶虫是亚洲南部的昆虫，属同翅目新蚧总科（Neoc-oxxidea）胶蚧科（Lacciferidae），学名（*Lacci fev laccs kerr*），寄生在部分嫩树枝上。主要分布在印度、中国、泰国、缅甸、越南、老挝、柬埔寨等国热带亚热带丘陵山区。它用针一样的口器插进寄主植物韧皮部内吸吮树的汁液生活，分泌一种树脂固着在树枝表面，剥下来经粗加工成虫胶片，因颜色发紫，故称紫胶，历史上亦称"洋干漆"。

紫胶具有绝缘隔电、防腐、防潮、粘着力强等特点，在20世纪50～60年代，被看作是国防电气工业不可替代的辅助原料，广泛用于子弹、炮弹、雷管、引信等军工产品的绝缘隔电和船舰、弹药库等防腐、防潮。国内产量供不应求，部分依靠进口，受到国际反动势力的封锁禁运。

我国是当时社会主义国家发展紫胶生产和研究前景最好的国家，苏联科学院积极要求与我国合作对紫胶进行考察研究。中国科学院于1954年9月1日报请政务院批准后，1955年3月8日，以苏联科学院院士波波夫为团长的7名科学家抵达北京，就组织中苏科学院紫胶工作队（亦称云南紫胶队）和1955年的具体考察计划进行协商。共同商定拟于3～6个月开展以下7方面的调查研究：

（1）云南紫胶产区及其自然环境概况；

（2）紫胶虫的寄主植物种类分布及其生长的自然条件；

（3）观察紫胶虫生活史，两代（冬、夏）特征及生长情况；

（4）观察紫胶虫天敌的生活状况及在各种条件下的危害；

（5）向苏联引种紫胶虫；

（6）进行云南不同寄主植物上的虫胶化学成分分析；

（7）云南其他工作地区动植物区系调查。

中苏科学院紫胶工作队苏联专家9人，中方工作人员123人（中国科学院有关研究所、大专院校、有关部委和云南省有关厅局），于1955年3月开始围绕7个课题对云南省进行了90天的调查研究，并于8月编写完成了"中苏科学院紫胶工作队工作报告"。

1956年中苏科学院紫胶工作队依据《国家十二年（1956～1967）科学技术发展远景规划》的要求，经中国科学院批准更名为"云南生物资源考察队"，中方队长刘崇乐，副队长吴征镒、蔡希陶、孙翼平，苏方队长波波夫。全队分成紫胶组、气候组、生物组。于1956年5～7月中旬考察了云南省；7月中旬至8月中旬考察了广东省；9～10月进行总结，刘崇乐队长撰写了《紫胶生产的意义与方法》一书。

1957年由苏联专家10人，中方科技人员216人组成云南生物资源考察队，下设紫胶研究和自然条件两个大组。紫胶研究下设紫胶虫组、寄主植物及病虫害组、气候组、理化组。自然条件研究下设土壤组、植物组、植物区系地理组和资源植物组。8个组于1957年1～6月对云南景洪和景东地区进行了考察，综考会在景东建立了紫胶工作站。全队总结编写了"易武、江城、墨江紫胶考察总结"和"紫胶虫天敌研究总结报告"。

参加中苏科学院云南紫胶工作队人员名单

丁文宁	丁立力	马光宙	马志存	马秋叶	方承莱	毛品一	毛淑华	王士振	王子玉	王飞燕
王书永	王开荣	王从皎	王文秉	王礼云	王如钧	王庆之	王庆汉	王志发	王承周	王金弟
王金庸	王炳志	王荫玲	王铭金	王瑞宗	车里	邓向福	韦启璠	付洪海	冯国楣	包浩生
叶宗辉	叶彼得	申连	龙泽玉	任永寿	任永岐	任伟	任美锷	全国强	刘大华	刘书田

刘云光	刘长进	刘世璠	刘永钊	刘光华	刘守炉	刘作模	刘治青	刘亮	刘振中	刘祥麟
刘伟心	刘崇乐	刘景英	刘甦	刘墨丽	向芝兰	向尚文	吕炯	孙家才	孙毓飞	孙冀平
庄承藻	曲仲湘	朱太平	朱发	朱正彩	朱成华	朱邦长	朱宜	朱维明	朱增浩	朱德復
朱德熙	江爱良	牟家宜	祁景良	纪福昌	许廷官	许次郎	许怀官	许杏英	邢发海	闫发春
闫克显	阮阿毛	阮福德	严发春	何志亮	何锡科	余思明	吴玉南	吴玉树	吴征镒	吴维松
吴德邻	宋开耀	宋传德	宋贤舒	寿振黄	张乃昌	张世聪	张伟	张庆华	张连升	张建义
张建绪	张忠	张治	张治明	张育英	张诗财	张洁	张荣祖	张莉萍	张理福	张辉增
张福海	张毅然	李天经	李文亮	李伟	李传隆	李华沙	李庆逵	李延辉	李廷放	李秀英
李承禄	李春芳	李济元	李锡文	李锡畴	李德霖	杜军	杨云霓	杨永华	杨安峰	杨伯如
杨志明	杨宗汾	杨宝善	杨勇	杨星池	杨荣光	杨维适	杨瑞华	杨福	杨德润	沈生元
肖长飞	肖尚译	苏兴发	苏时雨	邹国础	邹金福	陆文昌	陆长坤	陆炳全	陈士德	陈大明
陈云梓	陈云福	陈介	陈世能	陈宁生	陈礼	陈有兴	陈自湘	陈灵之	陈治阳	陈育民
陈钧	陈恩健	陈联弟	陈照明	周开亚	周本寿	周立宽	周纪伦	周连庆	周显青	周彩云
周盛茂	孟继学	孟绪银	季洪德	房利祥	林士文	林闹华	林钧枢	林德音	欧炳荣	武玟玲
武素功	武禄	罗宁铨	罗成林	罗志安	郑万钧	郑乐怡	郑作新	郑宝赍	郑斯中	侯光炯
俞渭江	姜仁	查鈺	柳金材	段兴发	洪广基	洪淳培	胡羧威	胡家琪	赵玉	赵其国
赵忠仙	赵诗采	赵禹	赵重典	赵振声	赵维城	郝宜志	饶树华	饶洪德	倪同森	唐宗敬
唐治容	唐瑞玉	夏文孝	徐师华	徐连旺	徐述祖	秦春贵	翁长延	袁明德	资云桢	郭永明
郭铭	高沛之	高辉亭	常仲华	曹川	梁庆余	梁秋珍	梁荣彪	梁素芳	章有为	黄天荣
黄观程	黄邦侃	黄克仁	黄显坤	黄祝坚	黄培华	黄瑞采	龚子同	龚光前	龚建华	龚韵清
傅佩华	彭加木	彭鑑	曾令森	焦如谦	程量	谢志钧	谢崇信	韩同春	韩树金	蒙芝然
蒲富基	雍万里	雷天宝	廖士长	廖正杨	廖定熹	臧令超	蔡竹萍	蔡希陶	谭木升	谭美生
潘以祥	魏兆祥	魏其文								

苏方人员名单

波波夫　基尔比奇尼可夫　伊万诺夫　费多洛夫　克雷讓诺夫斯基　林契夫斯基　潘菲洛夫
扎古良也夫　什尼特尼柯夫　苏卡乔夫　佐恩　德里士　巴良斯基　孟恰斯基　波勒赫谢尼斯基

5 中国科学院土壤队
(土壤队 1955~1960)

5.1 立项背景与主要任务

黄河、长江是我国最大的河流，我国主要的农业区均集中在这两个流域的中下游，人口约占全国的70%，粮食产量也占全国的70%。随着黄河、长江流域的综合开发，大面积的耕地可以进行灌溉，我国农业生产的面貌发生巨大的改变。为发展我国农业生产，制定合理开发利用黄河、长江流域规划，必须对黄河、长江两大流域先进行土地勘查，绘制图幅，搜集资料，找出关键性问题，进行详细研究。黄河、长江流域规划对土壤调查工作提出了庞大而艰巨的任务，要求 1956 年完成黄河流域 16 万 km² 的土壤调查，1957年完成长江流域 38 万 km² 的土壤调查。

1954 年春，竺可桢副院长率中国科学院考察团对黄河流域进行考察，认为中国科学院除在西北地区开展水土保持考察外，还需在黄河流域的平原地区进行大规模的土壤调查和研究。1954 年冬中国科学院与水利部、农业部、地质部共同合作组织对冀南、卫南灌区踏勘。工作结束后在水利部汇报工作，认为华北平原土壤调查工作急需开展，主要是缺少干部和科技人员。

1955 年水利部抽调 100 名人员进行培训，由熊毅、席承藩负责讲课，培训 3 个月后，水利部成立了北京勘测设计院土壤调查总队，并任命熊毅为总队长、席承藩为副总队长，完成 3 万 km² 的土壤普查。实践证明，由于干部队伍不固定，水平又不高，影响任务的完成。

1955 年春经国务院指令抽调 100 名大学生到中国科学院参加工作，并先在金门渠实习训练，然后与水利部北京勘测设计院土壤调查总队合作，开展土壤调查工作。

中国科学院 7~8 月正式成立中国科学院土壤队，任命熊毅为队长、席承藩为副队长，后又任命马秀山为行政副队长，褚力、宋纯光为办公室副主任，刘文政、郎子美为业务秘书，刘世勋、张莹为行政秘书。土壤队还成立了化验室、绘图室、标本陈列室，并成立了土壤水分物理组和盐渍化防治定位研究组。主要任务是与长江流域规划办和水利部北京勘查设计院土壤调查总队合作，对黄河、长江流域进行土壤勘查研究。一方面为黄河、长江流域规划提供科学数据；另一方面在中国的主要农业区进行系统的土壤调查研究，为提高农业生产服务。全队拟开展 5 个方面的调查研究：

(1) 长江、黄河流域土壤勘查；

(2) 长江、黄河流域土壤发生学研究；

(3) 长江、黄河流域土壤盐渍化和土壤肥力研究；

(4) 土壤改良原理和土壤分区研究；

(5) 农业土壤分类和制图研究。

5.2 土壤勘查与研究

1956 年土壤队与北京勘查设计院土壤调查总队共投入 600 人(不含分析化验人员)，分 4 个中队，下分48 个土壤组、4 个农业组、2 个土壤水分组、4 个地下水组、1 个盐渍化防治组(北京和石家庄各设一个化验室)，围绕 6 个中心课题对华北平原 13 万 km² 和山西大同盆地、内蒙古呼伦贝尔平原进行土壤勘查。

1957 年土壤队与北京勘查设计院土壤调查总队合作，共分 28 个组对黄河内蒙古灌区 1.7 万 km²、青铜峡灌区 7000km²、山西汾河盆地 1 万 km²、长治盆地 5000km² 的土壤进行勘查。

1958年土壤队与水利部长江流域规划办土壤调查总队和北京勘查设计院土壤调查总队合作，采取分片包干，总结群众经验，现场整理资料，追索理论依据，最后集中总结的原则，完成了湖北、湖南、江西、山西等地261 700 km²的土壤调查任务。其中完成长江流域152 000 km²（湖北江汉平原35 400 km²，洞庭湖流域16 600 km²，衡台区34 500 km²，江西鄱阳湖流域32 500 km²，吉泰盆地19 600 km²）的调查任务。为配合北京市整体规划，用一个星期的时间突击完成了北京市5970 km²的1∶5万比例尺土壤调查。土壤队还开办了土壤大学，招收中学生培养了227名又红又专的土壤科学工作人员，为地方培养了700名土壤科学干部。1959年土壤队围绕土壤普查及耕作土壤分类、有机肥料和盐渍土改良三大中心，分6个研究组：土壤肥力组、盐渍土组、土壤发生组、土壤物理组、土壤生物组、土壤胶体组，开展4个方面的研究：

1. 土壤普查及综合研究

（1）京郊土壤普查及耕作土壤分类研究；
（2）河北河间县土壤普查及耕作土壤分类研究；
（3）河北武清土壤普查；
（4）新疆南疆地区土壤考察及盐渍土改良半定位试验研究；
（5）南水北调引水路线的土壤勘查。

2. 有机肥优越性的研究

3. 盐渍土改良研究

4. 总结农业丰产经验

1960年土壤队7个专业组：土壤肥力组、水土保持组、盐渍土组、土壤发生组、土壤物理组、土壤生物组、土壤胶体组，共同开展4个课题研究：
（1）华北地区土壤生产力提高的研究；
（2）黄河流域中游水土保持研究；
（3）盐渍土改良与次生盐渍化防治的研究；
（4）综合考察的土壤调查研究。

5.3 主要成果

土壤队自成立后与兄弟单位合作，在黄河流域和海河流域取得如下成果：
（1）完成了黄河地区17 100 km²中比例尺的土壤勘察任务；
（2）完成了华北平原、山西、内蒙古、宁夏等地区主要平原地区的土壤调查；
（3）完成图幅华北平原1∶20万土壤分布图、土壤改良措施图、土壤盐渍分布图、土地利用现状图、地下水埋藏深度图、地下水矿化度图、地下水水质图、地下水分区图，计每种33幅，同时完成了上述地区的1∶150万图幅；
（4）此外还有1∶150万的河流变迁图、土壤图、土壤盐渍分布图、第四纪沉积类型图、地下水埋藏深度图、矿化度图、水质图及地下水分区图、积水情况图及土壤利用图；
（5）进行了10 000个土壤样品的分析、7000个水样的水质分析。主要分析内容有土壤含盐成分及地下水矿化度与盐分组合分析、土壤肥力分析及土壤元素分析；
（6）提交成果报告及专题报告有："发生土壤学及平原地区农业土壤的研究""土壤盐渍化结合地下水的研究""平原地区的复杂河流的沉积情况""黄河流域平原地区土壤改良意见及措施等"。
此外，还在黄河流域的泾河、渭河、无定河、伊洛河及黄河以南的山东、河北境内进行了土壤调查。
在长江流域取得以下成果：
（1）土壤队与长江流域规划办等单位合作完成了长江流域185 000 km²土壤调查，编制了各县的1∶10

万土壤分布图，部分县的土壤改良分区图及 1：20 万土壤分布图、农业利用图、土壤侵蚀图、土壤母质图、地貌分区图、水文状况图。还为江西省一些公社作了 1：1 万比例尺土壤详查 330km²，湖南省 1：1 万比例尺土壤详查 180km²，编制了土壤分布图、利用现状图、深耕改土图，整理了群众有关土壤名称的分类，为长江流域规划提供了科学依据；

（2）提交的报告有"亚热带地区主要土壤类型及红壤亚类的划分""水稻土壤性质的划分""土壤组合——山地丘陵地区土壤制图技术""结合土壤利用规划进行土壤调查""江西 32 个县的土壤利用规划报告"等。

此外，在长江的四川部分河谷平原（沱江、青衣江、涪江地区），以及江苏和安徽沿江地区进行了土壤调查。

土壤队还十分重视土壤科学普及工作，编辑出版了内部刊物《土壤月刊》《土壤工作》《土壤资料》，内部发行量达 7000 多份。

参加中国科学院土壤队人员名单

于占发	于永跃	于坚	马秀山	马毅杰	马毅然	孔庆儒	孔沛	尤文瑞	方克楚	毛彦龙
王长松	王占华	王立松	王兆玲	王华东	王吉智	王庆龙	王国圻	王学勤	王忠恒	王庭栋
王美禄	王泰昌	王素琴	王培东	王培森	王崇华	王维荣	王鸿锦	王尊亲	王勤	王碧霞
王鹤林	王霞雯	邓邦权	邓时琴	付冰清	付积平	卢小霞	卢贤敏	叶仲石	叶栋	叶景辉
田子龙	田兆顺	田华林	田积莹	申集勋	白玉岐	白志坚	艾维屏	任玉岐	关萍	刘一鸣
刘一铉	刘子潘	刘占梅	刘庆茂	刘作钦	刘涤生	刘祥杰	刘跃华	刘文政	刘名傑	刘同弼
刘有昌	刘进勋	刘美金	刘梦梅	刘耀华	吕成宝	吕禄成	孙玉凤	孙玉清	孙德龙	曲敬先
朱月珍	朱济成	朱祥明	朱理徽	江益良	汤辛浓	许北泉	许继瑜	邢光熹	阮俊峰	何占光
何述尧	何爱宁	吴国祥	吴海涛	吴傑民	宋昌臣	宋炳奎	宋荣华	宋雅菊	寿月美	张与真
张云	张月亮	张立国	张丽媛	张秀梅	张定国	张宝勤	张林叶	张秉刚	张绍媚	张雨沫
张树梅	张振南	张莹	张梅芝	张淑光	张隆安	张雁	张粹雯	李子微	李云卿	李平治
李秀美	李芳	李昌南	李贤敏	李思华	李春廷	李鸿霞	李惠芬	李新民	杨大莱	杨兴邦
李德山	杜户然	杜秀文	杜国华	杜修立	杜清林	杨玲基	杨梅芝	汪祖强	沈瑞士	苏文琦
苏志忠	苏瑞云	邹伯良	陆士才	陆长青	陆吾华	陈叶荣	陈平	陈光君	陈志雄	陈定一
陈振培	陈锦秀	陈粹雯	陈德华	卓光宗	周玉鳞	周光华	周昌馨	周明枞	周明振	周道宁
庞芝章	林广墩	武子兰	武文玲	罗佐夫	罗进凡	罗进儒	郎子美	郑伟萱	金士珍	金淑林
金鸿志	侯振才	保学明	俞仁培	姚烈英	姚宗虞	娄孝礼	封永昌	洪庆文	相名山	相珍基
祝从康	胡天祥	胡宝琴	费振文	赵生祥	赵仲武	赵延良	赵克齐	赵国财	赵家华	赵家辉
赵振达	赵振魁	赵真	赵淑珍	赵维勤	赵燕燕	钟武范	钱胂国	唐广悦	唐淑英	夏云程
夏家淇	夏增禄	席承藩	徐宝鸣	徐圣锡	殷润华	涂安千	贾兰英	郭显文	郭梦茹	郭焕忠
陶远长	陶德祖	顾新远	高学兰	高承元	黄永年	黄玉琪	黄厚芝	黄炳荣	黄照愿	黄福珍
黄翠琴	龚鹏飞	彭千涛	彭炳荣	彭静霜	曾家娥	琚忠和	程景唐	蒋玉文	谢佩珠	谢祥桂
谢维垣	褚力	褚福深	雷大爻	雷敬诚	熊毅	蔡凤岐	谭学奇	樊润威	黎立群	薛惠仙
魏国荣	魏金铎	魏连成								

6 中国科学院黑龙江流域综合考察队
（黑龙江队　1956～1960）

6.1　组建考察队的背景与依据

黑龙江流域综合考察工作是根据中苏两国政府协定进行的，首先提出这项重大课题的是苏联方面。实际上，早在20世纪40年代后期，苏联有关部门对黑龙江流域（左岸地区）的科学考察工作即已开始。经过数年的考察研究，对这一地区的自然条件、自然资源和黑龙江干流及其左岸苏联境内主要支流的水能资源状况，已掌握了初步的科学基础资料。由于黑龙江是中苏两国间的国际河流，要想进一步深入和全面开展黑龙江流域的综合考察工作，必须有中国方面参加合作。为此，苏联科学院副院长巴尔金院士于1955年11月写信给中国科学院院长郭沫若，建议由两国科学院共同进行这一重大的考察研究项目。与此同时，正在苏联科学院访问的钱三强也致信中国科学院领导，转达了有关苏联科学院阿穆尔（黑龙江俄语称为阿穆尔）综合考察队队长克洛勃夫博士和兹翁柯夫通讯院士愿意到北京商谈共同进行综合考察的信息。1956年1月，苏联科学院生产力研究委员会主席涅姆钦诺夫院士又致信郭沫若院长，建议两国科学院合作进行黑龙江流域的综合考察，希望1956年初派苏联科学院阿穆尔综合考察队队长克洛勃夫博士和兹翁柯夫通讯院士到北京商谈合作问题。1956年2月，郭沫若院长复电涅姆钦诺夫院士，表示欢迎苏方派代表来北京商谈。

为了做好这项工作，中国科学院于1956年2月上旬邀请国务院"三办"、"七办"、国家计委、水利部、农业部、电力部、地质部、交通部、水产管理总局，以及黑龙江省政府、长春地质学院和中科院所属有关研究所开会，对组织进行黑龙江综合考察工作展开了讨论。会议认为，这项考察研究任务对中苏两国都具有重大意义，一致赞成由中苏两国科学院合作，共同对黑龙江流域进行综合考察。这次讨论会所提出的意见和建议，在中国科学院院务会议上获得通过，报送国务院及有关部门，并获得同意。

1956年5月底至6月上旬，中苏合作考察黑龙江流域的谈判会议在北京举行。此时，苏联经济联络总局驻华首席代表阿尔希波夫代表苏联政府又通知我国政府，苏联政府建议中苏两国共同进行额尔古纳河与黑龙江上游综合利用规划的勘测设计工作，所以这次双方谈判的内容不仅仅是科研性质的综合考察，而且也包括了河流开发利用的勘测设计工作，涉及科研单位以外的许多业务部门。最后由两国政府谈判小组提出的这项协定（草案），包括了综合考察和勘测设计两个方面的内容。

两国代表谈判过程中，李富春副总理指示中方谈判小组：我们的态度要积极，我们对黑龙江开始开发的时间与苏联有所差别，但目前工作需要进行，应积极参加，积极合作，在第二个五年计划的时间内做好这项工作。周恩来总理也对此项工作给予了高度重视，他指示，我国对黑龙江考察的核心内容是做到查清资源，学习经验，培养干部；科学考察要积极合作，所投人力财力要在全国一盘棋安排下，量力而为；资源共同开发项目在科学考察期间暂时不谈，国家什么时候需要什么时候再谈。

1956年7月28日，我国国务院常务委员会召开会议，讨论并原则同意中苏两国间的这项协定草案，委派竺可桢代表我国政府签署协定。

1956年8月18日，"关于中华人民共和国和苏维埃社会主义共和国联盟共同进行调查黑龙江流域自然资源和生产力发展远景的科学研究工作及编制额尔古纳河和黑龙江上游综合利用规划的勘测设计工作的协定"的签字仪式在中国科学院院部举行。竺可桢和柯洛罗夫分别代表中苏两国政府在协定上签字。协定共13条，另有两个附件。其中：

第一条：在1956～1960年期间，依照本协定附件一中所列工作纲要，共同进行黑龙江流域的自然资源和生产力发展远景的科学研究工作。

附件一"调查黑龙江流域自然资源和生产力发展远景的科学研究工作纲要"中,按自然条件、地质、水利水能、运输、经济五个方面,提出了调查研究的具体内容。

第二条:为进行本协定第一条所规定的工作,由双方通过本国科学院吸收各有关部门组织综合考察队。

6.2 综合考察任务与队伍组织

根据政府协定,此次科学综合考察工作的主要任务是:①研究流域内的自然条件和农林牧资源,以便发展农业和建立粮食基地;②研究流域内对发展矿业有特殊价值的各个地区的地质条件,以便建立工业原料基地;③研究流域内主要河流的水利水能资源,并对制定其径流调节和综合利用的原则性规划提出初步建议;④研究流域内的运输现状,并制定远景运输发展的原则性规划;⑤对流域内国民经济的现状进行分析,并提出发展国民经济的初步建议。

自然条件方面涉及众多专业的内容,其具体任务是:①研究黑龙江流域地貌、气候、植物、土壤等自然条件,以便正确地利用和改造自然;②查明土地、饲料、森林及鱼类资源,指出其利用方向和途径,以便为充分合理地开发资源提供科学依据。

为执行两国政府协定的诸项任务,根据李富春副总理的指示,我方成立了黑龙江流域综合研究委员会(隶属国务院)。该委员会的组成以中国科学院为主,有关各部委及黑龙江省各委派一名领导同志参加,由中国科学院副院长竺可桢担任主任委员。委员会下设综合考察队。1956年6月下旬中国科学院黑龙江综合考察队成立,冯仲云(水利部副部长)为队长,朱济凡(中国科学院林业土壤研究所所长)、陈剑飞(黑龙江省副省长)为副队长。在行政业务组织方面,黑龙江综合考察队受综考会领导。综考会主任为竺可桢,副主任为顾准。1958年以后副主任为漆克昌。综考会内设黑龙江队办公室,赵锋为主任,华海峰为秘书。1958年以后办公室主任为孙新民。

按照协定内容要求,在1956年至1959年期间,黑龙江综合考察队划分为5个大专业组开展野外综合考察工作。专业组的职能是业务把关,其负责人发挥学术领导作用。中方5个专业组的学术领导人是:

自然条件组:宋达泉(中国科学院林业土壤研究所副所长)、伍献文(中国科学院水生生物研究所副所长)。

地质矿产组:侯德封(中国科学院地质研究所所长)。

俞建章(长春地质学院教授、系主任)。

水利水能组:谢家泽(水利部水文局局长、水利科学院副院长)。

交通运输组:高原(交通部技术局局长)。

经济组:陈剑飞(黑龙江省副省长)。

野外考察工作由各专业组组成的考察队分别进行。由于自然条件方面涉及的专业较多,所以设置综合、地貌、植物、森林、土壤、渔业等考察小队开展工作。地质矿产方面由于涉及的考察范围过大,因此设置大兴安岭队、小兴安岭队和乌苏里江小队分别开展工作。

根据两国政府协定要求,中苏双方科学院成立了黑龙江综合考察联合学术委员会,其职责是保证双方综合考察队在科学工作和方法上统一协调,检查年度工作的执行情况,以及审核和批准科学考察成果。中方任命的联合学术委员会委员是:竺可桢、冯仲云、朱济凡、侯德封、俞建章、宋达泉、高原、谢家泽、燕登甲(地质部矿产司司长)、田忠(电力部北京设计院院长)、陈剑飞、王树棠(黑龙江省黑河地委书记)。

6.3 野外科学考察

野外考察工作从1956年夏季开始,历时3年,于1959年秋季结束;1960年进行全面总结工作,完成学术总结报告。

由于涉及到地区经济方面的调查研究工作，不可能完全按照江河的流域界线来进行，必须和相关的行政管理系统紧密地结合起来，所以后期将考察工作的范围，从黑龙江流域(包括黑龙江、吉林两省和内蒙古自治区的呼伦贝尔盟)扩大到毗邻地区的辽宁省和内蒙古自治区东部的哲里木及昭乌达二盟。参加这项综合考察工作的有林业土壤、地质、地理、经济、水生物、综合运输等中国科学院所属研究所，水利、电力、地质、交通、农业、林业等各部的勘测设计与科研单位，以及长春地质学院、东北师范大学、北京大学、南京大学等高等院校，还有黑龙江、吉林和辽宁三省与内蒙古自治区的计划、勘测设计和科研单位。先后参加考察工作的人员有 400 多人。

根据两国政府协定，在两国间的边境地段，由中苏双方共同进行考察研究工作，主要是针对额尔古纳河和黑龙江上、中游及乌苏里江国界河段的水利水能考察及其沿岸地区有关专业的综合调查工作。规模较大的中苏双方联合的野外考察活动，曾经进行过三次。

1956 年夏季，由中方考察队队长冯仲云和苏方考察队队长克洛勃夫率领，共同对额尔古纳河和黑龙江上、中游水能资源及其开发利用条件进行了野外考察工作。这次考察活动是从我国内蒙古自治区呼伦贝尔盟海拉尔市开始的。克洛勃夫队长率领波多里斯基、巴布林等苏方考察队员，于 7 月 15 日到达满洲里，随即转赴海拉尔市与中方考察队员会合。在海拉尔市，双方考察队交流情况，制定工作计划，并考察了呼伦湖水系与黑龙江水系的关系。随后考察队分为两支。一支由冯仲云队长和朱济凡副队长率领冯景兰、谢家泽、周德亮、袁子恭、王绍诚等中方部分考察队员和苏方考察队员一起，于 7 月 24 日由陆路出发，乘汽车到达额尔古纳河与根河合流处附近的黑山头，从黑山头向西行，换乘皮划艇渡过额尔古纳河，到达苏方村镇旧楚鲁海图。由此开始，先在苏方沿岸地区进行考察。另一支由曹承慰、吕春晖、华海峰、付元麟、刘景春、曹公权、姜凤汇、聂桐轩、延志宁、陈延顺、刘国清、李德元、郑笑枫、谢式敬等考察队员组成，由水路出发，乘 3 只机动快艇和 2 只木船，沿海拉尔河下行进入额尔古纳河。第一支考察队员(包括苏方人员)和第二支考察队员，于 8 月 4 日在室韦(吉拉林)会合后，一起继续沿河顺流而下，8 月 14 日在额尔古纳河与石勒喀河汇合口(黑龙江干流起点)附近，双方考察队员登上由哈尔滨开来等候的"长春轮"。由此开始对黑龙江干流上、中游考察。经漠河、鸥浦、呼玛、黑河、布拉戈维申斯克(海兰泡)、奇克、乌云、佛山、萝北、抚远等地，于 9 月 1 日到达哈巴罗夫斯克(伯力)，并在当地举行了学术总结报告会，会后结束了这次联合考察活动。通过这次联合野外考察工作，在额尔古纳河和黑龙江上、中游河段选择适当地点进行了水文测验工作，获得了相关的野外实测原始资料；初步查勘了可能修建水电站的坝址地形和工程地质条件，以及库区的社会经济状况和淹没条件。9 月 2 日中方考察人员自哈巴罗夫斯克(伯力)乘"长春轮"溯黑龙江、松花江而上，于 9 月 13 日返回哈尔滨，并在当地举行了总结报告会。之后，全部结束了这次野外考察活动。这次考察工作历时近 3 个月，行程 4000km 余。另外，中方考察队员张有实副博士和苏联科学院远东分院斯达琴柯博士共同考察了乌苏里江。

1957 年 7 月间，由竺可桢副院长和涅姆钦诺夫院士共同率领联合考察组进行了野外考察工作。6 月 30 日竺可桢副院长与冯景兰、吴传钧乘民航机由北京飞抵哈尔滨，和参加这次考察的陈剑飞、顾准、沈浩然、宋达泉、王守礼、唐季友、燕登甲、鲁祖周、赵锋、杨宣仁、张奔、张中、袁子恭、曹学敏、吕向前、穆百川、李德元、陈育真等会合。经研究决定，冯景兰、顾准、唐季友、燕登甲、鲁祖周等人先乘火车到黑河，以便安排考察活动日程。当晚，竺可桢副院长率领考察队员一起，在松花江码头登上"长春轮"，沿松花江顺流而下。7 月 2 日傍晚行驶至松花江河口处，开始转入黑龙江逆流而上。7 月 6 日中午，"长春轮"抵达黑河。下午 3 时许，涅姆钦诺夫院士等由布拉戈维申斯克(海兰泡)过江到黑河，迎接竺可桢副院长和中方考察人员去布拉戈维申斯克(海兰泡)，入住阿穆尔饭店。7 月 7 日上午 8 时，中苏双方考察人员乘苏方的"拉佐轮"顺流而下，开始对黑龙江中游水能资源和航运条件，以及沿岸地区的自然条件和经济状况进行联合考察。航行期间开展了学术活动，针对考察中遇到的实际问题，进行了交流。7 月 13 日中午，"拉佐轮"抵达哈巴罗夫斯克(伯力)，在此双方考察人员举行了联合考察阶段总结报告会。16 日竺可桢副院长和涅姆钦诺夫院士率领双方考察人员，乘飞机去共青城考察访问。17 日下午双方考察人员乘火车离开哈巴罗夫斯克(伯力)，次日到达符拉迪沃斯托克(海参崴)，举行了联合考察阶段总结报告会，参观访问了苏联科学院远东分院、水文气象局等部门，并进行了相关的学术交流活动。21 日联合考察组乘火车离开符拉迪沃斯托克(海参崴)，经绥芬河口岸入境，于次日到达佳木斯。23 日到友谊农场考察访问。24 日联合考察组乘火车离开佳木斯，25 日到达哈尔滨。28 日上午，竺可桢副院长向黑龙江省政府报告综合考察工作情况；杨易辰省长邀请涅姆钦诺夫院士和谢尔巴柯夫院士分别作了关于生产力配置和地质矿产资源合理利用的学术报告。晚上，苏方考察人员涅姆钦诺夫院士和谢尔巴柯夫院士乘火车离哈尔滨，经满洲里回国。7 月 31 日考察队领导研究决定，派袁子恭随同克洛勃夫博士和苏方水能组考察人员离哈尔滨，经绥芬河出境至符拉迪沃斯托克(海参崴)，再转至哈巴罗夫斯克(伯力)。由此袁子恭参加克洛勃夫率领的水能小组去黑龙江下游考察，其任务是查勘几处有利的坝址条件，并进行初步的计算工作。同时，为下一步编写黑龙江上、中游径流调节及水能利用的学术报告做些准备。8 月 31 日袁子恭随地貌小队的船只离开哈巴罗夫斯克(伯力)，经佳木斯于 9 月 6 日回到哈尔滨。

1958 年 7 月上旬至 8 月中旬，冯仲云队长和朱济凡副队长率领水能、土壤、植物、森林等专业人员，与克洛勃夫队长和柯列茨卡娅副队长率领的苏方考察人员一起，对黑龙江进行了第三次联合考察。由黑河出发，首先到达黑龙江上游苏霍金坝址，对水能资源开发利用条件进行了定点考察。随后返回黑河，搭乘"拉佐轮"顺流而下，对黑龙江中游河段及沿岸地区的自然条件进行了补充考察。抵达哈巴罗夫斯克(伯力)后做短暂停留，考察队又继续考察了黑龙江下游河段的水利水能资源开发利用条件和沿江两岸地区的自然条件。经共青城抵达位于黑龙江入海口的尼古拉耶夫斯(庙街)，参观了当地的渔业加工厂。8 月中旬考察队返回到哈巴罗夫斯克(伯力)，并举行了联合考察总结学术报告会。之后结束了这次联合考察活动。参加这次联合考察工作的中方人员有：张克侠(林业部副部长)、刘慎谔、宋达泉、邵钧、赵光宇、孙新民、华海峰、袁子恭、朱吟秋等。这次考察活动正值黑龙江发生洪水，黑河附近水位上涨 8～9m。中方考察队员抵达黑河后，在冯仲云队长率领下，立即参加了当地的抗洪救险活动。数日之后才开始科学考察工作。

自然条件方面由宋达泉和柯夫达领导，涉及多种专业，考察地域广阔。具体考察工作分成相关小队来进行。

宋达泉和柯夫达率领的综合小队和 2 个土壤小队，在 1956～1958 年春夏期间，先后考察了黑龙江上游地区、黑龙江中游地区和乌苏里江及三江地区，黑龙江泽雅河间高原、呼伦贝尔草原和安达盐碱土地区，以及嫩江地区和辽河地区。中方参加考察的有曾昭顺、王光正、程伯容、李孝芳、赵大昌、严长生、孙鸿烈、仲崇信、张士驹、熊叶奇、南寅镐、庄季屏、崔光勋、陈炳浩、姚中和、陈静生、王恩涌、徐云麟、庄志祥、常世华、孙丽敬等。

丁锡祉和尼柯尔斯卡娅率领的地貌小队在 1957～1958 年夏季，对黑龙江中游两岸和松花江下游沿岸地区，以及沿设想的松辽运河路线地区进行了考察。中方参加人员有孙肇春、杨秉贵、陈祥林等。

刘慎谔和卡尔达诺夫率领的森林小队，在 1957～1958 夏秋期间先后对大兴安岭、小兴安岭和长白山林区进行考察，并对小兴安岭林区的红松林进行了重点考察研究。中方参加人员有朱济凡、王战、邵钧、贾成章、高宪斌、冯宗炜、赵光宇、关大徵、周宝山、陈统爱、丁炳禄、刘绍富、马景隆、刘大兴、黄家彬、刘同生等。

易伯鲁和索因率领的渔业小队，在 1957～1958 年春夏期间，先后在黑龙江、松花江、嫩江、牡丹江、兴凯湖、镜泊湖、五大连池、达赉湖等地，进行了鱼类区系、鱼类生态、主要经济鱼类的习性和繁殖的考察工作。中方参加人员有章宗涉、张觉民、王精豹、朱志荣、刘尚新、伍焯田、任慕莲、吴清江、余志堂、沈国华、陈其羽、卢晏生、谢洪高等。

地质方面由侯德封、俞建章和普斯托瓦洛夫领导。新中国成立前，黑龙江流域中国境内地质研究的程度很差，基础资料很少。新中国成立后本区各地质局和其他地质勘探部门、研究机构曾进行了大规模的调查工作，但全流域性的、系统性的地质调查研究，则是由黑龙江综合考察开始的。总的任务要求是，考察区域内的地质结构、地层发育情况、岩浆活动特征、构造分区及成矿作用；阐明地质演化及成矿规律，为开展找矿工作指出方向。

大兴安岭队由俞建章和柴柯夫斯基率领，1956 年 6～10 月考察了大兴安岭西部额尔古纳河地区的地质条件和有用矿产，以及金属矿产成因特征，并确定额尔古纳河流域中苏双方境内金属矿成因的总特征。1957 年 6～9 月由张兆瑾和柴柯夫斯基率领，继续在额尔古纳河及黑河、嫩江等地区考察，发现了一些对寻找金属和非金属矿床很有意义的地带。另一路由叶挺松和纳其宾娜率领，从嫩江经甘河，横跨大兴安岭到达吉拉林，作了 850km 的路线调查。这在科学考察史上是第一次。1958 年 6～9 月间，部分人员在贝尔茨河至黑龙江一带，进行了考察。大兴安岭队参加考察的中方人员有赵寅震、李锡仲、闻广、李廷栋、郭福琪、王文远、郭津年、郑长怀、梅竞冬、李永森、崔蔓令、王长恭、盛祖贻等。

小兴安岭队由叶连俊和霍达克率领，1956 年 6～10 月考察了小兴安岭地区古老沉积变质岩一般特点及分布情况。1957 年 6～10 月在小兴安岭东部和北部、佛爷岭、肯特阿岭、张广才岭等地区进一步做路线考察。1958 年 6～10 月继续考察小兴安岭地区，并对大黑山、大石桥及鞍山等地矿区进行了考察。小兴安岭队参加考察的中方人员有孙枢、姜春潮、陈其英、陈志明、高文学、戴永定、齐进英、胥怀济、张锡濂、李平等。

乌苏里江地质队由王秀章和奥尔干诺夫率领，1957 年 6～10 月考察的区域，北界为倭肯河及挠力河，西界为勃利—牡丹江，南界为牡丹江—绥芬河，东界为中苏国界。部分队员曾到苏联相邻地区进行过短期考察。1958 年 5～8 月考察地区为 1957 年考察区的南部相邻地区，西界为牡丹江—敦化，南界为中朝国界，东界为中苏国界。1959 年 5～9 月进行了一些有关构造、矿床、花岗岩、基性超基性岩、煤田地质等专题考察。乌苏里江地质队中方参加人员有常秉义、张臻荣、吴传荣、张树林、喻国强、邹鼎峙、王家骧、范嘉松、钟大赉、丁啟秀、劳秋元、赵斌、易善锋、应思淮、蔡文伯、王成厚等。

交通运输方面由鲁祖周和萨基柯夫率领，1956 年夏季共同调查黑龙江中游和乌苏里江的航运条件及沿岸附近地区的经济状况和陆上交通运输状况。双方考察人员先后考察了中方境内的黑河、逊克、嘉荫、萝北、富锦、抚远、饶河、虎林、密山等地；苏方境内的布拉戈维申斯克（海兰泡）、波雅尔柯沃、阿穆尔泽特、列宁诺克、哈巴罗夫斯克（伯力）。1957 年 6～7 月，考察了海拉尔河、额尔古纳河及黑龙江上游的航运条件和两岸地区的交通运输状况，随后又对嫩江、松花江、第二松花江及设想的松辽运河沿线地区进行了考察，并对黑龙江下游设想的基齐湖—德卡斯特运河的可能线路做了初步查勘。1958 年夏季，在已有的考察资料基础上，继续补充考察了设想的松辽运河的线路。中方参加交通运输考察的人员有吴传钧、张志坚、郭来喜、谢香方、杨士柯、蔡福林、时信涵、杨伯和、王长春等。

经济方面由陈剑飞和涅姆钦诺夫领导。经济组成员全面收集了地区内的经济资料，对本地区的经济现状及需要解决的问题，进行了大量的考察研究工作。1956 年夏秋季，由齐铁山和马尔戈林率领经济小组，重点考察了黑龙江流域的自然资源与经济发展远景的有关情况，并配合水利水能方面的考察，收集洪水灾害损失和可能修建的水库淹没损失的数据资料。1957 年夏季，经济组 6 人参加了由竺可桢和涅姆钦诺夫率领的综合组，共同考察了黑龙江中游。1958 年夏季，沈浩然和马尔戈林率领经济小组对乌苏里江流域及松花江流域洪水灾害损失的经济评价进行了考察工作。动能经济小组由田忠和谢列斯特负责，配合黑龙江水能资源的远景开发设想，并结合本地区中苏双方能源资源条件和电力工业现状及其远景发展设想，对组成黑龙江流域统一电力系统的远景设想进行了学术性的考察研究。经济组中方参加考察人员有：王守礼、吴传钧、郭来喜、谢香方、华熙成、周正明、王凯、孙历新、康文杰、刘旺、张中、郝凌云、付元麟等。

动能小组中方参加人员有张奔、连迩遐、黄让堂、郑沅春、赵英岚、汪雪瑛等。

6.4　四届联合学术会议

黑龙江综合考察联合学术委员会第一次学术会议于 1957 年 3 月 18～27 日在莫斯科苏联科学院院部举行。中方黑龙江考察队确定参加这次学术会议的代表团人员是：冯仲云（团长）、朱济凡（副团长）、陈剑飞（副团长）、宋达泉、叶连俊（中国科学院地质所研究员）、张兆瑾（长春地质学院教授）、冯景兰、谢家泽、高原、田忠、唐季友（电力工业部北京设计院专业总工程师），翻译袁子恭。双方提交学术报告 30 余篇。会议通过了 1957 年度共同工作的计划大纲。会后，应苏方邀请，在苏联科学院阿穆尔考察队队长克洛勃夫博士陪同下,中方代表团成员先后到列宁格勒、基辅、雅尔塔、索契、苏呼米、梯比利斯、巴库、塔什干、阿拉木图等地考察访问。之后,部分成员由阿拉木图直接回国,其他成员返回莫斯科,工作数日后回国。

黑龙江综合考察联合学术委员会第二次学术会议于 1958 年 3 月在北京举行。涅姆钦诺夫院士率领苏方代表团来京参加会议。中方代表团由竺可桢副院长率领,其成员有:冯仲云、朱济凡、陈剑飞、侯德封、俞建章、谢家泽、伍献文、宋达泉、高原、燕登甲、田忠、苏林(内蒙古自治区呼伦贝尔盟盟长)等。会上中苏双方宣读学术报告 34 篇,总结了过去两年的考察工作,并制定了 1958 年度双方共同工作计划大纲。会后,由黑龙江综合考察队副队长朱济凡及翻译袁子恭、张肇京陪同苏方代表团,到上海、杭州、昆明、重庆等地参观访问。由重庆走水路经三峡至武汉,转乘火车回京。随后,苏方代表团回国。

黑龙江综合考察联合学术委员会第三次学术会议于 1959 年 5 月中旬在莫斯科苏联科学院院部举行。竺可桢、冯仲云率领中方代表团出席会议,代表团成员有:朱济凡、陈剑飞、宋达泉、俞建章、张文佑(中科院地质所副所长)、丁锡祉(东北师范大学教授)、燕登甲、孙瑛(黑龙江省水利厅厅长)、苏林、黄嘉荫(哈尔滨水运设计院院长)等。中苏双方提出了有关自然条件、地质、水利水能、运输、经济方面的学术报告近 60 篇。会议总结了过去三年来的考察工作,并讨论和批准了 1959 年共同工作计划及 1960 年总结工作大纲。会后,应苏方邀请,中方代表团赴斯大林格勒、巴库、埃里温、梯比利斯、苏呼米、索契等地参观访问。6 月初,中方代表团成员回国。

黑龙江综合考察联合学术委员会第四次学术会议原定于 1960 年 10 月在北京举行。为了准备联合学术讨论会第四次学术会议,考察队于 1960 年 3~6 月组织相关科考人员在北京集中进行总结。

自然条件方面:宋达泉、丁锡祉、刘慎谔、王战、赵光宇、易伯鲁、吕炯、赵大昌、孙鸿烈、冯宗炜、南寅镐、卢其尧等。

地质矿产方面:燕登甲、侯德封、俞建章、张文佑、孙枢、王秀璋、常秉义、李廷栋、叶挺松、赵寅震等。

水利水能方面:谢家泽、孙瑛、吕春晖、袁子恭、杨淼松等。

交通运输方面:高原、黄嘉荫、鲁祖周、张祖启、时信涵等。

经济方面:陈剑飞、苏林、吴传钧、姜国亭、周正明、华熙成、利广安、那文俊、王 凯、郝凌云、谢香方、黄荣生、冷秀良、曹 钊、张 奔、连迤遐、黄让堂等。

总结成果共编写了黑龙江流域综合考察报告 7 卷:黑龙江流域及其毗邻地区(指中国部分)生产力发展远景设想;黑龙江流域及其毗邻地区自然条件研究;黑龙江流域及其毗邻地区农林牧资源研究;黑龙江流域及其毗邻地区地质与矿产资源研究;黑龙江流域及其毗邻地区水利资源研究;黑龙江流域及其毗邻地区经济研究;黑龙江流域及其毗邻地区交通运输研究。

1960 年 8 月 3 日苏联科学院生产力研究委员会主席涅姆钦诺夫院士致函竺可桢副院长,以会议准备时间不够为由,建议将原定的会议日期推迟 2~3 个月召开。8 月 26 日竺可桢复电涅姆钦诺夫,同意苏方关于延期举行会议的建议,希望苏方确定具体日期并告知中方。此后,于 1961 年期间苏方考察队又几次向中方考察队提出推迟开会时间的建议,中方考察队每次均表示同意苏方建议。直到 12 月 12 日中方考察队副队长朱济凡复电苏方考察队:我们随时等待你们对会议日期提出具体意见。1962 年 3 月 1 日涅姆钦诺夫致电竺可桢,表示苏方代表团可于 3 月 11、12 来京。3 月 11 日聂荣臻副总理批准第四次学术会议于 4 月上旬在北京召开,并指示黑龙江考察队,应根据坚持原则、坚持团结、多做工作的精神把会议开好,在整个会议期间要认真按照协定办事。4 月 3~4 日苏方代表团成员分两批到达北京。冯仲云、朱济凡、漆克昌等 20 余人到车站(机场)迎接。中苏双方科学家互相问候,气氛热烈友好。4 月 5 日下午,第四次学术会议在北京国际俱乐部礼堂举行开幕式。

参加中苏黑龙江综合考察联合学术委员会第四次(终结)会议的中方代表团成员有:竺可桢(团长)、冯仲云(副团长)、朱济凡(副团长)、漆克昌、俞建章、燕登甲、张文佑、谢家泽、丁锡祉、吴传钧、鲁祖周、简焯坡、孙新民等。苏方代表团成员有:瓦西里耶夫(团长)、克洛勃夫(副团长)、尼古尔斯基、萨基柯夫、柴柯夫斯基、柯列茨卡娅、萨尔尼柯夫、克列苗诺夫、乌索夫等。到会的还有相关部门领导和科技工作者 150 余人。

开幕式上由竺可桢团长和瓦西里耶夫团长分别致词。冯仲云队长作"1956～1960年中苏合作黑龙江流域综合考察总结"报告，克洛勃夫队长作"1956～1960年黑龙江流域共同科学考察工作的主要成果"报告。

4月6～7日联合学术委员会第四次会议进行分组学术报告会。

自然条件方面：丁锡祉作"中苏合作黑龙江流域自然条件考察总结报告"，柯列茨卡娅作"阿穆尔综合考察队与黑龙江综合考察队苏中合作考察黑龙江流域自然条件的成果"报告。

地质方面：俞建章作"中苏合作黑龙江流域地质考察总结报告"，柴柯夫斯基作"共同的苏中地质队1956～1960年内在黑龙江流域工作的最主要成果"报告。

水利水能方面：谢家泽作"中苏合作黑龙江水利水能考察总结报告"，克洛勃夫作"黑龙江流域水利水能共同考察主要成果"报告。

交通运输方面：鲁祖周作"中苏合作黑龙江流域交通运输考察总结报告"，萨基科夫作"黑龙江流域交通运输共同考察主要成果"报告。

会后，苏方代表团于4月8～14日到上海、杭州和南京参观访问。

4月16日晚6时，苏联驻华大使契尔沃年科举行招待会，宴请中苏黑龙江流域综合考察联合学术委员会第四次学术会议代表。黄镇（外交部副部长）、竺可桢、冯仲云、朱济凡率中方代表团成员出席。

4月17日上午，中苏黑龙江流域综合考察联合学术委员会第四次学术会议在中国科学院院部第三会议室举行闭幕式。苏联驻华大使契尔沃年科到会。会议通过决议，认为中苏两国1956年8月18日签订的关于进行黑龙江流域科学考察和勘测设计工作协定中规定的综合科学考察已顺利完成，勘测设计工作亦已于1959年结束。决议指出，这些工作的完成，有助于中国科学院和苏联科学院之间学术联系的巩固，并且是对中苏科学和技术合作事业的新贡献。中苏双方代表团团长竺可桢和瓦西里耶夫、副团长冯仲云和克洛勃夫在决议上签字，并进行换文仪式。4月17日中午，郭沫若院长在四川饭店宴请苏方代表团和苏联驻华大使。中方代表团成员出席午宴。席间，瓦西里耶夫团长转达了苏联科学院院长希望中苏科学院能进一步合作的意见，郭沫若院长当即请瓦西里耶夫转达邀请苏联科学院院长来中国访问的意向。4月17日下午，在人民大会堂安徽厅，周恩来总理接见了苏联驻华大使及参加第四次学术会议的中苏双方代表团全体成员。周恩来总理和苏联代表团进行了亲切友好的谈话。瓦西里耶夫团长再次表示苏联科学院希望中苏两国科学院更进一步合作，周总理当即表示邀请苏联科学院院长来华访问。接见结束时，周总理与双方代表团成员合影留念。

4月18日苏联代表团离京回国。根据上级领导指示精神，中方代表团本着坚持原则、坚持团结、多做工作的原则行事，第四次（终结）学术会议进展顺利，圆满完成任务。参加此次会议的苏联代表团是20世纪60年代苏联第一次来华的、规模较大的科学代表团，所以苏联官方很重视，苏联驻华大使亲自参加了活动。同时，苏联代表团成员来华后的表现也很友好，主动多讲几年来共同工作中建立起来的友谊，避开谈论可能会使双方发生不愉快的事情和容易引起争论的问题。有些苏联科学家再三向中方代表团成员表达了真诚友好的感情。

6.5　考察研究成果

（1）黑龙江流域综合考察学术报告（第一集），竺可桢、冯景兰、俞建章、谢家泽、克勃洛夫、波多里斯基、周德亮、柯夫达、宋达泉、李维诺夫斯基、朱济凡、柯尔达诺夫、高原、柯列茨卡娅等。

（2）黑龙江流域综合考察学术报告（第二集），竺可桢、涅姆钦诺夫、冯仲云、克勃洛夫、陈剑飞、苏林、马尔戈林、孙枢、霍达克、俞建章、李廷栋、丁锡祉、索恰瓦、柯夫达、朱济凡、冯宗炜、柯尔达诺夫、程伯容、田忠、兹翁柯夫、宋达泉、曾昭顺等。

（3）黑龙江流域综合考察学术报告（第三集），竺可桢、涅姆钦诺夫、冯仲云、克勃洛夫、涅克拉索夫、易伯鲁、冈加尔特、丁锡祉、尼古尔斯卡娅、波多里斯基、高尔布诺夫、宋达泉、柯夫达、朱济凡、索恰瓦、柴柯夫斯基、奥尔干诺夫等。

（4）黑龙江流域综合考察自然条件组学术报告汇编，宋达泉、唐耀先、严长生、南寅镐、孙鸿烈、沈善敏、杨守仁、谭其猛、王金陵、柯夫达、李维洛夫斯基、叶戈洛夫等。

（5）黑龙江流域及其毗邻地区自然条件，丁锡祉、吕炯、刘慎谔、宋达泉等。

（6）黑龙江流域及其毗邻地区地质第一卷，小兴安岭、张广才岭和完达山地区地质，孙枢、霍达克、姜春潮、陈志明、戴永定、陈其英、胥怀济等。

（7）黑龙江流域及其毗邻地区地质第二卷，大兴安岭北部地质，李廷栋、梅竞冬、李锡仲、叶挺松、郭津年、蒋国源、李永森、李西昆等。

（8）黑龙江流域土壤及农业资源，中国科学院黑龙江流域综合考察队。

（9）中国东北北部地质矿产概况，中国科学院黑龙江流域综合考察队。

（10）黑龙江流域及其毗邻地区自然条件，中国科学院黑龙江流域综合考察队。

（11）黑龙江流域径流调节及水电站程序的主要建设，中国科学院黑龙江流域综合考察队。

（12）水生生物学集刊，中国科学院黑龙江流域综合考察队。

（13）额尔古纳河径流调节及其水能利用，中国科学院黑龙江流域综合考察队。

（14）黑龙江流域及其毗邻地区自然条件与自然资源地图集，中国科学院黑龙江流域综合考察队。

参加中国科学院黑龙江流域综合考察队主要人员名单

丁启秀	丁炳禄	丁锡祉	马景隆	王凯	王战	王文远	王长春	王长恭	王光正	王守礼
王成厚	王秀璋	王绍诚	王树棠	王恩涌	王富骧	王精豹	付元麟	冯宗炜	卢晏生	卢其尧
叶连俊	叶挺松	田忠	冯仲云	冯景兰	仲崇信	任慕莲	伍焊田	伍献文	关大徵	刘旺
刘大兴	刘同生	刘国清	刘尚新	刘绍富	刘景春	刘慎谔	华海峰	华熙成	吕向前	吕春晖
孙枢	孙瑛	孙历新	孙丽敬	孙鸿烈	孙新民	孙肇春	庄志祥	庄季屏	延志宁	朱志荣
朱吟秋	朱济凡	那文俊	齐进荣	严长生	何镜宇	余志堂	冷秀良	利广安	吴传荣	吴传钧
吴清江	宋达泉	应思淮	张中	张奔	张士驹	张文佑	张兆瑾	张有实	张克侠	张志坚
张树林	张觉民	张祖启	张瑧英	张肇京	张锡濂	时信涵	李平	李永森	李臣栋	李西昌
李孝芳	李廷栋	李锡仲	李德元	杨士柯	杨伯和	杨秉贵	杨哈莉	杨守仁	杨森松	汪雪瑛
沈国华	沈浩然	沈善敏	苏林	连尔退	邵钧	邹鼎崎	陈先沛	陈延顺	陈志明	陈其羽
陈其荣	陈育真	陈剑飞	陈炳浩	陈统爱	陈祥林	陈静生	周正明	周宝山	周德亮	易善锋
易伯鲁	竺可桢	范嘉松	郑长怀	郑沅春	郑笑枫	俞建章	南寅镐	姚中和	姜凤汇	姜春潮
胥怀济	荣秋元	索英	赵斌	赵锋	赵大晶	赵光宇	赵英岚	赵寅震	郝凌云	钟大赉
闻广	侯德封	唐季友	徐云麟	聂同轩	袁子恭	贾成章	郭来喜	郭建年	郭建	郭福琪
顾准	高原	高文学	高宪斌	崔光勋	崔蔓令	常世华	常秉义	康文杰	曹公权	曹钊
曹学敏	曹承愍	梅意冬	盛祖贴	章宗涉	黄让堂	黄家彬	黄嘉荫	喻国强	曾昭顺	程佰客
蒋国顺	谢式敬	谢洪高	谢香芳	谢家泽	鲁祖周	简焯坡	熊叶奇	蔡文伯	蔡福林	燕登甲
穆百川	戴永定									

7 中国科学院新疆综合考察队
（新疆队 1956～1961）

7.1 立项过程与总任务

新疆位于欧亚大陆中心，属干旱地带，地处我国西北边陲，幅员辽阔，土地面积约占我国陆地面积的1/6，自然条件独特，自然资源丰富。新疆又是我国以维吾尔族为主体的少数民族聚居区，但新中国成立初期，我国对新疆的科学资料了解甚少，国家为了发展国民经济，国务院 1956 年制定的《国家十二年(1956～1967)科学技术发展远景规划》(简称《国家十二年科技规划》)，将新疆、青海、甘肃、内蒙古地区的综合考察及其开发方案的研究列入 57 项任务中的第四项。中国科学院为了落实科学技术发展远景规划中提出的任务要求，于 1956 年 2 月 22 日成立了以马溶之、李连捷、周立三、黄秉维、简焯坡等 5 人组成的筹备小组，提出《新疆综合考察计划纲要》，交院务会议讨论。4 月 30 日院务会议讨论了《新疆综合考察计划纲要》，并提出了修改原则，交筹备小组修改补充后，于 6 月 8 日经院务会议讨论通过。依据《国家十二年科技规划》和《新疆综合考察计划纲要》的精神，中国科学院成立了以李连捷为队长，周立三为副队长的中国科学院新疆综合考察队。1958 年改由周立三为队长，简焯坡、冯兆昆、于强为副队长，组织领导新疆综合考察计划的实施。业务秘书刘厚培、石元春，办公室负责人杨旭明、张喜元。依据《国家十二年科技规划》和《计划纲要》的要求，新疆综合考察队主要任务是对新疆进行以农、林、牧、水为中心的自然条件和自然资源合理利用及生产布局的研究。要求考察队对新疆 165 万 km² 进行综合考察，摸清新疆的自然条件及变化规律，调查自然资源(以农、林、牧、水利为中心)的数量、质量及分布规律，了解农、林、牧业现状，发展历史和问题，为未来开发新疆提出设想与方案。

考察进度：1956～1959 年野外考察，1960～1961 年进行室内总结。

7.2 队伍组织与考察计划的实施

1956 年新疆队组织来自中国科学院有关研究所、大专院校和新疆有关部门 90 名科技工作者，其中业务人员 64 人，成立 5 个大的专业组：地貌与第四纪组(自然条件组)、水文和水利组、农牧组、植物土壤组、经济组。下分 7 个专业小组：地貌第四纪组，组长周廷儒；土壤组，组长李连捷；植物组，组长秦仁昌；农牧组，组长贾慎修；经济组，组长周立三；水文组，组长郭敬辉；水利工程组，新疆水利厅负责。

新疆队 1956 年 7 月 9 日在乌鲁木齐集中。第一批 27 人在周立三队长带领下从北京乘火车到兰州换汽车再经酒泉、哈密抵达乌鲁木齐。第二批 6 人，在队长李连捷带领下乘飞机到乌鲁木齐，与新疆大部队会合，进行出发前的准备工作。7 月 23 日全队从乌鲁木齐出发抵达奇台，7 月 24 日从奇台往北穿越古尔班通古特沙漠时，5 部大卡车和 3 部吉普车被困在黄草湖附近的沙丘中 3 天 3 夜，7 月 28 日到达青河县开始野外工作。考察队从青河到富蕴，进入阿尔泰山，到阿勒泰，再经其西部各县，往南还考察了福海与和布克赛尔、克拉玛依、石河子，并对天山北坡山地和玛纳斯河流域土壤进行了考察。考察搜集了丰富的第一手资料，如岩石化石标本 50 种，土壤整段标本 40 个，土壤分析样品 942 个，植物标本 3918 号，牧草标本 2484 号，种子 40 份、牧草分析样品 25 袋，农作物标本 83 种，昆虫标本 2 万多份。10 月 19 日全队回到乌鲁木齐进行室内总结，完成了 20 万字的年度考察报告和 1∶50 万的第四纪地质图、地貌图，土壤和植被分布图等 11 幅。10 月下旬全队回到北京。

1957 年新疆队人员增加到 106 人，苏联专家 8 人，中方人员 98 人，其中高级研究人员 13 人。成立 10

个专业组：地貌与第四纪地质组 13 人，组长周廷儒，苏联专家 Б. А. 费多洛维奇；土壤组 18 人，组长李连捷，苏联专家 B. A. 诺辛；植物与草原组 22 人，组长李世英，苏联专家 A. A. 尤纳托夫；昆虫组 4 人，组长杨惟义；新构造地质组 7 人，组长徐煜坚；水文地质组 13 人，组长梁匡一，苏联专家 B. H. 库宁；水文组 5 人，组长李涛，苏联专家 H. T. 库兹涅佐夫；农业组 6 人，组长朱懋顺；畜牧组 4 人，组长郝履端；经济地理组 14 人，组长周立三，苏联专家米尔松和贝尔格尔；苏联专家组，组长 Э. M. 穆尔扎耶夫。

1957 年 6 月 5 日新疆队开始野外考察，至 9 月 16 日结束。考察范围东起巴里坤地区，西至伊犁—塔城地区。包括整个天山北坡与准噶尔盆地南缘，其中以石河子—玛纳斯地区为重点。9 月 16 日返回乌鲁木齐，大部分队员转入年度总结。另有一部分高中级研究人员与苏联专家共赴阿克苏地区与焉耆地区进行预察，为制定 1958 年的野外考察计划和进行野外考察作准备。10 月上旬向自治区领导和有关部门汇报了 1957 年考察成果与 1958 年考察计划。

1958 年新疆队由于考察任务的扩大，人员增至 188 人，其中科研人员 122 人，苏联专家增至 9 人。在 1957 年的基础上成立了 11 个专业组，新增设了土壤改良组（12 人），组长石元春。野外考察始于 5 月下旬，到 10 下旬结束，考察从吐鲁番地区开始，逐渐向南推进到南疆的焉耆—库尔勒地区和阿克苏地区。在阿克苏结束了当年的野外工作。

在 8 月底到 10 月中旬之间，新疆队分成阿克苏分队、巴楚-伽师分队及塔里木河分队，分别对阿克苏、巴楚-伽师和塔里木河灌区进行了考察。新设立的土壤改良组在塔里木九场与巴楚的图木休克农场，开始了盐碱土改良与排水洗盐试验。9～11 月中旬，该组还在阿克苏垦区的沙井子灌区和塔里木河的阿拉尔地区，建立了排水洗盐试验地，与生产建设兵团农一师合作进行排水洗盐的试验。排水工程于 1958 年 9 月 23 日开始，1959 年 8 月 5 日基本完工，10 月 29 日开始放水洗盐。中国科学院总顾问、苏联科学院 B. A. 柯夫达通讯院士也亲自对阿克苏垦区考察和亲自参与盐碱土改良的排水试验工作。同年 9 月到 10 月初，中国科学院副院长、综考会主任竺可桢，亲赴新疆考察并检查考察队的工作。考察沿乌鲁木齐—吐鲁番—乌鲁木齐—克拉玛依—精河—伊宁—精河—乌鲁木齐—阿克苏—喀什—莎车—和田—喀什—乌鲁木齐进行。在喀什停留期间，他还与部分苏联专家及考察队的领导赴喀什—和田地区进行了预察，以确定 1959 年的野外考察计划。

10 月 15 日至 11 月上旬，新疆队还组织部分专业人员分别对哈密地区和库车地区进行补点考察。

1958 年 10 月，在北京举办的"中国科学院科研成果展览会"上，展出了新疆综合考察队 1956～1957 年的年度考察成果及 1958 年以吐鲁番地区为重点的考察成果。10 月 27 日下午毛泽东主席参观了该展览会。

1959 年新疆队人员增加到 226 人，其中科研人员 160 人。按任务需要，新组建了三个小分队与一个试验站：一是由严钦尚领导的 40 人北水南调小分队，考察研究额尔齐斯河水引往乌尔禾—克拉玛依地区，以满足引水地区工农业发展和治沙之需；二是由陈治平等 8 人组成的和田河小分队；三是由赵济等 17 人组成的东疆小分队；一个试验站是由韩炳森等十余人组成与生产建设兵团农一师合作研究的排水洗盐盐碱土改良试验站，在墨玉农场和麦盖堤农场进行半定位试验。同时有五位苏联专家参加试验站工作，他们是 B. B. 叶戈罗夫、И. K. 平斯柯依、Г. B. 扎哈林娜、O. A. 什良金娜和 A. A. 基兹洛娃。大队伍则在队部的直接领导下对喀什—和田地区进行综合考察野外工作。5 月底，北水南调小分队结束野外工作，并完成了阶段性总结和成果汇报。6 月下旬和阗河小分队结束了野外考察与总结。6 月中旬东疆小分队在喀什完成了野外工作总结。大队伍的野外考察工作于 6 月下旬结束，并集中于喀什进行年度考察总结。

为了给 1960 年新疆队转入大总结进行综合考察理论与方法论研讨的准备，6 月下旬由几位苏联专家在考察队作了学术报告，专家组组长 Э. M. 穆尔扎耶夫作了"如何进行综合考察科学总结"的报告和"昆仑山自然地理特征"的学术报告，B. B. 叶戈罗夫作了"关于土壤改良和土地利用"的学术报告，A. A. 尤纳托夫作了"1959 年考察地区植被特征"的学术报告。

7 月 16 日野外考察结束返回乌鲁木齐队部。7 月 20 日，Э. M. 穆尔扎耶夫、Б. A. 费多洛维奇与地貌组部分成员，在库车—于阗—且末一线上空，对塔克拉玛干沙漠进行了航行考察，于 7 月 21 日返回乌鲁木齐队部。期间 9～10 月间组织了由赵济、陈治平、石玉林、王钩、张佃民等人组成的罗布泊考察小组对罗布泊和噶顺戈壁进行了考察。

至此，新疆综合考察前后 4 年的野外工作结束，完成了新疆全境的实地考察，仅有阿克苏地区的盐碱土改良排水洗盐试验在继续进行。

1959 年 7 月 22 日，时任新疆维吾尔自治区政府主席赛福鼎，副主席杨和亭等接见并宴请了考察队的中苏专家，听取了中苏专家关于开发新疆自然资源的初步结论汇报。

1959 年 8 月开始，新疆队人员集中在乌鲁木齐队部，正式转入室内大总结。

7.3 考察工作总结与主要成果

新疆队在 4 年野外考察获得丰富资料的基础上，大体分两个阶段进行总结：一是围绕生产建设实际需要，提供一整套系统的生产性意见和建议成果，称为"生产性总结"阶段，大体用了近一年的时间，于 1960 年内完成；二是围绕学科发展，完成科学性成果的总结，称为"学科性总结阶段"，由于"文化大革命"的干扰，该项工作直到 1978 年才最后完成。

第一阶段的总结于 1959 年底在北京开始准备。1960 年 4 月 7 日，新疆队队部提出在 1960 年底召开"新疆综合考察工作总结与学术会议"的计划，在综考会直接领导下成立学术委员会，由中科院副院长、综考会主任竺可桢与综考会副主任漆克昌主持。学术委员会包括部分科学家及在京的苏联专家。为促进成果的综合性，决定打破原专业组界限，成立六个综合性的小组：①自然条件组，召集人周廷儒；②水利资源组，召集人郭敬辉；③土地资源组，召集人文振旺；④生物资源组，召集人秦仁昌；⑤农牧组，召集人黄异生、朱懋顺；⑥经济组，召集人周立三。

1960 年 7 月 23 日新疆队队部又按中科院院部与综考会结束新疆综合考察的要求，初步提出了撤销新疆队建制的意见。8 月初苏联专家被召回国。当年 9 月 11 日，周立三队长从乌鲁木齐给在北京的于强副队长寄出长达 7 页的信件，提出要有始有终完成新疆综合考察全部室内研究工作和总结的意见，并向院领导与综考会提出要吸取以往西藏工作队与黄河中游水土保持考察队的教训，即当野外工作结束，立即撤销建制，解散考察队伍所带来的损失和不良后果，并提出了对新疆队今后工作全面安排的意见。9 月下旬，漆克昌副主任安排于强副队长向裴丽生副院长就新疆队的工作专门进行了一次请示和汇报，包括：①总结问题；②关于新疆队如何收尾的问题。以便于强副队长到乌鲁木齐，向自治区党政部门和新疆分院以及考察队全队人员做出交待。

1960 年 10 月 6～7 日，由周立三队长和于强副队长在北京召开了在京的专业组长与干事的特别会议。周立三队长提出了"关于新疆远景发展设想"的编写提纲，包括 4 个部分：

(1) 新疆自然、经济条件的考察与农业生产现有基础；

(2) 农业自然资源的估算与评价；

(3) 目前的利用程度和存在问题；

(4) 农业发展的远景设想。

在编写总结报告前，要先完成 10 个专题研究：

(1) 气候资源，以气候组与水文组为主，召集人左大康、汤奇成；

(2) 水利资源，包括水文、水文地质、土壤、植物、地貌、农业、经济等组，召集人严钦尚、汤奇成、陈墨香；

(3) 土地资源，包括土壤、水文地质、地貌、农业、经济等组，召集人文振旺；

(4) 饲料资源，包括植物、畜牧、农业、经济等组，召集人廖国藩；

(5) 森林资源，以植物组为主，张新时负责；

(6) 农业的自然-经济区划与生产合理布局，包括经济、农业、畜牧、地貌、水文、土壤、植物、动物等，召集人周立三、周廷儒；

（7）兰新铁路沿线地区的农业专业化与综合发展，以经济、农业、畜牧等组为主，召集人朱懋顺、佘之祥；

（8）新疆扩大耕地面积的开荒问题，以经济、农业、土壤等组为主，召集人章伯南、黄荣金；

（9）新疆细绒棉发展的问题，以农业组为主，闵继淳、钟俊平负责；

（10）新疆细毛羊与羔皮羊的发展问题，以畜牧组为主，沈长江负责。

除上述10个专题外，全队再成立四个综合性大组：

（1）资源组，包括气候、水文、水文地质、土壤、草原、森林、劳动力等，负责完成资源的估算与评价，召集人严钦尚、石玉林、汤奇成；

（2）综合组，负责编写新疆农业发展远景设想与农业自然-经济区划，召集人周立三、周廷儒、佘之祥；

（3）农林牧组，负责研究与编写新疆的农林牧业生产现状与存在问题，召集人文振旺、朱懋顺、沈长江；

（4）计算与绘图组，召集人沈道齐、袁淑安。根据总结的安排布置，全队人员从10月中旬到11月底集中在乌鲁木齐队部进行总结。按上述要求，基本完成了"新疆维吾尔自治区农业自然资源的开发利用及农业合理布局的远景设想简要报告"与6个附件和8个专题报告。

6个附件是：

（1）"新疆水利资源及其评价"，陈墨香、汤奇成；

（2）"新疆土地资源的估算与评价"，文振旺、李锦、石玉林、黄荣金、刘厚培、田济马；

（3）"新疆水土资源平衡"，严钦尚、邓孝、郭知敬、于凤兰、李锦嫦；

（4）"新疆天然草场资源及其开发利用"，廖国藩、沈长江、冷巧珍、吴述政；

（5）"新疆扩大森林资源与林业区划问题，张新时、张瑛山；

（6）"新疆的野生资源植物"，张佃民、王义凤；

8个专题报告是：

（1）"新疆盐碱土改良问题"，文振旺、李锦、陈德华、韩炳森、黄荣金；

（2）"新疆地下水在农业灌溉方面的利用问题"，陈墨香、邓孝、杜国垣；

（3）"新疆沙漠的开发和利用"，陈治平、朱震达；

（4）"改变准噶尔盆地干旱面貌远景设想"，夏训诚；

（5）"新疆的细绒棉"，闵继淳；

（6）"新疆发展细毛羊的问题"，李缉光；

（7）"新疆兰新铁路沿线地区农业的发展和布局问题"，周立三、佘之祥、沈道齐、梁笑鸿、倪祖彬；

（8）"新疆农牧产品合理运输问题"，蔡清泉、温业伟、侯辅相。

在考察总结的基础上，于1960年12月15～20日，在乌鲁木齐召开了有350余人参加的"新疆综合考察队工作总结暨学术会议"。自治区党委书记王恩茂和新疆兵团司令员陶峙岳等党政领导和有关部门及中央有关部门的代表出席了会议。周立三队长和汤奇成等5人分别在大会上作了"新疆维吾尔自治区农业自然资源的开发利用及农业合理布局远景设想"报告和水、土资源、水土平衡、盐渍土改良及扩大水源等报告。陈墨香等在中小型会议上分别作了8个专题报告。

新疆队从1961年进入室内大总结。一方面对1960年的生产性总报告、附件及专题研究报告进行修改补充，最后定稿；另一方面以专业组为单位，分别在北京、南京、乌鲁木齐、上海等地，分头进行学科性总结的专著编写出版。但由于"文化大革命"的干扰，工作一直持续到1978年，最终编辑出版了20余部报告论文汇编和专著：

（1）1956年新疆综合考察报告集，中国科学院新疆综合考察队；

（2）新疆吐鲁番地区综合考察初步报告，中国科学院新疆综合考察队；

（3）新疆综合考察报告汇编，中国科学院新疆综合考察队；

（4）新疆天山南麓兽类、鸟类和主要家畜寄生虫的初步调查报告，张洁、钱燕文、沈孝宙；

（5）玛纳斯区域军垦农场畜牧业考察报告，中国科学院新疆综合考察队；

（6）新疆维吾尔族自治区的自然条件（论文集），严钦尚、汤奇成、赵济、石元春、秦仁昌、张新时、周廷儒及7位苏联专家；

（7）盐渍土的改良措施，H.K.平斯科依；

（8）新疆综合考察报告汇编（经济地理部分），中国科学院新疆综合考察队；

（9）新疆维吾尔自治区的天然草场资源，廖国藩等人；

（10）新疆昆虫考察报告，中国科学院新疆综合考察队；

（11）南疆的水文，郭敬辉、汤奇成、郭知敬、张蕴威、苏立功；

（12）关于开都河改道和合理利用开都河、孔雀河和塔里木河下游等地区水土资源及灌溉排水问题，严钦尚；

（13）新疆气候及其和农业的关系，陈汉耀、丘宝剑、左大康、范治源、何章起、亓来福、张学文、李江风；

（14）新疆综合考察方法与经验，周立三、沈长江；

（15）新疆农业，朱懋顺、钟骏平、闵继淳、张钊、潘铭、李锦嫦、杜景智、谭寿乔；

（16）新疆畜牧业，沈长江、李辑光、廖国藩、梁达新、杜希孔、王殿兴、李一善、刘麟书、赵守中、张洁；

（17）新疆土壤地理，文振旺、石玉林、黄荣金、李锦、刘厚培、林培、韩炳森、石元春、田济马；

（18）新疆地下水，陈墨香、邓孝、杜国垣、王钧、梁匡一、汪文先、张天曾；

（19）新疆水文地理，汤奇成、郭知教、张蕴威；

（20）新疆地貌，周廷儒、严钦尚、赵济、陈治平、李钜章、夏训诚、朱景郊；

（21）新疆植被及其利用，李世英、胡式之、王义凤、廖国藩、王荷生、张新时、张佃民；

（22）新疆南部的鸟兽，钱燕文、张洁、郑宝赉、汪松、关贯勋、沈孝宙、沈守训；

（23）新疆1∶100万土壤图，新疆队土壤组。

"新疆综合考察"1978年获中国科学院重大科技成果奖。

参加中国科学院新疆综合考察队人员名单

于　强　于凤兰　马义杰　马年春　马式民　亓来福　巴里艾孜兹　巴特尔　文振旺　毛祖美
毛德华　王义凤　王文英　王书永　王业兴　王永焱　王　钧　王恩普　王荷生　王　培　王崇枢
王淑珍　王焕龄　王殿兴　邓　孝　邓静中　丘宝剑　冯兆昆　卢登仕　叶宗耀　左大康　左发源
田阿福　田济马　田逢秀　白俊山　石元春　石玉林　艾　里　乔淑清　买买提吐尔逊　扬育坤
朱长玉　朱国荣　朱景郊　朱震达　朱懋顺　江智华　江露西　汤奇成　牟其俊　米吉胡达白地
许志坤　许景江　邢国安　邢振东　何章起　吴沧阳　何超典　佘之祥　克里木　冷巧珍　吴述正
吴澍英　宋国宾　张天曾　张发财　张传铭　张佃民　张运生　张学文　张明伦　张　洁　张荫荪
张洒治　张效良　张喜元　张景华　张勖之　张新时　张蕴威　李子熙　李世英　李连捷　李安仁
李廷芳　李江风　李　宏　李钜章　李　涛　李常庆　李缉光　李　锦　李锦嫦　杜国垣　杨义群
杨旭明　杨吾扬　严钦尚　杨焕生　杨维适　杨惟义　汪　文　汪文先　汪安球　沈长江　沈守训
沈孝宙　沈道齐　玛莱姆米莎　苏立功　辛德惠　闵继淳　陈庆祥　陈国玺　陈国渊　陈昌傑
陈治平　陈宪满　陈静生　陈墨香　陈德华　陈　馨　周立三　周廷儒　周启秀　季惠如　林　培
欧斯曼　武　禄　罗　仁　范双全　范正轩　范治源　范信平　方志林　郑宝赉　金　福　侯辅相
哈不都拉　洪淳培　相志品　胡式之　胡宗培　胡家让　赵　济　郝淑芝　郝履端　钟骏平　项立嵩
倪祖彬　倪振行　凌可丰　凌可予　唐汉军　夏训诚　徐士忠　徐有禄　徐近之　徐晓岚　徐爱义
徐煜坚　桂　纯　秦仁昌　翁绵熹　袁方策　袁奕奋　袁淑安　贾文锦　贾慎修　郭知敬　郭寅生
郭敬辉　钱燕文　高文义　崔照国　梁匡一　梁达新　梁家怡　梁笑鸿　章伯南　萨哈都拉　黄文房

黄异生　黄洪钏　黄荣金　黄家文　黄　献　黄　翼　彭加木　彭仲麟　智　勇　曾宝玲　曾傅薪
曾尊固　温业伟　程　义　程天文　程向皎　童增法　舒定斌　董汗章　谢世栋　谢向荣　韩炳森
满苏尔　简焯坡　蒙芝然　路治邦　廖国藩　蔡清泉　黎立群　穆罕黙德-吐尔逊

苏方人员名单

A. A. 尤纳托夫　A. A. 基兹洛娃　Б. B 戈尔布诺夫　Б. A. 费多洛维奇　B. A. 诺辛

B. B. 叶戈罗夫　B. H. 库宁　H. B. 罗戈夫斯卡娅　H. T. 库兹涅佐夫　Г. B. 扎哈琳娜

И. K. 平斯柯依　O. A 什良金娜　Э. M. 穆尔扎耶夫　米乐松　贝尔格尔

8 中国科学院盐湖科学调查队
(盐湖队　1957～1960)

8.1　立项依据

柴达木盆地是我国最大的内陆盆地之一，面积约 15 万 km²，有"聚宝盆"之称，蕴藏丰富的盐类资源。依据国务院 1956 年制定的《国家十二年(1956～1967)科学技术发展远景规划》第 27 项"科学研究国际合作计划"、第 9 项"关于国内盐湖调查计划"的要求，中国科学院化学研究所为贯彻《国家十二年科技规划》的要求，在征得数理化学部的意见，并与中国科学院总顾问阿扎连科教授、顾问鲁日娜娅教授和北京地质学院袁见齐教授反复讨论后，于 1957 年 2 月 7 日向综考会提出"中苏合作盐湖调查要点"，1957 年 9 月 3 日，综考会致函化学研究所，文称"1957 年中苏合作调查盐湖条件尚不具备"，应推迟一年进行。1957 年盐湖调查由中国科学院化学研究所与协作单位共同组队进行，为此中国科学院成立了以柳大纲为队长、韩沉石为副队长的中国科学院盐湖科学调查队，主要任务是"考察柴达木盆地盐湖资源，研究盐类资源的综合开发利用问题"。

8.2　队伍组织与项目实施

盐湖队围绕总任务的要求，1957 年 9 月 18 日至 11 月 19 日组织了中国科学院化学研究所、食品工业部盐务总局、化学工业部、地质部与北京地质学院等单位 21 名科技工作者，其中有朱夏、曹兆汉、黄康吉、陈敬清、高世扬、张长美、郑绵平、沈秋枫、王春忠、杨育坤、阮阿毛、杨志豪、杨维适、姚水林、刘旺兴等，对柴达木盆地大柴旦盐湖、察尔汗盐湖、达布逊盐湖、尕斯库勒湖、昆依特湖进行了地质和化学调查。

1958 年盐湖队正式纳入中国科学院综合考察委员会的组织领导，同时增补袁见齐为副队长。并由队长、副队长和杨皓、张长美组成队委会，张长美为秘书。调查队在 1957 年调查的基础上，又新增加了中国科学院地质研究所、兰州分院、兰州地质研究室、青海海西地质队、青海 632 地质队、天津化工研究院、化工部上海化工研究院、兰州大学、西北大学等 13 个单位的 55 名科学工作者。下设 4 个分队和以依·恩列别斯柯夫为首的苏联专家组：

大柴旦分队，队长：黄庆吉，副队长：张崙、蔡本俊，队员：马育峰、史启桢、孙之虎、张长美、李洪海、薛方山、马海绪、孟庆庚、郎文其、杨维适。

察尔汗分队，队长：曹兆汉，副队长：陈敬清、程永长，队员：李忠扬、姜相武、韩玉田、刘健民、甘冬菊、尹治安、王效田、孙洪臣、徐秉毅、马金厂、杨育坤、顾永桢、张树本、柴雅川。

茫崖分队，队长：张树贞，队员：林明智、刘炳炎。

西藏分队，队长：郑绵平，队员：高世扬、陈尊模。

苏联专家组，有苏联科学院普通及无机化学研究所比西科夫教授，苏联化工部盐类科学研究所麦金斯基专家，以及全苏盐类科学研究所京斯李道夫斯基教授参加了考察。

盐湖队于 1958 年 8～12 月重点对大柴旦湖区的硼砂察尔汗盐湖的钾矿和达布逊盐湖进行了调查研究。此外，还对阿什图、克里克湖、马海、台吉乃尔湖、茫崖的尕斯库勒湖及西藏的班戈湖进行了调查。

1959 年在前两年调查的基础上，重点围绕总任务的要求，调查队人员由 55 人增加到 120 人，仍分四个分队于 1959 年 5 月进入盆地。开展以下课题的考察研究：

(1) 大柴旦湖水综合利用和含硼矿物的采集和利用研究；

(2) 察尔汗、达布逊湖区水文地质、卤水综合利用和多品种钾肥的研究；

(3) 茫崖地区第三纪(古近纪与新近纪)红层硼钾资源的采集和含盐性研究；

(4) 台吉乃尔湖卤水资源的勘查和利用研究；

(5) 祁连山硼矿化度的研究和西藏硼矿的调查以及云南、四川等地钾肥资源的探寻。

1959 年 12 月 21~24 日，综考会在北京召开了盐湖调查队各协作单位参加的计划协调会，落实 1960 年的考察任务和计划安排。1960 年 4 月盐湖调查队在前 3 年调查研究的基础上，对柴达木盆地开展了以盐湖资源为中心的综合研究和综合利用研究：

(1) 柴达木盆地盐湖矿产资源的综合初步评价；

(2) 柴达木盆地的形成及发展历史的研究；

(3) 柴达木盆地水文地质条件的综合研究；

(4) 大柴旦湖区湖水和含硼矿物的综合研究；

(5) 察尔汗湖区卤水综合利用和水文地质研究；

(6) 台吉乃尔、一里坪湖卤水及硼、钾、锂资源综合利用和区域水文地质研究；

(7) 对新疆、甘肃、宁夏、内蒙古、山西等地区盐湖进行综合调查。

1960 年 9 月综考会机构精简，盐湖科学调查队划归中国科学院化学研究所领导。

8.3　研究成果

盐湖队 4 年中通过地质、水文地质调查，化学分析，钻探等手段对柴达木盆地盐湖进行了大规模科学调查，积累了丰富的矿产地质、水文地质、水化学和化学工艺方法等资料，并有不少重大发现。调查说明，柴达木盆地不仅基本化学工业未来所需要的食盐储量非常巨大，而且富有工业和各种新技术急需的化学原料(如硼、锂)和农业生产上非常需要的钾。在盐湖附近的地层内也发现和沉积着各种盐类。如 1957 年在大柴旦湖底部发现固体硼矿，同时在湖水的晶间卤水中发现富含大量的硼、锂元素，其品位超过综合利用和单独开采的标准。同时还在固体沉积物中发现一种新的含硼矿物，其 B_2O_3 的含量高达 4%～10%；发现并确定了我国第一个钾盐基地——察尔汗盐湖，氧化钾、氯化镁储量达数亿吨；在盐湖的光卤石沉积层的晶间卤水中发现含有大量钾和镁；在东台吉乃尔湖发现了世界上最富的含锂卤水；同时还在柴达木盆地油田水中发现高度集中的硼和锂元素；在柴达木第三纪(古近纪与新近纪)地层中找到了一种新型硼矿——沉积型硼矿。盐湖队通过几年的地质、水文地质和水化学资料的分析，整理编制了适合柴达木盆地具体情况的成因类型水化学图，并第一次编制了锂、硼、镁和普通盐类工业类型水化学图。提出了盐湖的盐类资源综合开发利用意见和工艺流程，并协助地方建立了钾肥厂，改进了硼砂厂的工艺流程。

盐湖队几年工作提出的调查报告由于当时社会政治条件的限制，均未能公开出版。主要有："几年来柴达木盐湖科学调查工作成果""柴达木盆地盐湖类型""柴达木盆地盐湖湖水的综合利用""柴达木盆地西部第三系(古近系与新近系)油田水文地质条件及微量元素的分布规律""大柴旦湖水综合利用的试验报告""察尔汗盐湖 1958 年初步调查总结报告""察尔汗盐湖晶间卤水 25℃等温蒸发""小柴旦盐湖区域水文地质概述和盐湖形成条件""小柴旦湖矿层水文地质条件及水化学特征""谈谈藏北硼砂矿床、新疆湖泊的一般自然条件和化学特征"等。

参加中国科学院盐湖科学调查队人员名单

刀树萱	马文富	马宇锋	马育峰	马金厂	马海绪	尹治安	王 锐	王世冈	王洒新	王效田
王春忠	付宗舜	史启祯	左运荣	甘冬菊	刘子琴	刘旺兴	刘欣荣	刘洪臣	刘炳炎	刘健民
吕慕典	孙大卫	孙之虎	孙洪臣	朱 夏	毕二忠	血照轩	阮阿毛	阮阿敏	张 崙	张子骞
张长美	张志谦	张国强	张树本	张树贞	张树春	张敬清	张德金	李文富	李玉柏	李运机

李忠扬　李洪海　杨　皓　杨友学　杨志豪　杨育坤　杨维适　汪继云　沈秋枫　陈艾章　陈尊模
陈素琴　陈继瑞　陈培学　陈敬清　陈普祥　周　瑞　孟宪润　孟庆庚　林明智　林泽忠　武维新
郎文其　郑怀心　郑绵平　哈承佑　姚水林　姜相武　柯玉敏　柳大纲　胡令告　唐户建　唐德生
徐建义　徐秉毅　柴雅川　袁见齐　顾永桢　高世扬　高明瑜　崔荣旦　常怀清　曹兆汉　符廷进
黄书榕　黄礼建　黄康吉　龚昌平　曾达安　程永长　韩玉田　韩沉石　解庆卫　解银鲜　蔡本俊
薛方山

9 中国科学院华南热带生物资源综合考察队
（华南队 1957～1970）

9.1 立项过程与主要任务

华南地区气候兼具热带、亚热带性质，生物资源丰富，特别是热带生物资源，在社会主义阵营中占有重要地位。1952年党中央、国务院决定发展我国自己的橡胶事业，把仅在海南岛种植的橡胶树向北移。广东省成立了热带资源考察委员会，负责规划和勘察工作，并调集1000多位科技人员，在海南岛和粤西对热带生物资源进行了广泛调查。1957年2月15日竺可桢副院长带领苏联专家亲临海南岛等地，在对热带生物资源考察的基础上，中国科学院批准成立了"中国科学院华南热带生物资源考察队"（华南队），并任命张肇骞为队长，李康寿、梁忠为副队长。华南队挂靠在中国科学院广州地理研究所。任务是承担《国家十二年(1956～1967)科学技术发展远景规划》第五项，在我国广东、广西、闽南地区进行热带亚热带生物资源的综合开发和利用的考察研究，并特别注意配合橡胶和咖啡等热带经济作物的种植。

9.2 队伍组织与考察工作的实施

华南队1957年成立之后，动员了广州地理研究所(中南地理所)力量，组织中国科学院地理研究所、土壤研究所、沈阳林业土壤研究所、广州土壤研究室、华南植物研究所、农垦部华南热带植物研究所、中国林业科学院和中山大学、广西大学、厦门大学、华南师范学院、广州师范学院、福建师范学院、厦门师范学院、广东农学院、广东林学院、福建林学院、广西林学院、广西植物研究所、福建热带作物研究所以及广东、广西、福建的农、林、牧、水、气等厅(局)40余单位，包括地貌、土壤、气候、水利、自然地理、经济、热带作物栽培等专业240余人，先后对广东、广西、福建东南部进行了持续5年多的考察研究。

9.2.1 广　　东

华南队在1957年对广东省热带作物资源普查的基础上，1959～1961年，先后对汕头、佛山、肇庆、韶关、湛江、海南等地区各县、市的自然条件、生物资源、以橡胶树为主的热带作物宜林地面积进行了初查、复查和最后核实，共选出橡胶树宜林地78万hm²余，其中一等宜林地18.5万hm²，全部在海南岛；偶有轻微寒、旱或风影响的二等宜林地31.0万hm²(分布在湛江和海南岛等地)；一般年份有轻微寒、旱、风影响，或热、水、土中有一个因子需要改造的三等宜林地28.8万hm²，分布在肇庆、汕头、佛山、湛江和海南岛等广大地区。此外，在全省各地，还选出椰子、腰果、油棕、咖啡、龙舌兰麻等热带作物宜林地546万hm²余，主要分布在全省沿海各地。提出了"以橡胶为重点，积极发展以椰子、腰果、油棕为主的热带木本油料作物，热带亚热带水果和以番剑麻为主的硬质纤维作物，适当发展热带饮料、香料及药材，把广东建成橡胶及其他热带作物生产基地"的开发利用方案。考察队组织编写了"广东省橡胶为主热带作物宜林地综合考察报告""广东省热带亚热带地区以橡胶为主的热带作物资源开发利用方案""广东省综合自然区划""广东省气候区划""广东省地貌区划""广东省植被区划""广东省土壤区划报告"等。

9.2.2　广　　西

华南队 1957～1961 年分 4 个阶段对广西进行考察：

（1）1957 年 8 月至 1958 年 2 月，考察了红水河流域的 5 个县，编写了"红水河流域自然条件综合考察报告"；

（2）1958 年 8 月至 1959 年 2 月，考察了桂西南地区；

（3）1960 年下半年，华南队与广西科学技术委员会共同对玉林、梧州专区 11 县进行了以选择橡胶为主的热带作物宜林地考察；

（4）1961 年，根据国家科委和综考会的要求，对考察地区的热带作物宜林地进行了复查补点和气候资料核实补充。全区仅在局部优良小环境下选出二等橡胶宜林地 3.5 万 hm²，三等宜林地 3 万 hm²，其他热带作物宜林地 146 万 hm² 左右，可以发展对越冬条件要求较低的热带作物。

经考察编写了"广西壮族自治区以橡胶为主的热带作物宜林地综合考察报告""红水河流域自然条件综合考察报告""桂西南橡胶宜林地综合考察报告""桂东南橡胶宜林地综合考察报告""广西南部以橡胶为主的热带作物资源开发利用方案""广西南部综合自然区划""广西气候区划""广西地貌区划""广西植被区划""广西南部土壤区划报告"等。

9.2.3　福　　建

1960 年 5～6 月，华南队与福建省科委合作组织省内外 11 个单位，对龙溪、龙岩、晋江、闽侯区和厦门市的 16 个县（市）进行了橡胶等热带作物生长、越冬情况和宜林地分布进行了初步调查。同年 8 月，又组织 20 多个单位，对闽南和闽东南的 34 个县（市）进行了全面考察。

1961 年，根据国家科委和综考会要求，对上述考察地区的 12 县（市）进行了重点复查，对资料进行了系统分析研究，确认东南部的诏安、云宵两县有可种植橡胶树的二等宜林地 0.5 万 hm²，三等宜林地 2.8 万 hm²，可发展龙舌兰麻、咖啡等热带作物宜林地 6 万 hm² 左右。考察队组织编写了"福建省东南部热带亚热带地区以橡胶为主的热带作物宜林地综合考察报告""福建省东南部热带亚热带地区以橡胶为主的热带作物资源开发利用方案""福建东南部综合自然区划""福建东南部气候区划""福建东南部地貌区划""福建东南部植被区划""福建东南部土壤区划"等报告。

1961 年，华南队在进行三省（区）橡胶树宜林地面积核查落实的基础上，先后完成"华南三省（区）以橡胶树为主的热带作物宜林地综合考察报告"和华南三省（区）土壤、地貌、气候、植被等系列区划报告。根据国家科委 1961 年 3 月在北京召开的热带作物专业会议决定，由综考会组织华南和云南队进行总结。

1962 年 2～3 月，综考会在天津召开总结会议，由云南队和华南队共同向国家科委和农垦部提交两份报告：

（1）我国南方六省（区）热带亚热带地区以橡胶树为主的热带作物宜林地综合考察报告；

（2）我国南方六省（区）热带亚热带地区以橡胶树为主的热带植物资源开发方案。

此外，还提交了中国南方六省（区）热带亚热带地区植被区划、土壤区划、地貌区划、气候区划和综合自然区划等系列评价报告。

9.3　成果与奖励

主要成果：

（1）《中国南方六省（区）热带亚热带地区综合自然区划》，任美锷、曾昭璇、赵维成等。

（2）《中国南方六省（区）热带亚热带地区地貌区划》，任美锷、曾昭璇、包浩生、林钧枢、赵维成等。

云南队和华南队共同完成的"我国南方六省（区）热带亚热带地区以橡胶树为主的热带作物宜林地综合考察报告"，1978 年获中国科学院重大科技成果奖。

参加中国科学院华南热带生物资源综合考察队人员名单

万象佩	孔德骞	毛炳衡	王　源	王元可	王少其	王文介	王文彩	王兴发	王寿荣	王佩瑜
王国庚	王明株	王显政	王浦田	王舒望	王铸豪	王锡坚	王增奇	邓　励	邓国锦	邓青松
韦启璠	丘金昌	丘喜昭	丘燕高	冯焕桂	包浩生	卢少娟	卢汰春	古秋森	叶茂尧	平正明
石　华	任美锷	伍子坚	刘少芳	刘以宣	刘松泉	刘南威	刘崇禧	吕　炯	孙承烈	孙盘寿
朱太平	朱兴福	朱玖云	朱国兴	朱贤锦	江启煌	江爱良	闭余堂	齐雅堂	何　康	何　景
何万真	何大章	何绍颐	何金梅	何昭星	何敬真	余显方	吴文忠	吴文渊	吴幼泰	吴传钧
吴征镒	吴明豪	吴郁文	吴俊鸣	吴厚水	吴思敬	吴锡谋	张同铸	张克东	张启枚	张声麟
张宏达	张志明	张俊文	张效年	张素祥	张能俭	张超常	张输文	张肇骞	张耀宗	李　信
李孔宏	李庆逵	李次民	李国珍	李俊民	李崇德	李康寿	李清涛	李焕珊	杜金寿	杨　志
杨汉奎	杨兆椿	杨裕华	沈利宗	芦程隆	苏甲薰	邹国础	邹家祥	陆大京	陆行正	陆国琦
陈　人	陈　骏	陈士君	陈月荣	陈世训	陈尔坚	陈尔禄	陈汀文	陈玉红	陈立卿	陈仰如
陈伟林	陈华堂	陈如强	陈佰荣	陈宝琨	陈酒用	陈录基	陈忠坚	陈树培	陈洪禄	陈炳荣
陈特固	陈照宙	陈德昌	陈德霖	冼碧如	周　同	周　斌	周户堂	周远瑞	周郁文	周啓琨
巫露平	庞迎祥	易绍祯	林　帆	林　鹏	林车青	林伟民	林再发	林伯达	林金榜	林美珠
林振盛	竺可桢	范家瑞	郎好美	郑心柏	郑学勤	郑泽厚	郑秋罗	郑智民	侯传庆	姚清尹
姚善和	柯雪惠	段发骧	洪明泓	洪福来	胡　奇	胡少波	贺鹰博	赵其国	赵瑞卿	钟功甫
唐永銮	唐瑞荣	席廷山	徐君亮	徐国璇	徐俊民	徐继松	徐镜良	栗　孝	海万发	秦文清
秦耀亮	翁文星	耿伯介	郭来喜	钱洁仪	陶全珍	顾　准	曹廷藩	梁　忠	梁　美	梁　博
梁仁彩	梁次华	梁秉权	梁敏才	梁畴芬	梅周渝	黄大珉	黄巨序	黄玉琨	黄作杰	黄克新
黄远略	黄宗杰	黄宗道	黄昌华	黄異稀	黄棣绵	黄畴芬	黄碧棠	黄璋辉	龚子同	彭云年
彭光钦	曾友佛	曾友梅	曾文彬	曾有芳	曾昭璇	曾继来	温　健	温长恩	温捨我	程　伯
程明豪	蒋幼斋	谢邦正	谢涛容	谢慈迁	谢福惠	谢磊困	鲁争寿	詹奉玉	廖兴武	廖鸿其
臧向荣	蔡希陶	潘树荣	颜同添	戴　素	藤通杨					

10 中国科学院珠穆朗玛峰登山科学考察队
（珠峰队 1958～1960）

珠穆朗玛峰位于中尼边界，位置为东经86°55'31″，北纬27°59'19″，为世界第一高峰。它似一座巨大的金字塔，巍然耸立在喜马拉雅山脉群峰之上。峰体陡峭险峻，终年积雪，人迹罕至，与南极、北极并称为地球"三极"。为攀登和探索珠穆朗玛峰的奥秘，1958年8月30日中华人民共和国体育运动委员会致函中国科学院竺可桢副院长并裴丽生秘书长。文称"中央批准我委邀请苏联探险队于1958年至1960年共同攀登珠穆朗玛峰计划。希望中国科学院在西藏的考察计划与登山活动结合起来，并具体参与组织领导"。为此，中国科学院责成综考会组织成立了中国珠穆朗玛峰登山队科学考察队，即称中国科学院珠穆朗玛峰科学考察队。其任务是：对珠穆朗玛峰地区进行对国民经济具有现实意义的科学调查、研究，填补科学上的空白，为进一步研究西藏地区提供科学资料。具体研究课题如下。

10.1 地 质 部 分

（1）珠穆朗玛峰东北地区地质矿产调查；
（2）日喀则—定日—珠穆朗玛峰北坡路线地质调查；
（3）雅鲁藏布江沿岸地区地质构造研究；
（4）湖区硼砂矿盐类观察；
（5）寻找燃料矿床；
（6）拉萨—日喀则一带多金属矿床调查研究；
（7）新构造及地震地质调查。

10.2 地 理 部 分

（1）沿途地貌特征；
（2）新构造运动对地貌的影响；
（3）喜马拉雅山区冰川冰缘地貌特征；
（4）日喀则—定日间河谷地貌形态研究；
（5）湖泊研究；
（6）土壤类型垂直带研究。

10.3 植 物 部 分

（1）野生植物资源的种类、用途、生态特性和地理分布；
（2）天然牧场类型的调查；
（3）高山垫状植被的类型、分布特征。

10.4 动 物 部 分

（1）野生动物资源的种类、习性及分布；

（2）动物区系及其形成；

（3）积雪对有蹄(哺乳)动物生活的影响；

（4）雪人的调查研究，如有，尽可能捕捉。

10.5　测　绘　部　分

（1）测定沿途重要居民点天文坐标；

（2）测绘沿途简易路线地形图；

（3）测定珠穆朗玛峰海拔高度；

（4）调查沿途通行情况；

（5）地磁和重力测量。

10.6　气　象　部　分

（1）地面常规观测(气压、温度、湿度、风向、风速、降水、日照、云、天气现象及雪面(或地面)温度)；

（2）日射及热量平衡观测；

（3）探空观察；

（4）高空风观测；

（5）用自记仪器进行压、湿、风的连续记录；

（6）高山地区日射强度及紫外线的观测；

（7）冰雪热状况的观测；

（8）高山气象条件流动观测。

综考会于1958年年底组织了中国科学院地质研究所、地球物理研究所、地理研究所、植物研究所、动物研究所、古脊椎动物研究所、土壤研究所，北京大学、南京大学、中山大学、北京地质学院，地质部、水利部、林业部、中国气象局、国家测绘局等单位，包括地质、地貌、第四纪、水文、气象、动物、植物、测量等专业46名科学工作者组成的科学考察队：

队长：刘肇昌；副队长：王明业。下分7个专业组：

地质组组长：刘肇昌(兼)；成员：马文朴、金淳泰、何海之；

地貌组组长：王明业(兼)；成员：王富葆、黄万辉、唐邦兴、郭庆伍；

水文组组长：吴明；成员：向熙龙、严步陵、汪玑；

气象组成员：钱增进、彭光汉、钟大庆、刘清泉、陆震和、何成祥、王荣升、张方范、刘朝瑞、汪明礼、李长胜、文传甲、王国颜、白恐陇、刘建国；

动物组组长：尚玉昌；成员：马莱龄、张洒治、沈孝宙；

植物组组长：王新光；成员：盛炜彤、黄扬恭；

测量组：国家测绘局西安测绘大队。

登山科学考察队按计划要求分两批(第一批队员26人；第二批队员20人)于1959年3月16日和5月10日分别抵达珠穆朗玛峰绒布寺大本营，并在绒布寺附近建立了气象站、水文站，在中绒布冰川和东绒布冰川建立了冰川观测站，进行气象、水文、冰川观测和地形测量，同时地质、地貌、动植物专业在珠峰北坡东经86°95′～87°70′，北纬27°36′～28°45′，面积约7000km²范围，围绕研究课题进行科学考察。重点考察了中绒布冰川和东绒布冰川一带，东到卡达河谷地2650m的朋曲河谷地，西边达到绒辖谷地，北至定日、协格尔一带，从海拔2650～6500m地带开始，最高达7500m，于1959年9月结束。气象、水文于1960年4月结束野外考察，回到北京。通过考察收集了丰富的第一手科学资料，也是首次取得特高海拔地区(珠峰地区)科学考察资料，填补了空白，为我国登山队攀登珠穆朗玛峰做了准备工作，在一定程度上保证了国家登山队登山活动的安全和登顶成功。同时，还有不少新发现，如动植物组发现苔藓新种3个、新纪录19个，兽类新纪录1个、新亚种2个，鸟类新纪录1个。经一年的室内总结编辑出版了《珠穆朗玛峰地区科学考察报告》。《报告》由6部分组成：

(1) 珠穆朗玛峰地区地质，刘肇昌、马文朴、金淳泰、何海之；

(2) 珠穆朗玛峰地区地貌，王明业、唐邦兴、王富葆、黄万辉、郭庆伍；

(3) 珠穆朗玛峰地区现代冰川，王明业、唐邦兴、王富葆、郭庆伍；

(4) 珠穆朗玛峰地区水文，吴明、向熙龙、严步陵、汪玑；

(5) 珠穆朗玛峰地区植被与土壤，盛炜彤、梁崇铱、王新光、黄扬恭、陈邦杰；

(6) 珠穆朗玛峰地区的鸟兽，尚玉昌、马莱龄、潘文石、张迺治、朱靖。

参加中国科学院珠穆朗玛峰登山科学考察队人员名单

马文朴	马莱玲	文传甲	王国颜	王明业	王荣升	王富葆	王新光	白恐陇	刘建国	刘清泉
刘朝端	刘肇昌	向熙龙	朱 靖	严步陵	何成祥	何海之	吴 明	张方范	张迺治	李长胜
汪 凯	汪明礼	沈孝宙	陈邦杰	陆震和	尚玉昌	金淳泰	钟大庆	唐邦兴	郭庆伍	钱增进
盛炜彤	黄万辉	黄扬恭	彭光汉	潘文石						

国家测绘局西安测绘大队11人。

11 中国科学院青海甘肃综合考察队
（青甘队 1958～1960）

11.1 立项依据和总任务

青海、甘肃是我国西北地区两个地大物博的省份，土地面积约占全国的13%。新中国成立前经济十分落后，新中国成立后虽然各方面都有了很大的变化，但对于国民经济发展需要与本地区丰富资源相比，还相差很远。特别是青海西部、甘肃西北部即柴达木、祁连山及河西走廊地区，在省内而言都是经济比较落后的地区。而其土地面积约54万km²，具有比较丰富的地下与地面资源，石油、镍、铅、锌等有色金属，硼、钾、镁、锂等盐类矿产资源以及铁、石棉在全国占有重要地位，基本上尚未开发。在农业方面，虽然河西走廊地区农业牧业具有悠久的历史，但其规模有限，而全区农牧业的发展潜力很大。为了发展地区经济，《国家十二年(1956～1967)科学技术发展远景规划》中，将青海、甘肃综合科学考察列为第四项任务。

中国科学院依据国务院制定的《国家十二年科技规划》第四项"新疆、青海、甘肃、内蒙古地区综合考察及其开发方案的研究"要求，1958年2月26日成立了以侯德封为队长，漆克昌、陈道明、马溶之为副队长的中国科学院青海、甘肃综合考察队(简称"青甘队")(漆克昌、陈道明因工作需要不再担任副队长后，中国科学院又任命李应海、刘福祥为副队长)。于3月24日联合发文给青海、甘肃、内蒙古、宁夏等省区请各有关单位和部门给予支持。青甘队拟于1959～1960年对青海西部、甘肃西北部、内蒙古贺兰山以西地区、甘肃河西走廊、内蒙古阿拉善、额济纳地区进行综合考察。

青甘队主要任务目的是：综合研究本地区自然条件和自然资源，结合社会经济条件的调查，为确定重要的国民经济建设措施和国民经济发展远景，提供科学依据，并提出生产力的全面配置方案，使自然资源得到最好的利用。预期成果是："在工业方面，要求对矿产资源作全面的了解，提出建立石油工业、有色及黑色金属工业的方案，并规划工业用煤的供应和化学工业的发展。在农业方面，提出建立灌溉系统，营造固沙林，防护农田，发展牧业，开垦荒地，提高单位面积产量，以满足本区(特别是工业区)的食品需要。在此基础上，作出合理配置工、农业、组织交通运输、配置劳动力规划"。

11.2 队伍组织与考察过程

青甘队1958年组织来自中国科学院综考会、地质研究所、地理研究所、土壤研究所、植物研究所、动物研究所、西北生物土壤研究所、兰州地质研究所、综合运输研究所，水利电力部西北勘测设计院、煤炭部西北煤炭设计院、化工部化工设计院西北分院、铁道部第一设计院、林业部林业研究所、北京大学、南京大学、兰州大学，青海省科委、计委、水利电力厅、农林厅、畜牧厅、化工局、建工局，甘肃省计委、科委、水利厅等40多个单位，近500名科技工作者以及3名苏联专家(1958～1959年参加考察)，于1958～1960年对青海、甘肃等地区进行了综合考察。

1958年全队156人，组成综合自然地理组、地貌第四纪组、地质组、水文气象组、水文地质组、土壤组、森林植物组、农业组、畜牧组、经济组，分成5个分队和队部工作组。5个分队是：农牧分队、土壤分队、水利分队、生物资源分队、引洮工程地质分队和固沙分队(后归治沙队)，于5～9月全面开展野外考察工作。

队部工作组由苏联专家和经济、地质人员组成，在队长侯德封的带领下，对青海省、甘肃省的城镇和矿山的经济和地质矿产情况进行全面考察，并搜集有关资料。农牧分队分两组对河西走廊地区农牧业进行了考察，并完成了河西石羊河、北大河流域以农业为主的调查规划和海北州牧业为主的调查。土壤分队对13个农业县进行土壤调查，编制了土壤图和土地利用规划。水利分队对北大河流域的水文、水利进行了考察并对北大河水资源进行了估算。生物资源分队对祁连山东段的植被、经济植物、森林和啮齿类动物进行考察。引洮工程地质分队对修建水库的坝址和部分渠道的工程地质进行了勘察，在考察的基础上编制了"河西地区生产力配置远景规划"。

1959年全队184人，组成经济地质分队、土壤农业气候分队、生物资源分队、盐湖地质分队、引洮工程地质5个分队。5个分队于5～9月，以柴达木盆地（包括海西州和祁连山东段）为重点地区，以工矿为中心，对矿产、土壤、生物资源及经济情况进行了考察研究，分别提出了"柴达木地区生产力配置远景初步研究""柴达木土壤与土地资源报告""柴达木植物资源和青甘地区自然疫源地调查报告"等，其中苏联地质专家波扎里茨基和工业经济专家普罗勃斯特由经济、地质矿产人员陪同，考察了青甘地区主要矿产和有望发展为工矿城市的地区，并提交了考察报告。

1960年全队人员134人，组成4个分队和1个经济组：土壤农业分队，负责人黄自立（业务副队长）；生物资源分队，分队长孙林夫；盐湖分队，分队长张彭熹；引洮分队，分队长孙广忠、孙玉科；经济组，组长李文彦，下分地质燃料、冶金、水利、农垦、交通等5个专题组。

5个分队（组）在1958～1959年两年考察的基础上，1960年围绕9个课题于5～9月分别进行了考察研究：

(1) 矿产、土壤、水利、生物资源的调查评价；
(2) 工业、天然气、煤炭资源的开发利用与综合平衡；
(3) 铁、铅、铜、镍等矿产资源的合理开发与冶金工业的配置；
(4) 盐类矿产综合利用与化学工业的配置；
(5) 电力工业的远景与全区统一电力系统；
(6) 农业发展远景和农业基地建设；
(7) 全区水资源平衡与工农业用水分配；
(8) 远景交通网配备与物资运输；
(9) 引洮渠道的稳定性、防渗与防破坏问题。

为此，盐湖分队重点对柴达木盆地和果洛地区某些盐类矿产资源进行了调查；土壤农业分队分组对柴达木盆地、河西和海北地区农业进行重点调查；生物资源分队对祁连山东段进行了补点考察；引洮地质分队分黄土基岩及渠道两个小组沿引洮渠道进行了补点考察；经济组下各专业组，分别在柴达木、河西和海北地区进行了补点考察。9～12月全队进行室内总结。

11.3　总结和成果

青甘队在考察的基础上，于9～12月经总结完成了"青甘地区生产力发展远景设想总报告"和简要报告及以下专题报告：青甘地区土地资源评价、青甘地区春小麦冬季播种问题、海北高寒地区农业发展问题、青甘地区生物资源及其评价、柴达木地区生物资源总结、柴达木地区资源植物及其评价、青甘地区野生食用生物资源、柴达木地区盐湖矿产资源初步评价、柴达木盆地食盐工业产销远景设想、柴达木水化学图说明书、柴达木盆地石油工业发展与布局、关于青甘两省若干矿产资源和生产力配置报告、青海锡铁山铅锌矿产资源评价及其工业基地建设、青海依春布拉格大型石棉矿基地远景、甘肃白家咀铜镍矿评价、酒泉钢铁厂联合企业煤炭基地的选择比较方案和苏联专家报告集等。

青甘队于1960年12月18～23日在青海省西宁市召开了"青甘地区生产力配置科学研究会议"。来自国家计委、科委、地质部、石油部、煤炭部、冶金部、化工部、水利电力部、铁道部、农垦部以及青海和甘肃省计委和有关厅局等46个单位89人出席了会议，对"青甘地区生产力发展远景设想总报告"和专题报告进行了评议。

同时，考察队还编写出版了4部专著：

（1）引洮上山工程地质（第一集、第二集），孙广忠、解魁芳、孙玉科、由懋正、郭绍礼等。

（2）青甘地区生物资源及其评价，孙林夫、汪立直、李沛琼、许重久。

（3）青甘地区兽类调查报告，张荣祖、王宗祎。

参加中国科学院青海甘肃综合考察队人员名单

于守忠	于丽文	马光宙	马启明	马林安	马溶之	马德和	尹 寿	尹茂祯	毛择祥	毛彦龙
王华东	王秀芳	王宗伟	王明秀	王松康	王金良	王树棠	王济亭	王 统	王积旺	王维伦
王 雄	王德义	乐炎舟	付祥辉	冯治平	叶珍文	田 获	由懋正	白景亭	石启忠	关家奎
刘玉科	刘凤行	刘仲凯	刘忠杰	刘杰汉	刘殿赟	刘福祥	向家翠	吕殿禄	孙广忠	孙任先
孙运年	孙林夫	朱玉和	江招安	许重久	许德彪	阮林伟	何钜忠	何根土	吴 秀	吴景焕
张世忠	张民权	张成保	张学敏	张祖谦	张荣祖	张效良	张继华	张彭熹	张蔚华	张 需
李又华	李广明	李广福	李文彦	李文海	李生荣	李生莲	李 军	李廷芳	李成文	李成岭
李成祥	李 朴	李应海	李沛琼	李连成	李桂茹	李梦卜	李鸿恩	李聪君	杜云吉	杜存堂
杜庐然	杜荣奎	杨 平	杨进才	杨 根	杨淑英	汪立直	汪学贵	肖世基	肖锦标	陈万勇
陈风龙	陈以建	陈兴瑶	陈庆诚	陈宪满	陈树珍	陈家珊	陈桂兰	陈道明	周立华	周秉义
周 挺	孟宪玺	庞振泰	苗延民	郑义德	郑培书	金秀华	侯德封	姚宗虞	姜正庚	封永昌
费振文	赵文福	赵令勋	赵训经	赵庆祥	赵峻山	郝廷和	郝锦山	倪振行	党连明	凌纯锡
卿桂芝	唐秀英	姬成芝	徐义芳	徐仁照	徐振宝	徐晓岚	徐培秀	晏星佐	郭绍礼	晓 天
柴亚川	秦增生	袁正琳	高峰琪	高锡明	崔若贵	常 胜	常振城	曹明全	梁礼玉	黄文智
黄自立	黄建国	黄厚芝	傅玉兰	傅作杰	曾记明	程 义	程川华	董宏儒	董继和	谢发远
谢洪治	韩振明	褚虔林	解广增	解魁芳	蔡纯良	穆信芳	穆锡生			

12 中国科学院云南热带生物资源综合考察队 (云南队 1958～1970)

12.1 立项过程与主要任务

1957 年中苏科学院云南紫胶调查队对云南省 32 个县约 120 种寄主植物进行调查,并在寄主植物上采到紫胶,查明了胶蚧科昆虫的种类,寄主植物泌胶及天敌危害情况,同时进行定位实验研究。培养了技术力量。在指导群众进行生产和推广应用的基础上,中国科学院 1957 年将中苏科学院云南紫胶调查队更名为云南生物考察队(简称云南队)。1958 年 3 月 28 日又更名为中国科学院云南热带生物资源考察队。目的是为了进一步贯彻落实《国家十二年(1956～1967)科学技术发展远景规划》中的第五项任务。4 月 17 日中国科学院任命刘崇乐为云南热带生物资源考察队队长,吴征镒、蔡希陶、李文亮为副队长。任务是承担"我国热带地区特种生物的综合考察和开发"研究。1958 年 8 月云南热带生物资源考察队在昆明召开了汇报交流会,会上通报了即将开展的以选择橡胶树宜林地为中心的热带生物资源综合考察工作准备情况和 1959 年考察任务和工作计划。主要任务是:①西双版纳自治州、文山专区和临沧专区的自然条件和动植物资源综合考察;②红河自治州和西双版纳自治州的植物资源和选择自然保护区的考察;③云南省西南部植物资源考察。

12.2 队伍组织与考察计划的实施

12.2.1 对云南热带生物资源考察

1959 年 9 月至 1960 年 5 月云南队组织了来自中国科学院有关研究所、国内主要大专院校和云南省农垦局等 10 多个单位,400 多人,组成 4 个分队开展野外科学考察工作:

1. 西双版纳分队

核心小组:吴征镒、李一鲲、李明华、刘伦辉、古光文,下分 3 个支队:
(1)一支队,由中国科学院重庆土壤研究室、昆明植物研究所和云南省农垦局郭永明、李明华、薛惠枢、刘伦辉、陈仕文、牟昌富、李守娴等 60 多人组成。
(2)二支队,由沈阳林业土壤研究所、云南大学和云南农垦局的程佰容、张革纯、刘永思、陈炳浩、曲仲湘、张舒才及学生等 22 人组成。
(3)三支队,由华东师范大学地理系、生物系陈家链、陈仲熙等 34 人组成。

2. 临沧、德宏分队

分队长:朱彦丞、李庆逵、吕炯、李少侠、侯学涛,下分 2 个支队:
(1)临沧支队,由北京、南京地理所及云南队队部吕炯、侯学涛、赵维城等 10 余人组成。
(2)德宏支队,由南京土壤研究所赵其国、邹国础,云南大学生物系姜汉桥,西南师范学院师生,以及云南省农垦局李金广等 148 人组成。

3. 文山分队

由南京大学地理系、生物系、气象系师生、云南省农垦局崔功豪、康育义、陈重泰、杨美娥、赵儒林、王正年、傅抱璞、高国栋、雍万里、陈培道、周厚勋等 183 人组成。

4. 红河分队

由中山大学地理系、生物系钟衍威、张宏达、黎积祥、黄美福及云南省农垦局李一鲲等 136 人组成。

四个分队按考察队制定的橡胶树宜林地统一标准，对云南省南部思茅—西双版纳、临沧、德宏、红河、文山等地州进行了综合考察，共选出一、二、三等橡胶树宜林地面积 96 万 hm^2。但宜林地质量参差不齐，有好有坏。为了进一步对云南南部选择的橡胶树等热带作物宜林地面积进行复查落实，云南队成立了以程萍、李雨枫、陈铮、江鸿州、朱彦丞、钟彦威、张同铸、陈炳荣、吴征镒、蔡希陶、李文亮等 11 人组成的成果审查组。同时成立了以赵其国、黎积祥、赵维城、黄美福、李明华等 5 人组成的复查落实组。

1955 年 1 月和 1961 年 1 月的两次大寒潮，是新中国成立以来的两次特大寒潮。1955 年时，仅在广东沿海有橡胶树等热带作物种植，1961 年在华南和西南各省（区）已经广泛栽培和试种橡胶树等热带作物。因此，复查落实组把 1961 年 1 月橡胶树等热带作物的寒害轻重作为检验橡胶树宜林地等级质量的标准，用寒害普遍率和严重率表示：

$$寒害普遍率 = \frac{受害总株数}{调查总株数} \times 100\%，严重率 = \frac{\sum 寒害级别 \times 该级株数}{寒害最高级别 \times 调查总株数} \times 100\%$$

橡胶幼苗用 0～Ⅲ级，0 级无寒害，Ⅲ级全株枯死；橡胶幼树 0～Ⅴ级，0 级无寒害；Ⅰ级嫩叶、顶尖焦枯；Ⅱ级部分落叶、树干下部破皮流胶；Ⅲ级枝枯、梢枯；Ⅳ级半枯；Ⅴ级地上部分全枯。1960～1961 年冬春大寒潮时，橡胶树无寒害，为一等宜林地，基本无寒害，为二等宜林地，寒害严重率在 10%～50% 之间为三等宜林地。

经过复查落实和严格筛选，云南南部共选出橡胶树宜林地 49.5 万 hm^2。其中一等宜林地 19.2 万 hm^2，主要分布在西双版纳、河口、金平、耿马孟定等地；二等宜林地 17.9 万 hm^2，以西双版纳、红河、德宏、临沧等专州分布较为集中，文山州分布较少；三等宜林地 12.4 万 hm^2，主要分布在西双版纳的江城、景洪、勐海、德宏的潞西、盈江、瑞丽，文山的西畴、马关等县。

此外，云南热带亚热带地区还选出咖啡、茶叶、油料、剑麻、药材、香料、紫胶等热带作物宜林地 366 万 hm^2，集中分布于德宏、文山、红河、临沧等专州。

12.2.2　对四川与贵州南部热带生物资源的考察

在对云南省橡胶树宜林地考察的基础上，云南队还派出科研人员在地方的领导和支持下对四川省西南部和贵州省南部进行了以选择橡胶树宜林地为中心的热带生物资源考察：

（1）1960 年 11 月～1961 年 5 月，云南队为贯彻落实国家科委 142 项任务书中第 59 项任务，根据四川省省委要求对川西南橡胶树"积极试种，摸索经验，着手培训技术力量，为今后的发展创造条件"的指示，云南队派遣颜克庄、张谊光二人赴四川，在四川省委统一领导下，由四川省科委、中国科学院成都分院、四川省林业厅组成领导小组，西南师范学院、四川农学院、成都生物研究所、重庆中医中药研究所、四川林业科学研究所、西昌亚热带作物试验站、四川省林业厅以及西昌林业局、凉山州农牧局等单位的 20 余位师生及 10 余位科研和管理工作者参加，分成两个小队对川西南考察：

第一小队：由彭胤福、张谊光带领，负责对普格冯家坪—会理红格—会东大崇—宁南华弹—金阳对坪—雷波顺河等地区的考察。

第二小队：由颜克庄、周吉祥等带领，负责对米易丙谷—盐边同德—渡口（攀枝花）以及西昌、德昌等地区的考察。

考察结果表明，由于当地热量欠充足，越冬条件差，几乎年年有重霜，个别年份甚至降雪，大气和土壤都十分干旱，常风也较大，不适宜发展橡胶等热带作物。

（2）1960年～1961年10月，云南队派曹光卓赴贵州，在贵州省科委的直接领导下，组织西南师范学院地理系、生物系，重庆师范学院地理系，内江师范学院地理系，贵阳师范学院，中国科学院土壤研究所，贵州省农业厅、林业厅、测绘局、气象局等单位约90人，分三个小队开展工作。第一小队队长曹光卓；第二小队队长中国科学院土壤研究所邹国础；第三小队队长西南师范学院赵汝植。三个分队分别对贵州南部的兴仁、兴义、黔南、黔东南专区的红水河谷、南北盘江河谷、榕江和从江河谷地区进行了考察。南北盘江河谷的洛凡、册亨、望谟乐园等局部地区，热量和越冬条件基本能满足热带作物的要求，年降水量达1000～1200mm，常风小，土层厚度达60～80cm，海拔400m以下可以试种橡胶树，海拔500～800m地区有少量荒山荒坡，可以发展木本油料（油梨、油茶）、紫胶、咖啡、香料、南药等热带作物。

云南队在云南、四川西南部和贵州省南部考察的基础上，编写了"云南热带亚热带地区橡胶树宜林地考察研究报告""云南热带亚热带地区橡胶树为主的植物资源综合开发方案""中国西南（云南、贵州、四川）热带亚热带地区地貌区划及评价""云南热带亚热带地区自然区划及其评价""云南热带亚热带地区土壤区划""云贵川南部土壤区划""云南热带亚热带植被区划及其评价""西南三省热带亚热带地区综合自然区划""云南省橡胶树寒害问题调查研究"等科学考察报告。带着这些成果，云南队于1962年2、3月间，在天津参加了我国南方六省（区）热带亚热带地区以选择橡胶树宜林地为主的热带作物考察总结，向国家提交了任务报告和系列自然区划评价报告。

12.3　主要成果与奖励

云南省农业气候条件及其分区评价，樊平、丘宝剑、张谊光；
云南热带亚热带地区气候考察报告，吕炯、王德辉、卫林、张谊光；
云南省地貌区划，赵维城、林钧枢、包浩生等；
云南以紫胶为主的热带亚热带作物综合开发利用方案，那文俊、曹光卓。

云南队与华南队共同完成的"我国南方六省区热带亚热带地区以橡胶树为主的热带作物宜林地综合考察报告"，1978年获中国科学院重大科技成果奖。

参加中国科学院云南热带生物资源综合考察队人员名单

卫　林	区善定	尹相汤	王乃斌	王飞燕	王仪津	王正平	王季勋	王贵礼	王焕校	王德辉
邓家泰	韦启璠	丘宝剑	包浩生	卢祥佑	古光文	叶　林	叶昆池	龙斯曼	任美锷	伍定生
刘大山	刘永思	刘伦辉	刘克信	刘崇乐	刘清泉	吕　兴	吕　炯	孙必兴	孙承烈	庄承藻
成锁根	曲仲湘	朱志成	朱彦丞	朱觉先	朱爱光	朱增浩	江爱良	牟实荣	牟昌富	许素桂
那文俊	齐国森	严绍舜	吴传钧	吴志芬	吴征镒	张　灼	张　坤	张同铸	张宏达	张绍虞
张洁玉	张虹刚	张革纯	张谊光	张舒才	李　强	李一鲲	李云吉	李仁业	李仁绿	李天佑
李天经	李少侠	李文亮	李守娴	李庆逵	李作模	李启任	李求昇	李连东	李坤阳	李明华
李金广	李培义	李锡文	杨　云	杨玉国	杨宝善	杨美娥	汪云滨	沙金伦	肖录安	苏中明
邹其国	邹国础	陈才金	陈中琼	陈仕文	陈仕德	陈玉德	陈仲熙	陈国英	陈尚礼	陈育义
陈炳荣	陈炳浩	陈重泰	陈家琪	陈家链	卓斯林	周吉祥	周厚勋	尚德明	林钧枢	武全安
罗玉贵	罗家清	范选贵	郑宝熙	郑显俊	金厚玉	侯学涛	俞鼎瑶	姚凤坠	姜汉桥	胡宝山
胡蜀邑	赵华昌	赵汝植	赵行方	赵阳宏	赵其国	赵相贤	赵培道	赵维城	赵献英	赵儒林
郝志秀	钟衍威	凌锡求	唐廷贵	徐友源	徐志廉	徐绍荣	徐效寅	徐登元	聂缅荃	袁仁宝
袁明生	郭永明	郭炳家	铁朝斌	高石明	高国栋	崔功豪	曹光卓	梁灿琦	梁厚珍	梁荣彪
黄友仁	黄冬初	黄威廉	黄美福	黄素华	黄善福	黄瑞元	黄瑞复	傅抱璞	彭云润	彭胤福
程伯容	谢永泉	谢崇信	叠保罗	赖俊河	雍万里	雷洪茂	廖春荣	蔡希陶	潘传孝	颜克庄
黎祖余	黎积祥	薛惠枢	樊　平	戴　群	塞明泽	魏其文				

13 中国科学院西部地区南水北调综合考察队
(西部地区南水北调队 1959～1961)

13.1 任务来源与立项过程

西部地区南水北调跨流域引水(即将怒江、澜沧江、金沙江、雅砻江、大渡河多余的水量以自流方式调到西部干旱地区)，对全国水利资源的综合利用，特别是改变我国西部地区干旱区的自然面貌，促进西部地区资源的开发利用具有重要意义。正如中国科学院副院长竺可桢指出的，"要从根本上改变西北干旱面貌，根治沙漠，变荒漠为良田，南水北调是一项重要途径，也是我国水利事业的一个根本性措施"。

中国科学院为了落实《国家十二年(1956～1967)科学技术发展远景规划》中第三项"西藏高原和横断山区综合科学考察及其开发方案的研究"任务中的东部地区的考察和中央关于水利工作的指示精神，中国科学院会同水利电力部于1959年2月16日在北京召开了"我国西部地区南水北调考察规划会议"，以便动员各方面的力量，分工合作进行西部地区南水北调考察勘测研究工作，为今后规划设计提供必要的科学依据。同时，讨论研究西部地区综合考察规划和1959年工作安排。来自甘肃省、青海省、四川省、云南省和地质部、交通部、铁道部、国家测绘局、中央气象局，以及中国科学院综合考察委员会、地理研究所、地球物理研究所、地质研究所、林业土壤研究所、植物研究所、动物研究所、经济研究所、土壤研究所，林业部林业科学研究院筹备处，水利电力部水利水电建设局、水文局、技术局、水利科学研究院、西北水利科学研究院、西北勘测设计院、北京勘测设计院、黄河水利委员会、长江流域规划办公室、四川水利电力勘测设计院、云南水利电力勘测设计院、清华大学、北京大学、西安交通大学、成都工学院、四川大学、西北大学、兰州大学等37单位负责人出席会议。水利电力部副部长张含英、中国科学院副院长竺可桢出席主持会议并致开幕词。

会议经讨论决定，南水北调应在"蓄调并施，综合利用，统筹兼顾，南北两利，以有济无，引多补少，地尽其利"的方针指导下，开展综合考察和勘测研究工作。明确了，黄河水利委员会组织勘测队伍承担引水河线的勘测规划工作；中国科学院组织科研队伍承担引水地区自然资源的综合考察及有关工程地质工作。会议还交流了南水北调已进行工作的情况和资料，讨论南水北调的各种意见和统一认识，协调并组织1959年南水北调工作有关的勘测工作(包括航测)、综合考察和科学研究等相关问题。

中国科学院为了落实会议精神，经国家科委批准于1959年6月5日正式成立以冯仲云为队长、郭敬辉为副队长的"中国科学院西部地区南水北调综合考察队"(简称西部地区南水北调队)，前后担任副队长的还有汪立勇、俞仪铨、谷德振、孙新民，办公室副主任王嘉胜、赵锋，业务秘书姜恕、张耀光、康庆禹。

西部地区南水北调队依据"规划"和"设计"要求，主要任务是对青藏高原东部地区，包括四川省西部的阿坝藏族自治州、甘孜藏族自治州、雅安专区、凉山彝族自治州、西昌专区和温江专区、绵阳专区的西北部边缘、乐山专区的西部；云南省西北部的迪庆藏族自治州、丽江专区、大理白族自治州北部和怒江傈僳族自治州西部；青海省东南部的果洛藏族自治州的黄河以南地区、玉树自治州东南部，甘肃省天水专区的西南部，总面积约47万 km^2 的地区进行综合考察，调查研究西部地区的自然条件、自然资源和经济情况，为南水北调引水路线的选线、定线工作和工程布置提供科学资料，为进一步制定西部地区经济发展远景规划提供必要的科学依据。依据总任务要求拟开展以下9个方面研究：

(1) 地区的地质特征与成矿规律；

(2) 地貌第四纪地质新构造运动与地震地质；

(3) 气候和地方气候；

（4）土壤与农业资源研究，并提出合理利用和发展农业的方案；

（5）植被与植物资源的调查及森林、草场合理利用；

（6）动物资源及畜牧业的调查；

（7）水利资源的调查研究及合理利用方案；

（8）生产力配置研究，并提出合理布局本地区交通网的意见；

（9）中国西南部地区水文地质与工程地质。

13.2　队伍组织与考察计划的实施

13.2.1　1959 年

1959 年西部地区南水北调队依据"规划"和"计划"的要求，组织了来自中国科学院综考会、地理研究所、地质研究所、地球物理研究所、植物研究所、动物研究所、土壤研究所、林业土壤研究所、经济研究所、交通运输研究所、水生生物研究所、昆明植物研究所、昆明动物研究所、兰州地质研究室、冰川冻土研究所筹委会、长江流域规划办、水利水电部、地质部、铁道部、交通部等有关院所，以及大专院校和地方生产部门等 57 个单位，包括地质、地貌、气候、水文、水利工程地质、土壤、植物、动物、森林、水生生物、经济等 15 个专业 229 名科技工作者，组成 5 个专业组：

地质矿产组，负责人：谷德振、徐煜坚、陈庆宜；

地貌组，负责人：罗来兴、齐矗华、邢嘉明；

气象水文水利组，负责人：郭敬辉、邓暖临、桑良谋；

生物资源组，负责人：王挺栋、姜恕；

经济组，负责人：程鸿。

依据野外考察任务的需要在 5 个专业组的基础上，组建 3 个分队：

南路综合分队，分队长：程鸿、邓暖临；

北路综合分队，分队长：罗来兴，副队长：曾学鲁；

矿产地质分队，分队长：谷德振；

下设 3 个小队：第一小队，小队长：谷德振；

第二小队，小队长：陈庆宜、叶秀清；

第三小队，小队长：徐煜坚、姜石川。

三个分队按计划和任务要求，于 1959 年 5～8 月对西部地区开展了全面地考察研究：

矿产地质分队分 7 条路线，对西部地区进行 1：20 万比尺的地质调查测量：

（1）成都—灌县—杂谷脑—马尔康—大金—乾宁；

（2）成都—雅安—泸定—康定—雅江—理塘—巴塘；

（3）康定—新都桥—雅江—理塘—巴塘；

（4）灌县—茂县—松潘—平武；

（5）新都桥—乾宁—道孚；

（6）刷金寺—马尔康—绰斯甲—大金—乾宁—若尔盖—朗木寺；

（7）九龙—麦地龙—沙塘—金矿—西里—木里—中甸。

北路分队沿成都—绵阳—广元—文县—武都—岷县—卓乙—朗木寺—索藏寺—龙日—理县—卓斯甲—丹巴；理县—汶茂—灌县—雅安—康定—道浮—甘孜；德格—昌都—德格—玉树路线进行了考察。

南路综合分队沿成都—雅安—石棉—西昌—会理—永仁—丽江—石鼓—中甸—木里—九龙—康定—雅安—理塘—巴塘—德荣—乡城—稻城—理塘—康定—成都进行了考察。

通过考察积累了丰富的科学资料，对西部引水地区约 47 万 km² 的自然条件、自然资源和社会经济条件有了概括的了解，同时也配合黄河水利委员会完成怒定、怒洮引水路线的初勘，还对引水路线选择工程布置中存在的工程地质问题进行了初步的探讨。经室内总结提交了中国西部南水北调引水地区区域地质、水文地质、地貌、气候、水文、水利、土壤、植物、森林、水生生物、综合经济等约120万字的学科总结考察报告。

13.2.2 1960 年

西部地区南水北调队在1959年考察的基础上，1960年3月2～8日中国科学院再次会同水利水电部在北京召开了第二次南水北调科学技术会议，汇报1959年综合考察和勘测工作，同时布置1960年考察工作计划和今后分工协作问题。水利水电部副部长兼考察队队长冯仲云、竺可桢副院长在大会讲话。大会听取了常务副队长郭敬辉作的1959年西部地区考察工作汇报，并对1960年考察工作进行了研究部署。中国科学院副秘书长裴丽生、综考会副主任漆克昌和考察队各专业组负责人、科学院有关研究所、水利水电部、黄河水利委员会、长江流域规划办、水利水电科学院有关部门，以及云南、四川、青海、新疆、宁夏、陕西、内蒙古等81个单位，178名代表和列席代表出席了会议。

依据科学技术会议精神和总规划的要求，西部地区南水北调队在1959年工作的基础上，1960年组织了来自中国科学院有关研究所、大专院校、生产部门77个单位，476名科技工作者，在原有专业的基础上又增加地震地质、新构造、自然地理、水文工程地质、工业、综合经济等专业，下设13个专业组：

水文工程地质组，组长：谷德振；

区域地质矿产组，组长：徐煜坚；

地震组，组长：李善邦；

地貌组，组长：罗来兴；

气候水文水能组，组长：邓暖临、桑良谋；

土壤组，组长：刘培桐；

森林组，组长：吴金木；

植物组，组长：姜恕；

动物组，组长：郑作新；

水生生物组

自然地理组

经济组，组长：程鸿；

交通运输组，组长：刘建洲。

依据任务的要求组建了7个分队和2个专业组、10个地震台站，开展野外考察和观测。

7个分队：

(1) 凉山分队(60人)，分队长程鸿，副队长桑良谋、王时风，业务秘书叶品良、贾志忠；

(2) 盐源分队(52人)，分队长罗来兴，副队长姜恕、赵仲武，业务秘书蔡安四；

(3) 滇西北分队(63人)，分队长赵星三、刘培桐，副队长邓暖临，业务秘书吴金木；

(4) 雅砻江分队(16人)，分队长叶汇，秘书陈丁善；

(5) 金沙江分队(20人)，分队长沈玉昌，业务秘书唐邦兴；

(6) 工程地质分队(61人)，分队长谷德振，副队长张喜元、胡海涛、夏其发，业务秘书封喜华。下分3个小队：

第一小队，队长：胡海涛；

第二小队，队长：夏其发；

第三小队，队长：孔德坊。

(7) 区域地质分队(矿产地质分队)(38人)，分队长徐煜坚，业务秘书应绍奋。地质矿产分队又依据考察地区分西北队和西南队。其中西北队考察路线，又分为7个小队：

第一小队：队长：李荫槐、曾学鲁；

第二小队：队长：黄振辉、林子乐；

第三小队：队长：蔡文伯；

第四小队：队长：郭京杨、李康；

第五小队：队长：应绍奋；

第六小队和第七小队。

2个专题组：

经济组、动物组(下分鼠害防治专题小组、鼠害普查小组、经济动物和动物区系调查小组)。

10个地震台站。

1960年4月20日至8月初，西部地区南水北调队的7个分队和2个专业组围绕着下列任务开展考察研究：

(1) 在资源综合考察方面，对引水的南部，即西昌专区、凉山彝族自治州及滇西北地区进行比较深入的资源综合考察，提出川滇接壤地区以西昌钢铁基地为中心的生产力发展远景布局设想方案；

(2) 与四川水电设计院合作，完成雅砻江上游(洼里—甘孜)河谷地带，与长江流域规划办公室合作完成金沙江中游(中甸—巴塘)河谷地带的综合考察，提出以水利资源为中心的综合开发方案；

(3) 在引水河线方面，配合黄河水利委员会南水北调勘测队完成怒定、怒洮第三引水线复测的重点工程地区(即从金沙江的虎跳峡—岷江华子岭间重点工程地区)的工程地质考察和专题研究；

(4) 调查研究引水地区的南部，即凉山彝族自治州、西昌专区及滇西北地区的自然地理条件、自然资源，为当地工农业生产、经济开发及引水工程提供科学资料和依据；

(5) 配合西昌钢铁基地的建立，在安宁河谷地区进行地震地质调查，并建立地震台站，进行地震观测等4个方面开展野外考察工作。

为完成上述任务，分7个分队和几个专业小组分别开展考察研究工作。

(1) 凉山分队(60人)，考察凉山彝族自治州的全部，西昌专区的安宁河谷地区(西以安宁河与雅砻江的分水岭为界，北以雅安、二郎山、贡嘎山一线为界)。

(2) 盐源分队(52人)，考察西昌专区的西部及云南省所属金沙江以北之宁蒗、永胜地区。

(3) 滇西北分队(63人)，考察中甸高原和甘孜藏族自治州的得荣、乡城地区。

(4) 雅砻江分队(16人)，由南水北调综合考察队与四川水电设计院合作，对雅砻江洼里以上到甘孜河段分路进行考察：北路考察雅江—新龙—甘孜；南路考察雅江—麦地龙—洼里。

(5) 金沙江分队(20人)，对巨甸—巴塘段金沙江河谷地带进行考察。

(6) 工程地质分队(61人)，包括水文工程地质、地震、地貌、水运等专业，分北路、中路、南路对第三引水线路工程进行复勘。任务是对第三条引水路线自虎跳峡—华子岭之间的区域稳定性，高坝区、长隧洞区和典型渠段的水文地貌地质条件，特别是岩性稳定性进行调查研究，从而论证第三引水河渠工程布置的合理性。工作重点是地区稳定性的调查研究；高坝区水文地质查勘；隧洞区水文地质、工程地质调查；典型渠道地段的水文、地貌、地质查勘。

(7) 区域地质矿产分队(38人)，以路线调查方式对九龙—稻城以南地区进行1：20万区域地质填图。分三条路线：北路考察泸沽—金矿—卢宁—麦地龙—木里—雪山—稻城—乡城—得荣—德钦—中甸；中路考察了西昌—盐源—永宁—三江口—中甸—叶枝—小维西—贡山—独龙—贡山—德钦—奔子栏—中甸；南路考察了米易—太平地—攀枝花—盐边—华坪—永胜—丽江—巨甸—滴满—维西—福贡—蓝坪—剑川—邓川—下关；专题组还对中甸地区进行了重点研究。

(8) 其他：①经济专业组依工作需要单独活动；②动物组在雅安、西昌、中甸、丽江、理塘、康定、盐源共9个点，进行调查研究；③10处地震台站对安宁河谷地震动态进行监测。

在总结期间或总结后，又抽出部分人员组成5个考察队，分别对不同地区和不同任务开展补点考察。

(1) 安宁河谷地震地质考察队(10人)，由地震地质、构造地质、新构造、地貌、第四纪地质等专业人员组成，对安宁回谷地区地震地质进行调查。队长：王乃梁；

（2）理塘河考察队（40 余人），由地貌、工程地质、区域地质、水工水利、森林、植物、农牧、土壤、经济地理、测量等专业人员组成，对理塘河谷进行了考察。队长：陈历元；

（3）九龙河考察队（12 人），由地貌、土壤、植物、森林、水文、有色金属等专业主要人员组成，在盐源分队考察的基础上对九龙河流域进行补充考察；

（4）马湖考察队（15 人），由地震、地貌、工程地质、水利、水生物、森林、植物、经济地理等专业人员组成，对马湖地区进行了考察；

（5）滇西工业组：由吴兆契、李凯明任组长，赴大理、永平、保山、腾冲等地进行了考察。

1960 年 8 月初陆续结束工作回到大本营西昌，进行为期 30 多天的总结。编写了"川滇接壤地区的自然资源开发及生产力发展远景设想"报告和附件、"川滇接壤地区的地震活动及地震烈度区域的划分""川滇接壤地区成矿特征及找矿方向的初步探讨"及附图、"川滇接壤地区工业发展远景设想示意图""川滇接壤地区黑色冶金工业远景设想示意图""川滇接壤地区煤炭工业远景设想示意图""川滇接壤地区综合运输网设想示意图""川滇接壤地区电力系统远景设想示意图"。

1960 年 4 月四川省甘孜州气象局为配合西部地区科学考察的需要，在康定县折多山山脚、山腰和山垭口建立了气象观测站，进行了长达 1 年零 4 个月的气候常规观测，为西部调水提供了一年多的垂直降水资料。

13.2.3 1961 年

西部地区南水北调队在 1959～1960 年考察工作的基础上，1961 年重点对南水北调引水地区的北部甘孜（乡城、得荣地区除外）和阿坝藏族自治州、温江专区、绵阳地区的西北部约 25 万 km² 地区内进行了以农牧业为中心的自然资源综合考察和对第三条引水河线的重点地段华子岭-九龙河口地区区域稳定性及工程地质勘探和专题研究，并对引水河线基本情况进行综合分析研究。考察队将这一设想分别向西南局、四川省委、人委、计委和科委做了口头汇报，并会同四川省共同召开了引水地区考察的第三次科学技术会议。依据中央"调整、巩固、充实、提高"八字方针，队伍规模由 1960 年 77 个单位调整为 75 个单位，人员由 476 人减至 293 人，按任务与学科需要组成引水河线、工矿交通、水利、森林、农牧生物 5 个大组，每个大组下设若干专业组。按任务要求组建了工程地质、矿产地质、阿坝、康北、康南、金沙江、水利、沼泽泥炭和工业交通 9 个分队，对引水路线的北部进行多学科的考察：

（1）工程地质分队分为 6 个小队，在第三引水河线重点地段（华子岭—九龙河口）进行了区域稳定性、工程地质勘测和专题研究；

（2）矿产地质分队分为 8 个小队，在甘孜、阿坝藏族自治州地区四条路线进行地质和矿产分布，以及重点矿产和地质问题的研究；

（3）阿坝分队，负责成阿公路以东的阿坝地区及绵阳专区部分地区的综合考察；

（4）康北分队，负责康藏公路以北碌河流域以东的康北地区的综合考察；

（5）康南分队负责金沙江干流流域以东，康藏公路以南到 1960 年考察地区之间的综合考察；

（6）金沙江分队分为两组，在金沙江上游（巴塘—直门达）进行水利资源开发利用为中心的综合考察；

（7）水利分队的雅砻江、大渡河、松潘三个小分队，分别在雅砻江上游鲜水河及其支流尼柯河、大渡河支流杜柯河、足木河考察；

（8）沼泽泥炭分队对阿坝沼泽草地的勘测及泥炭的调查研究；

（9）工业交通分队，在甘孜、阿坝藏族自治州及其邻近地区进行调查工作。

动物昆虫和水生物组，在甘孜、阿坝藏族自治州设若干点作定点考察。

各队从 4 月下旬至 8 月中旬进行了 3 个半月的野外考察，行程约 5 万 km，收集资料 2146 份，采集植物、森林、土壤、动物、地质等标本 9220 号。在鸟兽 135 种标本中，新纪录 7～8 种，特有种 30 个，主要资源动物 45 种。共采获鱼类标本 22 种，以条鳅属的各类最多。在调查中发现主要经济鱼类生长缓慢，性成熟迟，怀卵量少，导致渔业资源发展缓慢。

1961 年在对甘孜、阿坝藏族自治州所进行的以农林牧为中心的资源考察的基础上，经总结编写出"甘孜阿坝藏族自治州地区远景经济开发意见"报告，及对本地区有关生产建设的若干重大问题专题报告："甘孜阿坝地区主要荒地开垦""甘孜阿坝地区草场资源及其评价""甘孜阿坝地区增殖家畜的主要措施""甘孜阿坝林区森林资源的合理利用问题""川西高山暗针叶林采伐迹地更新问题""甘孜阿坝地区动力资源特点及电力工业发展方向""若尔盖沼泽区泥炭资源及其评价"等。

西部地区南水北调队按原订计划，1962 年拟进行甘肃南部、青海东南部地区约 6 万 km² 范围的综合科学考察，但由于上述地区比较偏僻，开发利用的问题尚属远期，此项考察任务决定暂缓进行。从 1962 年起，由南水北调队将原拟进行南水北调地区的考察转为进行西南地区（云南、贵州、四川三省）的考察。由于 1962 年 1 月 27 日中国科学院第一次院务会议讨论通过并经国家科学技术委员会批准同意，将西部地区南水北调综合考察队与云南热带生物资源综合考察队合并成立中国科学院西南地区综合考察队。为此，南水北调的总结编写任务也作了相应变化和调整。考虑到西南地区（云、贵、川三省）的综合考察及生产力合理布局的研究也将随之开展，经综考会同意，整个考察地区的生产力发展总结，分为两个地区（川滇接壤地区及甘孜阿坝地区）编写，不再将南水北调引水地区合而为一，因此决定除已安排 1961 年的甘孜阿坝地区经济开发方案及专题编写外，对 1960 年考察地区即川滇接壤地区的专题总结，安排了补写计划。补写如下专题：金沙江的梯级布置与川滇接壤地区水利资源的开发；川滇接壤地区钢铁工业的发展方向与布局；川滇接壤地区钢铁工业的技术可能性与经济合理性的探讨；川滇接壤地区有色金属资源的合理开发与冶炼企业的布局；川滇接壤地区动力工业的发展方向与布局；川滇接壤地区森林资源的开发与森林工业的布局；西昌工业基地粮食问题解决的途径；西昌专区干旱河谷经济林木和果树的发展意见；凉山地区常绿阔叶林合理利用问题；川滇接壤地区的植物资源；川滇接壤地区的动物资源。

为了做好 1959～1961 年考察总结工作，由郭敬辉、孙新民、谷德振、赵锋、罗来兴、姜恕、程鸿、李凯明、邓暖临等组成的领导班子负责全队的总结工作。程鸿任学术秘书，康庆禹任业务秘书。在全队安排布置下，提出以下科学成果：

1. 综合报告

包括滇北地区综合考察简要报告、川西滇北接壤地区自然资源的开发与生产力发展远景设想、川西滇北接壤地区生产力发展专题汇编、甘孜阿坝地区自然资源的开发与生产力发展远景设想、甘孜阿坝地区生产力发展专题汇编。

2. 学科专著

包括川西滇北地区的地质矿产、川西滇北地区地震裂度区域划分、川西滇北地区的地貌、川西滇北地区的气候、川西滇北地区气候资料汇编、川西滇北地区的水文、川西滇北地区水文资料汇编、川西滇北地区的土壤、川西滇北地区的植被与植物资源、川西滇北地区的森林与森林资源、川西滇北地区的动物与动物资源、川西滇北地区的鱼类、川西滇北地区的自然地理、川西滇北地区地图集、川西滇北地区图片集、川西滇北地区水力资源估算、大渡河的水利资源及其开发条件、雅砻江的水利资源及其开发条件、金沙江的水利资源及其开发条件。

三年中考察队配合黄河水利委员会在考察地区选择了 3 条引水河线。第一条引水河线通柴线（通天河—柴达木）和第二引水河线玉积线（玉树—积石山）的初勘工作，由于受到各种条件因素的限制，没有进行详细的考察。大部分力量集中在第三引水河线怒定、怒洮线（怒江沙布—甘肃定西或洮河）的勘测和考察工作上。南水北调主要是把怒江、澜沧江、金沙江、雅砻江、大渡河等五条大江多余的水量以自流方式调到西北干旱地区。共勘测坝址 40 余个，隧洞 60 余个，初步估算可调流量约 4000m³/s，这样的水量需要渠道断面底宽 160m，水面宽 200m，水深 15～20m。这条引水线长达 1000km 余，是一条高山上的大运河。

13.3 主要研究成果

西部地区南水北调队通过近三年的科学考察，填补了部分地区和学科研究的空白，积累了丰富的科学资料，还对自然条件、自然资源及其开发利用等重大问题进行了研究，编写了40余篇考察报告。在对丰富科学资料进行分析总结的基础上，编辑出版了7部科学考察研究报告：

（1）中国西部地区南水北调引水河线工程地质特征，谷德振、许印官、封喜华、朱政清、李书魁、孔庆征、王乃梁、夏其发、胡海涛、高名修、苏惠波、甘有绪、贾辉、李日国、王功成、韩源、邢嘉明、杨逸畴、贾万福、叶节英、王新元等。

（2）甘孜阿坝小凉山地区林业考察报告，韩裕丰、黄杨、刘惠臣、战昆、雷启迪、于汝元、蔡霖生、肖笃宁。参加者：吴金木、李崇仁、熊雨洪、赵光仪、盛士骏、贾志忠、余群洲、边秉银、李小曦、王联清、吕文杉、陈德钧、李文选、周德美、张国臣、邹良玉、董和、邢书江、罗天浩、胡义文、胡清惠、金俊熙。

（3）川西滇北地区水文地理，郭敬辉、王玉枝、李秀云、曹林英、张家桢、刘永河、汤奇成。

（4）若尔盖高原沼泽，柴岫、郎惠卿、金树仁、祖文辰、马学慧、张则有、王新元、侯奎、赵楚年、牛焕光、顾作生、朴绍宗、王桂芝。

（5）安宁河谷地区新构造运动与地震活动，李善邦、王乃梁、韩源、张爱生、蒋明先、杨玉林、叶品良。

（6）川西滇北农业地理，程鸿、黄勉、朱忠玉、吴贵兴。

（7）川西滇北地区的森林，吴金木、李崇仁、雷启迪、战昆、韩裕丰、熊雨洪、王联清、蔡霖生、于汝元、赵光仪、盛士骏、肖笃宁、贾志忠、余群洲、罗天浩、胡义文、周明凯、吕文彬、边秉银、李小曦、金俊熙、董和、邢书江。

参加中国科学院西部地区南水北调综合考察队人员名单

万光权	万治国	万荣	习祥惠	于正有	于汝元	于铁华	马礼球	马成忠	马国辉	马学会
马瑞士	区保楠	孔庆征	孔宪需	孔祥瑞	孙德坊	尤联元	尹汉南	尹周勋	尹明显	尹泽生
戈启森	文炳世	方延禄	方恥恬	毛洪胜	牛焕光	牛景华	王乃梁	王乃斌	王义宝	王士杰
王中云	王书田	王凤山	王文钦	王火荣	王兰生	王占朝	王如珍	王存昌	王守正	王守先
王守彬	王庆水	王庆玉	王庆华	王成功	王汝智	王邦安	王克山	王时风	王忠基	王泽泉
王绍仁	王绍青	王育顺	王迫福	王金敖	王庭栋	王荣甫	王清茂	王焕龄	王维生	王斯远
王渝陵	王联清	王新一	王新元	王嘉言	王嘉胜	王静文	王德田	王德荣	王德起	王镇本
车仁英	邓中麟	邓其祥	邓国藩	邓宝成	邓忠璞	邓恒兴	邓暖临	韦济州	付心	付张坤
付萧性	冉发清	冯令敏	冯兆厚	冯志平	冯学才	冯宪可	冯祚建	包竟成	史田忠	叶永如
叶节英	叶汇	叶启柏	叶秀青	叶纲宗	叶芳德	叶宗耀	叶茂德	叶品良	左文良	左发源
布多吉	旦增诺布	甘存绪	甘枝茂	田代沂	田百顺	田宝忠	田昭舆	田获	田维庸	申怀星
白子培	艾振清	边秉银	邝启林	龙成云	龙志	龙德馥	乔怀龙	任建科	任裕民	伍仲云
伍朝尹	全国强	关明言	兴鹏博	刘开发	刘文太	刘世宽	刘永河	刘玉文	刘玉芬	刘名杰
刘旭斌	刘芝惠	刘希堂	刘夜莺	刘学山	刘忠轩	刘欣荣	刘茂泉	刘养成	刘春有	刘虹光
刘顺茂	刘培桐	刘建洲	刘喜悦	刘惠成	刘登岳	刘殿禄	刘照临	刘肇昌	刘德昭	华世昌
华克俭	吉金海	吕士英	吕中珩	吕文彬	吕长河	吕成高	吕志强	吕忠琦	吕遒炎	吕输堂
孙永年	孙玉风	孙顺财	孙家聪	孙新民	朱天林	朱长修	朱加云	朱先仁	朱国荣	朱忠玉
朱健兰	朱祥庆	朱鸿	朱霁虹	朱静倩	朱德新	朱夔玉	江锡林	江潮声	牟树森	祁政佑
祁洪元	纪克诚	衣田荣	许印官	许邦林	许员兴	邢书江	邢嘉明	闫守邕	齐国光	齐矗华
严伯琳	严荣清	何为贵	何元太	何业元	何庆余	何学福	何金海	何德春	余汉章	余兆凯
余志堂	余灿南	余定良	余振声	余群洲	劳秋元	吴子荣	吴业彪	吴永旭	吴兆契	吴有才
吴自修	吴邦兴	吴昌运	吴枕	吴金木	吴春潮	吴树森	吴贵兴	吴艇	宋仁连	宋心森

宋作元　宋育方　宋英飞　宋贵祥　宋　森　应绍奋　应俊生　张仁诗　张木奇　张长坤　张发财
张正元　张永禄　张玉龙　张田富　张伟荣　张则有　张好成　张如表　张守信　张庆林　张　纯
张国平　张国兴　张国臣　张国政　张　岳　张林源　张泽荣　张保昇　张受生　张宪吉　张昭仁
张炳谦　张祖文　张贵生　张顺金　张哲夫　张振春　张振涛　张维成　张喜元　张德才　张镜潮
张耀明　志玛拥宗(藏族)　李　康　李万杰　李小曦　李文华　李文选　李曰国　李长山　李长富
李世荣　李占江　李发润　李正积　李永新　李玉龙　李玉柱　李玉美　李生林　李传文　李兴中
李兴民　李兴林　李兴唐　李兴智　李则钰　李吉义　李名选　李廷芬　李成仁　李成祥　李欢富
李自强　李凯明　李学玉　李宗早　李宝庆　李建国　李昌静　李武臣　李绍东　李俊峰　李俊德
李春元　李荫槐　李钟武　李健超　李家春　李振斗　李根荣　李崇仁　李教容　李善邦　李赐福
李锁富　李雅茹　李锦嫦　李德发　李德荣　杜　逸　杜银宽　杨广永　杨天民　杨世燊　杨业修
杨永太　杨永福　杨玉林　杨亚兴　杨兆龙　杨光辉　杨兴春　杨伯曾　杨志国　杨定贵　杨治国
杨荣华　杨桂祥　杨乾琰　杨逸畴　杨惠清　杨德华　汪立勇　沈玉昌　沈定法　沈泽中　沈树春
沈新民　沙万英　沙庆安　沙桂珍　肖　云　肖际亨　肖学信　肖承邺　肖枬森　肖笃宁　肖毅仁
苏映平　苏惠波　谷德振　邱学忠　邱轶明　邱莲卿　邵关如　邹良玉　闻月华　闵子群　闵芝兰
陆　平　陈丁善　陈　元　陈历元　陈太禄　陈文俊　陈东白　陈庆宜　陈东俊　陈兰秀　陈光明
陈兴旭　陈安华　陈行谦　陈体培　陈励宏　陈启循　陈远德　陈学会　陈承惠　陈明高　陈叙伦
陈咸吉　陈祖明　陈浩樵　陈崇希　陈清毅　陈鸿昭　陈嘉佑　陈德钧　陈耀明　周世学　周　正
周玉孚　周光裕　周农业　周汝筠　周作鑫　周启森　周怀智　周言华　周和根　周国靖　周学玉
周宜昌　周明凯　周家镝　周景仰　周新民　周瑞龙　周德功　周德美　周儒忠　孟宪良　尚霖培
屈业兴　易显长　林子乐　林永康　林仲秋　林兆璋　林汝舟　林治安　林裕松　欧阳青　欧保南
武吉华　武素功　泽　巴(藏族)　环文林　罗万全　罗天浩　罗开社　罗汉民　罗有芳　罗志腾
罗来兴　罗泽殉　罗泉笙　罗　滔　苟光宗　范志勤　范学章　范嘉松　范增林　郎惠卿　郑　平
郑作新　郑良松　郑悟森　郑祥林　郑祥海　郑梦宧　郑魁浩　金存礼　金俊熙　金树仁　金常印
驾成林　侯　奎　俞仪铨　俞绍文　南尚文　哈运源　姚延近　姚明德　姚治龙　姚海贵　姜石川
姜　恕　战　昆　施玉安　施洪云　施镛年　段后麟　段顺生　洛桑尼玛(藏族)　洪云良　洪祖蓝
祖文辰　禹光晁　胡义才　胡义文　胡长海　胡永瑞　胡志才　胡　明　胡海涛　胡清惠　胡遂甫
胡毓良　赵大举　赵大勋　赵天顺　赵令勋　赵仲武　赵光仪　赵廷学　赵机俊　赵纯勇　赵连汉
赵　诚　赵修桂　赵星三　赵春元　赵香恒　赵海先　赵　锋　赵楚年　钟友飘　钟道富　钟锦波
项绍武　饶树成　饶洪球　骆玉华　骆金锭　侯文永　侯光良　侯宗周　倪树华　倪铁夫　唐发宗
唐汉军　唐兆亮　唐兆铭　唐邦兴　唐学曾　唐宗敬　唐建跺　唐怡生　唐昇祥　唐炳忠　唐盛礼
夏庆根　夏怀宽　夏其发　夏鹏翅　奚正伦　徐才宁　徐少敏　徐国旋　徐茂其　徐俊名　徐星琪
徐春豪　徐兰根　徐煜坚　柴孟飞　柴　岫　栗　孝　桑良谋　殷育成　秦四庆　秦光仲　秦寿远
索娜曲珍(藏族)　翁沙熙　莫承略　袁本安　袁成伟　袁制军　袁宝印　袁明生　贾万福　贾小民
贾元径　贾志忠　贾　辉　贾耀武　郭二黑　郭方瑜　郭先灿　郭存发　郭克田　郭京杨　郭勇岭
郭敬辉　郭景云　郭辉煌　钱家荣　陶万才　陶成剑　陶有晃　陶德定　顾云礼　顾作生　顾国应
顾信易　高万一　高名修　高启龙　高振义　高耀亭　崔实诚　崔照国　常麟春　康伦锡　康庆禹
康定富　康哲民　庾国斌　曹文宣　曹华良　曹其林　曹琨昌　盛士骏　综保民　菅根荣　隋兆坤
麻永瑞　黄　勉　黄元熟　黄文淦　黄让堂　黄　杨　黄雨霖　黄柏元　黄振辉　黄维淦　龚尧生
喻衣尘　彭建中　彭鸿绥　惠黑小　曾学鲁　曾祥富　曾清祥　温善章　游福生　程　鸿　程敏贤
程普学　程融晴　董汉全　董　和　董林竹　董效舒　蒋光润　蒋兴冶　蒋达风　蒋昌芝　蒋明先
谢发远　谢向荣　谢纯萤　谢宗荣　谢祥桂　谢凝高　韩兆助　韩进奇　韩裕丰　韩　源　鲁观显
摆玉贵　简进堂　解祥军　詹少勋　赖金鸿　雷永安　雷启迪　雷志栋　雷盛连　鲍世恒　鲍序威
廖元模　廖正邦　廖品相　漆民邦　熊一心　熊雨洪　熊维义　綦良修　蔡凤岐　蔡文伯　蔡安四
蔡纯良　蔡锡坤　蔡霖生　谭成英　谭耀匡　德　昆　潘克进　潘秀敏　潘踪文　颜志文　黎成彬
霍其昌　霍济美　魏文遂　魏仕俊　魏伯珍　瞿秀棠　瞿定华　籍传懋

14 中国科学院治沙队
（治沙队 1959～1964）

14.1 立项过程与主要任务

我国的沙漠和沙漠化土地主要分布在新疆、甘肃、青海、内蒙古、陕西、宁夏六省区，辽宁、吉林和黑龙江西北部亦有少量分布。我国的沙漠、沙地主要有塔克拉玛干沙漠、吉尔班通古特沙漠、巴丹吉林沙漠、腾格里沙漠、库布齐沙漠、毛乌素沙地、科尔沁沙地、浑善达克沙地、库姆达克沙漠、乌兰布和沙漠、柴达木盆地沙漠等，总面积约 128.24 万 km^2，其中沙漠为 71.29 万 km^2，戈壁 56.95 万 km^2，另有现代沙漠化土地 32.8 万 km^2。

中国科学院黄河中游水土保持综合考察队在对黄河中游地区进行综合科学考察时发现，我国北方风沙危害不亚于水土流失，成为我国西北部发展工农业生产的两大自然灾害之一。同时为了发展西北地区工农业生产，国家也急需了解该地区的自然情况。1958 年 10 月 28 日，国务院农业办公室在内蒙古呼和浩特召开了西北 6 省区治沙会议和 6 省区农业书记会议。会议由乌兰夫副总理主持。聂荣臻和贺龙副总理、罗荣桓元帅、陈奇涵上将出席闭幕式。会上讨论决定向沙漠进军，要求中国科学院组织队伍在一年的时间内完成对我国沙漠的考察。中国科学院秘书长裴丽生、副秘书长谢鑫鹤，综考会副主任漆克昌要求陈道明立即着手组织队伍。1959 年 3 月中国科学院任命邓叔群为中国科学院治沙队队长，刘慎谔、黄秉维、侯学煜、陈道明为副队长。治沙队下设办公室：主任马毅民，副主任赵峰、李剑、何光、张本椿，学术秘书袁天均。任务是为绿化沙漠、改造沙漠、开发荒漠，预防可能发生的危害寻找防沙、治沙的措施，研究沙漠利用途径等提供科学依据。

14.2 队伍组织与科学综合试验研究

治沙队依据任务紧、考察面积大的特点，提出了先建点、后考察、小分片、大包干、专业人员相对集中的原则，组织来自中国科学院综考会、地理所、地质所、植物所、动物所、南京土壤所、沈阳林业土壤所、西北分院、新疆分院、兰州分院、北京大学、北京农业大学、北京师范大学、北京林学院、南京大学、吉林大学、内蒙古大学、内蒙古林学院、西安大学、陕西师范大学、兰州大学、新疆八一农学院及地方生产和科技部门，包括气象、地貌、水文、林业、土壤、植物、畜牧等专业的科研人员、教师、学生和地方干部 1000 多人。苏联专家 6 人。参加考察和定位试验研究。考察队按靠近领导机关、靠近沙漠、靠近林场的原则组建 7 个综合试验站：

(1) 陕北榆林综合试验站，副站长赵峰、样增占、关君蔚；

(2) 宁夏灵武综合试验站，副站长袁天均；

(3) 内蒙古磴口综合试验站，站长巴图巴根，副站长马毅民、刘媖心、江福利；

(4) 甘肃民勤综合试验站，副站长牛超甫、赵松乔、林泉；

(5) 青海格尔木综合试验站，副站长王希武、许廷宫、高景杨；

(6) 新疆托克逊综合试验站，副站长李剑；

(7) 新疆英吉沙综合试验站。同时组建了沙坡头中心试验站（站长李鸣岗、副站长刘宝山、刘媖心）、头云湖中心试验站（负责人黄银晓、邸醒民），以及乌审召、金塔、沙珠峪、莫索湾、安西等 24 个中心试验站和 32 个小分队（每个小分队 15 人）。为了完成治沙任务，聂荣臻副总理批准进口了 3 架直升飞机、40 台汽车，乌兰夫副主席批给了3顶大棉帐篷，60顶单帐篷和1000件皮大衣，院器材局批准购买了25部报话机，为进入沙漠进行了充分的准备工作。

1959年1月25日，治沙队在北京召开了有各专业组组长、各小队队长和大专院校带队和地方站、造林局负责人参加的治沙工作会议，对1959年治沙工作做到三落实：落实到人，落实到地方，落实到单位。吉林师范大学负责考察西辽河流域的沙漠，北京大学和北京林学院负责毛乌素沙漠(地)，南京大学负责柴达木盆地的沙漠，内蒙古大学和内蒙古林学院负责乌兰布和沙漠和巴丹吉林沙漠，新疆八一农学院和地方有关单位及中国科学院新疆分院负责塔克拉玛干沙漠和准噶尔盆地沙漠为主，中国科学院地理所相对集中在甘肃民勤站，沈阳林土所集中磴口和沙坡头站，植物所相对集中在新疆的两个综合试验站。同时，队领导除从事专业研究外也进行了具体分工，黄秉维负责民勤站，分管河西走廊面上的治沙工作。刘慎谔负责灵武、磴口、沙坡头和青海、甘肃面上的治沙工作。侯学煜负责托克逊站和新疆面上的治沙工作。1959年3月8日在兰州召开了有500人参加的向沙漠进军誓师动员大会。大会结束后各小队分乘50辆汽车奔赴各自的基地(综合试验站和中心试验站)与当地科技人员会合，适应当地的自然环境，熟悉和了解当地民俗和民情，学习队部制定的规章制度，进行防风暴的教育。在进行前期准备工作后，各小分队按照既定的原则以站为基地，将试验站与考察结合起来，进入各自负责承担的沙漠地区进行考察和开展治理沙漠的综合试验定位研究。其间朱震达率小分队穿越了塔克拉玛干大沙漠；胡适之带小分队穿越了准噶尔盆地沙漠；刘媖心带小分队穿越了腾格里沙漠；陈隆亨带小分队穿越了毛乌素沙漠(地)；孙肇春带小分队考察了西辽河沙漠；于守忠、李博、马戴涛带队穿越了巴丹吉林沙漠；内蒙古大学和内蒙古林学院小分队考察了小腾格里沙漠。此外，还重点考察了乌兰布和沙漠和库布齐沙漠。其间5月份，裴丽生秘书长受院党组的委托亲自到磴口站慰问治沙队员，听取了灵武、沙坡头、榆林、头道沟、乌审召毛乌素站的汇报。6月份，竺可桢副院长亲赴磴口、沙坡头、头道沟视察。7月份，国务院农林办、农业部、水利部、中国科学院20位负责人听取了治沙队对沙漠考察和各试验站治沙防沙工作汇报。9月份，又两次在乌鲁木齐召开治沙工作会议，听取治沙队的工作汇报。治沙队为治理塔克拉玛干沙漠、准噶尔盆地沙漠、古尔班通古特沙漠、乌兰布和沙漠、吉木尔沙漠、柴达木盆地沙漠、乌兰察布沙漠、腾格里沙漠、巴丹吉林沙漠、河西走廊地区的沙漠、毛乌素沙漠(地)、库布齐沙漠、小腾格里沙漠和西辽河流域等沙漠的考察研究和定位试验研究，积累了丰富的第一手科学资料，并有所发现。同时研究了风沙的移动规律，提出了流沙治理、防止风沙危害的措施，合理利用土地、防止风沙再起、改良盐碱地的措施，沙漠地区水土资源的合理开发利用，以及公路、铁路沙害的防治措施。其中控制流沙的1m×1m的草方格沙障，既能控制流沙，又可以在草方格内种草、种树较易成活的试验研究。提出了全党、全民动员，全面规划，综合治理，因地制宜，因害设防，生物措施与工程措施相结合，普通治理与重点治理相结合，改造与利用相结合，保护巩固已有植被和造林育林相结合的方针，以及应采取的重大措施。有计划地建设大型防护林带，建设大型水库，飞机播种与人工降雨，以沙地中心的湖泊为基地：打井育林育草，发展畜牧业，加速铁路公路建设。有计划地进行封沙育草，严禁垦殖。有计划地解决治沙机械条件及必要的设备。各省区根据各自条件制定具体的规划方案。野外考察总结后，召开了治沙学术报告会，编辑出版了治沙研究(论文集)1~5号以及沙漠地区综合考察研究报告1~2集。

野外考察结束，根据中国科学院研究、调整、巩固、充实、提高的方针，将7个综合试验站和20个中心试验站(沙坡头中心站除外)全部下放给地方。业务人员一部分分配到中国科学院沈阳林业土壤所，一部分到中国科学院地理所成立沙漠研究室，行政人员和司机回到综考会。

14.3 主要成果

(1) 关于西北治沙工作的报告，治沙队，1958；

(2) 腾格里沙漠调查汇报，治沙队，1958；

(3) 腾格里沙漠考察报告和初步规划配置，邸醒民、郭绍礼、陈保仁、雷云明、李国修等，1958；

(4) 中国西北、内蒙古六省(区)的梭梭荒漠，胡适之，1958；

（5）宁夏灵武白家滩古河道性质及其在河东地区治沙中的意义，治沙队，1958；

（6）内蒙古西部戈壁及巴丹吉林沙漠考察报告，于守忠、李博、蔡蔚祺、谭见安；

（7）陕北长城沿线内蒙古伊盟南部沙漠地区土壤考察报告，治沙队，1958；

（8）陕北内蒙古西部及河西走廊的气候和流沙移动的规律，治沙队，1958；

（9）中国西北和内蒙古沙漠地区的植被及其改造利用的意见，李博、侯学煜、胡适之、汪建菊、杜炳鑫、郑度等，1958；

（10）内蒙古乌兰布和沙漠东部草场改良问题的探讨，黄兆华，1958；

（11）柴达木沙漠综合考察工作报告，促崇信、许廷官，1959；

（12）准噶尔盆地沙漠考察报告，胡适之、卢云亭、郑度、沈冠冕，1959；

（13）塔里木盆地东部沙漠地区考察报告，陈永宗、张经炜、杜铭新，1959；

（14）新疆沙漠考察报告，治沙队，1959；

（15）塔里木河中游沙漠考察报告，张学忠、杨作义、宋如杰，1959；

（16）宁夏回族自治区河东沙漠综合考察报告，李孝芳，1959；

（17）内蒙古乌拉特中后联合旗西部沙漠考察报告，马戴涛、唐宁华，1959；

（18）新疆维吾尔自治区英吉沙县治沙试验站的自然概况及规划设计的初步意见，治沙队，1959；

（19）塔克拉玛干西南部沙漠考察报告及其改造利用的初步意见，朱震达、刘华训、陈恩久等，1959；

（20）试从毛乌素沙区的自然条件论其改造利用途径，治沙队，1959；

（21）托克逊治沙综合试验站站区的自然概况及其改造的初步意见，治沙队，1959；

（22）西北及内蒙古六省（区）治沙规划综合措施配置图说明书，治沙队，1959；

（23）甘肃民勤沙井子地区的景观及其改造利用的初步探讨，赵松乔，1959；

（24）中国西北部沙漠重点治理的沙地条件与改造利用途径，高尚武，1959；

（25）塔里木河流域中部沙漠改造利用的初步意见，杨作民，1959；

（26）河西走廊西北部戈壁类型及其改造利用的初步探讨，赵松乔，1959；

（27）格尔木县综合改造利用沙漠林牧农配置工作报告，治沙队，1959；

（28）塔克拉玛干沙漠地区风沙地貌的基本特征，朱震达、陈永宗、吴功成，1959；

（29）中国西北地区戈壁地貌，杜榕桓、郭合书、马戴涛，1959；

（30）内蒙古高原狼山以北地区地貌特征与沙地形成过程的初步探讨，马戴涛，1959；

（31）腾格里沙漠东部的湖盆与风沙地貌特征，郭绍礼，1959；

（32）中国西北干旱及半平旱地区沙丘地貌分类问题，朱震达，1959；

（33）准噶尔沙地地貌基本特征，吴改，1959；

（34）塔克拉玛干沙漠风沙地貌的研究，治沙队，1959；

（35）鄂尔多斯高原西南部沙区盐渍土改良的初步意见，李孝芳，1959；

（36）西北及内蒙古六省（区）沙区土壤区划图说明书，治沙队，1959；

（37）关于塔克拉玛干沙漠西南农垦区附近沙丘移动及土壤风蚀问题的初步研究——以和阗皮山地区为例，朱震达、吴正、郭恒文，1959；

（38）陕北长城沿线与内蒙古伊盟南部的气候，刘胤汉，1959；

（39）民勤沙地小气候和固沙造林，江爱良、徐兆生、陈建绥，1959；

（40）陕北长城沿线内蒙古伊盟南部沙漠地区的地下水，张云鹏、张鹏君，1959；

（41）内蒙古小腾格里沙地天然水化学类型，陈静生，1959；

（42）内蒙古及西北六省（区）沙地水分状况及其固沙造林的关系，治沙队，1959；

（43）内蒙古中东部小腾格里沙地的植被，杨淑宽，1959；

（44）塔里木盆地西南部植被，刘华训，1959；

（45）沙坡头地区格状新月形沙丘小地形部位与植生关系，治沙队，1959；

（46）内蒙古腾格里沙漠（包括贺兰山山前）的植被及其改造利用，黄银晓、汪建菊，1959；

（47）西北沙丘森林植物条件类型划分的探讨，李浜生，1959；

（48）内蒙古东南部沙地综合考察，治沙队，1960；

（49）新疆喀什专区绿洲中流沙治理规划设计说明书——以疏勒县雅布泉人民公社管区为例，治沙队，1960；

（50）毛乌素沙地类型的划分及其改造利用的意见，治沙队，1960；

（51）沥青乳剂固沙，治沙队，1960；

（52）新固沙法，治沙队，1960；

（53）一九六〇年沙地农林牧业利用试验研究报告，治沙队，1960；

（54）头道湖湖盆盐渍土及其改良，治沙队，1960；

（55）塔里木盆地西部植被概况，治沙队，1960；

（56）内蒙古腾格里沙漠考察及初步规划，治沙队，1961；

（57）沙漠中湖盆的改造利用，郭绍礼等，1961；

（58）控制农田风沙流的初步试验，治沙队，1961；

（59）试论内蒙古高原西部沙漠发展规律，治沙队，1961；

（60）中卫沙坡头沙丘移动观测总结报告，治沙队，1961；

（61）掺沙改良黏性土壤报告，陈隆亨、张继贤、屈世兴，1961；

（62）柴达木盆地的土地资源，刘育民、张耀增，1961；

（63）腾格里沙漠东南边缘格状新月形沙丘的水分状况及固沙植物对沙层水分状况的影响，治沙队，1961；

（64）宁夏河东沙区古水系中的地下水，治沙队，1961；

（65）内蒙古头道湖半固定沙地主要植物群丛生态生物学特性的初步研究，黄银晓、林逊华，1961；

（66）伊克昭盟伊金霍洛旗森林植物条件类型的划分，治沙队，1961；

（67）沙坡头格状沙丘三种栽培植物的体温，治沙队，1961；

（68）人工播种沙蒿新方法（块状播种）试验研究总结，治沙队，1961；

（69）盐池西滩农田防护林带效益观测及抚育试验的小结，治沙队，1961；

（70）盐池高沙窝沙土农业旱作营造防护林试验1961年工作小结，赵兴辉、钱春涛、罗家琼，1961；

（71）盐池高沙窝沙土旱作营造防护林几个问题的探讨，治沙队，1961；

（72）伊金霍洛旗固沙造林研究报告，治沙队，1961；

（73）塔里木河下游胡杨的分布特征和生产周期性，治沙队，1961；

（74）提高飞机播种成效的研究报告，李浜生、张光林，1961；

（75）关于风沙危害棉田及其防止措施初步意见，治沙队，1961；

（76）塔克拉玛干沙漠西南地区农业开发利用若干基本问题的初步研究（摘要），朱震达、李天杰、田裕剑、李洪泽，1961；

（77）关于盐池高沙窝沙土农业旱作防沙保产问题，治沙队，1961；

（78）民勤站区几种农作物蒸腾耗水的测量试验1961年总结，郑度等，1961；

（79）本木草本豆科植物杂交的研究，治沙队，1961；

（80）一九六二年沙坡头铁路固沙研究报告，治沙队，1962；

（81）腾格里沙漠的盐渍土，邸醒民，1962；

（82）乌兰布和沙漠主要土壤基本性质及其改良利用的初步研究（初稿），治沙队，1962；

（83）人工固沙造林下流动沙丘土壤性质变化研究年总结，陈隆亨、陈文端、卢小霞、程道远、苏瑞云等，1962；

（84）内蒙古头道湖盐土改良后某些物理化学性质的变化，邸醒民、杨达明，1962；

（85）宁夏盐池高沙窝地区沙地土壤肥力演变规律，宋炳奎、黄永年，1962；

（86）腾格里沙漠沙坡头地区沙土中土壤微生物学特性年总结，陈祝春、张继贤、李定淑，1962；

（87）腾格里沙漠南缘流沙自然固定的土壤形成过程，陈隆亨、陈文瑞，1962；

（88）腾格里沙漠东部的湖盆与风沙地貌特征，（治沙研究）第四号，郭绍礼，1962；

（89）毛乌素沙漠某些河流水文特征的研究，曲耀光，1962；

（90）腾格里沙漠头道湖湖盆边缘沙地水分状况及其利用，治沙队，1962；

（91）乌兰布和沙漠地区的草场概况，黄兆华，1962；

（92）沙区农田防沙林的研究，赵兴梁、吴佑祺、陈超智，1962；

（93）短期土壤干旱对小叶杨幼苗响生理和生长发育的影响及提高其抗旱性，鲁作民、蒲锦春、王国俊，1962；

（94）内蒙古河套平原西部树种适应性调查报告，陈超智、庞武广，1962；

（95）沙坡头格状沙丘不同部位固沙植物根系活动及水分状况的差异，刘恕，1962；

（96）影响不同沙丘部位固沙植物生长主导环境因子的研究，王康富，1962；

（97）小腾格里沙漠考察工作报告，治沙队，1963；

（98）内蒙古古库布齐沙带调查报告，治沙队，1963；

（99）关于榆林治沙综合试验站重点项目计划《草案》编制的说明，治沙队，1963；

（100）西北及内蒙古六省（区）治沙规划、综合措施配置（附表），治沙队，1963；

（101）内蒙古及新疆地区的梭梭林，吴佑祺，1963；

（102）辽宁省章古台主要固沙植物的习性，王康富，1963；

（103）腾格里沙坡头地区几种固沙植物下沙土微生物的研究，治沙队，1963；

（104）乌兰布和沙漠的基本情况及其改造利用中的若干问题，赵松桥，1964；

（105）关于西北及内蒙古六省（区）农田防沙问题，赵梁，1964；

（106）沙坡头铁路固沙的研究，李鸣、王康富、廖次远、刘恕、陈文瑞、刘慎心等，1964；

（107）机械防沙障保护下沙丘的风蚀和堆积特征，彭思钧，1964；

（108）巴丹吉林沙漠东南部的地貌特征及其改造利用的初步意见（初稿），王志超，1964；

（109）青海省共和县沙地地貌及其改造利用，王允才，1964；

（110）腾格里沙漠湖盆的盐渍土，邸醒民，1964；

（111）腾格里沙漠东南缘流沙自然固定的土壤形成过程，陈隆亨、陈文瑞、卢小霞、陈道远、郭志清、贺玉良等，1964；

（112）宁夏盐池高沙窝地区农田地表风沙运动与土壤风蚀的初步研究，马戴涛、凌裕泉、潘绿竹、刘振声等，1964；

（113）内蒙古自治区沙地土壤及其改良利用，治沙队，1964；

（114）腾格里沙漠沙坡头地区几种固沙植物下沙土微生物的研究，陈祝春、张继贤、李定淑、玉莲等，1964；

（115）新疆及河西西部戈壁地区林业考察报告，宝昔，1964；

（116）柴达木盆地植被概况与植物区系的初步分析（内容提要），仲崇信、周鸿杉、林河清，1964；

（117）乌兰布和沙漠草场概况（初稿），黄兆华，1964；

（118）新技术在固沙造林树种育苗上的应用，治沙队，1964；

（119）乌兰布和沙漠北部农垦区森林植物条件类型的划分与护田林带树种的选择，赵兴梁、陈超智、庞武广，1964；

（120）对塔克拉玛干沙漠地区天然胡杨林发生分布的初步研究，田裕剑，1964；

（121）关于沙坡头格状沙丘上不同部位固沙植物生长差异原因的探讨，王康富、刘恕、廖次远，1964；

（122）腾格里沙漠沙坡头地区不同固沙植物下沙层的水分状况，陈隆亨、陈文瑞、陈秀贞，1964；

(123) 毛乌素沙区外流河径流形成估算及其预报方法，曲耀光，1964；
(124) 塔里木盆地沙漠地区水文地质概况，肖有权，1964；
(125) 坎儿井的水文地质学原理，李宝兴，1964。

参加中国科学院治沙队主要人员名单

于守忠　马国骅　马毅民　马戴涛　仇保铭　巴图巴根(蒙族)　毛　杰　毛树珍　牛超甫　王　玉
王　英　王允才　王助元　王希武　王志超　王国俊　王金亭　王浩介　王康富　邓叔群　丘国庆
丘明新　丘德明　卢小霞　叶　栋　叶文华　巨　仁　玉　莲　田裕钊　白守信　白绥彩　仲崇信
关君蔚　刘　恕　刘中民　刘允汉　刘占梅　刘占鳌　刘华训　刘阳宣　刘宝山　刘育民　刘胤汉
刘家琼　刘振声　刘媖心　刘铭庭　刘慎心　刘慎谔　刘德生　孙玉科　孙启民　孙显科　孙肇春
曲耀光　朱成鉷　朱灵益　朱震达　江爱良　江福利　米国元　许廷官　闫春华　严中田　何　光
吴　正　吴　改　吴功成　吴先余　吴佑祺　吴振华　宋如杰　宋炳奎　张云鹏　张本椿　张光林
张芳球　张际信　张学忠　张经炜　张思华　张继贤　张莉萍　张殿瑾　张鹏君　张耀增　忻文远
李　鸣　李　剑　李　博　李　雄　李卫民　李天杰　李长松　李玉俊　李孝芳　李国华　李国修
李宝兴　李宝淑　李炬章　李鸣岗　李洪泽　李浜生　李曼君　李淑珍　杜　力　杜名新　杜炳鑫
杜荣桓　杨　堃　杨水云　杨吉三　杨纫章　杨达明　杨作义　杨作民　杨金琼　杨留先　杨淑宽
汪建菊　沈文雄　沈冠冕　肖有权　肖志斌　卢云亭　苏世荣　苏宗正　苏瑞云　迟建楣　邸醒民
陈文瑞　陈叶荣　陈必寿　陈永宗　陈传经　陈传衡　陈宏恩　陈秀贞　陈坡智　陈建绥　陈林芳
陈保仁　陈祝春　陈恩久　陈培元　陈隆亨　陈葆横　陈超智　陈道远　陈道明　陈静生　周万福
周兴佳　周庆强　周鸿杉　孟德政　宝　昔　屈翠辉　庞武广　林　泉　林亚其　林河清　林逊华
林辉族　罗家琼　范克文　郎子美　郑　度　郑应顺　郑建新　郑若蔼　郑颖书　侯仁之　侯学煜
俎玉亭　娄致厚　段克义　胡　玟　胡庆光　胡克林　胡适之　胡智育　贺玉良　赵　峰　赵　梁
赵玉祥　赵兴梁　赵兴辉　赵国元　赵松乔　赵青姑　赵思均　赵海夫　赵雪华　赵幕德　郝尔力
凌美华　凌裕泉　唐广悦　唐宁华　席承藩　徐兆生　徐俊铭　徐振付　徐道明　样增占　耿宽宏
袁天钧　郭合书　郭志清　郭绍礼　郭恒文　郭蓄民　钱泰涛　陶立亭　顾宝群　高有广　高伸元
高尚武　寇新和　常　亮　常荷生　黄可光　黄永年　黄兆华　黄秉维　黄重生　黄银晓　黄朝杭
彭思钧　彭期龙　程道远　童立中　蒋　瑾　韩　清　韩斌海　鲁作民　楼桐茂　蒲锦春　路秉信
雷云明　雷明德　廖次远　管铭纯　蔡蔚祺　谭建安　潘绿竹　酈录均　戴丰年

15 中国科学院西藏综合考察队
（西藏队 1960～1962）

15.1 任务与主要研究课题

西藏位于我国西南边疆，地处青藏高原腹地，土地面积 122 万 km^2，平均海拔 4000m 以上，自然条件独特，在科学研究上是个巨大的天然实验室，又是我国藏民族的主要聚居地和发祥地。为了发展西藏经济，加强民族团结，巩固国防，发现和解决科学上的若干问题，依据国务院制定的《国家十二年(1956～1967)科学技术发展远景规划》第十三项，把"西藏高原和康滇横断山区的综合考察及其开发方案的研究"列为国家科学技术发展规划重点项目。

为贯彻执行《国家十二年科技规划》第十三项"西藏高原和康滇横断山区的综合考察及其开发方案的研究"要求，中国科学院党组于 1958 年 10 月 24 日就西藏综合考察的计划、西藏综合考察队的组织方案以及中国科学院拟于 1958 年成立中国科学院西藏综合考察队的有关问题，上报国家科学规划委员会并聂荣臻副总理。11 月 17 日国家科学规划委员会也上报中央请示成立中国科学院西藏综合考察队，并确认中国科学院西藏综合考察队拟于 1960～1962 年对西藏雅鲁藏布江流域、黑河、昌都地区进行重点考察，摸清这些地区的自然条件、经济发展需要和重点急需解决的问题，提出重点考察地区自然资源综合开发利用及生产力合理布局远景设想。重点研究以下 6 个课题：

(1) 西藏重点考察地区农业资源评价和发展方案；
(2) 西藏主要考察地区牧业资源评价及畜牧业发展方案；
(3) 西藏重点地区几种矿产资源(煤、铬铁矿、有色金属)的评价和开发利用方案；
(4) 藏北重点考察地区盐湖资源(以硼、锂、钾为主)评价和综合开发利用；
(5) 雅鲁藏布江流域水利资源合理利用开发方案；
(6) 西藏重点考察地区的生物资源评价和综合开发利用。

15.2 队伍组织与考察计划的实施

15.2.1 1960 年考察工作

西藏队为落实规划要求，1960 年组织了来自中国科学院综考会、地理研究所、地质研究所、动物研究所、植物研究所、化学研究所、土壤研究所、沈阳林业土壤研究所、地质科学院矿床研究所、水利电力部北京勘探设计院、交通部科学院、北京地质学院、长春地质学院、苏北农学院、东北农学院、西北畜牧兽医研究所及西藏地方有关研究所、畜牧兽医站等约 20 个单位，包括地质、地理、地貌、土壤、气候、农业、水利、畜牧、兽医、森林、果树、动物、植物、昆虫、经济等专业科学工作者。考察队队长冷冰，副队长司豁然和时任西藏地质局的局长，行政秘书王颜和、赵东升。全队 110 人，其中业务人员 70 人，下设地质组、水利组、自然条件组、经济农林牧组和盐湖组。全队于 4 月 15 日在北京集中讨论进藏计划，随后从北京出发，沿青藏线进藏，于 5 月 1 日抵拉萨。

全队分藏南、藏北两个分队，围绕着 6 个课题开展野外考察工作。藏南分队以农业、水利和煤矿资源为重点，集中考察了雅鲁藏布江中游拉萨、日喀则、泽当地区。藏北分队以班公湖为中心，重点考察了黑河地区青藏公路东西 50～100km 范围的自然资源(以铬、硼、钾为主)和自然条件。全队于 9 月底在拉萨集中进行总结后分两路从川藏、新藏线返京并兼顾预查任务。

15.2.2　1961 年考察工作

西藏队在 1960 年野外考察的基础上，1961 年人员达到 120 人，业务人员 50 人，业务秘书孙鸿烈。行政负责人：张华召、张金亭。下设综合组和 5 个专业组，组成 2 个分队和 2 个直属小队：

综合组：组长冷冰，副组长司黎然、程伯容、程天庆、张经炜、侯辅相、姜应星、袁子恭、郑绵平、孙鸿烈；

地质矿产组：组长姜应星，副组长赵东旭、郑绵平、常承法、丰茂森；

水利组：组长袁子恭，副组长石忠阳；

农牧组：组长程伯容，副组长程天庆、石国礼、黄志荣、张亮；

自然条件组：组长张经炜，副组长王明业；

经济组：组长侯辅相，副组长张霖。

藏北分队，分队长姜应星，副分队长张金亭、赵东旭。下设：

煤田小队：小队长姜应星，副小队长赵东旭；

铬铁矿小队：小队长常承法，副小队长王希斌；

自然条件畜牧小队：小队长富润福，副小队长王金亭。

藏南分队，分队长程伯容，副分队长程天庆、张华召、黄志荣、丰茂森。下设 5 个小队：

煤田小队：小队长丰茂森；

水利小队：小队长袁子恭，副小队长刘光荣；

水文地质小队：小队长石忠阳，副小队长魏忠义；

直属经济小队：小队长侯辅相，副小队长张霖；

盐湖直属小队：小队长郑绵平。

西藏队 4 月 7 日离京从青藏线进藏，5 月 4 日前后分别抵那曲和拉萨，围绕着 6 个课题和拟提交 6 个方面研究成果开展工作。

6 个课题：

(1) 综合经济问题的考察研究

① 日喀则、江孜地区的经济发展现状；

② 日喀则、江孜地区的工农业发展中的若干问题；

③ 日喀则、江孜、黑河地区矿产、水利资源。

(2) 日喀则、江孜、黑河地区农业资源和农牧业发展中的若干关键问题

(3) 日喀则、江孜地区水资源调查研究

(4) 黑河、日喀则地区矿产资源考察研究

(5) 黑河为中心的盐类资源调查研究

(6) 日喀则、江孜、黑河地区自然条件特点和分布规律

拟提交 6 个方面研究成果：

(1) 日喀则、江孜地区粮食增产的关键措施及农业资源评价与进一步发展农业生产的初步方案；

(2) 日喀则、江孜、黑河地区主要畜牧业发展、繁殖及合理利用草原初步方案和主要疫病的防治措施；

(3) 黑河、日喀则地区主要矿产资源评价及开发利用意见；

(4) 黑河为中心的盐类资源评价及开发利用方案；

(5) 雅鲁藏布江中上游地区水资源合理利用初步意见；

(6) 羊卓雍湖等地区的鱼类资源开发利用意见。

藏南、藏北分队和直属小分队于 1961 年 5~9 月，分别对日喀则专区（9 个县）、江孜专区（7 个县）、那曲专区（9 个县）进行气候、地貌、地质、土壤、植被、水利、农业、畜牧、森林、鱼类、经济等专业考察研

究。调查了宜农荒地、耕地、草场等土地资源、牲畜资源和牲畜疫病；在雅鲁藏布江中段及其支流(年楚河、拉萨河、尼洋河)进行以灌溉、防洪、发电、航运等水利资源综合开发利用为目的考察；在日喀则、帕里、吉隆、浪卡子、羊卓雍湖及黑河等地与当地生产部门及试验机构配合共同进行农牧渔业的试验研究。地质矿产资源方面：在日喀则和那曲专区土门格拉煤矿及邻近地区进行以煤矿为主的地质调查；在黑河以西的东巧、班戈、中扎一带及日喀则—拉孜—昂仁一带进一步调查了铬、铁矿产；在黑河—阿里公路沿线进行以硼为富矿的找矿工作；并在伦拉盆地区进行成矿规律调查研究，以及农业经济、燃料工业经济、化工经济及交通运输方面调查研究。

15.2.3　1962 年考察工作

1962 年是完成西藏综合考察任务重要的一年，拟完成昌都、林芝、山南地区的考察。在 1960～1961 年考察工作的基础上，西藏队组织了 108 名业务人员，组成 14 个专业组：

(1) 自然条件组：组长张同亮，副组长张经炜、王明业；

(2) 地貌气候组：组长王明业；

(3) 植物组：组长张经炜；

(4) 土壤组：组长张同亮；

(5) 森林组：组长谭征祥；

(6) 农牧组：组长程天庆、石国礼；

(7) 作物栽培小组：组长程天庆；

(8) 畜牧兽医小组：组长石国礼；

(9) 水利组：组长袁子恭、童慎中；

(10) 动物组：组长岳作和；

(11) 渔业小组：组长岳作和；

(12) 地质组：组长常承法、姜应星、赵东旭；

(13) 盐湖组：组长郑绵平；

(14) 经济组：组长侯辅相，副组长胥俊章。

为加强学术指导，综考会邀请张文佑、涂光炽、马溶之、侯学煜、吴征镒、施雅风、庄巧生、贾慎修、郑丕尧、郑作新、寿振黄等 16 人为学术指导，组成 8 个小队开展野外考察工作：

① 昌都自然条件土地草场资源小队：小队长孙鸿烈，副小队长王金亭、贺伟程；

② 山南自然条件土地草场资源小队：小队长熊明星，副小队长石国礼、赵东升；

③ 林芝森林生物资源小队：小队长张经炜、继业奇；

④ 农牧小队：小队长程天庆；

⑤ 水利资源小队：小队长袁子恭，副小队长高东旭；

⑥ 昌都煤炭资源小队：小队长姜应星，副小队长赵东旭；

⑦ 铬铁矿资源小队：小队长赵大升；

⑧ 内生矿床资源小队：小队长常承法。

各考察小分队拟围绕以下课题开展工作。

1. 自然条件与农牧业自然资源及其开发利用研究

(1) 昌都、山南、林芝专区宜农土地、草场资源比较集中的地区的土壤、植被、气候的类型、特征、分布规律及其与农牧业有利、不利因素和利用改造方向；

(2) 昌都、山南、林芝专区的可垦荒地、耕地、草场资源；

(3) 高寒地区农作物发展方向，适宜农作物种类与品种配置，稳产的关键措施，河谷温暖地区发展二季作物与几种经济作物方向与途径；

(4) 嘉黎县和太昭县主要牲畜生活习性，生产性能和发展方向；

(5) 有关农牧业增产的关键性措施。

2. 几种矿产资源及其开发利用研究

(1) 对妥坝、江长煤矿及巴贡、洛隆、类乌齐煤矿进行重点考察；

(2) 进一步对罗布莎、东巧、大竹卡铬铁矿进行详细考察；

(3) 以察雅为中心的内生铁、多金属(铜)矿产进行考察；

(4) 对昌都南北地区进行以煤、铁、多金属等矿产为目的的构造、地层、岩浆岩考察研究。

3. 水利资源及其开发利用研究

(1) 雅鲁藏布江干流上段和下段水利资源及其开发条件；

(2) 昌都、林芝、山南地区灌溉水源及其水质、水量、水土资源平衡及其开发利用。

4. 生物资源及其开发利用的考察研究

(1) 林芝地区的森林类型、分布、生长状况及其开发利用方向；

(2) 林芝地区资源植物种类、分布、生态特征及开发利用途径；

(3) 雅鲁藏布江水系为主的鱼类种类、分布、生态、饵料条件及开发利用；

(4) 林芝地区主要资源动物、种类分布与习性及开发利用。

5. 发展工农业生产中经济问题考察研究

(1) 昌都、山南、林芝等地区粮食生产基地的建设，农牧结合和劳动力的合理利用；

(2) 昌都地区煤炭资源的开发利用与解决燃料问题的途径；

(3) 昌都、山南、林芝地区动能经济问题研究；

(4) 昌都、林芝、山南地区交通运输特点，主要问题及解决途径研究。

1962 年 3 月下旬，西藏队在北京集中，于 4 月上旬抵达成都等待汽车和物资准备从川藏线进藏，完成昌都、林芝、山南地区的考察。4 月 2 日综考会接到西藏工委电报。电报称"由于我区正值精简，物资供应也较困难，我们意见今年不要来藏。"西藏队又从成都回到北京转入室内总结。

15.3 主 要 成 果

西藏队通过两年的考察积累了丰富的第一手资料，并有所发现：在生物方面发现鱼类新种 5 个，昆虫新种 6 个，水生生物新属 1 个，新种 10 个，植物新种 10 个；同时发现 2 个大的铬铁矿，还发现了以库水硼镁石为主的新型硼矿和盐类矿床，发现矽卡型铁矿一处。在两年考察的基础上，经总结出版了以下成果：

(1) 西藏地区的超基性岩及其铬尖晶石类矿物，王希斌、解广轰、赵大升。

(2) 西藏盐湖硼矿研究报告，郑绵平。

(3) 西藏北部盐类资源评价及开发利用的初步意见，郑绵平、闵霖生、刘文高。

(4) 关于西藏硼砂矿业发展的初步意见，郑绵平、侯辅相。

(5) 雅鲁藏布江水利资源及其开发利用初步评价，袁子恭、童慎中、倪锦泉、毕厘洪、刘先紫、高东旭。

(6) 西藏的土壤，孙鸿烈、熊叶奇、刘朝端、何同康、田济马。

(7) 西藏中部的植被，张经炜、王金亭。

(8) 西藏中部地区经济概况，孙尚志。

(9) 西藏农业概况，程天庆、黄丕里、周雪林。

（10）西藏南部地区林业考察报告，王战、谭征祥。

（11）西藏那曲、日喀则、江孜畜牧业考察报告，富润国、石国礼、黄志荣、贾怀功。

（12）西藏日喀则和江孜专区高寒地区扩大作物栽培的问题，程天庆、熊业奇、陈征雨。

（13）西藏南部的鱼类资源，岳作和、黄宏金。

（14）西藏南部的经济昆虫，王林瑶。

（15）西藏综合考察论文集（畜牧兽医部分），贾怀功、黄志荣、富润国、石国礼、周源昌、关建威。

（16）西藏综合考察论文集（水生生物及昆虫部分），饶钦止、张荫碧、岳佐和、黄宏金、陈世骧、陈永林、李传隆。

参加中国科学院西藏综合考察队人员名单

土　登（藏族）　马学志　丰茂森　区德斌　尹善春　尹集祥　扎西旺曲（藏族）　王云彩　王长新
王世同　王希斌　王学志　王明业　王林瑶　王金亭　王春光　王培书　王鸿烈　王德恭　王颜和
付国雄　史祥云　司豁然　尼　玛（藏族）　田连权　田济马　石中阳　石国礼　石锡忠　任忠良
伍志刚　刘文高　刘先紫　刘在礼　刘　钰　刘培镇　刘朝端　协绕丁真　多　吉（藏族）　孙文立
孙兴业　孙江海　孙尚志　孙鸿烈　庄威霆　朱志梁　许顺丰　何同康　何如瑞　何泽民　冷　冰
吴顺宝　吴珠群卓（藏族）　吴祥群　吴德良　宋子鑫　张　霖　张凤鸣　张田富　张华炤　张同亮
张纪衡　张连庆　张经炜　张金亭　张继仁　张酒治　张绵镇　张毓刚　李月贵　李水淇　李传隆
李光有　李安邦　李克煌　李进祥　李家春　李福珍　杨志忠　杨树有　杨树清　杨焕生　沈安法
沈孝宙　沈晋明　狄来福　肖开扬　肖增岳　陈传友　陈成渠　陈茂荣　依玛次仁（藏族）　周太光
周世英　周　驹　周雪林　周福至　岳作和　旺　堆　林发承　林智元　泽仁史果（藏族）
罗　桑（藏族）　罗桑协饶（藏族）　郑义德　郑浦清　郑绵平　金淳泰　侯作春　侯辅相　姜义仓
姜应星　胡兆杨　胥俊章　赵大升　赵东旭　赵百川　赵宗明　赵德山　饶树成　倪锦泉　圆贺伟
徐兰根　格桑卓玛（藏族）　索郎多吉（藏族）　袁子恭　袁进堂　贾怀功　郭庆伍　郭振明　郭寅生
常承法　曹伯南　梁春英　梁嘉怡　黄丕生　黄志荣　黄维淦　黄填中　富润福　彭贵卿　彭振业
彭　错　温景春　程天庆　程伯容　葛树启　董慎忠　蒋玉文　铺　布　韩来发　解广矗　雷世录
熊业奇　熊　明　蔡克强　谭学奇　谭学奇　德　庆　戴昌达　魏忠义

16 中国科学院内蒙古宁夏综合考察队
（蒙宁队 1961～1964）

16.1 主要任务与研究课题

内蒙古自治区与宁夏回族自治区是我国蒙古族、回族等少数民族的聚居区，地域辽阔，土地面积约占我国陆地面积的14%。区内自然条件复杂，自然资源丰富、多样，特别是内蒙古的铁、铬、稀土和某些非金属矿产，宁夏的煤，在全国都占有重要地位。农业又有相当的基础，是重要的产粮区，又有比较发达的牧业和林业，其中内蒙古的牧业和林业在全国占有重要地位，开发潜力大。依据国家1956年制定的《国家十二年(1956～1967)科学技术发展远景规划》中的第四项"新疆、青海、甘肃、内蒙古地区综合考察及其开发方案的研究"，中国科学院在对新疆、青海、甘肃考察的基础上，1961年成立了以侯德封为队长，马溶之、李应海、刘福祥、巴图、李国林为副队长的中国科学院内蒙古、宁夏综合考察队（以下简称蒙宁队）。蒙宁队由中国科学院、内蒙古自治区、宁夏回族自治区领导，综考会负责队伍的组织和日常管理工作。

1961年1月蒙宁队为贯彻《国家十二年科技规划》的要求，在内蒙古呼和浩特召开了计划会议。会议进一步明确了蒙宁队的总任务：要求在3年内(1961～1963年)通过对内蒙古、宁夏地区的自然条件、自然资源、社会经济情况的调查研究，提出内蒙古、宁夏地区资源充分开发与工业远景布局设想，为国家制定长远规划提供科学依据。同时本着综合考察工作远近结合原则提出实现上述设想的步骤，以便更好地为当前生产建设服务。在内蒙古地区对农、林、牧草和植物资源和金属矿产、煤炭、盐类资源，以及社会经济情况进行调查综合研究，提出建立强大的粮食、畜牧、冶金、森林基地为中心，全面发展农、牧业，相应配备交通网与劳动力的生产发展远景科学设想。在宁夏地区，提出通过建立大力发展粮、畜牧和建立煤炭基地，综合利用煤炭资源为中心的生产力发展远景设想。

依据《国家十二年科技规划》的要求，蒙宁队1961～1963年开展以下8个方面的考察研究：

(1) 全面了解并重点深入研究本区耕地、草原、林地、荒地等各类土地资源，联系水源条件和植物状况，进行土地资源评价与水土资源平衡，提出土地合理利用方案和扩大耕地，改良土壤、改良草场、植树造林，发展水利的建议；

(2) 在自然条件与自然资源经济评价的基础上，从全面发展本区国民经济向全国提供农产品的需要出发，按照因地制宜合理布局的原则，论证农牧业发展方向与远景布局方案，并提出其实现步骤；

(3) 在考察耕地资源潜力的基础上，从现有生产基础出发，提出重要产粮区粮食近期增产途径与关键措施；

(4) 在考察牧区土地资源潜力的基础上，按照农牧结合的方针，提出重要牧区粮食自给与大力发展畜牧业的途径；

(5) 在考察经济植物与森林资源的基础上，根据培育与利用相结合的原则联系有关条件，提出合理利用与扩大森林资源、充分利用经济植物的意见；

(6) 全面了解并重点考察本区以金属、燃料、盐类矿产为主的矿产资源，进行初步远景预测与综合经济评价，提出合理的开发利用方向；

(7) 在矿产资源评价的基础上，结合农牧业发展方案，根据工业合理布局的原则，考虑到有关建设条件，特别是水资源、交通、劳力等条件，论证全区以冶金、煤炭、森工、化工、轻工为主的工业基地远景布局与建设程序；

(8) 综合以上工作，按照以农业为基础，以工业为主导的方针和建立大区经济体系的方针，在全面评价自然条件与自然资源的基础上,从现有经济条件出发,提出以资源充分开发利用和工、农业基地合理布局为中心,并包括建立综合运输网、合理布局劳动力的全区生产力发展远景设想;同时根据党中央大力增产粮食的方针与综合考察远近结合的原则,提出近期本区粮食过关的途径与内蒙古建立供应北京商品粮食基地的方案和加强与充实现有工业基地的途径的建议。

16.2 队伍组织与考察计划的实施

蒙宁队按规划和计划的要求,1961年组织了来自中国科学院综考会、地理研究所、土壤研究所、植物研究所、中央气象局、北京农业大学、北京农机学院、内蒙古大学、内蒙古农牧学院、内蒙古师范学院、内蒙古计委、地质局、水利厅、农业厅、林业厅、轻工业厅、草管局、水文地质大队和宁夏有关厅局和计委等28个单位,包括工业、交通运输、矿产地质、地貌、气候、土壤、水利、植物、草场、林业、畜牧、农经等20个专业,118名科技工作者,其中以综考会业务人员为主,下设5个专题组:

经济地质组、土壤农业组、水利水文组、植物畜牧组、盐湖组。

5个专题组按考察地区组建3个分队:

内蒙古东部分队,分队长蔡蔚棋;

内蒙古西部分队,分队长黄自立;

宁夏分队,分队长李文彦,副分队长刘厚培、刘福祥。

各专业组和分队围绕着6个课题对考察地区进行考察研究:

(1) 全面了解并重点考察矿产、土地、水利、植物资源并进行经济评价,提出开发利用意见;

(2) 煤田的开发与煤炭基地布局的初步研究;

(3) 铁、铅锌矿产合理开发与钢铁工业布局的初步研究;

(4) 化学工业布局问题;

(5) 农业(包括畜牧业)发展远景的初步意见;

(6) 考察地区运输网配置问题。

宁夏分队对宁夏自治区16个县市(除盐池、西吉两县)进行全面的考察,而以银川地区为重点。农业方面,着重考察黄灌区土地资源和以黄河为主的水利资源以及黄土丘陵区农业;工业方面,对全区进行考察,重点对贺兰山、同心、灵武等大煤田进行了考察,研究以煤炭为中心带动钢铁、化工、机械工业的发展远景。

内蒙古西部分队对集二铁路线以西的三盟二市进行了考察。农业方面,重点考察了河套平原、呼莎平原、乌盟后山地区的农牧业资源与生产现状,并对增产措施等进行调查;工业方面,考察了以铁、煤、天然碱为主的大中型矿产资源和京包、京兰、包白铁路沿线以包头市和煤矿区为主的工矿区,并对各工业区的发展条件和发展远景进行了调查。

内蒙古东部分队,对锡盟地区进行了全面的考察。农业方面,重点对全盟的土地、水利、植物资源和牧业生产现状进行调查,而以发展锡盟牧业和开辟新农业的条件为重点进行考察;工业方面,考察了锡盟铁、铬、煤等矿产资源和工业发展的交通情况。

1962年5~9月,蒙宁队5个专题组对内蒙古自治区东部昭乌达盟、哲里木盟和呼伦贝尔盟15万 km²地区进行了全面考察,并对宁夏进行了补充考察。工业方面,重点对东三盟地区的煤炭、畜产品加工、森林、工交运输和有关金属矿资源进行重点调查;农业方面,对东三盟的自然条件和自然资源分布数量、质量和开发利用特点以及农牧业生产现状进行了调查,着重对西辽河水资源合理利用,重点地区开荒扩大耕地的条件、肉乳-耕畜基地发展条件与方向、林业发展方向和配置、坨甸地资源的改造利用等进行了综合考察研究。

在宁夏地区,工业方面着重对煤炭工业发展的方向、基地布局进行了深入分析和研究,对青铜峡电石化工发展的可能性与合理性进行了深入论证;农业方面,进一步对土地、草场资源的数量、质量进行了核实；对南部山区宁夏滩羊和中卫山羊的发展条件进行了补充考察，对土地、草场资源的利用，特别是宁夏粮仓——引黄灌区的盐碱地改良进行了重点调查和半定位观测考察研究；对宁夏畜牧业生产现状进行了实际调查分析。

1963 年 5～10 月，蒙宁队 16 个专业，包括气候、地貌、水文、水利、植物、草场、畜牧、土壤、农业、林业、农经、工业、交通运输、技术经济、经济地理和矿床地质等，由约 100 名科技工作者组成，下设呼盟分队、伊盟分队、工矿分队 3 个小队，对呼伦贝尔盟、伊克昭盟、后山和包头地区的 22 个县面积达 40 万 km² 地区自然条件、自然资源和重点矿区进行了考察。矿产地质对霍克气多金属矿进行了重点考察研究，工业方面对包头钢铁基地进行了专题研究。考察结束后分别在包头和乌兰浩特进行总结。1963 年全面开始对宁夏地区考察工作进行总结，编写出 11 份报告。

1964 年 6～8 月蒙宁队 89 名业务人员分 13 个专业组，组成锡盟和后山小队、河套小队、工矿小队，分别对锡盟、乌盟北部、巴盟河套和重点矿区 30 万 km² 的范围进行补点考察。锡盟和后山小队对锡盟、乌盟北部草场、土地、气候、水利、农业资源进行了补充考察；河套小队重点围绕呼和浩特和包头市及毛尔托勒盖地区的土地资源及盐碱土的改良、农作发展条件等进行了补充考察；工矿小队重点对平庄、扎贲特煤矿和孟思套利盖铅锌矿进行了调查。野外考察结束后各小队分别在包头和呼和浩特进行总结，提交了 22 份专题报告。

16.3 成果与奖励

蒙宁队 1964 年野外补点考察工作结束后，即进入室内总结阶段。通过 4 年来的考察积累了丰富的第一手科学资料。以 1964 年补点考察为例，仅在锡盟、巴盟河套和乌盟后山地区就观测土壤剖面 300 个，采土样 227 个，测牧草样方 180 个，采牧草标本 180 号，植物标本 1150 号，观测了 20 个林样地，取水样 450 个，实测家畜体尺 320 个，这些丰富的科学资料为室内总结打下了良好的基础。为了做好总结工作，蒙宁队成立核心领导小组，聘请学术指导，组成 3 个专业大组 11 个专题组和秘书组。秘书组具体负责协调工作。具体组成如下：

核心组，召集人：李应海、刘福祥；成员：李文彦、黄自立、赵训经、石玉林、沈长江、韩炳森、廖国藩、杜国垣、郭绍礼、张成保；

学术指导：侯德封、马溶之、丁锡祉、文振旺、贾慎修、张有实、肖少谷、肖南森、林镕、简焯坡、崔克信、李贵；

秘书组，组长赵训经；成员：石玉林、沈长江、杜国垣、李又华、郭绍礼；

工业大组，组长李文彦、徐培秀；下分：

    矿产组，组长陈万勇、许善明；

    工交组，组长徐培秀、刘兴有；

农业大组，组长黄自立、赵训经，下分：

    土地组，组长蔡蔚祺、石玉林；

    农业组，组长师景介、罗会馨；

    农经组，组长王广颖、梁笑鸿；

    草场组，组长廖国藩；

    畜牧组，组长沈长江；

    地貌组，组长郭绍礼；

    林业组，组长石家琛；

    植物组，组长刘钟龄；

    气候组，组长段运怀、李世奎；

水利大组，组长杜国垣、马长炯，下分：

　　地下水组，组长杜国垣；

　　地表水组，组长马长炯。

　　室内总结分两个阶段进行：1964年9月至1965年8月为第一阶段。首先完成国家所需要的资源和资源开发利用与生产布局重大战略性的问题总结。等"四清"结束后即1966年下半年，进行其生产性专题和某些学科问题总结。第一阶段工业大组和农业大组以及水利大组需完成的综合性报告：内蒙古工业发展的条件评价与远景设想，内蒙古自然资源利用与农林牧业发展远景设想，内蒙古交通运输网发展远景，内蒙古主要矿产资源评价，呼包地区动力煤与民用煤基地选择，内蒙古乳品工业现状及发展方向，内蒙古城市发展合理布局，内蒙古河套地区粮食基地的巩固与发展，内蒙古轻工业发展方向布局，包钢焦炉气利用，内蒙古土地、草场、水利资源和自然区划说明书等，以及各种资源分布图和布局图。第二阶段有关学科组完成专业和学科性成果：内蒙古气候、农业气候及区划、内蒙古地貌、内蒙古土壤、内蒙古植被、内蒙古综合自然区划、内蒙古土地资源、内蒙古草原资源、内蒙古水利资源、内蒙古地下水、内蒙古畜牧业、内蒙古林业现状与布局、内蒙古地质构造与成矿规律远景区划等。

　　蒙宁队在对宁夏地区考察结束后，于1964年2月20～26日在银川市召开会议。会议决定在1961～1962年对宁夏考察的基础上经1962～1963年的总结所编写出的宁夏回族自治区生产力发展远景、宁夏回族自治区工业发展远景、宁夏回族自治区农业发展远景、宁夏回族自治区矿产资源开发与工业发展远景、宁夏回族自治区农业资源的合理利用与生产力布局、宁夏地区宜农荒地资源及其开发远景、宁夏地区盐碱土的利用和改良问题、宁夏地区种植业的发展问题、宁夏地区发展毛裘羊的条件和区域、宁夏地区煤田地质与煤炭资源、宁夏地区水利资源及农田水利问题、宁夏地区林业考察报告和综合报告，向宁夏回族自治区进行了成果汇报。自治区人委、计委、科委和有关局、国家科委、西北局计委、农业部、煤炭部及所属的煤炭设计院、化工部和包头黑色冶金设计院、铁道部设计院，听取了汇报并对报告进行了审查鉴定和讨论。

　　1964年9月蒙宁队在呼和浩特召开第一次成果汇报会，提出以"包头钢铁基地发展远景及有关问题的初步研究"等7篇报告，向自治区有关部门汇报。1966年4月5～9日举行第二次成果汇报会，以马溶之为队长的11位科学家经总结提交以下13篇报告：内蒙古今后自然资源利用及农业发展意见、内蒙古自治区农业发展途径、内蒙古自治区畜牧业基地的巩固与发展、内蒙古自治区农牧业供水问题、内蒙古自治区牧业生产中的几个重要气候问题、内蒙古自治区河套平原粮食基地的巩固发展、内蒙古自治区交通运输网发展远景设想、内蒙古轻工业资源的评价及发展远景、内蒙古自治区主要矿产资源评价简要报告、内蒙古自治区城镇布局与发展意见、呼包地区动力民用煤基地选择、内蒙古西部地区动力煤和包钢燃气资源以及包钢焦炉气综合利用问题等，向内蒙古自治区党委、人委和有关部门汇报。至此蒙宁队结束了第一阶段总结任务，并编辑出版了4部考察报告：

　　(1) 哲里木盟和昭乌达盟野生植物资源概要，中国科学院内蒙古宁夏综合考察队；

　　(2) 内蒙古自治区昭哲盟地区气候与农业气候，中国科学院内蒙古宁夏综合考察队；

　　(3) 宁夏回族自治区有关农业考察研究专题报告集，李缉光、刘厚培、倪祖彬、李答、谢筱高；

　　(4) 宁夏回族自治区农业自然资源评价与生产力布局远景设想，中国科学院内蒙古宁夏综合考察队。

　　由于文化大革命的干扰，专业和学科性总结拖至1973年后才陆续编辑出版内蒙古自治区自然条件与自然资源综合考察专著8部和1：400万土壤图：

　　(1) 内蒙古自治区及东北西部地区地貌，郭绍礼、林儒耕；

　　(2) 内蒙古及东西部毗邻地区气候与农牧业气候，李世奎、周玉孚、张同忠、高宗古、袁绍武、刘中丽、莎音塔、潘碧珍、李立贤、亓来福、王炳忠、段运怀；

　　(3) 内蒙古植被，王义凤、刘钟龄、赵献英；

　　(4) 内蒙古自治区及东北西部地区土壤地理，石玉林、杨丰裕、蔡凤岐、高以信、蔡蔚祺、韩炳森；

　　(5) 内蒙古自治区及其东西部毗邻地区水资源及其利用，马长炯、方汝林、魏忠义、任鸿遵、陈洪经；

　　(6) 内蒙古及其东西部毗邻地区天然草场，贾慎修、章祖同、廖国藩、田效文、朱宗元、谷锦柱；

（7）内蒙古畜牧业，沈长江、方德罗、黄文秀、程兆枢；

（8）内蒙古自治区及东北西部林业，石家琛、骆正庸、傅鸿仪、王素芳；

（9）内蒙古自治区及东北西部地区 1∶400 万土壤图，蔡凤岐、石玉林。

蒙宁队完成的"西辽河流域大自然改造与农业生产发展途径"，1964 年获中国科学院优秀奖；"内蒙古自治区霍克气以铜为主的多金属矿综合评价"，1965 年获国家科委奖；"内蒙古自治区自然资源与自然条件及其合理利用问题的考察研究"，1978 年获中国科学院重大成果奖和全国科学大会奖。

参加中国科学院内蒙古宁夏综合考察队人员名单

于丽文	马 纬	马 桦	马长炯	马式民	马溶之	马德和	马德和	乌力吉	孔德珍	巴 图
方汝林	方德罗	毛昭晖	王 富	王义凤	王广颖	王玉钢	王庆友	王金生	王昭晖	王显忠
王树棠	王炳忠	王素芳	王淑珍	王维伦	王遂亭	王新一	韦士英	冯治平	田兴有	田效文
石 铸	石中秀	石玉林	石会中	石家琛	任志弼	任洪遵	关九奎	刘中丽	刘光宇	刘兴有
刘杰汉	刘厚培	刘钟龄	刘惠临	刘福祥	向斗敏	吕文宪	孙文承	孙冠英	巩积文	师介景
朱大延	朱云海	朱世谦	朱宗元	朱景郊	毕厘洪	汤又新	祁来福	米大延	纪振忠	许善明
许景江	闫玉莲	佟关福	张云玉	张云彩	张天曾	张文忠	张文尝	张正敏	张传道	张成宝
张成保	张有实	张启鑫	张明德	张彦荣	张昭仁	张荣祥	张润新	张景瑞	张蔚华	张儒媛
李又华	李少高	李文彦	李世奎	李立贤	李成岭	李克宗	李应海	李国林	李显杨	李惠君
李缉光	李筱高	李德玉	李德新	杜国垣	杨 垦	杨义全	杨丰裕	杨令福	杨绪山	杨辅勋
沈长江	沈欣华	沙万英	苏大学	苏发祥	谷锦柱	邱志忠	陆文惠	陈 桂	陈万勇	陈志新
陈洪经	陈桂兰	周 挺	周云生	周玉孚	周福成	周福盛	宝 音	杭淮才	林秀君	林儒耕
罗会馨	罗丽芬	范信平	郑宝林	郑喜玉	金秀华	侯德封	哈都尔	姚风枝	姜正庚	封永昌
封玉泉	封喜华	段运怀	胥俊章	赵才昌	赵训经	赵名荼	赵存兴	赵宗义	赵献英	郝锦山
骆正庸	倪祖彬	凌纯锡	唐德生	夏运坤	徐启尧	徐春鸿	徐爱义	徐培秀	秦玉兰	莎音塔
袁绍武	袁瑞祥	贾顺祥	郭绍礼	郭寅生	郭锡铎	铁 钢	高以信	高来福	高宗古	梁笑鸿
梁增荣	章祖国	章铭陶	黄文秀	黄冬初	黄自立	黄荣金	黄瑞复	龚海林	傅祥辉	傅鸿仪
彭万里	温景春	程川华	程兆枢	董继和	蒋为君	蒋易君	韩炳森	韩振明	詹鸿振	雍世鹏
廖国藩	蔡凤岐	蔡蔚祺	潘仲仁	潘碧珍	薛来庆	薛炳义	霍嘉泉	魏长发	魏忠义	藩孝莲

17 中国科学院西南地区综合科学考察队
（西南队 1963~1966）

17.1 立 项 依 据

西南地区涉及四川（包括现在的重庆市全部）、云南、贵州三省，面积约 110 万 km^2 余，大部属于亚热带和热带地区，是我国粮食和经济作物的重要产区之一；水能资源蕴藏量占全国将近一半；植物资源丰富，森林面积及蓄积量仅次于东北，是我国第二大林区；矿产丰富，不但种类多，储量也大，如四川盆地天然气，贵州的铝，云南的锡在全国均占有重要地位，特别是川、滇、黔接壤地区的铁、铜、铅、锌、煤、水能等资源，蕴藏量大而集中，具备建成西南工业基地的优越条件。当时三省人口约 1 亿，劳动力亦多。地理位置又处在我国战略大后方。为配合国家西南建设任务和落实《国家十年(1963~1972)科学技术发展规划》，并体现综合考察工作由边疆向内地转移的精神，1962 年 1 月 27 日，中国科学院常务委员会会议讨论通过并经国家科委批准，同意将中国科学院西部地区南水北调综合考察队与云南热带生物资源考察队合并，成立中国科学院西南地区综合科学考察队。

1963 年 1 月 23 日中国科学院任命冯仲云为队长，郭敬辉、李文亮、孙新民为副队长。同时成立了队部领导小组、学术委员会和综合研究委员会。队部领导小组：孙新民、李文亮、冷冰、张长胜。张长胜兼任办公室副主任。李作模、张天光任业务主任，孙鸿烈、黄让堂任学术秘书。

学术委员会：主任马溶之、冯仲云、马识途、张冲；副主任郭敬辉、熊忠宇、朱济凡、周立三、侯学煜；委员 10 人；那文俊、郭文卿任秘书。

综合研究委员会：冯仲云任主任；马识途、马溶之、郭敬辉任副主任；委员任美锷、朱济凡、刘增乾、孙鸿烈、李文亮、杨允奎、张冲、张同铸、周立三、侯光炯、侯学煜、崔克信、彭九成；秘书：孙鸿烈、黄让堂。

17.2 任务与主要研究课题

依据中国科学院西南地区综合科学考察队制定的《1962~1968 年西南地区综合考察计划纲要》要求，总任务是"在全面搜集西南地区与经济建设有关的资料、规划、计划论证方案与工矿、农、林、交、水等与西南建设有关的技术经济资料的基础上，针对生产力发展和远景方案中存在的重大问题及该地区的国民经济现状进行考察研究，最后向国家提出与上述重大问题有关的专题报告。并在专题报告的基础上进行综合分析，提出西南地区生产力发展远景设想方案，为国家在西南地区进行资源开发和经济建设提供科学依据。"具体开展以下 6 个中心课题研究：

(1) 西南地区自然条件与自然资源的分布规律及其利用评价；

(2) 西南地区农林牧资源开发利用的研究；

(3) 西南地区水利、水能资源开发利用的研究；

(4) 西南地区主要矿产资源开发利用与大型工矿基地布局的研究；

(5) 西南地区交通运输布局的研究；

(6) 西南地区经济发展与生产力布局的研究。

1965 年又增加了以下两个课题：

(1) 西南地区可燃矿物及其利用；

（2）西南地区紫胶资源及其开发潜力的研究。

考察研究进度：1962 年进行准备工作，1963～1965 年野外考察，1966～1967 年进行总结。

17.3　队伍组织与计划的实施

西南队依据总任务和研究课题的设置要求，从 1963 年开始，组织了来自中国科学院地理研究所、植物研究所、南京土壤研究所、沈阳林业土壤研究所、贵阳地化研究所、四川地理研究所、西南地质研究所、综考会、南京大学、四川农学院、东北工学院、贵阳市地质局、贵阳化工研究所、煤炭部北京煤炭科学院、冶金部鞍山焦化耐火研究所、铁道部西南研究所和各省区的科研、生产部门共 447 名科技工作者，专业包括：自然地理、气候、地貌、土壤、植物、动物、农学、林业、畜牧、农业经济、经济地理、水利、水能、水文、矿产、冶金、煤炭、化工、动能、交通、技术经济。

1. 组成 5 个大的专业组

（1）自然条件组（自然地理、地貌、土壤、植物、气候等）

组长：赵儒林

副组长：孙鸿烈、邹国础、王明业、黄荣金、刘厚培

学术指导：侯光炯、马溶之、任美锷、侯学煜、彭九成；

（2）农业组（农学、畜牧、林业、农经等）

组长：孙承烈

副组长：冯宗炜、杜逸、马礼周、那文俊、李俊德

学术指导：周立三、杨允奎、张同铸；

（3）水文水利组（水能、水工、水文、农田水利、工程地质）

组长：张有实

副组长：袁子恭

学术指导：郭敬辉；

（4）矿产地质组（区域地质、黑色矿产、有色矿产、燃料、矿产地质等）

副组长：周作侠；

（5）工业交通组（黑色冶金、有色冶金、煤炭、化工、动力、交通、技术经济）

副组长：郭文卿、黄让堂；

2. 西南队下设 5 个分队和 1 个直属小组开展野外考察工作

（1）四川农业水利分队，分队长：张有实；副分队长：那文俊、刘厚培、王振寰；

（2）贵州农业水利分队，分队长：张同铸；副分队长：张长胜、黄荣金、李俊德；

（3）工矿交通分队，副分队长：郭文卿、周作侠、黄让堂、丁延年（吴国栋）；

（4）川滇黔接壤分队（渡口分队），分队长：程鸿；副分队长：李龙云、孙鸿烈；

（5）紫胶分队，分队长：庄承藻；

（6）可燃矿物组，组长：王德才。

1963 年，根据西南队 1963 年工作计划要求，各分队在全队集中前收集重点考察地区主要自然、经济、技术等方面的文献资料，进行分析整理。同时，由队部组织部分专家和业务人员于 4 月开始对川、滇、黔重点地区进行预察，并在预察的基础上，进一步明确考察研究方向任务，确定考察路线，为各分队制定具体研究课题和详细行动计划提供依据。通过预察取得一批宝贵资料和预察成果，为下一步野外考察奠定了基础。全队业务人员约 200 人，5 月份以分队为单位，分别在成都、贵阳、昆明集中，6～9 月分赴野外考察。重点考察地区为：四川盆地丘陵典型农业区、大巴山（或华蓥山区）典型山区和嘉陵江主要干支流地

区、川东地区东柳河及其主要支流修建控制型水库对调节灌溉与发电问题；贵州遵义地区、云南大理等地区以及重庆成渝铁路沿线工业区和昆明工业区。9~10月分别在成都、贵阳、昆明总结。

1964年4~10月，西南队各分队围绕着四川达县专区山地农业发展问题；贵州遵义地区山地农业建设以及中小河流开发问题；西昌太和铁矿、川东南天然气，开阳、昆明、什邡磷矿，水城、盘县、六枝煤田，滇黔铁路和川黔铁路沿线等有关问题，进行了考察研究。

在考察过程中，1964年6月16日，西南队根据国家关于加速后方基地建设精神，对西南地区考察工作作了调整，提出拟在1963~1967年提前完成西南的考察任务，并制定了《1965~1966年的综合考察计划纲要》，重新部署了工作，按计划密切配合当时国家的需要，对与"三线"建设直接有关的问题进行考察研究，集中力量进行川滇黔接壤地区，西昌工业基地布局的研究。决定在1964年冬至1965年初提交一批研究成果。如对攀枝花工业基地布局问题的初步意见；重钢原料基地选择；黔西煤田的开发利用；西南三大磷矿的开发利用等。并要求1966年完成：川滇黔接壤地区以攀枝花为中心的主要工业部门布局和农业发展潜力的研究；贵州山地综合开发利用和西南地区紫胶发展问题的考察研究等。年底各分队在成都、贵阳、昆明等地进行了阶段总结。

1965年是西南科学考察的第三个年头。该年参加西南地区科学考察的人员262名，其中科学院系统有123名。全队5个分队和直属可燃矿物组。自3月中旬集中队伍，分别在四川达县、万县、涪陵、重庆、江津、内江、宜宾、乐山、温江、雅安；贵州的黔南、安顺、毕节、贵阳市；云南的思茅、临沧；以及川滇黔接壤地区的大理、丽江、楚雄、西昌等专区、州、市以及金沙江干流，进行了工业、矿产、交通、农业、水利水能和紫胶等方面的考察研究。6月，西南队又对重点地区工业建设条件与布局，川滇黔接壤地区农业发展途径、潜力与布局，四川盆地粮食增产潜力，成都平原大面积稳产、高产的途径与潜力，贵州山地农业综合开发利用，黔西工矿区重点县农业综合发展，滇西南地区紫胶适生范围潜力7个重点项目进行考察研究。

1966年西南队组织了4个专题组和2个分队，围绕攀枝花铁矿冶炼路线的技术经济评价，四川盆地燃料动能平衡与区划问题的技术经济研究，川西滇北地区雅砻江、大渡河流域水利资源综合利用与电源建设研究，川北重点地区工业建设途径和农业发展潜力及工农业相互支援的考察研究，川西平原粮食稳产、高产条件与重大措施的考察研究，云南保山和德宏自治州紫胶适生范围与发展潜力的考察研究6个重点课题进行综合考察研究。同时，其他分队对四川盆地、贵州山地和渡口（现攀枝花）市进行了全面的考察研究。至此，西南队野外工作全面结束。

17.4　考察研究成果及工作总结

西南队各分队，包括可燃矿物组，取得了丰富的第一手资料，并完成了各个阶段的总结。除四川分队进行了较全面的大总结外，其他各分队由于"文化大革命"的干扰，均未进行大总结。只是提交了阶段性的考察报告。

1. 四川农水分队

四川农水分队在完成川西平原和广大丘陵地区考察的基础上，1966年进行了较全面地室内总结工作，编写出了"四川盆地粮食增产途径与潜力"总报告，以及"四川盆地综合农业区划""四川盆地粮食增产主要途径与潜力""金沙江中下游水利开发中的问题""山区农业生产的发展条件和方向"等重点地区考察报告18篇，专题报告12篇。同时编制了"四川盆地农业分区成果图"（1∶50万）10幅，及"农业图集"（1∶25万）共40幅。包括：

(1) 论四川丘陵地区农业水利化途径，完成人：张有实、陆亚洲，1966。

(2) 四川盆地农业地貌特征，完成人：孔庆征，1966。

(3) 四川盆地粮食增产主要途径与潜力，马延华、宋恩瀚、余杰，1966。

(4) 四川盆地粮食增产主要途径与潜力，那文俊、段开甲、余杰等，1966。

（5）四川盆地中部粮棉区粮棉增产的途径与潜力，那文俊等，1965。

（6）川西平原粮食增产主要途径与潜力，刘厚培等。

2. 贵州农水分队

贵州分队在野外考察获得第一手资料的基础上，进行了分析总结，分别编写"遵义地区自然条件自然资源的分布特征及其评价""遵义地区气候区划及农业评价""山地综合农业发展方向与布局""贵州黔东南地区水利资源开发利用及其在农业电气化中的作用""黔西六盘水地区畜牧业发展问题"等90余份关于农业自然条件和农林牧生产等方面的阶段性报告。

3. 川滇黔接壤地区分队（渡口分队）

该分队在对以四川省渡口市为核心，包括四川省西昌地区和云南楚雄州、大理和丽江地区考察的基础上，编写了"安宁河谷地区农业气候特征及其分区""四川西昌安宁河谷地区农业增产途径与潜力""川滇黔接壤地区农业增产潜力与发展途径""安宁河谷地区农业增产潜力和途径""盐源盆地荒地资源及其开发问题"等报告约30篇。

4. 工矿交通分队

1963～1966年初，对西南三省的钢铁、有色金属、燃料、动力、化工、交通等多项领域进行了广泛的实地考察，在获得大量第一手资料基础上撰写了"西南地区煤炭资源开发利用现状及存在问题的考察报告""西南地区三大磷矿资源开发利用的研究""川西地区天然气资源开发利用的研究""西昌地区钒钛磁铁矿利用工艺流程研究""西南地区汞矿资源开发利用""川东南地区铁矿资源特征及其初步评价""西昌地区钒钛磷铁矿资源利用及其冶炼技术路线选择的研究""西昌攀枝花铁矿的综合利用考察报告""金沙江发展航运初步研究报告"等约80份考察报告。

5. 紫胶分队

编写了"云南重点地区紫胶适生范围以及发展潜力""云南省思茅、临沧地区紫胶适生范围及发展潜力""攸乐山地区把边江流域紫胶适生范围及其发展潜力"报告。

6. 可燃矿物组

编写了"关于四川省燃料平衡的意见""四川燃料动力平衡若干问题""西南地区可燃矿物合理利用技术经济的研究"报告。

参加中国科学院西南地区综合科学考察队人员名单

丁 一	丁延年	万 荣	万铭鼎	马延华	马成忠	马礼周	马溶之	马识途	支路川	方永鑫
王飞燕	王 友	王添筹	王礼华	王先俊	王守彬	王 军	王希贤	王宗祎	王新元	王怡远
王昌霖	王明业	王茂章	王衍庆	王家诚	王泰安	王泰鸣	王清茂	王润英	王焕亨	王维伦
王富葆	王联清	王新民	王献溥	王福海	王嘉胜	王增学	王德义	王德才	王德潜	王振寰
王颜和	韦启璠	冯仲云	冯宗炜	冯克辉	冯德元	包浩生	叶宗耀	叶德彰	孔庆征	孔德珍
左文江	田连权	田济马	田 获	田德旺	田天雄	石竹筠	龙宗翔	任忠良	任美锷	关志华
刘中泰	刘民生	刘永安	刘玉红	刘先紫	刘全茂	刘承志	刘君熙	刘孝仲	刘学义	刘忠轩
刘迪生	刘厚培	刘振中	刘晓桂	刘泰达	刘朝端	刘超炳	刘福俊	刚守学	华海峰	向君义
向道骏	向其柏	孙开学	孙玉平	孙永年	孙兴元	孙尚志	孙承烈	孙隆国	孙鸿烈	孙新民
庄承藻	庄 浔	朱邦长	朱忠玉	朱家琦	朱景郊	朱超妙	朱德新	毕厘洪	毕梦林	汤火顺
许 根	邢建民	那文俊	邬翙光	闫佐鹏	严润群	何为贵	何光明	何同康	何妙光	何希吾

何祥昌	余永和	余光泽	余有德	余 杰	余泽华	余养铨	冷 冰	冷秀良	狄福来	励惠国
吴子钦	吴友仁	吴光义	吴吉甫	吴作贤	吴国栋	吴贵兴	吴哲昌	吴祥群	吴裕生	吴德土
吴鹤雄	宋多魁	宋恩瀚	张天光	张开福	张长胜	张 冲	张田富	张盛华	张善全	张福晨
张 德	张儒媛	张光中	张光柱	张同铸	张如春	张成保	张有实	张自荣	张林森	张泽荣
张 祈	张俊生	张炳谦	张荣祖	张振鹗	张 朔	张 烈	张昭仁	张莉萍	张谊光	张在琪
张培光	张耀光	时永仁	李乃馨	李 万	李万源	李云吉	李公达	李天申	李友千	李文亮
李立贤	李廷芬	李百浩	李作模	李 志	李宝庆	李长山	李龙云	李廷琪	李声钰	李远贵
李实喆	李明华	李树清	李杰新	李效蟾	李继由	李缉光	李道全	李琼华	李耀吾	李明森
李树清	李俊德	李殷泰	李惠民	李琼华	李德林	杜占池	杜 逸	杨子荣	杨 云	杨世铃
杨必烈	杨 艮	杨启修	杨宗贵	杨明德	杨恕良	杨树珍	杨 桦	杨海琳	杨允奎	杨通伦
汪文元	汪国良	汪建菊	沈玉蔚	沈定法	沈锦章	沙万英	束中立	肖久福	肖加俊	肖际亨
肖育檀	肖树基	苏人琼	苏庆铣	苏延长	何光明	纳仪真	邹琪陶	邹国础	邹振华	陆亚洲
陈才金	陈必炯	陈 云	陈 元	陈天禄	陈斗仁	陈正李	陈伟烈	陈传友	陈光龙	陈先尧
陈远林	陈昌平	陈振杰	陈梦玲	陈鸿昭	陈鼎常	陈 沛	陈忠恕	陈恩伟	陈根富	陈雪英
陈柏芬	陈以蓉	陈 先	陈瑞生	周方玺	周汝筠	周启昌	周名程	周作侠	周性和	周启昌
周性恒	周家驷	周立三	庞邦域	庞金虎	易心祖	林发承	林可达	林仰之	林炳耀	林钧枢
林兆铭	欧勤斌	竺子成	罗安社	罗怀之	范增林	郑甫清	郑秉礼	郑梦宦	金光熙	金宝有
金学英	侯光良	侯辅相	侯 奎	侯学煜	侯光炯	俞锦标	姚良珍	姚明显	姚群钦	姜守中
姜忠尽	宣淑琴	施国玮	胥俊章	柏善英	段开甲	胡一匡	胡小小	胡成华	胡序威	胡志财
胡连生	胡秋华	胡泰荣	赵奇僧	贺成林	赵长俊	赵永礼	赵臣辅	赵居安	赵峻山	赵维城
赵楚年	赵儒林	赵永有	唐同平	赵春元	赵根深	赵 锋	纳信真	钟烈元	钟章茂	倪锦泉
凌锡求	唐友华	唐寿明	袁丰逵	夏定久	徐凤娟	徐有华	徐明亮	徐耀东	栗 孝	班振远
秦万成	秦萼芬	袁子恭	顾于权	袁存惇	袁淑安	郭文卿	郭永明	郭来喜	郭益进	郭寅生
郭维城	郭敬辉	章铭陶	梁荣彪	高兆杉	高家表	崔士英	崔克信	崔功豪	崔荣富	康庆禹
曹力工	曹景春	梁仁丰	黄 勇	梁泰然	谌志山	黄子俊	黄平刚	黄正洪	黄让堂	黄龙星
黄亮明	黄国福	黄育才	傅有信	黄荣金	黄祥赞	黄家宽	黄瑞复	黄明久	黄保成	黄威廉
黄琪林	龚琴宝	傅发鼎	赖俊河	彭承先	彭 茂	彭九成	景如如	曾庆高	曾 阳	曾新荣
游绍其	程克美	程 鸿	董丽华	董淑炎	蒋世逵	谢远发	谢国华	韩同春	韩家懋	韩振明
韩裕丰	虞孝感	虞承源	蔡伯君	雍万里	靳维泰	鲍世恒	濮良明	廖致和	熊 怡	熊嗣坤
熊忠宇	熊爵昌	蔡全忠	蔡庆先	蔡纯良	蔡毓华	蔡琴芳	谭鑫培	颜大钊	樊子荣	潘正甫
潘传孝	黎功举	薛光伦		戴法和	戴玉华	魏达祥	魏正伦	魏潮瀛		

18 中国科学院西藏综合科学考察队
（西藏科学考察队 1966～1968）

18.1 任务来源

经国务院批准，国家体育运动委员会决定 1967 年攀登珠穆朗玛峰，要求中国科学院组织相应的科学考察。同时，国家科委也要求中国科学院大规模开展青藏高原科学考察，作为第三个五年计划期间"赶超"任务之一。中国科学院责成综考会承担珠穆朗玛峰地区科学考察任务，于 1966～1968 年配合国家体委登山队进行以珠穆朗玛峰地区科学考察为主，适当结合《国家十年(1963～1972)科学技术发展规划》和西藏后方基地经济建设的需要，对青藏高原分片、分阶段进行科学考察。1966～1968 年先对珠穆朗玛地区和昌都、林芝地区进行科学考察；从 1968 年起按《国家十年(1963～1972)科学技术发展规划》要求，全面开展青藏高原综合考察。为此，中国科学院成立了以刘东生为队长、冷冰、施雅风、胡旭初为副队长的中国科学院西藏科学考察队(简称西藏科学考察队)。同时成立了以马溶之为主任的学术委员会，委员为方俊、乐森璕、叶笃正、刘祚周、张文佑、陈世骧、陈述彭、赵金科、胡旭初、顾功叙、程裕祺、刘东生、施雅风、钟朴求、贾慎修、高由禧、黄秉维。学术秘书，刘东生。办公室主任，李龙云。

18.2 队伍组织与计划实施

西藏科学考察队 1965 年 9 月 1～2 日在北京召开了"珠穆朗玛峰地区科学考察工作会议"，竺可桢副院长出席会议并讲话。会上讨论制定了"珠穆朗玛峰地区科学考察计划"，并经中国科学院党组审批。依据计划要求，珠穆朗玛峰地区科学考察研究的中心是"喜马拉雅山的隆升及其对自然条件和人类活动的影响"。1966 年西藏科学考察队组织了来自中国科学院综考会、地质研究所、地球物理研究所、古脊椎动物与古人类研究所、贵阳地球化学研究所、南京地质古生物研究所、地理研究所、植物研究所、动物研究所、武汉水生生物研究所、上海生理研究所、地质科学院、北京大学、北京地质学院、武汉地震大队、昆明地震大队、国家测绘局、青海省地质局、四川省地质局、中国人民解放军 245 部队 5 分队和藏字 403 部队 56 支队、上海科教电影制片厂、新华出版社等单位，包括地层古生物、构造地质、岩石地球化学、地球物理、古脊椎动物、地貌第四纪、自然地理、冰川、冻土、气候、土壤、植被、动物、植被、大地测量、高山生理等专业 100 名科技工作者，分 5 个专题组，于 1966 年 3～9 月围绕以下 5 个专题开展考察：

第一专题：珠穆朗玛峰及其邻区的地质特征和地壳运动，负责人：刘东生。

(1) 珠穆朗玛峰及邻区的地层系统及其发育史，负责人：文世宣，参加人：章炳高、王义刚、孔昭宸、邱占祥、张宏、尹集祥、王新平；

(2) 珠穆朗玛峰及邻区变质岩及变质作用，负责人：应思淮，参加人：熊洪德、叶有钟；

(3) 珠穆朗玛峰及邻区第四纪沉积物及古气候，负责人：刘东生，参加人：杨理华、郭金；

(4) 珠穆朗玛峰及邻区构造特征和地质发展史，负责人：常承法，参加人：郑锡澜、陈炳蔚；

(5) 珠穆朗玛峰及邻区重力、地磁的研究及地形测量，负责人：张赤君，参加人：徐振武、黄绍羲、贾铭玉、张宏福、康伯雄。

第二专题：珠穆朗玛峰地区自然分带及资源利用，负责人：张荣祖、姜恕。

(1) 珠峰地区气候条件分析，负责人：郑度、张荣祖等；

(2) 珠峰地区植物区系和资源利用，负责人：姜恕，参加人：王金亭、张永田、郎楷永、郑度；

（3）珠峰地区土壤及利用问题，负责人：高以信、费振文；

（4）珠峰地区景观地球化学特征，负责人：章申，参加人：于维新；

（5）珠峰地区动物资源利用问题，负责人：钱燕文，参加人：冯祚建、张荣祖、马莱龄、王书永、曹文宣；

（6）珠峰地区气候与植被的相互关系，负责人：姜恕、高以信、郑度，参加人：费振文、王金亭、张荣祖等；

（7）珠峰地区地貌特征及其对土壤植被的影响，负责人：张荣祖、姜恕、高以信、郑度等。

第三专题：冰川与气象的特征与变化，负责人：施雅风、高由禧。

（1）冰川的辐射及热量平衡，负责人：谢维荣、谢应钦，参加人：寇有观、童庆禧；

（2）冰川分布的类型及形态特征，负责人：王宗太，参加人：张祥松；

（3）冰川的运动、结构及构造，负责人：谢自楚，参加人：王宗太、刘潮海、王彦龙；

（4）冰川热状态及成冰作用，负责人：谢自楚，参加人：王宗太、刘潮海、王彦龙；

（5）冰川的物质平衡，负责人：谢自楚，参加人：王宗太、刘潮海、王彦龙；

（6）冰川的水文特征，负责人：路传琳、施同平；

（7）冰川冰缘地貌及演变历史，负责人：施雅风，参加人：崔之久、张祥松；

（8）冰川附近地区的天气系统、天气及气候特点，负责人：高登义，参加人：沈志宝。

第四专题：人类在高山地区活动的生理变化，负责人：胡旭初、丁廷楷；参加人：宋德领、黄肇荣、冯连锁、周兆年等。

（1）登山运动员及科考队员在海拔 5000m 及更高高度上的各种基本生理指标的测定；

（2）特高海拔高度上若干生理指标的测定；

（3）高海拔处运动的生理效应和效率的研究；

（4）高海拔处人及运动的适应性生理变化的若干试验观察。

第五专题：珠峰的大地测量与制图，负责人：吕人伟；参加人：孙治文、郁其青、陈永胜、周季清、吴泉源、刘傅安、赵春利、高世忠、钱育华、米德生、宋国平、张作哲、陈建明、周秉贤、王文颖。

（1）珠穆朗玛峰大地位置和高程测定，负责人：周秉贤，参加人：孙治文、郁其晴、陈永胜、周秀青、吴泉源、刘傅安、赵春利、高世忠；

（2）珠穆朗玛峰地区地面摄影测量，负责人：王文颖，参加人：钱育华、朱德生、宋国平、孙作哲、陈建明；

（3）特高山区及冰川地貌在地形图上的表示，负责人：（同(2)）；

（4）珠穆朗玛峰地区折光系数的研究，负责人、参加人：（同(1)）；

（5）珠峰地区垂线偏差的研究，负责人、参加人：（同(1)）。

对珠穆朗玛峰地区以定日为中心，东起亚东、西至聂拉木、樟木、吉隆，南以国境线为界，北至雅鲁藏布江，总面积约 5 万 km² 的范围内进行了多学科的考察。

西藏科学考察队依据西藏自治区的要求成立了昌都分队。昌都分队同时于 1965 年 12 月 28 日在北京讨论制定了昌都分队 1966～1968 年的科学考察计划，考察研究的中心任务是：西藏自治区后防基地建设中急需的自然资源与开发利用条件及近期工农业发展问题。主要研究课题是：

（1）农业资源与开发条件评价及其发展农业意见；

（2）牧业资源与利用条件的评价及发展畜牧业意见；

（3）水利资源评价与农牧业灌溉；

（4）森林资源评价及其利用意见；

（5）煤、铁矿产的质量、数量、埋藏特点、开发条件的评价研究；

（6）发展工农业社会经济条件考察；

（7）发展工农业的自然条件考察。

1966年昌都分队组织了包括地质、地貌、土壤、植被、畜牧、草场、气候、水利等20名科技工作者，在分队长张经炜和何海之的带领下分农牧业和矿产两个组，于3～7月围绕如下4个课题开展考察研究：

（1）林芝、波密地区的农业发展途径和潜力的综合研究；

（2）邦达地区以牧业为主的农牧业资源综合研究；

（3）多格拉、马查拉和巴贡煤矿的考察研究；

（4）卡贡铁矿的考察研究。

原定1967年再对其他重点地段、重点问题进行考察研究，1968年上半年进行了室内总结并提交阶段性成果报告，后因1967年"文化大革命"而停止野外考察工作。

1968年4～5月经聂荣臻副总理批准"补点我赞成要搞就搞好，搞彻底"的指示精神，西藏科学考察队分别组织第一、二专题和第四专题、第五专题进行了补点考察。

18.3　成果与奖励

西藏科学考察队通过2年的考察积累了丰富的第一手资料，填补了空白，并发现了寒武系、奥陶系到第三系(古近系与新近系)的海相地层剖面，首次在喜马拉雅山区发现奥陶纪的鹦鹉螺、三叶虫，志留纪和泥盆纪的笔石、竹节石化石，早石炭纪的菊石，晚三叠世的箭石、放射虫，早侏罗纪的菊石、有孔虫，还发现了舌羊齿植物群。经2年的室内总结，编辑出版了9本《珠穆朗玛峰地区科学考察报告》和一部《珠穆朗玛峰地区科学考察图片集》：

（1）珠穆朗玛峰地区科学考察报告，地质(1966～1968)，文世宣、尹集祥、王义刚、章炳高、张明亮、应思准、中国科学院贵州地球化学研究所同位素年龄实验室、常承法、郑锡澜。

（2）珠穆朗玛峰地区科学考察报告，古生物(第一册)，穆恩之、倪惠南、杨敬之、夏凤生、王成源、吴望始、余汶、尹集祥、陈均远、吴永荣、黄宝仁、穆西南、郭双兴等。

（3）珠穆朗玛峰地区科学考察报告，古生物(第二册)，何炎、章炳高、胡兰英、盛金章、钱文元、刘第墉、孙东立、戎嘉余、穆恩之、吴永荣、王成源、王志浩、王玉净、张守信、金玉玕等。

（4）珠穆朗玛峰地区科学考察报告，古生物(第三分册)，文世宣、蓝秀、陈金华、张作铭、陈楚震、顾知微、张守信、梁希洛、王义刚、何国雄、赵金科。

（5）珠穆朗玛峰地区科学考察报告，第四纪地质，赵希涛、郭心东、高福清、施雅风、周昆、陈硕民、叶永英、梁秀龙、徐仁、孔昭宸、孔相君、陶君蓉、杜乃秋、张森水、戴尔俭。

（6）珠穆朗玛峰地区科学考察报告，现代冰川与地貌，谢自楚、苏珍、王宗太、王彦龙、王文颖、曾群柱、寇有观、章申、张青莲、谢自楚、王富葆、施雅风、郑本兴、崔之久、王明业。

（7）珠穆朗玛峰地区科学考察报告，自然地理，张荣组、郑度、胡朝炳、张经炜、姜恕、高以信、费振文、陈鸿昭、许冀泉、杨德源、章申、于维新。

（8）珠穆朗玛峰地区科学考察报告，气象与太阳辐射：

① 珠穆朗玛峰地区气象考察报告，沈志宝、高登义、吕位秀。

② 珠穆朗玛峰地区的太阳辐射，寇有观、曾群柱、谢维荣、谢应钦、童庆禧、鲍世柱、项月琴、林亢章、胡岳风、沈龙翔、周台华。

（9）珠穆朗玛峰地区科学考察报告，生物与高山生理：

① 珠穆朗玛峰地区鸟类和哺乳类区系调查，钱燕文、冯祚建、马来龄。

② 珠穆朗玛峰地区鸟类和哺乳类的研究资料，钱燕文、冯祚建。

③ 珠穆朗玛峰地区鱼类，曹文宣。

④ 珠穆朗玛峰地区藻类，饶钦止、朱惠忠、李尧英。

⑤ 珠穆朗玛峰地区甲壳动物，蒋燮治、陈受忠。

⑥ 珠穆朗玛峰地区轮虫的初步调查，王家辑。

⑦ 珠穆朗玛峰地区的原生动物，王家辑。

⑧ 珠穆朗玛峰地区地衣区系资料，魏江春、陈健斌。

⑨ 珠穆朗玛峰地区真菌的初步研究，陈庆涛。

⑩ 高海拔世居者及低地（世居者）在海拔 5000m 及 1600m 高度上心电图若干项呼吸功能及基础代谢率的比较观察，胡旭初、丁延楷、宋德颂、黄肇荣、冯连锁、周兆年。

"珠穆朗玛峰地区科学考察"成果，获 1978 年全国科学大会奖，1986 年获中国科学院科学技术进步奖特等奖，1987 年获国家自然科学奖一等奖。

参加中国科学院西藏综合科学考察队人员名单

丁延楷　于维新　马正发　马莱龄　孔昭宸　尹集祥　文世宣　方世斌　王义刚　王书永　王文颖
王世元　王再南　王宗太　王金亭　王彦龙　王洪起　王新平　冯连锁　冯祚建　叶有钟　田济马
刘东生　刘炳奎　刘潮海　华海峰　多　吉（藏族）　孙作哲　孙治文　安振昌　汤志福　米德生
何悔之　冷　冰　吴泉源　宋国平　宋德颂　应思淮　张　宏　张永田　张守信　张宏福　张赤君
张明亮　张经炜　张荣祖　张祥松　李龙云　李廷芳　李达周　李宝庆　杨理华　沈志宝　狄福来
肖增岳　邱占祥　陈艺林　陈永胜　陈传友　陈建明　陈炳蔚　周兆年　周季清　周秉贤　郁有清
郎楷永　郑　度　郑本兴　郑锡澜　姜　恕　施同平　施雅风　胡旭初　费振文　赵从福　赵东旭
赵希涛　赵春利　赵傅安　唐伯雄　徐振武　贾铭玉　郭旭东　郭金銮　钱育华　高世忠　高以信
高由禧　高登义　高福清　寇有观　崔之久　常承法　曹文宣　章　申　章炳高　黄文秀　黄绍羲
黄肇荣　童庆禧　谢自楚　谢应钦　谢维荣　路传琳　熊洪德　戴文焕　魏江春

19 紫胶考察队
(紫胶队 1966~1970)

19.1 紫胶队组队的背景

1957年，中苏科学院云南紫胶调查队告一段落，综考会在云南景东建立了紫胶工作站。该站后来由中国科学院昆虫研究所（中国科学院昆明动物研究所前身）管辖，参加这一调查的综考会人员（如张诗财、闫克显、资云桢等）留在站上。

1958年3月，前身为中苏科学院云南紫胶调查队的中国科学院云南生物考察队，更名为中国科学院云南热带生物资源考察队（云南队）。

1959年8月25~27日，云南队在昆明召开会议，听取省农垦局彭名川局长"关于云南紫胶发展计划、任务和具体要求的报告"，讨论了考察的任务、力量组织、工作方法和具体安排。

1959年9月至1960年5月，云南队转为以选择橡胶树宜林地为重点，紫胶仅是特种生物资源考察中的一项内容。

1962年1月27日，国家批准中国科学院西部地区南水北调考察队与云南热带生物资源考察队合并为中国科学院西南地区综合考察队，队长冯仲云，副队长郭敬辉、李文亮、孙新民。紫胶队为西南队五个分队之一，庄承藻任分队长。

1963年9月，全国紫胶工作会议在云南昆明召开。与会代表反映紫胶考察研究跟不上紫胶生产的形势，要求尽快安排紫胶考察，摸清家底。林业部给中央写了报告，中央批示由中国科学院承担。

1964年3月，在紫胶主产区云南思茅召开的云南省紫胶工作会议上，林业部杨子争司长专门安排紫胶考察座谈会，与会代表一致要求加快紫胶考察进度。

1964年4月8日，参加座谈的西南队紫胶分队队长庄承藻提出加快紫胶考察进度的初步设想。

组队规模：25~30人。

考察时间：1964~1970年，每年野外不少于5个月，分3~5月和9~10月两段。

大体安排：1964年收集资料，赴景东紫胶站学习，练兵实习。

1965~1966年，云南紫胶主产区——老产区考察；

1967年，阶段总结；

1968~1969年，云南及四川、贵州紫胶新区考察；

1970年，西南三省全面总结。

这个设想计划，基本得到实施，仅在"文化革命"中受到干扰。

1964年5月，由庄承藻率领，分5个组到紫胶站上课学习和实习。

紫胶虫组：崔士英、周性恒、杨汝林、陈正李；

寄主植物组：黄瑞复、夏定久、余有德、杨世钤、张沛光；

适生条件组：凌锡求、赵维城、张谊光、卫林、宋多魁；

资源经济组：邹其陶、陈沛；

行政管理组：梁荣彪、陈才金。

学习实践结束后，上半年完成了把边江流域紫胶适生范围及发展潜力的考察。下半年转往西双版纳州景洪县，进行攸乐山地区（基诺洛克族）紫胶适生范围及发展潜力的考察研究。

1965年上半年，进行紫胶主产区——老产区考察，在当地林业部门紫胶工作干部的配合下，3~5人一组，完成了澜沧江以东的景谷、镇沅、墨江、普洱、思茅、江城等县的考察。

紫胶生产适应季风气候冬、夏各半年特点，一年发生冬、夏两个世代，冬代以保种为主，夏代扩大生产。紫胶生产作为滇西南地区农业生产一项传统的副业，投资少、见效快、收益大，但产胶量总是高低振荡。考察认为，除了气候原因外，种胶放养不规范、对寄主树利用不保护、不培育是重要原因。考察中总结胶农这些方面的经验，写成两三页纸的小文章，以"简报"形式油印或铅印发回胶农手中，他们称之为"毛毛雨""及时雨"，得到了肯定。

1965年下半年，综考会党委派王福海负责紫胶分队，林业部亦派梁泰然工程师到紫胶分队，与其他考察队员一起完成了临沧、保山两专区耿马、沧源、永德、镇康、昌宁、施甸、龙陵等县的考察任务。昌宁、施甸的枯柯河流域是云南紫胶的老产区，明朝时徐霞客到此考察就见到了紫胶，并在群众生活中有运用紫胶入药治病的记载。

19.2 考察计划的实施

1966年上半年，紫胶分队提前出队。对保山专区龙陵及德宏地区潞西、瑞丽等县的紫胶生产社、队和国营紫胶林场进行考察。考察即将结束时，6月下旬收到西南队的电报："急回成都参加文化革命"。紫胶分队考察中止，协作人员回原单位。

1966年9月，综考会派杨绪山率紫胶队赴云南玉溪、红河地区考察。由于当地武斗严重，未能完成任务。

1968年在"抓革命，促生产"的形势推动下，林业部军管会生产指挥组要求综考会继续紫胶考察研究工作。明确要求出队前将紫胶分队的"滇西南紫胶考察简报"汇编成册，他们出钱印发到紫胶产区农民手中。先印5000册，后又加印5000册，受到农民的热烈欢迎。

林业部敦促综考会进行紫胶考察，紫胶队要求部里派军宣队和工宣队加强领导。部里说已和地方沟通，军宣队和工宣队由当地人武部和昆明紫胶厂解决。

1968年国庆节前，综考会紫胶队部分人员到达昆明紫胶厂，一面摸索斗批改经验，一面接受工人阶级再教育。

1969年，综考会戴文焕率领的紫胶队一部分人开展云南红河、文山、个旧等州、市的考察，基本由县人武部带领。一部分人由工宣队率领，在石屏县大桥公社建立小型紫胶土法加工厂，为解决国家收购的大量原胶积压、结块、变质闯出了一条新路，被评为云南省工交战线的一面红旗。

1970年，在石屏县大桥公社过完革命化的春节后，综考会紫胶队从湖北"五七干校"抽调人员，兵分三路开展考察研究。一路由陈才金和昆明紫胶厂两位工宣队师傅带领，前往思茅专区普洱县和临沧专区云县建立小型紫胶土法加工厂，并继续开展提高紫胶产品质量的试验研究。一路由戴文焕和张天光负责，各带领10余人，完成云南文山州、怒江州有关县紫胶考察后，便直奔黔南罗甸、望谟、兴义和川西南金沙江河谷及雷波、犍为等地，进行紫胶适生范围考察。黔、川考察任务完成后，向两省主管部门进行了汇报。另一路留守昆明，由黄瑞复主持，请吴征镒、徐永椿（云南林学院）教授鉴定寄主植物标本。

19.3 主 要 成 果

三路人马于1970年7月集中到昆明安宁宾馆，由综考会革命委员会副主任李友林主持西南三省紫胶考察总结，编写了"云南省紫胶考察报告""四川省紫胶考察报告""贵州兴义地区紫胶考察简要报告"和"西南三省紫胶考察报告"。

由黄瑞复、张谊光、张福仙（中国林业科学景东紫胶研究所）编写的《紫胶虫的寄主植物》一书，1972年由农业出版社出版。

参加紫胶考察队人员名单

卫 林　朱正全　张天光　张沛光　张诗财　张映祝　张谊光　张福仙　李友林　李文亮　李立贤
李作模　李明森　李继由　杨世铃　杨汝林　杨星池　杨绪山　杨德润　沈玉全　邹其陶　陈才金
陈正李　陈 沛　陈振杰　周性恒　季洪德　林钧枢　欧炳荣　武振兴　柳金材　洪广基　赵重典
赵维城　钟烈元　凌锡求　夏文孝　夏定久　资云桢　高兆杉　崔士英　曹光卓　梁春美　梁荣彪
梁泰然　黄瑞复　傅鸿仪　韩裕丰　蒲富基　赖世登　廖定熹　蔡希陶

20 中国科学院青藏高原（西藏）综合科学考察队（青藏队 1973～1980）

20.1 立项过程与主要研究项目

青藏高原约占全国陆地面积的1/4，由于新近纪以来地壳的强烈上升运动，成为世界上海拔最高、最年青的高原，对高原本身及其毗邻地区自然环境的发展和人类活动产生巨大影响。高原自然条件独特，自然资源蕴藏丰富，同时又处于我国西南边疆。因此，对高原进行科学考察研究，不仅对地学、生物学等许多学科的发展具有重要意义，而且也是高原经济建设和国防建设所必需的。对于青藏高原的调查研究，一直为国际上所瞩目。19世纪末到新中国成立前陆续有一些外国人潜入西藏地区进行调查，而新中国成立前我国对青藏高原基本上没有进行过科学考察工作。新中国成立后，中央政府十分重视对青藏高原的科学考察。1951中央文教委员会组织科学工作者对西藏中、东部地区进行了路线调查。其后，在1956～1967年、1963～1972年两次国家科学技术发展规划中，都将青藏高原列为国家重点科学技术发展项目。中国科学院和中央有关部门先后组织了多次考察，特别是1966～1968年对珠穆朗玛峰地区进行了比较系统的调查研究。为加强基础研究，中国科学院1966～1968年在对珠穆朗玛峰地区进行综合科学考察的基础上，1972年10月24～29日在兰州召开"珠穆朗玛峰地区科学考察学术报告会"，其间专门讨论制定了《中国科学院青藏高原1973～1980年综合科学考察规划（草案）》，并于1973年正式转发有关单位执行。

为落实《中国科学院青藏高原1973～1980年综合科学考察规划》（以下简称《规划》），1973年中国科学院成立了以冷冰为队长，孙鸿烈、王振寰为副队长的中国科学院青藏高原综合科学考察队（简称青藏队）。青藏队由中国科学院地理研究所党委领导，1975年后由中国科学院自然资源综合考察组领导。1974年冷冰因身体原因辞去队长职务后何希吾任队长，后因工作需要又任命郑度、周宝阁（1975）、刘玉凯（1976）为副队长，业务秘书温景春。依据《规划》的要求，考察研究的中心问题是：阐明青藏高原地质发展历史及上升原因，分析高原隆起后对自然环境和人类活动影响，研究自然条件与资源的特点及其利用改造的方向和途径。《规划》要求青藏队围绕这一中心任务于1973～1976年对青藏高原地区进行有重点、比较系统的考察，积累基本科学资料，系统地总结并探讨若干基础理论问题。结合当地高原经济建设的需要，对自然资源的开发利用和自然灾害防治提出科学依据。

1. 主要研究项目

依据《规划》要求，青藏队主要研究项目为：

第一，青藏高原地球物理场的研究及其对高原地壳深部的探讨。主持单位：中国科学院地球物理研究所；参加单位：中国科学院地质研究所、国家地震局昆明地震大队等。研究内容：

（1）青藏高原近代地磁场；

（2）青藏高原古代地磁场；

（3）青藏高原重力场；

（4）青藏高原深部物质导电率；

（5）青藏高原地震的震源深度和震源机制。

第二，青藏高原地壳结构特征和发展历史及其地矿产形成的关系。主持单位：中国科学院地质研究所。研究内容：

（1）青藏高原地质构造特征；

（2）青藏高原近期地壳变动和第四纪地质特征；

（3）青藏高原地质特征和矿产形成的关系。

其中：

岩石学方面，主持单位：中国科学院地质研究所，参加单位：中国科学院贵阳地球化学研究、地理研究所、西藏地质局；

地层古生物方面，主持单位：中国科学院南京地质古生物研究所，参加单位：中国科学院地质所、地理所、古脊椎动物与古人类研究所、植物所、西藏地质局；

构造地质方面，主持单位：中国科学院地质所，参加单位：中国科学院地理所、西藏地质局；

第四纪地质方面，主持单位：中国科学院贵阳地球化学所，参加单位：中国科学院兰州冰川冻土所、地理所、古脊椎动物与古人类所、植物所；

同位素地质方面，主持单位：中国科学院地球化学所，参加单位：中国科学院地质所；

盐湖方面，主持单位：中国科学院青海盐湖所，参加单位：地质科学院、中国科学院地理所。

第三，青藏高原对天气和气候的影响。主持单位：中国科学院兰州高原大气物理研究所。研究内容：

（1）青藏高原地区气候形成，主持单位：中国科学院兰州高原大气物理所，参加单位：中国科学院地理所、兰州冰川冻土所、中央气象局、南京大学、北京大学；

（2）青藏高原对大气环流和天气系统，主持单位：同（1），参加单位：中国科学院大气物理所、中央气象局、北京大学；

（3）建立包括青藏高原影响的数值预报模式，主持单位：中国科学院大气物理所，参加单位：中央气象局、中国科学院兰州高原大气物理所；

（4）大气外太阳辐射能谱分布和太阳常数的测定，主持单位：中国科学院北京天文台，参加单位：中国科学院地理所。

第四，青藏高原的冰川、积雪、冻土、泥石流，主持单位：中国科学院兰州冰川冻土所。研究内容：

（1）青藏高原冰川、积雪的分布、形成和变化，主持单位：中国科学院兰州冰川冻土所，参加单位：兰州大学、南京大学、北京大学；

（2）青藏高原冻土的分布、成因和发展趋势，主持单位：同（1）；

（3）青藏高原边缘山区泥石流的分布、发生规律及特征，主持单位：同（1），参加单位：四川地理所、兰州大学、北京大学；

（4）利用地面立体摄影测量方法测制若干特殊地区大比例尺科学研究用图，主持单位同（1）。

第五，青藏高原自然地带与动植物区系的形成及生物资源的利用研究。主持单位：中国科学院地理所。其中动植物区系的特征、形成和演化由中国科学院植物所主持。研究内容：

（1）自然条件类型的特征、形成及自然分带和区划，主持单位：中国科学院地理所，参加单位：中国科学院植物所、南京土壤所、北京大学；

（2）动植物区系特征、形成和演化规律，主持单位：中国科学院植物所，参加单位：中国科学院动物所、微生物所、湖北省水生生物研究所、云南省植物研究所、青海省生物研究所。

第六，青藏高原农林牧业资源与水利资源及其合理开发利用的研究。主持单位：中国科学院地理研究所。研究内容：

（1）宜农荒地、草场与森林资源的考察，主持单位：中国科学院地理所，参加单位：中国科学院植物所、南京土壤所、青海生物所、北京林学院；

（2）水利资源的考察研究，主持单位：中国科学院地理所；

（3）主要农作物、家畜与森林生态地理，主持单位：中国科学院地理所；

（4）青藏高原农林牧生产地域类型与农林牧合理布局，主持单位：中国科学院地理所。

第七，人类高山生理研究。主持单位：中国科学院上海生理研究所。研究内容：

（1）低地居民短期及长期适应高海拔自然条件的能力；

（2）高原居民及低地居民在三个 500m 至 5000m 海拔适应性的比较研究；

（3）5000m 以上海拔高度人类短期居留及登山活动对若干生理表现的观察。

第八，青藏高原地图集与工作底图的编制。主持单位：中国科学院地理研究所。

2. 考察研究进度

1973 年考察波密、察隅地区；

1974～1975 年完成拉萨、日喀则、山南地区考察；

1976 年完成昌都、那曲、阿里地区考察；

1977～1979 年进行室内总结。

20.2 队伍组织与考察计划实施

1. 1973 年队伍组织与任务

青藏队依据"规划"要求，1973 年 4 月 2～4 日，在北京朝阳区大屯路 917 大楼召开计划会议，讨论制定了 1973 年考察计划。依据规划要求和计划，考察队组织来自中国科学院地理研究所、地质研究所、植物研究所、动物研究所、微生物研究所、南京地质古生物研究所、南京土壤研究所、武汉水生生物研究所、昆明植物研究所、贵阳地球化学研究所、兰州冰川冻土研究所、南京大学、兰州大学、云南林业科学院、西藏地质局第一、第二和综合地质大队、西藏农科所、西藏水利调查队、人民画报社、上海科教电影制片厂等 22 个单位，包括地质构造、地层、古生物、地貌、第四纪、冰川、自然地理、土壤、植被、动物、植物、水文、水利、农业、林业、菌类、摄影等 22 个专业的 75 名科技工作者，成立 5 个专业组和 1 个车队：

（1）地质地貌组：组长王连城，副组长李炳元；

（2）自然地理组：组长郑度，副组长张经炜；

（3）冰川组：组长李以海；

（4）农业组：组长刘厚培；

（5）水利组：组长何希吾；

车队队长：唐天贵，副队长杨主权。

青藏队于 1973 年 5 月 24 日在成都集中，由川藏线进藏，5～9 月围绕 8 个课题、21 个专题开展考察研究：

1）波密-察隅地区地质构造特征以及矿产形成关系的研究

（1）地层发育特征，负责人：王连城、章炳高，参加人：尹集祥、蒋忠惕、温景春；

（2）岩浆活动特征，负责人：张兆忠、张玉泉，参加人：林学农、邓万明、阮桂甫、李重斌；

（3）变质作用与混合岩化，负责人：郑锡澜、张兆忠；

（4）地质构造特征，负责人：郑锡澜、刘玉榕、丹诺。

2）冰川积雪的分布、形成及变化研究

负责人：李以海、李吉均，参加人：张祥松、王富葆、张林源。

（1）藏东南海洋性冰川的发育条件及其基本特征；

（2）冰期和间冰期的划分及有关第四纪地质问题；

（3）冰川冰缘地貌特征；

（4）冰雪灾害及群灾防治经验。

3）波密-察隅地区自然地理条件特征、形成和自然分带及其与农林牧业发展关系的研究

（1）自然地带、自然类型及其农业利用方向，负责人：郑度、张经炜、高以信，参加人：孙鸿烈、李明森、杨逸畴、李炳元、倪志诚、冯祚建、江智华、曹文宣、李文华、韩裕丰、武素功；
（2）地貌类型特征，负责人：杨逸畴、李炳元；
（3）植被类型特征及分布，负责人：张经炜；
（4）土壤类型特征及分布规律，负责人：高以信，参加人：李明森、孙鸿烈。

4）波密-察隅地区动植物区系的组成、特征、分布规律和生物资源利用的方向

（1）植物区系组成、特征与资源植被种类、分布，负责人：倪志诚、武素功；
（2）兽类区系组成、特征、经济动物种类分布，负责人：冯祚建、江智华；
（3）昆虫区系组成特征及适应性和主要益、害虫的种类调查，负责人：黄复生；
（4）水生生物组成、特征与经济鱼类的种类、分布，负责人：曹文宣。

5）波密-察隅地区主要农作物的适应性、生产特点和生态地理分布规律

负责人：刘厚培，参加人：巴桑次仁。

6）波密-察隅地区森林资源分布规律及其利用研究

负责人：李文华、韩裕丰。
（1）主要森林类型及分布规律；
（2）暗针叶林结构及采伐更新方式研究；
（3）主要经济林的分布及发展方向研究。

7）波密-察隅地区水利水能资源及其开发利用条件

（1）察隅河、帕隆藏布水利水能资源及其开发利用条件的研究，负责人：陈传友、吴凯、何希吾；参加人：张天兴、强巴；
（2）波密地区水文地理，负责人：吴凯、鲍世恒、陈传友、何希吾；
（3）雅鲁藏布江东段（则拉以东）水文特征与水利水能资源开发利用条件研究，负责人：何希吾、郑锡澜，参加人：章铭陶、鲍世恒、关志华、杨逸畴；
（4）雅鲁藏布江东段地热资源特征及分布，负责人：章铭陶。

8）宜农荒地分布及开发利用条件

负责人：李明森，参加人：高以信、孙鸿烈。
5 个专业组完成了对西藏自治区东南部的察隅和波密 4.6 万 km² 地区的综合科学考察。同时 9～12 月由何希吾、郑锡澜、章铭陶、关志华、杨逸畴、鲍世恒、马正发、赵尚元等组成的干流组，考察了雅鲁藏布江大峡谷希让—扎曲段。

2. 1974 年队伍组织与任务

青藏队 1974 年在 1973 年考察工作的基础上，按"规划"要求考察队新增加了中国科学院遗传研究所、中国农业科学院草原研究所和兰州兽医研究所、北京林业科学研究所、江苏农学院、新疆八一农学院、武汉地质学院、西藏林调队等单位，人员由 75 人增加到 134 人，专业达到 33 个。下设 9 个专业组：
（1）地质组：组长王连城，副组长章炳高；
（2）地貌和第四纪组：组长李炳元，副组长杨逸畴；
（3）地热组：组长朱立，副组长章铭陶；

（4）冰川组：组长李吉均；

（5）农业组：组长路季梅，副组长倪祖彬；

（6）林业组：组长李文华，副组长陈彩珍；

（7）畜牧草场组：组长黄文秀，副组长刘奉贤；

（8）水利：组长张有实，副组长关志华；

（9）自然地理与生物组：组长郑度，副组长张经炜；

（10）电影组：组长李文秀，副组长殷培龙。

队部设：

（1）业务组：组长温景春；

（2）行政组：组长冯治平；

（3）车队：队长唐天贵，副队长杨主权。

青藏队1974年5月30日至6月8日在成都集中交流1973年考察成果，制定1974年考察计划，于6月9日离开成都沿川藏线进藏。后因通麦大塌方，科考人员被截堵在波密和通麦。历经27天行程2425km，于7月7日到达拉萨后，9个专业组围绕12个课题38个专题，对山南地区和拉萨市、日喀则部分地区开展考察研究。

1）山南地区地质构造特征及其与矿产的关系

（1）山南地区地层与沉积特征以及有关矿产的调查，负责人：王义刚，参加人：王玉净、蒋忠惕、王连城、吴浩若、王东安、耿国仓、温景春；

（2）山南地区及雅鲁藏布江大拐弯地段构造特征，负责人：常承法，参加人：潘裕生、刘玉榕；

（3）拉萨山南地区岩浆、变质作用与地质构造的关系，负责人：陈福明，参加人：林学农、邓万明、周云生、阮桂甫；

（4）拉萨山南地区变质时代及岩浆活动时代的确定，负责人：许荣华、张玉泉；

（5）东喜马拉雅新造山期的古地磁学，负责人：刘椿，参加人：林金录。

2）山南地区地貌与第四纪地质

负责人：李炳元、杨逸畴，参加人：王富葆、周忠民、李水淇。

3）雅鲁藏布江流域（中段）温泉的分布规律及化学特征

负责人：朱立、章铭陶，参加人：许绍卓、王新华、吴龙林、宋鸿林、肖树棠。

4）冰川积雪的分布及变化规律

（1）青藏高原东南部海洋性冰川和大陆性冰川的分布界限问题，负责人：李吉均、蒲秀棠；

（2）羊卓雍湖冰川水文研究，负责人：杨锡金；

（3）玉木冰期以来冰川进退的相对和绝对年代研究，负责人：牟昀智；

（4）亚东冰川泥石流调查，负责人：李吉均、浦秀棠、杨锡金、牟昀智。

5）雅鲁藏布江中游及铁路沿线地区天气特征和某些大气物理现象及近代气候变迁规律

（1）大气气候特征调查，负责人：姚兰昌，参加人：袁福茂、葛正模；

（2）大气物理现象的调查，负责人：葛正模，参加人：姚兰昌、袁福茂；

（3）青藏高原气候变迁，负责人：林振耀、吴祥定。

6）山南、拉萨自然条件

（1）自然分带、自然类型及其与农业利用方向，负责人：郑度；

（2）植被类型特征及分布规律，负责人：张经炜，参加人：陈伟烈、张新时；

（3）土壤类型特征及分布规律，负责人：高以信，参加人：李明森、刘良吾、孙鸿烈；

（4）宜农荒地分布及其开发利用，负责人：李明森，参加人：孙鸿烈、高以信、刘良吾。

7）山南、拉萨地区动植物区系

（1）植物区系组成特征及资源植物种类，负责人：倪志诚、武素功，参加人：郎楷永、何关福；

（2）动物区系及资源动物调查，负责人：冯祚建，参加人：曹文宣、江智华；

（3）真菌地衣种类分布，负责人：宗毓臣；

（4）水生生物区系组成，负责人：曹文宣、陈嘉佑；

（5）昆虫区系组成特征及适应性，负责人：黄复生、李铁生。

8）雅鲁藏布江中游地区农业发展方向与途径

（1）农业生产地域类型及其发展方向，负责人：倪祖彬，参加人：龚汉鸿、卢跃增；

（2）作物发展中的主要问题，负责人：路季梅，参加人：龚汉鸿、袁福茂、巴桑次仁、倪祖彬；

（3）麦类作物品种类型起源和变异的研究及其在生产上的应用，负责人：邵启全，参加人：巴桑次仁、路季梅。

9）东喜马拉雅的森林资源及其合理经营利用

负责人：李文华、陈彩珍，参加人：韩裕丰、方学渊、尹炳高、姚培智、扎西欧珠、多布吉、左洛、桑吉。

（1）东喜马拉雅森林的主要类型及其分布规律的研究；

（2）调查地区的森林资源估测；

（3）暗针叶林的采伐更新效果的分析；

（4）西藏茶叶引种范围及栽培技术的调查；

（5）主要树种的生态学特征。

10）山南、拉萨地区草场资源及其与畜牧业发展的关系

（1）天然草场资源调查，负责人：刘奉贤、董维惠，参加人：邓立友、张文棠、王炳奎、小次多；

（2）畜牧业差异性调查研究，负责人：黄文秀，参加人：扎鲁达、孟有达、蔡全林、李圣俞、江白；

（3）家畜育种的研究，负责人：黄文秀；

（4）考察地区畜牧业发展方向的探讨，负责人：黄文秀、刘奉贤。

11）雅鲁藏布江流域水文地理及水利水能资源开发利用条件

（1）雅鲁藏布江桑日—帕隆藏布汇合处及年楚河、山南地区水文地理特征，负责人：鲍世恒、蒋平、刘江；

（2）雅鲁藏布江桑日—帕隆藏布会口水利资源开发利用条件的研究，负责人：关志华、章铭陶，参加人：鲍世恒、杨逸畴、肖树棠；

（3）亚东冰川湖考察，负责人：关志华、鲍世恒；

（4）年楚河水利水能资源的合理开发利用，负责人：张有实、陈传友，参加人：张天华、肖安华、张天兴、强巴、蒋平、刘江；

（5）山南地区农业灌溉问题研究，负责人：（同（4））。

12）青藏高原自然地图设计实验

负责人：吕人伟、李水淇。

青藏队于 1974 年 7~9 月完成了对山南地区 7.9 万 km² 、拉萨市和日喀则部分地区考察。自然地理、土壤、植被、动物、植物专业还对墨脱进行了考察。同时干流组考察了雅鲁藏布江下游派—白马狗熊段。

3. 两年野外考察工作总结

为了总结两年的野外考察工作经验,中国科学院 1974 年 12 月 18~23 日在保定召开了"青藏高原科学考察工作会议"。参加考察工作的 27 个协作单位主管业务的负责人与考察队专题组长,中国科学院和院一局领导邓淑惠、过兴先及西藏自治区科委邓福卿和西藏地质局副局长刘少达等共 64 人出席了会议。会议听取了青藏队的工作汇报和中国科学院地质研究所组织考察工作经验介绍。会上认真总结了两年考察工作经验,强调考察工作要进一步加强自然资源的调查,有重点地深入研究国民经济建设的一些重要问题,如农林牧业综合发展的方向与途径,水利、地热资源的开发利用,主要交通沿线的泥石流调查与防治等。并指出,考察工作要加快速度,在二年、三年内自然条件、农、林、牧、水、地热等方面应完成西藏自治区所属 5 个地区(市)的考察;地质、地貌、第四纪、地理、生物、冰川等方面继续完成喜马拉雅地区的考察等。同时,配合珠穆朗玛峰登山活动,进行地质、大气物理、高山生理方面的补充调查。对于理论上已经抓到一些新苗头,要组织力量尽快突破。对于进度较慢的课题,要认真总结经验,加强力量,迎头赶上。会议经过讨论,建议增补下列单位分别主持以下课题:

地貌第四纪地质,由中国科学院地理研究所主持;泥石流,由成都地理研究所主持;动物,由动物研究所主持;农业,由江苏农学院主持;林业,由云南林学院主持;草场,由中国农业科学院草原研究所主持;农林牧水各专题,由中国科学院自然资源综合考察组主持。会后中国科学院 1975 年 2 月 6 日以(75)科发一字 054 号文转发了"中国科学院青藏考察工作会议纪要"。"纪要"指出,"青藏考察工作要在西藏自治区党委领导下尽量争取地方科技人员参加,虚心向他们学习,并注意培养兄弟民族技术干部;科学考察尽量结合工农业生产和国防建设的需要,努力完成当地提出的任务,为地方多做工作"。

4. 1975 年队伍组织与任务

本着"规划"总要求和"纪要"的精神,1975 年加大了农林牧、地热、泥石流等方面的科技力量,新增加了中国科学院自然资源综合考察组、地球物理研究所、古脊椎动物与古人类研究所、成都地理研究所、南京地理研究所、北京大学、南京农学院、内蒙古农牧学院、甘肃农业大学等单位,人员由 134 人增加到 250 人,专业由 33 个增加到 40 个。下设 15 个课题组:

(1) 地球物理组:组长王少舟,副组长项永仁、姚振兴;
(2) 地质组:组长周宝阁,副组长王连城、陈福明、章炳高;
(3) 地貌与第四纪组:组长李炳元,副组长杨逸畴;
(4) 泥石流与滑坡组:组长方光迪,副组长卢鑫栖、张家仪;
(5) 冰川组:组长李吉均;
(6) 古脊椎动物与古人类组:组长刘振声,副组长黄万波、赵萍;
(7) 自然地理与生物组:组长郑度,副组长石华、倪志诚、陈书坤;
(8) 动物组:组长黄复生,副组长冯祚建;
(9) 林业组:组长李文华,副组长陈彩珍;
(10) 农业组:组长路季梅,副组长徐雍皋;
(11) 水利组:组长张有实,副组长陈传友、关志华;
(12) 畜牧组:组长黄文秀,副组长孟有达;
(13) 草场组:组长刘奉贤,副组长倪祖彬;
(14) 地热组:组长佟伟,副组长章铭陶;
(15) 摄影组:组长李文秀,副组长殷培龙。

队部设：

业务组：组长温景春；

政工组：组长刘玉凯，副组长范增林；

行政组：组长赵东升，副组长冯治平；

车队：队长唐天贵，副队长杨主权、唐仁才。

青藏队 15 个专业组于 1975 年 4 月 18 日在成都集中，交流 1973～1974 年的考察成果，制定 1975 年考察计划，5～9 月围绕 14 个课题 63 个专题对藏南地区开展考察研究。

1) 青藏高原地球物理场分布、特点及地壳深部结构

(1) 青藏高原地震活动性及应力场，负责人：姚振兴、杨秉平；

(2) 青藏高原地壳深部结构，负责人：张立敏，束沛一；

(3) 青藏高原动力场及变化，负责人：刘仲湛、杨玉春、周文虎；

(4) 青藏高原古地磁场及变化，负责人：魏青云、王瑞、赵仲之；

(5) 青藏高原大地电磁测深，负责人：陈光明。

2) 藏南地区地质特征、地质发展历史及其与矿产形成的关系

(1) 日喀则中西部地区地质特征，负责人：地质组全体人员；

(2) 朗县—工布江达路线地质调查，负责人：周宝阁、周云生、张玉泉；

(3) 沿雅鲁藏布江超基性带补充点及拉萨地区沿江一带酸性岩的特征及含矿性，负责人：陈福明、梅厚均、金成伟、张旗、向德中；

(4) 羊八井及林周、安多一带火山岩的特征，负责人：金成伟、张旗；

(5) 拉萨地区地层的划分、沉积岩特点及含煤性调查，负责人：陈楚震、王玉净、王连城、蒋忠惕、耿国仓；

(6) 雅鲁藏布江昂仁以东地层、沉积岩时代、特征及含矿性，负责人：吴浩若，参加人：王东安、潘裕生、朱家楠、章炳高、孙东立。

3) 西藏中部地区古脊椎动物与古人类研究

(1) 新生代地层的划分与对比，负责人：刘振声、黄万波，参加人：计宏祥、郑绍华、徐钦琦、陈万勇；

(2) 第三纪(古近纪与新近纪)与第四纪的分界，负责人：(同(1))。

4) 藏南地区地貌与第四纪地质类型、特征、发展历史及其与工农业生产的关系

(1) 地貌类型、特征、发育历史及地貌区划，负责人：杨逸畴，参加人：尹泽生、李炳元、张青松、王富葆、李水淇；

(2) 第四纪地质特征、发育历史与有关矿产的调查，负责人：王富葆、李炳元，参加人：张青松、杨逸畴、尹泽生；

5) 雅鲁藏布江流域和羊八井地区地热资源考察

(1) 拉萨市羊八井热田和邻近地区地热资源的初步评价，负责人：佟伟，参加人：张知非、廖志杰、刘时彬、王尚民、王风桐；

(2) 雅鲁藏布江中上游地热资源考察，负责人：佟伟、章铭陶，参加人：姜长义、戴绍南、吕金财。

6) 藏南地区自然地理条件和自然区划研究

(1) 藏南地区自然地理条件类型及综合自然区划，负责人：郑度、杨勤业；

（2）藏南地区植被分布规律与植被区划，负责人：张经炜，参加人：王金亭、王绍庆、李渤生、张新时；

（3）藏南地区土壤的形成及分布规律与土壤区划，负责人：石华，参加人：陈鸿昭、杨裕丰、杨艳生、孙鸿烈、李渤生、姚宗虞；

（4）地貌类型特征及地貌区划，负责人：李炳元、杨逸畴；

（5）藏南重点地区宜农荒地资源及其开发利用评价，负责人：石华、陈鸿昭、杨裕丰、杨艳生、姚宗虞、孙鸿烈、李明森；

（6）农业气候类型与农业气候资源评价，负责人：蒋世逵、李继由；

（7）水文地理特征与水汽区划，负责人：鲍世恒、陈传友；

（8）西藏高原历史时期的气候变迁，负责人：吴祥定、林振耀；

（9）川藏公路、中泥公路、青藏公路南段泥石流调查及防治，负责人：方光迪、周忠文、马铭留；

（10）隆子县滑坡问题调查，负责人：卢螽栖；

（11）卫星像片和航空像片的判读与西藏地区 1∶100 万地图编制，负责人：李水淇、王云鹏。

7）藏东南冰川、积雪分布、形成及变化的研究

（1）羊卓雍湖冰川水文及冰川动态，负责人：杨锡金、牟昀智；

（2）西藏东南部海洋性冰川与大陆性冰川界限问题，负责人：李吉均，参加人：单永翔、张文敬、唐领余；

（3）西藏东南部第四纪冰川演变历史及现代冰川的变化，负责人：郑本兴、牟昀智、李吉均。

8）青藏高原动植物区系组成、特征、演化规律和生物资源研究

（1）植物区系特征、形成及其演化规律，负责人：吴征镒、陈书坤，参加人：武素功、倪志诚、郎楷永、臧穆、杨永昌、黄荣福；

（2）野生资源植物的种类及其利用，负责人：吴征镒，参加人：武素功、倪志诚、郎楷永、臧穆、杨永昌、黄荣福；

（3）真菌区系的调查，负责人：宗毓臣；

（4）动物区系及有关资源动物的调查，负责人：黄复生、冯祚建、江智华、梁军、张学忠、陈嘉佑、陈宜瑜。

9）藏南农作物生产特点、发展方向与增产途径

（1）不同类型地区作物生产的特点、发展方向与增产途径，负责人：路季梅，参加人：阎学礼、俞炳杲、徐雍皋、陈新和、蒋世逵、李继由、李长森、卢跃增、倪志诚、武素功、杨裕丰、杨艳生；

（2）冬小麦、冬青稞生产发展问题，负责人：路季梅，参加人：阎学礼、俞炳杲、徐雍皋、陈新和、蒋世逵、李继由、李长森、卢增增、倪志诚、武素功、杨裕丰、杨艳生；

（3）高寒农区（海拔 4100m 以上农区）作物生产特点，负责人：路季梅，参加人：阎学礼、俞炳杲、徐雍皋、陈新和、蒋世逵、李继由、李长森、卢跃增、倪志诚、武素功、杨裕丰、杨艳生；

（4）青稞、小麦品种资源的调查，负责人：邵启全、李长森；

（5）冬作物的主要病害及其防治，负责人：徐雍皋、王克荣、陈新和；

（6）西藏高原农作物高产原因的初步探讨，负责人：俞炳杲、阎学礼、路季梅、王克荣、李继由、杨裕丰、杨艳生。

10）藏南宜林地的实地条件类型及其喜马拉雅森林资源合理利用问题

负责人：李文华、陈彩珍，参加人：韩裕丰、方学渊、尹炳高、姚培智、扎西欧珠、左洛、桑吉。

（1）西藏南部地区实地条件类型和造林类型；

（2）东喜马拉雅的森林资源特点及采伐更新方式；

（3）茶树及主要经济林木分布区的调查；

（4）西藏南部森林病害的调查，负责人：谌谟美、黄复生。

11）西藏中部畜牧业的发展方向和家畜生态地理

负责人：黄文秀，参加人：孟有达、扎鲁达、李圣俞、江白。

（1）西藏中部绵羊业的发展方向与分区；

（2）畜牧业地域类型划分；

（3）家畜品种资源特征；

（4）家畜育种研究。

12）藏南地区草场资源、合理利用、建设等问题研究

负责人：刘奉贤，参加人：邓立友、包纯志、张经炜、牟新待、扎桑、索多、王炳奎、次多。

（1）草场资源评价；

（2）草场资源的利用与建设。

13）雅鲁藏布江流域水文地理及水利水能资源开发利用条件研究

（1）雅鲁藏布江加日尼桑日峡谷段、雅鲁藏布江日喀则以西上游河段水文地理特征，负责人：关志华、鲍世恒；

（2）雅鲁藏布江加查、托峡谷段、日喀则以西的雅鲁藏布江上游河段水利水能资源及其开发利用条件，负责人：关志华、鲍世恒、俎玉亭、邹民清、刘图贵；

（3）拉喀藏布水利资源合理开发利用及防洪治河，负责人：同（（2））；

（4）尼洋河水利资源及其开发利用条件，负责人：张有实、陈传友；

（5）拉萨河防洪排灌问题的调查，负责人：张有实、陈传友；

（6）雅鲁藏布江水问题，负责人：张有实、陈传友；

（7）朋曲河初步勘查，负责人：张有实、陈传友。

14）藏南地区不同类型地区农业发展方向与增产途径研究

负责人：程鸿、倪祖彬、陈斗仁。

（1）不同类型地区的自然条件的农业评价；

（2）主要农业资源的调查与开发利用评价；

（3）拉萨、日喀则地区农业生产地域类型的调查；

（4）不同类型地区农业发展方向与增产途径；

（5）不同类型地区农业发展的典型调查。

1975 年完成了对日喀则地区 17.7 万 km² 和拉萨市约 3 万 km² 的考察任务。

5. 1976 年队伍组织与任务

1976 年是青藏高原综合科学考察最关键的一年，按《规划》和"纪要"的精神，青藏队在加强组织领导和后勤保障工作的同时，组织了雄厚的科研力量，新增加了中国科学院南京地理研究所、长春地理研究所、青海盐湖研究所、甘肃农业大学等单位，人员由 1975 年的 250 人新增加到 330 人，专业达到 50 个，分成地球物理组、地质组、地貌第四纪组、古脊椎动物组、地热组、地图组、冰川组、泥石流滑坡组、植物组、动物组、农业组、林业组、畜牧组、草场组、水利、农经组、摄影 17 个专业组。组成昌都、那曲、藏北、阿里、地球物理 5 个分队：

地球物理分队：队长项永仁，副队长滕吉文、王少舟、姚振兴；

阿里分队：队长孙鸿烈，副队长周宝阁、王金亭；

昌都分队：队长刘玉凯，副队长蒋世逵、冯治平；

藏北分队：队长王振寰，副队长李炳元、张经炜；

那曲分队：队长翟贵宏，副队长佟伟、袁朴。

青藏队 1976 年 4 月 17～26 日在成都集中交流 1975 年考察成果，讨论制定 1976 年考察计划和各分队行动计划。

青藏队各分队围绕青藏高原隆起原因、地质发展历史与成矿的关系，青藏高原自然条件特点、青藏高原农业资源及农林牧业综合发展方向和途径，开展了 13 个课题 46 个专题的考察研究：

1）青藏高原隆起原因、地质发展历史与成矿的关系

（1）地球物理场分布特征和地壳深部结构、高原隆起原因与地震的关系。

① 青藏高原地区的磁力场特征和地壳厚度、探讨高原地区隆起的原因，负责人：周文虎；

② 青藏高原地区古地磁场特征、推移轨迹与断块运移和高原隆起的关系，负责人：朱志文；

③ 青藏高原地区的地震活动特征和平均应力场的分布，探讨印度板块和欧亚断块运动的关系，负责人：杨秉平；

④ 利用远震雷达和勒普面波的相关速度和群速度，研究青藏高原地区的地壳厚度、探讨高原隆起的原因，负责人：姚振兴；

⑤ 利用青藏高原地区地壳和上地幔电磁学性质和雅鲁藏布江两侧的深部介质的电位差异，探讨断块运动与高原隆起的原因，负责人：陈光明；

⑥ 利用人工地震研究青藏高原地区地壳和上地幔顶部的分层结构和速度分布特征，探讨欧亚板块和印度板块的接触形态，为研究高原隆起和地表活动的研究提供深部依据，负责人：滕吉文。

（2）地质构造、地质发展历史与成矿的关系。

① 昌都地区西北部地层，负责人：董得源、孙东立、穆西南、刘世坤；

② 西藏西北部地层及阿里地区的沉积岩特征和古植物，负责人：章炳高、何国雄、文世宣、陈挺恩、王连城、王东安、耿国仓、白光伟、蒋忠惕；

③ 西藏西北部及昌都地区的岩浆岩、变质岩及其有关矿产的调查，负责人：金成伟、邓万明、张旗、刘关键、周云生、梅厚均；

④ 阿里和那曲地区的地质构造，负责人：潘裕生、张新明；

⑤ 阿里地区岩浆岩的同位素地质年龄，负责人：张玉泉。

（3）古脊椎动物研究，负责人：赵喜进、吴荣贵，参加人：苏宝生、崔贵海、刘智成、张国斌、吴肖春；

（4）地貌、第四纪地质与工农业生产的关系，负责人：尹泽生，参加人：张青松、景可、李炳元、王富葆、陈志明、张立仁；

（5）羊八井热田结构与动态研究，负责人：佟伟，参加人：王德新、过帼颖；

（6）西藏东部、北部、西部地热资源考察，负责人：章铭陶、张知非、由懋正，参加人：朱梅湘、廖志杰、刘时彬、邓宝山、奚小环、杨少平、陈百明、唐加品、李修平。

2）青藏高原自然条件特点及其与工农业生产的关系

（1）自然地理条件自然区划。

① 阿里地区自然条件类型及自然区划，负责人：张荣祖、郑度；

② 西藏植被及其改良利用问题，负责人：张经炜，参加人：李渤生、陈伟烈、李良千、罗柳胜、王金亭、张新时、赵魁义；

③ 阿里、藏北及昌都部分地区土壤形成、分布及土壤区划，负责人：高以信、李明森，参加人：孙鸿烈、陈鸿昭、吴志东、姚宗虞、卢跃增；

④ 地貌类型及地貌区划，负责人：尹泽生、张青松、景可、李炳元、王富葆、张志明、陈运仁；

⑤ 气候特征及气候区划，负责人：李继由、蒋世逵、张谊光、黄朝迎、沈志宝、袁福茂；

⑥ 水文地理特征及水文区划，负责人：张有实、关志华，参加人：陈传友、范云崎、区裕雄、章铭陶；

⑦ 青藏高原历史时期气候变迁及预报，负责人：林振耀、吴祥定；

⑧ 西藏自治区1：100万地图编制与卫星照片判读和制图实验，负责人：李永淇、吕仁伟，参加人：罗国祉、王云鹏、王延年、孙克金。

(2) 冰川泥石流的分布、形成、演变及其灾害的防治。

① 昌都、阿里地区冰川的分布、形成、演变及其灾害的防治，负责人：李吉均，参加人：杨锡金、牟昀智、单永翔、冯兆东、邓晓峰、张义、白家琪、赵福堂、冯思科、张文敬、郑本兴、姚彦德、周尚娃；

② 川藏公路(波密地区)泥石流的观测、防治以及昌都地区泥石流的分布、形成条件、类型特征及其危害调查，负责人：张家仪、方光迪，参加人：吕儒仁、李德基、唐邦兴、周尚娃。

(3) 动植物区系的组成、特征、演化规律和生物资源的利用。

① 植物区系的组成、特征、演化规律和植物资源，负责人：吴征镒，参加人：陶德定、尹文清、苏志文、武素功、倪志诚、郎楷永、黄荣福；

② 真菌区系的调查，负责人：宗毓臣、廖银章、谌谟美；

③ 动物区系的组成、特征、演化规律及资源，负责人：黄复生，参加人：李长江、张学忠、韩寅恒、卢汰春、王子玉、江智华、刘景先、冯祚建；

④ 水生动物区系组成、特征、演化规律及资源，负责人：曹文宣、陈宜瑜、何绿福。

3) 青藏高原农业资源及农林牧业综合发展方向与途径

(1) 不同类型地区农作物的发展方向，合理耕作制度及增产措施。

① 昌都地区不同类型农区的重点作物分布和耕作制度，负责人：王泰伦，参加人：张洪成、蔡正发、吴耀清、陈云山、俞炳杲、卢跃增、李长森、李继由；

② 昌都地区农作物发展方向及增产途径，负责人：陈云山，参加人：张洪成、王泰伦、蔡正发、吴耀清、李长森；

③ 高原作物高产原因，负责人：陈云山、张洪成、俞炳杲、李继由；

④ 阿里地区农作物的发展方向与粮食作物增产途径，负责人：闫学礼、黄煜涛。

(2) 森林资源、经济林木及其合理开发利用。

① 昌都地区森林分布的基本规律及森林资源概况和经济林木调查，负责人：韩裕丰，参加人：李克渭、刘英臣、敖特根、赵四如；

② 西藏林木生长特点及其增产途径，负责人：(同①)。

③ 昌都地区主要森林及其经济林木病虫害的调查，负责人：谌谟美。

(3) 畜牧业发展方向和家畜生态地理，负责人：黄文秀、孟有达，参加人：蔡全林、李圣俞。

① 昌都和阿里地区的牧业概况和特点；

② 昌都和阿里地区主要家畜品种资源的利用和改造。

(4) 草场资源评价及应用建设，负责人：乔秉钧、包纯志，参加人：童灏华、苏和、谷安琳、郭志芬、王炳奎、洛登、张普金、张家盛、陈建明。

(5) 水文地理和水利水能资源及其开发利用条件。

① 雅鲁藏布江中上游段派—拉孜河段地区水文地理和水利水能资源及其开发利用条件，负责人：张有实、关志华，参加人：陈传友、周长进、李廷启、俎玉亭；

② 拉喀藏布江的水文地理和水利水能资源及其开发利用条件，负责人：参加人：(同①)；

③ 朋曲河的水文地理和水利水能资源及其开发利用条件，负责人：参加人：(同①)；

④ 拉萨河的水文地理和水利水能资源及其开发利用条件，负责人：参加人：(同①)；

⑤ 昌都地区水利区划，负责人：（同①）；

⑥ 帕隆藏布的水利水能资源及其开发利用条件评价，负责人：陈传友；

⑦ 藏北地区水文地理及水资源调查，负责人：范云琦；

⑧ 阿里地区水文地理及水资源调查，负责人：章铭陶、区裕雄。

（6）农林牧业综合发展方向和增产途径，负责人：程鸿、倪祖彬，参加人：虞孝感、何腾高、陈斗仁、孙尚志。

青藏队5个分队于5～9月完成了对昌都、那曲、阿里地区和羌塘无人区的考察。应指出的是，阿里分队由地质、地理、动物、植物、草场、水生生物专业11人组成的小分队，历时11天完成了对喜马拉雅山脉南坡什普奇的考察；藏北分队12名队员由玛尔盖茶、错尼、巴毛穷宗、马尔盖茶卡至守贡曲公隆，翻越可可西里山经涌波错、振泉错，登上昆仑山5450m的喀拉木仑山口，从南到北穿越了羌塘无人区；"世界屋脊"电影组在解放军空军的协助下，对珠穆朗玛峰进行了航空拍摄。10月5日，中国科学院青藏高原综合科学考察队在拉萨向西藏自治区和西藏军区领导汇报1976年科学考察工作。任荣、天宝、郭锡澜、热地、杨宗欣、乔加钦等领导听取了汇报。汇报后任荣同志讲话。他指出，您们几年来全面考察了西藏，从地面到地下，看清楚了许多问题，揭开了西藏的秘密，意义很大。同时为西藏的国民经济建设，特别是对西藏的远景建设提供了很好的资料。您们对祖国西南边疆贡献大，对同志们的辛勤劳动表示感谢。您们做出了牺牲，流了血汗、献出了生命。西藏气候差，高原缺氧、条件艰苦，对您们知识分子是很大的锻炼和收获。您们这支队伍连续工作时间之长过去是没有的，做了前人没有做过的事。

至此，青藏队除地球物理分队、盐湖、泥石流与滑坡和古脊椎动物专业组1977年和1978年继续进行野外考察和补点外，绝大多数专业1977年进入室内总结阶段。

6. 后期的补点考察

1977年青藏队泥石流组12人重点对川藏线加马其金沟泥石流进行了系统观测，同时考察了八一——泽当、曲水—亚东、拉孜—陈塘沿线的泥石流，并对亚东1940年特大泥石流和1973年台风泥石流、定结—日屋1964年特大冰川泥石流和定结下朵1968～1970年冰川泥石流进行了重点调查；古脊椎动物组重点对芒康县老然区碧龙沟北坡陆相中生代地层中的恐龙化石群进行重点发掘。

1977年青藏队地球物理分队人工地震组在羊卓雍湖（水深37m处）和普莫雍错、纳木错进行了人工地震爆破，并在亚东—那曲间建立了5个移动地震纪录台和一个临时测试台。5个纪录台中有3个中心台，中心台又分3个小台接收人工地震爆炸信号。至此除人工地震研究外，从1975年开始，天然地震研究也在西藏的林芝、察隅、派村、亚东、墨脱、通麦、扎木、当雄、泽当、曲水、墨竹工卡、林周和直孔建立了地震台，对天然地震信号进行接收。

1978年青藏队盐湖组18人对藏北尼玛—玛尔果茶卡一线和新藏公路沿线盐湖进行了考察。

1979年5～8月，青藏队根据中国科学院(79)科发综0528号文精神，再次组织了中国科学院内外有关研究所16个单位14个专业90余人，分期分批进藏对中尼公路沿线进行补点考察，为1980年"青藏科学讨论会"会后科学旅行和编写旅行指南做了充分的准备。

青藏队4年多的野外考察工作，在西藏自治区党政军和藏族等广大群众的关怀和支持下，完成了对西藏自治区120万km²的综合科学考察任务，搜集了丰富的古生物、岩石地球化学、构造地质、地球物理、古地磁、重力、大地电磁测探、天然地震与人工地震、地貌与第四纪、冰川与水文地质、盐湖、自然地理、土壤、植被、气候、维管束植物与孢子植物、水生生物(鱼类)、两栖爬行动物、哺乳动物、鸟类、昆虫、农林牧水与草场资源和农业经济等第一手资料，填补了空白。并有许多发现：如蛇绿岩带的发现、喜马拉雅地热带的发现、盐类矿床的发现、油气显示的发现、恐龙化石群的发现、三趾马动物群和石器的发现以及众多的动植物新的种属的发现等。

20.3　学术交流活动

青藏队继 1974 年、1975 年、1976 年分别在成都和苏州对各年度考察成果进行交流外，于 1977 年 11 月 12～20 日在山东威海召开了"西藏自治区自然区划"和"西藏自治区农业发展方向与增产途径"学术讨论会；1977 年 11 月 22～30 日在威海召开了"青藏高原隆起时代、幅度和形式问题"学术讨论会，有 56 名科学家出席了会议，19 名科学家在会议上分别从古植物、古脊椎动物、地层、地热、地质力学、板块运动、新构造运动等方面，探讨了高原的隆起时代、幅度和形式问题。会后由科学出版社编辑出版了"青藏高原隆起时代、幅度和形式问题"论文集。1978 年 5 月 4～11 日在江苏镇江召开了"西藏地层分区讨论会"；7 月 7～19 日在广西南宁召开了"西藏气候与农业气候学术讨论会"和"西藏农业发展方向与增产途径第二次学术讨论会"。中国科学院 1978 年 10 月 5～16 日在北京召开了"青藏高原隆起原因学术讨论会"，有 87 位科学家出席了会议。在大会上宣读了 28 篇论文。其中地球物理 8 篇、地质构造 8 篇、岩浆岩和变质岩 6 篇、地层古生物 5 篇、第四纪地质与新构造 2 篇。著名地质学家尹赞勋、黄汲清、方俊、陈国达、张伯声、马杏垣、涂光炽、陈宗基、傅承义、叶连俊、董中葆、王鸿桢、穆恩之、罗焕炎、胡冰、刘东生等应邀出席了会议，并在大会上围绕高原隆起作了生动发言。

中国科学院 1973～1976 年在青藏高原综合科学考察研究的基础上，1978 年 8 月 23 日，中国科学院综考会向中国科学院呈报了"关于召开青藏高原国际学术讨论会的建议"，1979 年 2 月 8 日中国科学院会同外交部打报告给国务院提出"关于拟在我国召开青藏高原科学讨论会的请示报告"。2 月 28 日中国科学院转发国务院批准的该请示报告的通知。经国务院批准，中国科学院 1980 年 5 月 25～31 日在北京京西宾馆召开了"青藏高原科学讨论会"。

讨论会组织委员会主席：钱三强

副主席：尹赞勋、赵北克、李本善、漆克昌

秘书长：刘东生

副秘书长：王遵伋、过兴先、孙鸿烈、戴以夫

委员：叶连俊、叶笃正、伍献文、过兴先、傅承义、汤彦臣、李秉枢、张文佑、吴征镒、陈世骧、陈宗基、郑作新、周明镇、罗开富、涂光炽、俞德浚、胡旭初、施雅风、顾功叙、徐仁、高由禧、黄秉维、穆恩之。

来自澳大利亚、孟加拉、加拿大、原西德、荷兰、印度、意大利、尼泊尔、巴基斯坦、新西兰、瑞士、土耳其、英国、美国、南斯拉夫和中国等 18 个国家和地区的 260 位科学家出席了会议。他们中有著名的意大利米兰大学地质系教授德西尔、瑞士理工学院地质系教授甘塞尔、美国航天博物馆创始人鸟类学家美国史密森学会里普利教授、科罗拉州立大学艾夫斯教授、加州大学地球物理系诺普夫教授、日本东京大学植物系原宽教授等。在开幕式上刘东生秘书长作了题为"对我国青藏高原综合科学考察回顾与展望"的报告，出席会议的科学家围绕着青藏高原隆起及其对自然条件的影响中心主题，从 3 个重点 10 个方面进行了学术交流：

1. 青藏高原地质历史及形成原因

（1）古地中海发育历史；
（2）青藏高原地壳和上地幔的结构、构造；
（3）蛇绿岩带及其他岩浆活动；
（4）上新世以来高原隆升过程。

2. 青藏高原生物区系的起源与演化

（1）青藏高原动物区系特征与演变；
（2）青藏高原植物区系特征与演变；

（3）高原人体及动物适应。

3. 青藏高原地理环境的形成发展与分异

（1）青藏高原地理过程；

（2）青藏高原自然地带和生态地理问题；

（3）青藏高原的气象与气候。

在大小会议上宣读 253 篇论文，其中我国科学家 184 篇。

5 月 31 日党和国家领导人邓小平、方毅接见和宴请了出席会议的中外科学家，并与大家合影留念。出席会议的外国科学家会后在中方人员陪同下赴西藏，沿拉萨—羊八井—日喀则—聂拉木—樟木进行了科学旅行和考察，多数外宾从樟木口岸离境。

会后由科学出版社出版了英文版《青藏高原地质与地质历史》《青藏高原环境与生态》两部论文集。

20.4　主要成果与奖励

1976 年 12 月 31 日，中国科学院发出了"关于青藏高原科学考察总结工作问题的通知"。通知指出，4 年来在中央和西藏自治区党委的领导下，在参加考察工作各单位的共同努力下，青藏高原综合科学考察工作取得了成绩，积累了珍贵的科学资料。这些资料和标本尚有待各有关单位组织人员进一步分析、化验、鉴定和研究，以便系统地将 4 年考察总结出来，尽早提出科学报告与图件，为西藏和国家的经济建设提供科学依据。通知要求各单位抓紧时间，于 1977 年 3 月底前完成 1976 年度考察总结，1977 年第二季度至 1978 年底止，进行全面系统地总结工作。通知指出，为了组织好总结工作，中国科学院将于 1977 年 4 月召开"青藏高原考察总结工作会议"，讨论制定总结计划、落实任务，同时交流 1976 年考察成果和经验。

1977 年 5 月 5～20 日，中国科学院在江苏省苏州召开了"青藏高原科学考察第二次工作会议"。青藏队全体科考队员和参加野外考察工作的单位主管业务的负责人，科学出版社负责人及一、三编辑室的编辑参加了会议。同时，邀请了著名科学家张文佑、赵金科、徐近之、李连捷、吴征镒、吴传钧、郭敬辉、阳含熙、涂光炽、任继周、杨敬之、吴兆苏、席承藩、施雅风等出席了会议。会议由中国科学院党的核心领导小组负责人秦力生主持，青藏队汇报了 4 年来的野外考察工作，交流了野外考察所取得的成果。会议经讨论制定了"青藏高原综合科学考察 1977～1979 年内业总结计划"。按计划要求中国科学院青藏高原综合科学考察队拟编著一套《青藏高原科学考察丛书》。为了加强对内业工作的领导，成立了以秦力生为组长、过兴先为副组长，王敏、孙鸿烈、李凤琴、陈柏林、张洪波为成员的领导小组。领导小组办公室设在综考会。1977 年 8 月 1 日，中国科学院以 (77) 科学 634 号文转发了"青藏高原综合科学考察 1977～1979 年内业总结计划"。

1978 年 6 月 29 日至 7 月 5 日，综考会受中国科学院的委托，在南宁市召开了《青藏高原科学考察丛书》编审组会议。会议就编审组的组成，如何提高《丛书》编写水平，《丛书》设计方案的制定以及《丛书》审稿、定稿和编写技术要求进行了讨论，并成立了由施雅风、张立正、程鸿、尹集祥、郑度、温景春、滕吉文、李炳元、张荣祖、武素功、倪志诚、倪祖彬、邓万明、文世宣、李吉均、佟伟、黄万波、臧穆、王金亭、高以信、冯祚建、曹文宣、李文华、路季梅、张有实、陈传友、黄文秀、张谊光、韩裕丰等组成的编审组。施雅风任组长，孙鸿烈、张立正、程鸿、尹集祥、郑度任副组长。下分 3 个组：

地质与地球物理组，负责人：滕吉文、尹集祥、李炳元；

地理与生物组，负责人：张荣祖、武素功；

农牧与水利组，负责人：程鸿、倪祖彬。

秘书处设在综考会，温景春负责。

1978 年 8 月 4 日，中国科学院向各有关单位转发了《青藏高原科学考察丛书》编审组会议纪要并附有 5 个附件：

《青藏高原科学考察丛书》编审组名单；

《青藏高原科学考察丛书》审稿要求；

《青藏高原科学考察丛书》设计方案；

《青藏高原科学考察丛书》扉页样式；

《青藏高原科学考察丛书》的技术要求。

室内总结按统一要求进行编写。每部书稿定稿后送编审组审查通过后，送科学出版社。

1979年11月19日，中国科学院又发出了关于加强《青藏高原综合科学考察丛书》编写工作的通知。依据"青藏高原综合科学考察1977～1979年内业总结计划"要求，青藏队经过几年的努力，在各有关单位的全力支持下，74个单位上千名科技工作者日以继夜的工作，编著出版了共32部42本，约2361万字的《青藏高原综合科学考察丛书》和未纳入《丛书》系列的西藏温泉志、青藏高原隆起与古土壤特征、西藏水利、西藏农业发展方向与增产途径和地图集、画册、科教电影等。《丛书》包括以下专著：

（1）西藏地层，文世宣、章炳高、王义刚、孙东立、董得源、尹集祥、吴浩若、陈楚震、王玉净、何国雄、穆西南、耿国仓、廖卫华、陈挺恩、郭师曾。

（2）西藏古生物（第一分册），黄万波、计宏祥、陈万勇、徐钦琦、郑绍华、林一璞、张森水、于浅黎、黄赐璇、李炳元、张青松、梁玉莲、王富葆。

（3）西藏古生物（第三分册），王玉净、盛金章、张遴信、杨敬之、陆麟黄、夏凤生、董得源、金玉玕、孙东立、陈挺恩、王义刚、何国雄、钱义元、陈丕基、沈炎彬、林启彬。

（4）西藏古生物（第四分册），王克良、何炎、章炳高、王玉净、盛金章、邓占球、吴望始、廖卫华、赵嘉明、穆恩之、林彩华、陈楚震、文世宣、余汶、陈挺恩、黄宝仁、杨恒仁、尤坤元。

（5）西藏古生物（第五分册），李星学、姚兆奇、朱家柟、段淑英、胡雨帆、邓龙华、吴向午、耿国仓、陶君容、尚玉珂、宋之琛、刘金陵、刘耕武、王振、穆西南。

（6）西藏南部沉积岩，王连城、王东安、郭师曾。

（7）西藏岩浆活动与变质作用，附：1∶400万西藏岩浆岩分布图、西藏变质带图，周云生、张旗、梅厚钧、金成伟、林学农、张魁武、张兆忠、邓万明、刘关键、李炤华。

（8）西藏南部花岗岩类地球化学，涂光炽、张玉泉、许荣华、陈毓蔚、洪阿实、桂训唐、王占刚、赵惠兰、谢应雯、潘晶铭、洪文兴、卢焕章、李统锦、赵文武、王一先、赵振华。

（9）西藏第四纪地质，附：1∶250万西藏自治区第四纪地质图，李炳元、王富葆、张青松、杨逸畴、尹泽生、景可、李文漪、郑亚惠、黄赐璇、李家英、梁玉莲、王燕如。

（10）西藏地热，附：1∶250万西藏地热地质图、西藏地热类型显示图，佟伟、章铭陶、张知非、廖志杰、由懋正、朱梅湘、过帼颖、刘时彬。

（11）西藏温泉志，佟伟、廖志杰、刘时彬、张知非、由懋正、章铭陶。

（12）青藏高原地质构造，附：1∶300万西藏地质图、西藏地质构造图，常承法、潘裕生、郑锡澜、张新明。

（13）西藏地貌，附：1∶250万西藏自治区地貌图，杨逸畴、李炳元、尹泽生、张青松、王富葆、景可、陈志明。

（14）西藏自然地理，张荣祖、郑度、杨勤业。

（15）西藏气候，高由禧、蒋世逵、张谊光、李继由、林振耀、吴祥定、沈志宝、袁福茂、黄朝迎、李成方。

（16）西藏冰川，附：1∶250万西藏及邻近地区现代冰川分布图，李吉均、郑本兴、杨锡金、谢应钦、张林源、马正海、徐叔鹰。

（17）西藏河流与湖泊，附：1∶400万西藏河流湖泊水系图，关志华、陈传友、区裕雄、范云崎、张有实、陈志明、鲍世恒、俎玉亭、何希吾、章铭陶。

（18）西藏盐湖，郑喜玉、唐渊、徐昶、李秉孝、张保珍、于升松。

（19）西藏土壤，附：1：250万西藏自治区土壤图，高以信、陈鸿昭、吴志东、孙鸿烈、李明森。

（20）青藏高原隆起与古土壤特征的初步分析，张荣祖。

（21）西藏植被，附：1：300万西藏植被类型图，张经炜、李渤生、王金亭、赵魁义、陈伟烈。

（22）西藏森林，李文华、韩裕丰、谌谟美、徐永吉、李裕久、陈鸿昭、罗菊春。

（23）西藏草原，附：1：250万西藏草原类型图，牟新待、邓立友、谷安琳、刘奉贤、乔秉均、包纯志、张普金。

（24）西藏作物，路季梅、王泰伦、俞炳杲、张洪程、闫学礼、邵启全、李长森、巴桑次仁、黄煜涛、徐雍皋、王荫长、蔡正发。

（25）西藏野生大麦，邵启全。

（26）西藏家畜，黄文秀、孟有达、蔡全林、邓立友。

（27）西藏农业地理，程鸿、倪祖彬、孙尚志、虞孝感、陈斗仁。

（28）西藏植物志（第一卷），秦仁昌、王中仁、傅立国、路安民、张志耘、李沛琼、陈家瑞、王文采、李安仁、马成功、关克俭、武素功、陶德定、陈书坤、李恒、李锡文、方瑞征、朱维明、黄素华、谢寅堂、王战、方振富、赵士洞、周以良、董世林、赵良能、徐永椿、任宪威、张秀实、周立华。

（29）西藏植物志（第二卷），汤彦臣、关克俭、王文采、潘开玉、刘亮、应俊生、倪志诚、俞德浚、陆玲娣、谷粹芝、李沛琼、李恒、黄素华、陶德定、陈书坤、李锡文、吴征镒、庄璇、苏志云、武素功、方明渊、刘玉壶、李秉滔、陆莲立、傅书遐、傅坤俊、张宏达、潘锦堂。

（30）西藏植物志（第三卷），汤彦臣、金存礼、陈艺林、王文采、刘亮、李沛琼、黄成就、陈邦余、闵天录、陈书坤、包世英、李雅如、徐廷志、冯国楣、陈封怀、胡启明、吴容芳、李锡文、黄蜀琼、陈介、白佩瑜、方瑞征、庄璇、周邦楷、溥发鼎、张宏达、梁畴芬、陈善墉、黄荣福、张盍曾、杨永昌、何庭农、张泽荣、单人骅、刘守炉、潘泽惠、袁昌齐、余孟兰、王铁曾、黄素华。

（31）西藏植物志（第四卷），李秉滔、方瑞征、陈书坤、闵天禄、包世英、李恒、黄蜀琼、李锡文、尹文清、陶德定、白佩瑜、刘玉兰、朱镜麟、王饶泉、王庆瑞、王文采、路安民、张志耘、杨汉碧、汤彦臣、陈艺林、石铸、潘开玉、梁松筠、黄荣福、刘尚武、邱莲卿、林有润。

（32）西藏植物志（第五卷），郎楷永、刘亮、洪德元、路安民、张志耘、陈心启、梁松筠、吉占和、林泉、李恒、吴征镒、李锡文、易同培、杨锡麟、郭本兆、吴珍兰、卢生莲、杨永昌、张盍曾、黄荣福、许介眉、凌萍萍、丁志遵、赵毓棠、吴德邻、陈升振。

（33）西藏地衣，魏江春、姜玉梅。

（34）西藏真菌，王云章、臧穆、马启明、孔华忠、卯晓岚、齐祖国、孙曾美、沈瑞祥、应建浙、李明霞、李惠忠、陈礼琢、陈庆涛、陈桂清、余永年、宗毓臣、郑儒永、张小青、周家璜、赵继鼎、唐荣观、郭林、郭英兰、袁秀英、徐连旺、徐雍皋、谌谟美、韩树金、傅秀辉、魏淑霞。

（35）西藏苔藓植物志，黎兴江、臧穆、曾淑英、高谦、张光初、曹同、吴鹏程、罗健馨、胡人亮、王幼芳、徐文宣、熊若莉、张满祥、林邦娟、敖志文、李植华、李登科。

（36）西藏藻类，李尧英、魏印心、施之新、胡鸿钧。

（37）西藏哺乳类，冯祚建、蔡桂全、郑昌琳。

（38）西藏鸟类志，郑作新、李德浩、王祖祥、江智华、卢汰春、张立英、王家义。

（39、40）西藏昆虫（第一、二册），陈世骧、黄复生、尹文英、殷惠芬、周尧、陈彤、赵修复、吴福桢、黄春梅、刘举鹏、蔡邦华、邓国藩、章士美、林毓鉴、郑乐怡、郭环光、经希立、刘胜利、任树芝、萧采瑜、程淦藩、李参、葛钟麟、路进生、丁锦华、田立新、张广学、钟铁森、王子清、韩运发、杨集昆、虞佩玉、谭娟杰、蒲蛰龙、章有为、林平、马文珍、侯陶谦、李鸿兴、蒲富基、姜胜巧、王书永、谢蕴贞、赵养昌、陈元清、黄其林、刘友樵、白九维、王平运、蔡荣权、赵仲苓、方承莱、陈一心、卢筝、朱弘复、王林瑶、李传隆、马素芳、李铁生、王遵明、孙彩虹、张学忠、赵建铭、史永善、柳支英、吴厚永、刘泉、吴福林、黄孝运、周淑藏、萧刚柔、吴坚、王金言、陈家骅、廖定嘉、唐觉、吴燕如、王淑芳、温廷桓、邵冠男、王孝祖。

（41）西藏水生无脊椎动物，蒋燮治、沈韫芬、龚循矩。

（42）西藏两栖爬行动物，胡淑琴、赵尔宓、江耀明、费梁、叶昌媛、胡其雄、黄庆云、黄永昭、田婉淑。

（43）西藏水利，陈传友、关志华、鲍世恒、张有实、周长进、刘江、何希吾、吴凯、俎玉亭、范云崎。

（44）西藏农业发展方向与增产途径，程鸿、倪祖彬、孙尚志、虞孝感、陈斗仁。

（45）青藏高原地图集，廖克、吕人伟、林康泰、张圣凯、王云鹏、杨逸畴、杨勤业、施祖辉、周成荣、翁世良、常风云、温景春、潘裕生、李尚儒、胡高纯、张长华、尹集祥、李达周、周云生、王二七、郑炳华等161人。

（46）世界屋脊——探索青藏高原的奥秘（英文版画册），章铭陶、陈和毅等。

（47）西藏江南，上海科教电影制片厂。

（48）高山植物：上海科教电影制片厂。

（49）世界屋脊：上海科教电影制片厂。

（50）西藏地热：上海科教电影制片厂。

（51）阿里见闻：中央新闻纪录电影制片厂。

青藏队从1974年开始至1980年总结期间，编写了"青藏考察简报"及时地向中国科学院和有关协作单位反映了青藏队野外考察和室内总结进展情况，仅1977年就编辑了44期。1974～1975年期间由范增林负责，1976年始由温景春负责。

《丛书》论证了青藏高原几亿年来的地质历史和古地理环境的变迁，以及地球物理场的特征对高原隆起的原因提出了初步的结论；基本阐述了高原隆起后对自然环境的影响，对高原自然地理环境的特点、演变、分异规律做了比较全面的研究；系统地记述了高原的生物区系，初步揭示了高原生物区系组成、发生与演变的规律以及生物对高原的适应；并结合青藏高原经济建设的需要，对当地自然资源的开发利用和自然灾害的防治提供了科学依据。

中国科学院青藏高原综合科学考察队1978年被中国科学院评为先进集体，并授予"科考尖兵，勇攀高峰"的锦旗。1978年获全国科学大会奖，1979年获国务院嘉奖。

《青藏高原综合科学考察丛书》——青藏高原隆起及其对人类活动和自然环境的综合研究，1986年获中国科学院科学技术进步奖特等奖，1988年获国家自然科学奖一等奖。主要获奖人：刘东生、施雅风、孙鸿烈、郑度、常承法、吴征镒、尹集祥、文世宣、李吉均、张经炜、李文华、佟伟、高以信、程鸿、杨逸畴、黄复生、温景春、冯祚建、周云生、黄文秀、高登义、陈传友、韩裕丰、李炳元、章铭陶、武素功、王金亭、倪祖彬、关志华、张荣祖、滕吉文、郑喜玉、路季梅、邓万明、张谊光、谢自楚、宁学寒、王连城、邵启全。1989年获陈嘉庚地球科学奖。

参加中国科学院青藏高原（西藏）综合科学考察队人员名单

万幸茂　万培德　于升松　于树萱　马正发　马正海　马仲泉　马维林　马铭留　丹　诺（藏族）
伍道文　区裕雄　尹文清　尹周勋　尹泽生　尹秉高　尹集祥　巴桑次仁（藏族）　扎西欧珠（藏族）
扎　桑（藏族）扎鲁达（蒙族）文世宣　文清平　方世斌　方光迪　方学渊　王力生　王义刚
王子玉　王云鹏　王少舟　王凤桐　王东安　王平治　王玉净　王兴昌　王向民　王存年　王达荣
王延年　王阴长　王克荣　王声模　王怀仁　王连城　王宝华　王绍庆　王俭清　王炳奎　王泰伦
王富葆　王新华　王　瑞　王德新　王振寰　王　燕　计宏祥　邓万明　邓小峰　邓立友　邓宝山
冉庆印　冯兆东　冯忠科　冯治平　冯祚建　冯雪华　冯普元　加　多（藏族）　加　措（藏族）
包纯志　卢汰春　卢跃增　卢蠡栖　木　西（藏族）宁学寒　尼　玛（藏族）左　洛（藏族）田东生
田　刚　田连泉　由懋正　白　立　白克伟　白家棋　石中瑗　石　华　边　巴（藏族）乔秉均
伍明储　关志华　关贺喜　刘奉贤　刘世坤　刘　玉　刘玉凯　刘玉榕　刘仲谌　刘关键　刘庆福
刘　江　刘时彬　刘良吾　刘图贵　刘秉光　刘英臣　刘厚培　刘振声　刘景先　刘　智　刘智成
刘　椿　刘德龙　吕人伟　吕金财　吕儒仁　多布吉　多　吉　孙东立　孙克金　孙志江　孙尚志

孙鸿烈　孙　群　孙德明　孙毅夫　曲克信　朱东方　朱　立　朱志文　朱家楠　朱爱成　朱梅湘
朱霁虹　次　多（藏族）　次仁扎西（藏族）　江　白（藏族）　江　措（藏族）　江智华　江耀明　池家祥
牟昀智　牟新待　许凤飞　许绍卓　许荣华　许景江　过帼颖　邢振峰　阮桂甫　何关福　何希吾
何国强　何国雄　何腾高　何漆福　余仁富　佟　伟　冷　冰　吴永贵　吴龙林　吴志东　吴肖春
吴　凯　吴学恩　吴征镒　吴明堂　吴贯夫　吴树清　吴浩若　吴祥定　吴晓凡　吴耀清　宋臣田
宋作元　宋国平　宋鸿林　张一鸣　张　义　张双民　张天兴　张文敬　张文尝　张北青　张玉生
张玉泉　张立仁　张立敏　张兆忠　张光宇　张有实　张江援　张国斌　张学忠　张林源　张知非
张经炜　张青松　张鸣九　张洪波　张洪程　张荣祖　张家仪　张根会　张祥松　张谊光　张彭熹
张普金　张　新　张新时　张新明　张魁武　张　旗　李元贞　李文华　李文秀　李水淇　李长江
李长捷　李长森　李世元　李以海　李圣俞　李玉柱　李龙云　李吉均　李守连　李廷启　李成方
李阳生　李克渭　李怀有　李来臣　李良千　李国俊　李国宾　李明森　李秉孝　李秉斌　李绍华
李修平　李树田　李炳元　李炳銮　李荣昌　李振芳　李继由　李继勇　李铁生　李渤生　李德基
杜　庆　杜运奎　束沛一　杨凤栖　杨少平　杨文兴　杨世钦　杨主权　杨占江　杨正茂　杨永昌
杨玉春　杨生岳　杨秉平　杨绍修　杨艳生　杨崇仁　杨逸畴　杨惠轮　杨裕丰　杨勤业　杨新春
杨锡金　杨德政　汪一鹏　沈志宝　肖永会　肖树棠　苏志云　苏　和　苏宝生　苏迪元　谷安琳
邱长生　邵安民　邵启全　邹以生　邹振连　陈万勇　陈书坤　陈云山　陈文鑫　陈斗仁　陈玉新
陈伟烈　陈传友　陈光明　陈百明　陈自立　陈克造　陈志明　陈怀录　陈和毅　陈宜瑜　陈建民
陈挺恩　陈彩珍　陈鸿昭　陈新和　陈楚震　陈福明　卓信贤　单永翔　周云生　周文虎　周长进
周兆年　周兴华　周宝阁　周尚娃　周尚哲　周忠民　周康靖　孟庆文　孟有达　房德贵　林玉满
林学农　林金录　林振耀　欧润生　武素功　罗成显　罗寿芳　罗国祉　罗学用　罗柳胜
罗　登（藏族）　罗瑞鹿　范云琦　范叙邦　范增林　郎一环　郎楷永　郑　度　郑长禄　郑本兴
郑宝山　郑绍华　郑喜玉　郑锡澜　金世保　金成伟　宗毓臣　俞炳杲　南永兴　南　勇　姚兰昌
姚宗虞　姚建华　姚彦德　姚　虹　姚培智　姜常义　柳素青　洛桑扎西（藏族）　洛桑西尧（藏族）
俎玉亭　胡金泉　胡继青　赵上元　赵尔宓　赵仲之　赵　萍　赵连鹏　赵喜进　赵魁义　郝成喜
郝维成　项永仁　倪志诚　倪祖彬　剧文华　唐仁才　唐天贵　唐加品　唐邦兴　唐领余　夏恩忠
奚小环　徐乃科　徐叔鹰　徐　昶　徐贵忠　徐钦琦　徐雍皋　格桑扎西（藏族）　敖特根
登　穹（藏族）　桑　杰（藏族）　殷　虹　殷培龙　秦纪安　索　多（藏族）　耿国仑　袁正松
袁　朴　袁福茂　郭志芬　郭寅生　陶德定　顾学再　高以信　高由禧　高纪元　高登义　高　翔
高　源　崔贵存　崔海贵　常承法　曹文宣　龚汉鸿　梁　军　梁国文　梁尚鸿　梁青生　梅厚均
硕立民　章炳高　章铭陶　谌谟美　鄂拯中　阎学礼　黄万波　黄文秀　黄文建　黄永昭　黄成友
黄复生　黄荣福　黄　梁　黄彭国　黄朝迎　黄煜涛　黄肇荣　强　巴（藏族）　彭方春　景　可
温景春　程立芳　程树志　程浩林　程　鸿　葛正漠　葛学敏　董广孝　董兆中　董得源　董维会
童灏华　蒋发学　蒋　平　蒋世逮　蒋忠惕　蒋昌琪　谢应钦　谢宝银　韩义学　韩寅恒　韩裕丰
韩群力　鲁兆发　蒲秀棠　虞孝感　赖明惠　路季梅　鲍世恒　嘉　措（藏族）　廖卫华　廖加兴
廖志杰　廖银章　管开云　翟贵兴　臧　穆　蔡正发　蔡全林　蔡国堂　谭万友　谭万沛　滕吉文
潘卫平　潘仲明　穆西南　薛子儒　薛长顺　戴绍楠　濮　泓　魏青云

21　中国科学院珠穆朗玛峰科学考察分队
（珠峰分队　1975）

依据《中国科学院青藏高原1973～1980年综合科学考察规划》和1974年《中国科学院青藏考察工作会议纪要》精神，1975年配合中国登山队对珠穆朗玛地区的地质、大气物理、高山生理进行补充考察的要求，中国科学院青藏高原综合科学考察队与中国登山队共同成立了以张洪波为分队长、郎一环为副分队长的珠穆朗玛峰科学考察分队。分队由来自中国科学院自然资源综合考察组、地质研究所、大气物理研究所、上海生理研究所、中国人民解放军第四医院、第四军医大学、南京气象学院7个单位31名科技工作者组成。下设3个专业组：

地质组，组长：张洪波，成员：尹集祥、郑锡澜、刘秉光、汪一鹏、徐贵忠、林传勇。

大气物理组，组长：高登义，成员：冯雪华、张江援、李玉柱、李忠、沈如金、陈顺才、李余振、汪文清、陈建军。

高山生理组，组长：石中瑗，成员：宁学寒、黄彭国、朱受成、赵德铭、杨生岳、王燕、董兆申。

业务秘书：姚建华。

参加考察的行政管理人员：万培德、李炳銮、梁国文、张九鸣。

考察队于1975年3～5月，对珠穆朗玛峰北坡绒布寺两侧约300km²范围围绕着"珠穆朗玛峰形成演化及其对自然环境的影响"这一中心，开展了4个专题的考察研究：

（1）珠穆朗玛峰的地质构造特征；

（2）特高海拔上的运动员生理状况测定和登山运动员适应高海拔运动能力；

（3）珠穆朗玛峰云的生成演变过程及其与天气系统的关系；

（4）珠穆朗玛峰地区冰雪中同位素分布规律和大气本底值研究。

通过为期3个月的考察研究，获得了大量的珍贵资料。值得提出的是，系统地采集了珠穆朗玛峰峰体的岩石标本，测量了峰体地层产状，并在二叠系底部发现了中国旋齿鲨化石。运用我国自行研制的远距离、耐低温、重量轻的无线电心电遥测仪对运动员在海拔7000m至顶峰（8848.13m）（现为8844.43m）间6个不同高度的心电图进行监测。还系统地采集了珠穆朗玛峰地区的大气、生物、土壤、冰雪环境本底值样品；观测了旗云、对流云和冰川风。6月20日全队回到北京休整，6月28日邓小平、华国锋、李先念等党和国家领导人接见了珠峰分队和登山队全体队员并同大家合影留念。队员冯雪华受到国家体委的嘉奖。中国登山队为张江援、李玉柱分别记二等功和三等功。在对丰富资料科学进行分析总结的基础上编辑出版了3部珠穆朗玛峰科学考察报告。

1. 珠穆朗玛峰科学考察报告（地质）

共编入10篇论文：

（1）珠穆朗玛峰及其北坡的地层，并讨论震旦—寒武系及石炭、二叠系与相邻地区的比较，尹集祥、郭师曾；

（2）珠穆朗玛峰北坡早石炭世曲宗组的一种百合茎化石，穆恩之、吴永荣；

（3）珠穆朗玛峰地区奥陶纪腹足类新资料，刘第墉；

（4）藏南舌齿植物群的发现和其在地质学和古地理学上的意义，徐仁；

（5）珠穆朗玛峰北坡二叠纪基龙组的动物化石，金玉玕；

（6）西藏南部早三叠世、早二叠世的几种软体动物化石，王义刚、何国雄、梁希洛、文世宣、余汶；

（7）西藏发现的旋齿鲨——新种，张弥曼；

（8）珠穆朗玛峰北坡的变质岩、混合岩、岩浆岩，刘秉光、张洪波；

（9）珠穆朗玛峰北坡某些构造岩组构特征的初步研究，林传勇、何永年、史亦斌、曹树民；

（10）珠穆朗玛峰北坡的叠瓦状构造和喜马拉雅山隆起的讨论，汪一鹏、郑锡澜。

2. 珠穆朗玛峰科学考察报告（气象与环境）

分两部分：

（1）珠穆朗玛峰气象考察报告，高登义、冯雪华、张江援、陶诗言、沈如金、叶笃正、李忠、李玉柱；

（2）珠穆朗玛峰环境科学考察报告，主要作者：王鼎新、李洪珍、丁国安、陈庆沐、田伟之、李广生。

3. 珠穆朗玛峰科学考察报告（高山生理）

共编入 8 篇论文：

（1）攀登珠峰时高山生理科学考察综述，石中瑗；

（2）攀登珠峰时无线电遥测的心电图，石中瑗、宁学寒；

（3）高海拔人体对二氧化碳通气反应性的影响，朱受成、黄肇荣、杨生岳；

（4）高原适应良好与适应不良人体的脉动脉压力间接推测，宁学寒、黄彭国、石中瑗、谢培国、朱受成、苏元福、廖发扬、董兆申、沈如金；

（5）攀登珠峰过程中心泵功能测验的表现与登成能力的关系，宁学寒、黄彭国、朱受成、董兆中、黄树琪、李舒平；

（6）健康体在平原及高海拔的脑电图，石中瑗、赵德铭、王燕；

（7）减压舱内登山运动员候选者的习服性及生理评价，胡旭初、黄肇荣、龚美纯、周殿松、戎福光、董兆申、杨生岳、吴秀凤、周兆年、宁学寒、臧益民、朱运龙、金屏寿、卢希正、谢培国；

（8）攀登 8200m 以上特高海拔后心尖搏动图的变化，周兆年、黄彭国、宁学寒、董兆申、卢希正、胡旭初、石中瑗、李长明、钱淼中、赵德铭、王燕、朱受成。

"珠穆朗玛峰科学考察报告"，1978 年获中国科学院重大成果奖和全国科学大会奖；1986 年获中国科学院科学技术进步奖特等奖；1988 年获国家自然科学奖一等奖。

参加中国科学院珠穆朗玛峰科学考察分队人员名单

万丕德　尹集祥　王　燕　冯雪华　宁学寒　石中瑗　刘秉光　朱受成　张九鸣　张江援　张洪波
李　忠　李玉柱　李余振　李炳銮　杨生岳　汪一鹏　汪文清　沈如金　陈建军　陈顺才　林传勇
郎一环　郑锡澜　姚建华　赵德铭　徐贵忠　高登义　梁国文　黄彭国　董兆申

22 贵州省山区资源综合利用调查队
(贵州队 1976～1977)

1976 年 1 月中国科学院自然资源综合考察组(简称综考组)与贵州省科委协商共同成立了贵州省山区资源综合利用调查队,亦称贵州山地资源综合考察队(简称贵州队或调查队),并任命那文俊为队长,刘向九、赵训经先后任党支部书记,石成福任副书记。贵州队成立后制定了"贵州省山地资源综合开发利用考察研究的初步意见"的调研计划。1976 年 3 月 2～8 日调查队向贵州省科委汇报并听取意见,3 月 16 日经贵州省常务委员会讨论通过。调查队以贵州山区资源综合利用为中心,开展以下 3 方面的研究:

(1) 贵州不同类型山地农业资源的特点及其综合利用;

(2) 贵州山地自然条件与农业资源的开发利用;

(3) 贵州山地农业资源综合利用的综合试验。

1976～1977 年进行考察,1978 年进行总结。

1976 年贵州队组织了来自中国科学院综考组、南京土壤研究所、贵州省和长顺县有关 19 个单位,50 名科技工作者。组成 5 个专业组:

(1) 土肥组,组长:石华,副组长:邹国础、石质彬、郭金如,成员:杨云、徐盛锡、张洪海、蔡水、辛克敏、杨兆男、杨艳生;

(2) 水利组,组长:李杰新,副组长:乔祖泽、徐光廉;成员:苏人琼、顾定法、张天曾、蒙安俊、金少方、谢国卿、董建龙;

(3) 林业组,副组长:朱永昌;组员:张文宏、李洪凯、李天德、刘民生;

(4) 农业组,组长:王善敏,副组长:罗万能;成员:冯雪华、卢新民、卢绍煜、何永康、庄大民、杨崇;

(5) 综合组,组长:那文俊,副组长:曹光卓;组员:李凯明、程彤、李桂森、李世顺、王青怡、范蕴章、李永朝;

5 个专业组于 6～9 月,围绕贵州省长顺县以山区资源综合开发利用的典型调查研究为中心(重点),开展 3 个专题性研究:

(1) 长顺县马路公社马路大队以农田基本建设为中心的综合规划与实施中的重点问题,综合组负责;

(2) 长顺县摆所公社小寨生产队以治山改土为中心的综合规划与实施中的重要问题,综合组负责;

(3) 长顺县农业生产中几个问题的调查研究。

① 长寨公社青山地下水资源合理开发利用调查研究,水利组负责;

② 代化区岩溶地区解决人畜饮水问题的典型调查,水利组负责;

③ 长顺县群众土壤利用、改良工作总结,土肥组负责;

④ 长顺县改革耕作问题的调查研究,农业组负责;

⑤ 山区多种经营问题的调查研究,经济组负责。

贵州队各专业组在考察的基础上编制了马路大队 1:5000 地形图、土地利用现状图、土壤类型图、石山分布图、气候特点及农事活动示意图、冰雹路线示意图、石砚河水库灌区水利现状示意图件。提交了长顺县马路公社马路大队以农田基本建设为中心的山地资源利用规划、气候与农业生产发展的关系、水利规划、土地资源及其改良意见、实现农业机械化的意见、农业发展规划及增产途径、病虫害防治和畜牧业发展规划及摆所公社小寨小队学大寨的 1976～1985 年农田基本建设规划。同时开始实施马路大队 100 亩的整治规划实施工程。

1977 年 6～9 月,贵州队在 1976 年调查研究和整治的基础上,继续在长顺县马路公社马路大队和摆所公社小寨小队进行规划试验工作。在马路大队进行百亩(1 亩＝1/15hm²)园地的丰产科学实验,如在 8 号园田的 100 亩农田上进行梯式园田的整治,在保留熟土的基础上进行深翻,挖高填低和排灌渠系的配套,改造低洼冷烂的低产田,消灭"泡冬田"和串灌漫灌的"三跑田"为基础的增产试验,平均亩产(双季)达 890 斤(1 斤＝0.5kg),比 1976 年增产 1.4 倍。同时在摆所公社小寨小队进行土改田的丰产试验计划。8 号田的模式为当地低产田的改造树立了榜样。在进行丰产试验的同时,还对长顺县进行了补点考察。

贵州队在两年考察试验的基础上,1978 年编写了"长顺县山地综合治理初步设想"和"贵州省长顺县山地考察报告文集"。

参加贵州省山区资源综合利用调查队人员名单

马德东	牛明胜	王青怡	王善敏	冯雪华	石 华	石成福	龙宗翔	乔祖泽	刘民生	刘向九
庄大明	朱永昌	朱洪官	朱增浩	那文俊	何永良	余少云	吴志林	张天曾	张文宏	张风海
张西更	张莉萍	李太荣	李文俊	李世顺	李永朝	李凯明	李杰新	李桂森	李 爽	李鸿凯
杜运奎	杨 云	杨兆男	杨忠烺	杨艳生	杨德政	肖化仁	芦绍煜	芦新民	苏人琼	豆质彬
辛克敏	邹国础	陈永才	陈克彬	陈英华	陈德义	欧光庆	罗万伦	范蕴章	南华章	姚纯芝
洪仲白	赵训经	徐先廉	徐振山	徐盛锡	郭连保	郭金如	顾定法	曹光卓	曹丽华	梁国文
黄维庚	黄翠珠	温凤艳	程 彤	程浩林	董建龙	谢国卿	谢雪刚	鲁兆发	蒙安俊	蔡恩水
裴燕芳										

23 中国科学院托木尔峰登山科学考察队
（托峰队 1977～1978）

23.1 立项过程与主要任务

托木尔峰地处我国新疆维吾尔自治区温宿县境内。地理坐标东径 $80°07'$，北纬 $40°52'$。峰高海拔 7435.3m，是天山山脉的最高峰。

1977 年 2 月，国家体育运动委员会、中国科学院、国家测绘局、中国人民解放军总参谋部联合起草了"关于 1977～1978 年登山活动的请求报告"，报请党中央、国务院。党中央和国务院以(77)体军字 016 号文批发给有关单位。文件上签阅的除时任主席华国锋外，尚有叶剑英、李先念、陈锡联、余秋里、吴德、纪登奎、吴桂贤、陈永贵等政治局委员。依据报告精神，国家体委成立了由国家体委登山队、解放军八一登山队、西藏登山队和中国科学院科学考察队、总参测绘局测绘分队、国家测绘局测绘队组成的中国托木尔峰登山队(简称托峰队)，分别承担攀登托木尔峰和对托木尔地区进行科学考察和测绘托木尔峰海拔高度的测绘任务。

新疆维吾尔自治区革委会也于 4 月 16 日召开会议，成立了由自治区革委会主任贾那布尔任总指挥，李昭明、曹达诺夫、何德尔拜、李平相、唐漠为副指挥的登山指挥部，动员全区有关局、委办、新闻单位等全力支持登山活动。

中国科学院党组依据党中央和国务院批示精神，责成综考组组织队伍对托木尔峰地区进行科学考察，积累基本科学资料。综考组成立了由孙鸿烈、闫铁和李龙云组成的托木尔峰综合科学考察领导小组，并成立了由郎一环、程彤和黄翠珠等组成的办公室，负责登山科学考察所需的装备、食品的采购和队伍的组织工作。1977 年 4 月 18 日，综考组在北京召开了由参加科学考察人员和各单位负责人出席的托木尔峰登山科学考察工作会议。会上宣布成立中国科学院托木尔峰登山科学考察队，综考组任命郎一环为队长，苏珍、陈福明为副队长，业务秘书程彤、行政秘书郭长福。出席会议的人员当晚还出席了国家体委登山处召开的三方协调会议，就科学考察、物资保证、经费开支、新闻报导、安全措施等方面进行了讨论，并形成会议纪要。

23.2 队伍组织与考察计划实施

托峰队依据各方达成的协议精神，组织来自中国科学院动物研究所、微生物研究所、南京地层古生物研究所、贵阳地球化学研究所、兰州冰川冻土研究所，北京自然博物馆，北京科教电影制片厂等单位。包括地质、地层、古生物、地球化学、冰川、水文、动物、植物、微生物、摄影等专业 36 名科技工作者。下设：

(1) 地质地球化学组：陈福明、杨学昌、曹鑑秋、张顺金、潘建英；

(2) 地层古生物组：邓占球、阮亦萍；

(3) 冰川组：苏珍、张文敬、王立伦、张怀义、梁栋、宋国平；

(4) 动物组：林永烈、韩寅恒、梁孟元、李长江；

(5) 植物组：陈绍煜、张平、胡柏林；

(6) 微生物组：卯晓岚、文华安；

(7) 摄影组：管德明、李瑞华、刘洪明；

(8) 后勤组(司机、炊事员)：李龙云、罗寿芳、谢宝银、陈金启。

托峰队于 4 月下旬在北京香山饭店集中，讨论制定 1977 年工作计划，并进行体能训练。6 月 1 日全体队员从北京出发，6 月 4 日抵达乌鲁木齐进行进山前的准备工作（其间王富洲全面地介绍了这次登山的政治意义）。6 月 28 日全体队员从阿克苏出发，经温宿县抵达托木尔南坡木扎尔特冰川末端的登山大本营后，随国家登山队一起沿台兰河谷北上经西琼台兰冰川至托峰脚下海拔 4200m 地带进行考察。由于 7 月 25 日和 30 日登山队分两批成功登上托木尔峰顶，测绘队完成托峰海拔高度的测绘任务后，科考队服从登山队统一指挥而中断科学考察任务，提前返回到大本营，经简短总结后同大部队一同返回北京。8 月 25 日党和国家领导人李先念等接见中国托木尔峰登山队全体队员；8 月 30 日中国科学院院长方毅接见了登山科考队队员。

鉴于 1977 年对托木尔峰科学考察的局限性和出于考察研究的重要性以及取得科学资料的完整性，中国科学院决定 1978 年单独组队对托木尔峰地区进行全面地科学考察，并任命刘东生为队长，王振寰为副队长，程彤仍任业务秘书。中国科学院于 1978 年 2 月 13～24 日在北京香山饭店召开了托木尔登山科学考察计划工作会议，出席会议的有中国科学院新疆地理研究所、新疆生物土壤与沙漠研究所、南京地层古生物研究所、贵阳地球化学研究所、综考组、动物研究所、微生物研究所、北京自然博物馆等单位。会议讨论制定了"1978 年托木尔登山科学考察计划纲要"。依据"计划纲要"精神，托峰队围绕 4 个专题进行考察研究：

（1）天山托木尔峰地区地质构造特征及古生物区系；
（2）天山托木尔峰地区冰雪资源状况及气候特征；
（3）天山托木尔峰地区自然地理特征与资源特点；
（4）天山托木尔峰地区生物区系特征及生物资源特点。

依据中国科学院托木尔峰综合科学考察工作会议的精神，托木尔登山科学考察队在 1977 年工作的基础上，1978 年队伍由 36 人增加到 70 人，专业由 15 个增加到 20 个，新增加了气候、土壤、植被、自然地理、地貌等专业。单位也新增加了新疆地理研究所、新疆生物土壤与沙漠研究所、植物研究所，大气物理研究所、西北水土保持研究所、南京大学等单位。队部下设 6 个大专业组：

（1）地层古生物组：组长陈福明，成员：刘东生、杨学昌、曹鑑秋、张顺金、范育祥、潘建英、孙福庆、万国江、邓占球、阮亦萍；
（2）自然地理组：组长夏训诚、彭补拙，成员：徐朗然、高建新、张景成、朱显谟、李春华、陆根法、赵培道、倪绍祥、袁国映、胡文康；
（3）冰川组：组长苏珍，成员：张文敬、王志超、王立伦、张怀义、梁栋、宋国平、康尔泗、丁良福；
（4）生物组：组长陈绍煜、林永烈、王先业，成员：韩寅恒、朱守森、曹俊和、付春利、张平、张学忠、李长江、梁孟元、胡柏林、胡京生、卯晓岚、文华安、孙述霄；
（5）大气物理组：组长高登义，成员：严江征、刘增基、施鲁怀、应启孝、黄明敏；
（6）摄制组：管德明、李瑞华、刘洪明。

托峰队于 4 月下旬在新疆乌鲁木齐集中进行进山的前期准备工作，5 月上旬全队进入考察地区，并以托木尔为中心，围绕上述 4 个专题，对东起南北木扎尔特河、西至托木尔冰川、南至阿克苏温宿县以北的山麓、北至地特克斯河以南的山麓地带，面积约 9000km^2，地理坐标东经 80°10′～80°00′，北纬 40°41′～42°40′ 的地域进行全面的科学考察，完成了"计划纲要"的要求，于 9 月底返回内地进行总结。

23.3 成果与奖励

托尔木峰地区综合科学考察是继珠穆朗玛峰地区、希夏邦马峰登山科学考察以来，我国进行的第三次规模较大的综合性科学考察。经过两年的考察，积累了完整系统的地学、生物学方面的科学资料，填补了空白，而且对进一步认识天山山脉的形成、演变和发展以及合理利用天山自然资源，促进经济发展产生深远影响，而且还有新的发现。如动植物学方面，采集植物标本 1350 号、地衣 1400 号、真菌 770 号、鸟类

381 号、兽类 200 余号、昆虫 10000 余号。经鉴定有高等植物 670 种、地衣 67 科、真菌 217 种、鸟类 76 种另有 6 亚种、兽类 31 种、昆虫新种 45 个。冰川方面，发现了一套完整的冰期与间冰期沉积剖面，并发现了一个古老的冰期——阿克布隆冰期的典型剖面。

托峰队为了搞好室内总结，成立了由刘东生、程彤、夏训诚、苏珍、陈福明、陈绍煜、林永烈、高登义、彭补拙等 9 人组成的编写组，经过 2 年的总结，编辑出版了一套"天山托木尔峰地区综合科学考察专集"，发表论文 60 多篇：

（1）天山托木尔峰地区的地质与古生物，陈福明、邓占球、阮亦萍、范育祥、张顺金、杨学昌、刘东生、顾雄飞、郑洪汉、张麟信、王玉净、王克良、王惠基、穆西南、张善桢、李佩娟。

（2）天山托木尔峰地区的冰川与气象，苏珍、郑本兴、施雅风、王志超、张文敬、丁良福、康尔泗、朱守森、黄明敏、高登义、刘增基、严江征、施鲁怀、应启孝。

（3）天山托木尔峰地区的生物，林永烈、蔡其侃、曹俊和、陈虹、黄复生、韩寅恒、张学忠、陈绍煜、卯晓岚、文华安等。

（4）天山托木尔峰地区的自然地理，胡文康、樊自立、高建新、张累德、彭补拙、李春华、陆根法、赵培道、倪绍祥、袁国映、刘鹤、张晓黎、安惠民。

（5）托木尔峰科学考察画册，程彤、刘东生。

"天山托木尔峰地区科学考察专集"，1979 年获中国科学院重大科技成果奖二等奖。

参加中国科学院托木尔峰登山科学考察队人员名单

丁良福	万国江	文华安	王玉净	王立伦	王先业	王志超	王振寰	邓占球	付春利	卯晓岚
刘东生	刘洪明	刘增基	孙述霄	孙福庆	朱守森	朱显谟	阮亦萍	严江征	宋国平	应启孝
张 平	张文敬	张怀义	张学忠	张国卿	张顺金	张景成	李长江	李龙云	李春华	李瑞华
杨长泰	杨学昌	苏 珍	陆根法	陈宝光	陈绍煜	陈金启	陈福明	林永烈	国 盾	罗寿芳
范育祥	郎一环	胡文康	胡京生	胡柏林	倪绍祥	夏训诚	徐朗然	袁国映	唐天贵	郭长福
高建新	高登义	康尔泗	曹俊和	曹鑑秋	梁 栋	梁孟元	黄明敏	姬小英	姬庭忠	鲁施怀
彭补拙	程 彤	谢宝银	韩寅恒	管德明	潘建英					

24 中国科学院南方山区综合科学考察队

（南方队   1980～1990）

24.1 立项过程与主要任务

我国南方亚热带东部丘陵山区，地域辽阔，纵跨淮河、长江、珠江流域，包括长江以北的大别山-桐柏山地，长江以南的皖南、赣北山地、闽浙山地，南岭山地、湘鄂山地，包括湘、赣、浙、闽、粤、桂、鄂、豫、皖9省区，面积约占我国陆地面积的1/9，人口约占我国人口的1/4，是我国人口密度最大的地区。区内水热等自然条件优越，自然资源丰富，素有北回归线上的"明珠"之称。由于多年来森林遭到严重破坏，出现了大量的荒山、荒丘，水土流失严重，生态环境恶化，自然灾害频繁，制约了我国与该地区经济的发展。

为了全面地认识、评价南方山区优越的自然资源，充分合理利用资源，开发山区、发展山区经济，依据《1980～1985年全国科学技术发展规划纲要》和《1978～1995年全国基础科学技术发展规划》要求，中国科学院将"南方山区综合科学考察"列入院重点科研项目予以支持。1980年1月27日，中国科学院正式成立了中国科学院南方山区综合科学考察队，任命席承藩为队长。那文俊为副队长。前后两期相继任南方队副队长的还有李孝芳、刘厚培、赵训经、华海峰、朱景郊、李飞、冷秀良。办公室主任、副主任：赵训经、冷秀良、孙炳章；业务秘书：姚则安（1984.5～1985.5）、王青怡。

南方队成立后分两期对南方山区进行了考察：

第一期（1980～1982），主要任务是对赣南山区以吉泰盆地为重点考察地区，承担江西省泰和县自然资源与农业区划、泰和县土壤普查、柑橘生态要求与基地选择、江西省商品粮生产基地考察研究、亚热带东部丘陵山区自然资源合理利用与治理途径5项考察任务。

第二期（1984～1988），任务是承担国家计委和中国科学院下达的国家重大项目，以"中国亚热带丘陵山区自然资源合理利用与治理途径"为中心的综合科学考察。

24.2 队伍组织与考察计划实施

24.2.1 第一期（1980～1982）

1980年4～10月南方队组织来自中国科学院有关研究所、大专院校、生产部门31个单位，117名科研人员，组成地貌、土壤、植被、气候、土地资源、水资源、森林、草场、畜牧、水生生物、农、林、牧、工业经济、农业经济等18专题组，围绕23个专题对泰和县进行了全面考察，并在取得资料的基础上编制了泰和县农业区划。1980年4～10月，柑橘考察组在副队长赵训经和组长沈庭厚带领下，由来自8个单位17名科技工作者组成柑橘、气候、土壤、水利资源4个专题，对赣南荒丘进行了考察，1981年又进行补点考察，共选出宜橘荒地367万hm²。土壤普查队（南京土壤所承担）78人，以公社为单位对泰和县土壤进行了普查，并填制了1:5万土壤分布图等图件7幅。

1981～1982年南方队组织来自科学院和有关研究单位及地方部门11个单位64名科技人员组成地貌、气候、土壤、土地资源及利用、水资源、植被、生物资源、农、林、牧和农业经济等12个专题组，在副队长刘厚培的带领下，在对泰和县考察的基础上，围绕"商品粮基地建设条件和发展潜力"这一中心，对吉泰盆地进行了多学科的综合考察，并提交了相应报告和编制了有关图件。

1982年南方队农业发展战略研究组在第一副队长那文俊带领下，组织来自湘、鄂、浙、闽、桂、粤的

60 名科技工作者，围绕"亚热带东部丘陵山区农业发展战略"课题，对南方山区 6 省区的 306 县约 61.6 万 km² 的地区进行了综合考察。

1983 年 4～10 月南方队在原副队长李孝芳的带领下，对千烟洲进行了实地考察、测量、分析和研究，编制了千烟洲土地利用规划和实施说明书。

24.2.2　第二期(1984～1988)

1983 年 9 月组织了南方山区综合考察的预察，由朱景郊领队，成员有李孝芳、李昌华、程彤、蒋世逵、郎一环、孙九林、郭文卿、施慧忠、李继勇、齐文虎、李桂森、李杰新、陈百明、娄兴甫、漆冰冰、贾中骥、张克钰、姚则安、陈殿敖、韩义学。队伍由湖南省长沙出发，经湘西到广西北部、湖南南部，又经江西南部、广东北部到福建，最后在广东韶关总结。预察成果为 1983 年 12 月 19～26 日广州会议的主要内容。此次预察奠定了后来南方山区综合考察制定计划的基础。

1983 年 7 月 25～29 日，在南方队组织预察的基础上，中国科学院在北京召开了"加速开展我国南方山区综合科学考察工作预备会议"，叶笃正副院长出席会议并讲话。会上讨论制定了"中国科学院南方队 1984～1988 年综合考察计划纲要"(草案)，并形成了"加速开展我国南方山区综合科学考察工作预备会议纪要"。1983 年 9 月 14 日，中国科学院、国家计划委员会联合向湖北、河南、安徽、湖南、浙江、福建、广东、广西计委、河南省科学院、华南师范大学、中国科学院广州分院发出(83)科发地字 0804 号文，即请各省计委和有关单位"支持南方山区综合考察"的红头文件。1983 年 12 月 19～26 日南方队在广州召开了"计划会议"。会上那文俊副队长作了"总结经验、扩大协作、开创南方山区考察工作新局面"的报告。经会议讨论，一致认为南方队第二期考察应以"东亚热带丘陵的自然资源为主要考察研究对象，以合理利用山区的自然资源提供科学依据为主要任务，以服务国土整治和国民经济发展规划为主要目的，考察工作必须面向经济建设。要采用全面覆盖、重点深入、专题研究与典型试验相结合的研究方法"。经讨论确认南方队 1984～1988 年中心研究课题是"我国亚热带东部丘陵山区自然资源的合理利用与治理途径综合考察研究"。下设 5 个专题并确认专题负责人：

(1) 我国亚热带东部丘陵山区自然资源开发分区，主要负责人：李天任、李杰新；

(2) 我国亚热带东部不同类型丘陵山区农业合理结构与主要商品粮基地布局，负责人：那文俊、刘厚培、陈朝辉；

(3) 我国亚热带东部不同丘陵山区水土流失治理途径，负责人：朱景郊、邹国础；

(4) 我国亚热带东部不同丘陵山区能源合理结构与解决途径，负责人：孙九林、冯志坚；

(5) 我国亚热带东部不同丘陵山区工业发展途径、方向和布局，负责人：郭文卿、刘启德。

第二期考察研究进度：1984～1987 年进行综合考察，1988～1990 年总结。

预期成果：

重点地区成果(综合报告、5 个课题的专题报告)；

分省区成果(综合报告、5 个课题专题报告)；

总成果(综合报告、5 个主要课题的专题报告)。

经费：总计 465 万元，其中国土局每年拨 80 万元，其余由中国科学院支付。

南方队依据总任务和 5 个专题，按统一计划、分片包干，为共同完成"我国亚热带东部丘陵山区自然资源合理利用与治理途径"总任务。成立 5 个分队：

(1) 一分队，负责单位：河南省科学院，分队长李居信，副队长李学仁。承担鄂北、豫南、皖西丘陵山区综合考察任务；

(2) 二分队，负责单位：综考会，分队长刘厚培，副分队长朱景郊、苏人琼、冷秀良、程彤、蒋世逵、孙炳章、李廷启。承担南岭地区及湘南、赣江流域、桂东北丘陵山区的综合考察任务；

(3) 三分队，负责单位：华东师范大学，分队长许世远、李天任、张志坚。承担皖南、浙西、闽北片的综合考察任务；

(4) 四分队，负责单位：中国科学院广州分院，分队长邹国础，副队长林幸青、吴楚平。承担粤北、粤东地区综合考察任务；

(5) 五分队，负责单位：广西自治区计委、科委、广西师范学院，分队长唐乃焕，副队长黎代桓、汤成泳、莫成楷。承担广西南宁地区综合考察任务(广西丘陵山区不含桂东北山区)。

1984～1988 年南方队各分队分别组织来自中国科学院有关研究所、大专院校、生产部门的地学、生物学、资源环境学和社会经济学，包括自然地理、地貌、气候、土壤、水文、水利、植被、动植物、农林牧、能源、经济、遥感、环境保护、旅游等 40 个专业，共约 600 余人，其中第一分队 86 人，第二分队 179 人，第三分队 87 人，第四分队 157 人，第五分队 77 人。各分队于 1984～1988 年，按课题和承担的任务分片对亚热带东部丘陵进行了全面考察。

第一分队，围绕北亚热带鄂、豫、皖山区自然资源开发利用分区，不同类型山区农业合理结构与主要商品粮基地布局，不同类型山区水土流失与治理途径，不同类型山区的能源合理结构与解决途径，不同类型山区工业发展条件、方向与布局，大别山-桐柏山地地貌条件综合评价，土地资源评价与综合利用，水资源评价及其合理利用，气候资源及其合理利用，植物资源及其开发利用研究，牧草资源和天然草场改良研究，渔业资源考察研究，珍贵动物资源考察，优良畜牧品种生物学特征调查及其发展改良规模研究，自然资源开发利用中的环境污染与防治途径，矿产资源及其合理开发利用，北亚热带伏牛山南坡丘陵山区柑橘生态环境及丰产试验，大别山丘陵山区小流域综合治理开发试验等 18 个课题，1984 年考察了大别山-桐柏山地西部，1985 年考察了大别山-桐柏山地东部，1987 年考察了皖西山区，1987 年考察了南阳盆地，并在河南商丘县、吴同县建立了 25km² 小流域综合治理开发试验站。

第二分队，围绕南岭地区及湘赣丘陵山区自然资源开发利用分区，不同类型山地农业合理结构与主要商品粮基地布局，山区水土流失及治理途径，能源合理结构与解决途径，工业发展条件、方向与布局，山区脊岭草地区的开发利用和专题研究(农业气候资源及合理利用)，地貌、植被、植物资源及重点植物资源开发利用，作物品种资源合理利用与发展，森林资源，畜牧业，矿产资源，资源经济，自然保护，能源，野生动物资源等 21 个方面，1983～1984 年 9～12 月对桂东北地区进行了考察，1985～1986 年对湖南、粤北和赣南地区进行了考察，1987 年考察了南岭地区，1984～1986 年还考察了湘赣两省。同时，在江西省泰和县千烟洲红壤丘陵区进行综合开发试验研究。

第三分队，围绕着自然资源及社会条件的调查和综合分析(包括地貌、气候和水、土地、植物、动物、矿产资源和社会经济条件)，山区国土资源开发利用和经济发展主要研究课题，以国土整治为目的的自然资源开发利用分区，水土流失和治理途径，不同类型地区农业结构与解决途径和农业合理结构与主要商品粮基地建设，山区工业协调发展与合理布局及对环境影响的研究，资源开发利用治理与经济发展中的有关政策问题研究，皖南、闽西地区旅游资源开发及合理利用。1984～1985 年考察了皖南丘陵山区，1986 年考察了浙江丘陵山区，1987 年考察了福建省建溪流域。

第四分队，围绕着广东省亚热带丘陵山区自然资源开发利用分区研究，大农业结构与商品粮基地布局，水土流失状况与治理途径，能源结构及其解决途径，工业布局及矿业发展，林业资源开发利用和保护，植物资源调查研究及栽培试验，地貌类型及开发利用评价，土地利用现状图的编制，气候特征及气候资源利用评价，水资源调查和开发利用，土壤类型及土壤资源的综合利用，植被类型区划及开发利用评价，土地资源调查及开发利用评价，植物区系调查，植物资源及开发利用，野生动物资源研究和不同类型山区开发利用典型试验调查研究等 18 个课题对广东省进行了考察。1984～1985 年考察了广东省韶关市，1986 年考察了广东梅县地区，1986～1987 年考察了广东连县，1985 年还与广东五华县合作，在五华县河口子—新乡建立了国土综合治理开发试验站，进行国土综合治理与开发试验研究。

第五分队，1985～1987 年围绕着一个中心 5 个课题，1985 年考察了广西扶绥县，1986～1987 年又对南宁地区 15 县进行了考察。

24.3 成果与奖励

南方队在完成野外考察工作的基础上，1986 年上半年各分队陆续进行室内总结，依据总任务和课题要求，分别提出了考察地区的自然资源与发展，自然资源及其合理利用，自然资源开发治理，自然资源发展战略，流域开发治理措施，资源开发利用与国土整治，自然资源开发利用研究与综合开发治理等为主要内容的研究报告 20 余篇。1987 年 7 月总队主持 5 个专题组提交了 5 个专题的研究报告和综合报告。1988 年 1 月 27～30 日南方队在北京召开了重点考察地区成果汇报学术交流会，同年还举行千烟洲成果汇报会。南方队综合报告编写组在各分队提交的研究成果的基础上，经过系统分析，综合提炼编写了"南方山地出路——中国亚热带东部丘陵山区自然资源合理利用治理途径"等 12 篇综合报告。1990 年 11 月 8～9 日中国科学院组织专家委员会对南方队成果进行鉴定，1990 年 12 月国家计划委员会对南方队承担的"中国亚热带丘陵山区自然资源合理利用与治理途径"项目正式验收。主要成果如下：

(1) 江西泰和县自然资源和农业区划，陆志达、周明枞、杜国华、王浩清、朱思充、黄兆祥、丛者柱、陈洪秋、尹汉树、梁必静、赖书绅、杨建国、王江林、韩念勇、戴秋林、赖源对、刘厚培、王善敏、张本、张烈、姚则安、赖诗华、李克宗、李玉祥、那文俊、郭文卿、陈百明、沈庭厚、周用宾、蔡文华、楼兴甫、张正敏、彭芳春、曹光卓、王佑法、万兆亮。

(2) 江西省泰和县土壤，周明枞、杜国华、王浩清、钟致平、黎式金、朱思充、张学恕、康裕鑫、吴孟河、罗治安、朱劝善、蔡集昆、蔡占旭、裴绍江。

(3) 柑橘生态要求与基地选择——赣南柑橘基地考察报告文集，沈庭厚、周用宾、蔡文华、赖章发、李宗盛、刘建业、唐青蔚、聂纯清、陈章佳、朱文灿、章文才。

(4) 江西省吉泰盆地商品粮生产基地科学考察报告集，刘厚培、张克钰、蒋世逵、苏永清、贾中骥、周明枞、杜国华、李杰新、丛者柱、朱太平、王江林、张少春、杨宝珍、孔德珍、李桂森、程彤、李玉祥、楼兴甫、王佑法。

(5) 中国中亚热带东部丘陵山区农业发展战略，那文俊、李天任、李杰新、李飞、齐亚洲、唐景琨、陈心意、洪双旌、肖珑、王道义、王凤文、刘厚培、孟祖平、朱永登、姚正其、胡梅魁。

(6) 皖西丘陵山区自然资源及其合理利用，朱友文、李居信、孙宪章、王领超、张占全、李兴仁、薛金鼎、高增义、陈嘉秀、孙毓飞、刘世术、王浩清、张永祥、徐传宝、刘书贵、李雅茹、崔波、管述奎、贾涛、杨迅周；

(7) 鄂北桐柏大别山区自然资源与区域发展，孙宪章、李居信、王令超、张占仓、李学仁、陈嘉秀、薛金鼎、徐金宝、王银峰、刘书贵、崔波、李雅茹、王映明、袁国强、贾涛、管述奎、杨迅周。

(8) 豫南丘陵山区自然资源综合开发利用研究，朱友文、孙宪章、王领超、张占仓、李学仁、徐传宝、陈嘉秀、薛金鼎、高增义、安作军、刘书贵、李居信、袁国强、管述奎、杨迅周。

(9) 豫南大别山-桐柏山区商城综合试点县开发治理研究，高增义、薛金鼎、李居信、李学仁、陈嘉秀、王秀成、孟庆钧、王银峰、向前、王法云、崔波、明德志、时宏业、张振涛、贾身茂、袁西恩、游庆春、何伯安、杨玉华、李慧林。

(10) 桂东北山区资源合理利用，朱景郊、李玉祥、李杰新、刘厚培、郎一环、张烈、韩进轩、蒋世逵、戴定远、黎代恒、杨宝瑜、程彤、李桂森、杨汝荣、黄仲桂、朱太平、全国强、李思华、苏人琼、丛者柱、孙九林、王素芳、吴豪杰、孙永平、谭强、危新跃、张春光、王群力、姚建华、石健泉、李昌华、高家祥、汪宏清、章予舒、李家永、赵天林、倪建华、李兴中、许毓英、李玉长、楼兴甫、齐亚川、范隆玖、刘为民、钱灿圭。

(11) 赣江流域自然资源开发战略研究，那文俊、楼兴甫、史修庆、汪宏清、李杰新、李桂森、李飞、程彤、李玉祥、陈万通、蒋世逵、邓新安、张其海、戴熙畴、陈昆泉、孙九林、张海星、倪祖彬、郭文卿、谢勇、吴正章。

（12）赣江流域丘陵山区自然资源开发治理，李杰新、蒋世逵、史修庆、朱太陕、程彤、张烈、戴定远、郎一环、李桂森、张春光、韩进轩、杨汝荣、李玉、陈华明、张海星、邹新红、周勇、吴正方、杨宝珍、刘厚培、李飞、谭强、楼兴甫、汪宏清、章予舒、王群力、阎国辉、张其海、孙九林、陈昆泉、徐南孙、王素芳、李继武、郭文卿、谢勇、陈瑞高、姚建华、吴正章、陈万勇、侯奎、赵建安、衰仁民、王家兰、霍明远。

（13）赣江流域综合开发治理策略，那文俊。

（14）湖南南岭山区自然资源开发利用和国土整治综合研究，刘厚培、朱景郊、李玉祥、李杰新、李桂森、陈华明、林钧枢、郭可庄、栾景生、陶淑静、杨宝珍、张耀光、许毓英、连亦同、侯奎、姚建华、韩进轩、朱太平、蒋世逵、赵建安、许云飞、叶裕民、孔德珍、欧阳惠、马金忠、肖振良、傅声霆；

（15）湖南南岭山区自然资源综合考察研究，刘厚培、欧阳惠、李杰新、李桂森、杨宝珍、韩进轩、朱太平、陈华明、许毓英、李玉祥、全国强、戴定远、陶淑静、侯奎、蒋世逵、林钧枢、连亦同、郭可庄、栾景生、赵建安、姚建华、叶裕民。

（16）南岭山区自然资源开发利用，刘厚培、朱景郊、李飞、李桂森、姚建华、章予舒、连亦同、蒋世逵、欧阳惠、李杰新、程彤、杨宝珍、孔德珍、杨汝荣、陈华明、李玉祥、全国强、梁孟元、张春光、戴定远、陶淑静、侯奎、陈永瑞、赵建安、陈念平。

（17）浙江省西部丘陵山区国土开发与整治研究，刘君德、华熙成、张亚群、张务栋、朱积安、余奕昌、钱滨风、金鼎馨、于平、叶彬、张跃进、徐庆凤、潘玉萍、周克瑜、黄迎松、吴生发、张秀宝、姚关琥、冯志坚、周秀佳、盛和林、祝龙彪、朱覆熹、何越教、吴献文、魏夕生、沈颖、陈永文、周乃晟。

（18）安徽省南部丘陵山区国土开发与整治研究，华熙成、方觉曙、刘金林、张德伟、李杭安、东绍燕、童玉芬、刘君德、王发曾、祝炜平、崇建培、李悦铮、冯志坚、苏文才、张务栋、马勇、张正平、钱今昔、宁越敏、吴必虎、孙捷、张亚群、钱宗麟、吴有正、王振弟、周秀佳、钱济丰、黄迎松、金鼎馨、程玉申、陈忠祥、王民、张秀宝、吴生发、余奕昌、周乃晟、詹诗华、徐申、刘金林、王谷媛、盛和林、祝龙彪、朱覆熹、何越教、宋德昌、沈颖。

（19）福建省建溪流域国土开发与整治研究，李天任、宋德蕃、林克敏、陈金垒、唐文经、梁志仁、陈学文、刘君德、沈建法、张务栋、郭成涛、于临溏、张亚群、丁金宏、余国培、黄迎松、金鼎馨、饶宽荣、顾春平、周乃晟、余奕昌、高春茂、陈永文、吴生发、冯志坚、周秀佳、姚关琥、祝龙彪、萧兵、何越教、朱覆熹、李德才、周旋、林少华、欧阳溪、甄建中、超家平、祝家声、黄奇、蔡明俊、范伟官、郑少平、潘火兴、何衍发、林小玉、龚汉斌、黄立新、熊帮谋、孟建波、吴国雄、尹春祥、刘杰、梁祖超、刘勇、朱凤娇、邹国强、黄登兰、区伟文、黄山立、王晓菁、陈爱玉、李育新、尹建华。

（20）广东省韶关市综合科学考察报告集，梁国昭、林幸青、陈朝辉、谢岳河、张虹鸥、唐淑英、钟继洪、陈华堂、敖惠修、杨兴邦、陈东民、林美莹、邹国础、黄少辉、张声舜、于鼎祥、谭伟瑞、陈海平、陈琴德、刘先紫、李小彬、何亚寿、陈天富、肖辉林、梁毅翔、张庆、陈长雄、李世安、鲁争寿、林建平、黄志深、王儒胜、刘集汉、丘国栋、林怀亮、杨宗勖、何国骏、曾幻添、李毓敬、李志祐、麦浪天、伍辉民、何道泉、邱健、郭少聪、周厚诚、周远瑞、陈邦余、徐龙辉、余斯绵、吴屏英、毕志树、郑国扬、李泰辉、王又昭、罗宽华、刘苏恩。

（21）广东省梅县地区综合科学考察报告集，梁国昭、陈朝辉、陈升忠、唐淑英、谢岳河、许白策、李斌、张虹鸥、陈华堂、黄少辉、祝功武、张声舜、王鼎祥、谭伟瑞、陈琴德、刘先紫、何亚寿、李小彬、林美莹、梁永夵、何江华、邹国础、鲁争寿、黄志深、王儒胜、蔡天儒、许剑清、曾文边、林鸿雄、谭珞珈、刘集汉、丘国栋、陈祖沛、曾幻添、李毓敬、李志佑、麦浪天、敖惠修、伍辉民、何道泉、郭少聪、周厚诚、陈邦余、张桂才、叶华谷、徐龙辉、余新绵、吴屏英。

（22）广东省连县综合科学考察报告集，陈华堂、张声舜、王鼎祥、谭伟瑞、梁国昭、陈海平、陈琴德、刘先紫、何亚寿、李小彬、陈天富、邹国础、林美莹、陈邦余、曾幻添、李毓敬、李志佑、麦浪天、伍辉民、敖惠修、周远瑞、丘健、郭少聪、刘集汉、丘国栋、何国骏、徐龙辉、余新绵、鲁争寿、陈朝辉、黄志深、王儒胜、许剑清、夏羽立、曾文边、林鸿雄、张虹鸥、谢岳河、林幸青。

（23）广东五华县国土治理与开发综合试验研究，陈朝辉、林幸青、张声舜、钟继洪、唐淑英、敖惠修、何道泉、何江华、陈启鹏、钟坤良、刘达贤、曾宪潭、梁国昭、张虹鸥、谢岳河、陈新权、戴远琴、陈海平。

（24）广西壮族自治区南宁市自然资源合理开发利用研究，黎代恒、唐乃换、莫永楷、汪宇明、陈鼎常、汤成泳、黄灿滨、周继舜、曾令峰、卢永进、杨水云、石廷藩、赵肇明、刘茂真、卢毅华、麦斌、秦玫芬、苏锡武、陈作雄、王锡坚、杨有章、秦成、陈嘉平、黎向东、李仕汤、赵绍文、李汉华、卢立仁、庾太林、秦权人、郝革宗、周山、陈为、潭肖娟、甘永萍、腾棣华、胡衡生、蔡幼华。

（25）广西壮族自治区扶绥县自然资源合理开发利用研究，黎代恒、唐乃换、钟赛国、汤成泳、莫永楷、陈鼎常、秦权人、潭肖娟、甘永萍、赵肇明、林先盛、汪宇明、王锡坚、李琴、苏锡武、黎代恒、陈作雄、张巧平、刘寿养、赵绍文、黄灿滨、刘茂真、卢毅华、汤炎宗、李克因、周继舜、赵群芳、陈嘉平。

（26）中国亚热带东部丘陵山区自然资源开发利用分区，王令超、孙宪章、李天任、李杰新、李明镜、林幸青、陈鼎常、高春茂、梁国昭。

（27）中国亚热带东部丘陵山区农业资源开发策略，朱友文、陈朝辉、张占仓、那文俊、华熙成、汤成泳、楼兴甫、马义杰、蔡天儒。

（28）中国亚热带东部丘陵山区水土流失与防治，李学仁、汪宏清、邹国础、周秀佳、唐淑英、莫永楷。

（29）中国亚热带东部地区能源研究，孙九林、薛金鼎、冯志坚、孙兴、朱光远、张永昶、陈昆泉、杨水云、谢岳河、王素芳。

（30）中国亚热带东部地区工业开发研究，刘君德、刘茂真、朱覆熹、李学军、李录增、何越教、陈嘉秀、杨长勇、林发承、周克瑜、郭文卿、袁朴、徐崇灏、傅建国、谢勇、霍明远。

（31）中国亚热带东部丘陵山区自然资源开发策略，那文俊、李天任、李学仁、郭文卿、孙九林。

（32）红壤丘陵开发和治理——千烟洲综合开发治理试验研究，参加规划、实施、试验、管理以及著作编写共48人：席承藩、李孝芳、那文俊、刘厚培、朱景郊、李纯、程彤、冷秀良、李飞、李桂森、陈百明、李福波、李杰新、陈光伟、蒋世遽、孙九林、王菱、张烈、齐亚川、杨宝珍、孔德珍、邱佐振、刘桂香、徐光亮、朱垂都、郭隆淦、李玉祥、李征、李昌华、李家永、王青怡、郎一环、韩进轩、岳燕珍、倪建华、朱太平、孙炳章、蔡希凡、谢淑清、丁璧光、赖诗华、欧阳廷、王素芳、易宇汤、曾传贤、蔡教宽、康裕均、毛保根。

（33）中国南方山区的开发治理，那文俊、李天任、郭文卿、冷秀良、王青怡、孙宪章、宋延洲、张务栋、李杰新、姚建华、齐亚川、李玉祥、吴正方、程彤、李桂森、李昌华、谢岳河、莫永楷、刘茂真、林幸青。

（34）中国亚热带东部丘陵山区典型地区自然资源开发利用研究，李飞、那文俊、李居信、刘君德、梁国昭、林幸青、黄迎松、李天任、刘厚培、朱景郊、朱友文、黎代恒、唐乃换。

（35）中国亚热带东部丘陵山区开发治理典型经验，李飞、那文俊、高增义、薛金鼎、唐淑英、杨兴邦、梁国昭、谢岳河、朱友文、李正芳、朱景郊、陈华明、沈颖、余奕昌、金鼎馨、杨金鑫、苏锡武、陈作雄、陈朝辉、许自策、赵绍文、汤成泳、莫永楷、黄灿滨。

（36）中国亚热带东部丘陵山区综合科学考察方法研究，席承藩、邹国础、刘君德、李居信、林幸青、陈朝辉、黄迎松、张占仓、谢岳河、孙宪章、周秀佳、冯志坚、汪宏清、李学仁、唐淑英、伍辉民、薛金鼎、崔波、李桂森、孙九林、潭肖娟、冷秀良、孙炳章、周忠秀。

（37）南方山区的出路，那文俊、李天任、郭文卿、孙九林、李学仁。

"江西省泰和县自然资源和农业区划"，1985年获全国农业区划委员会科技进步奖二等奖，主要获奖人：席承藩、赵训经、刘厚培、那文俊、李孝芳、朱景郊。

"江西省吉泰盆地商品粮生产基地建设科学考察报告"，1986年获江西省科技进步奖三等奖。

"千烟洲红壤丘陵综合考察治理试验研究"，1988年获中国科学院科技进步奖三等奖，主要获奖人：李孝芳、那文俊、李纯、程彤、李飞。

"中国亚热带东部丘陵山区农业发展战略"，1990年获中国科学院科学技术进步奖三等奖，主要获奖人：那文俊、李杰新、李飞、齐亚川、刘厚培。

"中国亚热带东部丘陵山区自然资源合理利用与治理途径"，1991年获中国科学院科技进步奖一等奖，主要获奖人：席承藩、那文俊、李天任、李居信、刘厚培、郭文卿、林九林、李学仁、冷秀良、刘君德、林幸青、黎代恒、朱景郊、梁国昭、朱友文、李飞、邹国础、唐乃焕、程彤、冯志坚、汪宏清、陈朝辉、李杰新、莫永楷、蒋世遑、薛金鼎、张声鄢、孙宪章、李桂森、黄发松、高增义、杨宝珍、李孝芳、苏锡斌，并被评为全院十大成果之一。1992年获国家科技进步奖三等奖，主要获奖人：席承藩、那文俊、李天任、李居信、刘厚培。

参加中国科学院南方山区综合科学考察队人员名单

丁卫平	丁金宏	丁 彦	万水根	万丕德	万兆亮	于守美	于临溏	于桂云	于慧芸	马义杰
马金忠	马 勇	马振录	仇建智	历新普	孔德珍	尹汉树	尹庭梧	文泰华	方国祥	方洪祥
方觉曙	毛正昌	牛春来	王又昭	王万川	王大文	王子光	王中洛	王凤文	王友华	王世宽
王令超	王发曾	王 平	王 民	王龙来	王兆华	王全义	王同军	王安安	王成秋	王江林
王秀成	王承东	王青怡	王映明	王家兰	王佑法	王李标	王谷媛	王法云	王映明	王树棠
王振弟	王浩清	王素芳	王盛仁	王银峰	王 斌	王鼎祥	王新莲	王祥珩	王淑英	王 菱
王善敏	王道义	王新坚	王 瑜	王群力	王新坚	王儒胜	邓 新	邓新安	韦 伟	韦安光
丘向群	丘运生	丘国栋	丘 健	丛者柱	付军民	兰日坤	冯志坚	卢升銮	卢永进	卢立仁
卢毅华	古景来	史修庆	史修庆	叶文卿	叶兰毅	叶华谷	叶和平	叶居新	叶 栋	叶 彬
叶添茂	叶裕民	叶澄梓	宁越敏	左志琦	玉伟朝	甘永萍	田凤祥	白延铎	石廷藩	石健泉
艾 刚	龙启尧	伍业刚	伍辉民	全国强	关克成	刘为民	刘书贵	刘世术	刘东新	刘永瑜
刘先紫	刘光荣	刘兴文	刘兴龙	刘兴华	刘扬名	刘君爱	刘均远	刘苏恩	刘明玉	刘贤仍
刘厚培	刘达贤	刘君德	刘寿养	刘建业	刘茂真	刘金林	刘显复	刘浩梁	刘继俭	刘培华
刘清宾	刘集汉	刘 智	刘慧东	刘继民	刘艳春	刘帷希	匡亦柱	华海峰	华熙成	危新跃
向 前	吕思龙	吕振生	孙九林	孙文线	孙永平	孙良浩	孙宝元	孙郑生	孙宪章	孙树清
孙炳章	孙 捷	孙道春	孙毓飞	安 东	安作军	庄 嘉	成孝济	朱劝善	朱友文	朱太平
朱 文	朱文灿	朱文炽	朱永登	朱仰文	朱 兵	朱思充	朱积安	朱景郊	朱覆熹	朱懿平
毕志树	江航光	江雷生	汤成泳	汤炎宗	汤教熹	祁清勤	许云飞	许自策	许剑清	许毓英
过宝兴	那文俊	阮俊德	阳明宇	阳裕盛	齐文虎	齐亚川	严佑桃	严超斌	何亚寿	何江华
何伯安	何国骏	何茂术	何竞良	何越教	何 道	何道泉	何福英	余国培	余奕昌	余斯绵
劳东焕	吴小新	吴必虎	吴正方	吴正章	吴生发	吴守榜	吴有正	吴良林	吴其祥	吴国琛
吴孟河	吴宗瑞	吴建胜	吴玩文	吴郁文	吴屏英	吴树伟	吴博良	吴愚如	吴楚萍	吴献文
吴豪杰	吴蕴梅	宋书巧	宋延洲	宋许英	宋绍敦	宋德昌	宋德蕃	层李斌	应汉清	张少春
张长根	张务栋	张占仓	张巧平	张 本	张正平	张正敏	张玉坤	张亚群	张自军	张作信
张声鄢	张步艰	张永祥	张立峰	张 庆	张问桂	张克钰	张志成	张秀宝	张良圭	张学恕
张昌德	张 鸣	张昭仁	张衍宣	张桂才	张其海	张尚志	张茂希	张春光	张虹鸥	张振华
张海星	张 烈	张德伟	张耀光	张跃进	时生才	时宏业	李大珠	李小彬	李 飞	李世安
李汉华	李玉祥	李兴中	李克因	李小菊	李文柏	李孝芳	李玉长	李光兵	李协著	李廷启
李克因	李怀宁	李学仁	李宝山	李 征	李 杭	李思华	李志祐	李时有	李宗盛	李居信
李昌华	李杰新	李家永	李桂森	李泰辉	李继武	李 斌	李 琴	李照金	李悦铮	李桂琴
李海英	李 崇	李景明	李雅茹	李福萱	李毓敬	李增明	李慧林	杜国华	杜家瑞	杨文科
杨水云	杨正鸣	杨兴邦	杨汝荣	杨迅周	杨来安	杨宝珍	杨英福	杨玉华	杨有章	杨达文
杨志辉	杨良满	杨建国	杨祥学	杨绪明	杨雅萍	杨新力	杨槐生	杨锡箴	汪久文	汪宇明
汪宏清	沈建法	沈明全	沈庭厚	沈 颖	肖义辉	肖仁太	肖冬祥	肖 宋	肖征汉	肖 玠
肖经棉	肖茂浩	肖前昆	肖 娜	肖春生	肖 玲	肖振良	肖祥钦	肖称元	肖渊圭	肖辉林
芦明华	苏人琼	苏文才	苏永清	苏绍云	苏锡武	苏慧梅	谷人旭	谷燕平	连亦同	连超泉

邱佐扼	邱时浪	邹有保	邹国础	邹新红	陆志达	陈万勇	陈广万	陈　为	陈云香	陈天富
陈长雄	陈　仕	陈永瑞	陈光伟	陈　军	陈升忠	陈心意	陈东民	陈永文	陈亚北	陈兴业
陈华明	陈华堂	陈邦余	陈启鹏	陈运光	陈国南	陈坤来	陈忠祥	陈百明	陈作雄	陈　彤
陈凯军	陈国潮	陈学文	陈念平	陈昆泉	陈金垒	陈洪秋	陈祖沛	陈振康	陈晓萍	陈章佳
陈松庆	陈春秋	陈炳辉	陈健昌	陈振雄	陈海平	陈朝辉	陈琴德	陈鼎常	陈殿敖	陈嘉平
陈嘉秀	陈瑞高	陈新权	陈道森	麦浪天	麦　斌	卓衍林	周乃晟	周　山	周木生	周永令
周　兴	周克瑜	周远瑞	周国强	周忠秀	周承禧	周用宾	周佐贵	周秀佳	周国栋	周建国
周承禹	周明枞	周　勇	周厚诚	周　嵋	周继舜	周慧珍	周耀辉	和太平	孟庆钧	孟祖平
季仕汤	幸庆香	明德志	林先盛	林克敏	林幸青	林建平	林　英	林美莹	林钧枢	林　莉
林盛秋	林鸿雄	欧阳友	欧阳昀	欧阳惠	绍　燕	罗双喜	罗运藩	罗生德	罗昌鑫	罗治安
罗英湘	罗宽华	罗善平	苑林荣	范启清	范宜忠	范家霖	范隆玖	贯秋德	郎一环	郑国扬
郑标丕	郑凌志	金鼎馨	侯光良	侯　奎	哀仁民	姚正其	姚关琥	姚则安	姚建华	姚清尹
姚裕民	姜书礼	施长泽	施慧中	洪双旌	洪　林	祝龙彪	祝炜平	胡加洪	胡全忠	胡忠明
胡衍灵	胡家中	胡梅魁	胡衡生	费楹先	赵万岱	赵天林	赵训经	赵学才	赵建安	赵绍文
赵群芳	赵肇明	郝革宗	钟坤良	钟秋林	钟继洪	钟致平	钟赛国	饶宽荣	骆东成	倪少琼
倪建华	倪祖彬	倪　铎	唐乃换	唐天贵	唐文经	唐青蔚	唐淑英	唐景琨	唐楚生	唐谱俐
夏羽立	席承藩	徐　申	徐龙辉	徐传宝	徐庆凤	徐志平	徐承芝	徐南孙	徐美林	徐振山
徐毓恩	敖惠修	晏平仁	栾景生	殷毓璟	秦东明	秦　成	秦权人	秦玫芬	聂纯清	莫大同
莫永楷	莫伟仁	袁西恩	袁国强	袁解三	诸葛军	贾中骥	贾身茂	贾　涛	郭大增	郭少聪
郭文全	郭文卿	郭可庄	郭民康	郭成涛	郭志芬	郭秀礼	郭连保	郭家利	郭晓燕	郭源跃
钱今昔	钱灿圭	钱宗麟	钱济丰	钱　铝	钱滨风	陶淑静	顾春平	高公演	高以华	高其儒
高明义	高春茂	高家祥	高增义	崇建培	崔四平	崔　波	康大更	康　立	康传浪	康庆今
康宏钧	康祖训	康藉磊	庾太林	曹光卓	曹景山	梁广灶	梁文浩	梁必镜	梁永夭	梁伟贞
梁志仁	梁志军	梁国昭	梁孟元	梁春英	梁　洪	梁毅翔	盛和林	章予舒	章文才	符爱群
萧　兵	阎国辉	黄万贵	黄小华	黄少辉	黄　永	黄兆荣	黄达昌	黄志辉	黄迎松	黄国柱
黄方才	黄仲桂	黄兆祥	黄志深	黄灿滨	黄进深	黄建旗	黄建德	黄厚勤	黄淑美	黄新泉
黄锦荣	黄题声	黄耀先	龚凤群	龚步青	傅克俊	傅声霆	傅相如	彭　寿	彭芳春	彭金良
彭胜华	曾幻添	曾文边	曾长清	曾令峰	曾名璋	曾金华	曾宪章	曾昭茂	曾德芳	温凤艳
游庆春	程玉申	程　彤	程维华	童玉芬	童新华	蒋世逵	蒋跃进	覃作标	谢日仪	谢杨名
谢岳河	谢　明	谢　勇	谢杨名	谢继连	谢钰腾	谢淑清	韩义学	韩进轩	韩念勇	鲁争寿
楼兴甫	甄启芳	腾棣华	詹诗华	赖书绅	赖诗华	赖章发	赖新和	赖源圣	雷善昂	鲍思训
鲍海春	管述奎	廖国藩	廖家林	熊志辉	蔡天儒	蔡文华	蔡占旭	蔡幼华	蔡希凡	蔡教宽
蔡集昆	裴绍江	谭丕显	谭伟瑞	谭　军	谭树荣	谭珞珈	谭　强	阚仁循	樊永元	樊观钱
潘玉萍	潘启胜	潘强民	潭肖娟	黎代恒	黎向东	黎式金	黎焕琦	薛明华	薛金鼎	薛冬娥
薛熊泰	霍明远	戴元球	戴亨仁	戴远琴	戴定远	戴秋林	戴熙畴	鞠章兴	魏夕生	魏立平
魏国庆	魏贵琴									

25 中国科学院青藏高原(横断山区)综合科学考察队 (横断山队 1981~1985)

25.1 立项过程与研究课题

横断山区是青藏高原东部的重要组成部分,澜沧江、金沙江、怒江及其支流深切形成近似南北向平行峡谷地貌形态,为世上少见。区内自然条件复杂,新构造运动强烈,自然资源丰富,特别是水力资源,有色金属和稀有金属等矿产资源在全国占有重要地位,又是我国藏族和傈僳族等少数民族的聚居区。行政区域属西藏自治区的昌都地区,四川省的甘孜、阿坝藏族自治州、凉山彝族自治州,云南省的迪庆藏族自治州、傈僳族自治州、丽江专区和保山专区的西部。全区土地面积50万 km² 余。

中国科学院在 1959~1961 年对西部地区进行南水北调综合考察和 1963~1966 年西南地区综合考察以及 1973~1976 年完成对西藏自治区全面考察的基础上,国家在制定《1978~1985 年全国基础科学技术发展规划》(简称《规划》)中,再次将对青藏高原进行科学考察列为国家重点基础研究项目之一。为完成《规划》要求和"1979 年青藏高原科学研讨会预备会议纪要"精神,中国科学院 1980 年制定了《青藏高原(横断山区)1981~1985 年横断山综合科学考察计划纲要》。中国科学院青藏高原综合科学考察队依据《纲要》精神,于 1980 年 9 月组织中国科学院有关研究所的自然地理、地貌、土壤、植被、气候、草场、水利、农经等有关专业 22 名科研人员,在孙鸿烈的带领下对横断山进行了预查,并于 10 月 24~31 日在成都召开了"1981~1985 年横断山区综合科学考察工作会议"。经会议讨论,横断山区综合科学考察除应坚持《纲要》提出的"青藏高原隆起及其对自然环境和人类活动影响"为中心,同时还应加强对横断山区的资源开发利用与保护等应用课题研究,一致认为横断山区综合科学考察应开展以下 6 个课题研究:

(1)横断山区的形成原因及地质历史;

(2)横断山区自然地理特征及其与高原隆起的关系;

(3)横断山区的垂直自然带的结构及其分异规律;

(4)横断山区生物区系组成、起源与演化;

(5)横断山区自然保护与自然保护区;

(6)横断山区农业自然资源的评价及综合开发利用问题。

中国科学院为了落实《规划》和《计划纲要》的要求,搞好青藏高原横断山区的综合科学考察工作,1981 年 2 月 13 日重新组建了中国科学院青藏高原(横断山区)综合科学考察队(简称横断山队)的领导班子,任命孙鸿烈为队长,程鸿、王振寰、李文华、周宝阁、黄复生为副队长,1983 年又增补章铭陶、韩裕丰为副队长。业务秘书郭长福(1981~1982 年)、谭福安(1983~1986 年)。办公室负责人:先后有冯治平、唐天贵、田德祥。同时成立了临时党支部,王振寰任书记,周宝阁、李文华任副书记,1983 年又增补黄文秀、郑度为副书记。

25.2 队伍组织与考察计划实施

1. 1981 年队伍组织与主要研究课题

1981 年是横断山区综合科学考察的第一年,依据《计划纲要》和任务的要求,横断山队组织了来自中国科学院综考会、地质研究所、地理研究所、古脊椎动物与古人类研究所、大气物理研究所、植物研究所、动物研究所、微生物研究所、南京地质古生物研究所、南京土壤研究所、贵阳地球化学研究所、昆明植物研究所、武汉水生生物研究所、成都地理研究所、成都生物研究所、云南热带植物研究所、云南动物研究所、四川草原研究所、北京大学、南京大学、南京农学院、北京林学院、兰州大学、云南水电厅、四川水电厅和地方有关部门 38 个单位，包括地质构造、地层古生物、岩石地球化学、古脊椎动物与古人类、地貌、第四纪、自然地理、气候、土壤、水文、植被、沼泽、冰川、冻土、泥石流与滑坡、湖泊、植物、苔藓、真菌、地衣、鸟类、哺乳动物、两栖爬行动物、昆虫、土地资源、森林、草场、畜牧、水利、农业经济等 34 个专业，233 名科技工作者，组成地质组、地理组、自然垂直带组、植物区系组、动物区系组、自然保护组、农业资源组共 7 个专业组。

横断山队 5 月 10～18 日在昆明集中，讨论制定 1981 年考察计划。7 个专业组围绕着一个中心，6 个大的课题开展了下列专题研究。

1）横断山脉的形成原因及地质历史

主持单位：地质研究所、南京地质古生物研究所、贵阳地球化学研究所，负责人：常承法、杨敬之、涂光炽。

(1) 横断山地区地质构造、沉积岩、变质岩与基性-超基性岩，负责人：潘裕生、张旗；
(2) 横断山地区岩浆岩地球化学特征，负责人：涂光炽、张玉泉；
(3) 横断山区地层系统及生物的研究，负责人：张遴信、汤英俊、计宏祥；
(4) 滇西北地区第四纪古地理和地质发展历史，负责人：李炳元；
(5) 横断山区地热活动特征及其对高原构造模式的控制意义，负责人：佟伟、章铭陶。

2）横断山区的自然地理特征及其与高原隆起的关系

主持单位：地理研究所，负责人：张荣祖、郑度。
(1) 横断山区自然地理，负责人：杨勤业；
(2) 横断山区天气气候特征，负责人：高登义；
(3) 滇西北地区地貌特征及其形成演化，负责人：李炳元、王富葆、王明业；
(4) 滇西北土壤的研究，负责人：高以信；
(5) 滇西北主要植被类型及其生态地理分布规律的研究，负责人：王金亭、李渤生、刘伦辉、余友德；
(6) 横断山区沼泽及其与自然垂直带变化的关系，负责人：赵魁义、孙广友；
(7) 横断山区森林的基本特征及其合理经营利用的研究，负责人：李文华、韩裕丰；
(8) 横断山区冰川冻土和积雪的分布特征及其变化的研究，负责人：李吉均、王彦龙；
(9) 横断山区泥石流的分布、成因类型及其活动的特征，负责人：唐邦兴、吕儒仁。

3）横断山区自然垂直带的结构及其分异规律

负责单位：成都地理研究所，负责人：丁锡祉、钟祥浩、高生淮。

4）横断山区生物区系的组成、起源与演化的研究

负责单位：昆明植物研究所，负责人：吴征镒。
(1) 横断山区植物区系的组成、起源与演化，负责人：吴征镒；
(2) 横断山区各地质时期的植物群及植物区系的演变历史，负责人：徐仁、孔昭宸；
(3) 横断山区动物区系的起源与演化，负责人：郑作新、彭鸿绶、胡淑琴；
(4) 横断山区水生生物区系的组成、起源与演化，负责人：曹文宣、陈宜瑜。

5）横断山区自然保护与保护区

负责单位：综考会，负责人：李文华。

（1）森林采伐对环境的影响，负责人：李文华；

（2）横断山区第四纪以来自然环境的发展演变，人类经济活动对泥石流的影响及横断山区泥石流危害与防治，负责人：唐邦兴、吕儒仁；

（3）自然保护区的选择与调查，负责人：李文华、彭鸿绶。

6）横断山区农业自然资源评价及其开发利用

负责单位：综考会，负责人：孙鸿烈、程鸿。

（1）横断山区土地类型与土地资源，负责人：孙鸿烈、季和子；

（2）遥感技术在编制1：50万土壤图、土地利用图、植被图中的应用及遥感图像综合系列成图和自动分类与制图方法的实验，负责人：孙鸿烈、廖克；

（3）森林资源的评价与制图，负责人：李文华、韩裕丰；

（4）滇西北地区天然草场资源及主要饲用植物的调查，负责人：田效文；

（5）中甸地区草场资源特征与家畜配置适宜性的相关性研究，负责人：黄文秀、田效文；

（6）横断山区畜牧业现状与远景发展的考察研究，负责人：黄文秀；

（7）横断山区地表水资源及其合理利用与保护，负责人：陈传友、刘振声；

（8）干旱河谷土地资源及合理利用，负责人：孙鸿烈、高以信；

（9）土地利用经济评价与农业发展方向，负责人：程鸿、倪祖彬。

依据"计划"要求，全队分地质组、地球化学组、古生物组、古脊椎动物组、地貌第四纪地质组、地热组、自然地理组、大气组、气候组、土地资源组、沼泽组、林业组、泥石流组、湖泊组、冰川组、垂直带组、植物区系组、动物区系组、古植物组、两栖爬行动物组、水生生物组、水利组、草场组、畜牧组、经济组等25个行动组，于5月中旬至9月中旬围绕上述32个课题对云南省的大理、丽江、怒江、迪庆、保山、临沧和西双版纳地区进行了综合考察，取得丰富的科学资料。如湖泊组对云南省的泸沽湖进行了48小时观测，实测最大水深93.5m；冰川组对贡嘎山海螺沟冰川进行了全面考察，一天中就观测记录到大小雪崩120多次，而多集中在气温最高时段内。

2. 1982 年队伍组织与主要研究课题

横断山队1982年4月16-20日在昆明召开工作会议，汇报和交流1981年综合科学考察成果，制定1982年考察计划，考察队各专业组长、业务骨干及有关50个单位的代表和专家共150人出席会议。

云南省委书记高治国、王副省长及昆明分院吴征镒院长、鲜春副院长，以及专程从成都赶来参加会议的四川省委书记杨超、省计委副主任李吉泰和成都分院院长刘允中出席了会议。杨超代表四川省欢迎考察队到四川省西部地区进行考察，并说"川西地区的开发不仅是四川省的一件大事，而且也是全国的一件大事，具有十分重要的战略意义"。

依据1982年科学考察计划的要求，在1981年工作的基础上人员由233人增加到250人，研究课题由32个增加到43个。5月25日在成都集中，分26个行动组，围绕着一个中心6个大的研究课题，对横断山北段四川省西北部进行长达4个月的野外考察。

值的一提的是，由武素功任组长，李沛琼任副组长组成的9人独龙江考察分队，从下关到维西，在维西沿澜沧江北上至巴迪—碧罗雪山—维西，沿澜沧江南下至贡山—福贡—高黎贡山—沿怒江北上经向打—丙中洛—齐即桶松塔贡山—西藏的察瓦龙进行了考察；7月1日至10月25日由贡山—雅龙江的巴坡—马库—钦朗当，沿独龙江北上龙元、雄当南代—西藏察偶县的日东（南代至日东为无人区）共采集3万余份植物标本，其中植物新种7个，真菌新种3个。冰川组对贡嘎山小贡巴冰川运动速度进行了连续54天的观测。泥石流组在金川县八里沟对泥石流进行考察研究，提出了综合治理泥石流的防治方案，提示人们泥石流是可以预防的。水利组陈传友提出漾濞江引水，远期配合金沙江提水的方案，此方案投资少，见效快，综合效益好。

1982 年 12 月，横断山队在两年考察工作基础上，在北京万年青宾馆召开了各专业代表参加的小型工作计划会议。会议决定在不削弱基础学科研究，保持原来课题计划相对稳定的基础上，充实和加强了原课题计划中应用研究的课题，以利发挥横断山队综合科学优势，集中力量对经济效益突出、见效快的重大课题进行综合研究，为横断山区的经济建设做贡献。经研究后充实以下 5 个专题：

(1) 横断山区农业自然资源评价与综合利用的研究；

(2) 横断山区农村及中小城镇能源综合评价与开发利用研究；

(3) 横断山区畜牧业发展的研究；

(4) 横断山区高山森林采伐更新的研究；

(5) 横断山区干热河谷合理开发利用问题的研究。

3. 1983 年队伍组织与主要研究课题

1983 年 4 月 23-28 日在成都召开了一年一度的科学考察工作会议，出席会议的代表 166 人。四川省委书记杨汝岱、省政协主席杨超、副省长何郝炬等领导听取了 1982 年度考察工作总结和 1983 年考察工作的安排。1983 年是横断山区科学考察最为关键的一年，在前两年工作的基础上，人员增加到 280 人，单位达 40 个，专业也达到 40 个。全队于 4 月 23~28 日在成都集中，交流 1982 年的考察成果，制定 1983 年野外考察计划。依据任务的需要全队围绕着一个中心 6 个大的课题，对四川省西部开展 38 个专题的考察：

1) 横断山区形成的原因及地质历史

(1) 金沙江构造带地质构造、沉积环境、蛇绿岩、火山岩特征及其演化历史，负责人：潘裕生；

(2) 横断山区花岗岩地球化学研究，负责人：涂光炽、张玉泉；

(3) 横断山区地质历史及地层古生物研究，负责人：陈挺恩；

(4) 横断山区新生代地层及古脊椎动物研究，负责人：宗冠福；

(5) 横断山区第四纪古地理环境和地质发育历史研究，负责人：王富葆、李炳元；

(6) 横断山区地热活动特征及其对高原形成和地质历史的影响，负责人：佟伟、章铭陶。

2) 横断山区自然地理特征及其与高原隆起的关系

(1) 横断山区自然地理，负责人：张荣祖、郑度；

(2) 横断山区气候特征，负责人：张谊光；

(3) 横断山区地貌特征及其形成演化，负责人：李炳元、王富葆；

(4) 横断山区土壤的研究，负责人：高以信、李明森；

(5) 横断山区植被类型及其生态地理分布规律研究，负责人：李世英、王金亭；

(6) 横断山区沼泽类型、分布、成因及其与自然垂直气候带变化的关系，负责人：孙广友；

(7) 横断山区森林分布的基本规律及高山暗针叶林的起源分类及演替的研究，负责人：李文华、韩裕丰；

(8) 横断山区泥石流的分布、成因类型及其活动特征，负责人：唐邦兴；

(9) 横断山区湖泊的研究，负责人：高礼存、杨留法；

(10) 横断山区冰川、冻土和积雪特征及变化的研究，负责人：李吉均、苏珍。

3) 横断山区自然垂直带结构及其分布规律

(1) 横断山区自然垂直带结构特征，负责人：高生淮、郑远昌；

(2) 卧龙—巴郎屺垂直变化定位观测，负责人：高生淮、郑远昌。

4) 横断山区生物区系的组成与演化

(1) 横断山区植物区系的组成、起源与演化，负责人：郎楷永、武素功、王先业；

（2）横断山区各地质时期的植物群及植物区系的演变历史的研究，负责人：徐仁、孔昭宸、陈明洪；

（3）横断山区动物区系的组成、起源与演化，负责人：郑作新、胡淑琴。

5）自然保护与自然保护区

（1）横断山区暗针叶林采伐更新的研究，下分9个专题，负责人：李文华、韩裕丰；

（2）横断山区森林采伐对环境的影响，负责人：李文华、韩裕丰；

（3）横断山区第四纪以来自然环境的发展演变、人类经济活动对泥石流的危害与防治，负责人：唐邦兴；

（4）自然保护区的选择与调查，负责人：李文华、韩裕丰、邓坤枚。

6）横断山区农业资源的评价及合理开发利用

（1）横断山区农业自然资源评价与系列制图，负责人：李文华；

（2）横断山区地方能源的开发利用与综合评价，负责人：章铭陶、佟伟、关志华；

（3）横断山区畜牧业发展战略的研究，负责人：黄文秀、田效文；

（4）横断山区干旱河谷的环境条件和农业资源的开发利用，负责人：张荣祖、武素功、孙尚志；

（5）横断山区土地资源，负责人：李明森；

（6）横断山区森林资源，负责人：李文华、韩裕丰；

（7）横断山区天然草场资源，负责人：田效文；

（8）主要饲用植物的研究，负责人：田效文；

（9）重点地区草场资源特征及家畜配置适宜性的相关研究，负责人：黄文秀、田效文；

（10）横断山区中小河流及水能资源，负责人：关志华；

（11）横断山区农业气候资源，负责人：张谊光、李继由；

（12）横断山区土地利用经济评价与农业生产布局，负责人：程鸿、倪祖彬；

（13）横断山区各种自然资源利用途径的研究；

（14）云南省丽江县农业资源综合系列地图编制试验，负责人：廖克。

全队分30个行动组于5～9月完成了对四川省西部地区科学考察，取得丰富的珍贵资料。经过3年的考察，大多数专业野外工作基本结束转入室内总结。

4. 1984年队伍组织与主要研究课题

1984年1月17～21日，横断山区综合科学考察队在广州召开工作会议，出席会议的代表90余人，横断山队常务副队长李文华致开幕辞，中国科协书记处书记刘荣生、中国科学院成都分院顾问刘允中参加会议并讲了话。会上总结交流了考察工作，讨论制定1984年考察计划。依据1984年2月6日和13日队务会议纪要精神，1984年考察工作重点开展以下5个大课题20个专题研究：

1）横断山区农业自然资源及系列制图

负责人：李文华
（1）横断山区1：50万农业自然资源系列图及说明书；
（2）金川县农业自然条件与农业自然资源评价与制图。

2）横断山区地方能源的开发利用与综合评价

负责人：章铭陶、佟伟、关志华
（1）横断山区能源现状及存在问题的调查，负责人：关志华；

（2）地方能源及其评价；

① 中小河流水能资源，负责人：关志华；

② 水热型地热能资源，负责人：佟伟；

③ 太阳能资源，负责人：李继由；

④ 风能资源，负责人：李继由；

⑤ 沼气能资源，负责人：张承福；

⑥ 泥炭资源，负责人：孙广友；

⑦ 煤炭资源，负责人：许西合；

⑧ 薪炭林资源，负责人：刘照光。

（3）不同地区未来能源的合理结构及其开发利用方案，负责人：章铭陶、关志华、佟伟。

3）横断山区畜牧业发展战略研究

负责人：黄文秀、田效文

（1）自然条件及其评价；

（2）牧业发展与主要问题；

（3）饲料资源特征与利用；

（4）畜种资源及其改良；

（5）牧业类型及区划；

（6）牧业发展战略。

4）横断山区森林采伐更新的研究

负责人：李文华（研究专题同 1983 年）

5）横断山区干旱河谷环境条件和农业资源的开发利用

负责人：张荣祖、武素功、孙尚志

（1）干旱河谷的类型分布、环境特征形成原因以及利用改造方向，负责人：张荣祖；

（2）不同类型干旱河谷的气候特征，水热条件及其利用途径，主要经济林木及作物的气候评价，负责人：张荣祖；

（3）不同类型的干旱河谷的土壤特征，耕作土的评价及其培肥改良，负责人：刘朝端；

（4）干旱河谷土地类型、土地资源及其农业评价，负责人：李明森；

（5）干旱河谷地貌特征及其农业评价，负责人：李炳元；

（6）干旱河谷的水资源特征、利用特征和扩大利用水资源的途径，负责人：陈传友、刘立彬；

（7）干旱河谷各植物类型及其植物资源利用评价及发展的意见，负责人：刘伦辉、武素功；

（8）干旱河谷动物资源及其利用评价，负责人：林永烈；

（9）干旱河谷畜牧业现状及其发展途径，负责人：黄文秀；

（10）不同类型干旱河谷的社会条件、农业现状、存在问题与发展途径，农作物和耕作制研究，负责人：孙尚志、王泰伦。

横断山队 5 个专题组于 5～8 月按计划要求完成了考察任务。此外，地质组、自然地理组、生物组还进行了补点考察。如对班公湖—怒江带东段木里—金沙江东段的基性超基性岩和横断山区的新生代、古生代地层，新生代哺乳动物群生活环境及古人类文化、腾冲火山地热区、洱海、潞西和勐满高温水热区，进行了补点考察；生物方面对川西地区大型经济真菌及昆虫、两栖爬行动物、甲壳类区系、锈菌区系的起源与演化进行了考察。

5. 其他科研活动

横断山区综合科学考察队在面上考察研究的同时，有针对性地开展了专题性和实验性研究。

1）丽江纳西族自治县农业综合系列图

1981年横断山队应丽江地区和县的要求，由廖克、王明业、高以信、王金亭负责，组织包括自然地理、地貌、土壤、植被、林业、遥感和地图等近20名专业人员，在共同考察的基础上，编制了包括行政区划图、卫星影像图、地势图、自然地理单元轮廓界线图、地貌图、坡度图、气候与水文图、水系与水利图、植被图、土壤图、土地利用图、土地类型图、土地资源图、农业自然区划图、人口与民族分布图、主要作物分布图、主要牲畜分布图等17幅系列图。

2）金川县农业自然资源评价与系列制图

1983年6月4～24日，横断山队选择自然条件复杂、交通不便的金川县，应用遥感技术和实际调查相结合的方法，组织自然地理、地貌、土壤、林业、草场、农业、经济及遥感技术等专业32人，在对金川县范围内进行8条路线考察的基础上，编制了金川县的地形图、地貌图、植被图、土壤图、自然类型与区划图、草场类型图、森林分布图、土地类型图、土地资源图、地势图、坡度图、泥石流分布图、作物分布图、人口要素图等15幅图及说明书。

3）白马雪山气候剖面的观测

横断山队1981年10月1日至1984年12月31日在云南省气象局的大力支持下，在白马雪山，东起金沙江西岸的奔子栏，向西翻越白马雪山垭口，抵达澜沧江东岸的日咀，建了7个观测点，东坡和西坡各3个，垭口1个。东坡自下而上为奔子栏（海拔2025m）、书松（海拔3000m）、122道班（海拔3760m）；西坡自下而上为日咀（海拔2080m）、石棉矿（海拔2747m）、飞来寺（海拔3485m）；白马雪山垭口站（海拔4292m），气象观测点总负责人：张谊光。云南气象局在人力、技术、仪器等方面给予大力支持，选派40名科技人员，分散在各个观测点上，进行常规气候观测，除石棉矿点外，均取得了三年完整的气候垂直变化资料，创造了国内外海拔最高、观测时间持续最长的记录。

4）森林水文定位观测

1981年，横断山队在迪庆州小中甸红山林场森林采伐区（海拔3200m）温浪河、尚甲河交汇处冲积平原上建立两对水文观测站：第一对在两沟汇口上游海拔约3200m。一处称温浪河站、集水面积48.1km²，为已采伐区；一处设为尚甲河站，集水面积58.5km²，为在伐区。第二对设在温浪河上游海拔3300～3500m的道班沟与火烧沟交汇处，一处设在干流右侧，森林保存完好，林区覆盖率达85%；另一处设在干流左侧，森林覆盖率不足15%。两处水文观测站分别进行年径流量、洪水径流、枯水径流、泥沙、水化学等和其他有关项目的观测，以全面了解森林采伐对水文变化的影响。与此同时，还进行降水、气温、地温、风及雨季树冠截流、土壤含水量变化的测定。水文观测站负责人：陈传友，在丽江水文总站（8人）和中甸林业局（4人）配合下，进行了长达3年的野外观测，取得了丰富的实际资料，填补了横断山区森林水文资料的空白。

5）小中甸森林采伐更新对环境影响实验定位观测研究

1981年，横断山队与云南省中甸林业局签署了"关于开展森林采伐与更新及其对环境影响研究的协议"，由综考会主持、林业局参加。双方还决定在中甸林业局新建气象观测站（点）：一处设在林内，一处设在采伐迹地上，以进行森林采伐前后气候对比研究，同时整顿和建全苗圃原设的气象观测站。这些点的日常观测工作均由中甸林业局负责。由综考会赖世登牵头进行了时间长达4年（1981～1984年）森林生理方面的观测，取得了可贵而丰富的科学资料。

6）其他观测点

1981 年 4 月起，参加横断山队的中国科学院大气物理研究所严江征等人在边防部队的协助下，在高黎贡山北段西坡片马、龙马垭口和独龙江设立 3 处降水观测点，1982 年又增加温度、湿度和辐射等项目的观测。

横断山队还在云南腾冲热田进行天然地震和地球物理学的半定位观测，为热田的开发和地热学的发展积累了科学资料。考察队还委托当地气象部门在丽江、腾冲、渡口（今攀枝花）3 个站进行总辐射和分光观测。

25.3　成果与奖励

横断山队在 4 年的考察中，取得了宝贵的科学资料，而且有不少重要的发现。首次在炉霍县发现第四纪各阶段的脊椎动物化石和古文化遗存的洞穴堆积，并在蚱拉沱发现古人类牙齿一枚；确定了金沙江大陆缝合线的存在，发现了奥陶纪地层，在理县发现了以桉树为主的第三纪（古近纪与新近纪）古植物化石；在生物方面还发现横断山动植物区系种类丰富，如鸟类有 585 种和 55 个亚种，其中特有属 16 个，特有种 101 个；鱼类 237 种；两栖爬行动物 198 种；昆虫 4758 种，其中有新属 24 个，新种 237 个；维管束植物 8559 种；真菌 1830 种；苔藓 934 种，其中特有属 23 个，特有种 27 个。

1985 年，横断山队组织了由国际山地学会主席艾弗斯教授和他的研究生拜尔，中国科学院综考会、地理所、云南昆明分院生态室，云南丽江行署等中外学者参加的联合考察队伍，对滇西北玉龙山一带进行了历时 2 个月的野外考察，主要考察研究人为活动对山区环境变化和土壤侵蚀的影响，通过利用 20 世纪 20 年代拍摄的照片与 80 年代自然环境现状进行对比分析，揭示近 60 年来该地区人类活动对环境影响的程度、速度、演变的趋势等，并提出防止环境进一步恶化的措施，为今后山区合理开发利用提供科学依据。

1985 年 1 月 4～7 日，为了搞好室内总结工作，中国科学院在北京召开了横断山队《丛书》编写工作会议，会上制定了"青藏高原（横断山区）科学考察丛书编写计划"。依据"计划"的要求拟编辑出版 38 部 48 册科学考察丛书。为了做好总结，会议期间成立了《青藏高原（横断山区）科学考察丛书》编委会：

主任：孙鸿烈，副主任：李文华、程鸿、佟伟、章铭陶、郑度、赵保懿；秘书：谭福安；委员：王金亭、王富葆、孔昭宸、刘照光、张荣祖、陈宜瑜、陈挺恩、林永烈、武素功、郎楷永、唐邦兴、黄文秀、韩裕丰、温景春、蔡立、藏穆、谭福安、樊平、潘裕生；顾问：王云章、刘东生、吴征镒、李显学、吴传钧、杨敬之、郑作新、郑丕留、胡淑琴、陶诗言、秦仁昌、徐仁、涂光炽、席承藩、高由禧、贾慎修、施雅风、黄秉维。

1985 年横断山区综合考察工作进入全面总结阶段，原计划出版一套系列科学考察丛书，后因接受国务院（85）国函字 105 号文件的指示：请中国科学院牵头，开展川、滇、黔、桂地区的国土资源考察和发展战略研究，原青藏队骨干力量转移到这一项目，并从 1987 年起开展了青藏高原第三阶段——喀喇昆仑山-昆仑山地区综合考察，原定总结中由综考会主持的有关农、林、牧、水、土、能源等自然及自然保护与自然保护区的项目，并入 1986 年开展的"西南地区资源开发和发展战略研究"项目。尽管如此，经过"丛书"编委会和科考队与有关单位联络沟通，克服了出版资金不足和人员短缺的困难，仍编辑出版了 20 部专著和 2 集"青藏高原研究横断山区考察专集（1、2 集）"，以及"丽江纳西族自治州农业综合系列图"。

（1）腾冲地热，佟伟、章铭陶、陈成业、过帼颖、何宗丽、侯发高、廖志杰、刘时彬、穆治国、沈敏子、王德新、徐振邦、由懋正、张保山、张昀、张知非、赵凤三、朱梅湘、刘宝诚、倪葆龄、郑亚新、周长进、张立敏、林瑞芳、陈民扬、毕戴周、段亚东、李根兴、刘远复、张兆兴、Garniss H. Curtis。

（2）横断山区鸟类志，唐蟾珠、徐延恭、杨岗、张一芳、石文英。

（3）横断山区真菌，藏穆、张大成、郝建勋、李滨。

（4）横断山区自然地理，张荣祖、郑度、杨勤业、刘燕华、陈俊华。

（5）横断山区花岗岩类地球化学，张玉泉、谢应雯。

（6）川西地区大型经济真菌，应建浙、文华安、宗毓臣、苏京军。

（7）横断山区沼泽与泥炭，孙广友、张文芳、张家驹、赵魁义、易富科、罗佳、杨福明、王佩芳、夏玉梅等。

（8）横断山区冰川，李吉均、苏珍、王彦龙、王立伦、李树德、朱国才、陈建明、蒲健辰、宋国平、曹真堂、秦大河、邵文章、姚河清、杨长泰、沈颖、李军、冯兆东、周尚哲、宋明琨、安成谋、康建成、姚檀栋等。

（9）横断山区干旱河谷，张荣祖、郑度、杨勤业、李炳元、刘燕华、孙尚志、李明森、陈传友、张谊光、武素功、刘伦辉、唐邦兴、柳素清、吕荣森、林永烈、刘朝端、刘立彬、林远谟。

（10）横断山区温泉志，佟伟、章铭陶、廖志杰、张知非、刘时彬、过幗颖、沈敏子、王德新、张保山、赵凤三、朱梅湘、周长进、吴持政、阚荣举、晏凤桐、韩宗珊、毕戴周、李根兴、张兆兴、赵铃、赵松茂、张高文。

（11）横断山区锡矿带地球化学，谢应雯、张玉泉、戴橦模、胡国相、蒲志平、成忠礼、张前锋、张鸿斌。

（12）横断山区昆虫，王书永、谭娟杰、黄复生、周尧、隋敬之、孙洪国、吴福桢、冯平章、王子清、张晓菊、刘胜利、蔡保灵、黄春梅、刘举鹏、郑哲民、郑彦芬、马文珍、陈一心、刘国卿、郑乐怡、章士美、林毓鉴、任树芝、邹环光、陈萍萍、袁锋、崔志新、吴正亮、梁爱萍、葛钟麟、黄桔、王思政、丁锦华、胡春林、李法圣、杨集昆、张广学、钟铁森、张万玉、邓国藩、崔云琦、韩运发、杨定、杨星科、王象贤、虞佩玉、蒲蛰龙、曾虹、吴武、章有为、林平、经希立、李鸿兴、蒲富基、姜胜巧、孙彩虹、陈元清、殷惠芬、田立新、李佑文、杨莲芳、孙长海、王林瑶、李友樵、白九维、宋士美、赵仲苓、蔡荣权、朱弘复、薛大勇、方承莱、侯陶谦、史永善、汪兴鉴、范滋德、郑申生、张学忠、赵建铭、陈之梓、方建明、周士秀、袁德成、周淑芷、黄孝运、王金言、黄大卫、唐觉、李参、吴燕如、王淑芳、王慧英、张晓玫。

（13）横断山区苔藓志，吴鹏程、罗健馨、汪楣芝、贾渝、何小兰、郭木森、黎兴江、曾淑英、张大成、高谦、曹同、白恩忠、张满祥、胡人亮、王幼芳、林邦娟、李植华、李登科、刘仲苓、高彩华、敖志文。

（14）横断山区土壤，高以信、李明森、张边第、张国珠、郑莲芬、曾壁蓉、过兴度、朱韵芬、杨大菜、乙榴玉、张云、王伏雄、王瑞玲、郭寅生、朱霁虹、高柳青、陶淑静、马琳、刘湘元、王文英、谢淑清、叶忆明、姜亚东、杨雅萍、曹升赓、弗振文、金光、杨德涌、程励励、李征、王世宽。

（15）横断山区维管植物，王文采、武素功、邢公侠、夏群、王中仁、傅立国、应俊生、李振宇、张志耘、路安民、李沛琼、曹子余、陈家瑞、陈心启、李安仁、傅德志、李良千、潘开玉、汤彦承、谷粹芝、陆玲娣、陈艺林、靳淑英、杨汉碧、崔鸿宾、洪德元、马黎明、石铸、陈耀东、刘亮、吉占和，成晓、陶德定、吴征镒、李恒、李锡文、苏志云、杨增宏、费勇、尹文清、孙航、徐廷志、陈书坤、闵天禄、包士英、陈介、白佩瑜、方瑞征、高信芬、郭辉军、溥发鼎、傅坤俊、李雅茹、金存礼、林有润。

（16）横断山区鱼类，陈宜瑜、陈景星、刘焕章、张卫、陈银瑞、黄顺友、杨君兴、蔡鸣俊、吴宝陆、郑加容、吴保荣。

（17）横断山区两栖爬行动物，赵尔宓、杨大同、黄庆云、陈笔、利思敏、饶定齐、吴保陆、赵芩、吴贯夫、金昌平。

（18）横断山区新生代哺乳动物及其生活环境，宗冠福、陈万勇、黄学诗、徐钦琦、张杰、欧阳莲、沈文虎、刘增、于浅黎、刘光联。审阅者：贾兰坡、黄万波。

（19）横断山区镁铁-超镁铁岩，张旗、张魁武、李达周。

（20）横断山区垂直气候与森林气候，李文华、张谊光、张宪洲、石培礼、段长麟、文传甲、黄泽霖、王宇。

（21）青藏高原研究横断山区考察专集（一），王连成等94人。

(22) 青藏高原研究横断山区考察专集(二),陈挺恩等97人。

(23) 丽江纳西族自治州农业综合系列图,廖克、王明业、王金亭、高以信、刘朝端、李明森、付肃性、沈洪泉、杨勤业、于立涛、张谊光、李继由等24人。

(24) 四川省金川县农业自然资源评价与系列制图,李明森等32人。

青藏高原(横断山区)综合科学考察队,1983年被评为中国科学院先进集体。

参加中国科学院青藏高原(横断山区)综合科学考察队人员名单

丁锡祉	于 宙	于立涛	于福江	马世来	五明龙	孔昭宸	文传甲	文华安	方宗杰	方素柏
牛春来	王乃斌	王二七	王书永	王云昆	王云章	王文采	王文健	王本善	王本楠	王礼茂
王立伦	王立松	王 伟	王先业	王吉秋	王同军	王克良	王启民	王应祥	王苏民	王连城
王建国	王明业	王金亭	王金锡	王彦龙	王树林	王振寰	王泰伦	王继友	王 捷	王清泉
王富葆	王楣芝	王德才	计宏祥	邓坤枚	邓泽高	陈伟烈	韦时达	付绍铭	付肃性	兰明贵
冯亚军	冯兆东	冯治平	冯雪华	央 宗	永 忠	田效文	田德祥	白延铎	龙正光	印开蒲
乔永康	任德钦	伍云浅	伍焯田	关君蔚	关志华	刘文东	刘文耀	刘世建	刘兰生	刘玉红
刘立彬	刘伦辉	刘光荣	刘百忠	刘丽英	刘启俊	刘时彬	刘秀英	刘远复	刘宝诚	刘易思
刘绍华	刘勇卫	刘祖云	刘振声	刘耕斌	刘淑珍	刘喜忠	刘 强	刘朝端	刘新民	刘照光
刘增基	刘燕华	吕荣森	吕梁秀	吕 超	吕儒仁	孙广友	孙东立	孙庆国	孙作哲	孙尚志
孙培琼	孙鸿烈	安成谋	庄大栋	成 晓	朱卫红	朱 希	朱国才	朱国金	朱茂贵	毕建平
毕戴周	江耀有	江耀明	汤宗孝	汤英俊	牟际明	许西合	闫建平	齐文虎	齐国华	齐春林
严江征	严佑桃	何守树	何其果	何国雄	何俊德	何 思	何贵明	何毓成	何耀灿	余大富
余友德	余月兰	余宏渊	佟 伟	冷允法	利思敏	吴广勋	吴仲贤	吴建胜	吴征镒	吴持正
吴浩若	吴祥定	宋国平	宋明琨	宋耀宗	张 卫	张大成	张文芬	张长子	张发光	张玉泉
张兆兴	张先发	张 华	张志忠	张志诚	张连第	张国强	张学忠	张建鸿	张 明	张服基
张知非	张保山	张保华	张炯远	张荣祖	张健友	张家义	张家驹	张家盛	张振华	张谊光
张高文	张 新	张新民	张福林	张魁武	张嘉文	张 旗	张潮海	张遴信	李三荣	李凤朝
李天英	李文华	李世英	李代芸	李功卓	李幼新	李正合	李永益	李生堂	李再云	李吉均
李安民	李安玲	李廷启	李达周	李志英	李 杨	李沛琼	李 纲	李良千	李国珍	李 实
李 建	李承虎	李 恒	李树德	李洪生	李炳元	李钟武	李振荣	李根兴	李积金	李继勇
李致祥	李 艳	李渤生	李 越	李鼎甲	李德基	李毅铭	来发荣	杨大同	杨大莲	杨凤栖
杨文明	杨玉波	杨 岗	杨志同	杨定国	杨建昆	杨秉智	杨俊铎	杨钦周	杨振宏	杨留法
杨逸畴	杨敬之	杨勤业	杨福明	杨锡金	杨德茂	汪大义	沈洪泉	沈康达	沈 颖	肖立君
肖 协	苏大学	苏 州	苏京军	苏承业	苏 珍	邱发英	邵文章	阿 初	陆思仁	陈万勇
陈丕基	陈可可	陈永瑞	陈传友	陈 兴	陈庆恒	陈成业	陈志华	陈沈斌	陈和毅	陈国孝
陈宜瑜	陈宝雯	陈建忠	陈建明	陈建英	陈明杨	陈念平	陈明英	陈明洪	陈金华	陈挺恩
陈 晔	陈继良	陈银瑞	陈 瑜	陈德仁	陈德元	陈德牛	陈毅勇	单增七林	周长进	周伟民
周君壳	周孚四	周志毅	周宝阁	周尚哲	周晓枫	周景富	周新华	周德彰	和占能	和 生
和绍武	和树勤	季 江	季和子	宗冠福	宗毓臣	尚进文	林万智	林之光	林 戈	林永烈
林 生	林 华	林启彬	林振耀	林焕令	武安斌	武素功	罗 佳	罗学用	罗金华	罗健馨
罗崇迅	范云崎	范贵忠	贯秋德	郎楷永	郑长禄	郑亚新	郑作新	郑远昌	郑宝贽	郑 度
郑淑惠	郑清本	南 勇	姚河清	姚 勇	姚檀栋	宣 宁	战新志	柯圣武	柯炳生	柳素清
段长麟	段亚东	段淑英	胡孝宏	胡其雄	胡国相	胡 涌	胡淑琴	胡新生	费 勇	贺素娣
赵小麟	赵尔宓	赵尔寰	赵立明	赵 顶	赵保祥	赵勇刚	赵健铭	赵 铨	赵勤亮	赵魁义

赵嘉明　郝玉迟　钟祥浩　侯　伟　倪祖彬　凌作培　凌美华　唐天贵　唐邦兴　唐海清　唐蟾珠
夏凤生　夏行玖　夏娟娟　徐　仁　徐军利　徐延恭　徐志义　徐志平　徐　放　徐　勇　徐钦琦
徐渝江　柴怀成　柴宗新　格　平　格　茸　栾禄凯　涂光炽　秦大河　秦仁昌　秦卓仁　耿良玉
莫毅辉　贾瑞祥　郭丹玲　郭双兴　郭长福　郭民康　郭屹东　郭爱朴　钱松材　陶为民　陶君客
陶宝祥　高中平　高　文　高以信　高生淮　高礼存　高国辉　高家祥　高登义　宿以明　寇积忠
崔云崎　崔清章　崔　鹏　崔毓儒　常承法　康建成　康鲁宁　曹文宣　曹美珍　曹振奇　曹真堂
曹景山　曹熹平　梁立军　梁孟元　章铭陶　黄仁金　黄文秀　黄　先　黄兴汉　黄志明　黄学诗
黄宝仁　黄建民　黄顺友　黄晓鹤　黄赐璇　彭正兴　彭鸿绶　程　鸿　董振生　董维德　董德源
蒋帮本　谢又予　谢应雯　谢保银　越松茂　销　容　韩义学　韩元杰　韩进轩　韩念勇　韩　英
韩裕丰　韩新华　溥发鼎　甄晓英　蒲建辰　解纪伟　赖世登　路　川　雷长山　嘎　太　廖　克
廖志杰　廖国藩　廖俊国　漆冰丁　熊利亚　熊国炎　管华义　蔡　玄　裴金孔　谭万沛　谭福安
鲜肖威　樊　辛　潘华璋　潘红玺　潘裕生　黎文本　黎兴江　穆治国　穆道成　薛炳山　薛　斌
薛新民　藏　穆　魏天昊　魏江春　魏群智

26 中国科学院登山科学考察队
(登山科学考察队 1982～1984)

26.1 任务及研究课题

南迦巴瓦峰是喜马拉雅山脉东段的最高峰,海拔 7728m,为世界第十五高峰,是高峰中唯一没有被人类征服的处女峰。南迦巴瓦峰地处喜马拉雅山东端和横断山、念青唐古拉山脉的汇合处,南临印度洋,地理位置十分独特。青藏高原上最大的河流雅鲁藏布江由西向东流,其下游围绕南迦巴瓦峰地区作急转弯向南流,形成举世瞩目的大拐弯峡谷,为世人所瞩目。

为了探讨南迦巴瓦峰的形成、演化及其对自然环境和人类活动的影响,发展我国登山和高山科学考察研究事业,1982 年 4 月 30 日经中央批准,国家体委和中国科学院于 1982～1984 年开展南迦巴瓦峰登山和高山科学考察活动。攀登南迦巴瓦峰任务由国家体委负责,登山科学考察任务由综考会协调组织。1982年 6 月 27～30 日,中国科学院在北京万年青宾馆召开了南迦巴瓦峰登山考察工作会议,李秉枢、刘东生、孙鸿烈、俞德俊、王云章、滕吉文、赵训经、王富洲、王振寰、张莉萍、温景春、谢国卿、杨逸畴等 32人出席了会议。会上成立了以刘东生为队长,王振寰、杨逸畴为副队长的中国科学院登山科学考察队,1983 年增补高登义为副队长,业务秘书谢国卿,行政负责人刘光荣。会上制定了《南迦巴瓦峰 1982～1984年登山科学考察计划纲要》和 1982 年考察行动计划。依据《计划纲要》要求,登山科学考察队的中心研究课题是"南迦巴瓦峰的形成演化及其对自然环境的影响"。下设 5 个研究课题和 24 个专题。

5 个研究课题是:

(1) 喜马拉雅山脉的形成原因及地质历史;

(2) 喜马拉雅山脉东端(南迦巴瓦峰地区)动植物区系的形成、演替及迁移规律;

(3) 南迦巴瓦峰地区的气象气候规律;

(4) 喜马拉雅山脉东端(南迦巴瓦峰地区)自然地理特征与高原隆起的关系;

(5) 喜马拉雅东端(南迦巴瓦峰地区)自然资源的合理利用与保护(南迦巴瓦峰地区土壤形成的特点、类型垂直分布规律、土地类型及其利用评价;植物的分布特点、森林植被类型及森林资源的合理利用评价;综合分析研究不同地区农林牧关系及发展以及自然资源合理利用与保护)。

26.2 队伍组织与考察计划实施

1982 年登山科学考察队按计划要求,组织了来自中国科学院自然资源综合考察委员会、地理研究所、植物研究所、动物研究所、微生物研究所、南京地质古生物研究所、贵阳地球化学研究所、成都地理研究所、成都生物研究所、兰州冰川冻土研究所,南京大学、西安地质学院、长春地质学院、北京自然博物馆和人民画报社等 15 个单位,包括地质、古生物、地貌、第四纪、自然地理、气候、冰川、动植物及摄影等 15个专业 28 名科学工作者。下设地质组,组长刘玉海;地貌第四纪组,组长杨逸畴;生物组,组长李渤生、王宗伟。考察队于 7 月 25 日在成都集中,8 月 9 日抵达西藏波密,在南迦巴瓦峰北坡开展科学考察工作。后分三路翻越岗山嘎进入墨脱地区,然后又横穿东喜马拉雅山脉东端到达南迦巴瓦峰西南坡进行考察,于10 月 15 日结束 1982 年野外工作。后在李渤生的带领下,由李渤生、韩寅恒、程树志、苏永革、林再组成越冬组,9 月 5 日翻越金珠拉山口到达墨脱的格当,开始了为期一年的生物学考察,创造了野外连续科学考察时间最长的历史记录。

南峰队在 1982 年考察工作的基础上，1983 年 4 月 13~19 日，在广州召开了南迦巴瓦峰登山科学考察工作会议。会上交流了 1982 年考察工作取得的成果，制定了 1983 年野外考察工作计划。1983 年考察队的规模有所增加和扩大，人员由 28 人增加到 50 人，专业由 1982 年的 15 个增加到 20 个。新增加单位有中国科学院大气物理研究所、环境化学研究所、新疆地理研究所、长春地质学院、上海科教电影制片厂。下设 5 个专题组，新成立气候组，组长高登义。考察队于 5 月 25 日在成都集中，沿川藏线进藏，于 6~9 月，大致在北纬 29°37′51″，东经 95°03′31″区域，以南迦巴瓦峰为中心的雅鲁藏布江大拐弯内侧为主，并扩及到周围的米林、墨脱、波密和林芝县，围绕着青藏高原的形成、演化及其对自然环境的影响，以及资源的开发利用这一中心问题，开展了 5 个课题、27 个专题的考察研究：

1）喜马拉雅山脉的形成原因及地质发展历史

（1）南迦巴瓦峰地区构造特征，负责人：刘玉海；

（2）南迦巴瓦峰地区的变质作用及岩浆活动特征，负责人：贺同兴、李树勋、王天武；

（3）南迦巴瓦峰地区古生物地层及古生物群，负责人：张鄮信，参加人：夏凤生、徐均涛；

（4）南加巴瓦峰地区第四纪地质和新构造运动特点，负责人：王富葆、张厚森；

（5）南迦巴瓦峰地区岩石地球化学特征及地质年龄，负责人：章正根，参加人：赵劲松；

（6）南迦巴瓦峰地区综合地壳结构及构造特征，负责人：杨志心、徐宝慈，参加人：董学斌、周富祥；

（7）南迦巴瓦峰地区水热活动特征及资源评价，负责人：章铭陶、谢国卿，参加人：周长进、吴持正；

（8）南迦巴瓦峰地区地质年龄测定及上升速率的研究，负责人：陈祥高，参加人：许荣华、陈忠奎。

2）喜马拉雅山脉东端（南迦巴瓦峰地区）动植物区系的形成演变及其迁移规律的研究

（1）南迦巴瓦峰地区哺乳动物区系组成及分布特征，负责人：杜继武、徐延恭、洗耀先；

（2）南迦巴瓦峰地区鸟类区系的组成及分布规律，负责人：同（1）；

（3）南迦巴瓦峰地区两栖爬行动物区系分类研究，负责人：李胜全；

（4）南迦巴瓦峰地区昆虫区系的组成特征及分布规律，负责人：黄复生，参加人：韩寅恒、林再；

（5）南迦巴瓦峰地区植物区系的组成及其分布规律，负责人：李渤生、倪志诚、程树志；

（6）南迦巴瓦峰地区孢子植物区系的形成、演替迁移规律，负责人：卯晓岚、庄剑云，参加人：黎兴江、苏永革。

3）南迦巴瓦峰地区自然地理特征与高原隆起的关系

（1）南迦巴瓦峰地区地理特征及垂直带，负责人：彭补拙，参加人：雍万里、刘育民、赵塔道、李春华；

（2）南迦巴瓦峰地区气候基本特征及气候资源的评价，负责人：林振耀；

（3）南迦巴瓦峰地区地貌的基本特征及其形成与演化，负责人：杨逸畴；

（4）南迦巴瓦峰地区古冰川的研究，负责人：五志超、陈亚宁；

（5）南迦巴瓦峰现代冰川研究，负责人：张文敬；

（6）南迦巴瓦峰地区泥石流研究，负责人：唐邦兴、刘世建；

（7）南迦巴瓦峰地区主要植被类型分布规律及植被垂直带谱的基本特征研究，负责人：李渤生；

（8）南迦巴瓦峰地区背景值调查研究，负责人：刘静宜、刘全友。

4）雅鲁藏布江河谷水汽输送及其对高原天气和自然条件的影响

负责人：高登义，参加人：严江征、王维、严邦良、陈富财。

5）南迦巴瓦峰地区自然资源合理利用与保护

负责人：彭补拙、黄瑞农、包浩生。

此外，新增加课题是：

6）南迦巴瓦峰登山科考画册和登山科考录相片

负责人：杨逸畴、杜泽泉、谢国卿、高登义、严江征。

同时，登山科学考察队还于 1983 年和 1984 年春两次组成以杨逸畴、高登义、张文敬、刘玉海、王天武、刘全友、杜继武、潘惠根、陈富财等组成的小分队配合国家登山队，对特高海拔那拉错地区进行以地质、地貌、冰川和气象为中心的科学考察。

经过两年四次的考察研究，科学工作者冒着生命危险，不顾风雪严寒、季风暴雨的袭击，山崩、滑坡、泥石流的危险，野兽、毒蜂、蚂蟥、毒蛇的威胁，团结协作，完成了考察任务，积累了丰富的科学资料，填补了空白，并有所发现和创新。仅以生物方面为例，就收集了 21 939 号标本，发现维管束植物新属 2 个，新种 30 余个，真菌新种 7 个，锈菌新种 18 个，昆虫新属 8 个，新种达 200 个。同时还发现了跃动冰川，大峡谷是青藏高原最大的水汽通道，确认雅鲁藏布江峡谷是世界上最大的大峡谷。

26.3　主　要　成　果

登山科学考察队在 1982 年和 1983 年考察的基础上，1984 年 4 月在桂林召开了成果总结工作会议，讨论制定了《登山科学考察丛书》编写计划。依据计划要求，经室内总结编辑出版了《南迦巴瓦峰地区登山科学考察丛书》：

（1）南迦巴瓦峰地区地质，章正根、刘玉海、王天武、杨惠心、徐宝慈。

（2）南迦巴瓦峰地区自然地理与自然资源，彭补拙、王富葆、包浩生、雍万里、严蔚云、赵培道、李春华、窦贻俭、刘育民、吴泽生、张厚森、杨逸畴、林振耀、吴祥定、张文敬、张振栓、王志超、陈亚宁、刘世建、关志华、李渤生、刘全友、卯晓岚。

（3）南迦巴瓦峰地区生物，卯晓岚、李渤生、倪志诚、程树志、黎兴江、曾淑英、苏永革、庄剑云、王宗伟、杨大伟、杜继武、徐延恭、冼耀华、赵尔宓、李胜全、黄复生、韩寅恒。

（4）南迦巴瓦峰地区维管植物，倪志诚、程树义。

（5）南迦巴瓦峰地区昆虫，陈世骧、黄复生、韩寅恒、尹文英、随敬之、孙洪国、吴福祯、冯平章、王子清、黄春梅、刘举鹏、郑民、郑彦芬、陈一心、马文珍、邓国藩、章士美、林毓鉴等 92 人。

（6）南迦巴瓦峰地区科学考察，杨逸畴、高登义、杜泽泉。

（7）南迦巴瓦峰登山科考论文专辑，山地研究，1984(2)。

（8）南迦巴瓦峰登山科考论文专辑，山地研究，1985(2)。

在各种刊物上发表论文 50 多篇。

参加中国科学院登山科学考察队人员名单

王　维	王天武	王兴邦	王志超	王宗祎	王振寰	卯晓岚	刘世建	刘东生	刘玉海	刘光荣
刘全友	刘育民	庄剑云	严江征	严邦良	张　新	张双民	张文敬	张保华	张厚生	张振栓
李世荣	李胜全	李渤生	杜泽泉	杜继武	杨大伟	杨祖全	杨逸畴	苏永革	陈亚宁	陈志华
陈富财	冼耀华	林　再	林振耀	赵劲松	倪志诚	夏风生	徐延恭	徐均涛	徐良才	高登义
章正根	黄衍初	彭补拙	程树志	董金富	谢国卿	韩寅恒	窦贻俭	雍万里	潘惠根	

27 中国科学院黄土高原综合科学考察队
（黄土队　1984～1989）

27.1　任务来源与主要研究课题

黄土高原地区，包括黄土高原(35.8万 km²)及其以北的毗邻地区，有"中华民族摇篮"之称，又是革命的老根据地，也是华北向西北过渡的具有战略意义的腹地。其能源资源丰富，但长期的水土流失和风沙严重，制约了农林牧业的发展。1983年国家计划委员会向中国科学院提出开展以国土整治为主要目的的黄土高原地区综合科学考察的建议。1984年5月，中国科学院成立黄土高原综合科学考察队，任命张有实为队长，孙惠南、郭绍礼、杜国垣、刘毓民、陈光伟为副队长。

黄土队在预查的基础上，1984年12月4～9日在北京召开了"黄土高原国土整治综合治理研究工作计划会议"。来自中央有关部委、中国科学院有关研究所、有关省区的计委、科委等170人出席了会议。会上讨论制定了以国土整治为中心的(1985～1988)综合考察研究计划，初步确定了主要研究课题：黄土高原地区的形成与演化；黄土高原地区的气候、水资源、土地资源、植物资源、矿产资源特点及其利用；水土流失、风蚀沙化的区域特征及综合治理途径；城市工矿区的环境变化及其治理；工业发展与城镇建设；农林牧业综合发展及农产品的优化结构；农村经济发展问题；旅游资源的开发。同时确定了考察研究的地区范围，是太行山以西、日月山以东、秦岭以北、阴山以南约67.8万 km²黄土高原地区。

1985年12月21～30日，黄土队在北京召开了"1985年成果学术交流及工作会议"。重点通报了国家"七五"攻关项目对黄土高原地区考察研究的工作要求，研究内容的调整及黄土高原地区国土整治与"七五"攻关项目的衔接问题，提出了《黄土高原地区综合治理总体规划纲要》，上报国家计划委员会。1986年3月25～27日，中国科学院在北京组成专家委员会对黄土高原综合治理项目进行评估。1986年8月黄土高原队又承担了"七五"黄土高原地区资源与环境遥感调查与系列制图任务。

黄土队总任务是采用卫星、航空遥感和地区调查相结合，查清水土流失和资源状况，提出综合治理方案，并把遥感的应用和信息系统的建立作为为总体综合治理开发方案服务的两项技术手段。依据任务要求，研究内容设立了3个方面、5个层次和14个专题。

3个方面

(1) 黄土高原地区综合治理开发的重大专题及总体方案；
(2) 黄土高原地区资源与环境遥感和制图；
(3) 黄土高原地区国土资源数据库及信息系统的建立。

5个层次

(1) 基本情况(自然条件、资源)；
(2) 应用基础的考察研究；
(3) 环境战略与主要资源开发利用中一些重大问题的研究；
(4) 重点县的考察研究；
(5) 不同类型地区和整个黄土高原地区治理开发方案。

14 个专题研究

（1）黄土高原地区自然条件特点及其形成和演变预测；

（2）黄土高原地区土壤侵蚀规律及治理途径；

（3）黄土高原地区农业气候资源及其合理利用；

（4）黄土高原地区生物资源及其合理利用；

（5）黄土高原地区土地资源及其合理利用；

（6）黄土高原地区水资源合理利用及供需平衡；

（7）黄土高原地区农林牧业的综合发展及合理布局；

（8）黄土高原地区乡镇建设及繁荣农村经济的途径；

（9）黄土高原地区能源资源的合理开发利用及农村能源解决途径；

（10）黄土高原地区综合运输网的发展及合理布局；

（11）黄土高原地区经济开发对环境影响及对策；

（12）黄土高原地区工业发展与城市工矿区的合理布局；

（13）黄土高原重点县的调查研究；

（14）黄土高原地区综合治理开发总体方案。

27.2　队伍组织与考察计划的实施

黄土队成立后，组织了来自中国科学院综考会、地理研究所、地质研究所、植物研究所、兰州沙漠研究所、遥感应用研究所、南京土壤研究所、成都地理研究所、西北植物研究所、西北水土保持研究所及大专院校和地方计委、科委和生产部门等 150 个单位，650 余人。组成 19 个专题组：

风沙组：组长朱震达；

方案组：组长武吉华；

人口组：组长李慕真；

旅游组：组长宋力夫；

第四纪地质组：组长袁宝印；

史地组：组长王守春；

土壤侵蚀组：组长唐克丽；

气候组：组长侯光良；

植物组：组长姜恕；

土地组：组长赵存兴；

土壤水分组：组长李玉山；

水资源组：组长方汝林（后换为苏人琼）；

旱农组：组长卢宗凡；

乡镇组：组长马鸿运；

能源组：组长黄志杰；

交通组：组长金瓯；

综合运输组：组长李文武；

环境组：组长王华东；

工业城镇组：组长邬翙光。

重点考察以开发煤炭为主的能源基地建设、水资源合理利用及对策、环境治理、植被建设、工业布局、交通及城镇建设、国土整治及总体布局。

1985 年 5 月开始，黄土队在黄土高原东部的山西省进行考察，以开发煤炭资源为主的能源基地建设以及国土整治总体布局为重点。

1986 年 5 月，黄土队开始对在黄土高原西部、宁夏的黄河沿岸、甘肃的中部河西走廊地区及东部陇东地区、青海的东部湟水河流域及青海周边地区考察。重点是区域经济发展战略规划的研究，同时开展战略规划的典型深入考察研究工作。

1987 年 1～6 月，黄土队承担的"黄土高原地区资源与环境遥感调查和系列制图"专题组与承担单位在三级合同课题分解的基础上，签订四级专题合同：

土地利用图，负责单位地理研究所，负责人沈洪泉；

土地资源图，负责单位综考会，负责人赵存兴；

土壤侵蚀图，负责单位地理研究所，负责人卢金发；

森林类型图，负责单位遥感应用研究所，负责人罗修岳；

草场资源图，负责单位综考会，负责人苏大学；

土壤图，负责单位西北水土保持研究所，负责人唐克丽；

植被图，负责单位植物研究所，负责人池宏康；

同时成立技术总体组，组长王乃斌。

1987 年 5 月起，在黄土高原中部、河南西部和南部地区，陕西的关中地区和陕北榆林地区、延安地区，内蒙古的河套地区和伊盟地区及黄河沿岸等地区，重点考察水土流失和风沙危害及其防治。对青海东部进行补充考察。

1988 年 5 月，黄土队要求各研究组对重点地区（陕北水土流失、产沙、多沙区；晋陕蒙接壤的能源基地建设区、关中及渭北地区等）、就重点问题（自然侵蚀、人为侵蚀、生态建设、能源基地建设问题等）进行深入考察研究。

1989 年 5 月后黄考队转入大总结，部分研究组进行了补点考察研究。

1989 年 7 月，黄土队黄土高原地区资源分队环境遥感调查与系列制图专题技术总结组，根据 TM 图像和区域分异规律，对山西、河南、陕西、内蒙古、青海、甘肃、宁夏等省区进行了路线调查和典型地区抽样制图检查。经过数年的考察研究，完成了自然环境、土壤侵蚀、土地荒漠化、水、土、气、生物资源、农、林、牧综合发展、工业、矿业、能源、交通、城镇、乡镇企业、环境、人口和旅游等重大问题的考察研究，还对 8 个重点县进行了经济发展战略规划。并编制了 1：100 万黄土高原综合战略开发分区图、土壤侵蚀图等专业图件 40 余幅。编制了多种资源环境数据集。出版"黄土高原画册"一本。

27.3　成果与奖励

黄土队经过 7 年的考察研究，协调攻关（01）专题的 14 个专题组，共同完成考察系列报告专著 21 部和 8 个重点县的经济发展战略报告，及重点地区的研究报告和遥感信息系列制图共 40 多部。主要成果有：

（1）黄土高原地区综合治理与开发——宏观战略与总体方案，张有实、张天曾、王华东、刘再兴、刘毓民、孙惠南、杜国垣、陈永宗、陈光伟、武吉华、邬翔光、郭绍礼、唐克丽、袁嘉祖、彭林等。

（2）黄土高原地区自然环境及其演变，杨勤业、袁宝印、卢金发、李荣全、周昆叔、朱士光、王守春、杨景春、屈翠辉、陆中臣。

（3）黄土高原地区土壤侵蚀区特征及其治理途径，唐克丽、陈永宗、景可、黄义瑞、张信宝、陈云、甘枝茂、姜中善、张佩华、靳泽先、李昭淑、张利铭、张平仓、查轩、李倬、史景汉、张恒年。

（4）黄土高原地区北部风沙区土地沙漠化综合治理，杨根生、邸醒民、黄兆华、刘阳宣、文子祥、张强、陈渭南、樊胜岳、许青云、陈茂才。

（5）黄土高原地区农业气候资源的合理利用，侯光良、王菱、袁嘉祖、张如一、施尚文、张庆辰、高素华、刘允芬。

（6）黄土高原地区土地资源，主要完成人：赵存兴、刘健、李家永、丁光伟、王正兴、杨勤业、杨根生、刘连有、陈渭南、史培军、王静爱。

（7）黄土高原地区土壤资源及其合理利用，王恒俊、张淑光、蔡凤岐、余存祖、韩仕峰、吕惠明、谢永生。

（8）黄土高原地区植被资源及其合理利用，王义凤、姜恕、孙世州、张振万、陈灵芝、陈一鹗。

（9）黄土高原地区水资源问题及其对策，苏人琼、唐青蔚、何希吾、黄河清、倪建华、陈远生、方汝林、姜淑云、李佩成、王纪科、刘俊民、冯显德。

（10）黄土高原地区地下水资源合理利用，王兆馨、刘祖植、王桂增、姜淑云、刘秀娟、王德霞、林杰、吴心铭、孙舒筋、戴大宜、孙文承、刘炳鑫、周海、何发乾、陈月娓。

（11）黄土高原地区矿产资源综合评价，王秀芳、郑仁城、毛廷科、付庆云、刘吉祥、叶岚。

（12）黄土高原地区农林牧业综合发展与合理布局，彭林、彭祥林、侯庆春、刘毓民、张汉雄、杨锡梅、黄占斌、蒋定生、谢正川、程积民、恒邦彦、刘向东、樊亚玲、徐萌、吴钦孝。

（13）黄土高原地区乡镇建设及繁荣农村经济的途径，马鸿运、曹光卓、王宽浪、张明海、杨生斌、庞爱权、陈彤。

（14）黄土高原地区能源资源的合理利用及农村能源的解决途径，黄志杰、彭芳春、陈效青、郑合、汤川龙。

（15）黄土高原地区工业发展与城市工矿区的合理布局，刘再兴、魏心镇、邬翊光、程连生、冯嘉萍、刘启明。

（16）黄土高原地区综合运输网的发展及合理布局，金瓯、胡光荣、李斌、李景盛、范增林、张贵生。

（17）黄土高原地区工矿区和城市发展的环境影响及其对策，刘培桐、王华东、宋连法、秦伟。

（18）黄土高原地区的人口问题，陈松宝、李慕真、苏润余、尤静姗、聂沁苑、刘海成、陈济、胡平。

（19）黄土高原地区旅游资源及其开发，宋立夫、吴建胜、张继前。

（20）黄土高原地区综合治理开发分区研究，武吉华、张天曾、孙惠南、侯辅相、贺少华、蔡光柏、冯嘉萍、程连生、彭芳春、邬翊光、唐克丽、曹光卓、杨根生、黄兆华、陈光伟。

（21）黄土高原地区综合开发治理模型研究，孙九林、倪建华、黄艳萍、张汉雄、陈绥阳、秦耀晨。

（22）黄土高原地区重点县综合战略与经济发展战略规划，郭绍礼、汪久文、刘钟龄、邸醒民、杨根生、黄兆华、李凯明、李志武、陈明荣、陈宗兴、齐矗华、梁增泰、伍光和、赵松龄、黄文宗、周永良、吕福海。

（23）黄土高原综合战略开发研究（宁甘青部分），武吉华、刘再兴、张天曾、蔡光柏、石培基、安芷生、孙东怀、袁宝印、李荣全、张振春、陆中臣、杨勤业、朱士光、王守春、李家永、李世顺、苏人琼、何希吾、唐青蔚、侯光良、黄志杰、唐克丽、陈永宗、杨根生、邸醒民、王华东、赵存兴、曹光卓、彭芳春。

（24）黄土高原遥感调查试验研究，陈光伟、王长耀、赵济、王乃斌、马志鹏、卢云、姜永清、徐彬彬、季耿善、黄秀华、雷会珠、诸广荣、雷震鸣、高万一、孙东怀、朱博勤、李健、张胜利、陆中臣、叶树华、马俊杰、宋桂琴、谢淑清、郑兴平、谈正、钱克、崔伟宏、王蓓、何建邦、吴健康、母河海、柯正谊、赵伟、边馥苓等。

（25）黄土高原地区重点县综合战略与经济发展战略规划问题研究，郭绍礼、李志武、伍光和、汪久文、唐海滨、李玉祥、徐清云、梁增泰、黄文宗、陈宗兴、李子元、齐矗华、惠泱河、杜国垣、潘美琴、杨根生、黄兆华、贡瑛。

（26）陕西省洛川县综合治理与经济发展战略规划，梁增泰、齐矗华、孙虎、郑琳、刘兆谦、杨东朗、师谦友、宋保平、武裕仁、董瑞芳。

（27）陕西省子长县综合治理与经济发展战略规划，李志武、陈明荣、陈宗兴、马乃喜、尹怀庭、孙逊、贡瑛、吴伯甫、唐海彬、惠泱河、窦玉清。

（28）内蒙古和林格尔县综合治理与经济发展战略规划，郭绍礼、汪久文、刘钟龄、马长炯、郑金元、李世顺、王彪、黄沛锦、曹光卓、姚建华、吴熠章、侯光华、王洗春、李玉祥、姚玉龙、王素芳、钱灿圭、王德才。

（29）山西省中阳县综合治理与经济发展战略规划，李凯明、赵文清、肖树文、姚启明、房淑云、王国梁、李玉轩、秦作栋、卫德明、张士忠、马安民。

（30）甘肃榆中县农林经济发展战略规划，赵松岭、伍光和、张志良、袁华荣、徐勤、胡双熙、陈怀录、陈波、王爱民、郭川、陈红、韦惠兰、杨积孝、徐宗宝。

（31）甘肃省正宁县综合治理与经济发展战略规划，黄宗文、华星嘉、刘景璜、李绍棠、王新长、王德福、李明昭、巩恒年、搞武科、高治德、吕胜利、苗万忠、朱建华、周永良。

（32）河南省新安县综合治理与经济发展战略规划，杜国垣、李子元、李万杰、张敬奇、王超英、袁其朝、江国民、陈三虎、郭建廷、李芳林、方书林、马联星、仉侠。

（33）区域资源开发模型系统，倪建华、陈绥杨、孙九林等。

（34）黄土高原地区资源环境社会经济数据库，杜国垣、高柳青等。

（35）黄土高原地区资源与环境遥感和系列制图研究，王乃斌、沈洪泉、赵存兴、卢金发、陈光伟、苏大学、王恒俊、池宏康。

（36）黄土高原地区资源与环境遥感系列图(1∶50万)，王乃斌、沈洪泉、赵存兴、卢金发、陈光伟、苏大学、王恒俊、池宏康。

（37）黄土高原地区资源与环境遥感调查和系列制图说明书，卢金发、陈光伟、苏大学、班恒俊、池宏康、王乃斌、沈洪泉、赵存兴。

（38）国土资源信息分类体系与评价指标，孙九林、李泽辉、赵秉栋、马建华等。

黄土队完成的"黄土高原(安塞试验区)遥感调查与信息系统研究"，1989年获中国科学院科学技术进步奖一等奖，1990年获国家科技进步奖三等奖，主要获奖人：陈光伟、何建邦、王长耀、吴健康、王乃斌。

"黄土高原地区综合战略开发重大研究及总体方案"，1992年获中国科学院科学技术进步奖一等奖，主要获奖人：张有实、杜国垣、郭绍礼、陈光伟、张天曾、刘再兴、唐克丽、彭琳、赵存兴、苏人琼、侯光良、杨勤业、王华东、曹光卓、邬翊光、武吉华、袁宝印、马鸿运、孙惠南、刘玉民、王秀芳、宋力夫、陈松宝、王恒俊、陈永宗、唐青蔚、侯庆春、黄志杰、魏心镇、王菱、彭祥林、王义凤、金瓯、彭尊春。

"建立黄土高原数据库及信息系统"，1992年获中国科学院科学技术进步奖二等奖，主要获奖人：孙九林、倪建华、李泽辉、岳燕珍、施慧中、王素芳。

"黄土高原地区资源与环境遥感调查与系列制图"，1993年获中国科学院科学技术进步奖二等奖，主要获奖人：王乃斌、沈洪泉、赵存兴、卢金发、陈光伟、苏大学、罗修岳、王恒俊、池宏康。

"黄土高原重点治理遥感调查与系列制图"，1994年获中国科学院科学技术进步奖三等奖，主要获奖人：陈光伟、陈正宜、赵济、王长耀、王乃斌。

"黄土高原地区综合治理开发战略及总体方案研究"，1997年获国家科学技术进步奖二等奖，主要获奖人：张有实、杜国垣、王乃斌、孙九林、郭绍礼、陈光伟、张天曾、沈洪泉、倪建华。

参加中国科学院黄土高原综合科学考察队人员名单

丁永建	山仑	马天山	马长炯	马鸿运	冈连恕	孔昭真	尹全山	尹军	户宗凡	文子祥
文祥	方汝林	方忠义	牛慧恩	王义凤	王五一	王文德	王长斌	王占礼	王正兴	王创练
王华东	王守春	王成华	王丽芝	王国梁	王岳平	王建省	王绍庆	王彪	王洗春	王绒科
王宽让	王素芳	王菱	王景荣	王新长	王德才	王德生	王德福	车文强	车宇湖	邓晓峰
邓醒民	韦省民	付庆云	冯嘉苹	卢金发	史成华	史竹叶	史念海	汉景泰	田积莹	白建斌
石玉洁	石非馨	石培基	石培森	任玉岐	伍光和	休坚勇	刘为民	刘允芬	刘东向	刘以连
刘立华	刘光寅	刘阳宣	刘丽如	刘志全	刘秀娟	刘连友	刘忠	刘俊民	刘祖梅	刘钟龄
刘梅梅	刘琼湘	刘景瑛	刘毓民	华星嘉	吕克已	吕胜利	吕儒红	孙世洲	孙东怀	孙继斌
孙惠南	巩恒年	庄保仁	朱士光	朱平	朱同新	朱建华	朱敏	朱银城	朱楚珠	朱熙宇
朱震达	江忠善	江凉	江爱良	邬翊光	齐矗华	何希吾	余存祖	余志会	余海平	吴子荣

吴永曾　吴成基　吴宏岐　吴钦孝　吴　章　吴普特　宋力夫　宋传升　宋再光　宋连法　张天曾
张天蔚　张平乞　张正敏　张汉雄　张有实　张如一　张中桂　张伸子　张志良　张明海　张信宝
张勋昌　张树升　张科利　张贵生　张振万　张振春　张晓川　张继前　张　强　张棕祜　张雷坼
张　爽　张敦富　张　瑛　李久明　李文武　李世顺　李　平　李玉山　李向民　李凯明　李子元
李文柏　李世顺　李永益　李玉祥　李志中　李志平　李明昭　李洪生　李容全　李　航　李景盛
李瑞敏　李慕真　李绍棠　李家永　李振忠　李高社　李　雄　李壁成　杜国垣　杨力鹏　杨文治
杨玉龙　杨根生　杨勤业　杨新民　汪久文　汪有科　沈小平　肖　洁　苏人琼　苏宁虎　苏润全
贡　森　邸醒民　陈一鹗　陈文亮　陈光伟　陈汪卫　陈远生　陈国南　陆中臣　陈心慧　陈永宗
陈　彤　陈　运　陈国良　陈松宝　陈茂才　陈晓田　陈　浩　陈渭南　陈德华　周永良　周　立
周佩华　周春林　周晓东　周根才　国玉麟　孟　松　屈翠辉　易四煜　林　杰　枝　茂　武吉华
武裕仁　泄宏康　苗万忠　范小冲　范增林　郑世清　郑　合　郑芬莉　郑金元　郑　度　金同兴
金启宏　金　瓯　侯庆春　相　卓　胡光荣　胡昌苗　胡英娣　贺少华　赵文青　赵平定　施尚文
施细时　梁和平　查　轩　相　卓　胡光荣　姚建华　姚逸龙　郝福财　钟世琦　钟德才　赵名茶
赵存兴　赵更生　赵松岭　赵青超　赵俊林　郝天喜　郝有亮　郝福财　钟世琦　钟德才　侯光华
侯光良　倪建华　唐克丽　唐青蔚　夏正楷　席道勤　徐建辉　徐非生　恭爱琪　涂增泰　耿宽宏
聂克勤　莫多闻　袁宝印　袁明海　袁嘉祖　贾亚非　贾忠海　郭礼肿　郭忠升　郭绍礼　郭富发
郭　谦　高万一　高尚玉　高武科　高治德　高柳青　钱灿圭　巢俊民　常乃光　康茶谊　曹尔琴
曹光卓　梁　韬　黄义端　黄子光　黄文宗　黄占斌　黄正光　黄兆华　黄　旭　黄志杰　黄沛锦
黄　凯　黄国俊　黄河清　彭芳春　彭祥林　彭期飞　彭　琳　景　可　温向东　程　力　程连生
董光荣　蒋定生　谢正川　谢国卿　谢建湘　谢淑清　韩仁峰　韩茂莉　韩奎析　甄计国　雷明德
雷虎兰　雷震鸣　廖家族　漂万沛　蔡凤岐　蔡光柏　蔡强国　潘纪民　魏利华

28 中国科学院新疆资源开发综合考察队
（新疆队 1985～1989）

28.1 立项过程与考察研究课题

中国科学院为了落实 1983 年 5 月和 9 月时任中共中央总书记胡耀邦和国务院总理赵紫阳视察新疆时的指示，为开发新疆，为 21 世纪将新疆建设成经济发达地区做好前期准备工作的精神，中国科学院从 1983 年 9 月起，叶笃正副院长和胡永畅副秘书长就开发新疆进行科学支持工作的需要，多次召开中国科学院新疆综合考察队有关人员和新疆分院及有关研究所负责人参加的座谈会听取意见。出席会议的同志一致认为：中国科学院应在 50 年代新疆综合考察队所取得成果的基础上，继续组织队伍对新疆进行多学科的综合科学考察，为建设和开发新疆做出新的贡献。为此，中国科学院制定了为新疆开发建设进行科学研究工作的初步设想，设想分两部分。

第一部分 重点战略性研究项目

关于 21 世纪新疆环境、经济能力的预测与农业发展布局的战略设想；新疆水资源合理开发利用的综合研究；新疆油气资源开发的综合研究；新疆天山的综合科学考察及自然资源的合理利用；

第二部分 重点研究课题

盐碱土改良；草场改良与农牧结合；沙漠的改造利用；冰雪、水资源的形成演化研究；瓜果品质的改良、储存条件的研究；新疆自然资源图件的编制。

1983 年 11 月 11 日在新疆乌鲁木齐，由自治区党委第一书记王恩茂主持，叶笃正副院长就中国科学院支持新疆开发建设设想向自治区党委汇报并听取他们的意见，得到自治区党委的充分肯定和热烈欢迎，并指出中国科学院过去对新疆做了大量工作，取得了很好的成绩，希望继续做出更多更大的贡献。

1983 年 12 月中国科学院就"关于组织我院科研力量为开发建设新疆服务的情况报告"上报国务院。12 月 21～23 日，中国科学院在叶笃正副院长主持下在北京召开"开发建设新疆科研座谈会"，就 1984 年队伍组建与 1984 年工作安排和制定 5 年综合考察计划做出具体布置。同时传达了院党组的联合会议两项决定：中国科学院成立由叶笃正为组长，孙鸿烈、周立三、施雅风、王恩茂为副组长的领导小组。小组下设总体组，请周立三、于强主持工作；领导小组在中国科学院新疆分院设立开发新疆科研工作办公室，办公室在北京设联络员。会议协商确定了 11 个课题的牵头单位和部分参加单位。会议还确定由综考会组织专家编写"新疆资源开发与农业发展战略"报告，8～9 月向自治区汇报。

1984 年 4 月 8～14 日，由中国科学院叶笃正、孙鸿烈副院长主持，在乌鲁木齐召开了"中国科学院开发新疆科研工作座谈会"。来自中国科学院有关研究所、中央各部委、大专院校和自治区有关厅局和科学研究 40 个单位，200 余人出席会议。王恩茂第一书记在会上作了重要讲话。经讨论"新疆资源开发与生产力布局发展战略设想"初步确定 4 个关键项目和 7 个重点课题。

8 月 14～18 日，中国科学院在乌鲁木齐召开"新疆资源开发与生产布局"领导小组扩大会议，就 1985～1989 年考察计划，1985 年计划中的 8 个课题进行分解和落实。8 月 21～22 日，由周立三代表 16 人编写小组就"新疆农业发展战略"向自治区党政领导汇报并听取有关部门的意见。12 月 6 日新疆自治区人民政府和中国科学院联合发出"关于成立开发新疆科研联合工作领导小组"的决定：宋汉良任组长，孙鸿烈任副组长，成员有杨逸民、托呼提·艾力、于强、王熙茂、王文喜。

1985 年 2 月 25 日，中国科学院新疆资源开发综合考察队正式成立，中国科学院任命石玉林为队长，李文彦、毛德华、周嘉熹、康庆禹、沈长江为副队长。1986 年 4 月 14 日中国科学院又任命郭长福为副队长。业务秘书郭长福、张福林。办公室主任唐天贵。

1985 年 4 月，中国科学院正式批准并转发了中国科学院新疆资源开发综合考察队制定的"中国科学院新疆资源开发和生产布局研究项目"，和《1985～1989 年综合科学考察计划纲要》。

依据"研究项目"和"考察计划纲要"的要求，新疆资源开发综合考察队围绕"新疆资源开发和生产布局"这一中心开展 8 个课题研究。

1) 新疆水土资源合理开发利用和水土平衡研究

负责单位：综考会、地理研究所、新疆计委农牧处、新疆水利厅，负责人：袁子恭、赵存兴、汤奇成、秦文模、唐其剑、李庶。

（1）新疆水土资源开发利用现状及评价，负责单位：综考会、新疆水利厅水管总站，负责人：顾定法、文国荣；

（2）新疆水土资源合理利用，负责单位：中科院地理研究所、新疆水利厅水文总站和水管总站，负责人：汤奇成、顾定法、邵新媛、巴福禄；

（3）新疆水土资源对国民经济发展的保证程度，负责单位：综考会、地理研究所、新疆水利厅总工办，负责人：顾定法、汤奇成、魏树藩；

（4）新疆农田水分平衡及节水高效灌溉方案，负责单位：新疆气象科学研究所，负责人：季红岩、朱茂如；

（5）新疆耕地资源和潜力，负责单位：综考会，负责人：郑伟奇；

（6）新疆荒地资源开发与利用，负责单位：新疆兵团勘测设计院，负责人：蒋寒荣。

2) 新疆农业合理布局和商品粮生产基地建设

负责单位：综考会、新疆计委农牧处、新疆兵团、林业部规划院、新疆农科院作物研究所，负责人：沈长江、卫林、李佳辰、李兰田、张运生等。

（1）新疆季节牧场资源平衡与草场开发建设，负责单位：新疆农牧厅草原队、综考会，负责人：宋宗仁、李梦林、廖国藩；

（2）畜产品基地布局与建设途径，负责单位：综考会、新疆畜牧厅，负责人：沈长江、阎厚忠；

（3）经济作物（棉花、葡萄、瓜果、甜菜）基地布局和建设途径，负责单位：综考会、新疆农科院经济作物研究所、新疆气科所、负责人：卫林、张运生、廖明康、刘正、王润之；

（4）农作物合理结构和粮食、饲料发展途径，负责单位：新疆农科院现代化研究所，负责人：黄仲植；

（5）农业类型与农牧结合途径，负责单位：林业部规划院、新疆社科院，负责人：刘甲金等；

（6）森林资源评价及合理经营与林业布局，负责单位：林业部林业规划院、新疆林业厅，负责人：李兰田等；

（7）新疆水生生物资源及淡水渔业布局，负责单位：武汉水生生物研究所、新疆水产局考察队，负责人：刘伙泉、姜正炎；

（8）新疆乡镇企业发展与布局。

3) 新疆能源需求预测和能源资源开发利用

负责单位：能源研究所、新疆经委、新疆计委，负责人：黄志杰、关继民、李天佑。

（1）能源供需利用现状及其对环境的影响，负责单位：能源研究所、新疆经委，负责人：王家诚、关继英；

（2）能源需求的预测，负责单位：能源研究所、新疆经济研究中心，负责人：沈建中、夏日；

（3）能源资源的经济评价与能源基地的建设布局，负责单位：能源研究所、新疆计委能源处，负责人：王家诚、李天佑；

（4）农村能源解决途径及建设方向，负责单位：能源研究所，负责人：彭芳春。

4）新疆工业发展方向与工业基地布局

负责单位：中科院地理研究所、新疆计委，负责人：李文彦、陆大道、吴汉春。

（1）工业发展的自然条件，负责单位和负责人（同上）；

（2）工业发展布局的现状分析，负责单位和负责人（同上）；

（3）工业发展方向结构及主要部门的发展与布局，负责单位和负责人（同上）；

（4）主要工业区、点及工业城市的合理发展与布局，负责单位和负责人（同上）；

（5）新疆投入产出模型与建立国土资源数据库，负责单位：综考会、新疆计委经济研究所，负责人：孙九林、周嘉熹。

5）新疆交通运输方向和运网布局

负责单位：综合运输研究所、新疆经委、新疆计委，负责人：刘丽茹、李文忠、桑生才、张平、吴汉春。

（1）新疆客货流量流向预测及交通运输发展方向，负责单位：综合运输研究所、新疆经委、新疆交通厅、新疆计委，负责人：李文忠、张平、丁绍祥、陈光铺；

（2）新疆铁路客货运输量需求及建设设想，负责单位：综合运输研究所、乌鲁木齐铁路局，负责人：吴凤维、李安荣；

（3）新疆公路运输发展设想，负责单位：综合运输研究所、新疆交通厅，负责人：吴凤维、丁绍祥；

（4）新疆民用航空发展设想，负责单位：综合运输研究所、新疆民航管理局，负责人：江嘉言、田德和；

（5）新疆管道运输发展设想，负责单位：综合运输研究所、新疆石油管理局，负责人：陈莲静、王玉昆。

6）新疆综合经济区划

负责单位：地理研究所、新疆计委，负责人：李文彦、陆大道、叶运生。

（1）新疆自然资源及国民经济发展的地域差异，负责单位：地理研究所、新疆计委，负责人：李文彦、陆大道、叶运生；

（2）综合经济区划的原则及方案；

（3）分区发展及重大工程建设与环境整治措施以及旅游资源开发；

（4）城镇分布、城镇体系、中心城市的作用，负责单位：地理研究所；负责人：孙俊杰；

（5）新疆城镇建筑综合考察研究，从古代建设的角度探索新疆今后建设的发展方向，负责单位：自然科学史研究所、负责人：张驭寰。

7）新疆环境变迁和重点地区（及城市）开发后对环境影响的研究

负责单位：贵阳地球化学研究所、新疆生土研究所、北京大学，负责人：文启忠、夏训诚、陈昌笃。

（1）新疆晚新生代以来自然环境变迁及其发展趋势，负责单位：新疆环保研究所、贵阳地球化学研究所，负责人：高志中、文启忠；

（2）历史时期新疆环境变化的研究，负责单位：新疆生土研究所，负责人：夏训诚、樊自立；

（3）新疆重点开发地区的自然生态环境及开发后变化的研究，负责单位：北京大学，负责人：陈昌笃、张妙第；

（4）新疆重点城市、工矿区经济开发对环境的影响，负责单位：新疆建设厅、新疆环保研究所、新疆监测中心、新疆环境咨询服务中心，负责人：张志中、张家铭等。

8）新疆国民经济远景战略预测

负责单位：综考会、系统研究所、新疆计委，负责人：容洞谷、许国志、周嘉熹。

考察研究进度：

1985年考察北疆地区，1986年考察南疆地区，1987年考察东疆与进行补点考察，1987年下半年至1989年进行室内总结。

新疆资源开发综合考察队依据"计划纲要"要求，成立项目领导小组，负责人：石玉林、康庆禹、沈长江、李文彦、毛德华、周嘉熹。按8个课题，组成8个课题组（负责人见课题负责人），负责项目的实施。项目总经费403万元，中国科学院提供358万元，新疆自治区提供45万元。

28.2　队伍组织与考察计划实施

新疆资源开发综合考察队在两年准备的基础上，1985年组织了来自中国科学院综考会、地理研究所、贵阳地球化学研究所、武汉水生生物研究所、新疆生物土壤研究所、新疆地理研究所、沈阳林业土壤研究所、综合运输所、自然科学史研究所、国家经委能源研究所、北京大学、八一农学院、东北林学院、新疆农科院和新疆社科院有关研究所、新疆环保所、新疆规划院、新疆自治区计委、经委、林业厅、农业厅、交通厅、建设厅、环保厅、石油管理局、民航局、水产局、新疆建设兵团勘探设计院等45个单位315名科技工作者，其中高级职称人员37人。

8个专题组于1985年6～8月围绕8个大课题38个方面对新疆地区进行科学考察研究。全队6月10日至7月10日首先完成了对伊犁河流域的考察，提出了"关于新疆伊犁地区资源开发与工农业生产若干问题的建议"报告，并向伊犁地区党政部门和农建四师作了汇报。7月中旬到8月下旬又先后对天山北坡中段、阿勒泰地区、塔城地区和乌鲁木齐-克拉玛依地区，进行考察。8月底在乌鲁木齐集中进行总结和学术交流，提出"以北疆为主的新疆开发与生产力布局若干建议"等报告和专题考察报告60余篇。

1986年4月25日，新疆资源开发综合考察队213人在乌鲁木齐集中，根据自治区党委书记宋汉良的要求，考察队重点放在南疆三地州。5月2日赴喀什，8个专题的有关专题组依据总计划的要求对喀什地区、和田地区和克孜勒苏柯尔克孜自治州进行考察。8月初在喀什总结后，分别向三地州做了汇报。后又以路线考察方式为主分别考察了阿克苏地区和巴音郭楞蒙古自治州，8月下旬回到乌鲁木齐进行总结，提出了"新疆维吾尔自治区喀什、和田和克孜勒苏州经济发展战略研究报告要点"等33篇报告。11月20～26日，新疆资源开发综合考察队全队在杭州召开了"1986年工作总结会议"。

1987年5月初至7月30日，新疆资源开发综合考察队189人围绕"阿克苏-库尔勒地区综合考察""艾比湖地区水土资源开发与环境保护""天山北坡核心区经济发展战略的总体设想""天山中段山区保护与建设综合考察""库车县绿洲经济综合发展""阜北农场荒漠绿洲生态农业试验"等9个课题进行考察。在对东疆地区的哈密和吐鲁番盆地考察后，再组成3个分队开展考察与调查：第一分队在石玉林队长的带领下，对阿克苏河流域、塔里木河流域的水土资源分配与水土平衡、荒地开发利用、农作物结构与调整、工业布局能源需求、塔里木河下游环境变迁等问题，对阿克苏、库尔勒地区进行了综合考察研究；第二分队在沈长江副队长带领下，对天山中段自然条件、自然资源与环境和山区的保护与建设以及林业、畜牧业的合理发展问题，进行了重点调查研究；第三分队在周兴佳的带领下，围绕着艾比湖地区的资源开发与环境保护问题进行了重点考察。此外，工业组和绿洲组围绕天山核心区经济发展战略问题和库车县的绿洲经济发展战略，对天山北坡和库车县进行了重点考察。7月20～30日全队在库尔勒进行年度总结和交流，并向巴音郭楞蒙古自治州、阿克苏地区政府和兵团农一师、农二师及有关部门进行汇报并交换意见。经短期的总结，共提出了"新疆土地资源生产能力与承载量"为主的报告31篇。至此，新疆资源开发综合考察队野外工作全面结束，转入室内总结。8月1～12日，全队在兵团五家渠宾馆集中讨论落实"新疆资源开发与生产布局"总报告和17个专题报告编写提纲。其间新疆维吾尔自治区副主席毛德华陪同周光召院长到宾馆看望了全体队员。

1988年5～6月，全队人员在乌鲁木齐新疆农科院招待所集中进行总结，由二级课题和三级课题负责人汇报总结情况并进行交流。同时确定了"新疆资源开发与生产布局"总报告编写内容，并要求总报告和专题报告于1988年上半年完成。

1988年9月10～24日，新疆资源开发综合考察队在北京西三旗饭店全面系统地讨论和审查"总报告"以及11项考察专集、16项专题报告简要本。

1989年12月5～8日，中国科学院和新疆维吾尔自治区人民政府主持召开了"新疆资源与生产布局"成果汇报会和鉴定会。

28.3 主要成果与奖励

新疆资源开发综合考察队经3年的野外考察和2年的室内总结，完成主要成果包括5类：①年度考察报告150余件；②专题简要报告19篇与相应图件；③研究简报73期；④"新疆资源开发综合考察报告集"共16集；⑤部分专业完成的专著共5部。

1）资源开发综合考察研究报告

（1）新疆资源开发与生产布局，石玉林、容洞谷、沈长江、郭长福等人；

（2）新疆区域经济发展战略，陆大道、沈长江、王钟建、余旭升、程向皎、任强文、邸荣久、姚运高等；

（3）新疆水资源合理利用与供需平衡，袁子恭、汤奇成、顾定法、朱茂如、俎玉亭、周德全、魏忠义；

（4）新疆土地资源承载力，王立新、徐继填、石竹筠、蒋寒荣、李立贤、石东崖；

（5）塔里木河流域农业自然资源的合理利用与治理，程其畴、谢香方、杨利普、孙荣章、吴申燕；

（6）新疆畜牧业的发展与布局，沈长江、阎厚忠、王钟建；

（7）新疆种植业资源开发与合理布局，张运生、黄仲植、曾大昭、王岚、陈家华、廖明康、徐培秀、刘正、黄俊、王润芝、林修碧；

（8）新疆森林资源评价及生产建设布局，李兰田、陆静英、黄志成、宋振祥；

（9）新疆水生生物与渔业，刘伙泉、张水元、杨植林、苏泽古、王健、胡春英、黄翔飞、吴天惠、陈其羽、叶尚明、潘育英；

（10）新疆能源需求预测与能源资源的开发利用，黄志杰、王家诚、渠时远、支路川、荣涛、孙广宣、陈效青、张万平、李俊峰、郁聪、刘世芳、初明、刘仁本、曹继跃、董开雄、郭云富、于洪昆、张仲逊、袁亚东、白小洲、王阿平、姚锡安、李重明、严复享、翟润田、樊杰、马永和；

（11）新疆工业发展与布局，李文彦、陆大道、刘毅、张雷、郭腾云、曲涛、李文生、袁朱、胡东升、刘德平；

（12）新疆经济系统投入产出分析，齐文虎、周嘉熹、周世宽、罗剑、李学文；

（13）新疆交通运输发展方向与运输网合理布局，刘丽如、李文忠、吴凤维、董焰、孙莲静、张文英、罗仁坚、崔凤安；

（14）新疆经济区域划分与发展战略，李文彦、张文尝、陈为民、王立新、陈田、金凤君、王琪、宋立夫、吴建胜、赵小兵；

（15）新疆生态环境研究，夏训诚、周兴佳、文启忠、陈昌笃、袁国映、樊自立、邵次男、李崇舜、乔玉楼、张立运、钱亦兵、廖宝玲、王喜鹏、雷加强、张妙弟；

（16）新疆国民经济发展战略研究，容洞谷、黄载尧、张弛、边千韬、陈慧琴、胡光荣、熊云、马映军、顾家骟、刘理才、王广颖。

2）五部"新疆资源开发综合考察专著"

（1）新疆第四纪地质与环境，文启忠、乔玉楼、沈才雄、张鸿义、李华梅、黄宝林、卢良才、林绍孟、金昌柱、余素华、向明菊、史维杨、钱亦兵、刘高魁、郑本兴、周兴佳、冯先岳、吴秀莲；

（2）新疆植棉业，张运生、王岚、曾大昭、徐培秀、杨柳青、赵丰、杨海峰、张志新、叶凯、路玲、王学先、田逢秀、田中午、王岩、黄仲植、娄春桓、张正南、邢振东、田元俊；

（3）新疆瓜果，廖明康、曾大昭、卫林、王其冬、李文卿、王润芝、陈家华、吴瑞堂、林德佩；

（4）新疆甜菜，刘正、董鸿才、王肖芳、王润芝、王学先、刘永红、刘焕霞、田元俊、叶松鹤、吴玉兰、李文先、邱云芳、邵金旺、邹如清、张祥林、张家骅、贺五昌、贺德源、黄仲植、黄兆庆；

（5）新疆种植业，黄仲植、曾大昭、王岚、王兆木、田元俊、潘小芳。

"新疆资源开发与生产布局研究"，1989年被评为中国科学院十大研究成果之一，1990年11月20日获中国科学院科学技术进步奖一等奖，主要获奖人：石玉林、容洞谷、沈长江、郭长福、张运生、黄仲植、陆大道、李文忠、周兴佳、黄志杰、袁子恭、郑伟琦、张文尝、李兰田、刘伙泉、黄载尧、廖明康、文启忠、曾大昭、齐文虎、陈昌笃、吴凤维、邰荣久、汤奇成、康庆禹、石竹筠、程其畴、黄俊、刘正、陆静英；1991年11月，获国家科学技术进步奖三等奖，主要获奖人：石玉林、容洞谷、沈长江、郭长福。

参加中国科学院新疆资源开发综合考察队人员名单

丁绍祥	万丕德	于丽文	于海明	卫　林	马建荣	马映军	巴哈提	巴福禄	支路川	木拉提
毛汉英	毛德华	牛建新	王一建	王义生	王广颖	王　为	王玉昆	王立新	王守华	王　朴
王　岚	王国清	王钟建	王家诚	王晓东	王润芝	文启忠	文国荣	邓国厚	田德和	叶忆明
叶国良	叶运生	叶尚明	石玉林	石竹筠	石家琛	石智德	龙万克	买买提江	伍直中	关玉良
关继民	关继英	刘　正	刘立彭	刘伙泉	刘丽茹	刘和弟	刘宪国	刘科成	刘美瑜	刘　栓
刘　彬	刘德平	刘　毅	向启本	许国志	孙广宣	孙文线	孙西铭	孙俊杰	朱茂如	朱霁虹
江嘉言	汤奇成	过兴先	齐文虎	严复亭	余汉桥	初　明	吴凤维	吴天惠	吴汉春	吴晓凡
宋宗仁	宋振祥	张万平	张中逊	张文英	张　平	张水元	张立运	张传铭	张全玉	张驭寰
张　华	张成宣	张妙弟	张志诚	张运生	张宝华	张建民	张歧山	张福林	张　雷	李一善
李　庶	李久明	李文忠	李文彦	李文卿	李立贤	李兰田	李安荣	李学辉	李俊峰	李重朋
李海滨	李梦林	李新男	李蒙春	杨立庄	杨周怀	杨昌友	沈长江	沈玉治	苏玉兰	苏泽古
季红岩	邱小秋	邵次男	陆大道	陈为民	陈文俊	陈　田	陈礼学	陈光镛	陈汝国	陈百明
陈其羽	陈宝文	陈昌笃	陈明顺	陈炳禄	陈家华	陈晓晖	陈　航	陈莲静	陈喜全	陈敬峰
陈殿鳌	陈静荣	陈德华	陆静英	周　伟	周兴佳	周朝宏	周嘉熹	周德全	林绍孟	林修碧
林发承	林培钧	罗仁坚	罗学用	罗　剑	范瑞祥	郑伟琦	金凤君	金昌柱	金德明	姐玉亭
姚运高	姚逸秋	姜正炎	皇振刚	祝世传	胡文康	胡光荣	胡春英	荣　渚	赵小兵	赵令勋
赵　龙	赵亚平	赵伟辉	赵兴仪	赵存兴	赵自强	赵淑文	邰荣久	钟骏平	秦文模	夏　日
夏训诚	容洞谷	徐志平	徐继填	徐培秀	高志中	袁子恭	袁亚东	郭长福	郭文卿	郭腾云
桑生才	钱亦兵	顾定法	崔健中	康庆禹	唐其剑	曹景山	梁慎淑	阎厚忠	黄一义	黄仲植
黄志成	黄志杰	黄宝林	黄尚务	黄　俊	黄载尧	彭应全	彭芳春	曾大昭	曾　辉	程　鸿
程其畴	董　焰	蒋　伟	蒋寒荣	谢香芳	谢淑清	韩　云	韩晓媛	韩群力	赖世登	廖国藩
廖昌良	廖明康	熊　云	翟凤安	翟润田	谭征祥	樊自立	樊　杰	潘代远	潘强民	颜　铭
薛丁义	霍明远	戴为民	戴洪才	魏生贵	魏忠义	魏荣禄	魏树藩			

29 中国科学院西南地区资源开发考察队 （西南队 1986～1988）

29.1 立项依据和背景

西南地区包括四川省、云南省、贵州省、广西壮族自治区和重庆市，即川、滇、黔、桂、渝四省区一市，又称四省五方。全地区幅员达 137 万 km²，人口超过 2.1 亿，是我国规模最大的经济区。

西南地区拥有能源、矿产、生物、气候四大优势自然资源，组成我国储备最为丰厚的自然资源配套体系，为经济建设和社会发展提供了强大的物质基础。

1984 年 1 月，胡耀邦总书记在视察云、贵、川、渝四省(市)时明确指出："用十五到二十年的时间，把整个西南三省建设成为既可以独立存在，又能支援全国的现代化基地。它的主要内容有四：一是全国建设最快，投资最少，而且污染较轻的，最大的能源基地；二是品种齐全，质量较高，能够独立作战的重工业基地；三是能满足本地区人民生活需要，有西南特色的轻工业基地；四是在粮食充分自给的基础上，建设成一个强大的林业、牧业基地"。

改革开放以来，国家在政策和投资向沿海地区的双重倾斜，使西南地区在全国市场经济中的实力明显削弱，四省区的人均收入降到全国倒数第一、二、三、五位。面对严峻的挑战，川、滇、黔、桂、渝四省五方，积极响应胡耀邦的倡导，于 1984 年以"自力更生多方联合，国家支持，共谋振兴"为方针，组成跨省区、开放式、松散型的西南地区四省区五方经济协调会。与此同时，国家计委为贯彻中央领导的战略意图，于 1984 年 4 月，委托中国科学院逐步开展西南地区以资源开发为中心的综合科学考察。中国科学院综考会成立了以程鸿为首，由程鸿、赵训经、倪祖彬、郭文卿、袁子恭、唐青蔚、顾定法、妞玉亭、林戈、孙九林、郎一环、岳燕珍、谢国卿、余月兰 14 人组成的国家计委考察小组，先后赴重庆、成都、昆明、贵阳进行短期调查，编写了"西南地区资源开发和生产力布局的初步研究"报告的初稿。1985 年 3 月，综考会邀请四省五方计委、经委和国务院九部委的有关同志对报告进行讨论和审查。

1985 年 4 月，西南地区四省五方经济协调会第二次会议在重庆市召开，各省区(市)代表团、全国政协副主席王光英、国家计委、经委、科委、体改委、民委、国务院三线办等 38 个国务院有关部委和中央机关负责人出席了会议。综考会副主任李文华在会议上汇报了考察小组调查报告的主要内容，以及综考会过去在西南地区所组织的 7 次考察研究，并且表示将以中国科学院青藏高原综合科学考察队为基础，对西南地区开展考察研究的意愿。在这次会议上，会议主席方重庆市委书记廖伯康和云南省副省长和志强，点名要求中国科学院综考会承担组织西南协作区的综合考察。会后，以廖伯康和四省区五方经济协调会第二次会议名义，在上报国务院的"关于'四省区五方'经济协调会第二次会议的情况和几个问题的请求报告"中提出五项建议中的第一项，即为"将'川、滇、黔、桂地区国土资源综合考察和发展战略研究'列入国家'七五'科研计划，并尽快组织实施，为开发大西南做好前期准备工作"。

1985 年 7 月，国务院以(85)国函字 105 号文件，对西南四省区五方经济协调会第二次会议的报告在批复中指出："开展川、滇、黔、桂地区的国土资源综合考察和发展战略研究，是开发大西南的一项很重要的前期准备工作，同意在'七五'科技经费中给予适当补助，请中国科学院牵头组织好这项工作。地方要积极配合，扎扎实实地做好重大建设项目的论证工作"。

为贯彻落实国务院(85)国函字 105 号文件中的指示，四省区五方经济协调会与中国科学院，于 1985 年 12 月 7 日至 9 日联合召开了准备工作会议。参加会议的有四省区五方代表 15 人，中国科学院及其所属有关单位 17 人。四省区五方经济协调会第二次会议主席方，中共重庆市委书记廖伯康、中国科学院副院长孙鸿烈在会上作了重要讲话，会议确认中国科学院已将这项任务列入院"七五"期间重点科研计划；确定综考会为牵头单位；四省区五方成立了"第一专业组"，由重庆方和广西方负责牵头，配合中国科学院综考会抓好这项工作。会议还建议将"西南地区国土资源综合考察和发展战略研究"列入全国"七五"科研项目和1986年国民经济计划。这次会议统一了认识，明确了指导思想、任务和措施，商定了议事日程、组织协调和经费来源，通过了由中国科学院综考会提出的"西南地区国土资源综合科学考察和发展战略研究"项目的课题分解和工作计划大纲，作为会议纪要的附件。

29.2 队伍组织和课题设置

1986年8月8日，在云南昆明召开的本研究项目领导小组第一次会议上，首先由孙鸿烈副院长代表中国科学院宣布"西南地区国土资源综合考察和发展战略研究"的项目领导小组、专家顾问组，以及中国科学院西南地区资源开发考察队队部的人员组成：

领导小组：

组　　长：孙鸿烈（中国科学院副院长，中国科学院综考会主任）

副组长：李文华（中国科学院综考会副主任）

　　　　西南地区四省区五方经济协调会主席方（轮值）

组　　员：甘书龙、戴瑛、姚继元、翁长溥、庞举、刘允中

专家顾问组：

组　　长：刘允中（中国科学院成都分院顾问）

副组长：吴传钧、吴征镒、涂光炽、黄秉维、陈述彭、席承藩、蒋一苇、贾慎修、李驾三、孙尚清、黄清禾、程庆民、张华令、冉英华、邓传英、谭庆麟

中国科学院西南地区资源开发考察队队部：

队　　长：李文华

副队长：章铭陶（常务）、郭来喜、吴积善、韩裕丰、陈书坤、孙九林

（1987年3月21日，中国科学院决定增补程鸿为西南资源开发考察队副队长，免去孙九林副队长职务）。

西南地区的资源开发和发展战略研究涉及自然科学、社会科学和技术科学的广泛领域，是一项多学科、多层次、多目标、跨行业、跨部门的区域性大规模综合科学考察研究，应用性非常强，既不同于青藏高原以地学、生物学为主的基础性科学考察，也不同于其他的资源考察或专题考察，是一项西南地区前所未有的巨大复杂的系统工程。因而，西南地区资源开发考察队组织了综考会、地理所、地球化学所等23个研究所，东北工学院、北京师范大学等19所高等院校，水电部、林业部、铁道部等14个中央有关部门所属各有关单位，以及四川、云南、贵州、广西、重庆各省区市的有关单位，共120个部门和单位的606名科技工作者和管理人员，参加这一考察研究项目。

开展西南地区国土资源综合考察和发展战略研究的指导思想，是以市场为导向，以资源为依据，充分发挥区域综合优势，加速改善投资环境，以把西南地区建设成为既能独立存在，又能支援全国的能源、原材料、轻工业、林业和畜牧业的四个现代化基地。同时还要论证重大建设项目。把为国家制订开发建设西南地区的战略决策提供科学依据作为总体目标。并且在系统科学的理论和方法的指导下，把西南地区置于全国的大系统中进行分析，论证西南地区在全国宏观发展战略中的位置，然后开展各省区市、重要产业部门、资源富集区和重要专题等子系统的研究，解决诸多因素在时间和空间上的协调，正确处理整体与局部、长期与近期、产业与地区、开发与保护、建设与改革等一系列区域发展的紧迫问题。使开发资源、发展经济、控制人口、保护环境形成相互促进、相辅相承的协调关系，以保障西南地区的可持续发展。

根据上述总体思路，考察队在研究项目内设置了26个研究课题，并划分成三个层次：第一层次为西南地区的总体战略，主要产业部门的发展战略，以及社会经济与环境等重大战略课题，作为研究项目的核心内容；第二层次为重点资源富集区的开发研究，这是第一层次在重点开发地区的重要补充；第三层次为若

干开发建设的重要专题性研究，这是第一层次的深化研究。

（1）西南地区国土资源综合考察和发展战略研究，主持单位：中国科学院综考会，课题组长：程鸿、章铭陶，副组长：韩裕丰、孙尚志；

（2）能源资源评价和能源基地发展战略研究，主持单位：中国科学院综考会，课题组长：关志华，副组长：茹益平、佟伟；

（3）矿业资源开发的战略经济意义、层次、可行性及对策，主持单位：中国科学院贵阳地化所，课题组长：朱为方；

（4）重工业基地建设和生产布局，主持单位：中国科学院综考会，课题组长：郭文卿，副组长：王希贤、陈万勇、郎一环；

（5）轻工业资源和发展条件的评价及轻工业基地建设，主持单位：中国科学院地理所，课题组长：郭来喜，副组长：罗辑；

（6）森林和宜林地的评价及森林工业基地建设，主持单位：中国科学院综考会，课题组长：赖世登，副组长：朱义琨、韩裕丰；

（7）农业资源评价及种植业，主持单位：中国科学院成都山地所，课题组长：李仲明、韦启璠；

（8）畜牧业基地建设，主持单位：中国科学院综考会，课题组长：黄文秀，副组长：田效文；

（9）交通运输网络和主要区际通道，主持单位：中国科学院综考会，课题组长：孙尚志；

（10）重庆和其他城市的发展及西南经济区划，主持单位：中国科学院地理所，课题组长：叶舜赞；

（11）西南地区社会经济情势的综合分析研究，主持单位：川、滇、黔、桂、渝社会科学院，课题组长：顾宗枢，副组长：王干梅、王崇理、肖永孜、廖元和，常务副组长：唐泽江；

（12）西南地区经济开发的环境战略研究，主持单位：中国科学院贵阳地化所、生态环境中心，课题组长：万国江、浦汉昕；

（13）川滇黔接壤地区经济开发和生产布局，主持单位：中国科学院成都山地所，课题组长：傅绶宁，副组长：郑霖；

（14）滇西地区资源开发和生产布局，主持单位：中国科学院昆明分院，课题组长：王义明，副组长：王水；

（15）桂东南地区资源开发和生产布局，主持单位：中国科学院综考会，课题组长：姚建华，副组长蒋世逖；

（16）乌江流域的综合考察和资源开发利用，主持单位：中国科学院贵阳地化所，课题组长：李朝阳、黄瑔；

（17）红水河流域水能和矿产资源的开发利用，主持单位：中国科学院综考会，课题组长：姚建华，副组长：陆德复；

（18）川西北资源考察和开发治理，主持单位：中国科学院成都生物所，课题组长：赵佐成；

（19）西南地区水资源开发战略研究，主持单位：中国科学院综考会，课题组长：陈传友；

（20）近期有开发前景的生物资源评价、引种和开发利用，主持单位：中国科学院昆明植物所，课题组长：陈书坤；

（21）山地自然灾害的预测与防治，主持单位：中国科学院成都山地所，课题组长：吴积善，副组长：李械、罗德富、刘新民；

（22）热区（湿热和干热地区）自然资源的开发利用，主持单位：中国科学院昆明植物所，课题组长：许再富，副组长：邹祜梅；

（23）旅游资源的开发和自然保护区的建设，主持单位：中国科学院地理所，课题组长：杨冠雄；

（24）石灰岩山地有效开发途径的研究，主持单位：中国科学院成都山地所，课题组长：周性和、温琰茂；

（25）西南地区自然与经济图集，主持单位：中国科学院成都山地所，课题组长：张在琪；

（26）西南地区国土资源信息系统，主持单位，中国科学院综考会，课题组长：熊利亚。

29.3　项目实施及总结工作

1986年10月9日，西南队22个有关课题陆续集中南宁，启动了研究项目的系列外业考察。10月11日，由广西壮族自治区党委副书记李振潜主持，召开了广西考察工作会议，考察队成员听取了有关厅、局、委负责人的情况介绍。会后各课题组分头与对口的业务部门进行座谈、交流和收集资料，在此基础上确定各课题考察的重点，区域和问题，并分头开展工作。1986年12月，各课题组陆续完成外业考察，并于1987年1~3月进行室内小结，共完成130余份阶段性考察成果。1987年3月，由考察队常务副队长章铭陶及主要课题负责人郭来喜、孙尚志等赴南宁，向以李振潜为首的广西壮族自治区党委和政府有关部门汇报了考察队在广西的工作总结，以及对开发建设中重大问题的初步看法。研究项目的专家顾问组组长刘允中和综考会副主任康庆禹参加了会议。

1987年4月上旬，考察队的22个课题组集中昆明。4月11日，云南省省长和志强到宾馆看望考察队全体成员。他在讲话中介绍了云南省的省情，并回顾了20世纪60年代西南科考队和80年代青藏高原横断山科考队，为解决云南三大干热中心中的元谋、宾川灌溉水源所做出的贡献。4月12日，由云南省副省长金人庆主持，召开了考察工作会议。随后，考察队展开云南省的考察工作。7月上旬，各课题组陆续结束外业考察，在昆明进行业务交流和小结。9月上旬，全队21个课题组由昆明转移至贵阳。9月11日，贵州省的考察工作会议由常务副省长刘玉林主持召开。贵州省的外业考察于12月中旬结束后，各课题组集中北京进行业务交流和小结。在云、贵两省小结的基础上，共完成110份阶段性考察成果。

1987年12月24~26日，由研究项目领导小组组长，中国科学院副院长孙鸿烈主持召开了项目领导小组的第二次工作会议。领导小组成员或授权代表参加了会议，西南四省区五方国土处的负责同志及考察队副队长、办公室主任列席了会议。考察队常务副队长章铭陶向领导小组汇报了前一阶段考察研究工作的指导思想、工作方法和取得的成果，以及下一阶段的考察工作和全面总结工作的安排。受到领导小组的肯定。

1988年3月15日，考察队常务副队长章铭陶及主要课题负责人孙尚志、郎一环赴昆明，向由云南省副省长金人庆主持，省有关厅、局、委领导参加的汇报会，汇报了云南省的考察工作总结。其后，于3月20日又赴贵阳，向以贵州省常务副省长刘玉林为首的政府有关领导进行汇报。

1988年3月26日，考察队的22个课题组集中重庆开展外业考察。重庆市委书记廖伯康接见了全体考察队员，并主持召开了考察工作会议。全队在外业考察结束后就地进行小结，并由章铭陶及主要课题负责人叶舜赞、郭来喜、孙尚志等向以市委书记廖伯康为首的重庆市有关领导进行汇报。

1988年4月17日，全队21个课题组集中成都，开展四川省的外业考察，6月18日，中共中央政治局委员、四川省党委书记杨汝岱接见了全体队员。随后考察队全体成员参加了由四川省省长杨超主持召开的考察工作会议。6月中、下旬，各课题组陆续返回成都开始内业整理，并于6月28日，由考察队常务副队长章铭陶就对四川省的认识，关于攀钢二基地建设，三峡工程替代方案，以及交通等重大问题，向四川省省长杨超等领导作了汇报，综考会副主任石玉林参加了汇报会。

1987年和1988年，西南四省区五方经济协调会分别在成都和南宁召开的第四次第五次联席会议上，由考察队常务副队长章铭陶，向与会的国务院有关部委和各省区领导，就包括西南地区资源态势、开展建设的总体思路、产业结构优化、开发方案设想和重大建设项目等在内的初步成果进行汇报，听取各方面的意见和建议。

1988年8月25日，考察队在北京组成综合报告编写组，完成了"西南地区国土资源综合考察和发展战略研究"报告的草稿。同年12月下旬，研究项目的专家顾问组组长刘允中在北京召开了扩大会议，对综合报告草稿进行初审。这次会议特别邀请了以全国政协副主席、著名地质学家、矿业学家孙越琦为首的28位中央有关产业部门、研究机构的知名学者、专家，对综合报告草稿进行深入讨论。会议肯定了两年多来考察队所取得的研究成果，认为达到了预期的综合性、战略性、科学性和实用性的目的。同时对于报告的结构、西南地区在国家经济建设中的位置、人口问题、部门经济发展政策方面的论述,提出了宝贵意见。项目领导小组组长孙鸿烈参加了会议。

自1988年原西南地区四省区五方经济协调会接纳西藏自治区的加入,改称西南地区五省区六方经济协调会。1989年6月,经济协调会第六次联席会议在西藏拉萨举行。这次会议由西藏自治区党委书记胡锦涛主持,考察队常务副队长章铭陶代表考察队作了关于"西南地区国土资源综合考察和发展战略研究"项目的总结工作汇报,着重汇报重要产业发展战略的基本设想,其中突出建设国家强大的能源基地、巩固的综合性原材料工业基础、强大的林业和造纸基地和综合畜产品基地以及具有西南特色的轻工业基地等全国性四大基地的建设。在这次总结工作汇报后,又对综合报告进行了第三次修改,完成了报告的定稿。

1989年1月,综合报告编写组提交了征求意见稿。同年4月,研究项目领导小组组长孙鸿烈在北京召开了领导小组第三次工作会议,听取了考察队副队长程鸿关于综合报告征求意见稿的汇报。根据领导小组提出的意见和建议,编写组再次对征求意见稿进行了修改。

1989年12月,为组织好"西南地区国土资源综合考察和发展战略研究"项目系列成果的编辑出版工作,考察队成立了编辑委员会:

主　　编:李文华

第一副主编:程　鸿

执行副主编:章铭陶

副主编(按姓氏笔画为序):杨　生　吴积善　陈书坤　郭来喜　韩裕丰

委　　员(按姓氏笔画为序):

万国江	王义明	王　水	王希贤	王毓云	田效文	叶舜赞	刘照光
关志华	孙尚志	孙俊杰	朱义坤	朱为方	张在琪	李文华	李仲民
李泽民	李明森	李恪信	李朝阳	杨　生	杨昌明	杨冠雄	吴三保
吴积善	陆亚洲	陈书坤	陈传友	佟　伟	郎一环	罗德富	周启仁
周性和	茹益平	姚建华	浦汉昕	郭来喜	唐泽江	贾继跃	徐锡元
章铭陶	黄文秀	黄　瑑	韩裕丰	程　鸿	傅绥宁	赖世登	谭福安
裴盛基	熊利亚						

经过四年的考察研究,本研究项目于1990年2月完成了综合报告的专著编写工作,并通过了专家顾问组的审定。其他专题研究成果于1990～1991年陆续完成,并分别通过验收和鉴定。

1990年,由于成都市成为经济协调会单独一方的成员,原五省区六方经济协调会改称五省区七方经济协调会。8月9日,西南地区五省区七方经济协调会第七次联席会议在贵阳召开。考察队常务副队长章铭陶再次在大会上向中央各部门及五省区七方与会领导和代表,汇报三年多来"西南地区国土资源综合考察和发展战略"研究项目的执行情况和研究成果。中国科学院副院长王佛松参加了会议,研究项目专家顾问组组长刘允中,综考会副主任康庆禹,考察队主要课题负责人孙尚志、郎一环也参加了会议。

1991年3月29日,"西南地区国土资源综合考察和发展战略研究"项目通过中国科学院重大项目(课题)验收。

1992年9月11日,"西南地区国土资源综合考察和发展战略研究"项目通过由吴传钧、覃定超、王慧炯、石山、石定环、刘东生、阳含熙、何康、林华、童大林、吕克白、包浩生、朱厚泽、陈传康、虞孝感等组成的专家委员会鉴定。

29.4　主要研究成果与获奖

"西南地区国土资源综合考察和发展战略研究"项目的系列成果,包括27部专著,1部国土资源与发展战略地图集,1组遥感图集,1部国土资源信息系统,共30项课题研究成果。还完成了200余份阶段性研究报告,超过了原计划规定的26项课题研究成果。

（1）西南地区国土资源综合考察和发展战略研究，程鸿、章铭陶、韩裕丰、孙尚志、关志华、郎一环、赖世登、黄文秀、田效文、陈传友、熊利亚、杜占池、谭福安、陶淑静、郑亚新、廖俊国、陈德启、塞璞、路京选、钟华平、梁飚、撑、孙庆国、叶舜赞、侯锋、梅雪、王毓云、任贵全、陈万勇、浦汉昕、陈定茂、杨明华、高林、刘朝玺、王旭、韦启璠、周瑞荣、吴积善、罗德富、李仲明、李印先、潘乐华、朱为方、万国江、钱伯增、王希贤、苑凤台、俞明震、郭宝柱、李明俊、叶秉衡、宁培治、张新周、龚宝山、高常萌、王荣泉、施正申、张虹、李寅、顾加祥、李根福、朱义琨、于承发、茹益平、李泽民、张淑华、李文健、郭来喜、李淳、周哲、唐泽江、刘宇、黄渭泉。

（2）西南能源资源开发与基地建设，关志华、茹益平、陶淑静、李文健、郑亚新、路京选。

（3）西南重工业发展与布局，郎一环、王希贤、王礼茂、塞璞、陈德启、孙晓华、李岱、苑凤台、俞明震、郭宝柱、李俊、蔡培根、郭玉敏、李野、叶秉衡、张新周、龚宝山、高常萌、王荣泉、施正申、张虹、李寅、顾加祥、李根福、宁培治、戴汉昌、戴恒贵、侯奎、陈万勇、周世宽、陶淑静、赵建安、袁朴、宋超。

（4）西南矿产资源优势与发展战略，朱为方、陈丰、杨科佑、李朝阳、李祥贞、张贵。

（5）西南轻工业发展与布局，郭来喜、雷必舫、罗辑、王云鹏、史旭翔、孙樱。

（6）西南林业发展战略及基地建设，韩裕丰、赖世登、朱义琨、廖俊国、于承发、邓坤枚。

（7）西南农业发展与战略研究，李仲明、韦启璠、李印先、潘乐华、周瑞荣、何同康。

（8）西南畜牧业资源开发与基地建设，黄文秀、田效文、杜占池、钟华平、梁飚。

（9）西南交通运输网络的建设与布局，孙尚志、李泽民、黄渭清、周哲、赵建安、龙邦辉、张淑华、黄兴文、王锡文。

（10）西南城市发展与建设，叶舜赞、钱伯增、梅雪、朱福林。

（11）西南社会经济情势与发展研究，刘茂才、顾宗枏、郭正秉、石争、陶维金、唐泽江、王干梅、何克、陈武元、肖永孜、刘明富、杜玉亭、赵俊臣、康明中、袁绪程、廖元和、廖显赤、王小琪、刘宇、王小刚、张万拓、黄鹰、韩渝辉、田丰伦、宋道全、陈井安、罗勤辉、劳成玉、于虹、李敬、杨俊辉、张序、邓元平、严华、陈恩达、韦启光、许改铃、张松、黄泓、杨灿震、兰日基、胡岗、杜建文、何国梅、洪玮、索晓霞、齐晓丹、查有梁、瞿民安、郭家骥、牟代居、文献良、黄海峰、张怀渝、傅士敏。

（12）西南经济发展的环境战略研究，万国江、浦汉兴、陈定茂、徐义芳、王之瑜、戎军、陈业才、陈振楼、杨明华、高琳、刘朝玺、王旭。

（13）川滇黔接壤地区经济开发和生产布局，傅绥宁、郑霖、何传贵、何毓成、张先发、王槐洲、赵宏达、樊宏、李泽波、余思德、杨继勇、漆先望、刘刚、肖颖、陈启才。

（14）滇西地区资源开发研究，王明义、熊若蔚、杨余光、沈仲良、魏里程、刘振萌、姚乃哲、张怀渝、刘元岐、王若、李玉龙。

（15）桂东南区域资源开发与生产布局，姚建华、蒋世逵、刘厚培、于丽文、李杰新、周启仁、侯奎、贾醒夫。

（16）乌江流域资源开发研究，李朝阳、黄璓、高宏庆、程建贵、朱为方、杨科佑、陈丰、闵育顺、李祥贞、丁庆生、王均亚、徐学祥、董祖培、王兴理、夏宝康、黄宏燮、万国江、周汝鑫、陈黎明、许定成、张汝阊、王凯和、饶克勤、宋奇文、黄应辉、韦咏竑。

（17）红水河流域资源开发研究，姚建华、李俊、陆德复、于丽文、叶裕民、刘厚培、许毓英、李兰海、李杰新、张铨昌、周启仁。

（18）川西北地区资源开发研究，赵佐成、马联春、文淑义、干滋渊、邱发英、陈克明、罗定祥、罗浮顺、宣涤笙、唐邦兴、聂世平、魏秦昌、严永祥、王志旭、赵松江、汤小英、陈淑全、张勇、唐时嘉、陈恒庆、孙广友、张家盛、胡孝宏、费梁、丁瑞华、熊铁一、张家驹、柳素清、刘世建、甘存惠、芦登仕。

（19）西南区域发展，程鸿、孙尚志、姚建华、石敏俊、李俊、唐泽江、劳成玉、张序、陈沁、马述林、胡际全、李淳燕。

（20）西南水资源开发战略研究，陈传友、张家祯、章铭陶、陈根富、蔡锦山、谭福安、陈洪经、李尚治、周存治、唐振华、田兴模、刘希贤、刘国祥、余家宁、杨明、李琪康、杨俊锋、胡克仲、刘立彬、王滋渊、毛文彬、查其昌、邓坚、牟居仁、贾先斌。

（21）西南生物资源开发战略研究，陈书坤、王应祥、吴征镒、周俊、成晓、武素功、袁家漠、时圣德、吕荣森、先静绒、孙汉董、林正奎、华映芳、陈菊英、王大萱、代天伦、温寿祯、张义正、杨崇仁、赵瑞峰、苏宗明、韦美玲、赵健、臧穆、纪大千、肖国平、陈玉佩、石秉聪、侯开卫、王世振、资云桢、李崇云、马世来、苏承业、谢家华、周放、刘小华、程地芸、李昌廉、杨大昌。

（22）西南自然灾害及其防治对策，罗德富、吴积善、田连权、刘新民、柴宗新、张英燕、冯水志、乔建平、李椷、吴其伟、汪春阳、李娜、张晓刚、孔纪铭、罗利东、王淑敏、李天池、刘希林、张乃利。

（23）西南热区资源与经济作物开发研究，许再富、邹祜梅、刘宏茂、裴盛基、张顺高。

（24）西南旅游资源开发与布局，杨冠雄、关发兰、牛亚菲、吴欣、保继刚、肖振良、张亚林、秦权仁、周之穗、戴金荣、彭华。

（25）中国西南部石灰岩山区资源开发研究，周性和、温琰茂、文传甲、张建平、王飞、郑远昌、高生淮、张宁、樊宏。

（26）西南资源信息系统研究，熊利亚、余月兰、刘燕鹏、熊藻、冯志远、李久云、张治、赵立平、张战勤、薛薇。

（27）西南国土地资源与发展战略地图集，张在琪、邹仁元、刘琼招、赵芩、盛寿兴、谢树森、陈庆华、阎金秀、赵国瑞、荆渝霞、黎敏。

专业图编：李佐清、刘呈秀、刘学玉、赵芩、张勇、朱汉益、梅雪、叶舜赞、彭清、赵前、周少森、路京选、关志华、李文健、郑亚新、朱为方、李朝阳、杨科佑、陈丰、闵育顺、李祥贞、张忠、郎一环、李岱、郭来喜、罗辑、雷必舫、陈传友、李仲明、潘乐华、邓坤枚、赖世登、梁飚、黄文秀、钟华平、田效文、杜占池、陈书坤、纪大千、王应祥、王大萱、代天伦、张义正、许再富、杨冠雄、牛亚菲、万国江、徐义芳、陈振楼、戎军、刘新民、田连权、乔建平、罗德富、冯水志、张在琪、邹仁元、刘琼招。

（28）重庆市国土资源遥感系列制图，李明森、钱灿圭、刘喜忠、李世顺、李夏、朱重光、程地久、陈昇琪、向斗敏、赵仕勇、邹盛贵、尚佳莉、曹兆丰、焦伟利、雷莉萍、陈志军。

（29）重庆市土地利用与环境建设，李世顺、向斗敏、戴昌达、尚佳莉、庞举、杨昌明、雷莉萍、陈志军、阳年驰。

（30）重庆地貌与经济建设，刘喜忠、陈昇琪、赵仕勇、邹盛贵、庞举、杨昌明、杜政清、田伟、范昌群、邵桓心、肖挺。

"西南地区国土资源综合考察和发展战略研究"项目系列成果，1993年获中国科学院科学技术进步奖二等奖；1994年获国家科学技术进步奖二等奖，主要获奖人：程鸿、章铭陶、郭来喜、韩裕丰、谭福安、吴积善、孙尚志、关志华。

参加中国科学院西南地区资源开发考察队人员名单

丁庆生	丁振国	丁瑞华	万国江	于丽文	于承发	于 虹	广家洽	马世来	马述林	马联春
孔纪铭	尹红旗	戈宏儒	戈志强	文传甲	文淑义	文献良	方极光	方江山	毛文彬	毛经奋
牛亚菲	王大萱	王小刚	王小琪	王干梅	王 飞	王之瑜	王云鹏	王文涛	王 水	王世振
王礼茂	王兴理	王 旭	王 羽	王均亚	王希贤	王应祥	王志旭	王凯和	王宝林	王建国
王拓宇	王义明	王 若	王炯龙	王荣泉	王家瑀	王崇礼	王淑敏	王滋渊	王槐洲	王锡来
王德才	王毓云	王 毅	邓元平	邓 坚	邓国厚	邓坤枚	邓撑阳	韦启光	韦启璠	韦咏竑
韦美玲	东 野	代天伦	兰日基	冯仁国	冯水志	冯志元	史旭翔	史星辰	叶忆明	叶立梅
叶秉衡	叶舜赞	叶裕民	叶德辉	宁培治	甘存惠	田丰伦	田 伟	田兴模	田怀礼	田连权
田效文	石 争	石秉聪	石敏俊	龙光俊	龙邦辉	阳年驰	乔建平	任贵全	先静绒	关发兰
关志华	刘元岐	刘少金	刘世建	刘汉誉	刘 刚	刘 华	刘 宇	刘宏茂	刘希林	刘希贤
刘立彬	刘来福	刘国祥	刘国儒	刘学玉	刘明富	刘茂才	刘述全	刘厚培	刘光荣	刘科成
刘振萌	刘喜忠	刘敬贤	刘朝军	刘朝玺	刘琼招	刘新民	刘燕鹏	华映芳	向斗敏	向可仁

吕春朝　吕荣森　孙广友　孙可庸　孙汉董　孙庆国　孙克祥　孙宝元　孙尚志　孙晓华　孙鸿烈
孙德昌　孙樱　戎军　成晓　朱义琨　朱为方　朱汉益　朱奕庆　朱荣　朱重光　朱福林
汤小英　牟代居　纪大千　许再富　许改铃　许定威　许毓英　邢义书　阳年驰　齐日华　齐晓丹
严永祥　严华　何世璇　何传贵　何光荣　何同康　何克　何国胜　何国梅　何俊　何毓成
余月兰　余成群　余思德　余彩　余家宁　佟伟　劳成玉　吴迎春　吴其伟　吴欣　吴征镒
吴持正　吴春林　吴春玲　吴积善　吴继恒　宋令　宋奇文　宋超　宋道全　张乃利　张万拓
张义正　张仁寿　张元才　张天宣　张开汉　张宁　张亚林　张先发　张华　张在琪　张权
张汝阊　张序　张怀渝　张运锋　张宗义　张宝山　张建平　张建候　张忠　张松　张治
张青力　张勇　张庭俊　张战勤　张柏林　张虹　张顺高　张家盛　张家驹　张家桢　张晓刚
张淑平　张淑华　张淑静　张铨昌　张珂　张森林　张新周　张静宜　时圣德　李久云　李天池
李文华　李文健　李文辉　李世顺　李代芸　李兰海　李永福　李玉龙　李印先　李仲明　李仲俊
李光宗　李庆军　李如心　李良生　李佐清　李远清　李岱　李昌　李宝贵　李尚治　李明森
李明鑫　李杰新　李武全　李泽民　李泽波　李俊　李娜　李思前　李树平　李倩　李夏
李根福　李海金　李祥贞　李铁　李铁年　李淳燕　李寅　李野　李崇云　李械　李绪行
李铭俊　李敬　李朝阳　李琪康　杜占池　杜玉亭　杜建文　杜政清　杨大昌　杨万红　杨兴宪
杨余光　杨志仁　杨志民　杨志明　杨灿震　杨凯　杨明　杨昌明　杨明华　杨祝良　杨俊峰
杨俊辉　杨春和　杨科佑　杨冠雄　杨科佑　杨冠雄　杨科佑　杨继勇　杨崇仁　汪宇明　汪阳春
汪福清　沈文生　沈幼熙　沈仲良　沈清华　肖永孜　肖挺　肖国平　肖振良　肖颖　芦登仕
苏宗明　苏承业　邱发英　邱克　邵汉瑾　邵桓心　邹仁元　邹祐梅　邹盛贵　闵光润　闵育顺
陆玉麒　陆庆麟　陆德复　陈万勇　陈丰　陈为民　陈书坤　陈井安　陈业材　陈玉佩　陈传友
陈庆华　陈庆恒　陈异琪　陈定茂　陈进　陈克明　陈启材　陈志军　陈武元　陈沁　陈英燕
陈渝　陈复英　陈思达　陈泉生　陈洪经　陈振楼　陈根富　陈淑全　陈菊英　陈渝　陈德启
陈德信　陈黎明　禹平华　单居仁　周万村　周之穗　周云　周少森　周世宽　周存志　周成启
周汝鑫　周启仁　周性和　周放　周俊　周哲　周瑞荣　庞举　孟庆华　尚佳莉　房金福
林正奎　林晨峰　武素功　罗利东　罗学用　罗定洋　罗宗泽　罗富顺　罗勤辉　罗辑　罗德富
苑凤台　范昌群　郎一环　郑兵　郑霖　郑宏祥　郑进新　郑远昌　金常印　侯开卫　侯奎
侯锋　保继刚　俞仁平　俞坤一　俞明震　姚乃哲　姚东旭　姚建华　宣涤笙　施正申　查有梁
查其昌　柯彦风　柳素清　段心一　洪玮　胡天麒　胡克仲　胡孝宏　胡岗　胡际权　茹益平
荆渝霞　费梁　赵玉堂　赵立平　赵艾　赵佐成　赵纯勇　赵国瑞　赵建安　赵松江　赵玢
赵苓　赵金星　赵前　赵俊臣　赵恒宏　赵健　赵瑞锋　郝刘洋　欧阳自远　钟华平　钟永成
饶克勤　殷寿华　倪天骐　凌锡纯　唐庆苹　唐邦兴　唐时嘉　唐建维　唐泽江　唐振华　唐蟾珠
夏宝康　徐义芳　徐汝梅　徐学祥　柴宗新　桑立本　桓树伍　袁朴　浦汉昕　浦善美　秦权仁
秦麟书　索晓霞　聂世平　袁朱　袁家谟　袁绩康　袁绪程　袁德政　贾先斌　贾醒夫　资云祯
郭文卿　郭正秉　郭玉梅　郭宝柱　郭来喜　郭家骥　郭朝华　郭心　钱伯增　钱灿圭　钱继红
陶性田　陶国达　陶淑静　陶继金　顾乃锦　顾加祥　顾宗枨　高文琛　高生淮　高宏庆　高国柱
高常荫　高林　高庆苹　康明中　康继英　扈传星　曹兆丰　曹敏　梁文超　梁宁　梁自豪
梁飚　梅雪　盛寿兴　章铭陶　隆爱军　鄂玉九　阎绍文　阎金秀　阎俊峰　黄文秀　黄仲权
黄兴文　黄宏燮　黄应辉　黄怀业　黄进军　黄泓　黄璇　黄勇　黄海峰　黄渭泉　黄璜
黄鹰　龚宝山　焦伟利　傅士敏　傅绶宁　彭华　彭清　温寿祯　温琰茂　游有林　程地久
程地芸　程建贵　程昇琪　程鸿　童福宜　葛本忠　葛真　董祖培　董莲娥　蒋乃华　蒋世逵
蒋建平　蒋德超　谢树森　谢家华　韩进轩　韩裕丰　韩渝辉　赖世登　赖维喜　路京选　雍奇
雷必舫　雷莉萍　廖元和　廖世洁　廖志杰　廖俊国　廖显赤　漆先望　熊利亚　熊若蔚　熊铁一
熊藻　臧穆　蔡培根　蔡雄　蔡锦山　裴盛基　谭福安　樊宏　潘乐华　黎敏　黎晶
薛薇　戴汉昌　戴昌达　戴金荣　戴恒贵　寒璞　魏里程　魏泰昌　瞿民安

30 中国科学院青藏高原(喀喇昆仑山-昆仑山区)综合科学考察队(昆仑山队 1987～1990)

30.1 立项过程与主要研究课题

喀喇昆仑山-昆仑山地区位于青藏高原西北部,西起中巴公路西侧的帕米尔东缘,东迄青藏公路的昆仑山,南接羌塘高原、北达昆仑山北麓,面积约 40 万 km²。海拔都在 4000～5000m 以上。自然条件恶劣,交通不便,人烟罕见,既是空白区,也是青藏高原的有关地学、生物学重要理论问题研究的重要区域。

喀喇昆仑山-昆仑山地区综合科学考察,1987 年初经课题论证,作为青藏高原综合科学考察的第三阶段,列为国家自然科学基金委员会重大项目予以支持和资助,同时列为中国科学院重点支持的基础研究项目,总经费 418.7 万元。

为完成喀喇昆仑山-昆仑山地区的科学考察任务,1987 年 3 月 11～16 日,孙鸿烈副院长主持在北京远望楼宾馆召开了"喀喇昆仑山-昆仑山地区综合科学考察"第一次工作会议。会上成立了由孙鸿烈总负责的研究项目组。并经中国科学院批准成立了以孙鸿烈为队长,郑度、武素功、潘裕生为副队长的中国科学院青藏高原(喀喇昆仑山-昆仑山区)综合科学考察队。办公室主任田德祥,副主任蔡希凡;业务秘书姚则安;后勤人员张智清、赵军、宋惠坤、雷长山。考察队围绕"青藏高原的形成演化及其对自然环境和人类活动的影响"这一中心,开展了 4 个专题考察研究:

(1)喀喇昆仑山-昆仑山地区各地体的地质特征、碰撞机制与东特提斯的演化。负责人:潘裕生,参加人:尹集祥、许荣华、邓万明、张玉泉、王毅、王东安、罗辉、顾澄皋、孙东立、陈挺恩、束沛镒、李幼铭、边千韬、梁尚鸿、朱湘元、冯伟民、秦国卿、刘大建、熊扬武。

(2)晚新生代以来喀喇昆仑山-昆仑山地区的隆起过程及自然环境变化。

负责人:张青松,参加人员:李炳元、王富葆、徐勇、苏珍、刘时银、李树德、王志超、艾东、曹真堂、高存海、李栓科、刘福涛、贺益贤、朱立平。

(3)喀喇昆仑山-昆仑山地区生物区系的特征、形成与演化。负责人:武素功,参加人员:夏榆、冯祚建、张学忠、武云飞、吴玉虎、马鸣、黄复生。

(4)喀喇昆仑山-昆仑山地区自然地理环境特点、区域分异及演化趋势。

负责人:郑度,参加人员:林振耀,张百平、李明森、顾国安、姚宁钢、李渤生、郭柯、张累德。

喀喇昆仑山-昆仑山地区综合科学考察,总体计划从 1987 年至 1991 年 5 年完成:

1987 年 6～9 月考察喀喇昆仑山和西昆仑山西部地区,西起中巴公路,东至新藏公路以东,以及藏北龙木错至羊湖一线,以叶城为基地。

1988 年 6～9 月考察喀喇昆仑山中段,和田至若羌以南的昆仑山地区,以和田、若羌为基地。部分专业仍在西部地区深入工作。

1989～1990 年中法合作考察。

30.2 队伍组织与计划实施

中国科学院青藏高原(喀喇昆仑山-昆仑山区)综合科学考察队,组织了来自中国科学院综考会、地理研究所、地质研究所、动物研究所、植物研究所、地球物理所、南京地质古生物研究所、南京土壤研究所、南京地理与湖泊研究所、贵阳地球化学研究所、昆明植物研究所、兰州冰川冻土研究所、西北高原生物研究所、新疆生物土壤沙漠研究所、新疆地理所、地震局地质研究所、北京大学、南京大学、人民画报社等19个单位，包括构造地质、地层、古生物、岩石地球化学、同位素地质、古地磁、重力、第四纪地质、地貌、冰川、冻土、地热、植物区系、动物区系、自然地理、气候、陆地水文、土壤、地植物和遥感制图20个专业，67名科技工作者，围绕着一个中心4个课题进行了考察研究。

1987年6~9月，考察队4个课题组先后对中巴和新藏公路沿线及其周围地区的帕米尔高原东缘、西昆仑山区和喀喇昆仑山区进行了考察，并组织了两个小分队，分别对藏北高原无人区和乔戈里峰地区进行了综合科学考察，队部设在叶城。

第一课题，分3个行动组：地层沉积组：文世宣、陈挺恩、孙东立、罗辉、顾澄皋、尹集祥、王东安7人考察了中巴公路喀什—红其拉甫山口；喀什—松西—龙木错—郭札错一带；甜水海地区（包括天文点、红山头、林齐塘、空喀山口等），克什尔村、河尾滩、635道班等。岩石组：张玉泉、邓万明、许荣华3人考察了中巴公路喀什—红其拉甫山口，新藏公路叶城—日土，英吉沙—恰乌隆；地球物理组：束沛镒、李幼铭、梁尚鸿去乌鲁木齐、喀什等地收集资料。

第二课题，张青松、李炳元、王富葆、徐勇、苏珍、刘时银、王志超、艾东8人考察了中巴公路沿线、新藏公路沿线、藏北及阿克赛钦地区和西昆仑山北麓地区。

第三课题，武素功、夏榆、冯祚建、张学忠、武云飞、吴玉虎、马鸣7人考察了乌恰县的木吉、慕士塔格地区、塔什库尔干、红其拉甫、明铁盖、叶城及叶城西森林、藏北甜水海、阿克赛钦周围地区；

第四课题，郑度、林振耀、张百平、顾国安、姚宁钢、张累德、李渤生7人考察中巴公路沿线喀什—奥依塔克—木吉—塔什库尔干—红其拉甫山口—喀什—恰尔隆—叶城—阿克孜—西合休，叶城—其盘，叶城—甜水海—龙木错—日土—神仙湾—甜水海—麻扎—阿克孜—叶城—皮山—康阿孜，叶城—许许等地。

7~8月，藏北无人区分队一行17人从龙目错向东考察了藏北地区的羊湖、黑石北湖、美马错等地区。

9月7~10日，乔戈里峰分队完成了对乔戈里峰的科学探险考察。

1988年4月22~30日，在中国科学院合肥分院召开喀喇昆仑山-昆仑山地区综合科学考察第二次工作会议。总结1987年度科学考察工作，进行阶段成果学术交流，讨论落实1988年度科学考察计划。有24个单位，64名科学工作者出席会议，中国科学院副院长考察队队长孙鸿烈主持会议。会上副队长郑度汇报了1987年考察工作。潘裕生、张青松、武素功、郑度代表4个课题组作学术报告，并进行热烈的讨论。会议决定1988年野外考察工作集中在新藏以东至青海省界昆仑山地区，一部分专业继续进行中巴公路和新藏公路沿线的补点工作。第一课题的重力、古地磁、天然地震、电磁测深等专业，在西昆仑山地区开展工作；第二课题的冰川、冻土等专业与兰州冰川冻土研究所合作，取得西昆仑山的冰川观测资料，并与新疆生物土壤研究所合作研究考察区内的环境变化。

6~9月，野外考察分两个阶段进行：6~7月在皮山—且末的西、中昆仑山地区，8~9月在中、东昆仑山和阿尔金山地区。第一阶段队部设在和田，第二阶段7月25日之后，队部迁到若羌。全队68人，分6个行动组，即地质、地层古生物、第四纪地质与地貌、冰川与冻土、生物区系和自然地理。另组织两支小分队于6~7月间对于田南部昆仑山区腹地的乌鲁克库勒盆地火山群进行多学科的综合考察。第一课题组对于田—甫鲁—琉磺大坂—脱坡拉尔特达坂—古里亚山口，叶城—江卡水电站—依格孜牙—阿其克拜，且末—木孜塔格，若羌—木孜塔格进行考察。第二课题组详细考察了昆仑山和阿尔金山地区两个上新世盆地，观测皮山、和田、于田三个第四纪地层及地貌剖面，建立昆仑山北坡各类第四纪沉积（包括古冰川、冰水、洪水、河流、黄土、火山岩等）的地层系统及其相互联系。详细观测了阿尔金山南侧湖盆的全新世湖相地层及古岸线变化，观测阿尔金断裂带的新构造活动性及应力状态。苏珍等17人对中昆仑山木孜塔格冰川的发育条件、冰川变化与气候的关系，大陆型冰川的物理特征，冰川水文特征，周围地区的多年冻土及冰缘现象与第四纪冰川作用，西昆仑山郭札冰川、气象、水文、冻土、现代冰川及第四纪冰川，中、西昆仑山冰川、第四纪冰川、多年冻土及冰缘类型的考察研究。第三课题组对皮山—且末间的西、中昆仑山地区，且末—若羌内的中、东昆仑山地区，皮山—和田—于田前山地区奴尔等地，于田—古里雅山口，若羌—阿尔金山保护区进行考察研究。第四课题组重点沿皮山—于田阿什库勒盆地现代火山，民丰—且末—若羌，若羌—阿牙克库本湖—丁字口，丁字口东南鲸鱼湖、岗札日、西南长虹湖，丁字口—茫崖—格尔木—昆仑山口—若羌路线进行考察研究。

1989年4月25~29日，在北京召开喀喇昆仑山-昆仑山综合科学考察第三次工作会议。出席会议的有：国家自然科学基金委员会主任唐敖庆，副主任胡兆森、师昌绪、王仁，秘书长黄坚，地球科学部副主任沈文雄、张知非，地理科学组负责人郭延彬等，中国科学院副院长兼青藏队队长孙鸿烈，资源环境局副局长杨生，国土处副处长孙俊杰，计划局申元村等。出席会议的还有国家自然科学基金委员会邀请的专家评议组成员刘东生、陈述彭、肖序常、姜春发、李吉均，中国科学院新疆科研工作开发办公室主任赵本立，中国科学院地质研究所副所长易善锋，综考会副主任张有实和全体考察队员，以及协作、合作单位，出版社和新闻部门代表计74人。会议由青藏队队长孙鸿烈主持，郑度副队长作1987~1989年考察工作汇报，4个课题负责人潘裕生、张青松、武素功、郑度汇报本课题的研究进展情况。专家评议组就协作问题、1989年的补点工作、中法合作问题、应用新技术问题和培养年青人问题提出建议，并对考察总结阶段提出了建议。

1989年7月10日至8月15日，中法合作沿新藏公路从叶城至狮泉河进行考察。法方13人（含医生1人）、中方12人参加考察。大体按构造地质、地球化学、古地磁、第四纪地质和生态地理5个组活动，为便于管理采取集中宿营分组活动的方式。

7月10日至8月19日，植物区系和气候组5人，在新藏线的神仙湾地区、喀喇昆仑山-昆仑山的北坡和中巴公路沿线进行了补点考察；地貌与第四纪地质组3人于8月21日至9月初在新藏线的库地以北地区进行补点考察；地层古生物组3人8月22日至9月21日在新藏线的甜水海以北地区进行了补点考察；大地电磁测深组4人于8月22日至10月11日进行中巴公路沿线（喀什—红其拉甫山口）的野外考察。

这次中法合作考察，达到了预期目标，科研上有显著进展：

构造地质方面：建立了一条从叶城到狮泉河的构造剖面，重新验证了几条构造带，对区域变形方面做了系统工作；地球化学方面取得了200多个大样，对年龄环境、不同块体间的关系和性质都有新的结果；古地磁方面，采集了49个点的样品，通过实验工作将进一步了解向北推移的位移量和块体之间旋转；第四纪地质方面，取得了湖芯取样的新记录，对了解晚第四纪以来的环境变化、高原与全球气候变化的关系，冰期、间冰期气候特点等方面具有重要意义；植物生态地理方面，对不同生态幅的植物区系种属做了对比研究，并在甜水海安装了有关仪器设备，进行一年观测，收集相关资料及花粉标本数据。

1989年9月28日至10月31日，中巴合作考察喀喇昆仑-昆仑山。中方10人、巴方8人，考察巴方一侧的喀喇昆仑山公路沿线。

1990年3~6月，按中法合作研究喀喇昆仑山-昆仑山计划，中方于上半年派6名科学家赴法有关实验室参加分析、测试和研究工作。6月，中法喀喇昆仑山-昆仑山合作考察在巴黎举行第一次双边学术讨论会，中方项目组14名成员参加，提交论文11篇。

1990年8月26日至9月23日，中方科研人员12人、法方11人对中巴公路沿线（喀什—红其拉甫）地区合作考察。涉及构造地质、新构造及地层古生物、岩石地球化学及同位素地质、古地磁、地貌及第四纪地质、自然地理与植物生态专业，野外考察大体按5个组活动。9月17~24日，由法方3名、中方2名前往甜水海取回1989年在该地安装的仪器和孢粉采集资料。同时还支持基金项目"大地电磁测深"专业对新藏公路和中巴公路沿线的考察。大地电磁测深组完成了新藏公路沿线和中巴公路沿线的考察。

1991年全队进入室内总结，并赴法方实验室开展同位素地质及植物生态地理方面的合作研究。

1992年6月6~16日，由青藏队组织的中国喀喇昆仑山-昆仑山国际学术讨论会按计划如期在新疆喀什举行。出席会议的中外科学家共148名，其中有71名来自法国、德国、美国、瑞士、英国、巴基斯坦、意大利、俄罗斯等国家，中国科学家中有1名来自台湾。国家自然科学基金委员会孙枢副主任主持开幕式并致辞。中国科学院孙鸿烈副院长代表中国科学院向大会表示祝贺，阐述了中国科学院对青藏高原形成演化、环境变迁和生态系统研究的思路，欢迎加强国际合作交流。法国宇宙研究院院长贝华尔先生和副院长奥贝尔先生也在会上讲话，称赞科学家们为推动人类文明进步所做出的贡献。国家自然科学基金委员会胡兆森副主任在会上表示，中国国家自然科学基金委员会愿意为发展国际合作而努力，支持对青藏高原的进一步研究。有中外 19 名科学家在大会上作了学术报告，后又分各地体地质特征与构造演化，晚新生代以来的隆起与环境变化，生物区系和自然环境特征、资源利用与自然保护 3 个组进行学术交流，共宣读了 80 篇论文。6 月 10～16 日，出席喀喇昆仑山-昆仑山国际学术讨论会的 54 名中外科学家，会后沿喀什—奥依塔克—喀拉库勒—塔什库尔干—红其拉甫山口进行了野外考察。

30.3 考察研究主要成果

（1）喀喇昆仑山-昆仑山地区地质演化，潘裕生、文世宣、孙东立、尹集祥、陈挺恩、罗辉、王东安、陈瑞君、邓万明、张玉泉、谢应雯、许荣华、Ph. Vidal N. Arnaud、张巧大、赵郭敏、边千韬、秦国卿、陈九辉、刘大建、顾群、熊扬武、李海孝、束沛镒、李幼铭、张立敏、梁尚鸿、武传真、焦灵秀、王谦身、杨振岱、朱湘元。

（2）喀喇昆仑山-昆仑山地区古生物，文世宣、孙东立、尹集祥、陈挺恩、罗辉、张遴信、李红生、赵嘉明、陆麟黄、许汉奎、陈秀琴、张梓歀、潘华璋、陈楚震、施从广、王成源。

（3）喀喇昆仑山-昆仑山地区晚新生代环境变化，张青松、李炳元、王富葆、黄锡璇、李元芳、李家英。

（4）喀喇昆仑山-昆仑山地区冰川与环境，苏珍、谢自楚、王志超、李树德、刘时银、李世杰、曹真堂、杨惠安、邵文章、贺益贤、王平、李念杰。

（5）喀喇昆仑山-昆仑山地区昆虫，黄复生、张学忠、隋敬之、孙洪国、黄春梅、刘举鹏、郑乐怡、任树芝、陈萍萍、李法圣、王子清、张晓菊、杨集昆、张广学、韩运发、杨星科、谢为平、虞佩玉、谭娟杰、蒲垫龙、黄治河、章有为、蒲富基、王书永、张润志、殷蕙芬、李鸿兴、白九维、宋士美、方承莱、陈一心、薛大勇、赵仲苓、刘思孔、孙雪途、杨定、王新华、史永善、孙彩虹、汪兴鉴、薛万琦、赵建铭、周士秀、向超群、许荣满、刘泉、吴厚永、袁德成、黄大卫、王敏生、Douglas Yu、李铁生、王淑芳、姚建、吴燕如、周勤、戴爱云、宋大祥、Jochim Haupt、邓国藩、王慧芙、崔云琦。

（6）喀喇昆仑山-昆仑山地区土壤，顾国安、张累德、张百平。

（7）喀喇昆仑山-昆仑山地区自然地理，郑度、张百平、林振耀、张累德、顾国安、郭柯、李渤生。

参加中国科学院青藏高原（喀喇昆仑山-昆仑山区）
综合科学考察队人员名单

马 鸣	王友华	王双印	王东安	王志超	王富葆	王 毅	文世宣	尹集祥	邓万明	艾 东
冯伟民	冯祚建	卢春雷	叶凌志	田德祥	白宝国	边千韬	刘大建	刘光荣	刘时银	刘建光
刘福涛	孙东立	朱立平	朱湘元	许荣华	吴玉虎	宋宜山	宋惠坤	伊集祥	张长江	张玉泉
张百平	张作鹏	张学忠	张青松	张累德	张智清	张锡庆	李 卫	李树德	李炳元	李栓科
李幼铭	李明森	李渤生	李新淑	李燕杰	孙鸿烈	杜泽泉	束沛镒	杨方兴	苏 轸	邵小川
陈挺恩	陈海英	林振耀	武云飞	武素功	罗吉元	罗学用	罗 辉	贯秋德	郑 度	姚宁钢
姚则安	费 勇	贺益贤	赵 军	夏 榆	徐杰元	徐 勇	高存海	秦国卿	郭 柯	顾国安
顾澄皋	康大更	曹真堂	黄复生	程志刚	雷长山	熊扬武	蔡希凡	谭新泉	梁尚鸿	潘裕生

31 青海可可西里综合科学考察队
(可可西里队 1989～1990)

31.1 项目来源与主要任务

青海可可西里地区位于北纬 33°20′～36°38′，东经 89°30′～94°00′，地处青藏高原的腹地，青藏公路以西，唐古拉山以南，昆仑山以北，西以青海省与西藏和新疆维吾尔自治区为界，以可可西里山为主体的广大地区，面积 8.3 万 km^2，平均海拔 5000m 以上，地势高亢，高寒缺氧，自然条件恶劣，系无人区和空白区，有"野生动物王国"和"神秘国土"之称。

1988 年国务委员、国家科委主任宋健视察青海省时，听取有关部门汇报后，提出了建立青海可可西里自然保护区和对青海可可西里地区进行综合科学考察的建议。这一提议得到了有关部门的重视。1989 年 2 月 1 日，国家科委以"国科社字 046 号"发出了"关于对青海可可西里地区进行综合科学考察的通知"，由国家科委、中国科学院、国家环保局和青海省人民政府共同立项、重点支持，总经费 200 万元，并成立了以青海省省长宋瑞祥，副省长班玛丹增为组长，中国科学院副院长孙鸿烈，国家环保局副局长金鉴明为副组长的领导小组，领导可可西里考察工作。领导小组下设办公室，协助领导小组工作。青海省科委副主任高天舒为办公室主任，国家科委傅立勋、国家环保局刘玉凯、中国科学院资源环境局杨生为副主任。中国科学院和青海省共同组织成立了青海可可西里综合科学考察队。1989 年 4 月 1 日，可可西里考察工作领导小组在中国科学院二楼会议室，由宋瑞祥组长主持召开领导小组会议，国家科委副主任蒋民宽、社会发展司司长邓楠、领导小组成员班玛丹增、孙鸿烈、金鉴明出席了会议。会议就可可西里综合科学考察队的计划、国际合作和紧急救援等问题进行讨论。蒋民宽副主任指出：这是一次进入无人区的探险性的科学考察，考察队安全进去，平安出来，就是胜利。4 月 25 日，中国科学院任命武素功为可可西里综合科学考察队队长，李炳元、张以弗、温景春、丁学芝为副队长。同时成立了以刘东生、李炳元、吴征镒、张以弗、张彭熹、郑度、武素功、温景春等组成的学术委员会。1991 年又成立了由温景春、武素功、李炳元、郑祥身、张以弗、杜泽泉组成的《丛书》编辑组。业务秘书赵军，行政秘书冶有成，财务徐亮。考察队的任务是通过对可可西里地区的综合科学考察，全面积累科学资料，填补空白，为阐述高原隆起、环境变迁、生物区系的演替和资源开发利用提供科学依据，为建立可可西里自然保护区进行可行性研究。

预期成果：
(1) 可可西里地区科学考察研究报告；
(2) 可可西里自然保护区的可行性研究；
(3) 可可西里地区科学考察画册。

31.2 队伍组织与考察计划实施

可可西里队在 1989 年 5 月，由张以弗、李炳元、丁学芝、李树德组成的预察组在完成预察的基础上，1990 年 5～8 月组织来自中国科学院综考会、地理研究所、地质研究所、植物研究所、动物研究所、昆明植物研究所、南京地质古生物研究所、土壤研究所、南京地理与湖泊研究所、西北高原生物研究所、青海盐湖研究所、青海省地质科学研究所、气象科学研究所、环境保护研究所、高原医学科学研究所、地震局、草原总站、林业厅野生动物保护办公室、新华社、人民出版社、民族画报社、青海电视台、中国人民解放军84504 部队等 24 个单位，27 个专业，68 位科技工作者参加考察工作。全队设 4 个行动组、1 个车队和 1 个联络处：

地质组：组长张以弗，副组长郑祥身，组员：边千韬、郑健康、沙金庚、叶建青；

地理组：组长李炳元，副组长李树德，组员：顾国安、张百平、郭柯、李栓科、李世杰、胡东生、山发寿、张琳、杨军、谢建湘；

生物组：组长武素功，副组长冯祚建，组员：杨永平、恰加、叶晓堤、武云飞、于登攀、何玉邦、张学忠、王占刚、张旭辉；

新闻组：组长杜泽泉，组员：唐师曾、凌风、党周、杨宏、李亚鹏、马千里；

车队：队长杨方兴、何大生；

格尔木联络处：组长温景春。

可可西里队6~8月围绕总任务的要求开展了4个课题31个专题研究：

1) 青海可可西里地区地质特征和演化，晚新生代以来的青藏高原隆起对自然环境的影响

负责人：张以弗，参加人：边千韬、郑祥身、沙金庚、叶建青。

(1) 可可西里地区地质构造特征，负责人：张以弗；

(2) 可可西里地区地质演化与青藏高原隆起的关系，负责人：边千韬；

(3) 可可西里地区中新生代岩浆作用及其与高原隆升的关系，负责人：郑祥身；

(4) 可可西里地区中生代以来古地磁极测定在高原隆升中的作用，负责人：刘椿、边千韬；

(5) 可可西里地区活动断裂与地震研究，负责人：叶建青；

(6) 可可西里地区古生物学研究，负责人：沙金庚；

(7) 可可西里地区矿产资源及其远景，负责人：张以弗、郑健康；

(8) 可可西里地区砂金路线调查与成矿构造的研究，负责人：边千韬。

2) 青海可可西里地区环境特点、区域分异及演化

负责人：李炳元，参加人；张百平、郭柯、顾国安、李世杰、李树德、李栓科、胡东生、山发寿、张琳、杨军。

(1) 可可西里地区地貌类型、特征及与高原隆起，负责人：李炳元；

(2) 可可西里地区的气候特征，负责人：张琳；

(3) 可可西里地区盐湖资源及盐湖的演化，负责人：胡东生；

(4) 可可西里湖区晚新生代以来，植物区系的形成，植被发展和环境演变的研究，负责人：孔昭宸、山发寿；

(5) 可可西里地区土壤类型、分布及演变，负责人：顾国安；

(6) 可可西里地区植被类型、特征及保护，负责人：郭柯；

(7) 可可西里地区现代冰川类型、特征，负责人：李树德、李世杰；

(8) 可可西里地区冻土与冰缘地貌的考察研究，负责人：李树德；

(9) 可可西里地区土地类型特征，负责人：杨军；

(10) 可可西里地区自然环境特征及地域分异规律，负责人：张百平；

(11) 可可西里地区晚新生代以来的环境变化，负责人：李炳元；

(12) 可可西里地区自然环境质量的调查研究，负责人：谢建湘。

3) 青海可可西里地区动植物区系特征、形成及高原隆起对生物区系演替的影响及人类对高原的适应

负责人：武素功，参加人：冯祚建、杨永平、何玉邦、恰加、张学忠、武云飞、叶晓提、黄荣福、王占刚、张旭辉、于登攀。

（1）可可西里地区植物区系特征及形成演变，负责人：武素功、杨永平；

（2）可可西里地区草地资源，负责人：恰加；

（3）可可西里地区昆虫区系特征，负责人：黄复生、张学忠；

（4）可可西里地区鱼类区系特征与高原隆起的关系，负责人：武云飞；于登攀；

（5）可可西里地区鸟类区系特征与合理利用，负责人：叶晓堤；

（6）可可西里地区哺乳动物区系特征形成与高原隆起的关系，负责人：冯祚建、何玉邦；

（7）可可西里地区珍稀动物的合理利用与保护，负责人：冯祚建、何玉邦；

（8）急性高原病预测指标的研究，负责人：王占刚；

（9）急进高原者睡眠状态的临时观测，负责人：王占刚；

（10）急进高原者血红素的变化研究，负责人：王占刚；

（11）急进高原者激素及酶学变化的研究，负责人：王占刚。

4）青海可可西里地区自然资源开发利用的前景评价与自然保护

负责人：武素功、李炳元、张以茀、温景春，参加人：全队业务人员。

可可西里队野外考察期间动用了 21 部大小车辆，于 5 月 21 日上午在青海科技活动中心大楼前，青海省人民政府为考察队赴可可西里地区考察举行隆重的欢送仪式后从西宁出发，在西大滩（海拔 4400m）作短暂适应性考察后，进入无人区：并于 6 月 3～13 日在多曲（海拔 4880m）、各拉丹冬（海拔 5080m），6 月 16～20 日在苟鲁错（海拔 4850m），6 月 21～28 日在冈齐曲（海拔 4810m），6 月 30 日至 7 月 4 日在乌兰乌拉湖（海拔 4880m），7 月 7～21 日在西乌兰湖北侧（海拔 4900m）、勒科武担湖边（海拔 4960m），7 月 24 日～8 月 5 日在太阳湖边（海拔 4870m）、可可西里湖、马兰山、布喀达坂峰，8 月 5～8 日在五雪峰下（海拔 4870m），8 月 9～16 日在库赛湖南 20km（海拔 4650m）为基点，南北穿插考察了 240 条路线，总行程 12.5 万 km。考察期间领导小组组长青海省副省长班玛丹增在青海省科委主任殷永章、副主任桑吉、地震局局长曾秋生、考察队副队长温景春的陪同下赴昆仑山南麓看望全体队员，国家科委主任宋健，领导小组副组长中国科学院副院长孙鸿烈发贺电对考察队表示慰问。其间李树德、武云飞、叶晓堤和 84504 部队尉指导员 4 位同志因严重高山反应送回格尔木医治，其中 3 位同志医治后返回无人区继续工作。

1990 年 8 月 23 日可可西里队圆满完成任务，胜利回到西宁。青海省人民政府为考察队胜利回来在西宁宾馆前举行隆重的欢迎仪式，青海省副省长班玛丹增在大会上致欢迎词，中国科学院副院长胡启恒专程到西宁迎接，并在大会上致辞。

31.3　主要成果与奖励

可可西里队在与外界隔绝 100 天的野外考察中，对区内的地质构造、地层古生物、岩浆活动、地貌、第四纪地质、气候、湖泊、冰川、冻土、植被、土壤、环境背景值、自然环境特征与分异、植物区系、昆虫及其他节肢动物、水生生物和鱼类、鸟类、哺乳类动物等进行了全面深入地调查研究，收集了丰富的第一手科学资料，还首次在高原上提取两根长 7.25m 和 5.59m 的岩芯，填补了这一地区地学、生物学研究空白，并有所发现：

在乌兰乌拉东山发现含丰富化石的中—上侏罗统海相地层；在冈齐曲发现上二叠系；在乌兰乌拉湖发现未分的石炭纪—下二叠统；在冈齐曲和西金乌兰湖蛇形沟发现蛇绿岩；在五雪峰找到原生金矿点；在布喀达坂峰山麓发现沸泉群；在湖泊水体中发现金异常。同时发现 6 条活动断裂带，观测到特殊的天气现象滚地雷和沙尘暴；并发现新的植被类型扁穗茅草原；发现哺乳动物 19 种，属青藏高原特有种 11 种，属国家一类、二类保护动物有 8 种，藏羚羊、野牦牛群体规模大；发现鸟类 38 种，鱼类 6 种，被子植被 210 种，其中垫状植物有 50 种，植物新种和新变种 7 个；昆虫新属 2 个，新种 55 个。同时还发现了古人类活动遗迹——石器。

可可西里队 1991～1992 年在对丰富的第一手资料进行了分析、化验、鉴定的基础上，经总结编辑出版了《青海可可西里综合科学考察丛书》和一部画册，两部纪录片，发表 78 篇论文。1998 年 9 月通过青海省科学技术委员会成果验收组验收。12 月 12 日中国科学院组织专家组对成果进行了验收和评审。其间，1992 年 5 月在西宁召开可可西里综合科学考察队成果汇报审查会：

（1）青海可可西里地区地质，附：可可西里及其邻区 1：50 万地质图，张以茀、郑祥身、边千韬、郑健康、刘椿、叶建青。

（2）青海可可西里地区古生物，沙金庚、张以茀、钱惠民、王伟铭、罗辉、何炎、张遴信、王玉净、朱祥根、林彩华。

（3）青海可可西里地区自然环境，附：1：100 万青海可可西里地区地貌图，1：100 万青海可可西里地区土壤图，1：100 万青海可可西里地区土地类型图，1：100 万青海可可西里地区植被图，李炳元、顾国安、李树德、张玉林、胡东生、李世杰、郭柯、杨军、张百平、李栓科、黄赐璇、朱立平、李元芳、山发寿、孔昭宸、杜乃秋。

（4）青海可可西里地区生物与高山生理，附：1：100 万青海可可西里地区草地资源图，武素功、冯祚建、杨永平、孔昭宸、杜乃秋、山发寿、黄荣福、恰加、黄复生、张学忠、陈萍萍、刘思礼、谢为平、虞佩玉、李鸿兴、杨集昆、章有为、谢为平、章士美、陈一心、赵仲芩、方承莱、王新华、吴厚永、袁德成、黄大卫、吴燕如、王淑芳、姚健、戴爱云、张宪洲、宋士祥、邓国藩、王慧芙、崔云琦、武云飞、于登攀、吴翠珍、叶晓提、李德浩、何玉邦、王占刚、张旭辉。

（5）青藏高原的腹地（画册），武素功、杜泽泉、温景春、李炳元。

（6）艰苦的历程、神秘的国土纪录片，李亚鹏、杨宏。

可可西里队 1991 年向国家环保局提交了"建立青海可可西里自然保护区的可行性论证报告"（附：可可西里自然保护区规划方案图）。1992 年 2 月 26 日通过国家环保局组织的专家论证。

《青海可可西里综合科学考察丛书》即"可可西里地区地质环境-生物多样性"，1999 年获中国科学院自然科学奖二等奖，主要获奖人：武素功、李炳元、温景春、沙金庚、郑祥身、张以茀、张百平、郭柯、冯祚建、顾国安、李树德、边千韬、胡东生、王占刚等 30 人。

参加青海可可西里综合科学考察队人员名单

丁学芝	于登攀	山发寿	马千里	马天祯	王占刚	王新奇	冯祚建	叶建青	叶晓堤	石金泉
边千韬	刘华	刘元德	何大升	何玉邦	冶有成	张琳	张以茀	张百平	张旭辉	张学忠
张建国	李世杰	李亚鹏	李树德	李炳元	李栓科	杜泽泉	杨军	杨宏	杨方兴	杨永平
杨永瑞	杨景庭	沙金庚	陆四平	陈继元	陈铁军	孟凡德	武云飞	武素功	武翼德	郑健康
郑祥身	青松柏	恰加（藏族）	柯尊贤	胡东生	胡新田	赵军	党周（藏族）	凌风		
唐健	唐师曾	徐亮	徐杰元	贾海全	郭柯	顾国安	高天舒	高全友	高鹏智	尉贵子
盛雁海	温景春	谢建湘	霍云							

32　中国科学院青藏高原综合科学考察队
（青藏队　1989～1997）

1989年，中国科学院青藏高原综合科学考察队从承担"西藏自治区'一江两河'中部流域地区资源开发和经济发展规划"开始，对西藏自治区南部和东部，开展了一系列资源开发和社会经济发展方面的综合科学考察研究，是青藏高原综合科学考察进入深化期的重要标志，也是对西藏自治区区域资源开发与经济发展做出的新贡献。

32.1　西藏自治区"一江两河"中部流域地区资源开发和经济发展规划（1989）

32.1.1　规划立项的背景和依据

西藏"一江两河"中部流域地区，系指雅鲁藏布江中游及主要支流拉萨河与年楚河中下游的宽河谷地带。行政范围包括拉萨市、山南地区、日喀则地区有关的18个县（区），总面积5.7万 km²，人口26.07万。这里是西藏自治区人口集中，水土资源丰富，区位适中，经济、文化、交通较为发达的地区，其粮食产量占全自治区总产量的一半以上。

1987年，中共中央政治局召开了第二次西藏工作会议，明确指出："西藏的发展，关键是从西藏的实际出发，发挥自己的优势，逐渐增强自我发展的能力"。又指出："在经济建设方面，要突出抓好农牧业的开发和能源、交通建设。首先抓好'一江两河'中部流域的开发；当前主要搞好拉萨河流域的综合开发，提高粮食产量，提高牲畜出栏率和畜产品商品率。要努力开发水利、地热资源，利用好太阳能、风能"。

从1987年起，西藏自治区政府将"一江两河"中部流域的开发建设作为政府经济工作的重点，组织自治区有关部门考察调研，形成"西藏自治区'一江两河'（雅鲁藏布江、拉萨河、年楚河）中部流域开发立项的报告"，上报国家计委。国家计委建议自治区政府尽快组织科技力量，按有关规范和要求，补充编制"西藏自治区'一江两河'中部流域综合开发规划"。

西藏自治区于1987年加入西南地区经济协调会。同年10月，在成都召开的经济协调会第四次会议上，西藏自治区代表团团长、自治区主席多吉才让提出：将正在西南地区开展的"国土资源综合考察与发展战略研究"项目延伸到西藏的动议。会议主席团议定支持西藏方动议，建议西藏方面的工作，由西藏自治区与中国科学院协商安排。

根据中共中央政治局第二次西藏工作会议的指示，并落实西南地区经济协调会第四次会议主席团的议定：1988年11月，受中国科学院副院长孙鸿烈委派，并受国家计经委西藏经济咨询办公室主任王海的委托，中国科学院青藏高原综合科学考察队（简称青藏队）副队长章铭陶赴拉萨，向西藏自治区副主席马李胜与计经委主任向阳汇报，从50年代以来，中国科学院在西藏进行的多次综合科学考察，及其在农、林、牧、水、能源、矿产等方面的成果，并表达了将以中国科学院青藏科考队承担编制"西藏自治区'一江两河'中部流域地区资源开发和经济发展规划"的意向。这一意向得到西藏自治区政府的支持，决定邀请中国科学院青藏队与西藏自治区计划经济委员会合作编制该项规划。争取将西藏"一江两河"中部流域的开发，列为国家"八五"计划和十年规划的重点建设项目。

1989年2月，受国家计委委托，中国国际工程咨询公司农水部在北京召开关于西藏地区"一江两河"中部流域开发规划的座谈会。参加会议的有西藏计经委副主任吴顺祥，国家计经委西藏经济咨询办公室主任王海，中国科学院青藏队副队长章铭陶，中国国际工程咨询公司胡德恒、陈沛深、王继奎。座谈会明确了"规划"的工作范围、规划目标、时间控制和报批手续。

1989 年 4 月，西藏自治区政府与中国科学院联合成立了规划领导小组：

组　长：马李胜、孙鸿烈

副组长：向阳、康庆禹、章铭陶

32.1.2　项目组织和实施过程

中国科学院青藏队组织了来自中国科学院综考会、北京大学、交通部情报研究所、西藏自治区计经委、拉萨市计经委、拉萨市水电局和林业局、山南地区林业局、日喀则地区农牧局、西藏自治区气象局等 10 个单位，包括农业气候、水文、农田水利、土地、农学、林业、草场、畜牧、水能、地热、农业经济、工业经济、交通、信息系统等专业的科技人员共 49 人，参加"规划"的外业考察和编制工作，中国科学院也将此"规划"项目列为院重点科研项目。

青藏队队部的人员组成，以及"规划"项目 7 个课题组负责人如下：

1. 队部

队长：孙鸿烈，副队长：章铭陶（常务）、韩裕丰、谭福安；

办公室主任：谭福安（兼），成员：吴建胜、邓念阳、李光兵；

2. 课题组

水资源组，组长：陈传友、章铭陶；

农业组，组长：张谊光，副组长：郑伟琦；

林业组，组长：赖世登、韩裕丰；

畜牧草场组，组长：田效文，副组长：李玉祥；

能源组，组长：关志华，副组长：佟伟；

工业组，组长：郎一环；

信息组，组长：陈沈斌。

1989 年 5 月，全队各课题组对"一江两河"中部流域的山南地区、日喀则地区和拉萨市的 18 个县（区）开展考察工作。在为期三个多月的考察工作结束后，全体队员在拉萨进行资料整理、业务交流和初步小结。同年 8 月中旬，由国家计经委、农业部、林业部、能源部、水利部等中央有关部委负责人，组成赴藏工作组，对西藏"一江两河"中部流域地区区情及其开发的前期工作进行调研。8 月底，青藏队在初步小结的基础上，由常务副队长章铭陶向西藏自治区政府，及中央赴藏工作组进行汇报。

1989 年 10 月，青藏队参加"规划"编写的人员在北京集中进行总结，完成"西藏自治区'一江两河'中部流域地区资源开发和经济发展规划"的初稿。1990 年 4 月，由西藏自治区政府副主席马李胜主持，在北京召开了"规划"的汇报和评议会。参加评议会的有国家计经委农经司、长远规划司、投资司、中国国际咨询公司农林水项目部，农业部计划司、畜牧司，林业部资源司，水利部计划司、科技司、农水司，能源部能源总公司，国家计经委西藏经济咨询办公室，中国科学院资环局，以及西藏自治区政府有关部门领导和专家。会议认为："规划"的总体框架可行，内容符合西藏的实际。同意予以通过。评议会之后，青藏队对"规划"进行了修改和调整。于 1990 年 8 月提交了正式报告。

1991 年 5 月，国务院针对西藏自治区政府上报《西藏自治区"一江两河"中部流域地区资源开发和经济发展规划》的藏政发［1990］80 号文件，在下发的国函［1991］27 号文件指出："雅鲁藏布江、年楚河、拉萨河中部流域地区是西藏自治区的腹心地区和粮食重要产区，搞好这一地区的综合开发对促进西藏经济、社会发展意义重大，同意列为国家'八五'计划和十年规划的重点建设项目，从 1991 年起，用十年左右时间，投资十亿元，通过兴建水利、改造中低产田、改造草场和植树造林等，使农业生产有一个稳固坚实的基础和良好的生态屏障"。

32.1.3　主要成果

提交《西藏自治区"一江两河"中部流域地区资源开发和经济发展规划》及附图。参加考察和编写人员：

章铭陶　张谊光　韩裕丰　谭福安　陈传友　关志华　赖世登　田效文　郎一环　李福波　陈沈斌
李玉祥　郑伟琦　孙尚志　余成群　李继由　许毓英　蔡锦山　廖俊国　卫　林　陈永瑞　钟华平
梁　飚　郑亚新　周长进　陆京选　赵建安　龙邦辉　李文卿　徐六康　游松才　李　征　王世宽
卢松龄

参加考察的人员：

吴建胜　邓念阳　李光兵　佟　伟　刘时彬　旺　久　李亮元　吴瑞森　拉　巴　欧珠平措　吴全林
强　松　吉　米　李纯禄　余家书

32.2　西藏自治区艾马岗农业综合开发区规划设计(1990～1991)

32.2.1　立项的背景和依据

艾马岗综合开发区是"西藏自治区'一江两河'中部流域地区资源开发和经济发展规划"遴选的八个重点农业综合区中的第一个。

艾马岗农业综合开发区位于雅鲁藏布江拉孜至仁布宽谷段的北侧，为湘江冲积洪积扇的东翼与雅鲁藏布江二级阶地及超河漫滩的结合部。海拔约3800m。行政区划属日喀则地区南木林县所辖的6个行政村。开发区的总面积14.54万亩，总人口3431人。

根据西藏自治区政府关于"西藏自治区'一江两河'中部流域地区资源开发和经济发展规划"方案，报国家计划经济委员会的藏政[1990]80号文件，以及西藏自治区经济社会发展战略，西藏自治区政府和西藏"一江两河"开发建设委员会决定，先期开发艾马岗农业综合开发区，将其建成区域性的草畜和商品粮生产基地，并成为对"一江两河"地区的开发建设发挥示范作用的典型和样板。

为启动这一建设项目，1990年9月，西藏自治区计划经济委员会和"一江两河"开发建设委员会办公室委托中国科学院青藏队对艾马岗农业综合开发区的开发建设进行规划设计。要求农、林、牧业的规划达到设计任务书的深度，水利工程达到初步设计的水平。

32.2.2　项目组织和实施过程

中国科学院青藏队在接受这一规划设计任务后，立即组织中国科学院综考会的农业气候、土地、农田水利、农学、草场、畜牧、林业、农业经济等专业的科技工作者共16人，组成由章铭陶、张谊光共同主持的规划设计组，于1990年10月中旬进入规划设计区，与日喀则地区和南木林县参与规划设计的8名工作人员会合，在背景资料几为空白的规划区，开展了一个月的土地和水利勘测及各专业的外业调查。11月中旬至12月，全组在日喀则市展开区域资料收集、调研和分析，并进行水文、水利计算和部分水利工程图件的编绘。

1991年2月，规划设计组全体成员在北京集中，完成《西藏自治区艾马岗农业综合开发区规划设计》初稿、《艾马岗大渠工程设计图》和《西藏自治区艾马岗农业综合开发区规划图》。1991年6月，向西藏自治区一江两河开发建设委员会提交了全部成果，并于1991年7月18日在拉萨通过了由西藏自治区农牧林委员会和西藏自治区"一江两河"开发建设委员会办公室组织的终期评审和鉴定。

32.2.3 主要成果

《西藏自治区艾马岗农业综合开发区规划设计》《艾马岗大渠工程设计图集》《西藏自治区艾马岗农业综合开发区规划图》。

参加考察和编写人员：

章铭陶　张谊光　郑伟琦　李玉祥　许毓英　廖俊国　蔡锦山　余成群　钟华平　田效文　李福波　俎玉亭　从者柱　严茂超　李　飞　卫　林

参加考察人员：

白　朗　土登欧珠　普布次仁　乔增楼　酒常有　王振飞　次　多　洛桑多吉

32.3　西藏自治区江北农业综合开发区规划设计(1990～1992)

32.3.1　立项的依据

江北农业综合开发区原为"西藏自治区'一江两河'中部流域地区综合开发规划"中遴选的多布塘农业综合开发区。为扩大规模经营效益，1991年5月，西藏自治区"一江两河"开发建设委员会和日喀则江河局接受中国科学院青藏队的建议，决定将多布塘以西的江北片并入，统称江北农业综合开发区。

江北农业综合开发区位于雅鲁藏布江北岸的一、二级阶地上，最低海拔3816m。它南隔雅鲁藏布江，与日喀则市区相望，行政区属日喀则市东嘎乡所辖的三个联村。开发区总土地面积12.76万亩，总人口5769人。

1990年9月，西藏自治区计划经济委员会与"一江两河"开发建设委员会办公室，将多布塘农业综合开发区和艾马岗农业综合开发区，同时委托中国科学院青藏队进行规划设计，要求农、牧、林业的规划达到设计任务书的深度，水利工程的规划设计达到初步设计水平。

32.3.2　项目的组织和实施过程

1990年12月，中国科学院青藏队规划设计组一行17人，在结束南木林县艾马岗农业综合开发区的外业勘测和调查后，转移到原多布塘农业综合开发区，进行土地勘测和多布塘干渠改扩建的渠系布置，配套建筑的实地测量工作，并踏勘了原多布塘开发区以西的江北片。1990年7月初，再次对江北农业综合开发区新合并的江北片，进行各专业规划的外业调查、土地测量，延伸原江北干渠的渠系布置和干支渠及水工建筑的测量，并布局了湘江防洪工程。

1992年2月，规划设计组集中北京，完成《西藏自治区江北农业综合开发区规划设计》初稿、《多布塘大渠工程设计图集》《江北大渠延伸工程设计图集》和《西藏自治区江北农业综合开发区规划图》。1992年11月，通过由西藏自治区"一江两河"开发建设委员会办公室组织的终期评审和鉴定。

32.3.3　主要成果

《西藏自治区江北农业综合开发区规划设计》《西藏自治区江北农业综合开发区规划图》《多布塘大渠工程设计图集》《江北大渠延伸工程设计图集》。

主要考察和编写人员：

张谊光　章铭陶　廖俊国　许毓英　蔡锦山　李玉祥　余成群　田效文　丁光伟　郑伟琦　俎玉亭　丛者柱　钟华平　李福波　关志华　楼兴甫　严茂超

32.4 西藏自治区江当农业综合开发区可行性研究(1991~1992)

32.4.1 立项的背景和依据

江当农业综合开发区是"西藏自治区'一江两河'中部流域地区综合开发规划"中遴选的面积最大、潜力最高、交通最便捷的一个。

江当农业综合开发区位于雅鲁藏布江中游的拉孜至仁布宽谷段南侧的超河漫滩和三级阶地上,最低海拔 3780m。隔江与南木林县的艾马岗农业综合开发区相望。行政区划属日喀则市的江当乡和年木乡,包括 21 个行政村。开发区的总面积 22.5 万亩,总人口 6849 人。

根据西藏自治区政府关于"西藏自治区'一江两河'中部流域地区综合开发规划"方案,报国家计划经济委员会的藏政[1990]80 号文件,以及西藏自治区经济社会发展战略,西藏自治区政府决定通过重点投资建设,使该开发区成为区域性的商品粮和畜产品、蔬菜与副食品生产基地,以提高当地人民生活水平,支持日喀则城市发展和支援西部牧区。为此,西藏自治区"一江两河"开发建设委员会再次委托中国科学院青藏队,对江当农业综合开发区的开发和建设,进行可行性研究。

34.4.2 项目组织和实施过程

中国科学院青藏队在接受这一可行性研究项目后,组织中国科学院综考会的农业气候、土地利用、农田水利、水能、农村能源、农学、草场、畜牧、林业、农业经济、测量、区域开发 12 个专业的 25 名科技工作者,以及北京市水利局的农田水利、水工专业的两名技术人员共 27 人,组成由章铭陶、韩裕丰、张谊光共同主持的项目组,于 1991 年 5 月进入项目区,开展土地和水利勘测,以及各专业的外业调查,为期 1 个半月。从 7 月初开始,全组在日喀则市进行资料收集、整理、分析和区情调研、专业交流、图件编绘等方面的工作。

1992 年 2 月,项目组在北京集中总结,完成《西藏自治区江当农业综合开发区可行性研究》报告。

主要成果:《西藏自治区江当农业综合开发区可行性研究》及附图

参加考察和编写人员:

章铭陶　韩裕丰　张谊光　余成群　曾本祥　许毓英　李玉祥　孙国庆　田效文　封志明　张永桂
丁光伟　邵　彬　廖俊国　朱鸿冰　石维新　关志华　蔡锦山　丛者柱　俎玉亭　楼兴甫　严茂超
邓新安　庞爱权　叶忆明　蔡　跃　谭福安

32.5 西藏自治区"一江两河"地区综合开发规划(1991~1992)

32.5.1 立项的背景和依据

1989 年,中共中央政治局常委讨论西藏工作的会议纪要,即中办厅字[1989]45 号文件指出:"国务院有关部门要继续帮助西藏落实经济和社会发展战略的有关工作。在经济建设方面突出抓好农牧业的开发和能源、资源建设,首先抓'一江两河'流域的开发,提高粮食产量"。并指出:"请你区在国务院有关部门的协助下抓紧编制十年综合开发规划,报国家计委审批"。

1990 年 7 月,江泽民总书记在西藏视察期间,对"一江两河"地区的开发给予充分肯定。

1991 年 5 月 15 日,国务院函[1991]27 号文件正式批准将该地区列入国家"八五"计划和十年规划的重点建设项目。并明确指出:"搞好'一江两河'开发,促进经济与社会发展,对西藏的政治稳定,民族团结和反分裂斗争具有重要的战略意义"。

遵照党中央和国务院的指示，由西藏自治区牵头，组织了由中央有关部委、中国科学院及西藏有关职能部门参加的规划队伍，进行水利、农业、畜牧业、林业、能源、交通、工业、农牧业科技、农业机械化等10个行业规划和总体规划（后称综合开发规划）的编制。

其中要求综合开发规划提出"一江两河"地区总体发展方向和任务，以此对各行业规划的相互关联、各重大项目的规模、衔接和时空匹配进行协调和控制，确定十年开发建设的总规模和效益，作为"一江两河"地区开发建设的总蓝图。

各行业规划将正确指导本行业的开发建设方向，规定具体的开发建设任务，提出合理的发展目标，规模和建设时序，安排重点建设项目，并提供科学依据。

32.5.2 项目组织和实施过程

为完成这一历史使命，西藏自治区"一江两河"开发建设委员会于1991年3月20日在北京召开了规划工作启动会，邀请国家计经委、农业部、水利部、林业部、能源部、交通部、中国科学院以及自治区有关厅、局、委参与综合及各行业规划的负责人和专家，交流在"一江两河"地区进行的研究和各项前期工作的成果，并着手布置和落实综合规划和各行业规划的任务。中国科学院青藏队常务副队长章铭陶应邀参加了会议。

按照规划工作启动会议的安排，西藏自治区政府成立了以自治区政府副主席马李胜为组长，中国科学院副院长孙鸿烈为顾问的"一江两河"综合开发规划领导小组，下设以西藏自治区农林委副主任傅元春为组长，章铭陶为副组长的综合开发规划组，章铭陶还兼任综合规划编写组组长。

1991年5月，中国科学院青藏队组织了中国科学院综考会、水利部松辽委及西藏自治区有关部门的气候、水文、土地、农田水利、水能、农学、林业、草场、畜牧、农业经济、工业经济11个专业的专家，组成综合开发规划组，于1991年5月和6月先后进藏进行外业调查。在此期间，综合规划组不断与承担各项行业规划的人员进行业务交流，和对各行业规划之间相互的关联进行协调。

10月23日，中国科学院孙鸿烈副院长和国家计经委农经司边秉银副司长率国家七部委专家咨询组赴西藏"一江两河"地区进行考察。咨询组在拉萨听取了各行业规划的原则性方案汇报，并就行业规划和综合开发规划的关系提出意见，确定了各行业规划的投资规模，为综合开发的编制打下了基础。

1991年12月，综合开发规划领导小组批准了综合规划编写组提出的规划编写工作大纲。1992年2月，综合开发规划组集中北京，开展规划的编写工作。1992年5月，编写组就规划的整体思路向"一江两河"地区综合开发规划领导小组和专家咨询组作了汇报。1992年6～7月，各行业规划相继完成并通过终审。综合规划组于8月上旬完成初稿，后在拉萨向西藏自治区"一江两河"开发建设委员会作了汇报。

1992年10月4～5日，西藏自治区副主席，"一江两河"综合开发规划领导小组组长马李胜，在北京主持召开《西藏自治区"一江两河"地区综合开发规划》送审稿的评审会。评审会由中国农学会名誉主席卢良恕任主席，国务院6个部委、中国科学院、国务院发展研究中心、国家农业开发办、中国农业科学院等15个单位的22位专家和学者任委员，组成评委会。评审会认为："综合开发规划资料翔实、结构严谨、思路清晰，指导思想和原则正确，目标明确、经济合理、措施可行，同意予以通过"。

32.5.3 主 要 成 果

提交：《西藏自治区"一江两河"地区综合开发规划》

参加考察和编写人员：

章铭陶	韩裕丰	张谊光	李明森	关志华	郎一环	田效文	赵建安	李学军	严茂超	廖俊国
许毓英	李玉祥	陈传友	洪扬文	龙邦辉	余成群	王恩绵	王贤俊	杨 帆	王丹亭	高大庆
王文奇	王岩松	张法颜	刘东海	李堂义						

32.6　西藏尼洋河区域资源开发与经济发展综合规划(1991～1992)

32.6.1　立项的背景和依据

尼洋河区域位于西藏自治区东南部，以林芝地区行署所在地八一新村为中心，东起米林县的派乡，西抵米拉山口，南至喜马拉雅山脉北坡，北达念青唐古拉山脉。域内雅鲁藏布江下游干流从西向东横列，其支流尼洋河从西北向东南流贯。全境总土地面积 2.48 万 km²。行政范围包括工布江达县全境，林芝县 4 乡1 镇，米林县的 6 乡，共辖 20 个乡、1 个镇。总人口 126.19 万。

尼洋河区域紧邻"一江两河"地区，两地山水相连，其间优势资源、支柱产业和主导产品具有良好的互补性，是"一江两河"地区开发启动后的自然延伸和后续。为此，西藏自治区党委和政府将尼洋河区域的开发，列为《西藏自治区国民经济和社会发展规划》中的重点开发地区。"一江两河"地区和尼洋河区域的社会发展，将呈现相辅相承、相互促进和共同繁荣的局面。

1991 年 7 月，西藏自治区政府和林芝地区行署，将"西藏尼洋河区域资源开发与经济发展综合规划"，再次委托中国科学院青藏队编制。

32.6.2　项目组织和实施过程

1991 年 9 月，为顺利完成综合规划任务，青藏队常务副队长章铭陶和队办公室余成群赴林芝八一镇，与林芝地区行署协商，落实了综合规划的地域范围、内容要求、队伍的专业结构以及外业考察和内业总结的时间安排。据此，青藏队完成了综合规划的工作大纲。并由林芝地区行署和青藏队联合成立了"西藏尼洋河区域资源开发与经济发展综合规划"领导小组：

组　　长：索朗丹增(林芝地区行署专员)

副组长：毛向学(林芝地区行署副专员)

　　　　平措杰博(林芝地区行署副专员)

　　　　章铭陶(青藏队常务副队长)

成　　员：韩裕丰、谭福安(青藏队副队长)

青藏队根据综合规划的工作大纲，立即组织了中国科学院综考会、地理所、水利电力科学研究院泥沙研究所、湖南农林工程设计院、内蒙古教育学院、西藏林芝地区农牧局、西藏高原生态研究所、西藏农牧学院 8 个单位的气候、土地、水利、水能、河道治理、林学、果树、林化、农学、草场、畜牧、旅游、交通、农业经济、工业经济 15 个专业的 40 名科技工作者，参加规划的考察和编写。中国科学院将此项目列为院重点科研项目。

1991 年 10 月，全体人员对综合规划区内的工布江达、林芝、米林三县，依次进行实地考察，同年 12 月初，外业考察结束，各专业组在八一镇进行初步小结，并在当地与林芝地区行署及有关部门就综合规划的初步设想和主要观点交换了意见。随后，青藏队章铭陶赴拉萨，向西藏自治区政府副主席毛如柏等领导和自治区计委、农牧林委等有关部门进行汇报，听取多方面意见和建议。

1992 年 2 月，青藏队集中北京，通过内业总结，完成了《西藏尼洋河区域资源开发与经济发展综合规划》初稿。1992 年 11 月，通过了西藏自治区政府在成都举行的项目终期评审会。参加评审会的有国家计委、林业部、农业部、水利部、能源部等国务院有关部委领导和专家。中国科学院副院长孙鸿烈参加了评审会。

32.6.3　主要成果

提交：1.《西藏尼洋河区域资源开发与经济发展综合规划》及附图

2. 附件

《尼洋河区域玉米种植条件分析》，主笔：成升魁

《尼洋河区域养猪基地建设规模与措施》，主笔：田效文

《尼洋河区域兴建不同规模纸厂的条件分析》，主笔：赖世登

《尼洋河下游河道整治方案探讨》，主笔：彭瑞善　章铭陶　蔡锦山

参加考察和编写人员：

韩裕丰	章铭陶	李学军	成升魁	谭福安	蔡锦山	赖世登	田效文	关志华	楼兴甫	肖　平
俎玉亭	陈远生	黄　净	邵　彬	黄　静	丛者柱	郎一环	陈德启	赵建安	洪扬文	龙邦辉
徐六康	庞爱权	余成群	吕昌河	李　刚	钱锡宝	白宝良	彭瑞善	任光华	郭蔚华	郭星恺

参加考察人员：

叶忆明　蔡　跃　李建国　多　穷　闫景彩　杨永红　刘书润

32.7　西藏昌都地区"三江"流域农业综合开发规划（1995～1997）

32.7.1　立项的背景和依据

"三江"流域农业综合开发区位居举世闻名的金沙江、澜沧江、怒江三江并流的横断山区，海拔从2100m至6740m，自然条件复杂多变。总土地面积6.3万km²，人口36.52万，分别占昌都地区的58%和65.5%。

中央政府为缩小区域经济发展的差距，加大力度开发中、西部地区。1995年，中共中央政治局及时召开了第三次西藏工作座谈会。为了把握机遇，西藏自治区党委和政府作出相应的重大战略布署，确定了经济和社会跨世纪超常规发展的目标。决定在西藏东部的昌都地区，以开发巨型的玉龙铜矿为突破口，带动藏东地区的社会经济发展，要求包括大农业在内的其他基础产业的发展作为支撑，同时也为农牧林业及其加工产品扩大市场需求，为大农业的发展，提供前所未有的机遇。为此，在《西藏自治区国民经济和社会发展"九五"计划和2010年远景目标纲要》中，将昌都地区的"三江"流域列为西藏自治区四大农业综合开发的重点区域之一。

1995年10月，西藏自治区政府副主席在会见中国科学院青藏队常务副队长章铭陶等4人时，将编制《西藏昌都地区"三江"流域农业综合开发规划》的任务，再次委托青藏队*执行。后经协商，昌都地区的农业综合开发区划定在昌都地区农业生产条件较好的中南部的昌都、察雅、洛隆、八宿、左贡和芒康六个县的县域。同时还受委托，为玉龙铜矿二期开发预选建设大容量的水电站方案。

32.7.2　项目组织和实施过程

为及时完成《规划》任务，1995年11月初，由章铭陶、韩裕丰、李明森、沈镭组成规划预察组赴昌都地区进行预察。与此同时，昌都地区行署成立了《规划》领导小组及办公室。

1996年4月，中国科学院自然资源综合考察委员会组织了包括区域开发、土地农学、草地、畜牧业、林业、水文、农田水利、水能、农业气候、农业经济、工业经济11个专业的15名科技工作者，组成由章铭陶、成升魁主持的规划组，并完成规划工作大纲和编写提纲。

1996年6月，全体规划组到达西藏昌都，全面投入为期3个月的外业考察。在山高水深通行困难的条件下，累计行程3万km，在规划区总共99个乡中，实际调查了其中的66个，实地考察了主要的开发区域和开发项目，采访了300多个典型农户，提出许多新的开发方案和设想。在完成每个县的考察后进行小

---

* 中国科学院青藏高原综合科学考察队于1995年底结束其历史使命，此项任务由中国科学院自然资源综合考察委员会接管。

结，将各县农业综合开发的初步设想与县领导和有关部门进行交流。外业考察完成后，在昌都进行了 15 天总结，梳理出《规划》的基本思路、总体框架和重大建设项目，并向昌都地区党政领导进行汇报。

1996 年 10 月，《规划》组在北京集中，进入内业工作阶段，并于 1997 年 1 月完成综合开发规划初稿。其后经过三易其稿，于 1997 年 6 月完成送审稿。

1997 年 8 月 23～24 日，西藏昌都地区行署在北京召开《西藏昌都地区"三江"流域农业综合开发规划》评审会。评审委员会主任由国家计委宏观经济研究院副院长边秉银担任，参加评审的有中国科学院、中国农业科学院、中国国际工程咨询公司、中国农业大学、农业部等单位的 10 位专家和学者。该《规划》最终顺利通过评审。

1997 年 12 月，综合规划组的主要成员赴拉萨，向西藏自治区领导和有关部门进行汇报。此后，根据多方意见和建议对综合规划进行了修改，完成了《西藏昌都地区"三江"流域农业综合开发规划》。

32.7.3 主要成果

1.《西藏昌都地区"三江"流域农业综合开发规划》

2. 附件

《玉龙铜矿二期建设的配套电站预选方案》，执笔：章铭陶、高迎春、林耀明、姚治君；
《开发玉龙铜矿资源对昌都地区社会经济发展的带动作用》，执笔：沈镭；
《全国农村初级电气化县的选择和推荐》，执笔：高迎春；
《农业综合开发区的县乡道路建设》，执笔：宋新宇；
《西藏昌都地区"三江"流域农业综合开发规划建设项目管理信息系统》，执笔：高迎春；
《昌都地区"三江"流域防护林体系工程建设建议》，执笔：邓坤枚、韩裕丰。
参加考察和编写人员：

章铭陶　成升魁　李明森　杨汝荣　王钟建　姚治君　高迎春　沈　镭　韩裕丰　蒋世逵　林耀明
邓坤枚　王正兴　庞爱权　宋新宇

33 青藏高原形成演化、环境变迁与生态系统研究 (1992~1995)

33.1 立项依据

青藏高原及其强烈的隆升、独特的自然环境、丰富的自然资源和对周边地区气候的深刻影响，一直为科学界所瞩目。在中国科学院对青藏高原多次考察的基础上，1992年国家科委将"青藏高原形成演化、环境变迁与生态系统研究"列为国家"八五"攀登项目，中国科学院也将其列为重大基础研究项目。项目期限1993~1996年。主要任务是深入开展理论研究，同时更紧密结合生产，为经济社会发展服务。力求实现从以定性为主的考察研究转入定量研究，从静态研究到动态研究，从单一学科研究到综合研究，从区域性研究拓宽到与全球变化相联系的研究。国家科委1992年9月14日聘请孙鸿烈为"青藏高原形成演化、环境变迁与生态系统研究"项目首席科学家，同时成立了以刘东生、施雅风、李吉均、郑度、潘裕生、李文华、汤懋苍、孔祥儒、张新时、陆亚洲为委员的专家委员会。专家委员会办公室设在综考会，负责项目的管理和实施，办公室主任冯雪华。

33.2 研究课题

"青藏高原形成演化、环境变迁与生态系统研究"经专家委员会论证，由5个课题20个专题组成：

1) 青藏高原岩石圈结构、演化和地球动力学研究

负责人：潘裕生、孔祥儒，主持单位：中国科学院地质研究所、地球物理研究所。
(1) 青藏高原西部综合地球物理与岩石圈结构研究，负责人：孔祥儒、王谦身、熊绍柏；
(2) 青藏高原北部加里东构造带的研究，负责人：潘裕生，承担单位：中国科学院地质研究所；
(3) 青藏高原及其邻区中间过渡大陆前缘侏罗纪构造演化，负责人：尹集祥，中国科学院地质研究所；
(4) 藏东南滇西新生代陆内形变动力学，负责人：钟大赉，承担单位：中国科学院地质研究所；
(5) 青藏高原形成机制与演化模式的综合研究，负责人：潘裕生、孔祥儒，承担单位：中国科学院地质研究所，地球物理研究所。

2) 青藏高原晚新生代以来环境变化的研究

负责人：施雅风、李吉均、李炳元，主持单位：中国科学院兰州冰川冻土研究所、兰州大学、中国科学院地理研究所。
(1) 湖泊岩芯提取分析，负责人：王苏民、文启忠、李炳元，主持单位：中国科学院南京地理湖泊研究所、中国科学院地球化学研究所广州分部；
(2) 冰芯提取分析，负责人：姚檀栋，承担单位：中国科学院兰州冰川冻土研究所；
(3) 天然剖面研究，负责人：李吉均、崔之久、王富葆，承担单位：兰州大学、中国科学院兰州冰川冻土研究所。
(4) 环境变迁综合研究，负责人：施雅风、张青松，承担单位：中国科学院兰州冰川冻土研究所、地理研究所。

3）青藏高原近代气候变化、趋势预测及对环境影响的研究

负责人：汤懋苍、程国栋、林振耀，主持单位：中国科学院兰州高原大气物理研究所、兰州冰川冻土研究所、地理研究所。

（1）高原地区能量收支变化研究，负责人：钟强、季国良，承担单位：中国科学院兰州高原大气物理研究所；

（2）高原冰川、积雪、冻土与气候变化研究，负责人：程国栋、曾群柱，承担单位：中国科学院兰州冰川冻土研究所；

（3）青藏高原地区气候变化的数值模拟研究，负责人：刘晓东、张翼，承担单位：中国科学院兰州高原大气物理研究所；

（4）高原气候变化的综合分析和趋势预测的研究，负责人：林振耀、汤懋苍，承担单位：中国科学院地理研究所、兰州高原大气物理研究所。

4）青藏高原生态系统结构、功能与动态研究

负责人：李文华、周兴民，主持单位：中国科学院自然资源综合考察委员会、西北高原生物研究所。

（1）山地森林生态系统结构、功能与动态研究，负责人：钟祥浩、唐亚，承担单位：中国科学院成都山地研究所、成都生物研究所；

（2）高寒草地生态系统结构、功能与动态研究，负责人：周兴民，承担单位：中国科学院西北高原生物研究所；

（3）青藏高原农田生态系统优化模式研究，负责人：张谊光，承担单位：中国科学院自然资源综合考察委员会。

5）青藏高原隆起及其对资源、环境和人类活动影响的综合研究

负责人：孙鸿烈、郑度，主持单位：中国科学院自然资源综合考察委员会、地理研究所。

（1）青藏高原形成演化与环境变化模式研究，负责人：潘裕生、李吉均，承担单位：中国科学院地理研究所、兰州大学；

（2）高原隆起对周边地区的影响及其与全球变化的关系，负责人：刘东生、张新时，承担单位：中国科学院地质研究所、植物研究所；

（3）青藏高原自然地带分异规律的比较研究，负责人：郑度，承担单位：中国科学院地理研究所；

（4）青藏高原人口、资源、环境与发展（PREO）的综合研究，负责人：孙鸿烈、章铭陶，承担单位：中国科学院自然资源综合考察委员会。

33.3　项目实施

1993～1995年，5个课题20个专题依据项目规划要求，对重点地区进行了实地考察、钻探取样、定位观测、试验模拟和理论总结工作。

1993年5～8月，第一课题第3专题"青藏高原及邻区中间过渡大陆前缘侏罗纪构造演化"专题组，对藏北西部荣布—查桑双湖及申扎地区进行了区域地层、构造、岩石学调查和古地磁取样；6月20日至7月31日第4专题"藏东滇西新生代陆内形变动力学"研究组，对藏东左贡、察隅、波密一带进行了考察；第二课题第3专题"天然剖面研究"专题组，对昆仑山小南川南口青藏公路两侧厚达9m的黄土剖面顶部进行了大型勘探开挖观测并系统取样；第三课题第1专题"高原地区能量收支变化的研究"专题组，在五道梁完成观测仪器安装并开始进行系统观测；第四课题第3专题"青藏高原农田生态系统优化模式研究"，开始拉萨农业试验站选址和建站及试验工作。

1994 年 5～8 月，第一课题第 1 专题"青藏高原西部综合地球物理与岩石圈结构研究"组，对青藏高原西北部措勤—洞错—改则—鲁谷 3 个湖泊进行人工地震测深剖面研究和大地电磁测深、高精度重力测量和地磁观测；7～8 月，第一课题第 2 专题"青藏高原北部加里东构造带的研究"组，分别从诺水洪、香日德、苦海、甘南等地穿越了东昆仑山，对早古生代地质历史和昆中断裂的性质、时代等进行了考察；5 月，第一课题第 4 专题"藏东南滇西新生代陆内形变动力学"研究组，对雅鲁藏布江大拐弯地区和藏东碧玉、盐井、察瓦龙地区进行考察；6 月，第三课题第 1 专题"高原地区能量收支变化"研究组，在五道梁观测站建起了高达 30m 的铁塔，安装 4 个高度的风速和温度的观测仪，开展了 CO_2 通量和水汽能量和热量观测；7～10 月，第五课题第 4 专题"青藏高原人口、资源、环境与发展的综合研究"组，对青海玉树、海南、西宁等地州市及四川省甘孜州、阿坝州、甘肃省甘南藏族自治州进行了考察。

1994 年在京召开了"青藏高原形成演化、环境变迁与生态系统研究"第一届年会。

1995 年 6 月，第二课题第 1 专题"湖泊岩芯提取分析"组，在甜水湖东岸湖边进行湖泊钻探，提取岩芯 56m，32m 进行室内分析；10 月，第五课题第 4 专题"青藏高原人口、资源、环境与发展的综合研究"组，对昌都和云南迪庆州进行考察。4 月，第二课题张青松、王富葆等 4 人，对喜马拉雅山南坡的地貌、第四纪进行了考察。

1995 年 4 月 19～21 日，在北京召开了"青藏高原形成演化、环境变迁与生态系统研究"第二届年会，收到论文 190 篇，130 名科学家出席，围绕着青藏高原环境变迁问题进行了讨论。并成立《青藏高原研究丛书》编辑委员会，主任：孙鸿烈，委员：郑度、刘东生、施雅风、潘裕生、孔祥儒、李吉均、汤懋苍、张新时、李文华、陆亚洲。

经过 4 年的实地考察、钻探取样、定位观测、试验模拟和理论总结，各课题均已完成预期目标和计划规定的要求。专家组指出，本项目的特点在于它将青藏高原作为自然和社会的整体系统，集基础研究和应用研究为一体，组织多种学科开展综合研究，获得了大量的珍贵资料，在不少方面取得了突破性的进展，实现了从青藏高原科学考察向深入系统研究转变。在尺度上，从岩石圈、生物圈到大气圈，涵盖了高原的各个圈层。在时间尺度上，从亿万年到现代。讨论了高原的形成、演化过程，结合自然生态系统，注意了社会的可持续发展，是一个大跨度，多学科交叉，复杂的系统工程。

33.4 研究成果

项目经过 4 年的考察研究，先后发表论文 485 篇，编辑出版《青藏高原研究丛书》7 部和 2 部学术论文年刊，12 月 27 日经专家组和主管部门验收结题。

(1)《青藏高原形成演化与发展》，孙鸿烈、郑度、潘裕生、孔祥儒、钟大赉、王谦身、熊绍柏、丁林、阎雅琴、施雅风、李吉均、李炳元、潘保田、方小敏、姚檀栋、王苏民、崔之久、李世杰、汤懋苍、程国栋、曾群柱、林振耀、苏珍、赖祖铭、刘东生、张新时、袁宝印、李文华、周兴民、钟祥浩、张谊光、章铭陶、李明森、沈镭。

(2)《青藏高原岩石圈结构演化和动力学》，潘裕生、熊绍柏、刘宏兵、于桂生、王谦身、武传真、江为为、刘洪臣、孔祥儒、马晓冰、于晟、李宗舜、闫雅芬、夏国辉、张凤玉、许荣华、王东安、周伟明、陈瑞君、张玉泉、谢应雯、陈挺恩、罗辉、尹集祥、邓万明、文世宣、孙东立、钟大赉、吴振耀、丁林。

(3)《青藏高原晚新生代隆升与环境变化》，施雅风、李吉均、李炳元、李世杰、方小敏、马玉贞、潘安定、崔之久、伍永秋、刘耕年、申旭辉、葛道凯、许青海、庞其清、阴家润、五富葆、李升峰、薛滨、王苏民、王云飞、李磊、吴敬禄、张平忠、王先彬、唐领余、沈明、夏威岚、胡守云、羊向东、沈吉、潘红玺、马燕、吴燕宏、项亮、朱育新、朱照宇、余素华、李元芳、刘光秀、向明菊、区荣康、周厚云、王国、孙维贞、马玉海、王睿、张鸿斌、齐玉桥、王俊达、李海涛、姚檀栋、秦大河、焦克勤、张青松、潘保田。

(4)《青藏高原近代气候变化及对环境的影响》，汤懋苍、程国栋、林振耀、季国良、钟强、沈志宝、柳海燕、王介民、马耀明、祁永强、白瑷、刘晓江、赵昕奕、冯松、苏珍、蒲建辰、李述训、赖相明、曾群柱、李震。

（5）《青藏高原生态系统及优化利用模式》，李文华、周兴民、钟祥浩、石培礼、罗辑、关宁、邓自发、陈波、姜永年、张金霞、潘翼峰、程根伟、何永华、王启基、罗天祥、张宪洲、林忠辉、贡桂英、廖俊国、刘允芬、张谊光、周立、印开蒲。

（6）《青藏高原形成演化、环境变迁与生态系统研究》，学术论文年刊，科学出版社。

34 青藏高原环境变迁与可持续发展研究
(1997~2000)

34.1 立项依据

青藏高原是全球海拔最高的独特地域单元。青藏高原的研究在科学上对解决地球动力学和全球变化有重要意义，在实践上对于高原可持续发展也有广阔的应用前景，是我国有特色的优势研究领域，也是我国在地学方面最有希望争取达到国际领先水平的一个领域。

国家科委在实施"八五"攀登项目"青藏高原形成演化、环境变迁与生态系统研究"的基础上，1997年将"青藏高原环境变迁与可持续发展研究"列为国家"九五"攀登项目，中国科学院将其列为资源与生态环境重大特别支持项目。

项目起止年限：1997~2000年。

项目承担单位：中国科学院自然资源综合考察委员会、地理研究所、地质研究所、地球物理研究所、兰州冰川冻土研究所、兰州高原大气物理研究所、兰州大学。

项目主要参加单位：中国科学院南京地质古生物研究所、南京地理湖泊研究所、西北高原生物研究所、成都山地研究所、地矿部地质科学院、国家地震局地球物理研究所。

项目总经费：1410万，其中国家800万元，中国科学院610万元。

总体目标：揭示青藏高原隆升过程与机制动力学、高原隆起和环境变化重大事件、高原区域气候与环境变化规律、高原生态系统对全球变化的贡献与响应、区域可持续发展机理及战略，为全球环境变化与高原区域可持续发展提供科学依据。

34.2 研究课题

第一课题：青藏高原深部状态、形成与隆升过程的动力学机制。承担单位：中国科学院地球物理研究所、地质研究所、地质科学院、成都地质矿床研究所、国家地震局地球物理研究所，负责人：孔祥儒、丁林。

第二课题：青藏高原隆起与环境变化重大事件研究。承担单位：中国科学院兰州冰川冻土研究所、兰州大学，负责人：姚檀栋、方小敏，主要研究人员：马玉贞、潘保田、奚晓霞、王金荣、易朝路、刘耕年、周尚哲、高军平、戴霜、邬光剑、李德文。

第三课题：高原近代气候变化及其与全球气候变化的关系。承担单位：中国科学院兰州高原大气物理研究所、兰州冰川冻土研究所，负责人：刘晓东、李述训。

第四课题：青藏高原主要类型生态系统对全球变化的贡献与响应。承担单位：中国科学院自然资源综合考察委员会、西北高原生物研究所，负责人：于振良、赵新全。

第五课题：青藏高原区域可持续发展研究。承担单位：中国科学院自然资源综合考察委员会、地理研究所，负责人：成升魁、刘毅。

第六课题：青藏高原隆升、环境变化与可持续发展综合研究。承担单位：中国科学院自然资源综合考察委员会、地理研究所、地质研究所、兰州冰川冻土研究所。

34.3 项目实施

1997年2月25日，中国科学院资源与社会协调局组织由刘东生任主任委员，陆亚洲、刘燕华、高登义为副主任委员的专家委员会进行项目评估，委员会认为"青藏高原环境变迁与可持续发展研究"项目的立项依据充分，既符合国际研究前沿领域，又切合我国实际，项目目标明确具体，课题设计合理，实施方案可行。8月4～6日中国科学院相继召开了"青藏高原环境变迁与可持续发展研究"项目实施方案研讨会，落实课题合同书和专题计划书，并对研究内容和预期成果进行了讨论。9月19日中国科学院与项目负责人孙鸿烈和项目负责单位中国科学院自然资源综合考察委员会代表成升魁签订合同书，各专题组从1997年开始进入项目的实施阶段，围绕总体计划要求和课题任务书开展了学术讨论，野外考察、室内研究、科学实验和理论总结工作。

1997年11月6～8日"青藏高原环境变迁与可持续发展研究"项目第二、第三课题联合召开了"青藏高原隆升与亚洲季风演变关系"的学术讨论会，就高原隆升、季风演变等进行了讨论；12月30日和1月4日中国科学院资源环境科学技术局与地矿部科技司联合召开了"青藏高原环境变化与区域可持续发展研讨会"，就青藏高原岩石圈各圈层的物质组成及界面性质，状况及运动状态，高原隆升过程、高原面的时代、高原现代隆升状态是上升还是下降，高原现代应力场状态，高原新生代岩浆活动，高原岩石圈的性质及高原隆起的实验模型，进行了讨论。

1997年5～9月，第一课题地质专题组赴青藏高原藏北羌塘无人区进行科学考察，后又考察了冈底斯块体和雅鲁藏布江缝合线，完成了羌塘构造带等4个重点地区的大比例尺填图，采集标本1200件，在珠穆朗玛峰、昂仁、日喀则地区采集孢粉、双壳类化石标本150件，在仲巴、日喀则、吉隆采集古生物标本350件；1998年7～8月岩浆岩专题组对青海玉树-囊谦地区的新生代岩浆岩进行考察，采集火山岩标本410件；1998年5～9月第一课题"青藏高原东南部地区壳幔结构的地球物理综合探测研究"专题组，对青藏高原东南部地区进行了大地电磁、重力和地磁观测手段的综合地球物理考察，完成了地球物理剖面北起青海玛多，南至玉树、昌都到达察隅的沙马，完成了31个大地电磁测深点，349个重力测定，采取岩石标本43件，其间完成各种实验10次。第二课题组于1997年7月10日在希夏邦马峰的达索普冰川海拔7000～7100m钻取深孔冰芯3条，总长达480m；后在珠穆朗玛峰东绒布冰川积累区海拔6450m和6500m处的冰面上钻取两根长为8.3m和11m的冰芯，还考察了可可西里地区的乌兰冰帽；1998年6～9月，"青藏高原湖泊现代沉积过程与古环境解释"专题组，对青藏东部、中部和西部进行考察，分别对可可西里的苟仁错、唐古拉山以南的兹格唐错和错那、念青唐古拉山北麓的纳木错、西昆仑山地区的泉水湖、南红山湖、北红山湖、苦水湖和甜水海，进行了湖泊沉积学、物理学、水化学、生物生态学考察和系统采样，取得湖泊岩芯26根，长达20m。

第三课题组1997～2000年取得了长达4年的五道梁地面辐射收支观测资料，以及37m铁塔的气温和风速梯度1.5个月，计4.3万余个数据，并对这些数据进行了分析和较全面的总结。

第四课题组通过海北高寒草甸、拉萨高原农田和贡嘎山山地森林等3个生态站的10个观测样地，进行了3年完整的CO_2吸收与排放的动态监测，共取得土壤温室气体排放数据5900余个，土壤理化分析数据3000多个，植物生物量测定数据3600多个，并在拉萨河流域开展了土地利用/土地覆被变化的野外调查和实地访问，对青藏高原主要生态系统碳的源汇效应，主要类型生态系统交错带及生态系统特征参数的地理分异规律及其对全球变化响应，典型地区土地利用/土地覆被变化趋势及其驱动力等进行了研究。

第五课题组在考察和调查的基础上进行了理论研究，撰写论文和报告及重大问题的建议，以及实验站研究成果的推广及信息系统的建设等。

第六课题组以第1～5课题研究为基础，针对课题目标开展跨课题的综合研究和专题性的学术交流和研讨。

34.4 研究成果

经过 4 年的野外和室内相结合的研究工作，获得了丰富的第一手资料，取得了高水平的研究成果，完成了预期目标和计划规定的任务。在国内外发表论文 373 篇（原计划 240～400 篇），其中国际 SCI 刊物论文 87 篇，国内 48 篇，超过了预期任务。中文专著两部：《青藏高原形成环境与发展》；区域发展建议 13 篇。西藏昌都地区社会经济发展有关问题的建议得到中央领导的批示，受到西藏自治区政府的重视，为西部大开发和西藏经济发展提供了科学依据。

35　其他考察队(组)

35.1　西北炼焦煤基地考察组(1965~1966)

依据《国家十二年(1963~1972)科学技术发展远景规划》(综合考察)"西北地区综合考察研究"项目的中心问题(四)"西北地区矿产资源开发利用方向与工业布局的研究"中第三课题"西北各大煤田开发条件与基本布局的研究"和第二课题"酒泉工业基地建设条件与发展方向",以及国家科委加速西北地区资源研究的要求,综考会于1965年初成立了以李文彦为组长的西北炼焦煤基地考察组,任务是尽可能同冶金部西北地区选煤研究及煤炭部有关西北各煤田规划设计工作结合起来,在分析已有地质、设计和实验资料的基础上,对酒钢炼焦煤供应远期立足于西北(新、青、甘)的可行性以及有关矿区开发方向提供科学依据。

考察组组织来自综考会、煤炭部西安煤矿设计院、冶金部鞍山耐火材料设计研究院、中国煤炭科学院唐山煤炭研究所等单位,包括煤田地质、煤炭开发、电力、交通运输、洗煤、煤质研究、配煤炼焦、经济地理8个专业14名科技工作者,围绕以下五个课题开展研究工作:①评价各矿区煤种、煤质和赋存条件;②联系矿区外部条件进行综合评价;③采取少量煤样确定煤的牌号、煤的可选性与结焦性;④分析酒钢、包钢炼焦用煤的增长趋势,结合矿区资源评价与配煤试验资料分析,提出炼焦煤基地合理选择与区域配煤意见;⑤对适宜作为供煤基地矿区提出开发规划与选煤厂布局的意见。考察组于1965年7~9月,对新疆、青海、甘肃的艾维沟煤矿、克尔街煤矿、三道岭煤矿、巴里坤煤矿、大通煤矿、木里煤矿、热水煤矿、窑街煤矿、天祝煤矿、靖远煤矿、石嘴山煤矿、石炭井煤矿进行实地考察。10月后,考察组进行室内总结和配煤炼焦试验。1966年5月,提出了"酒钢远期有关炼焦煤矿区开发利用与基地选择意见"总报告及专题报告:"对西北主要炼焦煤矿区的开发方式与开采强度的意见""西北主要炼焦煤炭矿区运输条件评价""西北几个炼焦煤矿区的煤质及选煤厂建设条件及布局""西北主要炼焦煤矿区供电电源的选择""酒钢远期有关炼焦煤矿区开发经济性的几点初步分析与比较""三九公司远期炼焦用煤实验室试验报告"。

参加考察工作的人员有:田兴有、刘文生、刘杰汉、朱云、张文尝、张正敏、张志骞、李文彦、杜金寿、常振诚等14人。

35.2　河西荒地考察队(1965~1968)

1965年中国科学院综考会与甘肃省河西建设规划委员会,为了满足三线建设的需要,共同组织成立了以黄自立为队长、戴文焕、韩炳森为副队长的河西荒地考察队。中心任务是,调查河西地区(石洋河以西,兰新铁路以北,北山和巴丹吉林沙漠以南,疏勒河以西黑河干流地区,总面积2986km²,宜农荒地41.7万hm²)宜农荒地的数量、质量、分布,并对其开垦条件进行评价。考察队于1965年7月至1968年8月,组织了来自综考会、地理研究所、南京土壤研究所、河西建委、中国人民解放军生产建设兵团农建十一师、西北水电勘测设计院黑河勘测规划队、甘肃省水文地质大队、甘肃师范大学8个单位,包括地貌、自然地理、土壤、水利、水文地质、农业、林业、农业经济等9个专业约60名科技工作者,于1965年7月开始对黑河流域进行全面地考察并填制了相应的图件,经室内总结提交了"甘肃河西走廊黑河流域中游地区荒地资源及其开垦条件评价报告""河西走廊宜农土地资源及其评价""甘肃河西黑河中游地区荒地资源开发的水资源条件及其开发利用条件评价"。

综考会参加人员有:方汝林、任鸿遵、陈洪经、郭绍礼、黄自立、韩炳森、戴文焕、魏忠义等。

35.3　祁连山考察队(1966~1968)

祁连山以水草丰茂而著称,位于甘肃省中西部。祁连山主峰东南侧的肃南县有天然草场142.03万 hm²,占全县总面积的70.5%。为了查清草场资源的类型、数量、质量和载畜量,1966年至1968年中国科学院综考会成立了以廖国藩为队长的祁连山考察队。任务是"对祁连山地区肃南裕固族自治县的天然草地资源和畜牧业发展进行深入地调查研究,通过草畜平衡的分析计算,提出该县发展畜牧业的意见"。考察队组织中国科学院综合考察委员会、植物研究所、中国农科院畜牧研究所、甘肃省河西建设规划委员会、甘肃省农牧厅草原工作队、肃南县草原工作站6个单位,包含农业、水利、牧业、草场等专业约30名科学工作者,对肃南县草场资源进行了科学考察,提出了推行合理的放牧制度和方法,划分冬春和夏秋牧场,制定合理的轮牧制度,修建牧道,增辟夏季牧场,培育人工割草场,增加冬草储量,以草定畜,调整和压缩牲畜数量,加强畜种改良,改善饲养条件等为中心内容的"肃南裕固族自治县草场资源评价"和"肃南裕固族自治县草场资与畜牧业发展的意见""甘肃祁连山地区供水条件与措施"。

综考会参加人员有:乌力吉、孔庆征、方德罗、刘玉红、苏大学、陈洪经、周福盛、赵献英、高兆杉、廖国藩、魏忠义等。

35.4　青海玉树草场考察队(1970)

1970年中国科学院综合考察委员会成立了以王振寰、杨绪山为队长的青海玉树草场考察队,任务是对青海玉树州天然草场资源调查研究,为东畜西迁提供科学依据。考察队组织了来自综考会、青海省草原调查队等单位,包括地貌、土壤、草场、农田水利、植物5个专业,约20名科技工作者,分南北两个小组,围绕着玉树地区的天然草场资源,人工饲料的生产条件,畜牧业布局和生产潜力等问题进行调查研究。提交"青海玉树草地资源与畜牧业发展战略"考察报告,并向有关部门汇报。所有原始资料都留存在地方有关单位。

综考会参加人员有:乌力吉、方汝林、方德罗、王振寰、田效文、汤火顺、李实喆、李筱高、杨绪山、苏大学、姚彦臣、黄文秀、廖国藩。

35.5　陕西考察队(1970)

中国科学院综合考察委员会依据中央西北局建设委员会的要求,1970年组织成立了由陈富田、赵训经负责的陕西考察队。中心任务是对陕西省陕南和陕北地区工业发展条件进行评价并提出初步意见。考察队组织了来自中国科学院综考会内有关专业,包括地质地貌、工程地质、动能、煤炭工业、交通运输、经济和农业等11个专业28名科技工作者,于1970年4~9月开始,本着靠山、分散、隐蔽的原则沿着未修建的陕西省703(原计划1973年建成的西安至旬阳铁路)、705(原计划1975年建成的西安至延安铁路)铁路沿线对适宜建厂址的地段进行了综合考察。经考察提交了"703、705铁路沿线地区厂址选择报告""703铁路沿线工业宜建地考察研究报告""705铁路沿线工业宜建地考察研究报告"和"陕南地区工业基地厂址调整报告"等考察报告。

综考会参加考察人员有:马正发、尤梅英、王家诚、王添筹、王新元、任鸿遵、刘文生、刘厚培、朱景郊、张文尝、李百浩、李宝庆、沈欣华、陈富田、林发承、金学英、姚建华、赵训经、赵景蹟、赵楚年、倪祖彬、郭文卿、曹伯男、章铭陶、黄让堂、赖世登等。

35.6　青海海南荒地考察队(1970)

中国科学院综合考察委员会为肩负三线任务的青海省海东地区寻找粮食生产基地,承担了对海南藏族自治州发展粮油生产的自然和社会条件进行评价的任务，成立了以冷冰、黄自立为队长的青海海南荒地考察队。考察队组织了来自综考会、青海生物研究所（西北高原生物研究所）、青海省科技局等 4 个单位，包括土壤、水利、农业、农业经济等 8 个专业 20 名科技工作者，于 1970 年 4～9 月对海南藏族自治州进行了考察。因综考会面临被撤销，人心涣散，考察工作未做总结而草草收场，只将资料留到青海生物研究所。

综考会参加人员有：刘广寅、孙鸿烈、那文俊、何建邦、余光泽、张有实、苏人琼、冷冰、陈洪经、俎玉亭、李杰新、郭寅生、康庆禹、黄自立、黄荣金等。

35.7　黑龙江省尚志县土地资源综合考察规划队（1976）

根据黑龙江省尚志县委的要求和黑龙江省农业办公室、省荒地资源考察协作办公室的部署，开展尚志县土地资源综合考察规划工作，同时探索和总结全省山区、半山区合理利用土地资源的经验。为此，组织了黑龙江省尚志县土地资源综合考察规划队。参加此次考察规划工作的单位有中国科学院自然资源综合考察组、黑龙江省土地勘测队、水利勘测设计院、哈尔滨师范学院、松花江地区农业局，以及尚志县农、林、牧、水、气象等部门。

考察规划工作在县委的直接领导下，以专业人员为骨干，开展多学科、多兵种的综合考察，摸清尚志县的水土及农业生产的自然条件，解决土地利用中的各种主要矛盾，合理安排农林用地，确定农田基本建设的主攻方向及建设高产、稳产基本农田途径等。于 1976 年 5 月起，历时 3 个多月，经共同努力，顺利地完成了全县面上的水土资源调查，完成了黑龙宫公社与长寿公社永安大队的规划，以及尚志镇公社富国大队、亚布力公社永胜大队的典型调查。最后提交成果由中国科学院综考组和黑龙江省土地勘测队负责，共同撰写完成一个主件："黑龙江省尚志县水土资源的合理利用与农田基本建设的途径"；三个专题报告（即附件）：①水利资源的合理利用；②土地资源调查说明书；③气候与农业生产关系；四幅图件：①水土资源利用现状图；②水资源、水利工程现状图；③土地资源图；④水土资源综合开发利用图。还有其他统计资料和典型材料。

中国科学院自然资源综合考察组参加此次综合考察规划工作人员有：石玉林、康庆禹、赵存兴、钟烈元、陆亚洲、苏人琼、郭绍礼、阳含熙、侯光良、苏永清、马式民、王文英、李龙云、黄兆良、曹丽华和李炳銮、郝成喜 17 人。

35.8　黑龙江省伊春地区荒地资源综合考察队（1977）

黑龙江伊春地区是我国最大的林区，区内宜农荒地资源丰富。依据《中国科学院 1973～1980 年科学考察规划》第 162 项"黑龙江流域伊春地区荒地资源开发和农业发展问题的考察研究"的要求，中国科学院自然资源综合考察组 1977 年成立了以石玉林为队长的黑龙江省伊春地区荒地资源综合考察队。考察队主要任务是：在伊春地区和有关县土地部门的调查基础上，进一步查明伊春地区荒地资源的数量、质量和分布规律，并对开发利用条件进行评价，为合理利用荒地资源提供科学依据。为此，考察队组织了来自综考组、辽宁省沈阳林业土壤研究所、黑龙江省土地管理局、伊春地区和有关县等 8 个单位，包括水利、林业、农学、土壤、气候、农经、遥感等 10 个专业约 50 名科技工作者，于 1977 年 5～10 月对伊春地区的嘉荫县、铁力县、乌伊岭林业局辖区进行了科学考察，并在全面考察的基础上，于 1978 年 4 月完成室内总结，提交了"黑龙江省伊春地区荒地资源开发与农业发展问题考察研究报告"和"黑龙江省伊春地区发展农业的水利问题""黑龙江省嘉荫县荒地资源考察报告""黑龙江省伊春地区乌伊岭区的气候及其与农业生产的关系""黑龙江省伊春地区畜牧业考察报告""黑龙江省乌伊岭林业局农业的发展与布局""黑龙江省铁力县自然资源合理利用与稳产高产问题""黑龙江省嘉荫县土地资源及合理利用""黑龙江省嘉荫县土地资源开发与农林牧合理布局""黑龙江省铁力县土地资源及合理利用"。

主要完成人：石玉林、李龙云、石竹筠、侯光良、康庆禹、钟烈元、苏人琼、陆亚洲、李爽、苏永清、陈百明、胡淑文、王双印、谢国卿、黄兆良、谭福安、李征、梁春英、郭树贵、马仲智、徐健、王文信等。

黑龙江省伊春地区荒地资源考察队，1978 年被评为中国科学院先进集体；"黑龙江省伊春地区荒地资源开发与农业发展问题考察研究报告"，1982 年获黑龙江省优秀成果奖。

35.9 内蒙古乌盟后山滩川地考察队(1977)

横贯于内蒙古自治区中部阴山山脉北麓的后山地区，地处温带栗钙土干草原地带，以丘盆相间、滩坡结合的丘陵地貌为其特色。这里滩川地资源丰富，仅乌兰察布盟就达 600 多万亩。从整体上看，滩川地自然条件差，生产水平低，农业结构不合理，人民生活贫困。为了摸清后山地区的自然资源和自然条件，探讨大幅度增产途径，解决农业发展中的矛盾，依据内蒙古自治区科委的要求，1977 年中国科学院自然资源综合考察组成立了以郭绍礼为队长，沈长江、陈跃新为副队长的内蒙古乌盟后山滩川地考察队。考察队由综考组和内蒙古科委双重领导。于 1977 年 5 月组织了来自中国科学院综考组、内蒙古自治区科委、乌盟科委、内蒙古师范学院、内蒙古林学院、内蒙古大学、内蒙古农牧学院、内蒙古气象局、乌盟气象局等单位的地貌、土壤、农业、林业、畜牧、草场、水利、气象等专业共 20 多名科技工作者，以滩川地自然资源合理利用及高产稳产农田基本建设途径为中心，对内蒙古后山地区 22 373km² 的滩川地进行了多学科的科学考察。1978 年 2 月完成室内总结。提出了：开发水资源、扩大农田灌溉面积；广开肥源、增施肥料；大力营造农田防护林；调整主要农作物种植比例；加强电网建设、保证农牧用电需要等为主要内容的"内蒙古自治区乌盟后山滩川地自然资源合理利用及高产稳产农田基本建设的途径"总报告和简要报告，以及"乌盟后山地区农田沙化现象的初步研究"等专题报告。主要完成人：郭绍礼、沈长江、陈跃新、杨辅勋、林儒耕、汪久文、郑金元、樊自立、李诺、刘钟龄、郭志芬、张振华、陈国南、徐敬宣、田烨等。

1980 年郭绍礼和杨辅勋根据这次考察的成果分析，联名在人民日报上发表了"尽快明确农牧交错带农业的发展方向"一文，提出四点意见。陈云同志看了这篇文章，给予好评。同年"乌盟后山滩川地自然资源综合考察研究"，获内蒙古自治区人民政府科技成果二等奖。

35.10 中国科学院-湖南省桃源农业现代化综合科学
实验基地县考察队(1978～1979)

桃源县农业资源综合考察和农业区划工作，是根据中国科学院 1978 年 4 月在桃源召开的农业现代化综合科学实验基地县会议精神，作为桃源基地县实现农业现代化的第一个科研项目进行的。它的目的在于，通过对桃源县农业自然条件、自然资源、社会经济条件和农业生产现状及其发展方向进行较全面地、系统地调查研究，为按照自然规律和经济规律规划和指导农业生产，开展农业现代化综合科学实验研究，提供科学依据。

根据考察研究的任务和要求，综合考察队下设农业自然条件与农业自然资源、农业、农业机械化、农业经济和综合研究 5 个大专题组，包括 28 个专业组。从 1978 年 8 月下旬开始至 1979 年 5 月结束，历时 8 个月。考察研究内容涉及农业自然条件与农业自然资源，包括地质、矿产、地貌、水利、土壤、气候、植被、能源等；农业生产现状和发展方向，包括种植制度、林业、畜牧业、水产业、植物保护等；农业经济现状与发展方向，包括农业机械化、社队企业、农业现代化及农业投资等。最后，对桃源综合农业区划进行研究。

中国科学院-湖南省桃源农业现代化综合科学实验基地县考察队在考察研究的基础上，编写了《桃源综合考察报告集》，1980 年 5 月由湖南科学技术出版社出版。另编绘《桃源县农业区划地图集》1 册。考察报告集包括 26 个专业报告和综合农业区划报告。另有 8 个专业报告未编入"报告"中。

参加考察研究单位：综考会、湖南省科学技术委员会、中国科学院南京土壤研究所、中国科学院长沙农业现代化研究所、中国社会科学院农业经济研究所、北京农业大学农业经济系、中国科学院森林土壤研究所、北京市农科院环境保护研究所、华中农学院、湖南省农业局、湖南省农科院、湖南农学院、湖南林业勘测设计院、中南林学院、湖南师范学院、湖南省气象局、湖南省水利电力局、湖南省地质局、湖南省农业机械化管理局、湖南省机械工业局、湖南省社队企业管理局、湖南省测绘局、桃源县各委、局，以及西南农学院、华南农学院、福建农学院等 46 个单位共 150 余人。

综考会参加人员有：王善敏、冯雪华、刘厚培、张烈、张振华、李凯明、李杰新、杨汝荣、苏永清、辛定国、侯光良、姚则安、胥俊章、郭志芬、郭秀英、曹光卓、彭芳春、廖国藩。

36 区域可持续发展考察研究

36.1 黄河上游沿岸多民族地区经济发展战略研究(1991～1992)

黄河上游沿岸地区是我国多民族的聚居区,也是我国人口较稠密,经济比较发达的精华地带,又是我国建设中的重要产业带之一。对其进一步的开发,对综合开发大西北与增强我国经济发展后劲,加强民族团结,保障社会安定,具有重要的战略意义。1991年4月中国科学院区域开发前期研究第一届专家委员会,将"黄河上游沿岸多民族地区经济发展战略研究"评为中国科学院区域开发前期研究第一期特别支持项目。项目总经费27万元。项目主持单位:中国科学院自然资源综合考察委员会,参加单位:中国科学院地理研究所、兰州沙漠研究所、能源研究所。项目负责人:倪祖彬、赵存兴、李福波,项目参加人:那文俊、郭文卿、李刚剑、苏人琼、唐青蔚、王洗春、陈安宁、李岱、姚予龙、宋再兵、石敏俊、齐亚川、刘连友、魏丽华、鲁奇、任国柱、傅伯杰、黄志杰。项目组下设总体发展战略研究总课题与工业、乡村经济、水土资源3个专题。各专题围绕着多民族地区经济发展战略、产业结构调整与布局、基地建设与环境整治等问题开展研究。项目组于1991年4～10月,对黄河上游包括青、甘、宁、内蒙古四省区,从青海的龙羊峡至内蒙古的托克托等地区的黄河沿岸82个县旗市约22.8万km²的范围,进行了综合科学考察研究,1992年又进行补充考察,并在典型调查研究的基础上,提出了"黄河上游多民族地区发展战略研究"报告,1993年经专家委员会评议,通过验收。

主要完成人:倪祖彬、李福波、郭文卿、那文俊、赵存兴、苏人琼、李刚剑、黄志杰、宋再兵、李岱、任国柱、鲁奇、陈安宁、赵训经、刘连友、魏丽华、王洗春、姚予龙、唐青蔚、傅伯杰。

36.2 晋陕蒙接壤地区工业与能源发展及布局(1991～1993)

晋陕蒙接壤地区矿产资源丰富,特别是蕴藏有丰富的煤炭、天燃气、铝土矿和盐类等非金属和建筑材料资源,是国家大规模开发的能源、重化工业基地,发展潜力巨大。经中国科学院区域开发前期研究专家委员会评审,"晋陕蒙接壤地区工业与能源发展及布局",列入中国科学院区域开发前期研究第一期特别支持项目。项目总经费10万元。项目主持单位:中国科学院综考会,项目负责人:郭绍礼、杜国垣。后来由于工作上的需要项目负责人改为姚建华。

以姚建华为负责人的11人项目组,于1991年5月至1993年3月围绕着晋陕蒙地区的资源开发、经济发展与布局,对包括山西、陕西和内蒙古接壤地区的16个县旗市约6.9万km²范围内进行调查研究。在此基础上,1993年6月完成了"重点资源开发与区域经济发展——晋陕蒙接壤地区工业与能源发展布局"报告的编写。1993年8月通过专家委员会鉴定和验收。

主要完成人:姚建华、王礼茂、李俊。

36.3 长江中游沿江产业带建设(1991～1993)

长江中游地区是鄂、湘、赣三省社会经济较发达的地区,也是我国资源开发、经济发展的精华地带。在改革开放加大力度的新形势下,长江中游沿江地区区域开发出现两大契机:一是以浦东开发开放为龙头,带动沿江地区的开放开发;二是以三峡水利枢纽开发为龙头,带动沿江地区相关产业的发展。如何利用这两大契机促进长江中游沿江地区的经济发展,综考会申请立项,经中国科学院区域开发前期研究专家委员会评估，列入区域开发前期研究第一期特别支持项目。项目总经费 30 万元，3 年完成。项目主持单位：①中国科学院自然资源综合考察委员会；②中国科学院武汉测量与地球物理所。参加单位：中国科学院地理研究所、生态环境研究中心、国家计划委员会国土研究所、江西省山江湖开发办公室。项目负责人：郎一环、蔡述明、陈百明；参加人：张文尝、金凤君、盛学斌、荣朝和、邱军、汪阳红、李世超、刘艳、王学雷、姚化夏、陶淑静、刘新平、姚建华、顾定法、李岱、沈镭、李学军、封志明、向平南、赵建安。项目组下设综合战略研究、工业带建设、平原湖区农业开发与基础建设 4 个课题组。主要任务是：考察研究长江中游沿江地区的资源、环境、经济和社会特征及其在全国的枢纽地位；提出长江中游产业带建设的战略设想，即抓住两个契机，发挥四大优势，加强基础产业，调整加工制造业，合理布局生产力，实现持续发展。同时，对影响产业带建设的三峡水利枢纽工程、南水北调中线工程、沿江铁路建设、平原湖区商品农业基地建设及生态、环境建设等重大问题提出论证意见，为宏观决策提供科学依据。项目组 1991 年 5 月至 1993 年 5 月围绕着总任务，对鄂、湘、赣三省的武汉、宜昌、沙市、荆门、鄂州、黄石、岳阳、常德和九江 9 个市及荆州、咸宁、黄岗和益阳等 5 个地区共 14 个地市，17.65 万 km² 范围内进行考察。经室内总结，提交了"长江中游沿江产业带建设"总报告等 10 多份文稿和 7 份简报。1994 年 4 月经中国科学院区域开发前期研究专家委员会鉴定和验收。

主要完成人：郎一环、沈镭、王立新、蔡述明、顾定法、陈百明、荣朝和、盛学斌、李学军、李岱、刘艳、袁喜禄、汪阳红、任晓华、王克林、封志明、徐继填、刘新平、金凤君、陶淑静、张文尝、李世超、孙建中、李光荣。

36.4　大福州地区外向型经济发展与投资环境综合研究（1992）

"大福州地区外向型经济发展与投资环境综合研究"，作为东南沿海地区外向型经济发展与区域投资环境综合研究项目独立课题，列入"中国科学院区域开发前期研究"第一期项目。项目主持单位：中国科学院自然资源综合考察委员会，合作单位：福建省福州市计划委员会。由郭文卿等 10 人组成项目组。围绕着大福州地区发展战略与总体构想，区域产业化发展与布局，区域开发投资环境的评估与建设，不同类型区域开发与投资环境建设，于 1992 年 2～11 月对闽东南福州市的 5 个区以及罗源、连江、长乐、福清、平潭、闽侯、闽清、永泰 8 个县（市）进行了考察研究。提出了包括以区域发展总体战略、区域开发与布局、区域投资环境的评估与建设、不同类型区域开发与建设为中心的"大福州地区外向型经济发展与投资环境建设"报告，主要完成人：郭文卿、董锁成、洪扬文、邓心安、林民介、余传富、谢勇、林振盛。

36.5　河西走廊地区经济发展与环境整治的综合研究（1994～1995）

河西走廊地区位于甘肃省的西北部，地处"丝绸之路"之要冲，战略地位重要，加之水、热、土、矿产资源丰富，开发历史悠久，又是我国重要的工农业基地。新欧亚大陆桥的贯通为河西走廊地区经济发展带来了难得的机遇和条件，研究河西走廊地区沿新欧亚大陆桥区域经济持续发展和区域水资源的承载力及开发利用，对环境影响意义重大。由项目申请单位立项申请，1994 年经中国科学院可持续发展研究中心专家委员会评审，将"河西走廊经济发展与环境整治的综合研究"，列为中国科学院区域开发前期研究第二期特别支持项目。项目总经费 25 万元，3 年完成。项目由中国科学院综考会与兰州沙漠研究所共同主持，兰州冰川冻土研究所参加。项目由张福兴、姚建华负责，项目组 16 人。于 1994 年 6 月至 1995 年 5 月，围绕该地区的可持续发展中的产业结构调整和布局、人口迁移与城市体系、区域水资源承载力及开发利用对环境影响与整治途径等问题进行了考察研究。1996 年 6 月提出了"河西走廊地区经济发展与环境整治的综合研究"报告，同年中国区域持续发展研究专家委员会进行评审验收。

主要完成人：李福兴、姚建华、王礼茂、马世敏、李岱、曲耀光、杜虎林、杨洪波、沈镭、赵强、徐文石、高前兆、樊胜岳。

36.6　京九铁路经济带开发研究(1994)

京九铁路的建设极大地增强了我国南北运输能力,为香港特别行政区与北京的联系提供了便捷的交通条件,也为沿线经济发展提供了机遇,并能有力地促进东、中部地区经济和产业的合理布局,促进我国南、北地区的经济发展和文化交流。沿线地区农业自然资源丰富、开发潜力大,研究京九铁路带的开发和经济发展意义重大。由项目申请单位申请,1994年经中国科学院区域持续发展研究中心专家委员会评审,列为"中国科学院区域开发前期研究"第二期重点支持项目。项目研究经费35万元,3年完成。项目由中国科学院自然资源综合考察委员会和地理研究所共同主持。参加单位:中国科学院南京土壤研究所、南京地理与湖泊研究所。项目主持人:倪祖彬、叶舜赞、张文尝,项目参加人:金凤君、朱建华、田文祝、那文俊、曹光卓、姚予龙、梁普、洪昌仕、史学正、赵训经、钱志鸿、宋金平、武伟。项目组下设:总体开发战略研究总课题与交通、工业、城市与旅游、农业、乡镇企业、革命老区脱贫致富、生态环境7个专题。各专题组于1994年6~9月以市场需求、资源开发、产业政策、经济发展与生产力布局为中心,围绕着京九铁路带的开发与建设,对京九铁路北京至九龙的9省市23个地市区,139个县市区,面积22.6万km²的京九铁路沿线地区进行考察。为了及时提供建议,先后编写了10份简报,寄送国家计委和沿线省、地市计委。经室内总结,提交了"京九铁路经济带开发研究"报告。1996年7月经中国区域持续发展研究专家委员会评审验收。

主要完成人:倪祖彬、叶舜赞、张文尝、金凤君、朱建华、田文祝、那文俊、曹光卓、梁普、姚予龙、赵训经、钱志鸿、洪昌仕、宋金平、史学正、武伟。

36.7　晋冀鲁豫接壤地区区域发展与环境整治(1994~1995)

晋冀鲁豫接壤地区具有地理位置优越、交通发达、资源丰富的优势,是一个具有巨大潜力的以能源重化工为主的工农业综合发展基地。1994年1月中国科学院区域持续发展研究中心将"晋冀鲁豫接壤地区区域发展与环境整治研究",列为中国科学院区域可持续发展研究第二期重点支持项目。项目总经费30万元,3年完成。项目由中国科学院生态中心和自然资源综合考察委员会与地理研究所共同主持,参加单位:中国科学院石家庄农业现代化研究所。项目主持人:孙建中、唐青蔚、赵令勋。

项目组下设区域经济发展战略与总体布局、工业发展布局、农业商品粮基地建设、水资源合理开发利用与供水政策、生态环境现状评价及调控对策5个子课题。各课题组于1994年6月至1995年5月对山西省的晋城市、长治市,河南省的济源市、焦作市、安阳市、新乡市、鹤壁市和濮阳市,河北省的邯郸市,山东省的聊城与荷泽地区11个地市,约9.66万km²范围,围绕区域发展总体战略与布局、工业发展与布局、商品粮基地建设、水资源开发利用与生态环境调控与对策进行考察研究。在分析论证的基础上,提交了"晋冀鲁豫接壤地区区域发展与环境整治研究"报告,1996年7月22~25日经中国科学院可持续发展研究中心专家委员会评审验收。

主要完成人:孙建中、唐青蔚、赵令勋。

36.8　中国环北部湾地区总体开发与协调发展研究(1994~1996)

北部湾地区是我国唯一能同时与东南亚海陆直通的地区,地处热带、南亚热带,自然资源丰富,但开发程度低,经济发展滞后,其发展潜力很大。经中国科学院可持续发展研究中心专家委员会评审,将"中国环北部湾地区总体开发与协调发展研究"列入区域开发前期研究第二期特别支持项目。项目总经费35万元,3年完成。项目由中国科学院综考员会主持,参加单位有中国科学院成都山地灾害与环境研究所,项目负责人:孙尚志、郎一环、王光颖。

由 19 人组成的项目组于 1994 年 6 月至 1996 年 5 月，围绕着北部湾地区总体发展战略、产业结构调整与重点产业发展、重点区域开发等重点专题，对广西自治区的南宁市、北海市、钦州市、防城港市，广东省的湛江市、茂名市及海南省约 8132km² 的范围内进行了考察研究。经室内研究分析总结，完成"中国环北部湾地区总体开发与协调发展研究"报告，1996 年 3 月经中国科学院可持续发展研究中心专家委员会评审验收。

主要完成人：孙尚志、郎一环、陈安宁、陈屹松、梁勇、傅绥宁、顾定法、王广颖、冷秀良、郑霖、佘大富、姚建华、徐云、王礼茂、董锁成。

36.9　南昆铁路沿线产业协调发展的建议(1997)

南昆铁路是大西南东西向的交通主动脉之一，全国运输网中一条重要的省际东西干线，为国家一级电气化铁路。南昆铁路的开通，为沿线的区域开发、开放和区域发展创造了条件，解决了大西南和华南部分地区的出海通道问题。"南昆铁路沿线产业协调发展的建议"项目，经中国科学院可持续发展研究中心专家委员会评审，列入"中国科学院区域开发前期研究"第三期重点支持项目。经费 4 万元。项目主持单位中国科学院综考会，项目负责人：郎一环。

项目组于 1997 年 6 月开始，本着依托南昆铁路，构建全方位、多元化区域开发，实现资源优化配置，促进产业结构升级，解决贫困，实现可持续发展等问题，对南昆铁路沿线包括滇、黔、桂三省区 6 个地市约 14.85 万 km² 地区进行调查研究。在此基础上，提出了"南昆铁路沿线产业协调发展的建议"报告。

主要完成人：郎一环、高志刚、赵建安、王礼茂、郑燕伟。

36.10　中国西部区域类型与产业转移综合研究(1997～1999)

西部地区地处欧亚大陆的腹地，是我国西部边疆和少数民族的聚居区，也是许多江河的发源地。从地缘政治、地缘经济和地缘文化看，西部地区战略位置重要，又是我国矿产资源的宝库。矿产资源不但品种齐全，而且总量丰富，潜在价值巨大，是 21 世纪经济发展的战略基地。经项目申请单位立项，1996 年 3 月经中国科学院可持续发展研究中心专家委员会评审，将"中国西部区域类型与产业转移综合研究"列为"中国科学院区域开发前期研究"第三期特别支持项目。项目总经费 45 万元，国家计委国土与地区经济司配套支持 5 万元，3 年完成。

项目由中国科学院自然资源综合考察委员会主持。参加单位有中国科学院新疆生态与地理研究所、兰州沙漠研究所、成都山地灾害与环境研究所、国家计委地区经济司、首都经济贸易大学经济研究所、西北师范大学。项目负责人董锁成。1997 年 5 月至 1999 年 6 月，以董锁成为首的项目组围绕西部地区投资环境与发展阶段，西部与东部地区差距演变趋势，区域类型划分与区域战略重点，以及西部吸收东部产业转移的潜力和战略重点，加快西部大开发的对策等问题，对我国西部地区包括四川、重庆、云南、贵州、西藏、陕西、甘肃、宁夏、新疆等 10 个省区市约 545.1km² 的范围内进行考察研究。于 1999 年提交了"中国西部区域类型与产业转移综合研究"报告，并经专业委员会评审验收。1998 年出版了《中国西部大开发战略研究》，获国家"五个一"工程奖。

主要完成人：董锁成。

36.11　黄河沿岸地带水资源可持续利用
与生态经济协调发展研究(1999～2001)

黄河沿岸地带横跨我国东、中、西三大经济地带，其区位独特，资源富集，是我国重要的能源、原材料生产基地，重要的农牧业生产基地，我国 21 世纪最具开发潜力的一级发展轴线和重要经济带之一。加快黄河沿岸地带的发展，对于实施"低谷"隆起战略，缩小地区差距，具有重要的战略意义。该项目 1999 年列为中国科学院区域可持续发展研究中心区域开发前期研究第四期特别支持项目。项目经费 40 万元，3 年完成。

项目由中国科学院综考会和地理所主持。项目负责人董锁成、贾绍凤。该项目对黄河沿岸地带的山西、宁夏、青海、甘肃、内蒙古、陕西、河南、山东 8 省(区)的 48 个地市进行了实地调研。在收集整理大量资料的基础上，针对黄河断流与生态环境恶化的形势，开展了系统综合研究。提出在水资源和生态环境约束下，优化、调整产业结构，积极发展节水型生态产业体系，可持续利用黄河沿岸地带水资源；建立黄河沿岸生态经济带，建设沿陇海铁路和黄河沿岸复合经济发展轴带；实施水资源价值化和水权市场化；加强全流域水资源和生态环境管理；建立上中下游利益补偿机制等建议。该项目在核心期刊发表学术论文 15 篇。2001 年经中国科学院区域可持续发展研究中心专家委员会评审验收。

主要完成人：董锁成、贾绍凤。

37 努鲁儿虎及其毗邻山区科技扶贫
（1987～1999）

努鲁儿虎贫困山区，地处冀、内蒙古、辽交界的三角地带，行政范围包括三个市及其所属的 17 个旗（县），即承德市的滦平、丰宁、隆化、宽城、平泉、围场、承德 7 县，赤峰市的翁牛特、喀喇沁、敖汉、赤峰市郊区、宁城 5 旗县，以及朝阳市的 5 县。该区属于半干旱、半湿润地带，是我国蒙、满少数民族聚居的贫困区。

"七五"期间（1987.5～1989.12），综考会开始承担"努鲁儿虎及其毗邻山区科技扶贫"任务。这是一项中国科学院的重大科研项目。1988 年中国科学院在总结科技扶贫工作经验的基础上，内部进行了分工，赤峰、承德片的扶贫任务由综考会牵头负责实施，朝阳片由沈阳分院牵头负责实施。

在"八五"期间，根据 1992 年国务院关于中央各部委要集中力量，增加扶贫工作强度的部署精神，将科技扶贫的工作范围和重点进行了适当调整，即将大部分科技力量集中在承德市滦平县和赤峰市翁牛特旗二个重点旗县，进一步加强了分设在滦平县三地沟门村和翁牛特旗隋家窝铺村的二个试验示范点的建设，并重视了科技扶贫成果向面上及时推广。同时，保留了部分（二个重点旗县以外）有开发前景的专项研究项目。综考会承担中国科学院的努鲁儿虎贫困山区科技扶贫项目，直至 2000 年综考会与地理所整合为止。

参加该项目的科技人员，有中国科学院综考会、地理所、西北水土保持所、沈阳应用生态所、兰州沙漠所、西北植物所、武汉水生所、遗传所、植物所、地质所、黑龙江农业现代化所、武汉病毒所、陕西省科学院西安植物园 13 个单位，参加扶贫人员 120 余人（配合工作的地方科技人员共 35 人，涉及 19 个单位），还有积极参与滦平站课题研究的日本筑波大学田中洋介教授。

1987.7.5～1988.6，项目负责人：李松华、王旭

　　　　　　　　项目专家及主管：倪祖彬、王燕、王青怡

1988.6～1990.12，项目负责人：康庆禹、王旭

1991.1～1996.3，项目负责人：康庆禹、朱景郊、王旭

1996.3～1999.12，项目负责人：黄兆良、王旭

37.1 科技扶贫课题设置

1. "努鲁儿虎及其毗邻山区科技扶贫总体规划"项目

1988 年中国科学院扶贫办安排了"努鲁儿虎及其毗邻山区科技扶贫总体规划"项目。该项目主持单位中国科学院综考会，参加单位中国科学院生态研究中心和长春地理所。课题负责人：康庆禹、何希吾、方汝林，王旭负责组织协调工作。课题参加人员有：李继由、朱太平、霍明远、楼兴甫、刘喜忠、郭志芬、廖俊国、文绍开、马金忠、杨正明、马宏、李向党、孙弘、张成文、彭天杰等。

2. 承德、赤峰地区资源开发利用研究

在"八五"期间，根据"中国科学院科技扶贫规划"的精神和任务要求，同时考虑到承德、赤峰地区的自然、经济特点，设置了一些既适合于发挥我院科技优势，又能促进贫困地区资源开发与经济发展的课题。为此共设计了资源开发利用研究的 6 个专项：

（1）宽城潘家口水库库区经济发展战略研究，何希吾、朱景郊、宋立夫、屈翠辉、陈英鸿、姬忠亮、吴建胜等。

（2）丰宁满族自治县坝上寒区农牧业综合开发试验示范研究工作，方汝林、李杰新、蔡锦山、丛者柱、宝音、张强、赵雪、赵文智、赵存玉等。

（3）新技术开发引进，王旭、管正学、冯燕强、姜亚东等。

（4）资源综合开发利用，管正学、朱太平、白荣华、仇田青、韩云、张宏志、王建立、刘湘元、王燕文、钱克等。

（5）全价饲料优化配方开发研究，麦先齐、林耀明、方汝林、郭志芬、李桂英、李森等。

（6）承德、赤峰科技扶贫的生态、经济效益及社会发展综合评价，康庆禹、朱景郊、王旭等。

3. 滦平县和翁牛特旗两个重点旗县的 6 个课题

（1）滦平县球茎花卉基地建设，陈念平、姬忠亮、李桂森、王玉凤、秋晓冬、程建武、韩兆水等。

（2）滦平县中低产田改造及综合农业技术的试验推广，苏陕民、吴景科、张安静、吕惠明、潘新社。

（3）滦平县中低产果园改造，姬忠亮、王玉凤、秋晓冬、季志平等。

（4）翁牛特旗蔬菜基地建设，牛喜业、张宏志、姚玉龙、催成日等。

（5）翁牛特旗农业实用技术的引进与推广，丁达明、牛喜业、马修理、张宏志、苏玉兰、刘湘元等。

（6）翁牛特旗生态脆弱带综合开发治理试验示范，寇振武、蒋德明、张春兴、宋春雨等。

4. 两个试验站（点）的设置与研究

（1）设在河北滦平县滦平镇三地沟门村的"中国科学院科技扶贫滦平开发试验站和燕山东段生态经济沟滦平中心试区"，站长：李桂森，副站长：汪宏清。

燕山东段贫困山区生态经济沟建设模式研究，李桂森、汪宏清、朱景郊、石敏俊等：

① 水土保持综合治理试验研究，王恒俊、谢永生、汪宏清、吕惠民等；

② 薄土荒坡治理开发综合技术试验研究，李桂森、王恒俊、陈念平、汪宏清、丁贤忠、陈华明、谢永生等；

③ 种植业高产稳产试验研究，苏陕民、汪宏清、吴景科、张安静、潘新社等；

④ 林果速生丰产试验研究，姬忠亮、王玉凤、秋晓冬、黄德藩等；

⑤ 畜禽养殖综合开发试验研究，梁飚、曾本祥、郭志芬等；

⑥ 生态、经济效益及社会发展综合研究（包括投入产出效益分析、生态经济效益综合评估、庭院经济发展模式研究等），李桂森、汪宏清、陈念平、石敏俊、黄兆良、王钟建、朱建华、陈华明、马江生、苏陕民、王恒俊、吴景科、谢永生、吕惠明、姬忠亮、潘新社、王玉凤、秋晓冬、张安静、季志平、田中洋介等。

（2）设在内蒙古翁牛特旗杜家地乡隋家窝铺村的北方半干旱贫困山区生态农业优化模式研究试验点，负责人：牛喜业、赖世登；参加人员：田效文、成升魁、张宏志、丁贤忠、苏玉兰、刘湘元等。

① 小流域综合治理试验研究，成升魁、赖世登、田效文、牛喜业、李继由、张宪洲、丁贤忠、姚予龙、苏玉兰、张宏志、刘湘元、谢淑清、刘淑芬、杨淑兰等；

② 节水农业与水资源合理开发利用研究，金德生、陈浩、郭庆伍、彭斌、邹宝山等；

③ 种养业高效生产技术试验示范，牛喜业、田效文、梁飚、丁贤忠、张宏志、姚予龙、苏玉兰、黄德藩等。

5. 生态、经济效益与社会发展综合研究

参加人：成升魁、赖世登、田效文、牛喜业、李继由、张宪洲、丁贤忠、姚予龙、苏玉兰、张宏志、刘湘元、谢淑清等。

此外，为了如实记录试区治理前的背景和各课题的进展，组织专门人员进行录相；为及时了解和交流国内外贫困地区的有关信息，还编印了"贫困山区开发研究动态"。

37.2 主 要 成 果

1988～1999 年期间，承德、赤峰片共完成规划和促进贫困地区发展文集 10 余部，提交的论文及成果报告 130 余篇，申报国家发明专利 2 项。

(1)《努鲁儿虎及毗邻贫困山区科技扶贫总体规划》，方汝林、康庆禹、何希吾、李继由、朱太平、楼兴甫、廖俊国、杨正明、刘喜忠、郭志芬、文绍开、陈华明、马金忠、马宏、孙弘、李向党、张成文、胡细银、彭天杰等，1989.3。

(2)《内蒙古赤峰市翁牛特旗杜家地乡"八五"期间农村经济发展规划》，王旭、牛喜业、赖世登、黄文秀、田效文、李继由、成升魁、楼兴甫、张宏志等，1989.12。

(3)《隋家窝铺小流域综合开发治理五年规划》，王旭、成升魁、牛喜业、赖世登、田效文、李继由等，1989.12。

(4)《潘家口水库宽城库区经济发展战略研究》，何希吾、朱景郊、宋立夫、屈翠辉、陈英鸿、姬忠亮、吴建胜等，1991。

(5)《燕山东段生态经济沟滦平中心试验区总体规划》，李桂森、王旭、汪宏清、陈念平、姬忠亮、苏陕民、王恒俊、管正学、吴景科、王钟建、谢永生等参加，1991。

(6)《努鲁儿虎贫困山区农村经济发展研究》：方汝林、楼兴甫、陈华明、郭志芬、杨兴宪；编写人员：陈华明、马宏、马金忠、刘喜忠、郭志芬、楼兴甫、楼惠新、廖俊国、管正学、霍明远、文绍开、杨正明、杨兴宪、周海林、曾本祥、黄静，1992。

(7)《高效益农业技术研究与试验示范》，方汝林、管正学、方汝林、管正学、林耀明、牛喜业、郭志芬、曾本祥、韩云、仇田青、麦先齐、袁纯刚；参加试验研究人员：丁达明、马修理、方汝林、王玉山、王钟建、王淑芬、丛者柱、田学文、叶凌志、牛喜业、仇田青、刘国树、刘棣良、麦先齐、吕华春、朱霁虹、李桂英、李森、张宏志、张贯民、张姝签、余文国、邱文平、林自安、林耀明、郭志芬、梁飚、袁纯刚、曾本祥、韩云、管正学、刘棣良、曾本祥、麦先齐、梁飚、王钟建、仇田青、丛者柱、马修理、邱文平、朱霁虹、田学文、韩云、叶凌志等，1992。

(8)《承德、赤峰贫困山区开发治理与试验研究》，朱景郊、康庆禹、王旭、李桂森、李杰新、牛喜业、陈念平、宝音、寇振武、赖世登、管正学；参加编写人员：成升魁、丁贤忠、张宏志、陈浩、金德生、郭庆伍、马凤山、彭斌、窦清晨、仇田青、韩云、吕惠民、林自安、秋晓冬、姬忠亮、孙仁华、王玉凤、王恒俊、汪宏清、谢淑清、谢永生、邹宝山、赵雪、蒋德明等，1994。

(9)《贫困山区开发》中科院农办科技扶贫工作总结，王旭、王燕、王青怡等，1993。

(10)《承德、赤峰地区科技扶贫开发研究》科技扶贫试验示范成果，康庆禹、朱景郊、王旭、牛喜业、乔化林、李杰新、李桂森、汪宏清、金德生、柴晓敏、赖世登、蒋德明、管正学；参加编写人员：丁贤忠、白荣华、成升魁、陈浩、陈念平、蔡锦山、刘湘元、吕惠明、李杰新、姬忠亮、寇振武、郭庆伍、彭斌、潘新社、苏陕民、田效文、田学文、王恒俊、王建立、姚予龙、谢淑清、谢永生、叶凌志、张安静、张宏志、张潮海、朱建华、邹宝山、郑伟琦、刘淑芬、杨淑兰、石敏俊、田中洋介等，1996。

(11) 河北省承德地区滦平县科技扶贫成果(1990～1997)。

① 在滦平县推广 DF 型碳铵添加增效剂的试制与使用。初试是在 1988～1990 年，将供试验用的 DF 型碳铵添加增效剂分别施用在滦平县虎什哈、拉海沟周营子、巴克什营口等乡镇的玉米、水稻、蔬菜上，均表现增产。1991 年进行中试，开展了盆栽试验、田间小区试验和大面积生产示范。1992 年，承德地区决定推广 DF 型碳铵，列为全地区农业常规技术推广项目之一。

② 玉米"农大 60"的推广(课题负责人：汪宏清)。滦平县全县玉米播种面积达 17 万亩，占粮食作物面积的 56.7%，先后从全国数省引进优良玉米品种 16 个，通过连续 3 年引种品比试验，筛选出了优质、高产的玉米新品种农大 60，作为全县的首推品种。农大 60 平均亩产 649kg，比中单 2 号增产 129kg。1995 年

滦平县大面积推广（农大 60）15 万亩，占全县玉米播种面积的 88%。

（12）滦平县三地沟门生态经济沟建设成果（1990～1997）。

① 三地沟门生态经济沟建设的模式。在滦平县的长山峪和张百湾西井沟两个小流域进行了推广，并初见成效。1995 年 9 月 26 日，以三地沟门生态经济沟建设为典型的"燕山东段北麓生态经济沟建设综合技术研究"通过了省级鉴定。鉴定委员会认为此项成果已达到了国际先进水平。

② 建设球茎花卉基地。"八五"扶贫工作一开始，就在人多地少的滦平县进行了花卉种植的试验研究与基地建设。利用滦平县当地的气候条件优选出适宜栽培且有发展潜力的球茎花卉品种，探索出了一整套适应当地条件的栽培管理模式，为花卉产业在燕山东段山区农村发展的深度开发打下了基础。河北省也将滦平县列为球茎花卉繁育基地县。

③ 庭院经济的开发与示范。在滦平县选择了滦平县三地沟门村，在赤峰市选择了翁牛特旗杜家地乡隋家窝铺村和玉田皋老哈河的坡坎地带，开展以庭院生态经济为主体的土地资源开发与多种经济发展的试验示范工程。从 1992 年开始，以农民家庭为单位，建立起"四位一体"庭院经济模式。将种植、养殖技术有机结合，以太阳能为最初能源，通过建立蔬菜塑料大棚、沼气池、养殖场、厕所，充分利用各级系统内产生的物流和能流，最终提供出能源和系列农副产品。

（13）内蒙古赤峰市翁牛特旗科技扶贫成果。

① 作物新品种引进与推广。从 1990 年起，就引进日本大粒荞麦在翁牛特旗杜家地乡 2 亩沙土台地上试种，亩均产量 190kg，最高亩产达到 255kg，比当地品种增产 100%～200%。1994 年日本大粒荞麦在赤峰市推广种植面积达到 30 万亩。1995 年推广面积约 50 万亩。在翁牛特旗一些贫困乡村，日本大粒荞麦的种植面积已人均 1 亩，人均增收 250 元，在稳定解决当地温饱和脱贫致富中发挥了良好的作用。通过几年的努力，在杜家地乡已初步建成大粒荞麦良种繁育基地，部分良种在国家科技部安排下还调往晋、陕、滇、冀等地种植。大粒荞麦自 1995 年开始大量出口到韩国、日本。

② 盐碱地改良与水田种稻试验示范。翁牛特旗东部的玉田皋乡位于老哈河北岸，属盐渍化的河漫滩泛滥地，土质肥沃。为治理与开发这一片盐渍化土地，改变当地农民的贫困状况，在"八五"期间又进一步深入系统地对盐渍化程度较重的土地开展了改良技术与水稻品种的更新、筛选试验研究。已将玉田皋乡一级阶台地 1.2 万亩盐渍化土地治理开发成为高产、稳产的水稻种植区，成为翁牛特旗重要的水稻种植基地，取得了巨大的经济效益。

③ 防风固沙，经济林科技示范。翁牛特旗东部玉田皋乡和那什罕苏木环境仅次于科尔沁沙地西部。气候干旱，年平均降水量为 340～370mm、蒸发量却高达 2000～2300mm，风大沙多，在近 10 年间开展了防风固沙工作：

· 建成防风固沙防护林体系工程、果园防护林与水土保持林、人工土壤培育固沙造林，改善沙地景观。

· 建成经济林体系示范工程。建立沙地果园、引种栽培沙地果树新品种，区内已建成的 4 座沙地果园，合计面积 500 亩。营造沙地经济林，经济林示范工程的建成，不仅增加了植被覆盖面积，改善了生态环境，而且可使区内人均年收入提高 200～250 元，经济效益显著。

④ 冷凉气候区蔬菜科技示范。1993 年，引进了纬度相近的日本北海道长日照性洋葱。选择该旗头牌子乡作为洋葱的试种场所。1995 年除在该旗的 7 个乡开展种植示范工作外，同年在杜家地乡还引种了紫甘蓝、绿菜花、荷兰豆、四十日大根樱桃萝卜、黑珍珠黄瓜等名、优、特蔬菜品种，大部分获得了成功并进行了科技示范与推广。

⑤ 隋家窝铺小流域综合开发治理。翁牛特旗隋家窝铺村科技扶贫是通过小流域综合开发治理来实现的。以经济发展为中心，以开源节流提高水资源利用率为突破口，以生物措施和工程措施相结合治理水土流失为手段，来建设高产、优质、高效、持续发展的生态农业。并以种植业为基础，养殖业为突破口，开展多种经营来促进农村经济发展，实现脱贫致富。

隋家窝铺小流域综合开发治理已起到了示范作用，被称之为隋家窝铺发展模式，受到了赤峰市、翁牛特旗政府的高度重视和充分肯定。1993 年，隋家窝铺村获得赤峰市农田水利基本建设一等奖和经济沟建设一等奖。1994 年，被评为赤峰市防风固沙、造林绿化先进集体。翁牛特旗已将隋家窝铺小流域综合开发治理模式作为样板，列入全旗生态农业建设规划，在全旗推广。

（14）节水农业技术示范推广。

分别在承德的丰宁坝上，赤峰的翁牛特旗严重缺水的村落，帮助开展电测找水，恢复机井、滴灌试验、推广农田节水工程，取得了节水高产的成果，1996 年在扶贫区域进行推广。

（15）农业科学应用技术的研究与推广。

① 饲料优化配方技术的研究与推广。用饲料优化配方技术，解决了传统养殖中的饲料营养失衡、饲料粮食浪费和饲料报酬回报率低的问题，1992～1995 年在滦平县和翁牛特旗的饲料厂和养殖大户中推广使用。

② 生物资源开发利用研究和应用。
· 自然低温山楂干应用技术，该项技术在隆化县北七家乡西地村得到应用；
· 脱水果菜生产技术，在隆化县西地果品厂和翁牛特旗罐头厂得到应用；
· 开胃茶的研制与开发，支持滦平县上厂，1993 年申报了国家发明专利；
· 黄芩有效成分分离提取工艺的应用，以隆化的地道药材黄芩茎叶为原料提取黄芩皂甙，提高了资源利用率，创造了较高的经济效益。

③ 科普宣传与技术培训班和现场培训，受教育人数达 14 万人次。

37.3 获 奖 情 况

1. 国家及省部级奖励

（1）1990 年、1992 年、1995 年、1997 年获国务院表彰：中国科学院以及中国科学院努鲁儿虎贫困山区科技扶贫项目组获中央机关扶贫工作先进集体。

（2）1996 年 7 月，中国科学院表彰奖励"八五"科技扶贫先进集体和先进个人：科技扶贫先进集体 3 个，其中有：承德、赤峰科技扶贫项目组。科技扶贫先进个人：一等奖获奖人员：王旭、李桂森、牛喜业、管正学。二等奖获奖人员：康庆禹、朱景郊、李杰新、田效文、汪宏清、陈念平、赖世登。

（3）1996 年 5 月、1998 年 6 月，河北省政府表彰中央机关帮扶河北省先进集体与先进个人：中国科学院承德地区科技扶贫项目组获科技扶贫先进集体。获科技扶贫先进个人的有：李桂森、汪宏清、陈念平、管正学、王旭、张宏志等。

（4）1996 年 8 月，内蒙古自治区表彰科技扶贫先进集体及先进个人：中国科学院赤峰地区科技扶贫项目组获科技扶贫先进集体。获科技扶贫先进个人的有：牛喜业、田效文、张宏志、刘湘元等。

（5）1997 年 4 月，国家科学技术委员会表彰科技扶贫先进集体及先进个人：中国科学院获得先进集体的有：中国科学院科技扶贫办公室、中国科学院综考会承德、赤峰科技扶贫项目组。科技扶贫先进工作者获奖人员：王旭、管正学、张宏志。

（6）2000 年，国家科技部、中国科学院、中国科学技术协会联合表彰：科技扶贫先进集体、先进个人、杰出贡献者：科技扶贫先进集体有中国科学院内蒙古翁牛特旗科技扶贫项目组。科技扶贫先进个人：刘建华、汪宏清、陈念平、张宏志。

（7）2001 年 6 月，王旭、李桂森、汪宏清、陈念平、管正学等人荣获河北省委省人民政府颁发的中央机关帮扶河北省贫困地区"八七"扶贫攻坚突出贡献奖。

2. 其他奖项

（1）1997 年 4 月，王旭获振华科技扶贫奖励基金杰出贡献奖。
（2）1998 年，张宏志荣获中国扶贫基金会杰出贡献奖。

参加努鲁儿虎及其毗邻山区科技扶贫人员名单

丁达明	丁贤忠	马 宏	马凤山	马江生	马金忠	马修理	仇田青	文绍开	方汝林	牛喜业
王 旭	王 燕	王本琳	王玉凤	王存和	王建立	王青怡	王恒俊	王钟建	王燕文	丛者柱
冯燕强	叶凌志	田中洋介*		田学文	田效文	白荣华	石敏俊	刘安国	刘淑芬	刘喜忠
刘棣良	刘湘元	吕惠明	孙 弘	孙仁华	孙炳章	成升魁	朱太平	朱建华	朱景郊	朱霁虹
齐亚川	何希吾	吴建胜	吴景科	宋立夫	宋春雨	张 强	张安静	张宏志	张志明	张宪洲
张春兴	张潮海	李 飞	李杰新	李松华	李桂森	李继由	杨正明	杨兴宪	杨淑兰	汪宏清
苏玉兰	苏陕民	邱文平	邹宝山	陈 浩	陈华明	陈念平	陈英鸿	麦先齐	周长进	周海林
季志平	宝 音	屈翠辉	林自安	林耀明	郑伟琦	金德生	姚予龙	姜亚东	秋晓冬	赵 雪
赵文智	赵存玉	倪祖彬	姬忠亮	郭庆伍	郭志芬	钱 克	寇振武	崔 勇	崔成日	康庆禹
梁 飚	黄 健	黄 静	黄文秀	黄兆良	黄德藩	彭 斌	彭天杰	曾本祥	蒋德明	谢永生
谢淑清	韩 云	鲁 奇	楼兴甫	楼惠新	窦清晨	赖世登	廖俊国	管正学	蔡锦山	潘新社
霍明远										

注：带"＊"者为日本筑波大学教授

第三篇　自然资源综合科学研究

38 中国宜农荒地资源研究

38.1 项 目 来 源

根据《1978～1985年全国科学技术发展规划纲要》重点科学技术研究项目第一项的要求，综考会组织了中国宜农荒地资源研究组。该研究项目中所指的宜农荒地，是以发展农、牧业为目的，适宜于开垦种植农作物、人工牧草和经济林果的天然草地、疏林地、灌木林地和尚待开发利用的土地。它是发展农业、畜牧业生产极其宝贵的后备资源。

自20世纪50年代至70年代，本项目的研究人员曾先后参加过中国科学院组织的新疆综合考察队、西部地区南水北调考察队、内蒙古宁夏综合考察队、西南地区综合考察队、甘肃河西走廊黑河流域荒地资源综合考察队、青海共和地区荒地资源考察队以及黑龙江省组织的黑龙江省荒地资源综合考察。在考察过程中，亲眼目睹了新垦区的一派新气象，也耳闻了在过去一些新垦区由于盲目开荒造成的深刻教训。因此，深切地感到认真总结荒地开发的经验教训，正确地认识荒地的性质，科学地阐明其内在规律，以克服在荒地开发中的盲目性，少走弯路，是极其重要的。

38.2 研究任务与研究内容

该项目在系统地整理了近20年来积累的大量野外考察资料，并收集汇总和利用农垦系统和其他部门的大量资料，对全国宜农荒地资源的分布、分类、数量、质量、类型特点等方面进行评价。重点研究全国27片宜农荒地的性质、开发条件和开发方向，为国家合理开发利用荒地资源、确定重点开垦区和开发程序，以及国土整治规划等，提供一定的科学依据。综合各方面的资料，按制定的荒地评价标准计算，当时在全国天然草地、疏林地、灌木林地中，拥有宜农荒地资源约5.3亿亩，此外还有沿海滩涂宜农荒地0.2亿亩。

重点研究的全国27片宜农荒地地片中，位于东北湿润、半湿润区的有9片，即三江平原、伊春地区、张广才岭地区、黑河地区、松嫩平原西部、大兴安岭地区、大兴安岭西麓黑钙土地带、大兴安岭东南麓地区、辽宁盘锦地区；位于内蒙古干旱草原区有6片，即西辽河平原、大兴安岭南部山地及东南麓山前丘陵区、呼伦贝尔平原、锡林郭勒高原、毛乌素沙地、河套平原；位于西北干旱区的有4片，即准噶尔北部地区、伊犁河流域、塔里木北部地区、河西走廊；位于青藏高原区的有4片，即甘孜阿坝地区、西藏中南部地区、共和盆地、柴达木盆地；位于中南部地区的有4片，即晋陕黄土高原区、黄淮海平原、南方山丘区、沿海滩涂等。这27片宜农荒地面积约4.025亿亩，约占全国宜农地资源总面积5.3亿亩的75%左右。

38.3 组 织 实 施

研究项目组由石玉林、康庆禹负责，参加人员有赵存兴、钟烈元、石竹筠等5人。

38.4 成果及获奖情况

本研究项目最后完成并编写出60多万字的《中国宜农荒地资源》专著，主编石玉林，副主编康庆禹，北京科学技术出版社，1985。

1986年该成果获中国科学院科学技术进步奖三等奖。

39 南水北调工程东线和中线引水综合研究

39.1 项目来源

该项目由中国科学院直接下达，属中国科学院重点专项。

39.2 研究任务与研究内容

研究任务：在已有研究工作的基础上，通过实地科学考察，综合研究分析南水北调东线和中线调水工程实施的必要性和可行性。研究调入水地区水资源开发利用潜力及工农业和城市发展对调水的需求，研究调出水的长江在满足流域内需水要求后的可能调出水量，综合分析研究东线和中线工程的合理规模。南水北调东线和中线工程实施后对收益地区工业、农业、城市和社会经济发展的影响。

研究内容：①分析长江径流变化的特点，流域内水资源开发利用现状及用水需求发展趋势，研究长江可能调出水量及其对中、下游地区生态环境的影响；②研究黄淮海地区水资源开发利用现状和节水潜力，在科学利用和管理水资源的基础上需要调入的水量；③研究南水北调东线和中线工程建设方式，工程实施后，对调入水地区工业、农业、城市及生态环境的影响。

39.3 项目组织

该项目从1978年开始，到1982年结束，由综考会水资源研究室张有实、袁子恭、黄让堂、杜国垣共同主持。参加人员有苏人琼、陆亚洲、顾定法、唐青蔚、张天曾、林耀明、俎玉亭、王旭、谢国卿等。

39.4 研究成果

该项目完成了"南水北调工程是改造黄淮海平原的战略措施——东线和中线是改造黄淮海平原的统一体，中线不能代替东线""南水北调与水资源合理利用问题""试论南水北调工程的技术顺序——应先易后难、先东后西，先南后北"等论文21篇，共28万多字。论文均在不同学术刊物和报纸上公开发表，在社会上产生了积极的影响。有多篇论文还编入水利电力部南水北调规划办公室出版的《南水北调规划与科研论文选编》中，直接供南水北调工程主管部门参考。"如何保证北京天津城市用水"一文，1982年发表于《建筑学报》，论文摘要同年7月18日登载于《人民日报》和《中国日报》（英文版）。"北京工业合理用水问题"一文，1979年11月登载于《北京日报》。综考会为了利于进行学术交流，1985年5月将项目组人员先后发表的21篇论文汇编成《南水北调文集》。学术论文的主要观点：①南水北调东线和中线调水工程是改造黄淮海平原的统一体，中线不能代替东线。②南水北调应以充分合理利用当地水资源，提高用水效益为基础，开源和节流应该并举，首先是搞好节流，采取有效措施防止水资源污染，是实现南水北调的前提条件。③南水北调是改造大自然的宏伟工程，势在必行，但又是一项极为艰巨、繁重和复杂的任务，工程建设顺序应先易后难，先东后西，先南后北。④长江年水量虽然很丰富，但丰、枯季节相差悬殊，新中国成立以来长江径流已有明显减少趋势，流域内用水量大幅度增加，枯水季节航运受到影响，河口地区咸水入侵严重。规划实施南水北调东、中线工程必须充分考虑长江流域工业、农业、城市和社会经济发展的用水需求，以及对相关支流和长江中、下游及河口地区生态环境的影响。⑤要认真研究南水北调东线工程水源调出和调入地区的干旱遭遇及洪涝遭遇。通过对苏北、皖北地区干旱年江都站抽江水 460m³/s，灌溉实例分析，南水北调东线工程抽江水 1000m³/s，遇到"1966""1978"的干旱年型要保证过黄水量是十分困难的，甚至无水过黄河。⑥黄淮海平原的治水目标是洪、涝、旱、碱，而引江、引汉只能治旱，而不利于治涝和治碱，引江、引汉对环境的利弊是事关成败的大问题，必须慎重。合理利用水土资源，改善农业生态条件，搞好多种经营的大农业，是本区农业发展的根本方向。⑦华北平原地区目前农业用水占总用水量的 90%，农田有效灌溉面积占总耕地面积的 60% 以上，但灌溉有效利用系数不到 0.4，因此搞好科学用水，提高用水效率，减少农业用水量，对解决水资源供需矛盾具重要意义。

40　中国自然保护区研究

40.1　项目来源

商务印书馆于 1980～1986 年间组织编写出版了《中国地理丛书》，并为该书的出版，邀请我国 17 位著名的自然地理学家，成立《中国地理丛书》编辑委员会。该系列丛书属于中级科普性质，目的在于通过这套丛书把我们伟大祖国的锦绣河山和丰富的自然资源，比较全面、系统地加以总结、宣传，面向广大群众，特别是青年读者，普及资源、环境保护及自然地理知识。同时，也将为世界各国对我国丰富多彩的自然环境和生物多样性的了解开辟新的渠道。专著《中国的自然保护区》一书便是这套丛书之一。1983 年组织实施，1984 年完成。根据出版、发行单位——商务印书馆的要求，在遵循严谨科学性的同时，又要做到通俗易懂，是一本具有科学性和趣味性的科普著作。

40.2　项目研究任务与内容

由于《中国的自然保护区》是新中国成立以来正式出版发行的第一本较为全面、系统地介绍我国自然保护区的科学普及读物，因此要求该项目的研究要做到尽量全面地搜集我国当时所有涉及自然保护区的科学资料。

鉴于当时的研究水平、科研人员的专业结构以及硬件设备的限制，研究任务只能限于我国陆地生态系统的范畴。

主要研究内容包含如下几方面：

（1）综述自然保护区的建立与人类生存之间的密切关系。我们把人类对建立自然保护区的认识大致分为以下三个阶段：①在认识自然过程中的觉醒；②自然保护区的作用；③我国建立自然保护区得天独厚的自然条件。

（2）历史的回溯。描述了我国对建立自然保护区的认识过程，以及现代对自然保护区的分类。

（3）各类自然保护区综述。在各种类型的自然保护区中，选择具有代表性的自然保护区，介绍它们的地理分布、生物多样性、特殊的保护价值等。

我国的自然保护区大致分为如下几类：

① 以保护典型生态系统为主的自然保护区。例如，长白山自然保护区、武夷山自然保护区等。

② 以保护珍稀动物为主的自然保护区。例如，卧龙大熊猫自然保护区、喇叭河羚牛自然保护区等。

③ 以保护鸟类水禽为主的自然保护区。例如，鸟岛自然保护区、扎龙丹顶鹤自然保护区等。

④ 以保护爬行动物为主的自然保护区。例如，蛇岛自然保护区、扬子鳄自然保护区。

⑤ 以保护珍稀植物为主的自然保护区。例如，丰林红松自然保护区、花坪银杉自然保护区等。

⑥ 以保护自然风光为主的自然保护区。例如，九寨沟自然保护区、博格达峰天池自然保护区等。

⑦ 以保护地质奇观为主的自然保护区。例如，五大连池自然保护区、黄龙寺自然保护区等。

（4）自然保护区的规划、建设。

① 明确自然保护区的评价准则。

② 加强管理，明确职责。

③ 科学分类，区别对待。

④ 处理好保护与管理的关系、保护与旅游的关系、保护与当地居民的关系等。

⑤ 发挥自然保护区在科研、环境教育等方面的作用。

40.3 研究队伍组织

自然保护区的研究项目由综考会承担。参加人员：李文华、赵献英。

40.4 研究成果、获奖情况

《中国的自然保护区》获第二届全国优秀科普著作三等奖，全国"五个一工程奖"，1987 年获得首次全国地理科普读物优秀奖。

41 中国山区自然经济状况及其分区的初步研究

41.1 项 目 来 源

"中国山区自然经济状况及其分区的初步研究"项目是1983年中共中央书记处农村政策研究室交办的任务。

41.2 研究任务与研究内容

1. 研究任务

中国是一个多山国家,山地面积约占全国陆地面积的2/3。山区的自然条件复杂多样,自然资源丰富,开发潜力大,具有发展农、林、牧、副、渔和工矿业相结合的多种经营的优越条件。为了进一步加强山区建设,尽快改变山区的面貌,要求对我国山区自然经济状况及其分区进行初步研究,以便为制定相应政策提供科学依据。

2. 研究内容

(1)中国山地自然条件研究;
(2)山地社会经济状况研究;
(3)山地类型研究;
(4)山地分区研究;
(5)山地开发条件评价;
(6)中国山地开发整治的重点与对策。

41.3 项 目 组 织

综考会在承接任务后,成立了项目研究小组。
项目负责人:郭绍礼、赵训经
参加人员:张天曾、李久明、李立贤、苏人琼、赵训经、郭志芬、张振华、侯光良、倪祖彬、郭绍礼、康庆禹、曹光卓、王素芳。

41.4 成　　果

1984年研究工作结束后,中共中央书记农村政策研究室艾云航听取项目组工作汇报并与项目组成员进行座谈。
项目组汇报的主要内容是:

1. 中国山区地貌结构复杂,自然条件多样

我国山地地貌结构包括高山、中山、低山、丘陵、峡谷等。全国山地地貌分异有明显的三条界线。第

一条是南北向界线，即大兴安岭、贺兰山、六盘山、龙门山、哀牢山一线，把我国分成东西两部分：东部地区热、水、土条件配合好，山区开发历史久，是中国农、林、牧、副、渔集中的地区；西部地区热、水、土条件配合不好，农业开发历史短，且多形成以放牧畜牧业为主的地区。第二条界线是位居西部地区的天山、祁连山、阴山一线以北，是广大的干旱区，山势低矮，剥蚀强烈，有着荒漠及山地放牧畜牧业的特色；以南则是黄土高原，森林遭受破坏，水土流失，风蚀沙化严重，许多山丘地区形成了农、牧交错地带。第三条是昆仑山、秦岭、大别山一线。该线以北地区多为高山相夹峙的大型盆地，以南则为高寒型高原、高山和极高山。这样的山地格局显示了不同地带、不同地区的山地，它们的自然条件、生态环境也不相同。

山区中的不同地貌类型显示了农业生产土地结构的多层次、多类型的特点，也反映出各个山地农业生态结构的差别，形成了不同于平原地区的农业生态环境。因此，山地可为发展农、林、牧、副业提供良好的自然条件和生态环境。

2. 我国山区自然资源丰富，开发利用潜力大

我国山区耕地面积、有林地面积、草地面积分别占全国的40％、90％和54％，为我国畜牧业发展提供了重要的物质基础。山岳冰川面积5.7万 km² 余，年消融水量约490亿 m³，成为世界上冰川资源最丰富的国家之一。山区是全国水资源补给的主要来源，山区风能资源也很丰富。全国3万多种高等植物，大多分布在山区。此外，还有各种木本粮食和油料、干鲜果、林副产品、土特产、药材等都是山区的宝贵财富。各种矿物品种也很齐全，目前世界上已知的140多种有用矿物，在我国山区均已找到。山区丰富的自然资源，具有发展农、林、牧、副、矿业相结合的有利条件，生产内容远较平原地区丰富多彩。

3. 中国山地社会经济在全国占有重要地位，但生态环境脆弱、基础设施薄弱

根据山区分布图统计，全国属山区的县市有1367个，占全国县、市总数的57.8％。人口占全国总人口的39.3％，其中农业人口占全国农业总人口的41.39％，山区经济在全国占有重要地位。因此，加速山区建设，改变山区面貌，是发展社会主义农业的一个重要任务。但要看到影响农业生产发展不利因素，山地多具高寒气候，对农、林、牧发展不利。全国水土流失面积、草场严重退化、沙化、碱化的面积，多分布在山区，缺路、缺电、缺水、缺通讯广播，为山区服务的各种信息、技术、学校、医院和文化设施至今没有得到根本改善，造成山区人民生活贫穷落后的状况仍未得到改善。

4. 要根据山区不同类型，因地制宜制定开发规划和措施

根据山区自然经济特征，因地制宜制定相应的有关政策，提供系统的资料和科学依据，十分必要。为此，对我国山区进行了分区，划分的原则是：发展农业的自然条件基本是一致的；农业生产现状和生产水平基本是一致的；今后建设的途径、措施相对是一致的；基本保持县界的完整性。

根据以上原则，将全国山区划分为11个大区，35个地区。大区是东北山丘区、华北山丘区、黄土高原区、西北山地区、秦巴山地区、长江中下游山丘区、东南沿海山丘区、川缘山区、云贵高原山区、青藏高原山地区、横断山区。同时，对各个地区(详略)的海拔高程、降水量、农业人口、平均耕地、粮食播种面积、平均亩产、农业人口平均占有粮食、农业人口平均收入，以及包括的县市总数进行了详细的论述。

根据以上对各区的分析，近期我国山区开发整治的重点首先应放在东南沿海山丘区、华北山丘区和黄土高原区。在确定开发重点地区后，还必须解决农、林、牧用地的合理规划，以发挥山区的优势，改善生态环境，发展商品生产，解决农村能源，改善交通条件，提高山区人民的生活水平与科学文化水平，因地制宜制定和实施一套可行的政策。

随后发表3篇学术论文：

(1) 中国山区自然经济状况及其分区的初步研究，《自然资源研究》，1985；中国自然资源研究会第一次学术讨论会文集，郭绍礼、曹光卓。

(2) 我国山区的开发与整治，中国国土整治战略问题探讨(第二集)，郭绍礼、张天曾、曹光卓，1985。

(3) 中国山地分区及其开发方向的初步研究，郭绍礼、张天曾，《自然资源学报》，1986。

42　参与组织编著《中国自然资源丛书》与撰写丛书的《综合卷》

42.1　任务来源

我国是世界上人口、资源大国，但又是人均资源很少的国家。因此进一步摸清资源家底和开发利用现状，开展资源评价，研究资源开发利用前景、战略和对策，就成为我国政府计划部门的重点任务。有鉴于此，1983年经国家计划委员会批准，由国家计委国土地区司组织国务院有关部门、各省(区、市)国土部门，同时来函邀请综考会通力合作，共同完成《中国自然资源丛书》(简称《丛书》)编撰任务。综考会的任务：一是参与《丛书》的组织协调与审查工作；二是完成《丛书》《综合卷》的研究与撰写。

42.2　编撰《丛书》的目的与组织机构

为保证撰写的顺利进行，国务院副总理邹家华亲自题写书名，并成立在国家计委领导下的总编委会。国家计委常务副主任房维中兼任编委会主任；刘江(国家计委副主任)、孙鸿烈(综考会名誉主任、中国科学院副院长)、方磊(国家计委司长)、沈龙海(国家计委司长)任副主任；杨邦杰(国家计委司长)、佟庆绵(国家计委司长)、石玉林(综考会主任)、陈传友(综考会研究员)为常务编委；42名省(区、市)计委负责人和专家、学者(见表42.1)任编委会委员；同时，31个省(区、市)自然资源编辑委员会、10个单项自然资源编辑委员会(相关部委负责组织)各自相应成立。《综合卷》由综考会负责组织，编委名单见表42.2。

42.3　《综合卷》的主要内容

《综合卷》是《自然资源丛书》42本专著中的一本。《综合卷》立足全国，全面系统调查研究和总结了我国自然资源的数量、质量、分布和演变规律，在分析评价的基础上，科学地阐明了资源与人口、资源与环境、资源与经济发展的关系，研究提出了开发与节约并重、利用与保护相结合、调整产业结构与协调区域布局、优化资源配置、保护资源环境、发展两种资源、加强资源管理、促进科学进步等，一套完整的资源可持续发展和协调发展的理论、思路和对策。全文分3篇，共27章。

上篇为综合篇，共6章，扼要地阐述中国自然资源形成背景条件，自然资源的特点与评价，在此基础上讨论了中国自然资源开发战略、开发重点，资源环境的整治与保护以及资源管理；中篇为资源篇，共11章，按11类资源，分门别类地论述各类资源的特点与评价，开发利用现状与出现的主要问题，开发利用的方向、途径与保护整治对策；下篇为区域篇，共10章，按资源结构的相似性、主管部门的一致性、经济发展的关联性和省(区、市)的完整性，把全国划分为10个资源经济区。分区论述各区的自然资源与经济的特点，资源开发与经济发展，以及基础设施建设与资源环境保护。

全书最后总结了18条结论(扼要摘录)：

(1) 疆域辽阔：南北跨50个纬度，东西距62个经度，由960万 km² 的陆地与473万 km² 的海域构成；

(2) 季风气候、阶梯状地势、南北纬度跨度大，是形成我国自然地理的三大要素；

(3) 自然资源具有两重性：一方面总量大，种类齐全；另一方面人口众多、人均资源量少，特别是耕地、水资源地区上有缺口；

(4) 自然资源质量相差悬殊，低者比重大，改良任务繁重，加上有些资源开发利用不合理，导致局部地区生态环境有恶化趋势；

（5）资源在时间与空间上不协调，且资源之间组合错位较严重，进一步加剧了我国资源供需矛盾；

（6）资源利用必须遵循三大原则，即可持续利用的原则、保护改善的原则、因地制宜的原则；坚持三大观念，即全局观念、长远观念、协调观念；实施三大行动，即杜绝破坏、严禁浪费、厉行节约；

（7）控制人口、提高质量；加强资源的综合勘探、综合开发、综合利用；重点开发和建设农业、能源、原材料生产基地；利用两个市场、两种资源；整治环境、加强管理、保证可持续发展，满足人们生产生活需要；

（8）优化组合劳动力资源与自然资源，把人口压力转化为动力。同时把"三性效益"（社会、生态、经济）统一起来，合理开发利用自然资源；

（9）高效开发利用水土资源，立足平原，开发山地、海域；重点开发南方热带、亚热带山区，建设以林、农、果、经、牧、工、副综合发展的农业后备战略基地，合理实现"南水北调"，保证华北、西北用水安全；

（10）大力发展水电，有计划发展核电，加速改善能源结构；稳定东部，加快西部地区与海洋油气勘探与开发，构成东西两翼为重点的油气开发格局；

（11）在发展东部的同时，加快开发中、西部地区，协调东、中、西三者的关系、沿海与内地的关系，逐步缩小地区之间的差别；

（12）区域布局要以沿海、沿长江、沿黄河为主轴线，结合主要铁路干线为二级轴线，辅以环国境口岸建设，构成我国国土开发的总体布局；

（13）从国土开发的角度，中国应抓好具有战略意义的三种类型的开发，即重点经济开发型、能源与原材料资源重点开发型、粮食为主的重点开发型，以及 29 块综合开发区；

（14）从地缘经济角度，中国资源经济区域可分为 6 大板块与 10 个资源经济区；

（15）加强资源宏观调控与发挥市场调节相结合；推动两个市场，两种资源，实现资源转换战略；

（16）土壤侵蚀、水旱灾害、物种消失、环境污染是我国 4 大资源环境问题；江河治理、水土保持、污染防治、物种保护是我国资源环境保护的 4 大任务；兴修水利、绿化环境、控制污染是资源环境保护与建设的三大措施；

（17）加强自然资源综合管理与机构建设，明确资源所有权与使用权；加强自然资源的宏观调控与完善微观结构相结合的管理体制，运用行政的、法制的、经济的手段，建立适应社会主义市场经济的资源管理新机制；

（18）中国人口与经济增长和资源有限性之间的矛盾，最终要依靠科学技术的进步来解决。人类有着无限的创造力，将会不断地拓宽资源范围，不断地提高资源利用率与产出率。面对自然，人类总要保持谨慎乐观的态度，悲观的观点、停止的观点、无所作为的观点是没有根据的。

42.4　成　　果

全套《丛书》共 42 本约 1600 万字。参加此项工作的专家、学者约 1000 多位，自 1983 年开始，历经 4 年左右时间，于 1986 年全部完成，并由中国环境科学出版社出版，新华书店发行，圆满高质量完成了国家计委（计办国地〔1992〕433 号，关于组织编著《中国自然资源丛书》的通知所规定的任务。

全国人大环资委向党中央、国务院、全国人大领导汇报的《中国资源》演示图册，以《丛书》为主要资料来源。全国人大布置编撰的《中国资源报告》以及地方编写的资源方面的书籍，都引用了《丛书》的数据或结论；不少省（区、市）编制的社会经济发展规划、国土开发整治规划，都引用了《丛书》的内容、观点与数据；不少部门用相关卷章内容作为教学和培训的主要教材；中国自然资源学会以《丛书》为实践基础，完成了320 万字的《中国资源科学百科全书》，成为我国第一部资源科学工具书，为在我国建成资源科学奠定了理论基础。

据此，国家计委致函综考会：国家计委学术委员会 1997 年 2 月 13 日公告："国家计委批准并组织编著的《丛书》，被评为国家计委机关特等奖，中国科学院综考会孙鸿烈、石玉林、陈传友同志分别系总编委会副主任，常务编委，并为《综合卷》6位主编中的3位，多位同志承担了《综合卷》的撰稿工作。他们均为《丛书》的编著做出了贡献，总编委向他们表示祝贺"。

1997年《中国自然资源丛书》获国家计委系统一等奖。主要获奖人房维中、方磊、杨邦杰、佟庆绵、石玉林、陈传友。

表42.1 《中国自然资源丛书》总编委会名单

主任： 房维中

副主任： 刘江、孙鸿烈、方磊、沈龙海

常务编委： 杨邦杰、佟庆绵、石玉林、陈传友

编委（排名不分先后）：向洪宜、吴国昌、张思辉、骆继宾、施斌祥、贾幼陵、贾建三、金鉴明、鹿守本、孙钢、何希吾、关淑玉、杨春明、唐益成、张奎、乌日途、高纯生、暴学龙、张福如、蔡来兴、郭世良、宋益康、周本立、陈永庭、黄智权、周秋田、夏宗勇、高瑞科、邓鸿璋、袁征、翁长溥、黄宝章、付应铨、姚纪元、刘光维、向阳、李树元、张忠敬、施永祥、蓝玉璞、陈博文、韩清海

工作人员： 杨廷秀、程家源、邓念阳

表42.2 《中国自然资源丛书·综合卷》编辑委员会名单

主编： 孙鸿烈、石玉林、杨邦杰、佟庆绵、陈传友、何希吾

编委（按章节顺序排列）：石玉林、霍明远、李立贤、段志德、杨邦杰、陈百明、陈传友、李杰新、郎一环、沈镭、姚建华、李继由、李飞、沈长江、苏大学、李荣生、张荣祖、朱太平、杨金森、宋力夫、刘兴土、黄让堂、何希吾、张天曾、董锁成、佘之祥、杨兴宪、程鸿、李明森、石竹筠、杜富全

43 中国农业气候资源研究

43.1 项目来源

国家科委牵头、综考会组织的《中国自然资源丛书》《中国农业气候资源》卷，由综考会下达给气候资源研究室承担。

20世纪70年代中期以前，人们只认可气候是自然条件的组成部分。1975年，中国科学院自然资源综合考察组成立，以水、土、生物和气候四大资源为主要研究对象。综考会1984年8月成立了气候资源研究室，以农业气候资源利用为重点研究方向。1983年中国自然资源研究会成立后，积极筹备《中国自然资源丛书》的编写，综考会科技处便向气候资源研究室下达了"中国农业气候资源研究"的任务。

43.2 研究任务与研究内容

综考会把中国农业气候资源研究作为气候资源开发利用研究的突破口。为了加强力量，特邀北京农业大学气象专业韩湘玲主任做客座教授，开展了全国重点地区的农业气候资源开发利用调查。农业气候资源是气候资源的重要组成部分，是为农业生产提供物质、能量和生态环境的气候资源。农业气候资源中的光、热、水、气、风等要素的数量、质量匹配、分布等，在很大程度上决定了当地农业生产的性质、特点及水平，与土地资源和生物资源一起成为生产力的组成因子。

中国农业气候资源研究具有开创性，既有理论探索，又与实践结合。在云南西双版纳开展的地形小气候橡胶树防寒试验，在东北甸子地进行的排水施肥提高土壤温度试验，以及在青藏高原进行的农业气候资源考察研究，都对完成此项任务起了一定作用。农业气候资源研究是一项系统工程，把空气、气候能源纳入资源范畴，使农业气候资源更具广泛性；把光、热、水、气、风和山地的农、林、牧业分布规律结合起来，使农业气候资源利用摆脱了单纯为种植业服务的观点，更具全面性，都比原来进了一步。

43.3 项目组织

气候资源研究室承担"中国农业气候资源研究"任务后，以研究室副主任侯光良为首成立了三人领导小组，全室人员分工负责以下研究内容：

(1) 中国农业气候资源的概念与研究方法，侯光良、张谊光

(2) 中国农业气候资源特点的研究，江爱良

(3) 空气资源，李继由

(4) 光资源，李继由、冯雪华、陈沈斌

(5) 热量资源，张谊光、陈纪卫

(6) 水分资源，侯光良、刘允芬、孙文线

(7) 农村气候能源，李继由

(8) 山地农业气候资源，蒋世逵

(9) 作物气候资源，侯光良、刘允芬、张谊光

(10) 林业气候资源，王菱

(11) 畜牧气候资源，张谊光

(12) 农业气候资源分区及其评价，李继由

43.4 研究成果

《中国农业气候资源研究》编写工作历时 10 年(1983～1993)。由于项目承担单位的重视,无论是到全国有关省份收集资料和调查,还是在综考会各考察队进行定位、半定位试验研究,都得到了大力支持,经费有保证。因此,最终圆满完成任务。

主要成果:

(1)《中国农业气候资源》,侯光良、李继由、张谊光,中国人民大学出版社,1993。

(2) 在国内主要学术刊物上发表的论文。

① 试验农业气候资源——二氧化碳,李继由,《自然资源》,1985,(4)。

② 努鲁儿虎与毗邻山区的气候资源及其评价,李继由,《自然资源》,1989。

③ 论我国橡胶树生产北界的地理环境评价,王菱,《自然资源》,1987,(2)。

④ 我国油桐分布和生产概况,王菱,《自然资源》,1988,(2)。

⑤ 青藏高原畜牧气候,张谊光,《自然资源》,1985,(3)。

⑥ 云贵高原农业气候资源利用;青藏高原农业气候资源利用《中国农业百科全书》(农业气象卷),张谊光,农业出版社,1986。

⑦ 气候资源学,张谊光,《地球科学进展》,1991,(4)。

44   2000 年中国的自然资源研究

44.1   任 务 来 源

"2000 年中国的自然资源"为国务院技术经济研究中心会同有关各部门拟定的"2000 年的中国"汇报材料。1985 年 5 月向党中央、国务院提交总报告和分报告后，时任国务院总理赵紫阳批示："'2000 年的中国'是一项大工程，如能搞出一个有质量的论著，有重要意义。"

根据赵紫阳的批示，国务院技术经济研究中心决定组织有关单位共同编写《2000 年的中国丛书》，列入国家"六五"计划重点项目，综考会便承担了《2000 年中国的自然资源》的大部分编写任务。

44.2   研究任务与研究内容

《2000 年的中国丛书》共 15 卷，由马洪主编。《2000 年中国的自然资源》卷，综考会承担"地表资源"一章，内容共分七节：

第一节   我国地面资源的总特点

一、幅员辽阔，资源丰富，但人均占有量少

二、资源分布不均匀

三、山地多，平地少，发展林牧业潜力大于农业

第二节   气候资源及气候变化预测

一、气候特点

二、气候资源评价及其生产潜力

三、影响气候变化的因素

四、气候资源的变化与展望

第三节   土地资源及耕地预测

一、土地资源的现状及其特点

二、耕地资源及其预测

第四节   水资源及其预测

一、中国水资源的特点

二、水资源开发利用的现状及其存在的问题

三、我国水资源开发利用预测

第五节   森林资源及其预测

一、森林资源概况

二、森林资源预测

第六节   草地资源与畜牧业发展预测

一、草地资源的特点

二、草地资源的利用与畜牧业发展预测

第七节   自然资源的开发利用与保护对策

一、保护耕地资源，积极稳妥地开发宜农荒地

二、合理用水，节约用水，努力提高供水能力

三、积极开发山区

四、合理利用草原

五、调整农业生产布局，充分发挥资源优势

六、改善资源生态环境

44.3　项目组织实施

《2000年中国的自然资源》由综考会石玉林、张天曾负责，并担任该卷副主编。

参加有关章节编写、研究及提供资料的人员有：石玉林、张天曾、石家琛、陈国南、张谊光、陆静英、黄文秀、廖国藩、王素芳、王广颖、李凯明、张烈、赖世登。

44.4　研 究 成 果

《2000年中国的自然资源》研究撰写完成后，由上海人民出版社、经济日报出版社、中国社会科学出版社于1988年在上海出版。

获奖情况：

《2000年的中国》成果获1988年度国家科学技术进步奖一等奖，石玉林为获奖者之一。参加《2000年中国的自然资源》主要研究人员获1989年国务院发展研究中心颁发的奖状，以表彰他们为《2000年的中国》研究所做出的贡献。

45 中华人民共和国 1：100 万土地资源图
研究与编制

45.1 项目来源、性质

原自国家《1978～1985 年全国科学技术发展规划纲要》重点科学技术项目第一项——"对重点地区的气候、水、土地、生物资源以及资源生态系统进行调查研究，提出合理利用和保护的方案，制定因地制宜地发展社会主义大农业的农业区划"和"全国基础科学发展规划"地学重点项目第五项——"水、土资源与土地合理利用的基础研究"中的一项研究课题。实施时间 1979～1990 年。

该任务由全国农业区划委员会和中国科学院共同确定下达，得到国家计划委员会国土综合开发规划司和国家自然科学基金委员会的资助。

45.2 研究任务与研究内容

研究任务：编制《中华人民共和国 1：100 万土地资源图》
研究内容：
(1) "土地资源分类方案"和《中华人民共和国 1：100 万土地资源图》"编图制图规范"；
(2) 60 幅国际分幅 1：100 万土地资源图编制；
(3) 土地资源数据统计，建立中国土地资源数据库；
(4)《中华人民共和国 1：100 万土地资源图》数字化地图。

45.3 项 目 组 织

主持单位：中国科学院-国家计划委员会自然资源综合考察委员会
课题负责人：石玉林
参加单位：中国科学院沈阳林业土壤研究所、中国科学院长春地理所、中国科学院南京地理所、中国科学院成都地理研究所、中国科学院-水利部西北水土保持研究所、中国科学院兰州沙漠研究所、中国科学院新疆生物土壤沙漠研究所、河北省地理研究所、湖南省经济地理研究所、广州地理研究所、贵州省山地资源研究所、云南省地理研究所、内蒙古土地勘测设计院、宁夏农林科学院土壤肥料研究所、青海省农林厅、内蒙古师范学院、天津师范学院、河北师范学院、山西师范学院、内蒙古林学院、内蒙古农牧学院、东北林业大学、华东师范大学、南京师范学院、杭州大学、安徽师范学院、福建师范学院、山东农业大学、华中师范学院、南宁师范学院、西南师范学院、重庆师范学院、陕西师范大学、西北大学、兰州大学、北京师范学院等 36 个单位共计 300 余人参加。
学术顾问：孙鸿烈、宋达泉、张巧玲、罗来兴、席承藩、朱显谟、赵松乔、余显芳
主　　编：石玉林
常务编委：石玉林、石竹筠、赵存兴、侯学焘、李永昌、谢庭生、陈隆亨、梅成瑞、何绍箕、徐国华、王华群、鲁争寿、黎代恒、高冠民、汪久文、张淑光、刘胤汉、李正芳、向斗敏
学术秘书：石竹筠
制 图 组：徐国华、许兰洲、尤梅英
组织管理：黄兆良

45.4　研究成果与获奖情况

《中国 1∶100 万土地资源图》是我国第一套全面系统反映土地资源潜力、质量、类型、特征、利用的基本状况及空间组合与分布规律的大型小比例尺专业性地图。首次建立了土地潜力区、土地适宜类、土地质量等级、土地限制型和土地资源单位的全国性土地资源分类系统和评价指标，以及相应的土地资源统计体系和数据库、数据集与地理信息系统。包括 60 幅国际分幅 1∶100 万土地资源图，2500 个土地资源单元，8.7 万多个图斑和数百万个数据。从它所涉及的范围之广，内容之多，工作量之大，科学性、综合性、系统性之强，在世界同类研究中也很鲜见。它的诞生，标志着我国土地资源学科的形成。在数字化《中国 1∶100 万土地资源图》的基础上，2006 年又编辑出版了《中国土地资源图集》。

该项成果获 1992 年颁发的国家科学技术进步奖二等奖和中国科学院科学技术进步奖一等奖。

46 中国 1∶100 万草地资源图研究与编制

46.1 项 目 来 源

中国 1∶100 万草地资源图是《1978～1985 年全国科学技术发展纲要》重点项目第一项"农业自然条件、自然资源和农业区划研究"和"全国基础科学发展规划"重点项目第五项"水土资源和土地合理利用的基础研究"的研究课题,被列入《中国科学院 1981～1985 年地学部科研计划纲要》。该图与 1∶100 万比例尺的中国土地资源图、中国土地类型图、中国土地利用现状图、中国土壤图、中国植被图、中国地貌图同属"六五"期间重点编制的国家农业自然资源图种。1982 年中国科学院又将其纳入国家自然科学基金资助课题。1979 年国家科委和原国家农委以(79)国科发四字第 363 号文件下达了进行全国草地资源调查研究的课题,由前农业部畜牧总局主持,按(79)农业牧科字第 415 号文件要求,从 1980 年开始以省(区、市)为单位先后开展了全国草地资源的统一调查。1986 年全国草地资源调查内业总结会议决定,由综考会主编《中国 1∶100 万草地资源图》,该图是 20 世纪 80 年代全国统一草地资源调查成果汇总的重要组成部分,80 年代至 90 年代初期完成。

46.2 研究任务与研究内容

该图表现了全国天然草地、改良草地、永久性人工草地的面积、牧草产量及载畜量,反映了割草地、季节放牧草地、难利用草地的分布面积,表现了全国国家级草地自然保护区。该图采用 20 世纪 80 年代按全国统一规定开展的省级草地资源调查和全国 11 片重点牧区草地资源调查所获的 1∶50 万草地类型图、等级评价图、草地利用现状图、草地调查样地点位图为基本编图资料,遵照系列制图原则进行缩编。同时参照 1∶20 万和 1∶50 万 TM 卫星像片,1∶50 万和 1∶100 万 MSS 卫星像片,少数区域参照同期彩红外或黑白航片,依托从全国各地选出来的最有代表性的数千个典型野外调查、测产样地资料进行编制。

该图最小上图图斑面积,天然草地为 4 mm²,人工草地、改良草地和具有重要指示意义的草地,最小图斑面积为 2 mm²。

该图综合草地植被分类法,吸收植物地形学分类的精华和部分草地数量分类指标,增加草地经济利用性状分类级,进行草地类型分类。

该图依据草地中饲用植物的适口性、营养价值、利用性状及在草群中所占的重量百分比,将草地划分为优、良、中、低、劣五个品质等,按草地牧草实测产量的高低,将全国草地划分为 8 个产量级,在此基础上再进行草地等级综合评价。

该图按照草层高度、草地气温、地形、海拔高度、距水源和居民点的距离等自然条件,将草地划分为冷季放牧草地、暖季放牧草地、全年放牧草地、割草放牧兼用草地、难利用草地,形成中国草地资源结构。

46.3 项 目 组 织

负责人:苏大学。

参加单位:中国科学院综考会、中国农业科学院草原研究所、内蒙古自治区草原勘测设计院、新疆维吾尔自治区草原研究所、青海省草原工作总站、黑龙江省畜牧局、新疆维吾尔自治区草原总站、甘肃省草原总站、内蒙古自治区呼伦贝尔盟草原研究所、广州地理研究所、四川省自然资源研究所、云南师范大学地理系、内蒙古锡林郭勒盟草原工作站。

参加人员：苏大学、谷锦柱、崔恒心、王锦基、鲁征、冯国钧、黄金嗣、刘建华、张毅力、张筱刚、王振环、戴法和、夏羽立、朱铎、杨爱莲。

46.4　研究成果与获奖情况

（1）1：100 万中国草地资源地图集，中国地图出版社，1996。

（2）1：400 万中国草地资源图及说明书，科学出版社，1996。

（3）1：100 万中国草地资源图编制规范，中国地图出版社，1992。

该项研究成果获 1999 年中国科学院科学技术进步奖二等奖。

47 中国土地资源生产能力及人口承载量研究

47.1 项目来源

全国农业区划委员会。

47.2 研究任务与研究内容

研究任务：研究在未来不同时间尺度上，以可预见的技术、经济和社会发展水平及与此相适应的物质生活水准为依据，一个国家或地区利用其自身的土地资源所能持续稳定供养的人口数量。同时明确了开展这项研究工作的目标是从资源可能性出发回答这样的问题：全国及不同类型地区的土地资源在不同时期、不同投入水平下能够生产多少农、林、牧、渔产品（包括粮食、棉花、油料、糖料、饲料、肉、蛋奶、木材、薪柴、淡水产品），能够供养多少人口，人均占有上述产品的数量是多少，生活水平可以达到什么程度，合理的人口承载量是多少；与此同时，分析能量投入水平、投入产出关系、环境状况等问题，并提出有关对策。

研究内容：研究分解为 5 个基本层次，每一层次都规定其范畴和内容：①各类资源之间的平衡关系：包括以土地资源适宜性为基础，研究土地资源与水资源、气候资源、林草资源之间的平衡，农、林、牧用地的平衡等；②资源结构与农业生产结构之间的平衡关系：根据我国各地区资源组合方式即资源结构特点，考察国民经济发展要求，进行农业结构调整的研究，包括农、林、牧业三者之间的比例，农、林、牧业内部的发展比例等，使农业结构与资源结构趋于和谐；充分发挥资源配置效率；③人口需求与土地资源生产能力之间的平衡关系：主要通过分析人口的增长趋势、食物结构的可能变化和预期营养水平，研究预期人口的消费需求量与土地资源可能生产的农、林、牧、渔业产品之间的关系；④不同土地资源类型内部光、温、水、养分等诸因素的平衡关系：从诸要素综合分析入手，研究不同类型的土地资源在不同投入和经营管理水平下诸要素的配合情况，据此估算各种农作物、林木和牧草在不同条件下的生产能力；⑤通过上述层次的反馈过程和机制的研究，寻求提高土地资源承载能力的途径和措施，探讨人口适度增长、资源持续利用、环境逐步改善、经济协调发展的战略和对策。根据上述 5 个基本层次，在借鉴联合国粮农组织的农业生态区域法基础上，结合中国的实际情况，构建了"区域资源系统生产力法"作为主要理论框架和研究体系。制定了研究规范（草案），对主要环节的具体研究方法作出原则性规定，作为全国统一提纲和技术要求。在各省、自治区、直辖市土地资源承载能力研究的同时，还开展了全国性专题研究工作，包括国家级商品粮生产基地的建设与布局、土地资源的辅助能量投入产出分析与预测、土地资源的养分平衡分析、土地资源的农业投资分析与预测、粮食产需的区域平衡分析、未来人口预测与分析、食物消费水平的分析与预测、作物产量变化规律及未来趋势和土地资源承载能力数据库系统建设等。

47.3 项目组织

项目实施时间 1986~1991 年，负责人为石玉林、张巧玲、沈煜清、陈百明。中国科学院自然资源综合考察委员会为项目主持单位。参加单位有：北京农业大学农学系和气象系，中国气象科学研究院农业气象研究中心，西北农业大学农学系，中国农业科学院农业资源与农业区划研究所，南京大学大地海洋科学系，武汉大学环境科学系，杭州大学地理系，湖南省经济地理研究所，云南省地理研究所，宁夏回族自治区土壤肥料研究所，上海教育学院地理系，南京气象学院、广东省农村发展研究中心 14 个单位，约 80 多名研究人员。

47.4 研究成果与获奖情况

主要成果：有中国人民大学出版社出版的近 240 万字的《中国土地资源生产能力及人口承载量研究》专著和 13 万字的《中国土地资源生产能力及人口承载量研究（概要）》。主要研究结论是：我国未来土地资源的食物生产能力可望持续提高，但不同的投入水平提高幅度不尽一致。只有保证高投入水平，人口控制较有成效，才可望做到主要农产品自给，人民生活水平逐步提高，而投入不足或人口失控，将影响未来的供需关系。如果投入不足和人口增长失控两者叠加，将严重影响未来的供需关系，我国人口顶峰应控制在 16 亿以内。该项目成果 1992 年获中国科学院科学技术进步奖二等奖。

48 《中国自然资源手册》编撰

48.1 项 目 来 源

在20世纪即将迎来最后十年之际，为了帮助国内广大社会公众了解我国自然资源具体情况和面临的各种问题，为了向从事自然资源开发、管理、保护和经济社会发展研究的各界人士，提供有关自然资源方面一部基础性、综合性的工具书——《中国自然资源手册》（简称手册），"九五"期间综考会将编撰《中国自然资源手册》作为主任基金项目列入本单位的科研计划安排实施。该项目自1988年开始实施，1990年年底完成。

48.2 项目任务与编写内容

该《手册》编写的内容主要包含五个部分。

(1) 中国自然资源概述。主要介绍中国自然资源总体的基本特征，区域分布状况，开发利用、保护与管理现状，自然资源考察研究进程以及对自然资源形势分析与展望；

(2) 全面介绍我国土地资源、森林资源、草地资源、生物资源(包括农作物品质资源、家畜家禽品种资源、植物资源、动物资源、淡水鱼类资源、经济真菌资源)、水资源、气候资源、能源资源(包括煤炭、石油、天然气、潮汐能、水能、太阳能、风能、地热能以及生物质能等)、矿产资源、海洋资源9大类自然资源，分别系统介绍这些资源的类型、分布、数量、质量、特征、开发利用以及保护管理等情况。每类资源除有文字论述外，还附有收录大量的国内外相应的研究或出版物上有关研究成果或统计数据；

(3) 介绍我国自然保护区的基本现状、特点和类型，已建立的各类自然保护区的名录，以及我国国家重点保护动物和植物的名录；

(4) 比较全面介绍我国自然资源考察研究历史，国内已设立的从事自然资源研究机构以及主要研究成果；

(5) 收录有关我国的社会、经济基本统计数据，以及国家有关资源法规、管理条例等。

《手册》在编辑形成上采用文字说明与数据资料相结合的方式，这是该《手册》主要的特点，也是一种新的尝试。

48.3 项 目 组 织

综考会成立《手册》编写组，由程鸿、何希吾负责，业务处处长黄兆良负责组织协调工作，温景春在编辑和联系出版方面做了大量工作。参加文字编写和收集、整理资料工作的有9个研究单位和部门，共48人。其中：

综考会：

丁树玲	王乃斌	王淑强	王善敏	冯雪华	田效文	石玉林
刘玉红	刘厚培	孙文线	朱太平	江爱良	许毓英	何希吾
张谊光	李文华	李驾三	李继由	苏大学	陈华明	陈国南
周长进	姚建华	姚彦臣	唐青蔚	黄兆良	黄河清	温景春
程　鸿	赖世登	樊江文				

中国科学院地理研究所：侯峰、李柱臣

中国科学院动物研究所：冯祚建、戴定远

中国科学院微生物研究所：卯晓岚

中国科学院地球化学研究所：朱为方

中国人与生物圈国家委员会：赵献英

国家发展和改革委员会能源研究所：黄志杰

商业部副食品管理局：甘发英

海洋出版社：赵叔松、隋绍生、张玉祥、陈其刚、翟国谦、谢弘阳、吕先进

48.4 成　　果

项目编写组全体人员经过近三年的共同努力，完成约 133.7 万字的《手册》编撰任务，于 1990 年 12 月由科学出版社出版。

49 《中国的世界纪录丛书》第三卷《地理资源卷》编撰

49.1 项 目 来 源

1989 年初,《红旗》杂志社副总编辑方克先生代表该社的《中国的世界纪录丛书》编写组,特邀中国科学院自然资源综合考察委员会承担《中国的世界纪录丛书》第三卷《地理资源卷》的编写任务。

49.2 研究任务与研究内容

编撰《中国的世界纪录丛书》第三卷《地理资源卷》,要求突出记录中国的"世界之最"和"世界之特"精神以及思想性、科学性、知识性、完整性、生动性相统一的原则组织编写条目。这些条目包括动物资源、植物资源、花卉资源、经济作物资源、森林资源、药物资源、矿产资源、能源资源、自然旅游资源和自然保护区等。

49.3 组 织 实 施

综考会在承担该项目后,交由综考会编辑出版室温景春组织实施。邀请中国科学院地理所、植物所、动物所、古脊椎动物与古人类所、青海盐湖所、成都地理所、昆明植物所和综考会等研究单位有关科学家参加条目编写工作。

主要参加人:

王金亭	冯祚建	田二垒	何希吾	李明森	李桂森	李渤生
陈继瑞	武素功	郑 度	郑喜玉	柳素清	祖莉莉	赵喜田
章予舒	黄文秀	温景春	蒋世逵	韩裕丰		

49.4 研 究 成 果

在查阅大量科技文献和广泛征求科学家们的意见基础上,草拟了编写条目,经审核最后确定 296 条,其中自然地理 60 条、自然资源 236 条。并附"国家重点保护的野生动物名录"和"国家重点保护的野生植物名录"。于 1989 年底完成条目编写任务,呈送给《中国的世界纪录丛书》编写组。第三卷《地理资源卷》于 1990 年由湖南省教育出版社出版。

50 全球资源态势与中国对策研究

50.1 项目来源

"全球资源态势与中国对策"是国家自然科学基金资助项目"全球自然资源态势与我国的对策"（面上项目）的主要研究成果，是从跨世纪的时间尺度，跨国度的空间范围，研究全球自然资源的一种尝试。我国为了利用两种资源，两个市场，实现现代化建设的第二步战略目标，必须研究全球资源，特别是周边国家和地区的资源。但是我国过去对国外资源考察研究十分薄弱，全球资源研究还有许多空白点。因此，在了解、认识全球资源态势基础上，制定中国对策成为一个重要而紧迫的课题。

在上述背景下，作为综考会负责人之一的李文华牵头，郎一环等具体负责，于 1989 年向国家自然科学基金委申请"全球资源态势与我国的对策"项目，批准后从 1990 年开始执行，1992 年 12 月底结束。

50.2 项目研究内容

本项目所列课题研究有三大部分：

第一部分 全球资源系统研究。综合分析研究了全球资源系统及其演化，根据人类现有认识揭示了全球资源系统演化的规律性；探索资源与环境、人口、经济及科技的关系；研究了美国、原苏联、日本、澳大利亚和沙特阿拉伯等不同类型国家的资源战略政策和管理等方面的内容。

第二部分 分资源类别的全球资源研究。分别对全球的能源资源、矿产资源、土地资源、森林资源、草地资源、水资源和海洋资源的概况与特征，总量与分布，开发与利用现状，存在的问题与经验教训，未来的趋势与展望等，进行了系统而全面的分析研究。

第三部分 对策研究。首先从中国 21 世纪前半叶实现现代化，不仅经济总量上位居世界前列，而且人均水平上也达到中等发达国家水平的目标出发，研究中国利用国外资源的必要性与对策；其次研究了与水土资源及生态环境密切相关的粮食问题和森林资源问题，一是聚焦在中国利用国际市场粮食的可能性与对策；二是中国利用世界森林资源的战略对策；三是针对我国能源消费结构不合理，石油、天然气等优质能源短缺状况，对中国利用中东和独联体油气资源的可能性与对策进行了专题研究；四是与陆地资源相比，人类对海洋资源开发利用起步较晚，开发利用的深度、广度不够，中国尤其落后。海洋资源是空间、水体、生物、矿产和能源等资源的综合体，利用潜力最大、难度最大、最具全球化意义。本项目将中国利用世界海洋资源的对策，列为一个重要专题研究。

50.3 项目组织

项目负责人：李文华、郎一环

项目组主要成员：李文华、郎一环、王礼茂、李岱

项目成果主要完成人：历为民、王礼茂、刘容子、吕耀、何大明、何希吾、吴荣庆、张志慧、李岱、李俊、杨金森、沈镭、周海林、郎一环、郑燕伟、封志明、赵建安、陶淑静、高志刚、程静、廖俊国

50.4　项目主要成果

（1）《全球资源态势与对策》，郎一环、王礼茂、李岱，华艺出版社，1993。

（2）《全球资源态势与中国对策》，郎一环、王礼茂、李岱，湖北科学技术出版社，2000（本书为周光召主编的《人与自然研究丛书》中的第二本，为湖北省学术出版基金资助项目）。

（3）发表论文 10 篇。

51　重点产粮区主要农作物遥感估产研究

51.1　项目来源

重点产粮区主要农作物遥感估产(1991～1995)是"八五"国家科技攻关计划"遥感技术应用研究"的一个课题，由国家计划委员会、国家科学技术委员会审定，中国科学院组织实施。

51.2　研究任务与研究内容

1. 研究任务

研究与吸收国际遥感在农业中应用的经验，对小麦、玉米和水稻三个主要农作物品种开展以遥感信息为主的估产方法试验，并能在大面积进行推广，从而逐步用新技术快速、准确、经济地获取农作物的播种面积、长势和预报产量，为国家宏观调控和指导农业生产服务。研究课题分为6个专题。

2. 研究内容

1) 小麦、玉米和水稻估产技术方案试验研究

在主要农作物大面积遥感估产研究工作开始之前，通过该专题的试验研究，制定出大面积遥感估产的技术方案和规范，便于大面积遥感估产的攻关和集成运行。主要研究内容是遥感估产区划，多级采样框架布设，多种多级遥感信息处理方法与评价，相关地物波谱试验，估产综合模型，背景数据库及估产规范等内容。通过对吉林省梨树县的玉米、黄淮海平原禹城县和商丘县的小麦、太湖平原无锡县和江汉平原监利县的水稻5个典型区开展多方面的试验研究，为大面积遥感估产活动提供技术路线和方法。

2) 黄淮海平原遥感估产

通过小麦播种面积与单产模型研究，对黄淮海平原所在的山东、河南、河北、安徽(淮北地区)、北京和天津约 56.9 万 km^2 的小麦进行播种面积提取、快速长势监测，随小麦生长期进行动态估产。在收割前一周内，提出总产估算报告，并以样点实测产量为依据，以县为统计单元，按照所在省级范围作业预报，力争小麦估产(面积和产量)精度达到95%左右。

3) 江汉平原水稻遥感估产

对江汉平原所在的湖北省面积约 18 万 km^2 的水稻种植区进行播种面积提取，水稻快速长势监测，随作物主要生长期的变化进行动态估产。在收割前一周内，以样点实测面积和产量为基准，估算精度达到85%以上。以县为单元，提供全省水稻估产报告，绘制 1∶25 万水稻单产和总产量分布图。

4) 太湖平原水稻遥感估产

在太湖平原所在的江苏省和上海市约 11 万 km^2 范围内进行水稻遥感估产方法试验研究和攻关，建立该地区的遥感估产系统，实现对中、晚稻产量和面积估算，以样点实测面积和产量为基准，面积精度达90%以上，产量精度达85%以上。在水稻收割前一周内，向国家和地方的有关部门提交总产估算报告。

5）松辽平原玉米遥感估产

在松辽平原所在的吉林省 18 万 km² 的玉米生长区内，从 1993 年到 1995 年进行三年试验，与抽样数据相比较估算播种面积精度达到 90%，用 1∶50 万比例尺输出玉米播种面积分布图，其产量估算与地面采样框架内数据相比，精度达到 85%，用 1∶100 万比例尺输出单产分布图件，最小统计单元不大于县，在抽穗和灌浆期作出产量预报。

6）大面积估产综合试验与试运行

该专题为整个课题的集成专题，将小麦、玉米、水稻估产系统中的主要技术内容在统一的标准基础上集成，建立重点产粮区农作物遥感估产运行系统，实现三种主要农作物的主要生长期动态长势监测、播种面积和产量的估算；研究全国遥感估产分区，为进一步开展全国性遥感估产提供基础。

51.3 队伍组织

重点产粮区主要农作物遥感估产，课题牵头单位：综考会（当时所用的单位名称是：中国科学院/全国农业区划委员会 资源与农业发展综合研究中心），负责人：孙九林、王乃斌。

专题 1 小麦、玉米和水稻估产技术方案试验研究，牵头单位：综考会，负责人：陈沈斌、王长耀（遥感所）；

专题 2 黄淮海平原遥感估产，牵头单位：综考会，负责人：王乃斌、高起江（全国农业区划委员会北方遥感中心）、郑兴年（中国科学院遥感应用研究所）；

专题 3 江汉平原水稻遥感估产，牵头单位：中国科学院资源与环境信息系统国家重点实验室，负责人：吴炳芳、张晓阳（中国科学院测量与地球物理研究所）；

专题 4 松辽平原玉米遥感估产，牵头单位：中国科学院长春地理所，负责人：万恩璞、徐希孺（北京大学遥感技术应用研究所）、程承旗（北京大学遥感技术应用研究所）；

专题 5 大面积估产综合试验与试运行，牵头单位：综考会，负责人：孙九林、熊利亚；

专题 6 太湖平原水稻遥感估产，牵头单位：中国科学院南京地理与湖泊研究所，负责人：赵锐、王延颐（江苏省农业科学院）。

项目参加单位：

参加“八五”重点产粮区主要农作物遥感估产课题的单位涉及中国科学院、农业部、国家科委、国家气象局和 10 个省市的政府和相关业务部门。参加人员包括有经验的农民，近 500 人。其中综考会主要参加人员：

马志鹏　王乃斌　王素芳　王德才　邓坤枚　史　华　甘大勇　刘红辉
孙九林　孙晓华　齐文虎　余月兰　冷允法　李文卿　李世顺　李泽辉
杨小唤　苏　文　陈沈斌　陈泉生　周迎春　岳燕珍　林耀明　倪建华
郭连保　郭学兵　彭　梅　温凤艳　游松财　覃　平　廖顺宝　熊利亚

重点产粮区主要农作物遥感估产项目的主要承担单位有：

综考会、中国科学院/全国农业区划委员会资源与农业发展综合研究中心、北京大学遥感研究所、中国科学院长春地理研究所、中国科学院地理所、南京农业科学院现代化研究所、中国科学院南京地理与湖泊研究所、山西省遥感中心、中国科学院遥感应用研究所、全国农业区划委员会、中国科学院资源与环境信息系统国家重点实验室、中国科学院测量与地球物理研究所、湖南省遥感中心、上海市气象局 14 个单位。

51.4　主要成果

　　"八五"期间，全国40多个单位，近500名科技工作者参与攻关，在小麦、玉米和水稻遥感估产方法研究的基础上，建立了这三种作物、三个层次（县、省、区）大面积计算机自动估产系统，同时在理论和方法上总结出版了一套中国农作物遥感动态监测与估产系列专著。该项目瞄准作物播种面积的提取、长势监测及其估产技术环节的计算机化，应用遥感、地理信息系统等多项技术实现了系统集成，从而能够快速、准确提取作物种植面积、监测作物长势和预报产量。与传统方法比较，具有精度高、时效好、费用低等特点。

　　"重点产粮区主要农作物遥感估产"项目，1996年获中国科学院科学技术进步奖一等奖（96J-1-015），1997年获国家科学技术进步奖二等奖（13-2-003）。

52 中国资源态势与开发方略研究

52.1 项目来源

自然资源是人类社会赖以生存与持续发展的特质基础。中国是一个自然资源大国，也是一个人口大国，众多种类资源人均拥有量低于世界人均水平。因此，在未来的经济社会持续发展中将面临着严重的挑战。为了确保我国 21 世纪经济社会可持续发展，必须从战略的高度认真研究和解决好人口、资源、环境和发展的关系，正确制定长期的资源战略和对策。为此，综考会部分研究人员提出应开展"中国资源态势与开发方略"研究的建议，得到了综考会领导的支持，列入"八五"期间综考会主任基金项目，并得到湖北省学术著作出版基金的资助。

52.2 研究任务与研究内容

该项目对我国的自然资源特点、数量、质量、分布，资源开发利用、保护与管理，资源的供求关系、发展趋势及资源贸易、资源战略等进行深入的综合研究，结合国情，提出解决我国自然资源问题的方向与途径。

主要研究内容是：

（1）在分析中国自然资源态势的基础上提出中国资源总体战略对策。

（2）分析农业气候资源、水资源、土地资源、宜农荒地资源、森林资源、草畜资源、淡水水产资源、矿产资源、能源资源、海洋资源、旅游资源等主要自然资源的特征、数量、质量、分布，开发利用现状以及供求状况，开发潜力和发展战略与对策。

（3）分析研究我国粮、油、棉以及糖料资源的生产现状、供求关系、生产潜力以及发展战略。

（4）对自然资源与经济发展的关系，科技进步对农业资源和工业资源开发利用的影响等，进行系统分析。

（5）对我国资源贸易，建立完善资源储备制度，处理资源开发利用与生态环境关系，以及资源管理一系列重要问题进行全面深入的分析研究。

52.3 项目组织

该项目 1991 年初启动。项目组由何希吾、姚建华负责。综考会、地理所、国家海洋局三个单位共 29 人参加。其中：

综考会：

马义杰　王致香　王善敏　王勤学　石竹筠　庄海平　成升魁
许毓英　齐亚川　李　征　李继由　何希吾　沈　镭　陆书玉
姚建华　封志明　唐青蔚　徐继填　郎一环　郭志芬　黄　静
黄文秀　曾本祥　董锁成　蒋世逸　楼惠新　廖俊国

中国科学院地理所：宋立夫

国家海洋局：刘蓉子

52.4 研 究 成 果

  项目组经过全体研究人员的共同努力，于 1997 年初完成《中国资源态势与开发方略》专著编撰工作，全书 43 万字，1997 年 5 月由湖北科学技术出版社出版。

  《中国资源态势与开发方略》专著，于 1996 年列入由时任中国科学院院长周光召任编委会主任的中国科学院"八五"重点项目《人与自然研究丛书》系列。

53　中国森林资源研究

53.1　项目来源背景

数十年来，综考会从事林业资源研究的研究人员深入广大林区及边远山区，从事森林资源综合考察和森林生态系统的定位研究，内容涉及林学、生态学、植物学、系统工程学、地理学及经济学等诸多学科，发表了大量的学术论文、考察报告和专著。然而，这些成果分散在有关的文献和专著之中，未能从全国范围进行系统总结。本项目在认真借鉴国内外有关研究的基础上，结合自己多年的工作经验和资料的积累，对40多年考察研究工作进行系统整理，1994～1996年撰写《中国森林资源研究》专著。综考会提供经费支持。

53.2　项目研究内容

该专著对我国森林资源态势、分布、结构、功能，林业生产基地布局、森林植物综合开发利用，以及农林复合生态系统进行了归纳、总结。同时，对森林生态系统定位研究概况、森林资源研究、数据处理方法及计算机模拟等现代测试、分析技术进行重点阐述；并对保护和扩大我国森林资源的途径及其可持续发展的策略提出可操作性设想。专著对研究我国森林资源数量、质量、演化、分布规律及生态功能具有重要参考价值，为保护、合理利用森林资源提供了科学依据。

该专著的主要研究内容包括：森林的作用和功能、中国森林资源开发史、中国森林的分布与主要类型、中国森林资源现状与发展趋势、森林的结构与特征、森林生物生产力、森林生态系统物质循环、森林演替及其数学模型、森林生态系统定位研究、林业生产基地布局与建设、森林植物资源及其开发利用、农林复合生态系统(类型、结构、功能、设计方法、前景展望)以及森林资源可持续利用对策等。

附录中附有主要乔、灌木拉丁文学名与中文名对照。

53.3　项目主持人及主要成员

项目主持人：李文华、李飞

主要参加人员：李文华、李飞、韩裕丰、赖世登、廖俊国、邓坤枚、韩进轩、朱太平、赵士洞、陈永瑞、罗天祥、张宪洲、顾连宏、娄安如、方精云、欧阳华、王英芳、侯向阳、刘金勋等19人。

项目完成单位：综考会林业资源生态研究室

53.4　项 目 成 果

项目完成《中国森林资源研究》专著撰写工作。全书十二章，50余万字。主编李文华、李飞，1996年10月由中国林业出版社正式出版。该专著属综考会重点出版的《自然资源丛书》之一。

54 农业自然资源研究

54.1 项目来源

1995 年 2 月中国科学院教育局下发通知称："为了进一步提高研究生的培养质量，我院拟有计划地组织出版一套高水平的《中国科学院研究生教材》。将从 1995 年开始，从我院各研究生培养单位编写的优秀的、重要的、高水平的、有特色的研究生教材中评选。教材内容要求具有前沿性、系统性，能反映出各学科最新研究成果与进展，凡是入选的教材，由院资助统一安排出版社出版。……对于优秀的研究生教材将予以适当奖励。……请将你单位拟出版的'中国科学院研究生教材出版申请书'于 2 月底以前报院教育局。"

综考会总结汇总十多年在研究生院教授"农业自然资源"课程的经验与成果，决定由黄文秀负责组织编写《农业自然资源》教材申请书。

申请者：黄文秀；主要合作者：李飞、陈传友、李明森、李继由。

该申请书有孙鸿烈、石玉林二位院士推荐，于 1995 年 3 月 22 日上报院教育局。

中国科学院研究生教材出版基金专家评审会于 1996 年 7 月 8～9 日在北京召开。经数学、物理、化学、地学、生物、技术、外语 7 个学科（专业）专家评审，共推荐了 23 本拟资助出版教材。经领导小组最后核定，只批准"农业自然资源"等十三项申请资助书目获中国科学院研究生教材出版基金资助出版。中国科学院研究生教材出版基金领导小组 1996 年 10 月 5 日通知称：黄文秀同志：你申请的中国科学院研究生教材出版基金项目"农业自然资源"，经专家组评审，领导小组批准，已正式列入本基金资助的项目。

为了做好稿件送审工作，要求确保书稿质量，请于 1996 年 12 月 30 日前交稿。有关该书的编辑出版工作，已正式委托科学出版社负责，签定出版合同。

54.2 编 写 内 容

该书由中国科学院院长路甬祥作序，全书内容分两部分共 11 章。第 1～6 章为总论部分，以我国农业自然资源为基础，结合世界自然资源开发利用情况，重点论述了我国农业自然资源开发与研究史略、基本概念和理论基础，以及我国农业自然资源的现状分析和未来开发利用趋势，涉及当今国际社会十分关注的资源、人口和环境问题。第 7～11 章为分论部分，分别对我国农业、气候、土地、水、森林和草地等主要农业自然资源的态势和对策进行了论述和探讨。

该书以可持续发展理念为指导，以资源学原理为依据，系统地总结了我国多年来自然资源综合考察与研究成果，并参考了大量国内外有关出版物编写而成，内容系统全面，与类似出版物相比，有如下特点：

（1）是一部综合农、林、牧、副、渔各单项资源于一体的系统教材，扼要介绍了农业自然资源的共同特点，以及开发利用和保护战略等问题，具有高度的概括性与综合性；

（2）是一部紧密结合农业生产实践的教材，全书内容引导学生掌握自然资源特性与开发利用规律，运用自然资源开发原理与先进技术，去研究和解决资源开发利用中存在的实际问题，针对性强；

（3）主要读者对象是具有较高专业基础知识和一定独立工作能力的研究生，编写内容除探索性问题外，引导读者开拓思路，全面认识和研究农业自然资源科学，具有启发性。

54.3　项目组织

（1）根据项目申请书规划的编写内容，项目组在原有人员基础上增加了 7 名较年轻研究人员，组成了黄文秀、李飞、陈传友、李明森、李继由、谷树忠、王钟建、刘爱民、成升魁、周海林、江洪、樊江文 12 名老中青结合的编写班子，以确保按时、高质量完成任务。

（2）由于项目设计的内容，比原讲稿增加了农业自然资源研究的概括性内容和我国农业自然资源开发利用现状分析与发展态势，并积极反映综考会农业资源考察研究成果，因此收集、分析有关资料，积累素材等准备工作及编写，是完成该项目的重要工作内容之一。

（3）在细化章、节编写条目基础上进行人员分工、落实任务，分头修改原有讲稿、编写新的章节。

（4）讨论、修改、统编定稿，1996 年底完成任务。

54.4　成　　果

中国科学院研究生教材丛书《农业自然资源》，共 47 万字，主编黄文秀，1998 年 6 月科学出版社出版。1999 年黄文秀获中国科学院深圳华为奖奖教金。

55 中国的自然资源研究

55.1 项目来源

《中国的自然资源》是《中国的资源丛书》中的一部，其余两部是《中国的社会资源》和《中国的知识资源》，撰写始于 1998 年 1 月，止于 2011 年 11 月。

《中国的自然资源》来自于教育部高等教育出版社邀请中国科学院自然资源综合考察委员会的专家学者撰写一部具有高级科学普及属性的有关自然资源研究成果的书籍。

55.2 研究任务与研究内容

该项目的任务，要求用简洁明快、通俗易懂、重点突出且具有时代特色的图文并茂的系统阐述中国自然资源的特点、演变和发展趋势的高级科普读物。启迪读者明了人类要与自然界和睦相处，对自然资源的开发利用要走节约与保护之路，自然资源是人类生存与发展不可或缺的物质基础。

研究内容除"资源总论"外，主要包括：气候资源、水资源、草地资源、森林资源、生物资源、海洋资源、自然景观资源、土地资源、矿产资源、以及有关自然资源的法律、法规 10 个部分。

55.3 项目组织

项目负责人：霍明远，综考会开发中心主任、研究员

张增顺，教育部高等教育出版社，副社长兼总编辑，编审

曹铁生，教育部高等教育出版社出版部主任

参加人员：

综考会：张谊光、苏大学、陈光伟、陈国南、姚治君、徐丽萍、黄文秀、廖俊国

教育部高等教育出版社：王睢、杜晓丹、焦东立、朱惠芳、宋克学

负责人和参加人员共 16 人。

55.4 成　　果

2001 年 11 月完成《中国的自然资源》撰写工作，全书约 107 万字，由高等教育出版社出版。

56 西部资源潜力与可持续发展研究

56.1 项目来源

中国科学院自然资源综合考察委员会主任基金资助项目和湖北省学术著作出版基金资助项目。

56.2 研究任务与研究内容

研究任务：我国西部地区地域辽阔，自然资源丰富，战略地位重要，发展潜力巨大，是中国少数民族的主要分布聚居区，但生态环境相对脆弱，社会经济发展水平相对滞后，在中国走向 21 世纪之际，已成为影响我国实施新世纪发展战略和现代化发展目标的关键性区域。为此，国家正式提出和实施西部大开发战略的重大举措。但如何合理与科学开发西部丰富的自然资源，促进西部地区快速发展，实现我国三大区域协调发展的重大战略目标，成为实施西部大开发战略的重要内容。为了正确认识西部，合理开发资源，促进西部快速发展，为国家有关部门、西部地区各级政府和投资者提供西部开发的科学依据，中国科学院自然资源综合考察委员会利用数十年来先后组织中国科学院黄土高原综合科学考察队、西南资源开发考察队、新疆资源开发综合考察队、青藏高原综合科学考察队，以及南方丘陵山区科学考察队等相关考察与研究成果，在中国科学院综考会主任资金的资助下，于 1999 年组织曾参与西部研究工作的相关研究人员，进行专门深入研究。同时，该项研究还得到中国科学院《人与自然研究丛书》编委会的关心和指导，使研究工作得以顺利开展和完成，并形成"西部资源潜力与可持续发展研究"最终研究成果。

研究内容：本项研究工作共分为三个部分，形成三个研究成果。即中国西部资源、人口与环境篇；产业可持续发展篇；重点地区可持续发展篇。第一篇对西部地区自然资源的基本特征、主要问题和总体开发利用方向进行了分析和总结，并分别对西部地区的土地资源、水资源、草畜资源、森林资源、矿产资源、能源资源、旅游资源、生态环境，以及西部地区人口资源进行了现状、问题和潜力的分析和总结；第二篇分别从西部地区的农业与农业产业化发展、主要原材料工业、能源工业与能源基地建设、交通运输设施与运输网络建设，以及水资源合理开发利用等各类产业，重点是基础性产业的发展进行了探讨；第三篇是在总结西部地区的重点地区建设方针和策略的基础上，分别提出了西部地区的攀西-六盘水地区、黄河上游地区、新疆塔里木地区、青海柴达木盆地、乌江水电与铝基地、陕西关中地区、成渝地区和西藏"一江两河"地区等，各个重点地区的资源开发重点和区域社会经济发展的主要方向。

56.3 项目组织

该项目组织实施单位为综考会，负责人为姚建华。研究项目由综考会的工业布局研究室、农业资源生态研究室、土地资源研究室、水资源研究室、草地资源与畜牧生态研究室、林业资源生态研究室等承担。参加研究与撰写人员有：王礼茂、王立新、龙邦辉、宋新宇、李岱、沈镭、陈传友、陈屺松、庞爱权、郎一环、郑询、姚建华、赵建安、倪祖彬、唐青蔚、郭志芬、黄文秀、楼惠新、赖世登等 19 人。

56.4　研究成果与获奖情况

该项研究的成果最终以中国科学院原院长周光召主编的《人与自然研究丛书》专著形式出版,专著名称为《西部资源潜力与可持续发展研究》,2000 年 7 月由湖北科学技术出版社出版。

57　中国百年(1950~2050)资源、环境与经济演变趋势研究

57.1　项　目　来　源

"中国百年(1950~2050)资源、环境与经济演变趋势研究"于1998年立项。属中国科学院"九五"重点项目和湖北省学术著作出版基金资助项目。

57.2　研究任务与研究内容

研究任务：

利用国内外已有研究成果和丰富资料、信息数据，应用传统和现代科学方法及技术手段开展研究：①对前50年(1950~2000)中国资源、环境与经济的作用关系进行深入、系统的综合分析，通过三者演变轨迹和相互作用关系研究，揭示其相互作用的规律、存在的问题和症结；②根据前50年资源、环境与经济发展演变过程和世界有关经验及典型地区实地调研，提出未来50年(2000~2050)中国资源、环境与经济发展的演变趋势及协调三者关系的模式和对策；③建立中国资源、环境与经济数据库。

研究内容：

(1) 综合分析中国资源、环境与经济的作用关系，协调发展的机理、模式及对策；

(2) 分析研究中国总体经济及城市化演变规律与未来趋势；

(3) 分析研究中国矿产资源、能源资源供求态势与发展趋势；

(4) 分析研究中国水资源、耕地资源、草地资源、森林资源等可更新资源的供求态势及未来演变趋势；

(5) 研究海洋经济发展演变趋势；

(6) 研究分析中国水土流失、荒漠化、大气环境、水污染演变态势和固体废弃物污染变化态势。

57.3　项　目　组　织

课题主持人：董锁成，负责课题的组织、实施与协调，总结报告撰写以及研究成果的审校。

参加研究的单位有12个，研究人员21人。

中国科学院综考会：董锁成、何希吾、周长进、唐青蔚、汪宏清、苏大学、廖俊国、郎一环、陆书玉

国家环保局政策研究中心：吴玉萍

水利部发展研究中心：杨彦明

国家海洋发展战略研究所：刘容子

中国社会科学院农村发展研究所：包晓斌、尹晓青

中国科协学会学术部学术交流处：杨书宣

北京大学：曹广忠

北京石油化工学院：张志慧

北京林业大学：余新晓、罗晶

北京市林业国际合作项目办公室：秦永胜

北京市林业局：高承德

57.4 研究成果

项目组经过近两年的共同努力,完成了研究项目中所规定的研究任务和内容。撰写《中国百年(1950~2050)资源环境与经济演变趋势研究》专著,并建立了中国资源环境与经济数据库。《中国百年(1950~2050)资源环境与经济演变趋势研究》一书于2002年2月由湖北科学技术出版社出版。该书列为中国科学院原院长周光召主编的《人与自然研究丛书》的专著之一。

58 中国自然资源数据库研究

综考会的中国自然资源数据库研究,是中国自然资源考察研究的重要组成部分。在 20 世纪 80 年代至 20 世纪末,经过 15 年左右时间开展几个项目的不间断研究,数据库研究工作取得重要成果,已建立起具有一定规模的可为我国自然资源研究服务的数据库系统。

58.1 项目名称:中国自然资源数据库(一期)

时间:1987~1990 年

负责人:孙九林、施慧中、李泽辉

主要研究内容:

(1) 自然资源信息分类体系与指标体系研究;

(2) 完成了基于 VAX 机的数据库及软件系统。包括:基于 RDB 的数值数据库及其软件系统;文献库及其软件系统;1:400 万地理要素及县界数据库;综合图形软件系统;分析应用数学模型等。

研究成果:1987 年 12 月与科学数据库工程办公室签定建库合同,1988 年正式开始研建,1991 年 3 月通过科学数据库工程办公室的验收和院级鉴定。完成了自然资源信息分类体系与指标体系研究,建成了运行于 VAX 机上的由数值库、文献库和图件组成的数据库。

58.2 项目名称:中国自然资源数据库(二期)

该项目是中国科学院"八五"重点科研项目计划"应用研究项目"的课题。

时间:1992~1995 年

课题负责人:李泽辉

主要研究内容:

(1) 微机数值数据库建设(完善及更新)及管理软件开发;

(2) 微机模型系统软件开发及应用;

(3) 对外应用服务。

研究成果:建成基于微机的数值数据库系统。为了方便利用数据库进行自然资源定量分析研究,开发了基于微机数据库的模型系统软件。在"八五"末项目验收中本库被评为 3 个 A 类库之一,还因在"应用服务工作中成绩显著"获得奖励。

58.3 项目名称:中国自然资源数据库(三期)

该项目是"九五"期间中国科学院基础研究特别支持项目"中国科学院科学数据库工程"的课题。

时间:1996~2000 年

课题负责人:李泽辉、孙九林

主要研究内容:

(1) 数据更新、数据文档编写;

(2) SUN 工作站数据上网软件开发,数据中文目录及部分数据上网发布;

（3）SUN 工作站专题图形库系统软件开发；

（4）数据英文目录上网发布；

（5）数据对外服务并配合用户开展深层次数据应用。

研究成果：课题组成员撰写论文 25 篇，与本库有关专著 3 本。为 50 多个课题/单位提供了数据支持。该项目共 21 个课题，在"九五"末项目验收中本库被评为 5 个 A 类库之一。

参加人员：

1987～2000 年间参加课题工作的主要人员有 30 人：

岳燕珍、倪建华、施慧中、苏文、孙晓华、李光荣、温凤艳、廖顺宝、冷允法、王素芳、干捷、彭中伟、郎一环、程鸿、沈镭、王礼茂、孙永平、李岱、付品德、付俏梅、卢显富、刘军、张保定、李文峰、向世芳、洪肃华、白海玲、黄胜利、王银荣、罗玲。

第四篇　研究室[*]、野外试验站及国际交流与合作

---

　　* "文化大革命"期间 1968~1969 年，综考会的研究室编制改为连队编制，1969~1974 年期间为全体人员下"五七干校"及综考会撤销并入地理所阶段，故各研究室起始时间不连续。

59 农林牧资源研究室
(1960～1967)

59.1 研究室沿革

农林牧资源研究室成立于1960年2月，1970年随着综考会撤销，下放到中国科学院湖北潜江"五七干校"；1972年专业人员归口安排在院内外有关研究所（多数安排在地理研究所）和有关单位。

59.1.1 成立背景

综考会在20世纪50年代组织的科学考察，主要是组织院内各研究所、国内大专院校以及当地有关单位专业人员。考察任务完成后，这些专业人员便回到各自的工作单位。如果有了新的考察任务，又要重新组织一批专业人员。经过几年的科学考察实践，综考会领导总结经验认为：根据生产力布局与资源研究的需要，有必要成立研究室。有鉴于此，特向中国科学院建议：综考会在现有的"组织职能"基础上再增一个"研究实体"。中国科学院经研究批准，于1960年2月起，综考会先后成立了5个研究室。农林牧资源研究室是其中之一，黄自立担任研究室副主任（无主任）。

在成立研究室时，考虑到发展大农业和农业资源研究的需要，把土壤资源、草地资源、农业（种植业）资源、林业资源、畜牧业资源以及地貌、气候等专业人员都安排在一个研究室，合称为农林牧资源研究室。在建室初期，为能迅速提高学术水平和工作能力，曾聘请土壤学家席承藩和植物学家简焯坡任研究室的学术指导。这一时期培养的专业人员，在以后的科学考察中，表现出较强的独立工作能力和较高的业务水平，在考察队中发挥了骨干作用。

59.1.2 专业设置与人员组成

研究室成立时，专业人员尚不足20人，专业也不齐全。随着综合考察事业的快速发展，科研队伍迅速壮大，专业配置逐步完善，到了1966年"文革"开始时，全室研究人员已达58人（占全综考会科研人员的36.9%），其中助理研究员9人（占综考会助研总数43%），他们是：黄自立、孙鸿烈、石玉林、刘厚培、沈长江、朱景郊、廖国藩、黄荣金、李缉光。这是综考会发展史上的第一个鼎盛时期。全室设有7个专业组，综考会撤销前曾在各专业组工作过的人员（按姓氏笔画排序）有：

研究室副主任：黄自立

气候组：王中云　李立贤　李继由　张　坤　张炯远（张福祥）　张谊光
　　　　沙万英　周玉孚　侯光良　高家表　蒋世逵

地貌组：方延录　朱景郊　许观甫　张永录　张昭仁　张耀光　杨绪山
　　　　林钧枢　赵香恒　赵维城　郭绍礼

植物草场组：叶昆池　田效文　刘玉红　吴述政　张莉萍　杜占池　沈新民
　　　　　　陈兴瑶　宝音乌力吉　俞鼎瑶　姚彦臣　赵献英　高兆杉
　　　　　　黄瑞复　廖国藩

畜牧组：方德罗　王育顺　汤火顺　吴贵兴　张云玉　李实喆　李缉光
　　　　沈长江　苏大学　周庭波　苟光宗　黄文秀

林业组：牛德水　王素芳　王联清　陈德钧　赵华昌　傅鸿仪　韩裕丰
　　　　赖世登　熊雨洪
农业组（种植业）：丁国和　刘厚培　孙兴元　李锦嫦　张　烈　张映祝
　　　　杨辅勋　陈振杰　罗会馨　袁淑安　黄冬初　戴月英
土壤组：田济马　石玉林　石竹筠　刘付强　孙鸿烈　李　强　李明森
　　　　李桂森　李德珠　余光泽　杨义全　赵兴方　赵存兴　凌锡求
　　　　黄自立　黄荣金　温光松　韩炳森

59.2　研究室的方向任务

"文革"前，农林牧资源研究室的研究方向和任务，是根据考察队的需要，查明农、林、牧三大农业生产部门的农业自然资源和自然条件、类型、分布、数量，并在此基础上进行质量评价，研究其开发利用的方向和发展农林牧业生产的重大问题与关键性措施。

59.2.1　研究室总的研究方向和各专业组的研究方向

研究室总的研究方向为：研究室的任务是区域考察。考察研究的对象是土地、草地与农、林、牧业生产有关的自然资源，即考察研究不同地区发展农、林、牧业生产的自然资源在不同客观条件影响下的发展变化规律及其不断向高层次开发利用的方向，发掘自然资源的深层潜力、永续利用的途径和关键性科技措施。

农林牧资源研究室包括地貌、气候、土壤、资源植物、农学、草场、畜牧和林业8个专业。它们的具体研究对象，地貌、气候、土壤、植被与草场等专业是以自然条件与自然资源本身的发展变化规律为主体；农学、畜牧和林业等专业是以作物、家畜家禽、森林以及有关生产活动为对象的农林牧三个农业生产部门的发展前景为主体。根据综合考察工作的特殊要求（与其他研究机构或生产部门的工作有所区别），各专业的具体研究方向是：

（1）地貌：以农业地貌为主，结合研究有关的应用地貌。研究的主要内容有：地貌成因、形态、类型的评价；为农业服务的地貌区划；现代地貌过程与农业生产的关系以及小地貌的研究等；

（2）气候：研究方向是农业气候资源评价与利用。研究的主要内容：农业气候资源利用与农业气候区划；

（3）土壤：研究方向为宜农土地资源的评价与利用。主要研究内容是：土地资源的形成、类型、分布规律，宜农土地的数量统计与质量评价及其利用方向；盐渍土的发生、改良条件及改良区划；

（4）资源植物：以饲用植物区系及饲用植物地理的研究方向为主。主要研究内容有：饲用植物种类、分布规律、数量与质量及其评价，以及饲用植物区划；

（5）草场：研究方向是草场资源及其评价与利用。主要研究内容有：草场类型、分布、数量、质量评价、季节牧场以及合理利用；

（6）农学：研究方向是以作物布局为中心的种植制度研究。研究的主要内容有：作物地理分布规律与成因及进一步发展农业生产的问题；

（7）畜牧：畜牧是以家畜分布地理为基础，结合考察经济因素的家畜配置。主要研究内容有：家畜数量分布与品种类型评价，各种家畜的生态地理分布规律与品种区划，畜牧业的发展方向及配置；

（8）林业：研究方向是森林资源评价及其经营利用。主要研究内容有：森林的分布规律，数量、质量及其评价以及林业区划等。

59.2.2 研究室的科研任务

"文化大革命"前的农林牧资源研究室主要承担了三个方面的科研任务。

第一,参加内蒙古、宁夏、西南、西藏及西北地区5个考察队的综合考察工作。该室研究人员具体参加的工作是:

- 以土地、草场为主的农业自然资源及其评价与自然区划研究
(1) 内蒙古及西北、西南、西藏的地貌区划及地貌条件评价;
(2) 我国内蒙古与西北、西南、西藏地区土壤区划与宜农土地资源评价;
(3) 我国西北地区盐渍土改良条件与区划;
(4) 西北、内蒙古地区草场资源及其评价;
(5) 西北、西藏、西南地区农业气候评价、区划及山地垂直农业气候类型的划分;
(6) 西部地区野生资源植物区划及其开发利用方向与西南地区特种资源植物考察;
(7) 内蒙古、西北、西南地区森林资源及其分布特点。
- 农林牧合理利用资源的生产方向及其合理配置研究
(1) 内蒙古、西北及西南地区的作物合理布局与轮作耕作方向;
(2) 内蒙古、西北、西南与西藏地区草地畜牧业发展方向与合理配置;
(3) 内蒙古、西北、西南地区森林经营利用方向与林业区划。

第二,对部分已考察地区的宜农荒地与草场资源的成果整理与补充调查。
- 黑龙江流域、甘肃、新疆、内蒙古宜农荒地资料的整理与补充调查
- 新疆草场资源成果的进一步分析研究

第三,农业自然资源评价与农业配置基本理论与方法。
- 有关农业自然资源及自然条件评价的原则与方法的研究
(1) 宜农土地资源评价原则和方法;
(2) 草场资源评价原则和方法;
(3) 农业地貌研究内容及其研究方法、理论的初步探讨;
(4) 农业气候评价及区划的原则和方法;
(5) 野生资源植物的调查方法及野生资源植物的评价原则。
- 农作物布局与畜牧配置规律的研究
(1) 农作物合理布局原则;
(2) 畜牧配置规律与家畜分布地理规律。

59.3 研究室的主要研究成果

59.3.1 参加云南及华南热带、亚热带综合考察(1953～1962)总结

参加考察研究的人员有:林钧枢、赵维城、黄瑞复、凌锡求、张谊光、张坤、张莉萍、韩裕丰、张耀光、王联清

参加完成的成果:

(1) 我国南方六省(区)热带亚热带地区以橡胶为主的热带作物宜林地综合考察报告,中国科学院云南生物资源考察队编印,赵维城、张谊光、张坤参加编写,1963;

（2）中国南方六省（区）热带亚热带地区综合自然区划，中国科学院云南、华南热带生物资源考察队编印，赵维城参加；

（3）《中国热带亚热带地貌区划》专著，赵维城、林钧枢等参加，科学出版社，1966；

（4）《云南南部地貌区划》专著，林钧枢、赵维城等编著，科学出版社，1966；

（5）苏联专家谈话及论文汇编（上、下册，铅印），林钧枢等，1960；

（6）西南热带亚热带地区地貌区划及其评价，油印，赵维城、林钧枢等，1962；

（7）云南热带亚热带地区橡胶树宜林地考察研究报告（上报成果，铅印），赵维城、林钧枢、张谊光，1963；

（8）云南热带亚热带地区以橡胶树为主的植物资源综合开发方案（上报成果，铅印），林钧枢、张谊光等参加，1963；

（9）云南省农业气候条件及其分区评价，张谊光等，科学出版社（内部出版），1964；

（10）云南热带亚热带地区气候考察报告，张谊光等，科学出版社（内部出版）；

（11）云南省紫胶资源考察报告（油印），凌锡求、黄瑞复、赵维城、林钧枢，1968；

（12）滇东南野外路线考察报告——地质、地貌（油印），林钧枢等，1959。

此外，由赵维城、林钧枢、黄瑞复等人主持和参加编写的有关西双版纳、思茅、德宏、文山、红河、宝山等地（州）紫胶资源和自然条件的考察报告10余篇。

1978年，我国南方六省（区）热带、亚热带地区以橡胶为主热带作物宜林地综合考察项目，获中国科学院重大科技成果奖。

59.3.2　参加黑龙江流域综合考察（1956～1960）和室内总结工作

当时孙鸿烈作为中国科学院林业土壤研究所的研究生，参加了黑龙江流域的考察，并参与了有关自然条件部分的编写，随后即调入综考会农林牧资源研究室。

59.3.3　参加青海甘肃综合考察队（1958～1960）

土壤分队分队长由农林牧室黄自立担任。

主要成果：

（1）"青甘地区生产力发展远景设想"，黄自立等参加；

（2）青甘地区土地资源评价，黄自立执笔。陈兴瑶参加生物分队。

59.3.4　参加西藏综合考察（1960～1962）和室内总结

主要成果：

（1）西藏江孜、日喀则地区扩大作物栽培问题；

（2）西藏农区、日喀则地区畜牧业资源现状及其发展畜牧业初步意见等。

（3）农林牧资源室孙鸿烈任业务秘书兼分队队长，并完成《西藏土壤》等成果。

59.3.5　参加20世纪50年代组建的新疆综合考察总结

参加考察研究的人员：石玉林、黄荣金、韩炳森、刘厚培、田济马、廖国藩、李锦嫦、沈长江、李缉光、朱景郊。

主持和参加完成的成果：

第一阶段总结的生产性成果：

（1）总报告：新疆维吾尔自治区农业自然资源开发利用及农业合理布局的远景设想，参加编写人员有：石玉林、黄荣金、韩炳森、刘厚培、田济马、廖国藩、李锦嫦、沈长江、李缉光，1960；

（2）新疆土地资源的估算与评价，主持和参加人员有：石玉林、黄荣金、刘厚培、田济马；

（3）新疆水土资源平衡，李锦嫦；

（4）新疆草场资源及其开发利用，廖国藩、沈长江；

（5）新疆盐碱土改良问题，韩炳森、黄荣金；

（6）新疆发展细毛羊问题，李缉光。

第二阶段科学性成果——"新疆综合考察专著丛书"共 11 部，农林牧资源研究室人员主持和参加编写的专著有：

（1）新疆综合考察方法与经验，沈长江，科学出版社，1964；

（2）新疆农业，李锦嫦参加，科学出版社，1964；

（3）新疆畜牧业，沈长江主编，李缉光、廖国藩参加，科学出版社，1964；

（4）新疆土壤地理，石玉林、黄荣金、刘厚培、韩炳森、田济马执笔，科学出版社，1965；

（5）新疆地貌，朱景郊参加，科学出版社，1978；

（6）新疆植被及其利用，廖国藩参加，科学出版社，1978；

（7）新疆 1∶100 万土壤图，石玉林等编著，1965。

1978 年新疆综合考察研究成果，获中国科学院重大科技成果奖。

59.3.6　参加 1959～1962 年西部地区南水北调野外考察结尾工作和室内总结工作

参加考察研究的人员：侯光良、王中云、韩裕丰、李锦嫦、张昭仁、沙万英、周玉孚、王联清、苟光宗、吴贵兴、熊雨洪。

完成的成果：

（1）甘孜阿坝地区经济开发意见，共七章，侯光良参加；

（2）川西滇北地区综合考察专题报告集（共三册），侯光良参加；

（3）甘孜阿坝小凉山地区林业考察报告，韩裕丰等主笔，王联清参加；

（4）川西滇北农业地理，吴贵兴参加；

（5）川西滇北地区的森林，韩裕丰、王联清。

59.3.7　1961 年 3 月组建蒙宁队，该室参加了从 1961 年开始的对内蒙古、宁夏发展工农业的条件和资源状况的 4 年野外考察

参加人员：黄自立、石玉林、郭绍礼、沈长江、廖国藩、韩炳森、黄文秀、傅鸿仪、杨绪山、王素芳、罗会馨、赵献英、方德罗、周玉孚、李立贤、杨辅勋、赵存兴、田效文、宝音乌力吉、杨义全、苏大学。

59.3.8 参加 1963～1966 年西南地区综合考察队各分队
有关农林牧方面的野外考察和室内总结

1. 四川农业水利分队

1) 参加考察研究的人员(因考察期间各分队人员有相互调动的情况,因此各分队人员名单个别有重复)

刘厚培、孙鸿烈、袁淑安、蒋世逵、高家表、余光泽、张烈、李实喆、陈振杰、朱景郊、张耀光、田济马、沙万英、王联清、张莉萍、韩裕丰、凌锡求、汤火顺、李继由。

2) 完成的成果

(1) 总报告:四川盆地重点地区农业综合考察报告集,中科院西南地区综合考察队四川农业水利分队,那文俊、刘厚培等主持,1966;
(2) 专题报告
① 四川盆地化肥合理配置问题,袁淑安,1966;
② 四川达县专区苎麻的发展和布局,四川农水分队,1966;
③ 达县专区东部植被地貌类型,四川分队,1963;
④ 达县专区东部地貌分区评价,张耀光主笔,1963;
⑤ 达县专区东部土壤考察报告(附 1:20 万土壤分布图),凌锡求,1963;
⑥ 达县专区东部森林资源及其利用(附 1:20 万森林资源分布图),韩裕丰主笔,1963;
⑦ 达县专区东部主要食用木本粮油的生态分布及其扩大利用途径,张莉萍主笔,1963;
⑧ 达县专区东部主要造林树种适生地条件和造林发展方向,王联清,1963;
⑨ 达县专区东部冬水田的发展途径及其合理利用,张烈、袁淑安,1963。

2. 贵州农业水利分队

1) 参加考察研究的人员

黄荣金、李缉光、韩裕丰、林钧枢、侯光良、高兆杉、沙万英、李明森、李继由、杜占池、孙兴元、汤火顺、吴贵兴、张昭仁、李立贤。

2) 完成的成果

(1) 贵州省农业发展若干问题的初步意见,黄荣金,1966;
(2) 黔西六盘水地区荒地评价,黄荣金,1966;
(3) 贵州省成片荒地造林,黄荣金,1966;
(4) 贵州省西北部农业综合发展问题,黄荣金,1965;
(5) 贵州黔东南自治州土地资源评价,黄荣金,1964;
(6) 贵州黔东南自治州土壤区划,黄荣金,1964;
(7) 贵州铜仁地区土地资源,黄荣金,1964;
(8) 贵州省水城县农业综合发展问题,黄荣金,1965;
(9) 遵义地区地貌类型地貌区划及其农业评价,林钧枢等,1964;
(10) 遵义地区喀斯特地貌及其与农业生产的关系,林钧枢等,1964;
(11) 贵州省黔东南苗族侗族自治州草场资源及其开发利用条件,杜占池,1964;

（12）贵州铜仁专区草场资源及其合理开发利用，杜占池，1964；

（13）铜仁专区的野生资源植物，杜占池，1964；

（14）遵义地区气候区划及其农业评价，主笔：侯光良、沙万英、李立贤，1963；

（15）遵义地区气候，主笔：侯光良、沙万英，1963；

（16）遵义地区自然条件与自然资源的分布特征及其评价，侯光良，1963；

（17）贵州省湄潭县庙塘人民公社山丘综合开发利用研究，吴贵兴、沙万英，1963；

（18）黔西六盘水地区畜牧业发展问题，吴贵兴，1966；

（19）黔西六盘水地区森林资源，韩裕丰，1966；

（20）贵州习水县四合木楠人民公社山丘综合开发利用研究，侯光良，1963；

（21）贵州遵义山丘地区综合开发利用研究，侯光良，1963；

（22）贵州杉木发展问题，贵州分队，1966；

（23）山地综合农业发展方向与布局，贵州分队，1966；

（24）黔西地区矿区农林牧综合发展问题，贵州分队，1965；

（25）黔西南山丘农业综合发展方向与开发利用分区，贵州分队，1964；

（26）贵州遵义、铜仁、黔东南地区山地综合开发利用，贵州分队。

3. 川滇接壤地区分队

1）参加考察研究的人员

孙鸿烈、张烈、陈振杰、李继由、杜占池、汤火顺、张耀光、王联清、李继由、朱景郊、李实喆。

2）完成的成果

（1）四川西昌安宁河谷地区农业增产途径与潜力，孙鸿烈、李缉光等，1966；

（2）安宁河谷地区农业，第二部分，畜牧业，李实喆、汤火顺；

（3）安宁河谷地区农业，第三部分，林业，王联清，1966；

（4）安宁河谷农业增产措施分区，陈振杰，1966；

（5）盐源盆地荒地资源及其开发问题，孙鸿烈、朱景郊，1966；

（6）四川盐源盆地宜农荒地开发前景（及附图），接壤分队；

（7）安宁河谷地区农业气候特征及其分区，李继由，1966；

（8）楚雄地区农业气候类型，李继由，1966；

（9）云南楚雄州中北部农业增产途径与潜力，接壤分队，1966；

（10）四川西昌安宁河谷地区农业增产途径与潜力，接壤分队，1964；

（11）云南大姚县花山区农业发展途径与潜力，接壤分队，1965；

（12）云南姚安地区粮食增产途径与潜力，接壤分队，1965；

（13）滇中北部山区禄劝县尚德公社农林牧业发展的途径与潜力，接壤分队，1965；

（14）川滇接壤地区农业增产潜力与发展途径（附图及调查报告 10 个），陈振杰等，1965；

（15）云南宾川县可供开垦的 3.4 万亩荒地，孙鸿烈、朱景郊，1965；

（16）云南楚雄地区河谷坝区荒地绿化问题，王联清，1965；

（17）云南永仁县格租坪的 3700 亩荒地，孙鸿烈，1965；

（18）川滇地区宜林地评价，王联清，1966；

（19）安宁河谷地区林地资源评价与林业发展方向，王联清，1966；

（20）安宁河谷地区畜牧业增产途径与潜力，汤火顺，1966；

（21）安宁河谷草场资源评价，杜占池，1966；

（22）安宁河谷地貌条件与农业评价，朱景郊，1966；

（23）川滇接壤地区天然草场资源评价及其合理利用，杜占池，1966。

4. 紫胶分队

1）参加人员

黄瑞复、赵维城、张谊光、凌锡求、石竹筠。

2）完成的成果

（1）云南省西南部地区自然资源及其发展潜力，紫胶分队，1966；
（2）云南思茅地区紫胶资源及发展潜力考察报告，紫胶分队，1965；
（3）思茅专区(内五县)紫胶生产现状及存在的主要问题，紫胶分队，1964；
（4）把边江流域紫胶适生范围考察报告，紫胶分队，1964；
（5）云南省临沧专区紫胶资源及其发展潜力，紫胶分队，1964；
（6）勐海县紫胶资源考察报告，紫胶分队，1965；
（7）景洪县攸勒区紫胶适生范围及其发展潜力考察报告，紫胶分队，1964；
（8）墨江坎溜区千岗公社紫胶考察小结，张谊光等，紫胶分队，1965；
（9）云南普洱县南坪区三棵庄公社那谷生产队紫胶适生状况及发展潜力考察报告，紫胶分队，1965；
（10）云南景谷县紫胶资源及其发展潜力报告，紫胶分队，1965；
（11）景洪地区国营橡胶农场发展紫胶可能性的考察报告，紫胶分队，1965；
（12）江城地区紫胶考察小结，紫胶分队，1965；
（13）瑞丽县紫胶资源与发展潜力，紫胶分队，1966；
（14）龙陵县勐兴地区紫胶资源与发展潜力，紫胶分队，1966；
（15）宝山县瓦窑区紫胶考察报告，紫胶分队，1966；
（16）昌宁县紫胶资源及其发展潜力，紫胶分队，1966；
（17）云南省西南部地区紫胶考察简报选编，林钧枢、黄瑞复、赵维城，紫胶分队；
（18）黔西南干热河谷发展紫胶的条件分析，紫胶分队，1965；
（19）滇西南地区的低海拔坝子不宜发展紫胶生产，紫胶分队，1966；
（20）紫胶虫的寄主植物，农业出版社，1972。

59.3.9　甘肃河西荒地考察队(1965)

1965年7月综考会组织由黄自立、韩炳森负责的河西荒地考察队(黄自立、韩炳森当时分别任农林牧资源室业务副主任和行政副主任)，对河西走廊黑河流域中游地区大面积宜农荒地的考察和室内总结。参加人员有黄自立、韩炳森、郭绍礼等。

完成的成果：
（1）甘肃河西走廊黑河流域中游荒地资源及其开垦方案评价报告，1965；
（2）河西走廊宜农土地资源及其评价，1965。

59.3.10　甘肃祁连山地区天然草地资源的考察研究(1966~1968)

1966年综考会组织甘肃祁连山地区天然草地资源专题考察考察队，由廖国藩任队长，参加考察研究人员有：赵献英、方德罗、高兆杉、刘玉红、宝音乌力吉、苏大学等。

完成的成果：
（1）肃南裕固族自治县草场资源评价；
（2）肃南裕固族自治县草场资源与畜牧业发展意见。

59.3.11　青海玉树草场资源考察队(1970)

1970年综考会组织青海玉树草场资源考察队,王振寰、杨绪山任队长,参加人员有:廖国藩、方德罗、黄文秀、田效文、宝音乌力吉、汤火顺、李实喆、苏大学、姚彦臣,成果有:青海玉树州草地资源与畜牧业发展战略,1970。

59.3.12　组建陕西两条铁路沿线建设条件评价综合考察队(1970)

为配合西北"三线"建设的需求,综考会1970年组成陕西省"703"(陕南)和"705"(陕北)两条需建铁路沿线进行工业场地建设条件评价综合考察队。刘厚培、赖世登、朱景郊参加了野外考察和成果报告编写。

59.3.13　青海海南荒地考察队(1970)

1970年综考会组成以冷冰、黄自立为队长的"青海海南荒地考察队",承担"青海海东地区寻找粮食生产基地"的考察研究任务,对海南自治州发展粮食生产的自然条件和社会条件进行评价。后因"文革"原因未进行总结。参加人员有:黄自立、孙鸿烈、黄荣金、余光泽等。

59.4　人才培养

在1960~1970年十年间,先后在农林牧资源研究室工作过的研究人员共有70余名。在60年代综考会尚处在初创时期,老研究人员少,当时农林牧室的9名助理研究员,成为各个考察队的中坚力量。到"文革"后期,该室研究人员流失过半。从1970年被撤销,到1999年与中科院地理研究所整合,尚留在中国科学院地理科学与资源研究所和中国科学院院部的老农林牧室研究人员仅30余名。当中有25名晋升为研究员,其中孙鸿烈成为中国科学院院士,石玉林成为中国工程院院士,已成为我国农业资源科学的学术带头人和农业资源研究的骨干力量。

60 综合经济研究室
（1960～1967）

60.1 研究室沿革

综考会根据中国科学院领导的指示，于 1960 年初开始筹建从事自然资源综合考察的研究机构。当时，从地理所调来的助理研究员李文彦，负责"综合经济研究室"的筹建工作。1960 年 2 月 6 日，综考会任命各研究室负责人，综合经济研究室正式成立。当时共有 28 人，划分为工业组（13 人）和农业组（15 人）。此后根据专业人员的组成及考察任务开展的需要，陆续增加了交通、矿业、冶金、农业、经济、经济地理等专业的大学生，同时也有 12 人先后调出（其中赵训经、冷秀良调到会业务处，庄志祥调任办公室秘书，马光宙调图书资料室，4 人下放，2 人外调）。至 1966 年初，全室人员共有 35 人，其中：工交组 19 人，农业组 15 人，以及调配行政副主任 1 人。从 1966 年 5 月起，全室人员参加文化大革命，停止工作；1970 年综考会被撤销，下放中国科学院湖北潜江县"五七干校"劳动锻炼；1972 年回北京，重新分配工作。

1. 综合经济研究室历届组织领导

副主任：李文彦（1960.2.6～1964.7.2）
主　任：李文彦（1964.7.2～1967.4.5）
政治副主任：王振寰（1966.4.16～1967.4.5）

2. 专业组人员及变动情况

"文化大革命"前，在该室工作过的行政人员 1 人、业务人员 47 人，共有 48 人。除先后调离该室的 13 名业务人员外，1966 年 5 月该室编制在册的业务人员 34 人。划分为两个专业组：

工交组全员 26 人（其中调离 7 人，1966 年在编 19 人）：

1961 年以前在编人员：李文彦、黄让堂、郭文卿、凌纯锡、李又华、胥俊章、林发承、于丽文、冷秀良*、柴孟飞*、侯辅相*、马光宙*、曹钊*。

1961～1963 年新增人员：王家诚、张文尝、范增林、王福海、赖俊河、王添筹、张正敏、王志孟*。

1964～1965 年新增人员：刘学义、姚建华、周世宽、支路川、段荣生*。

农业组全员 21 人（其中调离 6 人，1966 年在编 15 人）：

1961 以前的在编人员：那文俊、李作模、康庆禹、曹光卓、王广颖、邹琪陶、倪祖彬、梁笑鸿、朱忠玉、赵训经*、庄志祥*、齐国森*、张艾新*、王新一*、颜克庄*。

1961～1963 年新增人员：李俊德、孙尚志、沈欣华、钟烈元。

1964～1965 年新增人员：陈斗仁、李世顺。

（注：加 * 号者，为先后调出该室的人员）

3. 业务人员职称变化

在该室的业务人员中，除研究室副主任李文彦为助理研究员和留苏回国的副博士李俊德之外，其余人员均为刚从大学毕业的初级研究实习员。无论是考察研究的经验、见识、分析能力，还是编写考察报告等，均处于学习、锻炼、成长的初期阶段。在考察实践中，依靠协作单位高级研究人员的指导帮带和考察实践的锻炼以及多学科合作的启发，业务进步较快。经过 1962 年和 1964 年两次评定职称，助理研究员由建室之初的 1 人增至 6 人。

新晋升的 5 名助理研究员是：黄让堂、李俊德、那文俊、郭文卿、李又华。

60.2　研究室的方向任务

综合经济研究室是为自然资源综合考察而建立的。在自然资源综合考察工作中，经济研究的主要特点是综合性极强。不仅要突出研究自然资源开发利用的多种条件和经济效益，而且还要全面考虑到自然资源开发利用的生态效益和社会效益；不仅要利用考察队各有关专业考察研究的新资料，而且还要掌握正在生产过程中的和历史的资料；在系统总结历史经验和技术创新等发展成就的基础上，进行"点面结合"的综合研究和科学论证，提出最优的自然资源开发利用方案。

根据上述要求，1963年，在中国科学院和综考会的统一部署下进行了"三定"工作，明确了该研究室的方向、任务和每一位研究人员的发展方向，编制了说明书。其中确定，综合经济研究室的服务对象是考察队，主要是承担国家科学规划的综合考察及其他有关生产力发展综合研究任务中经济方面的调查研究工作；要求在进行自然资源经济评价的基础上，着重论证包括工业、农业、交通运输在内的生产发展方向与合理布局问题，以便与兄弟专业紧密配合，提出最优的资源开发利用方案（或生产力发展远景设想）。

根据综考会当时的考察重点和该研究室的技术实力，今后十年，主要是承担国家综合考察专业规划中的西南、西北、西藏三项综合考察任务的经济工作（以西南、西北为重点）；同时配合进行国家其他有关专业规划中的某些经济与技术经济的调查研究工作。

为贯彻"任务带学科"的指导方针，在"三定"中还提出：在完成上述任务的前提下，在总结考察工作经验的基础上，逐步开展有关生产布局和资源经济评价两方面的基本理论、方法研究以及生产力发展中某些部门经济与技术经济理论问题的研究，以便不断提高综合考察及其他有关生产力发展综合研究工作的科学水平，并促进经济地理学、农业资源经济学、工业经济学、运输经济学、技术经济学等学科的发展。

在说明书中还强调了综合性研究的重要性："该室在工作中要求在按部门进行专题研究的基础上，着重研究工业、农业、交通运输内部各部门之间和地区之间的综合性问题和地区资源开发与生产力发展中的全局性问题。因此研究组与专业组的划分目的都是为了更好地进行综合研究"。研究室根据这一指导思想，划分为工业交通布局和农业布局两个研究组，前者包括燃料动力、冶金化工和交通运输三个专业组，后者分为北方农业布局和南方农业布局两个专业组。

综合经济研究室的服务对象是综合考察。在综合考察中的主要任务是：在各专业考察研究的基础上进行综合经济分析、研究，即汇集有关专业（包括本专业）科学考察的精华，采用"点面结合"的方法，进行全局性的综合分析研究和某些重大问题的专题研究，提出远景经济发展设想方案并论证其科学依据，供地方和国家决策部门编制国民经济发展计划和规划时参考。

60.3　研究室人员承担的考察任务和成果

1960～1966年，该室业务人员先后参加了黑龙江、青甘、云南、蒙宁、南水北调、西藏、西南7个考察队的综合科学考察工作。参与编写完成的综合考察成果（西南地区综合考察队没有来得及总结就开始了"文化大革命"，所以没有成果。下列考察成果多数按照"内部"著作处理）主要有：

1. 参加黑龙江队的成果

(1)《黑龙江流域及其毗邻地区生产力发展远景设想》，那文俊等参与编写，1960。
(2)《黑龙江流域及其毗邻地区经济研究》，冷秀良、那文俊、黄让堂等参与编写，1960。

2. 参加青甘考察队成果

《青甘地区生产力发展远景设想》，李文彦（执行主编）、李又华、赵训经、凌纯锡等参与编写，1960。

3. 参加云南和南方热带地区橡胶考察队成果

(1)《云南热带亚热带地区以橡胶树为主的植物资源开发方案》，那文俊（主编）、曹光卓、李作模、邹琪陶等参与编写，1961；

(2)《我国南方六省（区）热带亚热带地区以橡胶为主的植物资源综合开发方案》，曹光卓、那文俊、颜克庄、李作模等参与编写，1962；

4. 参加蒙宁考察队成果

(1)《宁夏工农业资源开发及生产发展远景设想》，李文彦（主编），各专业负责人参与编写，1963；

(2)《宁夏矿产资源开发与工业交通发展远景设想》，李文彦（主编）、李又华、于丽文等参与编写，1963；

(3)《宁夏农业自然资源评价与生产力布局研究设想》，倪祖彬主要执笔，1965；

(4)《内蒙古工业发展远景与合理布局》（初稿），李文彦（主编）、凌纯锡等参与编写，1965；

(5)《内蒙古交通发展远景》（初稿），张文尝、于丽文等执笔，1965；

(6)《对于包头钢铁基地发展远景有关问题的初步意见》，李文彦（主编）、凌纯锡等参与编写，1966；

(7)《酒钢有关炼焦煤矿区开发条件比较与基地选择意见》，李文彦（主编）、张文尝、张正敏等参与编写，1966。

5. 参加西藏考察队成果

《西藏中部经济概况》（校样），孙尚志、胥俊章、侯辅相等执笔，1966。

6. 参加南水北调考察队的成果

(1)《川西滇北地区农业地理》，朱忠玉参加执笔，1966；

(2)《川滇接壤地区考察总报告》，郭文卿等参加执笔，1962；

(3)《甘孜阿坝地区远景经济开发意见报告》，郭文卿、黄让堂、康庆禹、朱忠玉参加执笔，1962；

(4)《川西滇北地区综合考察专题报告集（1～3）》，郭文卿、黄让堂、康庆禹参加执笔，1962。

7. 参加西南地区考察队成果

(1)《重庆、贵阳工业区和昆明基地主要资源利用现状和经济发展的几点意见》，郭文卿主笔，1965；

(2)《西南地区冶金工业现状的调查报告》，郭文卿等参与执笔，1965。

60.4 人 才 培 养

从研究室初创伊始，就十分注意初级人员的培养。主要采取了以下办法：①每年冬季，全室或分组集中进行各考察队的工作汇报与经验交流，同时每周六安排半天为业务学习时间，主要围绕各人分工的专业方向的学习心得以及考察方法等进行讨论；②学习院、会有关文件，讨论一些共同性的理论方法问题，如对于综合考察方针"经济为纲"和"科学论证"的理解，关于考察研究工作方法，传达并讨论综合考察长期计划等；③要求每位研究人员在完成考察任务的前提下，每年写一篇学术性文章或学习心得，有条件的可争取参加会外有关的学术活动；④根据考察任务的需要与该室专业结构合理化的要求，结合本人的原有基础，在"三定"活动中，对每一位研究人员都考虑了今后侧重的专业方向和学习提高的途径与措施。有的实行自学补课，有的到外单位短期进修或向有关专家请教，等等。

研究室建立早期，主要是分别向协作单位的专家学习科学调查研究方法，重点学习技术经济知识，学习竺可桢副院长的科学考察方法，并借鉴苏联生产力研究委员会的经验，摸索出我国综合考察工作的特点，研讨开发方案的要求和编写方法。随着工作的进一步开展与经验的不断积累，部分研究人员根据探讨自然资源的经济评价、主要工业部门的布局因素、工业基地的建设条件、交通在边远地区开发中的作用、热带作物基地的建设等方面的体会，写出了一些论文提交给有关学术会议。

通过在考察队中的锻炼和研究室活动的促进，该室初级人员得到较快的成长，进步显著，不断提高独立工作能力，多人成为考察队伍中的骨干，并为后来的学科发展，起了学术积累作用。

61 水资源研究室
(1960～1967，1975～1978，1978～1998)

61.1 研究室的沿革

1960年2月6日，综考会根据中国科学院党组批准成立水利研究室（1962年名为水利资源研究室，1978年名为水资源研究室）。水利资源研究室由来自"新疆""黑龙江""西藏""南水北调"等考察队从事地表水和地下水资源考察研究的专业人员共23人组成。1969年综考会大部分人员下放中国科学院湖北潜江"五七干校"，水利资源研究室成员分散安排到干校各个排。1970年综考会被撤销时，原水利资源研究室成员大部分流失。1975年中国科学院恢复资源考察机构（自然资源综合考察组），下设综合研究室。原综考会水利资源研究室部分人员组成11人的水资源组。1978年综考会恢复原有建制后，成立水资源研究室，人员扩充至33人。直到1998年综考会进行"战略定位，学科定位与改革"，水资源研究室共9人与土地资源研究室、气候资源研究室等合并为"国土资源综合开发中心"。

1. 历届领导组成

研究室自1960年2月成立后至1962年5月，研究室主任职位空缺，室内具体工作由地表水组组长袁子恭和地下水组组长杜国垣共同负责。

研究室历任领导成员名单：

水利研究室			1960.02.26～1962.05.07
水利资源研究室	主任	张有实	1962.05.07～1967.04.05
	政治副主任	王颜和	1966.04.16～1967.04.05
水利组（综合研究室）	负责人	张有实	1975.04.08～1978.07.28
水资源研究室	主任	张有实	1978.07.28～1979.10
		李驾三	1979.10～1984.06.15
		袁子恭	1984.06.15～1988.01.11
		章铭陶	1988.01.11～1991.03.05
		关志华	1991.03.05～1998.10.30
	副主任	黄让堂	1978.07.28～1984.06.15
		袁子恭	1978.07.28～1984.06.15
		杜国垣	1978.07.28～1984.06.15
		章铭陶	1984.06.15～1988.01.11
	负责人	何希吾	1988.02.26～1989.03.20
	副主任	苏人琼	1989.03.20～1991.03.05
		姚治君	1991.03.05～1998.10.30
	行政副主任	马 宏	1993.04.21～1998.10.30

2. 曾在水资源研究室工作过的人员名单（按姓氏笔画为序）

马　宏	方汝林	王　旭	王　富	王忠云	王荣甫	王泰安	王遂亭	王新元	王颜和	孔庆征
丛者柱	叶节英	任鸿遵	关志华	刘先紫	毕厘洪	何希吾	吴持政	张天曾	张有实	李百浩
李宝庆	李杰新	李驾三	李筱高	杜国垣	苏人琼	陆亚洲	路京选	陈传友	陈远生	陈建华
陈洪经	陈根富	周长进	周性和	周德全	林耀明	郑亚新	郑宝熙	金志敏	俎玉亭	姚治君
封喜华	赵楚年	倪锦泉	唐青蔚	夏坚玲	袁子恭	贾万福	顾定法	高迎春	高和中	崔实诚
章铭陶	黄让堂	黄河清	龚淑芳	蒋士杰	谢国卿	鲍世恒	翟贵宏	蔡锦山	魏忠义（共65人）	

61.2　研究室的学术方向与学科建设

随着国家经济建设的需要，综合科学考察任务的转变，以及自然资源学科的发展，水利资源研究室建室的方向任务，经历了1961年和1979年的两次讨论。

1. 1961年方向任务与学科建设讨论

水利资源研究室建室伊始，就开展了在综合科学考察研究中水利资源研究室方向任务的讨论。到1962年底，几经反复探讨，其方向任务确定为：评价水利资源及其开发利用条件，论证水利资源开发利用的合理布局及综合利用中关键性的重大问题，并发展有关学科。它的任务是根据国家要求，参加综合科学考察工作，开展有关的专题研究。

在20世纪60年代，水利资源研究室主要在我国北部和西部地区进行考察研究，针对资料少甚至无资料的基本情况，分别规定了地表水和地下水的研究方向：

地表水方面：研究地表水的运动规律，评价水利资源及其开发利用条件，并论证综合利用的合理途径。一方面根据国家任务承担区域性的考察工作；另一方面进行有关地表水运动规律，水资源估算方法及综合利用的论证原则等方面的理论研究。

水文地质方面：评价地下水资源，提出主要开发利用方向；在地下水形成规律研究的基础上，侧重于区域性的水资源量的估算及其开发利用的研究。

工程地质方面：以河道工程地质条件以及水能开发的工程地质评价为主。

2. 1979年方向、任务与学科建设讨论

20世纪70年代末，随着人口增加、工农业生产和城乡发展对水资源的需求日益提高，我国水资源在时间和空间分布极不均衡的基本矛盾愈加显著，客观形势对水资源问题研究的要求也日趋迫切。在我国，研究和管理水资源方面的机构有水电部、农业部、交通部、城乡建设部、地质总局和中国科学院等系统。由于水资源的研究工作包括的内容广泛，各有关部门根据各自的性质和任务，都承担了一部分工作，虽各有特色，有所侧重，但相互之间缺少应有的联系。根据这一新的形势，原水利资源研究室更名为水资源研究室，相应的方向任务有所调整，强调基础性、综合性和战略性三大特点，既要认识自然，又要改造自然，多做跨区域、跨部门、跨学科的工作。在综考会的"自然资源合理利用与保护"的总方向下，水资源研究室应是研究水资源合理利用与大自然改造的方向与途径。这将使我们的工作有别于生产部门，又不同于我院所属各研究所。其主要研究方向和任务有三个方面：

（1）水资源的综合评价。研究水资源的数量、质量、分布规律及其演变；地表水、地下水相互转化关系及其相应调节、综合评价和估算水资源的方法。

（2）水资源的合理利用与远景预测。研究工农业合理用水和节约用水的途径；工农业用水的水源区划；灌溉定额和灌溉方式研究；水资源保证程度的远景预测；水资源合理利用的理论与方法。

（3）水资源的开发利用与大自然改造的关系。研究区域的水资源供需平衡和调节的途径及其理论与计算方法；水资源调节对周围环境的影响；水资源开发利用的合理布局；改造大自然的水资源问题。

61.3 学 科 组

1. 1962 年学科组安排

1962 年底，水利资源研究室在确定了研究方向和任务的基础上，将全室 23 名研究人员划分为地表水和地下水两个大组，再按所侧重的研究方向细分为 7 个专业小组：

（1）水文专业组：研究地表水形成的特点及运动规律，为水利资源估算及径流调节提供必要的水文数据；适当地开展区域性水文地理和水文计算的理论性研究。

专业组成员：张有实、刘先紫、王富、鲍世恒、赵楚年、毕厘洪、任鸿遵、郑宝熙。

（2）水能专业组：研究有关水能资源估算和径流调节的方法；评价水能资源，论证河流开发的原则和河流开发的合理布局，以及水能资源开发中的技术经济问题。

专业组成员：袁子恭、李宝庆。

（3）水利专业组：研究水、旱灾害发生的原因与演变规律、农田水利、径流调节，以及除害兴利等关键水利措施与布局；配合农林牧研究室研究土壤退化的成因和演变规律，以及土壤改良的农田水利措施；研究重大水利措施的水利经济问题。

专业组成员：陈传友、李筱高、陈洪经、苏人琼。

（4）地下水形成规律专业组：研究地下水的形成条件、分布规律、埋藏深度和水化学特征。

专业组成员：方汝林、章铭陶、王新元。

（5）地下水资源专业组：研究不同地区地下水的运动规律及其资源的区域估算。

专业组成员：封喜华、魏忠义。

（6）地下水利用专业组：根据地下水运动规律，研究地下水利用方案，并论证其经济效益。

专业组成员：杜国垣、张天曾。

（7）工程地质专业组：配合水利、水能资源开发，研究地区主要河道的工程地质条件。

专业组成员：孔庆征、倪锦泉。

2. 1962 年底按《国家十年科技规划》任务组建的学科组

1962 年底，水利资源研究室为配合《国家十年（1963～1972）科学技术发展规划》预定的任务，将全室人员结合各自的研究方向，落实在各考察研究项目上，组成研究课题和专题研究组：

1）西南地区水利资源开发利用的研究

研究课题：

（1）长江主要干、支流水利、水能资源开发利用的方向；主要水利枢纽的技术经济评价，负责人：刘先紫、鲍世恒。参加人：李宝庆、赵楚年、苏人琼（缺农田水利 1 人）。

（2）怒江、澜沧江流域水利资源及其开发条件评价，负责人：刘先紫、鲍世恒。参加人：李宝庆、赵楚年、苏人琼。

专题研究：

（1）西南地区主要河流水文特征及河流类型的研究，负责人：刘先紫、赵楚年。

（2）西南地区跨流域径流、电力补偿调节问题，负责人：李宝庆。

（3）梯级开发总防洪库容与兴利库容的分配问题，负责人：刘先紫、赵楚年。

（4）西南地区灌溉特点及经验总结，负责人：苏人琼。

（5）从西南地区水资源的开发，看南水北调的合理性，负责人：张有实、鲍世恒。

2）西北地区水利资源开发利用的研究

研究课题：

（1）西北地区水利资源（外流河、内陆河、湖泊）的评价，负责人：王富，参加人：任鸿遵。

（2）西北地区主要河流综合利用问题的研究，负责人：张有实、王富、李筱高，参加人：任鸿遵、陈洪经（缺水能利用2人）。

（3）西北地区水利资源供需平衡的研究，负责人：李筱高，参加人：王富、任鸿遵、陈洪经。

专题研究：

（1）西北地区主要河流水文特性及内陆河流类型的研究，负责人：王富、任鸿遵。

（2）西北内陆湖泊水文特性及其演变研究，负责人：王富、任鸿遵。

（3）西北地区灌溉制度及不同类型地区防治旱涝灾害的分析，负责人：李筱高、陈洪经。

（4）对黄河（三门峡以上）开发的意见，负责人：张有实。

3）西藏高原水利资源开发利用的研究（主要河流）

研究课题：

（1）雅鲁藏布江水利资源及其开发利用的初步意见，负责人：袁子恭，参加人：陈传友、倪锦泉、毕厘洪（缺水能利用1人）。

（2）怒江上游段水利资源及其开发利用条件，负责人：袁子恭，参加人：陈传友、倪锦泉、毕厘洪。

（3）澜沧江上游段水利资源及其开发利用条件评价，负责人：袁子恭，参加人：陈传友、倪锦泉、毕厘洪。

专题研究：

（1）高原河流水文特性及河流类型的研究，负责人：毕厘洪。

（2）高原河流水能资源估算及其利用方向的研究，负责人：袁子恭。

（3）主要水利枢纽坝址工程地质条件的研究，负责人：倪锦泉。

（4）西藏高原灌溉特点及其进一步发展农业的潜力，负责人：陈传友。

4）西北地区地下水资源开发利用研究

研究课题：

（1）地下水形成特点及分布规律，负责人：杜国垣，参加人：魏忠义、章铭陶、方汝林、张天曾（缺水文地质2人）。

（2）地下水资源开发利用的研究，负责人：杜国垣，参加人：魏忠义、章铭陶、方汝林、张天曾。

专题课题：

（1）西北地区山前平原潜水形成条件及分布规律，负责人：方汝林。

（2）西北地区内陆盆地深层地下淡水的分布特点，负责人：章铭陶。

（3）干旱区地下淡水区域估算方法探讨，负责人：魏忠义。

（4）西北地区山前平原地下水利用方向及技术经济评价，负责人：杜国垣。

（5）西北地区农牧业供水的地下水质评价，负责人：张天曾。

（6）西南贵州高原缺水地区地下水问题的研究，负责人：封喜华，参加人：王新元。

5）西南主要河流工程地质条件的评价

专题研究：

（1）怒江、澜沧江中下游水利枢纽的工程地质条件，负责人：孔庆征。

（2）西藏雅鲁藏布江、澜沧江、怒江中上游工程地质条件的评价及水文地质条件的初步考察，负责人：倪锦泉。

3. 1963 年，水利资源研究室根据新的考察任务，在综考会的"三定"（定方向、定任务、定学科）过程中，对原有学科组的专业又进行了调整

1）西南地区水利资源开发利用的研究

（1）长江主要支流及中、小河流水利、水能资源综合利用方向；主要水利枢纽的技术经济评价，负责人：刘先紫、鲍世恒，共 5 人参加。
（2）西南缺水地区的地下水资源开发利用的研究，负责人：章铭陶，共 2 人参加。
（3）长江干流水利、水能资源综合利用方向；主要水利枢纽的技术经济评价，负责人：张有实，共 7 人参加。

2）西北水利资源开发利用的研究

（1）西北地区内陆河（湖）及黄河主要支流综合利用问题的研究，负责人：王富、李筱高，共 4 人参加。
（2）西北地区地下水形成特点及分布规律的研究，负责人：杜国垣、封喜华，共 3 人参加。
（3）西北地区地下水资源开发利用的研究，负责人：杜国垣、封喜华，共 4 人参加。
（4）西北地区水利资源供需平衡的研究，负责人：张有实、杜国垣，共 6 人参加。
（5）黄河干流（上、中游）水利、水能资源综合利用；主要水利枢纽的技术经济评价，负责人：张有实、杜国垣，共 6 人参加。

3）西藏高原水利资源开发利用的研究

（1）雅鲁藏布江流域水利资源开发利用的初步研究，负责人：袁子恭，共 4 人参加。
（2）怒江上游段水利资源及其开发利用条件评价，负责人：袁子恭，共 4 人参加。
（3）澜沧江上游段水利资源及其开发利用条件评价，负责人：袁子恭，共 4 人参加。

4）蒙宁地区水利资源开发利用的研究

（1）西辽河、内陆河流及黄河（蒙宁段）水利资源及其开发利用的研究，负责人：张有实、王富、李筱高，共 5 人参加。
（2）蒙宁重点地区地下水资源开发利用的研究，负责人：杜国垣、封喜华，共 5 人参加。

1963～1965 年，水利资源研究室新增加的何希吾、陆亚洲、李杰新、李百浩、关志华、陈根富，分别按专业安排在相应的学科组和专业组。

4. 1979 年学科组安排

1979 年，为适应新的形势，水资源研究室按考察研究任务，再一次进行改组：
（1）水资源评价组：李驾三、杜国垣、顾定法、唐青蔚、关志华、俎玉亭、谢国卿、林耀明。
（2）水资源合理利用组：袁子恭、苏人琼、方汝林、张天曾、李杰新、何希吾。
（3）水资源开发与大自然改造关系组：张有实、黄让堂、陈传友、陆亚洲。
（4）地热资源评价及开发利用组：章铭陶、周长进。

61.4 科研任务和主要成果

61.4.1 国家及各考察队项目

1. 中国西部地区南水北调综合科学考察研究

1959年中国科学院与水利电力部共同成立中国科学院西部地区南水北调综合考察队，主要任务是考察研究将长江、怒江、澜沧江上游的水资源，以自流方式引至我国西北、华北广大干旱区。水利资源室参与三个课题的考察研究：

(1) 怒(江)定(西)、怒(江)洮(河)引水线工程地质勘查。怒洮引水线是西部地区南水北调备选的三条引水路线中最重要的一条，由中国科学院地质所主持。水利资源室的封喜华、孔庆征、贾万福、叶节英、王荣甫参加。主要成果：

《中国西部地区南水北调引水河线工程地质特征》专著，参加编写：封喜华、孔庆征、贾万福、叶节英、王新元，科学出版社，1965。

(2) 若尔盖地区泥炭资源及其评价。水利资源室的赵楚年、王新元参加由吉林师范大学地理系主持的这一课题，对川西北、陇东南的若尔盖地区沼泽泥炭资源进行考察和半定位观测。最终完成《若尔盖高原沼泽》专著，参加编写：赵楚年、王新元，科学出版社，1965。

(3) 川西滇北地区水利资源及水文地理研究。主要对金沙江及其主要支流的水文地理和水利水能资源进行考察，水利资源室鲍世恒、崔实诚参加由中国科学院地理所主持的考察研究，最终完成《川西滇北地区水文地理》专著，参加编写：鲍世恒，科学出版社，1985。

2. 雅鲁藏布江流域水利资源合理开发利用方案的考察研究

1960年中国科学院成立了西藏综合考察队，考察队设置了"雅鲁藏布江流域水利资源合理开发利用方案"课题。由综考会水利资源室主持，课题组长：袁子恭，成员：刘先紫、魏忠义、倪锦泉、陈传友。主要考察雅鲁藏布江干流中游段以及支流拉萨河、年楚河、尼洋河的水利水能资源。提出主要水利枢纽的建设方案，并为宜农荒地开发提供水资源条件和灌溉措施。主要成果：

(1)《雅鲁藏布江中段水利考察报告》专著，主编：袁子恭，参加编写：刘先紫、魏忠义、陈传友、倪锦泉，科学出版社(内部出版)1965。

(2)《日喀则荒地资源考察报告》，参加编写：陈传友，1965。

3. 蒙宁地区水利资源开发利用的考察研究

中国科学院于1961年组建内蒙古宁夏综合考察队，其中"水利资源开发利用的考察研究"课题，由综考会水利资源研究室承担。主要任务是对地表水、地下水形成条件、特征、分布规律、资源潜力、水资源开发利用及其重大问题进行考察研究。为此成立水利组，组长先后为张有实、杜国垣，先后参加的成员有：方汝林、王富、任鸿遵、陈洪经、魏忠义、张天曾、封喜华、章铭陶、李筱高、王金亭、毕厘洪、郑宝熙。主要成果：

(1)《西辽河流域的大自然改造与农牧业生产的发展》，主笔：张有实，1962。1964年获中国科学院优秀成果奖。

(2)《内蒙古自治区及其毗地区水资源及其利用》专著，主编之一：杜国垣，参加编写：方汝林、魏忠义、任鸿遵、陈洪经，科学出版社，1982。1978年获全国科学大会奖；同年获中国科学院重大成果奖。

4. 西南地区水利、水能资源开发利用的研究

1963年中国科学院成立西南地区综合考察队，水利资源室分别主持四川盆地、贵州、川滇接壤地区农业水利分队和工业交通分队的 5 项子课题。先后参加的成员有：张有实、袁子恭、章铭陶、鲍世恒、王新元、李宝庆、赵楚年、陈传友、苏人琼、何希吾、陆亚洲、李杰新、刘先紫、倪锦泉、孔庆征、陈根富、关志华、李百浩。

1）四川盆地水利化途径的研究

四川分队主课题"四川盆地粮食增产潜力与途径"的子课题。主要任务是考察研究四川盆地丘陵地区中小河流开发利用和实现水利化的途径。中小河流水利分组组长：张有实，成员：苏人琼、赵楚年、何希吾、陆亚洲、孔庆证、关志华、袁子恭。完成：

(1)《东柳河流域水利、水能资源综合利用的研究》，主笔：张有实，参加编写：赵楚年、苏人琼，1964。
(2)《论四川丘陵地区农业水利化途径》，主笔：张有实、陆亚洲，1966。
(3)《四川丘陵地区中小河流开发利用问题》，主笔：苏人琼，参加编写：赵楚年、陆亚洲，1966。
(4)《四川嘉陵江流域丘陵地区水利化途径》，主笔：苏人琼，参加编写：赵楚年、陆亚洲，1966。
(5)《川西平原合理灌溉的问题》，主笔：袁子恭，1966。
(6)《川西浅丘地区囤水田的发展问题》，主笔：苏人琼，1966。
(7)《四川盆地农业地貌特征》，主笔：孔庆征，1966。

2）嘉陵江、涪江与渠江水利资源综合利用的研究

四川分队主课题的子课题。主要任务是考察研究流经四川盆地三条江河干流的水利水能资源综合开发利用。干流水利小组组长：袁子恭，成员：刘先紫、李杰新。完成：

(1)《渠江干流水利资源综合开发利用的研究》，主笔：张有实，参加编写：刘先紫，1963。
(2)《嘉陵江与涪江水利资源及其开发利用条件考察报告》，主笔：袁子恭，1966。

3）贵州中小河流及地下水资源的开发利用

该项为"贵州山地的综合开发利用"课题的子课题。主要任务是考察研究贵州石灰岩山地中小河流和地下水资源的开发利用。水利组组长先后为章铭陶、陈传友，成员：鲍世恒、李宝庆、王新元、孔庆征、倪锦泉。完成：

(1)《遵义地区水利资源及其开发利用分区》，主笔：章铭陶，参加编写：鲍世恒、李宝庆、王新元，1963。
(2)《贵州省遵义山丘地区综合开发利用研究》，参加编写：章铭陶，1963。
(3)《贵州铜仁地区粮食增产的水利条件及其开发利用》，主笔：章铭陶、陈传友，参加编写：鲍世恒、李宝庆、孔庆征、倪锦泉、王新元，1964。
(4)《贵州黔东南地区地下水资源及其开发利用》，主笔：章铭陶、王新元，1964。
(5)《贵州黔东南地区水利资源的开发利用及其在农业电气化中的作用》，主笔：章铭陶、陈传友，参加编写：鲍世恒、李宝庆、孔庆证、倪锦泉、王新元，1964。
(6)《贵州盘县、六枝、水城等三片水利化途径》，主笔：陈传友，1966。

4）川滇接壤地区河谷盆地实现水利化的途径

川滇接壤分队主课题"川滇地区农产品增产潜力与途径"的子课题，主要任务考察研究以四川渡口市（现攀枝花市）为核心的川滇接壤河谷盆地的中小河流开发利用和实现水利化的途径。农业专业组下设水利组，农业组副组长兼水利组组长：章铭陶，水利组副组长：李宝庆，成员：鲍世恒、李杰新、陈根富。完成：

(1)《云南大理州弥苴河的综合利用问题》，主笔：李宝庆，参加编写：鲍世恒，1965。
(2)《云南楚雄州元谋坝区实现水利化的途径的考察研究》，主笔：章铭陶，参加编写：李杰新，1966。

（3）《云南楚雄州姚安坝区实现水利化途径的考察研究》，主笔：李宝庆，参加编写：鲍世恒、陈根富，1966。

（4）《云南楚雄州中北部农业增产途径与潜力》，主笔：章铭陶，1966。

（5）《四川西昌安宁河谷地区实现水利化途径的考察研究》，主笔：章铭陶，参加编写：李宝庆、鲍世恒、李杰新、陈根富，1966。

（6）《四川盐源盆地荒地资源开发利用》，参加编写：章铭陶、李宝庆、鲍世恒、李杰新、陈根富，1966。

5）金沙江中下游干流水能资源开发与通航的考察研究

金沙江干流组主要对金沙江干流水能资源的梯级开发和通航条件进行考察研究。组长：何希吾，组员：倪锦泉、毕厘洪。完成：

（1）《金沙江中下游水利资源综合开发利用的初步意见》，参加编写：何希吾、倪锦泉、毕厘洪。

（2）《金沙江中下游水利资源开发利用中的几个问题》，参加编写：何希吾、倪锦泉、毕厘洪，1966。

（3）《关于虎跳峡枢纽开发的意见》，参加编写：何希吾、倪锦泉、毕厘洪，1966。

5. 甘肃河西黑河中游地区荒地资源开发的水资源条件及其开发利用评价

该课题的主要任务是评价地表水、地下水资源开发利用条件和水土资源平衡。组长：陈洪经，成员：魏忠义、方汝林、任鸿遵。完成：

《甘肃河西走廊黑河流域中游荒地资源及其开发利用条件》报告中"水资源条件及其开发利用评价"部分，主笔：方汝林、任鸿遵，1966。

6. 甘肃省祁连山地区牧区供水条件与措施

水利资源研究室承担祁连山草地资源考察队"牧区供水条件与措施"课题，先后参加本课题的有陈洪经、魏忠义、孔庆证。完成：

《甘肃省祁连山地区草地资源与畜牧业发展》报告中"牧区供水条件与措施"部分，主笔：陈洪经、魏忠义、孔庆征，1966。

7. 青海省海东地区荒地资源开发的水利条件与水利措施

水利资源研究室承担寻找灌溉水源和提出灌溉措施。水利组组长：李杰新，成员：苏人琼、陈洪经，完成：

《青海省海南州宜农荒地水资源条件、灌溉措施与牧区供水》，参加编写：苏人琼、李杰新、陈洪经，1970。

8. 青海省玉树州水资源条件和牧区供水

水资源室承担牧区供水条件和措施。水利组由李筱高、方汝林参加。完成：

《青海省玉树州草地资源与畜牧业发展战略》报告中"牧区供水的水资源条件和措施"，主笔：李筱高、方汝林，1970。

9. 陕西省"703""705"铁路沿线工业场地建设条件综合考察

水利资源室主要承担陕西考察队工业场址的测绘任务。参加这项考察的有章铭陶、赵楚年、任鸿遵、李百浩。

10. 水资源研究室承担青藏高原综合考察的任务

中国科学院于1973年成立青藏高原综合科学考察队，主要任务是进行青藏高原隆起及其对自然与人类活动影响的综合研究。水资源室[*]主持其中三项课题：

1）西藏水文地理与水利水能资源的开发利用

主要任务是考察西藏河流与湖泊的水文特征，评价水资源的数量和质量，提出水利、水电开发利用的途径和措施。水利组先后由何希吾、陈传友、关志华、章铭陶分别任组长或副组长。成员：鲍世恒、张有实、俎玉亭、周长进。完成：

（1）《西藏河流与湖泊》，科学出版社，主编：关志华，陈传友，参加编写：鲍世恒、俎玉亭、何希吾、章铭陶，1984 年。

（2）《西藏水利》，主编：陈传友、关志华，参加编写：张有实、鲍世恒、何希吾、俎玉亭、周长进，1981年。

2）西藏地热资源及其开发利用

本课题主要任务是考察西藏地热活动的分布，探讨其地热学、地质学意义，评价重点地热区资源开发的价值。课题组分成羊八井热田地热组，负责热田调查和试钻；区域地热组，负责区域地热资源的普查。区域地热组组长：章铭陶。主要成果：《西藏地热》专著，主编之一：章铭陶，科学出版社，1981 年。

3）青藏高原综合科学考察画册

文字与图片结合，重点反映青藏高原综合科学考察四年来的主要科学成果。书名为 *The Roof of the World-Exploring the Mysterie of the Qinghai-Tibet Plateau*（世界屋脊——探索青藏高原的奥秘），主编：章铭陶，美国 Abrams 出版社与中国外文出版社联合出版，1982 年。

"青藏高原隆起及其对自然环境和人类活动影响的综合研究"项目，1978 年获全国科学大会奖；同年获中国科学院重大成果奖。该项目 1986 年获中国科学院科学技术进步奖特等奖；1987 年获国家自然科学奖一等奖，陈传友、章铭陶、关志华为获奖人。

11. 黑龙江省荒地资源开发利用的灌溉排水措施

详见第 64 章综合研究室。

12. 贵州山区综合开发典型调查的田间灌溉渠系的配套与布局

详见第 64 章综合研究室。

13. 中国亚热带东部丘陵山区水资源的开发利用

1980 年中国科学院组建了南方山区综合科学考察队，于 1980～1983 年进行了第一期考察。1983 年又接受中国科学院与国家计委联合下达的"中国亚热带东部丘陵山区自然资源合理利用与治理途径的考察研究"任务，于 1984～1989 年进行第二期科学考察，水资源室承担"水资源开发利用""赣南宜橘荒地考察"等课题，组成水利组，组长李杰新，先后有苏人琼、唐青蔚、丛者柱、林耀明、姚治君参加。主要成果：

（1）《吉安地区中小河流水资源的合理利用》，《江西省吉泰盆地商品粮生产基地科学考察报告集》，主笔：李杰新、丛者柱，能源出版社，1985。

（2）《赣南柑橘基地考察研究》，主笔之一：唐青蔚，1981。

（3）《江西省泰和县自然资源和农业区划》，参加编写：李杰新、唐青蔚、丛者柱，能源出版社，1982。

（4）《中国中亚热带东部丘陵山区农田水利建设的主攻方向是改造中低产田》，主笔：李杰新，1985。

（5）《中国亚热带东部丘陵山区自然资源开发利用与分区》专著，参加编写：李杰新，科学出版

_* 1977 年以前，水资源室参加青藏队考察工作是在中国科学院地理所区域水文研究室（1973～1974 年）和综考组综合研究室水利组（1975～1977 年）期间完成的；1978 年后的青藏队工作是在综考会水资源研究室期间完成的。

社，1989。

（6）《赣江流域自然资源开发战略研究》专著，参加编写：李杰新，北京科学技术出版社，1989。

（7）《湖南南岭山区自然资源开发利用和国土整治综合研究》，参加编写：李杰新，学术书刊出版社，1990。

（8）《南岭山区自然资源开发利用》专著，参加编写：李杰新，科学出版社，1992。

（9）《千烟洲试区架竹河流域水量平衡及其水资源评价》，《红壤丘陵生态系统恢复与农业可持续发展研究》，主笔，林耀明，气象出版社，1998。

"我国亚热带东部丘陵山区综合考察研究"项目，1991年获中国科学院科学技术进步奖一等奖，李杰新为获奖人之一。"赣南柑橘基地考察研究"课题，1987年获江西省科学技术进步奖三等奖，唐青蔚为获奖人之一。

14. 青藏高原（横断山区）综合科学考察

1981年中国科学院青藏高原综合科学考察队将考察研究区域东移至川西滇西北的横断山区。"横断山区地热资源及其开发利用"和"横断山区中小河流水利资源开发利用"是由水资源组主持的两项课题。

1）横断山区地热资源及其开发利用

横断山区是我国水热型地热显示区密度最高的区域。地热课题组分成腾冲地热组和区域地热组基层工作。腾冲地热组以云南腾冲火山地热区为重点，进行深入的剖析和资源评估；区域地热组对川西、滇西、滇南的13个地、州、市进行地热资源普查和评价。区域地热组组长：章铭陶，成员：郑亚新、周长进、吴持政。主要成果为：

（1）《腾冲地热》专著，主编之一：章铭陶，参加编写：郑亚新，周长进，科学出版社，1989。

（2）《横断山区温泉志》专著，主编之一：章铭陶，参加编写：吴持政、周长进，科学出版社，1994。

2）横断山区中小河流水利资源开发利用

课题组由陈传友负责，章铭陶参加，主要任务是考察研究大理州和保山地区中小河流水利资源的评价和开发利用，并且在迪庆州小中甸暗针叶林区开展林内外小气候及水文效应的对比定位观测。主要成果有：

（1）《解决云南洱海地区干旱、能源及洱海生态平衡问题的途径》，主笔：陈传友、章铭陶，1984。

（2）《洱海地区流域开发和综合治理》（为中国科学院原党委书记张稼夫起草上报中共中央顾问委员会和国务院的报告），执笔：章铭陶，1984。

（3）《森林采伐水文效应初步研究》，主笔：陈传友，1984。

15. 河北省黑龙港地区水土资源平衡研究

"河北省黑龙港地区水土资源平衡"是国家"六五"期间由中国科学院主持的"黄淮海平原治理"和由水利电力科学院主持的"华北水资源"两项科技攻关项目的二级课题，由水资源室黄让堂主持，林耀明、高迎春、姚治君、王旭参加。主要任务是通过水循环要素评价和平衡计算，揭示黑龙港地区的缺水规律、缺水程度和寻求解决缺水的对策。主要成果：《河北省黑龙港地区农田水平衡及水对策》专著，主编：黄让堂、林耀明、高迎春，北京科学技术出版社，1995。

16. 黄土高原地区综合治理与开发

中国科学院于1984组建由综考会牵头的黄土高原综合科学考察队，水资源室张有实任队长，杜国垣任副队长。开展以国土整治为主要内容的综合考察。水资源室承担"黄土高原地区综合治理与开发"项目第一专题中的第十子专题"黄土高原水资源合理利用与供需平衡研究"。为此成立了水利组，组长：先后为方汝林、苏人琼，成员：何希吾、唐青蔚、黄河清、陈远生。主要任务是研究以工农业及城市节水为主导，缓解水资源供需矛盾为目的的水资源开发中的重大问题，以及重点地区水资源开发利用途径。完成：

(1)《黄土高原地区综合治理与开发——宏观战略与总体方案》专著，汇总统编：张有实、张天曾，编章汇总：杜国垣，参加编写：苏人琼、唐青蔚、何希吾，科学出版社，1991。

(2)《黄土高原地区水资源问题及其对策》专著，主编：苏人琼，副主编：唐青蔚、何希吾，参加编写：黄河清、陈远生、方汝林，中国科学院技术出版社，1990。

(3)《河欢——黄河是一条黄金的河流》以及电视片《金黄河》，主编：张有实。

"黄土高原地区综合治理开发战略及总体方案研究"，1997年获国家科学技术进步奖二等奖，获奖人：张有实、杜国垣、张天曾、苏人琼；1992年获中国科学院科学技术进步奖一等奖，获奖人：张有实、杜国垣、张天曾、苏人琼、唐青蔚。

17. 新疆水资源评价及其开发利用

1984年成立中国科学院新疆资源开发考察队，开展第二次新疆的综合考察，总体任务是完成"新疆资源开发与生产力布局的研究"。水资源室承担了中心课题中的第一项"新疆水资源评价及其开发利用"课题，主要任务是重新评价新疆的水资源；提出水资源平衡的计算方法和工程措施，满足工农业用水和环境用水。水利组组长：袁子恭，成员：顾定法、周德全、俎玉亭、丛者柱。主要成果有：

《新疆水资源合理利用与供需平衡》专著，主编：袁子恭，参加编写：顾定法、周德全、俎玉亭、丛者柱，科学出版社，1989。

"新疆资源开发与生产力布局的研究"项目，1990年获中国科学院科学技术进步奖一等奖；1991年获国家科学技术进步奖三等奖，袁子恭为获奖人之一。

18. 西南地区资源开发与经济发展考察研究

1985年中国科学院将"西南地区国土资源开发与发展战略研究"列为"七五"重大科研项目，成立西南资源开发考察队，由综考会负责。水资源室承担了4个研究项目：

(1)西南地区能源资源评价和能源基地发展战略。水资源室承担"能源资源评价和能源基地发展战略研究"课题，成立了能源组，组长：关志华，成员：章铭陶、郑亚新、路京选。主要任务是论证开发以水能为主的能源基地建设，解决能源短缺问题。完成《西南能源资源开发与基地建设》专著，主编：关志华 参加编写：郑亚新、路京选，中国科学技术出版社，1991。

(2)西南地区水资源开发战略研究。水资源室成立了水利组，组长：陈传友，成员：章铭陶、蔡锦山。主要任务是估算西南地区水资源总量，评价其时空分布，计算重点地区的水资源供需平衡，提出保证工农业、城镇、航运、环境用水和防洪的重大工程措施。完成：《西南水资源开发战略研究》专著，主编：陈传友，参加编写：章铭陶、蔡锦山，中国科学技术出版社，1991。

(3)红水河流域水资源的开发。水资源室李杰新参加"红水河流域资源开发研究"课题的"水资源开发利用"子课题。主要任务是评价水和水能资源，提出改造中低产田的水利措施，解决重点旱区的灌溉问题，发展小水电。参加编写《红水河流域资源开发研究》。

(4)桂东南区域水资源的合理开发利用。水资源室李杰新参加桂东南区域"水资源合理开发利用"的子课题。参加编写《桂东南区域资源开发与生产力布局》专著，中国科学技术出版社，1991。

此外，完成《西南地区国土资源综合考察与发展战略研究》专著，主编之一：章铭陶，参加编写：关志华，科学出版社，1990。

"西南地区资源开发与发展战略研究"项目，1993年获中国科学院科学技术进步奖二等奖；1994年获国家科学技术进步奖二等奖，章铭陶、关志华为获奖人。

19. 青藏高原(西藏自治区资源与经济发展)综合考察

(1)西藏"一江两河"中部流域地区资源开发和经济发展规划。"西藏自治区'一江两河'中部流域地区资源开发和经济发展规划",主要任务是通过资源开发和经济发展,把"一江两河"中部流域地区建设成西藏自治区的商品粮基地、副食品基地、轻纺手工业基地和科技实验推广基地,带动自治区的振兴和发展。水资源室参加项目组的有:章铭陶、陈传友、关志华、蔡锦山、郑亚新、周长进、路京选。完成:《西藏自治区"一江两河"中部流域地区资源开发和经济发展规划》,主编:章铭陶,参加编写:陈传友、关志华、蔡锦山、郑亚新、周长进、路京选,1991。

(2)西藏自治区艾马岗综合开发区规划设计。1990年,西藏自治区计划经济委员会和一江两河开发建设委员会办公室,委托中国科学院青藏高原科考队,对日喀则地区艾马岗综合开发区进行规划设计。水资源室参加规划设计组的有章铭陶、蔡锦山、俎玉亭、丛者柱。提交:《西藏自治区艾马岗综合开发区规划设计》报告、附图以及水利工程设计图,主编:章铭陶,参加编写:蔡锦山、俎玉亭、丛者柱,1991。

(3)西藏自治区江北农业综合开发区规划设计。1990年,西藏自治区计划经济委员会和一江两河开发建设委员会办公室,委托中国科学院青藏高原综合科学考察队,对日喀则地区江北农业综合开发区进行规划设计。水资源室参加规划设计的有章铭陶、蔡锦山、俎玉亭、丛者柱。提交:《西藏自治区江北综合开发区规划设计》报告、附图、水利工程设计图,主编之一:章铭陶,参加编写:蔡锦山、俎玉亭、丛者柱,1992。

(4)西藏自治区江当农业综合开发区可行性研究报告。1991年,西藏自治区一江两河建设委员会,委托中国科学院青藏高原综合科学考察队,对西藏自治区规模最大的日喀则地区江当农业综合开发区的开发建设,进行可行性研究。水资源室参加项目组的有章铭陶、关志华、俎玉亭、蔡锦山、丛者柱。提交:《西藏自治区江当农业综合开发区可行性研究报告》及附图,主编:章铭陶,参加编写:关志华、蔡锦山、俎玉亭、丛者柱,1993。

(5)西藏自治区"一江两河"地区综合开发规划。1991年,西藏自治区再次委托中国科学院青藏高原综合科考队编制"西藏自治区'一江两河'地区综合开发规划",青藏科考队组成以章铭陶为总负责人的综合规划组。水资源室参加的有陈传友、关志华。提交:《西藏自治区一江两河地区综合开发规划》,主编:章铭陶,参加编写:陈传友、关志华,1992。

(6)西藏尼洋河区域资源开发与经济发展综合规划。1991年,西藏自治区政府委托中国科学院青藏高原综合科学考察队,编制"尼洋河区域资源开发与经济发展综合规划"。青藏科考队组成由章铭陶主持的规划项目组,水资源室参加的有关志华、蔡锦山、俎玉亭、陈远生、丛者柱。提交:《西藏尼洋河区域资源开发与经济发展综合规划》,主编之一:章铭陶,参加编写:关志华、蔡锦山、俎玉亭、陈远生、丛者柱,1993。

20. 黄河流域灾害环境综合治理对策

1991年"黄河治理与水资源开发利用"列为"八五"国家重点科技攻关项目,水资源室承担第7课题"黄河流域灾害趋势及治理对策"中的第5专题"黄河流域灾害环境综合治理对策",组成专题组,组长:苏人琼,成员:关志华、唐青蔚、姚治君、张天曾、周长进、黄让堂、林耀明、高迎春。完成:《黄河流域灾害环境综合治理对策》专著,主编:苏人琼、关志华,参加编写:唐青蔚、姚治君、张天曾、周长进、黄让堂、林耀明、高迎春,黄河水利出版社,1997。

21. 晋陕蒙接壤地区环境整治与农业发展研究

"晋陕蒙接壤地区环境整治与农业发展研究",是国家"八五"科技攻关项目"黄土高原水土流失区综合治理与农业发展研究"的第14专题。水资源室杜国垣为该专题主持人之一。水资源室苏人琼、杜国垣、唐青蔚承担该专题的第4子专题"水资源保证程度与供水的重大措施"。完成:《晋陕蒙接壤地区环境整治与农业发展研究》专著,主编之一:杜国垣,参加编写:苏人琼、唐青蔚,中国科学技术出版社,1995。

22. 黄淮海地区冬小麦水量-产量模型和土壤水分监测模型的研究

"黄淮海地区冬小麦水量-产量模型和土壤水分监测模型"是"八五"期间国家重点科技攻关项目。水资源室林耀明主持"土壤水分监测模型研究"子课题，姚治君、高迎春参加。完成:《黄淮地区土壤水分监测模型》研究报告，主笔：林耀明，1997。

1996 年"中国农作物遥感动态监测与估产"项目，获中国科学院科学技术进步奖一等奖，林耀明为获奖人之一。

1993 年《华北平原土壤水分动态模拟模型》论文，获中国科学院综考会首届青年优秀论文二等奖，获奖人林耀明。

23. 青藏高原区域的可持续发展

1992 年，"青藏高原形成演化、环境变迁与生态系统研究"列入国家重大关键基础的攀登计划，同时又列为中国科学院的基础研究项目。"青藏高原区域可持续发展"是该项目第 5 课题"青藏高原隆起对资源环境和人类活动影响的综合研究"的子课题，课题组组长：章铭陶，关志华参加课题组。完成:《青藏高原形成演化与发展》专著的第六章："高原区域的可持续发展"，主笔：章铭陶，参加编写：关志华，1997。

24. 农业资源高效利用中新技术应用前景和技术对策研究

"农业资源高效利用中新技术应用前景和技术对策"是"九五"期间国家重点科技攻关项目"中国农业资源高效利用"的课题，由中国农科院科技管理局和水利电力科学院水资源所主持，1996 年综考会苏人琼参加。通过中国农业水危机形成与发展背景的论述，农业水危机战略研究，提出农业水危机工程技术对策。编著出版:《中国农业水危机对策研究》，主编之一：苏人琼，中国水利水电出版社，1999。

25. 西北地区水资源利用地理信息系统研究

"西北地区水资源利用地理信系统研究"是"九五"期间国家重点科技攻关项目"西北地区水资源可持续利用"的专题。1996 年苏人琼承担其中"水资源分析"部分的工作，参加编写:《西北地区水资源利用地理信息系统研究》，中国水利水电出版社，2001。

26. 中国西北地区水资源承载力研究

"西北地区水资源承载力研究"是"九五"期间国家重点科技攻关项目"西北地区水资源合理利用与生态环境保护研究"的子专题。1997 年，由综考会与水利部水利科学院水资源研究所共同主持。顾定法、唐青蔚、陈远生参加该专题。参与完成:《西北地区水资源合理配置与承载力的研究》，参加编写者：顾定法、唐青蔚，中国水利水电出版社，2004。

61.4.2 中国科学院科研项目

1. 南水北调东线和中线引水综合考察研究

1978 年，水资源室接受中国科学院下达的开展"南水北调工程东线和中线引水综合考察研究"项目。由张有实、袁子恭、黄让堂、杜国垣共同主持南水北调东线、中线综合考察队，陆亚洲、苏人琼、顾定法、唐青蔚、张天曾、林耀明、俎玉亭、王旭参加。考察队于1978~1979 年先后对苏、皖、鄂、鲁、豫、冀和津、京八省(市)进行考察。1979 年后陆续发表学术论文，并于 1985 年汇编成《南水北调文集》，共收集 14 人的21 篇论文。

2. 西藏曲水县农村发展的典型研究

根据中国科学院与尼泊尔国际山地综合开发中心商定：开展"西南山地农村发展研究"项目。1988 年，由章铭陶主持，开展"西藏曲水县农村发展的典型研究"课题。通过对河谷种植业、渔业、山地草场畜牧业的调查，完成:《西藏拉萨河谷曲水县农村发展的典型研究》，主笔：章铭陶，1989。

3. 山西能源基地水资源研究

1982 年，中国科学院能源委员会将"山西能源基地水资源研究"列为"六五"院重点攻关项目，由杜国垣牵头，承担"山西能源基地的水资源问题与对策"。参加者还有陈远生、林杰、孙云伟。提交：

（1）《山西能源基地的水资源问题与对策》，主笔：杜国垣，参加编写：陈远生、林杰、孙云伟；

（2）《山西省太原盆地水资源综合分析》，主笔：杜国垣，参加编写：陈远生、林杰、孙云伟，国家科委"科技成果公报"，1990。

4. 努鲁儿虎及其毗邻山区科技扶贫总体规划

1987 年国家机关第二次扶贫工作会议上，国务院指定努鲁儿虎山区为中国科学院重点科技扶贫地区。努鲁儿虎山区地处冀、蒙、辽三省（区）交接地带，包括承德、赤峰、朝阳三个市所属的 11 个旗（县）。中国科学院将科技扶贫列为院重点科研项目，1988 年交由综考会负责，何希吾、方汝林参与总体规划的编制工作。完成：《努鲁儿虎及其毗邻山区科技扶贫总体规划》，何希吾、方汝林参加，1988。

5. 黄河上游多民族经济开发区经济社会发展水资源条件与重大水利措施

根据中国科学院"区域开发前期研究"的安排，1991 年综考会组成"黄河上游多民族地区经济发展战略研究"课题组，苏人琼、唐青蔚参加该课题组，承担"经济社会发展的水资源条件与重大水利措施"部分。参加编写《黄河上游沿岸多民族地区经济发展战略研究》。

6. 我国中原地区经济持续发展与生态环境调控研究

根据中国科学院"区域开发前期研究"的安排，1995 年综考会组成"晋冀鲁豫接壤地区经济发展与环境整治研究"项目组，唐青蔚为主持人之一，苏人琼、林耀明参加。完成：《中国中部地区经济发展与环境整治研究》专著，主编之一：唐青蔚，副主编之一：苏人琼，参加编写：林耀明，地震出版社，1997。

7. 淮河流域洪涝灾害与对策

1991 年淮河流域水灾之后，中国科学院、水利部、中国人民保险公司于 1992 年联合主持，开展"淮河流域洪涝灾害与对策"综合研究项目，中国科学院将此项目列为"八五"期间院重点研究项目，由中国科学院、水利部淮河水利委员会和中国人民保险公司农村业务部共同牵头。项目负责人何希吾，水资源室陈远生为综考会方主持人之一。完成：《淮河流域洪涝灾害与对策》专著，主编：陈远生、何希吾，中国科学技术出版社，1995。

8. 长江中游水资源评估与合理利用

根据中国科学院"区域开发前期研究"第一期的安排，1991 年综考会组成"长江中游产业带研究"项目组，顾定法参加，完成：《长江中游沿江产业带建设》，参加编写：顾定法，中国科学技术出版社，1995。

9. 中国不同类型区的水资源及其开发利用途径

"中国不同类型区的水资源及其开发利用途径"为中国科学院"八五"期间重大科研项目"中国水资源开发利用在国土整治中的地位与作用"的子课题，1992 年陈传友参加。本项目完成：《中国 21 世纪水问题方略》，参加编写：陈传友，科学出版社，1996。

10. 华北地区水资源变化与供需矛盾诊断

1996 年，"华北地区水资源变化及其调配的研究"列为中国科学院"八五"期间重点研究项目，"华北地区水资源变化与供需矛盾诊断"是该项目第三课题"节水挖潜与水资源供需平衡适应性调整"的专题。

林耀明参加该专题。完成：

(1)《华北平原农业水资源供需状况评价》。

(2)《华北平原的水土资源平衡研究》研究报告。

11. 广西北部湾地区主要城市的水资源开发与保护

根据中国科学院"区域开发前期研究"第二期安排，1994年综考会组成"中国北部湾地区总体开发与协调发展"项目组，顾定法参加，承担主要城市水资源开发利用与保护，城市防洪和特大工业项目的供水安全性评价。完成：《中国北部湾地区总体开发与协调发展研究》，参加编写：顾定法，气象出版社，1997。

61.4.3 横向项目

1. 四川省雅砻江垮山堵江考察

1967年夏季，四川省雅砻江中游发生垮山堵江事件，垮塌体积达8000m³，为我国近期第二大规模垮山事件。综考会应水利部邀请，派袁子恭、倪锦泉、李百浩赶赴现场参加考察。完成：《四川省西部雅砻江垮山堵江考察报告》，主笔：袁子恭，参加编写：倪锦泉、李百浩。

2. 国家科委"五七干校"土地利用规划底图测绘和水利灌溉工程规划设计

应国家科委邀请，1969年综考会派章铭陶、陈传友、陆亚洲、俎玉亭赴国家科委湖南省衡东"五七干校"，承担测绘土地利用规划底图和水利灌溉工程规划设计。完成：

(1)《国家科委湖南省衡东"五七干校"1∶5000土地利用规划底图》。

(2)《国家科委湖南省衡东"五七干校"提灌工程系统规划设计》。

3. 湖北省谷城县"6631"工程项目供水系统规划设计

应湖北省"三线"建设委员会办公室邀请，1969年综考会派陈洪经、李百浩赴湖北省谷城县，完成"6631"工程项目供水系统规划设计和施工任务。完成：《湖北省谷城"6631"工程项目供水系统规划设计》。

4. 承担科学教育影片《工业用水》任务

应长春电影制片厂邀请，袁子恭、章铭陶、陈传友、李宝庆，承担编写科学教育影片《工业用水》文学脚本，从1972~1973年曾在北京、天津、旅顺、大连、青岛、上海等地调查先进工业用水技术和节水措施。最终完成：《工业用水》科教影片文学脚本。1973年《工业用水》影片完成。科学顾问：袁子恭、章铭陶、陈传友、李宝庆。

5. 北京工业合理用水

1976年，在北京市革委会的支持下，袁子恭和杜国垣在北京开展了"北京工业合理用水"的调查研究。通过对北京市一轻局、二轻局、化工局、机械局、冶金司、纺织局系统有关行业的典型调查，论述北京工业用水中存在的问题，提出合理用水的潜力和经济效益，以及合理利用水资源的建议。完成：《北京工业合理用水问题调查研究报告》，主笔：袁子恭，1979。

6. 西藏自治区、雅鲁藏布江及西藏其他河流水力资源普查成果汇总

1979年应西藏水力勘测设计队邀请，关志华参加"中华人民共和国水力资源普查成果（分省）——西藏自治区；（分流域）雅鲁藏布江及西藏其他河流"水力资源普查成果汇总研究和部分章节与表格的复核工作。

7. 西藏诸河水资源调查评价西藏自治区部分成果汇总

1980 年应水利电力部长江流域规划办公室邀请，关志华参与由"长办"负责编写的"西南诸河水资源调查评价初步报告"中有关西藏自治区的水文统计、计算、水资源估算和开发利用等方面的工作。

8. 云南玉龙山地区生态环境变化和土地侵蚀调查研究

1985 年，综考会水资源室与国际山地学会合作，对滇西玉龙山区的生态环境变化和土地侵蚀开展调查研究，由陈传友负责，吴持政、姚治君先后参加。通过 20 世纪 20 年代玉龙山区的照片和现况进行对比，并在不同高度、坡度、植被条件的山体设计观测样地，掌握水土流失规律以及人类活动的影响。

9. "评价企业合理用水技术通则"与"企业水平衡测试导则"任务

1986 年，水资源室接受国家标准局的任务，由袁子恭主持编写"中华人民共和国国家标准"的"评价企业合理用水技术通则"与"企业水平衡测试导则"。完成：
(1)《评价企业合理用水技术通则》，主编：袁子恭。
(2)《企业水平衡测试导则》，主编：袁子恭。

10. 北京市生活用水调研和用水定额制定

接受北京市节水办公室委托，顾定法于 1988 年承担"北京市生活用水调研和用水定额制定"任务。通过对国家机关、大专院校、医院、宾馆等用水、节水措施和节水潜力的调研与评价，制订各部门的用水定额。完成：《北京市生活用水定额制定报告》，主笔：顾定法，1989。

11. 北京市水平衡测试

接受北京市节水办公室委托，顾定法、俎玉亭于 1989 年承担"北京市水平衡测试"任务。通过对北京市大型企事业单位进行水平衡的测试，寻找跑、冒、滴、漏现象，评价用水的合理性，提出节水措施。完成：《北京市水平衡测试报告》，主笔：顾定法、俎玉亭，1989。

12. 唐山市城市合理用水

1989 年水资源室接受唐山市科委和城市节水办公室的委托，开展"唐山市合理用水"问题的调查研究，课题组组长：袁子恭，成员：顾定法、苏人琼、俎玉亭、夏坚玲。针对唐山市日趋紧张的城市用水，通过评价城市供水的水源、设施、现状和存在问题，提出缓解城市缺水的措施。完成：《唐山市城市用水问题与对策的研究》，主笔：袁子恭，参加编写：顾定法、苏人琼、俎玉亭、夏坚玲，1991。

13. 海南省水资源规划

1993 年，综考会应海南省政府邀请，承担由海南省计划厅主持的"海南省国土资源开发规划"的编制工作。顾定法负责编写"海南省水资源规划"部分。完成：
(1)《海南省国土规划》，参加编写：顾定法，1993。
(2)《海南省国土规划综合图集》，参加编制：顾定法，1993。

61.4.4 综考会及水资源室项目

1. 编辑出版水资源研究参考资料汇编

水资源室部分成员在整理、翻译有关资料的基础上，于 1984 年编辑了《水资源研究参考资料汇编》。参加编辑工作的有：何希吾、唐青蔚、王旭、马宏、周长进、方汝林、苏人琼。

2.《水量平衡计算方法——用于研究和实践的国际指南》一书的翻译工作

1987 年，针对水资源室广泛参与的区域水资源平衡工作和广大院内外水利工作者的需求，由李驾三主持，组织人员翻译了由(苏)A. A 索科洛夫与(澳)查普曼合著的《水量平衡计算方法——用于研究和实践的国际指南》，参加翻译的有何希吾、唐青蔚、吴持政、林耀明、顾定法、陈传友、周长进、路京选、张天曾、关志华。中译本于 1988 年由科学出版社出版。

3.中国自然资源手册

1988 年综考会以水资源室为首，组织会内外人员编辑了基础性大型工具书《中国自然资源手册》。何希吾任副主编，参加编写：李驾三，参加编辑：唐青蔚、黄河清、周长进，科学出版社，1990。

4.西藏昌都地区"三江"流域农业综合开发规划

西藏自治区政府和昌都地区行署，1996 年委托中国科学院自然资源综合考察委员会编制"西藏昌都地区'三江'流域农业综合开发规划"，同时还委托为玉龙铜矿二期开发预选配套水电站。综考会组成以章铭陶为组长的规划组，水资源室参加的有姚治君、高迎春、林耀明。完成：

(1)《西藏昌都地区"三江"流域农业综合开发规划》，主编之一：章铭陶，参加编写：姚治君、高迎春、林耀明，1997。

(2)《玉龙铜矿二期建设的配套电站预选方案——玉曲河东坝水电站》，主笔：章铭陶，参加编写：高迎春、林耀明，1997。

(3)《全国农村初级电气化县的选择和推荐》，主笔：章铭陶、高迎春，1997。

61.4.5 咨询项目

"中国农业需水分析与节水高效农业建设"为"九五"期间中国工程院重大咨询项目，1997 年苏人琼参加该项目中的"中国可持续发展水资源研究"的课题。完成:《中国农业需水与高效农业建设》，苏人琼，中国水利水电出版社，2001。

61.5 人才培养

1.研究生培养

水资源研究室自 1983 年以来，共有 1 名博士生导师(陈传友)、5 名硕士生导师(袁子恭、黄让堂、杜国垣、章铭陶、苏人琼)，培养博士生 5 名(详见附表 6-10)，硕士生 10 名(详见附表 6-9)。

2.派出国外学习

全室共有 9 名成员，作为研究生或访问学者赴国外学习：

林耀明：1984~1986 年，英国陆地生态研究所(ITE)，访问学者。

王　旭：1986~1987 年，荷兰戴尔福特(DELFT)理工大学资源环境研究生院，硕士。

姚治君：1986~1987 年，美国科罗拉多大学地理系，访问学者。

陈传友：1986~1987 年，美国科罗拉多大学地理系，访问学者。

周德全：1988~1989 年，加拿大。

夏坚玲：1991~1993 年，荷兰 ITC 硕士。

路京选：1991~1992 年，荷兰 ITC 硕士。

黄河清：1992~　 年，澳大利亚伍龙岗大学，访问学者。

高迎春：1998～2000 年，瑞典皇家工学院，访问学者。

3. 向国际组织输送人才

张有实：1979 年 11 月至 1983 年 6 月被派往巴黎联合国教科文组织水科学科工作，任国际水文计划 P5 级高级专家。

李驾三：任联合国大地测量地球物理中国委员会委员。

4. 担任学术机构职务

张有实：中国水土保持学会副理事长；中华炎黄文化研究会名誉理事。

李驾三：中国水利学会理事、水文专业委员会委员；中国水利经济研究会理事。

袁子恭：中国水利学会理事、水资源专业委员会委员；中国水法研究会理事；中国地理学会水文地理专业委员会委员；北京市政府科技顾问团（水资源）顾问。

杜国垣：全国水资源委员会委员；中国农展协会理事。

陈传友：中国自然资源学会副理事长（常务）、秘书长；中国社会经济理事会理事；中国水利学会农田水利专业委员会委员、水环境专业委员会理事、中国排灌委员会委员；西藏一江两河建设委员会总工程师；中国科技名词审定委员会委员。

章铭陶：中国青藏高原研究会副理事长、山地委员会主任；中国自然资源学会山地委员会副主任。

苏人琼：北京市水利学会理事。

62　矿产资源研究室
（1960～1967）

62.1　研究室沿革

矿产资源研究室成立于 1960 年。1970 年综考会被撤销，人员下放中国科学院湖北潜江"五七干校"劳动锻炼；1972 年矿产室人员并入地理所地貌室，1973 年全部调离。

矿产室成立时，赵东旭为研究室代理副主任(1960.2.6～1963.3.10)；

1963 年崔克信、周作侠从中国科学院地质所调入后：

周作侠为矿产室副主任(1963.3.10～1967.4.5)；

崔克信为学术指导；

郭福有为政治副主任(1966.4.16～1967.4.5)。

曾在该室工作过的人员(按姓氏笔画为序)：

王清茂	田兴有	刘玉森	刘杰汉	刘晓桂	张儒媛	李正积	李廷琪
李秀云	肖增岳	陆德复	陈万勇	陈富田	周云生	周作侠	武传杰
侯　奎	胡志才	赵东旭	郭福有	崔克信	扈淑勤	黄育才	黄家宽
温景春	蔡竹泉	潘正甫	潘仲仁	薛建寰		

1972 年，武传杰、蔡竹泉、胡志财、李廷琪、李正积、潘仲仁、刘晓桂、王清茂、扈淑勤、陈富田、薛建寰、刘玉森、陈万勇 13 人已从矿产室调走。余下的 16 人中，除温景春留下来从事综合考察工作外，其余 15 人于 1973 年全部归并到中国科学院地质研究所。

62.2　研究室的方向任务

矿产室的主要研究任务是服务于考察队"查清资源，提出方案"的综合考察任务。因为矿产室并不具备"查清资源"的手段和条件，只能在国家有关部门资源勘查的基础上对资源进行评价。也就是说：矿产室的主要任务是参加考察队的考察和研究，对当地的矿产资源开发利用进行综合评价和技术经济评价。

62.3　研究室的科考成果

矿产室的研究人员在综考会撤销前的 1959～1970 年期间，分别参加了青甘队、蒙宁队、南水北调队、西南队工交分队以及西藏队等考察队的综合考察研究工作。主要成果如下：

(1) 陈万勇、刘杰汉 1960 年参加青甘队的综合考察工作，并参加《青甘地区生产力配置远景设想》中的"矿产资源"部分的编写工作。

(2) 刘杰汉、陈万勇、蔡竹泉在 1961 年，张儒媛、温景春、潘仲仁、田兴有、周云生在 1962 年，参加了蒙宁队的综合考察工作，参加编写与矿产资源评价有关的 8 项考察专题报告：

①《宁夏回族自治区煤田地质和煤炭资源》，刘杰汉，1964。

②《内蒙古自治区煤炭资源及其评价》，刘杰汉、田兴有，1965。

③《宁夏地区主要矿产资源简要总结报告》，刘杰汉，1962。

④《宁夏地区汝其沟无烟煤评价》，刘杰汉，1963。

⑤《贺兰山、卓子山煤炭资源及评价》，刘杰汉，1963。

⑥《内蒙古东三盟金属矿床综合评价》，陈万勇，1965。

⑦《内蒙古的矿产资源体系主要开发利用综合评价报告》，陈万勇，1965。

⑧《内蒙古自治区霍克气以铜矿为主多金属矿床综合评价》，1965获国家科委奖，获奖人：陈万勇。

（3）刘杰汉、陈万勇、田兴有1965年参加西北炼焦煤基地的综合考察工作，并参与编写《西北炼焦煤基地选择》总报告。

（4）赵东旭、肖增岳、胡志才、侯奎4人，1959～1962年参加了南水北调考察队。其中，胡志才参加川滇接壤地区矿产资源开发和冶金工业布局组的野外考察和总结，还参与编写川滇接壤地区考察总报告的矿产资源部分。侯奎参加若尔盖地区泥炭资源及其评价组的野外考察和总结。参与编写《若尔盖沼泽区泥炭资源及其评价》专题报告和《若尔盖高原的沼泽》一书。

（5）周作侠、胡志才、侯奎、潘正甫、黄育才、王清茂、李廷琪、肖增岳、赵东旭、黄家宽、刘晓桂、陆德复12人参加了西南队工交分队的综合考察工作。1963～1965年，对四川、云南、贵州三省（重点地区是华蓥山煤矿区、芙蓉山煤矿区、六盘水三大煤田以及西昌太和铁矿）的矿产资源进行了野外考察并收集了相关资料。1965年春，侯奎等还对六盘水等三大煤田的炼焦煤进行井下采样，送往首钢和唐山煤炭研究所，进行炼焦配煤试验研究。西南队的考察，后因“文化大革命”，只编写了阶段性考察报告，其中与矿产室有关的两个比较重要的报告是：《六盘水三大煤田的评价》（侯奎参与编写）和《西昌地区铁矿资源的评价》（赵东旭、周作侠、肖增岳、胡志才参与编写）。

（6）赵东旭、肖增岳、温景春等1960～1961年参加了西藏队的综合考察工作。赵东旭、温景春分配在藏北分队的煤田小队，肖增岳分配在藏北分队的铬铁矿小队。编写了《唐古拉山南麓的含煤带》和《西藏地区的三个成矿带》考察报告。

63　综合动能研究室
（1963～1967，1978～1980）

63.1　研究室沿革

新中国成立后，能源问题一直受到党中央、国务院的高度重视。为解决社会主义建设初期的煤炭、石油和电力供应等能源短缺问题，20世纪50年代派出大批能源专业留学生去苏联留学。60年代初，以赴苏留学归国人员徐寿波、黄志杰等为骨干，筹建中国能源研究机构。从筹建到正式建立能源研究所，前后（中间包括10年"文革"）经历了17年时间。

1963年经国务院李富春、聂荣臻两位副总理批示，成立编制为80人的动能研究所，在筹建期间，暂挂靠在中国科学院综合考察委员会，名为"综合动能研究室"。

1970年综考会被撤销，人员下放到中国科学院湖北潜江"五七干校"；1972年回京后，动能室专业人员并入中国科学院地理研究所经济地理室新设立的动能研究组。

1975年2月7日，国家计委节约办公室根据余秋里、谷牧两位副总理和袁宝华副主任对加强我国动能研究的批示精神与当前的迫切需要，希望动能组继续进行我国能源合理利用与综合利用的科学研究。

由于国家计委的关注，在1975年4月8日中国科学院自然资源综合考察机构恢复（定名为"综考组"）时，中国科学院（1975年4月14日）对动能研究工作的体制、方向、任务作了批示："一、根据计委领导同志'动能研究十分重要亟待加强'的批示精神，动能组仍予保留，继续开展动能的科学研究工作。二、关于动能组的体制问题，设在中国科学院综考组为宜。三、关于动能组的方向，应广泛发动组内群众认真讨论，提出初步方案，经所、院审核后报计委再审定。四、动能组将主要承担计委清仓节约办交予的研究任务。五、目前组内人员中，确有不适于本组工作的可做适当调整和调动"。并决定动能组仍挂靠在综考组。

1975年8月11日综考组向中国科学院、国家计委报送"关于1976～1985年能源合理利用和综合利用科学技术发展规划征求意见和落实协调的请示报告"，建议中国科学院为继续开展能源研究工作做出长期安排。

1978年全国科学大会前，徐寿波在中国科学院科学规划会议上提出要加强能源科学研究的建议，受到国家科委能源局领导的高度重视，要徐寿波负责起草全国能源科学技术规划，后来这个规划被国家批准列为八大科学技术研究领域之一。

1978年7月28日中国科学院对综考会机构设置的批复中，将动能室更名为能源研究室。

1980年9月2日经国务院批准，同意在综考会能源研究室基础上，建立能源研究所。由国家能源委员会和中国科学院双重领导，以国家能源委员会为主。规模为180人，编制暂按100人。1980年底，动能研究室成员全部离开综考会。

综合动能研究室负责人：徐寿波（1963～1964）

　　　　　　副主任：黄志杰（1964.7.2～1967.4.5）

　　　政治副主任：郭福有（1964.4.16～1967.4.5）

　　　行政秘书：王桂元（1963～1967）

工业交通动能组负责人：（1975.4.8～1977.1.3）

　　动能室负责人：张长胜（1977.1.3～1978.7.28）

　　　　　　　　　徐寿波（1977.1.3～1978.7.28）

能源研究室副主任：黄志杰（1978.7.28～1980.12.31）

徐寿波(1978.7.28～1980.12.31)

行政副主任：唐光泽(1978.7.28～1980.9.4)

张长胜(1980.9.4～1980.12.31)

曾在综合动能研究室工作过的人员（按姓氏笔画为序）：

马正发	支路川	文大化(赵峻山)	王家诚	王德才	刘文生	刘向九(刘学义)	刘静航
吉小云	孙九林	朱世伟	余养铨	张正敏	张桂兰	李文杰	李桂荣
杨志荣	杨富强	辛定国	郎一环	姚建华	胡秀莲	赵永南	赵根深
赵景绩	郝金良	徐有华	徐寿波	班振远	袁朝和	屠 彬(屠新国)	黄志杰
彭芳春	焦桂英						

63.2 研究室任务与成果

1. 主要任务

动能研究室 1962～1980 年的研究工作是依据国家科学规划中能源研究项目而展开的。主要任务是：

（1）根据《国家十二年(1956～1967)科学技术发展远景规划》和《国家十年(1963～1972)科学规划》所列的重点项目，其中主要有我国燃料动力的合理结构，能源的合理利用和综合利用，提高能源利用效率，开辟新能源和再生能源利用途径等研究。

（2）1964 年综考会承担和主持国家重点科学技术项目第 23 项"燃料动力资源的勘探、开发与利用的研究"中的第 1 项任务"我国燃料动能的区划和平衡的研究"。该任务共有研究课题 25 个。

（3）国家计委和中国科学院于 1975 年联合下发通知，转发了中国科学院自然资源综合考察组"关于1976～1985 年能源合理利用和综合利用科学技术发展规划"，其中心问题是全国燃料动力资源合理利用的综合研究，提高能源利用效率的研究，太阳能、地热能、风能合理利用技术的研究。

2. 主要成果

（1）关于我国电力工业发展速度问题的研究，徐寿波，1962。

（2）我国燃料动能的区划和平衡研究，黄志杰、徐寿波等，1963。

（3）城市煤气化研究，郝金良、徐友华等，1963。

（4）关于我国农业电气化发展研究，彭芳春、余养铨等，1963。

（5）水火电方案比较中容量及电量可比条件探讨，徐寿波、杨志荣，1963。

（6）技术经济方法论研究，徐寿波，研究报告，1963～1965。

（7）使用运筹学及电子计算机规划电力系统方法研究，王德才，1962～1964。

（8）可燃矿物合理利用研究，黄志杰、徐寿波、杨志荣、班振远等，1964。

（9）全国火电厂燃料基地选择研究，黄志杰、赵峻山等，1964。

（10）关于四川省天然气合理利用问题的研究，徐寿波，1965。

（11）我国重油资源的合理利用和分配，徐寿波，1965。

（12）关于电力系统分析预测研究，黄志杰、彭芳春、孙九林，1965。

（13）改善西北地区燃料平衡的研究，赵峻山、朱世伟等，1966。

（14）煤炭节约利用研究，郝金良、徐有华、郎一环，1966～1967。

（15）异步电机同步化节电研究，黄志杰、孙九林等，1967。

（16）电力系统负荷方式分析和预测，黄志杰、孙九林等，1964～1965。

（17）工业锅炉节能改造研究，徐寿波、郎一环等，1972～1973。

（18）全国二次能源利用研究，徐寿波、刘向九、郎一环、姚建华、张正敏，1973～1974。

（19）我国能源利用与节能研究，黄志杰、王家诚等，1978～1980。

(20) 焦炭资源合理利用研究，支路川等，1979。

(21) 我国能源存在的问题和看法，徐寿波，1979。

3. 获奖的研究成果

(1) 20 世纪 60 年代徐寿波等开展的重油合理利用研究，1964 年提交了"重油合理利用研究报告"，获国家科委重大科技成果奖。获奖人：徐寿波。

(2) 1973～1975 年国家计委和中国科学院联合组织全国二次能源利用研究，项目由张苏斌（国家计委局长）任项目领导小组组长，徐寿波（中国科学院能源组长）任项目负责人。"全国二次能源利用研究"成果于 1978 年获全国科学大会奖和中国科学院重大科技成果奖。获奖人：徐寿波、刘向九、郎一环、姚建华、张正敏。

63.3　学科建设

综考会能源研究室的研究方向实质上是综合能源经济研究。研究经济发展与能源开发、利用、保护、分配和管理之间的关系。能源经济研究目标和任务是如何合理开发利用地球上的各种能源资源，满足人类社会生产和生活对能源不断增长的需求。其研究对象是能源资源，研究能源资源开发利用的技术经济问题。十多年中能源研究室在完成国家任务的同时，推动了能源资源学、能源经济学、能源技术经济学和能源工程学等学科的发展，撰写出相应的学术成果。

1. 能源资源学

主要以自然资源为研究对象的原综考会，将能源作为自然资源的一种；能源室把能源研究作为资源研究的一个分支；研究各种能源资源的赋存状态、类型、特征及开发利用；各种能源资源储量、质量、时空分布规律及对人类社会的保证程度；各种能源与光、热、电、机械、化学等各种形态能的转化规律及利用途径。能源室在开展可燃矿物研究过程中，将煤、石油和天然气作为同一类能源研究，系统地研究它们的隐蔽性、非再生性、稀缺性及相互替代性等特征，有利于国家统一开发利用。开展二次能源利用研究，将二次能源纳入能源资源，促进了能源节约和再利用。

2. 能源技术经济学

能源研究室长期开展煤、石油、天然气、重油、电力等一次能源和二次能源合理利用的研究，推动了能源理论、方法研究。徐寿波在主持多项重大项目研究过程中，总结提炼创立了不仅适用于能源，也适用其他资源开发、产业发展和工程建设的技术经济理论。他在 60 年代初提出的技术经济方法论，虽然未能出版，但已广泛传播；到 80 年代先后出版了《技术经济学概论》和《技术经济学》，不仅为能源技术经济的学科发展奠定理论基础，而且为技术经济学科发展做出了开拓性贡献。

3. 能源经济学

能源经济研究是能源研究室的重要研究方向。综考会恢复后，能源室在几个考察队承担能源研究课题，以保障国家或区域经济社会发展、环境生态改善为目标，合理利用国内外能源资源，促进能源经济学科发展。主要在能源资源价值与价格，优化能源资源结构、生产结构和消费结构，提高能效、保护环境，太阳能、风能、生物质能和地热能等各种可再生能源开发利用和能源节约替代方面。在多途径解决农村能源等方面，均提出了许多新的见解。

4. 能源战略研究

以能源供给翻一番，保障国民经济发展翻两番，是 70 年代末国家提出的能源战略任务。徐寿波于

1979 年 9 月提出广义节能的观点，1982 年出版了《论广义节能》的论著，在全国和区域能源发展战略方面得到广泛应用。

　　徐寿波等在主持国家能源基地建设的前期规划中，从我国实现现代化的目标出发，规划国家能源基地的规模和布局；围绕煤炭开采、发电、炼焦等就地加工转化等方面，全面规划能源基地的能源经济发展，为能源战略研究做出典范，同时促进了能源经济学科发展。

　　除此以外，能源学科研究在能源管理、能源政策、能源安全、能源区域规划、能源与环境、能源节约与替代等方面的研究，均取得进展。

64 综合研究室
(1975～1978)

64.1 研究室沿革

1975 年综考会体制恢复后(定名为综考组),即在原综考会回归的研究人员的基础上,成立了过渡性质的综合研究室,负责人:石玉林、戴文焕。至 1978 年 8 月,先后在综合研究室工作过的有 80 余人。全室下分 9 个专业组:

农业组:王善敏　刘厚培　张　烈　杨辅勋　陈振杰　罗会馨

土地组:石玉林　石竹筠　刘喜忠　孙鸿烈　朱景郊　李明森　李桂森　李　爽　陈百明　陈国南
　　　　胡淑文　赵存兴　郭绍礼　谭福安

水利组:方汝林　关志华　何希吾　张天曾　张有实　杜国垣　苏人琼　陈传友　陆亚洲　周长进
　　　　俎玉亭　顾定法　章铭陶　谢国卿　鲍世恒

林业组:王素芳　邓坤枚　李文华　阳含熙　陈永瑞　韩进轩　韩裕丰

草场组:田效文　刘玉红　张振华　杨汝荣　姚彦臣　赵献英　郭志芬　郭秀英　廖国藩

畜牧组:王吉秋　沈长江　李玉祥　郭爱朴　黄文秀　程　彤

气候组:冯雪华　张炯远　张谊光　李继由　苏永清　侯光良　蒋世逮　孙文线

动能组:马正发　支路川　王家诚　刘向九　刘静航　孙九林　张正敏　张桂兰　辛宝国　姚建华
　　　　郝金良　徐寿波　郎一环　屠　彬　黄志杰　彭芳春　吉小云　胡秀莲　杨富强

经济组:孙尚志　李凯明　陈斗仁　赵训经　钟烈元　倪祖彬　康庆禹　曹光卓

64.2 主要任务与成果

综合研究室 1975～1978 年主要任务是承担中国科学院青藏高原(西藏自治区)综合科学考察队、黑龙江伊春荒地资源考察队、贵州地区综合利用考察队和内蒙古乌盟滩川地考察队的考察任务。

1. 参加中国科学院青藏高原综合科学考察队任务与成果

孙鸿烈、何希吾、张有实、倪祖彬、关志华、鲍世恒、章铭陶、陈传友、俎玉亭、韩裕丰、李文华、黄文秀、刘厚培、李继由、蒋世逮、张谊光、郭志芬、范增林、孙尚志、周长进、李明森等,参加中国科学院青藏高原综合科学考察队,分别参加农业组、林业组、水利组、畜牧组、草场组、气候组、土壤组、自然地理组、地热组、地质组,承担了"青藏高原农林牧业资源与水利资源合理开发利用"课题,开展了 4 个专题研究:

(1)宜农荒地、草场与森林资源考察研究;

(2)水文地理与水利水能资源的开发利用考察研究;

(3)农作物、家畜、林业生态地理研究;

(4)青藏高原农林牧生产地域类型和农林牧业合理布局研究。

在 1973～1976 年对以西藏自治区为主体的青藏高原进行全面考察的基础上,经 1977 年后的全面总结,编辑出版了《青藏高原综合科学考察丛书》中的 7 部专著和 2 部综合考察报告(内部出版):

(1)《西藏气候》,主要完成人有:蒋世逮、李继由、张谊光。

(2)《西藏河流与湖泊》,主要完成人有:关志华、陈传友、张有实、鲍世恒、俎玉亭、章铭陶、何希吾。

(3)《西藏森林》，主要完成人：李文华、韩裕丰。

(4)《西藏家畜》，主要完成人：黄文秀。

(5)《西藏农业地理》，主要完成人：倪祖彬、孙尚志。

(6)《西藏土壤》，主要完成人：孙鸿烈、李明森。

(7)《西藏地热》，主要完成人：章铭陶。

(8)《西藏水利》，主要完成人：陈传友、关志华、鲍世恒、张有实、周长进、何希吾、俎玉亭。

(9)《西藏农业发展方向与增产途径》，主要完成人：倪祖彬、孙尚志。

2. 参加黑龙江伊春地区荒地资源考察队任务与成果

石玉林、石竹筠、赵存兴、康庆禹、钟烈元、李世顺、李桂森、王双印、侯光良、苏永清、张有实、李杰新、苏人琼、陆亚洲、李宝庆、方汝林、任鸿遵、李爽、谢国卿、陈百明、胡淑文、谭福安、郭金如等1975～1978年4月，参加黑龙江伊春地区荒地资源考察队，承担了"黑龙江伊春地区荒地资源开发与农业发展问题"的考察研究任务。1975年5月～1978年4月，在对黑龙江伊春地区进行科学考察的基础上，经总结提出了"黑龙江省伊春地区农业发展与合理布"总报告和"黑龙江伊春地区发展农副产业的水利问题""黑龙江伊春地区畜牧业发展报告""黑龙江省荒地资源开发利用的灌溉排水措施"等33份考察报告。

3. 参加贵州省山地资源合理利用调查队任务与成果

那文俊、阳含熙、曹光卓、李凯明、李世顺、李桂森、李杰新、苏人琼、冯雪华、王善敏、顾定法、张天曾、谢国卿、董建龙、洪仲伯、郭连保等，先后参加贵州山地资源综合利用调查队的农业组、森林组、水利组和综合组，围绕着贵州山地资源合理开发利用中心问题，承担了"贵州省不同类型山地农业资源特点及其综合利用""贵州山地自然条件与农业资源的开发利用""贵州省农业自然资源综合利用试验研究"3个专题。于1976～1977年对贵州省长顺县进行全面的考察和定位试验研究的基础上，提出了"贵州省长顺县山地综合治理初步意见"和"贵州省长顺县山地科学考察报告集"（后续总结工作见第65章生物资源研究室）。

4. 参加内蒙古乌审旗农业自然资源考察研究与成果

"内蒙古乌审旗农业自然资源考察研究"，是1975年中国科学院根据内蒙古自治区科技局及伊克昭盟盟委关于继续进行自然资源及利用问题的考察要求，综考组派出一个研究小组，会同盟、旗有关单位及沙漠所，共同组成了伊盟考察组。石玉林为该组负责人，参加工作的有郭绍礼。考察后提出了一个主件"乌审旗农业自然资源的利用与保护问题"以及三个附件。该项工作获省部级科学技术进步奖二等奖，石玉林、郭绍礼为获奖人。

5. 对内蒙古后山地区滩川地的考察与成果

郭绍礼、沈长江、戴文焕、杨辅勋、郭志芬、张振华、徐敬宣、陈国南参加了内蒙古乌盟滩川地考察队。于1977年对内蒙古后山地区滩川地进行科学考察，提出了"内蒙古自治区乌盟后山地区滩川地自然资源合理利用与高产稳产农田基本建设途径"总报告和简要报告。成果获内蒙古自治区科技成果二等奖。

6. 完成中国科学院内蒙古宁夏综考队的总结与编著工作

廖国藩、沈长江、方德罗、赵献英、黄文秀、程彤、田效文、乌力吉、苏大学、姚彦臣、石玉林、方汝林、郭绍礼、王素芳、李立贤等，1975～1976年继续完成中国科学院内蒙古宁夏综合考察队（1961～1964年野外考察)组织的室内总结、专著编写收尾工作（该项前期考察工作详见第59章农林牧资源研究室）。

主持和参加完成的成果主要有：

(1)《内蒙古自治区地貌》，郭绍礼等，科学出版社，1980。

（2）《内蒙古自治区及其东西部毗邻地区气候与农牧业的关系》，李立贤、周玉孚，科学出版社，1976。

（3）《内蒙古自治区植被》上下册，参加人：赵献英，科学出版社，1986。

（4）《内蒙古自治区及其东西部毗邻地区土壤地理》，石玉林等，科学出版社，1978。

（5）《内蒙古自治区及其东西部毗邻地区天然草场》，参加人：廖国藩、田效文，科学出版社，1980。

（6）《内蒙古自治区及其东西部地区森林》，参加人：傅鸿仪、王素芳，科学出版社，1981。

（7）《内蒙古畜牧业》，参加人：沈长江、方德罗、黄文秀、程彤，科学出版社，1977。

（8）《内蒙古自治区及其东北西部毗邻地区1∶400万土壤图》，石玉林等，1965。

（9）《宁夏土地利用现状图》，李世顺等编，1976。

内蒙古科学考察成果获得1978年全国科学大会奖（集体奖）、中国科学院重大科技成果奖，1981年获国家自然科学奖。

另外，郎一环、姚建华、程彤分别参加1975年珠穆朗玛峰登山科学考察队和1977～1978年托木尔峰登山科学考察，负责业务组领导工作。

65 生物资源研究室
(1978～1989)

65.1 研究室沿革

1975 年综考机构恢复初期，各专业人员很少，很多专业组聚集在一个过渡性十分明显的大的综合研究室中(综合研究室是一个临时性的组织管理机构)。1978 年各专业人数逐渐增加，领导决定由综合研究室中的农业(含气候)、林业、畜牧和草地 4 个属于生物资源系统的专业组，联合组成生物资源研究室(另附设生物组织培养实验室和植物标本室)。到了 1989 年，各专业组发展、充实之后，便分别成立了农(气候)、林、草地畜牧三个独立的资源生态研究室。至此，生物资源研究室完成了历史任务，建制撤销。

1. 研究室人员

1978 年建室初始，人员有(按姓氏笔画为序，下同)：

王吉秋　王善敏　邓坤枚　冯雪华　田效文　刘玉红　刘厚培　阳含熙　张　烈　张炯远　张振华
张谊光　李文华　李玉祥　李立贤　李继由　杨汝荣　沈长江　苏永清　陈永瑞　侯光良　姚则安
姚彦臣　赵献英　郭志芬　郭秀英　郭爱朴　黄文秀　程　彤　蒋世遑　韩进轩　韩裕丰　廖国藩
戴文焕

1979～1989 年期间新分配大学生、研究生和调入人员有：

卫　林　马金忠　仇田青　文绍开　王　为　王　菱　王其冬　王钟建　王淑强　白延铎　伍业纲
刘建华　孙文线　孙庆国　朱太平　江爱良　许毓英　吴正方　宋　起　张　杰　张运锋　张福林
李　飞　李　诺　李文卿　李兰海　李玉长　杜占池　杜明远　杨远盛　汪时荃　苏大学　苏玉兰
陈华明　陈纪卫　陈沈斌　赵伟辉　赵宪国　钟华平　徐六康　栾景生　贾中骥　郭丹玲　梁　飚
曾　伟　韩　云　韩念勇　赖世登　廖昌良　廖俊国　谭　强　樊江文　潘渝德

1979～1989 年期间出国留学和调出人员有：

王　为　王吉秋　阳含熙　宋　起　张振华　杜明远　汪时荃　陈纪卫　姚则安　赵伟辉　赵宪国
赵献英　徐六康　贾中骥　郭丹玲　郭爱朴　韩念勇　廖昌良

2. 研究室领导

主　任：李文华(1978.7.28～1984.6.15)
副主任：沈长江、刘厚培、廖国藩

主　任：沈长江(1984.6.15～1988.1.11)
副主任：韩裕丰

主　任：韩裕丰(1988.1.11～1989.3.20)
副主任：黄文秀
行政副主任：戴文焕(1980.9.4～1984.10.22)
　　　　　　苏玉兰(1984.10.22～1989.3.20)

65.2　生物资源室的研究方向

在继承原农林牧室研究方向"查清资源，提出方案"基础上，结合国家经济建设和社会、科技发展的要求，以考察队为服务对象，以"任务带学科"为原则，以承担资源考察研究任务为依托，而引入新思想、新方法，加深研究、拓展领域，确立了该研究室的总的研究方向：

（1）用宏观区域考察和典型地段（点）试验研究相结合的方法，认知、评估农、林、牧、草资源的生物学特性，定性定量分析资源数质量地域差异及其分布规律；

（2）综合分析，全面评价区域资源系统结构、单项资源优势以及开发利用条件和潜力，提出区域性资源与单项资源合理开发利用战略方案与相应途径，确保资源开发和经济发展的可持续性；

（3）用系统观点，全面分析和认知影响资源开发利用的有利和不利因素，深入研究解决资源开发中的重大问题和资源保护的目标和措施。

65.3　承担和完成的考察任务与成果*

1）青藏高原综合科学考察

1973 年中国科学院成立了中国科学院青藏高原综合科学考察队，至 1977 年，该室有 4 个专业组和 6 名业务人员参加该队工作。李文华、韩裕丰参加并主持林业组工作，黄文秀参加并主持畜牧组工作，郭志芬参加草场组工作，李继由、张谊光参加气候组工作。

林业组对西藏自治区森林资源类型结构、森林生态、林业区划、自然保护、生物生产力和林业发展方向、经济林木、宜林地条件、果树、茶叶发展现状、主要树种物理性质、森林病虫害等进行了全面考察。

畜牧和草场组对西藏自治区草地资源类型、数量、牧草适口性、草场载畜能力、家畜种类、数量、分布规律、高原生理适应性、生产能力和发展方向，以及畜牧业区域发展和区划进行了考察研究。

1978 年生物室成立之际，西藏考察任务的野外工作已基本结束，进入室内资料整理、分析、撰写考察报告、论文阶段。

由包括《西藏森林》（李文华、韩裕丰等，科学出版社，1985）；《西藏家畜》（黄文秀等，科学出版社，1981）；《西藏气候》（蒋世逵、李继由、张谊光等，科学出版社，1981）；《西藏暗针叶林概论》，1982；《西藏特有的几种松树》，1982；及 "The Vegetation in Tibet of China and its Economic Significance"，"A Comparative Study of the Flora and Vegetation of Tibet（China）and the Carolina（U. S. A）Vesoff Geolot" 等在内的"青藏高原科学考察丛书"及论文集组成的"青藏高原隆起及其对自然环境与人类活动影响的综合研究"项目，于 1986 年获中国科学院科学技术进步奖特等奖，该室获奖人有李文华、韩裕丰、黄文秀和张谊光；于 1987 年获第三届国家自然科学奖一等奖，该室获奖人有李文华、韩裕丰、黄文秀和张谊光。

2）南方山区综合科学考察研究

1980 年中国科学院组建了"中国科学院南方山区综合科学考察队"。1983 年接受了中国科学院与国家计委联合下达的"中国亚热带东部丘陵山区自然资源合理利用与治理途径的考察研究"任务，于 1984～1989 年进行了第二次考察。该室主要参加人员有刘厚培、张烈、王善敏、李飞、伍业纲、韩进轩、邓坤枚、陈永瑞、王英芳、李玉长、廖国藩、程彤、杨汝荣、郭志芬、韩念勇、张振华、李玉祥、许毓英、陈华明、马金忠、谭强、李兰海、侯光良、白延铎、孙文线、苏永清、蒋世逵等。

第一期考察地区为江西吉泰盆地、赣南地区和湖南中亚热带东部丘陵山区。在吉泰盆地重点考察了河

---

* 有关各专业组的部分任务、成果等，详见第 67 章农业资源生态研究室、第 71 章林业资源生态研究室和第 73 章草地资源与畜牧生态研究室。

谷平原和丘陵山区的条件和自然资源的开发潜力。代表性考察成果有：

（1）《江西泰和县自然资源和农业区划》，刘厚培、侯光良、蒋世逵、张烈、王善敏、姚则安、韩念勇、郭志芬、张振华、程彤、李玉祥、白延铎、孙文线、苏永清等参加，能源出版社，1982。该成果1985年获全国农业区划委科技成果奖二等奖。

（2）《江西吉泰盆地商品粮生产基地科学考察报告集》，刘厚培等主持；参加并执笔：刘厚培、蒋世逵、崔四平等，能源出版社，1985。

（3）《桂东北山区资源合理开发利用》，朱景郊主持，编委：刘厚培、蒋世逵；执笔人：刘厚培、张烈、蒋世逵、谭强、许毓英等，农业出版社，1988。

赣南地区主要考察了宜橘荒地的条件。代表性考察成果有：

（1）《赣江流域自然资源开发战略研究》，科学出版社，1989。

（2）《柑橘生态要求基地选择——赣南柑橘基地选择报告文集》，1988年获江西省科学技术进步奖三等奖。

湖南中亚热带东部丘陵山区主要进行了自然资源特点、生态环境演替、影响农业生产和经济收入的主要环节以及资源开发潜力等综合考察研究。主要成果有：《湖南南岭山区资源综合考察研究》，刘厚培、蒋世逵、陈华明、许毓英，中国科学技术出版社，1989。

1984年，在第一次南方山区综合考察的基础上，开始了第二次南方山区的综合科学考察研究。主要考察内容为：自然资源与经济发展的区情分析、资源合理开发利用对策的研究、不同山区各具特色的建设模式，以及综合开发治理实验点的经验总结等。1989年完成任务，并通过了"南方山区科学考察专辑"的学术鉴定和验收。

南方山区综合科学考察研究"中国亚热带东部丘陵山区自然资源合理利用与治理途径"成果，获1991年中国科学院科学技术进步奖一等奖，1992年国家科学技术进步奖三等奖。

3）横断山区综合科学考察

1981～1985年中国科学院青藏高原综合科学考察队，将考察重点地区转移到横断山区，增加了"横断山区农业自然资源评价与开发利用的研究""横断山区农村及中小城镇能源评价与开发利用研究""横断山区畜牧业发展问题的研究""横断山区高山森林采伐更新的研究""横断山区干热河谷合理开发利用问题研究"五大专题。该室参加人员有李文华、韩裕丰、赖世登、于立涛、廖俊国、邓坤枚、赵宪国、孙庆国、黄文秀、田效文、刘玉红、韩念勇、郭爱朴、王吉秋、张谊光、张福林、张炯远、白延铎、陈沈斌、李继由。

1981年，青藏高原综合考察移师横断山区。为提高考察研究质量，气候组张谊光、张福林、张炯远、白延铎、陈沈斌、李继由承担了建立云岭白马雪山垂直气候观测剖面、小中甸原始林区观测站和光能、风能利用试验等任务。白马雪山垂直气候观测剖面从金沙江河谷海拔2025m的奔子栏翻越4293m的白马雪山垭口，下到2080m的澜沧江河谷日嘴，全剖面设7个观测站，持续3年，取得了国内外海拔最高、持续观测时间最长的第一手垂直气候观测资料。在香格里拉小中甸林区海拔3200～3300m，建立了原始云、冷杉林内皆伐迹地和林外空地3个观测站，取得了1982～1985m(4整年)原始云、冷杉林内外小气候对比观测资料和光合有效辐射资料。由于观测末期青藏队（横断山部分）已全部结束，受经费困扰，除风能利用等部分资料1993年在《中国农业气候资源》一书中发表外，《横断山区的垂直气候及其对森林分布的影响》书稿，直至2010年才在中国科学院生态系统台站网络领导支持下，由气象出版社出版。

在完成上述有关考察任务外，林业组参加了小中甸森林生态、森林水文半定位观测的研究，对森林生理生态方面进行了一些测定。畜牧和草场考察中，重点研究了高山地区牧业资源(草、畜)的独特类型、垂直分布、优良品种的利用和种质资源特征。成果有：

（1）《横断山区垂直气候及其对分布的影响》；

（2）《丽江纳西族自治县农业综合系列图》；

（3）《金川县农业资源评价与系列图》；

(4)《横断山区(川西)畜牧业发展战略研究》,1988;

(5)《金川县1:20万国土资源系列图》,田效文参加;

(6)《丽江马优化发展模式研究》;

(7)《牦牛染色体配对研究》。

上述成果收在《青藏高原研究·横断山考察专辑》(一),李文华主编,科学出版社,1983。

4) 新疆综合科学考察(1985~1989)

中国科学院组织新疆资源开发考察队,属中国科学院的重大科研项目。参加本次考察的人员有沈长江、赵伟辉、王钟建。考察内容是:"新疆资源开发与生产布局的研究""新疆土地资源开发和农、林、牧生产基地布局的研究"。

在综合分析区情基础上,提出了进一步调整产业结构,农牧并重,建立以绵羊为主的国家级牧业生产基地。

主要成果:

(1)《新疆资源开发与生产布局》,沈长江参加,1989;

(2)《新疆畜牧业发展与布局研究》,沈长江,科学出版社,1989。

新疆队成果:1990年获中国科学院科学技术进步奖一等奖,获1991年国家科学技术进步奖三等奖,沈长江为获奖人员之一。

5) 西南地区国土资源综合考察和发展战略研究(1986~1988)

"西南地区国土资源考察和战略研究"属中国科学院"七五"重大研究项目。旨在通过考察研究探讨西南五省区市(四川、云南、贵州、广西和重庆)的发展战略。该室参加人员有:李文华、韩裕丰、赖世登、邓坤枚、张运锋、廖俊国、田效文、黄文秀、孙庆国、钟华平、杜占池、梁飚等(考察成果详见:第71章林业资源生态研究室和第73章草地资源与畜牧生态研究室)。

6) 全国草地资源调查

《1978~1985年全国科学技术发展规划纲要》把农业自然资源调查和农业区划列为农业科技的第一项任务。编制1:100万中国草地类型图、等级评价图和重点牧区草地资源调查是该项目重点内容之一。综考会和中国农业科学院草原研究所合作主持全国草地资源调查,综考会生物室草场组负责南方片18省(区、市)草地资源调查,成立了南方草地调查科技办公室(简称南草办)。该室先后有廖国藩(南草办负责人)、郭志芬、郭秀英、杨汝荣、苏大学、刘建华参加。

1979~1980年为全国草地资源调查的准备阶段。1979年8~10月,综考会与广西壮族自治区农业局共同主持,在广西进行了实地考察并编写了培训教材《中国亚热带草场资源考察研究方法导论》,执笔:廖国藩、郭志芬等;郭秀英参加辅助工作。11~12月,在广西来宾县举办了"南方草场资源调查训练班",来自南方片18个省(区、市)的30多名学员参加了培训。廖国藩、郭志芬及马庆文、刘德福(内蒙古农牧学院)、陆文高(广西畜牧研究所)、梁淦(广西环江县农业局)、张本能(广西植物所)、谢传维(土壤专家)等担任培训教师;郭秀英、杨汝荣、韩念勇、孙庆国参加了训练班野外实习指导工作。这批受训人员作为各省区市开展草地资源调查的技术骨干,统一标准、统一方法,各自在本省区市再进行培训,由此形成了开展全国草地资源调查的技术队伍。

1981年起,草地资源调查工作全面展开,在此基础上,南草办又制定了南方草地分类和划分标准,指导南方各省区市的草地资源调查。1982年完成"中国草地资源数据库的研究"(苏大学、廖国藩)。1987年完成"贵州省草地资源调查和草地遥感应用研究"(苏大学、廖国藩)。1988年南草办和北草办合作完成了"中国草地类型的划分标准和中国草地类型分类系统"、《中国草地资源》专著编写事宜安排。1989年《中国草地资源》专著编委会召开会议,确定编写提纲和编写人员(1990年以后,此任务继续在草地资源与畜牧生态研究室期间完成）。

7）其他考察队及研究成果

（1）1976～1978年中国科学院贵州考察队，在贵州省山区进行了考察，1979年进行总结。提交了"重点县山地资源综合利用研究""贵州不同类型山区资源综合利用研究""贵州山地农业综合开发中的几个重大科技问题""贵州省地图集"等成果。参加人员有王善敏、冯雪华、程彤。

（2）1978～1979年湖南桃园综合考察队，提交了"桃园综合考察报告集"、《桃源农业区划报告》。参加人员有刘厚培、王善敏、张烈、姚则安、廖国藩、郭志芬、张振华、郭秀英、杨汝荣、侯光良、冯雪华、苏永清。该项目成果1980年获湖南省科委优秀成果奖一等奖，1985年获全国农业区划委科技成果奖三等奖。

（3）1978年托木尔峰考察队，程彤参加。成果有"托木尔峰综合考察研究报告集"。1979年获中国科学院重大科技成果奖二等奖。

（4）内蒙古乌审旗自然资源综合考察，沈长江参加，该成果1980年获内蒙古自治区科技成果奖二等奖。

（5）全国农业区划，全国农业区划办主持，沈长江参加。主要成果《中国牧业地理》，沈长江主编，农业出版社，1989。该成果1985年获国家科学技术进步奖一等奖，沈长江为获奖者之一。

（6）中国农业发展若干战略问题研究，全国农业区划委员会主持，沈长江参加，1985年获全国农业区划委员会一等奖，沈长江为获奖者之一。

（7）1987年，贵州省草地调查和草地遥感应用研究，参加人有廖国藩、苏大学、郭秀英等，该项目获贵州省科技成果奖二等奖。

8）努鲁儿虎贫困山区科技扶贫任务

1987年国家机关第二次扶贫工作会议上，把努鲁儿虎山区指定为中国科学院重点扶贫地区。"七五"期间中国科学院将努鲁儿虎贫困山区资源开发与经济发展研究列为院级重大项目，并责成综考会主持承德、赤峰地区12个旗县的科技扶贫工作。参加人员有黄文秀、李飞、郭志芬、文绍开、周海林等（详见第37章努鲁儿虎及其毗邻山区科技扶贫）。

主要任务是："燕山东段贫困山区生态经济沟建设模式研究"（滦平县）、"北方半干旱贫困山区生态农业优化模式研究"（翁牛特旗）。

1988～1989年主要成果有：

（1）《努鲁儿虎及其毗邻山区科技扶贫总体规划》，郭志芬、文绍开参加；

（2）《内蒙古赤峰市翁牛特旗杜家地乡"八五"期间农村经济发展规划》，赖世登、黄文秀、田效文参加。

9）定位研究站工作

（1）横断山半定位观测研究。青藏高原综合科学考察队（1981～1984年），建立了小中甸森林生态定位观测试验研究站。赖世登和廖俊国参加了小中甸有关森林采伐更新、生理生态等方面的观测研究，积累了大量第一手宝贵资料，为解决高山森林天然更新难题提供了重要建议与科学依据。

（2）江西千烟洲红壤丘陵综合开发治理定位观测试验研究[①]。在南方山地综合考察研究基础上，1983年在泰和县千烟洲建立了定点研究站，开展红壤丘陵综合开发治理试验研究。参加人员有李飞、陈永瑞、邓坤枚、杨汝荣、程彤、李玉祥等。

1986年对该站的开发治理试验进行了第一次总结，编写了《红壤丘陵开发治理——千烟洲综合开发利用治理实验研究》报告。1989获中国科学院科学技术进步奖三等奖。

---

① 后续工作详见"73 草地资源与畜牧生态研究室"和"77 千烟洲红壤丘陵综合开发试验站"。

（3）四川巫溪红池坝草地畜牧生态系统定位观测、试验研究[①]。1985 年在中国科学院和农业部的共同倡议下，在南方亚热带中高山地区包括红池坝等 6 个地区设立草地畜牧业发展研究国家项目。在此基础上，中国科学院于 1986 年组建成立了巫溪红池坝草地畜牧生态系统综合试验站。1989 年以前参加人员有廖国藩、刘玉红、樊江文、王淑强等。

1986~1990 年，试验站主要承担了国家"七五"攻关课题"亚热带中高山地区人工草地养畜试验"。其间完成或超额完成了任务，并提出了"人工草地建设管理综合技术"和"草食家畜饲养管理技术"总结报告。项目成果获 1990 年农业部科学技术进步奖二等奖，1991 年国家科学技术进步奖三等奖。

（4）吉林长白山森林生态系统定位研究。1977 年，阳含熙、李文华等提出建立长白山自然保护区和在长白山开展关于温带针阔混交林结构与功能研究的建议。1978 年与中国科学院沈阳应用生态研究所等单位一起，参加长白山森林生态站的创建和定位研究。阳含熙任站的学术委员会主任，李文华担任副站长。综考会林业研究人员 10 多人参加"长白山森林生态系统结构、功能和生产力的研究项目"。具体承担的课题有："阔叶红松林的基本特征、结构、功能和演替"；"长白山暗针叶林结构、功能与动态的研究"；"长白山与西南暗针叶林结构与动态的对比研究"等。发表了数十篇学术论文。完成的"长白山阔叶红松林演替与更新数学模型"和"长白山地区主要生物量的研究"，是"长白山森林生态系统研究"项目，1986 年获得中国科学院科学技术进步奖二等奖的主要组成部分之一。综考会参加长白山定位站的研究人员有：阳含熙、李文华、李飞、伍业纲、潘渝德、王本楠、韩进轩、邓坤枚、陈永瑞、邵彬、顾连宏等。

（5）内蒙古锡林郭勒草原定位站[②]。锡林郭勒草原定位站于 1978 年成立，中国科学院植物所主持，综考会参加人员有沈长江、赵献英、杜占池、杨汝荣、姚彦臣、李玉祥等。主要参加了建站初期自然条件、自然资源本底调查和后续的"牧草光合作用"和"家畜放牧强度"的研究。"草原生态系统研究"项目获中国科学院自然科学奖二等奖。

10）其他重要研究成果

（1）自然保护区研究成果。在 20 世纪 70 年代初，青藏队林业组提出在西藏建立自然保护区的建议。即建立墨脱自然保护区，以保护热带季雨林和生物基因库为主；察隅自然保护区，以保护山地亚热带松林和常绿阔叶林为主；吉隆江村自然保护区，以保护喜马拉雅长叶松（西藏长叶松）和长叶云杉为主；波密岗乡自然保护区，以保护箭竹云杉（林芝云杉）林为主。上述建议均被采纳，列为国家级自然保护区。

在对自然保护区调查研究基础上，撰写学术论文："关于自然保护区的几个问题"，《自然资源》，1980；"我国生物资源的综合考察及开发与保护的问题"，《自然资源》，1986。《中国自然保护区》（李文华、赵献英，商务印书馆，1984），是我国系统介绍自然保护区概况及一些基本理论的第一部著作。已由外文出版社翻译成英、法等国文字向国外发行，有力地宣传了我国自然保护区建设的成就，扩大了对外影响。《中国自然保护区》，1985 年获国家科普优秀作品奖，1987 年获全国地理科普读物优秀奖，1990 年获全国"五个一工程"优秀作品奖。

（2）植物数量分类研究成果。阳含熙自 20 世纪 70 年代后期开始，从介绍国外数量生态学的论文与专著着手，先后主持翻译出版了《数量生态学》，1969；《植物园生态学的方法》，1982；以及《植物生态学译丛》（1~4 集），这些著作对中国植物生态学的发展起到促进作用。他于 1980 年举办了系统分析训练班，其学员如今已成为各科研教学单位中应用与发展数量生态学的骨干力量。1980 年阳含熙与卢泽愚合作编写出版《植物生态学数量分类方法》，对我国森林植物的研究由定性走向定量起了先导作用。此专著获中国科学院科学技术进步奖二等奖（1981）。

（3）内蒙古考察后续工作：《内蒙古自治区及毗邻地区天然草场》，廖国藩、田效文等，科学出版社，1979；《宁夏滩羊的生态遗传与选育问题研究》，沈长江，1978；《宁夏滩羊的生态地理特征及进一步发展问题研究》，沈长江，1978。

---

① 后续工作详见"73 草地资源与畜牧生态研究室"和"78 红池坝草地-畜牧生态系统试验站"。
② 后续工作详见"73 草地资源与畜牧生态研究室"。

（4）"2000 年的中国"研究：《2000 年的中国自然资源》，该室参加人员有廖国藩、黄文秀、张烈、赖世登，上海人民出版社，1988。《2000 年的中国》，获国家科学技术进步奖一等奖。

（5）中国农业发展若干战略问题研究，全国农业区划委员会主持，1985 年获全国农业区划委员会一等奖，沈长江参加并获奖。

（6）《内蒙古喀喇沁旗经济发展战略研究》，赵献英参加，1986。

（7）《我国优良牧草染色体研究》，刘玉红、田效文、孙庆国，1988。

（8）《东北阔叶林红松林演替与更新数学模型研究》，阳含熙、王本楠、韩进轩、伍业纲、潘渝德参加。

（9）全国农业区划，全国农业区划办主持，1985 年获国家科学技术进步奖一等奖，沈长江参加，为获奖者之一；《中国牧业地理》，沈长江主编，农业出版社，1989。

（10）《广东省丰顺县经济发展战略规划》，李玉祥参加，1989。

（11）《托木尔峰科学考察画册》，主编刘东生、程彤，新疆人民出版社，1985。

65.4　植物标本室

自 1973 年第一次参加中国科学院青藏高原科学考察起，就开始酝酿在综考会建立植物标本室的构想。随着标本数量逐年增加，以及综考会科研条件不断改善，为标本室的建立创造了极为有利的条件。最初在仓库楼内腾出两间房屋，供存放标本之用，到 1985 年横断山考察结束时，标本室规模已由两间扩大到四间，另有一间办公用房。标本室管理模式同其他研究所一样，设专人负责管理，先后负责标本室管理的人员有：王崇书（外聘）、郭志芬、韩云。管理人员对每一份标本都建立登记卡片，逐一记载每种植物的采集时间、地点、生境、中文名称、学名（拉丁文）、采集人、定名人等项目，相当植物户口薄。这些标本绝大部分来自青藏队（西藏部分）和横断山队野外考察期间采集的。据统计，共有标本柜 50 余个，拥有植物标本总数 4 万余份，已鉴定定名的标本达 3 万余份。值得一提的是，在这数万份标本中，经有关植物分类学家鉴定，新种 30 余种，其中柳属 7 种，并对新种进行了妥善处理和保管。这些模式标本，对植物分类研究具有重要科学价值。2000 年综考会与地理所整合后，全部植物标本、标本柜和植物登记卡片，一起移交给中国科学院植物研究所标本馆，双方还签定了移交协议。

1990 年建立了树木年轮实验室，运用现代测试技术研究林木生长，利用年轮自动测试仪分析判读年轮样条和圆盘，又运用波谱分析技术研究其生长规律，为研究林木生长规律及其环境变迁提供了一种新方法。由于树木生长受气候影响很大，所以树木年轮宽度存在差异，可获取过去气候变化的信息，成为研究和重建过去气候的有效途径之一。生物资源室研究人员参加青藏高原和新疆野外考察时，用生长锥获取大量不同树种的年轮样条，并用油锯获得一部分树种的圆盘，用于分析测定树木生长变化规律和气候变化对树木生长的影响，尤其对高海拔地区树木的年轮分析研究，可获得更有价值的信息。

65.5　国际合作与人才培养

1. 国际合作

（1）与联合国教科文组织"人与生物圈计划"合作。1978 年，中国人与生物圈国家委员会成立，阳含熙任副主席、秘书长，李文华任副秘书长。阳含熙同时任"人与生物圈计划"国际协调理事会执行局副主席。

1986 年，李文华任中国人与生物圈国家委员会秘书长，同时连任两届"人与生物圈计划"国际协调理事会执行局主席。

（2）与联合国教科文组织下设的"国际山地综合开发中心"（ICIMOD）合作，ICIMOD 是专门从事兴都库什-喜马拉雅山区（包括 8 个国家）开发研究的国际组织。

1983～1986 年，李文华任 ICIMOD 理事会国家理事（代表中国），1989 年李文华任 ICIMOD 专家理事会理事。

1985～1987年，黄文秀在ICIMOD任中国专家组负责人，承担高山地区草地开发与管理方面的研究任务。期间参加了"喜马拉雅-兴都库什山区居民食物营养""喜马拉雅-兴都库什山区流域治理"项目研究，主持"西藏草地资源保护"项目。

代表性成果有《雅鲁藏布江流域草地资源保护与流域治理》（英文，ICIMOD 1986年论文集）。

（3）与其他国际组织合作。1984年与联合国教科文组织合作，出版中文版《自然与资源》，李文华任主编。

1985年，李文华任国际自然保护联盟（IUCN）理事。

1986年，李文华任联合国粮农组织（FAO）、国际科学联合会理事。

（4）与联邦德国吉森大学合作。1984年沈长江赴德工作1年。

1988～1990年与德国合作"中国农村区域发展及土地利用——宁夏乡村发展与土地利用"研究，沈长江为中方主持人。代表性成果有《滩羊生态地理研究》，沈长江，科学出版社，1989。

（5）与美国科罗拉多大学合作。1983年赵献英赴美工作一年；1986年廖俊国赴美工作一年。

（6）与加拿大国际开发研究中心（IDRC，新加坡）合作。1988年"亚洲国家山羊品种资源与肉食生产"研究，黄文秀参加，代表成果有"On Gout and Meet Production in China"黄文秀，1989年IDRC会议论文集。本文被美国检索刊物《科技会议录索引》收录。

2. 人才培养

（1）1978年开始，硕士研究生导师阳含熙、李文华、沈长江、刘厚培招收硕士研究生，共培养硕士研究生近20名（详见附表6-9）。

（2）1987年开始，博士生导师阳含熙招收博士研究生2名（详见附表6-10）。

66 土地资源研究室(1978~1989, 1989~1995, 1995~1998)

66.1 研究室沿革

土地资源研究室的前身是农林牧研究室里的土壤组,该组建立于1960年2月6日,直到1970年初综考会撤销。1975年4月8日自然资源综合考察机构恢复时,仅成立一个大的综合研究室,下设有土地组。1978年7月28日才独立组建土地资源研究室,下设土地组、地貌组,并含农业资源经济组。1984年6月,经济组脱离土地室,与工业组联合组建资源经济研究室;不久,地貌组也相继分出(90年代又回归土地室)。1989年3月20日,组建土地资源与遥感应用研究室,下设土地和遥感两个组。1995年10月4日,两组分开,分别组建遥感应用研究室与土地资源研究室。1998年10月30日,土地资源研究室归到国土资源综合研究中心,直到1999年综考会与地理所整合。

1. 历届领导组成

土地资源研究室(含农业资源经济组)

主　任：李孝芳(1978.7.28~1984.6.15)

　　　　石玉林(1984.6.15~1989.3.20)

副主任：石玉林(1978.7.28~1984.6.15)

　　　　那文俊(1978.11~1984.6.15)

　　　　赵存兴(1984.6.15~1988.1.11)

　　　　陈百明(1988.2.26~1989.3.20)

土地组组长：赵存兴

地貌组组长：朱景郊、郭绍礼

经济组组长：康庆禹、倪祖彬

土地资源与遥感应用研究室

主　任：陈百明(1991.3.5~1995.10.4)

副主任：陈百明(1989.3.20~1991.3.5)

　　　　王乃斌(1989.3.20~1995.10.4)

行政副主任：程少华(1992.1.15~1996.2.26)

土地资源组组长：陈百明

遥感应用组组长：王乃斌

土地资源研究室

主　任：陈百明(1995.10.4~1998.10.30)

副主任：王立新(1995.10.4~1998.10.30)

2. 行政秘书

魏雅贞(1978~1983)

鲍　杰(1984~1987)

艾　刚(1987～1989)

程少华(1989～1992)

3. 土地资源研究室人员

1975～1978 年土地组(综合研究室)成员(按姓氏笔画为序,下同):

石玉林　石竹筠　李明森　李桂森　陈百明　陈国南　胡淑文　赵存兴　郭金如　谭福安　魏雅贞

1978 年土地室成立后陆续调入和分配来的人员:

丁光伟　王正兴　王立新　王青怡　刘　健　刘喜忠　刘曙光　向平南　张永桂　张红旗　李久明

李世顺　李孝芳　李昌华　李家永　陈念平　陈光伟　陈德华　尚佳莉　郑伟琦　郑凌志　封志明

奚　泽　徐　放　徐继填　贾中骥　盛婭婭　雷震鸣　漆冰丁

地貌组成员:

王洗春　朱景郊　张克钰　汪宏清　徐敬宣　郭绍礼　章予舒

综考会第一次撤销(1970 年)时调出人员:黄自立、田济马、余光泽、杨义全、黄荣金、刘厚培、韩炳森、刘玉凯等。

20 世纪 80 年代,因工作调出土地室的人员:胡淑文、谭福安、陈国南、张克钰、李孝芳、郭金如、张红旗。

20 世纪 90 年代调出的人员:王青怡、贾中骥、漆冰丁、郑凌志、刘健、张永桂。调离土地室至综考会其他部门的人员:陈光伟、雷震鸣。

出国人员:徐敬宣、徐放、尚佳莉、刘曙光、盛婭婭、向平南、郑伟琦、丁光伟、李久明。

4. 人员职称(截至 1999 年)

研究员:石玉林、朱景郊、郭绍礼、李昌华、赵存兴、李桂森、陈百明、李世顺、石竹筠、李明森、封志明、汪宏清。

副研究员:陈德华、刘喜忠、王立新、徐继填、王正兴、李家永。

66.2　研究室的学术方向与学科建设

土地资源是综合性很强的自然资源,对人类来说,是最重要、最基本的资源。土地资源的调查研究,在综合考察中(尤其是以农业自然资源为中心的综合科学考察中)始终占有极重要地位。

土地资源研究室的主要任务是:查明土地资源的数量和质量,编制不同比例尺的土地资源图件,在此基础上进一步研究,提出土地资源的合理开发利用、改造与保护的意见或方案,并参与地区开发与农业布局的综合研究。

综考会的土地资源研究大体可分三个阶段。

第一阶段:从 20 世纪 50 年代中期至 70 年代中期。这一时期的主要工作是参加各考察队,进行地区性的土壤地理与土地资源调查研究(主要是宜农荒地资源的调查研究,如黑龙江、新疆、甘肃、青海、内蒙古、宁夏、西南云、贵、川、西藏等地区的宜农荒地以及华南、云南等地紫胶、橡胶宜林地资源的调查研究等)。编写了东北、西北、内蒙古宜农荒地资源。

第二阶段:从 70 年代后期到 80 年代中期。组织了全国有关的科技力量,开展了"中国 1∶100 万土地资源图"编制、"中国宜农荒地资源"的总结研究以及参加南方山区综合科学考察队和青藏高原综合科学考察队的土地资源调查,同时开展一系列有关土地适宜性评价的理论与方法的探讨。这一时期是从地区走向全国性的研究;从单项走向全面的综合研究;从经验上升到理论系统研究,对土地资源学的发展起到积极的推动作用;遥感技术在土地资源制图中也被广泛应用。

第三阶段:从 80 年代中期至 90 年代末,土地资源研究室主要工作是在"中国 1∶100 万土地资源图"

的基础上，开展土地承载能力的研究，同时在各考察队和专题研究中进行不同比例尺的土地适宜性评价与制图，总结并编写有关我国中小比例尺土地资源图制图理论与实践的问题。90 年代开始，土地资源研究室的重点逐渐转移到全国性土地资源研究和我国山地资源的合理开发利用研究，主要承担了华北山区资源开发与经济发展的系统研究、西南岩溶山区资源开发利用研究等课题。该项工作从掌握山区资源分布规律的土地结构制图入手，再根据抽样方法，做出不同结构中的土地单元图，得到不同单元在不同土地结构类型中的空间分布、组合和对比关系，从而掌握山区资源的空间结构及其分布状况，概算出各类土地结构的数量和质量及对比度，使产业结构的优化配置能够建立在与土地资源结构类型相匹配的基础上，为国家制定山区综合开发利用、综合治理与保护及经济建设的可持续发展，提供科学依据和易于应用的基础资料。这一时期的主要特点是：①从土地资源到土地承载力的研究，内容更广泛，更综合；②系统工程在土地资源研究中得到广泛应用；③计算机技术和遥感技术相结合，在制图中广泛应用；④土地资源评价从定性半定量发展到定量研究。

66.3 研究室的科研任务

1. 综合科学考察任务

（1）中国科学院青藏高原综合科学考察队。土地资源研究室先后参加中国科学院青藏高原综合科学考察队（1973~1980）、横断山地区考察队以及 1991 年西藏"一江两河"综合开发规划。土地资源室参加人员：李明森、陈百明、徐放、漆冰丁、刘喜忠、丁光伟等人，主要承担土壤和土地资源课题。主要成果有《西藏土壤》《横断山土壤》《金川县土地资源图》等。

（2）黄土高原综合科学考察队。土地资源室的陈光伟、郭绍礼为黄土高原综合科学考察队副队长。以综考会土地室人员为主组成的黄土高原综合考察队土地资源课题组，承担该课题中的"黄土高原地区土地资源及其合理利用"和"土地资源遥感调查与制图"的专题任务。课题组组长由时任土地室副主任的赵存兴担任，成员有李家永、刘健、丁光伟、王正兴、李世顺、李久明、陈德华、王洗春等。

土地资源组研究工作历时 8 年，一直延续到 1992 年才最终完成。1985~1988 年期间，主要是对研究范围内 12 个省（区、市）的土地资源利用及其存在的问题进行勘查和考察总结工作，由李家永负责黄土高原地区 1：50 万土地资源遥感调查及其数据清单编制；丁光伟负责 1：10 万地面坡度分级和抽样地段 1：5 万坡耕地分级及其数据清单编制；刘健具体负责面上资料分析和专著的编写与统稿，王正兴负责统计资料、地方数据的汇总、整理和资源清单编制。1991~1992 年，最终由赵存兴、李家永、刘健负责完成专题报告的编写与成果出版等工作。

（3）中国科学院南方山区综合科学考察队。土地资源室的李孝芳、朱景郊先后任南方队副队长。参加的人员还有：李桂森、贾中骥、陈光伟、王青怡、章予舒、汪宏清、郑凌志等。主要承担南方山地土地资源、土地利用图及土地资源图等研究工作。主要成果有"江西省泰和县自然资源与农业区划""江西省吉泰盆地商品粮生产基地科学考察报告集""桂东北山区资源综合利用""南岭山区自然资源开发利用""湖南南岭山区自然资源开发利用国土整治综合研究""中国 1：100 万土地资源图"的江西省图幅。

（4）中国科学院新疆资源开发综合考察队。石玉林任新疆队队长，参加工作的有：郑伟琦、王立新、徐继填、石竹筠、陈百明、陈德华等。郑伟琦任土地资源组组长。主要承担土地资源调查、制图、评价及承载力的研究。完成了北疆 1：5 万耕地资源分布图，伊犁地区 1：20 万土地资源评价图，北疆及南疆喀什、和田、克孜勒苏三地区耕地资源与土地资源承载力的研究报告及各地区考察报告，出版了"新疆土地承载力"报告集。

（5）中国科学院西南地区资源开发考察队。开展"西南地区国土资源综合考察和发展战略研究"，参加人员：李明森、刘喜忠、李世顺、陈念平，主要从事土地资源研究与评价制图。

2. 国家科研任务

（1）《中国 1：100 万土地资源图》是国家《1978~1985 年全国科学技术发展规划纲要》重点科学技术项

目第一项——"对重点地区的气候、水、土地、生物资源以及资源生态系统进行调查研究,提出合理利用和保护的方案,制定因地制宜地发展社会主义大农业的农业区划"和"全国基础科学发展规划"地学重点项目第五项——"水、土地资源与土地合理利用的基础研究"中的一项研究课题。由综考会主持,组织了全国50多个单位、300多名科技人员参加。土地资源研究室参加的人员:石玉林(主持、任主编)、李孝芳、赵存兴、郭绍礼、石竹筠、李明森、李世顺、陈百明、陈国南、张克钰、徐敬宣、刘喜忠、王立新、陈光伟、贾中骥、王青怡、盛婭婭、刘曙光、郑伟琦、王立新、徐继填、张永桂等。

编图工作历经9年(1979～1987年),1990年完成全部印制。主要成果有:《中国1:100万土地资源图编图制图规范》《中国1:100万土地资源图》《中国1:100万土地资源图说明书》《中国1:100万土地资源图土地资源数据集》、"土地资源文集(1～4期)"。

(2)黄淮海平原土地资源研究。中国科学院黄淮海平原综合治理与合理开发研究是国家"六五"科技攻关项目,土地室承担了"黄淮海平原地区土地资源研究"课题,由石玉林主持,石竹筠具体负责组织北京、天津、河北、山东、安徽、江苏、河南等省(市)的科技人员共同完成,出版了《1:50万黄淮海地区土地资源图》、报告以及建成数据库,数据库由李久明完成。

(3)农业资源高效利用与管理技术,是国家"九五"科技攻关项目(96-013),主持单位是综考会,有13个单位、133名科技人员参加该项研究工作。自1996年初至2000年底完成。项目总体负责是土地室封志明,专家委员会主任石玉林。该项目包括5个专题,土地资源室承担两个专题,即中国农业综合生产能力与人口承载力,不同类型农业资源高效利用的优化模式与技术体系的集成。前者由陈百明负责,参加工作的有王正兴、章予舒;后者由封志明负责。研究期间撰写专著6本及论文、研究报告100多篇。其中,土地室撰写《中国农业综合生产力与人口承载力》及《农业资源高效利用的优化模式——农业高效利用与管理技术》两本专著。

(4)中国综合农业区划。是《1978～1985年全国科学技术发展规划纲要》第108项中第一项,由全国农业区划委员会主持,石玉林参加编写《中国综合农业区划》一书,石玉林任主编之一。

3. 院重大科研任务

华北山区资源开发及经济发展的系统研究项目。是1994年由中科院资环局下达的课题,石玉林为学术指导,陈百明任课题负责人。先后在河北滦平及山西太行山区考察,完成了华北山区土地结构图(1:50万),并编写《华北山区资源开发及经济发展的系统研究》专著,参加该项研究的有:陈百明、石竹筠、张永桂、王正兴、封志明、奚泽。

4. 横向任务

(1)中国土地资源生产能力与人口承载量研究。是全国农业区划委员会于1986年以全区委第5号文件委任中国科学院-国家计委自然资源综合考察委员会牵头,组织有关单位开展"中国土地资源承载能力与人口承载量的研究"课题。该课题由石玉林、陈百明负责,参加的还有封志明、陈国南、石竹筠、向平南、李久明、郑伟琦、王立新、徐继填、丁光伟、张永桂、尚佳丽、陈念平、王正兴、刘健、盛婭婭等。主要研究成果有"中国土地资源与人口承载量研究"及"中国土地资源与人口承载量研究(概要)"。

(2)"伊春地区农业发展与布局"研究。根据1973～1980年科学规划第162项,关于黑龙江省荒地资源考察研究课题和1977年4月在哈尔滨召开的黑龙江省荒地资源开发利用科学研究协作会议的决定,成立了黑龙江省伊春地区荒地资源考察队,并会同省、地区、县林业局科技人员共50余人,写出14份报告11份图件。参加人员:石玉林(队长)、石竹筠、陈百明、胡淑文、谭福安。1976年参加尚志县荒地研究工作的还有郭绍礼、赵存兴。

5. 会内任务

(1)"中国宜农荒地资源"是在考察总结宜农荒地资源工作的基础上,于20世纪80年代初编写的《中国宜农荒地资源》专著。参加该项研究与专著编写的人员：石玉林、赵存兴、石竹筠。

（2）中国地形面积统计表。该课题是陈德华在石玉林的指导下，自1982～1984年用了3年时间，应用遥感图像及地形图，编图、量算统计完成的。在地形海拔高度和地形类型的基础上，分省（区、市）、地貌区、自然地带和自然区，分别统计共259张表格。

（3）"中国1∶100万土地资源数据库"。该课题是1992综考会主任基金资助项目，是在"中国1∶100万土地资源图"研究工作的基础上，建立的土地资源数据库。该库有2600个基本类型，可以提供300多项统计项目，可开发出数百万个土地资源数据。经有关专家验收，该库研究内容已为国家和地方有关部门广泛使用。该项工作由石竹筠、盛婭婭、王立新共同完成。

（4）"中国1∶100万土地资源图地理信息系统"，是"中国1∶100万土地资源图"工作的延伸。1992～1996年在综考会生态网络中心课题的资助下，在石玉林和赵士洞指导下完成，开发出数百幅图件。土地室参加工作的人员有：石竹筠、郑伟琦、张红旗、张永桂、徐继填、王立新。

6. 咨询任务

"中国农业需水与节水高效农业"，是中国工程院重大咨询项目——"中国可持续发展水资源战略研究"项目中的一个课题。自1999年开始，2001年结束，由石玉林、卢良恕院士主持，综考会和中国农业科学院等20多名科技人员参加。土地室参加的人员有：石玉林、王立新（兼学术秘书）、石竹筠。

7. 资源环境定位观测研究任务

综考会在宏观考察研究的基础上相继建立了江西千烟洲红壤丘陵综合开发治理试验站，西藏拉萨农业生态试验站，江西九连山森林生态研究站等定位观测、试验站，进行资源环境定位观测、试验研究。

（1）江西千烟洲红壤丘陵综合开发治理定位观测、试验研究。1980年南方队副队长李孝芳主持选择代表性较强的泰和县千烟洲作为试验点，与江西省合作，开展红壤丘陵综合开发治理试验研究。1983～1987年南方队副队长朱景郊及李孝芳、李桂森、陈光伟、王青怡等参加主持千烟洲综合开发治理试验研究的规划和总结。此后千烟洲站交给综考会直接管理，土地室的李家永、汪宏清等先后任站长（详见第77章千烟州红壤丘陵综合开发试验站）。

（2）江西省九连山森林生态系统定位研究。1980年南方队安排李昌华负责选择九连山进行常绿阔叶林定位研究，1981年正式建站。南方队工作基本结束后，该站归属综考会，命名为九连山森林生态研究站。土地室参加这项工作的还有李家永、刘曙光（详见第80章九连山森林生态研究站）。

（3）燕山东段生态经济沟滦平中心试区。李桂森任站长，汪宏清、陈念平参加（详见第37章努鲁儿虎及其毗邻山区科技扶贫）。

66.4　科研成果与获奖情况

该室人员主持或参与编写出版的综合科学考察研究成果：

（1）《中国综合农业区划》，石玉林主编之一，1981。1985年获国家科学技术进步奖一等奖，获奖人有石玉林。

（2）《江西省泰和县自然资源和农业区划》，李孝芳、朱景郊、李桂森、李昌华等参加，1982。

（3）《毛乌素沙区自然条件及其改良利用》，李孝芳等，1983。

（4）《中国宜农荒地资源》、石玉林、康庆禹、赵存兴、钟烈元、石竹筠，1985。1986年获中国科学院科学技术进步奖三等奖，获奖人：石玉林、赵存兴、石竹筠。

（5）《西藏土壤》，李明森参加，1985。

（6）《江西省吉泰盆地商品粮生产基地科学考察报告集》，张克钰、贾中骥、李桂森、陈光伟等，1985。

（7）《土地资源研究文集》（第三集），石玉林主编，1986。

（8）《中国土壤》（石玉林主笔栗钙土、棕钙土、灰钙土和草原土壤的利用改良部分），1987。1991年获中国科学院科学技术进步奖一等奖，获奖人有石玉林。

（9）《2000年中国自然资源》，陈琪、石玉林等，1988。

（10）《桂东北山区资源合理开发利用》，朱景郊、李桂森、李昌华、汪宏清、章予舒、李家永，1988。

（11）《黄土高原遥感调查试验研究》，陈光伟、王长耀等主编，1988。

（12）《安塞县资源与环境系列图》，陈光伟等编，1988。

（13）《黄淮海平原1∶50万土地资源图》，石玉林、石竹筠，1988。1987年获中国科学院科学技术进步奖特等奖，获奖人有石玉林。

（14）《神府地区资源与环境遥感调查与制图》，陈光伟等，1989。

（15）《新疆资源开发与生产布局》，石玉林，1989。1990年获中国科学院科学技术进步奖一等奖，获奖人：石玉林、郑伟琦、石竹筠；1991年获国家科学技术进步奖三等奖，获奖人有石玉林。

（16）《新疆土地资源承载力》，王立新、郑伟琦等，1989。

（17）《中国1∶100万土地资源图》，石玉林主编，1985～1989。1991年获中国科学院科学技术进步奖一等奖，获奖人：石玉林、石竹筠、赵存兴；1992年获国家科学技术进步奖二等奖，获奖人：石玉林、石竹筠、赵存兴、李世顺。

（18）《中国土地资源图》（1∶1000万）中国农业图集，石竹筠，1989。

（19）《湖南南岭山区自然资源综合考察研究》，朱景郊、李桂森，1989。

（20）《土地资源评价的基本原理和方法》，李孝芳，1989。

（21）《青海省1∶100万土地资源图》，李世顺，1989。1990年获青海省科技成果二等奖，获奖人有李世顺。

（22）《青海省1∶250万土地资源图》，李世顺，1989。

（23）《土地资源研究文集》（第四集），石玉林主编，1990。

（24）《中国1∶100万土地资源图编图制图规范》，编图委员会，石玉林主编，1990。

（25）《黄土高原地区耕地坡度分级数据集》，赵存兴主编，1990。

（26）《湖南南岭山区自然资源开发利用和国土整治综合研究》，朱景郊、李桂森，1990。

（27）《中国1∶100万土地资源图》（土地资源数据集），石竹筠，1991。

（28）《黄土高原地区土地资源》，赵存兴主编，1991。

（29）《黄土高原地区重点县综合治理与经济发展战略规划》，郭绍礼，1991。

（30）《内蒙古和林格尔县综合治理与经济发展战略规划》，郭绍礼，1991。

（31）《中国土地资源生产能力及人口承载量研究》，陈百明等，1992。1992年获中国科学院科学技术进步奖二等奖，获奖人：石玉林、陈百明、封志明、向平南、陈国南、李久明、王立新、石竹筠。

（32）《黄土高原地区资源与环境遥感调查与系列制图》，王乃斌、赵存兴等主编，1992。1993年获中国科学院科学技术进步奖二等奖，获奖人：王乃斌、赵存兴、陈光伟等。

（33）《国情研究第二号报告》（开源与节约），国情分析研究小组，石玉林执笔主编，1992。

（34）《中国土地资源生产能力及人口承载量研究》（概要），陈百明主编，1992。

（35）《重庆土地利用与环境农业建设》，李世顺等主编，1992。

（36）《重庆地貌与经济建设》，刘喜忠主编，1992。

（37）《南岭山区自然资源开发利用》，朱景郊、李桂森、章予舒，1992。

（38）《黄土高原重点治理区资源与环境遥感调查研究》，陈光伟、王乃斌、张永桂等主编，1994。

（39）《神府地区资源与环境遥感调查与制图》，陈光伟等主编，1994。

（40）《黄土高原重点治理区资源与环境遥感调查研究》，陈光伟等，1994。

（41）《中国农业自然资源与区域发展》，石玉林等主编，1994。

（42）《承德赤峰贫困山区开发治理与实验研究》，朱景郊等主编，1994。

（43）《晋陕蒙接壤区环境整治与农业发展研究》（总体部分），郭绍礼，1995。

（44）《晋陕蒙接壤区环境整治与农业发展研究》（环境整治部分），郭绍礼，1995。

（45）《晋陕蒙接壤区环境整治与农业发展研究》（农业持续发展研究），赵存兴等，1995。

（46）《长江中游沿江产业带建设》，郎一环、陈百明、沈镭主编，1995。

（47）《华北山区资源开发与经济发展研究》，陈百明等编，1996。

（48）《我国水土及气候资源与农林牧渔的持续发展潜力》，陈百明等编，1996。

（49）《土地资源概论》，陈百明，1996。

（50）《横断山土壤》，高以信、李明森主编，2000。

（51）《中国农业需水与节水高效农业建设》，石玉林、卢良恕主编。

（52）《农业资源高效利用的优化模式》，封志明主编，2002。

（53）《中国农业综合生产能力与人口承载力》，陈百明，2002。

（54）《赣江流域丘陵山区自然资源开发治理》，李桂森、汪宏清、章予舒，1990。

（55）《赣江流域自然资源开发战略研究》，李桂森、汪宏清，1989。

（56）《中国亚热带东部丘陵山区水土流失与防治》，汪宏清，1989。

（57）《中国南方山区的开发治理》，王青怡、李桂森、李昌华，1988。

（58）《红壤丘陵开发和治理——千烟洲综合开发治理试验研究》，李孝芳与朱景郊为主持人之一，李桂森、陈光伟、李昌华、李家永、王青怡参加规划、试验、总结，1989。

（59）《中国亚热带东部丘陵山区典型地区自然资源开发利用研究》，朱景郊，1989。

（60）《中国亚热带东部丘陵山区开发治理典型经验》，朱景郊参加编写，1989。

（61）《中国亚热带东部丘陵山区综合科学考察方法研究》，李桂森、汪宏清，1989。

（62）《南方山区的出路》——"中国亚热带东部丘陵山区自然资源合理利用与治理途径"考察研究总任务的最终总结报告。南方队的集体成果。1992年获国家科学技术进步奖三等奖、1991年获中国科学院科学技术进步奖一等奖，土地室获奖人：朱景郊 汪宏清、李桂森、李孝芳。

（63）国情研究第八号报告《两种资源、两个市场 》，石玉林主编。

该室共有10人享受国务院政府特殊津贴：石玉林、朱景郊、郭绍礼、赵存兴、陈光伟、石竹筠、陈百明、李桂森、李世顺、汪宏清。

66.5 研究室的学术成就和人才培养

1. 学术成就

土地资源研究室长期以来从事土地资源与区域资源的综合考察研究。在中国首次系统地阐述了土地资源的基本理论，提出了"中国1:100万土地资源图"的土地资源分类系统与统计体系，完成了该图的编制；统一了荒地资源分类、评价标准；揭示了荒地资源分布规律、特征、开发利用方向与措施，首次提出中国宜农荒地毛面积5亿亩。主持完成了土地资源承载力的研究，开拓了土地资源研究领域，科学地评价中国自然资源，提出建立资源节约型国民经济体系和资源安全保障体系，系统地论证了"两种资源，两个市场"，促进了资源科学的形成。通过综合考察研究，分析了人口、环境与经济社会的可持续发展问题。促进了区域资源综合开发研究。

2. 人才培养

该室硕士研究生导师6人：石玉林、陈百明、朱景郊、李昌华、石竹筠、陈光伟。培养在职硕士研究生8名（详见附表6-9）。该室博士研究生导师2人：石玉林、陈百明。培养博士生20余人（详见附表6-10）。中国工程院院士1名：石玉林。

67　农业资源经济研究室
（1984～1998）

67.1　研究室的沿革

1. 机构变化

资源经济研究室前身是土地资源研究室经济组。1984年，为加强资源经济研究的专业性，提升研究工作的水平，在土地研究室经济组的基础上组建了资源经济研究室。随着研究任务的加重、研究人员的增加，于1986年从事工业和矿产的研究人员从资源经济室分离出来，成立了工业布局研究室。资源经济研究室研究方向是专门从事农业资源经济研究，改称农业资源经济研究室。1998年随着综考会的整体调整，农业资源经济研究室、工业布局研究室和国情研究室合并，成立资源经济研究中心。

2. 研究室历任正副主任

主任：那文俊　（1984.06.15～1988.01.11）
　　　倪祖彬　（1988.01.11～1994.03.05）
　　　朱建华　（1995.10.04～1997.11）
副主任：郭文卿　（1984.06.15～1984.10.22）
　　　　倪祖彬　（1984.10.22～1988.01.11）
　　　　李福波　（1991.03.05～1995.03.09）
　　　　朱建华　（1993.03.11～1995.10.04）
　　　　谷树忠　（1996.07.18～1998.10.30）
行政副主任：蒋士杰　（1988.03.19～1991.03.05）
　　　　　　胡孝忠　（1993.04.19～1996.03.05）
　　　　　　唐天贵　（1996.03.26～1998.09.04）
行政秘书：陈英华　（1984～1985）

3. 在研究室工作过的人员（按姓氏笔画为序）

马义杰　邓心安　卢　红　石敏俊　吕　耀　孙尚志　朱建华　那文俊　齐亚川　余成群　冷秀良
李光兵　李凯明　李福波　谷树忠　陈安宁　陈百明　陈英华　庞爱权　林　戈　姚予龙　胡孝忠
胡际权　赵训经　郭文卿　钟烈元　倪祖彬　唐天贵　康庆禹　曹光卓　梁笑鸿　程　鸿　蒋士杰
楼兴甫　楼惠新　熊　云

67.2　研究室的学术方向与学科建设

资源经济室定位于从事资源经济研究，1986年分离出工业布局室后，研究方向调整为农业资源经济研究，直至1998年再次合并。

综考会的任务是承担国家任务，致力于国民经济建设的现实问题，学科建设要服从于研究任务。为提升研究工作水平，学科建设的地位逐步提升，资源经济室的设立就是适应这种趋势，将研究室作为资源经济学科建设的据点。

1. 研究室的学术方向

探索农业自然资源潜在优势及其特点和规律。包括农业自然资源的经济学特性研究；农业自然资源的潜在优势研究。

揭示不同地域发掘农业自然资源潜力的有效途径。包括农业自然资源开发利用的宏观战略研究；农业自然资源开发利用的成功模式研究。

2. 研究室的学科建设

资源经济室的学科建设是从 20 世纪 50 年代资源综合考察时期开始，在综合考察研究实践中探索、积累、提炼和总结出来的。

经过几代人的努力之后，90 年代，在程鸿研究员的带领下，借助于自然科学基金项目"中国农业自然资源经济研究"，将前期研究成果进行系统发掘与整理，对学科的起源、发展过程与发展趋势进行了系统梳理，对农业资源经济学的研究对象进行了界定，提出了农业资源经济的研究任务与重点研究内容，对农业资源经济学的研究方法提出指引。以上的研究成果集中于 1993 年出版的《中国农业自然资源经济研究》，在 2000 年孙鸿烈院士主编的《中国资源科学百科全书》中正式称其为"农业资源经济学"。

67.3　研究室的科研任务

在 20 世纪 80～90 年代，综考会承担的研究任务主要是大型区域性、多专业协同的研究项目，研究室作为学科与专业研究部门，主要任务是组织、培养协调研究力量，主要是通过向各考察队选派人员的方式承担科研任务，作为专业的研究部门，资源研究室几乎参加了全部的多专业协同性的研究项目。到 90 年代以后逐步形成了专业性相对较强的研究任务。

由资源经济室人员主持或参与主持的研究任务有：

（1）程鸿作为第三主持人，参加主持 1981～1986 年"青藏高原（横断山脉）的形成及其对自然环境的影响与自然资源的利用、保护"。该项目的研究背景与目的：青藏高原有着独特的自然环境和自然资源，其隆起对高原本身和毗邻地区的自然界和人类活动产生巨大的影响。研究内容：横断山（川西部分）农业自然条件与农业自然资源评价以及制图的研究；横断山区地方能源的开发利用与综合评价；横断山（川西部分）畜牧业战略发展研究；横断山区干旱河谷环境条件和农业资源的开发利用。倪祖彬、孙尚志、林戈、余成群等参加研究工作。

（2）那文俊作为第二主持人，南方队第一副队长，主持日常工作，参加主持"我国亚热带（东部）丘陵山区自然资源合理利用与治理途径的综合考察研究"项目。研究内容：我国亚热带东部丘陵山区自然资源开发利用分区；我国亚热带东部不同类型丘陵山区农业合理结构与主要商品生产基地布局；我国亚热带东部不同类型丘陵山区水土流失与治理途径。冷秀良、倪祖彬、楼兴甫、邓心安、李福波等参加研究工作。

（3）那文俊作为南方队（第二期科学考察）第一副队长、冷秀良作为行政副队长，分别主持了下列科考项目：

① 1983 年（南方队第二期科学考察准备期间），那文俊作为第一主持人，与朱景郊、李孝芳讨论决定，参考第一期科考观点（"山水田综合开发治理""立体农业"等科考观点），实地考察、测量，编制泰和县灌溪乡千烟洲红壤丘陵综合开发治理规划，由地方组织实施。1987 年，那文俊作为第三主持人，在席承藩队长亲自主持下，与江西省吉安地区自然资源开发治理办公室合作进行总结，试验的成效显著。"丘上林草丘间塘，河谷滩地果鱼粮"的"立体农业"生产结构被誉为"千烟洲模式"，国内推广、国际合作，在国内国际产生了巨大影响。该研究室人员陈百明、冷秀良、齐亚川等参加了此项规划与总结工作。

② 1985 年，国家计委根据国务院下达的开展全国国土规划纲要的要求，安排南方队在系统成果提出

之前，先期提供一个对南方山区的概略认识。那文俊作为第一主持人、冷秀良作为第三主持人，组织 5 个分队，将南方山区划分为 7 个类型区，分别论述了各区域的资源优势、主要问题、开发方向、治理途径等，交付计委参考使用。

③ 1987 年，那文俊作为第二主持人，根据江西省山江湖办公室建议和席承藩队长的决定，南方队与山江湖办合作，组织省内外 22 名科技人员，在南方队第二分队赣江上游科学考察的基础上，将研究范围扩展为全流域，汇编了《赣江流域自然资源开发战略研究》。倪祖彬、楼兴甫、邓心安等参加考察研究。

④ 那文俊作为总队直属的第二专题主持人，1988 年编写完成"中国亚热带东部丘陵山区农业资源开发策略"，楼兴甫、马义杰、陈安宁等参加研究工作。1988 年，那文俊作为南方队第一副队长，主持五个专题组的总结工作，汇编了"中国亚热带东部丘陵山区自然资源开发策略"总结报告。

⑤ 冷秀良作为行政副队长，1989 年，作为主持人，组织总队和五个分队的有关人员，总结各专业、各层次在综合科学考察研究中的实践经验，汇编了"中国亚热带东部丘陵山区综合科学考察方法研究"，供今后科学考察参考。

⑥ 1989 年，南方山区第二期综合科学考察工作基本结束，那文俊作为第二主持人，在席承藩队长领导下，具体主持由五个专题科学考察骨干组成的综合研究小组，在分队科考和专题研究等共 30 部科考成果的基础上，围绕亚热带丘陵山区综合开发治理的基本对策进行系统分析、重点论述，编写了南方山区第二期综合科学考察总结报告——《南方山区的出路》。至此，全部完成了中国科学院与国家计划委员会联合下达的"中国亚热带东部丘陵山区自然资源合理利用与治理途径"科学考察任务。该研究室先后参加南方山区第二期综合科学考察工作的人员有：那文俊、陈百明、冷秀良、齐亚川、楼兴甫、倪祖彬、邓心安、马义杰、陈安宁。

（4）程鸿作为第二主持人，参加主持"西南地区国土资源开发和发展战略研究"项目，研究内容：西南地区国土资源开发和发展战略总体设想；西南地区轻工业发展条件与基地建设研究；西南地区森林和宜林地资源评价及林业基地建设；农业资源评价与种植业、畜牧业基地建设；川、滇、黔接壤地区经济开发和生产力布局；滇西地区资源开发和生产力布局；桂东南地区资源开发和生产力布局；乌江流域综合考察和开发利用研究；川西地区资源考察和开发治理研究；近期有开发前景的生物资源评价、引种和开发利用；西南热区生物资源综合开发战略研究；石灰岩山地有效开发途径的研究。程鸿、孙尚志分别作为第一、第二负责人主持"西南地区国土资源开发和发展战略总体设想"专题。齐亚川、胡际权、余成群等参加研究工作。

（5）曹光卓作为骨干人员参加国家"七五"攻关项目"黄土高原地区综合治理开发重大专题研究及总体方案"，作为第二主持人，参加主持"黄土高原地区乡镇建设及繁荣农村经济的途径"专题研究。姚予龙、庞爱权、李光兵等参加研究工作。

（6）程鸿作为第一主持人，倪祖彬研究员作为第二主持人，康庆禹副研究员作为第三主持人，共同主持了"中国农业自然资源经济研究"项目。该项目的研究内容：探索我国农业资源经济研究的理论与方法；分析研究我国农业资源的开发利用状况，预测今后发展变化趋势与相应对策。那文俊、赵训经、朱建华、陈屹松、李福波、楼兴甫、邓心安等参加研究工作。

（7）孙尚志作为骨干成员参加"西藏'一江两河'中部流域地区资源开发和经济发展规划"项目，作为负责人主持"经济发展战略与路网建设"子项目，李福波、余成群等参加研究工作。

（8）倪祖彬研究员作为主持人，主持"黄河上游多民族经济开发区中长期发展战略研究"项目。该项目的研究内容：区域开发前期研究，重点进行区域经济综合体建设的总体研究与综合研究；粮肉等增产潜力及其对区域经济发展保证程度研究，以及进一步开发对生态环境影响与农村脱贫致富的研究。那文俊、赵训经、李福波、齐亚川、石敏俊、陈安宁等参加研究工作。

（9）谷树忠作为主持人，主持"农业自然资源质量指数核算与资源势"项目。该项目的研究内容：农业自然资源质量指数核算理论方法，自然资源势理论方法及我国分区农业自然资源核算初步研究。楼惠新、庞爱权等参加研究工作。

（10）康庆禹作为主持人，主持"承德赤峰科技扶贫"项目。研究内容：建立山区和坝上寒区综合治理示范点以及相应的示范和推广区；中低产田改造及抗灾性农业；中低产果园改造及经济林果的发展；贫困山区资源综合开发利用研究；资源开发与经济发展综合研究。倪祖彬、楼兴甫、陈安宁、楼惠新等参加研究工作。

（11）倪祖彬作为主持人，主持"京九铁路经济带总体开发研究"项目。研究内容：总体发展战略研究；乡镇企业发展与乡村经济振兴途径；革命老区加快脱贫致富途径；生态环境问题及对策研究。那文俊、赵训经、曹光卓、朱建华、姚予龙等参加研究工作。

（12）孙尚志作为主持人，主持"中国环北部湾地区总体开发与协调发展研究"项目。研究内容：总体战略研究：发展要素分析，与周边国家或地区关系，发展总体构想；基础设施重大问题研究：港口及综合运输体系、城市体系与功能环境保护；主要产业发展与布局研究：能源、重化工、农业加工业；关于开发规划编制与实施的建议。冷秀良、陈安宁、陈屹松等参加研究工作。

67.4　科研成果

（1）《西藏农业地理》，程鸿、倪祖彬主编，科学出版社，1984。

（2）《中国亚热带东部丘陵山区农业发展战略》，那文俊主编，齐亚川参加，能源出版社，1985。

（3）《中国宜农荒地资源》，康庆禹、钟烈元参著，山东科学技术出版社，1985。

（4）《中国南方山区的开发治理》，那文俊第一主持人，冷秀良第三主持人，齐亚川参加，华东师范大学出版社，1988。

（5）《赣江流域自然资源开发战略研究》，那文俊副主编，倪祖彬、楼兴甫、邓心安参加，北京科学技术出版社，1989。

（6）《红壤丘陵开发和治理》，那文俊主编，陈百明、冷秀良、齐亚川参加，科学出版社，1989。

（7）《中国亚热带东部丘陵山区农业资源开发策略》，那文俊主编，楼兴甫、马义杰、陈安宁参加，科学出版社，1989。

（8）《中国亚热带东部丘陵山区自然资源开发策略》，那文俊主编，科学出版社，1989。

（9）《中国亚热带东部丘陵山区综合科学考察方法研究》，冷秀良主编，科学出版社，1989.

（10）《黄土高原地区乡镇建设及繁荣农村经济的途径》，马鸿运、曹光卓主编，中国经济出版社，1990。

（11）《南方山区的出路》，那文俊副主编，科学出版社，1990。

（12）《西南地区国土资源综合考察和发展战略研究》，程鸿主编之一，科学出版社，1990。

（13）《山西中阳县综合治理与经济发展战略规划》，李凯明主编，科学出版社，1990。

（14）《中国自然资源手册》，程鸿主编，科学出版社，1990。

（15）《西南交通运输网络的建设与布局》，孙尚志主编，中国科学技术出版社，1991。

（16）《西南区域发展》，程鸿、孙尚志主编，中国科学技术出版社，1991。

（17）《努鲁儿虎贫困山区农村经济发展研究》，楼兴甫副主编之一，中国科学技术出版社，1992。

（18）《中国地理环境与自然资源》，曹光卓主编，中国科学技术出版社，1992。

（19）《自然资源：生存和发展的物质基础》，程鸿等编著，中国科学技术出版社，1993。

（20）《中国农业自然资源经济研究》，程鸿、倪祖彬、康庆禹主编，农业出版社，1993。

（21）《西藏自治区经济地理》，孙尚志主编，新华出版社，1994。

（22）《黄河上游沿岸多民族地区经济发展战略研究》，倪祖彬、李福波主编，中国科学技术出版社，1994。

（23）《中国区域开发研究》，康庆禹等编著，中国科学技术出版社，1995。

（24）《西藏中部地区经济概况》，孙尚志主编，科学出版社，1996。

（25）《承德、赤峰地区科技扶贫开发研究》，康庆禹主编，中国农业科技出版社，1996。

(26)《中国环北部湾地区总体开发与协调发展研究》，孙尚志主编，气象出版社，1997。

(27)《京九铁路经济带开发研究》，倪祖彬主编，朱建华副主编，气象出版社，1997。

67.5 获奖项目

1985 年，江西泰和县自然资源和农业区划，获全国农业区划委成果奖二等奖，获奖人：那文俊。

1985 年，桃源县综合农业区划，获全国农业区划委科技成果三等奖，获奖人：曹光卓、李凯明。

1985 年，山西简明综合农业区划报告，获全国农业区划委科技成果三等奖，获奖人：李凯明。

1985 年，中国农业发展若干战略问题研究，获全国农业区划委科技成果一等奖，获奖人：那文俊。

1986 年，青藏高原隆起及其对人类活动和自然环境影响的综合研究，获中国科学院科学技术进步奖特等奖，获奖人：程鸿、倪祖彬。

1986 年，中国宜农荒地资源，获中国科学院科学技术进步奖三等奖，获奖人：康庆禹。

1987 年，青藏高原隆起及其对人类活动和自然环境影响的综合研究，获国家自然科学奖一等奖，获奖人：程鸿、倪祖彬。

1987 年，中国地理丛书，获中国科学院科学技术进步奖一等奖，获奖人：倪祖彬。

1988 年，千烟洲红壤丘陵综合开发治理试验研究，获中国科学院科技进步奖三等奖，获奖人：那文俊。

1990 年，新疆资源开发与生产力布局，获中国科学院科学技术进步奖一等奖，获奖人：康庆禹。

1990 年，中国中亚热带东部丘陵山区农业发展战略，获中国科学院科学技术进步奖三等奖，获奖人：那文俊。

1991 年，中国亚热带东部丘陵山区自然资源综合利用与治理途径，获中国科学院科学技术进步奖一等奖，获奖人：那文俊。

1992 年，中国亚热带东部丘陵山区自然资源综合利用与治理途径，获国家科委科学技术进步奖三等奖，获奖人：那文俊。

1993 年，西南地区资源开发与发展战略研究，获中国科学院科学技术进步奖二等奖，获奖人：程鸿、孙尚志。

1995 年，西南地区资源开发与发展战略研究，获国家科委科学技术进步奖二等奖，获奖人：程鸿、孙尚志。

享受国务院政府特殊津贴人员：1992 年，程鸿、那文俊；1993 年，倪祖彬、康庆禹、冷秀良；1997 年，孙尚志。

67.6 人才培养

研究室有硕士研究生导师 6 名：程鸿、那文俊、倪祖彬、孙尚志、曹光卓、谷树忠。自 1986～1997 年共培养硕士研究生 11 人(详见附表 6-9)。

公派出国进修的有：庞爱权、姚予龙。

68 国土资源信息研究室
(1984～1998)

68.1 研究室沿革

国土资源信息研究室的前身是计算机应用研究室,成立于1984年6月,是在综考会技术室计算机组的基础上组建的。1988年1月为适应国内外科学技术和综考会发展需要,更名为国土资源信息研究室。1998年10月并入资源环境信息网络与数据中心,直至1999年综考会与地理所整合。

68.1.1 计算机应用研究室

计算机应用研究室是为适应当时综合科学考察采用先进技术的需要而成立,其研究方向是计算机在综合考察中的应用。

研究室副主任:孙九林

计算机软件组组长:齐文虎

计算机硬件组组长:姚建华

68.1.2 国土资源信息研究室

国土资源信息研究室1988年1月成立,历时10年,换届3次,机构和人员都有较大变动。

研究方向:地理信息系统(GIS)、遥感(RS)、数据库(DB)等信息技术在国土资源开发中的应用研究,以及中国生态网络分布式计算应用研究。

研究室历任负责人:

主　　任:孙九林(1988.01～1991.02)

副主任:韩群力(1988.01～1989.05)

行政副主任:胡淑文(1988.04～1989.03)

主　　任:孙九林(兼)(1991.03～1995.08)

副主任:郭长福(1991.04～1993.04)

行政副主任:李廷启(1993.04～1995.08)

主　　任:欧阳华(1995.09～1998.09)

副主任:黄志新(1995.09～1997.07)

曾在研究室工作过的人员(按姓氏笔画为序):

丁琼瑶	马　琳	马志鹏	王　捷	王乃斌	王素芳	王淑珍	王德才	冯　卓	史　华	甘大勇
刘　闽	刘昭瑞	刘科成	孙九林	孙永平	齐文虎	何为华	余月兰	冷允法	张桂兰	张福林
李文卿	李立贤	李光荣	李泽辉	杨小唤	苏　文	苏宝琴	陈沈斌	陈国南	陈宝雯	陈泉生
岳燕珍	欧阳华	郎一环	侯光华	姚建华	姚逸秋	施慧忠	钟耳顺	倪建华	郭学兵	黄　谦
黄志新	黄燕萍	彭　梅	彭中伟	温凤艳	游松财	程维华	谢立征	韩群力	廖顺宝	熊利亚
薛小云	戴月音									

68.2 研究室主要任务

计算机应用研究室和国土资源信息研究室均以资源信息为研究对象，以国家任务为导向，采用与时俱进的信息技术手段，实现资源信息的数字化存储、处理、分析、可视化表达等，为解决国土资源的可持续开发和利用服务。在完成国内外各项科研任务的过程中，努力推进"资源信息学"的形成，最终"资源信息学"被正式列入全国科学技术名词审定委员会公布的"资源科学技术名词 2008"（科学出版社，2008）。

综考会在 1984 年 3 月向国家计委报送了建立"国土资源数据库"的请示报告，开始国土资源信息的研究与建设。研究室随着计算机软硬件技术的发展，结合国家、地方和国际合作科研任务，为信息技术在国土资源领域的应用和应用基础研究，做出了许多有重要意义的贡献。

1. 国家项目

（1）中国自然资源综合开发决策信息系统，"七五"科技攻关，负责人孙九林；
（2）黄土高原地区国土资源数据库及信息系统，"七五"科技攻关，负责人孙九林；
（3）西南地区国土资源信息系统，"七五"项目子课题，负责人熊利亚；
（4）重点产粮区主要农作物遥感估产，攻关课题，负责人孙九林；
（5）小麦、玉米和水稻估产技术方案试验研究，攻关专题，负责人陈沈斌；
（6）小麦、玉米和水稻遥感估产集成系统研究，攻关专题，负责人熊利亚；
（7）中国农业资源信息系统，科技攻关子专题，负责人孙九林；
（8）农业宏观管理决策支持系统研究与开发，科技攻关专题，负责人陈沈斌；
（9）网络化农业宏观决策支持和管理信息系统的研制，科技攻关专题，负责人陈沈斌；
（10）青藏高原数据库的研究与建立，科技攻关专题，负责人孙九林；
（11）高性能计算机支持下的地球科学虚拟科研环境生成系统，863 委托研究与开发，负责人陈沈斌。

2. 国家自然科学基金项目

（1）计算机三维地理图形与数据模型方法研究，负责人刘书楼、陈宝雯；
（2）自然资源科学三维仿真模型方法研究，负责人陈宝雯；
（3）微地貌真实感景象合成模型方法研究，负责人陈宝雯；
（4）黄土高原典型地区农业结构真实感图形模拟仿真系统研究，负责人陈宝雯；
（5）地理信息系统中基于数字证书的空间信息安全技术研究，负责人陈宝雯；
（6）地理真实感图形物候动态模型方法研究，负责人刘书楼、陈宝雯。

3. 中国科学院项目

（1）中国自然资源数据库及其信息系统工程，科学院承担的国家任务，负责人孙九林；
（2）中国自然资源数据库（1987～2000），科学数据库子课题，负责人孙九林；
（3）青藏高原环境变化与区域可持续发展信息系统，资源与生态环境重大项目专题，负责人陈沈斌；
（4）基于 Internet 网的实用生态模型运行系统，院"九五"特别支持项目，负责人熊利亚；
（5）全国农业自然资源与农业经济动态监测系统总体方案，农业部农业区划课题，负责人熊利亚；
（6）1∶400 万全国资源与经济专题数据库的设计与建立，1995 年中国科学院专项"全国资源与环境数据库"，负责人钟耳顺、熊利亚；
（7）生态网络多媒体信息系统，院生态网络建设项目，负责人熊利亚。

4. 地方项目

（1）新疆国土资源数据库及制图系统，新疆维吾尔自治区，负责人韩群力、齐文虎；

（2）洛阳经济区国土资源信息系统，河南省，负责人孙九林；

（3）山西雁北地区地理真实感地图与地理信息系统研究，山西雁北地区，负责人陈宝雯、刘书楼；

（4）河北保定地区三维地形与文物分布图，河北保定地区，负责人陈宝雯、刘书楼。

5. 国际合作项目

（1）全球变暖中国影响模型研究，日本，负责人孙九林；

（2）Geoinformatic Research on Effects of Climate and Land Cover Change on Agricultural Production of the Qinghai-Tibet Plateau，德国，负责人陈沈斌；

（3）Wind Energy Assessment in the Jilin Province，China，奥地利，负责人陈沈斌；

（4）地学信息综合分析、评估、存储、检索及信息系统研究，澳大利亚，负责人陈宝雯。

68.3　主要科技成果

1. 科学技术奖

（1）西南国土资源数据库，1986 年获中国科学院科学技术进步奖三等奖，主要完成人：孙九林、熊利亚、余月兰、李泽辉。

（2）洛阳经济区国土资源信息系统，1987 年获中国科学院科学技术进步奖二等奖，主要完成人：孙九林、岳燕珍、余月兰、李泽辉。

（3）新疆国土资源信息系统，1987 年获新疆维吾尔自治区科学技术进步奖二等奖，主要完成人：韩群力、齐文虎、姚逸秋。

（4）洛阳经济区国土资源信息系统与国土规划，1988 年获河南省科学技术进步奖二等奖，主要完成人：孙九林、岳燕珍、余月兰、李泽辉。

（5）我国最大晴天太阳辐射与日照分布图，属"中国国家农业地图及其编制研究"成果的组成部分，主编单位：中国科学院南京地理与湖泊研究所，1989 年获中国科学院科学技术进步奖一等奖，1991 年获中华人民共和国科学技术进步奖二等奖，主要完成人：陈宝雯。

（6）山西雁北地区地理真实感地图与地理信息系统，1991 年获山西省农业区划委员会科学技术进步奖二等奖，主要完成人：陈宝雯、卢峰、王彻。

（7）全国资源与环境信息系统，1992 年获中国科学院科学技术进步奖二等奖，主要完成人：孙九林、岳燕珍。

（8）黄土高原地区国土资源数据库及信息系统，1992 年获中国科学院科学技术进步奖二等奖，主要完成人：孙九林、倪建华、李泽辉、岳燕珍、王素芳、施惠忠。

（9）地理真实感图形与仿真系统，1992 年获中国科学院科学技术进步奖二等奖，主要完成人：陈宝雯、卢峰、王彻。

（10）地图标准色彩模块屏幕转换算法与地图色彩数据库，1993 年获中国科学院科学技术进步奖三等奖，主要完成人：陈宝雯。

（11）河北保定地区三维地形与文物分布图，1995 年获河北省保定市地区科学技术进步奖一等奖，1997 年获中国国家文物局科学技术进步奖三等奖，主要完成人：陈宝雯。

（12）重点产粮区主要农作物遥感估产，1996 年获中国科学院科学技术进步奖一等奖，主要完成人：孙九林、陈沈斌、熊利亚、倪建华、李泽辉、岳燕珍，1997 年获中华人民共和国科学技术进步奖二等奖，主要完成人：孙九林、陈沈斌、熊利亚。

（13）黄土高原地区综合治理发展战略及总体方案研究，1997 年获中华人民共和国科学技术进步奖二等奖，主要完成人：孙九林、倪建华。

（14）科学数据库及其信息系统，1997 年获中国科学院科学技术进步奖一等奖，主要完成人：孙九林、李泽辉。

(15) 科学数据库及其信息系统，1998 年获中华人民共和国科学技术进步奖二等奖，主要完成人：孙九林。

(16) 中国三维地理真实感图形，中华人民共和国自然地图集，2000 年获中国科学院科学技术进步奖一等奖，廖克主编，主要完成人：陈宝雯。

2. 主要著作

(1)《国土资源信息系统的研究与建立》，孙九林主编，能源出版社，1986。

(2)《黄土高原地区综合开发治理模型研究》，孙九林、倪建华、黄艳萍主编，1990。

(3)《西南资源信息系统研究》，熊利亚主编，中国科学技术出版社，1991。

(4)《我国最大晴天太阳辐射与日照分布图》，陈宝雯，1991 年出版，《中国国家农业地图及其编制研究》，主编单位：中国科学院南京地理与湖泊研究所。

(5)《区域资源开发模型系统》，倪建华、陈绥阳、孙九林主编，中国科学技术出版社，1992。

(6)《国土资源信息分类体系与评价指标》，孙九林、李泽辉、赵秉栋、马建华主编，1992。

(7)《小麦、玉米和水稻遥感估产试验研究文集》，陈沈斌主编，中国科学技术出版社，1993。

(8)《河北保定地区三维真实感地形及文物分布图》，陈宝雯，地质出版社，1994。

(9)《资源信息系统中的辅助制图软件设计》，岳燕珍、王德才主编，中国科学技术出版社，1994。

(10)《山西雁北地区真实感地形图》，陈宝雯、刘书楼，山西出版社出版，1995。

(11)《中国农作物遥感动态检测与估产总论》，孙九林主编，中国科学技术出版社，1996。

(12)《中国农作物遥感动态检测与估产集成系统》，熊利亚主编，中国科学技术出版社，1996。

(13)"中国三维地理真实感图形"，刘书楼、陈宝雯(廖克主编，《中华人民共和国自然地图集》，1999。

(14)《中国三维地形图》，陈宝雯(左大康主编，《中国地理景观地图集》，中国画报出版社，1991。

(15)"中国三维地形图"，陈宝雯(廖克主编，《中华人民共和国自然地图集》，地图出版社出版，1999 。

69 工业布局研究室
(1983～1998)

69.1 研究室沿革

"文化大革命"前，综考会设有综合经济研究室、动能研究室和矿产研究室；在综合经济研究室内设有工交组，与动能室、矿产室共同承担工业、交通、矿产和能源的研究任务。1970年综考会撤销，矿产、能源和经济研究人员分别调往中科院地质所和国家计委能源所及中国社科院工业经济所，只有少部分人员暂时留在地理所。

1975年综考机构恢复（综考组）时，未设工交研究机构，工交、能源等专业人员，分散在综考组的情报室、计算机室等各处室内。随着自然资源综合考察事业的发展和大型综合科学考察队的组建，对于工业、交通、能源和矿产等专业人员的需求明显增多，组建工交研究机构势在必行。

从1983年开始筹建工交研究机构。1984年6月15日，在资源经济研究室中建立工业经济组；1984年10月22日，工业经济组脱离资源经济研究室，正式成立工业布局研究室，主要承担工业、交通、能源和矿产等研究课题；1998年10月30日该室并入资源经济与发展研究中心；1999年底随综考会与地理所整合而终止。

工业布局研究室经历了三个发展历程：

1. 筹建和成立初期（20世纪80年代初期至80年代中期）

1983年综考会领导决定成立工业布局研究室，由郭文卿负责筹建工作，首先是招请分散在各处室的几个专业人员归队；同时从院内借调有关专业人员和招收新人（人员由最初的4人逐步增长到10人）。

工业布局研究室在筹建和成立的初期，由于专业人员少，只参加了南方队、西南队、新疆队和黄土队等考察队的部分课题任务。考察队其余的工交考察研究任务，主要是通过发挥综考会的组织协调优势，组织院内外科研单位、大专院校等有关工业、能源、矿产与交通等专业科技人员承担。

2. 快速发展时期（20世纪80年代中期至90年代中期）

20世纪80年代中期至90年代中期，为工业布局室快速发展时期，人员由10人逐步增长到20余人。参加南方队、西南队、新疆队和黄土队，承担矿产、能源、工业和交通方面的考察研究任务。其中南方队的工业、矿产等研究任务全部由工业布局室主持。西南队的重工业课题、桂东南地区和红水河流域研究任务由工业布局室主持。黄土高原考察队的晋陕蒙接壤地区以能源、原材料为主的区域发展课题也由工业布局室完成。

3. 学科建设起步时期（20世纪末）

20世纪90年代中期，工业布局研究室发展到巅峰后，进入稳定发展时期，人员稳定在20人左右。这一期间，综考会主持的大规模考察任务基本结束，南方队、西南队、黄土队和新疆队分别编辑出版了科学考察研究的系列丛书。工业布局研究室在提交研究成果的同时，开展了矿产资源学、能源资源学、资源经济学、区域经济学、产业经济学和工业生态学等学科理论与方法研究，并在科学考察研究的系列丛书中得到体现；20世纪90年代，各省区市纷纷提出矿产、工业、能源、城市和小区域考察研究任务，从此，综考会开始了区域开发前期研究，同时应地方邀请开展区域规划研究。工业布局室主持区域开发前期研究项目或承担其中的工业、交通、能源和矿产课题，主要有东南沿海（福建部分）、柴达木盆地、长江中游、河西走廊、晋陕蒙接壤地区、环北部湾地区、西藏一江两河和海南省国土规划等几个重点项目。正当综考会工矿资源考察成果丰硕，资源经济学科建设已经起步并迅速发展的时候，随着1999年底综考会与地理所整合为中国科学院地理科学与资源研究所，该室撤销。

研究室历任领导组成：

主　任：郭文卿（1984.10.22～1989.2.21）

　　　　林发承（1989.2.21～1991.3.5）

　　　　姚建华（1991.3.5～1998.10.30）

副主任：林发承（1988.1.11～1989.2.21）

　　　　姚建华（1989.2.21～1991.3.5）

　　　　李学军（1991.3.5～1995.6.15）

　　　　沈　镭（1997.7.20～1998.10.30）

行政副主任：曹丽华（1992.1.15～1997.5.12）

行政秘书：曹丽华

　　　　　袁　朴

研究室成员（按姓氏笔画为序）：

王礼茂　叶裕民　龙邦辉　孙晓华　吴正章　吴玉如　宋再斌　宋新宇　李　岱　李　俊　李刚剑　李学军　李新男　沈　镭　陈德启　林发承　郎一环　姚建华　洪扬文　赵建安　容洞谷　袁　朴　郭文卿　曹丽华　傅建国　霍明远　塞璞

研究生：王冬梅、张宏洋、张明华、郑燕伟、赵玉茹、顾鹏、高志刚、程静

69.2　研究室任务与成果

工业布局研究室主要承担了国家重大科研项目，如国家批准下达、中科院组织的南方考察队、西南考察队、黄土高原考察队及新疆队综合考察研究重大项目；西南和华南部分省区区域规划研究和青海柴达木盆地工矿资源开发项目；国家自然科学基金资助项目；国家有关部门组织领导的研究项目。中科院重点科研项目，如中科院立项开展的黄河上游、长江中游、东南沿海等地区区域开发前期研究任务。此外，还有中科院与地方合作研究项目，如应地方邀请委托的规划和战略研究项目等。

1. 国家下达的综合科学考察项目

1）中国科学院南方山区综合科学考察研究（南方队　1980～1990）

工业布局室在南方队主要承担矿产、工业、乡镇企业、区域投资环境及协调发展的有关课题。先后参加南方队项目研究的人员及承担的专业课题是：郭文卿（总体战略、工业及区域开发综合研究）、林发承（工业及综合研究）、姚建华（黑色、有色冶金工业）、郎一环（矿产资源、化工、建材工业）、霍明远（矿产资源开发）、赵建安（矿业开发及乡镇企业）、吴正章（工业经济）、塞璞、龙邦辉、李俊、李学军、傅建国、洪扬文、宋新宇、叶裕民。

提交的主要成果有：

（1）《江西泰和县自然资源和农业区划》，郭文卿参加编写，1982。

（2）《中国南方山区的开发治理》，郭文卿、姚建华参加编写，1988。

（3）《桂东北山区资源合理开发利用》，朱景郊等主编，郎一环、姚建华参加编写，农业出版社，1988。

（4）《赣江流域自然资源开发战略研究》，郭文卿参加编写，1989。

（5）《湖南南岭山区自然资源综合考察研究》，姚建华、赵建安、叶裕民参加编写，1989。

（6）《中国亚热带东部丘陵山区自然资源开发策略》，郭文卿参加编写，1989。

(7)《红壤丘陵开发和治理——千烟洲综合开发治理试验研究》，郎 ·环参加编写，1989。

(8)《南方山区的出路——南方队的总结报告》，郭文卿参加编写，1990。

(9)《赣江流域丘陵山区自然资源开发治理》，郎一环参加编写，1990。

(10)《湖南南岭山区自然资源开发利用和国土整治综合研究》，姚建华、赵建安、叶裕民参加编写，1990。

(11)《南岭山区自然资源开发利用》，姚建华、赵建安参加编写，1990。

(12)《中国亚热带东部地区工业开发研究》，郭文卿主编，林发承、霍明远、李学军、傅建国参加编写，1990。

南方山区综合科学考察集体成果，1991年获中国科学院科学技术进步奖一等奖，1992年获国家科学技术进步奖三等奖，郭文卿为获奖人之一。

2）西南地区资源开发考察队（西南队　1986～1988）

工业布局室主要承担总体发展战略、重工业发展战略、桂东南区域资源开发与生产力布局和红水河流域资源开发研究等课题。工业布局室先后参加西南队项目研究的人员及承担的专业课题是：郭文卿（重工业课题第一负责人）、姚建华（桂东南开发课题负责人、红水河开发课题负责人）、郎一环（重工业课题常务副组长）、李岱（重工业课题）、陈德启、蹇璞、龙邦辉、王礼茂等、赵建安（桂东南、红水河课题）、以及沈镭、李俊、叶裕民等。

主要成果：

(1)《西南重工业发展与布局》，郎一环、王希贤、王礼茂主编，科学出版社，1990。

(2)《桂东南地区资源开发与生产力布局》，姚建华等主编，中国科学技术出版社，1991。

(3)《红水河流域资源开发研究》，姚建华等主编，中国科学技术出版社，1991。

(4)《红水河流域资源开发研究》，姚建华、李俊，1992。

(5)《桂东南旅游资源及其开发》，姚建华、赵建安。

3）《新疆资源开发综合考察研究》（新疆队　1985～1989）

工业布局室主要承担新疆国民经济发展战略研究课题。工业布局室先后参加新疆队项目研究的人员及承担的专业课题是：容洞谷（新疆国民经济发展战略研究课题负责人、负责总体战略）、林发承（工业）、霍明远（矿产）、李新男（区域开发）、孙晓华（信息系统）。

主要成果：《新疆国民经济发展战略研究》，容洞谷等，1989。

4）黄土高原综合科学考察研究（黄土队　1984～1989）

工业布局室主要承担区域开发研究课题，参加内蒙古和林格尔县和磴口县发展规划，负责2个县的工业规划。参加人员有姚建华（课题负责人、工业综合）、王礼茂、李俊、赵玉茹（硕士生）。

成果：《内蒙古和林格尔县综合治理与经济发展战略规划》，郭绍礼等。

5）西南和华南地区部分省区区域规划研究

"西南和华南部分省区区域规划研究"项目由国家计委主持，综考会为参加单位之一。工业布局室委派郎一环、赵建安、李岱参加项目综合考察和调研。在此基础上完成了由刘江任主编，刘洪、黎福贤任副主编的《西南和华南部分省区区域规划研究》，中国计划出版社，1993。

其他主要成果：

(1)《区域经济环境和经济发展概况》（综合篇 第二章），郎一环。

(2)《产业结构调整的基本设想》（综合篇 第三章），章铭陶、郎一环、董锁成、赵建安。

(3)《原材料工业发展与布局规划总体思路》（原材料工业篇 第十七章），傅仲宝、李岱。

6) 柴达木盆地工矿资源开发与城镇可持续发展研究

工业布局室主持承担国家"九五"科技攻关项目"柴达木盆地工矿资源开发与城镇可持续发展研究"项目。由姚建华、王礼茂、赵建安、宋新宇等承担。

成果：《柴达木盆地工矿资源开发与城镇可持续发展研究》（总报告），姚建华、王礼茂等。

2. 国家自然科学基金项目

（1）全球资源态势与中国对策（1989～2000），项目负责人李文华、郎一环，主要完成人郎一环、王礼茂、李岱等。

编写出版的成果：

①《全球资源态势与对策》，郎一环主编，王礼茂、李岱副主编，华艺出版社，1993。

②《全球资源态势与中国对策》，郎一环主编，王礼茂、李岱副主编，湖北省科学技术出版社，2000。

（2）中国五种不同类型矿业城市持续发展优化研究，项目负责人：沈镭，1997～1999。

编写出版的成果：《区域矿产资源开发概论》，沈镭、魏秀鸿编著，气象出版社，1998。

3. 中国科学院研究项目

从 20 世纪 90 年代初开始，工业布局室积极承担中科院针对地区可持续发展开展的超前性、基础性、综合性和战略性的区域开发前期研究项目，主要研究成果：

（1）东南沿海地区外向型经济发展与区域投资环境综合研究（区域开发一期项目，1990～1992）。项目由综考会与中国科学院地理所、南京地理所联合主持，项目负责人毛汉英、郭文卿和姚士谋，工业布局室郭文卿、洪扬文等承担了福建省沿海地区研究任务，成果有：《大福州地区外向型经济发展与投资环境综合研究》，郭文卿主编，中国科学技术出版社，1994。

（2）晋陕蒙接壤地区工业与能源发展及布局（区域开发一期项目，1990～1992）。项目由郭绍礼等主持，姚建华、王礼茂、李俊等为项目承担者和主要完成人。成果有：

①《晋陕蒙接壤地区工业与能源发展及布局》，姚建华主编，中国科学技术出版社，1995；

②"晋陕蒙接壤地区工业与能源发展及布局"（简要报告），姚建华、王礼茂、李俊。收编在康庆禹等主编的《中国区域开发研究》，中国科学技术出版社，1995。

（3）黄河上游沿岸多民族地区经济发展战略研究（区域开发一期项目，1990～1992）。项目由倪祖彬等主持。郭文卿、李刚剑参加总体研究并承担了矿产、能源和工业等课题。成果有："黄河上游沿岸多民族地区经济发展战略研究"（简要报告），倪祖彬、李福波、郭文卿等。收编在康庆禹等主编的《中国区域开发研究》，中国科学技术出版社，1995。

（4）长江中游沿江产业带建设（区域开发一期项目，1990～1992）。项目由郎一环、蔡述明、陈百明主持，工业布局室郎一环、沈镭、姚建华、李岱、李学军等参加，分别承担总体战略，产业结构与布局，矿产、能源和工业等课题。成果有：

①《长江中游沿江产业带建设》，郎一环、陈百明、沈镭等主编，中国科学技术出版社，1995；

②《长江中游沿江产业带建设（简要报告）》，郎一环、沈镭。收编在康庆禹等主编的《中国区域开发研究》，气象出版社，1995。

（5）中国环北部湾地区总体开发与协调发展研究（区域开发二期项目，1993～1996）。项目由孙尚志、郎一环主持，工业布局室郎一环、姚建华、王礼茂、李岱等参加，分别承担总体战略设想、产业结构调整优化、能源工业发展与布局、原材料工业发展与布局、加工工业发展与布局、海洋资源开发与产业发展等多个课题。成果有：

①《中国环北部湾地区总体开发与协调发展研究》，孙尚志主编，郎一环、陈安宁、陈屹松副主编，气象出版社，1997 年；

②"中国环北部湾地区总体开发与协调发展研究"（简要报告），孙尚志、郎一环、陈安宁、陈屹松。收编在陆亚洲主编的《中国区域持续发展研究》，气象出版社，1997。

（6）图们江地区资源开发、建设布局与环境整治研究（区域开发二期项目，1993～1996）。项目由中科院长春地理所李为等主持，工业布局室郎一环参加并承担"高新技术产业发展与布局"的子课题。提交的研究报告有：

①"高新技术产业发展与布局研究"成果收录在《图们江地区资源开发、建设布局与环境整治研究》，李为等主编，科学出版社，1997；

②"图们江地区资源开发、建设布局与环境整治研究"（简要报告）。收编在陆亚洲主编的《中国区域持续发展研究》，气象出版社，1997。

（7）河西走廊经济发展与环境整治的综合研究（区域开发二期项目，1993～1996）。项目由李福兴、姚建华主持，工业布局室姚建华等参加。成果有："河西走廊经济发展与环境整治的综合研究"（简要报告），李福兴、姚建华。收录在陆亚洲主编的《中国区域持续发展研究 》，气象出版社，1997。

（8）我国新亚欧大陆桥双向开放产业带建设（区域开发三期项目，1997～1999）。项目由工业布局室姚建华主持，李岱、赵建安、王礼茂、高志刚（博士生）、赵一如（硕士生）参加。研究报告和专著有：

①《中国新亚欧大陆桥双向开放产业带建设》，姚建华主编，李岱、赵建安、王礼茂副主编，气象出版社，2002；

②"我国新亚欧大陆桥双向开放产业带建设"（简要报告），姚建华、李岱。收编在陆大道主编的《中国可持续发展研究》，气象出版社，2000。

（9）南昆铁路沿线产业带协调发展研究（区域开发三期项目，1997～1999）。项目由郎一环主持，工业布局室赵建安、王礼茂、高志刚（博士生）、郑燕伟（硕士生）参加。主要成果有："南昆铁路沿线产业带协调发展研究"（简要报告），郎一环、高志刚、赵建安、王礼茂、郑燕伟。收编在陆大道主编的《中国可持续发展研究》，气象出版社，2000。

（10）《中国资源态势与开发方略》，何希吾、姚建华主编，郎一环、沈镭参加编写，湖北科学技术出版社，1997。

（11）《中国西部地区21世纪区域可持续发展》，赵建安副主编，郎一环、姚建华等参加编写，湖北科学技术出版社，2001。

（12）《西部资源潜力与可持续发展》，姚建华主编，郎一环、赵建安参加编写，2000。

（13）《中国百年资源、环境与发展报告》，董锁成、何希吾、周长进主编，郎一环参加编写，湖北科学技术出版社，2002。

4. 中国科学院与地方合作项目

（1）西藏自治区一江两河地区综合开发规划。规划项目编写组由章铭陶等负责，工业布局室郎一环、赵建安、李学军、洪扬文、龙邦辉承担了矿产资源开发，工业规划，交通规划和区域开发的重大对策与措施等。提交了"西藏'一江两河'地区发展规划，1991～2000"（1989～1990）中的工业规划等的几个重要组成部分。

（2）西藏尼洋河区域资源开发与经济发展综合规划，规划项目编写组由章铭陶等负责，工业布局室郎一环、赵建安、李学军、洪扬文、陈德启、龙邦辉承担了区域特征分析，工业规划，交通规划，乡镇企业发展规划和区域开发的重大对策与措施等。提交"西藏尼洋河区域资源开发与经济发展综合规划，1991～2000"（1991～1992）中的工业规划等的几个重要组成部分。

（3）海南省国土规划（1990～2010）项目，由海南省主持，海南省计划厅具体实施；中科院方面由郎一环负责，工业布局室郎一环、李岱、王礼茂、沈镭参加。主要成果是《海南省国土规划（1990～2010）》、《海南省工业发展规划（1990～2010）》。

（4）西藏昌都地区资源开发和经济发展规划，规划项目编写组由章明陶等负责，沈镭、赵建安参加实地考察和编写工作。

5. 其他

(1)"建立自然资源数据库的设想",郎一环,收编在自然资源研究会编《自然资源研究的理论和方法》,科学出版社,1985。

(2)《中国的投资环境》,郭文卿、郎一环、霍明远、吴正章参加编写,京港学术交流中心出版,1986。

(3)《青藏高原的形成演化》,孙鸿烈主编,郎一环、沈镭参加编写,上海科学技术出版社,1996。

69.3 研究室学科建设

1. 学科研究方向

人类将自然资源进行工业化开发利用,使资源转化成可利用的工业产品的生产过程,是社会物质再生产的经济活动。由于资源具有自然和社会两重属性,其开发利用必须遵循自然规律和经济规律,才能实现合理开发利用;做到资源、经济与环境的协调发展。工业布局研究室主要是承担以矿产、能源、工业、交通为主要研究对象的综合经济研究任务。研究室的学科研究方向主要是以下 10 个方面:

(1)矿产资源及其开发利用评价;

(2)能源资源及其开发利用评价;

(3)作为工业原料的资源合理利用与综合利用;

(4)资源优化配置及工业结构优化;

(5)工业各行业的发展与布局;

(6)工业资源区域开发与合理布局;

(7)交通运输业的发展、结构优化和路网合理布局;

(8)工业资源持续利用与开发战略;

(9)工业发展规划与发展战略;

(10)资源工业开发的环境影响评价及其防治。

2. 学科建设进展

近 20 年来,工业布局室围绕上述 10 方面的研究方向,承担了几十项研究任务,在完成国家任务的同时,带动了学科发展,在学科建设方面取得了可喜的进展:

(1)资源经济学。综考会恢复后,为资源科学发展创造了良好的环境,资源经济学作为资源科学的重要组成部分得到迅速发展和提高。工业布局室的成立又为资源经济学的发展提供了一个优良的平台。使资源经济学科得到较大发展,如资源价值与资源价格研究,资源效率与资源效益研究,资源节约与资源替代研究,资源综合利用与资源循环利用研究,资源合理配置研究等,均取得重要进展。由于工业布局室研究的工业资源涵盖了矿产、能源等非再生资源,这些资源在全球范围内流动,在世界市场上交易,促进了世界资源研究,也促进了在更大范围的资源优化配置研究。

(2)产业经济学。工业布局室建立以来,主要运用产业经济学原理研究工矿资源开发、产业发展、产业结构调整与布局,在完成多项任务的实践中,对产业经济学的发展,做出创新性贡献。例如,在探讨以工业化为中心的区域经济发展中产业间的关系,提出"创建产业生存发展的生态环境"与"产业群落"的新概念,丰富了产业经济学理论。在研究我国东中西不同地区产业结构特点和产业梯度转移时,运用产业生命周期原理,提出边转移,边淘汰,边更新和防止污染转移的设想。在国内许多地区,研究产业结构的演变及其对经济发展的影响;研究产业布局与经济发展的关系,提出产业结构调整与产业布局调整同步协调的思路。

(3)区域经济学。区域经济学被认为是经济地理学科的传统领地,其他专业难以发挥作用。作为资源专业研究人员,从自然资源及其合理开发利用角度,进行区域开发研究,其研究理论、方法和成果上均有自己的特色。从资源优化配置角度开展区域经济研究，推动区域经济学的发展和创新是我们的主要特色。

（4）矿产资源学。矿产资源学是研究矿产资源的自然、技术、经济特性和开发利用、保护、管理以及与人类社会需要和经济发展之间关系的一门综合性的学科。工业布局室成立以后，开展了矿产资源评价，矿产品供应及对原材料工业发展的保障预测，矿产资源合理开发利用，矿产资源开发对环境影响及其防治等方面研究，还开展了资源安全和利用国外资源的研究。这些研究促进了矿产资源学科的发展。主要是从实现我国产业结构高度化和国家利益最大化出发，提出在全球范围内进行矿产资源合理配置、优化配置的问题；经济发达、资源短缺的东部沿海地区，应以利用国外资源为主。

（5）工业生态学。工业生态学是一门研究社会生产活动中自然资源从源、流到汇的全代谢过程，组织管理体制以及生产、消费、调控行为的动力学机制、控制论方法及其与生命支持系统相互关系的系统科学。工业布局室成立前夕，正是我国工业、能源高速发展，但生态面临严重威胁的时候。建设初期的工业布局室，从一开始就注意到工业资源的节约利用、综合利用和循环利用，把工业生态学的原理应用于工业发展与布局的考察研究中，从企业、区域和跨区域三个层面上开展循环经济研究，并推动了工业生态学（Industrial Ecology，简称 IE）又称产业生态学的发展。为之后在企业、产业、经济开发区和更大区域的循环经济研究奠定理论基础。

70 气候资源研究室
(1984～1998)

70.1 研究室沿革

气候资源研究室成立于1984年6月15日。

1960年综考会成立研究室时，气候专业人员只有参加南水北调考察的侯光良、沙万英、周玉孚、王中云和参加云南热带生物资源考察的张谊光、张坤6人。在农林牧研究室中，气候和地貌专业人员合为一个组，称为"地貌—气候组"，组长、副组长是地貌专业的郭绍礼、赵维城。

1962～1964年期间，贯彻中央"调整、充实、巩固、提高"方针，调走了王中云、张坤，又从北京农业大学、广西农学院、南京大学分配来了李立贤、李继由、张炯远、蒋世逵、高家表5名大学生，气候专业增加到9人，直到综考会被撤销。

1975年中国科学院重建自然资源综合考察机构（综考组）之后，在综合研究室中成立了气候组。这时又从南京气象学院分配来了冯雪华、苏永清两位大学生，同时聘请北京农业大学农业气象专业韩湘玲教授来综考组任客座教授。

1978年综合研究室一分为三，成立水资源、土地资源和生物资源研究室，气候资源组隶属于生物资源研究室。

1978～1984年期间，从北京大学、北京农业大学、北京师范大学、沈阳农学院、南开大学等院校分配来气候资源组的毕业生和研究生共达15人之多。江爱良、卫林、王菱等3人从地理所调入综考会气候资源组。

1984年6月综考会决定建立气候资源研究室，任命侯光良同志为研究室副主任。

1988.1～1991.3，综考会研究室换届调整，侯光良任气候资源研究室主任，卫林任副主任。

1991.3～1995.10，李继由任研究室主任，王其冬任副主任。

1995.10～1997.7，王其冬任研究室主任。

1997.7～1998.10，气候资源室并入农业资源生态研究室，丁贤忠任副主任。

1959～1999年期间，在综考会从事气候资源研究的人员34人，行政人员1人（杨雅萍）。

曾在气候资源研究室工作的人员（按姓氏笔画为序）：

卫　林　王　菱　王其冬　王中云　冯雪华　白延铎　刘允芬　孙文线　江爱良　沙万英　吴正方
宋　起　张宪洲　张炯远　张谊光　张福林　张　坤　李文卿　李立贤　李继由　杜明远　杨远盛
杨雅萍　苏永清　陈纪卫　陈沈斌　周玉孚　侯光良　俞朝庆　徐六康　高家表　游松财　蒋世逵
韩湘玲

70.2 研究方向与任务

气候资源是自然资源中地面四大资源的重要组成部分，它和水、土、生物资源有着密切的关系。

气候资源研究室成立后，主要有四项任务：

1. 承担综考会各考察队的任务

气候资源研究室把承担综考会各考察队的考察研究任务放在首位，不仅要保证完成考察队的气候条件、气候资源方面的专题研究任务，还要完成队里自然条件、自然资源综合评价和合理开发利用的研究任务。

2. 全国及区域性气候资源合理利用的研究

气候资源研究室成立后，承担了 2000 年的中国自然资源研究项目中的气候资源部分；以及承担《中国农业百科全书》（农业气象卷）中光资源计算和图幅编制、农业气候生产潜力和青藏高原、云贵高原农业气候资源的合理利用等条目的编写任务。并为该书提供了部分彩色照片。

3. 中国农业气候资源研究

动员了全室主要研究力量参与《中国自然资源丛书》编写任务。充分利用综合考察 30 年来积累的资料，通过认真总结研究，编写《中国农业气候资源》一书，于 1993 年由中国人民大学出版社出版发行。

4. 全国农业气候资源和农业气候区划研究

全国农业气候资源和农业气候区划研究是《1978～1985 年全国科学技术发展规划纲要》中全国农业自然资源和农业区划研究的重点项目，由中国气象局具体负责组织，中国气象科学研究院、中国农业科学院、中国科学院自然资源综合考察委员会、北京农业大学、南京气象学院共同承担。1979～1980 年期间分别完成了不同区域的农业气候资源调查、资料整理，并提出了全国农业气候区划初步方案。

气候资源室在全国许多地方布点。如在云南西双版纳进行的地形气候资源利用的研究；东北甸子地加大排水、蒸发、提高土壤温度，增加粮食产量的研究；东南沿海地区风能资源调查；内蒙古土黙特左旗、云南保山地区开展的有关风能资源利用的研究；在西藏昌都，云南丽江、腾冲，四川渡口有关光资源利用的研究；在横断山区与成都山地所、四川省气象局和云南省气象局合作开展的大型山地垂直气候剖面和林区小气候观测研究等，都取得了丰富的第一手资料。

70.3　主要研究成果

中国农业气候资源和农业气候区划任务落实到综考会之前，气候资源室人员已经在全国不同气候特点地区开展气候资源合理利用的研究。如青藏高原（包括横断山区）地形地势对气候的影响，南方山区、北方林区气候与发展农牧业生产的关系，紫胶适生范围的气候条件，干旱河谷的治理与利用，太阳辐射 a b 系数确定，东南沿海风能资源利用调查，呼伦贝尔草原风蚀沙化状况等研究，获得了大量第一手资料，为进一步研究全国农业气候资源和农业气候区划奠定了基础。

气候资源室的主要研究成果有：

（1）《西藏气候》专著，主持人高由禧、蒋世逵，协作单位有中国科学院高原大气物理研究所、地理研究所、国家气象局、西藏自治区气象局，参加考察和编写人员有高由禧、蒋世逵、张谊光、李继由、林振耀、吴祥定、沈志宝、袁福茂、黄朝迤、李成方等 9 人。西藏自治区气象局李素清参加了资料整编工作。科学出版社，1984。该成果作为中国科学院青藏高原综合科学考察队系列成果，获 1986 年中国科学院科学技术进步奖特等奖，1987 年国家自然科学奖一等奖。

（2）《中国农业气候资源和农业气候区划》，科学出版社，1988。1986 年获全国农业区划委员会一等奖；《光、热、水资源数据集、图集》和《中国牧区畜牧气候》，气象出版社。1987 年获国家科学技术进步奖一等奖。气候资源室侯光良作为课题承担人和主编之一，冯雪华作为光资源主要完成人，张谊光作为农业气候区划和畜牧气候区划主要章节执笔人，获国家科学技术进步奖一等奖。

（3）《2000 年的中国系列丛书》，气候资源室张谊光承担 2000 年的气候资源和气候变化预测。《2000 年的中国》，上海人民出版社，1988。获国家科学技术进步奖一等奖。子项目 1989 年 12 月收到国务院发展中心转发的获奖证书。

（4）"川江流域林业气候区划"，为长江上游环境特征与防护林建设子课题的一部分，张谊光参加，成果由科学出版社出版，1992。1991 年获四川省科学技术进步奖三等奖。

（5）《中国农业气候资源》，侯光良、李继由、张谊光主编，侯光良、李继由、张谊光、江爱良、冯雪华、陈沈斌、陈纪卫、刘允芬、孙文线、蒋世逵、王菱11人参加研究和编写，中国人民大学出版社，1993。

（6）《黄土高原农业气候资源的合理利用》，主编侯光良，副主编王菱、袁嘉祖、张如一，协作单位有北京林业大学和中国气象局。参加本书考察研究和编写人员有侯光良、王菱、刘允芬、陈沈斌、陈纪卫、徐六康、游松财、杨远盛、杨雅萍等，成果由中国科学技术出版社出版，1990。

（7）《中国的气候与农业》，张谊光为编委之一，并参与编写《气候与农业区域开发》的西南区部分，气象出版社，1991。

（8）《光合作用研究方法》，侯光良、赖世登、张谊光、魏淑秋等编译，能源出版社，1985。

70.4　人才培养

综考会成立气候专业组时仅有6人，均为研究实习员。建立气候资源组时，虽有15人，也没有一个中级职称的研究人员。然而，气候资源研究室成立后的16年，除从地理研究所调来的两名助研和从大气物理所调来的一名助研外，自己培养了侯光良、江爱良、卫林、李继由、李立贤、张谊光、刘允芬、蒋世逵8名研究员，王菱、王其冬、冯雪华、陈沈斌、白延铎5名副研究员和张炯远、苏永清、孙文线、李文卿、游松财、张福林、徐六康、杜明远、宋起9名助理研究员。

全室有硕士研究生导师4名：侯光良、韩湘玲、江爱良、张谊光。培养了硕士研究生5名及1名博士研究生（导师李文华）（详见附表6-9和附表6-10）。

71 林业资源生态研究室
（1989～1998）

71.1 研究室沿革

林业资源生态研究室成立于 1989 年 3 月 20 日，1998 年 10 月 30 日并入资源生态与管理研究中心，至 1999 年综考会与地理所整合为止。

林业资源生态研究室的前身经历几次变动：

1960 年综考会开始建立研究室时，林业资源组隶属于农林牧资源研究室。林业专业人员由最初的 5 人（韩裕丰、熊雨洪、王联清、陈德钧、赵华昌）增加到 1966 年"文化大革命"前的 6 人（韩裕丰、赖世登、王联清、傅鸿仪、王素芳、牛德水）。

1966 年"文革"开始后，科考工作几乎全部停止，唯独紫胶考察工作例外。因为紫胶作为一项重要物资，受到印度等国家的垄断与封锁。我国为了自力更生发展紫胶事业，满足国防和民用工业的需要，从林业组抽派韩裕丰、赖世登、王联清、傅鸿仪、牛德水 5 人，同其他专业组一起参加了紫胶虫寄生植物的考察研究。

1970 年综考会被撤销，研究人员下放到中国科学院湖北潜江"五七干校"。1972 年撤回北京后，林业组科研人员绝大多数选择归口中国科学院遗传研究所，极少数人员归到中国科学院植物研究所。

1975 年中国科学院自然资源综合考察机构恢复后，韩裕丰和王素芳回归综考组，属于综合研究室中只有 2 名业务人员的林业组。为充实林业科研力量，在招收一批应届大学毕业生和研究生的同时，还从高等院校和科研单位下放到地方工作的研究人员中招聘了一批高级研究人员，其中阳含熙和李文华就是这一时期经过多方努力聘请来的。他们的到来，为以后的林业资源生态研究室的建设和发展奠定了良好基础。

1978 年 7 月，综考会对研究室进行调整：由林业、农业（含气候）、草场、畜牧等专业组共同组建了生物资源研究室。

1989 年，由于研究人员增加，生物资源研究室的 4 个专业组分别成立了林业资源生态研究室、农业资源生态研究室和草地资源与畜牧生态研究室。

林业资源生态研究室成立后，研究人员进一步充实和提高，逐渐形成一支能适应各种考察任务需要的队伍。研究领域包括林学、植物生态学、植物分类学、生态工程学、数量生态学、景观生态学及生理生态学等多种学科。研究人员最多时达 33 人。

研究室历任领导：

主　任：韩裕丰（1989.3.20～1991.3.5）

副主任：赖世登

主　任：李　飞（1991.3.5～1998.10.30）

副主任：廖俊国

行政副主任：刘广寅（1992.6.11～1996.2.27）

曾在林业资源生态研究室工作过的人员（按姓氏笔画为序）：

于立涛　仇田青　王　为　王本楠　王英方　邓坤枚　石培礼　伍业钢　刘爱民　朱太平　江　洪
阳含熙　张　杰　张运锋　李　飞　李文华　李玉长　邵　彬　闵庆文　陈永瑞　赵宪国　栾景生
顾连宏　黄　净　韩　云　韩进轩　韩裕丰　慈龙骏　赖世登　廖昌良　廖俊国　管正学　潘渝德

71.2 研究方向

1989 年成立的林业资源生态研究室，根据国内外林业科学研究发展趋势和国民经济建设对考察工作提出的要求，研究方向任务做了一些调整，从最初的林业资源特点、经营管理、合理开发利用、造林等传统的林业研究，扩大到对森林生态、自然保护区、生态工程、数量生态、景观生态、生理生态、资源植物等领域的研究，重点突出森林生态功能、生态保护建设和可持续发展的研究。因此，森林作为陆地生态系统的主体，不再是仅为人类提供大量木材和林副产品，而在维持生物圈物质循环和能量流动及可持续发展中起着重要作用。在考察研究过程中，充分吸收利用现代科学技术，促进了学科的发展。

71.3 研究任务与成果

林业资源生态研究室许多专业人员在该研究室成立之前曾承担过很多考察队的研究任务，并取得不少成果。如承担中国科学院青藏高原综合科学考察队、横断山区考察队、中国科学院南方山区综合科学考察队、西南资源开发考察队等的考察研究任务（详见第 64 章综合研究室和第 65 章生物资源研究室），以及下述研究任务。

1. 接受地方委托，参与地方社会经济发展规划研究

从 1989 年至 1996 年，受西藏自治区政府的委托，承担了西藏"一江两河"中部流域地区资源开发和经济发展规划和'一江两河'地区的艾马岗综合开发区规划设计、江北农业综合开发规划设计及农业综合开发区可行性研究等工作，随后又参加林芝地区尼洋河区域资源开发与经济发展综合规划和昌都地区三江流域农业综合发展规划的编写任务。

1989 年参加"一江两河"考察的林业研究人员共 5 人：韩裕丰、赖世登、廖俊国、邓坤枚、陈永瑞。

1993 年开始参加尼洋河地区考察并参与"西藏尼洋河区域开发与经济发展综合规划报告"编写的人员有 4 人：赖世登、韩裕丰、邵彬、黄净等。

1996 年开始参加昌都地区考察和参与编写"昌都地区三江流域农业综合发展规划报告"的人员有 2 人：邓坤枚、韩裕丰。

2. 努鲁儿虎及其毗邻山区科技扶贫工作

继续 1988 年（生物资源研究室期间）开展的扶贫工作，林业资源生态研究室的李飞、赖世登、韩云等继续参加扶贫工作。由于在生物资源开发利用研究所取得成果以及在贫困地区推广应用取得重要成绩，于 1996 年，赖世登获中国科学院表彰奖励"八五"科技扶贫先进个人二等奖（详见"37 努鲁儿虎及其毗邻山区科技扶贫"、"76 科技扶贫与资源开发应用技术研究室"）。

3. 其他研究成果

1）自然保护区研究成果

在对我国自然保护区的特点、性质、类型等方面进行调查研究的基础上，撰写了一些有较高学术水平的专著和论文，如"当代生物资源保护的特点及面临的挑战"，自然资源学报，1998；《中国自然保护区》专著。《中国自然保护区》专著获全国优秀科普著作三等奖（1991）；获中国商务印书馆颁发的"中国自然科学丛书"三等奖（1991）；并作为"中国自然地理知识丛书"获中共中央宣传部颁布的"精神文明"五个工程奖（1990.9）。

2）中国农林复合经营研究成果

由李文华和赖世登编写出版的《中国农林复合经营》一书，是我国第一部农林复合系统的专著，受到各方面重视。

李文华在瑞士出版了 *Integrated Farming System in China*（1993），以可持续发展原理为指导，对我国的传统经验和该领域近期的研究成果进行了全面阐述，并对 15 种典型生态农业工程类型进行了重点剖析。这一成果受到联合国教科文组织的高度重视。并决定以此为基础，出版 *Agro-Ecological Engineering in China*，作为该组织的生态系列丛书之一，于 1997 年出版向世界发行，为中国赢得荣誉。

3）中国森林资源研究成果

1996 年由李文华与李飞主编出版的《中国森林资源研究》专著，对我国森林的基本特征、结构、功能以及资源开发利用与保护进行了全面系统的论述，这是系统总结我国森林资源研究的重要著作，受到有关部门的好评。林业资源生态研究室几乎所有的科研人员都参与了本书有关章节的编写，该室多年森林资源科学考察研究成果和积累的丰富经验，在该书中得到了充分体现。

4）中国资源科学百科全书（林业卷）

李文华、韩裕丰、李飞、赖世登、邓坤枚等承担了中国资源科学百科全书林业卷条目的选定和组织编写工作。以李文华为主编，集中了林业资源生态室的部分科研人员以及高等林业院校、科研院所和林业部门的一些专家、教授们的智慧和经验，编写内容涉及林业资源科学研究领域的各个层面。

《中国资源科学百科全书》于 2001 年获国家新闻出版总署颁发的第十届全国优秀科技图书奖二等奖和山东省 1999～2000 年优秀图书奖。

5）资源植物研究成果

（1）由李飞任主编，管正学任副主编，张宏志、赖世登、廖俊国参加编写出版的《我国樟树精油及其利用研究》一书，对樟树精油资源的研究、开发利用有着重要参考价值。

（2）以朱太平为主开展的资源植物及开发利用研究，主要包括两种合成薄荷脑的新资源、罗汉果及开发利用研究、西藏高原特有植物砂生槐及开发利用研究。其中，中华多宝研究是 20 世纪 90 年代新资源植物研究开发中比较成功的技术项目，当时在国内市场上曾风靡一时。

参加资源植物开发利用研究的人员：朱太平、管正学、王善敏、陈永瑞、张杰、仇田青、韩云等。

4. 以野外台站为基点，定位研究森林资源

1）长白山定位实验站（详见"65　生物资源研究室"）

2）千烟洲红壤丘陵综合开发试验站

1988 年接收南方队创建的千烟洲红壤丘陵综合开发治理试验站，李文华兼第一任站长，李飞、陈永瑞等参加。坚持贯彻红壤丘陵立体农业的科考观点，进行树种的引进和选育研究。形成了林、果、粮和乔、灌、草复合结构，红壤丘陵的生态农业生产系统基本建成，森林覆盖率达 70%，水土流失基本得到控制。千烟洲模式已被公认为国土整治和生态农业建设的典型案例，广为学术论文和教材引用（详见第 77 章千烟洲红壤丘陵综合开发试验站）。

3）拉萨农业生态试验站

1993 年综考会建立拉萨达孜农业生态试验站。该室由廖俊国参加高原农业生态试验工作，开展了以防护林为主要研究对象的机理研究，配合农业生态站研究方向和任务的需要，引进 64 个林木品种，其中栽培最为成功的是当推三倍体毛白杨。该树种生物性状优良，速生优势明显，从北京林业大学运芽条到拉萨塑料大棚扦插育苗，当年平均生长高1.8m，一年可移栽，10年左右成材，可以获得较好的社会、经济和生态效益。刺槐大棚育苗生长同样旺盛，但深冬初春尚存在较严重的枯顶干梢现象。在建立的林木引种繁殖区内，还对树木进行生长发育、生理生态特性和生物量测定研究（详见第79章拉萨农业生态试验站）。

4）植物标本室

从1973年开始采集标本以来，到1985年统计已有植物标本数量达4万余份，其中已定名的3万余份。在采集的标本中，经有关专家鉴定新种30余种。1999年综考会与地理所整合后，全部植物标本与植物名录登记卡一起移交给中国科学院植物研究标本馆，双方还签定了移交协议（详见第65章生物资源研究室）。

71.4 学术研究与成就

现代科学技术日新月异地迅速发展，为此，充分吸收和利用现代科学技术，探讨中国森林资源科学的理论和方法，对保护和扩大我国森林资源具有重要现实意义。研究从最初的森林资源、森林经营管理、造林等扩大到包括植物生态、植物分类、自然保护、景观生态、数量生态、生理生态、资源植物等领域。

李文华率先将电子计算机模拟技术和森林生物生产力和养分循环的研究方法向国内介绍，并应用于长白山和青藏高原的考察研究中。1990年建立了树林年轮实验室，运用现代测试技术研究林木生长，利用年轮自动测试仪分析判读年轮样条和圆盘，又运用波谱分析技术研究其生长规律，为研究林木生长规律及其环境变迁提供了一种新方法。由于树林生长受气候变化影响很大，因此根据树林年轮宽度的差异，即可获取过去气候变化的信息，成为研究和重建过去气候的有效途径之一。参加青藏高原和新疆野外考察时，用生长锥获取大量不同树种的年轮样条和圆盘，用于分析测定树木生长变化规律和气候变化对树木生长的影响，尤其对高海拔地区树木年轮的分析研究，可获得更有价值的信息。

为了研究林木光合作用，光合产物积累规律，将量子测定仪、CO_2测定仪等仪器引入生理生态的研究中，也取得显著成绩。

采用计算机模拟技术，预测森林资源的动态变化。根据系统动力学原理，采用先进的计算机模拟技术，对我国森林蓄积量近30年的变化进行了动态仿真，并根据不同资源消耗水平进行预测。在此基础上，提出我国森林资源的利用应采取适度或限额消耗模式，而不能使用高消耗模式，否则将危及我国资源前景。

71.5 人才培养

林业室经过多年努力奋斗，建立了一支拥有近33人组成的老、中、青相结合的科研梯队，其中中国科学院院士和中国工程院院士各1人，研究员8人，副研究员7人。自1978年开始，以阳含熙、李文华、慈龙骏、江洪、李飞为导师，先后培养博士生18人，硕士生13人（其中在生物资源研究室期间培养7名硕士生和2名博士生，详见附表6-9和附表6-10））。

1992年，慈龙骏由美国回国后，除担任综考会副主任外，并在该室从事景观生态学研究。

李文华院士于1992年被国务院授予"有突出贡献的科学家"称号，1996年被评为中国科学院优秀博士生导师。

李飞1987年获中英友好奖学金的资助，于1987年12月至1989年3月在英国爱丁堡大学自然资源与林学系作访问学者，合作研究"苏格兰森林生态系统水分循环及计算机模拟"课题。

在历年出版的研究成果中，获国家自然科学奖一等奖2人，中国科学院科学技术进步奖特等奖2人，一等奖3人，二等奖6人，三等奖2人。有的成果还获"五个一工程"优秀奖，优秀科普活动奖，陈嘉庚奖等奖项。

享受国务院政府特殊津贴6人：阳含熙、李文华、慈龙骏、韩裕丰、李飞、廖俊国。

72 农业资源生态研究室 (1989~1998)

72.1 研究室沿革

1956 年综考会成立，1960 年组建了农林牧自然资源研究室，农业仅是一个专业研究组，偏重于种植业的考察研究。1970 年综考会被撤销。1975 年恢复重建后，组建了新的综合研究室，至 1978 年派生了生物资源研究室，由农业(含气候)、林业、畜牧和草地 4 个专业组组成。由于事业发展的需要和各专业组人员的增加，到了 1989 年，在 4 个专业组的基础上组建了 3 个新的研究室，即农业资源生态室、林业资源生态室、草地资源与畜牧生态室。从此，农业资源生态室作为综考会一个独立的研究室和农业资源考察研究的一支重要力量，全力以赴投入到农业资源综合考察研究中，为农业资源开发利用和保护，以及为农业资源生态学的创立和发展，发挥了自己应有的作用。

1997 年农业资源生态室与气候资源室合并为气候与农业资源研究室，后又并入资源生态与管理研究中心，直至综考会与地理所整合为中国科学院地理科学与资源研究所。

农业资源生态室成立后，室主任先后为：刘厚培、蒋世逵、成升魁、丁贤忠；谢高地任资源生态管理中心主任。

曾在农业资源生态室工作和学习过的人员(按姓氏笔画为序)：

丁贤忠　马金忠　王善敏　刘建华　刘厚培　成升魁　许毓英　张　烈　张秀刚　李大明　李兰海　陈华明　陈晓峰　姚则安　高柳青　崔四平　曾本祥　蒋世逵　谢高地　谭　强

72.2 研究对象、任务和内容

1. 研究对象与任务

农业资源，即是人们从事农业生产或农业经济活动所利用或可资利用的各种资源总称，它包括自然资源和社会资源。农业自然资源主要包括气候资源、土地资源、水资源和生物资源。农业资源的概念随着科学技术的发展和人们对自然界的认识的提高，经常处于动态发展的态势。

农业资源生态研究对象是以作物为核心的种植业生态系统及其相互关系，通过不断调整农业结构，实现区域作物最佳态势和资源的优化配置，达到作物系统与农业自然资源和社会经济资源呈最佳的动态协调，在此前提下，探索适合区域农业自然资源和社会经济资源特点的生产技术方案，尽可能提高整体资源的利用效率，保证资源体系的经济、生态、社会总体效益最高，促进农业的高效和可持续发展。

可见，农业资源生态室是研究以耕地为基础的作物资源(含其所形成的农副产品资源)，研究其开发利用、保护以及与生态环境的关系，农产品资源及其副产品资源对社会的满足程度。它在自然资源综合考察事业中占有重要地位。

2. 农业资源生态的研究内容

农业资源生态研究室主要研究种植业数量、质量、分布规律，以及开发利用保护及其与生态环境的关系，探索农业资源生态学理论体系，研究方法并用以指导实践，其主要研究内容大致包括以下若干方面：

(1) 作物资源生态生理的试验研究。通过不同区域，不同类型生产条件下，区域主要作物的生态生理试验研究，挖掘作物资源的最大生产潜力，和不利自然条件胁迫下，作物生态生理调节阈限，为区域作物合理布局、优化生产方案调控提供科学依据。如我国中亚热带地区稻旱多熟制与粮食-饲料、绿肥复种轮作制，对作物（水稻、玉米、小麦、豆类、紫云英、肥田萝卜等）生态生理适应性、生产力，进行田间生长发育的动态观测研究等（与江西省农科院、吉安地区农科所共同协作完成）。

（2）耕地资源保护、开发利用的研究。研究耕地的动态变化，耕地保护，推广种植优良品种，改革耕作制度，提高复种指数，推广先进生产技术，最大限度地发挥耕地的生产潜力等。如对我国不同地区种植制度的改革（如江西省泰和县、湖南省桃源县、湘南丘陵山区等地），特别是旱地农业的发展潜力（如桂东南、广西红水河流域等）的研究，以及我国多熟种植阈限理论与专家系统研究。

（3）种植业资源的研究。研究作物资源的生态适应性。作物资源的数量、品质、分布规律、供需平衡，作物生产基地建设与布局、生产潜力、增产途径和措施；种植制度改革和种植业结构调整等问题。如西藏"一江两河"地区种植业规划研究；西藏拉萨地区玉米种植与设施农业研究；西藏察隅、波密地区肥麦发展问题的研究；我国粮食发展现状与问题对策的研究；我国糖料、棉花资源态势研究；广西罗汉果资源分布特征与开发利用研究。

（4）区域农业资源生态特征及区域农业发展研究。区域农业资源研究，着眼于区域农业资源生态系统特征和总体效益研究。研究区域农业自然资源系统中，各资源要素的相互影响相互制约的关系，寻找自然资源系统中的制约因素和克服制约因素的有效途径，以及在市场经济条件下，社会对农业资源开发利用的有利因素，以便补偿和部分替代自然资源要素的不足之处，为区域农业布局、作物结构调整方向提出科学合理的优化方案。

（5）气候过渡地带的农业生态研究。在我国几大气候过渡带之间存在着光、温、水等因子过渡分布状态，而作物的生产一定要有一个完整的生产周期，这样势必存在着一季利用有余，两季利用不足的现象。如温带北缘一熟有余两熟不足地区及北方寒温带农牧交错地区作物一熟保证率不高的地区，光能资源充足，只是热量不足制约着作物布局生产力的发挥。这需要采取适当的农业工程措施对热量资源加以补偿，以此来主动改善农业资源生态环境。研究补偿措施的增产潜力、经济效益，为我国农业生产地域的扩展和规模外延提供科学依据。如我国贫困地区农业资源开发与生态环境治理；中国非耕地资源开发利用与农业可持续发展的研究等。

（6）农业资源生态系统宏观考察研究。在农业资源生态定位研究和区域农业资源生态系统研究的基础上，对全国农业资源生态区域特征进行更深入的综合研究。研究我国粮食、棉花、油料、糖料等与国计民生关系重大的作物资源生产潜力、产业布局、发展制约因素、开发途径、可能替代途径以及产业动态调整的决策技术体系，为国家农业可持续发展提供科学依据，为有关部门农业、农村经济政策提供决策参考。如对我国西部地区农业资源的宏观考察研究等。

（7）农林、农牧、农渔复合经营系统的研究。研究现代的大农业在生态经济学原理指导下，充分利用生态工程的方法和手段建设高效、高产、优质和持续的生产体系。探讨农林结合、农牧结合、农渔结合的农业复合经营系统及其调控措施。

（8）农业资源生态学和发展生态学理论的研究。农业实质是人类利用社会经济资源对自然资源加工转化的一个生态经济过程。资源开发过程中的生态与经济动态平衡，资源开发的生态、经济、社会综合效益等等，对这些问题的研究必将推动农业资源生态理论与实践进入一个新的发展阶段。

随着农业的发展，农业资源生态研究不断开拓新的领域，如山地农业的研究，都市农业的研究，创汇农业的研究，资源节约型农业的研究，农业生态环境及其修复技术的研究，脱贫致富及社会主义新农村建设的研究，设施农业（农业工程）的研究，以及生态与经济发展过程的矛盾与错位等发展生态学的理论问题等等。

72.3　研究项目、研究成果及获奖情况

1989年农业资源生态研究室建立后，曾先后参加过国家计委和中科院主持的重大项目研究。如中国南

方丘陵山区综合科学考察；中科院西南地区国土资源综合考察和开发战略研究；黄土高原综合科学考察等。另外，中科院和各省区合作考察研究的项目，如西藏"一江两河"农业规划；西藏昌都地区的农业规划；农业生态定位研究；江西千烟洲红壤丘陵开发试验研究；西藏拉萨农业试验研究。科技扶贫——内蒙古赤峰市和河北滦平县呼赤哈农业开发和小流域结合开发治理规划及扶贫示范研究。与气候资源室合作承担中科院"九五"重点课题——中国非耕地资源开发利用与农业可持续发展研究。同时，还开展了晋陕蒙接壤地区农牧交错带保护地生态效应的研究和我国多熟种植阈限专家系统的研究等。通过完成各项考察研究任务，进一步明确了研究室的研究方向任务和在农业资源生态研究领域内所应担负的历史使命，并取得了一批重要的研究成果。包括主编参编专著或论文集 30 余部，论文近 200 篇。现仅将其项目和部分成果和获奖情况记述于后。

1）中国科学院南方山区综合科学考察（1980～1990）

中科院"七五"重点科技项目。农业资源生态室刘厚培曾任南方队副队长兼第二分队队长，蒋世逑任第二分队副分队长。农业资源生态室参加考察研究的人员有：刘厚培、蒋世逑、张烈、王善敏、许毓英、陈华明、马金忠、谭强、李兰海等（前期工作及成果详见第 65 章生物资源研究室）。主要成果：

（1）《湖南南岭山区自然资源开发利用和国土整治综合研究》，刘厚培、朱景郊主编，蒋世逑编委，许毓英、陈华明、马金忠参加，学术书刊出版社，1990。

（2）《赣江流域综合开发治理策略》（总报告），席承藩主编，刘厚培等副主编，那文俊执笔，蒋世逑编委，许毓英、陈华明、马金忠、张烈、谭强参加，中科院南方队二分队、江西省"山江湖"办公室，1989。

（3）《赣江流域综合开发策略研究》，席承藩主编，蒋世逑等编委，北京科学技术出版社，1989。

（4）《中国中亚热带丘陵山区典型地区自然资源开发利用研究》，李飞主编；执笔人之一：刘厚培，科学出版社，1989。

（5）《中国亚热带东部丘陵山区开发治理典型经验》，主持人：李飞；执笔人之一：陈华明，科学出版社，1989。

（6）《南岭山区自然资源开发利用》，刘厚培、朱景郊主编，蒋世逑、陈华明参加，科学出版社，1992。

（7）《南方山区的出路》（总报告）（南方队总任务："中国亚热带东部丘陵山区自然资源合理利用与治理途径"），课题主持人：席承藩、那文俊、刘厚培、朱景郊等，科学出版社，1990。

2）西南地区国土资源考察和开发战略研究（1986～1990）

国家"七五"重大科研项目。农业资源生态室参加西南队"桂东南区域资源开发与生产布局"专题的考察研究，工业室姚建华任专题组长，农业室蒋世逑任专题组副组长。农业资源生态室参加考察研究的人员有：刘厚培、蒋世逑、许毓英等。成果有《桂东南区域资源开发与生产布局》，姚建华主编，蒋世逑副主编，刘厚培、许毓英参加，中国科学技术出版社，1991。农业资源生态室还参加了西南队"红水河流域资源开发"考察研究，成果有：《红水河流域开发研究》，姚建华主编，刘厚培、许毓英、李兰海参加。

3）黄土高原综合科学考察

国家"七五"（1986～1990）重点科技攻关项目，高柳青参加。成果有：《黄土高原地区资源环境社会经济数据集》，高柳青主编，中国经济出版社，1992。

4）资源环境定位研究项目

"中国科学院江西省千烟洲红壤丘陵综合开发治理试验研究"，1980 年选点，1981～1983 年蒋世逑等参加了规划总结，1986～1991 年农业资源生态室蒋世逑、李兰海、陈华明等主持和参加了定位研究。成果有：《红壤丘陵生态系统恢复与农业持续发展研究》（论文集），程彤主编，蒋世逑副主编，李兰海、刘厚培参加，地震出版社，1993。

5）我国水土及气候资源与农林牧渔业持续发展潜力研究

为中国科学院"八五"重大基础项目之一，"我国主要类型生态系统结构、功能和提高生产力途径研究"中的第 6 课题，陈百明任课题组长，蒋世逵任副组长。成果有：《我国水土及气候资源与农林牧渔业持续发展潜力》，陈百明、蒋世逵等编著，气象出版社，1996。

6）晋陕蒙接壤地区环境整治与农业发展研究

国家"八五"科技攻关项目"黄土高原水土流失区综合治理与农业发展研究"第 14 专题。农业资源生态室高柳青参加。成果有《晋陕蒙接壤地区环境整治与农业发展研究》，杜国垣等主编，科学出版社，1985。

7）华北山区资源开发与经济发展研究项目

该项目是 1994 年由中科院资环局下达的课题。负责人陈百明，许毓英、成升魁参加。成果有：《华北山区资源开发与经济发展研究》，陈百明主编，中国农业科技出版社，1996。

8）《中国自然资源手册》编撰

该项目是综考会主任资助项目，程鸿、何希吾负责，农业资源生态室主持其中"中国农作物种质资源"的编写，主持和参加的人员有：刘厚培、王善敏、许毓英、陈华明。成果有：《中国自然资源手册》，程鸿主编，何希吾副主编，科学出版社，1990。

9）中国资源态势与开发方略研究

该项目是"八五"中国科学院和综考会主任资助项目，何希吾、姚建华负责，农业资源生态室许毓英、王善敏、成升魁、蒋世逵参加。成果有《中国资源态势与开发方略》，主编何希吾、姚建华，湖北科学技术出版社，1997。

10）《中国农业气候资源》的编撰

该项目是《中国自然资源丛书》之一，侯光良、李继由、张谊光主编，蒋世逵参加，中国人民大学出版社，1993。

11）宁南县自然资源综合评价与开发

是国家科技攻关项目"宁南县农村可再生能源技术开发"的子课题，宁南县是全国农村可再生能源开发综合试点之一。刘厚培、章铭陶是子课题负责人及参加者，还有谭强参加。成果有：《宁南县农村自然资源综合评价和开发利用的研究》，刘厚培、章铭陶主编，谢淑清副主编，蒋世逵编委，谭强参加，农业出版社，1991。

12）西藏"一江两河"中部流域资源开发和经济发展规划项目

其成果为"西藏自治区'一江两河'中部流域地区资源开发展规划"，章铭陶主编，许毓英参加，1991。

13）1994 年西藏自治区再次委托中科院青藏队编制西藏自治区"一江两河"地区综合开发规划项目

章铭陶为规划组长。成果有："西藏自治区'一江两河'地区综合开发规划"，章铭陶主编，许毓英参加，1992。

14）1991 年西藏自治区委托中科院青藏队编制尼洋河区域资源开发与经济发展规划

成果有："西藏尼洋河区域资源开发与经济发展规划"，章铭陶主编，成升魁副主编，1993。

15）1996年西藏昌都行署委托综考会编制西藏昌都地区"三江流域"农业综合开发规划（2001～2010年)项目

章铭陶为规划组长，成果有："西藏昌都地区'三江流域'农业综合开发规划"，章铭陶、成升魁主编，蒋世逮参加，1997。

16）西藏自治区昌都地区农业发展规划

为西藏自治区和昌都地区党政领导委托，综考会组成规划小组，成升魁、何希吾等主持，蒋世逮参加。成果有："西藏自治区昌都地区农业发展规划"，何希吾、刘爱民主编，蒋世逮参加，2002。

17）西藏自治区江当综合开发区可行性研究

1991年西藏自治区委托中科院青藏队承担，章铭陶主持，许毓英参加。成果有："西藏自治区江当综合开发区可行性研究"(含附图)，章铭陶主持，许毓英参加，1993。

18）西藏自治区艾马岗综合开发规划设计项目

西藏自治区委托中科院青藏队承担，章铭陶主编，许毓英参加。

19）中国非耕地资源开发利用与农业可持续发展研究

为中科院"九五"项目，农业资源生态室与气候资源室合作，蒋世逮、张宪洲主持。成果有："中国非耕地资源与农业可持续发展研究"，蒋世逮、张宪洲主编，2001。

20）西北地区水资源及合理开发利用与生态环境保护研究

为"九五"国家重点科技攻关项目，黄永基、孙九林等为专题负责人，谢淑清、丁光伟为子专题负责人，蒋世逮参加。成果有：《西北地区水资源及生态环境评价》，黄永基主编，谢淑清编委，蒋世逮参加，海河大学出版社，2002。

21）西藏昌都地区莽错湖农业开发规划

西藏自治区委托项目，成升魁主持。成果有："西藏昌都地区莽错湖农业开发规划"，成升魁等著，1991年。

22）西藏昌都地区邦达草原畜牧业发展规划

西藏自治区委托项目，成升魁、苏大学主持。成果有：《西藏昌都地区邦达草原畜牧业发展规划》，苏大学、成升魁等著，1991。

23）青藏高原形成环境变迁与可持续发展研究

中科院知识创新工程项目，郑度主持，成果有：《青藏高原形成环境与发展》，郑度主编，成升魁参加，河北科学技术出版社，2000。

24）中国科学院特别资助项目：《2002年中国资源报告》

该项目由成升魁主持。成果有：《2002年中国资源报告》，成升魁、谷树忠等著，商务印书馆，2003。

25）《中国生态建设地带性原理与实践》

孙鸿烈、张荣祖主编，蒋世逮主持第八章、第十三章编写，科学出版社，2004。

26)《中国自然资源综合考察与研究》

孙鸿烈主编，成升魁等副主编，蒋世逵参加，商务印书馆，2007。

27）国家"九五"攀登项目课题《青藏高原区域可持续发展研究》

成升魁等。

28)《资源生态学》

赵士洞主编，成升魁副主编，丁贤忠参加。

此外，在国内学术刊物上发展论文近200篇(略)。

研究成果获奖情况：

(1) 中国亚热带东部丘陵山区自然资源综合利用与治理途径，1991年获中国科学院科学技术进步奖一等奖，刘厚培、蒋世逵为获奖人之一。

(2) 江西省吉泰盆地商品粮生产基地科学考察报告集，1986年获中国科学院科学技术进步奖三等奖。刘厚培为主持人。

(3) 江西泰和县自然资源和农业区划，1985年获国家农业区划委员会成果二等奖，刘厚培为主持人、编写人之一，参加人员有：刘厚培、张烈、王善敏、姚则安等。

(4) 湖南桃源综合考察报告集，1980年获湖南省科委优秀成果一等奖，刘厚培为参加编写人之一。

72.4 人才培养

硕士研究生导师1名：刘厚培，培养硕士研究生3名(其中在生物资源研究室期间培养2名，详见附表6-9)。

研究室工作人员马金忠、谭强、陈华明、王善敏先后赴美国学习和工作；李兰海、丁贤忠先后赴加拿大学习和工作；张秀刚赴匈牙利学习和工作；李兰海为中国科学院百人计划(中科院新疆生态与地理研究所)研究人员之一；曾本祥曾调中科院"联合国教科文组织中国人与生物圈国家委员会秘书处"工作，之后赴澳大利亚学习和工作。

73　草地资源与畜牧生态研究室
（1989～1998）

73.1　研究室沿革

综考会于1960年开始设立研究室时，在农林牧资源研究室中设有植物草场与畜牧专业小组，这是综考会草地资源与畜牧生态研究室成立前最早的研究实体。1975年综合考察机构恢复后，仍然是两个分散的草、畜专业组，设在大综合研究室内。1978年分设研究室时，这两个专业组隶属于生物资源研究室。1989年，生物资源研究室撤销，这两个专业组联合组成草地资源与畜牧生态研究室（研究室内下设有3个隶属单位：四川巫溪红池坝草地-畜牧生态系统试验站，生物实验室，植物标本室）。1998年，草地资源与畜牧生态研究室并入资源生态与管理研究中心。

研究室历任领导成员：

主　任：黄文秀（1989.03.20～1995.10.04）

　　　　樊江文（1995.10.04～1998.10.30）

副主任：田效文（1989.03.20～1991.03.05）

　　　　樊江文（1991.03.05～1995.10.04）

　　　　王钟建（1995.10.04～1997.07.20）

1989年，全室共有研究人员22名（按姓氏笔画为序）：

文绍开　王钟建　王淑强　田效文　刘玉红　刘建华　李玉祥　杜占池　杨汝荣　沈长江　苏大学　周海林　姚彦臣　钟华平　郭志芬　郭秀英　梁飚　黄文秀　程彤　廖国藩　樊江文　孙庆国

研究室经历了农林牧资源研究室、综合研究室、生物资源研究室、草地资源与畜牧生态研究室几个阶段，仅草地、畜牧专业人员先后调离或出国的有：李缉光、方德罗、吴贵兴、汤火顺、李实喆、乌力吉、高兆杉、赵献英、韩念勇、郭志芬、张振华、王吉秋、郭爱朴、郭丹玲、孙庆国、赵伟辉等。

73.2　学术研究方向

服务对象：20世纪90年代以前的服务对象主要是考察队，90年代后又增加一部分专项和国际合作。

研究方法：主要是野外实地考察，观测定点研究与取样室内分析、研究。

研究方向：20世纪50年代开始，综考会组织的所有考察队都有草地资源与畜牧专业人员参与，考察了我国西部五大牧区和南方亚热带山地，积累了大量基础资料，取得了丰硕成果和科研经验，同时借鉴了国内外科技发展的新思想新成果，为探索和确定研究室的研究方向奠定了良好基础。

1. 资源领域

资源数量与分布规律研究，主要包括天然草地数量、类型与分布，家畜种类、品种、数量与分布；资源生物学特征研究，主要包括牧草营养价值、适口性、生产力及季节变化，以及家畜品种遗传特性和生产能力；资源开发利用评价与研究，主要包括天然草地载畜量、季节牧场协调与人工草地建植，以及畜种发展方向与品种配置；区域发展研究，主要包括畜牧业战略发展方向、规模，草（天然草地、人工草地）畜协调配置以及生产基地的建设与技术路线等。

2. 资源生态学领域

生态条件评价，主要包括优良天然牧草与人工牧草的适应性与适生环境要求的研究，各种家畜优良品种适应性与适生环境要求的研究；生物种群结构研究，主要包括天然草地植物群落分析、人工草地群落组合以及家畜生态类群的研究；牧业资源保护与管理研究，主要包括天然草地、人工草地的保护与管理以及二者的优化组合、本地优良家畜品种的选育与保护以及外来优良品种引入；草地生态系统与牧业生产系统优化模式的研究，主要包括天然草地类型与畜种组合、系统利用管理和生态功能稳定，以及牧业生产可持续发展所需家畜品种和饲草(料)配比与管理技术的综合研究。

3. 附属单位的研究方向与任务

中国科学院四川巫溪(红池坝)草地-畜牧生态系统综合试验站：研究方向及任务(详见第78章红池坝草地-畜牧生态系统试验站)。生物组织培养实验室：本实验室主要负责牧草和家畜细胞组织培养，染色体研究等工作，服务于资源生物学特征与生态适应性的深入研究。

植物标本室：负责各考察队野外工作采集的牧草标本制作、上架、管理，为本室研究人员工作备用，以及接待其他单位有关科研和教学人员查阅。

73.3 科研任务

1. 考察队的考察任务

1) 青藏高原综合科学考察

青藏高原是我国又一主要牧业生产地区，草地资源特点与牧业生产类型、方式历来备受关注，自然也是本研究室的重点考察与研究的地区。而且也是该室参加研究人员最多、综合考察与研究持续时间最长、工作面最广和研究成果最丰的地区。从1966年开始，草、畜专业研究人员多次参加青藏高原地区综合考察研究，如1989～1992年西藏"一江两河"地区考察，艾马岗综合开发规划设计，江北农业综合开发区规划设计，江北农业综合开发区可行性研究，尼洋河区域资源开发与经济发展等研究，1993年西藏自治区草地资源普查，1996年西藏昌都地区农业综合开发研究等。该室先后参加上述工作的人员有：黄文秀、廖国藩、田效文、苏大学、杨汝荣、郭志芬、孙庆国、梁飚、钟华平、刘建华等。

半个世纪以来，该室研究人员在青藏高原综合科学考察中，重点考察与研究了青藏高原牧业资源生物学特性与地理分布规律，综合论证了高原草地生态系统与牧业生产系统特征。结合经济发展实践，探索了草地资源开发与畜牧业可持续发展的机理及其总体发展战略、方向、模式和途径；并对重点地区发展进行了规划，研究实施对策和具体措施等。

2) 西南地区国土资源综合科学考察和开发战略研究

"西南地区国土资源综合科学考察和开发战略研究"是由中国科学院牵头组织，地方积极配合，于1986年(生物资源研究室期间)开始野外考察，1991年完成室内总结。

西南地区地貌类型多样，气候复杂，为自然资源的形成和分布提供了环境条件。生物资源具有综合开发的良好前景，既有全国各气候带适生的草本植物、作物和林木，又能大规模生产许多具有区域特色的产品。

牧业生产在西南经济建设中占有特殊地位，黄文秀、田效文、杜占池、孙庆国、钟华平、梁飚等全程参与考察，并承担重点专题任务。除完成阶段性成果外，还以市场为导向，以资源为依据，发挥区域优势，提出了以建设各类现代化牧业生产基地和草地资源保护为主的综合考察报告，为国家和地方有关部门决策提供了科学依据。

3）南方山区综合科学考察

中国科学院于1980～1990年期间组织了"中国亚热带东部丘陵山区自然资源合理利用与治理途径的考察研究"。先后参加的人员有：廖国藩、程彤、李玉祥、郭志芬、张振华、韩念勇、杨汝荣等。参与完成了"南岭山区""湖南山区""桂东北山区""吉泰盆地""赣江流域丘陵地区"以及"千烟洲红壤丘陵综合治理开发试验研究"等考察和专题报告。获得多项中国科学院奖和国家科学技术进步奖（详见第65章生物资源研究室）。

研究人员全程参与考察、研究和千烟洲建站工作，并在千烟洲研究站后续工作中，承担了多项研究任务（详见第77章江西千烟洲红壤丘陵综合开发治理定位观测试验站）。

4）全国草地资源普查工作

20世纪80年代，综考会和中国农业科学院草原研究所，在农业部领导下，联合主持全国草地资源普查工作。自1979年（详见第65章生物资源研究室）开始后，一直延续至1994年。本次普查是全国首次按统一规划要求大规模的调查，按草地植物的种或者优势种进行生物生产量、可食牧草产量的测定，评价其适口性、采食率和可利用率，进行了营养物质含量分析，提出以植物种为基础评定草地等级和经济价值。1994年完成了"1∶100万中国草地类型图、等级评价图""中国草地类型分类系统"等，出版《西藏草地资源》和《中国草地资源》二部专著。

5）黄土高原综合科学考察研究

苏大学、王钟建、李玉祥参与了黄土高原综合科学考察的"以林草建设为主，生态效益为中心，培育与保护草地，养山养水，改善生态环境，形成林牧结合经济带"，以及建立不同类型畜牧业生产基地的研究。

6）区域开发前期的综合考察与研究

中国科学院于1990年开始，设立了"区域开发前期研究"特别支持项目。该室人员从1991年开始，陆续参与三项工作。注意参与三项工作是指，有第一期中占两项，第二期占一项，无第三期项目！

（1）第一期项目："黄河上游沿岸多民族地区经济发展战略研究"，参与"区域可持续发展""农牧业结构调整及优化组合""农业发展与乡村经济振兴"等课题研究。

（2）第一期项目："晋陕蒙接壤地区资源开发与环境治理总体方案"，参与了矿区土地种草复垦的研究。

（3）第二期项目："河西走廊经济发展与环境治理的综合研究"，主要参与河西农业发展方向、农村产业结构调整对策及建议、搞好草原建设，扩大人工草地面积，将自由放牧逐步改向控制轮牧等研究。参加人员有李玉祥、王钟建、周海林、文绍开等。

（4）《中国资源态势与开发方略》研究，黄文秀、郭志芬参加，湖北科学技术出版社，1997。

7）继1988年进行的"努鲁儿虎及其毗邻地区科技扶贫总体规划"之后，继续参与科技扶贫工作

例如，"北方半干旱贫困山区生态农业优化模式研究"项目、内蒙古翁牛特旗杜家地乡综合农业技术试验示范、河北省承德地区商品基地调查、燕山东段生态经济沟滦平中心试验区总体规划、努鲁儿虎贫困山区农村经济发展研究、畜禽养殖综合开发试验研究、高效益农业技术研究与试验示范等。该室参加人员郭志芬、田效文、文绍开、周海林、梁飚、王钟建等（前期工作见第65章生物资源研究室）。1996年，田效文获中国科学院表彰奖励"八五"科技扶贫先进个人二等奖，1996年田效文获内蒙古自治区表彰科技扶贫先进个人（主要成果详见第37章努鲁儿虎及其毗邻山区科技扶贫和第76章科技扶贫与资源开发应用技术研究室）。

2. 重点试验站研究工作

1）四川巫溪红池坝草地—畜牧生态系统试验站研究任务（详见第78章红池坝草地-畜牧生态系统试验站）

本研究室负责主持工作。先后参加的人员有：廖国藩、刘玉红、樊江文、王淑强、黄文秀、杜占池、孙庆国、钟华平、梁飚、文绍开等。

主要实验研究任务有：

（1）1986～1990年试验站主持了国家"七五"重点科技攻关课题"亚热带中高山地区人工草地养畜试验"研究；

（2）1990～1995年，承担主持国家"八五"攻关课题"亚热带中高山草地畜牧业优化生产模式"的研究；

（3）1990～1995年承担了四川省科技攻关项目"天然草地改良和牧草青贮技术"研究；

（4）1997～2000年承担了国家自然科学基金项目"草地群落退化演替的植物竞争关系和稳定性调控"的研究。

2）江西千烟洲红壤丘陵综合治理开发试验站（详见第77章千烟洲红壤丘陵综合开发试验站）

该室人员程彤任站长、李玉祥、杨汝荣参与千烟洲站研究工作，主要工作有：

（1）当地野生牧草的考察研究，通过当地适应性试验，提纯、复壮等措施，筛选出5种抗寒牧草适合当地发展；

（2）人工牧草种植试验，筛选出10种优良牧草适合当地种植。

3）内蒙古锡林郭勒草原定位站（本站属中国科学院植物所主持管理）

该室人员代表综考会参与该站初期建站工作以及后续研究工作：

（1）该地区自然条件、自然资源等本底调查；

（2）典型草原植物光合作用研究；

（3）家畜放牧对典型草原植被影响的研究。

参加人员有：沈长江、赵献英、杜占池、姚彦臣、杨汝荣等。

4）西藏拉萨农业生态试验站（详见第79章拉萨农业生态试验站）

主要承担牧草种植试验研究与试验站管理工作。参加人员有杨汝荣、王钟建（曾任站长）

3. 国际合作项目

（1）德国合作项目：沈长江1988～1990年与德国合作"中国农村区域发展与土地利用——宁夏农村发展与土地利用"研究。沈长江为中方主持人，参加人员有：文绍开、周海林、王钟建。

（2）联合国教科文组织国际山地综合开发中心（ICIMOD　尼泊尔）合作项目：①流域治理——雅鲁藏布江流域治理研究；②西藏草地资源管理与保护研究；③西藏牦牛资源管理与保护研究。孙庆国1991年去ICIMOD工作一年，并参加了上述合作项目。

（3）加拿大国际发展研究中心（IDRC新加坡）合作研究。1989～1994年开展两项研究：①亚洲肉用山羊品种资源研究；②中国高原地区农作物-家畜协调发展模式研究。均由黄文秀主持。

（4）新西兰土地保护研究所合作研究项目。樊江文、王淑强分别于1990年和1993年赴新西兰学习和工作一年。

73.4 研 究 成 果

资源考察与学科研究成果可概括为四个方面：

(1) 探索并形成了牧业战略、牧业区划、牧业地理及牧业生态学等系列独特的研究理论和方法。在牧业资源考察与研究工作中，一直坚持着重自然规律和经济社会发展规律，多学科协同工作，宏观与微观结合，近期与远期呼应，吸取国内外经验，运用翔实可靠数据，定性定量实证分析，进行科学归纳与提炼，形成了本学科领域比较全面的和具有前瞻性的发展思路，以及理论的创新探索。

(2) 全面考察研究我国草地资源，形成了大尺度、整体规范的研究方法，开创了新的研究领域。以该室人员为主的全国草地资源考察与研究，成功地整合了各派学术观点，统一了草地资源调查技术指标与评价规范，圆满完成了任务，并出版了种类齐全的图件和文字著作。

(3) 运用生态学理论研究了家畜生态学。家畜种类和品种适应性的研究，以及家畜在其所适应的草地类型上有机结合的集群研究，表现为"家畜品种生态"与"家畜生态类群"的研究成果。不同家畜生态类群与不同生态环境、不同草地类型长期协同结合发展，表现了不同牧业生产系统和不同草地生态系统在地理空间上的差异。

(4) 以生态系统理论为指导，研究草地资源考察与牧业发展，比较全面准确地认识与研究了生态环境、草地资源、牧业生产类型的特征及其形成。

1990 年以后具体成果与获奖人员如下：

(1) 1990 年，西藏昌都地区草地资源调查，杨汝荣等，该项目获西藏自治区科技成果一等奖。

(2) 西藏萨嘎县草地资源调查，杨汝荣等，该项目获自治区科技成果三等奖。

(3) 宁夏回族自治区农业综合开发研究："滩羊生态及其生产应用研究"，1985～1990 年。参加人沈长江、王钟建、文绍开、周海林，1991 年该项目获中国科学院自然科学奖三等奖。

撰写出版《滩羊生态地理研究》，沈长江主编，科学出版社，1989。

(4) 我国亚热带中高山区草地养畜试验。参加与获奖人廖国藩、刘玉红、樊江文、王淑强，1991 年该项目获农业部科学技术进步奖二等奖，1992 年获国家科学技术进步奖三等奖。

撰写出版《亚热带中高山区人工草地养畜综合试验研究》，廖国藩、刘玉红、樊江文、王淑强等，文津出版社，1992。

(5) 新疆综合考察(1985～1989 年)，新疆资源开发与生产布局项目，1990 年获科学院科学技术进步奖一等奖，1991 年获国家科学技术进步奖三等奖，获奖人沈长江。

出版《新疆畜牧业发展与布局研究》，沈长江、王钟建等，科学出版社，1989。

(6) 内蒙古锡林郭勒草原站，"内蒙古典型草原植被及其群落的光合生理生态特征"，获中国科学院 1993 年自然科学奖三等奖。杜占池参加并获奖。

(7) 西南地区资源开发与发展战略研究(1986～1990 年)，黄文秀、田效文、杜占池、孙庆国、钟华平、梁飚，该项目 1993 年获中国科学院科学技术进步奖二等奖，1995 年国家科学科学技术进步奖二等奖。

出版《西南地区畜牧业资源开发与基地建设》，黄文秀、田效文、杜占池、孙庆国、钟华平、梁飚，科学出版社，1991 年。

(8) 努鲁儿虎山区科技扶贫项目：《高效益农业技术研究与试验示范》，郭志芬、梁飚参加，中国科学技术出版社，1992。

(9)《努鲁儿虎贫困山区农村经济发展研究》，方汝林主编，郭志芬副主编之一，文绍开、周海林参加，1992。

(10) 1992 年，中国亚热带东部丘陵山区自然资源合理利用与治理途径，程彤、李玉祥、杨汝荣，该项目获国家科学技术进步奖三等奖。

(11) 1988 年，千烟洲红壤丘陵综合开发治理试验研究，程彤、李玉祥、杨汝荣参加，该项目获中国科学院科学技术进步奖三等奖。

(12) 1996 年，四川红池坝天然草地改良和牧草青贮技术，樊江文、王淑强、钟华平参加，该项目获四川省科学技术进步奖三等奖。

(13) 1996 年，青藏高原地图集（地理所主持），黄文秀、郭志芬参加，该项获中国科学院自然科学奖二等奖。

(14)《西藏草地资源》，苏大学、刘建华、科学出版社，1994。获西藏自治区科技特等奖，国家科学技术进步奖二等奖。

(15)《1：100 万中国草地资源图的编制研究》，苏大学等编，中国地图出版社，1991。1999 年获中国科学院科学技术进步奖二等奖。

(16)《中国草地资源》，廖国藩、苏大学等，中国科学技术出版社，1996。

(17)《草地生态与生产》，樊江文等，中国农业科技出版社，1997。

(18) 中国科学院研究生院教材出版基金项目，《农业自然资源》，黄文秀主编，科学出版社，1998(2002 年再版)，获 1999 年中国科学院华为教育奖。

73.5 人才培养

(1) 在职培养：2 名人员在职学习，获硕士学位。

(2) 研究生培养：1978 年沈长江开始招收硕士研究生，先后培养硕士生 5 名；黄文秀 1991 年开始招收硕士研究生，1995 年开始招收博士研究生，先后培养硕士生 4 名，博士生 2 名；苏大学协助中国农业大学培养博士生 2 名；杜占池协助中国农业大学培养硕士研究生 1 名，协助中国科学院植物研究所培养博士后 1 名(以上详见附表 6-9 和附表 6-10)。

(3) 担任重要学术机构职务：

沈长江，中国畜牧兽医学会家畜生态研究会，副理事长；中国生态学会理事；中国自然资源学会理事。

廖国藩，中国草原学会常务理事；中国畜牧兽医学会与家畜生态研究会常务理事。

黄文秀，中国草原学会常务理事，中国畜牧医学会家畜生态研究会理事。

苏大学，中国草原学会副理事长。

樊江文，中国草原学会理事。

廖国藩、黄文秀、苏大学先后担任农业部畜牧司科技咨询专家组成员。

享受政府特殊津贴人员：沈长江、廖国藩、黄文秀、苏大学、樊江文。

樊江文获中科院青年科学家奖，廖国藩获竺可桢野外工作奖，沈长江获中国科学院优秀导师奖，黄文秀获中国科学院华为教育奖。

74 资源战略研究室
(1991~1998)

74.1 研究室沿革

综考会于20世纪80年代初期组建系统分析组;1988年1月成立资源战略组;1991年3月正式成立资源战略研究室;1995年10月更名为国情研究室,1998年12月归并到资源经济研究中心。

历任领导:20世纪80年代初期组建系统分析组,负责人齐文虎;1988年10月何希吾任资源战略组组长,聘请了四位顾问:马宾(国务院经济研究中心副总干事)、方克定(研究员,中央机构编制委员会办公室司长)、方磊(研究员,国家计委国土规划司司长)、常寒婴(国务院农村发展研究中心,处长)。

1991年3月何希吾任资源战略研究室主任,李立贤任副主任,仍聘请上述四位为顾问。

1995年10月董锁成任国情研究室主任,李立贤任副主任;1991年3月至1998年12月马宏任资源战略研究室和国情研究室行政秘书。

曾在资源战略研究室工作过的人员(按姓氏笔画为序):

马　宏　王广颖　卢　红　田裕钊　刘燕鹏　齐文虎　张维利　李立贤　何希吾　杨兴宪　杨周怀
陆书玉　姚懿德　唐桂芬　容洞谷　黄　静　董锁成

74.2 研究室的学术方向与任务

资源战略和国情研究的主要方向是资源开发利用与保护中所涉及的基础性、综合性、战略性的重点问题,资源环境与人口之间的协调发展问题,以及资源与经济社会协调发展等战略性问题。

鉴于综考会长期野外综合考察工作收集的大量资料、数据,需要整理、计算与分析,决定加大新技术、新方法在资源综合考察研究中的应用,于20世纪80年代初期组建了系统分析组。到了90年代,大规模的野外考察任务逐步减少,综合性研究和战略研究等方面任务逐步增加,科研重点也很快转向"为国家高层决策部门提供资源方面的决策科学依据",为国家的决策部门服务。

74.2.1 系统分析组的主要工作

(1)引进应用系统分析的分析方法、思路和理论。系统分析组协助联合国教科文组织中国"人与生物圈"国家委员会举办全国"系统分析在生态系统中的应用"培训班,为系统分析在综合考察及自然资源研究中的应用打基础。

(2)组建自然资源数据库。收集国内外资源数据,以及各考察队的数据,建立各类资源的资源数据库。

(3)构建资源利用数学模型。各考察队,各研究室、组都很重视数学模型的构建,应用数学模型来解决资源研究中的复杂问题。主要有:①主要农作物、树种、牧草等,随海拔、纬度的分布规律,包括垂直分布模型和地带性模型;②产量(生物量、干物质)估算模型;③资源类型的数量划分,分界线的确定;④过渡带的突变模型;⑤经济类,投入占用资源产出模型;⑥决策优化模型。

(4)构建资源潜力研究和承载力模型。资源潜力和资源承载力模型的课题,来自中国科学院农业研究委员会和农业部规划司。研究初步得出中国农业资源承载力为16亿~17亿人的结论。

（5）资源消耗计入 GDP 中研究。考虑将资源消耗量作为消耗，在 GDP 总量中给予扣除。为此，进行了广泛的调研，提出了一套对策，反映在我国经济发展初期就重视资源消耗和环境保护。

74.2.2　资源战略研究室-国情研究室的主要任务

1. 国家项目

（1）何希吾 1997 年参与主持"九五"重点攻关项目"西北地区水资源承载力研究"，齐文虎参加。
（2）董锁成参加国家"八五"攻关项目"长江产业带综合研究"。

2. 中国科学院项目

（1）院长特别基金项目"中国国情分析研究"。中国科学院国情分析研究小组挂靠在综考会，办公室设在资源战略研究室。本研究室主要人员承担了国情小组的日常管理与国情分析研究工作。第 1,2,3,4,5, 6,7,8,9 号国情报告均有该室人员参与研究和撰写，其中第 2 号国情报告《开源与节约——中国自然资源和人力资源的潜力与对策》、第 8 号国情报告《两种资源、两个市场——构建中国资源安全保障体系研究》和第 9 号国情报告《新机遇与新挑战——中国 20 年战略机遇期的"三农"与发展》是以该室人员为主。
（2）何希吾参与主持中国科学院项目（国家专项）"努鲁儿虎及其毗邻山区科技扶贫总体规划"。
（3）何希吾、陈远生 1991 年主持中国科学院"八五"期间重点研究项目"淮河流域洪涝灾害与对策"。
（4）何希吾参与主持中国科学院"水资源开发利用在我国国土整治中的地位与作用"项目。
（5）由中国科学院、水利部、中国人民保险公司于 1992 年联合开展的"淮河流域洪涝灾害与对策"综合研究项目，主持：何希吾、陈远生。
（6）何希吾主持中国科学院"中国资源态势与开发方略"项目。
（7）何希吾主持中国科学院农业项目"潘家口水库宽城库区经济发展战略研究"。
（8）董锁成主持中国科学院"九五"重点项目"中国百年（1950～2050 年）资源、环境与经济发展研究"。
（9）董锁成主持中国科学院"九五"重点项目"中国区域发展模式"。
（10）董锁成主持中国科学院区域可持续发展前期研究项目"西部区域类型与产业转移综合研究"。
（11）董锁成主持中国科学院区域可持续发展前期研究项目"黄河沿岸水资源持续利用与生态经济发展研究"。
（12）董锁成参加中国科学院区域可持续发展前期研究项目"大福州外向型经济与投资环境综合研究"。

3. 国家自然科学基金项目

齐文虎参与主持"人地关系"项目。

4. 有关部委项目

（1）董锁成主持国家环保局"九五"重点项目"中国东部沿海地区 21 世纪资源环境战略"；
（2）何希吾参与国家计委、中国科学院的《中国自然资源丛书》中的（综合卷）编著工作。

5. 会内项目

（1）何希吾参与主持《中国自然资源手册》编辑。
（2）董锁成主持"中国资源区划研究"。
（3）陆书玉主持"自然资源储备研究"。

74.3　研究室的科研成果

(1)“中国国情分析研究”，获 1997 年度中国科学院科学技术进步奖一等奖。

(2)董锁成参加国家“八五”攻关项目“长江产业带综合研究”，获 1996 年度中国科学院科学技术进步奖二等奖，排名第六。

(3)董锁成主持国家环保局“九五”重点项目“中国东部沿海地区 21 世纪资源环境战略”，获 1997 年度国家环保局科学技术进步奖三等奖，排名第一。

(4)《中国自然资源手册》，程鸿主编、何希吾副主编，科学出版社，1990。

(5)《华北地区水资源合理开发利用》，中国科学院地学部研讨会论文集，何希吾主编之一，水利电力出版社，1990。

(6)“潘家口水库宽城库区经济发展战略研究”报告，何希吾等，1991。

(7)《中国自然资源丛书》(综合卷)，何希吾主编之一，中国环境科学出版社，1995。

(8)《中国 21 世纪水问题方略》，刘昌明、何希吾等著，科学出版社，1996，获中国科学院科学技术进步奖二等奖，何希吾为获奖者之一。

(9)《中国水问题研究》，刘昌明、何希吾，任鸿遵主编，气象出版社，1996。

(10)《中国资源态势与开发方略》，何希吾、姚建华等著，湖北科学技术出版社，1997。

74.4　人 才 培 养

(1)研究生培养：硕士研究生导师齐文虎、何希吾、李立贤、董锁成共培养硕士研究生 6 名(详见附表 6-9)。

(2)派出国外(国内)学习：1990 年齐文虎获得王宽诚基金资助赴国外学习；1996 年董锁成获得王宽诚基金资助，赴澳大利亚阿德莱德大学做高级访问学者。

(3)担任重要学术机构职务(主要指理事以上职务)：1994 年董锁成担任中国自然资源学会理事、1995 年任中国科学院区域可持续发展研究中心秘书长兼专家委员会委员、中国生态经济学会理事兼区域生态经济学会副主任；1998 年任联合国工业发展组织中国绿色产业专家委员会委员。

75 遥感应用研究室
(1995~1998)

75.1 研究室沿革

遥感技术在综合考察中的应用始于1956年。1965年为了扩大应用范围，成立了航判组，不到一年因"文化大革命"而夭折。1975年综合考察机构恢复后重建航判组（后改为遥感组）；1989年遥感组与土地资源研究室合并成立土地资源与遥感应用研究室。1995年从土地资源与遥感应用研究室中分出来，组建了独立的遥感应用研究室。1998年10月与国土资源信息研究室合并，成为"资源环境信息网络与数据中心"的一员。

遥感技术是一项新的技术系统，开始时综考会只安排少数人进行探索性研究。1956年成立中国科学院综合考察工作委员会的前后，当时的苏联专家正在参与我国的黄河中游水土保持综合考察队（1953年）、黑龙江流域综合考察队（1956年）、新疆综合考察队（1956年）的综合考察工作，传授了一些航空像片判读知识，促进了航空遥感在综合考察中的应用。例如，通过影像的形状、大小、色调、阴影等判别标志来识别地貌、植被和一些土壤类型，并编制多幅典型地区的专业图件。通过应用实践，遥感的优越性逐步被广大考察人员所认识。在石玉林同志的倡导下，综考会于1965年成立了以刘玉凯为组长的航判组，旨在专门从事航片应用研究。正将付诸深入广泛应用之际，"文化大革命"开始，航判工作也就此夭折了。

1975年中国科学院综合考察机构恢复后，为了革新考察手段，决定加强遥感技术应用与遥感基础建设。从自然地理、经济地理、航测、制图等专业，抽调6名专业人员，于1975年成立了以李世顺为组长的航判组（后改为遥感组），专门从事遥感应用研究工作。航判组先后隶属于业务处和技术室领导。1983年以后，由于综合考察任务繁重，遥感组内从事地学遥感应用人员陆续调回研究室工作，由王乃斌接任遥感组组长，主要任务是为考察队和研究室提供遥感应用技术服务。

由于遥感组承担的科技攻关课题、专题等科研项目多与土地资源研究室联系密切，1989年3月20日，土地资源研究室与遥感组合并成立土地资源与遥感应用研究室。主任陈百明，副主任王乃斌（1989.3.20~1995.10.4）。1995年10月4日，遥感组从土地资源与遥感应用研究室内分出，组建遥感应用研究室，主任王乃斌、副主任陈光伟，行政管理马志鹏，其他研究人员：杨小唤、刘海燕、刘红辉、覃平、郭连保、江东、雷震鸣。1998年10月30日，遥感应用研究室与国土资源信息研究室合并为资源环境信息网络与数据中心，直至1999年12月31日综考会与地理所整合为止。

综考会的遥感应用研究室是逐步发展起来的。在技术上从单张航片判读到能够承担并完成国家级遥感应用工程项目；在方法上从资源遥感定性调查到资源动态监测系统的研制，科技层次逐年提高，并多次获中科院和国家的各类科研奖项。

曾在遥感室前期的航判组、遥感组工作过的人员（按姓氏笔画为序）：

王双印、卢云、石竹筠、刘玉凯、刘勇卫、刘喜忠、李爽、李世顺、李苗新、李桂森、李继勇、杨志敏、沈玉治、周迎春、洪仲白、凌锡求、夏明宝、郭寅生、钱克、钱灿圭、顾学再、梁德功。

75.2 学术方向与学科建设

75.2.1 学术方向

遥感技术是根据物理学原理，用数学的方法，以地学为研究对象的综合性技术。在继承航空摄影测量的基础上，运用航天技术、计算机技术等科学手段，广泛吸收地学、生物学、天文学的最新理论成就，形成了较完整的技术系统和服务体系，并推广应用于全世界。

综考会是我国唯一的自然资源综合研究机构，其主要任务除组织协调科研考察队伍外，还承担自然资源调查、评价、开发、利用和保护的综合性研究工作，为国土整治和区域可持续发展提供设计方案。综考会所承担的任务往往都是工作区域大、综合性强、海量数据的工作。改革开放以来，我国国民经济高速发展，对自然资源的利用越充分，要求对自然资源了解的程度越高。决策者不仅要了解资源的数量，而且更需要知道它的质量及其可更新的能力和空间分布。综考会的遥感应用研究室就是在这种社会需求下发展起来的。

为了快速、准确地了解自然资源与环境的变化，各国都不同程度地应用了现代遥感技术进行资源调查与环境动态监测。早在恢复综考会机构之初，孙鸿烈院士明确指出："综考会的遥感应用研究应是将国内、外实验研究成功的方法接过来，扩大运用到资源调查与资源监测中去。当然，那些在小范围实验成功的方法不一定能适合大面积应用，要有一个适应、改造的过程，这种遥感技术实用化研究就是我们的研究方向，要努力实现遥感技术为资源研究服务这个总目标。"在这一思想的指导下，作为综合考察的一种科学手段，该室与有关专业合作，先后承担了各考察队及相关研究室"查明资源"（主要是地上资源）的任务。

在遥感技术应用方面，首先结合各个考察队进行资源调查，利用航空像片、卫星像片，采用目视解译的方式，编制不同类型的资源图，以便查清考察区域的资源概况。如利用航片编制1：5万桃园县土地利用图；用卫星像片编制三江平原地区1：25万土地利用图；用卫星像片结合路线考察编制横断山地区土地利用图；用卫星像片编制青海省1：100万土地资源图等等。

遥感技术服务方面，主要是根据考察任务提出的具体项目，与考察队业务人员共同完成，其内容包括以下几个方面：

(1) 考察地区的遥感像片的洗印、加工；

(2) 遥感影像信息提取与分析；

(3) 彩色合成方案设计与实施；

(4) 镶嵌卫星影像图，先后镶嵌了横断山区卫星影像图（31景卫片）、黄土高原地区卫星影像图（60景卫片）和南方队考察地区卫星影像图，在色彩控制、地物衔接、镶嵌精度等方面均达到国内先进水平；

(5) 卫星影像密度分割、分类地物面积统计计算。

这一阶段的学术方向是提高遥感技术在资源清查中的应用水平，做好遥感技术服务工作。

综考会组织黄土队，土地资源研究室和遥感组共同竞标，争得了一个课题和两个专题。另外，又争取到了"七五"期间重点科技攻关项目第四项"区域综合治理试验"中第三课题的第二专题。

上述几个专题都是遥感应用工程项目，要求在黄土高原地区查清农、林、牧资源及水土流失状况，提交资源清单。此时，大面积自然资源遥感分类、识别和资源数量、质量数据获取方法的探索，成为主要学术方向。

"八五"期间国家设立了"遥感技术应用研究项目(85-724)，综考会争得了一个课题，三个专题。遥感室除承担部分课题工作外，主要从事小麦遥感估产工作。专题攻关的总目标是：随作物生长变化，进行动态估产，在小麦收割前一星期内，提出总产估算报告，其估算精度达95%左右。根据这一目标要求，结合小麦种植区域地理、气候条件设计并研制了"中国冬小麦遥感估产运行系统"，重点解决了小麦种植面积自动提取和构建遥感小麦估产模型。通过系统运行，按小麦生长季节提出长势、墒情、产量预报。在估产期间，每年都应邀参加农业部组织的夏粮生产汇报会。

总之，综考会的遥感应用研究工作，始终都围绕着为资源调查、资源监测和资源研究服务这个总目标进行，而具体的技术方法探索则是根据工作需要与时俱进。

75.2.2　学科建设

遥感是个涉及面很广的学科，学科建设必须从人员组织、设备购置、基础理论学习等各个方面抓起。

初创时期的人员组成：早在 1965 年综考会曾有过一个航判组，但经"文革"10 年，原来航判组人员大部分已调离综考会。1975 年抽调李世顺、凌锡求、李桂森、石竹筠、王乃斌、顾学再 6 人组成新航判组。在遥感应用起步阶段，首先广泛收集各种信息资源。由于多年不了解国际科研动态，对外国遥感应用情况所知甚少。为此，凌锡求先后翻译 20 多篇英、美等发达国家遥感应用的文章，装订成册供大家参考。

遥感组的硬件配置：早期遥感图像的处理都是用感光化学方法进行，因此，筹建暗室、洗印卫星像片成为当时首要任务。在暗室筹建过程中郭寅生在仪器选型、感光材料的制备和人员培训等方面做了很多工作。另外，遥感组还从美国订购了我国东部 1：100 万 MSS 彩色合成透明正片，拷贝了覆盖全国的 1：336 万 MSS 黑白负片近千套，使之成为洗印设备先进，具有向会内外提供不同比例尺彩色合成卫星像片的能力。

后来，会领导考虑到各野外队的遥感技术需求，投巨资给遥感组增添了彩色密度分割仪、彩色合成仪等遥感信息分析仪器和坐标展点仪、纠正仪等图像制作设备，为遥感技术服务增加了新的手段。

"八五"以后，遥感室先后承担了多项国家科技攻关项目，又陆续增添了自动面积量测仪、CAD 系统和计算机图像处理系统。

遥感资源调查的理论探索：遥感技术的理论涉及面很广，其机理无需应用者研究，要探索的是遥感资源调查方面的理论。

自然界各种要素都是相互联系、相互制约、相互依存的，并按一定空间组合分异形式，构成一个完整的统一体——自然综合体。即把现存的地理环境视为由古老的自然综合体，在内、外营力和人类活动共同作用的结果，在漫长的时间"维"上形成了新的自然综合体。卫星影像恰是地球表面自然综合体的缩影，能够客观、真实地反映各要素分异的现状。因此，遥感信息根据其传感器的波谱特性可供多个专业共同使用，这一特性就是系列制图的科学依据。"七五"期间，在黄土高原实施的遥感系列制图（包括七种专题图和数据集）获得了较好的效果。

在小麦估产中曾以生长期内累加的 NDVI 来表征小麦的生物量，然而，单凭对某一现象分析难以达到预期目的。它需要综合研究该地区各种资源演变过程及它们之间的相关性。这就要求各个专业不仅要各自阐明某种或某些要素的特有规律，描述自然现象的多样性，而且要求它们彼此之间相互佐证、相互补充，从而揭示出复杂的自然现象之间的关系。在特定的区域内，各种自然资源既有互相排斥的因素，也有共同伴生的基础，因而各种再生资源（可更新资源）随时间推移，它们的关系是：①从量变到质变的转换关系；②数量上有共轭关系；③空间分布上有互补关系；④物质循环关系等。这一综合认识，为应用遥感技术进行自然资源动态监测奠定了理论基础。

75.3　科研任务与成果

遥感室的科研任务随遥感技术的发展而逐年增多。前期以综考会各考察队及研究室下达的任务为主；1985 年以后，"七五"期间国家首次将"遥感技术开发"列入国家科技攻关计划。此后，则以完成国家攻关课题、横向课题为主。

1. 考察队和研究室的任务与成果

考察队和研究室的任务多半是辅助性的。如洗印航空像片、卫星像片，制作航空镶嵌图、卫星影像镶嵌图，图幅查询、卫星轨道检索。另外，还有一些技术性较强的工作，如图像密度分割、图像分类面积量算等。这些由考察队、研究室提出的任务，遥感组完成后将成果直接提供给他们。遥感组与队、室无需签约，只需在综考会内部转账即可。与此同时，遥感组一些研究人员先后参加了哈密、长春、腾冲航空遥感试验；进行了不同岩石、土壤、植被、水体和建筑物等地物的光谱测试，研究它们的波谱特性，为应用波段选择、目视解译、图像处理等提供理论依据。在资源调查中，遥感组运用色度学原理，计算地物色品差异，利用卫星胶片（透明负片）上密度差异，设计彩色合成方案，既经济、简便，又使图像增强效果更好。在应用计算机自动分类方面也进行了一些探索，用 CCT 数据，对南京紫金山树种做了多种分类方法实验，其中以监督分类的最大似然法效果最好，与常规方法绘制的林相网分类界线基本吻合。在这一阶段除了上述研究成果外，遥感组在各种刊物上发表的学术论文共计有 20 多篇，出版《遥感技术在自然资源研究中的应用》专著。

2. "七五"承担国家科技攻关任务与成果

"七五"期间综考会承担了"七五"国家科技攻关第七十三项"遥感技术开发"中的两个专题。

1) 黄土高原试验区遥感研究

主持单位：综考会等；参加单位：航空遥感中心等 24 个单位，共 61 人。

专题的遥感实验工作队从 1986 年开始，历经航空彩红外摄影、陆地卫星 TM 资料的接收、图像处理、制定专题分类系统、野外调查、室内制图、信息系统建立、总结报告的编写等，于 1988 年 10 月圆满完成任务。该专题和"黄土高原资源调查与宏观规划信息系统(75-73-03-02)"专题联合，获 1989 年中国科学院科学技术进步奖一等奖，1990 年获国家科学技术进步奖三等奖。

2) 黄土高原重点治理区遥感调查与系列制图

主持单位：综考会等；参加单位：西北大学等 20 单位，共 42 人。

该专题应用航空、航天多种遥感手段，结合地面调查，查清黄土高原重点治理区(陕、晋峡谷两侧黄河支流流域)自然资源和水土流失现状。经 4 年努力，完成了重点治理区(约 10 万~12 万 km^2)1：10 万资源与环境及水土流失状况遥感调查系列图，提交了相关数据、报告。

成果：专题图一套(未出版)、专著 4 本。

该专题 1994 年获中国科学院科学技术进步奖三等奖。

另外，还承担了国家"七五"攻关项目第四项"区域综合治理试验"的一个遥感专题。

3) 黄土高原资源与环境遥感调查和制图

主持单位：综考会；参加单位：中国科学院地理研究所、北京大学等 20 单位，共 63 人。

采用遥感技术与地面调查相结合的方法，查清黄土高原地区(62.37 万 km^2)农、林、牧资源及水土流失状况，提交资源清单，为地区综合治理、开发服务。该专题历时 5 年圆满完成预计的各项任务。其主要成果有：

(1) 黄土高原地区 1：50 万系列专题图一套及其专业说明书。包括：黄土高原地区土地利用现状图；土地资源图；侵蚀强度与侵蚀类型图；森林类型图；草地资源图；土壤图和植被类型图(西安地图出版社)。

(2) 黄土高原地区资源与环境遥感调查数据集一册(西安地图出版社)。该数据集是以遥感调查的土地利用结构数据为先导，依土地资源、土壤、森林、草场和土壤侵蚀等序列编排，以行政县(旗、市)为基本资源数据统计单位，分省、全区逐级汇总，由近 40 万个基础数据构成，并在资源数据前面有示意性略图或区划图，供读者查阅时参考。

(3) 专著两本：《黄土高原地区资源与环境遥感调查和系列制图研究》(地震出版社)、《遥感系列成图方法研究》(测绘出版社)。

(4) 各种专题图及获取的数据分别输送到 01 和 03 专题，作为制定开发方案和建设国土资源数据库的基础数据。

该项成果 1993 年获中国科学院科学技术进步奖二等奖，与"黄土高原综合治理开发、重大专题研究及总体方案""建立黄土高原国土资源数据库及信息系统"两个专题联合，获 1997 年国家科学技术进步奖二等奖。

3. "八五"承担国家科技攻关任务与成果

"八五"期间国家设立了"遥感技术应用研究"项目。综考会争得了一个课题，两个专题，即"重点产粮区主要农作物遥感估产"和"黄淮海平原小麦遥感估产";"大面积估产综合试验与试运行"。遥感估产课题、专题攻关的总目标是:随作物生长期的变化,进行动态估产,在作物收割前一星期内,提出总产估算报告,估算精度小麦达95%左右,水稻和玉米分别达到85%以上。遥感室除协助做些课题设计外,主要从事小麦遥感估产工作。

"重点产粮区主要农作物遥感估产"课题,获1996年中国科学院科学技术进步奖一等奖;并获"八五"国家科技攻关重大成果奖;1997年获国家科学技术进步奖二等奖。

此后,又先后参加了中国科学院遥感应用研究所主持的"国家资源环境遥感宏观调查与动态研究"和"农情速报"课题。在两个课题中都具体负责华北片的监测工作。前者获1998年中国科学院科技成果特等奖。

4. 国际合作项目

中—荷合作项目:中国荒漠化及粮食保障的能量与水平衡监测系统(1999~2003)。

该项目由中国和荷兰两国政府共同支持,于1999年3月正式启动。目标是开发基于GMS5/FY-2静止气象卫星的中国能量与水平衡监测系统(CEWBMS),并建立荒漠化监测系统和农作物估产和预警系统。项目的合作伙伴:荷方是荷兰环境分析和遥感公司(EARS)和瓦格宁根农业大学;中方的主持单位是国家林业局荒漠化监测中心,参与单位有中国科学院自然资源综合考察委员会和国家卫星气象中心。

在综考会建立了一套GMS5/FY-2静止气象卫星接收和数据处理系统,并利用统计数据和调查数据,对CEWBMS系统中的农作物估产和早期预警子系统进行了校验,课题成果是项目报告"CEWBMS—中国能量与水平衡监测系统"(CEWBMS—China Energy and Water Balance Monitoring System)的重要组成部分。

75.4 人 才 培 养

遥感技术已被纳入高科技范畴,应用遥感的领域多,涉及学科的范围广,都需要有相应的人才。遥感室为适应遥感技术发展的人才需要,首先,利用综考会的硕士、博士点,自己培养高层次遥感应用人才;其次,利用人才交流的渠道,先后从遥感所、资源与环境信息系统国家重点实验室、北京地质大学等单位引进了多名硕士、博士。同时也重视在职职工的培养,使原有的科技人员知识不断更新,熟练掌握应用遥感技术。此外,开展国际合作,加强国际交流,也是培养人、锻炼人的好机会,在与荷兰合作中就取得了较好的结果。

通过多年的努力,已经形成了人才齐全、结构合理的科技队伍。到1999年底,遥感应用研究室有博士研究生导师王乃斌和硕士研究生导师陈光伟、杨小唤,先后联合培养了博士研究生4名、硕士研究生8名(详见附表6-9和附表6-10)。

76　科技扶贫与资源开发应用技术研究室
（1995～1998）

76.1　研究室沿革

1995 年 10 月，综考会组建了科技扶贫与资源开发应用技术研究室。由部分参加扶贫项目的资源应用开发研究的科研人员和原分析室的人员组成。

研究室主任：王　旭

副主任：管正学、田晓娅

1998 年 10 月 30 日，资源开发应用技术研究室并入国土资源综合研究中心。

研究室人员（按姓氏笔画为序）：

牛喜业　王　旭　王建立　王燕文　冯燕强　田晓娅　刘湘元　朱霁虹　张宏志　李　芳　姜亚东
钱　克　陶淑静　黄　健　谢淑清　管正学

76.2　研究室的方向与任务

研究室的研究方向是：进行区域性优势资源品质评价，制定地方农业产业和经济发展方案；从事生物资源和农业资源的开发利用研究；继续承担综考会内外有关资源的分析化验工作。资源开发应用技术方面的研究任务有：

1. 生物资源和农业资源开发利用研究

（1）开发了三类抗癌辅助治疗药物"硒蒜胶囊"，并完成了Ⅱ期临床的研究工作，获得国家医疗管理局批准进入二期临床试验。该项技术成果获得中国专利局的专利授权。主要完成人：管正学、王旭、张宏志、胥云、王建立。

（2）西藏特有植物砂生槐的开发利用研究。砂生槐是西藏高原生态环境下特有的生物资源，由于耐寒冷、抗干旱，防沙固沙性能好，是西藏高原造林先锋灌木树种之一，在高原生态中具有重要的作用。砂生槐还含有多种生物碱，其中苦参碱是治疗乙型肝炎的特效药，也是生物农药的主要成分，具有重要的开发利用价值。砂生槐是中国科学院青藏高原综合科学考察队发现的重要生物资源。综考会资源开发应用技术研究室根据科考成果，对西藏砂生槐进行比较系统的研究，研究范围包括生物学和生态学特性、分布、数量、植物化学成分、生物碱的提取分离应用等，并进行了以砂生槐为主要原料的生物农药的配方研究等。该研究成果受到西藏自治区的重视，并通过了西藏科技局的验收鉴定。主要完成人：管正学、张宏志、王旭、王建立等。

（3）α-亚麻酸开发利用研究。以 α-亚麻酸为主要原料开发研制的改善记忆、预防老年痴呆的复方保健食品"睿思胶囊"，完成了配方、工艺、药效、毒理、稳定性等一系列实验以及人群试验。获得了中国食品药品监察监督局颁发的保健食品批准文号，同时获得中国国家发明专利。主要完成人：管正学、王旭、张宏志、王建立等。

（4）香蕉粉生产工艺技术的研究。香蕉加工是世界性难题，由于加工过程中容易变色、成粉困难等因素，被国内外专家认为是不能实现的技术。研究室科研人员历经数载，通过反复试验，终于攻克了这一世界性难题。生产出纯度超过 95% 的香蕉粉，保持了香蕉原果肉的颜色、风味和主要营养成分，生产工艺和产品质量标准超过美国、巴西、印度、马来西亚等，居领先地位。该工艺技术成熟，后来在云南临沧建厂投产。该技术成果获中国专利局发明专利授权。同时，芒果及其他果粉工艺技术已获得成功。主要完成人：管正学、王旭、王建立等。

(5) 姜酚生产工艺技术开发研究。在贵州扶贫过程中，当地产的小黄姜中姜酚含量特别高，比山东产生姜高 8 倍。在贵州省科技厅、中国科学院农办的资助下完成了开发研究工作，提交了姜酚提取工艺及开发利用技术。提交成果成为贵州省招商引资项目，由福建企业家投资在水城建成了亚洲最大的姜酚生产工厂，使岩溶山区 2000 户彝族群众解决了温饱问题。主要完成人：管正学、张宏志、王旭等。

(6) 樟树精油的利用研究。与林业资源生态室共同承担了林业部的课题"我国樟树精油的利用研究"，提交了研究成果"我国樟树精油资源及开发研究"。主要完成人：李飞、管正学等。

(7) 还进行荞麦系列产品开发，脱水菜生产工艺技术研究，高能营养素开发以及蘑菇养殖技术等，无偿提供给扶贫地区应用。主要完成人：管正学、刘棣良等。

2. 资源品质评价及产业策划（王旭、管正学等）

(1) 山东金乡大蒜产业形成与基地建设。山东金乡县大蒜产业的形成，源于该室研究人员的品质评价研究，确定了在国内外市场的品质优势和市场竞争优势，并为地方政府设计了产业方案。1993 年前，该县是粮棉大县，但工农业总产值仅 15 亿元。把大蒜作为产业发展后，1997 年达 60 亿元。目前金乡县已形成稳定的规模产业，成为我国大蒜出口基地，产品出口到 30 多个国家，占我国大蒜出口总量的 75%（王旭、管正学等）。

(2) 山东菏泽地区产业方案设计及优势资源评价。20 世纪 90 年代后期，综考会与山东省菏泽市政府签定了由综考会承担"菏泽资源开发利用研究"课题，由资源开发技术研究室具体承担（王旭是课题主持人）。通过研究，为山东菏泽地区设计了林业、畜牧、花卉三大产业方案。1999 年至今已初见成效，目前菏泽成为我国平原区四大速生用材林基地，林产品加工基地，2003 年建成了中国林产品交易中心，2004 年 9 月中国林产品交易博览会在菏泽举行。速生丰产林建设与林产品加工已具雏形，今后会有更大发展。经该室研究人员对菏泽的"一牛两羊"（鲁西黄牛、青山羊、小尾寒羊）优良畜种进行了肉质、皮革的品质评价，科学地评价了品质特点并与国外优质畜产品进行比较，2002 年菏泽把该品质评价报告提交给马来西亚，顺利地争取到了 25 万 t 出口马来西亚牛羊肉的订单，平均年供 5 万 t，为菏泽市草食畜牧产业的发展提供了市场保障，同时激活了七个肉联加工厂，也激发了农民发展秸秆养畜的积极性（课题负责人：王旭、管正学；参加人员：刘湘元、张宏志、王建立、王燕文、李芳、黄健）。

(3) 西藏青稞品质评价及利用和贵州发耳生姜品质评价等（课题负责人：管正学；参加：刘湘元、张宏志、王建立等）。

76.3 主要应用研究成果

1. 专著

(1)《保健食品开发生产技术问答》，主编：管正学，中国轻工出版社，2000。
(2)《我国樟树精油资源及开发研究》，主编：李飞，副主编：管正学，中国林业出版社，2000。

2. 研究报告

(1) 菏泽市草食畜牧业产业发展方案，约 20 万字，完成人：王旭、管正学、黄洁、王燕文。
(2) 山东菏泽地区黄牛、小尾寒羊、青山羊的肉质综合评价，完成人：管正学、张宏志、王建立等。
(3) 山东菏泽地区"一牛两羊"原皮的综合评价，约 15 万字，完成人：管正学、刘湘元、刘玉红、王建立等。
(4) 西藏砂生槐资源与开发利用研究，约 18 万字，完成人：张宏志、管正学、王旭等。

（5）西藏砂生槐生物碱提取工艺的中试报告，完成人：管正学、张宏志、王建立等。

（6）苏、皖两省水土资源保护与修复中的问题与建议，完成人：王旭。

（7）贵州发耳生姜的开发利用研究报告，完成人：张宏志、管正学、刘湘元。

此外，还发表了论文30余篇。

3. 申请国家发明专利5项，授权4项

（1）香蕉制粉的技术工艺，ZL02100338.6，发明人：管正学、王旭、王建立等。

（2）一种硒蒜复合药品的制备方法，ZL96105275.9，专利发明人：管正学、王旭、张宏志、胥云、王建立。

（3）一种含有 α-亚麻酸、卵磷脂和银杏黄酮的复合制剂 ZL01139971.6，专利发明人：管正学、王旭、张宏志、王建立等。

（4）含有脱氢表雄酮或其硫酸钠盐口服组合物，ZL97112530.9，发明人：王旭、胥云、管正学等。

77 千烟洲红壤丘陵综合开发试验站
(1983～)

千烟洲红壤丘陵综合开发试验站(简称千烟洲站)位于江西省泰和县境内,始建于1983年,是中国科学院南方山区综合科学考察队(简称南方队)为了验证"综合开发治理红壤丘陵的科考观点""为山区人民指出脱贫致富的有效途径"而建立的一个生产性科学试验站(农业生产由地方政府组织农民承包管理,考察人员负责观测、试验、分析以及综合研究生产实践的生态—经济效益)。1988年,南方队在取得了完整的生产性科学试验数据、圆满完成了试验研究任务之后,将试验站移交综考会,1991年成为中国科学院生态系统研究网络中心(CERN)的基本站之一。

77.1 建站背景与沿革

77.1.1 建站背景

由于长期不合理的土地利用,我国南方山区的地带性植被破坏严重,出现了大量的荒山草坡,水土流失加剧,生态环境日益恶化,亚热带区域自然资源优势日渐消失。南方队为了验证"立体农业"可以根治浅山丘陵区的水土流失、恢复生态—经济良性循环、实现脱贫致富的科考观点,采用宏观调查与微观试验相结合的科考方法,在宏观考察的基础上,选择代表性强的局部地区(点),开展生产性科学试验,通过生产实践来提高和充实对丘陵山区的理性认识,掌握丘陵山区农业自然资源的开发利用规律,进而为丘陵山区指出一条综合开发治理的有效途径。

1983年,南方队在千烟洲红壤丘陵区设立的"生产性综合开发治理科学试验"示范点的目的,就是为江西吉泰盆地典型红壤丘陵区建立一个综合开发利用自然资源、恢复红壤丘陵生态-经济系统良性循环的样板,进而推广和加速南方山区的开发治理。

千烟洲试验点建立后,得到中国科学院和江西省各级政府的大力支持,得以持续稳定发展。1985年列为江西省"山江湖"综合开发治理试验示范基地;1988年经中国科学院和江西省分别发文批准正式建站,由江西省山江湖治理委员会办公室和综考会共同承办;1990年成为联合国教科文组织(UNESCO)区域农业综合发展试验示范站;1991年加入中国科学院生态研究网络(CERN),成为其基本站之一;1999年底中国科学院地理研究所和综考会整合为中国科学院地理科学与资源所研究后,千烟洲站隶属于该所。2002年由江西省科技厅批准,以千烟洲站为依托,成立"江西省区域生态过程与信息重点实验室"。

经过20多年的发展,千烟洲站业已成为一个试验场地符合标准、仪器设备先进、基础设施配套齐全的野外台站。拥有各类试验观测场17处,主要包括综合气象观测场、农田综合观测场、小流域水文观测场、通量观测场、封育地演替试验场等,另在井冈山自然保护区等地设有辅助观测点5个。仪器设备100余台/套:分别为涡度相关开、闭路系统等野外定位监测仪器,全自动凯氏定氮仪等室内分析仪器,以及Li-6400等便携式室外监测仪器等三大类。既能满足水分、土壤、气象、生物等生态系统环境要素长期定位观测的需要,又能保障各项试验研究的顺利开展。各种科研工作用房2140m^2,其中综合生活楼1450m^2,可同时接待40余人的住宿;实验楼502m^2,可完成土壤、植物、水样品的常规理化分析;厨房餐厅187m^2,可同时接待60人就餐,另外,拥有帕拉丁越野车、金杯中型客车和红旗轿车各一辆;自建5.5km长、5m宽的水泥硬化路面,出行便利。

建站以来,共有6位站长和44位研究和管理人员先后在千烟洲站工作,现有固定编制人员9人,其中高级职称 3 名，有博士学位者 7 人。聘用学术指导 2 人，退休人员 3 人，流动人员 6 人，实验工与辅助人员 7 人，在读硕士、博士研究生 9 人，博士后 1 名，培养研究生 34 名，完成博士论文 10 篇，硕士论文 43 篇。逐步形成一支专业搭配合理、年龄结构优化的监测研究队伍。

77.1.2 历 史 沿 革

1. 中国科学院南方山区综合科学考察队的生产性科学试验点之一(1983~1988)

南方队考察期间(1983~1988)，千烟洲试验点的主要负责人：

南方队指定千烟洲科学试验总负责人：那文俊(南方山区考察队第一副队长)；地方政府委派千烟洲生产管理负责人：李纯(江西省吉安地区科委副主任)、郭隆淦(江西省泰和县人民政府副县长)；李孝芳负责千烟洲点的规划工作。

2. 移交综考会以后(1988~1999)

千烟洲站历任站长：

李文华　　(1988~1989)

程　彤　　(1989~1999)

李家永　(1999~2003)(详见附表 4-18)

曾在千烟洲站工作过的人员共有 40 余人(按姓氏笔画为序)：

于秀波	马泽清	孔德珍	王利军	王晶苑	邓心安	付晓莉	田德祥	石玉林	刘允芬	刘厚培
孙文线	孙炳章	孙维世	朱垂都	成升魁	严茂超	张红旗	张宏志	张时煌	张福宽	李 飞
李兰海	李庆康	李孝芳	李杰新	李海涛	杜继武	杨风亭	杨汝荣	杨宝珍	汪宏清	陈 铭
陈永瑞	陈华明	林耀明	徐光亮	栾景生	郭佳利	游松财	蒋世逮	谢淑清	韩义学	楼惠新
谭新泉	戴文焕	戴晓琴								

77.2 科学试验任务

在 20 多年的建站历史中，多学科交叉与高度综合并且紧密联系生产实践，一直是千烟洲站的鲜明特色。建站初期，生态恢复和农村脱贫致富是南方山区可持续发展面临的两个重要问题，围绕生态恢复和农业持续发展，开展区域综合开发治理与农业可持续发展技术研究，是试验站的首要任务。1983~1989 年，千烟洲站成功打造了"千烟洲模式"，之后又先后承担了两期(1990~2000 年)国家农业科技攻关课题，"千烟洲模式"得到进一步发展和完善，为我国南方红壤丘陵区资源综合利用与生态经济可持续发展做出了重要贡献。

进入 21 世纪，随着中国科学院知识创新工程的开展与实施，中国科学院地理科学与资源研究所根据中国科学院生态研究网络(CERN)的科学发展目标，结合国家/地方需求以及生态学发展的需要，对千烟洲站进行了战略调整，将千烟洲站的学科方向定为：研究我国中亚热带红壤丘陵生态系统恢复与重建的过程及其环境效应，以及红壤丘陵区水土资源的可持续管理。监测、研究、示范是试验站的三大基本任务。具体而言，通过对中亚热带红壤丘陵区农田、森林生态系统、水环境、土壤、气象和生物的长期定位监测，进行长期生态学数据的积累，反映生态系统的长期演变过程以及人类活动的长期影响；通过中亚热带红壤丘陵区典型生态系统结构和功能的对比研究，探讨森林植被恢复与农林复合生态系统对物质循环和生物多样性的影响。同时通过野外控制试验，开展中亚热带红壤丘陵区典型生态系统对全球变化的响应和适应研究，为生态系统的科学管理提供理论支持；在理论研究与大量野外试验基础上，把脉中亚热带丘陵区人工林生态系统的健康与安全，引领红壤丘陵区农林复合生态系统的创新，建立中亚热带红壤丘陵区生态可持续经营与管理以及社会、经济效益最大化的农林复合恢复生态系统示范基地，为建设社会主义新农村做好科技示范。

围绕上述学科方向和定位，2001 年以来千烟洲站申请到国家部委、地方及国际合作项目 60 余项。在研项目 18 项，其中包括国家"973"专题 2 项，自然科学基金 1 项，国际合作项目 2 项。

77.3 重要成果

从千烟洲站选点规划到国家农业科技攻关，再到现在的应用基础理论研究，千烟洲站不仅为红壤丘陵区的生态恢复和生态经济可持续发展做出了突出贡献，而且在南方红壤丘陵区典型生态系统的物质循环过程、机理等方面取得了新的进展。以试验站为研究平台，发表论文 180 余篇，其中 SCI 检索论文 21 篇，研究咨询报告 80 篇，专著 2 部。

1. 南方红壤地区综合开发治理与农业可持续发展技术研究

该项研究始于 20 世纪 80 年代，科技创新主要成果是创建了一个红壤丘陵全方位立体开发利用的"千烟洲模式"，为红壤丘陵生态恢复与重建以及资源的综合开发利用提供了一个科学可行的示范样板。相关研究成果先后获中国科学院科学技术进步奖一等奖、国家"八五"科技攻关重大科技成果奖和国家科学技术进步奖二等奖；1996～2000 年进行的国家"九五"科技攻关中，获得国家科学技术进步奖二等奖。

千烟洲红壤丘陵综合开发治理的指导思想是把试验示范区作为一个整体，"把治理寓于开发之中，合理安排、利用土地，发掘资源的深层潜力，建立丘陵地区立体农业和生态农业体系，以取得最佳综合效益"。根据当地自然条件和社会经济状况，按照"丘上造林种草，丘腰缓坡植果，丘间筑坝蓄水养鱼并用于灌溉，丘底、河谷滩地种粮"的布局，将过去以粮食为主的谷地农业变为以林果为主、丘谷并重的立体农业，形成了"丘上林草丘间塘，河谷滩地果鱼粮"的生产格局，即"千烟洲模式"。同时，基于治用结合、立体开发、以短养长、商品生产的基本理念，研究总结出一套"以水为突破口，以柑橘为主导产品，尽量丰富短期受益的项目，同步大力发展林业"的红壤丘陵农林牧综合开发技术体系。

南方队设计的千烟洲模式，严格地遵循了"社会、生态、经济"三大效益并重的"综合效益"原则，全面研究了红壤丘陵区如何合理开发利用自然资源、实现共同致富的双向关系。具体说就是：综合考虑了治理与利用、当前与长远、丘陵与沟谷、粮食与经济效益高的农产品、投资者利益与开发者利益五组关系，把治理寓于开发利用之中，把短、中、长利益结合在一个生态体系之中，实现了规划中的农业自然资源深层潜力的发掘和农民经济收入的快速增长的目标。据 1995 年统计，试区人均年收入达 2947 元，比 1982 年增长 20.5 倍，为同时期灌溪乡人均收入的 3 倍多。在经济增长的同时，千烟洲模式实现了生态系统的良性循环，明显改善了生态环境质量。森林覆盖率由开发前的 0.43% 提高至如今的 70% 以上；丘陵坡地土壤侵蚀模数由开发前的 221t/(hm² · a) 减至 1986 年的 47.1t/(hm² · a)，1997 年则减至 14.8t/(hm² · a)。试区年平均生物量由开发前的 2t/hm² 上升至 2003 年的 100t/hm² 左右。生物多样性增加，形成较好的乔灌草结构；同时在调节小气候及涵养水源等方面有着明显功效。

由于科技攻关紧密联系生产实际，研究成果很快被当地农民采用，仅"九五"期间，就在吉泰盆地建立了千烟洲模式示范推广点 38 处之多，推广面积达 40 多万亩。据不完全统计，直接经济效益 1450 万元，推广效益为 2.02 亿元。鉴于千烟洲模式取得的巨大成功，30 多个国家和国际组织的专家、团组来千烟洲参观、访问、考察和实习。中央电视台、江西电视台、北京电视台、凤凰卫视等新闻媒体都在一些重大专题新闻中多次报道过"千烟洲模式"，《建国 50 周年农业成就展》也展出了千烟洲试验区的成就。我国教育部门还把千烟洲开发红壤丘陵的成功经验编入国家高中地理教科书，产生了深远的社会影响。

2. 人工针叶林生态系统碳循环研究

森林不仅在改善生态环境和维护区域生态平衡方面发挥着十分重要的作用，而且在调节全球碳平衡、减缓气候变暖等方面具有不可替代的作用。千烟洲站的生态系统为典型的人工恢复生态系统，其中的人工针叶林生态系统在我国亚热带红壤丘陵区具有很强的代表性。近年来，千烟洲站对人工针叶林的碳循环特征开展了以微气象、森林计测、碳氧同位素、遥感以及模型模拟为主要技术手段的多尺度观测和研究，并取得了重要进展。

作为我国最早利用涡度相关技术开展森林生态系统碳通量观测的试验站之一，千烟洲站首次对红壤丘陵区人工针叶林的碳收支过程进行了长期连续观测和研究。自 2002 年以来，经过多年的连续观测，通过对不同观测技术手段的对比分析和比较，在生态系统碳通量的技术和方法上进行了深入探索和研究，特别是非均匀下垫面通量观测方法、通量计算平均时长的确定、通量贡献区的确定等理论上有所贡献，为开展相关的长期观测提供了理论依据。基于多年通量观测结果，研究了亚热带人工林生态系统的总生态系统生产力(GEP)、生态系统呼吸(RE)和净生态系统生产力(NEP)变化及其与气候因子的关系，初步阐明了在亚热带人工林生态系统碳通量变化规律及驱动机制，揭示了生态恢复后人工林生态系统的碳收支过程及其对环境因子的响应规律，精确地测定了森林生态系统的碳蓄积能力。此外，还利用模型模拟手段，结合土壤与植被碳储量的实测数据，对千烟洲站人工林生态系统恢复与碳储量变化规律进行了深入研究，明确了植树造林对红壤区生态系统碳库的影响。此研究结果经"NATURE"等国际期刊的转载，引起了国内外的广泛关注，为我国近年来通过生态恢复和林业管理减缓温室气体排放所取得的成就提供了科学依据。

77.4 国际合作与学术交流

千烟洲站是开展中亚热带生态系统恢复过程、机理及其环境效应、生态系统对全球变化的响应与适应、流域生态综合管理等领域的国际合作研究和学术交流的重要平台。据不完全统计，建站以来共有 30 多个国家和国际组织的专家、团组来千烟洲参观、考察和交流。曾经或正在和欧盟、美国、日本、英国、荷兰等国的研究所与大学以及部分国际组织开展红壤开发、土地利用、区域发展、流域生态系统管理、森林生态系统结构与功能、GIS 应用、人员培训等方面的合作，千烟洲站的平台和基地作用逐渐加强。

同日本京都大学、岛根大学长期合作，在九连山开展了亚热带常绿阔叶林结构与功能及生产力的综合研究，包括植物区系组成、初级生产力、养分循环、水文平衡等，初步揭示了该区森林生态系统的基本特征，为常绿阔叶林保育和生物多样性保护提供了重要依据；和日本富山大学远东区域研究中心、日本国立环境研究所签订了长期合作协议，就九连山常绿阔叶林森林小气候和千烟洲小流域水循环过程展开合作研究，已取得了大批的原创数据。

同中国气象局、中国科学院研究生院、武汉大学、南京大学等国内多家科研机构和大学签订长期合作协议，开展千烟洲人工林生态系统碳、水循环过程和机理、水质监测等方面的合作研究，并被列为南昌大学、江西师范大学、江西农业大学的野外实习基地，江西省气象局、江西省气象科学研究所开展气象科研与观测的人员培训基地。

78　红池坝草地-畜牧生态系统试验站
(1986～)

红池坝草地—畜牧生态系统试验站(简称试验站)位于大巴山东段南坡、长江三峡北侧的重庆市巫溪县红池坝境内。建立于1986年,1986～1989年由综考会生物资源研究室、1989～1998年由草地资源与畜牧生态研究室负责管理和运转。

78.1　建站背景及意义

1. 建站背景

自20世纪70年代,我国南方地区丰富的草地资源逐渐受到了人们的广泛关注,合理开发这些宝贵资源成为我国草地畜牧业进一步发展的热点领域。为此,综考会有关专家提出了"开发我国第二个畜牧业生产基地"的战略设想,受到有关方面的高度重视。1985年,在中国科学院和农业部的共同倡议下,国家立项,在亚热带中高山地区的四川省巫溪县红池坝(现属重庆市)、湖北省宜昌县、湖南省城步县南山,亚热带红壤山地的福建省莆田县,长江中下游丘陵岗地地区的江西省樟树县,云贵高原的贵州省威宁县6个地区进行南方地区发展草地畜牧业的试点研究。在此基础上,1986年组建成立了四川省巫溪县红池坝草地—畜牧生态系统试验站。

红池坝地区草地资源极其丰富,面积大,分布广,类型多样,具有十分明显的垂直地带性分异规律。由低海拔地区至高海拔地区,分布有热性草丛、热性草灌丛、暖性草丛、暖性灌草丛以及山地草甸等,几乎囊括了我国南方草地的所有类型,在我国亚热带中高山地区具有较强的典型性和代表性,特别是可以辐射四川盆周山地、秦巴山区、川西南地区、云贵高原及青藏高原东南部(可涵盖全国17.27%的草地面积),是研究南方地区草地资源和草地生态系统及三峡库区环境保护的极好区域。

2. 建站意义

长期以来,我国对草地生态系统的研究基本都集中于北方草原地区,而对南方草地生态系统的研究极为薄弱。我国南方草地大都具有次生特性,加之较好的水热条件和丰富多样的地貌、地理、土壤和植被类型,使该地区的草地生态系统具有明显的复杂性、多样性和多变性。因此,对南方草地生态系统开展更深入的研究已成为我国草地生态学研究的最重要任务之一。该试验站将以其典型的地域代表性和南方草地学科研究优势,发挥它的重要作用。主要表现在:

作为南方地区唯一的草地生态系统定位观测研究试验站,成为全国草地生态系统观测和研究网络和体系的重要组成部分,在全国草地生态系统联网研究中发挥独特的重要作用。

试验站获得的观测数据和研究结果,可为南方草地的生态保护、资源可持续利用和经济发展,提供科学依据和示范模式。特别是南方地区众多的山地草甸具有与新西兰沿海湿润草地相似的自然条件,因此,被有关专家称之为"中国的小新西兰"。由于这类草地大都分布于偏远的中高山地区,目前利用程度较低,是我国南方地区最有开发利用潜力的草地类型。试验站的研究成果对南方地区,特别是对草地分布连片、面积最大的亚热带山地草地的资源管理和利用,可发挥重要的研究和推广作用。

试验站位于长江三峡库区边缘,对长江沿岸水土保持和三峡库区生态环境建设,可提供科学依据。

试验站还可为国内外研究人员提供基础科学数据,促进学科发展。

78.2 红池坝草地-畜牧生态系统试验站基本情况

1. 自然条件

试验站位于大巴山东段南坡、长江三峡北侧的重庆市红池坝境内,北纬 $31°33'$,东经 $109°04'$,海拔 1800 m 左右,年平均气温 $5.4\sim7.6℃$,年降水量 $1524\sim2421$ mm,为亚热带山地温凉、湿润、多雨气候区。

土壤属黄棕壤,其质地为砂质粉砂中壤和黏质砂中壤,pH5.5,水分含量 4.76%,有机质含量 $4.71\%\sim4.74\%$。

该地区草地资源面积大,分布广,草地类型多样,牧草资源丰富。连片草地面积达 28 万亩,草地类型随海拔变化呈有规律的垂直分布特点,从下至上依次为热性草丛、热性草灌丛、暖性草丛、暖性灌草丛以及山地草甸等草地类型。红池坝地区以山地草甸为主,草地群落主要优势种为巨穗剪股颖、羊草、芒等,并有一定规模的红三叶、黑麦草、鸭茅人工草地。

2. 基础设施

红池坝站有综合实验楼,133.3 hm^2 实验地,常规气象观测场,植物生理实验室、畜牧兽医实验室,并配有一些常规的试验设备仪器。

3. 参加单位和人员

1986~1999 年参加的单位有:
中国科学院综考会、中国科学院长沙农业现代化研究所、四川省畜牧局、四川省万县市农业学校、四川省巫溪县畜牧局、四川省巫溪县红池坝畜牧场、四川省畜牧局草原总站、重庆市巫溪县畜牧局、重庆市巫溪县红池坝畜牧场。

历任站长:
1986~1990 年　廖国藩、刘玉红
1991~1995 年　黄文秀
1996~1999 年　樊江文(详见附表 4-18)。

先后参加试验研究人员(按姓氏笔画为序):
文绍开　王淑强　王善敏　刘允芬　刘玉红　孙庆国　李继由　杜占池
钟华平　徐六康　梁　飚　黄文秀　廖国藩　樊江文

78.3　主要研究方向与研究内容

试验站的总体定位是,以我国南方草地生态系统为主要研究对象,通过对草地生态系统的水、气、土壤、生物等因子和能量与物质循环等重要生态过程的研究,全面探索草地生态系统的结构、功能和过程机理以及可持续管理的途径和模式。努力建设成国际一流的草地生态系统研究基地。

1. 研究方向

(1) 通过草地生态系统和生产系统的试验研究,为我国南方,特别是亚热带中高山草地资源的合理开发利用提供科学依据和模式。

(2) 通过长期对草地生态系统的定位观测研究,对该地区草地资源管理和环境保护工作提供决策性建议。

(3) 通过对草地生态系统机理的研究,探讨草地畜牧业生产高产、稳产和可持续发展方案。

(4) 通过生产技术的研究,解决该地区目前存在的大量有关草地畜牧业生产方面的技术难题。

（5）研究成果的示范和推广工作。

2. 研究内容

（1）亚热带山地草地—畜牧生态系统结构、功能和系统过程机理及生产力形成机制；

（2）亚热带山地稳定、高产及可持续发展的草地和畜牧生态系统的建设和改良；

（3）亚热带山地草地资源管理与环境保护；

（4）亚热带山地生态系统定位观测与信息系统的建设；

（5）亚热带山地草地畜牧业优化生产系统模式和技术体系。

78.4 试验研究工作

（1）自 1986 年开始，试验站承担了由中国科学院提供资助和维持费的"亚热带中高山地区草地生态系统长期定位观测研究"工作，对该地区的气候、土壤、植被以及资源等进行了长期观测和系统研究，取得有关数据数 10 万个，土壤和植物标本上千份，积累了大量基础资料。

（2）1986～1990 年，试验站承担了国家"七五"重点科技攻关课题——"亚热带中高山地区人工草地养畜试验"。经过几年努力，试验站课题组按攻关指标要求和当地生产实际需要，布置了约 666.7hm² 的试验地，安排 48 个试验项目，设计 600 余个试验小区，进行了人工草地建设管理综合技术和草食家畜饲养管理综合技术等方面的研究。

在人工草地建设管理综合技术研究中，开展了牧草品比选育试验、混播试验、播期和播量试验、组合试验、补播试验、施肥试验、刈割和轮牧试验、载畜量试验、生物围栏试验、牧草调制试验、杂草防治试验等系统的试验研究，进行了牧草生长适应性、草地群落演替规律、草地群落生产力动态规律、土壤肥力与植物生长、群落结构和混播调控、刈割与群落生产力趋势等理论和技术方面的探讨，提出了牧草优化选择、草群稳定性调控、草地混播技术、施肥技术、刈割和放牧利用技术、生物围栏技术等技术体系，初步解决了当地人工草地建设管理中存在的混播不亲和性、草地组成结构不稳定性、牧草组合及搭配不适宜性、草地生产不持久等难题，不仅具有一定的理论和学术价值，而且在生产实际中也起到了重要的指导作用。

在草食家畜饲养管理综合技术研究方面，进行了家禽引种试验研究，在川东地区首次成功地引进了罗姆尼羊，并进行了绵羊适应性、放牧强度、放牧行为、生产性能、疫病防治等十几项观测研究项目，受到各方面的关注和重视，对当地的农业生产结构调整和畜牧业生产发展都起到了一定的推动作用。

（3）1990～1995 年，试验站承担了"亚热带中高山草地畜牧业优化生产模式"的国家"八五"科技攻关课题。这是在"七五"工作基础上进行的更系统、更广泛的实验研究。开展了草地优化配比施肥、草地管理和群落演替、草地能量动态和营养物质转化、草地放牧持续管理系统、草地结构和光合作用、畜种畜群结构和饲草料平衡等试验研究。

通过演替试验，初步提出了混播草地稳定性调控机理，为草地生产提供了理论依据；通过轮牧试验，确定了当地草地载畜量的放牧控制模型，为建立科学合理的放牧制度奠定了基础；通过人工草地持续高产的综合管理配套技术研究，建立了红三叶和鸭茅混播草地多种管理因子参数回归数学模型，确定了该草地的综合管理优化模式，找出了最佳管理因子及其水平，使当地草地管理有了科学依据；通过牧草品比实验，筛选出返青早、枯黄晚、青草期长的品种 7 个，青草期延长 60～88 天，为当地建立优质高产人工草地提供了新种源；通过绵羊饲养管理配套技术实验，提出了以加强种用羊管理、确保母羊全部配种、控制配种季节、做好保胎管理、羔羊吃足初乳和加强护理为主要内容的配套管理技术。

（4）1990～1995 年，试验站承担了四川省科技攻关项目"天然草地改良和牧草青贮技术"的研究工作。对草地退化演替的动因、规律和特点进行了研究，提出了一套低投入的快速复壮改良措施方案，并改良天然草地 680hm²，同时进行了多雨潮湿地区青贮调制关键技术的研究，青贮牧草 15 万 kg，取得了较明显的经济、社会和生态效益。该项目曾获四川省畜牧局科学技术进步奖三等奖。

（5）1994～1995 年，试验站承担了与新西兰土地保护研究所（Landcare Research）合作进行的"中华人民共和国四川省长江三峡地区土地利用适宜性研究"课题（新西兰外贸部资助），对红池坝及相关地区的土地条件、利用状况、开发前景，特别是发展集约性草地畜牧业生产的可能性，进行了考察和分析研究，取得了一定成果。

（6）1994 年，试验站承担了由中国科学院生态网络综合中心资助的"巫溪红池坝试验站前期预研究"课题，对试验站的研究定位、发展方向、前期效益和发展潜力等都进行了深入研究，为试验站今后的进一步发展打下了基础。

（7）1997～2000 年，试验站承担了国家自然科学基金项目"草地群落退化演替的植物竞争关系和稳定性调控"的研究工作，应用 Dewit 植物竞争理论，采用封闭式环境梯度系列竞争研究方法和竞争力计算方法，对退化草地中主要侵入种和原生种在不同干扰和压力条件下的竞争关系进行了试验研究，从而了解了草地退化演替的环境动力机制和中间作用机理，并提出了保持草地稳定性的调控管理方法。

在草地畜牧业生产系统模式研究方面，设计和提出了"红池坝亚热带山地不同海拔地区草畜时空耦合高效生产模式"；在草地高效生产的配套技术试验研究方面，开展了红三叶、鸭茅混播人工草地生产力季节动态变化和亚热带山区草地植被海拔梯度变化研究（主要包括：以南方亚热带山地草甸植物群落为研究对象，研究了草地类型、草地植物组成、群落结构、植物物种丰富度、群落生物量、植物营养、土壤养分、植物叶面积比、叶氮含量、叶绿素含量、叶片长度以及叶片^{13}C 含量沿海拔梯度的变化趋势，力求揭示我国南方草地植物群落沿海拔梯度的适应特征，同时为揭示处于演替过程中的南方草地植被对环境变化的响应趋势，以及亚热带山地不同海拔地区草畜时空耦合高效生产模式研究提供科学依据）；在人工草地高效生产技术集成及流程化管理系统研究方面，开发了亚热带中高山地区红三叶和鸭茅混播人工草地建设、管理和利用专家决策支持系统（V1.0）和红三叶牧草栽培管理专家决策系统（V1.0）；人工草地建设与天然草地改良示范方面，在相关企业的大力配合下，采用优化集成的技术体系方案，新建优质高产人工草地 1050hm^2，恢复改良天然草地 750hm^2，人工草地产草量平均达 12100kg/hm^2，改良草地平均产草量达 8100kg/hm^2，试验区目前年产干草已达到 1.88 万 t（其中人工草地 1.27 万 t、改良草地 0.61 万 t）的规模。

除此以外，试验站还进行了广泛的国内和国际合作。1986～1990 年受四川省畜牧局委托，对德国艾伯特基金提供的德国优良牧草品种进行了引种筛选试验；1991 年组团对美国和澳大利亚进行了参观访问，并与有关大学的研究机构建立了关系。1992 年与俄罗斯农业物理研究所达成了互助交流协议，并派团对该所进行了友好访问。1993 年和 1994 年与新西兰土地保护研究所和草地研究所建立了合作关系，进行了互访并开展了人员培训。1996 年与重庆市奶牛研究所和重庆市大帝公司合作，开展了红池坝地区发展奶牛业的可行性论证。1987 年与四川省畜牧兽医学院协商，成为该校学生的实习基地之一，1992 年又成为万县市农业学校的实习基地。多年来，试验站举办了数十次短期培训班，为当地培养了大量科技骨干。

78.5　主要成果及贡献

（1）"巫溪红三叶"申报国家牧草品种登记，于 1992 年通过全国牧草品种审定委员会的审定，登记为品种，为红池坝建立红三叶种子生产基地打下基础。

（2）编导拍摄《生物围栏技术》电视录像片，在农业生产中得到推广和应用。同时还第一次将生物围栏运用于家畜放牧管理体系中，取得了突破性进展。

（3）"七五"国家科技攻关"亚热带中高山地区人工草地养畜试验"课题于 1990 年获农业部科学技术进步奖二等奖，1991 年获国家科学技术进步奖三等奖。

（4）"天然草地改良和牧草青贮技术"，1996 年获四川省畜牧局科学技术进步奖三等奖。

（5）提出"北羊南调"的科学方案，通过红池坝开发区与新疆建设兵团 104 团的合作，在川东地区首次调进新疆细毛羊（中国美利奴）饲养，取得了明显的经济效益。

（6）在解决亚热带中高山地区建植人工草地的关键技术的同时，建成高产优质人工草地，实现每

0.13 hm² 人工草地可养 1 只羊，达到国外畜牧业发达国家的生产水平。

（7）通过"八五"科技攻关"北亚热带中高山草地畜牧业优化生产模式试验区"课题实施，红池坝开发区通过草地畜牧业生产，每年有近 20 万元的直接收入，有关农户平均牧业收入为 2500 元，较"七五"期间增长 1 倍。同时红池坝试验区的辐射带动作用成效显著，使红池坝成为三峡万县地区旅游金三角主要景区之一。

（8）开发了红三叶牧草栽培管理专家系统（著作权登记：2009SR04323）。

试验站的科研人员已发表论文 70 余篇，出版论文集 1 部、专著 1 部，编导和拍摄电视录像片 3 部（其中 1 部曾在中央电视台播放），同时培养博士和硕士研究生 10 余名。

79 拉萨农业生态试验站
(1993～)

中国科学院拉萨农业生态试验站(简称拉萨站)位于西藏自治区拉萨市达孜县境内,是目前该地区唯一的长期农业生态试验站,也是世界海拔最高的农业生态试验站。该站在青藏高原科学考察队的基础上筹建,1993 年 3 月中国科学院综考会与西藏军区后勤部签订协议,同年 5 月 1 日正式创建。

79.1 建站背景与沿革

1. 建站背景

青藏高原面积约占全国陆地总面积的 1/4,平均海拔 4000m 以上,有"世界屋脊"之称。解放后,中国科学院先后组织了十余次大规模的青藏高原科学考察,特别是从 1973 年开始,中国科学院青藏高原综合科学考察队对整个高原进行了为期 20 年的全面、系统的多学科综合考察。这次考察填补了青藏高原研究的科学空白,积累了大量的珍贵资料,摸清了该地区资源分布的基本状况,同时也发现了青藏高原持续利用和发展过程中存在的潜在危机。青藏高原海拔高,地理位置独特,同时生态环境也极其脆弱,一旦对原有的环境造成不可逆性破坏,将会产生不可预期的后果,同时也必然会对周边地区的环境产生重大的影响。因此,为了实现青藏高原地区的可持续发展,研究高原生态系统和生态因子之间的关系,探讨持续有效的自然资源利用方式就显得越来越重要。在这样的大背景下,20 世纪 90 年代末,大规模的青藏高原科学考察结束后,一些长期从事青藏高原研究的科学家认为,对青藏高原存在的一些生态学问题需要进行长期定位研究,尤其是在人类活动比较剧烈的高原河谷农牧交错地区。因此,中国科学院拉萨农业生态试验站应运而生。中国科学院拉萨农业生态试验站的选址等准备工作开始于 20 世纪的 90 年代初。1993 年 3 月,综考会和西藏军区后勤部签署了土地长期使用合同,西藏军区后勤部所属农场(西藏拉萨市达孜县)提供了 60 亩土地作为试验地,供中国科学院长期无偿使用,合同的签署标志着中国科学院拉萨农业生态试验站的正式建立,站上的科研人员当年即开始开展各项监测和研究工作。经过近十年的建设,2002 年中国科学院拉萨农业生态试验站成为中国生态研究网络(CERN)成员,2005 年进入国家站。中国科学院拉萨农业生态试验站建站的主要目的是通过对高原生态环境要素的长期监测,定位研究在高原极为特殊的生态环境条件下高原生态系统的结构和功能,建立高原农牧业可持续发展优化模式,为开展相关青藏高原研究提供技术支撑和平台。

2. 历史沿革

综考会及协作单位参加建站人员:
综考会:张谊光、钟华平、李玉祥、路京选、丛者柱、雷震鸣、张宪洲、刘允芬、俞朝庆
南京农业大学:王泰伦
西北高原生物研究所:张恕源
西藏生物研究所:李辉
拉萨市气象局:刘代华
西藏军区后勤部 56101 部队:蒋洪林(农场场长)、李学良、段建军、任义齐、吴文华(现役军人)、肖丽君、李梅(部队家属)
临时工:李正文、张谊贵、张秀、邢道琼、黄生琼、王伦永、谭复礼、刘永恒。

3. 历任站长

张谊光(1993~1997)

王钟建(1997~1999)

张宪洲(1998~)(详见附表4-18)

4. 拉萨站学术委员会

1993年11月经综考会学术委员会批准,成立了以孙鸿烈、卢良恕为顾问的拉萨站学术委员会,由17人组成。

主任委员:李文华

委员:江爱良、王先明、王洁清、王泰伦、陈传友、周兴民、郑度、张谊光、张新时、钟祥浩、高荣孚、黄文秀、章铭陶、韩裕丰

79.2 区域代表性和试验站基本情况

拉萨站位于青藏高原腹地的河谷农业区——"一江两河"(雅鲁藏布江、拉萨河、年楚河)流域中部地区,距西藏自治区首府拉萨市25 km,东经91°20′37″,北纬29°40′40″,海拔3688 m。"一江两河"中部流域包括拉萨市、山南地区和日喀则地区共18个县(区、市),面积7万km²余,人口90余万。本区属于高原季风温带半干旱气候带,年总辐射量7600~8000 MJ/m²;年平均气温4~8℃;年降水量300~550 mm,降水主要集中在6~9月。本区光能资源丰富,夏季热量水平低,生长季长,越冬条件较好,水热同季,对农业生产极为有利;土壤属于高山灌丛草原土,土层薄,土壤肥力低;植被类型为高山灌丛草原,以西藏狼牙刺、三刺草灌丛为主;河谷地区水热条件较好,多垦殖为耕地,大多种植以小麦、青稞和蚕豆为主的喜凉作物;山地上部分布着草原草甸土,适宜牧业发展。本区是西藏资源条件较好,开发最早,生产历史悠久,经济相对发达的地区,也是西藏政治、经济、文化和交通中心,在西藏自治区有举足轻重的地位。拉萨站在西藏主要农业区"一江两河"地区具有很强的典型性和代表性。从植被区划来看,拉萨站所在的地区向东毗邻藏东南高山针叶林带的西缘,向北分别与高原面的高寒草原和高寒灌丛草甸相连,拉萨站也可作为一个开展青藏高原生态学研究的基地。

拉萨站学科方向是农田生态学。主要通过对生态环境要素的长期监测,以定点试验的方法,重点研究在高原极为特殊的生态环境条件下高原农田生态系统的能量和物质的传输规律,以及它们对环境变化的响应机理,建立有高原特色的农牧业可持续发展的优化模式,可为高原农牧业一体化和产业化建设提供理论依据。

拉萨站目前拥有气象、土壤水分、化学分析、生物测定、光合生理等方面的观测仪器66台套,绝大部分是国内最为先进的监测分析仪器,在长期数据监测和课题研究中发挥了重要作用,完全可以满足国家生态与环境野外研究试验观测的需要。

按照国家生态系统研究网络(CERN)的规范和要求,拉萨站试验场地的设置为:气象观测场1处,综合观测场1处(包括长期观测采样地1处,40m×40m,辅助长期采样地2处,10m×20m),站区调查点2处,以及水分辅助监测点2处。其中气象观测场和综合观测场都位于该站试验区内,紧邻生活区,便于日常管理和监测。而且试验观测场地均位于西藏军区达孜农场内,所配置的仪器设备均具有很高的安全保障。

拉萨站现有宿舍楼、实验办公楼和专家公寓楼各一座,已经具备完善的生活、住宿条件,可以为科研人员提供较好的生活保障。试验办公楼包括会议室1间,办公室4间,样品室1间,仪器室1间,综合实验室1间,具备了在站上进行常规化学分析的条件,并可接待中、小型学术会议。

拉萨站目前拥有丰田和三菱Pajero越野车各一辆。拉萨站通信设施完备,拥有2门程控电话(传真),

能够通过国际国内程控电话、传真与国内外方便通信。安装 ADSL 宽带上网设施，可以随时浏览国际互联网络查找资料和使用 e-mail 与国内外通信联系。

79.3　科学试验与研究任务

1. 试验与研究方向

1）高原农田生态系统的结构和功能及其对环境变化响应机理的研究

通过对生态环境要素的长期监测，以定点试验的方法，重点研究在高原极特殊的生态环境条件下高原农田生态系统的能量(辐射、热量)和物质(主要温室气体和水汽)的传输规律，以及它们对环境变化的响应机理。主要研究方向为：

(1) 开展高原农田生态系统长期生态学监测，揭示农田生态系统及环境要素的变化规律及其动因；
(2) 阐明农田生态系统的结构和功能及其对环境生态因子响应的机制；
(3) 揭示高原农田生态系统的能量、物质传输规律和生产力形成机理。

2）青藏高原农牧业可持续发展优化模式研究

以生态学理论为指导，通过试验示范的方法，以拉萨站为基地，重点研究拉萨"一江两河"地区种植业、农区畜牧业以及农牧结合的关键配套技术，探索在相对脆弱的高原环境下实现农牧业可持续发展的有效途径；通过农牧业的产业结构调整，以点带面，建立有高原特色的农牧业可持续发展的优化模式，为高原农牧业一体化建设和产业化建设提供理论依据。通过上述有关高原农牧业发展的理论和技术研究，以期实现高原的农牧业生产和生态环境的协调发展。

研究方向为：
(1) 提出高原种植业、农区畜牧业以及农牧结合的关键配套技术；
(2) 建立以生态学为基础的高原农牧业可持续发展优化模式；
(3) 探索高原生态系统管理的有效途径。

3）基础数据积累

1993 年拉萨站建站以来，进行了水分、土壤、气象和生物等常规生态要素的长期监测，积累各类数据近 500 万个，并已建成相应的数据资料库进行数据管理。

2. 主要研究任务

1）国家重点项目

拉萨站承担的国家攀登计划青藏项目子课题有"农田生态系统优化模式研究"和"藏南谷地农牧业可持续发展优化模式与技术集成研究"，成果收集在 1998 年广东科技出版社出版的专著《青藏高原生态系统及优化利用模式》中。

2）国家自然科学基金项目

拉萨站主要申请了"青藏高原冬小麦田能量输入和潜在产量形成的动态模拟"和"西藏高原玉米生态研究"两个课题。通过试验研究，高原玉米生态研究取得阶段性成果，高原杂交玉米制种也初步获得成功。先后在地理学报、气象学报、应用气象学报、生态学报、应用生态学报上发表论文 10 余篇。

3）合作研究和人员培训

拉萨站建立以来，国内外科研人员利用这个平台，自带课题和经费进行研究。先后进行了 CO_2 倍增对农作物产量影响的研究；土壤 CO_2 研究；农田 CO_2 和水汽通量研究等，都取得了丰硕成果。

建站一项重要任务是人员培训。试验站成立以来先后为西藏军区和林业部门举办了 3 次培训班，培训近 400 人次。为农、林、牧方面的观测，培养了一批本地的技术人员。如专业性较强的常规气象观测人员经过严格的专业培训，部队派来的干部战士有专业老师带领，于 1993 年 8 月 1 日在拉萨生态站正式开始气象观测。

79.4　研究成果

1）高原生态系统土壤温室气体排放的研究

通过对青藏高原农田、高寒草甸和高寒草原等生态系统类型土壤 CO_2、CH_4 和 N_2O 排放状况的系统观测，讨论了高原主要生态系统土壤 CO_2 排放日变化和季节变化的特征。指出高原各类生态系统 CO_2 排放与 5cm 土壤温度变化相关性最好，可用 5cm 土壤温度来推算高原各类型生态系统土壤 CO_2 排放量。土壤呼吸不仅受到土壤温度，而且受到植物物候、叶面积指数、根系生物量等生物因子的影响，植物的物候主要改变温度对土壤呼吸的影响，证明了次要影响因子对关键生态因子具有修饰作用。此外，根据不同生态系统的特点，估算了土壤呼吸中根系呼吸和土壤微生物厌氧呼吸的比例和受温度等因子的影响特征。通过同步观测生态系统的净生产力，估算了生态系统的碳平衡。

2）未来 CO_2 变化情景下植物生理生态适应的研究

青藏高原海拔高，气压低，CO_2 密度只有平原地区的 2/3，作物光合特性有其鲜明的高原特色，尤其在气候变化、二氧化碳增加的情景下，高原作物的光合生产的变化比平原地区更为敏感，在海拔如此高的地区进行此类研究，十分罕见。对冬小麦旗叶的光合作用进行了较为系统的研究，确定了高原地区冬小麦的初始光利用效率这一能够体现高原光合特征的重要参数，过去测定高原地区植物的初始光利用效率与平原相比明显偏低。通过最近的观测对过去的结果进行了校正，发现高原生态系统的表观量子产额并不明显低于平原地区。

3）高原生态系统高产机制的模拟

根据大量实测资料，建立了高原地区冬小麦的叶面积动态、光截获和群体光合干物质累积动态的模拟模型，通过对高原地区冬小麦产量形成的模拟，指出高原冬小麦高产的最主要生态学原因是气候温凉导致的生育期延长，并指出亩产吨粮可作为高原地区冬小麦潜在的极限产量。通过对大气 CO_2 倍增、温度升高情景下的高原冬小麦干物质形成过程的模拟，指出在 CO_2 倍增的情景下，高原冬小麦总的趋势是增产，生育期缩短；在相同的未来 CO_2 倍增、气温升高的情景下，与平原地区的估算结果相比，高原增产幅度并不大，其原因主要是生育期缩短较多，CO_2 的增产效应大部分被生育期缩短的减产效应抵消了。

4）高原生态系统特征参数的研究

测定了青藏高原东部样带 22 个典型地区植被样地的地上/地下生物量、叶面积指数、净第一性生产力、土壤碳和氮的贮量等结构功能特征参数，发现这些植被特征参数与水热气候因子的关系均趋同于非线性的 Logistic 函数。青藏高原植被样带研究进一步以翔实的实测数据证明了 Weber 定律在高原陆地生态系统中的普遍规律，即在相似的自然环境条件下，一个充分适应而稳定的植物群落，不管区系组成如何，最终应具有相同或相似的干物质生产量。

5）优质牧草筛选及人工草地建设

"优质牧草引种试验"是西藏自治区科技厅在粮食作物品种引种取得成效的基础上，又一项重中之重的科技攻关项目。与自治区畜牧研究所合作，从国内外先后引进 157 份牧草品种和 15 份草坪草，分别在高寒牧区那曲、当雄点和高寒河谷农区曲尼巴综合点与中科院拉萨生态站为基地进行试验。测定了引进品种的萌发率、物候期、生物量、农艺性状及越冬率等指标，筛选出适宜在不同地区种植的优良牧草品种 29 份，筛选出紫花苜蓿、箭舌豌豆、红豆草、鲁梅克斯 K-1 杂交酸模、苇状羊茅、高羊茅、黑麦草、牧冰草、新麦草、冰草、青海老芒麦、红三叶等 10 多个适于高原牧区的牧草品种，已在当雄和那曲等地中试和推广。

6）农作物栽培配套模式及机理研究

自 1993 年建站以来，拉萨站先后从国内外引进作物品种 135 个，选育出春小麦高原 602、冬农系列玉米、春杂系列油菜、H 系列双低油菜等在高原适应性好的品种，在"一江两河"农区得到大面积推广。

79.5　获奖及人才培养

拉萨站成员及依托拉萨站工作的科研人员发表论文 92 篇。其中 SCI 论文 15 篇，CSCD 论文 54 篇，国际会议论文 7 篇，英文论文 8 篇，中文论文 6 篇，其他论文 2 篇。已经有 4 名博士研究生、3 名硕士研究生在站完成学位论文工作。

1997 年，拉萨站被评为综考会先进集体。

1997 年，拉萨站张谊光站长被评为中国科学院先进工作者。

1997 年，拉萨站许毓英副站长被评为中国科学院野外先进工作者。

1999 年，拉萨站余成群副站长被评为全国民族团结先进模范；2001 年被西藏自治区评为"九五"先进科技工作者。

80 九连山森林生态研究站
(1981～2001)

80.1 选址与建站

该站设在江西省龙南县九连山自然保护区虾蚣塘保护站内，约为北纬 24°33′，东经 114°27′，海拔高度 580m。该站南接粤北山区，属南岭东段九连山北坡的起伏山地，附近最高峰黄牛石海拔约 1400m，岩层为青灰色砂岩和板岩等浅变质岩系。这里从海拔 550m 左右开始，出现成片具有代表性原生常绿阔叶林植被，保存较好，分布面积较大，海拔较低。简易公路直通站前，交通尚称方便。同时，从小流域研究方面来看，也是选点的良好区域。

1980 年，中国科学院南方山区综合科学考察队选择在这里进行常绿阔叶林生态定位研究，并开始筹备，1981 年正式建站。南方山区综合科学考察队工作基本结束后，该站归属综考会，正式命名为九连山森林生态研究站，负责人李昌华。2001 年撤站。

80.2 研究内容

常绿阔叶林是我国南方广大山区的主要天然原生植被，但破坏极为严重，残存已很少，作为一种重要地理环境要素和自然资源，研究以常绿阔叶林为主的原生性天然林生态系统的形成、演替、动态、生态效益和保护，并在理论上发展森林生态学、森林土壤学和森林水文学是该站研究的主要内容和目标。在基础理论方面，研究的主要内容是常绿阔叶林生态系统的水分平衡和养分循环。在应用基础方面，是常绿阔叶林的生态效益，也即其调节气候、涵养水源、调节径流和肥沃土壤方面的作用和机理。研究方法则是以小流域为基础。

为了与九连山的天然林研究进行比较，1990 年开始在江西兴国城岗乡大获村筹建对照点（约北纬 26°30′，东经 115°28′），并于 1993 年开始定位观测研究（大获点）。该研究场地是花岗岩丘陵区，海拔约 300～450m。其原生植被也为常绿阔叶林，经过多次人为严重彻底破坏，现已变成侵蚀极为严重的荒山森林（稀疏松林）生态系统。这个对照点的研究内容与九连山区基本相同。

80.3 办站方针

该站从建站开始，便在经费缺乏的情况下坚持运行。后来从 1986 年开始是通过国际合作的途径来促进和开展科学研究的。

从 1986 年开始，由日本京都大学森林生态研究室负责人堤利夫及其继任者岩坪五郎两位教授先后申请到日本有关方面的经费资助，不断争取到日本对九连山站合作研究的支持直到 2001 年。总的课题名称为"中国南方森林的生态学和水文学研究"。由两位参与和组织京都大学、岛根大学、冈山大学等日方人员，其中包括教授、副教授、助教、博士后、研究生和大学生与该站进行合作研究，总计有几十人之多。1996 年以后，日方又有水山高久教授参与组织工作。到 2001 年为止，连续 16 年间每年至少有一组日方人员来站工作，经常的则是有 2～3 个组。

与国外合作研究，经费的主要来源（争取到的资助单位及资助项目）如下：

资助单位:	资助内容:
日本文部省(海外学术调查费)	调查研究费
日本万国博览会纪念协会	九连山野外站基建费及器材设备费
日本学术振兴会	研究经费
日本广濑荣治先生夫妇	兴国大获点野外观测用房及野外观测设施建筑费
日本旭财团	兴国大获点研究费

该站的研究场地是靠当地的支持解决的。在九连山本站,主要是利用九连山自然保护区的林地,部分场地在九连山国营林场。在兴国的对照点,则是与当地林区的村民小组签订协议,借用选定的山地丘陵小流域一定年限,用来进行野外观测研究。

80.4　主要研究成果

(1) 先后在《自然资源学报》《资源科学》《生态学杂志》和日本《砂防学会志》等国内外刊物发表论文 10 余篇。

(2) 中日合作研究报告 1 篇(英文,1989)。

(3) 中日合作论文集(英文,包括论文 11 篇及水文气象观测结果附录,1997)。

(4) 中国科学院九连山森林生态研究站专辑《资源科学》,2001 年第 23 卷增刊中文,论文 7 篇,为中日合作成果的一部分。

该站从筹建到结束,均由李昌华研究员负责(1989 年退休后仍继续工作直到 2001 年)。

此外,参加工作的研究人员有李家永和刘曙光;1987～1989 年间,李文华院士曾参与站上的指导工作。

81 中国生态系统研究网络(CERN) 综合研究中心(1990~)

CERN综合研究中心，全称为中国生态系统研究网络(CERN)综合研究中心，于1993年成立，隶属于中国科学院自然资源综合考察委员会。1999年，中国科学院自然资源综合考察委员会与地理研究所整合为中国科学院地理科学与资源研究所时，重新组建了CERN综合研究中心。在CERN科学委员会的直接领导下开展工作。

CERN综合研究中心的基本职能是：观测数据的集成、管理和共享工作；开展区域和全国尺度的生态、资源、环境演变趋势预测和重大科学问题的综合集成研究；出版CERN系列研究成果；定期发表全国重点地区和主要生态系统状况报告，为国民经济建设中的相关重大问题的决策与规划提供资料和咨询。此外，CERN综合研究中心还负责组织和协助各分中心，制定CERN的观测规范和标准，开展相关专业技术人员培训，指导各台站监测和数据采集、仪器校验、数据质量控制。CERN综合研究中心的重点研究领域包括生态系统的生产力与碳氮过程、生态系统的水分循环与水分利用、生态系统功能评价与管理、生态系统健康与恢复、区域和全国尺度资源、生态和环境重大科学问题的综合研究等。

CERN综合研究中心从开始筹备到实际运作，经历了三个发展阶段：

81.1 CERN生态站基础设施建设规划和设计阶段(1990~1992)

中国科学院于1988年决定筹建中国生态系统研究网络(CERN)，总体设计内容包括CERN的构架设计、建设工程设计和世界银行贷款使用计划。CERN综合研究中心是CERN构架设计中的三个层次结构(生态站、分中心和CERN综合研究中心)之一。1990年中国科学院批准将CERN列入"八五"重大基本建设项目，这标志着CERN的建设工程筹备工作正式启动。

从1988年院启动CERN以后，在资源环境局赵俭平副局长的主持下，成立了总体组，办公室设在中关村数学所，综考会选派了严茂超、杨雅萍去参加相关的组织工作，施惠中以综合中心的代表参加总体组工作。当时的综考会国土资源信息研究室承担了总体组对综合中心的各项工作要求，如"综合中心"是否设在综考会的争取论证的材料和各种报告；综合中心的建设方案设计、论证；配合秘书处的各项工作；计算机及信息系统设备采购招标书编制及执行；CERN分布式信息系统的设计、构建及安装调试和培训；为秘书处提供场地和办公设备等。当时综考会领导班子分工，孙九林、赵士洞、朱成大分别配合CERN的相关工作，综考会的"国土资源信息研究室"把CERN的工作当成核心内容。参与工作的有施惠中、黄志新、陈泉生、陈宝玉、陈沈斌、李庭启、史华、欧阳华、甘大勇等同志。

81.2 CERN建设阶段(1993~2000)

1993年起，CERN在世界银行贷款"中国环境技术援助项目"(World Bank Environment Technical Assistance Project)的支持下重点建设了29个生态站，5个分中心和1个综合研究中心(CERN综合研究中心设在综考会)，这标志着CERN综合研究中心已在开始行使其职能。1999年中国科学院成立了CERN领导小组、科学指导委员会和科学委员会等管理与学术机构。在他们的领导下，CERN综合研究中心组织制定了网络章程、数据管理与共享条例、成员单位的年度考核和综合评估方法，组织修订了各类观测指标体系和观测技术规范，使CERN的业务运行步入制度化、规范化、标准化的历史阶段。2000年开始启动了

CERN 的二期建设，在中国科学院资源环境科学与技术局的组织下，进一步加强了基础设施建设和仪器设备更新，并遴选增加了生态站加入 CERN。

81.3　运行和发展阶段（2000 年以后）

综合研究中心在 2000 年前一直没有正式任命负责人，也没有具体的工作人员，中心的工作均由当时的中国生态系统网络秘书处直接承担。2000 年后任命于贵瑞为综合研究中心主任。

82 综合研究中心
(1998~1999)

为使各研究室的学术研究顺利进行,于 1998 年 10 月 30 日,经综考会领导研究决定:将会内的 12 个研究室合并为 4 个研究中心,即:

(1) 国土资源综合研究中心,包括:土地资源研究室、水资源研究室、资源开发应用技术研究室。

研究中心主任:陈百明

副主任:王立新、姚治君

(2) 资源生态与管理研究中心,包括:农业资源生态研究室、林业资源生态研究室、草地资源与畜牧生态研究室、气候资源研究室。

研究中心主任:谢高地

副主任:刘爱民、梁飚

(3) 资源经济与发展研究中心,包括:资源经济研究室、工业布局研究室、国情研究室。

研究中心主任:谷树忠

副主任:董锁成、王礼茂

(4) 资源环境信息网络与数据中心,包括:国土资源信息研究室、遥感应用研究室。

研究中心主任:刘闯

副主任:杨小唤、陈泉生

83 国际交流与合作

我国综合科学考察工作的国际交流与合作开展较早,综考会成立之前的 20 世纪 50 年代初即已开始。当时,以各大型综合科学考察队本身围绕科考工作的需要而开展。根据当时的国际、国内环境,接受苏联"老大哥"的援助是国际交流与合作的主要甚至是唯一渠道。60 年代初中苏关系破裂,此渠道基本中断。1975 年综考会恢复,国际交流与合作也随之恢复。随着国内国际形势之变化,以及改革开放的开展与深入,国际交流与合作也逐步进入发展的新时代。

83.1 第一时期(1949~1962)

20 世纪 50 年代初,先后成立了中苏两国科学院合作的紫胶工作队(即中国科学院云南生物考察队的前身)、黄河中游水土保持综合考察队、黑龙江流域综合科学考察队。此后又根据《国家十二年(1956~1967)科学技术发展远景规划》要求,组建了新疆综合考察队,盐湖调查队以及青甘综合考察队等。这些考察队在开展科学考察工作中都有人数不等的苏联专家参与了科考工作,并进行学术指导与交流,其中,黑龙江综合考察队是规模最大的一个。

1955 年 3 月以苏联科学院通讯院士波波夫为首的 7 位苏联专家到京,就 1955 年中苏紫胶虫与紫胶合作研究工作计划讨论协商,随后共同组成了"中国科学院-苏联科学院紫胶工作队",苏联专家参加了 3 个月的考察工作。1957 年初,根据《国家十二年(1956~1967)科学技术发展远景规划》要求,中国科学院组织成立了华南和云南热带生物资源综合考察队,扩大了考察地区,以苏卡契夫院士为首的 7 位苏联专家参加了 5 个月的考察。此间,竺可桢副院长亲自参与,与苏联专家和中方考察人员一起,赴海南岛等地进行了重点考察。

1955 年成立了中国科学院黄河中游水土保持综合考察队,并在中国科学院总顾问苏联专家柯夫达的协助下,制定了《1955 年黄河中游水土保持工作计划纲要》之后,苏联科学院派出了以阿尔曼德教授为首的 9 名科学家参加了此项综合考察工作。

1956 年组建了中国科学院新疆综合考察队,该项目同时也是中苏合作的项目。根据 1956 年中苏科学技术合作协议,先后共有地理、水文、土壤等专业的 11 位苏联专家参加了 3~4 年的考察工作。这些专家多数曾长期在干旱、半干旱的哈萨克斯坦、土库曼斯坦、蒙古国等进行过综合考察,积累了丰富的经验,中国科学院总顾问、土壤学家柯夫达也曾到新疆参加短期考察,交流土壤和治理盐碱土方面的经验并指导工作。通过中苏两国科学家的合作与交流,对新疆综合考察工作的圆满完成起了很大促进作用。

1957 年成立了中国科学院盐湖调查队,其基本任务是以考察柴达木盆地盐湖资源为重点,同时对柴达木盆地西部含盐地层和第三系(古近系与新近系)油田以及藏北硼矿进行综合考察研究。1957 年 2 月,由中国科学院化学研究所主持,在有关单位配合下,与中国科学院总顾问拉扎连科教授、顾问鲁日娜娅教授讨论研究,共同拟定了中苏合作盐湖调查计划要点,1959 年苏联专家米吉钦斯基和李托夫斯基参加野外工作和学术活动。

1958 年中国科学院组建了青海、甘肃综合考察队,考察研究范围包括青海西部的柴达木及海北藏族自治州和甘肃西北部的张掖地区。1958~1960 年开展了野外考察和室内分析研究,编写出了考察研究报告,提出了该地区发展远景及生产力配置方案。苏联专家波扎里斯基和普洛布斯特在 1958~1959 年期间参加了考察研究,其工作重点是铅锌等矿产资源的工业利用评价及其工业基地建设问题。

1956 年 8 月 18 日,中苏两国政府签署了"关于中华人民共和国和苏维埃社会主义共和国联盟共同调查黑龙江流域自然资源和生产力发展远景的科学研究工作及编制额尔古纳河和黑龙江上游综合利用规划的勘测设计工作的协定"。

黑龙江流域综合考察在综合考察工作中是国际合作与交流规模最大的一个。根据中苏两国政府协定，中苏双方科学院共同成立了黑龙江综合考察联合学术委员会，其任务是保证双方综合考察队在科学工作和方法上统一协调，检查年度工作计划执行情况以及审查和批准科学考察成果。中方委员有竺可桢、冯仲云、朱济凡、侯德封等13人；苏方委员有涅姆钦诺夫、普斯托瓦洛夫、兹翁柯夫、柯夫达等13人。双方学术委员会大多是学术造诣高，具有一定权威的科学家。联合学术委员会先后召开过4次学术会议，为双方考察人员进行学术交流活动提供了良好的条件。

黑龙江考察队野外考察工作历时3年，于1959年秋结束，1960年进行了全面总结。每个年度的野外工作结束后，中方曾派专业组部分考察人员去莫斯科苏联科学院生产力研究委员会参加室内总结。通过专业总结和学术交流，使中方的考察人员在专业知识和业务能力方面都得到了提高。

83.2 第二时期(1975～1999)

20世纪70年代中后期，随着我国和美国、日本等发达国家关系的解冻以及联合国恢复了我国的合法席位，特别是1978年开始国家实施改革开放政策之后，综考会的对外交往和合作也不断扩大。

1975～1999年，出访700多人次，来访900多人次。在国际组织兼职的科学家有30多人次，交流范围涉及100多个国家和地区，主要集中于美国、英国、德国、法国、加拿大、澳大利亚、瑞典、瑞士、尼泊尔、泰国、日本等。合作对象主要是联合国教科文组织(包括下属人与生物圈、国际山地综合开发中心等)、国际自然保护联盟、联合国大学、国际地圈与生物圈计划、国际科学联合会、国际长期生态研究网络、世界银行、粮农组织、欧盟等国际组织，以及荷兰陆地生态研究所(ITE)、澳大利亚阿德雷得大学、日本筑波大学等世界科研教学机构。合作形式由一般性访问逐步发展到合作研究，建立联合实验站，共同举办国际会议等，合作内容也不断深化。

根据这个时期的合作需要和形式，综考会对外合作交流可分为三个阶段：

1. 恢复阶段(1975～1982)

20世纪70年代中期正值综考组恢复成立，国际交流也刚刚恢复，频次低，1975～1982年，共计出访35人次，来访41人次，且主要集中于1979年和1980年。

这时期，出访项目多是参加由中国科学院或其他部委组织的大规模的随团考察与访问，出访国家大多是发达国家，目的是初步建立与国际相关组织的联系，并了解国外同行的研究进展。来访项目主要是依国际惯例开展的一般性访问、交流或座谈，少数是依照中国科学院相关交流计划完成相应学术交流业务。国际合作较少，形式单一，范围不广，但大多数交流计划针对性强，重点是国际重要组织和机构，为未来拓展国际合作打开了渠道，奠定了基础。

"人与生物圈计划"(MAB)是联合国教科文组织针对全球面临的人口、资源、环境问题于1970年根据许多会员国的建议而发起，1971年开始实施的一项大型政府间国际科学合作计划。中国在1972年参加了"人与生物圈计划"国际协调理事会，并当选为理事国。综考会在中国科学院领导下，抓住机遇于1978年1月27日提出了设立"中国人与生物圈国家委员会"的建议，同年6月25日获中央批准，9月29日国务院批准"中华人民共和国人与生物圈国家委员会委员名单"，主席由中国科学院副院长童第周担任，综考会负责人闫铁为副主席之一，秘书处设在综考会，阳含熙当选委员会秘书长，李文华、李龙云当选副秘书长。之后，先后召开了人与生物圈国家委员会第一次和第二次全体会议，讨论研究项目和工作计划，开展学术交流，举办系统分析及在生态学上的应用训练班等。

1979年12月孙鸿烈随院代表团出访埃及、阿尔及利亚；1979年张有实在联合国教科文组织水问题研究中心任职；1980年11月由孙鸿烈、石玉林、康庆禹、杨周怀4人组成"土地资源及其合理利用考察组"

前往澳大利亚进行考察访问；1980年综考会与联合国大学签订科技合作协议，之后两年内孙鸿烈、赵献英等3人先后获联合国大学奖学金，以访问学者身份，前往美国科罗拉多大学高山研究站工作一年。

1980年，在北京召开我国首次大规模的青藏高原科学研究国际研讨会，有来自10多个国家的100多位专家学者出席，国家领导人邓小平接见了与会代表，会后组织学者前往西藏实地考察。

1979年9、10、11月份，澳大利亚新英格兰大学土壤系主任、澳大利亚联邦科学与工业研究组织等3个代表团共13人先后访问综考会，就土壤分类及土地利用问题、太阳能经济研究工作情况等进行了学术交流。

2. 稳步发展阶段(1983～1992)

这一期间，综考会国际合作与交流的主要特点是在巩固原有合作关系的基础上，逐步开拓新的合作渠道，建立新的合作伙伴关系，学术交流频繁，合作研究快速稳步发展，取得可喜成果。

据统计，1983～1992年间，出访396人次，其中研究、会议、考察、进修分别为16、168、202、10人次。与恢复阶段相比，研究类出访从无到有，参加会议、考察和进修的交流人次明显增加，覆盖面明显扩大。需要指出，此期间出国考察的平均人数增加，与综考会考察任务的转移和学科特点的调整有关。

同期内，来访641人次(含参加综考会举办的国际会议153人次)，大大超过恢复阶段来访人数。与此同时，来访项目的倾向性发生了变化，由一般性考察访问逐渐向以合作和建立长效合作机制为目的的来访转变。此期间，在非会议来访的488人次中，有60多人次为合作性来访，从而促进了国际合作研究发展，增加了国际合作项目的数量，建立了国际学术交流长效机制，扩大了学术影响与合作领域。

在此期间，综考会与联合国教科文组织下属的"国际山地综合开发中心"的合作是持续时间最长、最具有成效、意义十分重大的国际性活动。1983年其成立伊始，中国就参与了其全部活动。1983年12月，应邀派出了以中国人与生物圈国家委员会主席、中国科学院副秘书长秦力生为团长，中国人与生物圈国家委员会秘书长阳含熙为副团长的10人代表团，前往尼泊尔加德满都参加开发中心成立大会。代表团中综考会的成员还有孙鸿烈、李文华、章铭陶、刘玉凯。李文华和孙鸿烈曾分别于1983～1986年和1995～1998年任国际山地综合开发中心国家理事；1984～1992年，应中国科学院邀请国际山地综合开发中心的历届主任、副主任、专题负责人共7人次曾12次访问综考会并进行学术交流；综考会黄文秀、孙庆国、陈光伟、吴蔚天等人分别自1984年起，受聘于国际山地综合开发中心担任专题负责人、部门主任或工作人员；章铭陶、刘玉凯、孙尚志、李明森、沈长江、王旭、张谊光、成升魁等分别自1982年起，先后14次赴国际山地综合开发中心短期工作、学习交流和访问。综考会15人次曾参加该中心组织的国际会议，提交论文20余篇；国际山地综合开发中心与综考会共同完成了5项合作项目(云南腾冲县综合经济发展项目；西藏拉萨河谷的农村经济发展项目；云南中甸的森林管理和农村政策项目；西藏尼木县农业-畜牧业的发展和农村能源系统建设项目；四川宁南县的农村经济发展项目)。1986年，章铭陶等人受邀，在国际山地综合开发中心完成"西藏-横断山区研究项目纪实和建议"，综考会承担了其中的"西藏拉萨河谷曲水县农村发展的典型研究"。

1988～1992年与联邦德国吉森大学共同开展"中国农村区域发展及土地利用——宁夏乡村发展与土地利用"研究，是旨在改善宁夏人民生活条件的研究和教育的合作项目；1988年12月15日与法国科研中心签署"关于开展西昆仑山-喀喇昆仑山多学科、多年度科学合作的协议"；1989年5月与荷兰国际航测与地球科学学院(ITC)共同开展"区域规划与地区开发的综合考察与土地资源评价"的合作研究项目；1989年8月与瑞典皇家技术学考察部、土地改良与排水研究室协议，在西藏(拉萨除外)进行合作考察西藏中部河流湖泊水资源的特征及开发利用项目；1990～1993年综考会与澳大利亚罗斯沃斯(Roseworthy)农学院及阿德雷德大学联合开展干旱、半干旱地区草地管理专家系统的研究"。此外，与英国牛津大学国际开发中心联合进行"农牧区农村经济发展典型研究"考察工作；与日本筑波大学开展"中国丘陵山区农业综合开发与生态环境治理模式"合作项目；与日本联合建立"综考会九连山中日友好森林生态研究中心""江西省龙南县古坑'中日友好森林生态研究中心'"。

为了进一步密切中国科学院和联合国教科文组织在出版方面的交往，扩大双方在自然资源保护和管理、科学对社会的影响等领域的合作，1984 年 5 月经国家科委正式批准，同意综考会创办季刊全译本《自然与资源》(中文版)正式出版发行，双方合作长达 8 年，1992 年因停止经费资助而停刊。1993 年 11 月综考会与瑞典皇家科学院正式签署了关于合作出版"AMBIO"中文版的协议书，随后双方合作的 16 年间，出版了 128 期"AMBIO"及 3 期专题报告集，并举办了两期科技论文写作培训班，组织了一次由双方资助与生态专家参加的学术研讨会，在双方的共同努力下，合作项目取得了满意的结果。

此外，为了进一步提高中国科学考察在国际上的知名度，在此期间综考会成功组织、承担或参与组织了多次各种大型国际学术会议，其中包括 1985 年主办的"兴都库什-喜马拉雅山区流域治理国际学术讨论会"(英、印、巴、尼(泊尔)、法、澳、美、加、德等 13 个国家和 5 个国际组织参加)；1989 年主办"干旱区资源环境国际研讨会"(美、德、澳、日、苏及伊(朗)等国参加)；1992 年主办的"喀喇昆仑-昆仑山地区国际学术讨论会"。

3. 转型阶段(1993～1999)

20 世纪 90 年代中后期，随着大型科考任务的结束和科学研究的不断深化，以及"中国生态研究网络"的建立，综考会的国际交流内容和形式有所转变。除原有的合作关系外，又新增了一些国际合作组织，并建立了一些新的合作项目。出访项目仍保持了良好的发展势头，但来访项目有所减少。

据统计，1993～1999 年间，出访 298 人次，其中研究、会议、考察、进修分别为 18、144、89、47 人次。在出访者参加会议的 144 人次中，约 20% 为综考会在国际组织任职的理事或委员；出国进修项目绝大部分属中国生态系统研究网络人才培训计划。同期来访 223 人次，一般性来访项目居多，合作研究项目来访较少。

1996～1998 年综考会与美国 Hopkins 大学地理与环境工程系执行了"中国、美国、印度三国国家科学院合作项目——人口与土地利用研究"，中方项目负责人为赵士洞研究员。该项目在全球率先研究了人口增长与土地利用变化间的关系和影响机制，对于推动这方面的研究和自然科学与人文科学的综合，发挥了重要作用。2001 年该项目的成果最终以专著《中国、美国、印度的人口增长和景观变化》的形式由美国国家科学院出版社出版。

这时期内新建立关系的国际组织有联合国环境署，国际科联世界数据中心，国际长期生态研究网络(ILTER)执行委员会，全球变化研究、分析、培训系统(START)指导委员会，东亚和西太平洋地区生物多样性研究网络(DIWPA)指导委员会，陆地观测系统气候委员会(TOPC)指导委员会，国家科学院国际问题委员会(IAP)常务委员会(中国科学院代表)，全球陆地观测系统(GTOS)指导委员会，东亚土地利用变化研究(LUTEA)指导委员会，欧亚生态学研究网络(EURASLA-NET)指导委员会等。

第五篇　科研辅助系统

84 综合分析测试室(化学分析室)
(1960~1995)

84.1 分析室沿革

综合考察的分析工作,从1956年组建考察队时开始。1960年2月会队合并后,成立分析室,隶属业务处;1970年随综考会一起撤销。1975年4月8日自然资源综合考察机构恢复后又重建分析室,隶属业务处,1978年7月28日后隶属技术室;1988年1月11日组建综合分析测试室,1991年3月5日更名化学分析室;1995年10月4日撤销,人员并入科技扶贫与资源开发应用技术研究室。

历任领导:

新疆队分析室负责人:张喜元、马式民(1956~1960)

分析室负责人:杨俊生、马式民、陈世庆(1960~1967)

分析室负责人:马式民(1975~1978)

技术室主任:蒋士杰(1984.06.15~1988.01.11)

副主任:马式民(1978.07.28~1981.06.30)

　　　　梁春英(1984.10.22~1988.01.11)

综合分析测试室主任:牛喜业(1988.01.11~1991.03.05)

副主任:梁春英(1988.01.11~1994.08.30)

化学分析室主任:牛喜业(1991.03.05~1995.10.04)

副主任:梁春英(1991.03.05~1994.08.30)

84.2 1960~1987年的分析室

分析室是以新疆考察队分析人员为基础组建起来的。1956年,新疆队从上海、南京招收了5名高中毕业生,其中有许景江、梁嘉怡、董汉章等,在北京西郊罗道庄北京齿轮刀具厂内平房里,由北京农业大学教授培训,学习土壤分析实验项目。1957年调来北京农业大学毕业的马式民和从部队转业的张喜元共同筹建新疆队分析室。1959年张喜元调走,调进从部队转业的杨俊生当行政领导。在此期间,又先后调入刘广寅、王淑珍、邢国安、关俊芳、季惠茹、李智、王文英和从部队复员的丁昭斌、张东昌、刘学敏、张爱林,以及在新疆野外工作的郭寅生;1960年又从广东招进梁春英、王连成、朱沛棠,分析人员有20多人,对新疆队野外考察采集回来的土壤、植物、牧草、水质进行分析化验。此时,在新疆队野外工作的彭加木先生因身体原因留在北京,临时协助马式民在分析方法上做技术指导。

当时的实验条件有限,分析仪器简单,主要是玻璃仪器,甚至加热蒸发工作还要在煤饼炉上进行,在几间平房里只能从事常规的项目分析。由于考察队需要大量基础数据,分析任务十分繁重,分析员几乎是每逢节日都要献礼加班才能保证及时为新疆队提供分析数据。

1960年,综考会队会合并成立研究室时,新疆队分析室也从西郊搬到沙滩。时值精简下放,原从部队复员的分析员和一部分招聘的高中生陆续调离。同时,从南水北调队调入朱霁虹,从青甘队调入张蔚华。随之又调入陈世庆、陆毅伦。这时期分析室由杨俊生、马式民、陈世庆负责。主要的分析项目有:土壤分析,包括土壤全量、土壤养分、机械组成、土壤石膏、土壤盐分等。植物牧草分析,包括水分、全氮、粗脂肪、粗纤维、灰分等的测定。水质检测,包括水的8大离子测定。

为了能及时适应编写考察报告的需要，适时提供分析数据，分析室1961年开始配合各考察队，先后派出分析人员随队考察，承担分析任务。

从1961年起先后为西藏队派出梁春英、梁嘉怡、郭寅生、朱霁虹、许景江，自带仪器、药品，有的在色拉寺喇嘛庙自建实验室，有的是随考察小组进行流动测定或在当地农科所里进行分析工作。1975年派李廷启到青藏高原考察队参加野外分析工作。派刘广寅、朱霁虹到西南考察队，在成都农科所进行土壤养分测定分析工作。为新疆队派出朱霁虹、谢淑清，随队在当地科研单位进行分析工作。为黑龙江省荒地队先后派出朱霁虹、梁嘉怡、刘广寅、王文英，在内蒙布特哈旗扎兰屯借地方科研所或学校进行土壤养分、机械组成等项目分析。为蒙宁队先后派出王连城、张蔚华，在甘肃地区随队在野外流动性进行土壤盐分分析，马式民、许景江在宁夏地区定点进行分析。1973年由梁春英、许景江、沈玉全组成分析小组，随紫胶队到云南昆明、云县等地进行紫胶考察研究的分析工作。1977年为配合黑龙江伊春地区考察，派出梁春英、许景江随队在伊春农科所进行土壤分析。1980年由梁春英、谢淑清、李廷启、吴建胜组成小组，随南方队在江西省吉安农科所进行土壤、农作物秸秆、水稻种子等分析工作。1989年后，分析室人员除承担分析任务外，还抽调部分人员参与研究考察课题，如谢淑清参与千烟洲农业生态站筹建，开展资源环境本底调查。牛喜业、谢淑清、朱霁虹、刘湘元、张宏志、田学文参加"七五""八五"科技扶贫项目的实施，其中包括中低产田改造、农业实用技术推广应用、油葵菌核病防治、小流域综合治理、扶持畜牧养殖专业户等。

此外，谢淑清、姜亚东还参加了黄土队在安塞地区的遥感实验。

分析室历经了"文化大革命"、综考会撤销、以及综合考察机构恢复的过程。1970年综考会被撤销，把分析室已建立起来的实验设备，包括实验室贵重金属（铂金坩埚）、常用仪器烘箱、马福炉、大量玻璃仪器都调给其他单位或存放仓库。

1975年综考组成立，分析室重新筹建，原综考会分析人员有一部分留在中国科学院地理所，一部分回综考组实验室，原综考会的部分实验台和一些基本设备调回，新添一些新的设备，分析人员也前前后后调入一批大学毕业生和高中生，加强了分析力量。

1978年，航判、绘图、暗室、分析等辅助机构合并成立技术室，分析室由马式民、梁春英先后负责，任务是提供水、土、生物资源样品的化验分析。一方面继续根据野外考察队需要派出分析人员随队考察，另一方面实验室不断完善建设分析队伍，建立了以分析项目为主的分析小组，土壤组由刘广寅负责，植物牧草组由梁春英负责。根据分析任务，分析人员承担的分析项目可随时变动，尤其在野外条件下，要求一人承担多项分析任务。随着分析室的发展，分析员也不断注意分析方法的提高和改进，在实验室设备上也逐步完善，引进一批国内外先进仪器，开展新的分析项目。1977～1978年增加了从德国进口的火焰光度计。1979～1980年增加原子吸收分光光度计，这时分析项目开始了微量元素的测定。1980年中国科学院院部分给一台氨基酸分析仪（捷克产），分析室调田晓娅负责，在捷克专家的调试培训下，开展了氨基酸的分析，但由于仪器质量问题和送检样品不多，项目开展不久就停了。

在此值得提及的是，1985年北郊片的研究所，包括地理所、地质所、遗传所等单位，要求能在北郊地区有一台先进的等离子体光谱仪，便于快速分析各种物质中的常量、微量元素。在院器材部门主持下，综考会由器材处的陈宝玉和分析室梁春英参加了院部主持的协调会。综考会在时任中国科学院副院长孙鸿烈支持下，同意仪器由综考会管理，分析室由许景江负责选购仪器型号，经查阅资料，向有关单位了解情况，最终选定进口当时比较先进的美国TIA公司ICAP-9000型多道直读光谱仪。仪器到来后，室里先后由田晓娅、田学文、张宏志负责，主要由田晓娅主管负责，在美国厂家工程技术人员和北京大学光谱实验室邵宏祥教授的帮助指导下，开办了短期学习班，参加的人员除综考会分析室的分析人员外，还有地理所陈超子、王丽珍，地质所王德功等。在田晓娅的精心操作下，经多次试验，使这台仪器较快地承担了综考会和北郊片地理所、地质所、遗传所、生态中心的分析任务。由于仪器管理维护好，充分为科研服务，在器材处配合下，从1987～1989年连续3年被评为全院大型仪器先进集体。几年来承担参与完成的主要项目有：黄土遥感调查研究，亚热带中高山草地配套优化生产模式研究，红壤丘陵生态系统物质循环能量与经济研究，克山病区和非病区硒与人体关系研究，长江水系小流域研究，全国土壤背景值调查，地球化学标准物质的研究。这些项目成果均获国家或中科院奖励，尤其地球化学标准物质研究获国家物质研制合格证。

84.3 1988～1995年的综合分析测试室

1988年1月研究室改革调整换届，更名为综合分析测试室，室主任牛喜业，副主任梁春英。成员有许景江（主要项目微量元素）、王文英（主要项目土壤养分）、朱霁虹（主要项目土壤机械组成）、谢淑清、姜亚东（主要项目土壤代换性）、陶淑静（主要项目土壤盐分）、刘湘元（主要项目土壤全量）、张宏志（主要项目微量元素）、梁春英（主要项目植物分析）、田晓娅（主管等离体光谱仪）等，共12人。

分析项目有：

1. 土壤分析

（1）土壤物理分析：土壤含水量、土壤机械组成、土壤比重、土壤容重。

（2）土壤化学分析：

① 土壤全量：即测定硅、铝、铁、锰、钛、磷、钾、钠、钙、镁和烧失量；

② 土壤全氮、全磷、全钾含量的测定；

③ 土壤有效养分（铵态氨、硝态氨、水解氨、有效磷和钾）的测定；

④ 土壤有机质含量测定；

⑤ 土壤酸碱度和土壤盐分测定；

⑥ 土壤阳离子交换量、土壤交换性盐基组成的测定；

⑦ 土壤微量元素，包括有效性微量元素，主要有铁、硼、锰、铜、锌、钼、铅、钒、铬、镧、铈以及稀土元素的测定。

2. 植物或生物样品测定项目

包括水分、灰分、粗蛋白、粗脂肪、粗纤维、微量元素。

3. 水样测定项目

包括pH、硬度、矿化度、微量元素、阴阳离子含量。

1994年一批老分析员王文英、许景江、梁春英、朱霁虹先后退休后，随着综考会内部机构调整，分析室于1995年10月4日撤销。

先后在分析室工作过的人员共58人（按姓氏笔画为序）：

丁昭斌	马平忠	马式民	马 琳	王文英	王同昌	王连城	王淑珍（大）	王淑珍（小）	牛喜业
叶忆明	田生昆	田学文	田晓娅	伏志诚	关俊芳	刘广寅	刘学敏	刘湘元	孙永平
朱沛棠	朱霁虹	江国洪	许景江	邢国安	吴建胜	吴澍英	张东昌	张宏志	张爱林
张喜元	张蔚华	李廷启	李 智	杨俊生	杨雅萍	沈玉全	沈玉治	陆毅伦	陈世庆
季惠茹	姜亚东	钟 华	徐礼福	徐继填	桂 纯	郭寅生	陶淑静	高柳青	梁嘉怡
梁春英	梁德声	黄家文	黄静芝	彭加木	董汉章	谢淑清	解金花		

85 制 图 组
(1960～1998)

85.1 沿 革

1956 年组建综考会初期，在考察队中仅配备测量员和绘图员，主要任务是收集、整理、描绘、加工、测绘有关科考地区的地图，供队员们使用。

随着综合考察事业的不断发展，各野外科考队都有很多的科学考察资源制图和野外测绘任务，急需这方面的技术人才。从 1959 年开始，陆续从南京地质学校、西安测绘学校等引入了航空摄影测量、大地测量、地形测绘和制图等多种专业人才，如徐效演、张国瑛、徐爱义、王乃斌、王荣甫、徐蓝根和吴有才，分别在新疆考察队、黑龙江考察队、中国科学院云南热带生物资源综合考察队等从事测绘与制图工作。这一支技术队伍成为 1960 年队、会合并后，在综考会内成立测绘室的基础，该室党政关系隶属业务处。

1962～1964 年，从武汉测绘学院制图学系招进了何建邦、邹振华和汤淑娟 3 位大学本科毕业生；从南京地质学校、南京大学和其他单位引进了曹伯男、俎玉亭、卢云、尤梅英、金学英、夏明宝、顾学再、陈建华、杨志敏、梁德功等制图、测量、航测和其他方面的毕业生和专业人员；在此期间还有来自京外单位的方汝桂、金淑池等人在测绘室进修和合作。至 1966 年，测绘室共有 19 人。

1963 年以后，这个已经有一定规模和技术实力的测绘室，全面承担了综考会各研究室和各野外考察队的制图任务。在短短的 5～6 年间，测绘室不仅拥有一支较高水平的专业队伍，而且还有一套初步完整的制图技术设备，包括地图复照仪、照相植字机，算重要的制图设备。在编制系列地图、综合科学考察地图和出版资源地图等方面，逐步形成了综合考察资源制图的特色。

1966 年以后，由于"文化大革命"的冲击，测绘室的业务工作基本停顿，只有极少数业务人员参加青海草场资源考察以及"五七干校"选址的测绘等工作。1970 年撤销综考会，全体人员下放湖北省潜江县中国科学院"五七干校"。1972 年从"五七干校"撤回北京，测绘室的人员多数调离，少数安排在地理所地图室。1975 年恢复综合考察机构时，尤梅英选择了重返综考组。

1975 年成立制图组，隶属于业务处。同年，调来转业军人温凤艳、王青怡，1976 年调来转业军人李征、田烨、冯亚军及刘勇卫。制图组承担各考察队、研究室和《自然资源》与《自然资源学报》两种期刊的制图任务。

1976 年 2 月 25 日尤梅英参加技术室筹备组工作。1978 年 7 月 28 日，由分析室、制图组、航判组、暗室和计算机组联合组成技术室。

由于大型野外科考队的组建以及各研究室和生态站工作的开展，制图组任务繁重，工作量大，1978 年由国家测绘局调入李光荣，1980 年由林业部调入李铭国，1981 年由南京地质学校调入王世宽，1983 年调入王宝勇，1986 年由地图出版社调入 3 名制图员李芳、王燕文和钟霞。至此，制图组成员共有 14 人。

1987 年以后，由于缺少大型科考任务，制图任务逐年减少，以及计算机制图新技术蓬勃发展等原因，制图组人员尤梅英、李铭国、李光荣、李征、王世宽、温凤艳、田烨、李芳、王宝勇、王燕文、钟霞、冯亚军、王青怡、刘勇卫 14 人陆续调离。

1989 年 12 月 30 日撤销技术室，其中的制图组再次隶属于业务处，直至 1999 年底综考会与地理所整合。

测绘室负责人：

徐效演、何建邦（1960～1966）

制图组负责人：

  尤梅英　（1975～1987）

  李光荣　（1988）

  李　征　（1989～1999）

制图组成员：

1960～1966 年，测绘室共有 19 人：徐效演、何建邦、张国瑛、徐爱义、王乃斌、王荣甫、徐蓝根、吴有才、邹振华、汤淑娟、曹伯男、俎玉亭、卢云、尤梅英、夏明宝、顾学再、陈建华、杨志敏、梁德功。

1975～1999 年，制图组共有 14 人：尤梅英、李光荣、李铭国、温凤艳、王青怡、刘勇卫、李征、田烨、冯亚军、王世宽、王宝勇、李芳、王燕文、钟霞。

85.2　方向与任务

1960 年测绘室成立时，主要承担综考会和各野外考察队的资源制图，包括各类出版的专业地图编制、清绘，多种多样的大型挂图绘制，系列区域地理底图编绘，以及部分野外测绘工作等。

1960～1966 年，是测绘室发展的第一个高峰期。由于综合考察事业的迅猛发展，不仅野外科学考察范围迅速扩大，而且由于科学研究工作的发展，以地图来反映研究成果的数量、质量和表现形式等方面都有了更高的要求。测绘室从最初以承担地图清绘、汇报挂图工作为主，逐步发展到与研究人员合作编制各类出版的专业地图(如土壤图、土地资源图、草场分布图、宜林地分布图等)；编制出版的专题地图集(如黑龙江及其毗邻地区自然资源地图集)；编制系列区域地理底图(如蒙宁地区多比例尺的统一地理底图)；编制综合性成套壁上挂图(如宁夏回族自治区系列挂图)等等。这样，测绘室从最初时期主要作为辅助机构、绘制各种出版物的插图和单幅的汇报挂图的业务辅助工作，逐步发展到承担资源地图制图、系列地理底图编制和地图集的编绘、设计和出版等综合制图任务。

85.3　主　要　成　果

1. 1960～1966 年测绘室工作成果

(1) 编制和出版《黑龙江流域及其毗邻地区自然资源地图集》(与中苏黑龙江综合考察队合作)；《云南橡胶宜林地分布图》(与中国科学院云南热带生物资源综合考察队合作)；《新疆维吾尔自治区土壤图》、《新疆维吾尔自治区植被类型图》、《新疆维吾尔自治区草场资源分布图》(与新疆综考队合作)等等。

(2) 编绘综合考察成果的大中型挂图，并逐步形成了一套技术方法。例如：新疆考察成果的系列挂图；蒙宁考察成果的综合系列挂图；青甘考察成果的系列挂图等等，在各考察队的总结汇报中起了重要作用。

(3) 编制了几个地区的统一的地理底图(多种比例尺系列)，这是一项十分重要的基础制图工作，为综合考察成果制图的标准化和系列专题地图编制统一协调起了重要作用。例如：西南三省地理基础底图；内蒙古地区系列(不同比例尺)地理底图；宁夏回族自治区系列(不同比例尺)地理底图等等。

(4) 完成了数量巨大的综考会和各考察队考察成果、专著中的地图、插图的编制、清绘任务，对提高科研成果的表现力和质量起了重要的作用，并且在地学制图范围内也逐步显示了综考会的制图特点与水平，部分成果获得了 1978 年全国科学大会及其他类别的科学奖励。

2. 1975～1999 年制图组工作成果

(1) 黄土高原地区综合治理与开发——宏观战略与总体方案，专业图、文献专著插图，地理基础底图等绘制，全组人员参加，1988。

(2) 安塞县资源和环境系列图，尤梅英、田烨、王燕文、李征、王世宽、李光荣等，1988。

(3) 和林格尔县综合治理与经济发展战略规划图。钟霞、王燕文、李芳、李光荣等，1991。

（4）千烟洲土地资源、土地利用等系列图，李征，1980。

（5）泰和县自然资源和农业区划系列图，温凤艳、李光荣，1982。

（6）西藏自治区水系图、植被图、气候图、地理基础底图、英文图等，李征、王世宽、李铭国、尤梅英、李光荣等，1986。

（7）南方山区亚热带考察系列图，部分人员参加绘制，1982～1992。

（8）西南地区考察队系列图，部分人员参加绘制。

（9）桂东北山区资源合理开发利用图，李光荣、温凤艳等，1988。

（10）中国亚热带东部地区工业开发研究的成果插图，部分人员参加绘制，1990。

（11）中国1∶100万土地资源图，尤梅英清绘、校样，1985。

（12）中国1∶100万草场资源图，尤梅英清绘、校样，1985。

（13）中国宜农荒地资源图，全组参加清绘，1985。

（14）中国气候图集，全组参加清绘，1986。

（15）内蒙古翁牛特旗土地资源图，钟霞、李光荣清绘，1985。

（16）《内蒙古植被》一书的插图，全组人员参加清绘，1985。

　　　　《内蒙古植被图》设计、编图、清绘，李光荣，1985。

（17）《黄土高原论纲》，全部插图，李光荣、温凤艳、王燕文清绘。

（18）三江平原土地利用图，部分人员参加清绘。

（19）1986～1992年期间的《世界资源》全部插图，全组人员参加清绘。

（20）《自然资源》《自然资源学报》等期刊，全部插图，全组人员参加清绘。

（21）中国生态系统研究网络的生态站分布图、图集，尤梅英、李光荣、李征等参加清绘。

（22）各研究室及人与生物圈等专业图和论文、报告、专著等文献插图，制图组全体人员承担清绘。

（23）其他：

① 大型专业会议的展板绘制。李铭国、李光荣等。

② 大型科普展览会的图表绘制。李铭国、李光荣等。

③ 科考队和研究室总结汇报的大中型挂图等，尤梅英、李铭国、李光荣等绘制。

86 技术室
(1978～1989)

86.1 沿 革

1975年4月8日，综合考察机构恢复但更名为综考组，原综考会辅助机构技术人员按个人志愿，有一部分留在地理所，一部分回综考组。当时，原综考会分析室马式民、梁春英、刘广寅、朱霁虹、郭寅生、许景江、王文英7人，制图室尤梅英，航判组李世顺、王乃斌、石竹筠、顾学再、李桂森、凌锡求6人回到综考组，仍保留原有各专业机构属性，但建制直接隶属业务处。

1976年2月25日综考组领导小组扩大会议讨论决定筹建技术室，并委派庄承藻负责筹建。1977年1月3日正式成立技术室筹备组，庄承藻任组长，组员有：马式民、梁春英、尤梅英、李世顺。1978年7月28日技术室正式成立。技术室包括原分析室、制图室、航判组、暗室以及稍后准备筹建的计算机组。80年代后期，有关各组逐渐扩大，相继分离出去。1989年12月30日撤销技术室。

技术室历任领导人：

主　任：蒋士杰(1984.06.15～1988.01.11)

副主任：王德才(1978.07.28～1984.06.15)

　　　　马式民(1978.07.28～1981.06.30)

　　　　庄承藻(1980.09.4～1985.03.18)

　　　　梁春英(1984.10.22～1988.01.11)

　　　　沈玉治(1985.03.18～1989.12.30)

86.2 主 要 工 作

1. 技术室的主要任务

技术室成立之初，主要任务是：卫星、航空像片等新技术在自然资源考察研究中的应用研究；大型精密贵重仪器的管理和使用；水土、生物资源样品的化验分析；电影底片、照片的冲洗和印放；图件的编制、清绘和复制。计算机组的主要任务是组织、培训"管理和应用计算机"的技术人才，为筹建计算机应用研究室做准备。

2. 计算机应用的技术培训工作

随着计算技术的发展和综考事业对于新技术的需求，技术室按照综考会领导的指示，从1977年开始，就参与组织、筹备引进大型计算机。当时四机部在北京农展馆展出上海计算机709厂生产的我国国产第一台大型计算机CJ-709，当时价值100万人民币。为了引进这台计算机，首先从会内各科室抽调一部分人员成立筹备小组，庄承藻负责筹建，华海峰负责计算机的订购和机房的建设。器材科沈玉治也参加了筹备工作。特别是在培训计算机应用技术人才的过程中，技术室做了大量工作：

(1) 培训接收CJ-709计算机的技术人员。1977～1978年，最初从各研究室抽调李立贤、王素芳、孙永平、李泽辉、刘科成5人，开始集中学习有关计算机使用基础知识。为了更有针对性了解CJ-709机的使用，从1977年底由杨志荣负责带队，张桂兰负责政治思想，除原来5人外又增加电工何国勇，还有业务人员苏大学、周同衡共计10人，加上计算机硬件专业毕业的苏宝琴、计算机软件专业毕业的岳燕珍同去上海厂家学习。后又调入一批大学毕业生和从研究室抽调的业务人员。当时增加的人员有：倪建华、孙九林、齐文虎、熊利亚、冷允法、陈宝雯、王德才、侯光华、余月兰、郎一环、姚逸秋等，总人数达到22人。

（2）培训CJ-709机使用的技术人员。为了更加了解和使用该型号的计算机，先后分批派出人员到南昌、武汉、长沙有关有同型号计算机的单位学习培训。张桂兰、李立贤到江西南昌江南造船厂学习。孙九林、倪建华、苏宝琴、岳燕珍、李泽辉、孙永平等被派往武汉电力中心调度所学习。还有计算机软件人员陈宝雯、岳燕珍、余月兰到湖南长沙有关单位学习。

（3）计算机房的筹建与调试。1978年3月计算机到货后，在917大楼建起临时机房，由当时计算机组负责人杨志荣、齐文虎负责，姚建华、何国勇、冷允法参加，并在大楼前建了专门的空调机房，以保证计算机房的温、湿度。一部分人员在上海长江无线电厂师傅的指导下进行对机器各部件的测试、整机联调，另一部分人员由姚建华负责参加新机房的建设。当时由姚建华、齐文虎、何国勇、杨志荣、华海峰组成小组，开始选址（选在大楼北面）和进行图纸设计，设计工作主要由中科院设计室完成。300m² 的计算机房及60m² 的办公用房于1979年初建成。CJ-709计算机系统便从917大楼一层临时机房搬入新建计算机房。经过计算机组人员的紧张调试、维护和运行，1980年春节前后已经运行正常，可提供广大科研人员使用。随后计算机组着重进行软件开发。从1978～1984年，机组人员有部分变动，杨志荣、张桂兰、周同衡先后调离，而调入了韩群力、吴蔚天等。

培训任务完成之后，1984年6月15日成立了计算机应用研究室（1988年1月11日更名为国土资源信息研究室）；1988年1月11日成立了综合分析测试室；1989年3月20日遥感暗室与土地资源研究室合并成立了土地资源与遥感应用研究室；1989年12月30日制图室改为制图组，由业务处直接管理，录像组转由图书资料室领导。

先后在技术室工作过的人员名单（按姓氏笔画为序）：

马 琳	马式民	马志鹏	尤梅英	王乃斌	王双印	王文英	王世宽	王宝勇	王青怡	王素芳
王德才	王燕文	冯亚军	卢 云	叶忆明	叶凌志	田 烨	田生崑	田晓娅	石竹筠	刘广寅
刘勇卫	刘科成	刘喜忠	刘湘元	孙九林	孙永平	庄承藻	朱霁虹	许景江	齐文虎	余月兰
冷允法	吴建胜	张桂兰	张潮海	李 芳	李 征	李 爽	李 楠	李世顺	李立贤	李光荣
李廷启	李泽辉	李苗新	李桂森	李继勇	杨志荣	杨雅萍	沈玉治	苏宝琴	陈沈斌	陈宝玉
陈宝雯	周同衡	周晓庆	岳燕珍	郎一环	侯光华	姚建华	姚逸秋	姜亚东	洪仲白	钟 霞
倪建华	凌锡求	徐继填	郭连保	郭寅生	钱 克	钱灿圭	陶淑静	顾学再	高柳青	梁春英
温凤艳	蒋士杰	谢淑清	韩群力	熊利亚						

87 情报组
(1975～1978，1978～1989)

87.1 沿　革

1956～1970 年，综考会只有庄志祥、马光宙和张传铭三位学俄语人员。马光宙在"文革"前调离综考会，庄志祥从事外事管理工作，只有张传铭一人为参加我国考察的苏联专家当翻译，并主持编译介绍苏联的有关文献，以简报的形式提供给研究人员参考。

1975 年 4 月 8 日成立综考组后，组建了情报组（党政关系均隶属业务处）。1978 年 7 月 28 日组建图书情报室，其后又两次改组为图书资料情报研究室（1980.9.4～1984.6.15）和图书情报资料室（1984.6.15～1989.3.20）。1989 年 3 月 20 日，情报工作合并到国土资源信息研究室，撤销情报组。

情报工作历任领导人：

业务处情报组负责人：郭文卿（1975.04.8～1978.07.28）

图书情报室副主任：郭文卿（1978.07.28～1980.09.4）

那文俊（1978.07.28～1978.11.）

图书资料情报研究室主任：郭文卿（1980.09.4～1984.06.15）

副主任：孟力（1980.09.4～1984.06.15）

图书情报资料室主任：王广颖（1984.06.15～1989.03.20）

副主任：白延铎（1984.06.15～1989.01）

87.2 业务处情报组阶段(1975～1978)

1975 年，中国科学院综合考察机构恢复（综考组）的初期，由于人数比较少，所需专业也不配套，为了便于组织管理，把多种专业人员聚集在一起，只设了一个综合研究室。当时还有少部分暂时难以安排的研究人员和行政管理人员，被安置在情报组。

情报组成立初期，全组人员多达 20 人（是情报组人员最多的一段时期）：

郭文卿，原综考会综合经济研究室工业经济组组长（日语）。

那文俊，原综考会综合经济室党支部书记、农业经济组组长（日语）

漆克昌，原综考会主任，经济，留日（日语）

冯华德，老三级研究员，经济，留英（英语）

容洞谷，原社科院，工业经济

黄载尧，原社科院，工业经济

黄荣生，原社科院，工业经济

黄志杰，原综考会能源室主任，留苏，副博士

李俊德，原综考会综合经济室，农业经济，留苏，副博士

张传铭，原综考会俄语翻译，留苏

杨周怀，原"三自爱委会"宗教界人士（英语）

王广颖，原综考会综合经济室，农业经济，留苏，学士

孟　力，原综考会，行政处级

赵　冬，毕业于燕京大学英语系，临时聘用

缪杭生，临时聘用

姚懿德，北大法语系

董建龙，浙大英语系

赵文利，留法预备生

何为华，经济贸易学院（德语）

这一时期，情报组的主要工作是学习外语、进修专业、参加讲座报告、组织外语学习班等，以提高组内外人员的外语和专业水平；与此同时，积极联络国内相关单位，建立信息交换、进行人员互访；组织翻译编辑国外资源利用文献资料，以简报形式发送给会内、外有关单位。后期阶段，由于组内有些人员陆续回到了各自工作岗位，到1978年组内人员减少了将近一半。

87.3　图书情报资料室阶段（1978～1989）

1978年，决定将图书馆、资料组、情报组合并，先后经过3次命名：初期称图书情报室，后改为图书资料情报研究室，最后定名为图书情报资料室。

这一阶段是情报组人员进出频繁、业务水平不断提高、成果丰硕的发展阶段：

1. 情报组人员的变动情况

1978～1982年，情报组全组共有12人：郭文卿、孟力、漆克昌、冯华德、容洞谷、李俊德、张传铭、杨周怀、王广颖、李孝芳、姚懿德、赵文利。

1983年全组还有10人：郭文卿、王广颖、白延铎、冯华德、李孝芳、杨周怀、陆书玉、姚懿德、张维利、赵文利。

1984年后，郭文卿调回工业布局室；容洞谷调到工业布局室兼情报组工作；冯华德与李孝芳先后兼任综考会学术委员会工作；李孝芳调到土地室兼情报组工作；杨周怀主要从事外事与会议的翻译工作；张传铭调到编辑部工作；新调来的张君佐、赵亚平、李春荣、李荣生等不久就调离本组；白延铎也调回大气物理所。1988年，张维利也调出，情报组仅剩王广颖、姚懿德、陆书玉3人。

随着计算机及其网络系统的广泛应用，情报工作也逐渐向现代技术方向发展，1989年3月20日前，王广颖和陆书玉调到新成立的资源战略研究室，姚懿德调到《自然资源学报》编辑部。至此，原情报组所有工作人员全部退出，情报工作全部划归计算机系统机构负责。

2. 1978～1982年的情报工作及主要成果

（1）系统译介、编辑印刷内部简报《国内资源利用及环境保护》刊物20余期。

（2）1976年开始翻译、编印了《国外自然资源参考资料》，1980年更名为《自然资源译丛》。同年综考会向中国科学技术情报编辑出版委员会申请国内公开出版。1982年中国科学技术情报编辑出版委员会批准（82科情编字第142号）创办《自然资源译丛》，由能源出版社出版，限国内发行。《自然资源译丛》（季刊）于1983年开始，由编辑出版室负责公开出版，1997年12月停刊。

（3）1980年1月开始编辑、印刷《自然资源研究动态》等内部参考资料。

（4）编辑出版《干旱地区土地资源利用译丛》（一）、（二）期，（农业出版社，1981）。

（5）编辑出版《美国西部矿山覆垦》文集（能源出版社，1982）。

3. 1983～1988年的情报工作及主要成果

（1）为了加速文献资料向计算机检索的进程和便于使用，图书资料情报室在全会范围内进行了图书文档清理工作，组织会内外有关人员有报酬地开展文摘工作，将宝贵的资料文献保存下来，并部分录入机检，建立了自然资源文献库。

（2）1985 年创办了"中国土地资源情报网"，综考会被推举为网长单位，图书资料情报室下设办公室与140 多个单位建立了稳定的文献资料交换关系。还创办了网刊《资源信息》，并组织在京召开过两次网员单位大会。设在资料组的情报网办公室做了大量的组织和信息交流及网刊发行工作。颇受欢迎的《资源信息》一直办到 1989 年资料组撤销时才停刊。

（3）1986 年白延铎组织出版了由美国资源研究所和联合国环境规划署合作出版的具有年鉴性质的权威性著作《世界资源 1986 年》（能源出版社，1987）。白延铎调回大气物理所后，情报组仍在坚持，又继续组织翻译、审核、编辑、出版发行工作（这套年鉴除由出版社发行外，相当部分是由情报组发行的），直至情报组撤销，又接连出版了 3 次：

《世界资源　1987 年》，能源出版社，1987。

《世界资源　1988～1989 年》，北京大学出版社，1990。

《世界资源　1990～1991 年》，北京大学出版社，1992。

88 编辑出版室
（1982～1998）

88.1 沿　革

1975 年综考机构（综考组）恢复时就成立了编辑室，创办刊物。初期只有张天光一人从事创办刊物的筹备工作，挂靠在业务处。

编辑出版室成立于 1982 年，由当时的《自然资源》编辑部与青藏高原综合科学考察成果编写领导小组办公室组合而成。其任务是归口管理综考会编辑、翻译出版的期刊和科学考察研究成果的出版两部分工作。1998 年 11 月与"资源与国情文献馆"合并，组成"文献与期刊中心"直至 1999 年底。

88.2 主要任务与成就

88.2.1 归口管理的期刊

1. 创办和编辑出版《自然资源》（1998 年更名为《资源科学》）

综考会以前没有办过刊物，缺乏办刊的经验，要办一个什么样的刊物？一时尚无定论。于 1975 年 9～10 月间开过两次研究人员小型座谈会，科研人员积极性很高，非常支持创办刊物工作。根据当时考察研究方向、任务的定位，多数人的意见是：要办成一个水、土、生物、气候资源与生态系统的综合性学术刊物，报道自然资源考察研究成果和国内外考察研究动态，以自然资源领域的科研、教育、生产部门的工作者为主要读者对象。对刊物的名称有三种意见：一是《自然资源学报》；二是《自然资源》；三是《自然资源综合考察》。将收集到的各种意见综合整理后呈送综考组领导。1975 年 11 月综考组领导听取了汇报并进行了讨论。与会领导同意刊物名称叫《自然资源》，办季刊，冷冰提出要办成科普刊物，多数领导同意座谈会的意见，办成一个综合性中级学术性刊物，并定名为《自然资源》。会后成立了《自然资源》编辑部，筹备创办《自然资源》。

1975 年 12 月 17 日综考组向院核心领导小组呈送了创办《自然资源》的报告，（综 75 业字第 67 号），同时抄送院出版委和科学出版社，要求由科学出版社公开出版《自然资源》。当时的历史背景是"文化大革命"尚未结束，多数自然科学学术期刊仍处于停刊状态，申办新的刊物比较困难。

1976 年初，《自然资源》编辑部给郭沫若院长写了一封信，请郭老为《自然资源》题写刊名。郭沫若院长通过院办公厅将题好的《自然资源》刊名转给编辑部。《自然资源》从 1977 年试刊至 1998 年更名为《资源科学》的 21 年间，用的都是郭老题写的刊名。

科学出版社文件规定，办季刊编辑部需要 3～4 名编辑人员，综考组于 1976 年 5 月、1978 年 12 月、1979 年 9 月，先后调进谢淑清（于 1978 年 12 月调往分析室）、郭碧玉、杨良琳到《自然资源》编辑部工作。

1977 年国内政治形势发生了变化，"文化大革命"期间停办的刊物开始纷纷复刊。院出版委也口头表示同意《自然资源》由科学出版社出版，关键是科学出版社印刷能力不足，暂时不能接收出版新的刊物。因此，院出版委也就没有正式下达批准文件。编辑部原估计 1977 年科学出版社能够接收《自然资源》的出版，于是，1976 年编辑部就为《自然资源》组好了两期稿件，准备 1977 年公开出版时用，但刊物没能被批准公开出版。稿件不能压的时间太长，不得已，1977 年就用中国科学院自然资源综合考察组的名义出版了《自然资源》内部试刊（半年刊），每期印 5000 册，赠送到地市级以上的图书馆和与自然资源有关的科研、教育、生产部门以及有关个人。1977～1978 年试刊办了两年，共出版 4 期。

1978 年 8 月 8 日综考会第二次向院出版宣传局呈送了"关于公开出版《自然资源》的报告"（综 78 业字第 042 号），要求尽快批准《自然资源》由科学出版社出版，国内外公开发行。报告发出后，会领导孙鸿烈又亲自去拜访了科学出版社领导，说明《自然资源》已成功试办两年，要求出版社在 1979 年能安排《自然资源》正式公开出版。

为了解决印刷能力不足，科学出版社在 1978 年底与《大连日报》社印刷厂签定合同，请他们为科学出版社承印《自然资源》等 5 种刊物的印刷任务。印刷难的问题解决了，国家科委、中国科学院 1979 年 3 月批准（[79]国科发条字 195 号）《自然资源》（季刊）由科学出版社正式出版，国内外公开发行。批文抄送综考会，编辑部当即把准备好的稿件送往科学出版社期刊室，要求当年 9 月出第一期。1979 年 9 月 3 日，综考会的、也是全国的第一种《自然资源》杂志正式公开问世。1989 年，为了配合《自然资源学报》的出版，《自然资源》改为双月刊。

在经历了 21 个春秋之后，《自然资源》于 1998 年更名为《资源科学》，由中级学术性刊物升为高级学术性刊物。

《自然资源》与《资源科学》编辑部主任：张天光（1976～1989）、杨良琳（1989～1997）、祖莉莉（1998～1999）。

2. 编译出版《自然资源译丛》

综考会的情报室为满足广大科研人员迫切希望了解国外资源研究的动态，于 1976 年开始编印了《国外自然资源参考资料》，1980 年更名为《自然资源译丛》。同年综考会向中国科学技术情报编辑出版委员会申请在国内公开出版《自然资源译丛》。1982 年中国科学技术情报编辑出版委员会批准（82 科情编字第 142 号）创办《自然资源译丛》（季刊），由能源出版社出版，限国内发行。《自然资源译丛》于 1983 年正式公开出刊。

《自然资源译丛》是由情报室创办的，公开出刊后归口到编辑出版室。《自然资源译丛》公开出版了 14 年，于 1997 年 12 月停办。

《自然资源译丛》编辑部 1980～1987 年由张传铭任主任（张传铭工作在编辑出版室，人事编制在情报室）；1987～1994 年罗会馨任主任；1995～1997 年由严茂超负责。

3. 翻译出版《自然与资源》

1983 年 3 月联合国教科文组织委托综考会翻译出版该机构的 *Nature & Resources*（自然与资源）中文版，同年 5 月成立了《自然与资源》中文版编辑部，张克钰任编辑部主任，开始从事翻译出版准备工作。同时综考会向中国科学院呈送申请出版《自然与资源》中文版的报告。1984 年 2 月中国科学院批准综考会出版《自然与资源》（季刊）中文版，限国内发行，1984 年 11 月中文版正式出版。出版 8 年后，由于联合国教科文组织压缩经费开支，《自然与资源》中文版于 1992 年 5 月停刊。

4. 翻译出版《人类环境杂志》

1993 年 5 月瑞典皇家科学院与综考会协商，委托综考会翻译出版该院的"AMBIO"（人类环境杂志）中文版，经协商达成协议，综考会同意从 1993 年第 7 期起出版该刊中文版。1993 年 7 月成立了《人类环境杂志》编辑部，张克钰任主任。1993 年 11 月瑞典皇家科学院行政总干事 K. I. Hillerud 和外事秘书 O. G. Tandberg 到中国，与综考会副主任孙九林在出版协议书上签字。综考会向中国科学院申请翻译出版"AMBIO"中文版《人类环境杂志》，中国科学院 1994 年 1 月批准《人类环境杂志》中文版出版（季刊），限国内发行。

5. 关于《自然资源学报》编辑出版问题

中国自然资源研究会成立前，孙鸿烈主任通知编辑出版室，中国自然资源研究会成立后要创办《自然资源学报》，要编辑出版室准备个办学报的方案，待研究会成立后向他汇报。编辑出版室为创办《自然资源学报》拟了一个框架方案，备汇报使用。1983 年 10 月，在中国自然资源研究会成立大会期间，孙鸿烈主任打来电话说，研究会有人提出研究会办的刊物属于中国科协的，不属于综考会，不应由综考会编辑出版室管理，征求编辑出版室的意见，编辑出版室答复：没有意见，由领导决定。因此，《自然资源学报》没有归口到编辑出版室。

88.2.2　考察研究成果的出版工作

中国科学院青藏高原综合科学考察队经过 4 年(1973～1976)考察完成了西藏自治区的野外考察任务，于 1977 年开始进行总结，计划出版《青藏高原综合科学考察丛书》(以下简称丛书)34 部(计 50 册)。为了加强对总结工作和成果出版的领导，中国科学院成立了"中国科学院青藏科学考察成果"编写领导小组，秦力生任组长，过兴先为副组长，王敏、李凤琴、李柏林、孙鸿烈、张洪波为成员。办公室设在综考会，由温景春负责。1978 年 6 月院委托综考会成立了《丛书》编审组，施雅风为组长，孙鸿烈、张立政、程鸿、尹集祥、郑度为副组长，温景春为秘书，具体负责组织人员编写、稿件审定和《丛书》的出版工作。1978 年 8 月 4 日中国科学院(78 科发五字 1136 号)发送了《丛书》编写组会议纪要和 5 个附件：①《丛书》编审组成员名单；②《丛书》审稿要求；③《丛书》设计方案；④《丛书》扉页样式；⑤编写《丛书》的技术要求。《丛书》从 1980～1992 年，陆续由科学出版社出版。

继青藏高原综合科学考察队之后，新疆资源开发综合考察队、南方山区综合科学考察队、黄土高原综合科学考察队等，也都先后陆续进入总结阶段。特别是在 1985～1995 年间，是综考会考察研究成果出版的高峰期。共出版了《横断山区综合考察丛书》20 部和文集两部，《喀喇昆仑山-昆仑山科学考察丛书》7 部，《可可西里地区综合考察丛书》4 部，《青藏高原研究丛书》5 部，《黄土高原考察丛书》46 部，《新疆地区考察丛书》21 部，《亚热带东部丘陵山区考察丛书》37 部(其中：第一期科学考察专著 5 部，第二期科学考察专著 32 部)，《西南地区考察丛书》28 部。据不完全统计，这一时期出版的考察研究成果专著达 200 多部(见综考会主要成果目录)。

为纪念综考会成立三十周年和四十周年，编辑出版了《纪念自然资源综合考察委员会成立三十周年文集》、《自然资源综合考察研究四十年》和《中国自然资源综合科学考察与研究》3 部书，约 200 多万字。

88.3　编辑出版室的人员

曾在编辑出版室工作过的共有 18 人。经过多年的编辑工作实践，培养了一批熟悉编辑出版工作的人员。其中编审 3 人，副编审 3 人，高级工程师 1 人，副研究员 1 人，编辑 5 人。

编辑出版室历任负责人：

负责人：张天光(1975～1984.10.22)

主　任：张天光(1984.10.22～1989.08.09)

副主任：温景春(1984.10.22～1989.08.09)

主　任：杨良琳(1989.08.09～1997.09.03)

副主任：张克钰(1989.08.09～1998.11.16)

文献与期刊中心负责人：

主　任：张克钰(1998.11.16～1999.12.30)

副主任：陈国南(1998.11.16～1999.12.30)

曾在编辑出版室工作过的人员(按姓氏笔画为序)：

王群力　田二垒　田学文　刘燕君　严茂超　余月兰　张天光　张传铭　张克钰　杨良琳　罗会馨

洪　亮　祖莉莉　郭碧玉　黄　静　温景春　程少华　谢淑清

89　资源与国情文献馆
（1960～1970，1989～1992，1992～1998）

综考会的文献工作是伴随着综考会的发展，经历了一个从无到有、从小到大的发展历程。从功能方面来看，经历了从简单的资料搜集、收藏保管，到系统的收集、整理、分类、编目、检索，又到专业文献系列化、管理系统化、建立计算机数据库和因特网上图书馆检索服务等一系列发展服务过程。在数量和质量方面都有突飞猛进的发展，到1999年底，已经有了丰富的馆藏，形成了可为综合科学考察和科学研究提供系统化、规模化服务的文献体系，在研究所级图书馆中是一个国内外有一定知名度的专业图书馆。

综考会文献工作的主要任务，是为综合科学考察和研究事业收集、整理、保管，提供系统的文献资料。

89.1　资源与国情文献馆沿革与人员变动

综考会资源与国情文献馆的建制经历了多次变动：经过了各个考察队的资料组（1956年）—综考会图书资料室（1960年）—图书资料科（1964年）—综考会撤销（1970）—成立综考组恢复图书资料室（1975年）—图书情报资料室（1984年）—国土资源信息研究室中的图书组和资料组（1988年）—图书资料室（1989年）—图书资料研究室（1991年）—资源与国情文献馆（1992年）等发展历程。1998年11月资源与国情文献馆又合并到"文献与期刊中心"。

1956年1月1日"中国科学院综合考察工作委员会"成立时，综考会下属的各个考察队都设有"资料组"，并配备有"资料员"。如新疆队资料员邹承璧；青海甘肃盐湖队和内蒙队资料员周挺；治沙队资料员金玉屏；云南热带生物资源队资料员梁荣彪；华南热带和紫胶队资料员梁月娥；西藏队资料员朱增浩；南水北调队资料员周汝筠；黑龙江队资料员庄志祥等。

1960年，综考会成立"图书资料室"，直属业务处管辖。图书资料室下设资料室和图书室。资料室是由各个考察队资料组合并而成，负责人卫绍棠，人员有：梁月娥、张云玉、朱增浩、周汝筠。在综考会工会办阅览室基础上成立图书室，图书室负责人孟力（1962年从力学所调来综考会），人员有王乃斌、邹承璧、陈淑策、周挺。

1964年图书资料室改名为图书资料科，仍由业务处管辖，庄承藻任科长，孟力任副科长。其中：图书室负责人孟力，除原人员王乃斌、邹承璧、陈淑策、周挺外，又调进张传铭、马光宙、黄让堂；资料室负责人卫绍棠，除原来的梁月娥、张云玉、朱增浩、周汝筠外，又调进王军、王惠蓉、王淑珍。

1970年综考会被撤销，图书资料人员大部分被安排在地理所，图书资料全部并入地理所图书馆。

1975年中国科学院恢复组建自然资源综合考察组后，又重建图书资料室，原并入地理所图书馆的综考会图书、资料归还综考组。还是隶属于业务处管辖。图书室负责人邹承璧，资料室负责人丁树玲。

1984年6月15日，情报研究室与图书资料室合并，成立了图书情报资料室，主任王广颖，副主任白延铎（主管图书室和资料室）。其中：情报室负责人王广颖；图书室负责人邹承璧；资料室负责人袁朴；1988年1月，计算机室和图书资料室合并，成立国土资源信息研究室，孙九林任主任，韩群力、胡淑文任副主任。其中：图书组组长邹承璧；资料组组长施慧中；1989年3月20日，图书组和资料组从国土资源信息研究室分出，增加录像组，成立图书资料室，副主任陈国南、谢立征（兼）。录像组：张潮海、叶凌志。

1991年3月5日成立图书资料研究室，主任陈国南，副主任戴月音。1992年9月28日图书资料研究室更名为资源与国情文献馆，领导不变。

1995年10月4日，资源与国情文献馆主任陈国南，副主任丁琼瑶。1998年11月，资源与国情文献馆与《自然资源译丛》《资源科学》《自然资源学报》《人类环境杂志》合并，成立文献与期刊中心，主任张克钰，副主任陈国南。资源与国情文献馆名称不变。1999 年 12 月 31 日，综考会与地理所整合，综考会资源与国情文献馆与地理所图书馆合并为地理科学与资源研究所图书馆。

先后在资源与国情文献馆工作过的人员 46 人（按姓氏笔画排序）：

丁树玲	丁琼瑶	卫绍棠	马光宙	马 琳	王 军	王惠蓉	王乃斌	王淑珍	王 捷	白延铎
叶凌志	朱增浩	刘绍娣	庄志祥	庄承藻	刘昭瑞	刘增娣	朱 兵	邹承璧	陈淑策	张云玉
何为华	张传铭	张潮海	陈国南	张福林	孟 力	周 挺	周汝筠	金玉屏	周天军	施慧中
胥俊章	姚则安	袁 朴	梁荣彪	梁月娥	黄让堂	寇燕冬	黄 谦	彭中伟	谢立征	管 静
薛小芸	戴月音									

89.2 文献资源建设工作及成就

综考会文献工作大体经过了创业、被撤销、恢复、大发展后的合并四个阶段：

1. 1956～1966 年图书资料服务的创业阶段

中国科学院综合考察工作委员会成立时，只在各考察队内设有资料组，负责收集、翻译和整理有关科技档案资料。

1960 年会、队合并成立图书资料室，直属业务处管辖。当时，除了新疆队苏联专家带来的俄文资料和俄制 1：50 万与 1：20 万新疆地区的旧地形图、黑龙江队从军委测绘总局借的俄文资料和 1：10 万与 1：20 万黑龙江流域及东北地区的旧地形图（后来未还，留在综考会，蓝晒图至今还完好地保存在图书馆）之外，只有少量的报刊和文艺书籍（其中包括：孟力从力学所带来一部分图书；邹承璧从科学院图书馆和地质所复本书中挑选来一部分；王乃斌从书店采购大部分）。

当时的工作条件比较差，可以说是白手起家，新中国成立前和新中国成立初期各地区有关资料都非常少。此时，图书资料工作的特点是管理比较分散，提供的服务面窄、量少，从事工作的人员未经过专门学习和培训。当时，通过组织图书资料管理人员到院内参观学习兄弟所图书馆的管理模式和工作方法后，才开展了图书资料室初步的规划、馆舍面积设计、书柜的制作，分类学上采取"科学院图书分类法"进行分类，进行了卡片登记和贴标签工作等。1964 年综考会从北京市区的五四大街迁到北郊的大屯路九一七大楼。王乃斌负责采购图书，王淑珍负责地形图，其他人收集整理资料。当时，综考会和国家测绘局签有合同，是购图归口单位，凭介绍信随时购买地形图，此时购进了 1950 和 1960 年代出版的大批各种比例尺的地形图。周挺在 1962～1966 年期间，到国家测绘局综合测绘队晒印了 10 多万张航空相片，即现在综考会保存的 1950 和 1960 年代很有历史价值的航空相片。此时图书资料室还做了大量图书收集工作：一是收集、翻译整理外国专家带来的图书、资料和图件（俄文）；二是接收老领导、老科学家和研究人员捐赠的专业图书，如漆克昌捐赠的有关天文、气象、水、土、资源等珍贵图书；三是派人到各个书店和出版社门市部购书；四是增订期刊、杂志及外文文献；五是接收院部图书馆赠予的图书。图书资料室对这些图书、资料进行整理、分类、编目、打印、建档。后来各考察队的科考成果、科技资料和各研究室的成果、论著等汇集到图书资料室，内容才充实许多，尤其是新疆队的科技档案资料最多。

经过几年的创建，图书资料室库存的图书、资料、专著、图件、期刊和航空相片等初具规模，管理条理化，工作逐渐走向正轨，为科研人员创造和改善了一些阅读环境。但这个阶段尚未系统地解决文献情报检索问题，服务工作仍处于等读者上门的被动工作状态。

2. 1966～1975 年从"文化大革命"到综考会被撤销阶段

1970 年综考会被撤销。1972 年综考会部分人员并入地理所。根据院指示，原综考会的图书、资料、图片、航空照片等档案都移交到地理所，办理了两个单位的移交手续。1975 年中国科学院恢复自然资源综合考察机构(综考组)时又重新建立图书资料室,地理所图书馆中属于原综考会的所有图书、资料、图件和航空相片等文献原物退返综考组,原综考会图书资料室的有关人员也陆续调回工作。原综考会人员并入地理所前,许多图书都没来得及登记、编号和贴书标,原物归还后的第一件事就是从头重新开始编目、贴书标等工作。

3. 1975~1986 年图书资料工作恢复后的发展阶段

1978 年中国科学院图书情报工作广州会议纪要明确提出"图书情报一体化"的要求。认为图书资料工作是情报的组成部分,特别是专业图书资料工作是属于科技情报事业。综考会情报、图书资料也根据这个要求逐步走向了一体化。

1984 年 6 月 15 日,综考会决定由情报研究室和图书资料室合并成立图书情报资料室。从此,图书情报资料工作进入了一个新的发展阶段。不论在工作的深度上和广度上,还是在人员的数量和素质上都发生了根本性变化。

在情报工作方面,"文革"前,隶属于业务处直接领导的情报组已开展搜集和翻译俄文资料和图件工作,并不定期刊印《国外自然资源研究情报资料》。综考会恢复后,根据科研人员迫切希望了解国外资源研究的动态需要,情报组先后编印了《干旱地区土地利用问题译丛》、《国外自然资源参考资料》、《自然资源译丛》、《自然资源研究动态》等国内外资料为科研服务。

在此期间,图书资料工作也逐步走上正轨,建立了较为稳定的岗位责任制,逐步建立了分类、编目系统,加强了横向联系。1984 年建立中国国土(自然)资源情报网,综考会为网长单位,与院内外 130 多个网员单位建立了联系,有效地实现资源共享。1985 年创立了中国国土(自然)资源情报网网刊《资源信息》,受到广泛欢迎。同时也重视和增加了多层次主动服务的渠道:第一方面,1984~1985 年图书情报资料室先后派出 11 人次参加野外考察队,跟踪进行文献、图片、航卫片等的采集及情报调研工作;第二方面,图书馆开展了录音、代购新书等服务项目;第三方面,有两名工作人员常年参加综考会的外事工作,可直接获取科技情报资料,并可迅速掌握国外科研动态,收到良好的效果。

4. 1986~1999 年自然资源综合考察事业持续大发展的鼎盛时期,也是图书情报资料工作飞跃发展阶段

这一时期主要的工作有:

(1)综考会资料室与中国科学院文献情报中心合办的科技情报检索刊物《中国国土资源文摘》于 1987 年创刊,具体编辑出版工作由综考会资料室负责。

(2)提出并实施了"文献馆员服务能力提高工程",馆员们参加了由中国图书馆学会国家机关图书馆分会组织的"图书馆学"学习班,大部分馆员进行了系统的图书馆业务技术半年到一年的培训、轮训,大大提高了馆员们的业务素质。

(3)编印《馆藏重要资料目录》和参加科学院图书馆编印《黄淮海平原综合治理与开发文献录》。发动全馆人员,从 1989~1990 年,整理编辑连续出版《中国国土资源数据集》一至四卷,深受会内外广大科研人员的欢迎。

(4)1992 年 9 月成立资源与国情文献馆(下称文献馆),恢复了已停止几年未运转的"中国国土(自然)资源情报网",经过 1993 年 3 月在北京召开的"中国国土资源信息网第三次网员大会"讨论,更改为"中国国土资源信息网",开办了《国土资源信息网通讯》,并继续编辑出版《中国国土资源文摘》。

(5)文献馆在服务理念上,提出了"爱岗敬业,服务科研"的精神和口号。

(6)改变坐在家里等订单的作法,摸索出定点收集、发信收集、交换资料、鼓励捐献和收受捐献资料、委托收集、走出去直接收集六种收集文献资料的途径,大大提高了文献收集的效率和增加了文献、资料的数量和质量。

(7)对 110 种报纸载文进行开发,形成《资源信息要闻》等系列专题资料。对 800 多种期刊的信息进行

开发，开发出多种"复印资料"并建立计算机数据库，供科研人员检索应用。

（8）重点实施了文献馆馆藏文献的系列化、完整化建设工程。

经过多年的努力与积累，文献馆馆藏文献建设已有 200 多个系列，实现了以国家级、省部级、地市级、县级（综合型、专业型）四级统计数据型文献的系列化管理，在国内文献情报部门中独树一帜，其中有几种文献，以其鲜明的特色和收藏的完整性及其在科研工作中的实用性，引起国内外有关单位和个人的关注。这几种具有特色的文献是：

① 1949～1999 年的国家级、各省级综合型统计年鉴（年报）；

② 1980～1999 年的国家级、省部级各有关专业文献（土壤、森林、气候、水利、水文、能源、旅游、钢铁、煤炭、石油天然气、水产、人口、环境、海洋、城市、地质）；

③ 1949～1999 年的国家级、各省级农村社会经济统计基础数据；

④ 1949～1999 年的全国 20 余个省份的县（市）级农村社会经济统计基础数据；

⑤ 1982～1999 年的 1200 余册新版地方志（其中 80％以上为县级综合志）；

⑥ 1981～1998 年的全国各站点的气象月报与气象年报；

⑦ 西部大开发文献数据专栏专柜。

（9）计算机数据库技术在文献馆图书资料工作中的应用。

为加速文献检索现代化，从 1990 年代初开始探索和尝试建立计算机文献资料目录检索数据库，采取边开发边建设边服务的方法，到 1993 年，文献馆逐步用计算机建立并实现了文献资源数据库检索，逐步取代了传统的人工卡片检索。到 1994 年，基本建立起各种文献目录检索数据库并对外服务。

1994 年以后，建立了因特网上试检索系统，后又合并到综考会网页上，真正实现了文献馆馆藏目录网上共享。建立并实现网上检索的数据库包括全国农业数据、全国湖泊数据、全国各县土地面积、青藏专题、特色文献、早期考察队文献、专题资料、专题图，后来又陆续完成了图书书目、资料目录、地方志和《中国国土资源文摘》等 22 个项目。在院内外研究所中是比较早地实现网上目录检索的单位，受到大家的欢迎和喜爱。至今科研人员通过新所——中国科学院地理科学与资源研究所局域网点击进入所图书馆→简体中文版→书目查询→情报检索，可直接检索原综考会文献馆馆藏的报纸专题资料、国土文摘、早期考察资料、《资源科学》和《自然资源学报》两刊论文目录、专题资料等数据库（其他的数据库已合并到"书目查询"中去）。

89.3　资源与国情文献馆馆藏

截至 1999 年年底，文献馆位于九一七大楼综考会的一层，馆舍面积 450m²，设有阅览室、文献检索处、图书资料借阅处、图件借还处、开架图书库、图库、资料库、馆藏期刊库等服务项目与馆舍。

经过几代图书馆人的奋斗，文献馆不仅典藏了大批有价值的图书和专业文献资料，而且已经基本形成以资源学科文献为核心，以资源、生态、环境、宏观经济、区域开发与研究为重点的藏书体系。馆藏各种图书、资料、专题图和航空照片总计约有 568 900 余册（件），极大地丰富了馆藏和满足科研人员的需求。

（1）馆藏有中外文专业图书资料、各类专题图、图册和地形图 78 900 余册（件）。

其中：

① 各类图书 21 200 余册（包括中文图书 12 000 余册、英文图书 3400 余册、俄文图书 1900 余册、新版地方志 1200 余册、各类工具书 2700 余册）；

② 装订期刊 9700 余册（包括中文期刊 5300 余册，英文期刊 3200 余册，俄文期刊 1200 余册）；

③ 各类专题图和图册 3000 余册（幅）；

④ 地形图 20 000 余幅；

⑤ 长期积累的科研资料 25 000 余册。

（2）20 世纪 50 年代以来各时期航空照片 490 000 余张。

（3）订阅中文期刊杂志 844 种，报纸 110 种，外文期刊(美、英、德、法、日、荷、澳)215 种。

为适应新形势，文献馆引进了新技术，增加了新设备，开创了新的服务领域，继续充实健全了图书、资料、地方志和国土资源文摘等数据库，加强了网上检索功能。同时制定和健全各项管理规章制度，使文献馆工作逐步走向高效率、规范化、专业化、现代化，已经属于国内第一流的资源与国情专业文献馆。

89.4 获奖情况

（1）1983 年 3 月，文献馆图书组获中国科学院直属单位党委颁发的 1981 年度"三八"红旗集体奖；

（2）1984 年 3 月，情报资料室图书组被中国科学院、国家计委自然资源综合考察委员会评为 1983 年度先进集体；

（3）1991 年 4 月，图书资料室获中国科学院文献情报工作优质服务集体奖；

（4）1997 年 12 月，资源与国情文献馆被综考会评为先进集体。

90 录像组
(1982～1998)

为了全面反映考察队的工作及考察区域的自然概况和社会经济状况及科考成就，1982年综考会领导研究决定，在技术室内组建录像组。

录像组最初的成员：刘勇卫、冯亚军、吴建胜，刘勇卫任组长。主要装备是两套松下单管摄像机及编辑设备。

录像组成立以后，随即参加了横断山、南方山地、黄土高原等科学考察队。跟踪科考队员的足迹，为考察队留下了许多珍贵的历史资料。

1983年刘勇卫调中国科学院院部工作，张潮海接任组长。此后的2～3年，冯亚军、吴建胜先后调离录像组。1985年以后，叶凌志、李楠、周晓庆等人陆续加盟。1988年张潮海、叶凌志考入北京广播学院（现在的中国传媒大学）。

此时的录像组虽然经历了几年的磨练，但因人员调动频繁，业务水平有待提高。技术室领导很重视录像组的人才培养，多次派人参加各种培训、学习，为录像组的业务发展打下了一定基础。

技术室于1989年撤销，录像组转由图书资料室领导，其后又经历了图书资料研究室(1991)、资源与国情文献馆(1992)、文献与期刊中心(1998)等机构的直接领导，直至1999年年底被撤销。

录像组成立的十余年间，共拍摄完成了48项成果：

(1) 综考会简介（中文）；

(2) 综考会简介（英文）；

(3) 西藏南迦巴瓦峰登山科学考察；

(4) 国家攀登计划项目主持人孙鸿烈考察纪实；

(5) 山楂加工储存新技术；

(6) 隋家窝铺小流域治理（英文）；

(7) 生物围栏；

(8) 亟待开发的宝地——四川巫溪县；

(9) 四川红池坝试验区——亚热带高山种草养畜试验研究；

(10) 陕西安塞遥感试验简介；

(11) 新疆科学考察——新疆的自然资源；

(12) 黄土高原国土资源数据及信息系统成果简介；

(13) 计算机地理图形及仿真系统（中文）；

(14) 计算机地理图形及仿真系统（英文）；

(15) 中国自然资源数据库系统；

(16) 养殖业发展的必由之路；

(17) 车队概况；

(18) 中国科学院航空遥感中心；

(19) 中国科学院遥感应用研究所简介；

(20) 高空机载遥感实用系统；

(21) 红壤丘陵开发治理试验；

(22) 致富从这里起步——隋家窝铺扶贫；

（23）拉萨农业生态站介绍；

（24）河北滦平生态经济中心试区科技扶贫；

（25）红池坝试验区——亚热带高山种草养畜试验研究纪实；

（26）中国科学院"八五"承德、赤峰地区科技扶贫简介；

（27）晋陕蒙接壤区环境整治与农业发展研究；

（28）生命的希望——生态环境综合整治与恢复技术研究；

（29）迎接世纪挑战，争创明天辉煌——记85-724项目；

（30）研究建立灾害和估产遥感技术支持系统；

（31）重点产粮区主要农作物遥感(85-724-02)；

（32）遥感技术应用走向实用化85-中国科学院遥感科技成果；

（33）细旦超细旦丙纶长丝的研究开发和应用；

（34）黄土高原地区综合治理开发战略及总体方案研究；

（35）钛肥-891植物促长素；

（36）引龙入怒——实现保山经济腾飞；

（37）香港介绍片；

（38）中国科学院向驻港部队赠《香港系统》；

（39）综考会简介；

（40）加速遥感科技成果转化(中国科学院遥感所)；

（41）沙棘对露天煤矿复垦的优异作用；

（42）中国东部典型区坡地过程及改良利用研究项目验收会；

（43）黄土高原地区综合治理开发战略及总体方案研究；

（44）今日南郝庄；

（45）科技拥军喜迎回归；

（46）香港之窗；

（47）探索奥秘——青藏高原综合科学研究；

（48）今日千烟洲。

1996年录像组参与了中国科学院应用与发展局组织的"管理现代化的研究与实践"项目，并拍摄制作完成了《"八五"科技攻关巡礼》查询光盘。1997年获中国科学院科学技术进步奖二等奖。

91 《自然资源学报》
(1986～)

20 世纪 80 年代以后，随着国内外对自然资源研究的蓬勃发展，我国急需创建一个反映国内自然资源研究成果、满足科研人员和资源管理人员学术交流的高级学术性平台。在自然资源学会和资源研究工作者的共同努力申办下，1985 年 7 月 11 日经中国科学技术协会批准，创办《自然资源学报》。

1986 年 6 月《自然资源学报》正式出版发行，主办单位为中国自然资源研究会，承办单位是中国科学院、国家计划委员会自然资源综合考察委员会。1999 年底综考会与地理研究所整合后，由中国科学院地理科学与资源研究所承办。

中国科学院院士、著名生态学家侯学煜为学报撰写了发刊词，他认为"百花齐放、百家争鸣"应该是《自然资源学报》的办刊基本方针。

中国科学院院长卢嘉锡为《自然资源学报》发刊号题词："促进自然资源科学研究，充分发挥本刊在四化建设及国内外学术交流中的重要作用"。关于学报的功能和定位，当时他在全院优秀期刊表彰会上作了非常精辟的论述："对科研工作来讲，科技期刊工作既是龙尾，又是龙头！"时至今日，虽经几十年变迁，编委会和编审人员变化很大，《自然资源学报》仍然一往如故坚持贯彻当年确定下来的办刊宗旨。

在发刊号上，中国社会科学院于光远院士发表题为："资源·资源经济学·资源战略"的文章，论述了资源经济学的重要性及其内涵。国家计划委员会徐青研究员、中国科学院植物所侯学煜院士、王献溥研究员、地矿部陈梦熊研究员、中国科学院南京土壤所席承藩研究员、中国科学院航空遥感中心童庆禧研究员、中国科学院自然资源综合考察委员会郭绍礼、沈长江，以及中国科学院地理所赵松乔研究员等人也在《自然资源学报》发刊号上发表了研究论文。

此后，《自然资源学报》在学会、编委会、主编和编辑部工作人员的不懈努力以及与作者、审者的友好沟通协作下，成为中国自然科学核心期刊。1992 年，《自然资源学报》被北京市新闻出版局、北京科学技术期刊编辑学会、北京科技期刊四通奖评委会评为全优期刊；荣获中国科协第一届优秀学术期刊三等奖、中国科学院优秀期刊三等奖；1997 年，荣获中国科协第二届优秀科技期刊二等奖；1999 年获中国地理学会第二届全国优秀地理期刊奖。2000 年移交中国科学院地理科学与资源研究所后，连续多年荣获中国百种杰出学术期刊称号。

自创刊以来，经多方努力，《自然资源学报》逐步发展成为国内外人士了解中国资源研究进展及其政策走向的不可缺少的重要窗口。其前进的目标是加强并完善学报在制度、人员、设备等方面的建设，进一步提升学报质量及其国际知名度，提高《自然资源学报》在资源科学领域的学术地位，把《自然资源学报》打造成为名副其实、具有民族特色的科技精品期刊。

1986～1999 年，《自然资源学报》编辑委员会经历了四次换届。

第一届编辑委员会名单(1986.6～1988.3)

主　编：程　鸿
副主编：李文华　赵松乔　陈梦熊
常务编委（按姓氏笔画为序）：
　　　　李文华　陈梦熊　赵松乔　袁子恭　郭绍礼　程　鸿
编　　委（按姓氏笔画为序）：
　　　　王献溥　王慧炯　石玉林　冯华德　刘钟龄　孙鸿烈　江爱良　朱景郊　朱震达

　　从1986年创刊到1999年底撤销综考会的14年间，《自然资源学报》(季刊)共刊出54期690篇论文(2001年改为双月刊，2009年调整为月刊)。以下是1986～1999年《自然资源学报》历年发表的论文数量：

年份	论文篇数	年份	论文篇数
1986	20	1993	46
1987	42	1994	51
1988	44	1995	50
1989	48	1996	51
1990	45	1997	56
1991	45	1998	60
1992	48	1999	84
		合计	690

92 《资源科学》
(1977~)

《资源科学》原名《自然资源》，1977年创刊，1998年更名为《资源科学》。创刊24年来，历经5届编委会(见附录)，3次变更刊期，4次更改封面，6次调整版式，共计出版发行24卷115期，发表论文和研究报告(不含简讯、告示、简介等)1500多篇，及时、准确地报道了我国自然资源综合考察和有关资源分布、利用、配置的科学研究成果。

期刊发展历程大致可以划分为四个阶段。

92.1 筹备试刊阶段(1975~1978)

1975年，中国科学院自然资源综合考察组(简称综考组)成立，为了更好地传播自然资源综合考察的信息和成果，筹办刊物成为当时综考组的一项重要工作，并责成张天光具体负责筹办事务。在当年9~10月间，综考组开了两次座谈会，讨论刊物的名称和定位问题。根据当时综考组的方向与任务，多数科研人员主张办一个反映自然资源考察研究成果和国内外研究动态的综合性学术期刊，读者对象以该领域科技工作者和生产部门的技术人员为主；但也有人主张办成科普读物，读者对象应该更广泛一些。经过一段时间的酝酿，在听取各种意见的基础上，综考组领导于11月份决定创办《自然资源》学术季刊。之后，成立了挂靠在业务处的《自然资源》编辑部，并于12月17日向中国科学院党的核心小组呈送了申请报告(综[75]业字第67号)，报告同时抄送院出版委和科学出版社，提出《自然资源》由科学出版社公开出版。

1976年初，《自然资源》编辑部给郭沫若院长去信，请求题写刊名。大约在三、四月份，郭沫若院长亲笔题写的刊名，经中科院办公厅转交到综考组，院出版委口头同意《自然资源》由科学出版社出版，创刊工作有了实质性进展。但因"文革"中停办的很多刊物尚未恢复，申办新刊更是困难。由于没有取得正式的批件，《自然资源》在开办初期只是作为一种不定期的内部刊物进行试办。为了加强编辑部工作，综考组在1976年5月调进谢淑清协助张天光工作。

1977年1月，首期《自然资源》杂志面世，发表了9篇文章。在当时的时代背景下，开篇首页刊登的是4条毛主席语录，打头的几篇文章也带有强烈的政治色彩。但在"前言"和文后的"征稿简则"中，还是非常明确地规定了"《自然资源》是以水、土、生物资源为主的综合性科技刊物"，并且对刊登的内容作了具体说明。10月，第2期出版，发表了13篇文章。与第1期相比，第2期所载文章的内容和书写体例都更符合"综合性科技刊物"的风格。

1978年继续试刊两期，分别于6月和12月出版，第1期发表了11篇文章，第2期发表了12篇文章，在这23篇文章中，主要是有关水资源(8篇)、土地资源(6篇)和生物资源(6篇)方面的研究成果报道，部分文章后来成为本学科领域的经典文献，如石玉林的"土地与土地评价"，阳含熙的"植物群落研究的取样问题"等。

在两年的试刊期间，《自然资源》杂志每期印制5000册，赠送到国内地(市、州)级以上的图书馆，有关的科研院所、学校和管理部门，以及从事相关工作的个人。《自然资源》有关水、土地、生物和气候资源的论文和报道，对地区自然资源开发利用、土地资源评价、生物资源调查等问题进行了比较深入的阐述和讨论，受到科技界、出版社和生产部门的广泛重视和支持。

92.2 奠基定位阶段(1979～1982)

在稳健地迈出第一步之后，综考组及编辑部对进一步办好《自然资源》做了细致的安排和部署，一方面认真准备稿件，另一方面积极申办正式出版相关手续。1978年8月，综考组第二次向院出版委呈送报告(综[78]业字第042号)，要求尽快批准《自然资源》公开出版发行。之后，孙鸿烈又前往科学出版社会见有关领导，要求出版社能够在1979年安排《自然资源》的出版。

1979年3月，中国科学院和国家科委批准了综考组的报告，分别发来"科发宣字[79]第0391号""国科发字[79]第195号"的批文，同意创办《自然资源》(季刊)，由科学出版社出版，邮局公开发行。综考组在收到批文之后，编辑部立即将早已准备好的稿件送到科学出版社期刊编辑室。但由于"文革"期间停办的杂志纷纷复刊，科学出版社印刷能力不足，直到1979年9月《自然资源》第1卷第1期才委托解放军4229厂印制完成，赶在建国30周年国庆前正式出版发行。紧接着，在12月份出版了第2期。尽管批文确定《自然资源》为季刊，但这一年实际上只出了两期，第1期发表了10篇文章，第2期发表了9篇文章。这19篇文章的作者(按原文先后排序)分别是孙鸿烈、阳含熙、李文华、沈长江、宋达泉、陈吉余、曾呈奎、唐孝渭、石玉林、张有实、朱丕荣、朱显谟、华士乾、吴传钧、程潞、那文俊、陈传康、文焕然、袁子恭等，他们中有8位后来当选为中国科学院和中国工程院院士，其余的也都是我国相关学科领域的带头人和著名学者。

1979年年底，《自然资源》第一届编辑委员会成立，由著名生态学家阳含熙担任主编，副主编有冯华德、李孝芳、李驾三。编委包括马世俊、李连捷、侯学煜、朱显谟、陈述彭、吴传钧、赵松乔、宋达泉、席承藩、贾慎修、孙鸿烈、石玉林、李文华、陈家琦等33位著名学者(见附录)。同时，编辑部也充实了力量，除张天光主任外，又先后调进郭碧玉、杨良琳任编辑。

1980年以后，《自然资源》作为正式出版的科技季刊进入常规运作，每期96页，载文11篇左右。在文章质量把关上，已经开始执行"三审三校"制度，每期通过编委会审定的稿件，都要经编辑加工做到"齐、清、定"，然后还要将校样送到科学出版社期刊室审校，审校合格后才交由大连日报印刷厂印制。由于《自然资源》是当时我国唯一关注资源问题的科技期刊，在阐述自然资源的数量、质量、分布、变化以及资源开发、利用、评价方面很有影响，国内发行量曾达到7000份左右，国外发行也在500份上下。

到了1982年，国内科技期刊蓬勃发展，中国自然资源研究会筹备组(简称学会)也在积极筹划出版会刊。于是，本刊的定位问题再次被提出来。为此，《自然资源》编辑委员会于4月1～3日在北京友谊宾馆连续开了3天的会议，讨论本刊发展问题。会议由主编阳含熙、副主编冯华德、李孝芳、李驾三主持，28位委员出席了会议，综考会、学会和出版社的有关负责人参加会议，编辑部人员列席会议。会议肯定了本刊创刊以来取得的成绩，重点就办刊方针、报道内容、编辑出版质量、编委会工作等进行了讨论，进一步明确了《自然资源》是以报道土地、水、生物、气候资源为主的综合性科技期刊，刊登内容包括：①有关自然资源形成、分布、分类、开发利用、保护的考察研究成果；②自然资源综合评价；③资源利用中的经济技术问题；④自然资源研究方法和新技术应用；⑤国内外自然资源研究动态等。会议还根据主办单位的提议，决定冯华德任常务副主编。

92.3 稳步发展阶段(1983～1996)

友谊宾馆会议之后，该刊发展进入一个相对稳定的时期。在刊载内容上，始终紧密结合综考会的任务，报道自然资源综合考察和研究的成果；载文量上，除个别专辑之外，每期控制在十二三篇；外观设计上，连续18年使用以桔黄为底衬托深蓝郭体刊名的简洁封面，并且一直采用小16开本通栏编排版式。

在此期间，1983年第2期，发表了王天铎的《对"作物最大生产力——以华北地区冬小麦为例"一文的意见》；1986年第4期，发表了席承藩的《应对中国环境作出确切的评价》，在体现支持发表不同观点的文章、展开学术争鸣方面产生积极影响。

1984 年，竺可桢先生逝世十周年之际，为了缅怀他对自然资源综合考察工作的贡献，传播他渊博的学术见解和深远的科学预见，本刊特地在第 1 期转载了竺可桢先生的遗作《十年来的综合考察》，寄托对竺老的思念。同时，还刊载了综考会的纪念文章《深切怀念我国自然资源综合考察的奠基人——竺可桢同志》。

1986 年，为纪念综考会成立 30 周年，特编了第 3 期专辑。该辑共发表 22 篇文章，其中以综考会名义发表的《回顾过去，展望未来》，对 30 年来我国自然资源考察和研究作了全面总结。吴传钧、赵松乔、陈梦熊、李孝芳、江爱良等从科学家角度，孙鸿烈、席承藩、张有实、周立三等从区域考察角度，石玉林、袁子恭、李文华、刘厚培、沈长江、韩裕丰、廖国藩、侯光良、那文俊、郭文卿、孙九林、王广颖等从学科领域角度，系统地阐述了 30 年来自然资源及其开发利用研究、新技术应用和人才培养等方面所取得的成果。这一年，还进一步加强了文稿规范化工作，要求来稿一律使用法定简化字，计量单位及其符号严格执行国家标准和国际标准。

1989 年，编辑委员会做了比较大的调整，经济地理学家程鸿教授接替阳含熙先生担任主编，副主编有江爱良、康庆禹，编委也更换了大约 3/4 的成员（详见附录 1）。紧接着，1990 年编辑部主任张天光离休，由杨良琳接任。在 1983～1996 年这段时间，编辑部人员变动较大，先后参加《自然资源》编辑工作的有郭碧玉、杨良琳、洪亮、田二垒、刘燕君、黄静、严茂超、祖莉莉、田学文等（详见附录 2）。

1989 年，本刊由季刊改为双月刊，每个单月中旬发行，但每期载文量仍然保持在十二三篇上下，全年发文量相应地由 50 多篇增至 70 多篇。

1991 年，《自然资源》在国际期刊联盟中国国家中心完成注册登记，获得国际标准刊号：ISSN 1000-0038，国内统一刊号：CN11-1816/N。

1993 年，为适应形势发展的需要，对文稿书写体例做了调整，从 1993 年第 3 期起，在正文前增加了中文摘要和关键词，正文后增加了英文标题、署名、摘要和关键词，并加强了引文规范。同年 12 月 21 日，由主编程鸿主持，召开了在京编委成员出席的编委会，会议强调了应以市场经济观点，在分析资源、环境、人口问题基础上，加强区域开发的研究。会上，综考会副主任孙九林还宣布，经综考会领导与主编研究决定，杨良琳任《自然资源》编辑委员会专职副主编。

1996 年，《自然资源》被《中文核心期刊要目总览》列入 19 种地学核心期刊之一。编辑部再次修改《征稿简则》，明确提出本刊是有关自然资源研究的综合性学术期刊，并在研究对象中增加了矿产、海洋资源、资源经济等。在这一年 12 月 19 日召开的编委会上，编委们又进一步提出：在立足于区域资源开发、利用与评价研究的同时，要加深对单项资源的论述，要关注资源与环境、资源与灾害、资源与全球变化、中西部地区开发等热点问题。

92.4　更名改刊阶段（1997～2000）

1997 年，在《自然资源》创办 20 年的时候，随着国际资源与环境科学的发展，最初的自然资源考察已经上升到资源学科领域的深入研究，作为会刊的《自然资源》已经不适应宏观与微观形势发展的需要，经过充分调研和论证，综考会决定将《自然资源》更名为《资源科学》，并以综发出字［1997］017 号文上报中国科学院出版委。1997 年 6 月 23 日，中科院出版委以出字［1997］032 号文转发国家科委国科发信字［1997］281 号文件，批准《自然资源》从 1998 年第 1 期起更名为《资源科学》。收到批文后，编辑部又很快完成了报刊出版许可登记变更，《资源科学》的国际标准刊号也更改为：ISSN 1007-7588，国内统一刊号更改为：CN11-3868/N。

1997 年 7 月，《资源科学》编辑委员会开始组建。从这一届起，编委会设置了顾问，石玉林、孙鸿烈、吴传钧、陈述彭、程鸿被聘为顾问。主编由综考会主任、生态学家赵士洞研究员担任，副主编有成升魁、陈百明、祖莉莉，编委除保留了上届中的少数知名学者之外，大部分换成了当时的中、青年科研骨干（详见附录 1）。同时，编辑部也做了调整，由祖莉莉（编审）任主任，调进余月兰（副研究员）任编辑。

1997 年 8 月 29 日，《资源科学》编委会议在京举行。会议由赵士洞主编主持，他详细地说明了《自然资源》改刊为《资源科学》的必然性及必要性，并介绍了本届编委会的组成情况。接着，大家围绕《资源科学》的办刊宗旨、刊载内容、栏目设置、封面设计等有关问题展开了讨论。会议认为，改刊是本刊再上新台阶的重要举措，是期刊发展的一次质的飞跃。

1998 年，更名后的《资源科学》在第 1 期刊登了赵士洞主编的《改刊词》，简要地介绍了刊名更改的背景和意义，明确提出："资源科学"是一门研究资源的形成、演化、质量特征和时空规律性，以及与人类发展的相互关系的科学；《资源科学》是学报级刊物，刊登与资源保护、开发和利用有关的自然科学、人文科学和技术方面的研究论文，宗旨是促进"资源科学"的发展，为我国资源可持续利用和社会经济的可持续发展服务，并把培养中、青年资源科学学术带头人作为重要的战略任务来完成。1998 年集中发表了多篇探讨资源科学理论的文章。

1999 年，地理所和综考会整合组建中国科学院地理科学与资源研究所，《资源科学》主办单位随之变更，编辑委员会也进行了换届重组，孙鸿烈、吴传钧、陈述彭、石玉林、蒋有绪、李文华、刘昌明、郑度、冯宗炜院士和原主编赵士洞研究员被聘为顾问，主编由副所长成升魁研究员担任，副主编有刘毅、封志明、谷树忠、史培军、李保国、祖莉莉，编委也进行了调整，补充了一批中、青年学者。2000 年 12 月 15 日在北京召开了编委会议，京区 20 余位编委出席会议，本刊顾问孙鸿烈院士，地理资源所所长刘纪远、副所长刘毅、成升魁、欧阳华、李秀彬等 5 位所领导全部到会。会上，赵士洞先生详细汇报了改刊 3 年来所取得的进展，成升魁主编报告了新一届编委会的工作目标与设想，孙鸿烈院士作了重要讲话，刘纪远所长代表所领导对期刊发展提出了要求，会议特别强调了要突出科学目标与国家目标，要加强自然科学与社会科学的综合与交叉研究，要加强国际交流。

附录　历届编辑委员会名单

第一届（1979~1982 年）

主　编：阳含熙

副主编：冯华德　李孝芳　李驾三

编　委：马世俊　王正非　王献溥　石玉林　华士乾　那文俊　刘厚培　朱显谟　孙鸿烈　李文华　　　　李连捷　宋达泉　沈长江　吴传钧　杜国垣　陈述彭　陈家琦　郑丕尧　张荣祖　赵训经　　　　赵松乔　侯光良　侯学煜　袁子恭　郭文卿　郭敬晖　席承藩　高惠民　贾慎修　黄让堂　　　　韩湘玲　廖国藩

编辑部：张天光　谢淑清　郭碧玉　杨良琳　洪　亮

第二届（1983~1988 年）

主　编：阳含熙

常务副主编：冯华德

副主编：李孝芳　李驾三

编　委：马世俊　王正非　王献溥　石玉林　华士乾　那文俊　刘厚培　朱显谟　孙鸿烈　李文华　　　　李连捷　宋达泉　沈长江　吴传钧　杜国垣　陈述彭　陈家琦　郑丕尧　张荣祖　赵训经　　　　赵松乔　侯光良　侯学煜　袁子恭　郭文卿　郭敬晖　席承藩　高惠民　贾慎修　黄让堂　　　　韩湘玲　廖国藩

编辑部：张天光　郭碧玉　杨良琳　洪　亮　田二疊　刘燕君　黄　静

第三届（1989~1993 年）

主　编：程　鸿

副主编：江爱良　康庆禹

编　委：王献溥　石玉林　石家琛　刘厚培　刘钟龄　包浩生　傅绶宁　孙九林　朱忠玉　李文华
　　　　何希吾　杜国垣　汤奇成　陈百明　陈家琦　张天光　张有实　武素功　徐志康　倪祖彬
　　　　黄文秀　黄让堂　黄兆良　黄家宽　黄懋枢　龚子同　郭文卿　章铭陶　谢香芳　蒋有绪
　　　　韩裕丰　虞孝感　廖国藩　侯光良
编辑部：张天光　杨良琳　刘燕君　黄　静　田学文　严茂超　祖莉莉

第四届(1994～1997年)

主　　编：程鸿
副主编：江爱良　康庆禹　杨良琳
编　委：王献溥　石玉林　石家琛　刘厚培　刘钟龄　包浩生　傅绶宁　孙九林　朱忠玉　李文华
　　　　何希吾　杜国垣　汤奇成　陈百明　陈家琦　张天光　张有实　武素功　赵存兴　徐志康
　　　　倪祖彬　黄文秀　黄让堂　黄兆良　黄家宽　黄懋枢　龚子同　郭文卿　章铭陶　谢香芳
　　　　蒋有绪　韩裕丰　虞孝感　廖国藩
编辑部：杨良琳　刘燕君　祖莉莉

第五届(1997～2000年)

顾　　问：孙鸿烈　石玉林　吴传钧　陈述彭　程鸿
主　　编：赵士洞
副主编：陈百明　成升魁　祖莉莉
编　委：马骧聪　牛文元　王乃斌　王玉庆　王宏广　王献溥　史培军　刘　毅　刘燕华　孙九林
　　　　汤奇成　何希吾　李文华　李世奎　谷树忠　欧阳华　郎一环　封志明　胡存智　钟祥浩
　　　　唐华俊　徐志康　秦大河　郭来喜　高素华　黄文秀　黄兆良　傅伯杰　曾　毅　董锁成
　　　　蒋有绪　虞孝感
编辑部：祖莉莉　杨良琳　余月兰

曾在编辑部工作过的人员名单：

张天光(1975～1990)　　　谢淑清(1976～1978)　　　郭碧玉(1978～1986)
杨良琳(1979～1997)　　　洪亮(1982～1983)　　　田二圣(1984～1987)
刘燕君(1987～1994)　　　黄静(1987～1989)　　　严茂超(1989～1993)
祖莉莉(1990～2003)　　　田学文(1991～1994)　　　余月兰(1997～2008)

93 《自然与资源》和《AMBIO——人类环境杂志》(1984~)

93.1 "Nature & Resources"中文版《自然与资源》(1984~1991)

"Nature & Resources"(《自然与资源》)是联合国教科文组织(UNESCO)出版的自然科学学术期刊。1982年之前，英、法、西、俄文版相继出刊。1982年12月17日，我国常驻联合国教科文组织代表团致函[(82)506号]中国科学院，通报了该团与"Nature & Resources"杂志主编Clison Clayson夫人关于出版该杂志中文版一事交换意见的结果。Clison Clayson夫人表示：联合国教科文组织希望尽快出版"Nature & Resources"中文版(以下简称《自然与资源》)，并愿意为此提供必要的资金支持。常驻团代表表示：中国科学院有足够力量，可以翻译出版这一刊物。

1983年2月28日，中国科学院外事局致函综考会，希望综考会能承担编辑出版《自然与资源》的任务。来函指出：如同意，应即向教科文组织答复并同时向院出版图书情报委员会提出申报。

1983年3月19日，综考会发文报院外事局[(83)综外字011号]，同意承担翻译出版联合国教科文组织《自然与资源》杂志的任务。报告指出："《自然与资源》系联合国教科文组织较有影响的刊物之一。它主要介绍国际上有关自然与资源(包括水、土、生物、地质、矿产等)调查、研究、利用和保护等方面的工作成果，探索发展中的问题及其解决的途径。翻译出版这一杂志将有助于我国科研人员了解国外资源科学领域科技发展方向和成就，学习和借鉴外国经验和技术，推动我国的自然资源综合考察工作"。按照院外事局的要求，综考会同时将该报告和期刊出版财政预算报联合国教科文组织中国常驻代表团，常驻团随即将这些材料提交给时任联合国教科文组织科学助理总干事A. Kaddoura先生。A. Kaddoura先生对综考会为出版《自然与资源》先期做出的努力表示衷心感谢，并同意由综考会常务副主任李文华任该杂志主编。

由于中方计划报联合国教科文组织较晚，期刊出版资助问题未能列入该组织1984~1985年度财政计划，因此办刊经费问题迟迟未得到解决。后经综考会、院外事局、中国联合国教科文组织全国委员会以及联合国教科文组织科学助理总干事A. Kaddoura、"Nature & Resources"主编Clison Clayson夫人等多方努力，联合国教科文组织1983年12月21日来函同意1984~1985年间资助我方2万美元。1983年12月30日李文华代表综考会在双方合作出版《自然与资源》协议书上签字。

1984年1月7日，综考会发函致中国科学院图书馆，告之因时间紧迫，已无法按正常手续办理《自然与资源》出版审批事宜，希望院图书馆按特例处理，以急件方式向中国科技情报编译出版委员会提出申请，并上报国家科委审批。

1984年1月24日，根据国家科委的意见，综考会再次致函院图书馆，通报了《自然与资源》编委会的组织机构：①综考会副主任李文华兼任主编；②由冯华德(研究员)、李孝芳(研究员)、沈澄如(副研究员)、李驾三(高级工程师)、陈灵芝(副研究员)、吴宝铃(研究员)、王广颖(助理研究员)、佟伟(副教授)、吴季松(院外事局干部)、李文华(综考会常务副主任)10人组成编委会；③出版单位为中国科学院自然资源综合考察委员会。

1984年2月16日，国家科委正式发文[(84)国科发条字123号]同意中国科学院自然资源综合考察委员会创办季刊全译本《自然与资源》，国内外公开发行。

1984年5月《自然与资源》正式出版发行。

1984年9月，由中国科学院外事局组织的联合国教科文组织期刊中文版出版工作代表团访问了位于法国巴黎的联合国教科文组织总部，代表团团长：《自然与资源》主编李文华；成员《科学对社会的影响》

(Impact of Science on Society)主编沈澄如,《自然与资源》编辑张克钰。访问期间,代表团与教科文组织顾问 M. Batisse 博士、副助理总干事兼"Nature & Resources"杂志主任 S. Dumitrescu 博士、出版处处长 H. Kraatz 先生和"Nature & Resources"杂志编辑 A. Clayson 夫人进行了业务交流,增进了友谊,加深了相互了解,为此后长达 8 年的合作打下了良好基础。

1983 年初,经综考会领导研究决定,由业务处郭长福和编辑出版室张克钰负责《自然与资源》前期准备工作。1984 年,在获得国家科委正式批文后,由张克钰全面负责期刊编辑部工作。先后参加《自然与资源》编辑部工作的还有:沈德富(副主编,1984~2001)、王群力(编辑,1984~1990)、祖莉莉(编辑,1990~1991)。

1991 年,尽管教科文组织第 26 届大会通过了有关条款,确定该组织在 1992~1993 年度继续向中文版提供财政资助,但由于一些国家相继退出联合国教科文组织,致使该组织经费来源锐减,《自然与资源》能否继续得到该组织的财政支持存在很大的不确定性。

1992 年 6 月 16 日和 17 日,综考会分别收到了科学助理总干事 Badran 先生和"Nature & Resources"编辑 Silk 的来函,被告知教科文组织从 1992 年起停止对《自然与资源》的资助。由于事发突然,中方对此毫无准备,为了对教科文组织负责和对中国众多读者负责,综考会于 1992 年 6 月 20 日致函中国联合国教科文组织全国委员会,全面阐述了关于坚持编辑出版《自然与资源》的意见。文中指出:"为了扩大教科文组织在中国的影响,推动中国的自然资源开发、利用和保护事业,保证这一国际合作项目的进行,我会克服了资金、人力和设备上存在的许多困难,圆满完成了 1984~1991 年各年度出版计划。我们希望全国委员会并通过我常驻教科文组织代表团,与教科文组织科学助理总干事和有关部门进行交涉,希望他们能本着 26 届大会的精神,继续向《自然与资源》提供资助,至少应保证 1992 年《自然与资源》的正常发行,以完成向停刊的过渡。"

但上述的努力未能产生效果,在国际大趋势的左右下,1992 年 6 月份《自然与资源》在完成 1991 年全年的出版任务后,被迫停止出版。

从 1984 年出版《自然与资源》第 20 卷第 1 期起至 1991 年第 27 卷第 4 期止,共出版 8 卷 32 期。

93.2 《AMBIO——人类环境杂志》

(AMBIO——A Journal of Human Environment)(1994~2008 年)

1992 年由于联合国教科文组织停止财政资助,由综考会主办的《自然与资源》(Nature & Resources)中文版停刊。为寻找科技期刊新的国际合作点,《自然与资源》(Nature & Resources)中文版编辑部做了不懈的努力。经中国人与生物圈国家委员会韩念勇举荐,1993 年 3 月 8 日张克钰致信瑞典皇家科学院"AMBIO"主编 E. Kessler 女士,希望与瑞典皇家科学院合作出版"AMBIO"中文版。信中指出:"AMBIO"深受中国广大科技工作者的喜爱,他们期待在中国本土看到这一杂志的中文版。中国是世界最大的发展中国家,急需各国在资源和环境领域取得的经验和科研成果,"AMBIO"中文版的出版将会在多方面满足这一要求。中文版编辑部将为此投入最好的人力和部分资金,并希望得到瑞方的财政支持。

"AMBIO"主编 E. Kessler 女士在复函中表示对出版"AMBIO"中文版非常感兴趣,并愿就该合作在瑞典皇家科学院立项做出努力。此后在李文华研究员的领导和组织下,双方编辑部就合作中的有关细节问题,进行了多次交流。为解决办刊经费问题,"AMBIO"编辑部决定从其自身的经费中划拨一部分作为中文版 2004~2006 年的办刊经费,同时综考会也将从人力、办公条件等方面给予中文版大力支持。

1993 年 10 月 7 日综考会向中科院出版委提交了"关于《自然与资源》中文版更改刊名为《AMBIO——人类环境杂志》的请示"[(93)科综字第 121 号]。

1993 年 11 月 4~6 日瑞典皇家科学院业务管理主任 Kai-Inge Hillerud 和外事秘书 Olof Tandberg 专程访问综考会,就合作出版"AMBIO"中文版协议书内容同综考会领导和编辑部进行最后磋商。

参加协商会议的中方代表有:综考会副主任孙九林,《自然与资源》主编李文华,编辑部主任张克钰,编辑出版室主任杨良琳以及杨周怀和田学文。

1993 年 11 月 6 日综考会副主任孙九林和瑞典皇家科学院业务管理主任 Kai-Inge Hillerud，分别代表双方正式签署了关于合作出版"AMBIO"中文版的协议书。

1994 年 1 月 14 日，国家科委正式发文［国科通（1994）7 号］同意《自然与资源》更名为《AMBIO——人类环境杂志》。1994 年 2 月 5 日院出版委办公室将此文转发综考会。

1994 年 3 月，经审核，北京市新闻出版局向《AMBIO——人类环境杂志》颁发了期刊许可证，国内统一刊号为 CN11-3524/N，公开发行。

1994 年 3 月 21～24 日，"AMBIO"主编 E. Kessler 女士和出版编辑 B. Kind 女士首次访问综考会，双方就中文版编辑出版的各个业务环节进行了认真的讨论，制定了详细的出版时间表，同时就出版过程中可能涉及的版权、国家主权及领土等政治问题阐明了各自的立场，并就解决方法达成了共识。

1994 年 6 月 27 日，"国际连续出版物数据中心中国国家中心"颁发了《AMBIO——人类环境杂志》国际标准刊号：ISSN 1005-801X。

1994 年 6 月，《AMBIO——人类环境杂志》正式出版，面向全国发行。

《AMBIO——人类环境杂志》主编：李文华院士，编辑部主任：张克钰。参加《AMBIO——人类环境杂志》中文版创刊工作的还有韩念勇、杨周怀。先后参加编辑出版工作的有：田学文（1993～1995 年）、刘燕君、刘美敏（1995～1996 年）以及姚懿德、陈俊华。

1996 年 5 月，以主编李文华研究员为团长的《AMBIO——人类环境杂志》编辑部出访瑞典皇家科学院。访问团成员有：张克钰、刘燕君、姚懿德和刘美敏。访问期间，瑞典皇家科学院负责人会见了代表团成员，"AMBIO"编辑部工作人员分别陪同访问团参观了瑞典皇家科学院、"AMBIO"编辑部、印刷车间和造纸厂。经协商，英文版编辑部和中文版编辑部决定充分利用各自优势，进一步扩大"AMBIO"在国际的影响。

1999 年 1 月 19 日，综考会向科技部国际合作司提交了"关于请中国驻瑞典王国使馆向瑞典皇家科学院表示谢意的报告"。

1999 年 5 月瑞典皇家科学院副院长 B. Aronsson 教授和秘书长 Erling Norrby 教授访华期间，综考会就瑞典国际开发署（Sida）通过瑞典皇家科学院在 1999～2001 年度资助中文版一事同瑞典皇家科学院进行协商。双方经过友好协商，5 月 18 日正式签定了 1999～2001 年度合作协议。根据协议，瑞方将在 1999～2001 年期间，向中文版提供约 150 万瑞典克朗出版资助。

参加会谈的中方成员有综考会常务副主任成升魁研究员，CERN 执行副主任兼学术委员会秘书长赵士洞研究员，《AMBIO——人类环境杂志》主编李文华研究员，《AMBIO——人类环境杂志》编辑部主任张克钰副编审，《自然资源学报》执行副主编姚懿德副编审等。

中国科学院于 1999 年 12 月 31 日撤销综考会建制后，《AMBIO——人类环境杂志》交由中国科学院地理科学与资源研究所管理。

2005 年瑞典皇家科学院通知中文版编辑部，根据两国各自的实际情况并参照一般国际资助的惯例，瑞典皇家科学院自本年度按 30％递减对中文版的资助，直至 2007 年全部停止对中文版的资助。

注：为保证《AMBIO——人类环境杂志》向新刊的过渡，中国科学院地理科学与资源研究所在 2008 年给予中文版财政补贴，使 2006～2008 年的出版工作圆满完成。

在中瑞双方合作的 16 年间，以"AMBIO"中文版为平台，除出版了 128 期"AMBIO"及 3 期专题报告集外，还举办了两期科技论文写作培训班，组织了一次由双方资源与生态专家参加的学术研讨会。为及时解决出版过程中出现的问题，双方交流极为频繁，"AMBIO"中文版编辑部平均每年接待瑞方专家三次以上。在双方共同努力下，项目执行过程始终处在友好、理解和相互支持的氛围中。

94 《能源》《自然资源译丛》《资源信息》刊物

94.1 《能源》

1977 年，综考组决定编辑出版《能源》刊物。创办刊物的主要宗旨是：①进行有关能源理论研究和探索；②刊登有关能源技术试验和测试报告；③介绍燃料动力资源合理利用和综合利用以及有关节约燃料电力的先进经验及成果推广；④介绍能源利用新发现及其动态；⑤介绍能源利用经验的交流活动（专业会议、现场交流等）动态；⑥介绍国外能源利用情况即新技术动态。

《能源》从 1977 年至 1980 年为内部发行，共出版发行 13 期，其中 1977 年 2 期，1978 年 3 期，1979 年、1980 年各 4 期。

负责《能源》编辑工作的是李公然、刘司城。1977 年第一、第二期由北京印刷三厂印刷，综考组图书室发行。1978 年第一期由北京铁路分局印刷厂印刷，1978 年第二期、第三期、1979 年第一至第四期、1980 年第一至第四期，由中国科学院通县印刷厂印刷，综考会发行。

《能源》在 1980 年第三期上刊登公告称：经中国科学院批准，由中国科学院自然资源综合考察委员会编辑的能源技术综合性刊物《能源》（双月刊），从 1981 年起在国内公开发行。出版者：科学出版社。总发行处：北京报刊发行局。1982 年起《能源》由国家能源委员会、中国科学院能源研究所主办。

94.2 《自然资源译丛》

《自然资源译丛》是综考会主办的综合性编译季刊，1980 年创刊为内部刊物。1982 年 9 月公开发行。1991 年停刊，共刊出 33 期。该刊主要刊出国外自然资源开发利用、保护管理、立法、政策、国土整治、国土经济、科学理论、发展趋势、研究动向、国际会议和学术活动等方面的文献和报道。《自然资源译丛》第一届主编：冯华德；副主编：郭文卿、张传铭。第二届主编：郭文卿；副主编：袁子恭、朱景郊、苏人琼、田裕钊。

94.3 《资源信息》

《资源信息》是由综考会图书情报室为网长的"中国国土自然资源情报网"主办的内部双月刊。主要刊载国土资源开发的方针、政策、科学新成果、经验交流、文献综述、国内外资源研究新动态、学术论文摘要、国内外有关资源的新机构简介、学术活动、新书、新资料报道等科技信息，并辟有译文选载。该刊物 1985 年创办，1998 年停刊。

第六篇　管理系统

95 办 公 室

1957年1月30日，综考会副主任顾准就委员会办公室的性质、机构设置以及各队的行政干部安排问题，专门请示中国科学院党组并院务会议。请示报告中提出，根据各队的任务，办公室拟下设三个组：①秘书组。其主要任务是具体负责本室保密工作，承办公文拟稿，掌管印、信，负责联系及介绍等事宜，同时协助各考察队办理人事工作。②资料组。其主要任务是负责帮助各考察队收集考察工作所需资料、地图，整理保管现有资料，并联系各队考察报告的编辑出版等事宜。③行政组。其主要任务负责办理各考察队委托的后勤工作。1957年3月15日，中国科学院下达[57]院厅秘字401号文"中国科学院综合考察委员会办公室组织机构及其任务"中明确提出：关于本院综合考察委员会的工作主要是负责各考察队的业务领导，综合考察委员会办公室是该会办理日常工作的机构，主要任务是协助委员会主任、副主任同各考察队进行业务上的联系与组织工作，如各队出发前的人员组织、经费的统一调整分配，野外工作期间一般工作上的联系，以及野外工作结束后的有关总结、计划、学术报告等会议的组织等等。至于综考会直接领导的考察队，在行政上应成为一级独立机构，有关经费、器材、人事、总务等工作，各考察队可直接和院部各局联系解决。不必再统一经过委员会办公室办理，以减少不必要事务手续和遇事相互推诿现象。

至1960年上半年综考会队、会并存期间，综考会依据[57]院厅秘字401号文明确规定的任务办理日常工作。1960年下半年开始队、会调整合并之后，综考会机构经中国科学院批准做出调整，建立了研究室和业务辅助机构，综考会具有了组织协调和综合研究的双重职能，管理体制上设办公室，下辖行政科（管理器材、总务、财务、司机班）、计划科、秘书人事科等。1967年上半年成立综考会革命委员会，取代综考会党政领导班子行使职权，革委会下设几个组，其中勤务组取代办公室办理日常工作。1970年7月15日，中国科学院撤销综考会。1974年12月14日，中国科学院党的核心小组会议决定恢复综合考察机构，定名为"中国科学院自然资源综合考察组"。1975年2月25日，综考组筹备领导小组上报"关于综考组机构设置的请示报告"中建议综考组机关设置三处一室（即政治处、业务处、行政处、办公室）。到1983年4月，综考会新的领导班子成立后，决定设置办公室、业务处、行政处、干部处、党委办公室等五个处、室。之后，又相继成立财务处、技术条件处（器材、装备）、保卫处、协调处、开发部、基建办等职能部门。

20世纪80年代以来，根据"综考会办公室主要是办理日常工作"的精神，其主要职责包括下列几个方面：一是日常程序化工作，印、信的管理使用，文书处理，文件的收发登记、分抄、批办、传阅、查办、催办等；二是承担会议会务的组织、筹备和召集，作会议记录，起草会议纪要，以及建立必要的规章制度的拟定，供领导审批后下发贯彻执行；三是负责机要文件的接收登记和管理使用，做到安全保密；四是保持与各职能部门间的沟通、交流、协调，以保证全会日常工作的正常运行；五是承担会领导交办的任务，认真调查研究，准确及时向领导反馈，当好会领导的参谋、助手。

办公室根据自身的工作特点与要求，设置了档案室、打字室和收发室，以明确分工负责其他工作。档案室主要负责综考会文书档案的收集、整理、立卷、归档以及提供查阅、借阅的服务，并负责机密文件的管理使用。打字室主要承担会机关文件的打印，研究室、考察队的科学考察研究成果的打印、装订等工作。收发室的主要任务是负责文件、邮件及报纸、期刊的收集、分发、递送等，机要文件的定点传送交换工作，以及每年度的报刊、杂志的订收和分发等。

1998年11月党政人事办公室合并为一处。

综考会办公室历任负责人、职务、任期见附表3-2。

曾在办公室工作过的人员（按姓氏笔画为序）：

卞木兰　王双印　王达荣　王美英　王遵伋　邓　芝　田　青　白受彩　石湘君　艾　刚　刘广寅

刘增娣　华海峰　孙新民　安宏琴　邢建铭　吴国栋　吴艳霞　张长胜　张彦英　张润通　张莉萍
李友林　李俊和　苏宝琴　陆香芸　陈　元　陈育民　姜　仁　胡淑文　赵东方　赵东昇　赵　锋
钟烈元　夏静轩　徐凤萍　诸　立　郭秀珍　曹丽华　梁月娥　梁礼玉　梁荣彪　黄兆良　黄洪钏
黄翠珠　简焯坡　鲍　杰　阚桂兰　黎绍芳

96　科研管理与业务处

96.1　机构沿革

1956年综考会成立后，仅在办公室内设有以李龙云为科长的计划科，主要负责各考察队科考计划的汇总和协助会领导检查、督促各考察队按计划完成考察任务和编审年度工作总结等。

1960年下半年，综考会机构调整，实行队、会合并，成立了相关专业研究室及业务辅助部门。因此，原计划科的职责逐步扩大，新的业务组织与管理工作机构逐步形成。

1963年筹备组建业务处。

1964年3月10日，郭沫若院长任命冷冰兼任综考会业务处处长。

1975年2月25日，综考组筹备领导小组上报"关于综考组机构设置的请示报告"，建议综考组机关设置"三处一室"（即政治处、业务处、行政处、办公室）。

1975年3月经中国科学院批准，中国科学院综考组业务处负责人为赵训经、张炯远、李龙云三人，赵训经任处长。

1981年为加强野外考察队的管理工作，会领导研究决定，由业务处，行政处及汽车队抽调部分人员组成业务二处，由王振寰任处长。至1983年初，会领导班子换届时，撤销了业务二处，人员回原部门。从此至1998年11月的15年中，虽经几次换届，业务处机构设置没有变动。

1998年11月，业务处与财务处合并，设立科研财务处，直至1999年12月31日综考会与地理所整合为止。

此外，综考会的图书资料室、情报室、分析室、制图组（测绘室）、编辑出版室，以及外事、研究生、百人计划等工作都曾归属业务处管理。随着综考会的发展，以上这些机构部门及工作先后单独划出或归并其他部门。

先后担任业务处主要负责人：

李云龙、冷冰、赵锋、夏静轩、赵训经、张炯远、王振寰、戴文焕、冷秀良、袁天钧、康庆禹、黄兆良、王旭、陈传友、王钟建、郭长福、谭福安、李福波、邓撵阳、杨汝荣、陈远生、封志明（详见附表3-3）。

96.2　主　要　职　责

业务处作为单位的重要职能部门，根据综考会的统一领导和部署，各职能部门明确分工，密切配合，在会内科考、科研业务活动中承担了大量的组织管理工作。

综考会成立初期，根据［57］院厅秘字401号文规定："综考会的工作主要是对各考察队的业务领导，会办公室是该会办理日常工作的机构，主要任务是协助委员会主任、副主任同各考察队进行业务上联系与组织工作，如考察队出发前的人员组织、经费的统一调整分配，出发期间一般工作上的联系，以及野外工作结束后有关总结、计划、学术报告等会议的组织等等。"当时综考会办公室下设的计划科就是按此文件规定履行职责的。

但是，随着综考会的组织结构调整，业务处的工作已不仅仅是初期的组织、经费分配、一般的工作联系等简单工作内容，而是根据全国性的科学考察和重点攻关课题任务的增加与拓展，其职责已由原来的简单组织协调拓展到承接、管理、策划、组织、协调、检查、督促、验收、推广等与科研项目或课题有关的方方面面，工作性质也发生了变化，成为融专业性、技术性、事务性于一身的服务机构。

其主要职责：

（1）依据各室、队、项目组、试验站点的研究规划、计划汇总，编制全会的科研规划、计划，分阶段检查计划完成情况。

（2）协调各有关研究室、考察队与业务辅助部门的工作，选派业务秘书，协助队长搞好野外考察。

（3）协助领导、相关部门做好科研经费计划制定与管理。

（4）撰写全会年度及阶段工作进展总结报告，报送重点科研计划及项目执行情况等。

（5）负责学术委员会活动的组织管理，参与会内技术职称晋升、评聘等有关组织实施工作。

（6）组织各类学术活动、专业培训、人才培养，国际合作与交流。

（7）科技档案与成果管理及成果鉴定、评审、上报与评奖的组织管理。

（8）根据科技发展动态，组织相关人员去争取科研项目。

（9）综考会野外试验站网络的相关管理。

（10）竺可桢野外科学工作奖评选的组织协调工作。

（11）负责或参与有关综考会、中国科学院、国家科委等举办的有关科技成果展览组织管理与操作。

（12）完成领导交办的其他业务。

96.3 主 要 工 作

由于综考会单位性质的特殊性，使业务处的工作更有其特殊之处。如 20 世纪 80 年代，综考会有青藏高原、黄土高原、南方山区、新疆和西南地区等大型综合科学考察队，涉及全国各部、委、省、市、院、所和有关高等院校的科技人员和辅助人员有几千人之多。如此庞大的规模与队伍，其科研项目的执行、检查、总结、验收、建档、经费预算等，均属业务处的核心职责与工作。

所以，在过去的几十年中，综考会业务处的工作具有"项目的全国性管理、队伍的全国性组织、人员的全国性协调"的特点。

1. 科研项目管理

1960 年队、会合并后，综考会成为具有组织协调与科学研究双重职能的机构。自业务处的设立之日起，就肩负着全会各研究室、考察队（项目）的自然资源综合考察研究规划、计划汇总及编制全会科研规划、计划的任务。计划编制内容包括：项目名称、考察研究内容、工作进度、实施步骤、完成起止时间、预期成果（含阶段成果）、主持单位、协作单位、项目（含课题）负责人与参加人员等。

项目落实后，组织考察队，业务处协同有关项目负责人进行课题分解，明确各项目负责人和参加人员，然后协助考察队制定更详细的实施计划，配备仪器和装备，并分阶段检查计划完成情况及成果验收工作。

2. 主动服务，促进科考

在 1990 年以前，综考会的主要业务特点是组织各种类型的野外综合科学考察队，会内大多数科技人员都具有很强的科学考察、科学研究和科考组织能力。他们既是科学家，又是优秀的科学考察组织领导者。

业务处要协助这些科学家，包括会内各有关研究室与项目课题组，组织协调、沟通工作，并向大型综合科学考察队选派业务秘书，协助队长负责联系组织院内外有关单位，组织策划科考队组队与计划编制工作，野外考察进行中提供具体服务事项，以及野外工作完成后的室内总结、档案管理、成果鉴定、成果出版等组织管理工作。基本上大型考察队和项目组都有业务处的人员直接参加，如新疆队的郭长福；青藏队的谭福安、邓攀阳；南草办的周汝筠等。

3. 纵横捭阖，争取课题

综考会在 20 世纪 90 年代以前，以承担国家级重大科学考察和研究项目为主，项目大、任务重、经费足，会领导只关心任务如何完成，从不担心经费问题。随着大型综合科学考察工作的基本结束，科学考察事业也随之转向为我国 21 世纪资源、环境、社会经济协调发展提供科学依据的阶段。其研究方向侧重：

一是开展全国性的气候、水、土、森林、草地等自然资源研究和国情的研究，加强了自然资源系统理论的研究和资源学科建设。

二是随着中国生态系统研究网络的建立，加强在全国、区域、站(点)三个层次有机结合的生态环境监测、研究的工作。

三是开展区域开发前期研究，深化了跨学科、跨行业、跨地区的综合科学考察研究。

在资源综合科学考察工作大环境发生根本变化的情况下，如何适应环境、掌握科研方向、寻找科研课题是当务之急。

综考会领导和业务处审时度势，把握时机，积极主动争取横向课题或直接参与地方经济社会发展、资源开发的考察和规划。如综考会争取承担的国家"八五"农业科技攻关项目(02)号"重点产粮区主要农作物遥感估产"课题，课题组选取黄淮海平原的小麦、松辽平原的玉米、江汉平原和太湖平原的水稻作为遥感估产的试验目标，经过深入研究反复试验，最终提出成果小麦估产精度达 95％，水稻、玉米估产精度分别达到 85％以上。每年除向国家报告估产地区的粮食单产、总产外，还向地方政府通报苗情、土壤墒情，便于指导农业生产，达到了攻关总目标。

由草地资源与畜牧生态研究室争取承担的国家"八五"红池坝草地改良项目、千烟洲试验站承担的国家"八五""九五"南方红壤丘陵地区农业综合开发科技攻关项目也取得了良好效果。

进入 90 年代后，国家级的重大任务相对减少，经费拥有量也开始下降，甚至出现个别科研人员缺少研究课题现象。业务处根据科技发展动态，组织相关人员去争取国内横向科研项目和国际合作项目。国内横向科研项目如：陕西榆林的沙地生态系统恢复、广东丰顺农业综合发展规划、山西能源重化工基地建设、海南省国土规划、西藏昌都地区三江流域农业综合开发等等。

国际合作项目有：沈长江与德国合作的"中国农村区域发展及与土地利用——宁夏农村发展与土地利用"研究；陈沈斌与德国合作的"吉林省风力能源评价""青藏高原农业生产对气候和土地变化的地理信息研究"；孙九林与日本合作的"全球变暖中国影响模式研究"；以及黄文秀与联合国教科文组织国际山地综合开发中心合作项目"兴都库什-喜马拉雅山区(包括八个国家)草地资源开发研究"；遥感应用研究室的中国—荷兰合作项目"中国荒漠化及粮食保障的能量与水平衡监测系统"等。

在科研条件和服务平台方面，进一步鼓励和促进新技术、新方法的应用与开发。资源的信息化、数字化平台的建立和完善，信息交流、数字共享提高了科研工作的效率和成果质量。

4. 申请国家自然科学基金和其他基金，注重基础研究

国家自然科学基金是由国家财政资助，重点支持基础研究的国家科学发展计划之一。但综考会在 1990 年以前申请的基金项目很少。1990 年以后，综考会的各级领导和科研人员重视国家自然科学基金项目的申请，在业务处的全力配合和科技人员的不懈努力下，先后申请国家自然科学基金项目 10 多项(详见附表 7-1)。

5. 成果宣传和推广，让科学服务于社会

在科研成果的宣传与推广方面，业务处责无旁贷。从 20 世纪 60 年代起，业务处就代表综考会积极筹备、组织参加中国科学院举办的历次科学研究成果展览会。80 年代以后参与组织的"青藏高原国际科学讨论会""中国自然资源研究会成立暨学术交流讨论会""中国青藏高原研究会成立暨学术讨论会"和"1986年纪念综考会成立三十周年暨学术讨论会""1996 年庆祝综考会成立四十周年暨学术讨论会"等大型学术活动，以及众多中小型专业学术交流讨论会。如在全国土地资源调查、草场资源调查等工作中，业务处都投入了大量人力物力，取得了很好效果。

如《中国自然资源手册》出版后于 1993 年召开的全国人大、政协"两会"期间，经联系同意，由钟烈元、

何希吾将 70 本《中国自然资源手册》送人民大会堂内的全国人大常委会有关部门，请他们将书转赠予参加两会的全国各省、自治区、直辖市等 30 余个代表团，供他们参考，受到欢迎。

6. 协助领导做好科研经费计划制定与管理

全会经费支出主要在业务部门，因此，做好这项工作也是把好财务关的关键。

业务处每年年底前都要求各职能部门上报下年度经费开支计划，根据经费来源，进行反复审查，直到经费平衡，然后返回各单位征求意见。经多次讨论和反复审定平衡后，第二年按计划下拨经费。由于经费开支多变，中途还可能有增有减，这些都需要和项目负责人及时沟通协商，以确保科研项目的顺利完成。

7. 科研人才管理

抓全会的业务学习与学术活动组织管理，制定培养、进修、出国计划。

业务处十分重视与研究室密切配合，有计划、有步骤地安排一些科研人员、业务骨干的专业进修、培训学习，积极促成科技人员多参加一些国内外学术交流会议，提高业务水平。

为此，业务处下设外事办公室，专门负责会内科技人员的外语培训计划，组织大批科研骨干出国考察和参加国际学术交流，回国后都要求进行一次学术交流，以此来拓展科技人员的知识视野和活跃全会的学术气氛。

对内则不定期组织会内各研究室或课题负责人进行学术交流，或不定期邀请国内外著名科学家与有关专业的科技人员来会进行学术交流。人才管理中最重要的是科技人员一年一度的考评、晋升、奖励等，为此，综考会成立了学术委员会，每次晋升时都会成立评审委员会。由业务处负责组织各项活动。

8. 组织进行"中国科学院竺可桢野外科学工作奖"评奖工作

"中国科学院竺可桢野外科学工作奖"是为纪念我国自然资源综合考察奠基人、中国科学院已故副院长竺可桢在野外科学工作方面的业绩，继承和发扬竺可桢从国家建设需要出发，深入实际，亲自观测，长期积累，不断提高的治学精神，鼓励科技人员积极参加野外科学考察和试验研究工作而设立的。

该奖项专门用于奖励在中国科学院组织的野外科学工作中表现突出、成绩显著的科技工作者。该奖的具体办事机构设在综考会，每次评奖活动由业务处具体负责筹办。

9. 中国生态系统研究网络实验站的管理

中国生态系统研究网络（CERN）挂靠在由综考会，有 21 个研究所参与，于 1993 年完成了总体设计，并在世界银行环境技术援助项目的支持下，实施了第一期能力建设，2002 年又启动了第二期能力建设。目前与美国、英国相应的网络系统并列为世界三大国家级生态网络，确立了中国生态系统学在国际生态学界的地位。

10. 撰写总结，及时汇报

撰写全会年度工作总结报告或阶段性工作进展情况总结，向有关部委和部门报送重点科研计划及项目执行进展情况。

11. 科研成果管理

每个考察项目或科研项目完成后，重点是抓科技成果的组织鉴定、评审。根据各课题评审结果，将成果及时上报，并积极推动和组织评奖材料，申请奖项。

半个世纪以来综考会承担的国家级任务和地方性综合考察研究任务，其获得国家级的奖项中，综考会主持完成的研究课题有 83 项获奖。其中，获国家自然科学奖一等奖 1 项、中国科学院特等奖 1 项，一等奖 10 项、二等奖 27 项（自然科学奖二等奖 3 项）、三等奖 24 项；全国科学大会奖 4 项；中国科学院重大科技成果奖 7 项；其他奖（优秀奖、基金奖等）10 项（各种主要奖项详见附表 8-1）。

综考会参加协作完成的获奖成果 47 项。其中，获国家科委、中国科学院及中央有关部委奖励的达 37 项，包括特等奖 3 项、一等奖 14 项、二等奖 15 项、三等奖 5 项。获省、自治区、直辖市奖励的 10 项，包括特等奖 1 项，一等奖 1 项、二等奖 6 项、三等奖 2 项。这些获奖项目的组织与参评过程，都少不了业务处的协助与有关课题组人员的共同努力（详见附表 8-2）。

此外，据不完全统计，综考会自 1956～1996 年的 40 年间，全会共编写出版了科考著作 310 卷，学术著作与丛书 94 卷，画册与图册 17 部，外文译丛 24 卷。

12. 科技档案管理

科技档案是直接记录和反映科研活动而归档保存的具有很高价值的科技文献材料，它是科研活动的伴生物，是国家的宝贵财富。

"文革"前，综考会的档案工作没有专人负责，科技文献材料均未立卷归档。"文革"后期才由部分科技人员和管理人员组成归档小组，将累积 10 多年的科技文献、材料建档立卷，卷宗多达 385 卷，由资料室保管。这些档案不同程度地反映了考察队工作的各个方面。

半个世纪以来，综考会组织了 40 多个大型综合科学考察队，对边远地区进行大规模科学考察，积累了大量的科学资料，填补了一些地区的科学空白，及时地为国家社会主义建设提供了一些十分宝贵的科学资料。但各个时期和各考察队的野外考察资料、汇报总结资料、成果验收资料等堆积如山。面对如此庞杂的科技资料，综考会在 20 世纪 70 年代末，于会办公室内设文书档案室，档案设有专人负责。

80 年代初，综考会业务处配备了档案管理人员，将资料室保管的科技档案进行整理，对文字档案、音像档案进行分类、编目、登记、上架借阅，使档案工作开始步入规范化的轨道（详见 104 档案管理）。

自 1983 年恢复科技档案整理、建档工作起，业务处重视档案工作，广泛收集、精心设计、认真保存，经多年努力，综考会的档案管理工作取得了良好成绩，在院档案处组织的历次检查评比活动中受到好评，是中国科学院档案管理工作优秀单位之一。1986 年在中国科学院项目档案评比中获成绩优良；1996 年根据中国科学院"关于开展档案工作目标管理活动通知"精神要求，又一次对科技档案进行全面达标工作，在这次评比中，综考会的综合档案达到中国科学院一级标准。业务处主管档案工作的沙玉琴也多次获院档案管理优秀工作者奖。

近半个世纪以来，综考会先后组织了 53 个大中型考察队、13 个专题考察组、6 个野外科学试验示范点，自然资源科学考察研究范围之广、时间之长、规模之大、成果之多，乃国内外实属罕见。科研管理工作中的项目管理、成果管理、资料管理、信息管理、人才库等管理经验，也是综考会在半个世纪的科学考察和科学研究方面的主要成果之一。

97 党务与党群工作

97.1 党的组织

　　1956 年综考会成立初期，中共党组织设有一个支部，石湘君任党支部书记（未设党支部委员），时有党员 5 名，综考会党支部由中国科学院机关党委直接领导。1958 年 12 月 9 日，由石湘君、漆克昌、孙新民、李龙云、夏静轩组成了党支部委员会，石湘君任党支部书记。时有党员 17 名，分成两个党小组进行组织生活。1960 年 5 月 6 日经中国科学院机关党委批准，成立了第一届中共综合考察委员会临时党委，漆克昌任书记，于强任副书记，李应海、韩沉石、孙新民、石湘君、赵星三为委员。临时党委是全会工作的领导核心，统筹决策科研和管理工作，全面负责党员和职工的思想教育等工作。

　　1963 年 4 月 24 日临时党委换届，经过全体党员选举，产生了第二届中共综合考察委员会党委，漆克昌任书记，韩沉石、石湘君任副书记，李应海、夏静轩、孙新民、冷冰、王遵伋、张有实为委员。时有党员 53 名。1964 年 4 月 1 日，党委会根据科考任务的需要，下设了 6 个党支部。这一时期，各级组织已经注意在科技人员中发展党员，后勤管理部门也选拔了一批优秀的军队转业干部，这部分人基本都是共产党员，时有党员 82 名。

　　根据科学考察任务重，野外工作时间长，协作人员不断增多的实际情况，会党委请示院党组后决定，各野外队均成立临时党委，安排专人做党的思想政治工作。这一时期，有的科学考察队，学科多，人员多达数百或上千人，如内蒙古、西南、西藏等科学考察队临时党委分别下设 5～8 个党支部。几十年来，各野外科学考察队临时党委和党支部，带领科考队员风餐露宿，克服边远地区科考工作诸多的艰难困苦，为国家资源考察做出了重要贡献。野外科学考察队党组织的这种建制，一直坚持到 1999 年 12 月。

　　1966 年 2 月 1 日党委换届，组成第三届委员会，漆克昌继续任党委书记，李应海任党委副书记，马溶之、韩沉石、孙新民、冷冰、李文亮、李友林为委员。1966 年 8 月，中国科学院下派 7 人工作组来综考会领导"文化大革命"，党委会已经失去了对党员教育及领导作用，党委书记也被停职检查。1967 年 4 月 5 日成立了革命委员会，革命委员会接管和行使了综考会原党、政、财的一切权力。

　　1969 年 2 月开始整党，恢复党员组织生活，1969 年 6 月 12 日建立 2 个临时党支部。1970 年 7 月 15 日综考会被撤销，大部分职工去了中国科学院湖北潜江县"五七干校"劳动，等待分配，一部分人依据专业和工作性质调往祖国各地。1971 年 7 月 20 日综考会成立在京留守党支部，主要处理遗留工作。1975 年 4 月 8 日综考组成立之后，1975 年 4 月 15 日经中国科学院党的核心领导小组研究，决定建立中共自然资源综合考察组党的临时领导小组，负责综考组的各项工作。领导小组成员由何希吾、刘向九、李友林、孙鸿烈、支路川和冷冰六人组成，何希吾任组长，刘向九和李友林任副组长。1978 年 8 月 3 日经中国科学院党组研究决定，成立了综考会党的领导小组，全面领导综考会的各项工作，领导小组成员由闫铁、唐绍林、孙鸿烈、李群、赵训经和张有实六人组成，闫铁任组长，唐绍林和孙鸿烈任副组长。1979 年 5 月 19 日经中国科学院党组研究决定，漆克昌任综考会党的领导小组第一组长，会负责人；1979 年 8 月 21 日院党组研究决定，增补李文亮为领导小组成员。这期间设有 7 个党支部，时有党员 121 名。

　　1981 年 6 月 16 日，经过全体党员选举，产生了第四届中共综考会党委，漆克昌任党委书记，赵锋、高静波和赵训经任副书记。1983 年 6 月 20 日，院党组决定，赵训经任中共综考会党委书记，李文华任副书记。设有 11 个党支部，时有党员 130 名。1988 年 5 月 11 日，党委换届，选举产生中共综考会第五届委员会，赵训经任党委书记，朱成大任副书记。设有 12 个党支部，时有党员 192 名。1992 年 4 月 6 日，党委换届，选举产生中共综考会第六届委员会，院党组决定杨生为代理书记，1993 年 1 月 13 日院党组决定，杨生任综考会党委书记。1995 年 7 月 5 日，院党组决定，谭福安任中共综考会党委副书记。设有 15 个党支部（包括野外队临时党支部），时有党员 198 名。1998 年 10 月 6 日，综考会党委换届，选举产生第七届委员会，谭福安任党委书记。设有 9 个党支部，时有党员 208 名(详见附表 1-4)。

自 1979 年以后，各级党组织重视在科研人员中发展党员，新党员文化素质整体提高，具有大学以上学历的党员明显增多，占党员人数的 73%。1979 年底党员的比例已经占职工总人数的 38%，此后的几年里，基本保持这样的比例。在各级党组织的努力下，综考会从 1956 年的 5 名党员，到"文革"时 1966 年 87 人，到 1999 年 12 月，已发展有 213 名党员。

97.2　党 的 工 作

1956～1966 年期间，综合考察委员会与研究所一样，领导体制是党委领导下的主任负责制，党委对全会工作起领导作用。党的重点工作是为科研和野外科学考察提供思想组织保证和后勤保障。党委对年度计划和总结进行监督指导，全面负责贯彻党中央的各项方针政策，落实党的知识分子政策，关心职工和家属生活，注重调动和做好各类人员的思想工作，为科研和野外科学考察工作提供良好的人文环境。思想政治工作主要通过时事政策学习，倡导互相关心，互相帮助，注意党员与群众的密切联系，发挥党员的先锋模范作用。这个时期，对于老科学家的生活关心远大于政治信任。对知识分子的政策是"团结、利用、改造"，思想工作更偏向于帮助其自我改造，克服个人名利思想，树立为人民服务的观念，为建设社会主义新中国服务。根据野外科学考察工作特点，党组织向党员提出严己宽人的原则，提出对协作人员生活要优先照顾，对老科学家思想工作讲究策略，注意方法。对年轻科技人员，主要偏重于建立正确的人生观，倡导与工农相结合，强调野外考察和研究工作为生产实践服务，争做又红又专的科学家。对工农出身的干部，强调业务学习，争做内行。强调尊重知识分子，为科学考察和研究工作服务等。党委这一时期联系群众思想实际比较密切，解决问题也更扎实一些。根据综考会野外工作特点，党委提出"政治思想工作上一线，二线服务上一线，领导解决问题上一线"，当时党组织和党员干部也是这样做的，确实为野外的科学考察，为科研工作和人才培养做出了重要贡献。

1964 年，根据综考会工作特点，党委组织贯彻学习中国科学院的科学"十四条"和《中国科学院自然科学研究所暂行条例》(即七十二条)，按照中国科学院党组的部署进行"五定"工作，即定方向、定任务、定人员、定设备、定制度。在此基础上，明确了党支部要起保证、监督作用，改变了过去党政不分的状况。党委提出树立"一线观点、群众观点、服务观点"，开展"比学赶帮活动"，党的工作重点是围绕出成果、出人才的根本任务开展。野外科学考察的技术路线设计和科研项目制定由科学家商讨，提出方案后，党政班子集体决定，相互配合，各负其责。这一工作方法持续到 1966 年。

1966 年 8 月 13 日，中国科学院派工作组到综考会领导"文化大革命"。党委书记漆克昌被停职检查，此时的党委已经无法继续履行职责。科研工作也陷入停顿，群众组织管理了日常事务。

1969 年 2 月开始整党，中国科学院革命委员会文件批复，综考会的整党工作由宣传队和革命委员会领导。在整党工作中，综考会共分 6 个组，先后分 8 批，共有 112 名党员恢复了组织生活。1970 年 7 月 15 日院党组宣布综考会撤销，大部分人去了中国科学院湖北潜江"五七干校"，一部分人调走。在部分留京人员中成立了留守组党支部，主要负责党员和群众的遗留工作。

1975 年 4 月以后，综考组党的工作主要配合临时领导小组选拔专业技术人才，尽快恢复正常的科研工作，恢复党组织和党员生活。1976 年 9 月至 1977 年间，根据院党组统一部署，党的领导小组带领党员和群众开展清理"极左"思想活动，主要提高认识，统一思想，揭批"四人帮"极左路线对国家、对社会造成的危害及影响。

1978～1979 年间，全国科学大会之后，激发了新老科技工作者的积极性，党员群众的共同心声是把"文化大革命"造成的损失夺回来。为了保证科研工作的顺利进行，保障科研工作有良好的政治氛围，党领导了全面的拨乱反正工作。当时，将清理和平反"文革"中的冤假错案作为最重要任务。综考组成立了

"落实政策领导小组"和"清理档案领导小组"，按照中科院《关于文化大革命中干部审查材料清理、归档处理办法》，组织专人和办公室，前后用了8个多月时间，在干部档案中，清理出不该进档的材料。1985年1月，根据中国科学院党组的部署，综考会被列为第二批整党单位。会党委结合野外科研工作时间长的特点，集中安排了"学习、对照检查、整改"三阶段党员教育活动。主要使党员克服"左"的思想影响，提高对经济体制改革和科技体制改革深远意义的认识。1986年3月29日，党委宣布综考会整党工作结束。经过集中与分散的五部分整党教育，综考会顺利通过整党工作验收。时有12个党支部，143名党员，除了预备党员和因公出国未能参加的18人外，共有125名党员通过党员登记。

为了完善党的领导，改变以党代政状况，中国科学院党组分别在1985年和1988年颁布了《关于在院属研究所实行所长负责制暂行规定》《中国科学院研究所党委工作条例》。综考会贯彻执行了两个文件精神，在管理体制方面也发生了明显转变，综考会主任全面负责综考会工作，党委起政治核心作用。在1995年以后，中国科学院党组分别两次对"党委工作条例"修订，明确研究所党委要"充分发挥政治核心和保证监督作用，围绕中心服务大局，贯彻落实中国科学院办院方针，支持所长依法并根据《中国科学院研究所所长负责制条例》行使职权。"综考会党委明确职责，保证监督党的路线、方针和政策的贯彻执行；参与会里重大事项决策；领导精神文明建设；负责党员职工的政治思想教育；领导工会、共青团和其他群众组织；充分发挥各民主党派人士的监督作用，做好统战工作。

中国科学院研究所党委工作条例出台后，综考会党委工作逐渐从过去繁杂的管理事务中解脱出来，注重了对党员和职工的教育工作，深入野外队和项目组，及时协调化解各种矛盾，为科研工作营造和谐的人文环境。

1999年6月，党委组织处级以上干部开展了以"讲学习、讲政治、讲正气"为主要内容的三讲党性党风教育活动；1999年8月三讲教育结束，党委对"建立健全纪检工作责任制"进行落实，建立了责任追究制度和干部重大事项申报制度；强化党员领导干部过双重民主生活会等制度。

97.3 民主党派与统一战线

综考会先后有7个民主党派组织成员，其中九三学社社员18名、中国农工民主党党员6名、中国民主同盟盟员3名、中国致公党党员2名、中国民主建国会会员2名、中国民主促进会会员1名、中国国民党革命委员会党员1名。全会共有各民主党派成员、归国人士和侨眷等45名。

归国华侨张烈从1984～2007年连续当选北京市朝阳区人大代表、中国致公党北京市委员会委员、1984年当选朝阳区政协委员、中国科学院侨联副主席（至今还任此职）、侨联秘书长等职；刘玉红先后两次当选为中国农工民主党十一、十二届中央委员；欧阳华当选为中国农工民主党北京市委员；程彤1994～1997年被九三学社任命为社中央农林委员会副主任、九三学社北京市第九、十届农林委员会副主任、主任等职；李家永被九三学社任命为社中央科技委员会委员；谷树忠当选为中国民主建国会北京市委委员。

在综考会发展过程中，各民主党派组织及成员，做出了重要贡献，他们的许多成员来自于科学研究岗位，是本领域的优秀专家，在33名民主党派成员中，有研究员20位、副研究员和处级以上人员13位。先后有7位民主党派成员担任各级人大代表和政协委员，有1位曾经担任过综考会副主任，有10位担任过研究室或管理部门负责人。

20世纪80年代后，各民主党派组织发展较快，在综考会各项重要活动中，民主党派成员都积极参与。九三学社发展的年轻成员较多，科技骨干也多，活动相对比较活跃，是综考会民主党派成员最多的一个组织。回顾过去的数十年，各民主党派组织成员和无党派人士与综考会各级的中共组织携手并肩，风雨同舟，为综考会赢得了荣誉，也为国家的自然资源综合研究和管理工作奉献了青春和智慧，在推进综考会的发展中，做出了卓有成效的贡献（详见附表5-2）。

97.4　群众团体及群众工作

1.　工会及职工代表大会

综考会共产生五届工会组织，两届职工代表大会。1957 年 4 月 3 日工会成立，陈元任工会主席。这一时期，职工 100％的加入了工会组织，当时野外工作时间长，科学考察工作比较分散，工会基本配合党的中心工作和野外科考任务进行，围绕职工文体和职工福利开展活动。"文革"期间，工会活动停止。

1983 年 10 月产生了新的工会委员会，工会主席由张有实担任，副主席由张烈担任。这是"文革"后第一次召开的工会会员代表大会，有代表 45 人。工会下设文体、福利和财务领导小组；各基层处室亦成立了工会小组。职工中除个别人员未加入工会外，综考会有 99％的职工加入了工会组织。这时的工会工作与1966 年以前有了明显区别，除了组织职工开展文体和福利活动外，工会还注意了职工切身利益问题的维护。如在住房分配中，工会积极参与方案制定和讨论，及时将职工意见反馈分房委员会，在华严北里和科学园等处职工住房的分配中，工会都做了大量的调查和协调工作，使职工利益得到最大的保证。同时，也保证了职工住房分配工作的顺利完成。

1986 年中国科学院颁布了《中国科学院研究所职工代表大会条例》，通过"条例"规范了职代会工作。根据条例精神，1993 年 1 月，综考会组织召开了第一届职工代表大会，代表按照职工人数的 10％比例产生，并注意各方面的代表，尤其科技人员和妇女代表名额。会议听取和审议了会主任的工作报告，听取了财务部门的预决算报告，讨论通过了综考会职工代表大会工作条例和关于提案工作的报告，选举产生了职代会常设机构和常设主席团：何希吾任职代会主席，李廷启、唐天贵分别任职代会副主席。此后工会（职代会）换届一般在党委换届后进行（详见附表 5-3）。

职代会（工会）围绕中心工作，注意民主监督、民主管理和民主参与，带领职工对领导干部进行工作评议，提出建设性的意见和建议，加大维护职工合法权益的力度。在涉及职工切身利益问题时，职代会（工会）按照有关法律法规，积极为职工争得发言权，保护了职工的合法权益。工会采取各种措施提高全体职工的福利生活，包括解决子女入托、入学难等问题，为职工排忧解难。工会经常开展送温暖活动，注意对弱势群体的关照，逢年过节探望困难职工，帮助他们解决一些实际问题。

1983～1999 年期间，工会组织了各种群众性的文体活动，在参加中国科学院和地区的重要赛事中，曾获得各种奖项 27 项。在中国科学院的工会考核目标中，综考会工会多次通过中国科学院工会"科研职工之家"的验收，并被评为合格职工之家。

2.　共青团工作

1960 年，成立了中国共产主义青年团综考会委员会，李龙云任团委书记；下设 8 个团支部，时有共青团员 139 名。1966 年 5 月团委换届，丁延年任团委书记，时有共青团员 85 人。此后，综考会团委经过 9 次换届改选工作。共青团组织是中国共产党领导下的先进青年组织，是党的助手。综考会团委主要任务是团结带领青年职工和学生为实现综考会的发展目标积极工作，在党委领导下开展有利于青年身心健康的各项活动，"文革"期间，共青团活动停止。

1975 年，随着党组织的恢复，共青团也逐渐恢复了正常的组织活动。根据野外工作实际，综考会团委号召团员和青年刻苦钻研业务，安心本职工作。在参加中国科学院"青年技术对口赛"和创建"红旗团委"等项活动中，有 6 名团员获得"岗位技术奖"、2 名获得"优秀青年奖"、2 名获得"中国科学院青年科学家二等奖"和"全国新长征突击手"等 19 项奖。综考会团委在组织"人生观"和"青春与理想"的讨论中，通过辩思、辩情、辩道德的友好论辩，青年们明晰了自己的社会责任感和历史使命感。

1978 年，综考会恢复了招生工作，共青团组成也随之发生变化。职工超龄团员的逐年退出，大部分团员由研究生组成。因此，团委和研究生会联手组织适合青年特点的活动，将理想教育寓于活动之中，使青年受到教育和启迪。1995 年设立了"综考会优秀青年基金"，1995～1999 年期间，经过专家评审，共有 19

名青年获得该基金设立的"优秀论文奖",有 12 名青年获得"优秀青年奖",为促进优秀青年的成长搭建了良好的平台。1996 年 3 月,为了加强青年工作的组织领导,综考会成立了"青年工作委员会"。"青年工作委员会"全方位地指导共青团、研究生会和青年工作。

3. 妇女工作

综考会妇女工作委员会是在中国科学院妇女工作委员会领导下开展工作。妇委会工作是群众工作的组成部分,主要职责是围绕党委的中心工作,广泛联系女职工,开展具有女性特点的活动,为综考会的发展目标服务。在响应全国妇联和院妇联号召,针对生活中的共性问题,综考会妇委会开展的"家庭与婚姻"及"巾帼建功"等主题活动中,激励女职工奋发进取,不断提升自身素养,促进妇女工作有序进行。

综考会女职工占职工总人数的 26.5%,女科技工作者占科技人员总数的 22.2%,她们在艰苦的野外科学考察、研究工作和管理工作中取得了良好的成绩;在教育子女、照顾老人,为家庭和睦做出了奉献。在过去的时间里,先后有 21 位女职工获得全国、院"三八红旗手""五好家庭"和中国科学院"优秀共产党员"等奖项。

曾在党委办公室工作过的人员(按姓氏笔画为序):

丁延年　石湘君　艾　刚　龙　洁　刘玉凯　庄志祥　吴国栋　张福宽　李　群　李廷启　郎一环
郑元章　胡孝忠　胡淑文　钟烈元　唐天贵　夏静轩　高静波　谢立征　韩沉石

98 人事管理

98.1 人事管理部门的沿革与职责

1960 年之前，综考会与考察队是会、队并存。会与队的关系，在综考会成立之初，中国科学院(57)院厅秘字 401 号文作出了明确规定："……综考会直接领导的考察队，在行政上应成为一级独立机构，有其经费、器材、人事、总务等工作，各考察队可直接和院部各局联系解决，不必再经过委员会办公室办理，以减少不必要的事务手续和遇事互相推诿现象。"当时综考会仅是一个组织协调机构，在职人员甚少，既无权也无力顾及各考察队的有关人事等项工作。

1960 年 9 月，综考会制定了精简下放方案，实施队、会合并，经中国科学院批准作出了调整，建立了研究室和业务辅助机构，综考会具有了组织与综合研究的双重职能，管理体制上设立了相应职能部门。随着单位事业的发展，这些职能部门也不断地做相应的调整。1960 年下半年，综考会设秘书人事科，夏静轩任科长。1964 年上半年，在会办公室下设人事保卫科，刘忠轩任科长。1966 年上半年在综考会政治部下设干部保卫科。1975 年综考组成立后，人事管理工作归政治部管理，负责人先后有赵东升、李俊和等。1983 年上半年，综考会设置了人事干部处，至 1992 年 1 月期间，郑元章、庄承藻、李俊和三人先后担任人事干部处处长；1992 年 1 月至 1998 年 11 月改称人事教育处，处长胡淑文；1998 年 11 月至 1999 年 12 月，经调整设党政人事处，艾刚任处长(详见附表 3-4)。

人事管理部门其职责是，负责单位人事干部的日常管理与调配；管理干部的考核、任免，职工的定级、晋级，科技人员职称评定的组织协调工作，以及职工工资、奖励、福利等；建立和管理干部职工个人档案材料。

98.2 职工队伍的规模及几次大变动

1. 职工队伍的规模

1956 年综考会刚建立时，有职工约 20 人。他们是：简焯坡、诸力、石湘君、田青、安宏琴、庄志祥、李德元、孙丽敬、陆香芸、杨育坤、姜仁、赵锋、华海峰、梁月娥、蔡希凡、李锦嫦、黄让堂、童立中、刘厚培、常世华等。

1960 年队、会合并后，综考会建立了研究室及业务辅助机构，各室配备一定数量的技术骨干，其来源除从院内外调来少数必要的业务骨干外，每年有计划地招收急需的专业对口的应届大学毕业生，以及高中、初中毕业生和转业军人加以培养。1963 年全会职工总数达 245 人，其中专业技术人员占 55%，党政人员占 45%。1965 年为了增强综合经济方面的研究力量，当年从我院哲学社会科学部经济研究所生产力配置研究室(组)调入 9 人，其中冯华德、王守礼都是当时我国经济学界较有名望的老专家，其他 7 人也都是建国前夕和新中国成立初期的大学毕业生，是科研骨干。他们的到来，大大充实加强了经济室的研究力量。1965 年，综考会职工总数达 364 人。到 1969 年综考会撤销前夕，全会职工约为 350 人。

1974 年，中国科学院规定综考组暂定编制不超过 160 人。1976 年中国科学院办公会议决定综考组编制在原定 160 人的基础上增加 52 人，为 212 人。1978 年 5 月经党中央批准我院《关于恢复中国科学院自然资源综合考察委员会的请求报告》有关问题通知中指出，综考会为院直属司局级单位，单立户头，工作人员编制为 360 人。

随着综考会的恢复，综合考察工作任务逐年增多，深感自身科考力量不足，因此，一方面充分发挥综考会的组织协调功能，另一方面要充实自身的科研力量，鼓励曾分配到院京区兄弟单位的原综考会人员归队，同时，每年有计划地招收新分配来的大学毕业生和调入少量在参加综考工作中能胜任本职工作且又是急需的缺口专业人员和得力的组织管理人员。1977年全会职工达234人，其中科技人员约占53％；1982年职工为310人；到1987年全会职工总数达历史上最高峰为433人（其中包括新挂靠到综考会的航空遥感中心55人）；1989年，航空遥感中心划归中国科学院遥感应用研究所，该年全会职工为383人。进入90年代，综考会的大型野外科学考察任务先后基本结束，科研工作不断深化，人员流动也较多。全会职工总数也逐年减少，1991年全会职工为349人；1997年为270人；1999年为252名。职工中科技人员和党政人员结构比例也发生了变化，科技人员所占的比例从1962年的55.1％，增加到1999年的73％；而党政人员所占比例则从44.9％减少至27％（表98.1）。1983年国务院发文执行离退休制度，到1991年我会退休人员已有48人，1999年达128人。

表98.1　综考会不同时期职工人数和人员构成

年度	全会职工/人	研究工作及辅助工作人员					党政人员		离退休人员/人
		高级职称/人	中级职称/人	初级职称/人	小计/人	占职工总数/%	人数	占职工总数/%	
1962	245	1	30	104	135	55.1	110	44.9	
1965	364	6	32	193	231	63.5	133	36.5	
1968	358	6	21	197	224	62.6	134	37.4	
1977	234	4	13	107	124	53.0	110	47.0	
1987	433	59	100	137	296	68.4	137	31.6	
1991	349	69	102	63	234	67.0	115	33.0	48
1999	252	101	71	12	184	73.0	68	27.0	128

2. 职工队伍的几次大变动

（1）三年困难时期的人员精简下放。1960年9月，综考会制定了人员精简下放方案，方案中指出我会有9个考察队，新疆、黑龙江队的考察任务即将完成，原新疆地方配备的人员回归新疆；云南、华南两个热带生物综合科学考察队随同任务下放给地方；盐湖考察队划归化学所领导；治沙队建研究所。本会只保留南水北调、青甘、黑龙江、西藏4个考察队。精简下放314人（包含各考察队的人员），占总人数的41.5％。

（2）综考会下放"五七干校"及撤销前后的人员调配。1969年4月至1972年三年间，综考会先后分三批共232人下放到湖北潜江中国科学院"五七干校"劳动锻炼，还有3人下放到其配偶所在的"五七干校"，因各种原因留在北京的有32人（详见附表八）。1972年4月中国科学院根据上级决定，综考会在干校人员尽快全部返京，绝大部分人员并入地理所，少部分人员根据专业对口原则调入院内有关研究所，还有部分职工调往京外各省、自治区、直辖市的有关单位。

据不完全统计，综考会职工调动情况大致分为下列四大部分。第一部分，调往京区院内18个单位，人数115人；第二部分，调往京区院外21个单位，人数38人；第三部分，调往京外院内5个单位，人数9人；第四部分，调往京外24个省区市65个单位，人数达73人（表98.2）。以上总计235人。

（3）综考会的恢复及发展时期。在1974年12月14日中国科学院党的核心小组决定建立自然资源综合考察机构（综考组）时，规定新机构暂定编制不超过160人，原综考会撤销时并入到地理所的职工，原则上回到综考组工作，但不采取"一刀切"的办法，具体情况由两个单位共同协商、合理解决。此外，考察组还可以从院内其他单位调入一部分力量加以充实。

根据上述规定，经过综考组和地理所两个单位负责人的多次协商，最后由综考组刘向九和地理所许彦分别代表本单位签字，于1975年4月7日以地理（75）革字30号文对人员安排决定如下：一、原综考会继续留在地理所人员共46名；二、地理所到综考会人员共5名（即唐天贵、王兴昌、袁朴、翟贵宏、杨占江）。

表 98.2 综考会人员调往京外各省、区、市统计

序号	省、区、市	人数	序号	省、区、市	人数
1	广东省	8	13	浙江省	2
2	安徽省	7	14	福建省	2
3	四川省	6	15	湖北省	2
4	陕西省	6	16	湖南省	2
5	河北省	6	17	青海省	2
6	山东省	5	18	天津市	1
7	云南省	4	19	上海市	1
8	辽宁省	4	20	黑龙江省	1
9	山西省	4	21	河南省	1
10	甘肃省	4	22	重庆市	1
11	广西壮族自治区	3	23	江西省	1
12	江苏省	3	24	内蒙古自治区	1

此后,综考会留在地理所的 46 名中又有 13 人先后调离地理所,其中有 6 人回综考组。1975 年两单位分开后从地理所回综考组的原综考会人员为 125 人;1975 年、1976 年又从遗传所、植物所等兄弟单位调回综考组的原综考会人员 15 人;加上因工作急需继续调入一些业务骨干和党政干部,到 1977 年综考组职工总数已达 230 多人;此后,随着综合考察任务不断增加,全会人员逐年增多,1989 年为 383 人,已超过 1969 年"文革"时期的总人数。进入 90 年代,综考会大型野外科考工作基本结束,调入人员逐年减少,且多数录用高学历、高学位的硕士、博士生及博士后等人员;又因严格执行国务院有关退(离)休制度,退(离)休人员逐年增多。到 1999 年底,职工总数为 252 人,其中专业技术人员 184 人(正高 39 人、副高 62 人、中级 71人、初级 12 人),管理人员 44 人,工人 24 人,退(离)休职工达 128 人。

98.3 专业技术职称、职务的评聘

1962 年综考会职工为 245 人,其中业务人员 135 人,占总数的 55%。在 135 名业务人员中,有高级职称仅 1 人,中级职称 30 人,初级职称 104 人。到"文革"前的 1965 年,全会职工 364 人,其中业务人员 231人,占总人数的 63.5%,其中有高级职称 6 人,中级职称 32 人,初级职称 193 人。

1977 年 10 月根据中国科学院《关于取消见习员职称的通知》,综考会现有的见习员中,有的改为实验室工人,有的改为技术员。

1978 年根据国务院和中国科学院文件,恢复了技术职称评定工作。有孙鸿烈、石玉林、沈长江、袁子恭、杜国垣、那文俊、郭文卿 7 人被评为副研究员。

1980 年 11 月我会对 1975 年至 1979 年毕业的大学生经过基础专业的考试,有 40 名同志分别定为研究实习员、助理工程师等初级职称。

1983 年 9 月前,综考会有研究员 2 人,副研究员级 20 人,助理研究员级 54 人。

1983 年,国务院决定暂时停止职称晋升并对此前的工作进行整顿。1986 年聘期考核不合格者将缓聘、解聘。实际在以后的执行过程中,除中国科学院每年核定晋升指标外,有些并未完全实行。1986 年 3 月按照中国科学院文件精神,综考会首先成立职称改革领导小组,同时经党委、会领导和会学术委员会三方面有关同志协商,成立由 9 人组成的综考会高级职称评审委员会,主任由李孝芳担任,设立由 11 人组成的综考会中级专业职务评审委员会,主任委员由康庆禹担任。

1986 年综考会专业技术职务聘任制工作在院、会职称改革领导小组直接领导下统一部署,积极慎重地进行。根据当时综考会野外科学考察工作不能间断的特点,会职称改革领导小组一开始就明确提出了野外科考与聘任工作两不误的原则,并强调两项工作互相促进。1986 年首批专业技术职务聘任工作是在年初布置，年底结束。评审时，会评委会对申报人的资格、年限等进行了讨论、审查。当时送审申报高研54人，共送同行评议达420多人次，在评聘的条件上根据综考会野外科考的特点，对科研人员的评价上突出肯定野外工作的成绩和贡献，在对待学历、资历与能力上注意能力水平等等。1986年晋升正研究员级11名（含待聘），副研究员级28名，中级106名。

1987年我院试行"内部指标"聘任制，即在院下达的专业技术职务指标限额外，允许在一定范围内根据工作的需要增加一定数量的内部专业技术职务指标。1987年底，全会拥有高级职称59人、中级职称100人、初级职称137人。

1988年正研级评审下放到研究所进行，因而当时我会成立了三个评审委员会，在做法上增加了透明度，首先将职称评定相关文件及院下达的晋升指标等全部原原本本交给群众，在评审过程中工作细致，时间集中。此次评聘结果是：正研究员4名，副研究员及相当职称评聘资格12名，中级职称评聘23名（包括内聘数）。1989年聘任研究员3名，副研究员级10名，中级10名，内聘转正聘副研究员级2名，中级7人。1989年同时进行了专业技术职称任期届满考核工作，本次任期满的人员145人，其中高级41人，中级60人，初级44人，实际参加考核142人，经过考核评定续聘138人，待聘、转聘和解聘4人。1992年对1986年度聘任的沈长江、石玉林两位研究员，1988年聘任的副研究员陈光伟等8人，助研17人进行了任期满考核，研究员在会里作述职报告，副研以下在本部门研究室作述职报告。

1991年综考会职称评定工作12月份进行，评聘研究员9人。其中陈百明报院特批研究员（40岁以下不占院下达给各单位"八五"期间的研究员控制职数），批后即聘。评聘副研究员级11人，其中汪宏清、廖俊国报院特批副研究员（报院特批副研究员级要求在35周岁以下，不占院下达的副高级控制比例），依据综考会副研究员级评审委员会表决结果，院里若特批汪宏清，其所占指标用于聘任郭连保为高级工程师，实际上1991年共聘副研究员级12人。

1992年正是"八五"期间，我会承担了国家攻关，院重大、重点和国家自然科学基金等重大课题16项，有专业技术人员308人，其中硕士以上学历89人，有68名副高职和中级人员是项目及二、三级课题的主持人，鉴于此种情况，综考会领导曾要求人事处向院写报告申请调整高级职称人员职数，以缓解我单位职级比例紧张状况，但是院没有支持，受院指标的限制，综考会此次评聘晋升研究员2名（陈宝雯、卫林），副研究员级4名，助理研究员级22名（包括硕士直转中级16名）。

1993年初综考会根据科研课题工作需要，在3月发文实行《综考会特聘高级职称条例》，特聘严格按条例执行，达标者即聘，到期者解聘。被聘期间工资补差部分由课题经费支付，但不享受正聘同级职称人员的其他待遇。同时，根据综考会工作的特殊需要，经会主要负责人提名，特聘领导小组讨论通过，亦可聘为我会特聘研究员或特聘副研究员。在1993年3月经专业技术职务特聘领导小组讨论通过，首批特聘研究员9人，副研究员级5人。

1995年3月经我会会务扩大会议研究决定，特聘研究员4人，特聘副研究员及相当职务8人。同时强调：①特聘人员工资差额部分按（93）综业字第042号文办理；②特聘人员职称只用于课题任务，不与其他待遇挂钩；③随着承担本次主要项目（课题）的结束，职称随之解聘。

1993年12月我会进行了专业技术职称评审工作，评聘研究员5人，报院特批研究员1人。通过副研究员级资格24人，聘任9人，报院特批4人。

1994年通过研究员及相当资格12人，正聘研究员7人。通过副研究员及相当资格10人，聘副高级职务7人，评聘中级职务11人。

1995年8月开始做专业技术职务评聘工作，由各级评审委员会评审，经会职称聘任领导小组审批，通过研究员职务资格人员5名，通过副研究员及相当职务资格人员9名。聘任研究员5名，副研究员及相当人员8名（包括院特批副研究员2名），中级职称11名。

1996年10月底开始布置职称评审工作，11月底结束。此次通过研究员职务资格人员4名，通过副研究员及相当职务资格人员10名。聘研究员及相当人员6名（包括报院特批成升魁、钟耳顺、董锁成），副研究员及相当人员11名，中级职称5名。

1997年11月10日成立任职资格评审委员会，1997年度通过高级专业技术职务资格的研究员级的3名，通过副研究员及相当职务资格人员3名。聘研究员及相当职称人员8名（包括报院特批3名汪宏清、樊江文、欧阳华），副研究员及相当职称人员11名。截至1997年底，我会实际有研究员级28人，副研究员级64人。

按院确定的"九五"期间综考会研究员级控制指标31人，1998年我会研究员聘任指标7人，包括占用退休人员名额3个，"九五"特批人员名额2个，1998年符合报院特批人员2个，1998年我会共有研究员级35人（其中4人为"九五"特批人员）。根据退休情况，我会研究员级指标控制在31人以内；副研究员级人员指标控制在74人以内。1998年底进行高级专业技术职务任职资格及聘任工作，1999年年初结束。这一年申报副高级职称以上人员较多。首先审查申报人员资格，然后将申报正研人员材料送审，打分写评语是同时进行的。此次通过任职资格人员：研究员级5名（包括报院特批2名），副研究员级11名。聘研究员7名，副研究员10名。

1999年9月29日开始做专业技术职务岗位招聘工作，1999年10月22日结束。遵照中科院关于专业技术职务实行"按需设岗，按岗聘任"的精神，综考会1999年度专业技术职务评聘工作，经会务会研究决定，对正、副高级专业技术职务分别按下列领域实行公开招聘：研究员，有高原生态、农业生态、水资源利用、资源经济与管理、资源与环境安全、信息与数据处理等；副研究员，有农业资源利用等六个专业领域。经过外语考试和综考会专业技术职务评聘委员会评审，通过任职资格并予以聘任的研究员8人，副研究员9人（表98.3）。

表98.3　综考会1986～1999年职称评聘统计

年度	正高级职称/人			副高级职称/人			中级职称/人		内部特聘/人		
	评定	经院特批	聘任	评定	经院特批	聘任	评定	聘任	正高	副高	中级
1986	11		11	28		28	106	106			
1988	4		4	12		12	23	23			
1989			3	12		17					
1991	8	1	9	11		12					
1992	2		2	4		4	22	22			
1993	5	1	6	24		13			9	5	
1994	12		7	10		7	11	11			
1995	5		5	9		8	11	11	4	8	
1996	4	3	6	10		11	5	5			
1997	3		8	3		11					
1998	5	2	7	11		10					
1999			8			9					

1995年中科院开始在管理岗位上工作人员中实施职员职级改革工作，职员职级的套定主要是理顺关系，建立制度，通过实行职员制度促进管理队伍建设，提高管理人员素质，并使职员制度逐步走上正常化的轨道。综考会职员套定共有51人。其中：高级14人；中级25人；初级12人。1996年至1999年期间，综考会分别组织对管理人员进行职员职级晋升的评定工作，开展此项工作较大地调动了管理人员的工作积极性。

1993年综考会共有工人30名参加中国科学院组织的不同考工定级。1994年以后先后有部分工人参加院组织的考工晋级的考核。

98.4 劳动分配

1976年以前，职工工资是执行1956年4月实施的工资制度。

1977年调整工资，当时在职职工有234人，综考组1977年符合调整工资范围共有206人。其中：1971年底以前参加工作属于40%调资范围有173人；普通高等学校工农兵大学毕业生定级人员有23人；1971年底以前参加工作的一级工及1966年底以前参加工作的二级工和中专毕业生符合调资范围有9人；1966年底以前参加工作标准工资低于43元可增加到43元有1人。

1979年根据国务院有关职工升级工作的指示精神和中科院(80)科发人字0149号文件规定，职工升级经三榜名单公布确定后，报院批准共162人。其中占职工升级指标数125人；享受科研津贴指标数升级37人，其中升一级33人，升二级4人。

1982年国务院、劳动人事部、中央机关工作人员调资工作办公室文件规定，提高部分职工工资，根据国发(1982)140号及其他有关调资文件规定，综考会1982年底在册职工人数为310人，符合调资范围内人员290人，其中升一级人员199人，升两级人员77人。不升级和暂缓升级人员14人(行政10级以上人员2人；行政11级至14级的干部和标准工资额相当行政11级至14级的专业人员，1978年以来升过级的4人；按照国发(1981)144号文件升过级的卫生技术人员和保育员3人；因发生事故免升级人员2人；暂缓升级3人)。此次升级严格按照参加工作时间套入工资标准，同时冲保留工资。人均月增工资11.39元，月最高增加22.5元，月最低增加5元。

1985年工资改革，根据中共中央、国务院《关于国家机关和事业单位工作人员工资制度改革问题》的通知精神，此次工资制度改革目的是为了理顺工资关系，为逐步完善工资制度打基础。此次工资改革将原标准等级工资改革为实行以职务工资为主要内容的结构工资制。新的工资由基础工资、职务工资、工龄津贴和奖励工资四个部分组成。综考会1985年参加工资改革308人，首先确定每个在职职工的岗位、职称、职务后，再将原工资按现任职务级别工资加10元后，套入现在工资构成。此次工资改革综考会人均月增21元。

经过1985年工资改革和1986年采取补充改善措施，专业技术人员的工资水平有了一定程度的提高，工资中存在的突出问题也得到了初步解决。但是，由于长期积累的问题较多，专业技术人员特别是中年专业技术人员工资偏低，因此在1987年解决部分中年中级专业人员工资时，主要重点解决中年中级113元、105元、97元三个工资等级的科技人员。我会符合文件并升级的有138人。其中：固定升级117人；浮动升级21人。

1989年按国务院国发(1989)82号文件和人事部人薪发(1990)1号文件规定，综考会符合普调一级工资373人；月人均增资8元；在普调工资的基础上，把各级各类工资标准起点提高两个级差，如：

正研级	160元提高到180元	最高工资355元提高到420元
副高级	122元	140元	230元	280元
中级	97元	113元	150元	170元
初级	70元	82元	97元	113元

同时根据1989年解决国家机关、事业单位工资问题的实施方案和中科院的会议精神，分配给各单位机动升级指标，此指标主要用于解决工作时间长，任职时间较长，工资低，多年未升级，工作表现好，贡献较大的人员等突出的工资问题。我会1989年政策界限内升级(即工资标准提高)249人；机动指标升级99人，此次升级有348人不同程度地增加了工资。

1993年工资改革前国家已经对全额拨款、差额拨款、自收自支3种不同类型的单位实行分类管理。鉴于我会系差额管理单位，工资改革后工资构成分为60%固定部分和40%活的部分。60%部分按职工学历、工龄、任职时间、职务套定，40%工资属于津贴与工作绩效挂钩，需要本单位自筹。本单位自行制订40%分配方案，报中科院审批。因此在工资改革工作开展前，我们首先测算了全会工资总额，年所需要的经费，研究了筹集 40％工资的初步解决办法。同时对参加改革人员进行了分类登记，并通过查阅人事档案，进一步核实了每个职工参加工作、评聘职称、职务时间等情况，为工资改革的全面展开做了充分的前期准备工作，奠定了良好基础。

为搞好此次工资改革，我会成立了工资改革领导小组，下设两个组分别负责职务工资和津贴的改革。本次工资制度改革的主要目标是引进竞争机制，打破分配体制上的"大锅饭"，不同岗位实行不同津贴，本着多劳多得，和工作责任大小而设置的津贴等级。如科研课题津贴、科研辅助津贴及效益津贴、岗位目标管理津贴、行政领导职务津贴、课题负责人津贴及研究生导师津贴、工人技术等级津贴等等。此次工资改革我会职务工资每月增加数最高达 255 元，最低的只有 2 元。若加上津贴费，月工资有人已突破千元，而最低只有 300 元左右。

根据国发(93)79 号、国办发(93)85 号文件精神，综考会于 1993 年 12 月至 1994 年 4 月进行了工资改革工作。此次参加工资改革人数为 362 人。其中：科技人员 283 人(研究员级 17 人，副高级 68 人，中级 139 人，初级 59 人)；管理 47 人(局级 3 人，处级 29 人，科以上 15 人)；工人 32 人。

1995 年起综考会依据《国务院关于机关和事业单位工作人员工资制度改革的通知》精神的要求，制定了本单位《综考会职工年度考核实施办法》，每位职工在年底写出本年度工作情况总结，填写年度考核表，并在本处室进行报告，由处、室领导提出考核意见，考核等级分为优秀、合格、不合格。考核优秀的比例占职工总数的 13％，最后由所领导审批。根据年度考核结果作为两年一次正常晋级的依据，同时考核优秀中有相当于职工总数 3％的人提升一级工资(中科院每年下达年度升级指标)。

1997 年、1999 年进行了两年一次的工资正常晋升的工作，同时按职称、职级的变动提高了基本工资标准。在年底组织的年度考核的基础上，作了年度考核优秀的按 3％升级，年度考核合格以上的人员发给 13 个月奖励工资。

1998 年 12 月 31 日综考会在职职工 270 人，参加年度考核 259 人。其中：考核优秀 35 人(其中：3％优秀升级 8 人)，考核合格 212 人，不合格 12 人，未参加年度考核 11 人。

1999 年 12 月 31 日综考会在职职工 252 人，参加年度考核 238 人。其中：考核优秀 36 人(其中：3％优秀升级 8 人)，考核合格 184 人，不合格 18 人，未参加年度考核 20 人。1999 年正常晋升工资 237 人。

99　财　务　管　理

综考会财务部门随着单位机构变化与工作需要而变化，20 世纪 50 年代，综考会是一个组织协调机构，办公室是综考会唯一的职能部门，综考会财务工作隶属于办公室行政科；1960 年队、会并合起至 1969 年综考会被撤销下放湖北"五七干校"前，财务工作属于行政处领导，设会计室。1975 年恢复综考机构（当时称"综考组"）后财务仍归属行政处管理。至 1985 年前，财务管理均未单独设科室。1989 年开始设独立的财务处，称为会计室，属处级单位，财务人员也逐年增加。

综考会财务部门是统筹管理全会经费的部门，它的主要职责是管好用好单位的科研经费和事业经费。它的主要任务是做好单位每年预算、决算、审计核销各项支出、填报相关统计报表，与银行结算，发放工资奖金，代管职工福利费，参与国有资产管理等。

99.1　综合考察财务工作的特点

综合科学考察工作不论是综合性考察，还是专题性考察，都具有共同的鲜明特点：考察队伍规模大，人员多，协作单位多；考察范围广，工作流动性大等特点。体现在财务工作的特点是：

（1）任务来自多部门，拨款多渠道，财务工作量大而繁杂。野外考察队的经费常占综考会经费的 80% 以上。

（2）财务工作的多层次性。由于考察任务来源不同，有国家级，也有院级和部委一级的项目等。从考察队的任务本身看，既有综合性（队级）课题，也有专项研究（分队、组一级）的课题，各协作单位多以课题承包形式出现，因此造成经费使用和财务规定的多层次性。

（3）同地方财务制度规定的联系与协商一致的复杂性。

（4）由于各野外队的工作性质、工作地区的差异，而其物资装备等复杂多样，必然造成对钱和物的管理的复杂性。

99.2　财务工作的主要内容和重点

1. 明确和处理好财务处（室）与考察队的经费关系和各自职责

会财务处是管理综考会科学考察队经费和各种资金的综合部门，而野外队则是经费的使用单位。

1）会财务处的主要任务与职责

（1）严格执行国家和院的财经各项政策和制度；

（2）管理科考经费和各种资金，向主管部门编报年度预算、决算；

（3）根据各考察队（含课题组）考察任务，协助会、队领导制定经费分配计划方案；

（4）指导考察队会计工作；

（5）考核、核算各种用款单位经费的使用情况；

（6）对上编制定期报表和年终决算表。

2）野外队会计的任务职责

（1）编制考察队年度用款的预算及计划；

（2）协助队领导制定各课题（分队、组）经费分配计划；

（3）掌握和监督野外队经费的使用情况；

（4）定期或不定期为分队、组办理报销；

（5）定期向财务处办理结算工作。

2. 综合科学考察财务工作的重点在野外考察期间

从历年综考会经费开支情况和财务工作的工作量来看，野外考察期间经费占全会的80％以上；工作量大，每年考察队收队回来都有近万张报账票据，考察队是综考会财务工作重点，财会人员的职责是：

（1）考察队出队前的准备工作，要求做到明确开支范围，严守财会制度；

（2）完善财务收支的审批手续；

（3）做好原始凭证的初审工作；

（4）野外队经费的报账结账。

99.3　改革开放新时期的财务工作

改革开放以来，根据新的形势和任务的需要，为了加强财务管理工作，80年代初综考会建立了财务处。随着事业费的扩大，课题经费逐年增多，会计核算职能任务加重，财务人员队伍也在扩充，注重对年轻人才的培养，不断提高其业务水平，通过考核授予相应的技术职称。这个时期，财会工作着重抓了以下几项工作。

1. 加强科研经费的管理

（1）经费管理。在1980年以前，完全按照计划拨款方式进行管理，经费来源单一。1980～1993年期间，国家实行"包干制财政体制"，而1984年后，"合同制"课题费逐年增多，到90年代，基本事业费所占比例已远低于研究课题经费。

（2）由于经费来源广、渠道逐渐拓宽，开展项目多，又要实行项目全成本核算，从而加大了财会人员的工作量。因此，在管理上加强资金控制，经费实行"统一领导、集中管理、归口使用、控制分级负责"的办法，使宏观调控与微观管理有机结合起来，确保了经费正常运行。

2. 贯彻执行会计核算及财务管理规范化

1997年是实施《科学事业单位财务制度》的第一年，为了实现新的体制的平稳过渡和保证新会计制度的顺利实施，组织财会人员认真学习了新会计制度，并做好新旧科目的转换工作。

（1）为课题全成本核算制定了"关于我会执行科研单位会计制度的财务管理制度"，完善研究课题的开题、结题的手续。加强课题管理工作，凡是课题承担的经费基本上全部进入"课题成本"，提高科研经费中的透明度。为了便于领导决策，财务处每季度给会领导提交"基本事业费收、支季度报表"和"各公司收、支报表"各1份。

（2）建立内部审核报告制度和稽核制度，从严控制现金流量，规定审批权限，凡支付现金5000元以下者，由课题负责人审签；5000～10 000元必须由课题组和业务处的负责人共同审签；10 000元以上者必须经会领导审签。

（3）科研课题核算是经费管理工作的重要一环，多年来，在实践中通过调查研究，不断探索、改进，不断总结，使之不断完善。财务处和业务处共同重新编制了"课题核算手册"。这个手册，可以及时反映课题的基本情况。如经费的收、支节余，人员构成，办公用房的使用，设备占用等情况。这个手册如同"存折"，每笔用款后都有余额数，如果超支能及时发现，对赤字课题就及时采取一定的必要措施。这样的核算收到良好效果，使我们做到心中有数，科研人员也都很满意。

3. 抓好会内财务监督，积极参与单位年度财务大检查工作

20 世纪 80 年代初开始，经商下海、办公司如雨后春笋，我会也先后创办了 10 个左右的小公司，它们都是独立核算的经济体，单位为他们投入了数额不等的启动资金。因此，会财务处有责任帮助他们建立健全必要的财务制度，并接受会财务处对他们必要的监督检查，以保证各公司的正常运行，防止和杜绝国有资金、资产的流失。

20 世纪 80 年代以来，国家根据经济发展及出现的新问题等情况，国务院每年统一部署开展全国财务大检查工作。每年我会根据上级要求，也成立了由有关职能部门负责人参加的会财务大检查领导小组，负责相关工作。根据实际情况或群众反映，每年都选出一、二个公司作为重点，由会纪委、监察、审计部门牵头，财务处派出精兵强将组成检查小组，对选出公司进行检查审计。根据工作量大小，财务处一般都派出二三人以上财务人员参加工作。通过财务大检查工作，有利于提高财会人员业务水平，有利于及时掌握各公司经营活动情况，发现问题及时纠正和处理。对于群众对个别公司提出的质疑，通过检查，得到澄清，有所交代。因此，每年的财务大检查工作，财务处都认真对待，积极投入。

4. 稳定财会队伍，培养年轻人才

多年来，认真抓好我会财会人员的培训和培养，注重提高他们的素质。每个星期安排半天进行业务学习，每月开一次业务会，学习有关财务制度，开展交流和讨论。部分同志还参加了提高文化素质的学习，其目的是通过多渠道帮助会计人员不断提高业务素质。

财务处先后有 3 人由"电大"财务专业毕业，1 人"函大"毕业，1 人"职大"毕业。有 4 人晋升为助理会计师，1 人晋升为高级会计师，1 人考取北京市统考的"注册会计师"，5 人先后获转干。

99.4　1956～2000 年财会工作人员

历任负责人：陆香芸(1960～1962)
　　　　　　富庆龄(1962～1985)
　　　　　　于桂芸(1985～1998)
　　　　　　刘广寅(1989～1992)
　　　　　　姚　华(1993～1995)
　　　　　　康智焕(1998～1999)
（以上详见附表 3-9）
先后在综考会工作过的财务人员（按姓氏笔画为序）：

于桂芸　刘广寅　刘淑琴　吴晓凡　张长胜　张智清　张勘之　李公然　李光兵　李廷芬
陆香芸　陈英华　陈桂兰　房肇威　金秀华*　侯美霞　姚　华　徐　亮　徐有录　班瑞瑗
康智焕　富庆龄　赖金鸿　蔡　跃　裴燕芳
（＊为食堂会计）。

100　行　政　管　理

100.1　主要职能及机构沿革

1957 年 3 月 15 日，院发文规定"综考会各野外考察队在行政上应该成为一级独立的机构，有关经费、器材、人事、总务等工作可以直接与院部对口局联系解决"。当时各野外队根据自身工作需要，都配备了人数不等的行政后勤管理人员。1960 年队、会合并，综考会从院部迁往沙滩，每年各考察队野外工作结束后人员都相对集中北京。为了适应新的变化，需要加强行政后勤管理服务，在办公室下设了行政科，科长华海峰，负责管理财务、器材、车队等工作。1964 年综考会从城内迁到北郊九一七大楼后，即组建行政处，处长刘福祥。1965～1967 年负责人李友林，主要任务是统一管理全会的后勤工作，以便有效地为科研和各考察队服务，当时行政处下设有财务科、器材科、总务科、汽车队等。之后，随着情况变化和工作需要，行政处内部也适时进行调整。1975 年综考会机构恢复（综考组）后，设立行政小组，负责人王振寰。1978 年又先后成立物资处和行政处。物资处主要是负责采购和管理科研仪器设备和野外科考装备，同年行政处设立，物资处的工作并入行政处管理。1983 年上半年，综考会新班子成立，设立了包括行政处（处长陆亚洲）、业务处在内的五个职能部门，物资（器材）工作又划归业务处，当时的业务处两位副处长之一的沈玉治负责全会器材方面的工作。1985 年财会工作从行政处划出，成立会计室。1986～1989 年行政处长长为张烈，1989～1992 年为李廷启，1992～1995 年为王双印，1995～1999 年 11 月为孙炳章。1992 年 3 月，行政处内设管理科、基建科、交通科。1998 年 11 月，综考会职能部门进行整合，成立综合处，处长为顾群，副处长为冯燕强（详见附表 3-5）。

100.2　在不同发展阶段下属部门主要工作及人员组成

1960 年队、会合并后，行政处是人员最多的职能处室，承担的工作面广量大，是保障全会正常运转的重要部门。

1. 财务室（处）

财务工作是统筹管理全会经费的部门，除做好每年预决算、审计核销各项支出，去银行结算，发放工资奖金，代管职工福利费等，还要把各野外队的科考经费按时拨付到队，同时要求监督各部门、各考察队严格执行各项财务制度，做好开源节流，保证科研和各野外队科考工作的顺利进行（详见附表 3-9）。

2. 总务科

总务科的主要工作是管理机关日常事务，为科研工作、科考工作和职工家属服务，管理房产、环境卫生、机关食堂等。

1992 年 3 月设管理科，陆伟津、于晓光分任正、副科长；基建科，何国勇、宋惠坤分任正、副科长；交通科，贯秋德兼科长，赵勤亮、张长江任副科长。

1956～1960 年综考会的后勤人员有：华海峰、陈元、姜仁、邢建铭、田青、安宏琴、杨育坤、陈育民、梁荣彪、张绩之等。

1964 年综考会迁到北郊九一七大楼，设立行政处，随之总务科人员有所增多。先后有：张成保、万丕德、韩振明、王守彬、方士斌、闫月华、李蒸民、雷士禄、尹寿、王金龙、舒定宾、林志安、郑义德、许士俊、武文鄂、江招安、梁礼玉、吴秀、毛振祥、何文光、张景照、李广臣、雷志伦、王美英、张景荣、孙维时、陶宝祥、陆伟津、李赤、宋惠坤、包世兴、高长福、何国勇等。

医务室：主要工作是负责职工日常小病用药和大病联系住院有关事项，组织全会人员每年进行体检，动员组织职工献血，抓好计划生育工作等。综考会医务室有时也要承担大型科学考察任务，派出医生随队为科考队员服务。饶树成、赵大勋医生曾于20世纪60年代分别参加过中国科学院西藏科学考察队和珠峰登山科考队。杨占江、张双民医生于70年代曾参加过中国科学院青藏高原综合科学考察队。医务室负责人先后为李新淑、杨素霞。医务人员先后有李新淑、赵大勋、饶树成、杨占江、张双民、杨素霞、赵淑琴等。

3. 器材科（后为物资处、技术条件处）

器材科负责采购和管理科研仪器设备和野外装备，为保障科学研究和野外科学考察工作的顺利进行提供后勤服务。

1960年设器材科，科长华海峰。

1978年设物资处，处长华海峰，副处长张成保。

曾在器材部门工作的人员有邢建铭、沈玉治、赵东方、房肇威、李显杨、田生昆、黄亮明、陈宝玉、顾群、于跃龙、王珍庭、冯燕强、韩群力、王宝勇、裴燕芳、朱兵、江国宏。

1）采购的主要科研仪器和野外考察装备

（1）野外大型交通工具：三架苏制米格4型直升飞机、三艘内河用汽艇、百余辆大小汽车（含10辆捷克摩托车），以及近百匹三河马。

（2）实验室大型设备：CJ709计算机，电感耦合等离子体光谱仪，JCAP900型多道直读光谱仪、辐射仪一套，火焰分光光度计，Y2原子吸收分光光度仪，氨基酸分析仪，遥感CAB系统，精密坐标仪，彩色合成仪，彩色放大机，生物显微镜，密度分割仪，纠正仪，自动绘图仪。

（3）一般实验设备：离心机2台，pH酸度计2台，电话总机，空调机，复印机，植字机，羊毛拉力机，马福炉，电烘箱，投影仪，比色计4台，分析天平1/万4台、1/10万1台，1/千电子天平1台，以及贵金属器皿铂坩埚，玻璃器皿和剧毒药品。

（4）野外装备：10m土钻（10人操作），无线电收发报机2台，小"八一"电台12台，3-5kw汽油发电机1台，手摇发电机2台；水文仪器有精密经纬仪3台，水准仪3台，平板仪3台；电影摄影机4台，放映机2台，胶片若干，摄像机2台；照相设备有高级照相机哈斯不来特（含多种镜头）1台，莱卡M3三台，康泰斯5台，基辅、美能达、理光、奥林巴斯、柯尼卡、如来复等共百余台，以及冲洗放大设备和大量的胶卷；海拔表120个，罗盘120个，秒表80个，望远镜50个，手摇、电动计算机20余台，以及计算器、计算尺、比例尺、手持风速仪、地质锤、冰镐、最高最低温度计、高枝剪、洛阳铲。同时还购置了羽绒服、羽绒背心、羽绒睡袋、皮大衣、工作服、大头靴、帐篷、行军床、地质背包等野外装备，以及全套的灶具、炊具，大小高压锅、煤气炉灶、汽油炉和氧气瓶、面罩、日常药品和防蛇咬伤药。

此外，还协助资料室向总参测绘局借来大量的大比例尺的地形图（1∶5万、1∶20万），提供给各科考队使用。

2）综考会、地理所整合时移交的仪器与器材装备

1999年12月综考会与地理所整合时，移交给中国科学院地理科学与资源研究所的仪器、器材装备共499件，价值13 797 563.43元。汽车5台，总值9.7万元；在库低值易耗品209件，总值34511.12元；家具871件，总值近30万元。

4. 汽车队

车队是科学考察的重要组成部分，汽车是完成野外科学考察任务的主要交通工具，20世纪50～70年

代主要用进口原苏联的嘎斯 69 汽车，70 年代主要是国产汽车，80～90 年代主要用进口的日本丰田越野车。先后有百余部车辆，有驾驶员百多名，绝大部分司机是不同时期从部队复员的官兵。

先后担任汽车队领导的人员名单：

唐德生，1964 年任队长、王树棠任副队长，调度有冯治平（1982 年定为副处）和张田富；

唐天贵，1982 年任队长，刘光荣、关克成为副队长；

贯秋德，1986 年任队长。

曾在汽车队工作过的司机名单（按姓氏笔画为序）：

万 荣	于晓光	于福江	马珍俊	马振东	马瑞春	马德和	历玉林	王 强	王二娃	王力克
王云彩	王介亭	王友华	王长新	王丕书	王达文	王声模	王怀仁	王显章	王洪启	王维伦
王惠元	邓合典	丛者柱	冉文明	冯德元	古燕平	叶永渝	永青山	田 获	田凤翔	白宝国
石桂良	石鸿浩	艾 刚	边永才	任仲良	任建科	刘 友	刘 林	刘玉明	刘安全	刘金喜
刘炳奎	吕春波	吕振声	孙士启	孙永顺	朱纪泉	朱德新	许俊峰	邢 富	邢振峰	阮阿毛
严佑陶	何泽民	何根土	吴凤仁	吴树森	吴祥群	吴嘉林	张 华	张 雷	张长江	张永庆
张吉华	张克明	张志成	张志谦	张学孝	张炳谦	张秋生	张根会	张继华	张喜忠	张锡庆
李 卫	李万元	李云吉	李友云	李长山	李守连	李成岭	李成祥	李来臣	李树林	李炳栾
李贵立	李振方	李章印	李燕杰	杜玉微	杜定龙	杨 艮	杨主权	杨焕生	杨德政	沈定法
狄福来	肖国泰	苏仁贵	邹振连	陈才金	陈永年	陈玉新	陈志华	陈护群	陈殿鳌	卓信贤
周永方	周兴华	周守金	周庆印	周志和	周福盛	孟显润	房德贵	欧才茂	罗寿方	罗学用
罗章龙	范勤为	郑 兵	郑浦清	郑培书	金大年	姜正庚	染玉仲	胡达前	赵文福	赵学东
赵勤亮	郝成喜	郝锦山	剧文华	徐正祥	徐军立	徐志平	柴亚川	栗 孝	海明光	秦纪安
郭瑞生	高 日	高峰琪	崔永革	康大庚	扈传星	曹关兴	曹景山	梁国文	梁昆伦	梁殿华
黄文灿	黄成友	黄国荣	黄顺最	傅祥辉	彭贵清	曾记明	程川华	程浩林	葛学敏	谢发远
谢宝银	韩义学	韩来发	韩新华	鲁兆发	雷长山	蔡纯良	蔡振兴	谭万友	潘仲民	潘强民
魏立平										

100.3 关心职工生活，为群众办实事

1. 三年困难时期和 1976 年地震时期的行政工作

1960 年起，为了帮助职工缓解并度过三年自然灾害时期的困难，综考会领导决定采取临时措施，帮助解决群众生活上的困难。

1）**办农场**

（1）在北京清河，由中国科学院农场拨给 20 亩耕地及其部分农工用房，建立了粮菜生产基地。当时由行政处组织实施，派农民出身的李广臣和徐三同志具体办理。在耕种大田作物时由院农场的拖拉机协助完成。第一年种了玉米和大白菜、倭瓜、大葱、辣椒、大蒜、茄子等蔬菜品种，由于经验不足收获不大。第二年徐三调走，又增加了一名职工家属化鹏飞协助李广臣进行耕种，1961 还从东北沈阳林土所调来两匹马，担负拉车运输和耕田。为搞好种植，经常组织全会职工轮流到农场参加种植劳动，既进行了劳动锻练，又帮农场解决劳动力不足的困难。

（2）除在清河有农场进行粮菜生产外，还在昌平县城西南方向的旧县（地名）有二三亩蔬菜生产地，主要种大白菜，也由清河农场的人员管理。

（3）院生产办公室协助在蓟县拨给了十余亩耕地，主要种植大田作物，以玉米为主。因为水涝，庄稼基本被淹，没有收成，但却有鱼虾，曾派人去拉回一些鱼。

2）打黄羊、拉羊肉、拉鱼、拉白菜

（1）在内蒙考察时了解到那里的黄羊很多，利用综合考察野外用的汽车多的条件，在汽车队王树棠队长的带领下，与当地有关部门联合，打了不少黄羊，第一次打的黄羊拉了整整两车，快到年节全会职工每人分到了半只以上的黄羊。

（2）第二年再次去打黄羊，因北京有很多单位（包括部队）也去内蒙古打黄羊，不少黄羊被追赶跑到蒙古国去了，未能打到黄羊，就和当地畜牧部门联系购买了一车屠宰好的胴体羊肉运回来，连续两年都运回胴体羊肉和部分冻鱼。

（3）经院部生产办联系去大清河边的胜方拉鱼。那里河湖很多，鱼产丰富，曾两次与院生产办同志一道去拉鱼，拉回的鱼大部分放在大食堂共同食用，少量卖给家属。

（4）拉白菜。我会有一辆未出野外的嘎斯翻斗车，与卢沟桥公社的生产队联系，用车给他们运送农产品和大白菜到市场，回来时免费给我们一车大白菜和其他蔬菜，除给食堂留一部分外，其余分发给家属食用。

2. 同舟共济，极积投入抗震救灾

1976 年 7 月 28 日发生的唐山大地震，北京地区震感十分强烈，当时综考会大楼值班室轮排到钟烈元负责，他被轰隆隆的地下响声和大楼强烈摇晃惊醒，震后不到 10 分钟，综考会领导立即从城内、中关村和九一七生活区给大楼值班室打来电话，询问九一七大楼的安全情况。地震过后，大雨不停，余震不断。上班后，会领导即研究决定，由行政处派出后勤人员，深入城区的分散住户职工家庭查访，了解受灾情况。由于城区职工居住的平房抗震条件较差，随即综考会决定利用现有条件和物资，将现存的大杨木头加工成适用于抗震加固的木板条，送到城区住平房的职工家庭，用做加固平房安全抗震。发动群众在豹房生活区五号楼的东北角空地上及其他住地，搭建临时抗震棚，以解决职工家属居住问题。同时，及时地把有关地震情况通知给还在野外考察的同志，使他们安心，放下心来继续工作，完成考察任务。

之后，又根据院里的统一要求和布置，行政处又派人与院北郊管理处、地理所、遗传所等共同完成了九一七大楼和九一七生活区 6 栋职工宿舍楼的抗震加固工作。

1977 年 5 月至 9 月，综考会组织了黑龙江省伊春地区荒地资源考察队前往伊春地区开展考察，当地干部和领导对北京受唐山大地震影响很关心，并表示如有需要，愿将尽力帮助。考察队回京后，向会领导和行政处汇报，考虑到长远抗震需要，商定派出钟烈元同志于 10 月中旬前往伊春地区。在零下 20～30℃ 的冰雪天气，乘坐林区运木材的小火车，前往位于小兴安岭之巅的乌伊岭林业局。经与林业局领导商量同意，采购调运了两个车皮的松木，其中一车皮白松木头，另一车皮装的是长 4m，直径 10～15cm 左右的松杠，这些松杠是从人工林中间伐下来的小松树。这两车皮木材于 11 月下旬即由火车托运到北京，用于平房抗震加固之备用。

同时，在青藏科考队收队返京路过成都时，综考组领导也指派蒋世逵、周长进、周汝筠等，在成都经韩裕丰与四川省林业厅联系，花一个多月时间到附近农村收购一车皮的竹子。当时已是 12 月底的严冬，由蒋世逵、周长进和周汝筠的弟弟亲自押运火车，历经千辛万苦，费时一周多运到北京，做抗震建筑材料之用。

101 保 卫 工 作

综考会的保卫工作机构经历了从无到有的过程。1956年综考会成立后，当时单位是一个组织协调机构，职能部门仅设有办公室，负责管理、处理包括保卫工作在内的日常事务；1962年会办公室下设秘书组兼管保卫工作；1964年设人保科；1969～1972年综考会撤销，全会人员下放"五七干校"；1975年综考组建立后，保卫工作归属综考组下设的政工组；1980年设保卫科；1985～1999年设保卫处。

保卫部门的主要职责是：根据上级保卫部门的部署，结合本单位具体情况，开展正常的各项有关安全保卫工作，为单位的各项工作提供安全保障。

1975年，据上级保卫部门的要求，建立了全会职工保卫档案。共建立保卫工作档案30余卷，从档案中可以查找历年来与中科院保卫机构工作来往的公文函件。由于该档案完整有序，受到院档案处的表扬。

保卫部门印发单位职工的"工作证"，办理登记签发手续，保管使用单位的钢印以及办理相关出境人员的手续。保管科考配用的枪支弹药、部分通讯器材。消防工作是保卫工作重要内容之一，向职工宣传防火防盗等各项安全知识，负责全会内部消防器材的配备、更新、维修管理。在重点消防区位，如图书资料室、实验室等配备专用灭火器具，开展对化工、易燃、有毒、放射危险器材的监督检查，确保安全。

"社会治安综合治理条例"下达以后与地区有关部门密切联系，加强治安联防，在会内设立专用安全教育宣传橱窗，及时宣传报道有关安全形势、规章、制度等。

起草制订有关安全的各项规章制度，落实每月召开一次安全工作会议，确定各部门的安全员，建立各部门的安全工作档案与各部门签订安全协议书，落实岗位责任制。从而加强属地管理。

制订安全工作奖惩办法，每年年终总评一次发放安全奖金，全体职工经常参加安全方面的活动，受到教育，对重点部门重点地域相互检查，如果发现隐患，提出整改建议，给领导当好参谋。

历年综考会保卫机构负责人详见附表3-10。

102 基建工作

根据中国科学院的决定，综合考察委员会、地理所和遗传所三个单位于 1964 年迁往北郊九一七大楼。分配给综考会的科研用房 6000m² 左右，还有附属用房，其中食堂 300m²、车库 450m²、库房 1000m² 和危险品库 100m²，总计约 8000m²。另外在豹房生活区还有 800m² 的宿舍。

九一七大楼原是为科技大学建的教学楼，不适合科研用房，三所曾派员组织联合办公室，对大楼进行内部改造以适应科研用房。1963 年综考会派华海峰、赵东方和司机郑浦清参加联办工作。该办公区及宿舍的建筑均为 1959 年建，综考会在大楼的四段，办公区大部分要进行内部改装修，门窗要重新改换，并在一层加装了金属护栏，拆除地球物理所曾改建的部分管网屏蔽及高压电源等，再根据需要安装上下水管网及低压电源和电话线路。附属用房同时进行了维修改造，并在中门、东门加建了两个门厅 80m²。

另外三所向院申请，拨给了郭沫若院长的稿费 5 万元，修建了室外 1000m² 的游泳池。建成后为三所职工共用。

1. 建宿舍楼、车库及办公用房

(1) 豹房 8 号楼 7 个单元中的 3 个单元 2400m²；9 号楼中的 12 套 720m²；10 号楼中的 15 套 800m²；

(2) 苇子坑宿舍 6 号楼 10 套，850m²；

(3) 科学园南里 303 号楼 10 套 1566m²；科学园南里 311 号楼 24 套 1440m²；

(4) 在大楼南侧建二层小楼 40 间 600m²；

(5) 西车库 500m²、东车库加建 5 间 150m² 共 650m²；

(6) 器材办公室及库房 15 间 225m²。

2. 1993 年组建基建办公室

顾群任主任，成员有宋惠坤。

主要任务改造扩建中国生态系统研究网络综合研究中心办公楼，连同多功能厅共约 600m²。生态网络试验站共建 4705m²。其中：

(1) 千烟洲站，2140m²（含办公、科研、试验用房）；

(2) 巫溪站 285m²；

(3) 拉萨站：综合办公楼 850m²，试验室 520m²，专家公寓 610m²，三个温室 300m²，共计 2280m²。

3. 1995～1999 年机构改革

基建工作并入综合处管理，处长为顾群。成员有宋惠坤、冯燕强、鲍洁、裴燕芳。

主要任务：

(1) 对九一七大楼门窗、电梯、外立面等单项改造维修立项和实施（含地理所部分）；

(2) 九一七大楼配电室、雨水管网系统、道路系统改造立项和实施（917 大院全部）；

(3) 大院局部旧房拆除、围墙重建、环境绿化等。

此外，1976 年唐山大地震后，三个单位对九一七大楼主墙和职工生活宿舍楼进行加固；综考会全体人员 1970 年下放中国科学院湖北潜江"五七干校"期间，为干校建宿舍竹席平房 3 栋和砖瓦平房 3 栋共 1 296m²。

103　开发公司

为了更好地组织综考会的开发工作，根据中科院对各所开发工作的要求和我会的具体情况，决定组成综考会开发工作董事会。

第一届董事会　（1991年6月13日）　[91]综字059号

董事长：杨　生

副董事长：朱成大　侯光华

董　事（按姓氏笔画为序）：

　　于桂芸　王振寰　朱成大　李俊和　李廷启

　　钟烈元　侯光华　康庆禹　黄兆良　杨　生

第二届董事会　（1995年3月9日）　[95]综字032号

董事长：赵士洞

副董事长：杨　生　郭长福

董事（按姓氏笔画为序）：

　　于桂芸　孙九林　孙炳章　刘广寅　杨　生

　　何希吾　赵士洞　侯光华　钟烈元　郭长福

　　黄兆良

增补董事：谭福安　顾　群

第三届董事会（1999年1月11日）　[99]综字002号

董事长：成升魁

副董事长：谭福安　顾　群

董事（按姓氏笔画为序）：

　　艾　刚　成升魁　谷树忠　欧阳华　郎一环

　　侯光华　封志明　胡淑文　顾　群　康智焕

综考会职能处室"开发部"作为综考会开发工作董事会的办事机构。负责处理综考会日常开发工作。保证中科院科技开发政策的贯彻落实和综考会开发工作情况的及时向上报告，协调各开发公司经营活动。

开发部历任负责人：

　　王振寰　主　任　1988.2.26～1991.3.5

　　侯光华　主　任　1991.3.5～1993.4.5

　　郭长福　主　任　1993.4.5～1994.10.14

　　鲍　洁　副主任　1993.3.9～1995.10.4

　　顾　群　主　任　1996.2.27～1998.11.19

综考会自1985年以来成立了9家开发公司。

1. 中国科学院自然资源综合开发中心

成立时间：1985年3月1日

法人代表：郭绍礼（1985～1992）

霍明远（1993～1999.6）

刘喜忠（1999.6～企业注销）

负责人：郭绍礼　主任（1985～1992）

霍明远　副主任（1985～1992）

霍明远　主任（1992～1999.6）

刘喜忠　主任（1999.6～企业注销）

经营范围：承担自然资源综合开发和生产布局的技术咨询服务

参加人员：郭绍礼、霍明远、王建立、鲍洁、刘喜忠、万丕德、张烈、李增明、陶宝祥

2. 中国科学院资源考察服务公司

成立时间：1985 年 6 月 13 日

法人代表：戴文焕

负责人：戴文焕

3. 北京科资电力电子技术公司（北京科资植物促长素厂）

成立时间：1988 年 11 月 29 日

法人代表：孙九林

负责人：孙九林　经理（1988～1991）

经营范围：节能电力电子产品、计算机软硬件及外围设备、办公自动化设备、机房设备、仪器仪表。植物促长素的技术开发

参加人员：孙九林、侯光华、冯卓、洪仲白、袁朴、孙文线、吴力壮

4. 北京综联技术服务公司

成立时间：1992 年 10 月 1 日

法人代表：顾　群（1992～1999）

朱　兵（1999～）

负责人：顾　群（1992～1995）

朱　兵（1995～）

经营范围：科技产品技术服务、技术推广、咨询；经济信息咨询服务；科研设备安装、调试、维修；闲置科研设备租赁；编辑、打字、制图、复印服务；家庭劳动服务

参加人员：顾群、朱兵、王珍庭、田烨、花林丽、李芳、王宝勇、冯燕强、陈宝玉、裴燕芳

5. 北京朝阳综达汽车修理站

成立时间：1993 年 1 月 1 日

法人代表：贯秋德（1993～企业注销）

负 责 人：贯秋德（1993～企业注销）

经营范围：汽车小修、维护（保养）；轮式工程机械修理

参加人员：贯秋德

6. 北京市环球机电高技术公司

成立时间：1993 年 3 月 4 日

法人代表：冯　卓

负责人：冯　卓

经营范围：电子产品、通信设备、电器机械、仪器仪表、普通机械，焊接材料的技术开发、技术服务、
销售

参加人员：冯卓、李继勇

7. 北京综发出租汽车公司

成立时间：1996 年

法人代表：贯秋德

负责人：贯秋德

注销时间：2002 年

经营范围：出租汽车

参加人员：王力克、王友华、王洗春、叶永榆、白宝国、边永才、刘林、张雷、张长江、张秋生、张锡
庆、李赤、李增明、陈殿鳌、贯秋德、郑兵、赵勤亮、扈传星、曹景山、梁殿华、黄健、韩义
学、雷长山、魏立平

8. 北京怡绿新技术开发公司

成立时间：1993 年 6 月 5 日

经营范围：花卉的种植、销售

参加人员：李飞、楼兴甫、郭秀英

9. 北京科综经贸中心

法人代表：贯秋德　　（1995～1996）

　　　　　李廷启　　（1996～企业注销）

负 责 人：贯秋德　　经理（1995～1996）

　　　　　王双印　　副经理

　　　　　李廷启　　经理　（1996～企业注销）

经营范围：销售食品、冷饮、百货、五金交电、医疗器械、家具、建筑材料、土产品

参加人员：于晓光、王双印、王美英、江国洪、吴彦霞、李廷启、李芳、李增明、连永华、陈维义、姚
华、温凤艳、谢国卿

104　档案管理

综考会于 1997 年 2 月 18 日成立了综合档案室，挂靠在业务处。综合档案室分别设总档案室和分档案室。总档案室设在业务处，分别管理科技档案、照片档案、基建档案、仪器设备档案；分档案室设在办公室，分别管理文书档案和会计档案。档案总数量为 9193 卷，其中科研档案 2010 卷、照片档案 769 卷、基建档案 123 卷、仪器设备档案 11 卷、文书档案 2244 卷、会计档案 4036 册(本)。

由于空间有限，分别设立科技档案和文书档案库房。

人事档案隶属人事处管理，单独设立档案库房。

104.1　文书档案

文书档案是记述和反映本单位主要职能活动和基本历史面貌，具有保存价值和凭证作用的档案。

20 世纪 50 年代，由于没有保管档案的具体要求，形成的文件材料没有及时归档整理，文件材料是一堆堆，一捆捆存放的。到 1969 年结合战备工作，组织了一支 20 多人的整理档案队伍，把综考会 1972 年以前形成的档案材料分类、整理、装订成册。综考会考察队档案 385 卷，其中西藏队 61 卷、西南队 58 卷、新疆队 50 卷、南水北调队 39 卷、青甘队 11 卷、蒙宁队 15 卷、黑龙江队 79 卷、西北队 9 卷、云南队 47 卷、黄河队 5 卷、盐湖队 2 卷、土壤队 1 卷、西北防旱组 1 卷、治沙队 7 卷，这些档案不同程度地反映了考察队文书工作的各个方面。1956～1972 年期间文书档案 300 卷，它反映了综考会从 1956 年 1 月建立后 15 年的历史面貌。0 号卷为建会卷，15 年的案卷采用大流水，卷内有的无编号，无卷内文件目录，卷内文件的时间跨度大，但基本装订成册，可以提供利用。1969 年因备战工作需要，文书档案被运往陕西省后库，1979 年又从后库包火车专箱运回北京。

20 世纪 70 年代末，综考会在办公室内设立文书档案室，档案有专人负责。1984 年中科院办公厅档案处下达"关于清理整顿档案的通知"，综考会经过整理档案，排序编目，贴标签。此次档案整理解决了卷内无散件的问题，被中科院档案处评为合格单位。

1973～1995 年文书档案共有 1157 卷。20 世纪 80 年代以后，档案工作管理要求逐步明确具体，档案案卷由过去较厚(综合卷)变为较薄(一事一卷)，共分为 11 个大类，即人事类(含教育)、办公室类、党委办公室类(含党委、纪委、工会职代会、团工委)、保卫类(含保密)、业务处类(含各研究室、各台站)、编辑出版类(含各学会)、开发部类(含各公司)、行政处类、外事类、国有资产处类、财务处类。按年度—组织机构—大流水进行排列上架管理。1990～1992 年期间，按照中科院清密、解密工作的要求，对档案进行了全面的清密、解密工作。

1996～1999 年期间文书档案共有 391 卷。在 1996 年中科院档案处开展的"档案目标管理考评活动"中，综考会档案工作被评为中国科学院一级单位，档案管理工作的制度化、规范化、现代化，推动了机关各项工作的开展，这些档案真迹，反映了本单位的历史面貌。

1999 年 12 月 31 日，综考会与地理所整合为中国科学院地理科学与资源研究所，至此，综考会档案工作结束。

104.2　财务档案

财务档案是财务部门所形成的账簿、凭单和工资册。由财务部门装订成册后移交文书档案部门管理。

综考会会计档案从 1985 年 12 月开始移交文书档案部门管理，现存 1975～1999 年的会计账簿、凭单和工资册，共 4036 册(本)。分别按工资册、账簿、凭单排架进行管理。

1975～1979 年会计凭单已作销毁登记，存放 5 年后送造纸厂监销。

104.3 科 技 档 案

科技档案是直接记录和反映科研活动而归档保存的具有价值的科技文件材料；它是科研活动的伴生物，是国家的宝贵财富。

综考会"文革"前档案工作没有专人负责，科技文件材料均未立卷归档，"文革"后才由部分科技和管理人员组成归档小组，将积累 10 多年的科技文件材料立卷，由资料室保管。80 年代后综考会业务处配备了档案管理人员，将资料室保管的科技档案进行整理，对文字、音像档案进行分类、编目、登记、上架、借阅，使档案工作开始步入规范化管理的轨道。1983 年完成科技档案恢复、整理工作并取得良好成绩，是中科院的合格单位之一。在 1986 年中国科学院项目档案评比中成绩优良。1990 年对科技档案进行了清密、解密工作，以适应时代需要。1996 年根据中国科学院"关于开展档案工作目标管理活动通知"精神的要求，根据中国科学院科技档案归档标准，又一次对科技档案进行全面达标工作，进一步健全完善了立档和归档方面的各项工作。在该次评比中综考会的综合档案达到中国科学院一级标准。直到 1999 年 12 月登记在册的科技档案 2913 卷，其中科研档案 2010 卷，音像档案 769 卷(册)，设备档案 11 卷，基建档案 123 卷。这些档案都完整地记录了综考会的发展历史，为科研和管理工作奠定了基础。

104.4 照 片 档 案

综考会综合档案室共收集保管科技照片档案 769 卷(册)，共约 8 万余张。其中 20 世纪 50～60 年代考察照片 155 卷(册)，约 2 万张，包括内蒙队、黄河队、治沙队、紫胶队、青甘队、南水北调队等十几个考察队的照片资料。20 世纪 70～90 年代考察照片共 600 余卷(册)，约 6 万余张，照片内容涉及农业、林业、地貌、草场、畜牧、工业布局等许多方面，包含了对全国各个省、区、市、地、县及边远山区和无人区的考察研究。其中，还有部分外事活动的照片，反映了我会科研人员参与国际交流、学术活动等方面的情况。

104.5 基 建 档 案

综考会基本建设档案只有一项，系综合中心基建档案，共计 123 卷，分别记录了生态网络中心、4 个分中心和 30 多个生态站的基建文件材料。其内容分别为基建管理文件、施工技术文件、竣工图件。

104.6 人 事 档 案

人事档案作为对职工一项常规的管理方式，系统全面记录职工的家庭，本人学历、工作经历、奖惩、提薪晋级等，它是职工成长过程的真实记录，是了解职工基本情况的重要参考材料。

综考会部分人事档案材料是 1979 年由后库运回的。1981～1999 年期间，根据中央中组部关于清整人事档案的有关规定，按照《干部人事档案材料收集归档规定》归档分类要求，将职工人事档案中的材料分成 10 类，对各类需要收集归档的材料进行了认真鉴别、分类、整理，对形成的归档材料不符合要求的，如(缺公章、缺签名等)进行了补救，对档案中缺失材料的，如履历表、工资升级表等补齐，对破损的材料进行了粘贴，对不属归档范围的材料，按规定该退还本人的退给本人，该销毁的做了销毁记录，经领导批准进行统一销毁。经过鉴别的材料基本做到了内容真实准确，字迹规范，手续齐备，无重份，最后将人事档案按人头装订成册，方便管理部门的查阅。

1989 年、1991 年、1997 年综考会人事档案曾接受中科院组成的检查组多次检查，都达到了中组部文件所要求的标准。1999 年保管人事档案共 494 份，其中在职固定人员档案 299 份，离退休人员档案 93 份，死亡人员档案 38 份，流动人员档案 64 份。综考会档案管理人员如表 104.1。

表 104.1　综考会档案管理人员名单

姓名 \ 名称	文书档案 （含财务档案）/年	科技档案（含照片档案、 基建档案、设备档案）/年.月	人事档案 /年.月
王达荣	1964～1986		
刘增娣	1979～1993		
苏宝琴	1984～1999		1999.05～1999.12
沙玉琴		1979～1998	
李　影		1984～1999.08	
张晓明		1999.08～1999.12	
张彦英			1979～1999.05

105　综考会在京留守组
（1971～1972）

1970 年综考会被撤销。绝大部分人员前往湖北潜江中国科学院"五七干校"劳动锻炼等待分配。但有一小部分人员因工作、身体原因留在北京，于 1971 年 7 月 20 日宣布成立驻北京留守组，处理在京的事务。

105.1　留守组成员及分工

党支部书记：徐振山
委员：李文杰、庄志祥
留守组成员：徐振山、庄志祥、刘广寅、陈玉新
留守组总负责人：徐振山
庄志祥负责全会工作人员的重新分配工作，刘广寅负责财务、总务、家访各项事务，陈玉新为司机。

105.2　在留守期间开展的工作

1. 全会人员的重新分配

根据刘西尧同志的批示，综考会革委会于 1970 年 3 月 13 日发布关于撤销综考会后人员分配的初步意见：

（1）全会人员在京统一分配。全会现有 338 人，其中 182 人在"五七干校"，105 人去云南、青海、陕北考察，51 人留京。

（2）按专业业务归口。

（3）先分配在院内、后分配在院外。

（4）先分配到院内新建单位，后分配到院内保留单位。

（5）先易后难。条件成熟一个分配一个，难以分配的可先在"五七干校"劳动锻炼，待条件成熟时再分配。

按综考会革委会的要求，在一年多的时间里留守组的同志做了大量的调查联系工作，完成很多职工的重新分配工作。

院内共分配 234 人，其中科技人员 182 人，汽车司机 13 人，党政干部 20 人，行政人员 19 人。

京区院外分配共 24 人（全部是科技人员）。

京外分配共 95 人（科技人员 65 人，汽车司机 22 人，党政干部 1 人，行政人员 7 人）。

2. 日常工作

1971 年初，大部分人员陆续前往干校，只留下了黄瑞复、舒定斌、杨义全、陆毅伦、李俊德、魏雅贞、马溶之、马式民、杨俊生、王颜和、王惠蓉、梁礼玉、任鸿遵、卫绍唐、王德才、王淑珍、郝金良、解金花、王嘉胜、陆德复、李万元、漆克昌、梁笑鸿、王云彩、陈斗仁、王守礼、尹寿、郑浦清、黄志杰、杜国垣等 30 多人。

九一七大楼综考会所用办公房全部锁起。所有留在北京的人在九一七大楼四段四楼学习、办公。

（1）留守组负责组织在京人员的政治学习。

（2）将综考会的器材、图书等物品登记造册，进行封存并向院主管部门交接。

（3）其他事务。

① 留守组将下干校同志的私人物品，分门别类存放、保管。当时一些同志还是单身，有很多大件的物品不便带到干校，比如自行车、大木箱等都存在大楼进行保管。当时有很多家属仍在北京居住，根据同志们需求将带回的物品转交家人，再将家人所交物品转送干校。

② 每月将工资按时送到家属手中，顺便家访。当时在京有几十户人家，家有老人、孩子，每月去看望一次，既送工资，又交流信息。

③ 对一些患病或身体不好的同志进行照顾。

至 1972 年 4 月 13 日综考会并入地理所时，留守组的工作便结束。

106 人才培养

1960 年队、会合并后，综考会建立了研究室和业务辅助机构，使综考会具有了组织协调和综合研究双重职能的机构。当时建立了综合经济研究室、水利资源研究室、地质矿产资源研究室和农林牧资源研究室。为了充实和加强科研力量，各研究室急需配备一定数量的业务骨干，其来源除从院内调入少量必要专业骨干外，每年有计划地招收急需的、专业对口的应届大学毕业生，以及一些中专、高中、初中毕业生和有专业背景的转业军人等加以培养。总之，综考会的人才培养教育方面主要采取了三项措施：其一，大力狠抓在科学考察实践中培养专业骨干队伍；其二，注重抓好在职职工培训教育；其三，认真抓好研究生教育。经过几十年的努力，这三项措施取得了明显成效。

106.1 在科学考察实践中培养专业人才

根据综考会所具有的组织协调与综合研究双重职能的特点，要求综合科学考察的业务骨干应具有较强的组织协调能力和较高的综合研究能力的复合型人才。而要造就这样的人才最主要的途径只能从科学考察实践中培养。当时在"自力更生为主""出成果出人才"的政策号召下，综考会始终如一地下定决心和下大力气去组织实施，有计划、有目标地遴选一批有培养前途的专业人员放在科考队的业务组织与领导的各级岗位上培养与锻炼。经过多年不懈努力，一批能胜任综合科学考察队的队级、分队级和专业组等业务岗位上的业务骨干苗壮成长，他们的业务水平有了很大提高，一批原来只具有初级、中级职称水平的科技人员很快达到具有中级和高级职称的科技人员。从 20 世纪 50～60 年代至 80～90 年代，综考会培养出了中国科学院院士孙鸿烈、中国工程院院士石玉林、李文华、孙九林和一大批多种专业的硕士、博士生导师优秀人才。几十年来，综考会正是主要依靠这批不断更新的业务骨干的带领和推动，在全体科考人员的共同努力拼博下，完成了一项又一项国家重大科学考察任务。

106.2 在职职工培训教育

随着"文革"的结束，尤其是改革开放帷幕的拉开，祖国社会主义建设事业各项工作蓬勃开展。为了适应新时期发展的客观需要，根据我会的具体情况，在职职工培训教育方面，主要抓了下列几项工作。

（1）开展大型计算机运行管理技术培训。随着科学技术的发展，1978 年 3 月我会引进了一台大型计算机 CJ-709。为此，从 1977～1978 年先后派出李立贤、王素芳、孙永平、李泽辉、刘科成、杨志荣、张桂兰、何国勇、苏大学、周同衡、苏宝琴、岳燕珍 12 人到上海无线电厂学习 709 型计算机的运行和管理技术。

（2）在同一时期已有一些单位在使用 CJ-709 计算机，为了更好地使用该型号计算机，先后派出张桂兰、李立贤到江西南昌江南造船厂；孙九林、倪建华、苏宝琴、岳燕珍、李泽辉、孙永平到武汉电力中心；陈宝雯、岳燕珍、余月兰到湖南长沙进行学习。另外派冷允法、李泽辉专门到中国科技大学学习了 3 年计算机。

（3）提高职工文化素质教育和专业培训。为了提高在职职工的文化素质，1980 年前后对在行政、业务、人事、技术部门工作的部分年轻同志进行了电大培训。他们是刘湘元、田烨、龙洁、鲍洁、沙玉琴、刘增娣、张彦英、马宏、曹丽华、刘光荣、贯秋德等。

（4）同时，对在器材管理、图书管理、档案管理、保卫部工作的同志也进行了专业培训。

（5）选派到大专院校深造。"文革"后分配到我会的转业军人，选派到大专院校学习 3 年后学成归来。

他们是：王旭（河北地质大学水文工程地质专业）

丛者柱（武汉水电学院农田水利专业）

王青怡（北京大学自然地理专业）

张福林（南京大学气候专业）

刘勇卫（西安电子工程学院工程物理专业）

韩群力（安徽合肥中国科学技术大学物理专业）

张京生（南京大学经济地理专业）

翟贵宏（浙江大学物理专业）

另外，由工人转干学习班结业后正式转干的有陆伟津、龙洁、张潮海。

（6）大量培训会内外汽车驾驶员。我会野外科学考察需要大量的汽车驾驶员，除部分老司机和解放军转业的司机外，绝大部分都是在我会由老带新经过刻苦训练培养出来的。他们是：黄文灿、金大年、艾刚、曹景山、陈殿鳌、徐志平、于晓光、雷长山、王力克、张雷、叶永榆、康大庚、张锡庆、郑兵、刘林、王强、扈传星、张秋生、吴嘉林、潘强民、王友华、徐军立、张华、赵勤亮、张长江、谷燕平、白宝国、李燕杰、王介亭、张克明、韩新华

按中国科学院(93)人字 141 号文委托我会承担了院京区 64 个单位汽车驾驶、修理及考工定级操作考试工作，参加考试人数 659 人，及格 511 人，占总人数 77%，不及格 148 人，占总人数 23%。

106.3　研究生教育

1977 年 10 月 12 日，国务院批准教育部《关于高等学校招收研究生的意见》，要求师资和研究基础较好的高等学校积极招收研究生。1978 年年初，教育部发出《关于高等学校 1978 年研究生招生工作安排意见》，决定将 1977 年、1978 年两年招收研究生工作合并进行，统称为 1978 级研究生。由此，中国研究生教育开始恢复。

与此同时，中国科学院自然资源综合考察委员会也步入研究生教育行列，至 1999 年，历经 21 年发展历程，以老一辈科学家阳含熙、孙鸿烈、石玉林、李文华、孙九林等研究员为首的导师累计培养了 116 名硕士研究生和 54 名博士研究生（详见附表 6-9 和附表 6-10）。由于各个时期相关政策强调的重点不同，大致可划分为三个阶段。

1. 初期阶段（1978～1985）

1978 年中国科学院自然资源综合考察委员会开始恢复招收硕士研究生，设有自然地理学硕士学位授权点。1981 年成为全国首批硕士学位授权单位。同年 5 月，中国科学院自然资源综合考察委员会第一届学位评定委员会成立，主席阳含熙，副主席冯华德、李孝芳，成员共计 15 名。学位评定委员会第一届第一次会议提出了学位授予学科专业名单，审议通过了学位授予相关规定，标志着中国科学院自然资源综合考察委员会学位与研究生教育开始步入规范化道路。1982 年和 1985 年先后成立了第二届、第三届学位评定委员会。为了保证研究生教育的质量，中国科学院自然资源综合考察委员会相继采取了一系列措施，如严格学位授予权的审定、加强学位授予自评估工作、强化主管机构的职责等。该时期研究生招生规模较小，各年基本持平，1978 年至 1985 年，共招收硕士研究生 33 人，平均每年 4 人。

2. 跟进阶段（1986～1995）

1986 年中国科学院自然资源综合考察委员会遵照教育部《关于改进和加强研究生工作的通知》精神，强调"保证质量，稳步发展"的原则，基本确定了"控制硕士研究生招生规模，谋求发展博士生教育"的方针。随着自然资源考察任务的不断加重，在立足国家需求基础上，中国科学院自然资源综合考察委员会不失时机地向国务院学位委员会申报学位授予权。1986 年 7 月被批准为生态学博士、硕士授权单位，同时新

增人文地理学硕士学位授予点，并于 1987 年招收了首批博士研究生。第一批博士研究生指导教师先后走上了研究生培养岗位，他们是阳含熙研究员、李文华研究员、孙鸿烈研究员。1986~1995 年，各年度硕士生招生规模基本稳定在 6 人；博士生招生规模呈波动状态（有的年份没有招生），但总的变化呈逐年跟进式增加趋势，如 1987 年首次招收 2 人，1994 年增加到了 6 人。

3. 发展阶段（1996~1999）

该时期重点发展了博士研究生教育。1995 年 5 月 2 日，国务院学位委员会下发了《关于改革博士生指导教师审核办法的通知》，博导的审批权下放到各博士学位授予单位。这时正值中国科学院自然资源综合考察委员会处于考察任务基本结束，科研逐步走向转型期，需要大量的高端人才。为加快人才培养步伐，解决人才短缺问题，经认真讨论，会领导果断提出"积极抓住机遇，做好博导遴选工作，扩大博士生招生规模"的发展思路。1995 年 7 月中国科学院自然资源综合考察委员会第五届学位评定委员会（主席由孙鸿烈院士担任），首次自行审批了 7 名博导，石玉林研究员、孙九林研究员、赵士洞研究员、陈传友研究员、陈百明研究员、黄文秀研究员、江洪研究员成为首批自行遴选的博导。博导数量由原来的 3 名激增到 10 名，壮大了博士生导师队伍。随后，1996 年博士生招收规模增加到 18 人，达到历年来最高水平，第一次超过硕士生招生规模（6 人/年左右）。为进一步提高研究生培养质量，1999 年学位评定委员会审议通过了"中国科学院自然资源综合考察委员会硕、博士研究生招生暂行工作细则"，"中国科学院自然资源综合考察委员会硕、博士研究生培养方案"等文件，规章制度建设渐趋完善，研究生教育管理得到了进一步加强。

21 年来，中国科学院自然资源综合考察委员会研究生教育经历了由探索、跟进到快速发展的历程，取得了一定的成绩（历任研究生教育管理部门负责人详见附表 6-4）。

据统计，1990~1999 年 6 名研究生获得中国科学院院长优秀奖，6 名研究生获得地奥奖学金，1 名研究生获得刘永龄奖学金，3 名研究生获得亿利达奖学金，2 名研究生获得伟华奖学金。先后有 6 名指导教师获得优秀导师奖，3 名指导教师获得深圳华为奖教金（详见附表 6-7 和附表 6-8）。

1978~1999 年，中国科学院自然资源综合考察委员会研究生教育累计向国家输送了 51 名博士毕业生和 114 名硕士毕业生，为相关行业提供了人力资源支持。历届毕业研究生有 3 人分别获得中国科学院有突出贡献中青年专家、中国青年科技奖、中国青年科学家奖，有 7 人担任或曾任研究机构院长或副所长以上职务。

107 综考会优秀青年基金

综考会优秀青年基金设立于 1995 年。是由孙鸿烈院士所获何梁何利奖金捐助(5 万元港币)和我会从自有资金中匹配 5 万元人民币而设立的专项基金。优秀青年基金为加速和促进青年人才成长,每两年评选一次,青年优秀论文奖每年评审一次。优秀青年基金首届评选是 1995 年 12 月,只评选出青年优秀论文,有 7 人获奖(见表 107.1)。第二届评选出优秀青年奖 6 名,青年优秀论文奖 6 名(见表 107.2)。第三届评选出优秀青年奖 6 名,青年优秀论文奖 6 名(见表 107.3、表 107.4)。

表 107.1 综考会首届青年优秀论文奖名单(1995 年 12 月 22 日)

一等奖:张宪洲
二等奖:周长进、沈镭、林耀明、刘玉平
三等奖:梁飚、楼惠新

表 107.2 综考会第二届优秀青年、青年优秀论文奖名单(1997 年 5 月 6 日)

优秀青年奖:
一等奖:汪宏清
二等奖:王钟建、邓撵阳
三等奖:陈泉生、杨小唤、王礼茂
青年优秀论文奖:
一等奖:封志明
二等奖:罗天祥、陈安宁
三等奖:石培礼、沈镭、王淑强

表 107.3 综考会第三届青年优秀论文奖名单(1999 年 5 月 12 日)

一等奖:石培礼
二等奖:闵庆文、吕耀
三等奖:刘爱民、刘红辉、沈镭

表 107.4 优秀青年奖名单(1999 年 8 月 10 日)

一等奖:艾刚
二等奖:刘爱民、张宪洲
三等奖:王淑强、沈镭、陈远生

附件1 综考会优秀青年基金实施条例
(1996 年 7 月)

一、总 则

第一条 综考会优秀青年基金。是由孙鸿烈院士所获何梁何利奖金捐助(5 万元港币)和我会从自有资金中匹配 5 万元人民币而设立的专项基金。

第二条　设立优秀青年基金旨在促进我会青年人才成长，加速我会改革和发展。

第三条　该专项基金本金存入银行，用其利息支付我会两年一度的优秀青年奖奖金和每年一度的青年优秀论文奖奖金以及评审工作的开支。

二、评审范围和条件

（一）优秀青年奖

第四条　优秀青年奖。主要奖励热爱祖国，拥护中国共产党，坚持四项基本原则和在加强精神文明建设中具有突出表现，在业务、管理和开发等工作岗位上做出优异成绩的青年同志。

第五条　凡年龄在 45 周岁以下，在我会连续工作 3 年以上，并符合以下条件之一者，可推荐为优秀青年奖候选人：

第一款　立志献身祖国的科技事业，具有良好的科研道德，勇于开拓，求实创新，团结协作，承担比较重要的科研任务，取得较高水平的成果，并在本学科领域有一定影响。

第二款　在科研管理工作中勤奋努力，勇于开拓，不断提高管理工作效率和水平，促进本岗位、本部门工作有较大进展，积极创造条件为科研工作和科技人员服务。

第三款　具有强烈的责任感和事业心，在开发工作中为成果转化、推广及其他方面做出突出成绩，对所在公司发展和为会创收有较大贡献，取得较大的经济效益。

（二）青年优秀论文奖

第六条　青年优秀论文奖。目的是激励我会青年同志多出成果，出好成果，并通过相互交流，促进共同提高。该奖主要针对论文水平和语言表达、报告技巧而言。

第七条　凡我会年龄在 45 周岁以下的科研、管理、开发方面的人员和在读研究生所撰写的具有立意新颖、观点明确、论据充分，学术水平较高，且为近期公开发表或未发表的论文均可参评。

第八条　参评论文作者，需提交论文和论文摘要。参评论文字数一般要求在 6000 字左右。参评论文作者应向评审委员会作论文报告。

三、评审委员会的组成与职责

第九条　为做好优秀青年奖和青年优秀论文奖的评选，特成立评审委员会，负责制定实施细则和评审工作。

第十条　评审委员会特请孙鸿烈院士任名誉主任。评委会其他成员由会领导，学委会主任或副主任，职称(员)评委会主任或副主任，人事处、业务处、党办和青工委负责人等组成(任期随工作变动而进行调整)。评委会组成人员：

名誉主任：孙鸿烈

主　　任：赵士洞

副 主 任：谭福安　孙九林

委　　员：石玉林　李文华　郭长福　成升魁　黄兆良　黄文秀　陈传友　何希吾　苏仁琼　胡淑文　李福波　胡孝忠　王钟建

第十一条　优秀青年奖和青年优秀论文奖评审的具体工作由人事处和业务处负责。

四、评审程序和奖励

第十二条　优秀青年奖和青年优秀论文奖的申请。由本人提出申请，两名具有高级职称（职员）的人员推荐，并经处、室领导签署意见后报人事处。

第十三条　由人事处和业务处对所报材料进行审核后，提交评审委员会，由评审委员会评选产生获奖人员。

第十四条　评审委员会委员 2/3 以上委员到会，评审工作有效，到会委员 1/2 以上委员通过，评选结果有效。

第十五条　优秀青年奖的申报和推荐截止日期为每偶数年的 11 月 10 日（青年优秀论文奖的申报和推荐截止日期为每年的 10 月 10 日），12 月底以前完成评审。评审结果张榜公布并在全体职工大会上进行颁奖。

第十六条　评选我会优秀青年奖和青年优秀论文奖是一项严肃的工作，必须坚持标准，坚持实事求是，如发现弄虚作假等问题，取消其荣誉资格，追回所获奖金和证书。对情节严重者将追查其有关责任或做出处分。

第十七条　优秀青年奖和青年优秀论文奖，分设一、二、三等叁个等级。一等奖各 1 名；二等奖各 2 名；三等奖各 3 名。奖金额分别为：优秀青年奖，一等奖 2000 元，二等奖 1500 元，三等奖 1000 元；青年优秀论文奖，一等奖 400 元，二等奖 300 元，三等奖 200 元。

第十八条　凡获得奖励者，记入本人档案，并在晋职、晋级和公派出国等方面同等条件下予以优先考虑。

五、附　　则

第十九条　本条例由评审委员会负责解释。

附件 2　综考会优秀青年基金实施条例（修订稿）
（1999 年 5 月）

一、总　　则

第一条　综考会优秀青年基金。是由孙鸿烈院士所获何梁何利奖金捐助（5 万元港币）和我会从自有资金中匹配 5 万元人民币而设立的专项基金。

第二条　设立优秀青年基金旨在促进我会青年人才成长，加速我会改革和发展。

第三条　该专项基金本金存入银行，用其利息支付我会两年一度的优秀青年奖奖金和每年一度的青年优秀论文奖奖金以及评审工作的开支。

二、评审范围和条件

（一）优秀青年奖

第四条　优秀青年奖。主要奖励热爱祖国，拥护中国共产党，坚持四项基本原则和在加强精神文明建设中具有突出表现，在业务、管理和开发等工作岗位上做出优异成绩的青年同志。

第五条　凡年龄在 45 周岁以下，在我会连续工作三年以上，并符合以下条件之一者，可推荐为优秀青年奖候选人：

第一款　立志献身祖国的科技事业，具有良好的科研道德，勇于开拓，求实创新，团结协作，承担比较重要的科研任务，取得较高水平的成果，并在本学科领域有一定影响。

第二款　在科研管理工作中勤奋努力，勇于开拓，不断提高管理工作效率和水平，促进本岗位、本部门工作有较大进展，积极创造条件为科研工作和科技人员服务。

第三款　具有强烈的责任感和事业心，在开发工作中为成果转化、推广及其他方面做出突出成绩，对所在公司发展和为会创收有较大贡献，取得较大的经济效益。

（二）青年优秀论文奖

第六条　青年优秀论文奖。目的是激励我会青年同志多出成果，出好成果，并通过相互交流，促进共同提高。该奖主要针对论文水平和语言表达、报告技巧而言。

第七条　凡我会年龄在 45 周岁以下的科研、管理、开发方面的人员和在读研究生所撰写的具有立意新颖、观点明确、论据充分，学术水平较高，且为近期公开发表或未发表的论文均可参评。

第八条　参评论文作者，需提交论文和论文摘要。参评论文字数一般要求在 6000 字左右。参评论文作者应向评审委员会作论文报告。

三、评审委员会的组成与职责

第九条　为做好优秀青年奖和青年优秀论文奖的评选，特成立评审委员会，负责制定实施细则和评审工作。

第十条　评审委员会特请孙鸿烈院士任名誉主任。评委会其他成员由会领导，学委会主任或副主任，职称（员）评委会主任或副主任，党政人事办公室、科研财务处、青工委负责人等组成（任期随工作变动而进行调整）。1999 年评审委员会组成人员：

名誉主任：孙鸿烈

主　　任：成升魁

副 主 任：谭福安　欧阳华

委　　员：（按姓氏笔画排序）

石玉林　艾　刚　刘红辉　孙鸿烈　成升魁　李文华

谷树忠　陈传友　欧阳华　姚建华　封志明　胡淑文

顾　群　谭福安

第十一条　优秀青年奖和青年优秀论文奖评审的具体工作由党政人事办公室和科研财务处负责。

四、评审程序和奖励

第十二条　优秀青年奖和青年优秀论文奖的申请。优秀青年奖采取本人申请或两名具有高级职称（职员）的人员推荐或部门直接推荐，经部门领导签署意见后报人事处。青年优秀论文奖采取本人申请与论文一并报党政人事办公室。

第十三条　由党政人事办公室和科研财务处对所报材料进行审核后，提交评审委员会，由评审委员会评选产生获奖人员。

第十四条　评审委员会 2/3 以上委员到会，评审工作有效，到会委员 1/2 以上委员通过，评选结果有效。

第十五条　优秀青年奖的申报和推荐截止日期为每偶数年的 11 月 10 日（青年优秀论文奖的申报和推荐截止日期为每年的 10 月 10 日），12 月底以前完成评审。评审结果张榜公布并在全体职工大会上进行颁奖。

第十六条　评选我会优秀青年奖和青年优秀论文奖是一项严肃的工作，必须坚持标准，坚持实事求是，如发现弄虚作假等问题，取消其荣誉资格，追回所获奖金和证书。对情节严重者将追查其有关责任或作出处分。

第十七条　优秀青年奖和青年优秀论文奖，分设一、二、三等叁个等级。一等奖各 1 名；二等奖各 2 名；三等奖各 3 名。奖金额分别为：优秀青年奖，一等奖 1200 元，二等奖 800 元，三等奖 500 元；青年优秀论文奖，一等奖 400 元，二等奖 300 元，三等奖 200 元。

第十八条　凡获得奖励者，记入本人档案，并在晋职、晋级和公派出国等方面同等条件下予以优先考虑。

五、附　　则

第十九条　本条例由评审委员会负责解释。

第七篇　挂靠单位

108 中国科学院竺可桢野外科学工作奖委员会(1984～)

中国科学院为纪念我国自然资源综合考察奠基人——中国科学院已故副院长竺可桢在野外科学工作方面的业绩,鼓励科技人员积极参加野外科学考察和试验研究工作,从 1984 年起,设立"竺可桢野外科学工作奖",同时决定组成竺可桢野外科学工作奖评选委员会,并规定每两年评选一次,奖章、证书和奖金由中国科学院院长于竺可桢诞辰纪念日(3 月 7 日)颁发(见附件一)。

中国科学院竺可桢野外科学工作奖委员会挂靠在综考会。任务是在有关单位推举出候选人之后,由委员会选定获奖人。到 2000 年初共评选 7 届,获奖人员共有 180 名(见附件二)。

中国科学院竺可桢野外科学工作奖评选委员会历届委员组成。

第一届至第四届委员会

主任委员:卢嘉锡

副主任委员:孙鸿烈　李文华　孙玉科　宋振能

委　员:刘东生　施雅风　过兴先　于　强　石廷俊　李云玲　刘安国

第五届委员会

主任委员:周光召

副主任委员:孙鸿烈

委　员:施雅风　刘东生　佟凤勤　许　玮　张永庆　陆亚洲　栾中新　杨　生　刘安国

第六届委员会

主任委员:周光召

副主任委员:孙鸿烈　许智宏

委　员:施雅风　刘东生　佟凤勤　许　玮　张永庆　陆亚洲　栾中新　杨　生　刘安国

第七届委员会

主任委员:路甬祥

委　员:许智宏　陈宜瑜　孙鸿烈　施雅风　刘东生　王景川　李云玲　顾文琪　秦大河　王贵海　成升魁

附件 1　"中国科学院竺可桢野外科学工作奖"简则

(1983 年 5 月 30 日院务会议讨论通过)

一、为纪念我国自然资源综合考察奠基人、中国科学院已故副院长竺可桢在野外科学工作方面的业绩,继承和发扬竺可桢从国家建设需要出发,深入实际,亲自观测,长期积累,不断提高的治学精神,鼓励科技人员积极参加野外科学考察和试验研究工作,特设立"中国科学院竺可桢野外科学工作奖"。

二、本奖专门用于奖励在中国科学院组织的野外科学工作中表现突出、成绩显著的科技工作者。获奖者必须是,热爱中国共产党,热爱社会主义祖国,为四化建设积极参加野外科学工作,并符合下列条件之一者：

1. 在野外科学工作中有新的科学发现，或者取得系统的科学知识，并对科学发展有一定意义者；

2. 通过野外科学工作对资源调查和开发、经济区划、生态环境保护、国土整治、工程建设等方面提出重要意见和建议，已经取得或有关部门认为可能取得较大社会经济效益者；

3. 从事野外试验研究，取得具有较大的学术意义或经济价值的结果者；

4. 在野外科学工作的组织领导工作中卓有成效者；

5. 参加野外工作累计时间超过十年（超过三个月以半年计，超过半年以一年计），勤勤恳恳，任劳任怨，出色地完成本职任务者；或者在野外工作中一心为工作，一心为集体，不怕牺牲，舍己为人，艰苦奋斗，勇挑重担，有突出表现，受到群众赞扬者。

三、本奖每两年颁发一次，暂不分等，向获奖者授予"竺可桢野外科学工作奖获得者"奖章，同时颁发证书和奖金。奖章、证书和奖金由中国科学院院长于竺可桢诞辰纪念日（3月7日）颁发。

四、设立"中国科学院竺可桢野外科学工作奖"委员会，负责筹集基金和审定获奖者。委员7～11人，由院长任命。主任委员由院长兼任。院内有关单位于授奖日前两个月组织推选，并提出获奖者初选名单，提交院竺可桢野外科学工作奖委员会审批。

五、"竺可桢野外科学工作奖"基金，首批由院收入中拨给十万元，同时接受国内外捐赠，以存款利息用于奖励开支。

六、本简则自院务会议讨论通过之日起生效。

附件2　历届获奖人员名单

第一届(1984年)38位获奖人名单：

毛德华	新疆地理研究所副研究员
杨利普	新疆地理研究所高级工程师
夏训诚	新疆生物土壤沙漠研究所副研究员
武云飞	西北高原生物研究所助理研究员
张彭熹	青海盐湖研究所副研究员
朱震达	兰州沙漠研究所研究员
谢自楚	兰州冰川冻土研究所副研究员
吴紫汪	兰州冰川冻土研究所副研究员
朱显谟	西北水土保持研究所研究员
赵其国	南京土壤研究所研究员
文世宣	南京地质古生物研究所助理研究员
高礼存	南京地理研究所助理研究员
李止正	上海植物生理研究所助理研究员
王汝庸	沈阳林业土壤研究所副研究员
王春鹤	长春地理研究所助理研究员
曹文宣	武汉水生生物研究所副研究员
黄　苏	长沙大地构造研究所副研究员
唐邦兴	成都地理研究所副研究员
刘照光	成都生物研究所助理研究员
武素功	昆明植物研究所助理研究员
孙鸿烈	自然资源综合考察委员会副研究员
石玉林	自然资源综合考察委员会副研究员
廖国藩	自然资源综合考察委员会副研究员

尹集祥	地质研究所副研究员
郑　度	地理研究所助理研究员
赖明惠	地球物理研究所工程师
涂光炽	地球化学研究所研究员
黄万波	古脊椎动物与古人类研究所助理研究员
马绣同	海洋研究所副总技师
王书永	动物研究所助理研究员
姜　恕	植物研究所研究员
张仁和	声学研究所副研究员
况浩怀	高能物理研究所助理研究员
王富葆	南京大学地理系副教授
佟　伟	北京大学地质系副教授
李吉均	兰州大学地质地理系副教授
李天任	华东师范大学地理系讲师
刘东生	地质研究所研究员

第二届(1986年)20位获奖人名单

施雅风	兰州冰川冻土研究所研究员
周立三	南京地理研究所研究员
谢香方	新疆地理研究所副研究员
樊自立	新疆生物土壤沙漠研究所助理研究员
陈克造	青海盐湖研究所副研究员
王康富	兰州沙漠研究所副研究员
唐克丽	西北水土保持研究所副研究员
余作岳	华南植物研究所助理研究员
杜榕桓	成都地理研究所副研究员
余志堂	武汉水生生物研究所工程师
李炳元	地理研究所助理研究员
霍安祥	高能物理研究所副研究员
张赛珍	地球物理研究所高级工程师
常承法	地质研究所副研究员
黄复生	动物研究所副研究员
程　鸿	自然资源综合考察委员会副研究员
高登义	大气物理研究所助理研究员
戴力人	海洋研究所高级工程师
邬翊光	北京师范大学地理系副教授
石家琛	东北林业大学林学系副教授

第三届(1988年)22位获奖人名单

山　仑	西北水土保持研究所研究员
于　强	中国科学院院部
王明业	成都地理所研究员
王金亭	植物研究所副研究员
王志超	新疆地理研究所副研究员
王遵亲	南京土壤研究所研究员

马宝林	兰州地质研究所副研究员
刘伙泉	武汉水生生物研究所副研究员
孙广友	长春地理研究所副研究员
冯宗炜	生态环境研究中心研究员
那文俊	自然资源综合考察委员会副研究员
张先婉	成都分院副研究员
张晓爱	西北高原生物研究所副研究员
张青松	地理研究所副研究员
范志勤	动物研究所副研究员
郑本兴	兰州冰川冻土研究所副研究员
赵尔宓	成都生物研究所研究员
陶国达	西双版纳热带植物园高级实验师
倪志诚	西藏高原生物研究所研究员
黄丕振	新疆生物土壤沙漠研究所副研究员
褚新洛	昆明动物研究所研究员
潘裕生	地质研究所副研究员

第四届(1990年)27位获奖人名单

王　荣	海洋研究所研究员
王本琳	长春地理研究所研究员
王献溥	植物研究所研究员
叶尔道来提	新疆生物土壤沙漠研究所副研究员
卯晓岚	微生物研究所副研究员
庄大栋	南京地理与湖泊研究所高级实验师
孙东立	南京地质古生物研究所副研究员
李玉山	西北水土保持研究所研究员
李树德	兰州冰川冻土研究所副研究员
李继云	生态环境研究中心研究员
金成伟	地质研究所副研究员
金根桃	上海昆虫研究所中级实验师
陈敬清	青海盐湖研究所研究员
陈楚莹	沈阳应用生态研究所副研究员
陈鸿昭	南京土壤研究所副研究员
张有实	自然资源综合考察委员会研究员
张运生	新疆农业科学院副院长研究员
陆静英	东北林业大学林学系副教授
钟文勤	动物研究所副研究员
秦大河	兰州冰川冻土研究所副研究员
袁方策	新疆地理研究所研究员
章铭陶	自然资源综合考察委员会研究员
康志成	成都山地灾害与环境研究所副研究员
黄荣福	西北高原生物研究所副研究员
董枝明	古脊椎动物与古人类研究所副研究员
谢又予	地理研究所副研究员
谢玉坎	南海海洋研究所副研究员

第五届(1992 年)23 位获奖人名单

丁德诚	上海昆虫研究所副研究员
王中刚	地球化学研究所研究员
王天铎	上海植物生理研究所研究员
邓万明	地质研究所副研究员
云正明	石家庄农业现代化研究所研究员
刘光鼎	地球物理研究所研究员
刘铸唐	青海盐湖研究所副研究员
许再富	昆明植物研究所研究员
吴申燕	新疆地理研究所高级工程师
陈应泰	兰州地质研究所研究员
李 恒	昆明植物研究所研究员
陈英鸿	武汉水生生物研究所高级实验师
吴贯夫	成都生物研究所高级实验师
应俊生	植物研究所研究员
张颂云	沈阳应用生态研究所副研究员
张祥松	兰州冰川冻土研究所研究员
张谊光	自然资源综合考察委员会副研究员
杨逸畴	地理研究所研究员
侯 威	长沙大地构造研究所副研究员
胡敦欣	海洋研究所研究员
赵魁义	长春地理研究所副研究员
程大志	西北高原生物研究所高级工程师
董光荣	兰州沙漠研究所副研究员

第六届(1994 年)17 位获奖人名单

许荣华	地质研究所研究员
熊绍柏	地球物理研究所研究员
李华梅	广州地质新技术研究所研究员
黄荣金	地理研究所研究员
李 爽	遥感应用研究所研究员
郭绍礼	自然资源综合考察委员会研究员
李宝山	北京天文台高级实验师
黄以职	兰州冰川冻土研究所高级工程师
高仕杨	青海盐湖研究所研究员
陈清潮	南海海洋研究所研究员
冯祚建	动物研究所研究员
刘铭庭	新疆生物土壤沙漠研究所研究员
卢宗凡	西北水土保持研究所研究员
周兴民	西北高原生物研究所研究员
刘昌明	石家庄农业现代化研究所研究员
费 梁	成都生物研究所研究员
孙 航	昆明植物研究所助理研究员

第七届(2000 年)33 位获奖人名单

张学忠	动物研究所高级实验师
孔祥儒	地质与地球物理研究所研究员
陈万勇	古脊椎动物研究所研究员
林振耀	地理研究所研究员
李荣生	地理研究所研究员
陈传友	自然资源综合考察委员会研究员
李明森	自然资源综合考察委员会研究员
郎楷永	植物研究所研究员
胡文英	南京地理与湖泊研究所高级实验师
陈挺恩	南京地质古生物研究所研究员
王明珠	南京土壤研究所高级实验师
姚檀栋	兰州寒区旱区环境与工程研究所研究员
季国良	兰州寒区旱区环境与工程研究所研究员
陈广挺	兰州寒区旱区环境与工程研究所研究员
高前兆	兰州寒区旱区环境与工程研究所研究员
周文扬	西北高原生物研究所研究员
王启基	西北高原生物研究所研究员
郑喜玉	青海盐湖研究所研究员
彭少鳞	华南植物研究所研究员
张玉泉	广州地球化学研究所研究员
刘淑珍	成都山地灾害研究所研究员
成延鏊	成都山地灾害研究所研究员
溥发鼎	成都生物研究所研究员
李朝阳	地球化学研究所研究员
万国江	新疆生态与地理研究所研究员
周兴佳	新疆生态与地理研究所研究员
加帕尔·买合皮尔	新疆生态与地理研究所研究员
丘昌强	武汉水生生物研究所研究员
项国荣	长沙农业与现代化研究所研究员
王德轩	西北水土保持研究所研究员
姜凤岐	沈阳应用生态研究所研究员
田魁祥	石家庄农业现代化研究所研究员
韩有松	青岛海洋研究所研究员

109　中国自然资源学会
（1983～）

109.1　中国自然资源学会概况

1980年，由中国科学院自然资源综合考察委员会发起，中国科学技术协会于1980年9月批准成立"中国自然资源研究会"。1983年10月，中国自然资源研究会召开成立大会。1993年，鉴于我国自然资源科学研究的理论和方法日臻完善，学科体系已初步形成，经中国科协批准更名为"中国自然资源学会"。

中国自然资源学会是由从事自然资源及相关学科的科学研究、工程技术、教育以及管理工作者，自愿组成并依法登记成立的全国性、学术性的非营利社会组织。业务主管部门是中国科学技术协会，挂靠单位是中国科学院自然资源综合考察委员会。宗旨是：团结、动员广大会员和科技工作者，以科学发展观为指导，以推动资源学科建设和为国家经济社会发展服务为中心，加强自然资源的综合研究，促进资源科学和技术的发展与繁荣，促进资源科技的普及与推广，促进资源科技人才的成长与提高，促进资源科技与经济社会的结合。为广大会员和科技工作者服务，为国家经济社会发展服务，为提高公民科技素质服务，推动社会主义物质文明、政治文明、精神文明建设，为建设资源节约型社会和创新型国家，实现中华民族伟大复兴而努力奋斗。

1982年4月6～8日，中国自然资源研究会筹备组在北京召开了成立大会暨学术交流会。会议推选了28位同志组成了中国自然资源研究会筹备组，组长漆克昌，副组长马世骏、吴传钧、徐青、孙鸿烈。

1983年10月23～28日，"中国自然资源研究会成立大会暨学术交流会"在北京召开，190余名代表出席会议。代表大会讨论通过了"中国自然资源研究会章程"，选举产生了第一届理事会、常务理事会。理事60名，其中常务理事23名。选举侯学煜任理事长，孙鸿烈、阳含熙、陈述彭、王慧炯、李文彦、李文华为副理事长，郭绍礼为秘书长。成立了五个分支机构，即干旱半干旱区资源研究专业委员会、山地资源研究专业委员会、自然资源信息系统研究专业委员会、土地资源研究专业委员会和青年协会。创办了《自然资源学报》，聘请侯学煜、冯华德为顾问，程鸿任主编，李文华、李孝芳、赵松桥、孙鸿烈、陈梦熊任副主编。

1988年1月6～8日，中国自然资源研究会第二次会员代表大会暨学术讨论会在北京召开，94名代表出席会议。选举产生了第二届理事会、常务理事会。第二届理事会由77名理事组成，其中常务理事27名。选举孙鸿烈任理事长，李文华、李文彦、陈家琦、张新时、包浩生、杨树珍为副理事长，陈传友为秘书长，王炳勋、崔海亭为副秘书长，丁树玲为办公室主任。李孝芳任《自然资源学报》主编，李文华、赵松桥、杨树珍、徐启刚为副主编。其间成立了三个分支机构，即资源经济研究专业委员会、热带亚热带地区资源研究专业委员会、教育工作委员会。

1993年2月4日，中国科协（〔1993〕科协发组字042号文件）同意"中国自然资源研究会"更名为"中国自然资源学会"。

1993年2月24～26日，中国自然资源学会第三次全国会员代表大会暨学术讨论会在北京召开，80余名代表出席会议。选举产生了第三届理事会、常务理事会。第三届理事会由94名理事组成，其中常务理事35名。孙鸿烈再次当选理事长，石玉林、张新时、杨树珍、方磊、张巧玲、何贤杰、包浩生为副理事长，陈传友为秘书长，丁树玲（兼办公室主任）、王勤学为副秘书长。其间成立了三个分支机构，即资源持续利用与减灾专业委员会、天然药物资源研究专业委员会、资源工程研究专业委员会。

1998年5月11～13日，中国自然资源学会第四次全国会员代表大会暨资源可持续利用学术讨论会在北京召开，90余名代表出席会议。选举产生了第四届理事会、常务理事会。第四届理事会由98名理事组成，其中常务理事44名。推选孙鸿烈为名誉理事长，选举石玉林任理事长，李博、陈传友（常务）、刘纪远、史培军、石定寰、何贤杰、李晶宜、聂振邦为副理事长。陈传友兼任秘书长，封志明为副秘书长，办公室主任赵振英、胡孝忠、叶苹(各人任期不同)。其间成立了水资源专业委员会。

109.2　两个发展阶段

1. 开创阶段(1980.9～1993.1)

1980年9月12日，中国科协"关于同意成立中国系统工程学会等几个学会的通知"[科协发学字(80)278号]，同意成立中国自然资源研究会。这标志着社会及学术界初步认可资源是一门值得重视与研究的学问。

这一阶段的主要任务是：宣传研究会的宗旨，创办会刊，发展会员，健全组织，大力举办学术会议，向社会普及自然资源科技知识，树立民众爱惜资源、节约资源、合理利用资源和保护资源的意识。

其间召开了中国自然资源研究会第一、二次全国会员代表大会，选举产生了两届理事会。

起草了"中国自然资源研究会章程"；1985年2月9日，《自然资源学报》创刊，程鸿任主编；1991年，成立了干旱半干旱区资源研究专业委员会、山地资源研究专业委员会、资源经济研究专业委员会、热带亚热带地区资源研究专业委员会、自然资源信息系统研究专业委员会、土地资源研究专业委员会、青年工作委员会和教育工作委员会等8个分支机构。

这一阶段除了抓组织建设，还着力在青少年中开展了普及资源知识活动——"可爱的中华"系列讲座，宣讲祖国的大好河山以及各种资源分布情况。1998年学会组织撰写出版了一套自然资源丛书，包括《大地明珠——湖泊资源》《林木葱郁——森林资源》《蓝色的聚宝盆——海洋资源》《凝固的水库——冰川资源》《祖国的旅游胜地——旅游资源》《气候资源》《中国能源资源》《天富之区——海岸带资源》《自然资源——生存和发展的物质基础》。系列科普丛书的出版，填补了我国资源领域科普方面的空白。

这一阶段我会组织的学术活动，主要是从理论上总结资源科学知识，组织专家撰写了10余部资源专著，包括《西部地区资源开发与发展战略研究》《资源环境与农业发展》等。主办或参与组织了100余次学术交流活动。资源研究成果受到学术界关注。如孙鸿烈提出的资源研究的综合观：结合区域发展目标，强调人口—资源—环境—经济综合研究；不同资源、不同区域、流域内部的资源综合研究。石玉林关于"中国土地资源承载力"的研究，"建立资源节约型国民经济体系"，国情研究报告以及两种资源、两个市场国情研究报告。李文华强调资源开发注意生态环境保护观念等。

2. 发展阶段(1993.2～1999)

中国科协于1993年2月正式批准"中国自然资源研究会"更名为"中国自然资源学会"。中国科协在批复中指出，鉴于我国自然资源科学研究的理论和方法日臻完善，学科体系已初步形成，同意将中国自然资源研究会更名为"中国自然资源学会"。从此学会进入一个全面发展阶段，相继设立了资源持续利用与减灾、天然药物资源、资源工程等专业委员会(与此同时，全国相关高校、研究所相继成立了资源学院、研究室)。

这一时期的工作是在加强组织建设和学术交流的基础上，着重于学科体系建设和围绕着当前资源热点、重点开展学术讨论和科技咨询活动。

召开了第三、四次全国会员代表大会。建立和完善资源科学理论是这一阶段的重要工作。在国家计委的组织下，学会主要领导参与组织编撰《中国自然资源丛书》，10种资源分册和30个省(区、市)分册与一个综合分册。该丛书共42册，约1500万字，是我国第一套自然资源的实践总结巨著。该套丛书获国家计委机关特等奖、国家计委系统科技进步一等奖，获奖的六位同志中，有学会石玉林和陈传友两位同志。

在这套丛书的基础上，学会组织近600位专家学者，从1995起进行《中国资源科学百科全书》的编撰工作。孙鸿烈院士任编委会主任，陈传友研究员负责常务工作，2000年完成出版。该书的出版发行对我国资源科学的建立和学科定位，起到极大的作用。该书获得全国科技图书二等奖和山东省1999～2000年优秀图书奖。

1997 年，被授予中国科协第一届先进学会称号。

中国自然资源学会的以上工作，奠定了建立资源科学的基础，促进了中国资源科学的发展与完善。

109.3　中国自然资源学会学术活动

1. 学术交流

学术交流始终是学会的重点工作。20 年来，学会召开大中型学术活动超过百次，其中影响较大的有：

1982 年 7 月 3～7 日，在北京召开"国土整治战略问题第一次讨论会"，到会专家 40 余人，提交论文 33 篇。会后，汇编了《我国国土整治战略问题探讨》，1983 年由科学出版社出版。

1983 年 10 月 23～28 日，在北京召开"中国自然资源研究会成立大会暨第一次中国自然资源学术交流会"，190 多名代表参加大会，提交学术论文 108 篇。

1984 年 1 月 17～22 日，在广西南宁召开了"我国第二次国土整治战略问题讨论会"。50 多名专家参加会议，提交论文 31 篇。

1984 年 9 月 8～14 日，在新疆乌鲁木齐市召开我国"干旱、半干旱地区农业自然资源合理开发利用学术讨论会"。出席这次会议的代表共 80 多人，提交论文 80 余篇，其中宣读论文 27 篇。

1985 年 10 月 26 日至 11 月 13 日，在福建邵武召开"中国南方山丘综合开发利用学术讨论会"。会议分两个阶段进行，第一阶段，组织近 50 名专家先后对江西省的泰和、兴国、宁都、瑞金和福建的长汀、明溪、三明、沙县、南平、建瓯及武夷山保护区进行了实地考察，历时 14 天，行程 2000 余公里，考察 26 个代表不同类型和规模的山地利用典型点，并同当地政府和有关部门举行 5 次座谈会。第二阶段进行学术交流，提交论文 89 篇，其中宣读论文 25 篇。

1986 年 9 月，在内蒙古包头市召开"第二次全国干旱、半干旱地区自然资源合理利用学术讨论会"。出席大会的代表有 82 人，提交论文 100 余篇，大会交流论文 83 篇。

1986 年 12 月 1～5 日，在北京召开以区域资源开发与国土规划为主题的"第三次国土整治战略问题讨论会"。来自 19 个单位的专家学者 30 余人参加会议，提交论文 23 篇。

1987 年 4 月 10～14 日，在北京召开"土地资源专业委员会成立大会暨学术研讨会"。35 个单位 51 名代表参加会议，提交论文 20 篇。

1987 年 5 月 24～27 日，在北京召开"首届全国自然资源青年研讨会"，来自全国 25 个省（区、市）的 67 个有关科研机构、高等院校和政府部门的 140 余名代表参加会议，提交论文 250 余篇。

1988 年 1 月 6～8 日，"中国自然资源研究会第二次会员代表大会暨学术讨论会"在北京召开。到会代表 94 人，提交论文 50 余篇，有 11 位专家作学术报告。

1988 年 10 月 31～11 月 3 日，在湖南长沙市召开"南方草山草坡综合利用学术讨论会"。出席会议的代表 60 余人，提交论文 25 篇，大会宣读论文 24 篇。

1988 年 11 月 15～18 日，在陕西省杨陵召开"全国水土保持与黄土高原治理青年学术讨论会"。来自全国的 44 个科研机构、高等院校、政府部门的 86 位代表参加会议，提交论文 91 篇。

1989 年 6 月 21～22 日，在福建省福州市召开"福建省自然资源研究会成立大会暨第一次学术讨论会"。到会正式代表 65 人，列席代表 40 余人，分别来自全省 32 个单位，提交论文 40 篇，宣读论文 30 余篇。

1989 年 8 月 22～30 日，在内蒙呼和浩特市召开"干旱、半干旱地区国际学术讨论会"。参加会议的代表 100 余人，其中国外代表 14 人，提交论文 100 余篇。

1989 年 9 月 21～24 日，在山东济南市召开"山东资源与环境学会成立大会暨第一次学术讨论会"，76 名代表出席会议。

1989 年 11 月 21～24 日，在江苏省南京市召开以"农业与发展"为主题的"全国青年资源工作者第三届学术会议"。正式代表 52 名，列席 10 余名。提交论文和论文摘要 68 篇。

1989 年 12 月 6～9 日，在北京召开"全国土地承载力学术讨论会"，来自全国 30 多个单位 110 余名代表参加会议，提交论文 50 余篇。

1990 年 3 月 9 日，在北京召开"中国南方草山、草坡开发利用学术座谈会"。30 余名专家参加会议，为国家南方草地调查，提供了有益的建议。

1990 年 10 月 16～19 日，在四川省成都市召开"第二届全国自然资源青年工作者代表大会暨学术讨论会"。80 位代表出席了会议。提交论文和论文摘要 130 余篇，8 位专家大会发言。评选优秀论文 4 篇，获好评论文 20 篇。

1990 年 11 月 2 日，在北京召开"中国不同类型地区水资源供需矛盾的实质与对策"座谈会，30 余名专家出席会议。

1990 年 12 月 18～21 日，在北京召开"我国西部地区资源开发与发展战略学术讨论会"，100 多名专家、学者出席会议，提交论文 70 余篇。

1990 年 12 月 20～23 日，在河南大学召开"全国自然资源教育与教材研讨会"，出席会议的有 31 位代表，宣读论文 18 篇。

1991 年 9 月 20～22 日，在山东省泰安召开"全国青年自然资源工作者资源节约型农业研讨会"，50 余名代表参加，提交论文 50 余篇。

1991 年 10 月 27 日至 11 月 1 日，在广东省韶关市召开"热带亚热带地区资源开发与对策国际学术研讨会"，来自国内外 80 余名代表出席会议，提交论文及摘要 50 余篇，宣读论文 28 篇。

1991 年 11 月 5～7 日，在南京大学召开"全国自然灾害成因与对策科学研讨会"。

1992 年 7 月 21～24 日，在北京召开"海峡两岸（含港澳）经济持续发展的资源与环境青年学者研讨会"。出席会议的青年学者 53 人，提交论文 40 余篇。

1992 年 11 月 12～13 日，在长沙市召开"湖南省自然资源研究会成立大会暨学术讨论会"。92 名代表出席会议，提交论文 42 篇，选举产生了湖南省自然资源研究会第一届理事会。

1993 年 2 月 24～26 日，在北京召开"中国自然资源学会第三次会员代表大会暨学术讨论会"，80 余名代表出席会议，提交论文 40 余篇。与会科学家提出的全国人大应尽快设立"人口资源环境委员会"的提议由《人民日报》编印的《情况汇编》第 119 期提交给全国人大。

1993 年 5 月，在北京举办第一期"地价估价师资格培训班"，来自全国各地的 50 余位学员参加培训，颁发了地产估价师资格证书。

1993 年 5 月在福建省福州市召开"福建省自然资源学会第四届理事会暨学术讨论会"，福建省自然资源研究会更名为福建省自然资源学会。

1993 年 7 月，在贵州省贵阳市召开"全国喀斯特地区农业发展问题学术讨论会"，与会代表 100 余人，提交论文 94 篇。

1993 年 7 月，在宁夏回族自治区银川市召开"干旱区环境整治与资源合理利用国际研讨会"，来自美国、日本、德国、墨西哥、苏丹、叙利亚、荷兰、澳大利亚、蒙古、巴基斯坦等国的 20 位科学家与中国科学家共 100 余人参加会议，18 位中外科学家作了大会报告，交流论文 40 余篇。

1993 年 7 月，在河北省昌黎市组织召开"社会主义市场经济与资源开发利用农业系统工程青年学术研讨会"。

1994 年 5 月，在湖南衡阳市召开"土地资源及其开发利用中若干问题的学术研讨会"，80 余名代表出席会议。

1994 年 8 月，在广东惠州召开"中泰河流流域整治与开发学术讨论会"，参加会议代表 40 多人，出版论文集约 30 余万字。

1994 年 11 月，在南京市召开"天然药物资源专业委员会成立大会暨学术讨论会"，参加会议的代表近 100 人。出版《天然药物资源》一书。

1995 年 6 月 8～10 日，在北京召开《中国资源科学百科全书》编委会常务委员会第一次扩大会议，深入研究了编辑出版《中国资源科学百科全书》事宜。

1995 年 8 月，分别在内蒙古呼和浩特市和北京召开"中国绿洲建设理论与实践学术研讨暨中国促进沙产业发展基金委员会表彰会"与"生态系统建设与持续发展学术讨论会"，参加学术讨论会的代表 56 人，提交论文 46 篇。

1995 年 12 月 17～20 日，在福建大学召开"福建省自然资源学会第二届代表大会暨第五次学术年会"，出席大会代表有 98 人，提交论文 32 篇。

1996 年 5 月，在陕西省西安市召开"西北水土矿资源合理利用学术研讨会"，参加大会代表 70 余人，出版了论文集。

1996 年 5 月 7～8 日，在银川市召开"宁夏自然资源与国土经济研究会会员代表大会暨学术研讨会"，70 余名代表出席会议，提交论文 21 篇。

1996 年 8 月 20～25 日，在湖南省张家界市召开"第二届全国中药资源学教学研讨会"。38 名代表出席会议，提交论文 56 篇，30 人作大会发言。

1997 年 5 月 21～26 日，在浙江金华市召开"全国第二届天然药物资源学术研讨会"，102 名代表出席了会议，提交论文 133 篇，45 位代表作大会发言。

1997 年 8 月，在甘肃省兰州市召开"干旱区绿洲建设与自然资源合理利用国际学术研讨会"。参加会议代表 100 多人，其中外国专家 10 余人。大会提交论文 60 余篇。

1995 年 11 月 16～21 日，在长沙市召开"中国自然资源学会资源工程专业委员会成立大会暨学术讨论会"，有 70 名专家学者参加会议。

1997 年 12 月，在北京香山召开"我国西北干旱区可持续农业问题研讨会"，40 多位专家出席会议。

1997 年，在《光明日报》开辟"加强资源科学研究"专题论坛，连续发表了知名专家撰写的文章："资源科学——正在兴起的科学""我国资源科学的发展与展望""资源科学与可持续利用""论我国资源的开发战略"和"培养可持续管理人才"，以及专题介绍《资源科学百科全书》等方面文章。

1997 年，《自然资源学报》获得中国科协优秀学术期刊二等奖，并被列入"被引频次最高的中国科技期刊 500 名排行表"。

1998 年 5 月 11～13 日，在北京召开"中国自然资源学会第四次全国会员代表大会暨资源可持续利用学术研讨会"。有 90 多位代表出席会议，提交论文 60 余篇。

1998 年 11 月 22～24 日，在福州市召开"中国东南沿海地区资源互补、经济合作与可持续发展学术研讨会"。有 80 多位代表参加了会议，提交论文 60 余篇。

1998 年 11 月 25 日至 12 月 1 日，在海南省海口市召开"全国第三届天然药物资源学术研讨会"。182 名代表参加研讨会，提交论文 154 篇，出版论文集。

1998 年 12 月 28～29 日，在北京召开"跨世纪资源科学座谈会"。

1999 年 4 月 27～29 日，在北京召开"南水北调与我国社会经济可持续发展学术研讨会"。出席会议的代表 70 多人，国土资源部《资源产业》杂志为大会发了专辑。

1999 年 9 月，在杭州市承办中国科协首届大型学术年会第 6 分会场组织与学术交流工作。

1999 年 9 月，石玉林院士应邀到国土资源部就我国 21 世纪资源战略作特邀报告。

2. 出版论著

《西部地区资源开发与发展战略研究》(1991)

《资源环境与农业发展》(1991)

《中国热带亚热带地区自然资源的管理和保护》

《自然资源简明词典》

《喀斯特地区农业发展问题探讨》

《自然资源——生存和发展的物质基础》

《绿洲建设理论与实践》

《资源与持续发展战略》论文集

由周光召任主编的《21世纪学科发展丛书》中，自然资源学会负责编写资源科学卷——《资源——资财之源》。

3. 科普活动

从1988年起陆续出版资源科普丛书：《大地明珠——湖泊资源》《林木葱郁——森林资源》《蓝色的聚宝盆——海洋资源》《凝固的水库——冰川资源》《天富之区——海岸带资源》《祖国的旅游胜地——旅游资源》《气候资源》《中国能源资源》《自然资源——生存和发展的物质基础》《海涂资源》《草场资源》等。该套丛书被国家教委选定为中学生课外读物。

1989年1月11日至5月10日，与北京青年联合会举办"美丽富饶的祖国"自然资源系列讲座，每月两讲，共9讲，为期4个半月。

1992年5月20日至7月15日，为教会青年举办"可爱的中华"系列讲座，共五讲。

109.4　中国自然资源学会历届理事会名单

（一）中国自然资源研究会筹备组成员名单（1982.4）

组　长：漆克昌

副组长：马世骏　吴传钧　徐　青　孙鸿烈

筹备组成员（按姓氏笔画为序）：

王　战	王献溥	马世骏	任继周	邬翊光	许廷官	李文华	李龙云	李寿深	孙鸿烈
何永祺	吴传钧	张巧玲	张华龄	陈梦雄	陈　鑫	陈炳鑫	郑丕留	赵松乔	徐　青
席承藩	黄文惠	韩湘玲	谢家泽	漆克昌					

（二）中国自然资源研究会第一届理事会名单（1983.10～1988.1）

理事长：侯学煜

副理事长：孙鸿烈　阳含熙　陈述彭　王慧炯　李文彦　李文华

秘书长：郭绍礼

常务理事（按姓氏笔画为序）：

王慧炯	孙鸿烈	李文彦	李文华	李孝芳（女）	阳含熙	朱显谟	何乃维	陈述彭
陈炳鑫	陈　鑫	陈家琦	金鉴明	张华龄	张肇鑫	侯学煜	郭绍礼	赵松乔
黄文惠（女）	程　潞	曾昭顺	覃定超	韩湘玲（女）				

理事（按姓氏笔画为序）：

王庆延	王煦曾	王慧炯	区裕雄	毛德华	石玉林	叶永毅	田济马	孙鸿烈	冯兆昆
李文彦	李文华	李正芳	李世奎	李孝芳	阳含熙	朱显谟	朱　靖	朱震达	任继周
刘哲明	刘钟龄	刘锡田	许廷官	邬翊光	邹国础	何永祺	何乃维	吴传钧	陈述彭
陈家琦	陈梦雄	陈　鑫	陈炳鑫	陈绍星	金鉴明	张有实	张华龄	张肇鑫	张维邦
胡代泽	胡见义	胥俊章	赵其国	赵松乔	侯学煜	夏训诚	夏武平	郭绍礼	徐寿波
曹文宣	崔海亭	黄文惠	黄自立	程　潞	程　鸿	曾照顺	覃定超	蒋有绪	韩湘玲
艾万铸	杨纪珂	刘瑞玉	林振盛	郭瑞祥					

理事会还聘请了以下19位著名科学家和综合考察委员会的领导干部为顾问（以姓氏笔画为序）：

马世骏　许涤新　冯华德　朱济凡　宋达泉　李连捷　吴征镒　周立三　郑丕留　施雅风
钟功甫　程裕淇　席承藩　贾慎修　黄秉维　曾呈奎　谢家泽　漆克昌　赵　锋

（三）中国自然资源研究会第二届理事会名单(1988.1～1993.2)

理事长：孙鸿烈

副理事长：李文华　李文彦　陈家琦　张新时　包浩生　杨树珍

常务理事(按姓氏笔画为序)：

王慧炯　石玉林　包浩生　孙鸿烈　刘钟龄　李文华　李文彦　李孝芳　陈述彭　陈家琦
陈传友　金鉴明　张华龄　张巧玲　张新时　郑振源　杨　生　杨树珍　胡代泽　赵松乔
夏训诚　程　鸿　程　潞　曾昭顺　覃定超　韩日午　韩湘玲

秘书长：陈传友

副秘书长：王炳勋　崔海亭

理事(按姓氏笔画为序)：

王慧炯　王家诚　方觉曙　区裕雄　石玉林　田济马　包浩生　邓万明　艾万铸　卢培泽
冯兆昆　孙鸿烈　朱　靖　朱震达　刘瑞玉　刘哲明　刘钟龄　李文华　李文彦　李世奎
李克煌　李孝芳　李惠兰　何永祺　何　维　何绍箕　汪一鸣　汪久文　周立华　陈述彭
陈家琦　陈　绍　陈传友　陈栋生　金鉴明　林振盛　乌翙光　邹国础　张　本　张巧玲
张有实　张华龄　张启发　张国臣　张维邦　张新时　郑仁城　郑振源　杨　生　杨树珍
胡代泽　胡见义　胡双熙　胥俊章　赵其国　赵松乔　赵厚柏　钟功甫　倪志诚　贺伟程
夏训诚　曹文宣　郭绍礼　康庆禹　崔海亭　黄自立　童庆禧　程　鸿　程　潞　曾昭顺
覃定超　蒋有绪　韩日午　韩湘玲　谢庭生

（四）中国自然资源学会第三届理事会名单(1993.2～1998.5)

理事长：孙鸿烈

副理事长：石玉林　张新时　杨树珍　方　磊　张巧玲　何贤杰　包浩生

秘书长：陈传友

副秘书长：丁树玲　王勤学

常务理事(按姓氏笔画为序)：

王炳勋　王勤学　王慧炯　方　磊　石玉林　史培军　包浩生　孙鸿烈　朱鹤健　刘安国
刘钟龄　宋乃公　何贤杰　李文华　李世奎　杨　生　杨邦杰　杨树珍　周启仁　郑　度
郑仁城　陈述彭　陈传友　陈树勋　张巧玲　张新时　张经炜　夏训诚　赵松乔　贺伟程
崔海亭　陶　敏　韩湘玲　蒋有绪　虞孝感

理事(按姓氏笔画为序)：

王人潮　王本琳　王红亚　王炳勋　王勤学　王慧炯　方　磊　方觉曙　毛德华　孔国辉
尹秉高　孔国辉(女)　石玉林　艾万铸　艾云航　史培军　田济马　冯祚建　包纪祥
包浩生　孙鸿烈　向洪宜　朱鹤健　刘玉凯　刘安国　刘纪远　刘钟龄　肖笃宁　宋乃公
宋厚生　沈长江　汪一鸣　汪久文　何乃维　何贤杰　李　飞　李文华　李久林　李世奎
李克煌　李述刚　李居信　李继由　李毓堂　杨　生　杨邦杰　杨树珍　林振盛　周启仁
周钜乾　郑　度　郑仁城　陈述彭　陈传友　陈家正　陈树勋　张　本　张正敏　张兰生
张巧玲(女)　张林泉　张海伦　张经炜　张新时　张维邦　胡代泽　胡双熙　封志明
夏训诚　夏戡源　赵松乔　贺伟程　高广生　唐邦兴　唐树本　黄荣福　曹文宣　顾国安
康庆禹　梁国昭　崔海亭　陶　敏　韩日午　韩湘玲(女)　谢庭生　蒋有绪　童庆禧
程　潞　董金海　董锁成　蓝玉璞　蔡祖煌　虞孝感　樊　杰　戴儒光

（五）中国自然资源学会第四届理事会名单（1998.5～2004.4）

理事长：石玉林

副理事长（按姓氏笔画为序）：史培军　石定寰　何贤杰　李　博　李晶宜　陈传友（常务）聂振邦

秘书长：陈传友（兼）

副秘书长：封志明　王安宁

办公室主任：赵振英　胡孝忠　叶苹（各人任期不同）

常务理事（按姓氏笔画为序）：

毛德华	王慧炯	史培军	石玉林	石定寰	艾云航	刘纪远	刘钟龄	向洪宜	孙九林
孙佑海	朱鹤健	牟广丰	何贤杰	宋乃公	张　本	张正敏	张林泉	张经炜	张寅南
张敦富	李　博	李世奎	李晶宜	李锦平	汪久文	汪锦成	肖怀远	陈传友	陈泮勤
周荣汉	郑　度	封志明	贺伟程	赵士洞	钟祥浩	倪绍祥	夏训诚	聂振邦	陶　敏
彭补拙	虞孝感	蔡述明	戴儒光						

理　　事（按姓氏笔画为序）：

马克平	马启兰	方觉曙	毛德华	王人潮	王仰麟	王明忠	王慧炯	包纪祥	史学正
史培军	石玉林	石定寰	艾云航	刘世荣	刘纪远	刘宝元	刘钟龄	刘新民	向洪宜
孙九林	孙佑海	成升魁	朱文孝	朱鹤健	牟广丰	何　岩	何大明	何贤杰	吴连海
宋乃公	张　本	张广录	张兰生	张占仓	张正敏	张寿全	张林泉	张经炜	张金屯
张寅南	张敦富	张增祥	张毅祥	李　飞	李　博	李世奎	李克煌	李谊青	李晶宜
李锦平	杨　劼	杨奇森	汪久文	汪锦成	肖怀远	苏大学	陈传友	陈百明	陈泮勤
陈健飞	陈家正	陈朝辉	周尚哲	周荣汉	郑　度	郑汉臣	姚建华	封志明	相建海
胡四一	胡远满	贺伟程	赵士洞	钟祥浩	倪红伟	倪绍祥	夏训诚	徐　洪	聂振邦
莫景强	郭春景	陶　敏	曹新元	梁季阳	梁承邺	黄润华	彭　敏	彭补拙	董锁成
谢庭生	虞孝感	廖赤眉	蔡述明	樊　杰	潘书坤	戴儒光	魏后凯		

110　中国青藏高原研究会
(1988～)

1986 年 6 月，由叶笃正、陶诗言、杨戎、李文华、王云章、朱弘复、魏江春、章申、程鸿、常承法、邵启全、尹集祥、滕吉文、张新时、王富洲、谢自楚、张知非、佟伟、刘东生、吴征镒、武素功、郑度、张青松、李炳元、杨逸畴、潘裕生、陈伟烈、文世宣、王振寰、李继由、章铭陶、高登义、冯祚建、吴积善、黄万波、王富葆、严江征、苏珍、张玉泉、邓万明、王东安、武云飞、杜泽泉、孔昭宸、郎楷永、王志超、倪志诚等科学家发起成立中国青藏高原研究会的倡议。1988 年 2 月 13 日，中国科学院同意发起人的建议并上报国家科学技术委员会申请成立"中国青藏高原研究会"。同年 12 月 28 日，国家科学技术委员会批复同意中国科学院成立"中国青藏高原研究会"。

中国青藏高原研究会是由从事青藏高原研究和建设的科技工作者自愿结合并依法登记成立的全国性、学术性的非营利性社会组织。业务主管部门是中国科学技术协会。宗旨是团结和动员广大会员和科技工作者，以青藏高原为研究对象，促进青藏高原研究的繁荣和发展，为广大会员和科学技术工作者服务，为青藏高原及其相关地区的经济社会发展服务，为提高公民科学文化素质服务，推动社会主义物质文明、政治文明、精神文明建设，为建设创新型国家和实现中华民族伟大复兴做出贡献。

1990 年 3 月 12～14 日，中国青藏高原研究会在北京召开了第一次会员代表大会，有 180 多位代表出席了会议。代表大会通过了研究会章程，决定研究会挂靠在中国科学院自然资源综合考察委员会，选举产生了第一届理事会、常务理事会。推选阿沛·阿旺晋美为名誉理事长，选举刘东生为理事长，多杰才旦(藏族)、毛如柏、班玛丹增(藏族)、罗通达、孙鸿烈、王海、李廷栋、郑度、章铭陶为副理事长，温景春为秘书长，邓万明、杨逸畴、何希吾、佟伟、赵和、倪志诚为副秘书长。成立了三个专业委员会：基础研究专业委员会、资源与发展研究专业委员会、环境与自然保护研究专业委员会(见附件一)。

1994 年 5 月 24～26 日，在北京召开了第二次会员代表大会。选举产生了第二届理事会、常务理事会。继续推选阿沛·阿旺晋美(藏族)为名誉理事长，刘东生再次当选为理事长，常务副理事长孙鸿烈，副理事长王富洲、白玛(藏族)、李吉均、李廷栋、杨传堂、欧泽高、郑度，秘书长何希吾，副秘书长邓万明、冯雪华、林振耀，办公室主任冯雪华。除已有的三个专业委员会外，增设了国际合作交流工作委员会(见附件二)。

1998 年 12 月 14～15 日，在北京召开了第三次会员代表大会。选举产生了第三届理事会、常务理事会。推选阿沛·阿旺晋美、刘东生为名誉理事长，孙鸿烈当选理事长，副理事长白玛、拉巴平措(藏族)、李吉均、李廷栋、洛桑·灵智多杰(藏族)、秦大河、王富洲、郑度，秘书长何希吾，副秘书长冯雪华、陈远生、谷树忠、丁林、朱立平，办公室主任冯雪华。专业委员会设置同上届(见附件三)。

110.1　中国青藏高原研究会学术活动(1990～2000)

1. 学术交流

1990 年 3 月 12～14 日，在北京召开"第一次会员代表大会暨青藏高原资源·环境·发展学术讨论会"，有 180 多位代表出席会议。

1992 年 6 月在新疆喀什举办"喀喇昆仑山-昆仑山国际学术讨论会"，有 160 多人参加会议，其中海外人员 70 余人。

1993 年 2 月在北京召开"西藏'一江两河'及尼洋河流域地区资源开发与经济发展学术讨论会"，大会交流 60 余篇论文。

1993 年 4 月 29 日至 5 月 1 日在成都召开"青藏高原与全球变化学术讨论会"，约 100 人出席会议。

1994 年 5 月 24～26 日，在北京召开"中国青藏高原研究会第二次会员代表大会暨学术研讨会"。

1994 年 10 月 10～13 日在兰州召开"中国西部地区交通发展战略研讨会"。

1995 年 8 月 15～22 日在西宁组织召开"青海资源环境与发展学术讨论会"，参加会议的有 27 个单位的专家、学者 80 余人，提交论文 60 多篇。

1997 年 7 月 31 日至 8 月 13 日，组织首次大学生"世界屋脊夏令营"，来自 14 个城市 18 所大学的 25 名大学生参加了夏令营活动。

1997 年 7 月 16～18 日，举办"青藏高原隆升与气候环境及生态系统演化"为主题的青年科学家论坛第 22 次活动，来自 19 个单位的 30 余名青年科学家参加论坛。

1998 年在西宁组织召开"青藏高原国际科学讨论会"，有 160 余人参加会议，其中外国科学家 37 名。

1999 年 9 月 10～14 日，在云南昆明召开"青藏高原横断山区生态环境建设与可持续发展"学术研讨会。

2000 年 10 月 18～19 日，中国青藏高原研究会联合中国自然资源学会、四川省科协、中国科学院区域发展研究中心、中国科学院地理科学与资源研究所、北京师范大学、四川省自然资源研究所七个单位共同组织"西部大开发"学术研讨会，来自 40 多个单位的 70 余名专家、代表参会。

2000 年 10 月 29 日至 11 月 1 日，联合组织召开"中国山地研究与开发学术研讨会"，与会 123 位专家、代表分别来自 18 个省区市。

2. 科普活动

1991 年，为纪念西藏和平解放 40 周年，联合中央电视台、西藏自治区及有关部门、国家体育旅游公司、中国科学探险协会等单位联合举办"我心中的西藏"电视知识竞赛活动，组织撰写出版《雪域西藏小百科知识》；

1993 年，中日联合雅鲁藏布江科学探险考察，中方 13 人，日方 5 人；

1995 年组织了中日藏北无人区科学考察活动；

1996 年与浙江电视台合作完成了大型电视系列片"地球之巅"拍摄活动；

1996 年 7 月向"西藏现代化大型图书馆"捐赠图书近百册。

3. 出版论著

青藏高原研究会第一届学术讨论会论文集(科学出版社，1992)；

西藏自治区雅鲁藏布江—拉萨河—年楚河中部流域地区资源开发与经济发展学术讨论会论文集(科学技术出版社，1994)；

青藏高原与全球变化研讨会论文集(气象出版社，1995)；

青藏高源资源、环境与发展学术讨论会论文集(气象出版社，1996)；

青藏高原科技文献目录大全(中国藏学出版社，1996)；

青藏高原环境与发展(中国藏学出版社，1996)；

青藏高原水资源(中国藏学出版社，2000)；

青藏高原的形成演化(上海科学技术出版社，1996)；

世界屋脊之谜(湖南科学技术出版社，1996)；

青藏苍茫(生活·读书·新知三联书店出版发行，1998)；

西藏科技志(中国藏学出版社，1998)。

4. 科技咨询

1995 年呈送国务院"关于青海资源环境与持续发展若干问题建议书"。

2000 年 2 月，由孙鸿烈院士组织开展"西藏昌都地区发展战略"科技咨询活动，由孙鸿烈院士任组长，成员有李文华院士、何希吾、苏大学、成升魁、雍永元、武素功、张文尝、章铭陶、吕达和谷树忠研究员，李新玉副研究员，曹永新和冯雪华高级工程师及李利锋博士。李渤生、韩裕丰和蒋世奎研究员及顾洪宾高级工程师，提供了部分咨询意见。咨询报告得到朱镕基总理、李岚清副总理、温家宝副总理等国务院领导同志的批示，以及国家计委的复函。

2000 年 11 月，我会常务理事成升魁研究员、副秘书长谷树忠研究员、张谊光研究员、赵建安副研究员，协助西藏自治区科技厅顺利完成了"西藏自治区十五科技发展规划"的编写工作。

110.2　青藏高原青年科技奖(1995～2001)

1995 年开始设立"青藏高原青年科技奖"（见附件四）。

第一届青年科技奖评选委员会

主　任：刘东生

副主任：孙鸿烈

委　员：王富洲　李廷栋　郑　度　秦大河　潘裕生　章铭陶　刘玉凯　何希吾

1995 年进行了首届"青藏高原青年科技奖"评选，1996 年 4 月在北京翔云楼宾馆举行首届颁奖仪式。获奖者有：

丁　林　方小敏　王保海　刘晓东　刘燕华　张春光　姚檀栋　高　锐　彭　敏　廖俊国

第二届青年科技奖评选委员会

主　任：刘东生

副主任：孙鸿烈

委　员：李廷栋　刘玉凯　秦大河　王富洲　何希吾　林振耀　潘裕生　章铭陶

1998 年在北京西藏大厦举行第二届颁奖仪式。获奖者有：

王洁民　边巴扎西（藏族）　刘宏兵　朱立平　李世杰　李忠勤　成升魁　罗　辉　姚培毅　潘保田

第三届青年科技奖评选委员会

主　任：孙鸿烈

委　员：郑　度　李文华　孙九林　李廷栋　丁国瑜　滕吉文　肖序常　姚檀栋　刘纪远　格　勒　潘　懋　何希吾

2001 年在北京西藏大厦举行第三届颁奖仪式。获奖者有：

王宁练　包维楷　伍永秋　刘　焰　朱同兴　吴敬禄　张宪洲　张　登　李英年　赖绍聪

附件 1　中国青藏高原研究会第一届理事会名单

(1990.3～1994.5)

名誉理事长：阿沛·阿旺晋美

理事长：刘东生

副理事长：多杰才旦　毛如柏　班玛丹增　罗通达　孙鸿烈　王　海　李廷栋　郑　度　章铭陶

秘书长：温景春

副秘书长：邓万明　杨逸畴　何希吾　佟　伟　赵　和　倪志诚

常务理事（按姓氏笔画为序）：

丁国瑜　王　海　王富洲　车敦仁　毛如柏　邓万明　冯祚建　向　杨　多杰才旦

刘玉凯　刘东生　孙鸿烈　李吉均　李廷栋　肖序常　佟　伟　谷景和　张知非

张新时　陈志杰　武素功　罗通达　郑　度　郑绵平　赵　和　倪志诚　唐邦兴
高登义　徐正余　黄亨履　曹佑功　班玛丹增　章铭陶　温景春

理　事（按姓氏笔画为序）：

丁国瑜　马添龙　王　海　王先明　王宗伟　王恒生　王成善　王富洲　王富葆　王振寰
车敦仁　毛如柏　文世宣　邓万明　冯祚建　向　杨　多杰才旦　刘玉凯　刘东生
刘照光　孙广友　孙鸿烈　汤懋苍　杨　藩　杨建祥　杨逸畴　李　珍　李文华　李吉均
李廷栋　严进瑞　肖序常　吴瑞琛　何大明　何希吾　佟　伟　余光明　谷景和　邹文明
张知非　张天镇　张以弗　张家驹　张新时　张彭熹　陈全功　陈努杰　武云飞　武素功
周兆年　罗通达　郑　度　郑绵平　胡建国　赵　和　钟圣清　范云崎　聂泽同
班玛丹增　倪志诚　高以信　高登义　高志学　唐邦兴　徐正余　徐振国　徐凤翔　曹佑功
黄亨履　符义坤　章铭陶　韩裕丰　彭　哲　温景春　曾秋生　谢自楚　赖守悌　路季梅
滕吉文　潘裕生　梁云海

顾　问：

马杏垣　王云章　王耕今　王鸿桢　叶连俊　叶笃正　任继周　刘允中　刘建康　刘增乾
孙殿卿　池际尚　朱弘复　杨敬之　李连捷　吴征镒　吴传钧　张广学　陈述彭　胡旭初
周寿荣　罗开富　郑作新　施雅风　侯学煜　袁见齐　顾功叙　高由禧　徐　仁　徐廷文
涂光炽　夏武平　崔克信　饶钦止　黄汲清　程裕淇

基础研究专业委员会

主任委员：尹集祥

副主任委员：王富葆　武素功

委　员：王成善　汤懋苍　李吉均　李继由　余光明　张玉泉　张青松　张以弗　郑剑东
高以信　章炳高　曹佑功　黄复生　滕吉文

资源与发展研究专业委员会

主任委员：佟　伟

副主任委员：韩裕丰

委　员：王光明　王恒生　卯晓岚　刘照光　孙尚志　张家驹　苏　珍
郑喜玉　郑绵平　赵　和　倪祖彬　黄文秀　路季梅

环境与自然保护研究专业委员会

主任委员：唐邦兴

副主任委员：刘玉凯　李明森

委　员：陈国阶　李树德　李渤生　谷景和　林振耀　徐凤翔　冯祚建　李炳元
陶思明　向里评

附件 2　中国青藏高原研究会第二届理事会名单

（1990.5～1998.12）

名誉理事长：阿沛·阿旺晋美

理事长：刘东生

常务副理事长：孙鸿烈

副理事长：王富洲　白　玛　孙鸿烈　李吉均　李廷栋　杨传堂　欧泽高（藏族）　郑　度

秘书长：何希吾

副秘书长：邓万明　冯雪华　林振耀

附件 3 中国青藏高原研究会第三届理事会名单

(1998.12~2003.12)

名誉理事长：阿沛·阿旺晋美 刘东生

理事长：孙鸿烈

副理事长：白 玛 拉巴平错(藏) 郑 度 李吉均 洛桑·灵智多杰(藏)
　　　　　李廷栋 秦大河 王富洲

常务理事（按姓氏笔画为序）：

　　　　丁国瑜 万晓樵 马丽华 马福臣 王成善 王富洲 冯雪华 加保(藏族) 白 玛(藏族)
　　　　刘 毅 刘纪远 刘宏兵 刘志洪 刘耕年 刘嘉麒 刘燕华 安芷生 朱立平
　　　　何希吾 张彭熹 张新时 孙鸿烈 李文华 李吉均 李廷栋 杜泽泉 肖序常
　　　　谷树忠 邵立勤 林振耀 陈俊勇 武素功 郑 度 郑绵平 洛桑·灵智多杰
　　　　姚檀栋 胡令浩 秦大河 顾茂生 高登义 强 新 程国栋 潘 懋 薛凤旋
　　　　成升魁 李志新 格桑顿珠(藏族)

理 事（按姓氏笔画为序）：

　　　　丁 林 丁国瑜 万晓樵 于小晗 马丽华 马福臣 王成善 王富洲 王椿镛 冯雪华
　　　　加 保(藏) 古凤宝 白 玛(藏) 刘 毅 刘世建 刘纪远 刘宏兵 刘志洪 刘治平
　　　　刘晓东 刘耕年 刘嘉麒 刘燕华 多杰才让(藏族) 孙泽荣 孙鸿烈 安芷生 朱立平
　　　　次 多(藏族) 齐扎拉(藏族) 何大明 何希吾 吴 宁 吴天一(塔吉克) 张文敬
　　　　张江援 张春光 张彭熹 张登山 张新时 李升峰 李文华 李世杰 李吉均 李廷栋
　　　　李阳春 李志新 李明武 李渤生 杜泽泉 沙金庚 肖序常 谷树忠 邵立勤 陆 平
　　　　陈 杰 陈亚宁 陈远生 陈金恭 陈俊勇 陈铁流 周永红 周爱明 周 祥 季国良
　　　　拉巴平措(藏族) 林振耀 欧泽高(藏族) 武素功 郎百宁 郑 度 郑绵平
　　　　洛桑·灵智多杰 姚檀栋 胡令浩 赵 彬赵新全 徐祥德 格 勒(藏族)
　　　　格桑朗杰(藏族) 秦大河 索 朗(藏族) 钱壮志 顾茂生 高振宇 高谋兴 高登义
　　　　假 拉(藏族) 康仲明 措 姆(藏族) 黄效文 强 新 彭 敏 斯 塔(藏族)
　　　　温景春 程国栋 翟松天 樊永宁 潘 懋 潘桂棠 潘裕生 薛凤旋 成升魁
　　　　张宪洲 东 风(藏族)

秘书长：何希吾

副秘书长：冯雪华 陈远生 谷树忠 丁 林 朱立平

办公室主任：冯雪华

中国青藏高原研究会研究工作组

1. 基础研究工作组

组 长：姚檀栋

副组长：潘懋、李明武

成 员（按姓氏笔画为序）：

　　　　丁 林 万晓樵 方小敏 王成善 王椿镛 刘宏兵 刘晓东 张春光 沙金庚
　　　　邵雪梅 武素功 潘桂堂

2. 资源与持续发展研究工作组

组　　长：成升魁

副组长：刘　毅

成　　员（按姓氏笔画为序）：

　　东　风　刘耕年　李升峰　李阳春　沈　镭　谷树忠　周永红　赵建安　格　勒　顾茂芝

3. 环境与自然保护研究工作组

组　　长：刘纪远

副组长：高振宁、李世杰

成　　员（按姓氏笔画为序）：

　　刘世建　吴宁　张文敬　李渤生　赵新全　假拉　廖俊国　薛凤旋

4. 国际合作交流工作组

组　　长：陈远生

副组长：张江援、何大明

成　　员（按姓氏笔画为序）：

　　冯雪华　刘洪志　朱立平　余成群　洛桑朗杰　黄效文　强　新　樊永宁

附件4　青藏高原青年科技奖条例

为鼓励青年科技工作者奋发进取，献身于青藏高原科技事业，促进青藏高原科技人才的成长，并与中国科学技术协会"中国青年科技奖"相协调，特制订本条例。

一、本奖定名为"青藏高原青年科技奖"。

二、评选范围：在从事青藏高原科学研究、经济建设和文化发展中涌现的，年龄在40周岁（含40周岁）以下的青年科技工作者。

三、评选标准：热爱祖国，热爱社会主义，具有"献身、创新、求实、协作"的科学精神，优良的科学道德和学风，并在业务工作中具有下列条件之一者：

1. 在学术上提出了新的思想和见解，论著发表后被公认为达到国内先进或国际水平者；

2. 在科学实践活动中勇于创新，做出重要贡献，并已取得较大经济效益或社会效益者；

3. 在科学知识普及工作中成绩显著，取得良好的社会效益或经济效益的重要贡献者。

四、授奖名额：本奖每两年评选一次，每届授奖人数不超过10名。

五、推荐与评选程序：候选人由所在单位或两名专家根据本条例推荐，经评审委员会评议、审核，获奖者由中国青藏高原研究会常务理事会批准报国家科技奖励工作办公室备案。

对获奖者授予奖金、证书和纪念品，进行相应宣传并通报其所在单位。

六、评奖是一项严肃的工作，必须坚持标准，依靠专家，公正合理，实事求是，宁缺毋滥。发现弄虚作假者，撤销奖励并追查有关责任。

七、评审的具体办法另行制订实施细则（见附件5）。

八、中国青藏高原研究会从获奖者中推选人员，作为中国科学技术协会"中国青年科技奖"的候选人。

九、本条例解释权属中国青藏高原研究会。

附件5 青藏高原青年科技奖实施细则

一、宗旨：本奖旨在表彰政治思想、科学道德与学风好，在青藏高原科技工作中做出突出贡献，同行认可的青藏高原青年科技工作者。

二、由候选人所在单位或两位专家推荐。

三、根据本奖宗旨和评选标准，推荐材料要求：

1. 对科学精神、科学道德和学风等方面的事迹应附材料；

2. 科技成果应以在国内开展的工作为主；

3. 论文或著作必须是在国内外公开发行的期刊上发表或正式出版；成果必须是经过有关部门的正式鉴定；

4. 论文、著作或成果应为第一作者或主要贡献者；

5. 填写专家推荐表的两位专家应是不同单位并对被推荐人及其成果比较了解的、具有正高级专业职称的专家；

6. 各推荐单位和专家填写推荐意见后，报中国青藏高原研究会"青藏高原青年科技奖"办公室。

四、上报材料包括：

被推荐人登记表一式二份（原件）

专家推荐表一式二份（原件）

代表性论著或成果2～3篇（册）

奖励证书、证明等材料复印件1份

五、审批程序：在中国青藏高原研究会常务理事会领导下，聘请部分专家组成"青藏高原青年科技奖"评审委员会。评审委员会采用投票方式决定评选结果并报常务理事会审批后上报国家科学技术奖励办公室。

六、本奖为荣誉奖，对获奖者颁发奖金、证书和纪念品，获奖结果通报其所在单位，并推选最优秀者作为中国科学技术协会"中国青年科技奖"候选人。

七、根据条例规定，"青藏高原青年科技奖"每两年评审一次。单数年的6月底各推荐单位应按时报送有关推荐材料。

八、本实施细则由中国青藏高原研究会负责解释。

111 中国科学探险协会
（1992～1993）

  中国科学探险协会是在中国科学技术协会领导下的由从事和热爱科学探险事业的科学工作者和关心支持科学探险事业的有关人士组成的全国性、学术性、非营利性的社会团体。在中国科学院对珠穆朗玛峰、希夏邦马峰、托木尔峰、南迦巴瓦峰等地区，以及藏北地区、喀喇昆仑山和昆仑山地区和沙漠科学考察的基础上，1988年由从事登山科学考察和极地科学考察工作者发起，经中国科学院报请国家科委和中国科学技术协会批准成立。成立之初挂靠在中国科学院国际合作局国际学术交流中心，依据民政部的要求，1992～1993年改为挂靠在综考会。1994年起挂靠在中国科学院大气物理研究所。

  1989年1月中国科学探险协会在北京召开了第一次会员代表大会，综考会选派了王振寰、郎一环、冯雪华、陶宝祥、温景春作为会员代表出席大会并参与了筹备工作。原中国科学院登山科学考察队队长刘东生在大会上致开幕词，中国科学院副院长孙鸿烈、国家体育委员会副主席李凯亭、南极考察委员会主任武衡、中华全国体育运动委员会副主席韩复东、中国地质大学登山队队长郭兴、日本山岳协会秘书长伊丹绍泰在大会上致贺词。代表大会讨论制定了《中国科学探险协会章程》，选举产生了第一届理事会，选举刘东生为主席，王富洲、李凯亭、郭琨、高登文为副主席，王富洲兼秘书长（详见附件1）。中国科学探险协会下设3个专业委员会：特种探险专业委员会、特殊地区探险专业委员会、珍稀奇异动物探险专业委员会。

  依据协会章程的规定，中国科学探险协会主要任务是：开展多种形式的科学探险活动，重点开展高山科学探险、无人区科学探险、极地科学探险、沙漠科学探险、热气球和高空科学探险、洞穴科学探险、原始森林科学探险、特殊自然保护区科学探险、奇异珍稀动植物科学探险等。

  依据章程的规定，中国科学探险协会成立后积极开展多种形式的科学探险活动，为推动我国科学探险事业的发展做出了贡献：1988～1991年组织中美梅里雪山科学考察，中日热气球飞越珠穆朗玛峰科学探险，中日东昆仑山科学考察，中日塔克拉玛干沙漠科学考察，中日可可西里无人区科学考察和中日冈仁波齐峰的考察，中国科学探险协会还先后于1992年8～9月与日本政法大学合作在考察塔克拉玛干沙漠的同时，组织了小分队考察了克里雅河上游的西昆仑山地区；1992年9～10月中国科学探险协会与美国高山俱乐部合作对梅里雪山的太子山进行了科学考察；1993年中国科学探险协会与日本产业新闻合作对雅鲁藏布江进行了考察，分两个阶段进行：5～6月考察了雅鲁藏布江上中游段，9～10月考察了雅鲁藏布江的下游段；1993年9～10月，中国科学探险协会与挪威皮尔根大学合作对珠穆朗玛峰的气象、冰川、生物进行了科学考察。中国科学探险协会还组织科学家对雅鲁藏布江大峡谷进行考察论证，发现雅鲁藏布江下游大峡谷为世界上最大的大峡谷。

附件　中国科学探险协会第一届理事会

名誉主席：宋健

主 席：刘东生

副主席：王富洲　李凯亭　郭　琨　高登义

秘书长：王富洲（兼）

副秘书长：张洪波　周　正　张俊岩　王振寰　温景春　严江征

办公室主任（先后任职）：张洪波　王振寰　温景春

112 中国科学院国情研究小组
（1987～）

112.1 中国国情分析课题的由来

中国国情分析研究课题是 1986 年国务院农村发展研究中心杜润生提出，交中国科学院农业委员会李松华负责，组织周立三、陈锡康、李立贤共同完成，并向国务院农村发展研究中心汇报。

中国国情分析报告指出，中国人口、资源、环境与社会经济发展的矛盾在相当长时期内都是我国社会经济发展的主要矛盾。而其他如就业、物价、城乡等则是由上述主要矛盾引发的次生矛盾。因此，当前及未来时期中国资源的供求状况及其演变趋势，资源战略储备及其优化配置，将成为国家发展战略的重要组成部分，甚至涉及国家经济与金融安全，是我国基本国情，需要重点关注，长期跟综研究。

112.2 中国科学院国情研究小组的成立和挂靠单位

为了进一步开展国情研究，1987 年中国科学院决定成立中国科学院国情研究小组，挂靠综考会，任命周立三为组长，李立贤、王毅任学术秘书。经费由院长专项基金拨款，由院计划局审查审批。国情小组主要成果由院长召开学部大会讨论审批，院长作序，并由中国科学院报送国务院。2000 年周光召批示继续支持国情小组的研究。周立三曾提出需继续深入研究的 20 多个课题。

112.3 国情研究小组主要成员

中国科学院生态中心：胡鞍钢、王毅、康晓光

中国科学院系统研究所：陈锡康

中国科学院南京地理研究所：周立三、吴楚材、张落成

中国科学院综考会：石玉林、李立贤、刘燕鹏、唐桂芬、卢红

参与研究的其他社会知名人士：马宾（国务院发展研究中心）、方克定（国家行政学院）、方磊（国家计委）、常寒英（国务院农村发展研究中心）、吴传均（中国科学院地理研究所）。

参与部分工作的综考会人员有：马宏、冯雪华负责院内外业务组织联系，齐文虎负责北京市顺义农业调研。

综考会有关学科人员提供资料参加讨论。主要有张有实、赵训经、刘厚培、袁子恭、那文俊、沈长江、容洞谷、韩裕丰、黄文秀、苏大学、郎一环、姚建华、沈镭、王礼茂、董锁成、杨兴宪。其他单位的人员有：侯奎（中国科学院地质研究所）、何贤杰（地矿部）。

112.4 研 究 成 果

国情研究主要成果：包括中国国情报告序列成果（中英文版、简体字版、繁体字版）、多集电视片、咨询报告、简报、新闻稿件和专题报告会等。

主要研究成果（第一至第九号国情报告）：

（1）生存与发展，科学出版社，1989.10；

（2）开源与节约

——中国自然资源与人力资源潜力与对策，科学出版社，1992.12；

（3）城市与农村

——中国城乡矛盾与发展研究，科学出版社，1994.9；

（4）机遇与挑战

——中国走向 21 世纪的经济发展目标和基本发展战略研究，科学出版社，1995.12；

（5）农业与发展

——21 世纪中国粮食与农业发展战略，辽宁人民出版社，1997.12；

（6）就业与发展

——中国失业问题与就业战略，辽宁人民出版社，1998.12；

（7）民族与发展

——加快我国中西部民族地区社会经济发展研究，辽宁人民出版社，2000.6；

（8）两种资源两个市场

——构建中国资源安全保障体系研究，天津人民出版社，2001；

（9）新机遇与新发展

——中国 20 年战略机遇期的"三农"与发展，商务印书馆，2005.12。

112.5　获　奖　情　况

国情报告以"认清国情、分析危机、清除错觉、寻找对策"为旨义，对制约中国长期发展所面临的人口、资源、能源、环境、粮食与发展等若干基本问题、基本矛盾和基本关系进行了综合性、系统性和趋势性分析，提出符合中国国情的现代化道路的基本框架及 21 世纪上半叶实现可持续发展的基本战略和政策建议。国情研究报告经中国科学院上报国务院，并于 1997 年获中国科学院科技成果一等奖、国家科学技术进步奖二等奖。2000 年提交的双向资源发展战略咨询报告，为国家资源战略、资源战略贮备及时调整起到咨询作用，受到党中央和国务院重视。

主要完成人：周立三、胡鞍钢、石玉林、陈锡康、李立贤、吴楚材、王毅、李松华、康晓光、郭菊娥、陈雯、刘燕鹏、潘晓民、刘新建、张落成。

113　中国生态系统研究网络
（1988～）

113.1　网络中心的建设

中国科学院鉴于我国人口众多和资源利用不当等原因所造成的资源、环境方面的压力不断增大，非常需要对生态系统和环境状况进行长期、全面的监测、研究。于 1988 年决定：筹建中国生态系统研究网络（Chinese Ecosystem Research Network，缩写为 CERN）。中国科学院生态系统研究网络中心科学委员会秘书处设在综考会。

中国生态系统研究网络的建设和运行，大体分为三个阶段：①1988～1992 年是规划设计阶段。规划的核心是建设综合研究中心、分中心（专项研究中心）和生态站等三个研究层次。②1993～2000 年是建设阶段。从 1993 年起，CERN 在世界银行贷款"中国环境技术援助项目"（World Bank Environment Technical Assistance Project）的支持下重点建设了 29 个（在原有 64 个野外台站中选出条件较好的 29 个，2000 年后又增至 36 个）农业、森林、草原、湖泊和海洋生态系统定位研究站；在综考会、南京土壤研究所、大气物理研究所、植物研究所和水生生物研究所中，分别建立了水分、土壤、大气、生物、水体等 5 个生态系统分中心及 1 个综合研究中心。③2000 年以后是运行和发展阶段。

与其他网络相比较，CERN 的设计有如下特征：就整个网络而言，强调网络的整体性和总体目标，强调直接服务于解决资源、环境方面的问题；在观测方面，强调观测仪器、装备和观测方法的统一，以便取得可以互比的数据；在数据方面，强调数据格式的统一和数据质量的控制，强调数据共享、综合与分析；在研究方法上，强调包括社会科学在内的多学科参与的综合研究，以及按统一的目标和方法进行的、多个台站参与的网络研究。该项设计的先进性和可行性（国内、外专家多次评议认为"该项设计是先进的、可行的"），为 CERN 的总体目标和各项任务的实现奠定了可靠的基础。

113.2　组织机构设置

113.2.1　国家生态系统研究网络领导机构

1. CERN 领导小组

CERN 领导小组是该网络的决策机构，由中国科学院主管副院长和资源环境科学与技术局（主管局）及其他有关局的领导组成，组长由主管副院长担任。领导小组负责 CERN 重大问题的决策、与院内有关机构和国家有关部门的协调及聘任科学指导委员会和科学委员会成员。1989 年 9 月中国科学院任命时任副院长的孙鸿烈担任领导小组组长，沈善敏、赵剑平为副组长。

CERN 领导小组办公室：

CERN 领导小组办公室是领导小组的日常办事机构，设在中国科学院资源环境科学与技术局（简称资环局），主要行使领导小组赋予的组织、协调和管理等职能。办公室设主任 1 人和副主任若干人，由资源环境科学与技术局提名，领导小组任命。领导小组办公室设在资环局，由生态环境处张莉萍兼任办公室主任，田二垒任副主任。

2. CERN 科学指导委员会

科学指导委员会是 CERN 的学术指导机构,负责对 CERN 的发展战略、规划、研究方向、重大研究任务和计划进行指导。科学指导委员会由生态学及相关学科领域有崇高声望的学者组成。1993 年成立科学指导委员会,成员有徐冠华、叶笃正、符淙斌、陈述彭、李文华、石元春、陈昌笃、章基嘉、曹洪法、蒋有绪、Andersson(瑞典)、John Briggs(美国)、J. R. Gose(美国)、O. W. Heal(英国)。

3. CERN 科学委员会

科学委员会是 CERN 的学术领导机构,负责制定网络的发展战略、规划和计划,确定网络的研究方向和重大研究任务,并负责监督计划的实施。科学委员会由在生态学及相关学科领域有影响的学者组成。科学委员会可根据工作需要,下设若干专业工作组。1993 年 2 月中国科学院任命孙鸿烈为主任,沈善敏、赵士洞、赵剑平为副主任,委员有张新时、陈宜瑜、赵其国、钱迎倩、陈发祖、王明星、孙九林。

4. CERN 科学委员会秘书处

秘书处是科学委员会的办事机构,由秘书长负责组成,实施科学委员会的决定和交办的有关工作。1993 年 5 月 7 日秘书处正式在综考会办公。

秘书处机构设置及人员组成

秘书长:赵士洞(兼)

办公室:李庭启、王群力、杨雅萍、万洪富、史华

基建组:朱成大、李彦超(总工)

技术组:欧润生

培训组:严茂超

信息系统组:孙九林

综合研究组:江洪、刘德刚、欧阳华

编辑组:王群力

113.2.2 国家生态系统研究网络中心

1. 综合研究中心

主要方向:观测数据的传输、存储、分析与管理;国家和区域尺度资源、环境和生态问题的综合研究,重要生命元素的循环与平衡和全球变化研究。

所属研究所:原中国科学院自然资源综合考察委员会。

2. 分中心

1) 水分分中心

主要方向:水分数据的质量控制、储存与分析,水分观测方法的标准化;生态系统的水循环与水平衡研究。

所属研究所:原中国科学院地理研究所。

2) 土壤分中心

主要方向:土壤数据的质量控制、储存与分析,土壤观测方法的标准化;生态系统的元素循环与土壤质量的时空演变研究。

所属研究所：中国科学院南京土壤研究所。

3）大气分中心

主要方向：气象数据的质量控制、储存与分析；气象观测仪器的标定及观测方法的标准化；大气环境与生态系统相互作用研究。

所属研究所：中国科学院大气物理研究所。

4）生物分中心

主要方向：生物观测数据的质量控制、储存与分析；生态系统生物观测指标与观测方法的规范化；陆地生态系统结构、功能与动态研究。

所属研究所：中国科学院植物研究所。

5）水域生态系统分中心

主要方向：水域生态系统观测数据的质量控制、储存与分析；水域生态系统调查、观测和分析方法的规范化；水域生态系统结构、功能、动态、管理以及中大尺度的比较生态学研究。

所属研究所：中国科学院水生生物研究所。

113.2.3　国家生态系统研究网络生态站

农业生态系统研究站：

1. 海伦农业生态实验站

主要研究方向：东北黑土农田生态系统的结构和功能、水循环过程与养分优化管理和可持续农业的经营示范。

所属研究所：中国科学院东北地理与农业生态研究所。

2. 沈阳生态实验站

主要研究方向：下辽河平原农田生态系统结构和功能、土壤生态与污染土壤生物修复、农产品安全和可持续农业的经营示范。

所属研究所：中国科学院沈阳应用生态研究所。

3. 禹城农业综合试验站

主要研究方向：黄淮海平原农田生态系统的结构和功能、可持续农业的经营示范、水循环与水平衡、作物模型和应用遥感。

所属研究所：原中国科学院地理研究所。

4. 封丘农业生态试验站

主要研究方向：黄淮海平原，特别是沿黄河及黄泛区资源环境的演化趋势，农业生态系统结构与功能、物质与能量循环，可持续发展农业的示范。

所属研究所：中国科学院南京土壤研究所。

5. 栾城农业生态系统试验站

主要研究方向：黄淮海平原、特别是太行山山前平原农田生态系统的结构和功能、水循环与水平衡和可持续农业模式示范。

所属研究所：原中国科学院遗传研究所。

6. 常熟农业生态试验站

主要研究方向：长江三角洲农田生态系统结构和功能、设施农业研究和可持续农业的经营示范。

所属研究所：中国科学院南京土壤研究所。

7. 桃源农业生态试验站

主要研究方向：亚热带红壤丘陵区农田生态系统结构和功能及可持续农业的经营示范。

所属研究所：中国科学院亚热带农业生态所。

8. 鹰潭红壤生态试验站

主要研究方向：红壤生态系统的结构、功能与动态，可持续农业的经营示范及恢复生态学。

所属研究所：中国科学院南京土壤研究所。

9. 千烟洲红壤丘陵农业综合开发试验站

主要研究方向：红壤丘陵区农林复合生态系统管理、生态信息、生态恢复和碳循环。

所属研究所：原中国科学院自然资源综合考察委员会。

10. 盐亭紫色土农业生态试验站

主要研究方向：四川盆地区农田生态系统的结构和功能研究及可持续农业的经营示范。

所属研究所：中国科学院成都山地灾害与环境研究所。

11. 安塞水土保持综合试验站

主要研究方向：黄土丘陵沟壑区的水土流失过程、机理及调控，退化生态系统修复，水土保持生态农业系统机构与功能过程及健康。

所属研究所：中国科学院水利部水土保持研究所。

12. 长武黄土高原农业生态试验站

主要研究方向：黄土高原沟壑区节水型农业生态系统的结构、功能与可持续管理。

所属研究所：中国科学院水利部水土保持研究所。

13. 临泽内陆河流域综合研究站

主要研究方向：黑河流域陆地表层系统的过程、格局及其相互关系，退化生态系统的恢复与重建。

所属研究所：中国科学院寒区旱区环境与工程研究所。

14. 拉萨高原生态试验站

主要研究方向：青藏高原农牧业生态系统的结构、功能和全球变化。

所属研究所：原中国科学院自然资源综合考察委员会。

森林生态系统研究站：

15. 长白山森林生态系统定位研究站

主要研究方向：温带森林生态系统的结构、功能、动态和管理，生物多样性，全球变化和碳循环。

所属研究所：中国科学院沈阳应用生态研究所。

16. 北京森林生态系统定位研究站

主要研究方向：暖温带主要森林生态系统的结构、功能与动态，生物多样性和全球变化。
所属研究所：中国科学院植物研究所。

17. 会同森林生态系统定位研究站

主要研究方向：亚热带人工林生态系统结构、功能、动态与可持续管理和恢复生态学。
所属研究所：中国科学院沈阳应用生态研究所。

18. 鼎湖山森林生态系统定位研究站

主要研究方向：南亚热带森林生态系统结构、功能和动态，生态多样性及碳循环。
所属研究所：中国科学院华南植物园。

19. 鹤山丘陵综合开发试验站

主要研究方向：热带和亚热带退化森林生态系统的结构、功能、动态与重建。
所属研究所：中国科学院华南植物园。

20. 茂县山地生态系统定位研究站

主要研究方向：青藏高原东部、长江上游高山峡谷山地退化生态系统的恢复与重建，植物资源与生物多样性保育和全球变化。
所属研究所：中国科学院成都生物研究所。

21. 贡嘎山高山生态系统观测试验站

主要研究方向：青藏高原东缘山地森林生态系统的结构、功能和动态，冰川与森林相互作用及全球变化。
所属研究所：中国科学院成都山地灾害与环境研究所。

22. 哀牢山亚热带森林生态系统研究站

主要研究方向：云贵高原亚热带山地森林生态系统的结构、功能和动态及生物多样性。
所属研究所：中国科学院西双版纳热带植物园。

23. 西双版纳热带雨林生态系统定位研究站

主要研究方向：热带雨林生态系统的结构、功能和动态，生物多样性和碳循环。
所属研究所：中国科学院西双版纳热带植物园。

草原生态系统研究站：

24. 内蒙古草原生态系统定位研究站

主要研究方向：温带草原生态结构、功能、动态与可持续经营示范，生物多样性和全球变化。
所属研究所：中国科学院植物研究所。

25. 海北高寒草甸生态系统定位研究站

主要研究方向：青藏高原草甸生态系统的结构、功能和动态，生物多样性和全球变化。

所属研究所：中国科学院西北高原生物研究所。

26. 三江平原沼泽湿地生态试验站

主要研究方向：温带沼泽湿地生态系统的结构、功能、动态和管理，农业垦殖对湿地生态系统的影响以及碳循环。

所属研究所：中国科学院东北地理与农业生态研究所。

荒漠生态系统研究站：

27. 奈曼沙漠化研究站

主要研究方向：半干旱农牧交错带土地沙漠化过程及调控，恢复生态学及人类活动对荒漠化的影响。

所属研究所：中国科学院寒区旱区环境与工程研究所。

28. 沙坡头沙漠试验研究站

主要研究方向：干旱沙漠地区沙漠化的物理和生物学过程及沙漠化治理技术，土壤植被系统的格局和过程与水循环，植物逆境生理生态与恢复生态学。

所属研究所：中国科学院寒区旱区环境与工程研究所。

29. 鄂尔多斯沙地草地生态定位研究站

主要研究方向：半干旱区沙化草地生态系统结构、功能和动态，恢复生态学，半干旱区沙地、草地生物多样性保育及植物的生态适应性。

所属研究所：中国科学院植物研究所。

30. 阜康荒漠生态试验站

主要研究方向：荒漠绿洲生态的结构、功能与动态，荒漠生态学，干旱区植物-水分（盐分）关系，绿洲农业的可持续性与绿洲稳定性。

所属研究所：中国科学院新疆生态与地理研究所。

31. 策勒沙漠研究站

主要研究方向：荒漠生态系统的结构、功能和动态，沙漠化防治技术及可持续绿洲农业生态系统的经营示范。

所属研究所：中国科学院新疆生态与地理研究所。

湖泊生态系统研究站：

32. 东湖湖泊生态系统试验站

主要研究方向：淡水生态系统结构、功能、动态与管理和生物多样性。

所属研究所：中国科学院水生生物研究所。

33. 太湖湖泊生态系统试验站

主要研究方向：湖泊生态系统的结构、功能和演替规律，湖泊生态系统物理、化学、生物过程及其人类活动间的相互作用。

所属研究所：中国科学院南京地理与湖泊研究所。

海湾生态系统研究站：

34. 胶州湾海洋生态系统定位研究站

主要研究方向：海湾及其邻近海域生态系统结构、功能与环境变化和人类活动的相互关系，及近海海洋环境的可持续发展。

所属研究所：中国科学院海洋研究所。

35. 大亚湾海洋生物综合试验站

主要研究方向：亚热带海湾及其邻近海域生态系统结构和功能，人类活动的影响，及海洋生物资源的保护、可持续发展和利用。

所属研究所：中国科学院南海海洋研究所。

36. 三亚热带海洋生物实验站

主要研究方向：热带海湾生态系统结构、功能和动态，海洋生物资源的保护与可持续利用。

所属研究所：中国科学院南海海洋研究所。

113.3　网络中心的目标和任务

CERN 的长期目标，是以地面网络式观测、实验为主，结合遥感、地理信息系统和数学模型等手段，实现对中国各主要生态系统类型和环境状况的长期、全面监测和研究，直接为改善人类的生存环境、保证自然资源可持续利用和社会经济可持续发展服务，为发展生态学及相关学科做贡献。具体任务是：

（1）按统一的规程对农田、森林、草原、荒漠、沼泽和水体生态系统的水、土壤、大气和生物等因子、物流、能流等重要的生态过程以及各站周围地区的土地覆盖和土地利用状况进行长期监测。

（2）全面、深入、系统地研究中国主要区域生态系统的结构、功能、动态以及可持续管理的途径和方法。

（3）为各站所在的地区提供自然资源可持续利用和改善生存环境的样板；为地区和国家关于资源利用、改善环境方面的重大决策提供科学依据。

（4）积极参与国际合作，为解决全球性重大资源、环境问题做贡献。

113.4　网络中心的筹建

为了顺利完成筹建任务，经中国科学院批准，于 1993 年初成立了由中国科学院著名生态学家和管理专家组成 CERN 科学委员会，秘书处设在综考会。从此，CERN 建设进入实施阶段。在为期 5 年的实施阶段中，全面完成了以下几项筹建任务：

（1）在 1993 年 11 月 11 日至 1998 年 6 月 30 日期间，用世界银行的贷款，完成计算机网络及各种仪器、设备的采购、安装、调试和试运行工作。

（2）在 1993～1996 年间，利用世行贷款安排 92 个培训与技术援助项目，对网络的千余名科技人员和管理人员进行技术培训。特别是其中派到发达国家的知名学校和研究所去接受培训的 100 多名青年学者，回国后对 CERN 的建设和各项研究、监测工作的开展发挥了重要作用。

（3）完成了国家"八五"期间大、中型建设项目——"中国生态网络系统工程"的建设任务：在 1994～1998 年的 5 年间，为 29 个野外站新建了一批野外观测、实验装置，改善了研究和生活的条件，建立了水、土壤、大气、生物和水生生态系统 5 个学科分中心及一个综合研究中心。

（4）在此期间还完成了"七五"院重中之重研究项目——"中国主要类型生态系统结构、功能及优化管理示范研究"项目、"八五"院重中之重研究项目——"中国主要类型生态系统结构、功能和提高生产力途径的研究"和"九五"院重大和特别支持项目——"生态系统生产力形成机制与可持续性研究",以及其他有关研究项目。

在网络建设期间,集中解决的科学和技术问题,主要有:

(1)观测方法标准化问题,即样地大小和布设、取样、样品保存和分析方法等一系列方面的标准化,以保证各站采集可以进行生态系统比较的基础数据。

(2)数据管理,即数据编码、采集、存储、建立文档、传输和质量控制工作,为以后观测数据的科学整合提供条件。

(3)数据共享平台建设,即为 CERN 内部各研究单位和研究人员之间,以及 CERN 与国内和国外的其他网络之间实现数据和图像的传输和共享构建现代化的技术平台。

(4)尺度转换,即通过遥感、地理信息系统和数学模型等手段,实现涉及生物个体、种群、群落、生态系统、景观,乃至更大空间尺度和不同时间尺度间的各种数据的相互解释和转换。

(5)生态系统网络研究的方法,即按照一定的研究目标和任务,在多个生态站上同时开展生态系统比较研究的方法。

113.5 建设项目的验收和投入运行

在中国科学院有关局的领导和 CERN 科学委员会的组织与协调下,经过所有参加该项筹建工作的单位、科技和管理人员的努力,中国生态系统研究网络系统工程于1999年2月26日通过国家验收;"中国生态系统研究网络建设项目(世行贷款中国环境技术援助项目)"于2000年12月7日顺利通过中国科学院验收。

在信息系统建设方面,按照网络信息系统的设计,完成了生态站、分中心和综合中心三个层次软、硬件的配置,并开始投入运行;初步完成了历史数据整编工作;初步建成了网络通信系统,为数据传输和数据管理创造了基本条件;开展了网络信息系统的开发工作,初步建立了6个数据集和相关的数据库,初步完善了数据管理系统;初步制定了数据管理政策及数据的标准规范。

在技术系统方面,完成了化学分析和专业观测仪器的购置、安装和调试,并已正常运行;建成了自动气象观测系统;初步建立了数据的质量控制和保证系统;制定了仪器维护、维修的管理条例及方法;完成了网络观测与分析方法的标准规范。

在基建方面,使各单位都有了较完善的野外和室内工作条件,以及较好的生活设施,在当前条件下可以基本保证观测和研究工作的顺利进行。

在培训方面,基本完成了原定的各项任务,提高了网络各层次人员(研究人员、数据管理人员、技术人员和管理人员)的业务素质和水平,为各单位培养了一批研究工作骨干,建立了基本的观测人员队伍。

由于上述两个项目的顺利实施,CERN 建设任务的预定目标和各项任务都已较为圆满完成,CERN 的各项研究工作得以全面展开,并在以下几个方面初见成效。

1. 开始系统采集和积累数据

监测我国环境和主要生态系统重要生态过程的变化状况,是 CERN 的主要任务之一。由于该项目的实施,中国科学院生态系统研究网络各生态站已经基本具备了对大气、土壤和水分等环境因子,以及对生态系统的能流和物流等重要生态过程进行观测的能力。在该项工程竣工以后,中国科学院生态系统研究网络各生态站从1998年已经开始全面、系统地采集、传输和积累数据,从而为监测和研究生态系统及环境的动态和生态系统优化管理示范工作奠定了坚实的基础。

2. 研究工作全面展开

对生态系统的结构、功能和动态进行全面、深入和系统的研究,是该网络的核心任务。该项目所提供的各项设施，为开展对生态系统的结构(水平结构、垂直结构和营养结构等)、功能(能量流动及水分和养分循环等)和动态(季相动态和系统演替等)创造了有利条件，并将进一步为发展我国的生态学做出重要贡献。

3. 生态系统的示范成绩突出

建立可持续的生态系统是 CERN 在应用方面的主要目标。由于该项目的实施，使各生态站具备了更强的对生态系统进行优化管理经营示范的能力，从而对促进各生态站所在地区农业的发展，发挥了非常重要的作用。特别应当指出的是，海伦站，禹城、封丘和栾城站，安塞和长武站，以及桃源、鹰潭和千烟州站，分别在松嫩平原、黄淮河平原、黄土高原和南方红黄壤地区的农业攻关项目中起了示范作用，为这些地区的农业发展做出了重要贡献，得到了当地政府和国家主管部门的高度评价。

4. 培养了一大批学术带头人和业务骨干

参与 CERN 各方面工作的科学技术和管理人员，来自中国科学院的资源、环境和生物等领域的 21 个研究所，先后参加了该项筹建和实施，总计逾千人。通过该项目的实施，以及同时开展的观测研究和示范项目，培养出了一大批中青年学术带头人和业务骨干，他们将是促进我国未来生态学、环境科学和资源科学发展的一支中坚力量。

5. 争取到大批科研项目

该项目为 CERN 各单位提供了开展生态系统观测和研究工作的必要设施，增强了这些单位的研究能力，在争取项目过程中起到了关键作用。据统计，以 CERN 为单位，在 1989~2000 年间，争取到中国科学院重大和院特别支持项目 3 项和国家重大基金 2 项；在网络所属各生态站中，有一批分别是国家攀登计划或国家农业攻关项目(如黄土高原、黄淮海、松嫩平原和南方红黄壤地区等)的重要试验、研究和示范基地；所有的站都争取到一大批国家基金面上项目和地方委托项目。

6. 促进国际合作

CERN 建设项目的完成以及观测和研究工作的开展，得到了国际生态学界的广泛关注和赞誉。在这一过程中，CERN 所属各站、分中心和综合研究中心，以及以整个网络为单位，已经与其他一些国家和全球性网络间建立了密切的合作关系，开展了卓有成效的国际合作，对确立中国生态学及相关学科在国际学术界的地位，将发挥重要作用。

中国生态系统研究网络中心于 2000 年 1 月 1 日由综考会移交给中国科学院地理科学与资源研究所管理。

114 中国科学院可持续发展研究中心
(1990～)

114.1 中国科学院区域开发前期研究

中国科学院为支持一些基础性研究工作的稳定发展，1990年8月成立了中国科学院区域开发前期研究作为院基础研究特别支持的学科领域之一，以每年100万元人民币的特别支持经费额度予以稳定支持。其任务是针对特定地区开发而开展的具有超前性、基础性、综合性和战略性的研究。其内容是：综合地研究该区域经济社会的发展与资源、环境的协调问题；探讨资源开发和环境整治的方向、途径、建设布局以及经济社会的总体发展战略，为国家对该区域的综合开发适时提供宏观决策的科学依据。本项特别支持经费，主要用于近期国家和我院尚未安排，但确有重要开发意义地区的院内前期研究项目。

这类地区主要包括：近期国家有可能重点开发的地区；在全国有重要战略地位的经济开发区；生态环境严重破坏，有待治理的地区；重大自然改造工程所涉及的地区。

中国科学院聘孙鸿烈为主任，石玉林、杨生、胡序威为副主任，陈述彭、陆亚洲、康庆禹、孙九林、虞孝感、张文尝、冯宗炜、陈伟烈、王本琳、陈国阶、黄文房、高子勤、陈鸿昭、高前兆、童庆禧为委员的19位专家组成第一届专家委员会，并成立康庆禹为主任，孙俊杰、冯雪华为副主任的专家委员会办公室。

第二届专家委员会由13人组成：孙鸿烈为主任，陆亚洲、郑度为副主任，石玉林、张文尝、虞孝感、于振汉、黄文房、陈国阶、肖笃宁、单孝全、夏训诚、陈伟烈为委员。专家委员会办公室主任谭福安，副主任赵桂久、冯雪华。

办公室挂靠在中国科学院-国家计委自然资源综合考察委员会，负责项目的选择、组织、管理和实施。

114.2 中国科学院区域持续发展研究中心

为了充分发挥我院区域研究的综合优势，集中力量研究我国及地区的资源环境和经济社会协调发展的重大问题，在加强区域开发前期研究和国情研究的基础上，于1995年5月成立了中国科学院区域持续发展研究中心。其中任务也相应调整为研究我国重要区域经济、社会的总体发展战略与建设布局；资源的合理开发利用、保护与环境协调发展；适时提供区域持续发展的宏观科学依据。同时继续开展国情研究和"人与自然关系"的研究。中国科学院聘孙鸿烈为主任，陆亚洲、郑度、陆大道、何希吾为副主任，石玉林、张文尝、虞孝感、于振汉、黄文秀、陈国阶、肖笃宁、单孝全、夏训诚、陈伟烈、周立三、胡鞍钢、郭华东、赵令勋、张桃林、董锁成、刘毅为委员的22人专家委员会，董锁成兼秘书长，刘毅兼副秘书长，专家委员会办公室主任冯雪华，副主任李立贤。

114.3 中国科学院可持续发展研究中心

中国科学院区域持续发展研究中心于1998年7月更名为中国科学院可持续发展研究中心，中心的性质、任务、研究方向和组织管理及挂靠单位不变。聘任孙鸿烈为主任，秦大河、陆大道为副主任，石玉林、陆亚洲、郑度、胡鞍钢、韩兴国、刘纪远、虞孝感、刘新民、陈国阶、李培军、史学正、张小雷、刘景双、田二垒17人为委员的专家委员会，田二垒兼秘书，专家委员会办公室主任冯雪华。

自1990年成立的中国科学院区域开发前期研究起，到更名为中国科学院区域持续发展研究中心和中国科学院可持续发展研究中心期间，共完成了四期研究项目，并撰写了专著及论文(见表114.1~表114.4)。

表114.1 中国科学院可持续发展研究中心

第一期项目及成果

项目名称	成果名称	主持单位	负责人
大渤海地区整体开发与综合治理	中国环渤海地区持续发展战略研究	地理所	陆大道
晋陕蒙接壤地区资源开发与环境整治总体方案	重点资源开发与区域经济发展——晋陕蒙接壤地区发展研究	综考会	姚建华、王礼茂
黄河上游多民族经济开发区中长期发展战略研究	黄河上游沿岸多民族地区经济发展战略研究	综考会	倪祖彬、李福波
长江三角洲区域开发与水土资源潜力研究	长江三角洲水土资源与区域发展	南京地理所	佘之祥
长江中游地区资源开发与产业布局研究	长江中游沿江产业带建设	综考会、武汉测地所	郎一环、陈百明、沈镭
西江流域经济开发与环境整治若干重大问题研究	西江流域经济开发与环境整治几个大问题研究	成都地理所	吴积善、傅绥宁、朱为方
黑龙江干流水电梯级开发对右岸自然环境与社会经济发展的影响	黑龙江干流水电梯级开发对右岸自然环境与社会经济发展的影响	长春地理所	孙广友
东北区"北水南调"工程对资源开发、经济发展和生态环境的影响研究	东北区"北水南调"工程对资源开发、经济发展和生态环境的影响	沈阳应用所	王本琳
北疆铁路沿线地带综合开发与整治研究	北疆铁路沿线区域综合开发与整治	新疆地理所	谢香方
川滇黔接壤地区综合开发重点、时序选择及方案比较	川滇黔接壤地区综合开发重点时序选择及方案比较	成都地理所	陈治谏
东南沿海地区外向型经济发展与区域投资环境综合研究	粤东沿海地区外向型经济发展与投资环境研究	地理所、综考会、南京地理所	毛汉英等
	大福州地区外向型经济发展与投资环境综合研究		郭文卿等
	外向型经济与开发区建设综论——以福建省沿海地区为例		姚士谋等
	中国区域发展研究	专家委员会办公室	康庆禹

表114.2 中国科学院可持续发展研究中心

第二期项目及成果

项目名称	成果名称	主持单位	负责人
晋冀鲁豫接壤地区区域发展与环境整治研究	中国中部地区经济发展与环境整治研究	生态环境中心、综考会	孙建中、唐青蔚、赵令勖
塔里木河流域水资源利用、生态环境整治及战略研究	塔里木河流域资源环境及可持续发展	新疆生土所、新疆地理所	樊自立
中国环北部湾地区总体开发与协调发展研究	中国环北部湾地区总体开发与协调发展研究	综考会	孙尚志、郎一环等
图们江地区资源开发、建设布局与环境整治研究	图们江地区资源开发、建设布局与环境整治研究	长春地理所	李为、朱颜明、何岩
京九铁路经济带开发研究	京九铁路经济带开发研究	综考会、地理所	倪祖彬、叶舜赞、张文尝
河西走廊经济发展与环境整治的综合研究	河西走廊经济发展与环境整治的综合研究	兰州沙漠所	李福兴、姚建华

项目名称	成果名称	主持单位	负责人
澜沧江下游开发整治与中老缅泰国际经济合作区建设研究	澜沧江下游开发整治与中老缅泰国际经济合作区建设研究	地理所	郭焕成、郭来嘉
汉江流域资源合理开发利用与经济发展综合研究	汉江流域资源合理开发利用与经济发展综合研究	测量与地球物理所、成都山地灾害与环境所	蔡述明、陈国阶
苏鲁豫皖接壤地区资源开发、产业布局与环境整治	苏鲁豫皖接壤地区资源开发、产业布局与环境整治	地理所	毛汉英
中国区域发展报告	1997 年中国区域发展报告	地理所	陆大道等
中国沿海地区面向 21 世纪的持续发展 *	中国沿海地区 21 世纪持续发展	地理所	陆大道等
环小浪底-三门峡水利枢纽区域发展一体化的预测研究 *		综考会	肖平
	中国区域持续发展研究	专家委员会办公室	陆亚洲
	可持续发展战略探索	专家委员会办公室	秦大河

表 114.3　中国科学院可持续发展研究中心
第三期项目及成果

项目名称	成果名称	主持单位	负责人
我国新亚欧大陆桥双向开放型经济带建设的研究	我国新亚欧大陆桥双向开放型经济带建设研究	综考会	姚建华、李岱
我国区域差异监测的科学基础及其指标体系	我国区域差异测度与区域政策制度的科学基础研究	地理所	刘毅、刘卫东
中部地区 21 世纪持续发展前期研究	中部地区 21 世纪持续发展	地理所、综考会、南京地理与湖泊所	张文尝等
中国陆疆开放系统与产业带建设		地理所	郭来喜
中国社会发展地区差距研究	社会与发展：中国社会发展地区差距报告	生态环境研究中心	胡鞍钢、郭平
中国西部区域类型划分与产业转移综合研究	中国西部区域类型与产业转移综合研究	综考会、新疆地理所	董锁成等
川鄂湘黔接壤贫困山区综合开发与持续发展	渝鄂湘黔接壤贫困山区综合开发与持续发展研究	成都山地灾害与环境所、测量与地球物理所	陈国阶、杨定国
中国区域发展报告	1999 中国区域发展报告	地理所	陆大道
南昆铁路沿线产业协调发展研究 *	南昆铁路沿线地区的资源优化配置研究，资源科学，20(4)，1998(7) 南昆铁路沿线地区资源开发与经济发展，地区开发，1996	综考会	郎一环、赵建安
人与自然研究	中国西部地区 21 世纪区域可持续发展	地理所	郑度
人与自然研究	西部资源潜力与可持续发展	综考会	姚建华
	我国区域政策实施与区域发展态势分析报告	地理所	陆大道、樊杰
	中国可持续发展研究	专家委员会办公室	陆大道

表 114.4　中国科学院可持续发展研究中心

第四期项目及成果

项目名称	成果名称	主持单位	负责人
中国区域发展报告	2000 中国区域发展报告	地理所	陆大道
中国资源报告	2002 中国资源报告	综考会	成升魁
中国生态环境报告		综考会	孙鸿烈
黄河沿岸地带水资源可持续利用与生态经济协调发展研究	黄土高原生态脆弱区循环经济发展模式研究——以甘肃省陇西县为例,资源科学,2005,27(4); 黄土高原生态脆弱贫困区生态经济发展模式研究——以甘肃省定西地区为例,地理研究,2003,22(3); 黄土高原贫困地区生态经济系统良性演化的条件和对策——以甘肃定西地区为例,资源科学,2003,25(6); 黄河沿岸地带水资源约束下的产业结构优化与调整研究,中国人口资源环境,2003,13(2); 黄河沿岸地带水资源短缺的症结与对策探讨,自然资源学报,2002,17(5)	综考会、地理所	董锁成、贾绍凤
海峡两岸地缘经济整合与对策	台湾产业结构调整及其与大陆的经济合作,收录在 2002 中国区域发展报告,商务印书馆,2003; 台湾海峡两岸地缘经济整合的驱动机制与途径,地理学报,2003,58(03)	地理所	樊杰
海峡两岸地缘经济整合与对策	台湾产业结构调整及其与大陆的经济合作,收录在 2002 中国区域发展报告,商务印书馆,2003; 台湾海峡两岸地缘经济整合的驱动机制与途径,地理学报,2003,58(03)	地理所	樊杰
太湖流域水环境演变与经济发展相互作用及调控研究	太湖流域——经济发展·水环境·水灾害	南京地理所 南京土壤所	杨桂山、王德建
长江上游天然林禁伐与陡坡耕地退耕的经济影响和区域可持续发展研究	长江上游生态重建与可持续发展	成都山地所	杨定国
21 世纪东北地区智力资源开发与知识经济发展研究	东北地区智力资源开发与区域竞争力,地理科学,2003,23(5); 延吉市产业结构调整与知识产业发展,中国人口资源与环境,2003,12(5); 智力资源的特性和内涵,经济地理,2002(增),(1-4)	东北地理所	张平宇
我国西部地区 21 世纪可持续发展综合研究	西北地区发展战略与对策研究	兰州分院、综考会、新疆地理所	程国栋、樊胜岳、封志明、张小雷
青藏铁路与青藏高原经济发展*	青藏铁路建设对西藏社会经济发展的影响及对策简要报告	综考会	谷树忠

＊ 为各期的热点问题。

115　联合国教科文组织中国人与生物圈国家委员会秘书处(1972～1982)

115.1　关于人与生物圈计划

　　人与生物圈计划(Man and the Biosphere Programme,简称 MAB 计划),是联合国教科文组织(简称 UNESCO)针对全球面临的人口、资源、环境问题,于 1970 年第十六届全体会议上根据许多会员国的建议而发起,1971 年开始实施的一项大型的政府间的国际科学合作计划,它是为了适应人口日益增长的需要,合理利用和管理自然资源与保护人类环境的要求而提出来的。MAB 计划是政府间的科学计划,特别强调人类活动对生物圈及各种生态系统的影响;强调理论研究与解决现实中重大问题相结合;在研究人员方面除科研人员外,主张有行政决策人士和生产管理人员参加,同时力争把教育、培训和科研结合起来。旨在通过全球范围的合作,达到以下目标:①用生态学的方法研究人与环境之间的关系;②通过多学科、综合性的研究,为合理利用和保护生物圈资源(包括气候、水、土地、生物资源),保存遗传基因的多样性,改善人类同环境的关系提供科学依据和理论基础,以寻找有效地解决人口、资源、环境等问题的途径;③通过长期的系统监测,研究并预测人类活动引起的生物圈及其资源的变化,及这种变化对人类本身的影响;④为提高对生物圈自然资源的有效管理而开展人员培训和信息交流。

　　由于这些问题直接关系到经济的可持续发展和人类的生活与健康,因此在国际上引起普遍关注,从发起之时已有近百个国家参加了这项国际合作计划。1972 年在斯德哥尔摩召开的联合国人类环境会议,积极赞同了这项计划,并得到联合国环境规划署的支持。该计划开展之初,就选择了当时资源与环境领域中最重要的 14 个领域作为其研究的主要对象:

　　(1) 日益增多的人类活动对热带和亚热带森林生态系统的生态效应;

　　(2) 不同的土地使用和管理方法对温带和内陆森林区的生态效应;

　　(3) 人类活动和土地使用方法对放牧地——热带和亚热带大草原和其他草原(从温带到干旱的地区)的影响;

　　(4) 人类活动对干旱地带和半干旱地带生态系统在动态方面的影响,特别注意灌溉的影响;

　　(5) 人类活动对湖泊、沼泽、河流、三角洲、港湾和海岸地带的价值和资源的生态效应;

　　(6) 人类活动对山岳和冻原地带生态系统的影响;

　　(7) 生态学和岛屿生态系统的合理利用;

　　(8) 自然区域及其所包含的遗传物质的保存;

　　(9) 对陆地和水上生态系统的杀虫药和肥料的使用的生态学评价;

　　(10) 大型工程对人及其环境的影响;

　　(11) 城市系统,特别是能源利用方面的生态现象;

　　(12) 环境变化同人口的适应性、人口统计和遗传结构之间的相互作用;

　　(13) 对环境质量的评价;

　　(14) 环境污染及其对生物圈影响的研究。

　　MAB 计划由 UNESCO 全体会议选举出 30 个理事国,组成国际协调理事会(International Coordinating Council,简称 ICC)。ICC 是国际 MAB 的权力机构,主要职责是指导和监督 MAB 计划的实施,向成员国推荐研究项目并提出有关地区的或国际间的合作建议,协调与其他国际科学计划的关系。在教科文组织生态科学司还专门设立了 MAB 计划秘书处,负责管理日常工作。

UNESCO 在 1971 年召开的第一届 ICC 会议上确定，参加 MAB 的各成员国有必要在本国确定国家一级的永久联络点，负责确定和实施 MAB 在本国的活动，利用 MAB 这一组织形式，建立和保持地区间和国际间的联系。

115.2　人与生物圈计划(MAB)在中国(1972～1982)

1972 年，中国在 UNESCO 第十七届全体大会上参加了人与生物圈计划，并成为 MAB 国际协调理事会的理事国。

1973 年，中国派出由简焯坡(中国科学院计划局)、金鉴明(中国科学院植物研究所)、陈永林(中国科学院动物研究所)组成的 3 人代表团出席了在法国巴黎召开的第二届 ICC 会议。该代表团回国后提出了关于在国内成立 MAB 国家委员会和参加国际合作项目等建议。但是由于当时国内局势等客观原因，该建议未能实现。第三届、第四届 ICC 会议中国没有参加，这方面的工作未能开展起来。

1977 年 10 月，中国派出以王献溥(中国科学院植物研究所)为团长的 4 人代表团出席了在奥地利维也纳召开的联合国教科文组织 MAB 计划第五届 ICC 会议，并作了有关热带、亚热带生态学研究概况、沙漠治理概况和环境保护中的生态问题等三个大会发言，并放映了《熊猫》《高山植物》《西藏的江南》等三部科教影片，引起与会代表的极大兴趣。代表团回国后再次提出了成立中国 MAB 国家委员会的建议。该建议得到了中国有关部门重视，中国科学院自然资源综合考察委员会着手筹备工作。

1978 年 1 月 28 日，中国科学院自然资源综合考察委员会给秦力生(中国科学院副秘书长)和郁文并院党组打了报告："关于设立人与生物圈常设办事机构的请示报告"。报告中提出，MAB 的工作，研究范围十分广泛，它是多学科、综合性的科学研究项目，必须组织多兵种的大协作方能完成。而综考会的主要任务是组织全国有关单位对我国自然资源进行综合性的科学考察和对其合理开发利用保护进行系统研究，承担着一系列国家重点科研项目。同时，也是生态系统研究的主要负责单位之一，已有一批组织全国资源综合考察研究的科学管理干部，一支包括气候、水、土地、生物资源的研究队伍，一个研究国外资源研究动态的情报室，基本具备了承担 MAB 组织工作的条件，因此，建议成立中国人与生物圈国家委员会，其下常设办事机构设在综考会，由专人负责具体组织协调，以便更好地开展 MAB 工作。

6 月 21 日，国家科学技术委员会给国务院打了"关于设立中华人民共和国人与生物圈国家委员会的请示报告"。报告中提出我国已当选为 MAB 计划理事国，并参加 ICC 活动，但国内没有一个对口的常设机构，不利于通过这一国际组织开展科技交流活动，参照其他国家的做法，建议由中科院、农林部、国务院环保办公室、教育部、中央气象局、国家海洋局等有关部门指定兼职人员组成"中华人民共和国人与生物圈国家委员会"，负责国内有关工作规划的编制、执行和协调，并与联合国教科文组织的 MAB 计划对口。该委员会常设办公机构设在中科院综考会。

6 月 25 日，经华国锋主席、邓小平、李先念、余秋里、陈锡联、耿飚、方毅、王震、谷牧、康世恩、陈慕华等国务院副总理圈阅，正式批准了国家科委"关于设立中华人民共和国人与生物圈国家委员会的请示报告"。

7 月 8～17 日，UNESCO 总干事阿马杜-马赫塔尔·姆博先生访问中国，受到国务院副总理邓小平的接见。UNESCO 生态科学司为总干事访华准备的便函中概述了中国代表团在参加 1973 年和 1977 年 MAB 计划 ICC 会议时提出的感兴趣的研究领域，并列出了可以开展活动的各种途径。如提供顾问服务；为中国科学家提供出国考察的帮助；帮助中国举办训练班；帮助参加 MAB 计划研究网；提供小规模的财政援助，等等。总干事在访问中国的备忘录中也谈到了在下列科学领域开展活动的可能性，如交换出版物；提供现代化实验室设备的情报；提供科学和教育设备；为中国专家提供出国培训和奖学金；安排高级科学家(包括环境研究的专家)访问中国；提供研究生培训课程；安排政府间科学计划(包括人与生物圈计划)的教科文组织的官员与中国方面商议，以确定开展上述活动的合适方式。并建议上述可能开展的活动优先顺序，选择少部分必要的具体活动。可先从中国科学院、国务院环境保护领导小组办公室、培养生态和环境方面人才的少数重点大学和国家主要生态研究机构几方面，同国际人与生物圈秘书处建立直接的联系。

8月10日，中科院综考会给国家科委庞文华、中科院五局赵北克、尉传英打了"建议国家科委和科学院有关领导召开会议讨论成立我国人与生物圈委员会的有关问题"的请示报告。报告中提出讨论会主要酝酿确定MAB国家委员会委员及主席、副主席初步人选名单；讨论委员会工作归口领导的问题，以及其他有关问题，并请有关同志介绍情况。

8月17日，国家科委在北京友谊宾馆召开了由中科院、农林部、国务院环保办、教育部、中央气象局和国家海洋局6个单位参加的座谈会，对MAB国家委员会委员及主席、副主席初选人名单进行了酝酿讨论。

9月13日，综考会给中科院五局打了"报送中华人民共和国人与生物圈国家委员会委员初选名单的请示报告"。

9月26日，国家科委、中科院给国务院打了"关于中华人民共和国人与生物圈国家委员会委员初选名单的请示报告"。

9月29日，国务院批准"中华人民共和国人与生物圈国家委员会委员名单"。第一届中华人民共和国人与生物圈国家委员会委员名单如下。

主　席：童第周	中国科学院副院长
副主席：秦力生	中国科学院副秘书长
何　康	农林部副部长
郑　绂	教育部科技局负责人
王从人	国家科委四局负责人
阎　铁	中国科学院自然资源综合考察委员会负责人
委　员：曲格平	国务院环境保护领导小组办公室负责人
罗钰如	国家海洋局副局长
谢家泽	水电部水利电力科学研究院副院长
高拯民	中国科学院林业土壤研究所副所长
朱震达	中国科学院沙漠研究所副所长
陈阅增	北京大学教授
任继周	甘肃农业大学教授
马世骏	中国科学院动物研究所研究员
阳含熙	中国科学院自然资源综合考察委员会研究员
侯学煜	中国科学院植物研究所研究员
吴中伦	国家林业总局中国林业科学研究院研究员
席承藩	中国科学院南京土壤研究所研究员
刘建康	中国科学院武汉水生生物研究所研究员
刘东生	中国科学院贵阳地球化学研究所研究员
吴传钧	中国科学院地理研究所研究员
易仕明	中央气象局副总工程师
何绍颐	广东省植物研究所副研究员
杨惠芳	中国科学院微生物研究所助理研究员
秘书长：阳含熙	中国科学院自然资源综合考察委员会研究员
副秘书长：李文华	中国科学院自然资源综合考察委员会副研究员
李龙云	中国科学院自然资源综合考察委员会业务处副处长

10月12日，综考会给中国科学院五局打了"关于建议国家科委和科学院联合召开我国人与生物圈国家委员会成立大会的请示报告"。

10 月 17 日，中国科学院副秘书长秦力生批示同意召开。

11 月 6～10 日，在北京香山饭店召开了"中华人民共和国人与生物圈国家委员会"第一次会议。

参加会议的除该委员会委员外，还有相关门及媒体共 40 多名代表，由中科院副院长、人与生物圈国家委员会主席童第周和中科院副秘书长、人与生物圈国家委员会副主席秦力生主持，童第周主席致开幕辞。会议还邀请相关人员介绍了联合国教科文组织 MAB 计划以及中国在生态系统、环保等方面的情况，并讨论了我国拟参加的"人与生物圈计划研究项目"及工作计划。

中国 MAB 国家委员会及其秘书处正式成立后，秘书处直属综考会领导，由综考会领导小组组长闫铁主抓，有关 MAB 计划的活动及其日常工作均由秘书处负责处理。秘书处工作人员由综考会配备，在编的有阳含熙、李龙云、庄志祥、刘玉凯、董建龙 5 人。

1979 年，中国 MAB 国家委员会在 1978 年 11 月召开的第一次会议上，委员们根据国际 MAB 计划的 14 个领域的研究项目，初步提出了我国参加 UNESCO/MAB 计划项目。1979 年初又进一步征求了各有关省市意见，落实了各研究项目所涉及的具体地点对外开放问题，对这些项目进行了修订。在 1979 年 2 月召开的中国 MAB 国家委员会在京委员会议上讨论通过，确定了 8 个计划项目，经国务院批准报送 UNESCO，作为我国长期参加 UNESCO/MAB 计划项目。这 8 个项目是：

(1) 长白山森林生态系统的结构、功能和生物生产力的研究；

(2) 卧龙森林生态系统的结构、功能与熊猫等珍贵动物种群动态的研究；

(3) 武昌东湖淡水生态系统的结构、功能与生物生产力的研究；

(4) 宁夏沙坡头沙漠及沙漠化治理的综合研究；

(5) 河北曲周盐碱地治理的综合研究；

(6) 渤海海水污染及自净能力的研究；

(7) 广东鼎湖山森林生态系统的结构、功能和生物生产力的研究；

(8) 内蒙古锡林郭勒草原生态系统的结构、功能和生物生产力的研究。

此外，中国 MAB 国家委员会还针对我国的自然保护区遭到严重破坏，保护区数量由新中国成立初期的 50 多个减少到 36 个，以及很多珍稀动植物濒于灭绝的现状，向国家及相关部门提出建议：①建议林业总局、国务院环保办会同有关部门，召开一次全国自然保护区工作会议，合理规划我国自然保护区；②至 1977 年底，全世界已有 27 个国家提出了 118 个自然保护区加入 UNESCO 世界生物圈保护区网，建议我国吉林长白山、四川卧龙、广东鼎湖山等 3 个自然保护区首批申请加入该网络，并对外开放；③建议在北京建立生态学研究中心，以此来推动我国生态学研究工作，具体由中国 MAB 国家委员会秘书处会同中科院有关业务局及北京大学等单位协商办理。

上述研究项目及建议，由中国 MAB 国家委员会于 1979 年 1 月 17 日上报国务院，并获批准。

4 月 1～15 日，应中国 MAB 邀请，UNESCO 生态科学司司长、MAB 计划国际协调理事会秘书狄·卡斯特里(Di Castri)教授访问中国，并对中国近期参加 UNESCO/MAB 计划的 8 个项目表示满意。他还表示愿为中国联系有关国家建立双边关系，进行合作研究和交换工作人员。商定 9 月中国派一个 5 人代表团访问德国、法国、荷兰、英国等地，进行为时一个月的考察，了解上述国家 MAB 计划的组织管理及生态学研究等方面情况。考察结束后，接着参加 MAB 计划第六届 ICC 会议。

8 月，根据中国 MAB 与狄·卡斯特里商定，UNESCO 高级顾问普尔(英国牛津大学森林学教授)和杰弗斯(英国陆地生态研究所所长，英国 MAB 委员会计划工作组主席)应中国 MAB 邀请，分别于 8 月 12 日至 9 月 8 日和 8 月 13 日至 9 月 2 日到中国讲学、考察，并对我国长白山定位站的研究工作和我国 MAB 计划的研究工作提供咨询意见。表示希望我国与更多国际有关机构及其他国家进行双边或多边学术交流，人员互访。在人员培训方面，可派人到约克郡大学和伦敦大学进修，学习试验设计和取样方法方面的课程；在陆地生态所进行生态系统多学科研究方面的训练与合作，并给予一定资金、设备支持。二位专家在华期间作了 9 次学术报告，10 余次座谈和野外现场讨论，分别与我 MAB 有关人员进行工作会谈，在长白山进行了 9 天野外考察、交流。中国 MAB 副主席秦力生于 8 月 14 日晚会见并宴请了二位专家。

10 月 13 日至 11 月 17 日，应 UNESCO 邀请，中国 MAB 代表团一行 5 人（阳含熙、陈阅增、任继周、刘建康、李文华），先后访问了西欧四国（英、法、西德、荷兰），对这些国家 MAB 委员会的机构设置、工作情况、生态学研究动态、生态科研中心以及生态学人才培养等方面进行了考察，广泛接触四国科学界人士，互相交流，同各国在 MAB 计划方面进行双边合作问题交换了意见。

学习国外对自然保护区的选择和管理经验，是代表团此次访问的重点之一，共考察了 9 个不同类型的自然保护区。回国后对搞好我国自然保护区工作提出建议。如增加自然保护区，扩大保护区面积；对一些重点保护区和缺乏基本资料的保护区组织考察，进行合理规划和布局，并制定符合我国实际情况的分类系统；加强重点保护区的科研工作和情报、宣传工作；建议国家成立自然保护委员会，统一管理自然保护工作，并健全各自然保护区的管理机构。

另外，在考察国外生态学研究机构后，代表团认为我国应加强生态学人才的培养，建立我国的生态学研究中心，其主要任务应是培训、咨询与国内外进行学术交流。并承担一些国内其他研究机构不能承担的基础研究，该中心应拥有先进的仪器设备，可接纳国内外专家来工作。

9 月，为培养我国同声英语翻译人员，以适应我国出席国际会议工作需要，中国 MAB 秘书处派董建龙出席 9 月 19 日至 10 月 19 日在巴黎召开的 UNESCO 执行局第 108 次会议，其后接着参加了 11 月 19～28 日在同地方召开的 UNESCO/ICC 第六届会议。

11 月 19～28 日，UNESCO/MAB 第六届 ICC 会议在法国巴黎召开，30 个理事国全部派代表出席。中国 MAB 国家委员会派出由阳含熙、陈阅增、任继周、刘建康、李文华、秦光道 6 人组成的代表团应邀出席了会议。这是中国 MAB 国家委员会成立后首次派团出席 ICC 会议，之前做了大量准备工作。在会上，中国代表团就选举 MAB 国际协调理事会执行局主席、热带森林生态系统、干旱半干旱地区以及生物圈保护区等问题作了发言。并展览了我国长白山和卧龙自然保护区、宁夏沙坡头沙漠综合治理、鼎湖山和内蒙古草原的图片，放映了有关的科技电影。同时，我国首批申报的长白山、卧龙、鼎湖山 3 个自然保护区被联合国教科文组织国际协调理事会执行局批准，加入世界生物圈保护区网络。

11 月 29 日，由 UNESCO 生态科学司司长狄·卡斯特里教授主持，召集中国代表团与访问过的西欧四国有关负责人，专门就双边合作问题交换了意见：

（1）中国、荷兰方面：中国 MAB 与荷兰综合考察国际训练中心（简称 ITC）合作，ITC 将为两国 MAB 计划合作的联络机构；中方与 ITC 在中国合作进行自然资源和土地利用综合考察；ITC 派代表团访问中国，中国希望得到资助，派两名科学家访问 ITC、四名进修生到 ITC 和荷兰的大学，学习有关遥感制图、综合考察和森林昆虫等相关技能与知识。

（2）中国、西德方面：中德双方在热带和亚热带生态系统研究、淡水生态系统研究中合作，以及双方人员互访；西德布鲁尼教授访华；中方希望得到资助，派四名进修生到西德学习有关定位研究方法、森林生产力模型、湖泊富营养化的机理、鱼类慢性致毒的毒理学研究等内容。

（3）中英方面：中方与英国陆地生态研究所合作，于 1980 年在北京举办系统分析训练班，培训中方相关人员，由英方提供教授与计算机设备；英国陆地生态研究所与中国 MAB 合作，建立生态学情报系统，设备由英方或国际组织提供；双方在长白山温带森林生态系统、中国半干旱地区草地生态系统研究中合作；中方希望得到资助，派四名进修生到英国陆地生态所学习有关森林生态学、土壤动物学、草地生态学等方面知识。

（4）中法方面：中国 MAB 与法国国家科研中心的地植物学和生态学研究中心（简称 CEPE），合作进行干旱地区草地生态系统研究；中方希望得到资助，派四名进修生到法国学习植被分类和定位观察、植被制图、自然保护区野生动物研究等方面知识。

1980 年 2 月 4～24 日，国际 MAB 计划专家、西德汉堡大学布鲁尼教授应邀访华，与中国 MAB 国家委员会阳含熙秘书长、中科院华南植物所、中国林业科学院等有关单位举行了座谈，考察了鼎湖山和尖锋岭自然保护区及广东省电白县小良水土保持试验推广站等单位，作了 3 次关于热带雨林研究方面的学术报告，与中方人员进行了 4 次学术交流讨论。

3 月 13~15 日，中国 MAB 国家委员会在北京召开的第二次全体会议上，讨论了参加将于 1981 年 10 月召开的 UNESCO/MAB 10 周年大会的有关准备工作，决定于年底召开我国 8 个项目的研究情况和成果交流会，准备出版中、英文《中国人与生物圈研究论文集》的第一集提交大会，作为我国参加人与生物圈 10 周年大会的主要成果之一，并积极筹拍有关科研活动和典型自然景观照片、幻灯片和科教影片，在大会上展览。以便充分反映我国在这方面的成就，扩大国际影响，加强国际合作与交流。

5 月 31 日，接待法国、日本、新西兰、德意志联邦共和国、尼泊尔、美国和瑞士共 7 国 12 位专家来访，进行学术交流。

7 月 14 日至 8 月 4 日，中国 MAB 接待法国 MAB 三位专家：法国科研中心研究所副所长、地中海生态中心主任、MAB 委员会委员吉·隆博士，蒙伯利埃朗格多克科学技术大学生态学教授米·戈德隆博士，路易昂贝尔热植物社会学及植物生态学研究中心生态研究室主任克·弗洛雷先生。考察了北京、西安、兰州、呼和浩特、武功、中卫等地，访问了中国科学院植物所、沙漠所、综考会、水保所、中国林业科学院、北京大学、北京农业大学、内蒙古大学、内蒙古农牧学院等单位，参观了北京植物园和自然博物馆。三位专家在华期间共作 9 人次学术报告，在荒漠地区生态模型化、植物生态诊断和植物群落结构及系统生态学等方面进行了学术交流。并就生态学研究人才的培养、草原的研究和管理，沙漠和盐碱化的综合治理以及遥感技术的应用等进行讨论。8 月 3 日晚，中国 MAB 副主席秦力生会见并宴请三位专家。8 月 4 日，中国 MAB 委员会同法国考察组进行了工作会谈，就中法在 MAB 研究中的合作问题交换了意见，法国考察组提出了"与中国方面会谈的简要纪录和在应用生态学领域研究牧区自然资源的开发方面进行科学合作的建议"。

9 月 3 日至 10 月 14 日，在北京举办"系统分析及其在生态学上的应用训练班"。该训练班是根据中国 MAB 国家委员会与联合国教科文组织商定，并经中科院副秘书长、中国 MAB 国家委员会副主席秦力生批示由综考会主办。英国派出杰弗斯教授、戴维·林利、菲利普·培根博士等三位专家来华讲学，并提供计算机设备。目的是在我国自然资源和生态学研究中推广系统分析方法，协助我国 MAB 秘书处建立自然资源和生态学的情报系统，使从事这方面研究的科技人员掌握系统分析的基础知识和基本语言的程序设计方法；通过英国科学研究中应用的典型实例，认识系统分析方法在资源和生态学上的重要作用和实现方法，了解电子计算机在自然资源和生态学研究中的使用价值及系统分析方法在计算机上的实现过程，以提高我们利用新技术进行研究工作的水平，加快加深我们的研究进程。来自我国参加 MAB 研究项目的 39 个相关单位 80 位从事自然资源和生态学研究以及系统分析研究人员参加了培训。

1981 年 10 月，受 UNESCO/MAB 秘书处资助，中国 MAB 秘书处派董建龙赴美国犹他大学学习英语。

10 月 27 日至 11 月 6 日，在巴黎 UNESCO 总部召开 MAB 计划 10 周年大会和 ICC 第七届会议，同时举办 MAB 计划展览会。我国派出了以中国联合国教科文组织全国委员会副主任、中国 MAB 国家委员会主席秦力生为团长、中国 MAB 国家委员会秘书长阳含熙为副团长的 6 人代表团出席了会议。这是一次回顾过去，展望未来的会，主要任务是检阅 MAB 计划实施后 10 年来所取得的成就，审查和评价有关的成果，并对未来人和环境的关系问题进行更深入的探索。

中国科学院副秘书长秦力生自 1981 年起任中国 MAB 国家委员会主席。中国 MAB 国家委员会自成立起，积极参与 UNESCO 的各类活动，并在国际 MAB 任职。1982~1986 年期间，阳含熙秘书长任 MAB 计划国际协调理事会理事及执行局副主席。通过派团出访、多人次出国进修、培训、参加国际会议，邀请国际知名专家讲学，进行人员培训、学术交流、合作研究等活动，积极推动了中国 MAB 计划的开展。

1982 年，为便于工作，中国科学院决定自 1982 年 1 月 28 日起，原设在综考会的中国 MAB 国家委员会秘书处改为设在中国科学院生物学部，秘书处原编制和现有工作人员亦划归生物学部。

116 世界数据中心(WDC-D)——再生资源与环境学科中心(1988~)

116.1 成立背景

1987年6月,世界数据中心(WDC)秘书长 A. H. Shapleyzh 致函中国科学院副院长孙鸿烈,希望中国加入 WDC 这一国际组织。1988年8月,中国科学院经与中国科协、地质矿产部、国家气象局、国家海洋局、国家地震局等有关部门充分协商并经国家科委正式批准,中国正式申请加入世界数据中心,1988年9月,中国正式加入世界数据中心,并定名为 WDC-D,共设9个学科中心,即海洋学科中心、气象学科中心、地震学科中心、地质学科中心、地球物理学科中心、空间学科中心、天文学科中心、冰川冻土学科中心以及再生资源与环境学科中心。

根据国家科委的批复,由国家科委、中国科协、地质矿产部、中国气象局、国家海洋局、国家地震局、中国科学院的有关方面负责人和各学科中心主任组成世界数据中心中国国家协调委员会。中国国家协调委员会下设办公室,是国家协调委员会的办事机构,承担 WDC-D 的日常工作,协调办公室设在中国科学院资源环境科学技术局。中国科学院副院长孙鸿烈、陈宜瑜、李家洋曾分别担任(WDC-D)中国国家协调委员会主任;孙九林一直担任国家协调委员会委员及后期的秘书长兼再生资源与环境科学中心主任,1995年被选为国际 WDC 执行委员(1995~2005年)。

再生资源与环境学科中心是 WDC-D 的九个学科中心之一,在1999年12月31日之前,一直挂靠在综考会。从2000年1月1日起,转入中国科学院地理科学与资源研究所。

中心主任:孙九林

中心工作人员:

马 琳	王乃斌	王素芳	王德才	冯 卓	史 华	甘大勇	刘 闯	孙永平
冷允法	李文卿	余月兰	李光荣	李泽辉	杨小唤	苏 文	陈沈斌	陈宝雯
陈泉生	岳燕珍	欧阳华	姚逸秋	施慧中	钟耳顺	倪建华	郭学兵	黄志新
黄艳萍	彭 梅	彭中伟	温凤艳	游松财	廖顺宝	熊利亚		

116.2 任务与活动

1. 中心的主要任务

从事资源与环境的数据信息的采集、加工整理和储存;开展国际间的数据信息交流;向国内所有部门提供资源与环境方面数据服务;培训资源环境方面的数据管理和分析应用人才,并培养研究生。研究资源环境数据信息的分类体系与编码;研究资源环境信息的科学管理的理论和方法;建立区域性和全国性资源与环境信息系统;研究多种信息源复合、匹配、采集的理论和方法;研究资源环境动态监测的理论和方法。

2. 取得的工作成果

(1)中心的数据已被国际地圈生物圈研究计划所采用;

(2)中心与全球资源环境监测系统建立了友好的联系;

(3)中心已有的数据系统支持了中国生态系统研究网络的研究项目;

(4)中心已有的数据项目直接为国家"八五"科技攻关项目服务;

（5）中心与国际上的有关科研机构开展了合作研究。如与日本国立环境研究所合作研究等。

3. 开展的主要活动

1989 年 1 月，孙九林参加了 WDC 中国国家协调委员会第一次会议。会议讨论了世界数据中心中国国家协调委员会的工作章程、世界数据中心中国中心 1989 年工作计划纲要、WDC-D 与 WDC-A（美国）合作协议，以及争取将世界数据中心中国中心的建设列为国家"八五"重点项目等问题。

1990 年初，发布了 WDC-D 再生资源与环境学科中心数据目录；

1990 年 10 月，施慧中代表中心随 WDC-D 代表团出访 WDC-B（原苏联）；

1991 年 7 月，中心接待了 WDC-B 代表团的访问；

1992 年 10 月，中心接待了 WDC-A 代表团的参观访问；

1992 年，中心接待了 WDC 专门委员会和执行局成员们的参观访问；

1992 年 12 月，孙九林出席在天津举行的世界数据中心中国中心工作会议；

1993 年，WDC 中国协调办公室在再生资源与环境学科中心的协助下，举办了"信息系统及其设计与管理"讲习班；

1993 年 9～12 月，廖顺宝在美国新墨西哥大学接受生态数据管理培训；

1995 年、1997 年和 2000 年，孙九林分别在荷兰和美国参加 WDC 国际会议；在荷兰国际会议上被选为国际执行委员会委员（1995～2005 年）；

2000 年 2 月，孙九林、廖顺宝、倪建华参加了在日本筑波举行的亚太高级网络（APAN）国际学术会议；

2000 年 10～12 月，廖顺宝、李泽辉在荷兰 ITC 接受有关作物监测的培训。

117　中国科学院科技扶贫办公室
（1988～1999）

　　1987年国家机关第二次扶贫工作会议上，国务院将全国主要贫困区划分为18片，其中的第11片即努鲁儿虎及其毗邻贫困山区，国务院指定为中国科学院重点科技扶贫地区。

　　努鲁儿虎贫困山区，地处冀、内蒙古、辽交界的三角地带，行政范围包括三个市及其所属的17个旗（县），即承德市的滦平、丰宁、隆化、宽城、平泉、围场、承德7县；赤峰市的翁牛特、喀喇沁、敖汉、赤峰市郊区、宁城5旗县；以及朝阳市的5县。该区属于半干旱、半湿润地带，是我国蒙、满少数民族聚居的贫困区。

　　为了落实国务院的部署，中国科学院将科技扶贫任务列为院的重大科研项目之一。

1987.7.5～1988.6　　　项目负责人：李松华

　　　　　　　　　　　王　旭

　　　　　　　　参加人：倪祖彬、王燕、王青怡

1988.6～1999.12　　成立中国科学院科技扶贫办公室（挂靠综考会）

　　　　　　　　主　任：王　旭

　　　　　　　　副主任：孙炳章、冯燕强

　　　　　　　　管理人员：王燕文、黄健、姜亚东

　　"七五"期间（1987.5～1989.12），综考会承担了努鲁儿虎及其毗邻山区科技扶贫任务。1988年初，中国科学院在总结科技扶贫工作经验的基础上，内部进行了分工，赤峰、承德片的扶贫任务由综考会牵头负责实施，朝阳片由沈阳分院牵头负责实施。

　　在"八五"期间，根据1992年国务院关于中央各部委要集中力量，增加扶贫工作强度的部署精神，将科技扶贫的工作范围和重点进行了适当调整，即将大部分科技力量集中在承德市滦平县和赤峰市翁牛特旗二个重点旗县，进一步加强了分设在滦平县三地沟门村和翁牛特旗隋家窝铺村的二个试验示范点的建设，并重视科技扶贫成果向面上及时推广；同时保留部分（二个重点旗县以外）有开发前景的专项研究项目。参加该项目的科技人员有：综考会、地理所、中国科学院水利部西北水土保持所、中国科学院沈阳应用生态所、兰州沙漠所、西北植物所、遗传所、植物所、地质所、黑龙江农业现代化所、武汉病毒所、陕西省科学院西安植物园12个单位，共130余人（配合工作的有地方科技人员35名，涉及19个单位）。

　　院扶贫办公室还负责协调昆明分院、西安分院、兰州分院、广州分院、武汉分院及部分院属研究所的科技扶贫工作，工作范围涉及全国10个省（区）85个县市。

　　1988年4月，成立中国科学院科技扶贫联络中心（挂靠综考会）：

　　主　任：王青怡

　　副主任：冯燕强

　　行政秘书：姜亚东

　　中国科学院应贫困地区地方政府的请求，在中国科学院安排有科技扶贫的省（区）市、县、乡派出科技副职。

　　主要工作及成果详见第37章努鲁儿虎及其毗邻山区科技扶贫、第76章科技扶贫与资源开发应用技术研究室。

118 其 他

118.1 资源与农业发展综合研究中心(1991～1999)

1990年9月20日,由中国科学院国家计划委员会自然资源综合考察委员会与全国农业区划委员会办公室共同签署上报给中国科学院和全国农业区划委员会关于建立"中国科学院、全国农业区划委员会资源与农业发展综合研究中心"的建议,并提出了该"中心"的具体研究方向与任务。1990年12月28日中国科学院、全国农业区划委员会以(90)科发计字1442号文件批复,同意建立中国科学院、全国农业区划委员会资源与农业发展综合中心。批文中明确:①该中心在中国科学院自然资源综合考察委员会现有的资源信息、资源战略、遥感等室(组)的基础上组建,由中国科学院和全国农业区划委员会双重领导,以中国科学院为主;②该中心的主要任务是:建立计算机管理的资源信息库和辅助决策系统,开展资源与农业发展战略的综合研究,为国家资源合理开发利用、农业生产的发展和环境建设等提供咨询服务;③该中心的科研计划、学术活动由中国科学院和全国农业区划委员会共同领导;人、财、物以及党政、后勤等工作由中国科学院负责;全国农业区划委员会将在基本建设、科研活动、资源信息系统建立和运行等方面给予可能的经费支持,并按其下属单位的待遇发给"中心"有关资料,文件和吸收参加有关会议;④该中心设在综考会,可以单独挂牌和刻制相应印章。不单独立户,不另设机构和增加编制。各项计划和统计报表等工作列入综考会计划,并由综考会统一领导和管理。

1991年11月9日中国科学院、全国农业区划委员会,共同发文[(92)科发人字0014号],任命何康任资源与农业发展综合研究中心名誉主任;石玉林任资源与农业发展综合研究中心主任;张巧玲、赵剑平、孙九林任副主任。

1992年4月10日综考会和中国科学院、全国农业区划委员会资源与农业发展综合研究中心共同发文[(92)综干字039号]任命郭长福为资源与农业发展综合研究中心办公室主任,李思荣、马志鹏为副主任。

"中心"围绕国家"八五"(1991～1995年)科研攻关项目"我国重点产粮区主要农作物遥感估产研究"开展相应组织工作。

118.2 中国科学院航空遥感中心(1985～1988)

为发挥中国科学院航空遥感技术与应用的优势,中科院于1985年4月决定正式成立"中国科学院航空遥感中心",胡耀邦亲笔题词。

航空遥感中心挂靠在综考会,人员编制45人。中心下设:办公室、业务处、航空遥感技术室、航空摄影室等机构。中心主任由童庆禧担任。

航空遥感中心的主要任务:负责引进与运行两架美国赛斯纳公司的奖状型遥感飞机,建设航空遥感技术系统,开展航空遥感实验研究,配合中科院资源与环境项目,开展航空遥感服务等。

"中心"于1986年6月完成遥感飞机引进并正式投入运行,依托两架遥感飞机组织国内遥感科技力量,承担国家"七五"科技攻关"高空机载遥感实用系统"课题,自主建设国内以遥感飞机为高空平台,集成包括:可见光、近红外、热红外和微波光谱波段的13套遥感仪器,构成国内第一套最为先进和规模最大的航空遥感技术系统。该课题获中国科学院科学技术进步奖特等奖;国家科学技术进步奖二等奖。遥感飞机承担国家科技攻关项目:黄土高原重点治理区遥感调查与系列制图;三北防护林遥感综合调查等大型遥感应用工程项目的航空遥感飞行实验，获取大量高分辨率航空遥感影像；1986年完成东辽河洪水应急监测任务；为配合国家矿产资源调查，遥感飞机装载多光谱扫描仪和光学航空相机多次在新疆及大兴安岭等地区进行大范围金矿、多金属矿、油气资源等航空遥感应用试验，取得重要成果；航空遥感中心完成10多项国家、部门、行业与地方的航空遥感技术服务项目。

根据中国科学院战略布局调整，1988年航空遥感中心与遥感所合并。

航空遥感中心人员(46人)：

王　虹	王尔和	王秀玥	王晋年	王维波	冯亚军	叶金山	左正立	田庆玖	刘　军
刘　冰	孙瑞宝	庄　宁	朱振海	许建芬	何欣年	余　琦	吴康迪	宋永红	张守善
张红松	张国庆	张春伏	张雪梅	李加洪	杨　军	杨贵权	杨超武	辛卫国	陈宝雯
周力田	周福林	岳志夫	房成法	范惠茹	郑兰芬	郑站军	金问信	胡西亮	赵庆春
饶赛文	侯宏飞	倪　平	徐建平	童庆禧	颜铁森				

118.3　中国科学院北郊计算机网络(1995～)

中国科学院北郊计算机网络(简称"北郊网")，是中国科学院为适应信息化社会计算机网络发展的需要实施的"百所联网"工程的组成部分，1995年3月立项，并确定主节点设在综考会。"北郊网"经过1年多的设计、施工、安装、调试和试运行，于1996年8月15日通过中国科学院计划局组织的验收。

"北郊网"日常运行由综考会负责，该网运行至2004年中国科学院计算机网络直接接入到各个研究所为止，为中国科学院北郊的信息化奠定了良好的基础，培养和锻炼了一批网络运行和管理专家。

"北郊网"通过竞标，由综考会牵头，组成工程项目领导小组和技术小组。领导小组组长是综考会副主任孙九林，院协调局、大气所、生物物理所领导任副组长，其余各单位派一名有关领导为成员(见表118.1)；技术小组由综考会信息室黄志新副研究员担任组长，成员由各所有关人员参加(见表118.2)。

表118.1　北郊计算机网络工程领导小组

组　长：孙九林	中国科学院综考会　副主任
副组长：张琦娟	中国科学院院协调局　国土处　处长
张泗宾	中国科学院大气所　处长
陈润生	中国科学院生物物理所　副所长
成　员：房金福	中国科学院地理所　业务处　处长
曹化林	中国科学院遗传所　室主任
赵惠玲	中国科学院心里所　技术中心　主任
王广福	中国科学院地球所　室主任
连石柱	中国科学院遥感所　室主任
云宏年	中国科学院感光所　副所长
张新明	中国科学院地质所　所办　副主任
肖作敏	中国科学院微电子中心　主任助理
技术顾问：钱华林	
机关联络员：田东生　张红松	
秘　书：黄志新　陈宝玉	

表 118.2　北郊计算机网络工程技术小组

组　长：黄志新	中国科学院综考会
成　员：陈泉生	中国科学院综考会
陈竞舟	中国科学院生物物理所
张宇宁	中国科学院大气所
迟天河	中国科学院地理所
曹兆丰	中国科学院遥感所
汪鹏程	中国科学院地球所
胡宗义	中国科学院地球所
柴俊杰	

“北郊网”在中国科学院计算机网络信息中心领导下，综考会国土资源信息研究室和国有资产管理处组织中国科学院北郊和祁家豁子地区各研究所共同筹建完成。网络覆盖了这两个地区 $10\,km^2$ 范围内的 11 个研究所(综考会、地理所、遗传研究所、遥感应用研究所、地球物理所、感光化学研究所、生物物理研究所、心理研究所、大气物理研究所、地质研究所、微电子中心)，共 17 个节点。主节点设在综考会国土资源信息研究室机房，陈泉生、甘大勇、李文卿负责日常的运行服务。

“北郊网”是中国科学院除中关村地区外最大和最快的区域网络，网络采用 155M bps 的 ATM 和 10M bps 以太网相结合的方式，使各节点享有 10Mb/s 通讯速率。“北郊网”也经历了微波、光纤的发展过程，为中国科学院北郊和祁家豁子地区的科学研究和知识创新提供了良好的信息化环境。

第八篇　人　物　志

人员名单

竺可桢　　顾　准　　漆克昌　　马溶之　　阳含熙　　孙鸿烈　　石玉林　　李文华
孙九林　　徐寿波

（以下人员按姓氏笔画排序）：

于　强	于贵瑞	卫　林	牛喜业*	王乃斌	王广颖*	王礼茂	王守礼
王振寰	王嘉胜	王德才	冯华德	田效文	田裕钊	石竹筠	石湘君
关志华	刘　闯	刘允芬	刘玉红	刘厚培	华海峰	孙尚志	孙新民
成升魁	朱太平	朱成大	朱景郊	江爱良	那文俊	闫　铁	齐文虎
何希吾	冷　冰	张天曾*	张有实	张宪洲	张谊光	李　飞	李友林
李文亮	李文彦	李世顺	李立贤	李孝芳	李应海	李昌华	李明森
李杰新*	李驾三	李家永	李桂森	李继由	杜占池	杜国垣	杨　生
杨小唤	杨良琳	汪宏清	沈　镭	沈长江	苏人琼	苏大学	谷树忠
陈传友	陈光伟	陈百明	陈宝雯	陈栋生	陈道明	周作侠	林耀明
欧阳华	欧润生	郎一环	侯光良	姚建华	姚治君	封志明	赵　锋
赵士洞	赵训经	赵存兴	赵振英	钟耳顺	倪祖彬	唐绍林	唐青蔚
容洞谷	袁子恭	郭文卿	郭长福	郭绍礼	顾定法	高静波	崔克信
康庆禹	曹光卓	章铭陶	黄文秀	黄让堂	黄兆良	黄自立	黄志杰
程　彤*	程　鸿	董锁成	蒋世逵	谢高地	韩沉石	韩裕丰	简焯坡
赖世登*	廖国藩	熊利亚	管正学*	谭福安	樊江文	霍明远	

带"*"号者，在综考会工作期间正式通过"研究员资格"评审。

综考会外的早期科学考察的组织者和著名学者：

冯仲云	刘东生	侯德封	朱济凡	罗来兴	林　镕	熊　毅	席承藩
刘崇乐	吴征镒	蔡希陶	吕　炯	李连捷	周立三	黄秉维	郭敬辉
柳大纲	张肇骞	谷德振	邓叔群	刘慎谔	施雅风	侯学煜	赵松乔
李　博	胡旭初	陈剑飞					

人　物　志

竺可桢(1890～1974)

竺可桢,字藕舫,男,汉族,1890年(清光绪十六年)3月7日生于浙江绍兴东关镇(今属上虞县),中共党员。我国20世纪卓越教育家、地理学家、气象学家,中国科学院院士。是我国现代地理科学与自然资源综合考察事业的奠基人。1949年10月至1974年任中国科学院副院长,1950～1953年兼任中国科学院地理研究所筹备处主任,1956～1974年兼任中国科学院综合考察委员会主任。他始终从科学的视角关注着中国的人口、资源、环境问题,是可持续发展的先觉先行者。

在新中国成立前夕,竺可桢以满腔热情参加了党和人民政府组织的各种活动,如率领参观团到东北解放区参观访问,并参加了全国自然科学工作者代表会议筹备会议、全国教育工作者代表会议筹备会议、人民政协筹备会议、中国人民政治协商会议第一届全体会议,在讨论"共同纲领"时,竺可桢提出要在"纲领"中专写一条发展自然科学的建议,该建议得到了会议的采纳。1949年10月16日,竺可桢被任命为中国科学院副院长,时年59岁。中国科学院建院初期的当务之急是完成机构和研究人员的调整建设,迅速展开各项研究工作。例如,将中央研究院和北平研究院所属的20个研究所及北京静生生物调查所,南京的中国地理研究所,中央地质调查所等接纳归属中国科学院等,经过调整重组和新建,全院成立了20个研究所,形成了中国科学院的雏形。同时,全国面临百废待兴的形势和经济恢复,因此要求科学要服务于国家的工业、农业、国防建设、医疗卫生和文化生活。竺可桢与李四光二人是分管自然科学的副院长,但李四光在国外,尚未到职。加之竺可桢还兼任多项社会职务,如中国地理学会理事长、中国气象学会理事长、名誉理事长等,因而与中国科学院有关的多项国民经济发展建设项目很自然地落到了他的肩上。为了推动各项任务的开展与完成,他利用种种有利条件和以往30余年在中国科学和教育战线积累的科学威望、经验和深厚的人际关系与师生关系,轻而易举、事半功倍地完成了他人无法完成或很难完成的任务。1950年5月时年60岁的竺可桢率中国科学院的东北考察代表团,赴沈阳、大连、长春、鞍山、吉林参观考察,商谈与东北有关机构的合作事项。竺可桢自此开启了他一生科学生涯中的新阶段,即以合理利用和保护我国自然条件和自然资源为大目标的科学研究与实践。并将其后半生的25年的身心贡献给了开发利用保护我国自然条件、自然资源的雄伟目标和伟大事业,自然资源综合考察是其中最主要的部分。据统计,1953～1956年三年的628个工作日当中,他专用于自然资源综合考察方面的时间长达381天,约占61%。直到他晚年仍身体力行地从事保护开发利用我国自然条件、自然资源的科学研究和科学组织领导工作。当82岁高龄时,发表了"中国近五千年来气候变迁的初步研究",同年应广播电台要求,完成了"认识自然和改造自然是科学研究任务"的文章。在他刚出任副院长时,就指出:"目前我们要建设一个新中国,使生产逐渐增加,工业向前迈进,是非常艰巨困难的一桩事,人民政府已有决心将努力发展自然科学,以服务于工业、农业和国防的建设。"还指出,"我们必须群策群力,用集体的力量来解决眼前最迫切而最重大的问题。"

1951年中国科学院接受中央人民政府文化教育委员会的委托,为配合西藏和平解放,组建了西藏工作队,进行了三年的科学考察,向中央人民政府提交了关于西藏政治、经济、医药卫生、自然环境及地理情况等4个专题报告,编辑出版了"西藏农业考察报告"和"西藏东部地质与矿产调查资料",这是中国科学史上，"用集体的力量解决眼前最迫切而重大问题"的一件大事，是中国科学史上由中国自己组织的第一个科学综合考察队伍，也是竺可桢担任中国科学院副院长的初期，组织多学科科学家进行综合考察的首次尝试。为日后大规模区域性多学科综合考察奠定了基础。

1952年针对美国对我国实行橡胶原料封锁，2月14日林业部拟在海南、广东、广西种植橡胶树，动员部分高等院校赴华南进行勘察工作。此时，竺可桢也拟定了科学院选派科研人员参加此项工作的意见。1955年由中苏两国科学院组建了紫胶工作队，赴云南进行紫胶考察。到1956年扩建为云南热带生物资源综合考察队。

针对历史上长期为害的黄河水患和黄河治理问题，1953年5月19日至6月5日，竺可桢专赴内蒙古等地对黄河流域水利问题进行了为期将近1个月的考察，并与黄河水利委员会及其他有关部门合作，在黄河中游进行了有关水土保持的调查研究和试验推广工作。在此基础上，1955年由中国科学院组建了黄河中游水土保持综合考察队。同年4月，他陪同中国科学院总顾问 B. A. 科夫达赴河北、山东两省考察了黄河下游的情况，5月开始了山西的野外考察。10月在全国第一次水土保持工作会议上报告了科学院对水土保持进行的研究工作及当年黄河队在吕梁山以西到峡谷的黄河河岸进行的区域调查工作。同年10月22日他在院常务委员会上报告了9月份视察山西水土保持工作的情况，发表了"晋西北水土保持工作视察报告"，同时在《人民日报》上发表了"水土保持是山区农业增产的一项根本措施"。

1955年6月2日，郭沫若院长在中国科学院学部成立大会上，提出了科学院多项重要任务，从原子能和平利用、石油地质、地震研究，到配合流域规划的调查、华南热带资源调查、中国自然区划和经济区划。并提出要在科学院设置综合考察工作委员会，以适应科学院开展综合考察的客观需求。

1955年9月，科学院根据中央指示，制定1956~1967年的长远科学发展规划。竺可桢多年坚持投身对该规划的策划与领导，尤其是专注于地学生物学与综合考察等方面的项目规划与领导工作。1956年1月21日，由郭沫若院长带队到怀仁堂，专向中央领导汇报当时国际科学发展状况和水平，与会者有毛泽东、刘少奇、周恩来、陈云、陈毅、李富春、邓小平等，还有各部各省负责人达一千三四百人，由副总理陈毅主持大会。除物理数学、技术科学、社会科学三个学术报告外，竺可桢则报告了国际生物学地学的发展状况与水平。对此他在当日的日记中记述："今天大会极为庄严，料不到人民政府看科学如此重要。"给竺可桢的思想上以极大的鼓舞。该规划制定工作到1956年6月份初步告一段落。在该长远规划的57项规划任务中，由竺可桢直接领导和过问的规划项目达6项之多，除全国自然区划经济区划和测绘、制图两项外，涉及综合考察的规划项目多达4项，即：

第三项　西藏高原和康滇横断山区的综合考察及其开发方案的研究。

第四项　新疆、青海、甘肃、内蒙古地区的综合考察及其开发方案的研究。

第五项　我国热带地区特种生物资源的综合研究和开发。

第六项　我国重要河流水利资源的综合考察和综合利用的研究。

此后，在竺可桢先生的统领下，以中国科学院为主，面向全国团结大协作的综合考察工作已遍及中华大地。

1956年中国科学院正式成立综合考察委员会，任命竺可桢为主任。在继黄河中游水土保持综合考察队与云南热带生物资源综合考察队之后，相继成立了黑龙江流域综合考察队，新疆综合考察队，华南热带生物资源综合考察队，青海甘肃综合考察队，土壤调查队，柴达木盐湖科学调查队，治沙队和西部地区南水北调综合考察队等。除上述综合考察队外，非综考会属下的中国科学院有关研究所组织的科学调查考察工作，还有海洋综合调查、滩涂调查、高山冰雪利用研究队及各种地质考察队等。作为中国科学院副院长的竺可桢，领导着如此庞大的全国性的科学考察队伍与网络，他运筹帷幄，深入实地，亲临现场，20余年如一日。1950年率科学院代表团赴东北考察。1953~1955年多次实地考察黄河流域。1957年上半年先到广州、雷州半岛、海南岛考察热带生物资源与发展条件，随后到松花江黑龙江流域考察，1958年再次去广东考察橡胶与热带作物发展问题。同年5月应天津地区要求，他亲率科学院各学部的中高级科学家80余人，考察了天津团泊洼盐碱地开发利用和工程建设问题，并及时给地方提供了资源开发利用的意见。同年

8月中旬到10月中旬，又先后赴青海、甘肃、新疆视察了正在开展野外工作的各综合考察队，并进行实地现场考察。在新疆的一个月期间，足迹遍及全疆，大部分时间和考察队员一样，早出晚归，在颠簸的行车过程中，观察、读图、记录，下车取样，停车访问等等。9月份在南疆的荒漠中长途行车，车内气温高达30℃左右，全天行车约12～14小时。9月29日需从和田赶往喀什，因当地大风，飞机不能飞行，只能换乘吉普车，凌晨五时半上路，全日行车526 km。1959年为参加治沙队的现场会，到甘肃民勤考察访问。1961年去南水北调综合考察队正在考察的雅砻江地区与川西北的阿坝藏族羌族自治州实地考察。1963年上半年去云南西双版纳、思茅等地区考察，经重庆返回北京。下半年又到宁夏中卫的沙坡头、营盘水等地视察治沙的试验研究。1965年他已75岁高龄，仍兴致勃勃地到甘肃河西走廊对酒泉地区的农业区划工作及大黑河的荒地资源调查进行视察和实地考察访问。他每次的野外考察，均按野外工作的要求，从室内准备，到野外调查，最后写出总结报告，从不马虎。据不完全统计，从1949年到1973年的24年中，他共完成各种论著和科普文章109篇，其中关于自然资源、自然条件的论著达66篇，占55％。

自从1949年他担任中国科学院副院长以后，他的工作实践和科学实践几乎全部融入了国家的经济建设和对自然条件、自然资源的开发利用和保护这一浩大的项目之中，尤其自1955年以后，他的绝大部分时间和精力，几乎全都倾注于自然条件、自然资源的综合考察这一新兴的多学科综合研究的科学工作之中，他的科学思想和学术思想，也在随他的社会实践和科学实践逐步演进和发展。例如，1955年他在刚成立的中国科学院生物学地学部所作的报告中称："生物学地学的研究任务，首先是全力支援国家经济建设，有重点地进行资源和自然条件的调查研究，向政府提出合理利用国家资源与生产建设规划的建议或参考资料。"到1959年他在《十年来的中国科学—综合考察(1949～1959)》一书的"总论"中指出："综合考察是一种科学工作，它根据国家提出的任务和各地区自然资源的特点，组织各种有关的学科，如地质、水能、地理、土壤、植物和工、农、林、牧、交通、经济等等方面的科学工作者，不但要有自然科学方面的也要有社会科学方面的工作者共同参加工作，它所考虑问题的着眼点与某一学科，某一专业或某一部门不同，必须从各个角度分析、考虑，多方面比较论证，提出多种方案，选择取舍，尽量达到比较综合、全面和合理，避免片面性和盲目性。"由此可见，他已从气象学单一学科的科学家飞跃成为引领综合考察这一新兴科学工作的科学领军人物，用他的科学思想统领这一新兴领域的科学大军，创造新的科学成就，为国家的兴旺发达繁荣昌盛做出了跨时代的贡献。

在建国十周年与综合考察委员会成立三周年的1959年，在竺可桢副院长兼综考会主任和中国科学院裴丽生副秘书长的主持下，召开了"第一次综合考察工作会议"。总结了9年来的综合考察主要成果和经验，明确了综合考察的任务，首先是调查自然条件和自然资源的基本特征与数量、质量，在此基础上提出自然资源综合开发利用与治理保护的意见。随着综合考察工作的发展，必须进一步研究自然资源开发利用中的综合性重大问题。他进一步指出：现在的考察工作，较多的是集中在靠近边疆待开发地区，从直接考察搜集资料入手，发现问题进行深入重点的研究，这是完全必要的。但今后对某些重大问题，从现在材料的基础上，组织有关较高级的科学研究人员进行研究和解决，也是综合考察工作的任务之一。

1962年全国十二年科学发展规划提前完成，国家要编制新的10年(1963～1973)科学技术发展远景规划。竺可桢从1962年2月16日出席国家科学技术规划委员会的广州会议以后，即开始着手新一轮的科学策划与指挥。根据形势的发展，明确提出了西北、西南、西藏三大区域的综合考察及全国荒地与草地两大自然资源合理开发的综合考察。特别强调了综合考察的综合性和科学性，以及研究经济开发布局的重要性。在新规划讨论编制过程中，1963年春在全国科技工作会议期间，以竺可桢为首的24名科学家署名，提出了"关于自然资源破坏情况及今后加强合理利用与保护的意见"，上报中共中央和国务院，这是我国有史以来的第一份关于合理利用和保护自然资源的科学文件。为更加突出有关自然保护的建议，在1963年11月份召开的第二届全国人民代表大会第4次全体会议上，由竺可桢代表11位人大代表作了"开展自然保护工作"的大会发言。这也是我国最早专题讨论自然保护问题的纲领性文件。

1965年8月27日到9月1日，竺可桢亲自召集中国科学院有关研究所讨论西藏的综合考察工作，决定组织西藏综合考察队，于1966～1967年度进藏考察。1966年虽然按计划组成了西藏队并进入西藏，开展了当年的野外考察，而他由于各种原因未能成行。但他仍将有限的剩余时间和精力，用于自己的科学研究，"文革"期间他坚持完成了《中国近五千年来气候变迁初步研究(1972)》论文和《物候学》修订本(1973)。

竺可桢光辉的一生经历了三个历史时期，个人经历有四个阶段，即成长阶段(1890～1918年)，回国后事业初创阶段(1918～1936年)，任浙大校长阶段(1936～1949年)，任中国科学院副院长阶段(1949～1974年)。尤其是1950年以后，亲自指挥和领导我国自然条件、自然资源合理开发利用保护的综合考察工作，作为这一综合科学领域的开创者、奠基人、总指挥，他留给我们的科学遗产，至今仍具现实意义，仍在继续发挥着科学指导的作用。竺可桢一生追求真理，追求光明，追求进步。他在晚年光荣地加入了中国共产党，完成了由一个爱国的科学家到一名忠诚的共产主义战士的转变，实现了他一生的夙愿，用他自己的话来说："找到了自己的归宿"。

顾　准(1915～1974)

顾准，男，汉族，1915年7月1日(农历五月十九日)出生于上海，中共党员，研究员。中国当代思想家、经济学家、会计学家、历史学家。中国最早提出社会主义市场经济理论的人。曾任中国科学院综合考察委员会副主任，是自然资源综合考察的早期组织者和领导人。

顾准生于上海南市的一个小商人家庭，后家道破落，12岁时因家境贫寒而辍学，经介绍就职于上海立信会计师事务所，从练习生做起，因勤于钻研业务、刻苦自学，成为上海会计界的知名学者，著有《银行会计》(1934)、《中华银行会计制度》(1939)等专著。

顾准1935年加入中国共产党，投身抗日救亡斗争，任中华民族武装自卫委员会上海区书记、上海职业救国会党团书记、中共江苏省委职委书记、文委书记。1940年进入敌后抗日根据地，先后任苏南区路东特委宣传部长、澄锡虞区工委书记、路东特委委员兼江南行政委员会秘书长、盐阜区行政公署财经处副处长、淮海区行政公署财经处副处长。1943～1945年在延安中央党校学习。解放战争时期曾任华中分局财委委员兼淮阴利丰棉业公司经理、苏中区行政公署货管处长、山东省工商总局副局长、渤海行政公署副主任、山东省财政厅长。

1949年后，顾准曾任华东军政委员会财政部副部长、上海市财政局长、税务局长、上海市财委副主任等职。1952年"三反"运动中被错误处分。1953年后，任建筑工程部财务司长、洛阳工程局副局长。1955～1956年底在中共中央党校学习。

党校学习期间是顾准转向理论研究的开始。当时我国经济学界深受苏联理论界关于"社会主义经济基本规律"理论教条的束缚，顾准认为，这些教条规范式的"钦定"规律不能反映社会主义经济的内部关系。1957年顾准发表了《试论社会主义制度下的商品生产和价值规律》一文(经济研究1957.3)，指出价值规律是社会主义的基本经济规律，在计划制定、企业管理和市场价格形成等方面，都应该遵从和运用价值规律，以调节社会生产与分配。因对理论和经济现实的深刻洞见，今日学界有人认为顾准是"主张社会主义市场经济的第一人"。

自1956年10月起，顾准任中国科学院综合考察委员会副主任，兼中国科学院哲学社会科学部(中国社会科学院的前身)经济研究所研究员。在中华人民共和国建国初期，苏联有关专家就曾提出在中国南方热带地区有发展橡胶种植的可能。1957年春节后中国科学院副院长兼综考会主任竺可桢与时任综考会副主任的顾准和7名苏联专家以及国内知名专家和科学工作者40余人，南下广东、雷州半岛和海南岛考察，了解当地近年种植橡胶等热带特种经济作物的情况，足迹遍及雷州半岛和海南岛的许多地区，历时20余天，之后在广州主持召开华南热带资源开发科学讨论会。回京后在野外实地考察和听取有关专家意见的基础上，由顾准起草、竺可桢修改定稿，向中央提交了"关于雷琼地区热带植物资源考察报告"，此项工作奠定了中国热带资源考察研究和开发利用的基础。此后顾准又立即赴新疆处理中国科学院新疆考察队的一些事务。1957 年 7 月，参加由竺可桢率领的中国考察队 18 人(中方组长竺可桢，副组长顾准和黑龙江省副省长陈剑飞)与以苏联生产力委员会主席涅姆奇诺夫院士为首的苏联考察队(25 人)会合于海兰泡，开始为期三周的黑龙江流域联合考察。1958～1961 年先后在河北赞皇、河南商城、河北商都、中国科学院清河农场等地劳动。1962 年，经时任中国科学院经济研究所(今社科院经济所)所长孙冶方的争取，回到该所任研究员。1969 年随所到河南息县(后明港)"五七干校"，1972 年回京。于 1974 年 12 月离开人世。

1979 年后，顾准的部分遗稿由亲属整理，陆续发表出版。影响较大的著作有:《希腊城邦制度》(1982)、《从理想主义到经验主义》(1989)、《顾准文集》(1994)等。

漆克昌(1910～1988)

漆克昌，男，汉族，四川省江津县人。生于 1910 年 6 月 8 日，大学毕业，中共党员。综合科学考察的早期组织者和领导人。

1928 年 10 月加入中国共产党，1929 年在日本仙台东北帝国大学毕业。1929～1932 年先后在上海红旗日报社、中共江苏省委组织部工作。1932 年由于叛徒指认，被捕入狱。1937 年 9 月被我党营救出狱，随后赴山西抗日前线。在八路军政治部任干事、敌工部科长、副部长和部长等职。1945 年抗战胜利后，派往东北工作，任工作团团长、县委第一书记、地委委员等职。1948 年 11 月，调任抚顺市委副书记兼市矿总工会主席。全国解放后，于 1951 年由抚顺调往北京，先后担任中联部副处长、处长，中央马列学院二分院副院长等职。1957～1988 年调任中国科学院自然资源综合考察委员会副主任、主任，并先后兼任第一组长、党委书记，中国科学院地学部副主任、中国科学院党组成员等职，并曾任国家科学技术委员会综合考察组副组长、第六届全国政协委员。享受副部级离休干部待遇。

漆克昌调中国科学院之后，同竺可桢副院长一起开创并长期主持、直接领导了中国科学院自然资源综合科学考察研究工作。1958～1966 年协助竺可桢组织实施国家科学技术发展十二年规划综合考察项目。这期间围绕当时国家经济建设任务，先后组建了中国科学院南水北调队、中国科学院蒙宁综合考察队、中国科学院西南地区综合考察队、中国科学院西藏综合考察队、河西荒地资源考察队、藏东珠峰地区考察队等。漆克昌亲临科学考察的第一线，听取汇报，督促检查各考察队执行任务情况，解决一些具体问题，并对考察研究中一些问题提出自己的见解。在中国科学院综考会成立初期，漆克昌就认识到自然资源综合考察工作是一项比较长期的科研事业，不能单纯依靠临时组织协作来完成科考任务。必须组织一支专门从事科学考察研究的基本队伍，有一个专事考察研究的科研实体，才利于积累经验和资料，继承考察事业，深入研究，不断提高认识的深度和广度，适应国家经济建设的需要和自然资源科学考察发展的要求。经他申请，中国科学院批准综合考察委员会在承担组织协调科学考察任务的基础上，1960 年组建自己的科研实体——研究室，即综合经济研究室、农林牧资源研究室、水利资源研究室、矿产资源研究室。之后还建立了动能经济研究室。并主持了研究室的"三定"(定机构、方向、任务)工作。自然资源综合考察研究室的组建，为综考事业的发展和科考质量的不断提高，为培养出一支理论联系实际，为国家经济建设服务的科考队伍起到了决定性性作用;他作为综考会党组织的负责人，多次向中国科学院党组织汇报综考会的工作，提出自己的意见和建议。1959 年他协助院领导主持第一次综合考察工作会议，参与研究确定综合考察的工作方针、考察方法与成果要求。为综合考察工作奠定了思想理论基础;他认为搞好社会主义建设，必须摸清家底，自然资源考察工作的主要任务是"查清资源、提出方案"，并在科学考察的基础上发展自然资源科学;他长期坚持、坚决贯彻了"政治挂帅、经济为纲、科学论证"综合考察的三项原则和"以点带面""远近结合""科学论证"等综合考察方法;他认为综合考察工作既然是面向经济建设，面向国土整治的科学研究工作，就必须深入到自然资源的现场、实行多学科的综合研究，因此，他特别强调多学科、大协作、实地考察以及不怕困难、艰苦奋斗的综合考察精神。他的这些思想，对于一代具有综合研究能力的综合考察研究人才的成长有着深远的影响。1963年在竺可桢领导下，他与朱济凡、李文彦合作起草了由24位科学家联署的"关于自然资源破坏情况及今后加强利用与保护的意见"，上报国务院。他作为国家科委综合考察专业组的副组长，协助主持和制定了1963～1972年科学技术发展规划（综合考察部分），并具体贯彻实施，推动综合考察事业的向前发展。

"文革"结束后，1979年中国科学院党组决定漆克昌任自然资源综合考察委员会负责人，在他领导下进行了大量落实干部政策工作，综考会各项工作重新走上正轨；组建了中国科学院南方山区综合考察队、中国科学院青藏高原（横断山区）综合考察队、中国科学院登山科考队（西藏南迦巴瓦峰地区），对我国南方山区和青藏高原部分地区进行了大规模的、深入的考察研究。对我国经济建设和科学发展做出了新的贡献，也为综合考察转向已开发的经济较发达地区进行了有益的探索；促成自然资源综合考察委员会实行中国科学院和国家建委（后为国家计委）的双重领导，使综合考察事业更紧密地为国民经济建设服务，并在新时期获得更大发展。

漆克昌1983年离休。他把后半生全部精力献给所热爱的综合科学考察事业。他理论联系实际，急国家之所需，不断探索综合考察研究工作的方针和重点，积累了丰富的综合考察工作经验。他在竺可桢科学思想的影响下，以他自己实际工作的亲身体验，对综合考察研究工作提出许多有重要价值的意见。他担任自然资源综合考察委员会领导期间，组织开展了20多项大规模综合考察，顺利完成并取得了大批科学考察成果，促进了我国自然资源综合考察事业的迅速发展，培育了一大批优秀专业人才，为资源科学发展做出了重要的贡献。

马溶之（1908～1976）

马溶之，男，汉族，1908年11月25日出生于河北省定县。中共党员，大学本科，研究员。土壤学家，我国土壤地理学的奠基人之一。在土壤调查制图、土壤区划、土壤分类及地理分布、古土壤、第四纪地层成因、水土保持以及自然资源考察等领域，进行了大量的研究和组织领导工作，是我国早期科学考察的组织领导者之一。

1933年燕京大学地质地理系毕业，1934～1952年在中国地质调查所土壤室任调查员、技正、室主任，研究员，兼南京大学教授。1952年起任中国科学院土壤研究所所长，直至1965年调中国科学院综合考察委员会。1957年加入中国共产党。1965～1967年任综合考察委员会副主任。曾兼任中国科学院黄河中游水土保持综合考察队队长，中国科学院青海、甘肃地区综合考察队副队长，中国科学院内蒙古宁夏地区综合考察队副队长。先后当选为中国土壤学会常务理事、理事长，中国土壤学会会志编辑，中国农业科学院土壤肥料学科组组长，中华人民共和国科技委员会生物学委员。曾当选为江苏省第一、第二届人民代表大会代表，第三届全国人民代表大会代表。

马溶之以他毕生的精力致力于土壤地理学的研究和科学研究组织工作，他在土壤地理学方面的学术和科学实践的贡献十分突出，是土壤区划的开拓者和土壤制图的奠基者，他在水土保持、土壤土地资源利用和第四纪地质及古土壤等方面都有很深的造诣和丰富的实践经验。他为我国土壤学、土地资源学的发展做出了重大贡献。

中国科学院（南京）土壤研究所在马溶之所长等的领导下，十分重视学科建设和土壤学基础的研究。他率先提出欧亚大陆土壤分布规律受到国际土壤学界的高度重视。全所在土壤地带性分布、土壤发生学原理、土壤有机质的组成和性质、土壤微生物特性、有机无机复合胶体的肥力特性、土壤黏土矿物特性、土壤水分和物理特性等方面的研究都取得了重要进步。在他担任所长期间，全所取得了丰硕的研究成果，主要有《中国土壤》《华北平原土壤》《华北平原土壤图集》《水稻丰产的土壤环境》《中国土壤概图》（1：400万）、《中国土壤发生类型及其地理分布规律》（俄文版）等专著和一大批学术论文。他本人发表的论文和学术专著就有100余篇（部）。这些学术论著，为我国土壤学和土地资源学的发展以及高等院校教学和研究的开展奠定了雄厚的理论基础。

马溶之十分重视理论与实践的结合，从建土壤所开始就十分重视实验基地的建设，土壤研究所先后在全国不同类型地区建立十几个试验站（点）。科技人员在这些站（点）上，开展了大量的低产土壤改良、丰产土壤总结、土壤肥力培育、荒地开垦、治沙治碱的实验研究和定位观测，取得了丰富的第一手资料，为国家的土壤资源研究、开发利用和农业发展方面做出了巨大的贡献。这些站（点）至今还在理论研究、生产实践和人才培养方面发挥着十分重要的作用。

马溶之在重视研究所建设和基础理论研究的同时，还十分关心国家的经济建设，他在各个时期的研究工作常与当时的国家经济建设任务等紧密结合。在他领导下，开展了大量的经济建设和生态环境治理相结合的研究工作，包括黄泛区及黄土区治理调查，东北粮棉增产土壤调查，华南橡胶宜林地调查，黄河中下游和长江流域土壤调查，为我国农业增产，发展橡胶、水土保持、流域规划、区域治理和荒地开垦等经济建设事业，提供了土壤方面的重要科学依据。马溶之作为全国土壤普查办公室副主任参加和领导了全国第一次土壤普查，作为技术领导直接负责江苏省土壤普查，并派土壤所的研究人员参加了粤、桂、滇、赣、皖、鄂、青（海）的土壤普查，总结了农民群众用土、识土和改土的经验，提高了农业科学种田水平，促进了耕作土壤的培肥和改良。同时，还深入实际，在总结群众和劳模科学种田的基础上著书立说，为我国农业的发展起到了重要的推动作用。

马溶之是综合科学考察的先行者和组织者之一。他领导和参加了黄河中游水土保持，东北、青甘、内蒙古和宁夏以及热带和亚热带地区的综合考察，足迹遍及全国。在20世纪50年代后期担任中国科学院黄河中游水土保持考察队队长时，组织院内外人士进行农、林、牧、水，以及地质、地貌、土壤、植被、土壤侵蚀等方面的综合考察，在完成自然区划、农业区划、经济区划的基础上，提出了这一地区水土保持、合理利用土壤资源以及若干小流域土地利用规划。根据多年经验，又提出了一系列以土壤、植被和工程相结合为原则的改土治水的措施，为黄土高原整治提供了科学依据。此后，又担任青甘地区考察队副队长并兼任土壤调查分队长，通过考察土地资源，提出了青甘地区土地资源开发与农牧业发展的建设性意见。从1961年开始他担任蒙宁考察队副队长（侯德封任队长）对蒙宁地区进行了全面考察研究，并于1964年进行了系统总结，提交了内蒙古与宁夏地区系统研究成果，为内蒙古宁夏地区资源开发、生态环境治理、工农业布局和经济发展提供了科学依据。马溶之先生提出在草原牧区不宜大规模垦荒种粮，应宜草宜牧，一来发展畜牧业，二来保持水土，防止荒漠化的意见，得到当时担任内蒙古自治区主席的乌兰夫的肯定。他的意见至今还具有重要的现实意义。

马溶之在关注研究所建设、开拓土壤科学研究的同时，还对推动国际学术交流，培养年轻一代土壤科学人才做出了杰出的贡献。

新中国成立后，他首次率团出席在法国巴黎召开的第六届国际土壤学会，并先后访问了苏联、古巴、德意志民主共和国、法国、巴基斯坦、罗马尼亚、加纳、马里和几内亚等国。20世纪50年代后期他多次与苏联专家合作，编制1∶400万和1∶1000万中国土壤图，合著《中国土壤发生类型及其地理分布》。20世纪60年代初马溶之对古巴进行了访问和考察，并组织所里人员赴古巴学习和工作。1965年中国科学院组织西非考察，马溶之率团对加纳、马里、几内亚三国进行了土壤、植物、河流、气候等自然条件的考察。通过国际间的合作交流，开阔了眼界，提高了研究所的学术水平，也锻炼培养了大批人才。

马溶之是年轻一代土壤科学工作者的良师益友。土壤所在马溶之等的领导下，新一代学术带头人迅速成长。在20世纪50年代和60年代我国开始试行研究生培养制度时，土壤所就先后培养了两批研究生，同时选派优秀人才赴苏联学习和进修，他们回国后都成为土壤研究主要的学科带头人。他们在土壤发生、土壤分类、土壤化学、土壤物理、土壤微生物和土壤生物学方面都有了相当建树，为完成以后的各项研究任务奠定了基础。同时，为完成全国土壤普查任务，所里招收了一批初中、高中和中专毕业生，经过培养，他们中的很多人成为土壤科学中的实验技术人才，为科学研究成果与数据的取得做出了重要贡献。

马溶之胸怀全局，艰苦创业，勇于开拓，勇于创新，关爱青年，从善如流，是一位成绩卓著，受人尊敬的我国第一代土壤科学家。

阳含熙(1918～2010)

阳含熙，男，汉族，江西省南昌市人，1918年4月29日出生，研究员，著名林学家、生态学家、中国科学院资深院士，中国民主同盟成员，第五至第七届中国人民政治协商会议委员。阳含熙是我国生态学的开拓者之一，长期从事生态学研究，对我国数量生态学的发展起了积极推动作用，奠定了该领域的坚实理论基础。他倡导并创建了我国第一个杉木人工林林型分类、气候区划和土壤分类系统及速生丰产林栽培技术。

阳含熙1935年以优异的成绩考入南京金陵大学，1937年积极投身抗日救亡运动，曾担任成都五所大学战时服务团的学生宣传部长。1939年大学毕业后，到中央农业试验所任技佐。在此期间，曾翻译介绍国外农业、林业文章10余篇。

阳含熙1947年留学澳大利亚，在墨尔本大学植物系学习，获科学硕士学位。1949年转读英国皇家林学院，再获林学硕士学位。朝鲜战争爆发后，他为效劳新中国，决心回国，但遭到英政府阻挠。后在有关方面的大力支持下，经再三交涉，终于1950年底回到祖国。

回国后，经马寅初先生推荐，阳含熙到浙江大学农学院森林系任副教授。1952年，他在国家海南橡胶宜林地勘测调查设计中任浙江大学队队长，为国家提出了我国橡胶宜林地的考察报告。1953年赴辽西章古台沙区考察，提出发展樟子松的建议，受到刘慎谔嘉许，后来章古台发展成为固沙造林的典范而受到国际重视。1952年院系调整，被调到东北农学院林学系任教，1954年被调到林业部中央林业研究所工作。1956年，中国第一个森林土壤室和林木生态室成立，他兼任两室主任。他所开展的桉树和杉木的生态学研究，开拓了中国森林生态学为营林服务的道路，所发表的一系列论文，对指导中国杉木林发展有重要作用。

十年动乱期间，阳含熙被下放广西"干校"劳动，后又被分配至河北省邢台农业技术推广站工作。1976年，在胡耀邦的亲自关怀下被正式调入中国科学院自然资源综合考察委员会工作，曾任该会学术委员会主任，学位委员会主任。在此期间，他潜心研究和倡导数量生态学。

1989年2月，他的一系列长白山植被的数量生态学研究成果通过鉴定，1989年获中国科学院自然科学奖二等奖。发表科学论著42篇(册)。共培养了7名硕士、8名博士。即使在耄耋之年仍致力于阔叶红松林生物循环过程和风灾干扰等问题研究，以及植物叶序等新课题的计算机模拟。

他曾任中国生态学会第一届副理事长，中国林学会理事长、顾问，中国生态经济学会第一届副理事长，《自然资源》主编，《生态学报》副主编，国际学术刊物《环境管理》编委。曾任中国林业科学研究院民主党派联合委员会副主任，中国国际文化交流中心理事，北京生态工程中心主任等职。

阳含熙是中国森林生态学研究的开拓者之一，为了大力发展桉树，提出引种名录，介绍栽培技术。他以自己在澳大利亚所学桉树知识，在华南调查总结了中国引种桉树栽培的经验教训。1957年，提出中国引种栽培80多种桉树名录，介绍其生态习性、立地选择和栽培方法，根据宜林地条件提出应发展的种类，并与广西、广东两省林业科学研究所和华南农学院合作，在广西柳州沙塘进行桉树育苗和林分生长研究，为中国适宜地区重点发展桉树提供了科学依据和经验。

对杉木进行系统的生态学研究。阳含熙选择了中国这一最重要的南方用材树种，进行了系统的生态学研究。为把中国民间栽培杉木的丰富经验上升到理论，他用科学方法指导其集约栽培，以提高杉木营林水平。他系统开展了杉木生态学习性的调查研究，通过大量统计分析，找出了有关杉木个体生态学和种群生态学规律性的特征；提出了杉木产地区划和土壤分类系统；开展了杉木林生态定位观测，建立了中国最早的人工林生态试验站，开展定位研究工作；提倡杉木无性繁殖，提出杉木插条完全可以保证优良品种特点的意见，他当时提出的无性繁殖正是后来欧美迅速发展起来的林业无性系繁育方向；研究总结了杉木林分生长过程；在杉木人工林群落分类中，提出"生态种组及其指示数量指标"等理论应用问题而受到地植物学界重视。

以生态学为指导，解决平原地区林业的疑难问题。1957年他在大同地区进行细致的野外调查后认为，为了发展山西大同地区的农田防护林带，他提出可改用樟子松、华北落叶松和一些抗旱性强的乔木和灌木树种，还应采用一系列防止造林后土壤及树木蒸发的营林措施。对现有小叶杨防护林提出了"深抚、疏伐"的改进方法。后来在中国营造"三北"防护林的实践中，证明了他当时正确的建议。为解决平原散生树木适地适树问题，就需要调查散生树木的生态适宜性和分布特征，并对散生树木的特征及其生态特性给以定性、定量的指标描述。这是中国前人未进行过的工作。阳含熙于1962年采用定性描述与"点样方法"数量统计相结合，即在德国学派与法瑞学派的调查方法基础上，制订了一种平原散生树木生态特性调查方法，已在河南、内蒙古等地广泛应用。

他倡导并发展了中国植物数量生态学的研究工作。阳含熙认为，生命现象和过程，如与生态学有关的个体的分布和散播过程，种群的形成和发展，群落的集聚、分布、分类及演替发展，林木的生长过程等，无不具有受多种复杂因子影响决定的规律性。过去，生态学以定性描述这些现象与过程，20世纪70年代后期，国外的数量生态学已经有了一定的发展。他积极介绍国外数量生态学的论文与专著，举办训练班，普及系统分析在生态学研究中的应用。在大学讲授"植物数量生态学"。并首次应用微机做出中国植物群落数量分类的实例。1980年出版了《植物生态学数量分类方法》，此书对普及我国植物群落数量分类起了先导作用，受到广泛欢迎。1979年，他参与筹建了长白山森林生态系统定位试验站，并对长白山森林植物群落分类、种群格局、年龄结构、更新策略和动态过程开展了研究，提出了新的数量分类方法。

阳含熙对促进生态学国际科技合作与交流起了主要作用。他科学生涯中另一重要活动是推动中国与国际生态科学的交流和合作。他在英、法、德、俄语方面有良好素养，为在这方面施展才干提供了便利条件。1956年他代表中国林业科学研究院接待了以著名的苏卡切夫院士为首的苏联科学院热带林考察团，1958年应邀参加苏联科学院召开的提高生物生产力会议，并报告了中国的研究工作。1956年、1962年，他两次前往越南，指导与组织开发热带林区的科学调查，第一次对越南陆地植物类型和土壤类型提出分类，还提出对中越森林资源调查进行交流的建议，因此获得胡志明友谊奖状和奖章。在中国科学院自然资源综合考察委员会期间，他在中国的生态学国际交流与合作活动中起了显著作用。1972年，他担任中国参加联合国粮农组织会议代表团顾问，1977年任联合国沙漠化会议中国代表团顾问。1978年，任中国人与生物圈国家委员会秘书长、副主席，1979～1986年任联合国教科文组织人与生物圈国际协调理事会执行局副主席。他在人与生物圈组织任职期间，为制定中国"人与生物圈计划"，促进国际生态学合作做了大量工作。1985年3月在全国政协六届三次会议上，由他与侯仁之、郑孝燮、罗哲文4位委员提案，建议我国尽早参加《世界文化和自然遗产公约》，并准备参加世界遗产委员会。1985年11月22日，全国人大常委批准中国加入《世界遗产公约》，为妥善保护中国境内遗产做出了贡献。他多次参加国际双边或多边合作谈判和大型国际科学会议，如太平洋边远地区经济发展会议（1981），联合国生态学实践大会（1982），联合国教科文组织生物圈保护区大会（1983），尼泊尔国际山地发展中心成立大会（1983），世界环境酸化大会（1984），太平洋地区环境保护大全（1985），第4、5次国际生态学会议（1986，1990）等。从1984年起，他还多次担任国内召开的国际会议的组织委员会主席或副主席，并主编出版国际会议论文集，如《土地沙漠化综合整治国际学术讨论会论文集》（1984）、《温带森林生态系统》（1986）、《酸雨与农业》（1989）、《温带草地生态系统国际会议论文集》（1990）等。享受国务院政府特殊津贴。

孙鸿烈（1932～）

孙鸿烈，男，汉族。1932年1月31日出生于北京，祖籍河南濮阳。中共党员，研究生学历，研究员、博士生导师，土壤地理学家，中国科学院院士。

孙鸿烈1940年随父亲（我国著名的石油地质学家、玉门油田的发现者孙健初先生）到甘肃，先后在酒泉和兰州读小学和中学。1950年高中毕业后回到北京。1950～1954年就读于北京农业大学（现中国农业大学）土壤农化系，1954年大学毕业留校任教至 1956 年。1957～1960 年在中国科学院沈阳林业土壤研究所做研究生和研究实习员，1961年调到中国科学院自然资源综合考察委员会工作至今(2000 年综考会与地理所合并为中国科学院地理科学与资源研究所)。1981～1982 年受联合国大学资助，在美国科罗拉多大学高山与极地研究所进修访问。1987 年当选为第三世界科学院院士，1991 年当选为中国科学院院士。

孙鸿烈历任中国科学院青藏高原综合科学考察队副队长、队长(1973～1996)，中国科学院自然资源综合考察委员会副主任、主任(1974～1993)，1983～1993 年出任中国科学院副院长，1990～1996 年任国际科学联合会(ICSU)理事会理事、副主席，1996～2005 年担任第八届、第九届全国人民代表大会常务委员会委员和全国人大环境与资源委员会委员。

孙鸿烈曾担任国务院学位委员会委员，中国生态系统研究网络科学委员会主任，中国科学院地学部副主任、院士咨询工作委员会副主任，中国科学院可持续发展研究中心主任，中国自然资源研究会副理事长、理事长，中国青藏高原研究会副理事长、理事长，中国国土经济研究会副理事长，国际科技数据委员会(CODATA)副主席，中国环境与发展国际合作委员会(CCICED)中方首席专家，国际山地综合发展中心(ICIMOD)理事、主席，中国人与生物圈国家委员会主席等职。

孙鸿烈现任国家"973"计划专家顾问组成员和资源环境领域负责人、西藏自治区发展咨询委员会副主任、中国自然资源研究会名誉理事长、中国青藏高原研究会名誉理事长和中国可持续发展研究会副理事长等职。

孙鸿烈长期从事资源、环境与区域发展综合考察研究，先后领导了数次大规模的综合科学考察工作；他系统总结了可更新资源的基本特性，倡导开展自然资源综合研究；他领导并建立了中国科学院生态系统研究网络和国家生态系统观测研究网络，奠定了我国生态系统定位研究的科学能力基础，把我国的资源环境综合研究推向深入阶段；他从全国性资源环境问题、区域资源开发与可持续发展、典型地区资源开发利用试验示范等三个层次推动了我国资源开发利用、生态环境保护与区域可持续发展综合研究工作。

(1) 孙鸿烈先后参加或领导了黄土高原水土保持(1955)、黑龙江流域生产力布局(1957～1960)、川滇黔接壤地区资源开发与保护(1964～1966)和青藏高原区域发展(1973 年至今)等区域性综合科学考察。主持制定了《1963～1972 国家科学技术发展规划纲要》的西藏综合考察部分(1962)、中国科学院《青藏高原1973～1980 年综合科学考察规划》(1972)和中国科学院《1986～2000 自然资源专题规划》(1983)。组织、领导了国家中长期(2006～2020)科技规划"生态建设、环境保持与循环经济专题"战略研究(2003～2004)和"全国水土流失与生态安全综合考察(2004～2005)"。主持完成了《中国自然资源综合科学考察与研究》专著(2008)。他的这一系列工作对推进我国自然资源综合考察事业与区域发展综合研究做出了突出贡献。

(2) 20 世纪五六十年代，孙鸿烈主要从事土壤地理与土地资源领域的考察研究工作。50 年代他着重考察和研究了我国东北地区和西藏高原，为确立区域土壤分类系统、阐明土壤分布规律和土地利用与改良方向做了大量的实地调查研究工作。首次完成了东北地区 1：250 万土壤图(1961)和《西藏的土壤》(1970)，为发展我国土壤地理学与土壤发生学做出了显著成绩。60 年代研究领域逐步扩展到土地类型与土地评价，通过对西藏、西南和青海等地区的土地资源考察，在国内率先对土地类型分类、土地资源适宜性、土地质量评价与土地资源制图进行了开拓性研究(1963)。他强调把土地作为一个自然综合体，从气候、土壤、水文、地貌、植被等诸多因素进行综合研究，并针对农林牧利用确立了一整套土地资源评价的原则与指标(1980，1993)，为土地资源研究和土地资源学的发展奠定了基础。

(3) 20 世纪 70 年代，孙鸿烈主持了中国科学院青藏高原综合科学考察研究，数十次到高原工作。他以"青藏高原的隆起及其对自然环境与人类活动影响"为中心问题，组织地球科学、生物科学等 50 余个专业开展了多学科综合研究。80～90 年代先后主持完成了"八五""九五"国家攀登计划项目"青藏高原形成演化、环境变迁与生态系统研究"和"青藏高原环境变化与区域可持续发展"，使青藏高原研究进入了一个新的阶段。他主持编著的《青藏高原科学考察丛书》和《青藏高原形成演化》等系列专著，系统阐明了青藏高原的地质特征、形成机制与隆起过程，高原自然地理要素的分布规律，高原生物区系组成与演化，自然资源的数量、质量和开发利用方向，对西藏自治区自然区划、农林牧业发展、资源的合理利用与保护以及灾害防治等提出了一系列重要科学成果，不仅为西藏自治区的经济、社会发展做出了积极贡献，也为我国青藏高原科学研究跃居世界前列做出了巨大贡献。

（4）1980年前后，孙鸿烈的研究工作进一步拓展到农业自然资源研究领域。他在1979年参与制定《1978~1985全国科技发展规划纲要》期间，大力提倡在我国开展农业自然资源调查研究，并发表了《农业自然资源调查研究的意义与任务》，引起了学术界和有关部门的高度重视，为推动农业自然资源调查与区划在全国范围内的开展做出了重要贡献。1983年在他主持制定《中国科学院1986~2000自然资源专题规划》中，进一步阐明了我国可更新资源特点、存在问题与主要科研任务，将中国科学院的资源环境研究工作提高到了一个新的水平。他系统阐明了可更新资源的整体性、多宜性、区域性与有限负荷等基本特性（1979），强调要从全面、长远的角度进行综合研究；进一步推动了我国自然资源综合研究的深入发展。

（5）1990年前后，孙鸿烈倡导并主持建立了中国科学院生态系统研究网络（CERN），奠定了我国生态系统研究的科学能力基础，把资源环境综合研究推向深入阶段。他1993~2000年作为CERN科学委员会主任，负责实施了"中国生态系统研究网络（CERN）建设项目"；1993~1998年作为项目经理，负责实施了中国科学院"八五"重大建设项目"中国生态网络工程"。经过两个项目的实施，基本建成了CERN的野外观测设施、室内分析实验室和数据信息系统，以及相关的工作、生活附属设施，同时培养了一大批研究和观测人员。目前CERN已经成为国家层面的生态系统观测和研究网络，由代表我国农田、森林、草地、荒漠、湿地、湖泊、海洋与城市生态系统的40个野外站和水分、土壤、大气、生物、水体5个分中心，以及一个综合研究中心共同组成，为2006年开始建设的"国家生态系统观测研究网络"奠定了基础。2005年孙鸿烈主编出版了《中国生态系统》专著，为促进我国生态学和其他相关学科的发展、区域生态环境建设和专业人才培养做出了重要贡献。

（6）2000年前后，孙鸿烈主持完成了《中国自然资源丛书》《中国资源科学百科全书》和《资源科学技术名词》等著作的出版。他1983年创建了中国自然资源学会，并长期担任学会理事长。他1992~1995年参与主持完成的42卷本《中国自然资源丛书》，是我国有史以来系统、全面、深入地反映我国资源开发、利用、保护与管理的巨型著作。1996~2000年他主编完成的《中国资源科学百科全书》，第一次从综合资源学到部门资源学，系统阐明了资源科学的基本概念、研究内容和方法论、科学体系和学科分异。他2002~2008年主持完成的《资源科学技术名词》是中国资源科学发展的又一个重要里程碑，科学厘定了包括20个学科的3339个资源科学技术名词，促进了中国资源学学科体系的发展与完善。

孙鸿烈以其学术上的突出成就，1984年获中国科学院竺可桢野外工作奖，1986年获中国科学院科学技术进步奖特等奖，1987年获国家自然科学奖一等奖，1989年获陈嘉庚地球科学奖，1996年获何梁何利基金科学与技术进步奖。2009年孙鸿烈院士因其对中国生态系统网络建设和青藏高原研究的突出贡献，由李政道先生推荐获意大利艾托里·马约拉纳—伊利斯科学和平奖。

石玉林（1936~）

石玉林，男，汉族，1936年1月出生，福建长乐人，中共党员，大学本科，研究员，博士生导师，土地资源学家，中国工程院院士。

1957年毕业于北京农业大学土壤农业化学系。长期从事中国土地资源与区域资源综合开发研究。主持完成了中国宜农荒地资源、中国1：100万土地资源图、中国土地资源生产能力与人口承载量等重大项目的研究，提出了资源工程学的理论框架，开辟了资源科学研究的若干新领域，多次参与和主持新疆维吾尔自治区综合科学考察。此外，还主持了《中国综合农业区划》《中国自然资源丛书·综合卷》、中国国情分析《开源与节约》和《两种资源、两个市场》专著的研究与编写。在分析人口与资源关系的基础上，提出了建立资源节约型国民经济体系和资源安全保障体系的战略思想；主编《中国资源科学百科全书》总论和《资源科学》等专著。对国家制定资源战略和促进资源学科的形成做出了贡献。他领导的多学科"新疆资源开发与生产布局"的综合考察研究，分析了人口、资源、环境与经济社会的可持续发展，提出了完整的开发方案，得到了实践的检验，丰富了区域开发的可持续理论。曾任中国科学院自然资源综合考察委员会常务副主任，中国自然资源学会理事长，中国工程院农业、轻纺与环境工程学部主任等职。主持或参加主持的科研成果获国家科学技术进步奖一、二、三等奖和多项院、部级的科技奖，及中国科学院竺可桢野外科学工作奖。1991起享受国务院政府特殊津贴。1995年当选中国工程院院士。

其主要学术贡献有：

1. 填补我国干旱区土壤地理研究的一些空白

20世纪50年代后期到70年代前期，在新疆与内蒙古地区从事干旱区土壤地理的研究。发现了荒漠土形成过程中水热条件对成土母质的直接作用，而生物因素并不总是都起主导作用。发现了残留物上的氯化物风化壳、罗布泊富含钾的"钾盐土"；提出内蒙古土壤栗钙土与棕钙土存在相性差别，指出西辽河南部赤峰和鄂尔多斯高原东南部黄土丘陵一带的地带性土壤是"黑垆土"等，填补了中国干旱区土壤地理的一些研究空白和丰富了半干旱区土壤地理研究的内容。

2. 开拓我国土地资源研究的新领域

石玉林于1960年在"中国综合农业区划"项目中主持了"土地资源的合理利用"研究。针对当时开发利用中的问题，组织了宜农荒地的开垦、草地资源的合理利用、南方山地的合理利用、海涂资源的合理利用、黄土高原的综合治理、盐碱地的综合治理和沙漠化土地的防治7个专题的研究，提出了开发、利用、治理、保护的战略构思。

20世纪80年代初期，他和他的团队系统地总结了多年来荒地调查的科学资料，编写了《中国宜农荒地资源》专著。该书统一了荒地资源分类、评价标准；揭示了荒地资源分布规律及荒地集中分布地区主要特征和开发利用方向和途径。首次提出中国宜农荒地毛面积近5亿亩，可垦耕地的净面积约1亿亩的基础数据。这个基础数据被国家统计局一直应用到90年代中后期。

20世纪70年代末80年代初，他组织了全国50多个科研、教学单位300多位科学家编制《中国1：100万土地资源图》，执笔撰写了"编图制图规范"和"土地资源分类工作方案要点"。系统阐明了土地资源学许多科学概念，确定了该图包含土地资源质量与潜力、土地资源基本类型与土地特征、土地资源利用的基本状况等三大基本内容；建立了一套具有中国特色的土地资源分类系统、评价原则、指标和方法，形成了土地潜力区、土地适宜类、土地质量等、土地限制型和土地资源单位5级完整的土地资源分类体系和相应的土地资源统计体系。该图于1992年获国家科学技术进步奖二等奖。

石玉林是最早全面推动开展中国土地承载力研究的学者之一。1986～1991年，他领导主持了"中国土地资源生产能力与人口承载量研究"。研究中他提出了符合我国国情的计算不同区域、不同时段、不同生活水平和投入水平下土地承载力的方法——区域资源生产力法，发展了国外的区域生态法。研究得出中国最大人口承载量约在16亿人左右的结论。该项目1992年获得中国科学院科学技术进步奖二等奖。

1. 我国自然资源研究领域重要学术带头人之一

1）科学地评价中国自然资源

1979年，他在《中国综合农业区划》的成果中作出中国自然资源绝对数量多，人均占有相对数量少，资源地区分布很不平衡，后备资源不足的科学判断，树立了资源相对紧缺的正确观点。他还与其他主编一起提出、论证了我国农业存在掠夺性经营，从而形成恶性循环的观点，并得出今后的任务是要改变掠夺性经营为集约性经营，改变恶性循环为良性循环的重要结论。《中国综合农业区划》荣获第一届1985年国家科学技术进步奖一等奖，石玉林是主要获奖人之一。

2）提出建立资源节约型国民经济体系

1990～1992年开始，他负责组织研究编写的国情报告第二号《开源与节约——中国自然资源与人力资源的潜力与对策》，提出全面建设资源节约型国民经济体系，即从生产领域、流通领域和消费领域全面节约资源。包括：建立以节地、节水为中心的资源节约型集约化农业体系；建立高效益、节能、节约原材料为中心的工业生产体系；建立以节省运力为中心，以公共交通为骨干的节约型运输体系；提出适度消费、勤俭节约的生活服务体系。该报告摘要在《中国科学报》刊登，引起社会的良好反响。

3）系统地论证了"两种资源、两个市场"

早在20世纪90年代初期，他就在国情第二号报告及《中国自然资源丛书·综合卷》中提出"两种资源、两个市场"的问题。1999年，他主持国情分析研究第八号报告《两种资源、两个市场——构建中国资源安全保障体系研究》，对"两种资源、两个市场"问题作了重点阐述。

该报告指出21世纪上半叶中国将是多项资源缺口，峰极相逼，相互叠加，资源供给形势特别是水、耕地与石油能源的短缺将比20世纪严峻得多，如果不采取相应有效措施，经济繁荣的自然物质基础将出现全面危机。该报告认为缓解危机的主要途径是：改变消费资源的粗放型经营模式为资源节约高效利用的集约化经营模式；改变封闭的、自给自足的战略为开放的、利用国内国际两种资源、两个市场的战略；从多方面建立一个中国资源安全保障体系，包括资源安全的保育体系、资源安全的节约体系、资源安全供应的贸易体系、资源安全的科技体系和资源安全的管理体系。

4）促进资源科学的形成

20世纪90年代后期，《中国自然资源丛书》和《中国资源科学百科全书》的出版标志着中国资源科学的初步形成。石玉林在这两部专著中发挥了重要作用，他是《中国自然资源丛书·综合卷》的主编和主要撰写人，系统地、全面地总结了近半个世纪的自然资源调查与研究成果。该"丛书"提出的一系列观点成为国家计委开发资源、部署宏观战略的重要参考。1995年获得国家计委机关科学技术进步奖特等奖、国家计委科技奖一等奖。

他在《中国资源科学百科全书》中担任编委会副主任，为该书"总论"的主编与主要撰写人之一，对资源特别是自然资源主要概念和事件作了科学解释(共约150条)，为资源科学的形成奠定了初步基础。

2006年，时任中国自然资源学会理事长的石玉林组织编写完成了具有教科书性质的理论著作——《资源科学》。并亲自撰写了其中重要部分——全书的"导言"和"资源科学理论的探讨"，总结了他本人50多年来从事资源研究的经验与体会，提出资源科学的理论基础、理论研究与方法论。

5）促进了区域资源综合开发研究

他长期从事综合考察研究工作，牢牢掌握综合考察特点，即突出综合，围绕着一个目标，组织多学科队伍，从各个方面、各个角度进行研究。并在综合考察中，注意处理好专业与综合的关系、学科与任务的关系、中央与地方的关系、局部与全局的关系以及点和面的关系。

1985～1989年受命开展"新疆资源开发与生产布局研究"，出任中国科学院新疆资源开发综合考察队队长。带领250多位科学工作者用4年时间系统考察新疆各地州、县，编写出16部考察报告集。亲自主持了其中总报告的编写并执笔简要报告。新疆党委与政府领导对考察成果给予高度肯定，并把考察队的报告作为制定1991～1995年新疆国民经济规划的主要文献之一。研究成果1990年被评为中国科学院科学技术进步奖一等奖，1991年评为国家科学技术进步奖三等奖。

6）提出中国环境保护的战略思想

石玉林在20世纪80年代就涉足资源环境保护领域。认为资源与环境是相互依存、互为影响的，环境恶化是资源不合理利用、资源破坏、资源流失的结果。保护环境首先要从合理利用资源着手，即从源头治理。

在 1995 年编写的《中国自然资源丛书·综合卷》中，他提出了"建立以合理利用自然资源为核心的环境保护战略"，指出整治大江大河、保持水土、防治污染、保护物种资源是中国资源环境保护的四大任务。

在中国工程院"水资源"咨询项目中，石玉林系统总结了西北地区土地荒漠化的特点、成因、过程与防治趋势，于 2001～2003 年期间提出树立"人与自然"和谐相处理念，以及转变思想路线、增长方式、生产方针与治理策略等八项措施和六大治理工程，建议构建"防治荒漠化为中心的生产-生态安全保障体系"。

李文华(1932～)

男，汉族，1932 年出生于山东广饶。中共党员，生态学家，研究员、博士生导师、中国工程院院士、国际欧亚科学院院士。

1953 年毕业于北京林业大学，1961 年在苏联科学院获副博士学位。回国后在北京林业大学任教，1978 年调入中国科学院-国家计委自然资源综合考察委员会，先后任生物资源研究室主任，综考会副主任、常务副主任，中国科学院青藏高原综合科学考察队副队长，中国科学院西南资源开发队队长等职务。他长期从事森林生态、自然保护、生态农业与区域可持续发展等方面的研究。他率先将计算机技术应用到生物量的制图上，开拓了我国森林生物生产力的研究；提出了青藏高原森林地理分布基本规律；开辟了红壤丘陵地区生态系统研究领域；系统总结了农林复合经营的理论体系，提出了我国农林复合经营应用模式；推动了我国生态系统服务和生态补偿领域的研究。现任自然与文化遗产研究中心主任，兼任联合国粮农组织全球重要农业文化遗产(GIAHS)指导委员会主席，中国人与生物圈国家委员会副主席，中国人民大学名誉董事、环境学院名誉院长，中国生态学会顾问，中国林学会副理事长，中国农业生态环境保护协会副理事长，《自然资源学报》主编、《农业环境科学学报》主编、*Journal of Resources and Ecology* 主编等职务。

曾任联合国教科文组织人与生物圈计划国际协调理事会执行局主席、中国人与生物圈国家委员会副主席、秘书长，南亚 10 国小流域治理首席顾问，国际自然保护联盟(IUCN)理事，国际山地综合开发中心(ICIMOD)理事、轮值副主席，国际科联(ICSU)环境问题委员会委员，东亚生态学会联盟(EAFES)第一届主席，中国人民大学环境学院院长，中国生态学会理事长、名誉理事长，中国自然资源学会副理事长，联合国教科文组织 *Nature and Resources* 中文版主编，瑞典皇家科学院"AMBIO"中文版主编等。

主编《西藏森林》《青藏高原生态系统及其优化利用模式》《中国的自然保护区》《中国农林复合经营》、*Agro-Ecological Farming Systems in China*、《生态农业——中国可持续农业的理论与实践》《生态系统服务功能价值评估的理论、方法与应用》《中国生态补偿机制与政策研究》等 16 部专著，发表研究论文近 200 篇。主编有关资源、生态建设与环境保护、农业文化遗产等系列丛书 40 多卷，培养硕士、博士研究生和博士后研究人员 39 名。曾先后获得 13 项国家和省部委奖励，在国内外获得多项荣誉称号，被国务院授予"有突出贡献的科学家"称号，享受国务院政府特殊津贴。

1. 积极开创西藏森林和生态系统研究

李文华长期致力于森林生态和青藏高原生物资源的研究。首次以翔实的资料填补了西藏森林研究的空白，提出了西藏森林资源在我国具有独特而重要的地位，专著《西藏森林》是这方面的权威性著作，为西藏森林的保护和开发起到了奠基作用；有关树种选择、立地类型划分和自然保护区建设等建议，在西藏"一江两河"等开发规划中得到落实。青藏高原研究获中国科学院科学技术进步奖特等奖、国家自然科学奖一等奖，他是主要获奖者之一。

1981～1985 年，作为常务副队长主持了横断山综合科学考察。继承了青藏高原科考中有关基础理论的探讨，并更加注重对资源开发利用和保护等生产性课题的研究；把传统的路线调查与定位和半定位研究结合起来，在极端困难的高山峡谷区建立了横跨流域的 5 条垂直观测剖面，进行了连续 3 年的观测。

主持了"攀登计划"中的"青藏高原生态系统的结构和功能与可持续发展"课题,首次以森林、草原和农业三个定位站为基础,建立了生物生产力模型,并与世界接轨;引进了200余个作物、牧草和林木的优良品种,确立了三元化的农业种植结构和放牧系统的优化模式,并开展了高原防护林的示范工程,为高原可持续农业的发展树立了样板。

在研究方法方面,李文华率先把系统分析和信息技术引入到资源生态工程的研究中。1979年创造性地利用分级打印和多次印刷法制成了我国第一张计算机植被和生物生产力潜在分布图;首次领导在微机上建立洛阳国土资源信息系统,获中国科学院科学技术进步奖二等奖,获奖者排名第一。

20世纪90年代后期以来,积极领导并推动生态系统服务功能评价和生态补偿机制与政策研究。在国家自然科学基金委员会的支持下,系统总结了生态系统服务功能价值评估的方法,并对我国陆地生态系统进行了全面研究;提出了适应于我国的生态补偿的概念、内涵与机制框架,率领研究团队对我国森林、草地、湿地、流域、矿产资源、自然保护区等的生态补偿进行研究;主编的《生态系统服务功能研究》《生态系统服务功能价值评估的理论、方法与应用》《中国生态补偿机制与政策研究》成为该领域的经典之作。

2. 积极推动生态保护与生态工程建设

"八五"期间,李文华作为组织者,领导了由500多名专家集体完成的西南四省(区)资源综合开发的研究项目。这是一项多层次、多目标、跨行业的以区域为单元,以自然-社会-经济协调发展为目标的复杂系统工程,形成了由总体规划、重点地区和重点问题三部分,包括30本专著和图集组成的1000万字的成果,为西南资源开发和国家建设中心的西部转移提供了科学依据。该项目获国家科学技术进步奖二等奖和中国科学院科学技术进步奖二等奖。

在主持综考会工作期间,领导建立了千烟洲红壤丘陵试验站,并兼任站长(1988~1990年)。在南方考察队创立的"丘上林草丘间田,河谷滩地果鱼粮"的"千烟洲模式"基础上,进一步提出了发展(Development)、示范(Demonstration)、推广(Diffusion)相结合的"3D"模式,开展以小流域为单元的农业生态工程。经过10年的实践,到1994年底,"千烟洲模式"在江西红壤丘陵区已有38处示范推广点,面积达40万亩。30多个国家和国际组织的专家到这里访问考察和进行合作研究。

主编了《中国农林复合经营》专著,首次对我国在本领域的成就作了全面系统的总结,创造性地建立起适合我国的分类系统和综合评价体系,对15种典型生态农业工程进行了深入剖析。领导近百位科研人员,编撰完成《生态农业——中国可持续农业的理论与实践》,从发展、原理、模式、技术、区域、管理、展望等方面,对中国生态农业进行了全面而系统的总结,该书获得"中国图书奖"。他主编的"Agro—Ecological Farming Systems in China"专著,得到了联合国教科文组织的高度评价,誉之为在实现可持续农业方面"具有先锋作用的成果",并将该专著列为教科文组织生态学系列丛书出版,向世界介绍中国在这方面的经验。

李文华曾受原国家科委委托参与《中国21世纪议程》框架草案的制订。近年来,他积极推动国家和地方的生态建设工作,特别是在生态省、生态市和生态示范区建设方面发挥了重要作用。

3. 积极推进生态学与可持续发展领域的国际合作

1986年起,李文华连续两届当选联合国教科文组织人与生物圈(MAB)计划国际协调理事会执行局主席,对该计划发展方向和全世界14个领域的研究项目进行宏观调控。成功地组织了中德生态环境合作计划(CERP),开展了森林、农村、城市、污染等8个课题的研究,成为MAB计划中规模最大和最成功的国际合作项目之一。

与瑞典皇家科学院Heden院士共同发起并领导了"工-农-养殖零排放系统工程(ZERI-BAG)",把清洁生产工艺与生态农业结合成完整的生态工程。这一项目在坦桑尼亚、纳米比亚、斐济、美国等地得到实施。为此,李文华先生应邀出席1994年在Chattanooga市举行的美国总统可持续发展委员会年会,并被授予该市"荣誉公民"称号。

李文华先生还参与创建了全球可持续发展生态技术网路(Ecotech-Network)，并被推选为第一届顾问委员会主席。应邀到瑞士苏黎世大学(ETH)讲学，并出任联合国粮农组织亚太10国小流域治理项目的首席专家，建立亚太地区小流域治理网络，为发展中国家培训干部，出版了9本系列教材，受到粮农组织的高度评价，认为他"以丰富的经验和勤奋的工作做出突出贡献。"

李文华先生参与创建了东亚生态学会联盟(EAFES)，并担任第一届主席，有效组织了中国、韩国、日本生态学者的学术交流与合作。受邀担任联合国粮农组织"全球重要农业文化遗产(GIAHS)"项目指导委员会主席，积极推动国际农业文化遗产保护研究与实践，对我国农业文化遗产申报、保护发挥了重要作用。

孙九林(1937～)

男，汉族，1937年8月出生于上海，祖籍江苏省盐城县。中共党员，博士生导师，资源学家，著名的资源环境及农业信息科技领域学术带头人，国家级有突出贡献专家，中国工程院院士。享受国务院政府特殊津贴。

1959年考入交通大学(西安部分)电机工程系发电厂电力网及电力系统专业，1964年8月大学本科毕业，分配到中国科学院综合考察委员会动能研究室，从事动能经济研究。

孙九林历任综考会研究室副主任、主任，中共综考会党委委员、综考会学术委员会委员、副主任；全国农业区划委员会——中国科学院农业资源综合研究中心副主任；中国科学院黄土高原综合科学考察队三人领导小组成员兼黄土高原国土资源数据库及信息系统专题负责人；中国科学院西南地区综合科学考察队副队长等职。

曾任国际科学联合会(ICSU)世界数据中心(WDC)执行委员会委员兼中国国家协调委员会委员、秘书长及再生资源与环境学科中心主任；国土资源部国土资源信息系统咨询委员会名誉主席；国家科学数据共享工程专家委员会委员；中国生态系统研究网络科学委员会委员兼数据委员会委员、副主任及中国生态系统研究网络分布式信息系统建设负责人；中国科学院科学数据库及信息系统工程专家委员会委员、副主任、主任；中国自然资源学会自然资源信息系统专业委员会委员、副主任、主任；中国国土经济研究会理事；中国地理信息系统协会理事；资源环境信息系统国家重点实验室学术委员会主任；中国青藏高原研究会理事等。

孙九林长期从事能源资源、能源经济及农村和区域能源研究；区域资源可持续发展研究；信息科学技术在资源环境、生态及农业中的应用、遥感与地理信息系统应用研究；信息化科研环境及虚拟地理环境研究；科学数据共享的理论、方法及网络平台建设研究；新时期国内与国际综合科学考察研究等。开拓性的建成我国区域性国土资源数据库(西南国土资源数据库)及国土资源信息系统(洛阳经济区国土资源信息系统、黄土高原国土资源信息系统)，首次建成我国大面积多品种遥感估产系统、综合性自然资源数据库、生态系统分布式信息系统网络以及国内农业资源信息系统等；国内较早的参与全球变化研究，与日本国环境所合作研究全球变暖影响模型(IAM)，1997年他认为，全球变暖在总体上对我国粮食总产略有所增加；参与国家中长期科学规划并主持完成国家科学数据共享工程的规划、主持完成国家科技基础性工作专项"十二五"规划；领导建成了国内第一个国家地球系统科学数据共享平台等。

通过大量的科研实践，孙九林提出了资源信息管理体系结构、国土资源信息分类体系与编码、区域性资源开发模型体系、统计型空间信息系统模式；对资源信息工程科学、国土资源信息科学、农业信息工程科学的创立做出重要贡献；提出并构建地学科研信息化环境(e-Science)结构模式和原型系统；近十多年来一直活跃在资源信息科学、农业信息科学、科研信息化、信息化社会的研究领域，并致力于推动国内外的多学科综合考察研究和国家基础性工作及科学数据共享工作。

孙九林在几十年的科研活动中参与或主持多项国家、省部级科研或工程项目：

1. 能源领域

在 20 世纪 70 年代至 90 年代，先后参加"西北地区燃料动力平衡"项目的考察研究；承担国家科委"异步电动机同步化"技术改造的研究；中国科学院南方考察队的"能源专题"研究；以及参与中日合作的"中国能源结构、新能源系统"研究等。

2. 参与信息技术与传统学科结合的研究

(1) 20 世纪 70 年代初，参与电子分色扫描机研制中的电源设计和安装，后期又参与电子计算机与扫描机软件接口的开发，出色地完成了所承担的软硬件任务。

(2) 主持国产电子计算机 CJ-709 机的安装调试和人才培养。1978 年综考会购进一台国产 CJ-709 计算机，孙九林负责安装调试及技术人才培养，在研究室科研人员共同努力下，将上百万元国产机调试成功并进入运行状态。同时，也为综考会培养了新技术方面的人才。

(3) 20 世纪 90 年代初，中国科学院组织中国生态系统研究网络项目，其中重要的一项任务是构建生态站—分中心—综合中心的信息系统网络，孙九林主持了这项工程，从分布式生态系统信息系统的设计，设备招标采购，技术人员培训用了近十年的时间最终联网成功，为生态系统研究提供了信息技术支撑。

(4) 主持中国科学院北郊地区十多个研究所联网工程。进入 20 世纪 90 年代初，互联网在国际上迅速得到应用，孙九林积极建议中科院各研究所应该联网，1994 年还积极向院领导提出建议，在院领导及各所的支持下院百所联网工程展开，孙九林等人负责建设原沿大屯路各所及北郊南区各所中国科学院北郊网，并负责运行服务，广大科研人员及时获得了网络的支撑。

3. 信息科学技术与资源环境研究相结合

(1) 主持国家国土资源数据库建设及规划。20 世纪 80 年代初国家兴起了国土规划的热潮，大量的国土资源数据及资料的获取与管理开发应用成了规划中关键问题，当时国家计委国土局向综考会提出用计算机解决国土规划研究的任务，时任综考会技术室计算机组组长的孙九林带领全组人员用一年多时间调研，总结提出了"我国国土资源数据库总体设计"方案得到国土局的认可，并提出先在西南三省试建，1984 年建成中国第一个国土资源数据库——西南地区国土资源数据库，在此基础上，提出了"我国国土资源数据库的发展规划"。

(2) 主持我国第一个经济区国土资源信息系统的建设。数据库只能满足国土规划中的数据资源的存储管理，但无法提供综合分析及空间可视化等功能。为此国土局提出了"建立洛阳经济区国土资源信息系统"的任务，孙九林主持了该项目研究任务并于 1986 年完成。在数据库和信息系统建设过程中，他主编《国土资源信息科学管理概论》《国土资源信息系统的研究与建立》两部专著，把实际研究内容上升到理论和方法的层面，成为当时很受欢迎的出版物。

(3) 主持国家"七五"攻关项目，我国第一个跨省的国土资源信息系统的建设——建立黄土高原国土资源数据库及信息系统，组织近 300 名科研人员参加攻关，经五年完成。

(4) 主持完成我国第一个大面积多品种遥感估产系统。这是把地理信息系统与遥感技术等综合集成在一起，为农业生产服务的技术体系。经过全国 500 多名科技人员的努力，建成国内第一个大面积多品种的遥感估产系统，为我国农业信息化建设做出了重要贡献。在系统建设和运行及其理论方法与技术总结的基础上，孙九林主持编写了系列专著(5 部)。

(5) 主持完成我国自然资源数据库建设。对科学数据的长期积累、保存、开发应用是孙九林始终坚持的方向。从 1987 年开始，他领导的团队就加入了中国科学院科学数据库的建设中，20 多年从不间断，积累了大量系统性、科学性的数据，支撑科学研究，成果在中科院科学数据库群项目中始终名列前茅。

(6) 主持全国农业资源信息系统建设。这是国家"九五"科技攻关项目。该项目积累了大量的农业资源信息，全面实现了各类农业资源的信息化获取、保存与开发利用，推动了我国农业信息化的发展。在此基础上他积极推进我国开展精准农业的研究。

4. 科研信息化及虚拟地理环境研究

（1）20 世纪 90 年代，虚拟技术在国内兴起，孙九林就意识到这是一项对资源环境和地理学研究有十分重要意义的技术，在 1997 年的一次会议上，他提出了虚拟地理环境的概念，引起很大反响。

（2）主持开展地学科研环境研究，以东北亚地区为例，完成地学科研信息化环境构建的系统，并投入运行。对地学信息化科研环境构建的理论方法、技术以及地学研究信息流程和概念模型和信息模型做了深入研究，以此指导地学信息化科研环境的构建。

5. 投身科学数据共享研究和推动新时期综合科学考察研究

（1）主持我国"地球系统科学数据共享网"项目，经过十多年努力，建成了国家地球系统科学数据共享平台，成为我国科学数据共享的积极倡导者与实践的带头人。

（2）创立了我国第一个科研项目数据汇报管理中心——973 计划资源环境领域项目数据汇交管理中心。这是在上述数据共享网的基础上在科技部的支持下建立的，把我国科学数据专业推向了新的阶段。

孙九林在取得的 15 项重大成果中，有 11 项获省部以上 18 种奖励；撰写专著 11 部，发表论文 80 余篇。

徐寿波（1931～）

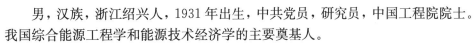

男，汉族，浙江绍兴人，1931 年出生，中共党员，研究员，中国工程院院士。我国综合能源工程学和能源技术经济学的主要奠基人。

1955 年毕业于南京工学院动力工程系。1960 年在原苏联科学院能源研究所获技术科学副博士学位。回国后 1963～1981 年在中国科学院自然资源综合考察委员会工作，长期从事综合能源和技术经济及物流研究，现在是北京交通大学经济管理学院教授，博士生导师，北京交通大学综合能源研究所所长，物流研究院院长，中国技术经济研究中心主任。2001 年当选为中国工程院院士。

曾任国家科委可燃矿物综合利用专家组组员、国务院技术经济研究中心能源组负责人、国家能源委员会顾问、能源部高级咨询委员、国务院能源办研究咨询局局长、全国第一个能源学会——北京能源学会首届常务副理事长、中国能源基地研究会首届副理事长、中国科学院综考会综合能源研究室（现国家发改委能源研究所前身）第一任负责人。全国科协二届委员、国家科委技术经济与管理现代化专家组组员、中国技术经济研究会首届总干事长、中国社科院技术经济研究所（现数量经济与技术经济研究所前身）第一任负责人、中国社科院研究生院技术经济系（现数量经济与技术经济系前身）第一任系主任、国家计委技术经济研究所所长、中国物流研究会首届副会长、中国物资技术开发协会顾问、中国物资流通学会物流技术经济专业委员会首届主任等职。1977 年被评为中国科学院先进工作者。1991 年开始享受国务院政府特殊津贴。

于 1962 年建议并负责起草我国第一个"技术经济"科学技术发展规划纲要，1963 年被中共中央、国务院采用，列为七大科学技术领域之一。1963 年他开创了"技术经济学"的研究。1963～1965 年完成我国第一个"技术经济方法论"研究报告 20 万字。改革开放后中国第一本技术经济学专著——《技术经济学概论》公开出版。1978 年积极参与创建中国技术经济研究会，任首届总干事长，为推动该学科在全国发展和普及做出了贡献。1980 年在中国社科院倡议成立了我国第一个技术经济研究所，担任主要负责人。创办了《技术经济研究参考资料》和《技术经济研究》杂志。1995 年在原国家计委技术经济研究所任所长期间，创办了《中国技术经济科学》杂志。

他长期从事技术经济学的研究，系统地提出了技术经济学理论和方法，其代表作《技术经济学》曾三次再版，并获得全国"光明杯"优秀学术著作二等奖。他应用技术经济学原理方法，在多个国家重大工程项目论证、技术进步评价、经济发展、效率革命以及技术经济学分支学科建设等方面都做出了贡献。

1977年他首次建议并负责起草我国第一个"能源科学技术"规划纲要，1978年被全国科学大会采用，列为八大重要科学技术领域之一（注：八大重要科学技术领域是：农业、能源、材料、计算机、激光、空间、高能物理和遗传工程）。

他在中国科学院倡议成立了第一个综合能源研究室，开创了中国综合能源工程学/能源技术经济学的研究和应用。1977年创办全国《能源》杂志。1979年与赵宗燠院士等一起创建中国能源学会——北京能源学会。他长期从事综合能源工程学/能源技术经济学的研究，出版了《论广义节能》《能源技术经济学》《综合能源工程学》等学术专著。首次提出余热利用技术经济原理和方法，煤炭规模、结构和煤电运综合平衡方案，能源发展原理和方法，综合能源效率理论和方法，全面节约理论和方法，应用于国家能源战略和规划。

他是中国"物流科学技术"领域研究的开拓者，大物流MF理论的创建人。1984年积极参与创建中国物流研究会，担任常务副会长负责学术工作。1985年创办全国第一个《中国物流》杂志，兼任主编，在创刊号"关于物流技术经济研究的几个问题"一文中，首次提出大物流（The Material Flow，MF）新思想；1987年主持我国第一本物流著作《物流学及其应用》的编写，提出了物流技术经济学理论和方法；1985年以来在物流领域共取得科研成果50项，有14项获得奖励、国际ISTP、SSCI、SCI期刊收录、国际会议主题报告。

数十年来，他先后开拓了我国"技术经济"科学技术、"能源科学技术"和"物流科学技术"三个交叉科技领域。在技术经济学、能源技术经济学/综合能源工程学、物流技术经济学/综合物流工程学三个新兴交叉学科共取得理论和应用研究成果442项，有50多项成果获奖，包括全国科学大会奖、中国科学院、中国社会科学院、国家计委、北京市和国际学会等各种奖励，其中获科学技术进步奖9次（国家一、三等奖各1次，省部级一等奖1次，省部级二等奖4次，三等奖2次）。与此同时，他非常重视技术经济学、综合能源工程学/能源技术经济学、综合物流工程学/物流技术经济学的教学和专门人才的培养，从1978年开始，他先后在中国社科院研究生院、清华大学、华东石油学院、中国矿业大学、武汉工业大学北京研究生部、北京交通大学等高校讲授这三门新兴学科。此外，他还在中央电视大学为全国广大工程技术人员继续教育培训班授课。他是中国技术经济学、能源技术经济学/综合能源工程学和物流技术经济学/综合物流工程学第一个博士生导师，曾培养博士和硕士数十名。也为美国、德国和法国培养研究生。

于　强（1910～1992）

男，汉族，河北省饶阳人，1919年出生，中共党员，正局级离休干部。

中国共产党地理研究所党的领导小组组长（1964年8月），所党委书记（1966年1月至1972年）。1938年10月参加革命，1941年1月加入中国共产党。1938～1945年任区教建会主任、区长、献县督学。1945年3月至1954年7月任青县政府督学，冀中八分区博古书店经理，华北新华书店发行科副科长，新华书店发行部主任、经理。1954年7月至1962年6月，任科学出版社办公室主任，中国科学院新疆考察队副队长，综考会党委副书记。1964年起至1972年任中共中国科学院地理研究所党的领导小组组长，所党委书记。1972年6月调任中国科学院电子研究所副所长。1988年获中国科学院竺可桢野外科学工作奖。

于贵瑞（1959～）

男，汉族，辽宁省大连市人，1959年7月出生，博士研究生学历，中共党员、九三学社成员，研究员，博士生导师。

1999年8月以"百人计划"入选者和"引进国外杰出人才"身份进入综考会工作，现任中国科学院地理科学与资源研究所副所长，中国科学院中国生态系统网络综合研究中心主任，中国科学院生态系统网络观测与模拟重点实验室主任，科技部国家生态系统观测研究网络综合研究中心主任。担任中国生态学会副理事长，中国生态学会长期生态专业委员会主任，亚洲通量网（AsiaFlux）执委会委员等学术职位。主要研究领域为植物生理生态学，生态系统生态学，生态系统碳氮水循环与全球变化生态学等。曾主持中国科学院"百人计划"项目、国家基金委"杰出青年基金"项目、中国科学院知识创新工程重大项目、中国科学院创新团队国际合作伙伴计划、国家基金委重大项目、国家基金委国际合作重大基金项目、国家重点基础研究发展规划"973"项目、中国科学院知识创新工程重要方向项目等科学研究项目10余项。作为主要负责人参与了中国科学院生态系统研究网络二期基础能力建设项目、科技部基础条件平台建设项目"国家生态系统观测研究台站网络建设"的工作。曾获得中国侨联第二届"科技创新人才奖"，中国科协"全国优秀科技工作者"称号，国家科学技术进步奖二等奖二项（排名第一），国家环境保护部环境保护科学技术一等奖（排名第一），国家教委科学技术进步奖二等奖（排名第四），辽宁省科学技术进步奖一等奖（排名第三）。享受国务院政府特殊津贴。

卫　林（1936～）

男，汉族，1936年12月出生，安徽合肥市人。大学本科，研究员。中国民主建国会成员。

1959年南京大学气象系气候专业毕业，分配到中国科学院地理研究所，1984年调中国科学院国家计委自然资源综合考察委员会。历任课题组长，气候研究室主任，福建省罗源县科技副县长，所中高级专业技术职称评委，以及中国农学会，中国气象学会，生态学会，地理学会，林业气象学会等专业组长、委员、理事、常务理事等职。数十年来主要从事农业和林业、生态、资源、环境等科学方面的研究工作。在防护林动力效应研究和气候变化对林业影响的研究中做出贡献。另外，最早研制成我国第一台农用红外测温仪和电子风速仪。上述成果先后获科技大会二、三等奖，上海市特等科技奖，林业部三等奖，中国科学院科学技术进步奖一等奖、自然科学奖三等奖。享受国务院政府特殊津贴。

牛喜业（1941～）

男，汉族，河北省阳原县人，1941年10月出生。1965年毕业于南开大学化学系，大学本科。中共党员，研究员。

1987年从中国科学院生态环境研究中心调入中国科学院自然资源综合考察委员会，从事分析测试、水污染防治技术、资源开发和经济发展研究工作，曾任分析室主任。先后主持并承担了"赤峰市翁牛特旗资源开发与经济发展研究""农业实用技术应用与推广研究""油用向日葵菌核病综合防治研究""北方半干旱贫困山区生态农业优化模式——小流域综合开发治理研究""石油化工厂二级污水回用技术研究""VAE 生产污水净化处理技术研究"等。曾获得中国科学院科技扶贫先进个人一等奖和内蒙古自治区人民政府科技扶贫先进个人一等奖。其所负责的中国科学院翁牛特旗科技扶贫项目组先后获得了中国科学院和内蒙古自治区人民政府科技扶贫先进集体奖。

王乃斌(1937～)

男，汉族，辽宁省北票市人，生于 1937 年 8 月 12 日。1959 年测量专业中专毕业，中共党员，研究员，博士生导师。

1959 年到综考会工作，长期从事遥感应用研究。先后在南水北调综合考察队地貌组承担典型地貌测量工作；在云南考察队从事制图工作；在横断山综合考察队承担航片、卫片用于综合考察的遥感判读实验。"七五"期间主持国家重点科技攻关专题：黄土高原资源与环境遥感调查和制图。"八五"期间主持国家重点科技攻关专题：小麦遥感估产。1998～2002 年，主持中国、荷兰国际合作项目：中国能量与水平衡监测系统研究。曾任遥感学会常务理事，图像图形学会理事，《遥感学报》，《自然资源》编委，《中国图像图形学报》审稿专家。1989 年获中国科学院科学技术进步奖一等奖(第五)；1991 年被评为中国科学院"七五"重大科研任务先进工作者；1993 年获中国科学院科学技术进步奖二等奖(排名第一)；1996 年获中国科学院科学技术进步奖一等奖(排名第二)；1997 年获国家科学技术进步奖二等奖(排名第三)；1997 年获国家科学技术进步奖二等奖(排名第二)；1998 年获中国科学院科学技术进步奖特等奖。享受国务院政府特殊津贴。

王广颖(1936～)

女，汉族，1936 年 2 月出生于辽宁省沈阳市，大学本科，学士，中共党员，研究员。

1960 年毕业于原苏联乌克兰农业科学院农业经济系，同年分配到中国科学院自然资源综合考察委员会，从事农业经济研究工作。曾参加中国科学院内蒙古宁夏综合考察队的科学考察，我国周边地区边贸调查，中国山区的科学考察，以及中国科学院可持续发展研究项目环北部湾地区的科学考察研究。在综考会图书情报资料室工作期间，曾创办《资源信息》和《资源信息文摘》刊物，并完成文献机检的研究工作。曾担任综考会图书情报资料研究室主任，综考会学术委员会委员，课题研究负责人等职。

王礼茂(1962～)

男，汉族，安徽巢湖人，1962 年 11 月出生。博士，研究员，博士生导师，中国国土经济学会理事。

1987 年 6 月分配到中国科学院自然资源综合考察委员会工业布局研究室，从事能矿资源开发与产业发展和布局方面的研究工作。曾任资源经济与发展研究中心副主任。2009 年 1 月起为中国科学地理科学与资源研究所资源经济与世界资源研究室副主任。

先后参加区域性的综合考察和综合规划研究项目 15 项，以及福建、山西、云南、辽宁、浙江和黑龙江等有关市县地方经济综合考察和发展战略研究。在上述研究课题中，主要负责工业、矿产、能源和产业布局等方面的研究。

主持或参加国家攻关项目、国家"973"项目、国家自然科学基金项目、中国科学院重大和重点项目，以及省、部、委等研究项目30多项，其中主持完成国家自然科学基金项目5项，主持完成国家科技部研究项目2项，主持完成中国科学院研究项目7项。

王守礼（1905～1992）

男，汉族，1905年出生于浙江省诸暨县（现诸暨市），大学本科，研究员，副局级离休干部。

1930年6月从北京大学经济系毕业，先后在北京调查所、中美文化基金会、北京世界日报、北京中国大学、成都朝阳大学、成都南京晚报、西北大学、厦门大学等部门任教和从事学术翻译工作。1949年9月参加革命工作。全国解放后，先后在中央财委、国家计委工作。1954年随体制变化调中国科学院经济研究所（中国社会科学院经济研究所的前身）任研究员，1965年调入中国科学院综合考察委员会，1976年调入国家计委能源研究所。

王守礼长期从事生产力布局等理论研究，通晓英、日、俄等外语，著有《新经济地理学》等多部学术著作。与其他学者合作翻译过《资本论》第3卷及国外有关经济学的名著多部，如原苏联学者费根著的《资本主义与社会主义的生产配置》（1957年三联书店出版社出版），德国古典区位论著名经济学家韦伯的《工业区位论》（译稿1964年送商务印书馆，因"文化大革命"未出版）等。

王振寰（1932～ ）

男，汉族，1932年4月6日出生于辽宁省辽阳县（现灯塔县），中专学历，中共党员，副司局级离休干部。

1949年9月加入中国人民解放军，曾任教导连连长，参加过抗美援朝战争。1956年加入中国共产党，1959年12月转业到北京三机部232厂（青云仪器厂），任汽车队队长，农场副场长。1964年调到中国科学院综合考察委员会工作。曾任综考会经济研究室政治副主任，综考会行政处主要负责人。参加过中国科学院组织的10余个大型科学考察队的野外科学考察工作。1964～1966年参加中国科学院西南地区综合考察，先后在四川农水分队、贵州农水分队和工交分队任职；1970年参加青海高原畜牧草场考察，1972～1982年参加青藏高原综合科学考察，1978年参加中国科学院托木尔峰（新疆）登山科学考察；1982年参加中国科学院南迦巴瓦峰（西藏）登山科学考察。1986年任中国科学院探险协会副秘书长，并参加了中美梅里雪山探险科学考察；1988年参加中日昆仑山探险科学考察；1989年参加中日合作新疆塔克拉玛干沙漠探险科学考察。王振寰在综考会工作几十年，长期参与和负责野外考察队的后勤保障和党政领导工作，在考察队担任过总队副队长、分队队长、党支部书记、顾问等职。1983年曾调中国科学院数学研究所任所长助理，1985年调中国科学院昆明分院任副秘书长，均分管行政后勤工作，1987年调回综考会任巡视员，分管综考会的科技开发工作。

1980年获得中国科学院模范党员称号，1983年中国科学院野外工作会议获院书面表扬，8月在《光明日报》头版头条登载了王振寰同志在科学考察中的先进事迹。1979年青藏高原考察队被评为全国先进单位，受国务院通令嘉奖，曾代表青藏队参加全国劳动模范和先进单位代表大会。

王嘉胜(1917~1978)

男，汉族，1917年出生，陕西延川县人。中共党员，老红军战士，副处级离休干部。

1932年加入中国共产主义青年团，1933年转为中国共产党正式党员，1937年参加中国工农红军，历任战士，排长，司务长，政治指导员，晋察冀11分区武工队队长兼政治委员，岳阳四野后勤部14院2所副政治教导员，中南军区温泉第一疗养院政治处主任，广东军区后勤部军需部2012厂党委组织部部长，中国科学院西部地区南水北调综合考察队办公室副主任，中国科学院综合考察委员会行政处副处长等职。王嘉胜在战争年代南征北战，历尽艰险，多次身负重伤，为人民立下了战功；在转入科研战线的年代里，他曾长期带病工作在综合考察的第一线，为做好科学考察的后勤工作日夜奔忙，为科学考察事业立下了新功。

王德才(1933~)

男，汉族，辽宁省海城县人，1933年1月6日出生，研究生学历，中共党员，研究员。

1958年哈尔滨工业大学工程经济系研究生毕业，同年分配到中国科学院动力研究室，1959~1960年在原苏联动力研究所进修，1961~1962年在中国科学院数学研究所工作，1962年以后调入中国科学院综考会，长期从事工程经济、电力系统继电保护与系统自动化，可燃矿物，计算机应用软件等方面的研究。1964~1966年参加中国科学院西南地区综合考察队进行可燃矿物的研究，并任课题组组长。曾任综考会信息研究室副主任、主任。

冯华德(1909~1995)

男，汉族，1909年12月出生，江苏吴县人，中共党员，留英研究生，研究员，经济学家。

冯华德自幼家贫，1926年由北京香山慈幼院资助考进天津南开大学预科，后靠半工半读，在南开大学文学院政治系攻读，1932年南开大学毕业后留校任职。1937年由南开大学经济研究所资助送往英国伦敦政治经济学院研究部读研究生。1938年回国，先后在贵州省财政厅、贵州大学经济系、旧中央设计局、财政部、农业部，以及私营的上海中国经济研究所担任过讲师、副教授、教授、科长、秘书、研究员等职。全国解放后于1949年调到中国科学院经济研究所任研究员，1965年调到中国科学院自然资源综合考察委员会。

解放初期至60年代末，曾长期参加黄河流域、长江流域的规划工作，在系统总结流域规划经济问题的基础上，以他为首写出了《流域规划与生产布局》的研究报告。在综考会期间，他从事有关国外自然资源开发、利用等方面的情报资料翻译和调研工作，编译了大量文献资料，为国内的自然资源研究、开发利用与保护提供了有重要参考价值的资料。他几十年如一日地勤奋工作，在综考会多次被评为先进工作者，1977年还荣获中国科学院先进工作者称号。他在政治上不断追求进步，1984年以75岁高龄光荣地加入了中国共产党，实现了他自己多年的夙愿。享受国务院政府特殊津贴。

田效文（1937～）

男，汉族，山西省沁源人，1937年9月10日出生。大学本科，研究员。

1963年内蒙古大学生物系毕业分配到中国科学院综合考察委员会从事草地资源研究。先后承担了"中国科学院内蒙宁夏综合考察""内蒙古呼盟牧业四旗草地考察"和"青海玉树地区""横断山区""西南地区"资源开发的考察研究任务，以及"西藏'一江两河'中部地区资源开发与经济发展规划"和内蒙古赤峰市翁牛特旗"八五"科技扶贫工作。曾任草地组负责人、草地资源与畜牧生态研究室副主任。荣获中国科学院科学技术进步奖二等奖和科技扶贫先进个人二等奖。

田裕钊（1935～）

男，汉族，1935年8月26日生于山东潍坊市。中共党员。研究员。

1951年起先后在山东农学院附属农校及山东农学院求学。1960年毕业于苏联列宁格勒森林工程学院，获林业工程师称号。回国后曾在中国科学院治沙队、兰州沙漠研究所、综考会工作。曾任中国科学院自然资源综合考察委员会副主任，分管外事和培训工作。

1985～1986年应联合国环境开发计划署邀请和资助，以中国科学院沙漠研究所副所长、生态及林学家的身份赴埃塞俄比亚和坦桑尼亚就土地荒漠化问题进行考察，任考察团副团长。1986年应科威特政府邀请，以中国科学院沙漠研究所副所长、教授的身份，就荒漠开发利用问题予以咨询。1987年以教授、中德联合克里雅河沙漠考察队中方副队长的身份，在德国洪堡德科学会堂报告克里雅河吐加的生态环境变迁。1988年，任中国专家组组长，完成了对马里萨赫勒地区"绿色屏障可行性研究"合同项目，提出七卷报告书。此项研究1991年10月获中国科学院科学技术进步奖二等奖。

石竹筠（1940～）

女，汉族，1940年9月出生，天津市人，大学本科，研究员。

1964年北京大学地质地理系自然地理专业毕业，分配到中国科学院自然资源综合考察委员会。长期从事土地资源科研工作。先后参加过中国科学院西南地区综合考察队紫胶分队、中国科学院黑龙江伊春宜农荒地考察队、中国科学院新疆资源开发与生产布局科学考察队、中国科学院黄淮海综合治理及合理开发项目等工作。还参加"中国1：100万土地资源图""中国宜农荒地""中国土地生产能力与人口承载量研究""华北山区资源开发与经济发展""中国土地资源数据库及地理信息系统"专题研究及中国工程院重大咨询项目"中国可持续发展水资源战略研究""西北干旱地区水资源配置、生态环境和可持续发展战略研究""东北地区水资源配置、生态环境和可持续发展战略研究"等课题。任《中国1：100万土地资源图》的常务副主编兼学术秘书。获国家科学技术进步奖二等奖、中国科学院与部级科学技术进步奖一等奖（三项）、中国科学院科学技术进步奖二等奖和三等奖等多项奖励。享受国务院政府特殊津贴。

石湘君(1911～1991)

女，汉族，1911年10月16日出生，山西省太谷县人，中共党员，副局级离休干部。

1938年参加革命工作，1939年加入中国共产党。早在青年时期她冲破封建家庭束缚，奔赴抗日前线，历任太谷县妇救会工作委员、常务委员，县委组织干事、支部书记、区委书记等职。在抗日战争最艰苦的岁月里，经受住了最严峻的考验。在解放战争时期曾任山西太行区党委调研员、平原省安阳市水冶镇土改工作组组长、市妇委书记和妇联主任等职，为全国解放战争的胜利做出了贡献。新中国成立后，她调往上海工作，曾先后任华东妇联城市科科长、行政处副处长、办公室副主任兼党支部书记、华东文委扫盲委员会科长。

1956年调北京中国科学院工作，任中国科学院实验生物研究所办公室主任。之后，调中国科学院综考会，历任会办公室副主任、研究室副主任。综考会党委成立之前曾任第一届党支部书记（由院机关党委直接领导），党委成立后曾任党委办公室主任、党委副书记等职。

关志华(1940～)

男，满族，1940年6月出生于北京市，大学本科，中共党员，研究员。

1964年清华大学水利系毕业，分配到中国科学院自然资源综合考察委员会，一直从事水资源科研工作。曾任水资源研究室主任，现任中国科学探险协会常务理事。自1973年起，一直参加国家重大科技攻关或中国科学院重大科研项目，如中国科学院青藏高原综合科学考察队、中国科学院西南资源开发考察队、"黄河治理与水资源开发利用"等国家重点科技攻关项目，并历任课题、专题负责人。曾多次到雅鲁藏布大峡谷、青海三江源等地区科学探险考察。获国家自然科学奖一等奖、国家科学技术进步奖二等奖、中国科学院科学技术进步奖特等奖、中国科学院科学技术进步奖二等奖（两项）等奖励。享受国务院政府特殊津贴。

刘 闯(1948～)

女，汉族，祖籍辽宁省昌图县，1948年8月12日出生于山西太原市，研究生学历，中共党员，博士，研究员。

1984年陕西师大硕士研究生毕业，1989年北京大学地理系博士毕业，曾任北京大学副教授。之后赴美国留学，并在美国密歇根大学美国国际地球科学信息网络中心任信息科学家。1998年调入中国科学院综考会，并任中国科学技术大学兼职教授。曾任国际科学技术数据委员会发展中国家任务组共同主席。国际地球观测卫星委员会信息系统与服务用户副主席，中国地理信息系统协会空间数据委员会主任，IGBP中国国家委员会遥感与信息系统工作组秘书长。

曾获陕西科学技术进步奖二等奖，国际测量与遥感学会第六届世界大会优秀论文奖，中国国家土地管理局科学技术一等奖(1994)，全国土地利用美国国际地球科学信息网络杰出成就奖(1995)，中国国家科学技术进步奖三等奖(1996)。曾被选为北京市海淀区人民代表。

刘允芬(1946～)

女，汉族，1946年9月25日出生，天津市人。研究生，中共党员，研究员。

1970年北京农业大学农业物理气象系农业气象专业毕业，同年分配到河北省气象局工作。1984年调入中国科学院综考会气候室工作。1993年在俄罗斯农业科学院农业物理研究所获博士学位。曾在中国生态系统研究网络(CERN)江西千烟洲试验站和西藏拉萨试验站开展定位研究工作。主要从事农业气象、农业气候资源、农业生态及全球变化研究，至1999年地理所与综考会两所合并，在中国科学院地理科学与资源研究所工作。2000～2002年曾分别在美国、德国作访问学者。曾任中国气象学会农业气象专业委员会理事。

先后承担国家科技攻关项目，中国科学院重点、重大项目，中国科学院知识创新工程重大项目，国家重点基础研究发展计划"973"项目，国家自然科学基金项目等的研究。曾获得国家农业区划办奖(1985)，国家科学技术进步奖二等奖(1995)，国家计委、国家农业部和财政部"八五"科技攻关重大科技成果奖(1996)，国家农业部科学技术进步奖二等奖(1997)。

刘玉红(1938～)

女，汉族，1938年12月17日出生，江苏省宿迁市人。中国农工民主党党员，曾任该党第11、12届中央委员。大学本科，研究员。

1965年南京大学生物系毕业，同年分配到中国科学院综合考察委员会，长期从事草场资源和生物资源考察研究工作。曾参加中国科学院祁连山草场资源考察，内蒙古呼伦贝尔盟牧业四旗草场资源考察，内蒙古大青山四子王旗牧草资源考察，以及横断山地区草场资源考察等。1986～1990年和1991～1995年承担"七五"和"八五"国家科技攻关课题，为"亚热带中高山地区人工种草养畜试验区"课题第二主持人。曾在中国科学院遗传研究所和综考会进行过植物细胞融合及牧草染色体和组织培养研究。

1991年获农业部科学技术进步奖二等奖，1992年获国家科学技术进步奖三等奖，第二次北京市统战系统先进个人。

刘厚培(1931～)

男，汉族，1931年8月26日出生，湖北汉阳人，中共党员，大学本科，研究员。

1953年毕业于武汉大学农学院(现华中农业大学)，同年分配到中国科学院南京土壤研究所，1956年调入中国科学院综合考察委员会。长期从事农业生态和农业布局的考察研究工作。先后参加过中国科学院新疆综合考察队、中国科学院内蒙古宁夏综合考察队、中国科学院西南地区综合考察队、中国科学院青藏高原综合科学考察队、中国科学院南方山区综合科学考察队和陕西铁路沿线工厂选址考察的综合科学考察，承担土地资源和农业生态的科学考察研究任务，以及亚热带农田生态系统的能量流、物质流的宏观研究与定位试验。曾赴墨西哥、日本、泰国和美国短期考察，进行学术交流。曾担任蒙宁队宁夏分队副分队长，西南队四川农水分队副分队长，南方山区考察队副队长兼第二分队队长和农业资源生态研究室主任等职。

1991 年获中国科学院科学技术进步奖一等奖，1992 年获国家科委科学技术进步奖三等奖，1983 年获中国科学院科学技术进步奖三等奖(项目第一负责人，集体)。享受国务院政府特殊津贴。

华海峰(1930～)

男，汉族，1930 年 10 月 1 日出生，河北省饶阳县人，高中文化，中共党员，副司局级离休干部。

1946 年 8 月参加革命工作，先后在冀中工务局(水利局)和河北省水利厅任司务长。1949 年 10 月调入中央人民政府水利部任司务长(管理员)，财务会计、科员。1954 年加入中国共产党。在水利部期间先后担任周骏鸣副部长、冯仲云副部长的秘书，1956 年随冯副部长参加中苏合作黑龙江流域的科学考察工作。不久调入中国科学院综合考察委员会任办公室秘书，并兼任中国科学院黑龙江队秘书组组长。在中苏合作黑龙江流域考察过程中协助队领导做了大量科学组织工作。

调入综考会后，曾先后担任秘书、行政科和器材科科长、物资处和行政处处长之职，主要负责机关内部日常事务管理等工作，曾参加西藏登山科考和南方山区综合考察及江西千烟洲生态站的筹建。多次奔赴科学考察的第一线，保证了科学考察工作的圆满完成。1984 年之后曾调往中国科学院自然科学史研究所任两届副所长。

1991 年离休后任综考会离退休党支部委员、副书记、书记。被评为所优秀党员，当选院京区党代会代表，同时任三届所老科协副理事长，并参加了《中国生态环境建设地带性原理与实践》一书编写的组织工作。

孙尚志(1938～)

男，汉族，1938 年 8 月 19 日出生，江西高安县人，大学本科，中共党员，研究员。

1961 年毕业于北京大学地质地理系经济地理专业，同年分配到中国科学院综合考察委员会工作。1960 年 4 月在北京大学学习期间即参加中国科学院西藏综合考察队。先后参加青藏高原、西南、西北、长江、北部湾地区大规模科学考察，分别任专题负责人，课题负责人，八次入藏，足迹遍及川、滇、黔、桂、渝全部地市州。

1986 年以来，多次参加国家计委、国家科委组织的"西南和华南部分省区区域规划研究""长江上游地区资源开发和生态保护总体战略研究""三峡地区经济发展规划纲要研究""长江产业带建设的综合研究""三峡地区生态环境建设研究"。"十五"计划期间撰写"关于加快金沙江水能资源开发的建议"，并承担"向家坝库区重点县土地承载力与农村移民安置途径研究"。

曾任中国地理学会经济地理专业委员会委员和长江分会委员，重庆大学、中国人民大学兼职教授，全国经济地理研究会理事，培养研究生多名，曾任宜宾市政府科技顾问。1993 年、1998 年、1999 年三度获中国科学院科学技术进步奖二等奖，1995 年荣获国家科学技术进步奖二等奖。享受国务院政府特殊津贴。

孙新民（1917～ ）

男，汉族，1917 年 12 月 20 日生于山东泰安肥城县安临镇。中共党员，正司局级离休干部。

1933 年在王晋小学参加中国共产党领导的"读书会"，1935 年山东省实验民众学校染织科毕业。1936 年 6 月参加中共党员组织的"抗敌后援会"。1937 年与中共党员葛阳斋共同组织 40 余人的抗日游击队，1938 年 5 月加入中国共产党。历任营教导员、微湖大队政委、团政治处主任、华东军区 14 医院党委书记、白求恩医院党委副书记。1950 年调中央组织部任干事，后任中共中央纪委会检查员。1958 年 4 月调入中国科学院综合考察委员会，曾任综考会办公室主任，中国科学院黑龙江考察队办公室主任，中国科学院西南考察队副队长。1976 年调国家计量总局任情报所党委书记。

孙新民在八年抗日战争和三年解放战争中参加大小战斗数百次，在抗日根据地利用开辟通向延安的交通线，多次护送党的高级干部通过敌人的封锁线，在战斗中多次负伤，重伤两次，享受国家二等二级伤残军人待遇。离休后不忘发挥余热，曾两次被中国标准化研究院党委评为"优秀共产党员"，被中共中央组织部授予"全国老干部先进个人"荣誉证书，被北京老龄工作委员会授予"北京市健康老人"称号。

成升魁（1957～ ）

男，汉族，1957 年 4 月出生，陕西合阳人，中共党员，博士学历，博士生导师，研究员。

1985 年毕业于西北农业大学（现西北农林科技大学），先后获学士和硕士学位，毕业后留校任教，兼任系研究生秘书。后考入北京农业大学（现中国农业大学）获博士学位，1990 年 8 月分配到中国科学院综考会。1995 年在以色列本·古列安大学应用研究所访问留学。1999 年底地理所与综考会两所合并后在中国科学院地理科学与资源研究所任职。近 20 年来，主要从事区域农业发展、资源生态、旅游资源评价与旅游规划、区域发展与规划工作。先后主持国家攀登项目、国家科技部重大专项、国家自然科学基金、中国科学院项目、西藏自治区委托项目或课题等 10 多项。同时参与或主持多项国际合作项目，受邀出访近 20 个国家和地区，进行学术交流和合作研究。为国家培养 8 名博士和 2 名硕士研究生。曾任综考会农业资源生态室副主任、主任，综考会主任助理、副主任和常务副主任。现任中国科学院地理科学与资源研究所党委书记、副所长，曾兼任该所旅游研究与规划设计中心主任，同时兼任国际都市农业基金会 RUAF 董事，中国自然资源学会常务副理事长，中国青藏高原研究会副理事长，中国农学会常务理事，中国生态学会理事，中国地理学会理事，中国可持续发展委员会委员，中国太平洋经济合作委员会粮农资源开发委员会委员。中国科学院研究生院特聘教授，中国人民大学兼职教授，西北农林科技大学特邀教授。《资源科学》主编，《自然资源学报》副主编。曾获省部级科学技术进步奖二等奖（2004）和三等奖（1987）各 1 项；获青藏高原青年科技奖（1998）1 项。

朱太平（1930～ ）

男，汉族，1930 年 4 月生于南京，祖籍山东临朐。大学本科，研究员，植物资源学家。

1949 年就读于南京金陵大学，1953 年南京大学生物系植物专业毕业。1953～1984 年在中国科学院植物研究所任职，从事植物资源化学及生态地植物学研究，参与筹建我国第一个植物资源研究室（后改为植物化学室），任室副主任。1984 年调中国科学院国家计划委员会自然资源综合考察委员会，负责主持植物组的研究工作。

1952～1956 年参加海南岛和雷州半岛橡胶宜林地与热带植物资源考察及区划工作。1955～1958 年参加中国科学院华南热带、亚热带生物资源考察。1958～1960 年组织并参加全国野生经济植物资源普查工作，参与组织我国第一部《中国经济植物志》（上、下册）的编写。1962～1998 年多次参加中国科学院组织的我国南方山地、青海、新疆、东北、华北、贵州、云南、四川、江苏、安徽等地的植物资源考察和专题研究工作。多次为中国科学技术大学、北京大学及江西、四川、贵州等地方单位和研究生班讲授资源植物学课程。

研究开发出一批新资源和新产品：与中国科学院上海有机化学研究所合作完成的两种合成薄荷脑的新原料"辣薄荷草与香叶辣薄荷草的研究"（1963～1964）；由他本人发起组织的"全国三尖杉抗肿瘤研究"成果，荣获"1978 年全国科学大会奖"。其他新资源还有"高维果的利用研究"，新能源"南荻的利用"，"沉水樟的研究"，"樟科、属植物精油研究"等。

朱成大（1935～ ）

男，汉族，1935 年 7 月出生，辽宁省开原县人，大学本科，中共党员，副司局级干部。

1953 年毕业于沈阳市第一师范学校。同年分配到沈阳市第五中学工作，任人事干事，团总支书记。1958 年考入东北人民大学（即吉林大学）历史系学习，毕业后分配到中国科学院半导体研究所工作。在该所曾任党办宣传干事、党委秘书、政治部秘书科科长，第七研究室、金工厂的党支部书记、教育科长。1981 年起任半导体研究所副所长，分管行政、后勤、技术系统的工作，并主持新所的基建和搬迁工作等。

1987 年调到中国科学院—国家计委自然资源综合考察委员会任副主任，分管行政、后勤工作。1995 年退休后，被聘为中国科学院生态网络系统工程项目副经理兼办公室主任，历时 5 年完成不同类型地区 29 个定位研究站、5 个分中心及 1 个综合中心的"中国生态系统研究网络"的项目建设任务，工程通过验收。同时主编了《中国科学院生态研究网络简介》，为"中国科学院中国生态网络"研究项目的开展打下了基础。享受中国科学院管理人员突出贡献津贴。

朱景郊（1933～2010）

男，汉族，1933 年 9 月 24 日出生。江苏省常熟市人，大学本科，研究员。

1956 年南京大学地理系毕业，同年分配到中国科学院地理研究所，之后调入中国科学院综合考察委员会，长期从事地貌、冰川、土地资源和生态环境等方面的考察研究。在地理所期间先后参加中国科学院新疆考察队、中国科学院高山冰川资源考察队考察了祁连山和天山，随地理所冰川冻土研究室迁兰州后曾考察了慕士塔格冰川。曾任考察队分队长、副队长、研究室业务秘书和研究所业务秘书。

1962年在地理所参加广西红水河地区考察和河北省滦河下游地区考察，并任研究室和考察队的课题组组长。1979年调回综考会，先后参加中国科学院南方山区综合科学考察和中国科学院科技扶贫工作。曾担任南方队副队长兼二分队副分队长和扶贫领导小组副组长、中国地理学会山地委员会副主任委员、综考会研究员评委和学位委员会副主任等职。

朱景郊长期工作在科学考察的第一线，特别在对我国冰川资源、南方山区自然资源和贫困地区自然资源开发利用与环境治理研究方面做出了重要贡献。多次被评为研究所和中国科学院的先进工作者，"中国亚热带东部丘陵山区自然资源合理利用与治理途径"获中国科学院科学技术进步奖一等奖(1991)，中国科学院"八五"科技扶贫获先进个人二等奖(1996)。享受国务院政府特殊津贴。

江爱良(1921～2004)

男，汉族，1921年10月21日出生于北京，祖籍福建省福州市，大学本科，研究员，知名农业气象学家。

1939年考入西南联大，就读于物理和地质地理气象两个系，1947年大学毕业，就职于华北气象台，1948年秋入前中央研究院气象研究所，1950年两所合并，易名为中国科学院地球物理研究所。1953年在地球物理所和华北农科所共同创建农业气象研究组，1958年随机构调整到中国科学院地理研究所，1984年调入中国科学院自然资源综合考察委员会从事农业气候资源研究。

曾任中国农学会农业气象分会名誉会长，中国农学会农业气象研究会副理事长，中国农业科学院农业气象研究所顾问，中国气象学会理事，中国生态学会理事，中国林学会林业气象专业委员会主任委员等职。并曾任世界地理联合会热带气候组、国际山地学会和国际自然保护联盟生态委员会的成员和委员。

江爱良在半个世纪的研究工作中，涉及农业气象学、气候学、生态学等多个研究领域。在橡胶北移，热带亚热带经济作物种植，地形气候利用，农业气象灾害防御，农业气候资源利用，农林业发展，全球变化等方面研究都做出突出贡献。"橡胶北移"成果获国家发明一等奖(集体，1982)，"黄淮海农田防护林""中国柑橘冻害防御""西双版纳橡胶树越冬气候"等研究项目分别获云南省、林业部、农业部科技成果二等、三等奖。

那文俊(1927～)

男，满族，1927年7月生于奉天省兴京县(今辽宁新宾满族自治县)，大学本科、中共党员、研究员，离休干部。

1947年参加工作，1947～1955年先后在黑龙江省人民政府财政厅、工业厅和省委工业部工作。1955～1959年在中国人民大学国民经济系学习，毕业后分配到中国科学院综合考察委员会，主要从事农业自然资源经济考察研究工作。曾参加黑龙江流域、云南热带生物资源、西南地区、青海海南荒地、贵州山地、南方山区、中国科学院黄河上游多民族地区开发前期研究、中国科学院京九铁路经济带开发前期研究等考察队的农业自然资源开发利用的综合研究工作。1990年离休后回聘参加两个项目的科学考察。曾任土地资源研究室副主任兼党支部书记、农业资源经济研究室主任兼党支部书记和综考会党委委员、贵州山地资源综合考察队队长、南方山区综合科学考察队副队长和第一副队长等职。

曾获全国农业区划二等奖和一等奖、中国科学院科学技术进步奖三等奖和一等奖、江西省科学技术进步奖二等奖、国家科学技术进步奖三等奖。1982年和1983年被综考会评为先进工作者，1985年由全国农业区划委员会授予农业区划先进工作者，1988年获中国科学院"中国科学院竺可桢野外科学工作奖"。享受国务院政府特殊津贴。

闫　铁（1917～2006）

　　男，汉族，1917年7月20日出生于辽宁省辽阳县，高中毕业，中共党员，正局级离休干部。

　　1926～1937年在家乡读小学、中学。参加过"一·二九"学生爱国运动，并于1936年加入中国共产党。1937～1938年参加北平西山抗日游击队（后改编为晋察冀第五大队），任大队副指导员、教导员。1937～1945年曾在延安抗大和延安西北大学学习，并曾任延安军政学员高干队政治助教和军委一局资料室作战室参谋。1945～1949年1月先后在晋西北情报局、晋察冀公安局、石家庄市公安局、天津市公安局任科员、股长。1949年1月以后在天津市公安局先后任科长、副处长、处长等职。1957年4月至1964年10月在天津市人委宗教处、天津市统战部任处长和办公室主任。1964年10月至1978年12月任中国科学院社会科学部宗教所、语言所党委书记，1978年以后先后在中国科学院自然资源综合考察委员会任党的领导小组组长和地球物理研究所党委书记直至离休。

齐文虎（1939～　）

　　男，汉族，1939年1月1日生于北京，大学本科，研究员。

　　1962年毕业于北京大学数学力学系。曾在当时的农业机械化学院任教。1978年调入综考会技术室计算机组（资源信息室），从事系统理论在生态经济系统中的应用研究。1980年协助阳含熙组织和承办国内第一次系统分析在生态系统中应用培训班，这是我国生态学界首次邀请国外专家介绍系统方法应用的有重要影响的学术活动。曾先后参加中国科学院重点项目2项，国家自然科学基金项目1项，国家工程院高级咨询项目3项，国家重点项目和国家科委攻关项目各1项。

　　参加多项国际学术合作研究，1985年起参加了由"增长的极限"的作者戴安娜·米都斯领导的国际资源信息组的年度活动（直至2001年）；1989年赴德国交流合作研究；1990年考取并获得国家教育部和中国科学院联合主持的"王宽成基金"资助，赴新西兰作高访研究6个月；1993年在澳大利亚执行中澳合作研究项目6个月；1995年从事中、美、印三国科学院合作项目"人口增长与土地景观变化"研究，并赴德国参加交流合作研究等。这些活动促进和扩展了综考会的国际学术交流。

　　1986年获新疆科学技术进步奖二等奖，1990年获中国科学院科学技术进步奖一等奖。享受国务院政府特殊津贴。

何希吾（1937～　）

　　男，汉族，1937年出生，福建省福清市人，大学本科，中共党员，研究员。

　　1963年7月毕业于天津大学水利工程系河川水电站专业，同年8月分配到中国科学院自然资源综合考察委员会水资源研究室，长期从事区域和宏观水资源研究。先后参加中国科学院西南地区综合科学考察队、青藏高原地区综合科学考察队、黄土高原地区综合科学考察队以及中国科学院科技扶贫工作。曾参与主持国家"973"项目"西北地区水资源合理配置和承载力研究"和中国科学院项目"中国21世纪水问题方略","我国资源态势与对策",主持中国科学院"鲁努儿虎山区科技扶贫总体规划"与西藏自治区"西藏昌都地区农业发展规划"等科研项目。

1967～1978年期间任中国科学院综合考察委员会革命委员会主任,自然资源综合考察组临时领导小组组长、自然资源综合考察组副组长、中共自然资源综合考察组党的临时领导小组组长。80年代后先后任综考会水资源研究室副主任、资源战略研究室主任,中国青藏高原综合科学考察队队长兼考察队党总支书记,中国青藏高原研究会副秘书长、秘书长,中国科学院水问题研究中心副主任,中国科学院区域前期研究中心副主任等职务。综考会第五届、第六届学术委员会委员。《资源科学》《山地研究》《长江流域资源与环境》等编委。

获国家科学技术进步奖二等奖、中国科学院科学技术进步奖二等奖、水利部大禹水利科学技术一等奖。

冷　冰（1918～2014）

男,汉族,1918年12月18日出生,四川省江津人,中共党员,正司局级离休干部。

1938年参加革命,1939年奔赴延安革命根据地,进入抗日军政大学学习,1941年"抗大"毕业后,先后在"安塞军工厂"和"鲁艺文学系"工作和学习,并参加了"延安整风"和南泥湾大生产运动。1946年夏参与《人民日报》社(原为党中央领导的"晋冀鲁豫日报")的筹备工作,并参加了当地"土地改革"工作,1946年加入中国共产党。时任《人民日报社》校对科科长、中央机关报驻石家庄办事处主任。北京和平解放后,《人民日报社》迁往北京。1949年春调到中共中央宣传部任文书处(后为行政秘书处)处长、中宣部党委办公室负责人。1950年冬至1955年在中国人民大学学习。1956年调到中国科学院,任数理化学部办公室主任,并任数理、地学和生物学部联合党支部书记。1960年调到中国科学院综合考察委员会,任综考会党委委员、业务处处长、综考会副主任等职。1960年任西藏考察队队长和党支部书记。1963～1966年任中国科学院西南考察队领导小组成员、党委委员。1966年任西藏科学考察队队长,1973年任青藏高原综合考察队队长。1978年调中国科学院微生物研究所任领导小组成员、副所长,负责业务组织领导工作。

张天曾（1937～2000）

男,汉族,1937年6月出生,河北临城人。中专学历,研究员。

1959年毕业于原地质部宣化地质学校水文专业。同年分配到中国科学院综合考察委员会工作。长期从事水资源、资源环境研究。先后参加中国科学院新疆综合考察队、内蒙古宁夏综合考察队、南水北调队和黄土高原综合科学考察队的考察研究工作。曾任中国科学院黄土高原综合科学考察队业务秘书。

曾获中国科学院科学技术进步奖一等奖及国家科学技术进步奖二等奖。享受国务院政府特殊津贴。

张有实(1928～2013)

男，汉族，1928年11月9日出生，江苏省镇江人，中共党员，留苏博士，研究员，离休干部。

1945年6月在上海市上海中学加入中国共产党，曾任上海中学地下党支部组织委员。1946年至1951年2月在清华大学工学院土木系学习，并当选为学生自治会常务理事。在中学和大学期间，在地下党领导下参加反内战和宣传解放区情况等革命活动。1948年11月，经组织批准赴沧县泊头镇华北局城工部工作。年底回北平迎接解放，并回清华复学。1949年7月任清华大学职工党支部副书记。1951年3月到水利部工作，同年派往苏联科学院水问题研究分部攻读研究生，研究河流综合开发利用问题，任苏联科学院-莫斯科大学的中国留学生联合党支部和留学生分会负责人。1956年3月毕业，获副博士学位（后国家批准为博士）。

从苏联留学回国后，自1956年3月至1958年5月在筹建中的中国科学院水研究室工作，任党支部副书记，因机构合并，1958年至1961年在水利科学院工作，研究流域规划和径流调节，任课题组组长，水利科学院党委委员。1961年7月调到中国科学院综合考察委员会，先后参加过中国科学院组建的黑龙江考察队、治沙队、蒙宁考察队、西南地区考察队、东北荒地考察队、南水北调考察队、西藏考察队和黄土高原考察队等的综合考察研究。曾担任综考会水资源研究室主任，中国科学院西南地区考察队四川农水分队队长，中国科学院黄土高原综合考察队队长，综考会党委委员，综考会学术委员会副主任，综考会副主任，中国水土保持学会副理事长，中华炎黄文化研究会名誉理事等职。1979年至1983年曾被派往巴黎的联合国教科文组织水科学科工作，任P5级高级专家。

曾获中国科学院优秀成果奖(1964)；中国科学院竺可桢野外科学工作奖(1990)；中国科学院科学技术进步奖一等奖(1992)；国家科学技术进步奖二等奖(1997)。享受国务院政府特殊津贴。

张宪洲(1964～)

男，汉族，吉林省扶余县人，1964年8月17日生，中共党员，博士，研究员，博士生导师。

1986年毕业于沈阳农业大学，1991年和1999年在中国科学院自然资源综合考察委员会获硕士和博士学位。1991年分配到中国科学院自然资源综合考察委员会工作，1993年参与中国科学院拉萨农业生态试验站的筹建，并于同年开始从事青藏高原的相关研究，1999年任中国科学院拉萨农业生态试验站站长。2001年在美国佐治亚大学访问留学。曾主持有关青藏高原研究的国家和地方科研项目10余项。1996年、1998年分别获中国科学院综考会优秀青年论文一等奖和优秀青年二等奖，2000年获青藏高原研究会青藏高原优秀青年科技奖，2005年获中国科学院创新文化先进个人奖。

张谊光(1938～)

男，汉族，1938年3月出生于四川省合川县，中专学历，研究员。

1959年成都气象学校毕业，分配到中国科学院综合考察委员会从事农业气候与资源环境研究。曾任中国科学院拉萨农业生态试验站首任站长、名誉站长。先后参加并承担了云南热带选择橡胶树宜林地考察、西南紫胶资源及其开发利用考察、西藏及横断山区气候考察研究、西藏"一江两河"中部流域综合开发规划、中国农业气候资源和农业气候区划、川江流域林业气候区划，以及拉萨农业生态试验站的筹建和农田生态系统研究。1986年获中国科学院科学技术进步奖特等奖，1987年获国家自然科学奖一等奖，1988年获国家科学技术进步奖一等奖，1992年获中国科学院竺可桢野外科学工作奖，1997年被评为中国科学院先进工作者。享受国务院政府特殊津贴。

李　飞(1944～)

男，汉族，出生于1944年9月20日，湖南衡阳市人，硕士研究生学历，中共党员，研究员。

研究生毕业后分配到中国科学院自然资源综合考察委员会工作。多年来从事森林资源与可更新资源开发利用研究，并对生态系统的恢复与重建、环境保护及农业可持续发展等方面有较深入的研究。曾任林业生态研究室主任，中国南方山区综合科学考察队副队长，中国自然资源学会理事，中国科学院研究生院兼职教授及中国国际工程咨询公司农林水专家组组长。

先后获中国科学院科学技术进步奖一、三等奖各一次。享受国务院政府特殊津贴。

李友林(1914～1997)

男，汉族，1914年11月1日出生，江西省瑞金人，中共党员，老红军战士，正司局级离休干部。

李友林1930年参加革命，1931年11月参加中国工农红军，历任红一军团第15军44师政治部文书、宣传员，2师4团团部信柜长和4团1营2连正副政治指导员、瓦窑堡军委附属医院卫勤政治部青年干事、绥米蔚吴清分区警备1团政治处组织股长、警备1团1营政治教导员、延安留守兵团政治研究班支部书记、陕甘宁边区延安军事学院一队区队长、陕甘宁边区之边分区警备3旅旅政治部军法处副处长、东北纵队直属支队队部总支委员、大连市港务局水上公安局局长兼政委、东北安东军区独立3师团副政委兼政治处主任、华北军区208师624团副政委、供给部政委、中央军委空军后勤汽车学校政委、东北防空军小丰满防司政治部主任、高射炮兵103师政治部主任、中国科学技术大学原子能系副主任。1965年3月调中国科学院综合考察委员会，历任办公室副主任，主任。1967年3月任中国科学院综考会革命委员会副主任，1972年任中国科学院地理所党的领导小组副组长，1975年任中国科学院综考组党的领导小组副组长。

李友林1934年曾参加二万五千里长征，参加过强渡乌江、飞夺泸定桥、智取腊子口等战斗，被中央革命军事委员会通报表彰，命名为"飞夺泸定桥战斗英雄"22名勇士之一。在1946年延安春季大生产运动中，被评为边区先进工作者，在冬季大练兵中，被评为留守兵团模范干部。他先后直接参加过水口、广昌、锦州、本溪、沈阳等战斗和著名的辽沈战役。1955年被授予上校军衔，1957年荣获国家三级独立自由勋章、三级"八一"勋章、三级解放勋章。

李文亮(1906～2000)

男，汉族，江苏省吴县人，1906年4月出生，中共党员，正司局级离休干部。

李文亮20世纪20年代在上海邮政局当邮政生时，就加入了邮务工会(赤色工会)，参加"五卅"大罢工。1939年5月参加革命工作，1940年11月加入中国共产党。之后调往地方和中国人民解放军部队工作，历任中共滇南支部委员、云南圭山地区特委书记、弥勒县委书记、云南人民讨蒋自救军党的领导小组成员、总支委副书记、中国人民解放军滇桂黔边区纵队一、四支队代政委、政治部主任、云南麻栗坡县委书记、县长等职。在战争岁月里，李文亮为抗日战争和云南解放做出了贡献。

云南省解放后，李文亮历任省委办公厅行政处、机要处处长、省委宣传部干部处处长、省委办公厅副主任兼省委参事室副主任等职，并被选为中共云南省一大代表。1957年调中国科学院综合考察委员会工作，历任综考会党的领导小组成员、党委委员，中国科学院云南热带生物资源考察队、南水北调综合考察和西南地区考察队副队长，西南综合考察队党总支书记和综考会副主任等职。1977年，时值古稀之年的他，仍一丝不苟地完成了大量落实干部政策等工作。

李文彦（1929～）

男，汉族，河北高阳人，1929年1月生，中共党员，大学本科，研究员。

1950年清华大学地学系毕业，分配到中国科学院地理研究所。1958～1960年参加青甘地区综合考察，担任经济专业组组长。1960年春调到中国科学院综合考察委员会，1961～1965年参加蒙宁地区综合考察，担任业务秘书和工矿大组组长。曾任综考会综合经济研究室副主任、主任、学术秘书。1972年回地理所，先后任经济地理研究室主任、副所长等职。

1961～1966年，作为综考会学术秘书和综合经济研究室负责人，承担了科考与研究室的部分组织工作和干部培养工作。作为国家科委任命的综合考察专业组的秘书，于1962年协助组长（竺可桢）组织编制了"1963～1972年综合考察规划"，包括组织会议和起草说明书以及会后落实协作单位等工作；在1963年国家农业科技会议期间，在协助漆克昌、朱济凡组织有关专家讨论的基础上，共同起草了"关于自然资源破坏情况及今后加强合理利用与保护的意见"，由竺可桢等24位科学家署名，作为会议总结文件的附件上报党中央与国务院。

在综考会工作期间，李文彦从1959年至1966年在柴达木地区、青甘地区、内蒙古地区、宁夏地区、包头钢铁基地、酒泉钢铁基地等区域性、专题性重大项目的考察研究中，是总报告和有关专题报告的主要撰写人。1972年随综考会并入地理所，此后一直在经济地理室（部）从事以工业布局与地区开发为主的研究。在1985～1989年新疆综合考察项目中，曾兼任考察队副队长，组织工交研究室承担了"工业交通和综合经济区划"的子课题研究。

曾在中国地理学会任经济地理专业委员会主任、《地理学报》副主编，曾任中国自然资源研究会第一和第二届理事会副理事长。享受国务院政府特殊津贴。

李世顺（1937～）

男，汉族，1937年11月生，四川安岳县人，大学本科，研究员。

1964年北京大学地质地理系毕业，同年分配到中国科学院综合考察委员会，长期从事遥感应用与土地资源研究。曾负责组建遥感组。参加新疆荒地、贵州山地资源考察；组织三江平原地区土地利用调查；先后承担"云南腾冲区域航空遥感应用技术""中华人民共和国1：100万土地资源图""黄土高原地区综合开发重大问题研究及总体方案""重点产粮区主要农作物遥感估产""西南地区资源开发与发展战略研究""中国土地资源生产能力及人口承载量研究""青海省1：100万土地资源利用图""藏水北调前期研究"等多项国家和省部级重点科技攻关和重点项目（课题）中的重要研究任务。

曾两次荣获中国科学院科学技术进步奖一等奖、农业部农业区委员会优秀成果奖、国家科学技术进步奖二等奖、青海省科学技术进步奖二等奖(1990)。享受国务院政府特殊津贴。

李立贤(1939~)

男，汉族，1939年1月出生，云南省昆明市人，民盟成员，大学本科，研究员。

1962年毕业于北京农业大学(现中国农业大学)农业气象专业，同年分配到中国科学院综合考察委员会，长期从事农业资源、气候资源研究工作。曾参加中国科学院蒙宁科学综合考察队、西南紫胶考察队、新疆科学考察队，广东、江西、金三角、三江平原等专项考察，筹建新能源研究室，参加地理所气候室物候组、遗传所光室工作。作为访问学者曾在英国陆地生态所工作。曾任资源战略研究室副主任、中国科学院国情分析小组学术秘书。

1978年第一届全国科学大会获奖两项，1997年获中国科学院科学技术进步奖一等奖、国家科学技术进步奖二等奖。"中国双向式资源发展战略研究报告"2000年获国务院总理批示。

李孝芳(1916~1999)

女，汉族，1916年出生，河北省乐亭县人。九三学社成员，留美研究生学历，研究员，研究生导师，知名土壤和土地资源学家。

1935年考入清华大学地质地理系，1940年毕业于西南联大并留校任教，后在重庆北碚地质调查队任职。1947年赴美国康德大学地理研究所攻读硕士学位，1949年在芝加哥大学地理研究所攻读博士学位。1950年回国。先后在清华大学地质地理系和北京大学地质地理系任教，在北大任副教授兼秘书和自然地理教研室主任，为北大自然地理专业奠基人之一。1975年调到中国科学院自然资源综合考察委员会。

李孝芳是早期综合科学考察的组织者之一。曾于20世纪50年代先后参加中国科学院黑龙江流域中苏合作综合考察队和中国科学院治沙队(后来的沙漠研究所)，进行土壤地理和毛乌素沙漠考察及半定位研究。20世纪80年代，参加了中国科学院南方山区综合考察，并参与领导江西千烟洲农业生态站的规划和筹建工作。1989年起转向农业生态方面的研究，并在内蒙古赤峰市建立了农业生态村。1996她以81岁高龄，仍不辞辛苦地参加贵州兴义州的生态农业规划工作。

李孝芳曾任综考会土地资源研究室主任，中国科学院南方山区考察队副队长，综考会学术委员会主任，九三学社中央常委及组织部副部长，妇女委员会主任等职，并曾任第六届全国政协委员和第五届全国妇联执委之职。先后担任过《自然资源》《自然资源学报》《地理学报》《地理科学》《中国地理科学》(英文版)以及《山地研究》等学术刊物的主编和编委。

李孝芳两次赴美学习和考察，并系统地学习和研究了原苏联的土壤发生学理论，深入研究土壤诊断学分类，并应用于国内研究实践。她在土壤地理和土地资源科学领域，特别在土地诊断分类和土地资源评价和实践方面做出了重要贡献，是我国为数不多的女土壤地理学家之一。1990年被评为中国科学院优秀导师。

李应海(1920～1997)

男，汉族，1920年6月15日出生，陕西省枣林镇人，中共党员，老红军战士，正局级离休干部。

李应海1934年4月参加革命工作，同年6月加入中国共产主义青年团，1936年10月转为中国共产党员。在土地革命战争时期，历任陕西省绥德县团委宣传干事、陕西省清涧县店子沟红军分区组织部干事、延安中共苏维埃国家银行出纳员。在抗日战争时期，历任八路军驻西安办事处会计科会计、延安解放日报会计科长。在解放战争时期，历任新华通讯社会计科科长、财务室主任、财务处处长。自1955年1月起调中国科学院工作，先后任中国科学院办公厅财务处处长、中国科学院管理局副局长、中科学院通县印刷厂厂长、党委书记、中国科学院自然资源综合考察委员会副主任、党委副书记、中国科学院地质研究所副所长等职。

在综考会工作期间，他多次亲临野外科学考察的第一线，曾担任中国科学院青海甘肃综合考察队(1959～1960)行政副队长和中国科学院内蒙古宁夏综合科学考察队(1961～1964)行政副队长。

李昌华(1928～2011)

男，汉族，1928年9月26日出生，辽宁省营口市人，大学本科，研究员。

1979年以前在中国科学院沈阳林业土壤研究所工作，1979年调入中国科学院自然资源综合考察委员会。长期从事土地资源、生态环境和森林生态考察和定位试验工作。曾任中国科学院南方山区综合考察队林业组负责人，中国科学院综考会九连山森林生态研究站负责人。

李明森(1938～)

男，汉族，1938年1月20日出生，江苏苏州人，大学本科，研究员。

1963年毕业于北京大学地质地理系，同年分配到中国科学院自然资源综合考察委员会。长期从事资源与环境等考察研究工作。先后参加中国科学院西南地区综合科学考察队(1964～1972)、中国科学院青藏高原综合科学考察队(1973～2000)的考察研究工作。40余年来先后涉足喜马拉雅山、雅鲁藏布江大峡谷、藏北高原无人区、川滇藏接壤的横断山区以及青海柴达木盆地、可可西里、长江源等地。曾于1984年9月赴瑞士参加国际山地生态研讨会，1986～1987年两度赴尼泊尔访问、考察，1990年之后参加过西藏"一江两河"地区经济发展综合规划、昌都"三江流域"农业综合开发规划及西藏自治区农业综合发展规划等工作。1993～2003年被中国科学院中国科学技术大学研究生院聘为兼职教授。2001年起，受聘于中国城市规划设计院北京当代科学旅游规划建设研究中心，先后参加湖北省、江苏省及河南省有关市县的旅游规划工作。获1991年度西藏农林牧业委员会先进工作者称号和1993年西藏自治区科学技术进步奖特等奖，1992年获国家科学技术进步奖二等奖。两篇科普作品获全国优秀科普作品一、二等奖。2000年获中国科学院竺可桢野外科学工作奖。

李杰新（1937～2004）

男，汉族，1937年5月23日出生，广西自治区梧州市藤县人，大学本科，研究员。

1963年武汉水利水电学院毕业，分配到中国科学院综合考察委员会，长期从事水资源研究工作。先后承担中国科学院西南地区综合考察队四川农水分队和川滇黔接壤分队、中国科学院青海海南荒地考察队、黑龙江荒地考察队等综合科学考察研究任务，以及贵州山地考察队长顺县和湖南桃源县的考察和定位研究，中国科学院南方山区综合科学考察队和中国科学院西南队桂东南地区及红水河地区的科学考察等，还参加中国科学院的科技扶贫工作，为水资源研究课题负责人。曾获中国科学院科学技术进步奖一等奖和中国科学院"八五"科技扶贫先进个人。

李驾三（1919～1996）

男，汉族，1919年12月18日出生于江苏泰县，中共党员，大学本科，研究员，离休干部，知名水利专家。

1944年毕业于浙江大学工学院土木系，1945年开始在前中央水利实验处江西赣江水利设计委员会工作。1949年4月以后曾在南京水利部堤防工程队、东北小丰满水电局、水利部水文局、水利部设计局、水利部北京勘察设计院、水电部规划局、水电部13工程局从事流域查勘、测量、规划设计及科学研究工作。先后参加过赣江流域、荆江分洪、海河流域、位山枢纽、三门峡水库等规划、设计报告编写及工程改建等。1978年调入中国科学院综考会水资源研究室从事水资源研究工作。曾率团赴日本进行水利资源利用和保护的科学考察和学术交流。在其患病期间仍对海河流域、长江流域的重大工程建设非常关注，并积极向国家提出书面建议。

曾任中国科学院综考会水资源研究室主任、综考会学术委员会委员、中国水利学会理事、中国水利经济研究会理事、中国水利学会水文专业委员会委员、联合国大地测量地球物理中国委员会委员等职。享受国务院政府特殊津贴。

李家永（1951～）

男，汉族，四川省中江县人，1951年出生，九三学社成员，大学本科，研究员。

1982年毕业于西南农学院（现西南大学）土壤农业化学系，分配到中国科学院自然资源综合考察委员会，一直从事土地利用与土地资源评价方面的研究和科研管理工作。先后参加和主持"南方山区资源考察""黄土高原地区资源与环境遥感调查""红壤丘陵综合开发治理与农业持续发展研究""南方丘陵坡地农林复合生态系统构建机理与可持续性研究""红壤丘陵区生态系统碳蓄积过程与碳蓄积量评估""几种典型复合土地覆被类型的复杂性特征探究"等国家和中国科学院重点项目（课题）20余项，以及"GIS支持的土地资源评价""全球土地覆被数据库（中国部分）"等国际合作项目多项。历任中国科学院千烟洲红壤丘陵综合开发试验站副站长、站长，研究所学术委员会委员，《资源科学》副主编、编辑部主任等职，并先后兼任北京市土壤学会理事、国家特邀土地监察专员、科学出版社科技期刊出版咨询专家委员会委员、九三学社中央科技委员会委员等社会职务。

曾获江西省科学技术进步奖二等奖、国家科学技术进步奖二等奖。

李桂森(1938～1996)

男，汉族，1938年8月1日出生于广东省化州，中共党员，大学本科，研究员。

1965年中山大学地理系毕业，同年分配到中国科学院综合考察委员会，长期从事土地资源及其开发利用的考察研究工作。曾在中国科学院地理研究所水文室参加土面增温剂的研制和试验。回综考会工作后任遥感组副组长。先后参加贵州省长顺县科考和新疆遥感试验、湖南桃源县农业现代化基地农业区划，任土地利用专题组长。在中国科学院南方山区综合考察队工作10年间，任土地利用专题组长。1990年以后参加中国科学院的科技扶贫工作，任中国科学院科技扶贫滦平开发试验站站长。

承担《1∶100万土地利用图》《中国国家农业地图集》的部分编图和文字编写工作。曾在中国科学院中国科技大学研究生院讲授"中国土地利用""南方山区土地资源"的课程。

1981～1983年连续3年被评为综考会先进工作者，1991年和1994年两次被评为河北省山区开发先进工作者和"科技兴冀先进个人"。1991～1992年度被评为综考会优秀党员。中国科学院南方山区考察系列成果获中国科学院科学技术进步奖一等奖，李桂森为一等奖获得者。享受国务院政府特殊津贴。

李继由(1938～)

男，汉族，1938年11月出生，河北深县人，大学本科，研究员。

1963年北京农业大学(现中国农业大学)毕业，分配到中国科学院自然资源综合考察委员会从事农业气候资源调查和农业气候区划研究。曾任气候资源研究室主任，中国气象学会理事，中国自然资源学会理事。先后参加并承担了中国科学院西南地区综合科学考察、紫胶考察和青藏高原综合科学考察研究任务，以及全国农业气候调查和农业气候区划研究和扶贫考察研究工作。分析、阐明了西藏高原麦类作物高产的农业气候原因、我国海拔上限水稻(黑谷)抽穗开花的温度指标，提出了农业气候生产潜力的叶面积系数订正方法和农业气候资源的数量、质量概念及其评价方法等理论研究。并以此计算了我国的农业气候生产潜力，分析、评价了我国的农业气候资源，划分出我国的农业气候类型和区域，为我国农业气候资源的充分合理利用，农、林、牧综合发展提供了科学依据。

获全国农业区划委员会颁发的一等奖。

杜占池(1941～)

男，汉族，1941年3月31日出生，河北任县人，中共党员，大学本科，研究员。

1963年毕业于内蒙古农牧学院(现内蒙古农业大学)草原专业。先后在中国科学院综合考察委员会、地理所、植物所工作，1987年回到综考会。

1964～1966年先后参加中国科学院西南综合考察队贵州分队和川滇接壤分队，从事草地资源考察研究。1967～1971年参加中国科学院紫胶考察队，从事紫胶虫寄主植物资源研究。1974～1978年在北京地区从事农田实验生态学研究。1979～2000年在中国科学院内蒙古草原生态系统定位研究站，先后参加和主持草原光合生理生态研究。与此同时，1987～1990年参加"西南地区资源开发和发展战略研究"，从事草地资源开发利用研究。1991～1995年参加"草地畜牧业优化生产模式"的国家"八五"攻关项目，负责"北亚热带中高山地区人工草地营养物质循环"的实验研究。1997～2000年参加国家自然科学基金重大项目"内蒙古半干旱草原土壤—植被—大气相互作用"，负责"草原植物群落叶面积指数动态和光合生态特征"的专题研究，同时参加中国科学院重点项目"中国非耕地资源的开发利用与农业可持续发展的研究"，负责"我国牧地资源开发及其永续利用"的研究，并参加"草地群落退化演替的植物竞争关系和稳定性调控"的国家自然科学基金项目。

1987年获中国科学院科学技术进步奖二等奖，1993年获中国科学院自然科学奖三等奖。

杜国垣（1932～）

男，汉族，1932年6月2日出生，山西临汾市人，中共党员，大学本科，研究员。

1956年东北地质学院水文及工程地质系毕业，分配到中国科学院综考会工作。长期从事区域性水资源评价和利用、资源与环境研究。先后参加中国科学院新疆科考队、蒙宁科考队，负责水文地质及水资源研究工作；组织调研北京工业用水及南水北调科学考察；为中国科学院"六五"重大课题"山西能源基地水资源研究"的总牵头人；国家"七五"科技攻关项目"中国科学院黄土高原地区综合治理开发总体方案研究"和国家"八五"科技攻关项目"中国科学院晋陕蒙接壤地区环境整治与农业发展"主持人之一；参与主持国家环保局"大柳塔能源基地环境治理规划"；参与国家农委"农业资源及区划"展览和国家"七五"攻关成果展览工作等。2000年参与国家科技部"中国西北地区再造山川秀美战略研究"项目。曾任水资源研究室副主任、研究生导师、中国科学院黄土高原科学考察队副队长、全国水资源委员会委员、中国农展协会理事、北京科学基金委员会评审专家、长安大学特聘教授。

新疆队及蒙宁队科考成果曾获中国科学院优秀奖；黄土高原地区系列成果1991年获中国科学院科学技术进步奖一等奖、1997年获国家科学技术进步奖二等奖；1985年国家农委授予"农业资源及区划"展览成果一等奖，并授予"先进工作者"称号；1991年在国家"七五"科技攻关成果展览中，被授予"优秀组织者"称号。享受国务院政府特殊津贴。

杨　生（1935～）

男，汉族，1935年12月23日出生，河北省丰润县人。中共党员，大学本科，高级工程师，正司局级退休干部。

1956年加入中国共产党，1963年8月北京大学地质地理系毕业，分配到中国科学院地学部工作。曾先后在中国科学院地学部、院科研生产组、地理所、院一局、院五局、科技合同局、资源环境局工作。1978年任副处长，1982年8月任地学部副主任，1984年9月任科技合同局副局长，1987年2月任资源环境局副局长。曾任院遥感领导小组副组长。

在中国科学院主要从事科研计划管理工作，业务范围为地学、资源环境、遥感技术与应用等领域，参与9个由中国科学院主持的国家"六五""七五""八五"攻关项目和院重大项目的组织管理工作。1991年到综考会先后任综考会副主任、代理党委书记、党委书记兼副主任。在综考会主要是抓科研项目的管理，如遥感农作物估产、青藏高原科研、黄土高原开发及科技扶贫，以及单位的政治思想、科技开发、机构调整、工资改革、安全保卫等各项工作。

曾任中国科学院遥感联合中心理事长、中国登山协会副主席、中国水土保持委员会委员、中国地理学会环境遥感分会常务理事、中国自然资源学会常务理事等。1978年被评为中国科学院先进工作者，1991年被评为科技攻关先进工作者。享受中国科学院管理人员突出贡献津贴。

杨小唤（1965～）

男，汉族，1965年2月8日出生，安徽省潜山县人。九三学社成员，博士，研究员，博士生导师。

南京大学地理系自然资源专业毕业，1990年硕士研究生毕业后分配到中国科学院自然资源综合考察委员会。主要从事资源环境遥感应用、人文数据空间化方法和集成、资源环境数据时空分析等研究。2003年在中国科学院地理科学与资源研究所获博士学位。在综考会工作期间，先后参加或主持国家"八五"科技攻关任务"全国重点产粮区主要农作物遥感估产"、中国科学院"九五"特别支持项目之"华北地区综合农情遥感速报"专题、国防科工委卫星应用技术重点项目"主要农作物卫星遥感估产系统"及中荷国际合作项目"建立应用于中国粮食保障的监测系统"课题等。曾任综考会资源环境信息网络与数据中心副主任，现任中国科学院研究生院教授，中国自然资源学会自然资源信息系统专业委员会委员。主持或参加国家科技支撑计划、"863"计划、中国科学院重大专项、国家自然科学基金等多项科研任务。

获中国科学院科学技术进步奖一等奖、国家科学技术进步奖二等奖、中国科学院青年科学家奖、北京市科学技术奖一等奖等。享受国务院政府特殊津贴。

杨良琳（1937～2001）

女，汉族，1937年9月出生，河北省玉田县人，中国民盟成员，大学本科，编审。

1960年由北京师范大学毕业，1979年从北京北海中学调入中国科学院自然资源综合考察委员会从事编辑工作，历任《自然资源》编辑、副主编、编辑出版室主任。在工作期间，先后完成《中国地理》《世界地理》初稿。她以坚实的专业基础，丰富的编辑经验，对工作的负责精神，为确保期刊质量的不断提高做出了贡献。

汪宏清（1958～）

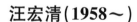

男，汉族，1958年4月1日出生，武汉市新洲区人，中共党员，博士，研究员。

1984年中国科学院综考会硕士研究生毕业后在中国科学院综考会工作，2002年北京林业大学博士毕业主要从事土地退化与整治、区域生态环境评价、生态功能区划与保护规划等方面的研究。1984年9月至1989年参加中国科学院南方山区综合科学考察队，任二分队课题组组长、总队课题组副组长。1989年至1991年为加拿大温莎大学地理系访问学者。1991年至1995年参加中国科学院"努鲁儿虎贫困山区科技扶贫"专项研究项目，任课题组副组长，其间承担由联合国开发计划署（UNDP）和中国贫困地区干部培训中心组织的教材编写和培训任务。1996～2000年参加中国科学院"燕山东段贫困山区科技扶贫"专项研究项目，任课题组组长。曾任中国水土保持学会青年学术研究会委员兼学术组副组长，中国林学会森林水文与流域治理分会理事兼副秘书长，现任中国科学院千烟洲生态试验站副站长。

1991年获中国科学院科学技术进步奖一等奖，1997年获中国科学院综考会首届优秀青年一等奖，2000年获国家科技部、中国科学院和中国科协联合表彰的科技扶贫先进个人。享受国务院政府特殊津贴。

沈　镭(1964～)

男，汉族，1964年11月19日出生，湖北省麻城市人，中共党员，博士，研究员。

1989年中国地质大学毕业后在综考会工业布局研究室工作，从事矿产资源经济与工业发展方面的研究。参与和负责承担了国家有关部委的科研项目50余项，主要有海南省国土综合规划、中国科学院区域开发前期项目2项，国家"八五""九五"攀登计划基础项目2项，西藏开发规划和扶贫规划项目2项，国家自然科学基金项目5项，中国科学院重点项目2项，科技部重点咨询项目1项，国土资源部重点咨询项目4项，意大利环境与国土部合作项目1项，中国工程院重点咨询项目2项等。负责完成了陕西、海南、西藏、甘肃等地方委托的研究任务。现负责科技部科技基础性工作专项"澜沧江中下游与大香格里拉地区科学考察"的课题研究并任野外科考队长，负责中国科学院碳专项水泥生产排放课题。

先后兼任中国自然资源学会秘书长(兼)、常务理事，中国科学院地理科学与资源研究所自然资源与环境安全研究部副主任。世界银行社区与小矿(CASM)战略管理顾问委员会委员(SMAG)及中国区域网络(CASM-China)负责人、世界银行高级顾问。2008年世界矿业部长论坛(World Mine Ministry Forum)学术委员会委员。甘肃省白银市政府顾问、辽宁省阜新市经济发展顾问。中国地质大学(武汉)客座教授(1995～1997)，中国地质大学(北京)兼职博导(2003～2005)，中国科学院研究生院聘任教授(2006年至今)。《自然资源学报》《资源科学》《地理科学进展》《亚热带资源与环境学报》"Journal of Resources and Ecology"等期刊编委。

沈长江(1933～)

男，汉族，1933年8月出生，江苏南京市人，中共党员，大学本科，研究员。

1956年毕业于西北畜牧兽医学院，同年分配到中国科学院综合考察委员会，长期从事家畜生态、畜牧业生态、畜牧业地理、畜禽品种资源多样性和地方良种资源的生态保护开发，以及生态畜牧业发展和布局等方面的研究。曾主持和参加国家和国际合作研究项目达12项，其中重要项目有：两次参加中国科学院新疆综合考察和中国科学院内蒙古综合考察，宁夏盐池地区自然资源开发利用考察；滩羊生态地理专题研究，全国畜牧地理、布局与发展战略研究，以及中德合作、中澳合作的干旱地区自然资源保护和开发利用研究等。曾担任综考会生物资源研究室副主任、主任，中国科学院新疆资源开发综合考察队副队长，综考会学术委员会副主任，研究员评审委员会主任，中国畜牧兽医学会家畜生态学分会副理事长，中国自然资源学会干旱半干旱委员会副主任及中国生态经济学会常务理事，"家畜生态"研究会副主任及《自然资源学报》编委等职。还是德国吉森大学家畜生态学访问学者，马普学会奖学金获得者。

曾获省部级以上奖励16次，其中一等奖有"中国综合农业区划"；"中国农业发展战略研究"；"新疆资源开发综合考察"。"滩羊生态研究"获中国科学院自然科学奖三等奖。享受国务院政府特殊津贴。

苏人琼（1938～）

男，汉族，1938年1月2日出生，广东省乐昌市北乡人，大学本科，研究员。

1962年毕业于武汉水利水电大学农田水利专业，同年分配到中国科学院综合考察委员会，长期从事水资源的综合利用研究。20世纪60～70年代先后参加中国科学院西南地区考察队四川农水分队、青海省海南州考察队、黑龙江荒地资源综合考察队，承担水资源方面的考察研究任务。"五五"和"六五"期间曾参加中国科学院和国家计委重大项目的研究，如"中国东部地区（东、中线）南水北调地区水资源与供需平衡综合考察研究"，"中国东南部亚热带山地丘陵区自然资源及其合理开发利用综合考察研究"等。"七五""八五"和"九五"期间曾参加国家重点科技公关项目和中国科学院重大项目的研究，如"黄土高原地区综合治理与开发利用综合考察研究""黄河治理与开发利用""晋陕蒙接壤地区资源开发与环境治理""黄河上游多民族经济开发区中长期发展战略研究""中国农业资源高效利用""中国西北地区水资源利用""晋冀豫接壤地区经济发展与环境整治研究"等。承担中国工程院重大咨询项目"中国可持续发展水资源战略研究""东北地区有关水土资源配置、生态与环境变化和可持续发展若干战略问题的研究"等。曾任专业组和课题组组长，综考会水资源研究室副主任，中国科学院南方山区综合科学考察队二分队副队长等职。

曾获中国科学院科学技术进步奖一等奖和二等奖。享受国务院政府特殊津贴。

苏大学（1941～）

男，汉族，1941年11月出生，江西宜春人，大学本科，研究员。

1964年从北京农业大学（现为中国农业大学）毕业后分配到中国科学院综合考察委员会，长期从事草地资源调查与评价、草地遥感制图及草地生态研究。曾主持全国草地资源调查，黄土高原地区、西藏自治区和贵州省草地遥感调查，中国草地第二次遥感调查，中国草地资源GIS及草地动态监测研究等。现任中国草学会副理事长、中国治沙暨沙业学会理事、中国自然资源学会理事，曾任中国草学会草地资源专业委员会理事长、南方草地资源调查科技办公室主任、农业部草地监测专家组成员和农业部湿地保护专家组成员。

编制《天然草地退化、沙化、盐渍化分级》国家标准和《天然草地合理载畜量计算》农业部行业标准，编制了已获准实施的《西藏草原建设与牧区牧民定居工程可研报告》和部分获准实施的《西藏昌都邦达草原草业工程与生态工程初步设计报告》。与中国农业大学合作指导过2个博士研究生毕业。研究成果获国家科学技术进步奖二等奖、西藏自治区科学技术进步奖特等奖、中国科学院和贵州省科学技术进步奖二等奖。享受国务院政府特殊津贴。

谷树忠（1963～）

男，汉族，1963年8月28日出生，河北省人，中国民主建国会会员，博士，研究员，博士生导师。

1996～1999年在中国科学院综考会工作。主要从事资源经济与区域发展等方面研究。2000～2010年在中国科学院地理科学与资源研究所工作，任综考会资源经济研究室主任，主任助理兼资源经济与区域发展研究中心主任，曾任资源经济与资源安全研究室主任，所学术委员会委员等职。2010年调国务院发展研究中心资源与环境政策研究所工作，任副所长。

先后主持完成了国家自然科学基金委、国家发改委、中国科学院、农业部等部委及地方政府研究课题约 30 项。曾获农业部科学技术进步奖一等奖。

陈传友（1935～）

男，汉族，1935 年出生，湖北省枝江人，大学本科，中共党员，研究员，博士生导师。

1960 年武汉水利电力学院毕业，同年分配到中国科学院综合考察委员会。先后参加中国科学院组织的中国西部地区南水北调综合考察、青藏高原综合科学考察、横断山地区综合考察和中国西南地区资源开发综合考察。1986～1987年应联合国大学邀请，赴美国学习访问。1994～2001 年在综考会主持"中国南水北调中线调水""大陆向金门调水""藏水北调"等课题研究，西藏"一江两河"农业开发的规划与实施。参与主持《中国自然资源丛书》《中国资源科学百科全书》资源科学专著，以及《资源科学技术名词》等的编撰和组织工作。曾任综考会业务处处长，会党委委员，中国自然资源学会常务副理事长兼秘书长，中国科协第五、第六届委员，中国科学院水问题联合研究中心副主任，西藏"一江两河"农业开发项目规划与实施总工程师。2007 年承担国家开发银行"中国西部水资源合理配置方案研究"课题，任课题负责人，中国开发银行专家组成员，中国社会经济理事会（全国政协）理事，全国科学技术名词审定委员会委员等职。

获中国科学院科学技术进步奖特等奖、国家自然科学奖一等奖各一次；《中国自然资源丛书》获国家计委机关特等奖、计委系统一等奖各一次；获中国科学院科学技术进步奖二等奖一次；2002 年获中国科学院竺可桢野外科学工作奖；2009 年获全国科技名词审定委员会先进工作者称号。近十几年来，多次主笔反映有关国家的建设问题，得到中央领导批示和社会关注。享受国务院政府特殊津贴。

陈光伟（1942～）

男，汉族，1942 年 2 月 5 日出生于广西北流，研究生学历，研究员。

1966 年北京师范大学自然地理专业本科毕业，曾在中学任教，1981 年中国科学院研究生院硕士毕业，1985 年留学荷兰 ITC 获土壤调查高级课程证书，1994 年 UNSW. AU 访问学者。在综考会期间从事土地资源、土壤学、遥感应用工程、GIS 应用和生态环境等方面的研究。曾参加中国科学院南方山区考察和江西千烟洲农业生态站建站规划，中国科学院黄土高原综合考察，黄土高原遥感应用工程项目设计和实施，参与"1∶100 万土地类型和土地资源"江西幅研究和编图，先后在 9 个国家和地区进行野外考察及参与多项国际合作项目的研究。1997～1999 年参与中央电视台、科技部、中国科学院合作项目"生物多样性保护和可持续发展"10 集科教片策划和脚本编写（获奖大型科教片）。曾担任中国科学院黄土高原综合考察队副队长，黄土高原遥感应用工程国家科技公关项目负责人，及综考会应用研究室负责人等职。1991～1993 年挂职担任山东烟台经济技术开发区副主任。曾任国际合作项目 LEAD-China 执行专家。1999～2002 年曾任尼泊尔国际山地中心山地自然资源处主任。

获中国科学院科学技术进步奖一等奖 2 次；国家科学技术进步奖二等奖 1 次和三等奖 2 次；农业部科学技术进步奖二等奖 1 次。1991 年被国家教委、国家学位委员会授予"做出突出贡献的中国硕士学位获得者"；1991 年被中国科学院授予"七五"重大科技任务先进工作者；1992 年被中国科学院授予"优秀科技副县长"称号；享受国务院政府特殊津贴。

陈百明(1951～)

男，汉族，1951年11月5日出生，浙江省上虞市人，中共党员，硕士学位，研究员，博士生导师。

1977年北京大学地理系毕业分配至中国科学院综考会。研究方向是土地评价、土地生产力和土地利用规划。参与主持或主持完成研究工作有：云南腾冲航空遥感试验的土地资源图编制(1979～1980)，中国土地资源生产力及人口承载量研究(1987～1991)，中国科学院重点、重大项目4项，国家科技攻关和国土资源部重点项目4项，国家自然科学基金项目3项等。曾任土地资源研究室副主任、主任；国土资源综合研究中心主任、土地利用规划研究中心副主任。担任中国农业资源与区划学会副理事长，中国土地学会常务理事兼土地资源分会副主任等。

获中国科学院科学技术进步奖二等奖一次，获国土资源部"国土资源科学技术奖二等奖"两次，1998年被评为"中国科学院有突出贡献的中青年专家"。享受国务院政府特殊津贴。

陈宝雯(1937～)

女，汉族，1937年9月29日出生于河北，大学本科，研究员。

1961年天津大学数学力学专业毕业，在山西高校任教14年。于1975年开始在中国科学院地理所、中国科学院综考会从事地理计算机图形学及其应用研究工作，同时在中国科学院研究生院兼任教学工作，讲授计算机图形学。曾赴苏联科学院系统所和斯洛伐克科学院系统所做访问学者，四次赴澳大利亚新南威尔士大学地理学院从事地理计算机图形学及其应用合作研究。在科研工作中主要承担国家自然科学基金项目。1989～2000年获得基金委信息科学部、计算机科学部、地球科学部6项自然科学基金项目，两项国际合作项目，其中一项是基金委"863"面上基金项目，参与单位承担的国家重点攻关项目2项，参与所内承担的国家重点项目2项。

获得10项重要成果奖，其中中国科学院和省部委科学技术进步奖二等奖2项，三等奖3项，开放实验室一等奖1项；参与所内承担的国家重点项目获得中国科学院科学技术进步奖一等奖2项，国家科学技术进步奖二等奖2项；研究生院讲授的研究生课程被评为研究生院优秀课程。享受国务院政府特殊津贴。

陈栋生(1935～)

男，汉族，1935年10月5日出生，湖北省应城县人，中共党员，大学本科，研究员，研究生院教授，博士生导师，全国知名布局经济学家，中国社会科学院首届荣誉学部委员。

陈栋生1954年底毕业于东北财经学院工业经济系，1955年分配到中国科学院经济研究所生产配置组。长期从事区域经济布局、产业经济及环境经济等领域的研究。1955～1964年先后参加了中国科学院黄河中游水土保持科学考察，全国煤炭工业布局研究，西北地区和鞍山地区生产力布局的考察研究。1965年后，在中国科学院综合考察委员会和地理研究所工作。在中国现代化进程中有关生产力布局、区域经济战略和相应区域的研究等方面取得了许多成果。曾任中国社会科学院西部开发研究中心主任、区域经济研究室主任，并曾兼任内蒙古呼伦贝尔盟副盟长、中国社会科学院中国经济技术研究咨询公司总经理、中国区域经济学会副会长、全国经济地理研究会常务理事。现任国家计委投资研究所和建设部城市建设经济所学术委员会委员，中国生产力经济学研究会、全国经济地理科学与教育会和北京技术经济与管理现代化研究会常务理事、中国基本建设经济研究会和中国生态经济研究会理事、北京市"十五"规划顾问委员会副主任、北京市朝阳区人民政府顾问、国家行政学院兼职教授等。

获孙冶方经济科学1986年著作奖和论文奖；"光明杯"优秀哲学社会科学著作（1980～1990年）奖；第二届中国社会科学院退休人员优秀科研成果奖。享受国务院政府特殊津贴。

陈道明（1918～2011）

男，汉族，1918年出生于河北省易县。中等师范学历，中共党员，司局级离休干部。

河北省易县师范毕业后，1937年参加革命，翌年加入中国共产党。全国解放后，曾在中国科学院办公厅任行政处处长。1955年调入综考会，曾任中国科学院黄河中游水土保持综合考察队（1955～1958）副队长、中国科学院青海甘肃综合考察队（1958～1960）副队长、中国科学院治沙队（1959～1964）副队长。调离中国科学院后曾任江苏省地震局局长。

周作侠（1930～）

男，汉族，1930年7月出生于河北丰润县。中共党员，博士研究生学历，副研究员，正处级离休干部。

1963年中国科学院地质研究所博士生毕业，同年分配到综考会矿产资源研究室，曾任该室副主任。参加过中国科学院西南地区综合科学考察队（1963～1966）的考察研究，任工矿交通分队副分队长，矿产地质专业组副组长。1970年后调冶金部桂林冶金地质研究所，任矿床室副主任，1978年以后调中国科学院地质研究所任副研究员至离休。

林耀明（1951～）

男，汉族，1951年11月出生，广东省潮州市人。大学本科，研究员。

1978年在中山大学地理系陆地水文专业毕业，同年分配到中国科学院自然资源综合考察委员会水资源研究室。1984～1986年作为访问学者在英国陆地生态研究所（ITE）学习和工作。1991年兼做中国生态系统研究网络（CERN）千烟洲试验站水文观测与研究工作，直至地理所与综考会两所整合。2006年调任《自然资源学报》编辑部主任至今。

曾先后承担中国科学院"六五""七五"重大项目、"九五"院特别支持项目专题、"九五"所前沿项目子专题；"八五"国家重点科技攻关项目、"九五"国际合作项目等多项研究课题。

1993年获《饲料工业杂志》百期优秀作者奖；1995年获中国科学院综考会首届青年优秀论文二等奖；承担国家"八五"重点科技攻关项目获中国科学院科学技术进步奖一等奖。享受国务院政府特殊津贴。

欧阳华（1958～）

男，汉族，1958 年生，江苏省金坛县人，农工民主党成员，研究员，博士生导师，中国科学院研究生院教授、全国政协第十届、十一届委员会委员。

1990 年获美国密执安理工大学生态学硕士学位，1994 年获美国密执安理工大学理学博士学位，1994～1997 年在中国科学院综考会做博士后研究。1995～2008 年先后任综考会国土信息研究室主任，综考会副主任，中国科学院地理科学与资源研究所副所长。

主要从事陆地生态系统景观格局与过程的研究。研究的重点是青藏高原生态系统对全球变化的响应与评价、生态系统模型、东北亚生物资源与环境变化等研究。先后参与国家重大基础研究项目、中国科学院重要方向性研究项目，主持科技部基础性研究项目和美国自然科学基金项目等。

曾担任 CODATA 中国委员会委员、中国人与生物圈国家委员会委员、青藏高原研究会理事、中国植物学会生态专业委员会委员、中国气象局气象生态专业委员会委员、中国国土经济学研究会中小城市生态环境建设专家委员会委员，同时还担任《植物生态学报》《资源科学》、"Journal of Integrative Plant Biology"、"Journal of Geographical Science" "Chinese Geographical Sciences"等学术刊物的编委。

欧润生（1938～）

男，汉族，湖南省大庸市人，1938 年 9 月 10 日出生，中共党员，大学本科，研究员。

1963 年天津大学无线电工程系毕业，同年分配到中国科学院地球物理所工作。1963～1989 年在地球物理所从事核爆炸地震效应观测研究和测震仪器研制。曾任该所第六研究室副主任、主任，科技开发处处长、所学术委员会委员、中国地球物理学会专业委员会委员。在研究所四次被评为先进工作者和优秀党员。1990～1998 年参加综考会"中国生态系统研究网络"建设，是网络技术系统负责人，并于 1993 年调入中国科学院综考会网络秘书处，主管网络技术系统建设工作。曾获中国科学院重大科技成果二等奖(1983)。享受国务院政府特殊津贴。

郎一环（1939～）

男，汉族，1939 年 10 月 27 日出生，山西代县人，大学本科，中共党员，研究员，博士生导师。

1965 年毕业于中国石油大学(原北京石油学院)开发系，分配至中国科学院综考会动能室。作为石油化工专题负责人，1973 年参加国家计委与中国科学院联合组织的全国二次能源利用研究，成果获 1978 年全国科学大会奖、中国科学院重大科技成果奖。1986 年参加国家计委组织的西南和华南部分省区区域协调发展研究，提交了区域发展现状与产业结构调整等研究报告。作为青藏队特高海拔地区科学考察的主持人之一，担任中共中国登山队党委委员，科考分队副队长和项目负责人，1975 年和 1977 年先后组织对珠穆朗玛峰和托木尔峰的科学考察，成果分别获 1978 年全国科学大会奖、中国科学院重大科技成果奖和中国科学院科技成果二等奖。担任西南国土资源综合考察队重工业课题组负责人之一，先后组织对川、滇、黔、桂、渝工业发展条件、产业环境、产业结构与布局的考察研究，取得多项成果。先后主持国家自然科学基金项目、中国科学院区域开发前期研究项目等。参加西藏"一江两河"地区发展规划（主持工业规划），主持海南省国土规划（负责工业规划）等院重点项目。参加科技部组织的资源型城市转型的科技对策研究，中国工程院组织的中国可持续发展矿产资源战略研究，中国社会科学院组织的低碳城市建设等项目。

曾任中共综考会党委委员（1997～2000），工会及职工代表大会主席（1997～2000）。福建省福清市科技副市长。

侯光良（1932～1993）

男，汉族，1932 年 5 月出生，山东省烟台市人，大学本科，研究员。

1959 年南京大学气象系毕业，同年分配到中国科学院自然资源综合考察委员会，长期从事农业气候资源的考察研究。先后参加并承担了中国科学院南水北调考察队、中国科学院西南地区考察队贵州农水分队、中国科学院云南紫胶考察队、东北宜农荒地考察队、中国科学院南方山区综合科学考察队、中国科学院黄土高原综合科学考察队等考察研究任务。曾担任专业组组长、课题组组长、考察队分队长、研究室副主任、主任，中国气象学会农业气象研究会常务理事等职。

1985 年被评为综考会先进工作者，参与主编的《中国农业气候区划》先后获全国农业区划委员会一等奖和国家科学技术进步奖一等奖。享受国务院政府特殊津贴。

姚建华（1940～　）

男，汉族，1940 年 3 月出生，河南省南阳市人，中共党员，大学本科，研究员。

1965 年西安冶金学院毕业，同年分配到中国科学院综合考察委员会，长期从事工矿资源、工业发展与布局、区域经济方面研究。主要研究工作有：①1973 年参与承担国家计委"我国二次能源合理利用"的项目，成果荣获 1978 年全国科学大会奖和中国科学院重大科技成果奖。②1975 年参与组建中国珠穆朗玛峰登山队科学分队，任科考队秘书，成果获全国科学大会奖和中国科学院重大科技成果奖，当年被评为综考会先进工作者。③1978 年参与综考会 CJ-709 计算机组任副组长。④从 1983 起参加中国科学院南方山区综合考察队二分队，任工业组副组长；参加中国科学院西南开发考察队，担任桂东南课题组长和红水河流域课题组长；参加中国科学院黄土高原综合考察队内蒙古和林格尔县和碛口县发展规划研究，承担两县的工业规划研究。⑤90 年代承担中国科学院"区域开发前期研究"项目 3 项，承担国家"九五"科技攻关项目 1 项，均任项目组组长、副组长。⑥2000 年为配合国家西部大开发的需要，对我国西部地区进行研究。曾任综考会学术委员会委员，中级及副高级职称评委、副主任，工业布局研究室副主任、主任，中国自然资源第四届理事会理事，中国区域科学协会第一届理事，中国经济学会《区域经济与区域》丛书编委，中国人民大学区域经济研究所兼职教授等。

姚治君(1959～)

男，汉族，辽宁省黑山县人，1959 年 9 月 2 日生，中共党员，研究生学历，研究员。

1983 年沈阳农业大学农田水利专业毕业分配到中国科学院自然资源综合考察委员会，一直从事水文、水资源合理配置及供需平衡理论与应用、农业节水及水资源高效利用、水环境及其整治，以及气候变化对水资源的影响等相关领域的科研工作。1986～1987 年作为联合国大学访问学者在美国科罗拉多大学地理系工作与学习。曾主持或参加完成"六五""七五""八五"和"九五"期间国家重点科技攻关、中国科学院院重大、基金项目、国家重点基础研究发展计划"973"及规划等类型的项目或专题研究 40 余项。曾任中国科学院自然资源综合考察委员会水资源室副主任，国土资源综合研究中心副主任，中国科学院水问题联合研究中心副主任。中国自然资源学会副秘书长、水资源专业委员会副主任，水利部首批水资源论证专家。

封志明(1963～)

男，汉族。1963 年 5 月 24 日出生，河北平山人。理学博士，研究员，中国科学院研究生院教授，博士生导师。

1984 年毕业于兰州大学地质地理系。1985～1988 年在中国科学院研究生院攻读自然地理硕士学位。1995～1999 年在中国科学院南京地理与湖泊研究所攻读区域地理博士学位。研究生毕业后一直在中国科学院自然资源综合考察委员会和中国科学院地理科学与资源研究所工作。历任中国科学院自然资源综合考察委员会主任助理兼科研财务处处长、中国科学院地理科学与资源研究所区域资源与环境综合研究室主任和资源科学研究中心主任、中国科学院可持续发展研究中心副主任；兼任《自然资源学报》编委、《资源科学》副主编，中国自然资源学会常务理事/青工委主任和中国人口学会常务理事等职；并受聘担任国家科技奖评审专家、国家人口和计划生育委员会人口专家委员会委员等职。长期从事资源地理与水土资源可持续利用研究，持续关注中国的人口、资源、环境与发展问题。先后主持或参加完成了 20 多项科技部、中国科学院、基金委和其他部委委托的重要研究课题。

获得省、部级以上科技奖励 6 次，完成软件著作权登记 5 项。1992 年获中国科学院科学技术进步奖二等奖，1995 年获第四届"中国青年科技奖"，2001 年获国家"九五"科技攻关优秀成果奖和先进个人称号。

赵　锋(1920～2000)

男，汉族，1920 年 12 月出生，山东省东阿县人，中共党员，副司局级离休干部。

1938 年 12 月加入中国共产党，同年任平阳三区青救会青年委员，1939 年起任冀鲁豫抗日工作游击大队副指导员，东阿县二区抗日游击队副指导员，泰西军分区机关党总支书记。1948 年任宁阳县大队副政委、党委书记等职。新中国成立后，在华东军区任营教导员，营党委书记，华东水利 2 师 4 团政治处副主任。

1956 年调入国家水利部，任第 3 机械工程总队党委副书记，政治部副主任。同年调入中国科学院自然资源综合考察委员会，先后任综考会办公室副主任，兼中苏黑龙江综合考察队公办室副主任，中国科学院陕西榆林治沙站主任兼地区治沙所所长，综考会业务处处长兼中国科学院西南综合考察队办公室主任。"文革"后曾任中国科学院香山植物园副主任，党总支副书记，中国科学院感光所二处处长，副所长。1980年回到综考会，任中国科学院综考会副主任，党委副书记。

赵士洞(1941～)

男，汉族，1941年3月出生，山西省汾阳市人，研究生学历，中共党员，研究员，博士生导师。

1963年西北农学院林学系毕业，1967年中国科学院沈阳林业土壤研究所研究生毕业留所工作，1983～1985年赴美国密执安大学进行合作研究。曾任中国科学院沈阳林土所副所长。1993年调入综考会，曾任综考会副主任、主任、中国生态系统研究网络(CERN)科学委员会常务副主任兼秘书长和建设项目的常务副总经理。并曾在20余个国际学术组织任职。现任CERN科学委员会副主任、国家生态环境观测研究站专家组副组长，《自然资源学报》副主编、《生态学杂志》副主编和《资源学报》顾问，以及"The Frontiers in Ecology and the Environment"国际咨询委员会委员。

在植物分类与分布学领域，曾先后参与了中国产柳属植物的分类与分布研究。在生态学领域，先后主持了多项研究任务，1996～2000年间任中国科学院"九五"重大和特别支持项目"生态系统生产力形成机制及可持续性研究"的首席科学家。并先后105次赴40余个国家参加合作研究、讲学或出席国际会议。培养博士生23名、硕士生10名、博士后3名。2000年获中国科学院优秀研究生导师称号和中国科学院深圳华为奖教金。享受国务院政府特殊津贴。

赵训经(1931～2000)

男，汉族，1931年2月出生，山东黄县(现龙口市)人，中共党员，大学本科，高级管理工程师，正局级离休干部。

1947年参加中国人民解放军，任战士、机要员、秘书。1959年中国人民大学毕业，分配到中国科学院综合考察委员会，从事业务组织、管理和党政领导工作。先后任中国科学院蒙宁综合考察队业务秘书、分队长，研究室党支部书记、综考会业务处处长、贵州山地考察队负责人，中国科学院南方考察队副队长，综考会学术委员会秘书、会党委副书记、党委书记，会老科协分会理事长等职。先后参加中国科学院青海甘肃综合考察队、中国科学院内蒙宁夏综合考察队、陕南地区选厂考察队、贵州山地调查队和中国科学院南方山区综合科学考察队的综合科学考察，以及黄河上游沿岸多民族经济发展战略，铁路沿线经济带发展战略，中部5省21世纪可持续发展的考察研究。他在担任业务组织和领导工作的同时，与其他同志合作撰写了20多篇考察报告和文章。

赵存兴(1936～2007)

男，汉族，1936年3月24日出生于河北省山海关，祖籍河北省藁城县。中共党员，大学本科，研究员。

1963年北京农业大学(现中国农业大学)毕业，同年分配到中国科学院自然资源综合考察委员会。长期从事土地资源制图、评价、开发利用和保护的研究工作。先后参加中国科学院内蒙宁夏综合考察队、中国科学院黑龙江荒地资源考察队、中国科学院黄土高原综合科学考察队的考察研究和《中国1：100万土地资源图》的编制工作。曾任中国科学院黑龙江荒地资源考察队分队负责人，中国科学院黄土高原综合考察"黄土高原地区土地资源及其合理利用"专题组组长，综考会土地资源研究室党支部书记、副主任，北京地理学会理事等职。

获中国科学院科学技术进步奖一等奖 2 项，二等奖 1 项。1977 年被评为中国科学院模范党员。享受国务院政府特殊津贴。

赵振英（1941～）

女，汉族，祖籍山东省蓬莱县，1941 年 4 月 8 日出生于辽宁省大连市。中共党员，大学本科学历，研究员。

1964 年就职于中国科学院沈阳林业土壤研究所（今中国科学院沈阳应用生态研究所），一直从事土壤微生物及其资源开发、利用方面的研究工作。先后参与和主持了 12 项研究课题，曾参加中国科学院生物局主持的院重大研究项目"中国微生物资源调查与评价"、中国科学院重大基础研究项目"人类活动对长白山阔叶红松林生物多样性的影响"及国家科委和中国科学院重点项目"非豆科树木共生固氮研究"等项研究工作，主持了辽宁省科委百项工程技术项目中的"调脂抗栓生物药研制"的研究工作。获中国科学院科学技术进步奖二等奖 3 项、国家发明专利 1 项，以及科研成果技术转让 1 项。

1995 年调入综考会工作，任"中国自然资源学会"办公室主任，兼任《中国资源大百科全书》编辑办公室负责人。在此期间，获中国科协颁发的"优秀学会奖" 1 次。

钟耳顺（1956～）

男，汉族，1956 年 3 月出生，湖南省宁乡县人，博士，研究员，博士生导师，北京超图软件股份有限公司董事长。

1981 年毕业于中山大学地质地理系，1991 年 7 月获北京大学理学博士学位，后入中国科学院地理研究所博士后站，1994 年到中国科学院自然资源综合考察委员会工作，1997 年调入地理所，任中国科学院地理信息产业发展中心主任。

主要从事地理信息技术研究和产业发展工作。曾参与中国科学院生态网络信息系统建设和中国科学院国土资源信息系统技术研究；主持了中国科学院知识创新方向性项目、国家"863"项目"面向网络海量空间信息大型 GIS"和"经济普查与基本单位统计遥感应用系统"、国家发改委国家高技术产业化示范项目"卫星导航嵌入式软件与平台软件高技术产业化示范工程"，参加国家测绘局"我国地理信息产业政策研究"工作，并主持完成了多个地方性地理信息系统工程建设。担任中国 GIS 协会副会长，中国地理学会地图与 GIS 专业委员会主任委员和全国地理信息标准化技术委员会常委等职务。

长期致力于地理信息技术的自主创新和产业化工作，创办了北京超图软件公司，在我国率先开展了多项 GIS 技术研究，在组件式 GIS、网络 GIS、嵌入式 GIS 和空间数据库引擎技术研究方面取得创新性成果。领导和主持了新一代大型 GIS 软件-SuperMap GIS 技术研发和市场化工作，使 SuperMap 成为我国重要的 GIS 基础平台，在电子政务系统、企业管理和国防等领域广泛应用，并出口日本和东南亚等国家和地区。培养博士和硕士研究生 40 多名，曾获中国科学技术协会杰出青年科技成果转化奖（1999），中国科学院地方科技合作奖（2001）。

倪祖彬（1935～2004）

男，汉族，1935年9月出生，安徽阜阳人，中共党员，大学本科，研究员。

1959年北京农业大学（现为中国农业大学）毕业，分配到中国科学院综合考察委员会从事农业自然资源经济研究工作。先后参加新疆、青甘、蒙宁、青藏高原、南方山区等科学考察队，并主持中国科学院的黄河上游沿岸多民族地区开发前期研究、京九铁路经济带开发前期研究以及中部地区21世纪可持续发展战略研究等项目的科学考察工作。曾任农业资源经济研究室副主任和主任兼党支部书记，综考会首届职工代表大会常务副主席，中国自然资源研究会国土区划委员会委员，北京农业经济学会理事，阜阳县人民政府农业顾问等职。获中国科学院科学技术进步奖一等奖2项，特等奖1项，国家自然科学奖二等奖2项、一等奖1项。享受国务院政府特殊津贴。

唐绍林（1920～2001）

男，汉族，1920年8月出生，广东珠海人，中共党员，司局级离休干部。

1938年6月在陕北公学分校参加革命，同年11月在延安抗大参加中国人民解放军。1939～1941年在八路军129师任文化干事。1941～1948年在八路军冀北军区任干事、随军记者、教员、副科长、报社社长等职。1948～1950年在解放军14纵队任科长、队长。1950～1964年在解放军空军任科长、处长、政治委员、副主任等职。1964年转业至林业部计划司，任副处长、支部书记、代理党委书记等职。1977年调入中国科学院自然资源综合考察委员会，先后任会临时领导小组成员、党的领导小组副组长、会副主任等职。

唐青蔚（1938～）

女，汉族。1938年11月9日出生，上海市奉贤县人，中共党员，大学本科，研究员。

1963年8月毕业于武汉水利电力大学水利工程系，同年分配到湖北省黄冈地区水利局从事水利工程规划设计工作。1975年6月调到北京市水利局十三陵水库管理处任生产组副组长，负责水库调度、维护工程设计与管理。1978年7月调到中国科学院综考会水资源研究室。先后参加中国科学院南水北调工程项目、中国科学院南方山区综合科学考察、中国科学院西南地区资源开发考察和黄土高原等综合科学考察，承担了国家"七五""八五"科技重点攻关、中国科学院重大专题、区域前期研究和横向科技合作等项目的专题考察任务。

项目成果获得1992年中国科学院科学技术进步奖一等奖，为获奖人之一；1987年获江西省科学技术进步奖三等奖，为第二获奖人。享受国务院政府特殊津贴。

容洞谷(1925～2012)

男，汉族，1925年8月出生，广东省新会县人，中共党员，大学本科，研究员，离休干部。

1949年至1950年在政务院中财委计划局工作；1950年11月参加抗美援朝；1952年5月复员后分配到国家统计局；1954年调中国科学院经济研究所从事研究工作，曾先后参加"黄河流域规划"和"长江流域规划"的调查研究，并编写了有关调查和规划设计报告。1965年调入中国科学院综合考察委员会，主要从事以下三项考察工作：①收集整理出版《国外能源概况》《世界主要资本主义国家的能源发展动向》等国外能源情报资料约80万字；②参加"山西能源重化工基地建设规划"的考察研究，负责"山西能源重化工基地建设与水土资源合理利用的相互关系"专题；③参加"新疆资源综合考察"，负责"新疆资源开发和若干战略问题"研究专题，并参加编写总报告。

袁子恭(1932～)

男，汉族，1932年8月生于河北唐山，九三学社成员，大学本科，研究员。

1949年9月考入哈尔滨工业大学预科(学习俄语)，1951年9月升入本科土木系。1954年春季因院系调整，水能利用专业师生全体转入大连工学院水利系(现大连理工大学)。1955年毕业分配到东北水电勘测设计院，1956年转到中国科学院综合考察委员会。长期从事区域性水资源考察研究工作，先后参加了中国科学院黑龙江综合考察队(中苏合作项目)、西藏综合考察队、西南地区综合考察队、东部地区南水北调考察队、新疆综合考察队的综合科学考察研究工作。曾任西藏队、西南队四川水利分队、东部南水北调队、新疆队等野外考察队课题组组长，综考会学术委员会副主任、水资源研究室主任，中国水利学会理事及水资源专业委员会委员，中国水法研究会理事，中国地理学会水文地理专业委员会委员，全国农业区划委员会水资源专业组委员，北京市政府科技顾问团(水资源组)顾问，中华人民共和国水法编写组成员等职。

曾获中国科学院1990年度科学技术进步奖一等奖。享受国务院政府特殊津贴。

郭文卿(1930～2006)

男，汉族，1930年10月出生，辽宁省人，中共党员，大学本科，研究员。

1949年9月在抚顺矿务局参加工作，1958年在中国人民大学政治经济学专业毕业，分配到中国科学院综合考察委员会工作。历任西南考察队学术秘书、工交分队副分队长，资源经济研究室副主任，工业布局室主任和《自然资源译丛》主编等职。

先后参加国家重大项目西南队，南水北调队(西线调水)，南方队等多项综合考察任务，作为工业矿产交通课题组组长，带领课题组完成了各项任务，取得丰硕成果。曾主持了国家自然科学基金项目"中国不同资源类型山区工业开发模式研究"；主持了由福建省计委委托的"福建沿海外向型经济与腹地关系研究和闽台经济互补前景研究"两个项目。与他人共同主持了中国科学院区域开发前期研究两项项目：东南沿海地区外向型经济发展研究；中国沿海地区21世纪持续发展研究。

曾获中国科学院科学技术进步奖一等奖，三等奖。享受国务院政府特殊津贴。

郭长福(1945～)

男，汉族，祖籍河北省曲阳县，1945年8月生于北京，中共党员，大学本科，高级工程师。

1968年毕业于首都师范大学地理系，曾在北京市属中学从教，1977年5月调入中国科学院自然资源综合考察委员会。从事业务组织管理工作，曾任考察队副队长、综考会主任助理、副主任，2000年3月由中国科学院批准聘任为三级职员。

在综考会期间，先后参加过中国科学院组织的托木尔峰、青藏高原(横断山区)、黄土高原及新疆综合科学考察，主要承担部分业务组织、行政管理以及成果编辑出版工作。1993年开始主持科研开发工作，1994年后主持开发与行政管理工作。

1986年获综考会授予"先进工作者"称号；1990年获中国科学院科学技术进步奖一等奖(主要完成人)；1991年获国家科学技术进步奖三等奖(主要完成人)；1997年10月获中国科学院通报表扬。享受中国科学院管理人员突出贡献津贴。

郭绍礼(1935～2015)

男，汉族，1935年1月7日出生，山西省平定县人，中共党员，大学本科，研究员。

1958年兰州大学毕业分配到中国科学院综合考察委员会工作。长期从事区域地貌、区域规划、资源开发、环境保护方面的研究。先后参加中国科学院青海、甘肃综合考察队、治沙队、内蒙古宁夏综合考察队和国家"七五""八五"攻关项目黄土高原地区综合治理开发、晋陕蒙接壤地区环境整治与农业发展的研究任务。同时结合开发工作承担了我国不同类型区的县域经济综合发展规划试点工作。曾任中国科学院内蒙古宁夏综合考察队秘书、分队长；中国科学院黄土高原综合科学考察队副队长；中国自然资源研究会秘书长；中国地貌图编辑委员会副主任；北京中科开发中心主任；北京地理学会副理事长；北京师范大学兼职教授。退休后担任中日合作项目"北京延庆土地改造利用"专家组组长。

曾获全国科学大会重大科技成果奖1项；国家科学技术进步奖二等奖1项，中国科学院科学技术进步奖一、二、三等奖各1项；内蒙古自治区科学技术成果奖二等奖2项、三等奖1项。获中国科协颁发的学会先进工作者称号。1994年获竺可桢野外科学工作奖，并获得了北京市科学技术协会、北京地理学会、国家图书馆、红旗出版社等单位颁发的荣誉证书。享受国务院政府特殊津贴。

顾定法(1939～)

男，汉族，1939年12月2日出生，江苏省江阴市人，九三学社成员，大学本科，研究员。

1962年毕业于南京华东水利学院，同年分配到华北水利电力部华北电力设计院，1976年4月调入中国科学院自然资源综合考察委员会水资源研究室，从事水资源研究工作。参加主要考察研究工作有：东中线南水北调考察；新疆资源开发和生产力布局；北京市生活用水调研和取水定额制定；唐山市城市用水问题与对策研究；长江中游经济区域开发；海南省国土规划；中国环北部湾地区总体开发与协调发展研究；西北地区水资源合理利用与生态环境保护研究；北京市工业和第三产业用水、节水调研及取水定额的制定工作等。

科研成果曾获中国科学院一等奖；国家科学技术进步奖二等奖；大禹水利科学技术一等奖。

高静波(1925～1990)

男，汉族，1925年5月7日出生，河北省迁西县人，中共党员，副局级离休干部。

20世纪40年代初受党的团结抗日救国思想的影响，投身参加革命，1942年加入中国共产党。在革命战争年代，历任冀热边区迁(西)遵(化)兴(隆)联合县二、三区儿童团长，第九、十区青救会委员，第八区政府教育干事，区委支部教员兼区游击队和通讯班支部书记，迁遵兴联合县县委组织干事，热河省承德县头沟总区区委书记兼保安十队教导员，承德县、迁西县县委组织干事，冀东第十二地委社会部秘书等职。新中国成立后，历任唐山地区公安处第一副科长，河北省玉田县公安局长，县委委员，县政府党组副书记，国家计委机关保密委员会专职秘书。曾被选为出席中央政府党代会代表，担任过国家建委保安委员会专职秘书，保卫处副处长，中国科学院计算技术研究所领导小组成员兼机关党委副书记，中国科学院数学研究所党的领导小组成员，兼党总支书记，政治处主任，所办公室主任，中国科学院计算技术研究所党委办公室主任，中国科学院自然资源综合考察委员会党委办公室主任，党委副书记等职。

崔克信(1909～2013)

男，汉族，1909年出生，河北省井陉县人。大学本科，研究员，中国康藏地质考察的先驱和开拓者，中国石油地质研究的先驱者之一，中国古地理著名学者。

1935年毕业于北京大学地质系。新中国成立前曾任西康省地质调查所所长；新中国成立后曾历任西南地质调查所地质师，地质部石油管理局工程师，中国科学院地质研究所副研究员，科学出版社地学编辑，自然资源综合考察委员会学术指导，中国科学院地质研究所研究员等职。1939～1950年曾在康藏考察地质十余年。1951～1953年又在西藏拉萨以东高原考察，编有区域地质图。1955～1957年曾组队并担任队长，从事青海柴达木盆地石油地质综合研究，著有《青海柴达木盆地地质概况》一文。1957年陪同苏联石油地质专家考察了青海、新疆、甘肃、四川、贵州等省区石油地质。1973年以来从事古地理研究，撰写专著4部。1986年近80岁高龄，承担国家自然科学基金项目，进行中国西南区域古地理研究，经十多年努力，于2004年时值95岁高龄，完成并出版《中国西南区域古地理及其演化图集》。1988年以来，先后获得中国科学院及地质研究所"老有所为"精英奖。英国剑桥国际传记中心评选为"International Man of Year 1992"。

康庆禹(1933～2004)

男，汉族，1933年7月出生，辽宁省岫岩人，中共党员，大学本科，高级工程师，副局级巡视员。

1960年中国人民大学毕业分配到中国科学院自然资源综合考察委会，从事资源经济综合科学考察和研究工作。先后参加并承担了中国科学院南水北调综合考察队、西南地区综合考察队、青海荒地资源考察队、黑龙江荒地资源考察队、黑龙江伊春地区考察队和新疆资源开发考察队的考察研究任务。曾任综考会主任助理、业务处处长、综考会副主任，中国科学院新疆资源开发考察队副队长，综考会党委委员，学术委员会委员兼秘书，保密委员会主任，科研中级职称评委会主任等职。

曾获中国科学院科学技术进步奖一等奖和三等奖，国家科学技术进步奖三等奖，并荣获"优秀共产党员"称号。享受国务院政府特殊津贴。

曹光卓(1935～2013)

男，汉族，1935年4月25日出生，江苏省南京市人，大学本科，研究员。

1959年从南京大学毕业分配到中国科学院自然资源综合考察委员会，从事资源经济地理研究。先后参加中国科学院云南热带生物资源考察队、华南热带生物资源考察队、贵州亚热带生物资源考察队、贵州山区资源综合利用调查队、南方山区综合科学考察队、黄土高原综合科学考察队的考察研究和京九铁路沿线区域经济开发及湖南桃源县级农业现代化研究工作。曾任课题组组长，考察队分队长。我国南方六省区热带亚热带地区以橡胶为主的热带作物宜林地综合考察获中国科学院重大科技成果集体奖(1978)，个人获中国科学院科学技术进步奖一等奖、全国农业区划科学技术进步奖二等奖、三等奖、贵州科学技术进步奖三等奖、内蒙古自治区科学技术进步奖三等奖。

章铭陶(1935～)

男，汉族，1935年4月出生于北京，祖籍江西省九江市，大学本科，研究员。

1961年北京地质学院水文地质工程地质系毕业，同年分配到中国科学院综合考察委员会。长期从事水资源、地热资源和区域自然资源开发与社会经济发展战略的综合科学考察研究。先后参加蒙宁综合考察队水利组；西南地区综合考察队的贵州分队、接壤分队和渡口分队，担任水利组组长，综合农业组副组长；参加青藏高原综合科学考察队，在西藏自治区考察期间担任地热组副组长、组长、并兼任水利组副组长、组长，在横断山区考察期间担任副队长；参加西南资源开发考察队，担任副队长(常务)；担任青藏高原综合科学考察队常务副队长。曾任综考会水资源室副主任、主任；综考会学术委员会委员、副主任；综考会学位委员会委员；中国科学院能源委员会委员；国务院全国水资源协调组办公室成员；中国青藏高原研究会副理事长、山地委员会主任；中国自然资源学会山地委员会副主任等。

获中国科学院科学技术进步奖特等奖(1987)、二等奖(1993)；全国自然科学奖一等奖(1988)；中国科学院竺可桢野外科学工作奖(1990)；国家科学技术进步奖二等奖(1994)。享受国务院政府特殊津贴。

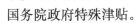

黄文秀(1937～)

男，汉族，1937年1月出生，山西阳高人，中共党员，大学本科，研究员，博士生导师。

1962年由北京农业大学(现中国农业大学)毕业分配到中国科学院综合考察委员会工作，从事农业自然资源综合考察与研究。先后参加并承担中国科学院内蒙古宁夏综合考察、中国科学院青藏高原综合考察、中国科学院西南资源开发考察等多项研究任务。主持国家"八五"科技攻关"南方亚热带草地资源开发与牧业发展优化模式的研究"项目。1985～1987年受派赴尼泊尔参加国际山地综合开发中心（ICIMOD）工作，其间，参与主持兴都库什-喜马拉雅山区农业资源开发、山区人民食品与营养、流域治理与生态环境研究等项目。主持加拿大国际研究中心项目"中国山地农牧业系统互动研究"（IDRC）。曾任草地资源研究室主任，南方山区生态研究站站长，中国草原学会常务理事，农业部专家顾问组成员，国际学术杂志《山地生态》（英文版，斯洛伐克主持出版）编委会委员。

1986年获中国科学院科学技术进步奖特等奖，1987年获国家自然科学奖一等奖，1999年获中国科学院华为教育奖。享受国务院政府特殊津贴。

黄让堂（1930～）

男，汉族，1930年9月6日出生于印度尼西亚，祖籍广东省惠阳市，印尼归侨，中共党员、大学本科，研究员。

1956年底调中国科学院综合考察委员会。曾参加黑龙江中苏联合考察队；1959～1962年参加我国西部地区南水北调考察队；1963～1966年参加中国科学院西南地区综合科学考察队，任考察队副分队长；1972～1977年在中国科学院地理所工作，参加渤海湾、山东省、安徽省等地区经济地理考察，任课题组组长；1977年之后回到综考会水资源室，担任室副主任，曾参加南水北调中线和东线考察研究，1980～1985年任南水北调考察队副队长和队长，1986年以后主要参加黄淮海平原攻关项目，担任水资源课题负责人，承担黑龙港地区水土平衡专题，为该专题负责人。科研成果曾五次获得科技攻关荣誉证书和表彰。

黄兆良（1941～）

男，汉族，1941年9月12日出生，福建省福州市人，中共党员，大学本科，研究员。

1966年北京大学地质地理系自然地理专业毕业，1967年分配到水电部海河设计院水土保持室工作，1970～1977年在北京市安定中学任教，1977年调入中国科学院综考会。在综考会曾任科技处副处长、处长、主任助理兼办公室主任等职。参与组织并参加了《中国1∶100万土地资源图》编制工作，获国家科学技术进步奖二等奖（1992），中国科学院科学技术进步奖一等奖（1991）（排名第三）。曾担任科技部红黄壤科技攻关项目专题负责人，中国科学院北片科技扶贫项目负责人。曾负责中国科学院"九五"期间获国家奖成果介绍汇编和1998～2000年中国科学院专利项目选编及参加中国科学院"知识创新工程"试点工作成果介绍《创新者的报告》汇编的编写。享受中国科学院管理人员突出贡献津贴。

黄自立（1925～1993）

男，汉族，1925年3月出生于陕西省兴平县。中共党员，大学本科，研究员。

综考会初创时期担任农林牧研究室副主任。长期从事土壤、土地资源的考察研究。曾参加中国科学院黄河中游水土保持队（1953～1958），承担土壤类型和土壤侵蚀规律课题的研究；中国科学院青海甘肃队（1958～1960），担任土壤农业分队副分队长；中国科学院内蒙古宁夏考察队（1961～1964），为考察队核心组成员，农业专业组组长；中国科学院河西荒地资源考察队(1965～1968)，担任考察队队长。1970年调陕西省农科院，任土壤肥料研究所所长。

黄志杰(1930～)

男，汉族，1930年9月出生于上海市，中共党员，留苏研究生学历，研究员。

1955年毕业于南京工学院动力学发电厂电力网专业。1956年由中国科学院选派至苏联科学院能源研究所综合能源专业学习，1960年获苏联技术科学副博士学位，回国后长期从事能源技术经济评价方法论及能源合理有效利用和能源规划原理的研究。在综考会初创时期，曾任综合动能研究室副主任、主任。调国家计委能源研究所后曾任该所副所长。20世纪80年代，曾参加中国科学院新疆考察队和黄土高原考察队，承担能源合理利用课题的研究。1990年后从事北京市及全国各大城市能源利用的研究。曾任中国能源研究学会副理事长和全国能源基础与管理标准化技术委员会副主任，国家能源部高级咨询专家和中国科学院能源研究委员会委员。

曾获中国科学院科学技术进步奖一等奖2项，北京市科学技术进步奖二等奖1项。享受国务院政府特殊津贴。

程　彤(1936～)

男，汉族，1936年9月出生于广东省中山县，九三学社成员，大学本科，研究员。

1961年北京农业大学毕业，分配到北京农业机械化学院任教。1963年借调到中国科学院综合考察委员会工作之后正式调入综考会。先后承担了中国科学院内蒙古宁夏综合考察队、贵州山地考察队、南方山区综合科学考察队、中国托木尔峰登山队等大中型综合科学考察队的资源考察及江西千烟洲生态站的定位研究任务。

曾担任托木尔峰登山队秘书和队委委员，南方山区考察队业务副分队长，中国科学院江西千烟洲生态站副站长、站长等职。在九三学社曾担任三届农林委员会副主任，并兼任三届北京九三学社农林委员会副主任、主任，九三学社中国科学院委员会委员兼第4支委主委，九三学社政策特约研究员，国家国土资源监察专员，及北京参政议政咨询委员等职。

研究成果曾获中国科学院科学技术进步奖一等奖1项，中共北京市委研究成果一等奖3项，获九三学社北京市委优秀社会工作者、优秀社员称号。获国家体委集体嘉奖1次。享受国务院政府特殊津贴。

程　鸿(1922～2004)

男，汉族，1922年1月出生，湖北天门市人，中共党员，大学本科，研究员。

1944年参加革命工作，1947年复旦大学毕业，在天门和武汉多所中学任教并从事党的地下工作，1949年武汉解放后任武汉市教职员联合会党组书记兼秘书长，1952年调中国科学院地理研究所，1966年调成都地理研究所，1983年调中国科学院自然资源综合考察委员会从事农业地理和资源经济研究工作，先后参加了中国科学院自然资源综合考察委员会组织的南水北调、西南地区、青藏高原、西南资源开发4个综合科学考察队的考察研究工作。曾任成都地理研究所副所长和代所长、《山地研究》主编、《自然资源》主编、《自然资源学报》主编、中国自然资源学会理事和常务理事兼资源经济专业委员会主任、中国科学院南水北调考察队学术秘书、中国科学院西南地区考察队川滇接壤地区分队队长、中国科学院西南资源开发考察队副队长等职。

获中国科学院科学技术进步奖二等奖、国家科学技术进步奖二等奖、国家自然科学奖一等奖以及中国科学院"竺可桢野外科学工作奖"。享受国务院政府特殊津贴。

董锁成(1962～)

男，汉族，甘肃平凉市人，1962年2月7日出生，中共党员，博士，研究员，博士生导师。

自1991年在中国科学院自然资源综合考察委员会工作。先后任中国科学院区域持续发展研究中心秘书长、综考会国情研究室主任；资源经济与发展研究中心副主任；区域生态经济研究与规划中心主任；旅游研究与规划设计中心副主任；中国生态经济学会常务理事兼区域生态经济专业委员会主任；中国自然资源学会常务理事兼资源经济专业委员会主任；联合国人居署专家顾问委员会委员；中国区域经济学会理事；中国区域科学协会理事兼区域可持续发展专业委员会副主任。

主持和参与主持完成科技部国家科技基础专项、国家科技攻关、国家自然科学基金重点项目、中国科学院和省部级重点研究项目、地方项目以及国际合作项目60多项。2000年作为业务副队长，参与组织了国家林业局和青海省政府组织的三江源综合科学考察。

培养博士和硕士研究生40多名。获国家"五个一工程"奖、中国科学院杰出成就奖、中国科学院科学技术进步奖二等奖、中国科学院院地合作(科技类)一等奖、环保部科学技术进步奖三等奖，以及联合国环境扎伊德奖等奖励。

蒋世逵(1940～)

男，汉族，1940年6月2日出生，广西桂林全州县人，中共党员，大学本科，研究员。

1963年毕业于广西农学院(现广西大学农学院)农业气象系，同年分配到中国科学院自然资源综合考察委员会，一直从事气候资源、农业资源和农业资源生态等方面的研究。先后参加中国科学院西南地区综合考察队、青藏高原综合科学考察队、南方山区综合科学考察队、黑龙江荒地资源考察队、西南地区资源开发考察队的考察与研究任务，以及广西西部贫困山区、吉林延边州、四川凉山州和西藏昌都等地区的经济发展规划和江西千烟洲试验站的定位研究。曾任青藏队昌都分队副分队长、南方队二分队副分队长，综考会学术委员会委员，中级和副高级职称评委，中国科学院江西千烟洲试验站副站长，研究室党支部副书记、副主任、主任等职。

曾获中国科学院科学技术进步奖一等奖(1991)。

谢高地(1962～)

男，汉族，1962年9月16日出生，甘肃省西和县人，中共党员，九三学社社员，博士，研究员，博士生导师。

1995年获德国吉森大学博士学位，1997年到中国科学院自然资源综合考察委员会从事资源生态研究工作，曾任资源生态研究中心主任。主要研究自然资源利用的生态风险和区域资源环境安全，现为自然资源与环境安全研究部主任。对农业资源高效利用、环境空间连续变异、生态系统服务功能、中国生态足迹进行了长期跟踪研究，先后主持承担了2项国家科技攻关课题"农业资源高效利用管理技术""可持续发展功能分区技术开发"和1项国家基础研究计划课题"泾河流域景观变化和水土资源优化配置"。

参加起草了"国家可持续发展纲要"，"国家十一五规划指导意见"，"国务院关于加强生态治理工作的意见"等国家重要文件。2000年被评为国家"九五"科技攻关先进个人，开发研制的"县域农业资源管理决策支持系统"被评为"九五"国家科技攻关优秀成果。

韩沉石(1919～2010)

男，汉族，1919年7月出生，陕西省长安县人。中共党员，老红军，正司局级离休干部。

1936年12月参加革命工作，1937年9月加入中国共产党，历任西安二中民先队宣传员、陕北公学和中央党校学员、中央社会部会计等。解放战争时期，历任中央社会部科员、秘书等。新中国成立后，历任军委情报部人事处副科长、科长，军委情报部干校班主任，军委联络部干校组教科科长，军委联络部管理处副处长，中国科学院总务处处长、院盐湖科学调查队副队长、中国科学院综合考察委员会机关党委专职副书记、综考会党委副书记。1970年4月调中国科学院自动化所工厂工作，曾任工厂党支部书记等。

韩裕丰(1934～)

男，汉族，1934年3月10日出生，辽宁大连人，中共党员，大学本科，研究员。

1959年由东北林业大学（原东北林学院）毕业分配到中国科学院综合考察委员会，从事森林生态及其资源合理开发利用与保护研究。先后参加并承担了中国科学院西部地区南水北调综合考察队、中国科学院西南地区综合考察队（贵州分队）、中国科学院青藏高原综合科学考察队（西藏地区和横断山地区）、中国科学院西南地区资源开发考察队的综合考察和研究任务。曾任生物资源研究室副主任、主任，林业资源生态研究室主任，中国科学院青藏高原横断山区、西藏"一江两河"地区综合科学考察队副队长，中国科学院西南地区资源开发考察队副队长。

主持完成了"西藏自治区一江两河中部流域地区资源开发与经济综合规划""西藏尼洋河流域资源开发与经济发展综合规划"等规划设计。被中国科学院评为先进个人(1978)和中国科学院技术协会授予全国先进科技工作者称号(1996)。1986年获中国科学院科学技术进步奖特等奖。1987年获国家自然科学奖一等奖、国家科学技术进步奖二等奖。享受国务院政府特殊津贴。

简焯坡（1916～2003）

男，汉族，1916 年 11 月 11 日生于日本长崎，祖籍广东省新会县，中共党员，大学本科，研究员，植物分类学家，我国综合科学考察事业早期开创人和组织者之一。

1933 年从日本回国，1941 年毕业于西南联合大学。1949 年 7 月加入中国共产党。同年 11 年到中国科学院植物分类研究所任助理研究员。不久即调入中国科学院研究计划局任代处长，调查研究室主任，生物地学组组长及院学术秘书处学术秘书等职。参与和领导建院初期各研究所的组建工作，1951 年由政务院文教委员会委托我院组建西藏工作队，该队实际上是新中国成立后的第一个科学综合考察队。从 1951～1959 年他在竺可桢副院长的直接领导下，筹建了多个综合考察队。1956 年中国科学院综合考察工作委员会成立后，他兼任办公室主任，协助竺可桢具体领导综考会工作，因此他是我国综合考察事业的开创者与策划人之一。1959 年科学出版社出版的《十年来的中国科学，综合考察(1949～1959)》一书中，由竺老和他执笔完成的"总论"中明确地提出了综合考察的性质、方向和任务。

1956 年，他还是中国科学院新疆综合考察五人筹备组成员之一。同年，他亲随新疆综合考察队赴新疆的阿勒泰玛纳斯地区参加植物组的野外考察。1958 年兼任新疆综合考察队副队长，具体领导了该队 1958 年第一时段吐鲁番地区的野外工作，并完成了野外工作阶段总结，写出了包括有七个专题的"新疆吐鲁番地区综合考察初步报告"(科学出版社)，被推荐为当年在北京的"中国科学院研究成果展览会"上的展出项目。

1959 年在京召开的"中国科学院综合考察工作会议"是我院综合考察工作发展的新起点，是一个承前启后具有战略意义的重要会议。他为此次会议倾注了全部精力进行策划筹备，并参与起草了该会议多份重要文件。在该会议的全部工作完成后，他才离开院部和综考会的领导工作岗位，返回植物研究所，继续进行他的专业研究工作。

他在综合考察工作中，始终十分重视新生研究力量的成长和年轻人的培养工作。1956 年综考会根据院部的决议，首次接收了一大批当年毕业的大学生，以满足各考察队对各类专业人员的需求。他根据新毕业的大学生不同专业的具体情况，分别指导和安排他们的学习工作计划，以及到相关研究所进修等，这给日后综合考察的发展产生了重要推动作用。

简焯坡虽于 1959 年离开院部和综考会的领导岗位，但他直到晚年，仍然一如既往地关心综合考察事业的发展和变化。

赖世登（1938～2007）

男，汉族，1938 年 3 月 2 日出生于广东省增城市，中共党员，大学本科，研究员。

1964 年毕业于中南林学院，同年分配到中国科学院综合考察委员会，1973 年调到中国科学院遗传研究所，1981 年又调回综考会。先后参加中国科学院甘肃河西荒地考察队、大兴安岭荒地队、西南队紫胶分队、青藏(横断山)队、新疆资源开发考察队、西南资源开发考察队，以及中国科学院承德科技扶贫等大中型考察队和研究项目，承担林业方面的考察研究任务。曾在云南中甸林区开展定位研究。1973～1982 年在遗传所从事农作物高光效遗传育种研究。协助李文华院士完成《中国农林复合经营》一书编写。参加樟树精油开发研究项目的研究工作。退休后还参加了国家发改委组织的贵州和北京市房山县生态造林项目实施的监理工作。

曾获内蒙古赤峰市扶贫项目科学技术进步奖二等奖。多次被评为综考会先进工作者。

廖国藩（1928～）

男，汉族，1928年8月5日出生，四川威远县人，中共党员，大学本科，研究员。

1956年毕业于兰州西北畜牧兽医学院，同年分配到中国科学院自然资源综合考察委员会，长期从事草地资源科学考察和草地资源定位研究工作。1956～1978年主要在我国北方草原牧区进行科学考察。先后参加中国科学院新疆综合考察队、内蒙宁夏综合考察队、甘肃祁连山考察队、青海玉树州"东畜西迁"考察队，以及参加中国科学院植物研究所在内蒙古镶黄旗干草原地区开展的土壤水分、温度与提高草地生产力的试验研究。1979～1996年主要在南方农区筹建组织南方草山草坡普查、定位研究和全国草地资源汇总工作。曾任综考会生物资源生态研究室副主任，农业部"七五"攻关项目"我国亚热带草山草坡种草养畜综合配套技术"课题负责人，"南方草场资源普查科技"负责人，并被巫溪县政府聘为科技顾问。

曾获中国科学院科学技术进步奖二等奖、国家农业部科学技术进步奖二等奖、国家科学技术进步奖三等奖。1984年获中国科学院"竺可桢野外科学工作奖"。享受国务院政府特殊津贴。

熊利亚（1943～）

女，汉族，1943年9月出生，江西奉新县人，九三学社成员，大学本科，研究员，博士生导师。

1965年毕业于江西大学，曾在南昌市等中学任教。1977年调综考会工作，长期从事遥感与地理信息系统应用研究。

先后承担国家多项重大科研任务，参加院"七五"重大项目"西南地区国土资源综合考察和发展战略研究"，担任"西南国土资源信息系统"课题负责人。参加国家"八五"攻关"遥感估产"课题，担任"大面积估产综合试验与试运行"专题负责人。近几年来主要成果反映在：数据与模型共享方法研究，灾害危险性评价、过程模拟与防治研究，资源生态环境研究，土地承载力及移民安置环境容量分析四个方面。先后主持和参加课题10余项，主持了5个信息系统实体建设，完成了系统应用软件的设计与开发和信息系统建设的理论、方法和关键技术的研究。

培养博士生多人，1986年获中国科学院科学技术进步奖三等奖；1996年获中国科学院科学技术进步奖一等奖；1997年获国家科学技术进步奖二等奖。享受国务院政府特殊津贴。

管正学（1943～）

男，汉族，1943年2月22日出生，山东省平邑县人，中共党员，硕士研究生学历，研究员。

1968年毕业于北京师范大学化学系，曾在黑龙江省从事教学工作，1988年调入中国科学院自然资源综合考察委员会，在林业生态室从事植物资源研究和开发利用工作。长期参加中国科学院努鲁尔虎山区科技扶贫项目研究，担任二级课题负责人。曾任科技扶贫与资源开发应用技术研究室副主任。先后完成山东金乡大蒜等多项农产品品质评价及其开发利用技术项目研究。申请国家发明专利并已获专利局授权 4 项（均为第一或第二发明人），获国家食药局保健食品批准文号 1 项。

曾获中国科学院"八五"科技扶贫先进个人一等奖（1996）和国家科委科技扶贫先进工作者称号（1997）。

谭福安（1949～）

男，汉族，1949 年 8 月出生于山东，中共党员，大学本科，高级工程师。

1977 年 2 月毕业于北京大学地质与地理系自然地理专业，同年分配到中国科学院自然资源综合考察委员会，长期在科学考察第一线工作，担任过中国科学院青藏高原综合考察队业务秘书、队办公室副主任，副队长，中国科学院西南地区资源开发科学考察队办公室主任，综考会业务处处长、主任助理、党委副书记、党委书记兼副主任等职。1999 年综考会与地理所整合后任中国科学院地理科学与资源研究所正局巡视员。之后调中国科学院微电子研究所任党委书记兼副所长。现任中国科学院遥感所党委书记。

1980 年度评为中国科学院先进集体成员，1983 年、1984 年连续两年被评为综考会先进工作者，1995 年获国家科学技术进步奖二等奖，2000 年被评为中国科学院京区优秀共产党员。享受中国科学院管理人员突出贡献津贴。

樊江文（1961～）

男，1961 年出生，甘肃陇西县人，博士学位，研究员，博士生导师。

1986 年于内蒙古农业大学硕士研究生毕业后分配到中国科学院自然资源综合考察委员会工作。主要从事草地生态学与生态系统管理的研究，重点研究领域包括草地生产力形成机制，草地生态系统稳定性调控管理，草地生态系统对全球变化的响应和适应等。1992～1993 年新西兰土地保护研究所（Landcare Research）访问学者，1998～2000 年英国南安普敦大学（Southampton University）访问学者。先后任草地畜牧生态研究室副主任、主任；中国科学院巫溪红池坝草地-畜牧生态系统试验站副站长、站长等职。

曾主持或参加国家攻关（支撑）项目课题、国家自然科学基金课题、国家"973"项目课题、中国科学院知识创新项目课题，以及联合国计划开发署（UNDP）项目、世界自然基金会（WWF）项目、中新合作项目、中英合作项目、中德合作项目等多项课题研究。参加选育牧草新品种 1 个。1991 年获中国科学院青年科学家奖。享受国务院政府特殊津贴。

霍明远（1949～）

男，汉族，1949 年 9 月 19 日出生于北京，祖籍为河北省三河县，中共党员，研究生学历，研究员，博士生导师。

1976 年长春地质学院综合找矿专业毕业，1976～1980 年在黑龙江省第二地质区测队任技术员。1982 年在中国科学院南海海洋研究所获理学硕士学位。1984 年调入中国科学院自然资源综合考察委员会，先后参加新疆资源综合考察队和"南方十省区资源考察与生产力布局"研究；主持中国科学院"八五"重点科技攻关项目和宁夏回族自治区重点软科学项目"宁夏北部工业区（石嘴山市）

经济综合发展战略研究";主持国家"九五"重点科技攻关项目专题"西藏地区油气资源综合评价";1997年参加中国科学院向党中央、国务院汇报提纲的编写工作,为五人执笔人之一。曾任综考会开发中心副主任、主任,1999~2006年任江苏省泰州市市长助理(挂职)。

1989年提出"金具有良导和绝缘双重物理性质"。1991年提出"地下水资源立体勘查模型"并在沂蒙贫困山区找水实践中应用,成果获中国科学院科学技术进步奖三等奖。享受国务院政府特殊津贴。

综考会外的参与早期科学考察的组织者和著名学者:

冯仲云(1908~1968) 东北抗日联军著名将领。1954~1968年任水利电力部副部长兼华东水科院院长。曾任中国科学院黑龙江综合考察队(1956~1960)、中国科学院西部地区南水北调考察队(1959~1961)和中国科学院西南地区综合考察队(1963~1966)队长。

刘东生(1917~2008) 地质学家,中国科学院院士,中国国家最高科学技术奖获得者。他致力于青藏高原隆起与东亚环境演化的研究,把青藏高原研究同黄土高原研究结合起来,把固体岩石圈的演化同地球表层圈的演化结合起来,开辟了地球科学新的研究领域。曾任中国科学院黄河中游水土保持综合考察队(1953~1958)副队长;中国科学院西藏考察队(1966~1968)队长;中国科学院新疆托木尔峰科考登山队(1977~1978)队长;中国科学院南迦巴瓦峰科考登山队(1982~1984)队长。

侯德封(1900~1991) 地质学家,中国科学院院士,曾任中国科学院地质所所长,中国科学院黑龙江综合考察队(1956~1960)地质矿产组的学术指导,中国科学院青甘地区综合考察队(1958~1960)队长,中国科学院蒙宁综合考察队(1961~1964)队长。

朱济凡(1912~1987) 林业专家。曾任中国科学院林业土壤研究所所长兼党委书记,南京林学院党委书记,中国科学院黑龙江流域综合科学考察队(1956~1960)副队长。

罗来兴(1916~1998) 地貌学家,中国黄土地貌研究奠基人之一。曾任中国科学院黄河中游水土保持综合考察队(1953~1958)副分队长和中国科学院南水北调队(1959~1961)分队长。

林 镕(1903~1981) 植物分类学家,中国科学院院士,曾任中国科学院植物研究所副所长,代所长,中国科学院生物学部副主任。曾任中国科学院黄河中游水土保持综合考察队(1953~1958)副队长。

熊 毅(1910~1985) 土壤学家,我国土壤胶体化学和土壤矿物学的奠基人,中国科学院院士。曾任中国科学院南京土壤研究所所长,中国科学院土壤调查队(1955~1960)队长。

席承藩(1915~2002) 土壤学家,中国科学院院士。长期致力于土壤地理和土壤资源调查研究,在土壤分类、调查制图、资源开发利用、区域综合治理及土壤普查等领域做出了重要贡献。曾任中国科学院土壤调查队(1955~1960)副队长、中国科学院南方山区综合科学考察队(1980~1990)队长。

刘崇乐(1901~1969) 昆虫学家,中国科学院院士。为我国昆虫学创始人之一。曾兼任中苏科学院云南紫胶工作队(1955~1957)队长和中国科学院云南热带生物资源综合考察队(1958~1970)队长。

吴征镒(1916~2013) 植物学家,中国科学院昆明植物所名誉所长,中国科学院院士,中国国家最高科学技术奖获得者。曾参加中苏科学院云南紫胶工作队(1955~1957)、中国科学院青藏高原综合科学考察队(1973~1980)的考察研究。曾任中国科学院云南热带生物资源综合考察队(1958~1970)副队长。

蔡希陶(1911~1981) 植物学家,先后在云南创建我国第一个生物研究所——云南农林植物研究所(中国科学院昆明植物研究所前身)和我国第一个热带植物研究基地——西双版纳热带植物园,曾任农林植物研究所副所长、研究员,西双版纳植物园第一任主任、云南热带植物研究所所长,中国科学院昆明植物研究所副所长、所长,中国科学院昆明分院副院长,兼任云南省科委副主任,是第五届全国政协委员。曾任中苏科学院云南紫胶工作队(1955~1957)副队长和中国科学院云南热带生物资源综合考察队(1958~1970)副队长。

吕 炯(1902~1985) 气象学家,我国现代气候学先驱者之一,农业气象学及海洋气候学的开拓者和奠基人之一。曾任中央气象局局长、中国科学院地理研究所气候室主任、世界气象组织常务理事。曾参加中国科学院黑龙江队(1956~1960)、中苏科学院云南紫胶工作队(1955~1957)和中国科学院云南热带生物资源综合考察队(1958～1970)的综合考察研究。

李连捷（1908～1992）　土壤学家，农业教育家，中国科学院院士。中国土壤学学科创始人之一。曾参加中国科学院黄河中游水土保持综合考察队（1953～1958）考察研究，曾任中国科学院新疆综合考察队（1956～1961）队长。

周立三（1910～1998）　经济地理学家，中国科学院院士。主要从事经济地理学，特别是农业地理、农业区划方面的研究。中国科学院地理研究所副所长，南京地理与湖泊研究所所长。曾任中国科学院新疆综合考察队（1956～1961）队长。

黄秉维（1913～2000）　地理学家，中国科学院地理研究所所长，中国科学院院士。是中国当代地理学研究的主要组织者和带头人。先后组织了水土保持、中国综合自然区划、热量与水平衡的大规模研究。曾任中国科学院治沙队（1959～1964）副队长。

郭敬辉（1916～1985）　水文地理学家。曾任中国科学院新疆综合考察队（1956～1961）水文组组长、中国科学院西部地区南水北调综合考察队（1959～1961）副队长、中国科学院西南考察队（1963～1966）副队长。

柳大纲（1904～1991）　物理化学、无机化学家，中国科学院化学研究所所长，中国科学院院士。曾任中国科学院盐湖科学调查队（1957～1963）队长。

张肇骞（1900～1972）　植物学家，中国科学院院士，中国科学院华南植物研究所所长。曾任中国科学院华南热带生物资源综合考察队（1957～1970）队长。

谷德振（1914～1982）　工程地质学家，构造地质学与地质力学家，我国工程地质学奠基人之一，中国科学院院士。曾任中国科学院青海甘肃综合考察队（1958～1960）引洮工程地质分队队长，中国科学院西部地区南水北调综合考察队（1959～1961）副队长兼工程地质分队队长。

邓叔群（1902～1970）　微生物学家，中国科学院院士。编写了我国最早的一部真菌学专著——《中国高等真菌》，为我国高等真菌研究奠定了基础。曾参加中国科学院黄河中游水土保持综合考察队（1953～1958），曾任中国科学院治沙队（1959～1964）队长。

刘慎谔（1897～1975）　植物分类学家，地植物学家和林学家，中国植物学科研究的开拓者和奠基人之一。中国科学院林业土壤研究所（现沈阳应用生态研究所）副所长，沈阳市副市长。曾任中国科学院治沙队（1959～1964）副队长。

施雅风（1919～2011）　地理学家，冰川学家，中国科学院院士，原中国科学院冰川冻土研究所所长，中国现代冰川科学的开拓者和奠基人之一。曾任中国科学院西藏综合科学考察队（1966～1968）副队长。

侯学煜（1912～1991）　我国植物学奠基人之一，中国科学院院士。曾任中国科学院治沙队（1959～1964）副队长。

赵松乔（1919～1995）　地理学家，我国沙漠与干旱区研究的开拓者。1959年参加中国科学院治沙队，组织对河西走廊西北部戈壁的考察研究；参加1963年治沙队乌兰布和沙漠工作组，并执笔撰写了相关报告。

李　博（1929～1998）　植物生态学家，中国科学院院士，我国草原生态学领域的开拓者。1958年起参加中国科学院治沙队，领导考察巴丹吉林沙漠和库布齐沙漠。主笔"中国西北和内蒙古沙漠地区的植被及其改造利用的初步意见"。

胡旭初（1921～2006）　生理学家，研究员，中国科学院上海生理研究所副所长。曾任中国科学院西藏综合科学考察队（1966～1968）副队长。领导和参与领导了1966年和1975年珠穆朗玛峰高山生理考察研究，为我国高空、高山环境低氧生理学研究的先驱之一。

陈剑飞（1914～1998）　新中国成立后，先后任黑龙江省计委主任、副省长、中共黑龙江省委书记。曾任中国科学院黑龙江流域综合考察队（1956～1960）副队长。

第九篇　大　事　记

1955 年

1955 年 1 月，中国科学院成立了以马溶之为队长、林镕为副队长的黄河中游水土保持综合考察队。

3 月，中国科学院在北京召开黄河中游水土保持工作座谈会两次，中国科学院副院长竺可桢主持和参加会议，讨论 1955 年工作计划。

3 月，苏联科学院通讯院士波波夫为首的 7 位苏联科学家抵达北京，就 1955 年中苏紫胶虫和紫胶合作研究工作计划纲要进行讨论协商。

4 月 16 日，中国科学院第 19 次院务常务会议决定：为了更好地组织领导我国综合科学考察工作，中国科学院拟成立"综合调查工作委员会"。

6 月 2 日，中国科学院院长郭沫若在学部成立大会上的报告中正式提出，中国科学院成立"综合考察工作委员会"，以适应全院日益繁重的综合考察任务。

7 月 21 日，郭沫若主持中国科学院第三十一次院务常务会议，决定成立"综合调查委员会"，领导综合性的资源调查研究工作，下设办公室办理日常事务。

8 月 25 日，竺可桢副院长听取黄河中游水土保持综合考察队队长汇报 1955 年考察工作。

10 月 10～18 日，竺可桢出席邓子恢副总理召集的三部（农业部、林业部、水利部）一院（中国科学院）负责人参加的全国水土保持工作会议。竺可桢在会上作了"加强普查和科学研究，继续进行重点规划，为完成巨大的水土保持而奋斗"的报告。报告认为，做好水土保持工作必须采取农、林、牧、水相结合的措施，进行全面规划。

11 月 15 日，在中国科学院报送国务院陈毅副总理"关于调整和改善科学院院部直属机构的请示报告"中，提出了拟"成立综合考察工作委员会，协助院长、院务会议统一领导此项综合考察工作"的建议。

11 月 29 日，苏联科学院副院长 И. П. 巴尔金院士写信给中国科学院院长郭沫若，建议由两国科学院共同进行黑龙江流域综合考察这一重大项目。

12 月 27 日，经国务院批准，中国科学院成立"综合考察工作委员会"。

1956 年

1956 年 1 月 1 日，中国科学院(55)院秘字第 3727 号文通知，成立"综合考察工作委员会"，协助院长、院务会议领导综合调查研究工作。

1 月 19 日，苏联科学院生产力研究委员会主席 В. С. 涅姆钦诺夫院士写信给中国科学院郭沫若院长。信中说，苏联科学院生产力研究委员会正在研究黑龙江水能及航运的发展前景。因为黑龙江在两国边界之上，所以希望知道中方对中苏两国科学院能否合作进行此项工作及其组织形式方面的意见。

1 月 28 日，中国科学院院长郭沫若致信 П. А. 巴拉诺夫通讯院士、В. В. 波波夫通讯院士，感谢苏联科学院决定继续和共同组织混合队承担"中国华南热带亚热带动植物资源综合调查"的研究任务。

1～6 月，国务院科学规划委员会领导制定"1956～1967 年十二年科学技术发展远景规划"，其中第 3 项为"西藏高原和康滇横断山区的综合考察及其开发方案的研究"；第 4 项为"新疆、青海、甘肃、内蒙古地区的综合考察及其开发方案的研究"；第 5 项为"我国热带地区特种生物资源的综合研究和开发"；以及第 6 项为"我国重要河流水利资源的综合考察和综合利用的研究"。在上列 4 项规划任务书中提出在全国应成立"自然资源综合考察委员会"，隶属国务院。同时成立西藏综合考察队，新、青、甘、内蒙古综合考察队以及云南生物资源考察队等。

2 月 9 日，中国科学院邀请国务院三办、七办、国家计委、水利部、农业部、电力部、交通部、水产管理总局、黑龙江省政府、长春地质学院及科学院所属有关各所开会，对组织开展黑龙江综合考察研究工作进行了讨论。

2月11日，中国科学院院务会议通过了2月9日会议提出的黑龙江综合考察工作意见，并把这项意见报国务院及有关部门。

4月3日，中国科学院第12次院务常务会议通过了中国科学院云南生物考察队工作计划。

4月17日，中国科学院第13次院务常务会议通过了在二季度内正式成立"中国科学院综合考察工作委员会"的决定。"综合考察工作委员会"应根据十二年规划的要求，首先提出1956年和1957年进行综合考察的工作计划。

4月30日，中国科学院院务会议讨论了"新疆综合考察的计划纲要(草案)"，提出并通过了修改原则，交付新疆考察筹备小组(五人小组：马溶之、李连捷、周立三、黄秉维、简焯坡)讨论，同时吸收有关专业主要研究人员的意见，进行修改补充。

5月15日，云南生物考察队1956年工作计划报送国务院二办、七办。报告中同意1956年继续扩大中苏两国科学合作，继续在云南进行考察工作，为此中苏共同成立云南生物考察队。中方队长刘崇乐，副队长吴征镒、蔡希陶、孙冀平;苏方队长波波夫。

5月22日，苏联科学院代表 Л. В. 普斯托瓦洛夫通讯院士(地质矿产)、В. В. 兹翁柯夫通讯院士(交通运输)、С. В. 克洛勃夫博士(水利水能)及苏联电站部代表 И. А. 特尔曼(水电)、М. В. 菲尔索夫(水电)5人到京，进行关于黑龙江考察工作的谈判。

5月29日，中苏双方谈判小组举行全体会议。苏方代表报告阿穆尔综合考察队在黑龙江流域过去工作的成果及今后工作计划。提出了关于黑龙江综合考察队的组织领导问题的初步意见。中方代表作了4项报告：①黑龙江右岸地质矿产一般情况(侯德封);②黑龙江干流支流的航运情况(高原);③黑龙江流域的自然条件和农、林、渔业情况(宋达泉);④松花江流域水能水利概况(王伊复)。分组讨论后，拟定协议草案文本初稿。

6月8日，中国科学院院务会议确定了修改后的"1956年新疆综合考察队工作计划纲要(草案)"。决定李连捷任队长，周立三任副队长，并希望新疆当地政府派出一人任副队长。

6月18日，竺可桢、张劲夫、冯仲云联名向李富春副总理写了关于中苏谈判结果的请示报告，并转报周恩来总理，请予批示。报告中关于组织机构问题，建议中方建立黑龙江流域综合研究委员会，竺可桢任主席，冯仲云、杨易辰(黑龙江省副省长)任副主席。在这个委员会的领导下，组建黑龙江流域综合考察队(简称黑龙江队)及其办事机构。冯仲云任考察队队长，朱济凡、陈剑飞任副队长;陈剑飞和霍波任经济组正副组长;宋达泉和伍献文分别任自然条件组正副组长;谢家泽任水利水能组组长;侯德封、俞建章分别任地质组正副组长;高原任交通运输组组长。同时建立联合学术委员会，由竺可桢、冯仲云、朱济凡、侯德封、俞建章、宋达泉、伍献文、高原、谢家泽、燕登甲、田忠、陈剑飞、王树棠13人担任中方的学术委员。黑龙江综合考察队办公室设在综考会，办公室主任赵锋，秘书华海峰。

6~10月，黑龙江流域综合考察队中方108人，苏方50余人开展野外考察工作。

7月6日，新疆综合考察队领导向自治区党委书记王恩茂汇报工作。

8月18日下午，"关于中华人民共和国和苏维埃社会主义共和国联盟共同进行调查黑龙江流域自然资源和生产力发展远景的科学研究工作及编制额尔古纳河和黑龙江上游综合利用规划的勘测设计工作的协定"的签字仪式，在中国科学院院部举行，竺可桢和柯洛罗夫分别代表中苏两国政府在协定上签字。

9月25日，中共中央政治局9月7日会议批准，竺可桢副院长兼任"中国科学院综合考察委员会"主任。

10月1日，中国科学院任命顾准为中国科学院综合考察委员会副主任。

10月9日，中国科学院第二十六次院务常务会议讨论了综合考察委员会提出成立土壤考察队的意见及该队1956年下半年工作计划。

11月10日，竺可桢听取黄河中游水土保持综合考察队队长马溶之、副队长陈道明汇报1956年考察工作。

11月15日，竺可桢主持会议，新疆综合考察队李连捷队长向院领导汇报1956年考察工作。并讨论了1957年的考察计划以及至1960年的后4年考察研究规划意见。

11月27日，顾准向竺可桢汇报综考会1957年工作计划。

1957 年

1957年1月1日，启用中国科学院综合考察委员会印章。

1月8～11日，黑龙江流域综合研究委员会在北京举行扩大会议。冯冲云作了1956年工作报告，提出1957年工作计划纲要。

1月25日，中国科学院第三次院务常务会议任命熊毅为中国科学院土壤考察队队长，席承藩为副队长，暂时挂靠在中国科学院南京土壤研究所。

1月25日至5月20日，中苏紫胶工作队继续在景洪地区进行紫胶研究，并扩大队伍赴云南南部地区进行综合调查。

1月30日，综考会副主任顾准就综考会办公室的性质、机构设置以及各队的行政干部安排问题，专门请示院党组并院务会议。

2月15日，在竺可桢领导下，苏联科学院林业研究所和植物研究所7位科学家和有关单位合作，赴海南岛进行科学考察工作，就热带生物资源开发利用中的有关问题以及选择试验观察的定点站和研究设站的工作方法问题进行重点考察。

2月16日，黄河中游水土保持综合考察队在北京召开1957年工作计划会议。同时在谢鑫鹤秘书长主持下，召开由水利部、农业部、北京设计院、土壤队领导参加的工作会议，座谈1957年在长江流域和银川河套平原土壤工作计划及其合作的协议。

3月10日，竺可桢、张劲夫、冯仲云给李富春、聂荣臻副总理并转周恩来总理的报告中，提出黑龙江流域研究委员会的组成人员：主任竺可桢，副主任冯仲云、王林、陈剑飞，委员宋瑛、李运昌、张林池、鲁突、谢鑫鹤。黑龙江流域综合考察队确定赴苏参加在莫斯科召开的黑龙江流域综合考察联合学术委员会第一次学术会议的人员名单：冯仲云、朱济凡等11人组成的代表团，于3月14日赴莫斯科。

3月15日，中国科学院发文通知：中国科学院综合考察委员会办公室是该会办理日常工作的机构，协助委员会主任、副主任同各考察队进行业务上的联系与组织工作，如各队出发前人员组织，经费的调配，野外期间工作联系，以及野外工作结束后有关总结、计划、学术报告等会议组织工作。综考会直接领导的考察队在行政上为一级的独立机构，有关经费器材、人事、总务等工作各考察队可直接和院各局联系解决。

3月18日，云南热带生物资源综合考察队领导及苏联专家前往云南南部及景东一带进行生物资源及紫胶虫放养的综合考察和研究工作。

3月18～27日，黑龙江流域综合考察联合学术委员会第一次学术会议在莫斯科苏联科学院院部举行，讨论了双方提出的学术报告30多篇，并讨论通过了1957年度共同工作的计划大纲。

4月1日，土壤考察队与长江办联合组成土壤总队前往长江流域进行土壤勘察工作。

5月4日，顾准向竺可桢汇报综考会今后5年计划。

5月15日，新疆综合考察队中方150人，苏联专家8人分别前往玛纳斯、伊犁河、额敏河、博尔塔拉河流域考察，部分苏联专家到库尔勒、库车和阿克苏一带考察。

5月16日，竺可桢提出"中国科学院综合考察委员会工作现状及丞待解决的问题"的报告中提出了两个方案请国务院审查批示。第一个方案是成立国务院直属的生产力研究委员会，承担三项任务：①组织全国各单位的科学家进行自然资源调查；②进行开发利用的综合研究；③组织新的研究机构与实验室。第二个方案是在中国科学院现行综合考察的基础上，由有关学部负责人及各队队长组成综合考察委员会，补充人员充实其机构，并在科学规划委员会中成立综合考察协调小组对各专业部门进行工作调整。

5月21日，中国科学院党组（张劲夫）通知顾准负责综考会黄河中游水土保持综合考察队、土壤队的整风运动。

5月，黄河中游水土保持综合考察队中方科研人员100人，苏联专家6人前往山西、陕西、甘肃各地进行水土保持普查及几个点的试验研究。

5～9月，黄河中游水土保持综合考察队在完成黄土高原地区各专业区划和综合区划的同时，组成洮河、汾河、洛河流域和固沙考察分队，分别对三门峡以上的汾河、无定河、泾河、洛河、渭河等流域的黄土高原地区以及刘家峡水库以上洮河流域进行考察研究。同时成立综合区划编写组。中苏两国于1957年合作进行黄河中游水土保持综合考察，苏联科学院派森林植物、地貌第四纪地质、水文、综合自然地理、固沙、土壤方面的科学家和专家各一人来华与中国科学家共同组成黄河中游水土保持综合考察中苏联合考察队，分2个分队进行路线调查。

6月16～18日，中国科学院第十三次院务常务会议听取并讨论了竺可桢关于综合考察工作的报告。报告指出：根据十二年科学发展规划，今后综合考察研究任务非常繁重，为了能按计划完成任务需要明确综合考察委员会的工作方向，需加强综合考察机构的组织。

6月30日，竺可桢与冯景兰、吴传钧乘民航机由北京飞抵哈尔滨参加黑龙江流域综合考察队野外工作。7月6日中午"长春轮"抵达黑河码头，B.C.涅姆钦诺夫院士等由布拉戈维申斯克(海兰泡)过江来到黑河，迎接中方考察人员去海兰泡。

7月16日竺可桢率中方8人和苏方8人乘飞机去共青城考察访问。18日到达符拉迪沃斯托克(海参崴)，并举行了联合考察阶段总结报告会与相应的学术交流活动。

7月21日联合考察组离海参崴，25日回到哈尔滨。

7月28日，竺可桢向黑龙江省政府报告了这次黑龙江综合考察工作情况；B.C.涅姆钦诺夫院士和Д.И.谢尔巴柯夫院士分别作了关于生产力配置和地质矿产资源合理利用的学术报告。

9月1日，新疆综合考察队野外考察结束后回京，李连捷队长及苏联专家向院领导汇报1957年工作，并讨论了1958年工作计划。

9月3日，综考会决定进行盐湖调查工作，1957年暂不邀请苏联科学家参加，由化学所负责与协作单位组织中国科学院盐湖科学调查队。

9月18日至11月19日，盐湖调查队组织了中国科学院化学研究所、食品工业部、盐务总局、化学工业部、地质部与北京地质学院等单位21名科技工作者，以柳大纲为队长，袁见齐、韩沉石为副队长的盐湖调查队，重点对柴达木盆地大柴旦湖、察尔汗湖、达布逊湖、尕斯库尔湖、昆特依湖与茫崖盐矿区进行了地质和化学调查。

10月1日，黄河中游水土保持综合考察队全队集中于太原，对3年来的考察工作进行总结。

10月3日，新疆综合考察队在乌鲁木齐向自治区人民政府领导人汇报1957年考察结果与1958年考察计划。

10月29日，中国科学院第十七次院务常务会议任命漆克昌为综考会副主任。

12月20～26日，黑龙江流域综合考察队派沈浩然、张兆瑾、吴传钧等9人赴莫斯科，参加室内总结工作。

12月24～26日，黑龙江流域综合研究委员会在北京进行1957年度工作总结会议。冯仲云队长作工作总结报告，并制定1958年工作计划。

12月31日，综考会向中国科学院提交1957～1958年综合考察情况及计划。至1957年底中国科学院已有7个考察队同时开展工作，即新疆综合考察队、盐湖调查队、黄河中游水土保持综合考察队、黑龙江流域综合考察队、红水河生物资源综合考察队、云南热带生物资源综合考察队和土壤队。

1957年，综考会在关于体制问题的几点意见中指出：综考会的任务范围：①应明确通过国家计委接受国家的任务，应做到由国家计委与中国科学院双重领导；②综考会的主要工作，是从国家远景计划出发，进行科学的综合考察，收集自然条件，自然资源，社会经济情况等资料，综合成自然区划，经济区划，包括农业(林牧)区划，并提出合理配置生产力的方案。首先进行必要的地区性的综合考察，派出的综合考察队应与当地计委密切配合进行工作。在积累各地区资料的基础上配合有关方面进行全国性的各种区划工作和全面的综合。综考会的委员会机构任务：①应迅速正式成立委员会，由本院地学、生物部，地理、地质、土壤、植物、经济各研究所和水利部、地质部、农垦部、中国农业科学院、国家计委（综合局）等单位与必要的个别人员参加；②综考会为了加强领导除兼职委员以外，应设专职委员。

1958 年

1958 年 1 月 24 日，云南热带生物资源综合考察队制定了 1958 年工作计划纲要。主要任务是调查研究和确定云南南部，西双版纳傣族自治州的自然条件的特点、相互作用规律及其对发展特种生物资源的优缺点，重点考察西双版纳境内昆洛公路两侧，东川易武、勐腊、勐鑫，西以勐笼，勐混、勐遮等地。

2 月 26 日，中国科学院成立青海甘肃综合考察队，队长侯德封，副队长马溶之、董杰、陈道明。

3 月 4～8 日，中苏黑龙江联合学术委员会第二次学术会议在北京举行。竺可桢副院长率领中方 12 人代表团，B. C. 涅姆钦诺夫院士率领苏方 10 人代表团参加会议。会上双方宣读了学术报告 34 篇，总结了两年的考察工作，并制定了 1958 年工作计划。

3 月 10 日，中宣部于光远邀请漆克昌、孙冶方、杨乐商谈科委综合考察组及综考会有关工作问题，并对综考会工作提出三点：①综合考察的业务方向应进一步明确科学研究工作为国家经济建设服务，赶上时间，为国家进行规划和生产配置及时地提出科学依据。因此，需要改变过去从学科一般考察入手和首先为完成区划和区系等图件而最后才提出全面综合资料的方法，直接从国家和地方需要来研究解决生产建设上的重大问题入手，及时提出资料或草案，其他图件和不紧急的可以逐渐完成，随着科学考察的深入而加以补充和修改。②综合考察要逐渐建立自己的队伍，先应有一部分重要学科的中级科学人员为骨干，其次要培养青年科学人员作为基础，特别是经济方面是综合考察的关键性部门，综合考察队必须要有这一方面的科学家参加，我院经济所的有关生产力配置方面的科学家应与综合考察工作密切配合。③综合考察与国家经济建设关系密切，而且直接为国家建设服务，因此综合考察委员会应由国家计委与科学院双重领导，由国家计委给予明确的任务按时完成。

3 月 24 日，国家计划委员会、中国科学院发综字 015 号文批准成立国家计划委员会与中国科学院共同领导的青甘地区综合考察队。

3 月 28 日，中国科学院批准云南生物考察队改名为"云南热带生物资源综合考察队"。

4 月 17 日，中国科学院任命刘崇乐为云南热带生物资源综合考察队队长，吴征镒、蔡希陶、李文亮为副队长。

5 月 19 日，竺可桢副院长与前来参加黄河中游水土保持队的苏联专家(5 人)和林镕、刘东生、楼桐茂讨论 1958 年工作实施计划。

5 月下旬，新疆综合考察队全队 108 人，苏联专家 9 人在乌鲁木齐集中，有队长周立三、副队长简焯坡、冯兆昆，行政副队长于强，苏联专家组组长 Э. M. 穆尔扎也夫。总队下设立 11 个专业组：地貌组、新构造组、水文地质组、水文组、土壤改良组、土壤组、植物组、动物组、昆虫组、农牧组、经济组。

5～9 月，青海甘肃综合考察队组织院内外有关研究所、大学和地方 156 名科技人员，分综合自然地理组、地貌与第四纪组、地质组、水文气象组、水文地质组、土壤组、森林植物组、农业组、畜牧组、水利组、经济组。队长侯德封和漆克昌率经济、地质组并陪同苏联二位地质专家对全区进行了概况考察；其余各专业组分别对河西地区的农牧业、土壤、水文和海北祁连山区的生物资源进行了调查研究，勘察了引洮工程地质条件。

6 月，黄河中游水土保持综合考察队选择陕北洛川的农民沟和陇中定西的小溪沟为典型，进行土壤侵蚀类型和土壤侵蚀规律研究，土地利用、坡面径流、土壤的特性及其与侵蚀的关系研究，黄土的分层和特性及其对水土流失的关系研究，农林牧水及田间工程等各种水土保持措施的研究(以苏联专家为主)。同时开展"三门峡水库输沙量和径流量问题"专题研究。

7 月 5 日，盐湖调查队组织了化学研究所、地质研究所、兰州地质室、兰州分院、地质部矿物原料研究所、青海海西地质队、青海632队、化工部天津化工研究院、上海化工研究院、轻工业部盐分总局、盐河勘探队、北京地质勘探学院、兰州大学、西北大学共55名科研人员，下分大柴旦、察尔汗、茫崖、西藏4个分队。

盐湖调查队8～12月在青海柴达木盆地考察，原苏联科学院普通及无机化学研究所利比西科夫教授，苏联化工部全苏盐类科学研究所的麦金斯金专家和京斯李道夫斯基教授参加了考察。继续对柴达木盆地盐湖资源进行考察和开发利用研究，重点对大柴旦湖区的硼矿和察尔汗盐湖的钾矿进行研究。此外对阿什图、克里克湖、马海、台吉乃尔湖、茫崖区尕斯库尔湖以及西藏班戈湖进行了调查。

7月上旬，黑龙江流域综合考察队队长冯仲云、林业部张克侠副部长到黑河考察工作。7月15日过江，在布拉戈维申斯克(海兰泡)与苏方考察人员集齐后开始考察工作。8月中旬返回到哈巴罗夫斯克(伯力)后，举行了联合考察总结学术报告会。

8月30日，国家体委致函中国科学院竺可桢副院长和裴丽生秘书长：中央已批准我委邀请苏联体育运动委员会派登山队与我国登山队共同组织中苏登山探险队，于1958年6月至1960年共同攀登珠穆朗玛峰计划。文中提出希望科学院在西藏的考察计划与这次活动结合起来，并具体参与组织领导，希望在这次建立的珠峰考察站的基础上建立永久性的科学考察站。1958年9月7日，裴丽生秘书长批示由综考会拟复。

8月25日至9月2日，竺可桢前往兰州，主持青、甘、内蒙古综合考察工作汇报会议。会后赴西宁和青海湖等地进行考察。

9月5日至10月2日，竺可桢视察检查新疆综合考察队的工作，并亲赴南北疆广大地区进行实地考察。部分苏联专家及考察队领导同志赴喀什、和田地区进行考察预察，以确定1959年的野外考察计划。

9～11月中旬，中国科学院总顾问，苏联科学院通讯院士 B.A. 柯夫达及苏联科学院土壤研究所副所长 B.B. 叶戈罗夫和土壤改良专家 И.K. 平斯柯依，在新疆维吾尔自治区阿克苏垦区的沙井子灌区和塔里木河的阿拉尔地区，建立了排水洗盐试验地，与生产建设兵团农一师合作进行排水洗盐试验。同时苏联专家 И.K. 平斯柯依在沙井子试验地举办了150人的土壤改良训练班。

9月15日，中国科学院为筹备中苏登山队的科学考察工作，讨论有关珠穆朗玛峰地区综合科学考察计划草案和组织安排事宜。

10月3日，中苏黑龙江流域综合考察队队长会议，在北京研究了1959年共同工作计划大纲草案和1960年完成考察工作的计划安排。

10月5日至10月底，新疆综合考察队在北京举办的"中国科学院科研成果展览会"上，展出了从1956～1957年度的新疆考察成果和1958年以吐鲁番地区为重点的考察成果。10月27日下午毛泽东主席参观了该展览会。

10月10日，竺可桢主持中国科学院召开综合考察委员会会议，讨论1959年工作计划。

10月23日，综考会就云南热带生物资源综合考察队1959年工作计划报云南分院。报告中提出1959年具体任务。

10月24日，中国科学院党组上报国家科学规划委员会并聂荣臻副总理的报告中提出，为贯彻"十二年国家科学发展规划"中提出的第三项"青藏高原和康滇横断山区的综合考察及开发方案研究"，中国科学院拟于1958年成立中国科学院西藏综合考察队。

10月28日，国务院农业办公室组织召开了西北六省(区)治沙会议。会议要求中国科学院成立治沙队，组织全国研究机构、高等院校以及生产部门开展沙漠基本情况的考察及有关治理措施的研究。

11月17日，科学规划委员会上报中央请求成立"中国科学院西藏综合考察队"，并确定考察队在1960～1962年首先在雅鲁藏布江流域、黑河、昌都等地区进行重点考察，摸清这些地区自然资源特点、经济发展需要和重点急需解决的关键问题，提出西藏重点考察地区主要资源综合开发利用及生产力发展和合理布局远景方案。

11月，云南热带生物资源综合考察队吴征镒副队长、李庆逵、任美锷教授陪同苏联植物、地貌、土壤、生物专家赴云南西双版纳进行热带森林生物资源的综合考察。同时，对热带植物园园址进行调查研究。

12月9日，中国科学院第十三次院务常务会议确定聘请竺可桢、漆克昌、裴丽生、谢鑫鹤、孙冶方、尹赞勋、童弟周、张子林、林镕、李秉枢、侯德封、马溶之、朱济凡、熊毅、于强、孙新民、简焯坡、陈道明、施雅风、马秀山 20 位为综合考察委员会委员，竺可桢副院长兼委员会主任，漆克昌任副主任。

12 月 23 日，云南热带生物资源综合考察队就"关于在西双版纳勐仑建立热带植物园"请示报告报送云南省省委和云南分院审批。

1959 年

1959 年 1 月 14 日，中国科学院决定将青海甘肃综合考察队下属的固沙分队分离，单独成立中国科学院治沙队。

1 月 15 日，竺可桢主持中国科学院综合考察委员会成立后的第一次会议。

1 月 21～24 日，黑龙江流域综合研究委员会召开扩大会议，出席会议的有竺可桢、冯仲云、朱济凡、漆克昌等 20 余人。会议总结了 1958 年工作，制定了 1959 年的工作计划，并批准了中方考察队将在第三次学术会议上提出的学术报告。

1 月，西藏综合考察队组织了由来自中国科学院有关研究所、北京大学、南京大学、中山大学、兰州大学、北京地质学院、地质部、电力部、林业部、国家测绘局、中央气象局等部门的 46 名科学工作者组成的珠穆朗玛峰登山科学考察队。

2 月 16～23 日，中国科学院和水利电力部在北京联合召开了"西部地区南水北调考察规划工作会议"。会议的中心任务是：动员各方面的力量，分工负责，进行西部地区南水北调考察勘探研究工作，为今后规划设计提供必要的资料。同时，讨论研究西部地区南水北调工作的考察规划问题和 1959 年工作安排。并明确了黄河水利委员会组织勘测队伍，承担引水河线的勘测规划工作。综考会组织科学队伍承担引水地区自然资源的综合考察及有关工程地质工作。

2 月 23～27 日，中国科学院第一次综合考察工作会议在远东饭店举行，竺可桢、裴丽生主持。综考会委员、各考察队负责人及少数专家、院内外部分有关协作单位代表等共 100 余人参加会议。竺可桢作"综合考察总结和今后的任务"的报告。

3 月 5 日，中国科学院院务会议任命邓叔群为治沙队队长，陈道明、黄秉维、侯学煜为副队长。

3 月 6 日，珠穆朗玛峰科学登山科学考察队第一批队员 26 人离开拉萨。3 月 16 日到达珠穆朗玛峰北坡的绒布寺；3 月 17 日至 5 月 17 日在绒布寺建立气象台站和水文站，并开始观测；3 月 22 日在东绒布河口建立第一个高山营地进行冰川观测。3 月 28 日在中绒布冰川上建立了第二号高山营地进行冰川观测。

3 月中旬，黑龙江流域综合考察队副队长朱济凡到达莫斯科，与苏方共同着手准备第三次学术会议的工作。听取了各专业组室内总结工作的汇报后，对各组的工作进行了具体的安排。

3 月，中国科学院西部地区南水北调综合考察队，制定了"中国西部南水北调引水地区综合考察计划"。对四川西部(原西康省)、青海东南部、甘肃南部以及云南西北部所包括的引水地区约 50 万 km² 进行综合考察，调查该地区的自然条件、自然资源与社会经济情况，为南水北调引水路线的选线、定线工作和工程布置提供有关的科学资料，为进一步制定地区经济远景综合开发提供必要的科学依据。

1959 年 3 月 8 日，治沙队组织了来自有关中国科学院研究所、大专院校、生产部门 1000 多名科技工作者在兰州集中，并出席向沙漠进军的誓师动员大会。会后考察队分为 19 个考察小分队对塔克拉玛干沙漠、准噶尔盆地沙漠、巴丹吉林沙漠、腾格里沙漠、浑善达克沙漠、乌兰布和沙漠、毛乌素沙漠(地)、库布齐沙漠、宁夏河东沙漠、西辽河沙漠进行了考察。同时在内蒙古磴口、陕西榆林、甘肃民勤、宁夏灵武、青海格尔木、新疆托克逊建立了综合试验站。

4 月 9 日，竺可桢在院所长会议上作我院的综合考察工作报告，并指出综合考察工作今后方向任务，强调综合考察应体现为国民经济建设服务的方针。

4 月 25 日，黑龙江流域综合考察队为参加第三次学术会议，陈剑飞、张文佑、孙瑛、苏林、燕登甲、黄嘉荫等抵达莫斯科。4 月 30 日，竺可桢、冯仲云、宋达泉、俞建章、丁锡祉等抵达莫斯科。

1959年5月5日，中国科学院第五次院务常务会议通过成立"中国科学院西部地区南水北调综合考察队"。任命冯仲云为队长，郭敬辉为副队长。

5月6日，中华人民共和国科学技术委员会批准成立科委综合考察组：组长：竺可桢，副组长：漆克昌、冯仲云、曹言行，组员：谢鑫鹤、许杰、杨显东、白敏、仲星帆、尹赞勋、林镕、侯德封、马溶之、朱济凡、黄秉维、简焯坡。

下设五个分组：

西藏分组：组长：朱济凡，副组长：冷冰，组员：张文佑、李璞、贾慎修、庄巧生、宋达泉、施雅风、白敏、司豁然、崔宗培、竺可桢，秘书：孙鸿烈。

西南分组：组长：郭敬辉，副组长：孙新民，组员：谷德振、丘宝剑、吴征镒、李文亮、成润、高松寒、漆克昌、尹赞勋、冯仲云，秘书：程鸿、李凯明。

西北分组：组长：马溶之，副组长：李应海，组员：周立三、周廷儒、文振旺、张有实、于强、吕克白、王勋、高铁英、赵心斋、林镕、侯德封、朱莲青，秘书：李文彦、黄自立。

治沙分组：组长：刘慎谔，副组长：陈道明，组员：黄秉维、侯学煜、侯仁之、李秉枢、赵济、李鸣岗、李孝芳、关君蔚、李宝兴、高尚武，秘书：刘英心。

海南分组：待定。

5月7～12日，中苏黑龙江流域联合学术委员会第三次学术会议在莫斯科苏联科学院院部举行。中苏双方提出了有关自然条件、地质、水利水能、运输、经济方面的论文近60篇。会议总结了过去3年来的考察工作，并讨论和批准了1959年共同工作计划及1960年总结工作大纲。竺可桢、冯仲云率中方代表团16人出席了会议。

5～8月，西部地区南水北调综合考察队组织了院内外有关研究所、大专院校科技工作者，包括工程地质、矿产地质、地貌、气候、水文、土壤、植物、森林、动物、水生生物、工业、农牧业、交通运输等专业320人，分设地质组、地貌组、气候水文水利组、生物资源组、经济组，开展野外考察。

5月，盐湖调查队组织了中国科学院化学研究所、兰州分院化学研究院、化工部上海化工研究院、华北化工设计研究分院、地质部矿物原料研究所、水文地质工程地质研究所、轻工业部塘沽制盐研究所、教育部北京地质学院、北京大学、兰州大学等10多单位参加并与地方协作，全体人员120人从5月开始陆续进入盆地。分大柴旦分队、察尔汗区分队、茫崖分队、西藏工作组（配合青海地区西藏班戈地质队进行工作）。6月，竺可桢赴磴口、沙坡头、灵武、头道湖试验站视察。

6月5日，中国科学院办公厅通知综考会，国家科委批准成立"中国科学院西部地区南水北调综合考察队"。

7月22日，新疆维吾尔自治区主席赛福鼎、副主席杨和亭等接见并宴请新疆考察队中苏专家，同时听取中苏专家关于开发新疆自然资源的实际问题与初步结论的报告。

7月22日至8月15日，珠穆朗玛峰登山科学考察队除气象水文站人员继续留原地观测外，全队对绒布寺一定日进行路线调查，8月12日结束野外工作，9月15日返京。

7月，国务院农林办李副主任、国家科委武衡副主任召集农业部副部长何其斗、林业部副部长惠中全、水利部副部长张含英、中国科学院副秘书长谢鑫鹤、综考会副主任漆克昌，听取了治沙队副队长陈道明"关于治沙队野外考察情况和综合试验站、中心试验站试验情况"的汇报。

8月25～27日，云南热带生物资源综合考察队在昆明召开会议，听取了省农垦局彭名州局长关于云南紫胶发展计划、任务和具体要求的报告；讨论了考察队的任务、力量组织和工作方法及今后工作安排。

10月10～12日，中国科学院党组就西藏综合考察队1960年准备进藏考察问题请示西藏工委。西藏工委提出考察队最好3月进藏，人员不要太多，考察地点一是藏北地区，二是雅鲁藏布江沿岸的主要农区。在藏北地区主要了解硼砂和煤矿资源情况；在农业区以考察水利资源为重点，对铬铁矿和稀有金属的分布储量亦可进行重点了解。

10月12～16日，黑龙江流域综合考察队中苏双方队长在哈尔滨审查了1959年自然条件、地质、水能、交通、经济各组共同工作考察的成果，并制定了1960年室内资料整理、编制综合报告和图件的共同工作计划。在"关于1960年共同工作计划的决议"中曾指出：联合学术委员会第四次会议应于1960年10月在北京召开。

10月15日，青海甘肃综合考察队侯德封队长与苏联专家米吉钦斯基座谈柴达木盆地盐湖现状。出席座谈的有考察队领导与专家以及参加柴达木盆地盐湖调查队的北京地质学院、地矿部矿物原料研究所、水文地质工程地质研究所和轻工业部有关单位人员。

11月17日，黑龙江流域综合考察队在哈尔滨举行了向黑龙江省、吉林省及内蒙古自治区党政领导的汇报会。会议由欧阳钦主持，冯仲云介绍了4年来考察队将考察研究范围扩大到内蒙古的昭乌达盟和哲里木盟，考察队副队长朱济凡、陈剑飞和各专业组组长，以及部分科考人员参加了会议。

11月29日，人民日报发表了竺可桢撰写的"综合考察是建设计划的计划"一文。

12月30日，竺可桢接见了参加珠穆朗玛峰登山科学考察队的全体队员。

1960 年

1960年2月6日，经中国科学院党组批示，同意综考会着手筹建综合经济研究室、农牧资源研究室、水利资源研究室、矿产资源研究室、自然条件生物资源研究室（9月调整机构并入农牧资源研究室），并聘请吴传钧、席承藩、郭敬辉、黎明、简焯坡同志分别为各研究室的兼职学术秘书，指导各研究室工作。

2月9日，漆克昌就《西藏珠穆朗玛峰地区科学考察报告》出版、标本处理和成果报道等问题请示院党组。3月18日，裴丽生秘书长批示"资料内部出版，可组织有关科学考察人员在一定范围内作报告"。

2月9～16日，治沙队第一次学术讲座会在北京召开，竺可桢出席会议致开幕辞，并在闭幕式上作总结报告，指出自然界是一个整体，必须全面地完整地去认识，在完成治沙任务的同时，发展治沙这门新的学科。

2月13日，黑龙江流域综合考察队向国家科委和中国科学院领导汇报4年来的工作成果及对今后工作计划安排的意见。会议由韩光主持。竺可桢、张劲夫、冯仲云、隋芸生、漆克昌、吕有佩、朱济凡、高原出席了会议。会上朱济凡、高原作了报告。

2月29日，中国科学院党组给中共中央宣传部发函，称因中国科学院综合考察委员会承担着国家十二年科学技术远景规划第三、四、五、六项的综合考察任务，要在有关10多个省区的广大地区进行综合考察工作。通过考察，对上述地区的各种资源的开发和利用提出方案，供国家制定远景计划时参考。要完成这样的任务，综合考察人员中除由自然科学有关学科的研究人员参加外，还必须有一定数量的技术、经济和工程技术人员参加。但目前我院各个综合考察队的成员，多为自然科学方面的专业，经济学专业十分缺乏，必须有一定数量的技术、经济专业人员。

3月2～8日，中国科学院、水利电力部在北京联合召开了西部地区南水北调第二次科学技术工作会议。会议中心任务是讨论1959年考察勘测和研究工作的成果，并布置1960年工作和有关部门分工协作问题。会上水利电力部副部长冯仲云致开幕词，竺可桢副院长在会上讲了话。郭敬辉队长作了1959年综合考察报告。

3月20日，中苏双方黑龙江流域综合考察队在莫斯科举行交通运输、森林及地植物制图会议。中方朱济凡、高原、孙新民等12人出席了会议。在交通运输会议上，中方考察队交通运输组组长高原发言时指出，从远景发展考虑，需要由黑龙江引水。对此问题，苏方考察队交通运输组组长 B. B. 兹翁柯夫当即表示遗憾。随后，中苏双方各自起草一份"中苏黑龙江流域综合考察队关于讨论由中方提出从黑龙江引水问题专业会议的决议"，但没有获得一致意见，双方没有共同签字。

4月9日，中国科学院党组电告西藏工委我院已组成西藏综合考察队。定于4月15日从北京出发，5月1日抵达拉萨，进行初步考察。

4月2～8日，黑龙江综合考察江副队长朱济凡、考察队办公室主任孙新民和苏联科学院阿穆尔综合考察队队长 C. B. 克洛勃夫、副队长 Л. A. 柯列茨卡娅在莫斯科举行会议，审议了编写黑龙江流域综合考察共同工作的总学术报告及各专题学术报告的计划大纲，并确定共同考察的专题学术报告完成期限。还审议了中苏黑龙江问题联合学术委员会第四次会议的计划草案。

4月，综考会由文津街 3 号搬到东城区沙滩松公府夹道办公。

5月5日，西藏工委藏发(60)字 035 号文件，对西藏综合考察队在西藏考察期间关于考察队归口问题做出了确定：考察队日常工作归筹委会文教处口，党内外业务归工委宣传部和计划委员会，支部工作归宣传部，有关生活问题由办公厅行政处负责。

5月6日，中国科学院党组批准，综考会成立临时党委：漆克昌任书记，于强任副书记，委员：赵星三、李应海、韩沉石、孙新民、石湘君。

5月18~19日，中苏双方黑龙江流域综合考察队在北京召开自然条件及自然资源地图集编图会议，竺可桢、朱济凡、宋达泉、孙鸿烈及苏方 C. E. 萨尔尼柯夫等出席会议。

6月8日，启用"中国科学院院综合考察委员会党委会印章"。

6月27日，综考会成立秘书人事科，夏静轩任科长；行政科，华海峰任科长；计划科，李龙云任科长；图书资料室，徐宝风任副主任。

7月8日，竺可桢副院长、冯仲云副队长给国家科委报告，请示有关 10 月份举行黑龙江流域综合考察第四次学术会议的有关问题。副主任韩光、武衡分别作了批示，赞同报告中所提的四条意见，其基本精神是学术会议要开好；不谈引水问题；地图双方考察队各画各的；会议只谈学术问题不谈具体开发意见。

1960 年 7 月，苏联政府单方面作出决定，召回全部在华工作的苏联专家。B. C. 涅姆钦诺夫与竺可桢互致函件商定第四次学术会议延期召开。

9月2日，竺可桢副院长和朱济凡副队长向国家科委、国家计委和中国科学院领导汇报黑龙江流域综合考察成果。

9月11日，新疆综合考察队周立三队长在乌鲁木齐队部给于强副队长写信，提出要有始有终完成新疆综合考察全部室内研究与总结的意见，并向院领导与综考会建议要吸取以往西藏工作队与黄河中游水土保持考察队的经验教训，即野外工作结束，就解散队伍与撤销机构所带来的损失与不良后果，并提出了对新疆队今后工作全面安排的意见。

9月下旬，于强在赴乌鲁木齐前，向裴丽生副院长就新疆综合考察队的工作及有关总结和新疆队如何结束问题，进行汇报请示，以便到乌鲁木齐后向自治区党委、政府和新疆分院及考察队内部交待这些问题。

9月，综考会根据工作任务的需要和遵照裴丽生、郁文副秘书长的指示精神，对处理会、队关系问题、机构编制问题进行讨论，认为由于我会虽系相当学部，但又与学部不完全相同，我会不仅与考察队是业务指导关系，而且成立党(团)委，并对各项工作进行督促检查。因此我会除建立相似学部性质的行政领导机构外，还需建立研究机构和业务辅助机构，将考察队的业务人员和业务辅助管理人员在会内统一编制；分配在各室集中使用，野外考察期间派出参加各队工作，考察工作以外时间在室内进行工作学习。此外，为了加强对各考察队的行政工作人员的组织和管理，野外工作结束后集中起来进行学习和工作。因此，拟成立考察行政管理处(由编制在队的人员组成，不另设编制)，各队不挂队的牌子。综考会机构编制方案：研究机构根据院党组批示建综合经济研究室、水利资源研究室、矿产资源研究室、农林牧资源研究室 4 个研究室(将自然条件、生物资源研究室并入农、林、牧资源研究室)。业务辅助机构，拟成立分析室、资料测绘室，集中各队这两方面的人员，编制在会，统一使用，精减后为 32 人。

9月，综考会精减机构方案出台，9 个考察队(西部地区南水北调队、青甘队、西藏队、新疆队、黑龙江队、盐湖调查队、治沙队、云南热带生物资源队、华南队)人员共计 763 人，精简下放 314 人，其中精减 116 人，下放 198 人，会保留南水北调队、青甘队、西藏队 3 个综合考察队。

10月6~7日，新疆综合考察队召开专业组长与干事的特别会议，专门讨论生产建议性总结与学术总结及专著编写等问题。漆克昌出席了会议，并提出了在总结中要"摸清资源，提出方案"的要求。根据当时黑龙江队总结的情况，提出了总结中要贯彻"政治挂帅、经济为纲、科学论证"的综合考察方法论。周立三队长提出了"关于新疆远景发展设想"的编写提纲。

12月15～20日，在乌鲁木齐天山大厦召开了"中国科学院新疆综合考察队工作总结暨学术会议"，出席与列席人员共350余人。在全体大会上，周立三队长报告了"新疆农业自然资源开发利用及农业合理布局的远景设想"。自治区党委书记王恩茂和自治区科委副主任努斯热提在大会上讲话，对新疆队的工作给予了高度评价，认为"中国科学院新疆综合考察队的工作，在新疆发展的历史上留下了辉煌的一页，对新疆今后国民经济建设做出了很大的贡献。尤其是在农林牧业方面，在今后制定生产规划时，有了更为充分的科学依据"。

12月18～23日，青甘地区生产力配置科学研究会议在青海省西宁市召开。会议中心问题是讨论青甘地区自然资源的充分开发利用与工农业全面的合理布局和生产力发展远景，国家计委、科委、地质部、石油部、煤炭部、冶金部、化工部、水利电力部、铁道部、农垦部及青海、甘肃二省计委和有关厅局及青甘队、盐湖调查队、西北地区南水北调队等46个单位，89名代表出席了会议。综考会副主任漆克昌在大会上致开幕辞，青甘队侯德封队长作青甘地区生产力发展远景设想的总报告，同时考察队提出专业、专题报告10余件。青海省副省长孙君一在闭幕式讲话。

9～10月，中国科学院成立内蒙古宁夏综合考察队。考察队由我院和内蒙古自治区人民政府、宁夏回族自治区人民政府共同负责领导，日常工作由综考会负责。并任命侯德封同志任队长，马溶之、李应海、刘福祥、巴图、李国林同志任副队长。

1961 年

1961年2月1日，综考会职工总人数230人。其中：办公室27人，业务辅助机构105人，研究室98人。

2月1～7日，中国科学院召开了华南热带生物资源开发利用工作座谈会，竺可桢主持会议并致开幕辞和作会议总结报告。

2月22日，云南热带生物资源综合考察队制定了1961年工作总结计划。要求对几年来考察成果，特别是以热带植物资源综合开发为中心进行了全面系统地总结，为最后编制中国南方三省区热带植物资源开发方案，向中央汇报。

3月24日，国家科委复函中国科学院，关于中苏黑龙江流域综合考察的最后一次学术会议的召开问题，总理于3月13日批示。这次会议如科学院准备工作能来得及，可安排在今年上半年举行，如有困难可推迟一些。

3月，内蒙古宁夏综合考察队在呼和浩特市召开了计划会议，会议确定了考察的总任务：要求在三年内（1961～1963年）通过对自然资源、自然条件的考察，结合社会经济情况的调查研究，提出内蒙古、宁夏地区资源充分开发与工农业远景布局设想。

4月18日，国家科委任命竺可桢为国家科委综合考察组组长。

7月15日，中国科学院第六次院常务会议通过任命漆克昌兼任中国科学院地学部副主任。

8月12日，综考会就"关于中国科学院云南热带生物资源综合考察队今后工作"报中国科学院裴丽生副院长并院党组。报告中指出云南队与华南队共同完成科委热带资源组编制的南方6省（区）热带生物资源开发利用方案报告任务是可能做到的；关于云南队今后工作提出两种方案：一是将该队人员交给研究机构继续进行热带生物资源研究；二是将该队与南水北调队合并组成西南综合考察队。以上两种意见我们认为第二种意见为好。

10月24日，西藏自治区领导及有关部门负责人，听取了西藏综合考察队1961年考察的工作汇报。参加汇报的有队长冷冰，副队长司黯然，业务秘书孙鸿烈以及专题负责人。张国华认为报告很好，并提出搞清楚西藏问题要有一定的时间，特别是资源方面。有关增产的意见，农业部门要专门研究一下，把去年和今年的考察成果都归纳起来，对干部增加知识都有好处。

5～10月,西部地区南水北调综合考察队480人对滇西、川西地区进行考察。全队11个专业组:工程地质、区域地质、地貌、地震、水文水能、气候、植物、土壤、动物及水生物、森林、经济组。林业组重点考察了甘孜、阿坝州约28万 km² 森林和森林土壤。

11月,华南、云南热带生物资源考察队在广州召开了工作会议,会议决定编写全国南方6省总的方案及6省各专业区划,并进行了分工:中国科学院土壤所负责西南三省热带亚热带地区土壤区划及其评价;中国科学院地理所负责热带亚热带地区气候区划及其评价;南京大学地理系负责西南三省热带、亚热带地区地貌区划及其评价;中山大学地质地理系负责西南三省热带亚热带地区综合自然地理区划及其评价;中国科学院华南植物所负责审核西南三省热带亚热带地区植被区划及其评价。

1962 年

1962年1月1日,综考会就成立中国科学院西南地区综合考察队报中国科学院,建议将西部地区南水北调队和云南热带生物资源考察队合并。

1月27日,中国科学院第一次院务常务会议讨论通过,并经国家科委批准同意将原西部地区南水北调队与云南热带生物资源考察队合并为中国科学院西南地区综合考察队。

3月11日,聂荣臻副总理批准黑龙江流域综合考察联合学术委员会第四次学术会议于4月上旬在北京召开。并指示黑龙江考察队,应根据坚持原则、坚持团结、多做工作的精神把会议开好。在整个会议期间要认真按照协定办事。

3月15日,综考会邀请张文佑、涂光炽、马溶之、文振旺、侯学煜、吴征镒、施雅风、张有实、赵人龙、庄巧生、贾慎修、郑直、王战、郑作新、寿振黄、张春霖、沈嘉瑞兼任中国科学院西藏综合考察队学术指导。

4月2日,西藏综合考察队接西藏工委电报指示:由于我区正值精简,物资供应也较困难,我们意见今年不要来藏,故出发到成都和宝鸡的考察队队员回到北京。

4月3～5日,参加黑龙江流域综合考察第四次学术会议的苏方代表团成员7人分两批到达北京。中方有冯仲云、朱济凡、漆克昌等20余人到车站(机场)欢迎,中苏双方科学家互相问候,气氛十分热烈友好。

4月5日,下午中苏研究黑龙江流域生产力问题联合学术委员会第四次(终结)会议在北京国际俱乐部礼堂举行开幕式。参加会议的有150余人。开幕式上首先由竺可桢团长和 П. В. 瓦西里耶夫团长分别致辞。冯仲云队长作了"1956～1960年中苏合作黑龙江流域综合考察总结报告",С. В. 克洛勃夫队长作了"1956～1960年黑龙江流域共同科学考察工作的主要成果"的报告。6日至7日,分组进行8个专题性的学术报告会。中方代表团成员竺可桢(团长)、冯仲云(副团长)、朱济凡(副团长)、漆克昌、俞建章、燕登甲、张文佑、谢家泽、丁锡祉、吴传钧、鲁祖周、易伯鲁、简焯坡、孙新民等出席会议。

4月16日晚,苏联驻华大使契尔沃年科举行招待会,宴请中苏黑龙江流域综合考察联合学术委员会第四次学术会议代表。外交部副部长黄镇和竺可桢、冯仲云、朱济凡率中方代表团成员出席。

4月17日上午,在院部第三会议室举行中苏黑龙江考察联合学术委员会第四次学术会议的闭幕式,下午周恩来总理在人民大会堂安徽厅接见了苏联代表团成员和苏联驻华大使,以及中方代表团成员。

4月18日,国家科委发文,任命竺可桢为国家科委综合考察组组长,漆克昌、吕克白为副组长。

5月5日,竺可桢听取了西藏综合考察队副队长司龢然,业务秘书孙鸿烈关于西藏综合考察队依据西藏工委指示暂不进藏,转入室内总结的汇报后,竺可桢作了重要指示:希望你们总结写出几篇东西,举行学术报告会和展览会;总结工作字数不在多,但要精,要把成果印出来让人家看。

5～8月,国家科委各学科组和专业组(包括综合考察组)在友谊宾馆集中讨论和编制国家科学技术十年发展规划。其间综合考察组多次召开全体成员和分组(西南、西北、西藏)会议,讨论综合考察方向问题和1963～1972年的综合考察重点项目和主要任务;其中竺可桢主持会议三次以上,并与多位组员以及科委有关领导交换意见;漆克昌负责会议组织与文件编制工作。最后形成1962年12月由科委和中国科学院共同发布的卷号为39,编号为1857的1963～1972年科学技术发展规划(草案):综合考察。

5~9月，内蒙古宁夏综合考察队组织了28个有关单位20个专业近100人，对内蒙古东三盟地区进行了考察，并对宁夏进行了补点考察。

6月1日，综考会制定出"中国科学院综合考察委员会科学技术资料保密暂时行规定、中国科学院综合考察委员会器材管理工作暂行制度、中国科学院综合考察委员会成果审查处理工作暂时行办法（草案）、综合考察组织管理暂行办法和野外考察工作条例"。

6月24日，西藏综合考察队学术指导人会议在综考会召开。会议由竺可桢副院长主持。出席会议的有庄巧生、施雅风、寿振黄、沈嘉瑞、郑作新、郑直、赵人龙以及西藏队领导和在京的各专业负责人。竺可桢说："西藏这块地方是祖国的一部分，但我们对西藏的认识还不如天文学家对月亮的认识多。不久要做十年规划，追赶世界先进水平，如果我们有一个地方像北极、南极一样，在十年内还弄不清楚就不像话了。用十年搞清楚，困难是有的，……而我们不管是从科学、民族、经济、国防各方面都要求对西藏进行考察，目前研究还只是二万里长征第一步"。

10月22~26日，治沙队讨论机构体制改组问题，竺可桢认真听取群众意见，并与院、所有关领导人多次商讨。次年3月，院决定治沙队由呼和浩特迁京，归属地理所领导。

12月17~23日，中共中央西南局科学技术委员会与综考会在成都召开了"西南地区综合考察汇报会议"，会议由中共中央西南局科委副主任马识途主持，综考会漆克昌致开幕辞，7位科学家在大会上作报告，马识途副主任致闭幕辞。中央有关部委和三省有关厅局、设计院及有关科研高等院校等55个单位70余人出席了会议。

1963 年

1月5日，冷冰、孙鸿烈向竺可桢汇报西藏综合考察队有关考察总结问题。

1月23日，中国科学院院务第一次常务会会议任命冯仲云为西南地区综合科学考察队队长，郭敬辉、孙新民、李文亮为副队长。

1月23日，中国科学院常委第一次会议任命李应海、刘福祥为内蒙古、宁夏综合考察队副队长，冷冰为西藏综合考察队副队长，赵锋任西南地区综合考察队办公室副主任，张长胜任西藏综合考察队办公室副主任。

1月29日，中国科学院任命石湘君为农牧研究室副主任。

2~4月，研究室进行"三定"工作，以明确研究室的方向任务、研究题目和人员的组成与培养途径。

2月12~26日，国家科委在友谊宾馆召开全国农业科技工作会议，科委各有关专业组的部分成员与会，其中包括漆克昌、朱济凡等。综考会为配合该会的召开，在宾馆主办了综考会农业研究成果展览，展出了黑龙江流域、新疆、青甘、蒙宁、西藏、华南、云南热带生物资源、西部地区南水北调、黄河中游水土保持、治沙等考察队在农业资源及其开发利用方面的研究成果。党和国家领导人彭真、谭震林、聂荣臻，中国科学院院长郭沫若，副院长张劲夫、裴丽生、竺可桢，秘书长杜润生，副秘书长秦力生、谢鑫鹤以及有关部委、高等院校等约5000人参观了展览。郭沫若院长还为展览题了词。

2月下旬至3月下旬，漆克昌、朱济凡鉴于在全国农业科技工作会议期间所了解到的情况，两次召集部分与会的有关专家及非农业的专家座谈我国自然资源开发利用中存在的问题，并向国家科委副主任范长江和中共中央办公厅石山同志作了口头汇报。据此，漆克昌、朱济凡在李文彦协助下，共同起草了"关于自然资源破坏情况及今后加强合理利用与保护的意见"，由竺可桢领衔的24位科学家联署，作为全国农业科技工作会议的附件，由国家科委在4月初上报党中央和国务院。

7月31日至8月14日，西藏综合考察队召开总结学术会议。尹赞勋、王大纯、李连捷、侯德封、张文佑、涂光炽、黄汲清、崔克信、袁复礼、杨遵仪等学术指导参加了会议。

4~10月，西南地区综合科学考察队组织了中国科学院有关研究所、三省厅局及其所属生产科研单位及大专院校，包括自然地理、气候、地貌、土壤、植物、动物、林业、农学、畜牧、农业经济、经济地理、水文、水利、矿产、冶金、煤炭、化工、动力交通学等 200 多名科技工作者，重点考察四川达县、贵州遵义地区和成渝、川黔、滇黔等铁路沿线地区。

5月20日，中国科学院下达综考会1963年人员指标为290人，在245人的基础上增加45人。

8月17日，西南地区综合科学考察队学术委员会成立。主任马溶之、冯仲云、马识途、张冲，副主任郭敬辉、熊宇忠、朱济凡、侯学煜、周立三，委员10人。

10月，内蒙古宁夏综合考察队在呼和浩特召开了内蒙古地区阶段性成果汇报会，内蒙古自治区副主席哈丰阿出席了会议。蒙宁队在会上宣读了1962年考察研究主要成果。

12月6日，国家体委登山处祝捷同志到综考会向漆克昌汇报了关于经国家批准国家体委拟于1964年4～5月攀登西藏希夏邦马峰的决定和打算，并转达了国家体委希望在综考会的主持下组织一支科学考察队的建议。

12月12日，综考会报请竺可桢副院长，我会拟组织15人的希夏邦马峰科学考察队于1964年1月中旬出发，3月开始野外工作，6月结束回京。竺可桢对此事极为重视，要求尽快着手就准备有关登山地区国内外资料，特别是准备地形图，以便座谈时讨论。

12月21日，国家体委在综考会召开了"关于希夏邦马峰进行科学考察问题"的座谈会。会议由漆克昌副主任主持，中国科学院有关研究所、各委有关研究所、测绘局、气象局等有关部门领导出席了会议。中国科学院地理所黄秉维、李秉枢，植物所秦仁昌、侯学煜也出席了会议。会上漆克昌同志传达了竺副院长的指示。出席会议的同志一致表示积极合作，决定成立西藏希夏邦马峰登山科学考察队。科考队在行政上由登山队领导，业务上由综考会负责，同时决定成立由冰川、水文、测绘、土壤、动物、地质等专业15人组成，拟于1月13日在北京集中，18日左右进藏。

1964 年

1964年1月5日，综考会就配合国家攀登希夏邦马峰组织科学考察有关的队伍组织规模、专业配置、经费和考察范围向院党组和国家体委进行了请示。

1月1～6日，综考会提出关于综考会方向、任务和体制问题的整改方案（试行），漆克昌副主任在全体人员会议上阐述综考会方向、任务和体制整改方案。

1月14日，国家体委党组对希夏邦马峰科学考察队的工作条件、考察活动时间等问题正式通告综考会。考察时间2个月，考察范围只在大本营驻地周围（约10km范围），并希望有冰川、地貌、地质方面人员参加。

1月21日，漆克昌副主任报请谢鑫鹤副秘书长并院党组，文称依据国家体委的意见，鉴于希夏邦马峰科学考察学科单纯，科学院拟不出面组织这一考察工作，参加单位可直接与国家体委登山队联系。谢副秘书长批示同意。

1月23日，中国科学院任命张润通为综考会办公室主任，免去王遵伋办公室副主任职务。

2月1日，综考会确定了各研究室的方向：①农林牧资源研究室，方向是考察研究农业自然条件，自然资源的分布、特点、数量、质量评价，以及合理利用的方向与途径；②水利资源研究室，方向是评价水利资源及其开发条件，并论证水利资源开发利用的合理途径；③矿产资源研究室，方向是考察研究矿产资源的数量、质量与分布特点，评价其地质储量远景与开发利用条件评价与保护；④综合经济研究室，方向是在以上各室对自然资源考察研究的基础上，从充分利用资源满足经济发展需要出发，综合研究工、农、运输业的发展方向与生产力布局；⑤综合动能研究室，方向是研究燃料动力方面基本的技术经济问题。

2月20日，内蒙古宁夏综合考察队在银川举行成果汇报会。会上汇报了"宁夏回族自治区矿产资源开发与工业交通发展远景设想""宁夏回族自治区农业自然资源评价与生产布局远景设想"以及几个专题报告。自治区领导肯定了研究成果的重要意义。

3月10日，中国科学院院长郭沫若任命冷冰为综考会业务处处长。

3月10日，中国科学院任命夏静轩为办公室副主任，冷冰兼任业务处处长，赵锋为副处长，刘福祥为行政处处长，王嘉胜、张长胜为副处长。李文彦为学术秘书，周作侠为矿产室副主任。

3月26日，林业部杨子争副司长在思茅主持召开了紫胶考察座谈会议，云南省林业厅、景东、思茅、保山等有关同志及综考会庄承藻、赵维城、凌锡求等18人出席了座谈会；就紫胶考察队伍组织，1964年考察工作安排听取了大家意见。

4月3日，漆克昌当选为中华体育总会登山运动协会委员。

4月，综考会由东城区沙滩搬迁至朝阳区大屯路九一七大楼办公。

5月3日，按照院年初关于开展"比学赶帮"运动的部署，当日综考会举行评比表扬大会，竺可桢到会讲话。李文彦、黄自立、孙鸿烈、韩炳森、刘杰汉、王树棠被评为先进工作者。继而在全院先进工作经验交流会议中，王树棠被评为院先进工作者之一。

6月9日，综考会负责承担和主持国家重点科学技术项目第二十三项"燃料动力资源的勘探、开发与利用的研究"的第一项任务"我国燃料动能的区划和平衡的研究"。

6月16日，国家科委综合考察专业组扩大会议在北京举行。在十年规划中原规定西南、西北、西藏三项考察任务，西南自1963～1970年，西北自1965～1971年，西藏自1963～1972年，基本上是齐头并进。根据国家的需要，拟在1963～1967年提前完成西南地区的考察研究任务；内蒙古地区综合考察系原十二年规划任务之一，拟再用三年(1964～1966年)时间进行全面总结。1966年开始准备，并于1967年全面转入西北地区综合考察，拟在1972年完成任务。西藏高原综合考察，由于地方条件有困难，争取1972年如期完成。

7月2日，中国科学院任命黄志杰为综考会综合动能研究室副主任。

9月6日，内蒙古宁夏综合考察队在呼和浩特召开成果汇报会，会上汇报了"包头钢铁基地发展远景及有关问题初步研究"等7个方面的研究成果，内蒙古自治区认为这些成果对自治区将来作区域规划、长远建设规划都有重要的参考价值。

10月，西南地区综合考察队依据中央加速建设西南后方基地建设的精神，对西南地区考察工作作了进一步调整，制定了"1965～1966年综合考察计划纲要"。基本任务是为西南战略后方的核心——川滇接壤地区的工业布局和四川盆地的粮食增产途径提供科学依据。主要研究：①川滇接壤地区工业布局和农业发展潜力；②四川盆地粮食增产潜力与途径；③贵州山地农业综合发展方向与布局；④西南重点地区紫胶适生范围与发展潜力。

10月，综考会第一批参加"四清"人员50人赴四川省三台县。

11月23日，综考会提出建议：尽快进行酒钢炼焦煤基地专题研究，并在1965～1966年先组织联合调查组进行考察工作，为国家建设提供科学依据。

1965 年

1965年1月6日，西南地区水利水能资源开发利用问题座谈会在北京科学会堂召开。会议由漆克昌副主任主持，冯仲云部长、张冲副省长等25人参加。冯仲云提出：一要组织一个由科学家和领导参加的队伍先去西南考察；二要定一个工作计划；三要考察回来召集会议论证西南水能利用的方针。

1月31日，国家科委任命综考组成员名单：组长竺可桢，副组长漆克昌，组员：冯仲云、白敏、谢鑫鹤、马识途、董杰、尹赞勋、林镕、李秉枢、侯德封、张子林、朱莲青、王勋、高铁英、朱济凡、马溶之、郭敬辉、李应海、孙新民、冷冰、谷德振、施雅风、李廷栋22人，秘书李文彦、张莉萍。

3月16日，中国科学院任命李友林为综考会办公室主任。

3月22日，中国科学院下达综考会1965年人员编制数326人。

5月10日，综考会科学技术档案工作暂行规定实施。

7月10日至10月10日，以李文彦为组长的西北炼焦煤基地考察组对新疆、青海、甘肃重点矿区进行综合科学考察，10 月中旬至 11 月底进行室内总结。

7 月，综考会成立了以黄自立为队长，戴文焕、韩炳森为副队长的河西荒地考察队。

7 月，经国家批准，国家体委决定 1967 年再次攀登珠穆朗玛峰，要求中国科学院组织相应的科学考察。同时，国家科委也要求大规模地开展青藏高原科学考察，作为第三个五年计划期间"赶、超"任务之一。综考会在各单位大力协同下承担珠穆朗玛峰地区科学考察任务，于 1966～1967 年内配合国家体委登山队活动为主，适当结合国家科委十年科学发展规划和西藏地方建设需要，进行珠穆朗玛峰地区科学考察。从 1968 年起按国家科委十年规划要求，全面开展青藏高原科学考察。

7 月，综考会第二批参加"四清"人员赴甘肃省酒泉银达公社。

9 月 1～2 日，中国科学院在中关村生物楼会议室召开了"珠穆朗玛峰地区科学考察"工作会议。会议由综考会副主任马溶之主持，竺可桢致开幕辞，他指出，在西藏自治区成立之际，西藏大规模经济建设即将开始，科学考察必须相应地开展。珠穆朗玛峰地区科学考察是青藏高原科学考察一个重要组成部分。青藏高原的考察不但直接为国防和国民经济建设服务，而且对地学、生物学等自然科学的发展将有很大的促进作用，同时还将为西藏科学事业奠定初步基础。施雅风代表筹备组简单介绍了珠峰地区科学考察计划。

9 月 23 日，综考会就珠穆朗玛峰科学考察有关问题和珠穆朗玛地区科学考察计划，报请中国科学院党组审批。报告建议考察队名称为："中国科学院西藏综合考察队（后改称为中国科学院西藏综合科学考察队）"，建议刘东生任队长，施雅风、胡旭初任副队长，冷冰为副队长兼党委书记，李龙云为办公室主任。青藏高原考察及需要解决的有关问题，报请国家科委、聂副总理并报总理。

9 月 24 日，经中国科学院 1965 年第四次院务常务会议批准，任命马溶之、李应海为综考会副主任。

9 月 24 日，中国科学院 1965 年第四次院务常务会议任命刘东生为中国科学院西藏综合科学考察队队长，冷冰、施雅风、胡旭初为副队长。

11 月 8 日，聂荣臻副总理批示"同意科学院关于珠穆朗玛峰科学考察报告"，所需汽车，请与物资部商办。

11 月 10 日，综考会制定出"关于综合考察工作组织管理暂行办法"。

11 月 11 日，经批准西藏综合科学考察队成立了珠穆朗玛峰地区科学考察学术委员会：主任：马溶之，委员：方俊、乐森璕、叶笃正、刘东生、刘祚周、张文佑、陈世骧、陈永龄、陈述彭、赵金科、胡旭初、顾功叙、程裕祺、施雅风、钟补求、高由禧、黄秉维 18 人，学术秘书：刘东生。

11 月 13 日，聂荣臻副总理秘书甘子玉代批转韩光主任和张劲夫副院长，此件已向聂副总理汇报，需解决的越野汽车、仪表可由科学院和物资部商量，考察人员生活补助请财政部按登山队员标准发。

11 月 19 日，西藏综合科学考察队在综考会召开了"珠穆朗玛峰科学考察"专题组负责人会议。会议由副队长冷冰主持，并汇报了筹备组工作情况，刘东生队长对各专题制定落实计划提出了具体要求，队伍规模 100 人，其中业务人员 86 人。

12 月 17 日，中国科学院增补马溶之、李文亮、李友林 3 位同志为综考会领导小组成员。

1966 年

1966 年 1 月 7 日，综考会就珠穆朗玛峰地区科学考察筹备工作报中国科学院常务会议，这次考察分珠穆朗玛峰地区和林芝、昌都地区。在珠穆朗玛峰地区以"喜马拉雅山脉的上升及其与青藏高原自然环境和人类活动的关系"为中心课题。

2 月 1 日，中共中国科学院委员会批准综合考察委员会党委由漆克昌、李应海、马溶之、韩沉石、孙新民、冷冰、李友林等 8 人组成。

2 月 16 日，西藏综合科学考察队第三、四、五专题组第一批 40 人经青藏线进藏考察，于 28 日到达拉萨，后抵至珠穆朗玛峰地区开展野外科学考察工作。

2 月 13 日，中共中国科学院政治部批准西藏综合科学考察队党委由冷冰、施雅风、胡旭初、李龙云、钱燕文 5 人组成,冷冰任党委书记。

3 月 6 日,西藏综合科学考察队在中国科学院古脊椎动物与古人类研究所召开了第二批进藏人员(第一、二专题组)誓师大会。大会由队长刘东生主持。第二批进藏人员离京在兰州集中,3 月 15 日沿青藏线进藏考察。

3~4 月,综考会第三批参加"四清"人员赴甘肃武威。

4 月 4 日,中共中国科学院西南地区综合科学考察队委员会由李文亮、郭敬辉、王颜和、孙鸿烈等 5 人组成,李文亮任党委书记。

4 月 5~9 日,马溶之率 11 人赴呼和浩特向内蒙古自治区党委、人委及有关部门汇报,提交"内蒙古自治区资源开发利用及农业发展意见"及 13 篇报告。

4 月 14 日,西北地区综合考察队由中国科学院与西北局计委双重领导。西北局计委提出考察研究任务和主要课题;考察所需资料及组织协作由计委做出原则安排;每年的阶段研究成果向计委(及有关部门)汇报,由计委提出审查鉴定意见。中国科学院根据国家科委和西北局计委提出的任务课题,在野外工作期间,西北队由中国科学院西北分院领导和解决工作中的有关问题,经常性的业务组织与行政工作,由综考会负责。

4 月 16 日,综考会任命 5 个研究室负责人:综合经济研究室副主任李文彦;农林牧资源研究室副主任黄自立;水利资源研究室主任张有实;矿产资源研究室副主任周作侠;综合动能研究室副主任黄志杰。

4 月 24~30 日,竺可桢前往四川成都听取四川省对西南地区综合考察队的意见,听取西南考察队主要考察成果汇报并检查工作。4 月 24 日,竺可桢邀见了中共中央西南局计委副主任连柏生,征询计委对西南综合考察队的汇报和意见。4 月 30 日,竺可桢副院长邀见了四川省委领导,征询对西南综合考察队工作的意见。同日西南局计委副主任熊宇忠、连柏生拜会了竺可桢,就西南队今后工作提出了意见,希望在农业方面结合地方建设规划要求就农业区划,工业方面结合厂矿搞一些新技术方面的关键性问题的科研工作。

5 月 4 日,中国科学院就关于组织西北地区综合考察队致函国家科学技术委员会,文中称我院综考会内蒙古宁夏综合考察队已完成任务,为了加强西北三线的综合考察工作,同时在中国科学院内蒙古宁夏综合考察队的基础上,组成"中国科学院西北地区综合考察队",拟撤销中国科学院内蒙古宁夏综合考察队。

5 月 8 日,综考会向院上报成果"西藏超基性岩及铬铁矿考察报告"。

5 月 13 日,中国科学院西北地区综合考察队成立。

6 月 6 日,中国科学院院务常委会议通过侯德封兼任中国科学院西北地区综合考察队队长,王振寰、刘福祥任副队长。

6 月 22 日,中共中国科学院党委任命李应海为综考会党委副书记。

11 月 29 日,中共西藏 101 指挥部来电呈综考会转西藏综合科学考察队,提出了在西藏东部地区考察工业、农业两个方面共 13 项具体任务。

1966 年,综考会祁连山考察队对甘肃省中西部肃南裕固族自治县草场资源进行了考察。

1967 年

1967 年 4 月 20 日,中国科学院支援三线建设座谈会在西安召开。

7 月 11 日,综考会由空军代管的 3 架直升机无价拨给空军。

10 月 11 日,综考会部分人员出席国家科委召开的甘南任务座谈会。

10 月 16~17 日,中国科学院在北京召开珠穆朗玛峰地区综合科学考察总结工作会议。19 个单位 43 名科学工作者出席了会议。出席会议的人员一致认为珠穆朗玛峰地区科学考察成果关系到西藏地区建设和国防,应进行总结,参加单位应给予重视,保证参加考察人员总结工作。

12 月 12~28 日,中国科学院在北京召开了珠穆朗玛峰地区综合科学考察第二次总结工作会议,讨论制定 1968 年工作计划和今后西藏科学考察工作,决定成立总结工作勤务组,下设办公室。

1968 年

1968 年 1 月 3 日，西藏综合科学考察队报请中国科学院并聂副总理，就有关珠峰的测绘和高山太阳辐射等补点考察进行请示。

2 月 5～8 日，中国科学院在北京召开了"1968 年珠峰补点工作会议"。出席会议的有国家测绘局一分局、国家测绘局科学研究所、新华社摄影部、中国科学院兰州冰川冻土沙漠所、天文台、地理研究所、综合考察委员会。会议传达了聂副总理指示："补点我赞成，要搞就搞好，搞彻底"。会议确定了 1968 年补点考察的任务和参加考察人员。

3 月 1 日，根据西北局建委要求综考会成立了陕西考察队，对陇南地区进行考察研究，中心任务是：对该地区工业发展条件进行评价与提出初步意见。全队 55 人，实行军事编组，由兰州军区、西北局建委直接指挥，综考会有 32 位业务人员参加考察。

3 月 19 日，中国科学院发出了关于西藏综合科学考察队集中总结的通知。一专题在中国科学院地质研究所；二、三、四专题在中国科学院动物所；五专题测绘在西安；另一部分在中国科学院地理所地图室进行总结，时间约 2 个月。

3 月 26 日，珠穆朗玛峰科学考察补点队在西藏军区一所举行了誓师大会。西藏军区王亢副司令员、汪参谋长等出席了大会；珠峰科考队勤务组与各专业组等在会上表了决心。

1969 年

1969 年 2 月 4 日，中国科学院革命委员会批复综考会整党建党领导小组由何希吾、李友林、杨绪山、孙永顺、支路川 5 人组成。

4 月，综考会第一批人员下放到中国科学院湖北潜江"五七干校"劳动。

5 月，综考会第二批人员下放到中国科学院湖北潜江"五七干校"劳动。

6 月 12 日，综考会留京人员组成四个连队。

9 月，综考会第三批人员下放到中国科学院湖北潜江"五七干校"劳动。

1970 年

1970 年 4 月 7 日，综考会陕西考察队在陕西省 703、705 等铁路沿线进行工业场址建设条件综合考察。全队 28 人，有地质、地貌、水文地质与工程地质、水文、水工、农业、动能、测绘、煤碳工业、交通、经济等专业。

7 月 15 日，中国科学院(70)科学第 21 号文通知，国务院批准我院"关于国家科委、中国科学院现有科研单位体制调整的请示报告"。同意撤销综考会等 5 个单位。

1970 年，综考会海南荒地考察队对青海省海南藏族自治州宜农荒地资源进行了考察。

1970 年，综考会青海玉树考察队对青海省玉树藏族自治州草场资源进行了考察。

1971 年

1971 年 5 月，综考会第四批人员(除老弱病残外)下放到中国科学院湖北潜江"五七干校"劳动。

7 月，综考会成立在京留守组，负责处理综考会在京有关具体事务，负责人徐振山。

1972 年

1972 年 4 月 13 日，中国科学院决定中国科学院综合考察委员会从"五七干校"返京的大部分人员，重新分配到中国科学院地理研究所、地质研究所、遗传研究所、植物研究所、石家庄农业现代化所等研究所，以及京内外非中科院所属单位。原综考会房产以及仪器设备、办公家具、图书资料等并入地理所。

7 月，中国科学院为召开"珠穆朗玛峰地区学术讨论会和为制定青藏高原 1973～1980 年综合科学考察规划"做准备，在中国科学院地理所成立了以冷冰、孙鸿烈为首的筹备组，制定考察规划初稿并于 9 月发送各有关单位征求意见。

9 月 24 日，中国科学院副院长竺可桢同志就青藏高原综合科学考察计划（草案）有关问题回信冷冰，指出"计划还是很全面的，不过实行起来一定会有修改的地方，因为其范围太广泛了，最重要的是参加的各研究单位必须把青藏高原考察作为重要项目列入本单位计划中，固定参加人员，历年不变，不仅作为训练青年同志一个考察队而已"。

10 月 24～29 日，中国科学院在兰州召开珠穆朗玛峰科学考察学术报告会。会议围绕着珠穆朗玛峰地区的地质地理特征、生物区系和高山生理等进行学术交流。其间讨论制定了"中国科学院青藏高原 1973～1980 年综合科学考察规划"，其中心问题是"阐述高原地质发展的历史及上升的原因，分析高原隆起后对自然环境和人类活动的影响，研究自然条件与资源特点及其利用改造的方向和途径"。

10 月，中国科学院青藏高原综合科学科考队（简称青藏队）成立，队长冷冰，副队长孙鸿烈、王振寰，业务秘书温景春。

1973 年

1973 年 1 月 16 日，刘东生、冷冰、孙鸿烈向竺可桢副院长汇报关于珠穆朗玛峰地区科学考察报告出版工作。

4 月 2～8 日，青藏队在北京九一七大楼召开了青藏高原综合科学考察第一次工作会议，重点是讨论制定了 1973 年考察计划。西藏自治区计委主任杨光出席会议。

5 月 24 日，青藏队依据"青藏高原 1973～1980 年综合科学考察规划"要求，组织 75 名科技工作者由成都出发经川藏线进藏，于 6～9 月在察隅、波密地区考察。

9～11 月，青藏队为了摸清雅鲁藏布江下游段水利资源情况，水利组在何希吾带领下首次进入雅鲁藏布江下游大峡谷地区，完成了墨脱—希让、墨脱—扎曲段科学考察活动。

1974 年

1974 年 2 月 7 日，中国科学院原副院长综考会主任竺可桢在北京病逝，享年 84 岁。

5～6 月，青藏队水利组在关志华的带领下，对雅鲁藏布江大峡谷米林县的派—白马狗熊段进行了科学探险考察。

5 月 30 日至 6 月 8 日，青藏队在四川省成都集中，制定 1974 年考察计划。6～10 月重点对西藏高原的主要农业区拉萨、山南和日喀则地区的一部分开展了地质、地貌、冰川、气象、地热、自然地理、生物、林业、畜牧、草场、水利等方面进行了综合科学考察，全队 134 人，由有关研究所、大专院校、生产部门等 33 个单位、33 个专业组成，下设 12 个组。

6 月 9 日，青藏队因在通麦遭遇泥石流大塌方，历经 27 天才抵达拉萨。

12 月 14 日，中国科学院核心小组会议决定恢复综考会：①机构名称为"中国科学院自然资源综合考察组"。②综考组的主要任务是：根据中央的统一计划，组织、协调自然资源（农、林、牧、水等）的综合考察。并指出筹建新机构，要切实贯彻"精兵简政、精减机构"的原则，综考组暂定编制不超过160人。③人员来源，原综考会合到地理研究所的人员原则上回到综考组工作，但不采取"一刀切"的办法。④综考组的经费从1975年起单列。⑤考察组的筹备领导班子由院尽快调配。⑥原综考会的工交、动能两部分工作，待与有关部门商定后加以解决。

12月18~23日，中国科学院在保定召开了青藏考察工作会议。出席会议的有27个协作单位主管业务的负责人与考察队队长何希吾，副队长孙鸿烈、王振寰和专题组的组长，共64人。中国科学院有关负责人邓述慧、过兴先和西藏科委负责人邓福卿，西藏地质局负责人刘少达出席了会议并讲了话。会议听取了青藏队的工作汇报和科学院地质所组织考察工作的经验介绍。会上对"青藏高原1973~1980年综合科学考察规划"（草案）加以适当的调整充实。强调考察工作要进一步加强自然资源的调查，有重点地深入研究国民经济建设中的一些重要问题（如农林牧业综合发展的方向与途径，水能、地热资源的开发利用，主要交通沿线泥石流的调查与防治等）。

1975 年

1975年2月17日，中国科学院通知，自即日启用"中国科学院自然资源综合考察组印章"。

2月6日，中国科学院以[75]科发一字054号文转发了"中国科学院青藏考察工作会议纪要"。文中指出，对青藏高原的考察在巩固国防、发展国民经济、增进民族团结和赶超世界先进科学水平方面都具有重要意义。同时，指出考察工作要在自治区党委领导下，尽量地争取地方科技人员、贫下中农（牧）参加，虚心向他们学习，并注意培养兄弟民族技术干部。科学考察要尽量结合工农业生产和国防建设的需要，努力完成当地提出的有关任务，为地方多做工作。

2月7日，国家计委节约办根据余秋里、谷牧两位副总理和袁宝华副主任对加强我国动能科学研究的批示精神，并根据当前的迫切需要，希望科学院动能组今后继续进行我国能源合理利用和综合利用问题的科学研究。

2月20日，中国科学院自然资源综合考察组筹备领导小组呈报"关于综考组机构设置的请示报告"。建议：综考组机关设为三处一室（政治处、业务处、行政处、办公室）。

3月20日，中国科学院批准综考组下设办公室、政治处、行政处、业务处。

3月28日，综考组向院报"关于综考组与地理研究所分所问题的报告"。

4月5日，中国科学院党的核心领导小组决定：何希吾、李友林、孙鸿烈、支路川、刘向九、冷冰等七人组成中共中国科学院自然资源综合考察组临时领导小组，何希吾任组长，刘向九、李友林任副组长。

4月9日，地理所与综考组协商决定两单位正式分开办公。4月9日，中国科学院政治部拟同意青藏队成立党总支，何希吾任书记，孙鸿烈、王振寰、刘玉凯任副书记。

4月14日，中国科学院关于动能组的体制、方向、任务的批示意见：一、根据计委领导同志"动能研究、十分重要、亟待加强"的批示精神，动能组仍予保留，继续开展动能的科学研究工作。二、关于动能组的体制问题，设在中国科学院综考组为宜。三、关于动能研究组的方向，应广泛发动组内群众认真讨论，提出初步方案，经所、院审核后报计委再审定。四、动能组将主要承担计委清仓节约办交予的研究任务。五、目前组的人员中，确有不适于本组工作的，可做适当调整和调动。

4月18日至5月5日，青藏队在成都集中，交流1973~1974年考察成果，制定1975年考察计划。全队250人，来自45个单位，分40个专业。下设20个组。

1975年6月20日，党和国家领导人邓小平、华国峰、李先念接见了珠穆朗玛峰科学考察队分队和中国登山队队员并同大家合影留念。

6月，经院党委核心小组批准，同意综考组增加17名职工名额。

7月15日，胡耀邦来综考组视察和调研，了解综考组的方向、任务，并与综考组领导小组成员和各处室党支部书记、研究室负责人进行了座谈。

7月28日，综考组向中国科学院呈报"关于要求加强自然资源综合考察组领导和研究力量的报告"，"关于进一步加强自然资源研究工作和几点问题的意见的报告"。

7月，综考组研究讨论提出"自然资源综考组1976～1985年综合考察发展规划"（讨论稿）。

8月11日，综考组向中国科学院、国家计委报送"关于1976～1985年能源合理利用和综合利用科学技术发展规划征求意见和落实协调的请示报告"。

8月14日，综考组向中国科学院领导呈报"关于能源研究问题的报告"。

9月5日，根据内蒙古科委与伊克昭盟的要求成立的伊克昭盟考察组在伊盟东胜召开了计划会议。参加会议的有：自治区水利勘察设计院、药检所、内蒙古师范学院、内蒙古大学，伊盟农业局、畜牧局、水利局，中国科学院兰州沙漠研究所。会议认为考察重点放在乌审旗。

9月11日，综考组向中国科学院党的核心小组申报"关于组织海南岛综合考察队的报告"。

9月19日，综考组向中国科学院党的核心小组报送"关于自然资源综合考察组名称和我组补报国家计委问题的报告"。

10月15日，胡耀邦与综考组的领导成员和党支部书记谈话。

11月6日，综考组向中国科学院党的核心小组呈报"关于成立太阳能应用研究室的报告"。

12月12日，综考组制定出有关请假制度的规定。

12月17日，综考组向院核心领导小组呈报"关于出版《自然资源》杂志的报告"。

1976 年

1976年1月，综考组与贵州省科委共同商讨成立中国科学院贵州省山区资源综合利用调查研究队。依据计划要求，考察以贵州山地资源综合利用为中心。

2月25日，自然资源综合考察组领导小组扩大会议讨论决定：将航判组、分析室、制图室、暗室合并成立技术室。

2月，综考组拟出"关于加强自然资源综合考察研究工作的几个问题"的决定。

3月2～8日，在贵州省科委的主持下，就"贵州省山地自然资源综合开发利用考察研究工作的初步意见"，向省科委、农业局进行了汇报。3月16日，贵州省委常委会讨论该报告，并作了批示。

3月24日，中共青藏队总支确定成立昌都分队、阿里分队、那曲分队、藏北分队党支部。

4月17～26日，青藏队在四川省成都集中，45个单位、50个专业、330人出席了会议。会上交流了1975年科考成果，讨论制定1976年考察计划和各分队的具体行动计划。

5月20日，综考组向中国科学院申报"关于申请订TQ-16型电子计算机"的报告。

5月23日，青藏队召开珠穆朗玛峰科学考察交流会，有139名科技工作者出席了会议。会议由原青藏队队长冷冰同志主持，中国科学院党的核心小组党文林，中国登山队党委书记兼政委王富洲等出席了会议。25日就珠峰北坡地区地质构造特征、大气环流特征、环境本底值、高山生理等方面进行了成果交流。

5月26日，综考组党的临时领导小组决定郎一环任中国科学院托木尔峰登山科学考察队队长，苏珍、陈福明任副队长。

6月13日，综考会党的临时领导小组研究决定成立贵州山地考察队，那文俊任队长，赵训经任党支部书记。

6月17日，经中央军委批准，青藏队"世界屋脊"电影组、画报和有关专业组在中国人民解放军空军和中国民航的密切配合下，先后5次拍摄了珠峰地区南坡、北坡、东西侧和珠峰顶端等自然地貌的彩色影片，并拍摄了大量有价值的东绒布冰川、中绒布冰川、西绒布冰川的冰塔林、冰川湖等彩色影片、照片，为研究和了解珠峰地区冰川地貌和自然景观提供了珍贵资料。机长袁正松，驾驶员罗成显，领航员何国强、李荣昌。

6月30日，综考组提出"关于编辑出版《能源》杂志的初步意见"。

6 月，综考组向中国科学院报"关于资源科学考察对遥感技术的应用和试验的报告"。

6～9 月，贵州队组织来自中国科学院综考组、南京土壤所和贵州省有关研究所、大学、生产部门等 19 个单位、50 位科技工作者组成的考察队，分土肥组、水利组、林业组、农业组、综合组和队部，具体以"贵州省长顺县山区资源综合开发利用问题的典型调查研究"为重点。

10 月 5 日，青藏队在拉萨向西藏自治区和西藏军区领导汇报青藏队 1976 年科学考察工作。自治区领导听取汇报后，任荣同志讲话：你们几年来全面考察了西藏，从地面到地下，看清楚了许多问题，不仅揭开了西藏的秘密，而且还把外国人随意的假设都给推翻了，意义很大。同时为西藏的国民经济建设，特别是对西藏的远景建设提供了很好的资料。对同志们的辛勤劳动表示感谢。你们做出了牺牲，流了血汗，献出了生命。你们这支队伍连续工作时间之长过去是没有的，做了前人没有做过的事。

10 月 9 日，中国科学院办公厅决定原则上同意综考组在原定 160 人的基础上再增加 52 人，达 212 人。

10 月 29 日，综考组向中国科学院报送了"关于拟派考察组赴尼泊尔考察喜马拉雅山部分南坡的请示报告"。

12 月 31 日，中国科学院(76)科学一字 899 号文，发出了关于青藏高原科学考察总结工作问题的通知。通知指出：4 年来，青藏高原综合科学考察工作积累了珍贵的科学资料。这些资料和标本尚有待各有关单位组织人员进一步分析、化验、鉴定和研究，以便系统地将 4 年考察总结出来，尽早提出科学报告与图件，为国家和西藏经济建设提供科学依据。通知要求 1977 年 3 月底前完成 1976 年度考察总结，1977 年第二季度至 1978 年底进行全面系统地总结工作。于 1977 年 4 月召开"青藏高原考察总结工作会议"，讨论、制定总结计划、落实任务，同时交流 1976 年考察成果和经验。

1977 年

1977 年 1 月 29 日，综考组党的临时领导小组研究，将各处室组织机构干部进行调整。

2 月，根据内蒙古自治区科技局的要求，经综考组决定，对内蒙古自治区乌盟后山地区滩川地的自然条件、自然资源进行考察。

2 月，由国家体委、总参谋部、中国科学院、国家测绘总局联合签发的(77)军字 016 号文件"关于 1977 年至 1979 年登山活动的请示报告"得到党中央主席和数名政治局委员的批示。

3 月 4 日，综考组向中国科学院党的核心小组报送"关于要求院增派革命老干部来综考会主持工作的报告"。

4 月 11 日，中国科学院(77)科发字 271 号文发出"关于召开青藏考察工作会议的通知"，决定中国科学院于 1977 年 5 月 5～20 日在江苏省苏州市召开第二次青藏考察工作会议，总结 4 年来青藏考察工作、讨论制定内业总结计划。

4 月，为贯彻(77)军字 016 号文件精神，中国科学院武衡副院长指定由综考组组织院内外有关研究单位赴托木尔峰地区进行综合科学考察，同时成立了托木尔峰登山科学考察队。

5 月 5～20 日，中国科学院在苏州召开了"青藏高原综合科学考察第二次工作会议，有 223 人出席了会议。中国科学院党的核心领导小组负责人秦力生出席了会议并讲话，有关研究所和院、局、科学出版社和有关单位负责人也参加了会议。还邀请 15 名老科学家参加会议。这次会议的目的是总结 4 年来青藏考察工作，制定内业总计划。同时讨论制定了学科专著、综合报告、论文集、图片集、地图集的编写出版计划。

5 月 21 日和 6 月 1 日，托木尔峰登山科学考察队组织了院内外有关科研单位的地学、生物学 35 名科学工作者从北京出发到乌鲁木齐集中，然后赴科考大本营。

5 月初，在内蒙古集宁召开了计划会议，组建了"内蒙古乌兰察布盟滩川地综合考察队"，任命郭绍礼为考察队队长。参加这项工作的单位有中国科学院综考组、内蒙古自治区水勘院、地质局、农研院、内蒙古师范学院、内蒙古农牧学院、内蒙古大学、乌盟情报所等。会议决定考察任务着重研究以滩川地水、土资源为中心的高产稳产农田基本建设的途径及增产潜力。

6 月 8 日，托木尔峰登山科学考察队除了配合国家登山活动，重点考察了托木尔峰南侧和登顶路线附近地区外，并把考察路线向四周延伸到东至木扎尔特河，北至土格里奇冰川末端的木孜大坂，西至铁米尔苏冰川，南至科契卡巴尔冰川，面积约 $2000\,\mathrm{km}^2$。

7 月 21 日，综考组向中国科学院党组报"关于开展高山科学工作的请示报告"。

7 月 22 日，为筹备 1978 年召开的全国科学大会，经综考组党的临时领导小组研究决定：成立以孙鸿烈为组长的科学大会筹备工作小组。

8 月 11 日，中国科学院(77)科字 634 号文发送了"青藏高原综合科学考察 1977～1979 年室内总结计划"。依据出版计划要求，《青藏高原综合科学考察丛书》将编辑 34 部 50 本专著。为了加强对总结工作的具体领导，决定成立"青藏科考成果编写领导小组"，由秦力生同志任组长，过兴先任副组长，王敏（地理所）、李凤琴（植物所）、陈柏林（科学出版社）、孙鸿烈（综考会）、张洪波（地质所）为成员。领导小组下设编审组，成立由温景春负责的办公室。

9 月 18～21 日，托木尔峰登山科学考察队在秦皇岛国家体育训练基地召开总结协作会议。中国科学院自然资源综合考察组、南京地质古生物研究所、贵阳地质化学研究所、微生物研究所、动物研究所、兰州冰川冻土研究所、科学出版社、自然博物馆、国家体委登山队负责同志和部分科考队员出席了会议。会议听取野外工作汇报，制定科学考察总结计划。会议决定 1978 年春召开小型学术讨论会，总结 1977 年成果，制定 1978 年考察计划。

9 月，内蒙古乌兰察布盟滩川地考察队进行了总结，编写出"内蒙古自治区乌兰察布盟后山地区滩川地自然资源合理利用与高产稳产农田基本建设的途径"报告和 4 个附件。

10 月 24 日，中国科学院党组决定孙一鹏任综考组临时党的领导小组组长，闫铁、何希吾任副组长，免去何希吾临时党的领导小组组长职务。

10 月 31 日，综考组学术委员会审查通过向院上报西藏森林、喜马拉雅地热带、青藏高原隆起时代幅度和形式的探讨、内蒙古乌盟后山地区滩川地自然资源合理利用及高产稳产农田基本建设的途径、内蒙古畜牧业、内蒙古自治区及其东西部毗邻地区气候与农牧业的关系、我国工业二次能源合理利用的研究（阶段成果）、关于解决我国钢铁工业发展所需能源的几个问题、合理利用焦化焦炭资源加快钢铁工业发展调查报告、北京工业合理用水调查研究等 10 项科研成果。

11 月 22 日，综考组向中国科学院院党组报送了"关于对遥感中心设置问题的意见"。

12 月 26 日，综考组向中国科学院院党组报送"关于原综考会有关人员归队问题的请示报告"。

12 月 27 日，中国科学院决定唐绍林任综考组党的临时领导小组成员。

1977 年底，由内蒙古科技局主持，内蒙古乌兰察布盟滩川地综合考察队向内蒙古自治区人民政府、乌兰察布盟行署及有关部门和旗（县）进行了考察成果汇报。

1978 年

1978 年 1 月 14 日综考组向中国科学院党组报送"关于综考组名称、任务、体制等问题的请示报告"。

1 月 23 日，综考组向中国科学院党组呈报"关于将综考组改为综考会问题的请示报告"。

1 月 28 日，综考组向中国科学院党组报"关于设立人与生物圈常设办事机构的请示报告"。

1 月 31 日，中国科学院青藏高原综合考察队、黑龙江荒地资源考察队被评为中国科学院 1977 年先进集体，孙鸿烈、石玉林、冯华德、马式民、韩裕丰、程浩林、韩义学被评为院先进工作者。

2 月 16～23 日，托木尔峰登山科学考察队在北京香山饭店召开托木尔峰登山科学考察计划会议。会上制定了"1978 年托木尔峰登山科学考察计划纲要"。

2 月 27 日，中国科学院党组决定免去孙一鹏临时党的领导小组组长职务，调任院六局负责人。

3 月 15 日，中国科学院院务会议讨论批准徐寿波、黄志杰、孙鸿烈、容洞谷、李文华为副研究员。

4 月 3 日，中国科学院决定 1978 年继续对托木尔峰进行综合考察，任命刘东生为托木尔峰科学考察队队长，王振寰任副队长，兼党支部书记。

4月14日，中国科学院(78)科委计字0448号文，报国务院请示恢复中国科学院自然资源综合考察委员会名称。

5月9日，经国务院批准我院"关于恢复中国科学院自然资源综合考察委员会的请示报告"。有关问题通知如下：一、中国科学院自然资源综合考察委员会在现有自然资源综合考察组的基础上恢复；二、综考会的主要任务是组织协调有关我国自然资源的综合考察，并进行综合分析研究，提出开发利用和保护的意见；三、综考会为院直属司局级单位、单立户头，工作人员编制为360人。

5月31日，综考会的领导小组报中国科学院支农办并李昌、郁文同志，就我会在桃源现代化基地科研项目中承担的综合考察与农业区划科研任务落实问题的打算和安排进行了汇报。报告中提出为适应桃源县农业现代化基地综合考察需要，综考会成立桃源县农业现代化综合考察科研工作组。工作组由孙鸿烈、李龙云、那文俊、刘厚培、李凯明(学术秘书)组成。请周立三、阳含熙、李孝芳、贾慎修、王达新、张有实担任学术指导。

5月31日，孙鸿烈同志被聘为国家科委综合考察专业组组员。

6月16日，启用"中国科学院自然资源综合考察委员会"印章及其所属机构办公室、政治处、业务处、行政处的印章。

6月29日至7月5日，中国科学院委托综考会主持在广西南宁市召开了《青藏高原综合科学考察丛书》编审组会议。会议对《丛书》编审组的组成，《丛书》编写水平如何进一步提高，有关《丛书》设计方案的制定以及《丛书》审稿、定稿要求和编写技术要求进行了讨论；交流了内业总结进展情况，并就有关去尼泊尔考察、青藏队成果汇报等问题交换了意见。会上成立了以施雅风为组长，孙鸿烈、张立正、程鸿、尹集祥、郑度为副组长，温景春为秘书的编写《丛书》编审组，下分三个组：地质与地球物理组，负责人：尹集祥、滕吉文、李炳元；地理与生物组，负责人：郑度、张荣祖、武素功；农牧与水利组，负责人：程鸿、倪祖彬。同时编审组人员进行了具体分工，编审组办公室设在综考会，由温景春负责。会议还建议1980年由中国科学院主持召开"青藏高原隆起问题及其对自然环境的影响"为中心课题的国际学术会议。

7月28日，中国科学院同意我会设土地资源研究室(含资源经济组)、水资源研究室(含气候资源组)、生物资源研究室、能源研究室和技术室。

8月2日，中国科学院党组决定，闫铁、唐绍林、孙鸿烈同志任综考会负责人。

8月3日，经中国科学院政治部研究同意李群任政治处主任，石湘君任副主任。赵训经任科研处处长，李龙云、王振寰、戴文焕任副处长。陈斌任行政处处长，华海峰、徐振山、王树棠任副处长。张有实任水资源研究室主任，李孝芳任土地资源研究室主任，李文华任生物资源研究室主任。

8月4日，综考会党的临时领导小组研究决定：设气候资源研究组，暂由生物资源室领导。

8月4日，中国科学院(78)科发五字1136号文发送《青藏高原科学考察丛书》编审组会议的通知纪要。附件有：附件1：《青藏高原科学考察丛书》编审组名单；附件2：《青藏高原科学考察丛书》审稿要求；附件3：《青藏高原科学考察丛书》设计方案；附件4：《青藏高原科学考察丛书》扉页样式；附件5：关于编写《青藏高原科学考察丛书》的技术要求。

8月21～30日，由国家科委、中国科学院、农林部在山东省泰安市联合召开会议，落实"1978～1985年全国科学技术发展规划纲要"108项重点项目第一项"农业自然资源和农业区划研究"以及全国自然科学学科规划地学重点项目第五项"水土资源和土地合理利用的基础研究"等两项工作。"农业自然资源和农业区划研究"重点课题之一是全国和各省(区、市)土地资源图的编制，主要负责单位是中国科学院自然资源综合考察委员会。

8月23日，综考会向中国科学院申报"关于召开青藏高原国际科学讨论会的建议"。

8月，内蒙古地区自然资源与自然条件及其合理开发与利用问题的考察研究、珠穆朗玛峰地区科学考察、我国第二次能源合理利用、青藏高原综合科学考察获全国科学大会奖。

9月22日，综考会向中国科学院报送"关于综合考察委员会委员聘任问题的意见"。

9月26日，经国务院批准闫铁为中华人民共和国人与生物圈国家委员会副主席，阳含熙为秘书长，李文华、李龙云为副秘书长。

10月5～16日，中国科学院在北京召开了"青藏高原隆起原因学术讨论会"，受邀参加讨论会的有院内外31个单位共87名科学家。大会上宣读的28篇论文，从不同的方面、不同的角度探讨了青藏高原的地质发展过程及隆起的主要原因。在讨论过程中，我国著名的地质学家尹赞勋等17人作了发言。

10月9日，综考会向院五局报送了"关于建议国家科委和科学院联合召开中国人与生物圈国家委员会成立大会的请示报告"。

10月28日，综考会拟出"科学考察科技成果管理暂行办法"（讨论稿）。

10月31日，综考会学术委员会审查通过上报"内蒙古自治区及东北西部地区土壤地理、贵州山地综合治理合理利用的典型研究、黑龙江省伊春地区荒地资源开发利用综合考察报告、宁夏滩羊的生态地理特征及其进一步发展问题、关于滩羊的生态遗传与选育问题、我国的太阳能资源及其计算、全国焦煤焦炭生产和使用情况调查报告"7项科研成果。

11月6～9日，中国人与生物圈国家委员会成立大会在北京香山饭店召开。

11月13日，综考会向中国科学院院党组呈报："关于张有实参加联合国科教文组织工作的请示"报告。

11月31日至1979年2月2日，中国科学院召开了京区直属单位表扬先进大会。青藏队被评为先进集体，由京区参加青藏科学考察的地理研究所、地质研究所、地球物理研究所、古脊椎与古人类研究所、植物研究所、动物研究所、综考会的9名代表出席了会议。胡克实同志代表院党组作了报告，指出"青藏队在困难条件下，经受艰苦的考验，积累了大量的科学资料，为青藏地区农林牧业综合发展提供了科学依据"。方毅同志向青藏队授予"科考尖兵，勇攀高峰"的锦旗。

12月31日，综考会向院报送了"关于出版《青藏高原综合科学考察丛书》"的报告。

1979 年

1979年2月6日，综考会向中国科学院院党组呈报"关于提高青藏高原考察野外津贴的报告"。

2月8日，中国科学院会同外交部联合打报告给国务院，提出"关于拟在我国召开青藏高原科学讨论会"的请示报告。

2月28日，中国科学院转发了国务院批准的"关于拟在我国召开青藏高原科学讨论会"请示报告的通知。

3月7日，综考会编辑的《竺可桢主任纪念专刊》出版。

3月13日，综考会向中国科学院党组报送"关于配备综考会业务副主任的意见"的报告。

3月13～18日，中国科学院在北京友谊宾馆召开了"青藏高原科学讨论会"筹备会。有关科学家和参加青藏高原科学考察的部分同志共74人出席了会议。会议由中国科学院副秘书长赵北克同志主持。会上传达了中国科学院关于成立"中国科学院青藏高原科学讨论会"组织委员会的决定。组织委员会由钱三强同志任主席，尹赞勋、赵北克、李本善、漆克昌任副主席，刘东生任秘书长，王遵伋、过兴先、孙鸿烈、戴以夫任副秘书长，委员23人。会议就科学讨论会的学术论文、会后科学旅行、邀请国外科学家名单和今年进藏补点考察等问题进行了认真地讨论。同时，认为将"青藏高原隆起原因及其对自然环境的影响"作为会议的中心议题是适当的。

3月，经国家科委和中国科学院等有关部门批准，中国科学院自然资源综合考察委员会负责编辑的我国第一部自然资源刊物《自然资源》（季刊）在试刊两年后由科学出版社出版，全国邮局发行。主编：阳含熙，副主编：冯华德、李孝芳、李驾三，编委31人。

4月10日，中国科学院青藏高原科学讨论会组织委员会发出了关于召开"青藏高原科学讨论会"征集论文的通知。科学讨论会中心是"青藏高原隆起原因及其对自然环境的影响"，拟围绕这一中心课题分以下三个专题：①青藏高原地球物理条件、地质历史与形成原因；②青藏高原生物区系的特征、演变及隆起过程对生物的影响；③青藏高原地理环境的形成发展与分异，10个重点方面进行。

4月14～22日，在江西省南昌市召开全国第一次土地资源学术暨工作会议讨论会，即土地资源图、土地类型图、土地利用图专业工作会议。参加会议的有各省（区、市）、中国科学院有关单位与有关高等院校共108个单位，154名代表。22位代表在会上作了学术报告，介绍了土地调查及制图方面的经验，石竹筠、赵存兴、徐敬宣提交了"编制1：100万土地资源图的尝试"报告。

5月19日，中国科学院党组决定漆克昌同志任综考会负责人。

5～10月，青藏考察队组织了院内16个单位14个专业90余人分批进藏进行补充考察。第一批进藏的包括综考会、地质研究所、地球物理研究所、大气研究所、南京地质古生物研究所、长春地理研究所42名科考队员，于5月21日到达拉萨开始野外工作。

5月，在南昌召开了1：100万草场资源类型图与等级图工作会议。会议由综考会主持。会议原则上接受贾慎修教授提出的中国草地分类及分类系统作为1：100万中国草地资源的分类系统，会议成立了中国草地资源类型图与等级图编委会，综考会为主编单位，植物所和内蒙古大学分别为副主编单位。

6月4日，综考会向中国科学院李昌同志报送"综考会成立以来的考察研究工作"。

7月3～24日，李驾三、李龙云、黄让堂、袁子恭、杜国垣组成的水资源合理利用与保护考察组一行前往日本，考察日本在工业化过程中对水资源的开发、利用、保护以及水资源综合研究的经验。

8月3日，漆克昌、闫铁同志向李昌同志报送"关于综考会今后工作及加强领导等问题的请示报告"。

8月17日至9月4日，由综考会邀请14个科研单位、12所高等院校以及农业领导部门的有关专业人员共38人，在北京昌平县招待所，集中研究并拟定出"中国1：100万土地资源图制图规划"（暂行草案）。

8月20日，综考会向胡克实同志并院党组呈报"关于解决院内有关所原综考会人员归队问题的意见"。

8月23日，经中央批准漆克昌为中国科学院党组成员。

8～12月，综考会主持在广西编写草场资源调查培训教材——《中国亚热带草场资源考察研究方法导论》，并在广西来宾县举办了南方草地调查技术培训班，集中南方片18省（区）草地资源调查技术骨干进行业务培训。

9月22日，综考会向中国科学院报送"关于组织中国科学院黑龙江地区综合科学考察队"的请示报告。

10月3日至11月16日，李孝芳、李文华与植物研究所共同组团赴美国参加植物资源国际干旱土地会议。

10月13日至2月3日，阳含熙、李文华随我国人与生物圈代表团出访英、法、德、荷（兰），并出席联合国教科文组织人与生物圈国际协调理事会第六届会议。

10月25日，张有实任联合国教科文组织水科学科国际水文计划专家，任期至1980年3月31日。

11月19日，中国科学院（79）科发五字0089号文发出了加强《青藏高原综合科学考察丛书》编写工作的通知。

11月29日，澳大利亚联邦科学与工业研究组织代表团一行13人来会访问。

11～12月，中国科学院批准综考会针对农业自然资源开发利用问题，在江西境内组织了一次预察，提出了以吉泰盆地为第一期科考的重点地区，以泰和县为典型县，采取点面结合的方式进行科学考察的方案。

12月5日，综考会向中国科学技术协会报送"关于成立自然资源研究会"的请示报告。

12月6日至1980年1月3日，孙鸿烈随院代表团出访埃及和阿尔及利亚。

1979年，根据国务院的决定，国家科委、国家农委以［1979］国科发四字第363号文件，1979年4月10日下达了"重点牧区草场资源调查和建立人工饲草料基地自然条件的研究"和"编制1：100万中国草场类型图与等级图"的任务，接着原农业部畜牧总局下发［1979］农业（牧科）字第415号文件，部署开展全国首次统一草地资源调查。同时，在中国科学院综考会和中国农业科学院草原所，分别设立南方、北方草场资源调查科技办公室（简称南草办、北草办），负责全国草地资源调查的组织协调和调查技术工作。

1980 年

1980年1月15日，综考会向中国科学院报送"关于组建中国科学院南方山区综合考察队"的请示报告。

1月，中国科学院党员代表大会选举赵锋为出席国家机关党代会的代表。

1月29日，中国科学院以(80)科发计字0098号文，将中国1：100万草场资源图编制列入1980～1981年重点科研项目。

2月5日，综考会公布《青藏高原综合科学考察丛书》及论文目录。

2月11日，综考会党的领导小组研究，成立保密委员会，闫铁任主任，李群、吴国栋任副主任。

2月27日，中国科学院正式批准成立中国科学院南方山区综合科学考察队，任命席承藩为队长，综考会任命那文俊、李孝芳为副队长，刘厚培为第一副队长，赵训经为办公室主任。

3月26日至4月23日，综考会受全国农业区划委员会的委托，在昌平县举办了以编图为目的的短期遥感应用学习班。参加学习班的是承担编制1：100万土地资源图的人员，共81人。

4月11日，综考会向中国科学院出版委员会报送"关于申请《能源》杂志公开出版的报告"。

4月上旬，南方队在江西省吉安市召开了计划会议，确定：①全队首先在泰和县进行重点考察，解剖麻雀，取得经验后再全面开展吉泰盆地考察；②派出柑橘组赴赣南考察宜橘荒地；③在队内设置泰和县土壤组，开展土壤普查。

5月25～31日，"青藏高原科学讨论会"在北京京西宾馆召开。出席会议的有来自澳大利亚、孟加拉、中国、加拿大、西德、荷兰、印度、意大利、尼泊尔、巴基斯坦、新西兰、瑞士、土耳其、英国、美国、南斯拉夫等18个国家和地区的260位科学家，有238位科学家在大会上宣读了252篇论文。其中我国科学家宣读了144篇论文。刘东生秘书长在开幕式上作了"对我国青藏高原综合科学考察工作的回顾和展望"的报告。出席会议的著名外国科学家有：意大利米兰大学地质系A. 德西尔教授，瑞士理工学院地质系A. 甘塞尔教授，美国史密森学会S. D. 里普利教授、加里福尼亚大学植物系D. I. 阿克塞罗德教授、科罗拉多大学J. D. 艾夫斯教授、加州大学地球物理系L. 诺普夫教授，日本东京大学植物系原宽教授等。这次会议被国内外公认是"青藏高原综合科学研究史上的一个里程碑"。

5月31日，党和国家领导人邓小平、方毅接见并宴请了出席"青藏高原科学讨论会"的中外科学家并和大家合影留念。参加接见的还有天宝、李昌、严济慈、钱三强、郁文、秦力生、赵北克、漆克昌。

5月31日，国际人与生物圈秘书处的法国、日本、新西兰、德意志联邦共和国、尼泊尔、美国和瑞士7国12人来综考会参观计算机房、分析室和图书室，并进行学术交流活动。

5月，托木尔峰综合科学考察获中国科学院科技成果二等奖。

6月11日，经中国科学院研究，同意《能源》期刊于1981年公开出版发行。

7月10日，中国科学院任命赵锋为综考会副主任。

8月23日，南方草地资源调查科技办公室成立，负责指导南方草地资源调查的科技工作，组织技术培训及成果汇总，其行政工作及有关经费仍归口畜牧总局负责。廖国藩担任南草办主任，负责承担天津、北京、河南、四川、西藏等18个省区的草地资源调查。

8月25日，中国科学院党组同意唐绍林、李文亮、石湘君、王达荣、王振寰五人为综考会党的纪律检查组成员，唐绍林任组长，李文亮、石湘君任副组长。

8月25日，综考会提出"中国科学院自然资源综合考察委员会科学技术研究成果管理暂行办法"。

8月28日，综考会向中国科学院报请"关于恢复综考会建制并改名为自然资源综合研究委员会的报告"。

9月2日，经国务院批准，同意在综考会能源研究室的基础上，建立能源研究所。

9月3日至10月14日，综考会邀请英国陆地生态研究所所长杰弗斯教授一行举办了"系统分析及其在生态学上的应用训练班"。

9月4日，中国科学院党组决定调闫铁任地球物理研究所领导小组组长、副所长，免去综考会领导小组组长职务。

9月11日，石玉林参加农委组织的农业自然资源调查与农业考察团赴法国考察。

9月12日，中国科学技术协会(80)科协发学字278号文件同意成立中国自然资源研究会的决定。

10月1~3日，李文华赴巴黎出席"高海拔地区人类"专题讨论会。

11月，孙鸿烈、石玉林、康庆禹应邀赴澳大利亚进行考察访问。

12月，泰和县与南方山区综合科学考察队共同组成了江西省泰和县农业区划研究委员会，主任：席承藩，副主任：刘文华、那文俊、胡加洪、赖在楷、康庆禹，委员26人。

1981 年

1981年2月13日，中国科学院同意重新组建青藏高原(横断山区)综合考察队领导班子，孙鸿烈兼任考察队队长，程鸿、王振寰、李文华、周宝阁、黄复生任副队长。

3月5日，综考会学术委员会选举产生：主任委员冯华德，副主任委员赵锋、李孝芳，学术秘书赵训经，委员9人。

3月7日，综考会向中国科学院上报"关于我会1980年科研计划执行情况的总结报告"。

3月23~29日，综考会在福建厦门市召开了第二次全国土地资源学术暨工作会议，重点讨论了石玉林起草的"中国1：100万土地资源图土地资源分类方案"(草案)，并对两年来各地的研究成果进行了交流。会议由石玉林主持，漆克昌主任致开幕辞，赵训经、袁天钧等同志参加了会议。

4~10月，南方山区综合科学考察队成立由15人组成的泰和县农业区划组，组长那文俊。

5月4日，综考会拟定出"综考会器材计划审批权限的规定"和"部分仪器使用管理制度"。

5月18日，综考会拟定出"野外科学考察休假规定"。

5月19日，综考会成立了以阳含熙为主任，冯华德、李孝芳为副主任的学位评定委员会。

5月26日至6月4日，在北京香山植物园召集了"中国1：100万土地资源图"顾问、主编、副主编和各协作片的牵头人以及各省编图负责人会议，重点讨论"中国1：100万土地资源图"的分类、制图单位等问题，并提出了分类方案要点。

5~9月，青藏队依据横断山区科考计划的要求，组织院内外有关研究所、部分大专院校和生产部门19个单位，34个专业科技工作者233人，分24个考察组对滇西北的大理、怒江、迪庆、丽江、保山、临沧和西双版纳等地区重点进行了科学考察。

6月16日，中国科学院党组同意漆克昌为党委书记，赵锋、赵训经、高静波为副书记，李文华、王振寰、孙鸿烈、石玉林、王达荣为综考会党委委员。

6月19日，综考会向中国科学院报送"关于开展国土整治工作的几点意见"报告。

7月12~19日，农业部畜牧总局与综考会共同主持在云南昆明召开了南方草场资源调查经验交流会议。会议主要任务是交流南方草场资源调查进展情况，讨论资源调查的技术规则，落实1981年的调查任务以及资源开发中的重大课题。参加会议的有全国各省区农委及畜牧局代表共计83人。

9月12日，综考会向中国科学院呈报"关于综考会体制问题的意见报告"。

9月，受全国农业区划委员会和原国家农委的委托，综考会与湖南省农业区划办共同牵头，承担了"我国农业发展战略研究"中的"中亚热带东部丘陵山区农业发展战略研究"课题。

10月8日，中国科学院地学部常务扩大会议决定，聘请孙鸿烈为地理科学组成员。

10月23日，综考会和能源所签定"关于能源室建所后分家的协议"。

11月3日，按编写"中国1：100万，1：50万土地资源图的编制、数量、质量评价"工作计划，由综考会主持，课题负责人：石玉林。领导小组：赵锋、孙鸿烈、石玉林、王德才，组织管理：黄兆良。下分四个组。

12月，南方山区综合科学考察队第一副队长刘厚培率领部分专业人员参加在长沙召开的湘、赣、浙、闽、粤、桂六省(区)农业区划办公室负责人的协商会议。会上商定了考察计划要点以及时间安排等。并成立了农业发展战略组，负责人：那文俊、郑俊夫。

1981年，孙鸿烈受联合国大学资助赴美国科罗拉多大学高山与极地研究所进修。

1982 年

1982年1月8日，综考会向中国科学院报送"关于综考会工作的汇报提纲"。

1月15日，经综考会申请，中国科学院地学部同意综考会学位评定委员会人员组成：阳含熙、冯华德、李孝芳、孙鸿烈、石玉林、李文华、沈长江、刘厚培、李驾三、袁子恭、朱景郊。

1月28日，中国科学院研究决定，将原设在综考会的人与生物圈国家委员会秘书处自即日起改设在中国科学院生物学部。

3月18日，漆克昌向胡耀邦、赵紫阳反映"关于发挥中国科学院优势办院方针和机构改革的几点意见"。

4月1日，综考会开始执行"改革现行装备管理的试行办法"。

4月6~8日，在北京召开了中国自然资源研究会筹备组成立大会，同时进行了学术交流。参加会议的有中央各部门和部分省(区)生产、科研、教学部门从事自然资源研究和自然资源开发、利用、治理、保护和管理方面的科技工作者50余人。

4月16~20日，青藏队在昆明召开青藏高原(横断山区)综合科学考察工作会议，有50多个单位代表和考察队各专业组组长与业务骨干180人出席了会议。会议由队长孙鸿烈主持。

4月30日，经国务院批准国家体委和中国科学院拟于1982年开展"南迦巴瓦峰登山科学考察"。

5月，南方草地资源调查办公室在浙江金华召开了南方草地资源调查技术交流会，进一步统一了南方草地的调查技术，并在山东胶南举办了草调技术培训班。

6月27~30日，中国科学院在北京万年青宾馆召开了南迦巴瓦峰登山科学考察工作会议。攀登南迦巴瓦峰任务由国家体委负责，登山科学考察任务由中国科学院综考会协调组织。会上成立了以刘东生为队长、王振寰、杨逸畴为副队长的登山科学考察队。中国科学院地学部副主任李秉枢、国家体委登山队王富洲、综考会孙鸿烈、地球物理所滕吉文出席了会议，刘东生队长作了"南迦巴瓦峰登山科学考察"报告，体委登山队介绍了南迦巴瓦峰情况。会上制定了"1982~1984年登山科学考察计划"和"1982年考察行动计划"。

7月23日，综考会向中国科学院卢嘉锡院长并院党组报送了"关于加强综考会领导问题的请示报告"。

7月25日至10月31日，登山科学考察队一行28人分地质、地貌第四纪、生物、气象组于7月25日在成都集中。8月9日抵达西藏波密，在南迦巴瓦峰东北坡开展工作，后分3路翻越岗日嘎布山脉，进入墨脱地区，横穿喜马拉雅山脉东端到达南迦巴瓦西南坡进行野外考察。10月15日结束野外工作，31日返回。

8月3日，四川省甘孜州副州长严升旭亲自带4名领导干部到阿坝州金川县听取八步里沟泥石流规划治理指挥部的汇报。州委书记周礼成讲话，感谢青藏队和成都地理所，为州治理泥石流做了大量的调查研究工作，提高了人们对泥石流危害性、严重性的认识，明确了泥石流是可以治理的。

9月5~11日，李文华出席在波兰召开的第三届国际生态学大会。

9月14日至10月5日，应中国科学院邀请综考会接待了联合国大学杰克·艾弗斯教授4人来华访问，并前往横断山进行访问性的考察。

11月4日，综考会在河南郑州召开第三次全国土地资源图学术暨工作会议，参加会议的有47个单位，79名代表，对"哈尔滨市幅"土地资源图打样图(第一次)提了意见。

11 月，中国科学院、国家科委发出"关于对自然资源综合考察委员会实行双重领导的通知"。

12 月，青藏队在北京万年青宾馆召开了有关专业参加的小型工作计划会议。会议决定在不削弱基础学科研究，保持原来课题计划相对稳定的基础上，充实和加强了原课题计划中应用研究的课题，以利发挥我队综合科学优势，集中力量对经济效益突出、见效快的重大课题进行综合研究，为横断山区的经济建设做贡献。

1982 年，以廖国藩为首，南方草场资源调查科技办公室制定了"中国南方草场资源调查方法导论及技术规程"；同年又制定了"全国重点牧区草场资源调查大纲"和"全国重点牧区草场资源调查技术规程"。1∶100 万中国草地资源图的编制被列为地学部"六五"期间重点课题。

1983 年

1983 年 1 月 3 日，综考会分房委员会出台"关于九一七生活区宿舍分配调整暂行规定"（草案）。

1 月 28 日，《自然资源译丛》编委会成立，主编：冯华德，副主编：郭文卿、张传铭，编委：王广颖、冯华德、刘厚培、那文俊、朱景郊、齐文虎、李龙云、袁子恭、郭文卿、侯光良、张传铭。

1983 年初，国家计划委员会向中国科学院提出了"关于开展一次以国土整治为主要内容的黄土高原地区综合考察研究工作的建议"。中国科学院批示综考会承担、组织实施。

1983 年初，由江西省科委牵头，在泰和县召开中国科学院与地方的联席会议，商讨千烟洲建点事宜。江西省科委副主任张志良，综考会领导赵锋、石玉林、赵训经，以及南方队副队长李孝芳、那文俊和泰和县县委书记刘学渊，县长刘文华，副书记胡加洪等出席会议。

2 月 13 日，综考会拟出"关于提高野外津贴标准"，改善科考人员生活待遇的意见。

3 月，综考会在广西南宁召开华南片《1∶100 万中国土地资源图》分类系统讨论会，福建、广东、广西、综考会派人参加。

3 月 25 日至 4 月 1 日，国际冰川学会秘书长理查森应邀访问综考会。

3 月，应联合国教科文组织的要求，由综考会承担出版该组织 "Nature & Resources" 杂志中文版的任务，李文华副主任主持了前期准备工作。5 月 "Nature & Resources" 中文版编辑部成立，编辑部主任由张克钰担任。1984 年 2 月，国家科委正式批准 "Nature & Resources" 中文版创刊。

4 月 1 日，孙鸿烈代表综考会领导小组在全体人员大会上作"努力开创综考会工作的新局面——关于今后工作的几点初步意见（纲要）"的讲话。

4 月 6 日，在中国科学院野外工作会议上青藏队、南方队被评为先进集体，受到党和国家领导人的接见。

4 月 11 日，综考会向院上报"关于登山科考补助费的请示报告"。

4 月 13～19 日，登山科学考察队工作会议在广州召开。讨论制定 1983 年野外考察计划，同时总结交流了 1982 年考察成果。队长刘东生院士主持，地学部、综考会、新华社、科学出版社、山地杂志社及全体科考队员 50 人出席了会议。

4 月 18 日，行政处制定出"综考会京区用车试行规定"。

4 月 18 日，综考会任命章铭陶、韩裕丰同志为青藏高原（横断山区）综合科学考察队副队长；那文俊为南方山区综合科学考察队第一副队长，朱景郊同志任副队长；免去刘厚培同志第一副队长职务；高登义任登山科考队的副队长；唐天贵任青藏高原（横断山区）综合科学考察队办公室主任；冷秀良任南方山区综合科学考察队办公室主任，孙炳章任副主任。

4 月 22 日，康庆禹任业务处处长，陆亚洲任行政处处长，钟烈元任办公室主任，丁延年任党委办公室主任，郑元章任人事处处长。

4～5 月，在贵州独山举办了草场资源遥感调查培训班。苏大学应贵州省农业厅聘请，担任了贵州省草地资源调查队队长，直接参与完成贵州省的草地资源调查工作。

5～9月，登山科学考察队组织 20 个单位，包括地质、地貌、生物等 25 个专业 50 名科技工作者，围绕青藏高原的形成、演变及其对自然环境的影响，以及资源的开发利用这一中心课题，对南迦巴瓦峰地区开展 6 个大课题、27 个专题的考察研究。

5～9月，青藏队 280 名科技工作者分 30 个行动组，在四川西部地区围绕"青藏高原形成演化及其对自然环境与人类活动影响"这一个中心，进行 6 个考察研究课题，40 个专题综合科学考察。

6月20日，经中国科学院报请中央批准，孙鸿烈任自然资源综合考察委员会主任。

6月20日，经中国科学院报请中央同意，赵训经任综考会党委书记，李文华任副书记。

6月23～29日，由农业部畜牧兽医总局和南、北方草地办在湖南省株洲市召开"全国草场资源调查省级成果汇总技术会议"。参加这次会议的有全国 27 个省(区、市)102 个单位的领导、专家、教授和科技人员以及国家有关单位和新闻单位的代表共计 137 人。

7月1日，启用"中国科学院自然资源综合考察委员会"及其所属办事机构印章。

7月14日，中国科学院党组同意赵锋、唐绍林离职休养。

7月15日，综考会依据野外工作会议精神，制定出我会"野外装备管理试行办法"。

7月20日，经中国科学院党组研究，同意李文华、张有实、石玉林同志任自然资源综合考察委员会副主任(任期 3 年)。

7月25～29日，在北京召开了南方山区第二期综合科学考察工作预备会议。会议由席承藩队长主持。国家计委国土局、中国科学院地学部、华东师范大学、广州分院、华南植物研究所、广州地理研究所、广东省土壤研究所、广东省昆虫研究所、河南省科学院、河南省地理研究所、中国农科院区划所的代表和南方队的部分人员，共计 40 人参加了会议。中国科学院副院长叶笃正到会讲了话，国家计委国土局副局长陈鹄、综考会副主任石玉林、华东师大地理系教授严钦尚、程潞等出席会议并讲了话。会上讨论了"南方山区综合科学考察队 1984～1988 年综合科学考察计划纲要"(草案)。

8月16～19日，综考会主持在宁夏银川市召开"中国 1∶100 万土地资源图"土地面积量算与统计会议。会议由宁夏农业科学院及土肥研究所具体筹备。出席会议的有编图单位代表、宁夏自治区计委区划办、国土处等 65 人。顾问宋达泉、综考会原副主任赵锋、基金委高工沈骏声参加会议。与会代表听取宁夏科学院土肥所梅成瑞同志关于"宁夏回族自治区 1∶50 万土地资源图"土地资源面积量算及统计的成果与经验的报告。

9月14日，中国科学院与国家计划委员会联合发出了(83)科发地字 0804 号"请支持南方山区综合考察"的文件和附件："加速开展我国南方山区综合科学考察工作预备会议纪要""南方山区综合科学考察队 1984～1988 年综合考察计划纲要"。该文发至河南、湖北、湖南、广东、广西、安徽、浙江、福建、江西等省(区)计委。文件还要求各省(区)计委等有关领导部门予以支持和指导。南方队正式接受了"中国亚热带东部丘陵山区自然资源合理利用与治理途径"综合考察研究任务，先后组成了由河南省科学院、中科院综考会、华东师范大学、中国科学院广州分院以及广西壮族自治区计委与科委主持的 5 个分队。

10月8～28日，康庆禹等前往日本访问日本国土厅。

10月12日，中央同意漆克昌按国家机关副部长待遇保证用车，不配专职秘书。

10月19日，第一次会员代表大会选举出综考会第二届工会委员会，主席：张有实，副主席：张烈、徐敬宣。

10月19日，中国科学院院务会议决定：执行 1983 年 7 月院务会议讨论决定，恢复综考会为院的直属委员会，并由科学院和国家计委双重领导。综考会的组织协调和综合研究两个部分为一套人马，人员编制总数为 360 人。

10月23～28日，在北京举行"中国自然资源研究会成立大会暨第一次中国自然资源学术交流会"，从事自然资源研究以及地学、生物学、生态学、环境科学、经济科学等方面的专家、教授、科研人员 190 多人参加了大会。其中正式代表 154 位、特邀代表 16 位，来自祖国各地 120 个单位。选举产生中国自然资源研究会第一届理事会：理事长：侯学煜，副理事长：孙鸿烈、阳含熙、陈述彭、王慧炯、李文彦、李文华，秘书长：郭绍礼。

10月21日，孙鸿烈被聘为中国科学院生物学部学科组成员。

11月14日，中国科学院致函国家计委商讨综考会名称。国家计委同意将综考会名称改为"中国科学院、国家计划委员会自然资源综合考察委员会"，并刻制相应的印章。

11月23～28日，李文华等4人赴尼泊尔出席国际山地开发中心第四届理事会会议。

11月，综考会根据国家计委建议和中国科学院长远规划要求及黄河中游水土保持综合考察队黄秉维、陈道明、侯学煜、朱显谟等14名著名科学家、领导干部的联合倡议，在承德召开了讨论黄土高原问题的会议。参加会议的有国家计划委员会国土处刘锡元，原中国科学院黄河中游水土保持综合考察队副队长陈道明，以及中国科学院有关研究所、大专院校、地方生产部门。会议讨论制定原黄河中游水土保持综合考察队整编出版计划；初步草拟了考察研究项目、计划。

11月上中旬，叶笃正副院长率领中国科学院地学部、生物学部、综考会及有关局、办人员赴乌鲁木齐，与自治区党政领导及新疆分院，共商支援开发新疆大计。11日下午，自治区党政领导王恩茂、铁木尔·达瓦买提及贾那布尔等会见叶笃正副院长一行，听取叶副院长的汇报后，王恩茂在讲话中，对50年代的新疆综合考察给予了高度的评价，一再表示感谢。对再次进行新疆考察研究寄予殷切的希望。对科学院提出的关于研究新疆开发的工作设想表示赞同。

12月1～7日，秦力生、阳含熙、孙鸿烈、李文华等8人出席在尼泊尔召开的"国际山地综合开发中心"成立典礼暨首届学术讨论会。

12月8日，国家计划委员会同意将综考会名称改为"中国科学院、国家计划委员会自然资源综合考察委员会"，并刻制相应的印章。

12月11日，中国科学院院长、院党组联席会议通过了叶笃正副院长关于支援开发新疆的报告。

12月15日，中国科学院正式向国务院提出"关于组织我院科研力量为开发建设新疆服务的情况报告"，提出4个关键性研究项目、7个重点课题、新技术应用、已有成果推广及智力支边等5大方面的任务。

12月21～23日，中国科学院叶笃正副院长在京主持召开"我院为开发建设新疆服务的科研工作座谈会"。明确：①成立开发新疆科研工作领导小组，叶笃正任组长，孙鸿烈、周立三、施雅风、王熙茂任副组长。下设总体组，建议邀请周立三、于强主持总体组工作。②在领导小组下设立开发新疆科研工作办公室。办公室设在新疆分院，在北京设一联络员。座谈会确定了11个课题的牵头单位。决定在考察工作正式开始前，先在已有工作成果的基础上，编写出"新疆资源开发与农业发展战略建议"，提供给自治区党委与政府参考。推荐周立三为主编，参加编写人员为石玉林等16人。

12月26日，南方山区综合科学考察队在广州召开了第一次计划会议。广东、广西、浙江、安徽、福建、江西、湖南、湖北等有关省区(河南省未出席)计委和科委的代表，河南科学院、综考会、华东师范大学和广州分院等各分队主持单位的领导，中国农科院区划所、广西师院、广东省韶关市计委的代表，新华社广东分社和科学报的记者，总队的学术委员严钦尚等6位老科学家，队领导及各分队专业组长，共计120人参加了会议。队长席承藩主持并致开幕词。在大会上，综考会主任孙鸿烈、副主任张有实同志讲了话。会议上确定中国科学院南方山区综合科学考察队1984～1988年的中心研究课题为"我国亚热带东部丘陵山区自然资源合理利用与治理途径的综合考察研究"。

1984 年

1984年1月5日，综考会与中国科学院情报所签署国际联机检索服务合同书。

1月16日，中共中国科学院党组，中共中国科协党组呈送关于请党和国家领导人出席竺可桢逝世十周年纪念会的请示报告。

1月17～22日，受国家计划委员会国土局的委托，中国自然资源研究会、中国地理学会、中国生态学会、中国国土经济研究会、中国环境科学学会5个单位，在广西南宁市联合召开了"我国第二次国土整治战略问题讨论会"。

1月24日，《自然与资源》成立编委会，李文华任主编，委员有冯华德等9人。

1月25日，秘书局会议处送乔石"关于请党和国家领导人出席竺可桢逝世十周年纪念会的请示"建议。可请万里、方毅、严济慈、胡愈之、张劲夫、钱昌照、周培源出席。请领导讲话，拟请科学院征求方毅意见。对此建议，乔石1月25日批示，同意即按此同各位领导联系，讲话事请方毅定。

1月，综考会上报中国科学院"关于组织我院科研力量为黄土高原的治理和开发协同攻关"的报告。

2月7日，上午10时纪念竺可桢逝世十周年纪念会在中南海怀仁堂举行。

2月16日，国家科委同意综考会创办季刊全译本《自然与资源》，公开发行。

2月27日，中国科学院叶笃正副院长在"关于组织我院科研力量为黄土高原的治理和开发协同攻关"报告中批示："黄土高原水保工作很重要，应好好搞。由于科学院力量不太大，不能像报告中规划搞，集中力量搞粗沙区，出成果。根据计委指出任务，可组织院外力量，力量放在能源重化工基地、水保工作、水资源合理利用……"

3月1日，启用"中国科学院、国家计划委员会自然资源综合考察委员会"印章。

3月3日，综考会向国家计委报送建立"国土资源数据库"的请示报告。

3月5日，综考会成立开发新疆科研工作总体组。组长周立三，副组长于强。

3月24日，综考会《中国1∶100万土地资源图》编委会发出了《中国1∶100万土地资源图》图幅拼图计划。

4月7～14日，南方、北方草地办公室联合在福建省厦门市召开"全国草场资源调查技术工作会议"。各省区市代表及特邀专家共42人出席了会议。

4月8～14日，在乌鲁木齐昆仑宾馆召开"中国科学院开发新疆科研工作计划会议"，共有98个单位205名代表到会。该会议由叶笃正与孙鸿烈两位副院长主持，自治区党政领导到会作了报告。

4月13日，经全会党员投票选举孙鸿烈、李文华、胡淑文、赵训经、张有实、康庆禹、那文俊为综考会党委委员，刘光荣、孙文线、王达荣为党委纪委委员。

4月14日，国家计委致函综考会请组织队伍对西南地区进行资源考察。

4月24日，中国科学院党组决定李文华任综考会常务副主任。

4月29日，中国科学院向四川、贵州、云南省人民政府、重庆市政府签发关于我院组织西南资源开发综合考察函。

4月30日，中国科学院党组同意赵训经兼任中共综考会纪律检查委员会书记，庄志祥任副书记。

4月，登山科学考察队在广西桂林召开了成果总结工作会议。会议由队长刘东生院士主持，讨论制定了编写《登山科学考察丛书》的具体计划。依据计划要求拟编著南迦巴瓦峰地区地质、自然地理与自然资源、生物、维管束植物、昆虫5部专著和中英文对照的画册。

4月，综考会就"1987～1992年对喀喇昆仑山—昆仑山地区进行综合科学考察"报中国科学院申请立项。报告认为：深入研究喀喇昆仑山—昆仑山地区是解决"青藏高原的形成、演变及其对自然环境和人类活动影响"这一重大理论的关键地区，也是有待开发的边防战略要地。

5月3日，中国科学院同意我会常务副主任李文华同志任人与生物圈国家委员会委员。

5月4日，综考会向国家计委、中国科学院致函承担西南地区资源考察任务，并附西南地区资源开发综考组工作计划。成立以程鸿同志为首的17人组成的西南资源开发综合考察组，5～8月进行实地考察。

5月7日，综考会第三届学术委员会成立，主任：李孝芳，副主任：张有实、程鸿，委员12人。

5月16日，中国科学院(84)科发计字0439号文批准：成立中国科学院黄土高原综合科学考察队。

5月22日，综考会三楼会议室由周立三先生主持召开"新疆资源开发与农业发展战略建议"编写组在京成员的会议，讨论明确了编写"建议"的目的、内容与进度等，编写组成员于6月份在乌鲁木齐集中，开始进行"建议初稿的编写、修改和补充"。

5～7月，黄土高原综合科学考察队组织综考会、计委国土处、水保研究所等单位以张有实为首的10

多人预察组，对黄土高原地区进行预察，以摸清黄土高原存在的主要问题，提出对国土整治的意见和建议。拟定研究内容、组织协作力量，并收集有关资料，编写预察报告。

5～8月，青藏队组织中国科学院有关研究所，以及大专院校、生产部门40多个单位的科技工作者280余人，包括40个学科，以川西地区为重点，围绕"青藏高原形成、演化及其对自然环境和人类活动的影响"这一中心，对横断山区开展综合科学考察研究。

6月15日，综考会任命沈长江为生物资源研究室主任、韩裕丰任副主任；石玉林任土地资源研究室主任(兼)、赵存兴任副主任；袁子恭任水资源研究室主任、章铭陶任副主任；那文俊任资源经济研究室主任、郭文卿任副主任；侯光良任气候资源研究室副主任；孙九林任计算机应用研究室副主任；蒋上杰任技术室主任；王广颖任图书情报资料室主任，白延铎任图书情报资料室副主任；张天光任编辑出版室副主任。

6月，经国家科委批准，中国科学院将"黄淮海平原土地资源的研究"课题下达给综考会。

6月，综考会成立以戴文焕为组长、刘广寅为副组长的人民防空领导小组。

7月25～27日，综考会在北京友谊宾馆召开《中国1∶100万土地资源图》主编、副主编会议。会议决定1985年4月召开第四次全国土地资源会议，讨论拼图、接边、审图和验收问题。

8月1日，综考会与邮电部数据通信技术研究所计算中心签订了"关于合作建立中国自然资源文献库协议书"。

8月8日，国家计划委员会关于建立国土资源数据库的复函，选择西南地区为国土资源数据库的试点。

8月14～18日，在乌鲁木齐友谊宾馆召开"新疆资源开发与生产布局研究"的领导小组扩大会议，到会人员50人。

8月21～22日，在新疆维吾尔自治区人民政府大楼，由周立三先生代表编写组向自治区党政领导与有关部门就"建议"的研究结果进行了汇报和交换意见。自治区方面出席会议的党政领导人有：祁果、李嘉玉、宋汉良、黄宝璋等。该"建议"于10月份铅印成册，经由自治区人民政府加上批语，下发给自治区有关部门及各地(州)县的政府部门，在制定"七五"规划时使用。

8月31日，中国科学院办公厅发出有关文件：关于组织颁发竺可桢野外工作科学奖几个问题；竺可桢逝世十周年纪念会具体实施意见(1983年10月15日筹备委员会第一次会议通过)。竺可桢逝世十周年纪念筹备委员会主任：卢嘉锡，副主任：裴丽生、杨士林，委员：于强等28名。筹委会下设办公室，主任：于强(兼)，副主任：韦方安、沈文雄。

9月8～14日，受中国科协委托中国自然资源研究会与中国地理学会、中国农学会、中国林学会、中国生态学会、中国环境科学学会等单位在新疆乌鲁木齐市联合召开了我国"干旱、半干旱地区农业自然资源合理开发利用学术讨论会"。

9月，中国科学院任命张有实为黄土高原综合科学考察队队长，李凯明、杜国垣、陈永宗、刘玉民为副队长。学术秘书张天曾，办公室主任刘广寅(前期是蔡希凡)。

9月，由综考会副主任李文华、"Nature & Resources"中文版编辑部主任张克钰和《科学对社会的影响》中文版负责人沈澄如一行3人组成的中国科学院出版代表团参观访问了法国巴黎的联合国教科文组织总部，双方就加强中国科学院与联合国教科文组织之间科技信息交流问题达到了共识。

10月8日，中国科学院办公厅致函国际水文计划中国国家委员会秘书处，经研究确定由综考会张有实担任副主席。

10月15日，综考会上报中国科学院、国家计划委员会"关于开展黄土高原国土整治考察研究的请示报告"。

10月22日，综考会领导和党委研究决定，设立协调处，以加强我委考察研究的组织协调工作。同时任命郭文卿任工业布局室主任，张天光任编辑出版室主任、温景春任副主任，倪祖彬任资源经济研究室副主任。

10月25日，中国科学院孙鸿烈副院长对"关于开发黄土高原国土考察研究报告"批示：此项任务系根据国家计委国土局的委托而组织的，应首先听取他们的意见；是否能够列为全院重点合同项目，要经过全院统一论证评议后才能确定，综考会应做好论证准备。

10月26日，综考会调整学位评定委员会委员：冯华德、李孝芳、孙鸿烈、李文华、张有实、石玉林、沈长江、刘厚培、那文俊、程鸿、袁子恭、朱景郊、江爱良。

11月1日，中国科学院办公厅下达"关于综考委在院部设立办公室的通知"，为便于同机关各部门的联系，经院研究决定，综考委在院机关设立办公室，联系人庄承藻（综考委办公室副主任）。

11月10日，综考会在北京万年青宾馆召开"中国国土（或自然）资源情报网"筹备会议。

11月，联合教科文组织"Nature & Resources"中文版《自然与资源》正式出版并在全国公开发行。

12月4～9日，黄土高原综合科学考察队在北京万年青宾馆召开"黄土高原地区国土整治综合考察研究工作计划会议"。中央有关部委、中国科学院、黄土高原地区各有关省（区）计委、科委、区划办、国土处及生产、科研、高校的领导和专家，以及新华社、人民日报、光明日报、科学报、科学出版社、人民画报社等170人参加了会议。国家计划委员会顾问吕克白、林业部副部长刘广远、国务院山西能源基地规划办公室副主任谢红胜、陕北建设委员会副主任杨润贵、中国科学技术协会书记处书记刘东生院士、副院长兼综考会主任孙鸿烈等出席会议并讲了话。队长张有实在大会上作"关于开展黄土高原地区国土整治综合考察研究工作的安排意见"的报告。

12月6日，新疆维吾尔自治区人民政府与中国科学院共同发出"关于成立新疆维吾尔自治区人民政府，中国科学院开发新疆科研工作联合领导小组"决定：组长宋汉良，副组长孙鸿烈，成员杨逸民、托乎提·艾力、于强、王熙茂、王文喜。

1985 年

1985年1月7日，《中国1∶100万土地资源图》编委会召开第四次土地资源图准备分工会。

1月27日至2月1日，新疆资源开发综合考察队在北京中国国际经济交流中心召开"新疆资源开发和生产布局研究"项目工作会议，汇报交流了8个二级课题的研究计划、研究内容与准备情况，部署1985～1989年的考察行动计划及时间划分，组建"新疆资源开发综合考察队"及相应的内部组织，同时总结1984年的准备工作，具体部署1985年的野外行动计划。

1月，青藏队在北京召开了横断山区综合科学考察总结与丛书编写计划工作会议，参加横断山区综合科学考察的全体同志出席了会议。会议经过充分讨论制定了《青藏高原横断山区科学考察丛书》编写计划。依据计划要求通过总结将编写39部48册科学考察丛书。同时，邀请刘东生、涂光炽等18位著名专家为《青藏高原横断山区科学考察丛书》顾问。成立《青藏高原横断山区科学考察丛书》编委会，主任孙鸿烈，副主任李文华、程鸿、佟伟、章铭陶、郑度、赵徐懿，委员25人。会上还就《丛书》设计方案和编写条例交换了意见，就西南地区和喀喇昆仑—昆仑山区综合科学考察筹备工作进行了讨论。

2月9日，中国自然资源学会在京理事会决定：根据第二次常务理事会的决议，创办《自然资源学报》，聘请侯学煜先生、冯华德先生为学报的顾问，程鸿任主编，李文华、李孝芳、赵松乔、程鸿、陈梦雄任副主编。

2月25日，中国科学院((85)科发综字0203号文件"关于成立新疆资源开发综合考察队的通知"，任命石玉林为队长，李文彦、毛德华、周嘉熹、康庆禹、沈长江为副队长。

3月1日，中国科学院新技术开发中心同意成立"中国科学院自然资源综合开发中心"。

3月4日，中国科学院、国家计划委员会(85)科发计字0153号文"关于开展黄土高原地区国土整治综合考察研究"复函综考会：这次综合考察的目的，主要应为国家编制国民经济长期计划和全国国土总体规划纲要提供科学依据。

3月15日，黄土高原综合科学考察队在北京召开1985年计划会议，传达中国科学院、国家计划委员会复函的精神；制定1985年在黄土高原东部山西省考察研究计划，并要求各专题组除提交研究简报和年度阶段成果外，还编写"黄土高原地区综合治理总体规划纲要"。

3月18日，综考会同意代管院航空遥感中心(院航空遥中心由综考会代管)。

3～6月，南方山区综合科学考察队接受国务院下达开展全国国土规划纲要中的一个专题，成立专题研究组，5个分队也组成相应的研究小组，分别对7个类型区，按统一要求进行了考察研究，并编写研究报告。

4月21～28日，《中国1∶100万土地资源图》编委会在北京回龙观宾馆召开全国第四次土地资源学术讨论会暨工作会议。参加会议的有43个单位，83名代表。

4～6月，综考会组织接待了联合国大学、国际山地协会主席杰克·艾弗斯教授及拜瑞·比绍普博士、艾尔登·贝尔斯先生访华，并联合考察云南丽江玉龙雪山地区的自然条件及其演化。

4月，重庆市和川、滇、黔、桂四省区五方经济协调会，在给国务院的报告中向党中央、国务院提出川、滇、黔、桂四省(区)地区资源丰富，位置重要，在全国具有重大战略意义，特建议开展川、滇、黔、桂地区的国土资源综合考察和发展战略研究，并请中国科学院牵头，以便给国家制定开发建设大西南的决策提供科学依据。

5月13～16日，李文华在日内瓦举行的国际自然与自然保护联盟理事会上被选举为理事会理事。

5月24日，综考会公布1984年会先进个人和先进集体名单。

5月27日至6月3日，新疆资源开发综合考察队全队315人在乌鲁木齐召开1985年野外考察会议，具体安排部署当年野外工作，协调各组行动计划。

7月1日，综考会学位评定委员会委员由冯华德、李孝芳、孙鸿烈、袁子恭、朱景郊、江爱良组成。

7月4日，国务院以(85)国函字105号文批复：开展川、滇、黔、桂地区的国土资源综合考察和发展战略研究，是开发大西南的一项重要前期准备工作，同意在"七五"科技经费中给予适当补助。请中国科学院牵头组织好这项工作，地方要积极配合，扎扎实实地做好重大建设项目的综合论证工作。

7月9～19日，南草办受农牧渔业部委托，在秦皇岛市召开了湖北、河南、贵州、江苏、天津等五省(市)草场资源调查成果验收会。

7月18日，综考会设会计室。

8月19日，综考会决定成立工资改革领导小组。组长：赵训经，副组长：李文华、张有实、庄承藻。下设办公室。

9月24日，根据1983年5月20日院务会议讨论通过的"中国科学院竺可桢野外科学工作奖"简则，决定设立中国科学院竺可桢野外工作奖委员会：主任委员卢嘉锡，副主任委员李文华、孙玉科、宋振能，委员7人，委员会的秘书处设在综考会。

10月16日，综考会为贯彻国务院批示，召集有关分院、研究所负责同志就开展"西南地区国土资源综合考察和发展战略研究"进行讨论，草拟开展"西南地区国土资源综合考察和发展战略研究"项目报告，并以(85)综业字第088号文上报中国科学院科技合同局。

10月26日至11月13日，中国科协委托中国自然资源研究会联合中国林学会林业经营分会，在福建邵武召开了"中国南方山丘综合开发利用学术讨论会"。

10月31日，综考会学位委员会审查通过上报"西南国土资源数据库、西南地区资源开发和生产力布局的初步研究探讨、黄淮海平原水源供需平衡、西藏羊卓雍湖开发利用问题"四项科研成果。

10月，黄土高原综合科学考察队承担的黄土高原地区综合考察研究列入国家"七五"重点科技攻关项目(1986～1990年)。考察研究的主要内容为3个方面：①黄土高原地区综合治理开发的重大问题研究及总体方案；②黄土高原地区资源与环境遥感调查和制图；③黄土高原地区国土资源数据库及信息系统的建立。

11月20日至12月10日，张有实等组成的农业生态考察团赴泰国访问。

11月27日，根据国务院(85)国函字105"国务院对西南四省区五方经济协调会第二次会议的报告批复"函，要求中国科学院牵头组织。中国科学院以(85)科发合字1235号文件批复，请综考会作为牵头单位认真组织好院内、外和地方的科技力量，完成好"西南地区国土资源综合考察和发展战略研究"任务。

11月，《1∶100万土地资源图》编委会在云南昆明召开拼图、接边会议，会议由石玉林主持，李立贤介绍土地承载能力研究情况和设想。

12 月 21～30 日，黄土队在北京召开 1985 年学术交流及总结工作会议。各专题组汇报了山西考察研究工作，重点通报国家"七五"攻关项目中黄土地区考察研究的要求，研究内容的调整及黄土高原地区国土整治与"七五"项目衔接等问题。

1986 年

1986 年 1 月 25 日，综考会制定出"综考会干部任免与职工调配工作暂行规定"。

2 月 12～25 日，综考会负责接待泰国科技代表团来华访问。

2 月 25 日，应国家气象局、中国气象学会邀请，江爱良参加世界气象日讨论会。

2 月，中国科学院科技合同局会同综考会在友谊宾馆召集了有关分院、研究所负责同志碰头会，对如何开展"西南地区国土资源综合考察和发展战略研究"进行座谈与分工。

3 月 1 日，中国自然资源研究会主办的《自然资源学报》正式创刊发行。

3 月 1 日，山西省人民政府聘任李凯明为山西省农业区划委员会副主任兼总工程师。

3 月 25～27 日，中国科学院主持的"七五"国家重点科技攻关项目"黄土高原综合治理"在北京吉林省驻京办事处召开可行性论证会。经刘东生等 6 位院士和 24 位专家评审，认为"报告"符合国家对"七五"重点科研项目的总体要求，掌握了黄土高原带有全局性和关键性的问题，并采取卫星、航空遥感和信息系统方法，加强了定量分析，"报告"是可行的。

3 月 27 日至 4 月 3 日，黄土高原综合科学考察队在北京召开 1986 年度学术交流及工作计划会议。会议将原定"以黄土高原国土整治为中心"的考察研究与"七五"黄土高原综合治理面上的考察任务结合起来，按"黄土高原地区综合治理开发重大问题研究及总体方案"的任务要求，认真考察研究。对研究内容进行了调整、充实。

4 月 25 日，新疆资源开发综合考察队全队人员集中于乌鲁木齐。28～30 日，中国科学院新疆队向自治区有关厅局分别汇报北疆地区的考察成果。5 月 2 日专题组从乌鲁木齐出发奔赴喀什，开始当年野外考察工作。

5 月 9 日，中国科学院推荐张有实为中国水土保持协会副理事长候选人。

5 月 11 日，新疆维吾尔自治区党委书记宋汉良在喀什色满宾馆会见了新疆队，就新疆的特别是南疆的喀什、和田与克孜勒苏三地州发展问题发表了谈话，并交换了意见。

5 月 12 日，川、滇、黔、桂、渝四省区五方经济协调会在昆明召开第三次会议，作出关于加速进行"西南地区国土资源综合考察和发展战略研究"决定。

5 月 20～30 日，西藏自治区林业厅外办聘请李文华任中美合作开展"珠峰"生态考察的技术顾问和兼职研究员。

5 月 21 日，新疆资源开发综合考察队石玉林队长向自治区党委、人大、政协、顾问委员会、政府及生产建设兵团的负责人，汇报 1985 年考察报告要点。

5 月 25 日至 6 月 20 日，综考会接待了国际山地综合开发中心流域治理负责人潘泰先生来华访问。

5 月 29 日，综考会以(86)综字第 118 号文发出关于抓紧进行"西南地区国土资源综合考察和发展战略研究"课题分解的通知。请各有关单位根据分工精神，认真做好课题分解并制定出切实的实施计划。

5 月，黄土高原综合科学考察队先后组织了有关研究所、大专院校、生产部门等共约 50 多个单位、500 多人，在黄土高原地区西部的宁夏、甘肃中部和东部、青海东部进行考察；同时，开展重点县的考察研究。

6 月 9～11 日，中国科学院在北京召开青藏高原喀喇昆仑山—昆仑山地区综合科学考察研讨会，参加会议的有科学院计划局、基金局和有关研究所、国家自然科学基金委员会、新闻等 18 个单位共 40 余人。会议由中国科学院副院长孙鸿烈主持。会上重点讨论的问题是：要重视预研究，并写好课题论证报告；要加强学科之间的横向联系，加强综合研究；要特别重视新技术、新手段的运用；队伍组织要精干，以老青藏队员为主适当带新；野外工作中要特别重视点上的工作，做到点面结合；围绕着"青藏高原的形成、演变及其对自然环境和人类活动影响"这一中心，初步确定了5个综合性子课题。

6月28日，综考会作为项目牵头单位，再次召集成都分院、昆明分院、地理研究所等院内有关单位负责人会议，就如何组织开展好"西南地区国土资源综合考察和发展战略研究"，进行了认真研究，并形成会议纪要。

7月19日，综考会上报中国科学院并孙鸿烈副院长，申请成立"中国科学院西南资源开发考察队"。

8月1日，经全国水土保持工作协调小组、水利电力部同意，增加中国科学院自然资源综合考察委员会为黄河中游水土保持委员会成员单位。

8月1日，中国科学院决定孙鸿烈任综考会主任，李文华为常务副主任，康庆禹、张有实、石玉林为副主任。

8月8日，"西南地区国土资源综合考察和发展战略研究"项目第一次工作会议在昆明召开。来自中国科学院、中央有关部委和四省区五方的130多人出席了会议。会议上宣布成立了以中国科学院副院长孙鸿烈为组长，四省区五方(年度主席方)计委负责人和常务副主任、项目负责人李文华分别为副组长，甘书龙、戴瑛、姚继光、翁长溥、庞举、刘允中为成员的项目领导小组。组成以李文华为队长，章铭陶、郭来喜、吴积善、韩裕丰、孙九林、陈书坤为副队长的中国科学院西南资源开发考察队；成立以中国科学院成都分院原院长刘允中为组长、中国科学院地理所教授吴传钧为副组长的17人专家顾问组。会议通过26个研究课题论证和考察研究计划。

8月14日，中国科学院任命伯塔侬、郭长福为新疆资源开发综合考察队副队长。

8月16日，KLTB新增综考会为硕士学位授予单位，授硕专业为人文地理学、生态学专业。

8月16日，中国科学院新增综考会为博士硕士学位授予单位，授博专业为生态学专业，授硕专业为人文地理学、生态学专业，9月4日国家学位办公室批准阳含熙为博士生导师。

8月25日，黄土高原综合科学考察队在综考会二楼会议室召开"黄土高原地区资源与环境遥感调查和系列制图"专题论证会。

8月30日，综考会与中国科学院签订国家重点科技攻关项目"黄土高原(地区)资源与环境遥感调查和(系列)制图"专题合同。主持单位中国科学院，承担单位综考会，专题负责人：陈光伟、王乃斌，参加单位地理研究所、遥感研究所、西北水土保持研究所、植物研究所、西安黄土室、北京大学、北京师范大学、西北大学、兰州大学、陕西师范大学。

9月11日，西南地区资源开发考察队在北京召开了队务研究会议。会议决定：①将西南矿产资源综合评价以及重工业基地建设和生产布局研究课题分为两部分单独进行。其中，矿产资源综合评价研究课题由中科院贵阳地化所负责主持；重工业基地建设和生产布局研究课题由中科院综考会负责主持。②开发建设引起的生态系统和环境质量变迁的预测及防治课题由贵阳地化所(主持单位)和环境生态中心(第二主持单位)共同负责。③新技术方面的遥感工作，建议选在重庆地区。④要求图集课题组尽快向各课题提供1∶400万的专业工作底图。此外，工作素图统一规定为1∶100万。⑤成立资料收集组，统一进行基础资料的收集工作。⑥对部分课题经费进行了调整。⑦经费分配采取拨款制度。各课题经费原则上分三个年度按3∶4∶3的比例分期下拨。⑧1986～1989年考察研究工作地区和时间安排如下：1986年10月至1987年1月广西地区；1987年4～6月云南地区；1987年9～11月贵州地区；1988年4～7月四川地区(含在重庆地区)；1988年8月进入总结；1989年提交研究成果。⑨研究成果是完成本项考察研究的关键。要求各课题狠抓成果，在狠抓最终成果的同时，一定要抓好阶段成果。

9月16日，综考会作为团体会员加入国际自然与自然资源保护联盟(IUCN)。

9月21～28日，农牧渔业部主持在北京召开了全国草场资源调查成果汇总工作会议。会议决定，由中国科学院综考会南草办承担《1∶100万中国草地资源图》的编制和《中国草地资源》编写任务，同时作为第二承担单位协助北草办承担《中国草地资源统计册》《中国草地饲用植物》《中国草地资源图片集》的编制任务。

9月24日，山西省聘任李凯明为山西省技术经济研究中心副主任。

9月24日，中国科学院批准成立中国科学院西南资源开发考察队。队长：李文华，副队长：章铭陶、郭来喜、吴积善、陈书坤、韩裕丰、孙九林。

9月25~28日，综考会和农业区划委员会共同主持在北京召开第一次土地承载能力会议。参加会议的有张肇鑫、石玉林、刘巽浩、韩湘玲、李世奎等13人。

9~11月，应李文华邀请，西德梅田兹大学地理系教授多姆雷斯来华访问。

10月27日，综考会聘请英国陆地生态研究所所长杰弗斯为名誉顾问。

10月20~25日，阳含熙、李文华、赵献英赴巴黎参加人与生物圈计划国际协调理事会第九次会议。

10月30日，综考会制定出"关于综考会在职人员国内培养教育的暂行规定"。

11月8日，"青藏高原隆起及其对自然环境和人类活动影响的综合研究"获中国科学院科技进步特等奖。

11月29日，中国科学院成立"中国科学院资源研究委员会"，孙鸿烈任主任委员。

11月，康庆禹参加国家计委国土开发与整治考察团出访法国和西德。

12月16~18日，纪念中国科学院自然资源综合考察委员会成立三十周年学术讨论会在北京回龙观饭店举行。来自全国从事自然资源综合科学考察研究的150多个单位420名代表出席了会议。中国科学院院长卢嘉锡，副院长周光召、孙鸿烈，国家计划委员会副主任徐青，中国科协书记处书记刘东生，水电部咨询顾问谢家泽，中国科学院院士黄秉维、吴征镒、施雅风以及中国科学院组织的综合考察队队长、副队长、老专家也出席了会议。宋平、杜润生、卢嘉锡、严东生、郁文、李昌、秦力生、徐青、孙鸿烈为庆祝大会题词。宋平题词："继续做好自然资源调查研究工作，为国民经济建设和社会发展服务"；杜润生题词："我国自然资源只有经过科学考察、科学开发、科学利用，才能做到物尽其用、地尽其利，我们的工作是十分重要的，很有成效的"；卢嘉锡题词："发挥我院多学科、多兵种、多层次的综合优势，加强自然资源的综合研究，为我国社会主义现代化建设服务"；严东生题词："发挥多学科优势，把自然资源研究提高到一个新阶段"；郁文题词："查清祖国资源，服务四化建设"；李昌题词："踏遍青山查资源，建设祖国第一功"；秦力生题词："查清资源，提出方案，规划中华山河"；徐青题词："综合考察，战略研究"；孙鸿烈题词："提高综合研究水平，发展资源科学，为我国资源的开发利用保护做出新贡献"；漆克昌题词："加紧改革综合考察工作，更好地为资源开发和国土整治服务"；于光远题词："六十年前在制定我国十二年科学规划期间建立起综考会十分正确。这一事的战略意义到现在看得特别清楚。我国国土开发需要坚实的科学成果为基础。而科学是老实学，只有花大力气坚毅不拔地长期工作才能取得我们所需要的丰硕成果。综考会三十年来积累起来的成果，是极为宝贵的。现在的任务：一是在实际工作中很好地利用这些成果，使它们发挥重要作用；二是为了国土开发的需要，做更大规模更细致更深入的研究。在庆祝综考会成立三十周年之际，我向创建这个机构的竺可桢同志致敬，向三十年中奋斗在自然资源综合考察研究的同志致敬"。同时还收到了有关省区、研究所、大专院校发来的贺信和贺电。会上副院长兼综考会主任孙鸿烈作了"回顾过去，展望未来"的报告，卢嘉锡院长、徐青副主任发表了热情洋溢的讲话。有18位科学家在大会上就部门资源科学领域和地区的考察研究、自然资源综合研究的理论和方法、自然资源研究与国土整治工作中需要解决的重大问题、地区性自然资源综合开发、持续利用和自然资源研究发展趋势作了学术报告。

12月2~5日，张有实赴巴黎参加联合国教科文组织国际水文计划（IHP）工作组会议。

12月20日，综考会聘请荷兰国际航测与地球科学学院校长毕克先生和ITC开发中心主任冯·登·布鲁克先生为名誉教授。

12月22日，中国科学院研究决定成立中国科学院黄土高原综合治理考察研究协调领导小组。

1987 年

1987年1~6月，黄土高原综合科学考察队"黄土高原地区资源与环境遥感调查和系列制图"组织落实攻关计划，签订四级专题合同。在原三级合同课题分解基础上，采用自报公议形式，根据各单位的科研力量及专业条件确定各子专题承担单位。根据合同书统计，参加本专题的科研人员147人。四级合同签订后，成立了专题的技术总体组。具体负责专题计划实施工作。技术总体组组长王乃斌，成员沈洪泉、赵存兴等 9 人，学术秘书李家永。

2 月 18~21 日，南方山区综合科学考察队在北京召开第二次计划会议。参加会议的有国家计委国土局、河南省科学院、综考会、华东师范大学、中科院广州分院、广西壮族自治区计委、科学出版社和北京晚报等单位的代表，总队正副队长、部分学术委员、各分队正副队长和各主要课题的负责人等，共 64 人。会议由席承藩队长主持。冷秀良副队长作了题为"发扬成绩，再接再励，把我国亚热带东部丘陵山区的综合科学考察工作进行到底"的工作报告。各分队就 1986 年考察研究工作中所形成的观点、建议和新的发现及其意义，进行了汇报交流。中国科学院副院长兼综考会主任孙鸿烈到会并讲了话。

2 月 24 日，中国科学院任命朱成大为综考会副主任。

3 月 10 日，孙鸿烈兼任中国人与生物圈国家委员会主席。

3 月 11~16 日，青藏队在北京召开了"喀喇昆仑山—昆仑山地区综合科学考察"第一次工作会议。会议由孙鸿烈副院长主持，就队伍组织、预研究、专题论证和制定研究计划，协调落实 1987 年度野外考察路线和有关规章制度等进行了讨论。会上成立了由孙鸿烈总负责的研究项目组。经中国科学院批准孙鸿烈为中国科学院青藏高原综合科学考察队队长，郑度、武素功、潘裕生为副队长。

3 月 21 日，中国科学院批准增补程鸿为西南地区资源开发队副队长，孙九林辞去副队长职务。

3 月 28 日至 4 月 10 日，赵训经、王德才、张君佐赴荷兰短期访问。

4 月 14 日，自然资源学会在北京召开"土地资源专业委员会成立大会"。参加会议的共 35 个单位、51 名代表，收到有关土地资源研究论文 20 篇，在大会发言的有 24 位同志。会议选举了石玉林为主任委员的土地资源专业研究委员会，挂靠在综考会。

5 月 25 日至 6 月 3 日，千烟洲红壤丘陵综合开发试验站接待了联合国教科文组织、粮农组织、开发计划署等驻华代表和联邦德国、英国等生态专家来访和考察。

5 月，综考会提出"认真改革，开创自然资源考察研究工作的新局面的改革方案"。

5 月，南方草地资源调查办公室在北京前门科学院招待所召开会议，转发中国草地分类系统划分标准、草地资源调查内业总结分专业组实施方案、中国草地资源统计汇总计划、中国草地资源专著编写计划、中国草地主要饲用植物手册编写的函。

6 月 10 日，黄土高原综合科学考察队在北京舰船研究院招待所召开了"1：50 万遥感制图规程"审查会议。参加会议的有刘东生院士等 8 位专家和中国科学院资环局的陆亚洲、吴长惠、张琦娟，综考会康庆禹、黄兆良和技术总体组全体成员。王乃斌代表技术总体组作了"1：50 万遥感制图规程（草案）"的报告。

6 月 21~24 日，南草办在西安召开《中国 1：100 万草地资源图》样图试编会议。

6~9 月，青藏队按 4 个课题组织了来自 17 个单位，19 个专业的 68 名科技工作者分 6 个行动组，先后对中巴公路和新藏公路沿线及其周围地区的帕米尔高原东缘、西昆仑山区和喀喇昆仑山区进行了考察，并组织了两个分队，分别对藏北高原无人区和乔戈里峰地区进行了综合科学考察，队部设在叶城。

7 月 28 日，中国科学院发文[(87)科发办字 0903 号]"关于黄土高原综合科学考察队领导成员任职的通知"，决定调整和充实黄土队领导力量。队长张有实，副队长孙惠南、郭绍礼、杜国垣、刘毓民、陈光伟。

8 月 13 日，新疆资源开发队综合考察石玉林队长向自治区党政领导与有关部门重点汇报了塔里木河绿色走廊的保护与塔里木河水资源合理分配和利用、天山中段山地保护与建设和艾比湖的生态环境保护等专题考察研究的结论与意见。石玉林队长又代表考察队专程去吐鲁番与哈密，向两个地区的领导及有关部门进行了当年考察结果的口头汇报。

9 月 2~8 日，《1：100 万草地资源图》编委会在新疆乌鲁木齐天山饭店召开《中国 1：100 万草地资源图》编制工作会议。各省、自治区、直辖市《草地资源图》的主要编绘人员及特邀专家和有关单位的领导共 66 人参加会议。

9 月 18 日，孙鸿烈、杨生、赵士洞、关志华、黄家宽一行 5 人访问朝鲜。

11 月 14~17 日，《中国 1：100 万草地资源图》编委会在北京大佛寺内蒙古宾馆召开了编制技术会议。审查通过《中华人民共和国 1：100 万草地资源图》的编辑规范。

11 月 24 日，综考会成立综考会老干部工作领导小组，在人事干部处下设老干部科。

1987 年，巫溪草地畜牧生态系统试验站经过长期的调查研究，提出并倡导"北羊南调"的设想，得到有关方面的采纳。

1987 年，四川省省长张皓若到巫溪草地畜牧生态系统试验站考察参观指导工作。

1988 年

1988 年 1 月 6～8 日，中国自然资源研究会在北京召开了"第二届会员代表大会暨学术讨论会"。选举产生了第二届理事会、常务理事会。理事长：孙鸿烈，副理事长：李文华、李文彦、陈家琦、张新时、包浩生、杨树珍，秘书长：陈传友，办公室主任：丁树玲。

1 月 10 日，综考会研究决定，研究室改革调整换届：成立工业布局室，主任：郭文卿，副主任：林发承。计算机应用研究室更名为国土资源信息研究室。

1 月 11 日，综考会研究室改革、调整和换届：生物资源研究室主任韩裕丰，副主任黄文秀；土地资源研究室主任石玉林，负责人陈百明；水资源研究室主任章铭陶，负责人何希吾；气候资源研究室主任侯光良，副主任卫林；资源经济研究室主任倪祖彬；工业布局研究室主任郭文卿，副主任林发承（1989 年 2 月 1 日任命姚建华为副主任）；国土资源信息研究室主任孙九林，负责人韩群力；编辑出版室主任张天光，副主任温景春；综合分析测试室主任牛喜业，副主任梁春英；遥感组组长王乃斌。

1 月 9～24 日，石玉林参加国家计划委员会国土整治考察团赴美国访问。

1 月 27～30 日，南方山区综合科学考察队在北京召开了重点考察地区成果交流会。由队长席承藩主持会议。中国科学院副院长兼综考会主任孙鸿烈、国家计委国土局覃定超局长到会讲话。会议共收到 22 项考察研究成果，采取分组讨论并提交会议进行评议。

2 月 6 日，漆克昌因病在北京逝世。

2 月 8 日，中国科学院任命石玉林为综考会常务副主任、李文华任副主任。

2 月 26 日，根据中国科学院(88)科发党字 007 号文"关于转发中组发〔88〕2 号文件的通知：任命陈百明为土地资源研究室副主任；何希吾为水资源研究室副主任；韩群力为国土资源信息研究室副主任；王旭任业务处副处长；霍明远为自然资源综合开发中心副主任。

2～3 月，南、北草办在北京修改、审定中国草地分类系统。会议邀请贾慎修教授参加。会后由苏大学起草完成"中国草地类型的划分标准和中国草地类型分类系统"，并经农业部畜牧总局审定下发全国各省草地资源内业总结参照执行。

2 月下旬，黄土高原综合科学考察队在舰船研究院招待所召开了"黄土高原地区资源与环境遥感调查和系列图"专题、子专题负责人会议，总结 1987 年的工作，交流系列制图工作的经验，布置 1988 年的工作及制图进度要求。

3 月 22 日，黄让堂被中国科学院资源环境局聘为院科学技术进步奖资源环境专家评审组成员。

3 月，综考会制定了"综考会机关职能部门职责范围（试行条例）"。

4 月 5～8 日，综考会与欧洲共同体（EEC）科研与发展合作研究中心共同在北京召开"科学技术在可更新资源管理中的作用的评价与预测"国际学术讨论会。

4 月 6～12 日，南草办在山东烟台市华侨宾馆召开山东、江西、北京、安徽、浙江等五省（市）的省（市）级草地资源调查成果验收会。

4 月 6 日，西南资源开发考察队常务副队长章铭陶，向四省区五方经济协调会第五次会议汇报"西南地区国土资源综合考察和发展战略研究"项目研究一年来的进展情况。

4 月 22～30 日，青藏队在中国科学院合肥分院召开喀喇昆仑山—昆仑山地区综合科学考察第二次工作会议。总结 1987 年度科学考察工作；进行阶段成果的学术交流；讨论落实 1988 年度科学考察计划。24 个单位，64 名科学工作者出席了会议。中国科学院副院长考察队队长孙鸿烈主持了会议。副队长郑度同志汇报 1987 年考察工作。

4 月 28 日，沈长江、郭绍礼被中国国际沙漠化治理培训中心聘为委员。

5 月 11 日，综考会党委换届，赵训经任党委书记，朱成大任副书记。

5 月 20 日，《西南地区资源开发与发展战略研究》编辑委员会成立，主编李文华，第一副主编程鸿，执行副主编章铭陶，副主编杨生、吴积善、陈书坤、郭来喜、韩裕丰。

5 月，黄土高原综合科学考察队要求各研究组在重点地区（陕北水土流失产沙多沙区、晋陕蒙能源基地建设区、关中及渭北地区等）就重点问题（侵蚀产沙机理、人为侵蚀、能源基地建设及环境问题、粮食问题、农村经济问题等），进行深入考察研究。

6 月 1～7 日，南草办在四川成都市召开了全国草地资源调查内业总结编图工作会议。

6 月 17 日至 7 月 2 日，综考会邀请联合国教科文组织-荷兰国际航测与地球科学学院开发中心主任、会名誉教授冯·登·布鲁克来华访问。

6 月 26 日至 7 月 20 日，综考会邀请英国陆地生态研究所生态专家科林·巴尔和土壤专家哈罗普访华，并到千烟洲考察。

7 月 14 日，农牧渔业部转发了关于"中国 1：100 万草地资源图编图工作会议纪要"的通知。

7 月 14 日，中国科学院批准建立九连山中日友好森林生态研究中心。

8 月 12 日，综考会制定了"领导成员工作守则"和"机关工作人员守则"。

9 月 17 日，九三学社北京市第七届委员会第一次常务会议，任命程彤为九三学社北京市委员会农林部工作委员会副主任。

8 月 25 日，综考会试行"关于整顿劳动纪律的暂行规定"。

8 月 28 日，"青藏高原隆起及其对自然环境和人类活动影响的综合研究"，获 1987 年国家自然科学奖一等奖。

9 月 9～24 日，综考会邀请瑞士及第三世界多学科研究协会主席彼德·古勒力博士和 P·里博士来华访问，并到千烟洲红壤丘陵综合开发治理试验站考察。

9 月 20～29 日，综考会邀请荷兰国际航测与地球科学学院院长、会名誉教授毕克和联合国教科文组织-国际航测与地球科学学院开发中心主任、会名誉教授冯·登·布鲁克来会讲学，并到千烟洲红壤丘陵综合开发试验站和吉泰盆地考察。

9 月，召开《中国草地资源》专著编写会议，讨论编写《中国草地资源》专著的指导思想、章节结构组成、字数、编写组织分工和撰稿时间等事宜。会后转发了农牧渔业部关于《中国草地类型的划分标准》和中国草地类型分类系统的通知。

10 月 25 日，综考会成立资源战略研究组，任命何希吾为组长。

10 月 26 日，综考会领导决定成立"资源开发部"，王振寰兼开发部主任，统一管理会资源开发工作。

11 月，石玉林等 5 人赴苏联进行考察访问。

11 月，黄土高原综合科学考察队在舰船研究院招待所召开了"黄土高原地区资源与环境遥感调查和系列制图专题"年度第二次协调会议。主要议题是：①各专题图组汇报本年度遥感制图进度、经验和存在问题；②土地利用、土地资源、森林类型、草场资源四个图组协调已完成草图的图斑界线，依据地学、生物学分异规律，共同修改有异议斑块界线，使其满足系列制图规程要求；③总体组检查了各图组成图质量，并提出一些带有共性的指导性意见；④讨论面积量算的方法及统计精度要求。

12 月 11～15 日，《中国 1：100 万草地资源图》编委会在西安海军办事处招待所召开了《1：100 万中国草地资源图》样图审定会。

1988 年 12 月至 1989 年 4 月，综考会主持由国际山地综合开发中心开展的山区农林发展项目选定在拉萨河谷曲水县和四川省米易县为典型研究点。

1988 年，中国科学院副院长孙鸿烈以及综考会领导先后到千烟洲视察。

1988 年，中共中央政治局委员、四川省委书记杨汝岱前往巫溪草地畜牧业生态系统试验站考察参观。

中国科学院孙鸿烈副院长率几位著名科学家和院部有关领导视察巫溪草地畜牧业生态系统试验站。

1988年，全国农业气象资源和农业气候区划研究，获国家科学技术进步奖一等奖。

1989 年

1989年1月9日，中日友好森林生态研究中心落成典礼在江西龙南县古坑举行。

1月18日，综考会与瑞士第三世界多学科研究协会签署合作进行红壤丘陵综合开发治理试验研究意向书。

2月1日，国家科学技术委员会发出了"关于开展青海可可西里综合科学考察工作的通知"，由国家科委、中国科学院、国家环保局、青海省人民政府共同立项，重点支持。成立了以宋瑞祥省长（班玛丹增副省长）为组长，孙鸿烈副院长、金鉴明副局长为副组长的领导小组，下设办公室，中国科学院和青海省成立了可可西里综合科学考察队。

2月10日，中国科学院江西省千烟洲红壤丘陵综合开发治理试验站成立。

2月23日，综考会任命李文华为千烟洲试验站站长，程彤为常务副站长，蒋世逵为副站长；孙炳章为办公室主任，孙文线为办公室副主任。

2月25日至3月4日，可可西里综合科学考察队在青海省西宁市召开了第一次考察队队长会议，武素功、张以弗、李炳元、温景春、丁学芝出席了会议。会议讨论制定了"青海可可西里地区综合科学考察计划"，安排了1989年预察工作。会议期间青海省省长宋端祥接见了考察队的负责人。

3月8～13日，《中国草地资源》专著编委会会议在北京解放军总后呼家楼招待所召开，研究确定编写提纲和编写人员。廖国藩任主编，许鹏、刘起任副主编，常务编委有章祖同、周寿荣、祝廷成、苏大学、孟有达、李守德。

3月20日，综考会决定，生物资源研究室一分为三，成立林业资源生态研究室，韩裕丰任主任，赖世登任副主任；农业资源生态研究室，刘厚培任主任，蒋世逵任副主任；草地与畜牧生态资源研究室，黄文秀任主任，田效文任副主任。土地资源研究室与遥感组合并成立土地资源与遥感应用研究室，陈百明任主任，王乃斌任副主任，黄兆良任主任助理兼业务处处长；苏人琼任水资源研究室副主任；孙九林任国土资源信息研究室主任；陈国南、谢立征任图书资料室副主任。

3月，中国科学院全文发表了中国科学院国情分析研究小组拟定的第一号国情报告内容提要。

3月，李文华赴尼泊尔工作并出席4月举行的山地环境会议。

4月1日，在中国科学院二楼会议室召开了第一次青海可可西里地区科学考察领导小组会议。国家科委副主任蒋民宽，社会发展司司长邓楠，青海省省长、领导小组组长宋瑞祥，副省长班玛丹增，中国科学院副院长、领导小组副组长孙鸿烈，国家环保局副局长、领导小组副组长金鉴明等参加会议。会议由宋瑞祥主持，就可可西里地区综合科学考察计划、国际合作和紧急救援等问题进行讨论。蒋民宽指出，这是一次进入无人区的探险性考察、考察队安全进去，平安出来就是胜利。考察队队长武素功、李炳元、温景春列席会议。

4月21日至6月19日，可可西里综合科学考察队由李炳元、张以弗、李树德、丁学之等10人组成的预察组，对青海可可西里无人区进行预察。

4月25日，中国科学院任命武素功为可可西里综合科学考察队队长，张以弗、李炳元、温景春、丁学之为副队长。

4月25～29日，青藏队在北京召开了喀喇昆仑山—昆仑山综合科学考察第三次工作会议。出席会议的有：国家自然科学基金委员会主任唐敖庆，副主任胡兆森、师昌绪、王仁，秘书长黄坚，地球科学部副主任沈文雄、张知非，地理学科组负责人郭延彬等。中国科学院副院长兼青藏队队长孙鸿烈，资源环境局副局长杨生，国土处副处长孙俊杰等，国家自然科学基金委员会邀请的专家评议组成员刘东生、陈述彭、肖序常、姜春发、李吉均，中国科学院新疆科研工作开发办公室主任赵本立，地质研究所副所长易善锋，综考会副主任张有实和全体考察队员，以及协作、合作单位，出版和新闻部门代表计74人。会议由青藏队队长孙鸿烈主持，汇报1987～1988年野外科学考察及研究工作进展情况，各课题内和课题之间的成果交流，讨论今后工作安排。在25日的大会上，郑度副队长作1987～1988年考察工作汇报。

5月16日，在乌鲁木齐召开的自治区"八五"规划思路讨论会上，新疆资源开发综合考察队石玉林队长作了"新疆资源开发与生产布局"的研究报告。

5月至8月31日，青藏队为完成西藏自治区"一江两河"中部流域地区资源开发和经济发展规划，组织了包括经济、工业、交通、水利、地质、农学、农业、气候、土地资源、农田水利、林业、草场、畜牧和计算机等专业48名科学家对"一江两河"中部流域地区进行野外考察。

6月5～15日，综考会邀请以原苏联乌兹别克共和国科学院院长为团长的苏联乌兹别克、哈萨克斯坦、吉尔吉斯坦、土库曼斯坦的科学家一行13人来华访问，并到新疆考察。

6月24～28日，澳大利亚罗科沃堤农学院应邀来综考会进行学术交流。

6月10日，西南地区资源开发考察队常务副队长章铭陶向四省区五方经济协调会第六次领导小组会议汇报了"西南地区国土资源综合考察和发展战略研究"项目的总结工作。

6月23日，经国家人事部批准，石玉林获1988年有突出贡献的青年科学家。

7月3～28日，中国科技展览会在莫斯科举行，综考会开展的"国土整治综合考察"作为参展项目参加展出。展出了综考会历年组织的考察队和目前开展的国土整治的综合考察项目：黄土高原综合治理开发研究、新疆资源开发与生产布局研究、西南地区国土资源综合考察和发展战略研究、我国亚热带东部丘陵山区自然资源合理利用与治理途径考察研究。

7月，黄土高原综合科学考察队黄土高原地区资源与环境遥感调查和系列制图专题、技术总体组，根据TM图像和区域分异规律，对山西、河南、陕西、内蒙古、青海、甘肃和宁夏等省区进行了线路检查和典型地区抽样制图检查。

7月10日至8月15日，中法合作沿新藏公路沿线从叶城到狮泉河进行考察，法方13人（含医生1人），中方12人参加。按构造地质、地球化学、古地磁、第四纪地质和生态地理5个组活动。

8月9日，中国科学院决定将"区域开发前期研究"作为科学院特别支持的领域之一，并成立了以孙鸿烈为主任，石玉林、杨生、胡序威为副主任的专家委员会，委员15人。其任务是：研究区域经济、社会的总体发展战略与布局，经济、社会、资源、环境的协调发展，资源开发与环境治理的方向、途径，为院区域的持续发展适时提供宏观决策的科学依据。现阶段的研究着重在以下各类地区：在全国有重要战略地位的经济开发区；近期国家将重点开发的地区；生态环境严重破坏，有待治理的地区；重大自然改造工程所涉及的地区。该专家委员会办公室设在综考会。1991年1月20日院资环局任命康庆禹为办公室主任，副主任孙俊杰、冯雪华。

8月31日，李文华前往瑞士担任客座教授。

8月，综考会主任基金资助建立《中国1：100万土地资源图》数据库，由石竹筠负责。

9月28日至10月31日，中巴合作考察喀喇昆仑山—昆仑山，中方10人，巴方8人，按计划考察了巴方一侧的喀喇昆仑山公路沿线。

11月20～25日，在北京解放军总后呼家楼招待所召开了由中国草地资源图编委会、顾问、主编、副主编、秘书、样图幅幅长和制印、出版社单位的代表及有关人员参加的工作会议。研究样图的修改，交流各片编图的进度和经验，决定图面配置和着色方案。进一步明确上交成果图的要求，研究说明书的编写，片与片之间图幅的协调和接边工作。

11月1日，莒南县人民代表大会常务委员会任命冷秀良为莒南县人民政府副县长。

11月25日，中国科学院任命田裕钊为综考会副主任。

11月，石玉林等6人赴俄罗斯进行考察。

12月5～8日，新疆维吾尔自治区人民政府与中国科学院在乌鲁木齐联合主持召开了"新疆资源开发与生产布局"研究成果汇报会与鉴定会，就总报告与15个专题研究报告做了汇报。

1990 年

1990 年 1 月 2 日,《中国科学报》发布 1989 年中国科学院的十大研究成果,其中第 4 项为"新疆资源开发与生产布局研究"。指出"这是中国科学院为贯彻落实中央关于开发新疆与大西北战略设想,从 1984 年开始进行的一项大型地区性综合考察研究项目"。

3 月 9 日,中国自然资源研究会与中国科学院资源研究委员会在北京召开了"中国南方草山、草坡开发利用学术座谈会"。就南方草山草坡的范围以及自然地理特点,南方草山草坡利用现状,南方草山草坡的综合开发利用进行了讨论。

3 月 12~14 日,由中国科学院申请,经国家科委、中国科学技术协会批准,中国青藏高原研究会在北京召开了第一届会员代表大会暨学术讨论会。来自全国长期从事青藏高原研究的 150 名科学工作者出席了会议。全国人大副委员长阿沛·阿旺晋美,地矿部部长宋瑞祥,西藏自治区副主席毛如柏,青海省副省长班玛丹增,中国科学院副院长孙鸿烈,中国科协书记处书记刘东生,中国藏学研究中心总干事多杰才旦出席了开幕式。刘东生院士在大会上作了"青藏高原环境和资源研究回顾与展望"的报告。会议选举产生了第一届理事会,阿沛·阿旺晋美为名誉理事长,刘东生为理事长,王海、毛如柏、孙鸿烈、多杰才旦、罗通达、郑度、章铭陶为副理事长,温景春为秘书长,办公室主任冯雪华。

3~6 月,按中法合作研究喀喇昆仑山-昆仑山计划,中方派 6 名科学家赴法有关实验室参加分析、测试和研究工作。

3 月 14~25 日,张有实赴法国参加国际水文计划政府间理事会第九届会议。

4 月 6 日,中国科学院院长周光召、副秘书长张玉台、办公厅主任李云玲等视察千烟洲试验站。陪同周院长视察的有江西省副省长陈葵尊,省政府山江湖办主任唐楚生、副主任吴国琛,吉安地区行署专员付国祥,综考会副主任田裕钊,以及泰和县的主要领导。试验站常务副站长程彤向周院长汇报了建站以来的工作和近期研究进展与发展方向。周院长充分肯定了千烟洲试验站的成绩,并题词:"向艰苦奋斗开发治理红壤丘陵的同志们致敬"。

4 月 27 日,中国科学院下达 1990 年综考会全民所有制固定职工和合同制职工人数计划 370 人。

4 月,青藏队受西藏自治区计委和西藏"一江两河"开发办的委托,对艾马岗地区进行规划设计工作,参加规划的有农业、气候、农田水利、林业、畜牧、草场、土地等专业 14 名科研人员参加。

5 月 20 日,青海可可西里地区综合科学考察领导小组在西宁市召开第二次会议。会议由领导小组组长青海省副省长班玛丹增主持,领导小组成员办公室主任高天舒,领导小组成员办公室副主任杨生代表领导小组副组长孙鸿烈副院长,办公室副主任傅立勋,国家环保局陶思明,青海科委主任殷永章,综考会副主任康庆禹,中国科学院资环局国土资源处副处长孙俊杰,考察队队长武素功,副队长张以弗、李炳元、温景春出席了会议。会议听取了武素功队长关于野外考察工作计划和野外工作准备情况的汇报。野外考察从 5 月下旬到 8 月中旬进行,参加人员 68 人,包括 30 个单位,27 个专业,设地质、地理、生物、新闻 4 个业务组,一个车队,一个驻格尔木联络处。领导小组同意考察队的野外工作计划和具体安排。出席会议的同志参加了 5 月 21 日青海省党政领导在省科技馆前举行的欢送中国可可西里综合考察队出发仪式。

5 月 28 日,田裕钊接待了卫星遥感技术在资源开发中的作用、区域性研究技术援助项目专家默罕·桑德拉拉贾因先生来会访问。

6 月 5 日,孙鸿烈副院长视察巫溪红池坝人工草地养畜试验区。

6 月 15~30 日,综考会接待了蒙古国科学院植物研究所所长 N. 乌里吉呼特格为团长的蒙古科学家代表团来华访问。

6 月 29 日,石玉林接见了世界银行代表团安德森先生。

6 月,中法喀喇昆仑山-昆仑山合作考察在巴黎举行的第一次双边学术讨论会,中方项目组 14 名成员参加,提交论文 11 篇。

7月，在北京香山中国科学院植物园招待所组织全国各省（区）编图人员集中编绘1：100万中国草地资源图。

8月23日，可可西里综合科学考察队68名队员返回西宁市，青海省人民政府在西宁宾馆举行了隆重的欢迎仪式，称赞考察队在考察区地质和地理特征、自然区域分异规律、生物区系的组成及自然环境的演化有了全面的认识，为建立可可西里自然保护区立下了丰功伟绩；中国科学院副院长胡启恒也在欢迎会上讲话，她赞扬这次科学探险考察，是科学考察探险史上少有的。

8月26日至9月23日，中法合作对中巴公路沿线（喀什—红其拉甫）地区进行考察。中方科研人员12人，法方11人（含医生1人），后勤及驾驶人员21人，涉及构造地质、新构造及地层古生物、岩石地球化学及同位素地质、古地磁、地貌及第四纪地质、自然地理与植物生态专业，野外考察大体按5组活动。9月17～24日，由法方3名、中方2名前往甜水海取回1989年在该地安装的仪器和孢粉采集资料。同时还支持大地电磁测深专业对新藏公路和中巴公路沿线的考察。

8月31日，综考会邀请国际山地开发中心主任福兰克·塔格博士来华访问。

9月10～30日，综考会邀请英国牛津大学国际开发中心和法国国家科学研究中心耶斯特博士来华访问，并前往拉萨、日喀则参加青藏队农牧区农村经济发展典型研究预察工作。

9月20日，综考会团委换届。

11月8～9日，南方山区综合科学考察队在中国科学院和国家计委主持下，由第一副队长那文俊向以刘东生为首的成果鉴定委员会作了考察研究成果汇报。鉴定委员会认为该项成果内容丰富，资料翔实，论点鲜明，论据充分，工作量和工作难度均很大，综合性强，丰富了我国南方山区研究内容，为综考事业做出了重要贡献。

11月16日，可可西里综合科学考察领导小组副组长孙鸿烈向国务委员、国家科委主任宋健就可可西里野外综合科学考察情况和下一步工作计划做了汇报。宋健指示下一步的室内研究、总结工作要抓好，最终所需经费请国家科委和有关部门核实协调解决。

11月23日，可可西里综合科学考察领导小组在北京召开第四次工作会议。会议由领导小组组长青海省副省长班玛丹增主持，武素功作了专题汇报。会议一致认为，这次考察圆满完成了野外考察任务，转入室内总结要拿出高水平的科研成果。领导小组并发出"关于加强青海可可西里综合科学考察资料管理"的紧急通知，指出：可可西里考察队在两年的考察工作中取得了大量的标本、数据、图片和录像资料。这些资料均是完成各项成果即"自然保护区可行性论证报告""考察画册""考察录像片"及专著报告的原始素材，极为珍贵。在未完成各项报告之前，上述资料任何单位和个人不得通过任何渠道流传国外，以免影响成果的质量与发行。

11月，自然资源研究会和中国水利学会在北京联合召开"中国不同类型地区水资源供需矛盾的实质与对策"座谈会，重点讨论：①全国水资源供需矛盾的实质与对策；②华北水资源、黄土高原水资源、西南地区水资源、北京市水资源供需矛盾的实质与对策。

12月4日，在北京林业大学国际交流服务中心召开，《中国1：100万土地资源图》成果鉴定会。鉴定委员会认为，《中国1：100万土地资源图》编制是成功的。它具有首创性、系统性与综合性的特点。在我国这样大面积和复杂条件下建立的土地资源分类系统与土地资源统计体系和编制的图件，处于国际上同类研究的领先水平。

12月18～21日，中国自然资源研究会、国家计委国土司、国务院发展研究中心预测部、中国科学院资源研究委员会、综考会等7个单位在北京联合召开"中国西部地区资源开发与发展战略学术讨论会"，全国人大副委员长费孝通、原农业部部长何康、中国科学院副院长孙鸿烈等100多名专家、学者和有关部门负责人出席了会议。大会收到论文70多篇。大会建议书在《经济参考报》全文发表。

12月24日，国家计委、国家科委和中国科学院等主管部门组成"国家'七五'重点科技攻关专题验收委员会"，对"黄土高原地区资源与环境遥感调查和系列制图"专题进行了全面地验收。

12月，南方山区综合科学考察队向中国科学院和国家计划委员会报送"南方山区综合科学考察工作总结"。

1990年，"黄土高原（安塞试验区）遥感调查与信息系统研究"，获国家科学技术进步奖三等奖。

1991 年

1991年1月23日，国家计划委员会国土局给综考会发来"关于我国亚热带东部丘陵山区综合考察成果发挥作用问题的反馈"的验收意见如下：国家计划委员会国土综合开发司1991年1月对南方山区综合科学考察队在反馈文件中确认南方队考察成果贴近实际经济生活，发挥了积极作用，主要表现在：①指导和推动考察地区内的国土资源的合理开发利用，在促进地区经济发展的同时，生态环境也受到重视和保护，例如在江西省千烟洲和河南省商城等；②为考察地区的地方政府和计划工作部门编制国土规划，制定国民经济和社会发展中、长期和某些专业规划、计划提供了较为翔实、系统的资料，并为地方政府经济管理工作的科学决策提供了可供选择的建议与方案；③通过考察和开发治理的试点，提出了适合当地实际的开发模式，启迪了人们的思想，开拓了视野，提高了科研水平，增强了人们开发建设山区的信心，这些都产生了较好的社会效益；④通过这项考察工作，同时还为科学研究工作和与经济管理工作更好地结合，创造了可资借鉴的经验。另外，此课题涉及9个省区，在一些重大的、带共性的、涉及大范围的问题上提出的成果，都将在研究区域性的开发治理问题及制定适应于当地实际的经济政策方面发挥积极的作用。

1月28日，中国科学院研究决定：孙鸿烈副院长兼任综考会主任，石玉林任常务副主任，杨生、朱成大、田裕钊、孙九林任副主任。

2月10日，中国科学院资源环境局任命康庆禹为区域前期专家委员会办公室主任，孙俊杰、冯雪华为副主任。

2月27～28日，中国科学院在北京召开黄土高原综合科学考察队成果鉴定会和验收会。鉴定委员会由主任刘东生，副主任陈述彭、罗来兴，委员朱显谟等8名著名专家组成。

3月5日，综考会任命陈百明为土地资源与遥感应用研究室主任、王乃斌任副主任；关志华任水资源研究室主任、姚治君任副主任；李继由任气候资源研究室主任、王其冬任副主任；蒋世逵任农业资源生态研究室主任、成升魁任副主任；李飞任林业资源生态研究室主任、廖俊国任副主任；黄文秀任草地资源与畜牧生态研究室主任。

3月29日，西南地区资源开发考察队承担的"西南地区国土资源综合考察和发展战略研究"项目通过中国科学院组织验收。

4月，中国科学院"区域发展研究"专家委员会对中国科学院有关研究所申报的项目进行评审，最后确定了第一期11个特别支持项目，完成时间1991～1993年。

4月，中国科学院地学部在北京召开了有部分学部委员（现院士）和有关部门10位专家学者出席的"我国资源潜力、趋势与对策——关于建立资源节约型国民经济体系的建议"咨询报告，中国科学院地学部授权中国科学院国情分析研究小组起草该咨询报告。

4～10月，"黄河上游沿岸多民族经济开发区中长期发展战略研究"项目组，进行实地考察研究。

5月29日，综考会保密领导小组和保密委员会进行调整。

5月，南方草地资源调查办在北京大钟寺宾馆召开了西藏自治区草地资源调查成果验收会。

5月，中国科学院在北京图书馆主办"七五"攻关课题——黄土高原综合治理成果展览会。

5～8月，青藏队受西藏自治区"一江两河"开发建设委员会的委托，组织农业、水利、畜牧、草场、土地、能源、工业、交通、经济、地热、旅游等30多名科学家对"一江两河"地区进行考察。同时承担了"江当农业开发区"的综合性研究工作，并组织12个专业25名科技人员开展全面研究。

1991年5月至1993年5月，"长江中游地区资源开发与产业布局"项目开展考察研究。1993年6月完成"长江中游沿岸产业带建设"报告的编写，8月份通过专家委员会验收。

6月13日，综考会成立开发工作董事会，董事长：杨生，副董事长：朱成大。

1991 年 6 月至 1993 年 5 月，"东南沿海地区外向型经济发展与区域投资环境综合研究"项目开展考察研究，并完成"闽粤沿海地区外向型经济发展与区域投资环境综合研究"报告的编写。1993 年 8 月通过专家委员会验收。

7 月 20 日，综考会接待国际科联理事会(ICSC)世界数据中心(WDC)专家委员会主席为团长的访华代表团。

8 月 2 日，农(牧草)字第 167 号文，关于召开《中国 1∶100 万草地资源图》编审工作会议的函，于 8 月 15～20 日在北京中国农业科学院招待所继续组织全国有关专家对西南片、青藏片、东南片及内蒙片图幅进行审查和修改。

8 月 5 日至 9 月 6 日，青藏队潘裕生、王东安、蔡希凡赴新疆喀什联系召开国际会议的有关事宜。与新疆分院外办、开发办等商谈会议的筹备事项，并做了初步分工。潘裕生、王东安等还沿中巴公路喀什—红其拉甫山口做了 20 天的野外预察工作，为会议选择了 38 个旅行考察点。

8 月，国家科委批准，千烟洲试验区被列入国家农业科技攻关试验示范区。10 月，常务副主任石玉林到千烟洲进行为期 15 天的考察，对千烟洲试验站建设提出 5 点意见，要求将千烟洲建设成为试验、示范、培训和野外考察的基地。

8 月，国家科委、国家计委、财政部在北京展览馆主办"国家'七五'科技攻关成果展览会"。黄土高原"综合治理"项目，居展览会第一展区。江泽民、李鹏等党和国家、军委领导人参观了展览。

8 月，中国科学院国情分析研究小组根据国情报告撰写的台词脚本"撼人的回声"在中央电视台播出。中共中央政治局常委李瑞环为该片题写了片名。

9 月 3 日，综考会研究决定撤销教育外事科，教育外事工作由业务处具体领导。

9 月 13～20 日，综考会和黄土高原综合科学考察队在延安主办了"中国黄土高原地区环境治理与资源开发国际科学讨论会"，参加会议的有美国、英国、澳大利亚及我国台湾省的专家、教授共 7 名，中国大陆代表近 80 名。近 60 名中外专家在大会、小会作了学术报告，交流讨论。

10 月 23 日至 11 月 2 日，孙鸿烈副院长和国家计委农经司边秉银副司长共同率领的国家七部委院专家咨询组赴西藏"一江两河"地区进行考察。孙鸿烈副院长在拉萨饭店召集了在藏参加"一江两河"综合开发规划的综考会人员座谈，讨论科学院在西藏建站的有利条件和存在困难。

10 月 26 日，综考会主编的《中国 1∶100 万土地资源图》获中国科学院科学技术进步奖一等奖。

10 月 27 日至 11 月 1 日，中国自然资源研究会与中国人与生物圈国家委员会、广东省韶关市人民政府，在韶关市召开"热带亚热带地区资源开发与对策国际学术研讨会"，来自全国 12 个省(区、市)及国外代表约 80 人出席了会议，共收到论文及摘要 50 余篇，28 位代表在会上用英语宣读了论文。

10～12 月，青藏队受西藏自治区林芝地区行署的委托，承担了"尼洋河流域资源开发与经济发展综合规划"研制工作，并组织农业、林业、畜牧业、土地、水利、经济能源、交通、工业和旅游及河道治理等专业 40 余名科学家对尼洋河流域进行了实地考察。

11 月 7 日，西藏"一江两河"委聘陈传友为西藏自治区"一江两河"开发规划领导小组办公室总工程师。

11 月 9 日，石玉林任资源与农业发展综合研究中心主任。

12 月 28 日，孙鸿烈、阳含熙当选为中国科学院院士。

12 月，中国青藏高原研究会、中央电视台、西藏自治区科学技术协会、中国科学院资源环境局、综考会、青藏队、中国体育旅游公司、中国科学探险协会等单位为庆祝西藏和平解放 40 周年，在北京联合举办"我心中的西藏"知识竞赛活动。

12 月，黄土高原综合科学考察队"黄土高原地区综合治理开发重大问题研究及总体方案"，基本完成 42 部成果，其中包括专著 21 部、重点县规划 9 部、阶段成果 2 部、论文集 3 部、数据集 3 部、大型画册 1 集以及简要报告、气候图等各种专业图 40 幅。

1991 年，"新疆资源开发与生产布局"获国家科学技术进步奖三等奖。

1992 年

1992 年 2 月 26 日，国家环保局依据国家科委宋健主任的指示，在环保局二楼会议室召开建立青海省可可西里自然保护区可行性专家论证会，并通过专家论证。可可西里综合科学考察队队长武素功，副队长温景春、李炳元出席会议。

2 月，"大福州地区外向型经济发展与投资环境综合研究"作为"东南沿海地区外向型经济发展与区域投资环境综合研究"项目的独立课题，列入中国科学院〈区域开发前期研究〉第一期项目。该课题由综考会主持，同福建省福州市计划部门合作，成立由郭文卿负责的 10 人课题组，于 1992 年 2~8 月对闽东南福州市域进行考察研究。

3 月 3 日，综考会调整安全委员会，主任：朱成大，副主任：贯秋德、赵东方。

4 月 7 日，中国科学院下达综考会职工计划总数 375 人。

4 月 13 日，为落实中国科学院孙鸿烈副院长的指示，在喀喇昆仑山—昆仑山国际学术讨论会会议临近时，青藏队派郑度、蔡希凡、林振耀去新疆乌鲁木齐市，在新疆分院领导、外办、开发办的大力支持下，对会议的筹备工作又做了详尽的布置和安排，并与新疆自治区政府办公厅、外办、公安厅、长途运输公司等单位取得联系，自治区政府副主席毛德华表示，全力支持开好这次会议，并愿到会听取中外科学家的学术报告。

4 月 18 日，蔡希凡、林振耀和分院外办雪克来提再次去喀什，将自治区政府下达的有关这次会议的文件送交喀什地区专署、科委、外办和公安局等单位，得到地方的大力支持。

4 月 23 日，综考会第五届学术委员会成立，石玉林为主任委员，沈长江、章铭陶为副主任委员。

5 月，青海可可西里考察队在青海省西宁市青海宾馆召开"可可西里考察队学术交流和成果汇报审查会"，各专业汇报研究成果，领导小组副组长孙鸿烈副院长出席了会议。

5 月，"Nature & Resources"中文版正式停刊。

6 月 6~16 日，青藏队组织的"中国喀喇昆仑山—昆仑山国际学术讨论会"按计划在新疆喀什举行。出席会议的中外科学家共 148 名，其中有 71 名来自法国、德国、美国、瑞士、英国、巴基斯坦、意大利、俄罗斯等国家，中国科学家中有 1 名来自台湾。国家自然科学基金委员会孙枢副主任主持了开幕式并致词。中国科学院孙鸿烈副院长代表中国科学院向大会表示祝贺，阐述了中国科学院对青藏高原形成演化、环境变迁和生态系统研究的思路，欢迎加强国际合作交流。法国宇宙研究院院长贝华尔先生和副院长奥贝尔先生也在会上讲了话，称赞科学家们为推动人类文明进步所做出的贡献。国家自然科学基金委员会胡兆森副主任在会上表示，中国国家自然科学基金委员会愿意为发展国际合作而努力，支持对青藏高原的进一步研究。有 19 名科学家在大会上作了学术报告，其中中法两国科学家各 6 名，特邀其他国家的科学家 7 名。

6 月 21 日至 7 月 5 日，应中国科学院邀请荷兰国际航测与地球科学学院(ITC)W. H. De Man 博士来华访问，与综考会就"区域规划与区域发展的综合调查与土地资源评价"进行研究，并在孙九林陪同下实地考察千烟洲生态站。

6 月 23 日，中国科学院党组决定杨生为综考会代理党委书记。中国科学院批准综考会列为院 56 个试点试行人事、工资配套改革试点单位。

6 月，中国科学院在人民大会堂召开的全体院士大会上，中国科学院国情分析研究小组组长周立三院士将第 2 号国情报告打印稿 3 本呈送周光召院长，周光召院长就在主席台上转呈江泽民总书记。江泽民总书记批示，请部级以上负责同志阅。

7 月 28 日，孙鸿烈副院长在西藏农业生态试验站建站申请报告上批示："攀登计划要求 5 年内拿出像样成果，不能因选址占用太多时间"，"要尽快设计一个优化模式，即农、林、牧合理结构布局。站址一确定，就按此模式种上各种作物、林木、草等"。要"尽可能多的同时进行观测，以取得必要的科学资料"。"先拿出试验成果，为当地提供一种可供推广的好样板，这样今后会陆续得到支持"。

8月，国家科委批准将"青藏高原形成演化、环境变迁与生态系统研究"列入国家"八五"攀登计划。

8月，综考会领导召集专门会议，听取千烟洲试验站情况报告，讨论关于千烟洲试验站建立研究实体的方案。会上落实了人员调配等具体事项，程彤为千烟洲试验站站长，蒋世逵、游松财为业务副站长，谭新泉为行政副站长。同年12月，中国科学院批准千烟洲站加入"生态系统研究网络(CERN)"。

9月5日，中国科学院任命慈龙骏为综考会副主任。

9月11日，"西南地区国土资源综合考察和发展战略研究"项目通过专家组鉴定。

9月14日，国家科委聘任孙鸿烈副院长为"青藏高原形成演化、环境变迁与生态系统研究"项目首席科学家。

10月，国家科委批准成立"青藏高原形成演化、环境变迁与生态系统研究"项目专家委员会，项目科学家孙鸿烈，委员10人，项目办公室主任冯雪华。

11月，竺可桢纪念铜像揭幕仪式在九一七大楼举行，胡启恒副院长、郁文、黄秉维、石玉林、童庆禧等出席仪式。

11月23日，西藏拉萨农业生态试验站选址工作组向综考会领导、学术委员会汇报，提出达孜农场作为生态定位站站址的意见，得到了与会领导、专家的赞同。

11月30日，综考会"图书资料室"更名为"资源与国情文献馆"。

12月5日，中国科学院资源环境局主持，在北京翔云楼宾馆召开了"黄土高原地区资源与环境遥感调查和系列制图研究"成果鉴定会。

12月18日，李文华应联合国粮农组织邀请担任联合国粮农组织亚洲地区流域综合治理高级培训顾问，并兼任尼泊尔的流域综合治理首席顾问。

12月17～18日，"青藏高原形成演化、环境变迁与生态系统研究"项目(以下简称青藏高原项目)，在首席科学家孙鸿烈院士主持下召开项目课题论证会。

1992年，巫溪红池坝草地畜牧业生态试验站与俄罗斯农业物理研究所达成互助交流协议，并派团对该所进行了友好访问。

1992年，中国科学院院士考察组对巫溪红池坝草地畜牧业试验站进行了考察，并题词对试验站的工作给予鼓励；孙鸿烈院士题词："合理开发南方草场，积极建设山区牧业，潜心研究生态科学"；黄秉维院士题词："红池坝这类地域，发展畜牧业是合理的发展方式，1988年的决定是正确的决定，而今后的工作是循着正确的方向进行的，希望坚持下去，成为开发西南同类地域的先驱"；吴传钧院士题词："开发巫溪山区，建设高山牧场，是一个艰苦而光荣的任务，祝你们不断取得胜利"；阳含熙院士题词："树立一个南方高山牧场的样板"。

1992年，中华人民共和国1：100万土地资源图的编制与研究，获国家科学技术进步奖二等奖；中国亚热带东部丘陵山区自然资源合理利用与治理研究，获国家科学技术进步奖三等奖。

1993 年

1993年1月13日，中国科学院党组决定杨生同志为综考会党委书记。

1月，孙鸿烈主任就综考会的方向、任务发表讲话。综考会实行工资改革。

1月，首届综考会全体职工代表大会成立，主席：何希吾，副主席：李廷启、唐天贵，委员：王其冬、姚华、王善敏、李俊和、程彤、倪祖彬。

2月4日，中国科协通知，同意中国自然资源研究会更名为中国自然资源学会。

2月11～13日，中国青藏高原研究会、中国藏学研究中心、西藏自治区"一江两河"开发建设委员会办公室联合在北京召开了"西藏自治区'一江两河'中部流域地区资源开发与经济发展学术讨论会"。

2月17日，综考会任命张谊光为西藏拉萨农业生态试验站站长，廖俊国和许毓英为副站长。

2月24～26日，在北京召开"中国自然资源学会第三届会员代表大会暨学术讨论会"，来自中央有关部门、科研机构、高等院校和各省、自治区、直辖市资源研究单位的 80 余名代表参加会议。收到论文 40 余篇。大会除开展学术交流外，还选举产生了全国第三届理事会。秘书长：陈传友，副秘书长：丁树玲、王勤学，办公室主任丁树玲。下设 9 个专业委员会，干旱区资源与环境专业委员会，全国山地研究专业委员会，热带、亚热带地区专业委员会，资源信息专业委员会，土地资源专业委员会，资源持续利用与减灾专业委员会，青年工作委员会，教育工作委员会。

2 月，中国科学院国情分析研究小组以周光召院长的名义向中共中央政治局以上领导呈送了第 2 号国情报告。

3 月 6～8 日，中国人民解放军西藏军区后勤部部长（甲方）、法人代表王顺和与自然资源综合考察委员会副主任（乙方）、法人代表石玉林签定协议书，甲方同意乙方在甲方的达孜农场建立中国科学院西藏拉萨农业生态试验站，并在该场划出 60 亩土地长期无偿提供乙方统筹安排试验用地、观测用地和生活用地使用。双方确认：拉萨农业生态试验站是军民共建生态试验站。

3 月 18 日，中国科学院成立"区域开发前期研究"第二届专家委员会。主任：孙鸿烈，副主任：陆亚洲、郑度，委员 10 人；办公室设在综考会，办公室主任：谭福安，副主任：赵桂久、冯雪华。

3 月 28 日，中国科学院决定在达孜建立拉萨农业生态试验站。综考会和南京农业大学协作人员抵达达孜农场，进行生态站的本底调查、规划布局与试验研究设计，建站正式开始。

4 月 2 日，在国家计委国土地区司的主持下，自然资源学会理事长、常务副理事长、秘书长具体组织编撰的《中国自然资源丛书》编委会议在广西南宁召开。8 种资源分册和 27 个省区市分册的编委、综考会、中国计划出版社的代表 50 余人参加会议。丛书共 42 册，约 1500 万字。

4 月 29 日至 5 月 6 日，中国青藏高原研究会在四川省成都召开"青藏高原与全球变化"学术讨论会。中国科学院院士刘东生、施雅风、孙鸿烈、李吉均、张新时、陈俊勇、张彭熹、滕吉文、李廷栋等院士出席了会议。

4～8 月，中国青藏高原研究会组织中日雅鲁藏布江中游科学探险考察，4～8 月考察雅鲁藏布江中上游，8～9 月考察下游。

5 月，自然资源学会在北京开办了第一期"土地估价师资格培训班"，来自全国各地的 50 余位学员参加了培训。

5 月 2 日，中国自然资源学会、中国农学会、北京农业大学、中国气象学会、中国农业科学院在北京农业大学联合召开"气候、自然灾害与农业对策国际学术讨论会"。包括美国、英国、德国、俄罗斯、奥地利、匈牙利、以色列、巴基斯坦、菲律宾、澳大利亚和中国 11 个国家的 70 多名科学家参加会议。

5 月，中瑞双方就合作出版"AMBIO"中文版的具体事宜达成协议，决定从 1993 年第 7 期起出版该杂志中文版。

7 月，在中国科学技术协会学会部支持下，由中国自然资源学会牵头在贵州省贵阳市召开了"全国喀斯特地区农业发展问题学术讨论会"。与会代表 100 余人，收到学术论文 94 篇。

7 月，中国自然资源学会和宁夏回族自治区科协在宁夏银川市联合召开"干旱区环境整治与资源合理利用国际研讨会"，来自美国、日本、德国、墨西哥、苏丹、叙利亚、荷兰、澳大利亚、蒙古、巴基斯坦等国的 20 位科学家与中国科学家共 100 余人参加会议，有 18 位中外科学家在大会上作报告，40 余位科学家在分组会议上进行交流。

7 月，"AMBIO"中文版编辑部正式成立，李文华教授任中文版主编，张克钰任编辑部主任。

8 月 1 日，拉萨农业生态试验站（LAES）气象观测场建成，正式开始观测记录。

8 月 9～12 日，"区域开发前期研究"第一期项目验收会在长春召开。

8 月 16～27 日，拉萨农业生态试验站接待前来参观考察的第一个外国代表团——以丹麦环境部耐尔斯·布德戈德教授为首的丹麦代表团一行 3 人。

9 月 21 日，中国科学院任命孙鸿烈担任中国生态系统研究网络建设项目经理，赵士洞、朱成大担任项目副经理。

9月，综考会与澳大利亚阿得雷德大学签定合作协议。

11月4～7日，综考会邀请瑞典皇家科学院秘书助理兼法律顾问和外事秘书来会访问。

11月，瑞典皇家科学院行政总干事 K-I. Hillerud 和外事秘书 O. G. Tandberg 到我会，与综考会副主任孙九林分别代表双方在协议书上签字。

11月，拉萨农业生态试验站学术委员会经综考会批准成立，顾问：孙鸿烈、卢良恕，主任委员：李文华，委员14名。

12月13日，中共福州市委组织部任命郎一环为福清市科技副市长，卫林为罗源县科技副县长。

1993年，巫溪红池坝草地畜牧生态系统试验站与新西兰土地保护研究所和草地研究所建立了合作关系，进行了互访，并开展了人员培训。

1994 年

1994年1月6～8日，中国科学院"区域开发前期研究"第二次专家委员会会议暨第二期项目论证会在北京召开，20个预选项目代表逐一进行了报告和答辩，最后专家委员会确定11个项目为中国科学院"区域开发前期研究"第二期特别支持项目，其执行期限为1994～1996年。

1月7日，综考会调整学位委员会，主席：孙鸿烈，副主席：石玉林、慈龙骏。

1月，国家科委正式批准《人类环境杂志》(AMBIO)中文版创刊并在全国公开发行。

2月17日，生态网络系统工程综合中心基建领导小组成立，组长：朱成大，副组长：孙九林、顾群。

3月2～3日，在兰州召开了"青藏高原形成演化、环境变迁与生态系统研究"项目专家委员会会议，听取了各课题、专题组汇报，落实1994年工作计划。

3月19日，江西省省长吴官正委托副省长黄懋衡教授与胡启恒副院长、副院长兼综考会主任孙鸿烈院士会谈，协商解决千烟洲试验站共建问题，达成专门划出一部分土地由试验站长期使用和成立试验区管理委员会等4点协议。同年12月26日，综考会主任赵士洞、江西省山江湖办主任吴国琛和吉安地区行署副专员谢华强签署协议，重申千烟洲试验区为中国科学院和省、地共建、共管，综考会可无偿使用千烟洲核心试验区(1400亩)50年用于试验研究。

3月，"AMBIO"主编 E. Kessler 和出版编辑 B. Kind 应邀来华访问。

4月8日，国家土地管理局聘石玉林为第二届科学技术委员会委员。

4月15～29日，赵士洞赴英国伦敦出席联合国环境开发计划署召开的全球生物多样性编目与监测研讨会。

4月18日，中国科学院批准建立拉萨农业生态试验站。

5月7日，综考会调整保密领导小组和保密委员会。

5月18日，西藏自治区人民政府副主席杨松赴拉萨农业生态试验站参观。

5月24日，中国科学院下达综考会1994年人员控制数为354人。

5月24～26日，中国青藏高原研究会在北京召开了第二届会员代表大会暨学术讨论会。选举产生了第二届理事会和常务理事会。刘东生为理事长，孙鸿烈为常务副理事长，王富洲、白玛、李吉均、李廷栋、杨传堂、欧泽高、郑度为副理事长。何希吾为秘书长，邓万明、冯雪华、林振耀为副秘书长，冯雪华兼办公室主任。调整了研究会的专业委员会组成，修改了研究会章程，讨论了第二届理事会工作要点。同时邀请了21位科学家和有关领导在大会上作了报告。

6月3日，国家科委人事劳动司任命施慧忠为中国驻朝鲜使馆一秘。

6月6日，西藏自治区"一江两河"开发建设办公室主任加保、副主任孙英杰，区计经委副主任刘志昌，区科委主任洛嘎、副主任陈正荣，区农牧林委副主任哈旺罗布，拉萨市副市长李逢春等到拉萨农业生态站参观。

6月，为了加快《中国草地资源》专著编写进度，农业部畜牧兽医司领导研究决定，由苏大学代替廖国藩主编主持《中国草地资源》的编写工作。

7月11～12日，孙鸿烈院士与综考会副主任赵士洞一行与西藏自治区副主席杨传堂等座谈。杨传堂副主席表示："如果孙院士不介意的话，自治区政府将把拉萨生态站作为科委的一个单位，一样给他们布置任务，一样检查他们的工作，一样地给予方方面面的支持。"并在西藏军区冯兰群参谋长、军区后勤部副部长杨刚林等陪同下，视察拉萨农业生态实验站及其所在的 56101 部队达孜农场。孙鸿烈在讲话中指出，生态站仪器设备安装、试验布置与生态系统研究网络要求一致，起点较高，吸收各方面人士来站研究有利于提高水平，开放的路子很对。

7月15日至8月15日，慈龙骏赴美国华盛顿大学就中国时空系统进行短期研究。

7月，国家科委邀请中国科学院、地矿部、地震局、气象局、测绘局和高等院校6大系统十几位院士、专家开会，传达了宋健同志对新华社内参的指示，并请孙鸿烈院士牵头组织到会科学家、专家共同起草一个青藏高原研究的长远规划和"九五"计划；以孙鸿烈院士为首的科学家就青藏高原长远规划和"九五"计划向国家科委有关部门做了汇报。宋健同志总结时肯定了这一规划和计划，并责成国家科委组织实施。

8月19日至9月16日，应美国加州大学邀请，青藏高原项目第四、第五专题研究（包括拉萨农业生态试验站在内）的中国科学院青藏高原科学考察团一行5人对美国 Berkeley、Davis、Losangeles 和 Cornell 大学以及内华达沙漠、科罗拉多大峡谷、Hubbard Brook 森林生态站等进行了访问。

8月24日，中国科学院任命赵士洞为综考会主任，孙九林、杨生为副主任。

9月16日至10月10日，以李吉均院士为组长，张青松、崔之久、林振耀和唐亚组成的青藏项目科研组赴巴基斯坦进行有关"中巴喀喇昆仑山—克什米尔地质和生态合作研究"。

9月18日，国家计委、中国国际工程咨询公司率领的建设部、地矿部、铁道部、交通部、农业部、中国科学院、中国社会科学院、北京有色金属设计总院等13个单位的20余名领导和专家，根据西藏自治区计经委的安排，参观了拉萨生态站和达孜农场。

11月6日，综考会与瑞典皇家科学院签订《人类环境杂志》中文版合作协议。

11月28日，西藏军区王顺和副司令员在听取拉萨农业生态试验站年度工作汇报后说："没有科研，生产就不能持续发展"。"我们这个生产科研基地，既要推动生产发展，又要把基础研究搞上去"。"我们的态度是充分理解、关心你们，积极支持你们"。同时，《光明日报》第二版发表"高原上的科学之光"，报道拉萨农业生态试验站取得的成绩和存在困难。

12月14日，中国科学院任命朱成大为巡视员。

12月19日，受国家科委委托，中国科学院成立以李廷栋院士为组长的专家评估组，对"青藏高原形成演化、环境变迁与生态系统研究"项目进行了中期评估。

12月，中国科学院国情分析研究小组以周光召院长的名义向中共中央政治局呈送了第3号国情报告。

1994年，综考会与巫溪县人民政府签订合同，明确了巫溪草地畜牧业生态试验站 2000 亩土地的使用权。

1994年，中国自然资源学会受国家计委委托，承担了南水北调中线调水量计算的任务，通过组织有关专家计算完成了这一任务，提出中线调水 145 亿 m³ 的参考方案，同时也指出调水必须进行江汉中下游的补偿措施。

1994～1995年，巫溪红池坝草地畜牧生态系统试验站与新西兰土地保护研究所（Landcare Research）合作进行"中华人民共和国四川省长江三峡地区土地利用适宜性研究"课题（新西兰外贸部资助），并与新西兰土地保护研究所所长 W. Harris 等专家共同对红池坝及其相关地区发展集约性草地畜牧业生产的可能性进行考察和分析研究。

1995 年

1月17～19日，拉萨农业生态试验站邀请中国生态网络综合中心、中国科学院地理研究所、北京林业大学五位专家就生态系统网络研究、生态系统的养分循环、农田生态系统能量输入、群体光合作用和潜在产量形成、光合生态生理研究进展、农业小气候学问题进行了专题讲座。

1月，中国科学院(1995)第一次院士专题报告会在北京召开，报告会的主题是中国科学院国情分析研究小组编写的第4号国情报告：《机遇与挑战——中国走向21世纪的经济发展目标和发展战略研究》。

2月17日，拉萨农业生态试验站邀请了禹城生态站和综考会的水文、水资源专家座谈，探讨拉萨站的水文研究工作。

2月22日，中国科学院为了充分发挥我院区域研究的综合优势，对国家和地区的持续发展战略决策提供科学依据和建议，决定成立"区域持续发展研究中心"。主任孙鸿烈，副主任陆亚洲、郑度、陆大道、何希吾，委员17人。办公室设在综考会，主任冯雪华。

2月22日，中国科学院任命孙鸿烈为区域前期研究中心主任，何希吾任副主任，董锁成任秘书长，冯雪华任办公室主任。

2月23日，《中国资源科学百科全书》编写工作会议在京举行。会议决定，由中国自然资源学会等5单位主办，委托孙鸿烈组织编委会，办公室设在综考会。

3月3日，经综考会领导研究决定撤销行政处和技术条件处，成立国有资产处和综合服务中心。

3月3~4日，在内蒙古呼和浩特市召开《中国草地资源》编写和《中国1：100万草地资源图》出版会议。

3月10日，综考会领导决定，孙鸿烈为会第六届学术委员会主任，赵士洞为常务副主任，李文华、石玉林为副主任。

3月13日，综考会颁布会务会议制度。

3月27日，孙九林为东亚海域协作体专家工作组成员。

3月31日，颁布"综考会义务献血管理条例"。

4月19~21日，"青藏高原形成演化、环境变迁与生态系统研究"第二届年会在北京香山召开。会议收到论文170篇，130名科学家出席会议，围绕"青藏高原环境变迁问题"进行了大会交流和讨论。中国科学院副院长陈宜瑜出席了大会。

5月8日，石玉林当选为中国工程院院士。

5月29日，国家武警总后勤部张振远副部长一行参观访问拉萨农业生态试验站和达孜农场，称赞西藏军区军民共建生态站"是一个远见的决策"。

6月8~10日，《中国资源科学百科全书》编委会常务委员会第一次会议在北京翔云楼宾馆举行。

7月5日，中国科学院京区党委任命谭福安为综考会党委副书记，中国科学院任命郭长福为综考会副主任。杨生、王乃斌当选中国地理学会遥感分会第四届理事会理事。

8月2日，解放军总后军需部部长梁贻斌少将率领的总部工作组，在成都军区后勤部军需部部长陆洪天大校、西藏军区副司令员董桂山少将和后勤部副部长杨刚林大校等陪同下，视察拉萨农业生态试验站和达孜农场，对场、站合作取得的成绩感到由衷地高兴。

8月6日，刚闭幕的西藏自治区第五次党代会新当选的书记陈奎元等党政军15位主要领导人，视察拉萨农业生态试验站和达孜农场。

8月15~22日，中国青藏高原研究会与青海省科学技术委员会联合举办的"青海省资源环境与发展"学术讨论会在西宁市召开。

10月4日，综考会遥感组从土地资源与遥感应用研究室内分出，组建遥感应用研究室，主任王乃斌、副主任陈光伟；撤销分析室，组建资源开发技术研究室；国土资源战略研究室更名为国情研究室。

10月19日，1995年度何梁何利基金颁奖大会在国宾馆举行，孙鸿烈获"科学与技术进步奖"，奖金10万港币。孙鸿烈将该项奖金分别捐献给青藏高原研究会和综考会各5万港币，用于成立专项基金奖励青年科技工作者为科学技术进步所作的贡献。

10月，综考会受西藏自治区政府和昌都地区行署的委托，编制"西藏昌都地区'三江'流域农业综合发展规划"，组织规划组，并对规划区进行了预察。

11 月 24 日，中国自然资源学会与中国地理学会等单位在北京联合召开"生态系统建设与持续发展学术讨论会"，参加会议的代表 56 人，收到论文 46 篇。

12 月 4 日，综考会老科协召开第三届理事会。

12 月 15 日，庞爱权获"中国科学院留学经费择优支持回国工作基金"资助。

12 月 19 日，颁布"综考会职工住房管理条例"。

12 月，应西藏自治区科委的要求和中国青藏高原研究会的指派，林振耀和成升魁赴拉萨，就编写《西藏 21 世纪议程》与有关部门讨论，形成编写大纲。

1995 年，西南地区资源开发与发展战略研究，获国家科学技术进步奖二等奖。

1996 年

1996 年 1 月 1 日，综考会开始建立住房公积金制度。

3 月 18～23 日，赵士洞作为 START 常务委员赴美国华盛顿出席第 10 次 START 常务委员会会议。

3 月，赵士洞被选为全球气候陆地监测系统 CTOP 及指导委员会委员，任期三年。

4 月 1～14 日，在兰州召开"青藏高原形成演化、环境变迁与生态系统研究"项目学术讨论会。会议由首席科学家孙鸿烈院士主持。中国科学院刘东生、施雅风、李吉均、程国栋四位院士在大会上就"迎接青藏高原研究最佳期"作专题发言。

4 月 3 日，综考会召开方向、定位问题讨论会，中国科学院下达 1996 年综考会职工控制人数 332 人。

4 月 5 日，李家永被国家土地管理局聘为特邀土地监察专员。

4 月 25 日，为期 3 年的中日"亚热带森林生态学和防沙学的合作研究"合作协议签订，中方项目负责人为李昌华。

5 月 3 日，综考会党委青年工作委员会成立。

5 月 4～22 日，拉萨农业生态试验站站长张谊光，西藏自治区'一江两河'开发办公室主任次登彭措和达孜农场场长张洪林一行应国际山地中心的邀请，对国际山地中心总部和尼泊尔就有关农业问题进行了考察访问。

5 月 3～10 日，李文华率《人类环境杂志》编辑部人员赴瑞士就杂志中文版出版合作进行协商访问。

5 月 5 日，综考会成立庆祝成立 40 周年筹备委员会。

5 月，综考会 MIS 建设通过会自检验收。

1996 年 6 月至 1997 年 8 月，综考会为编制"西藏昌都地区的'三江'流域农业综合发展规划"，组织区域开发、农学、草地、畜牧、林学、水利、水能、水文、农业气候、农业经济、工业经济学 12 个专业，成立以章铭陶和成升魁为首的 16 名科学家组成的规划组，对昌都'三江'地区进行了全面的野外考察，10 月进入规划总结阶段，1997 年 6 月完成送审稿。

6 月，赵士洞被选为 GTOS 指导委员会委员。

6 月，生态研究网络千烟洲站建设项目全面竣工。

7 月 22～25 日，中国科学院区域持续发展研究中心"第三期区域持续发展研究"第二期项目验收与第三期项目评审会在北京召开。会议由评审专家委员会主任孙鸿烈主持，验收第二期的 11 个项目，听取审议 15 个研究所提出的 39 个项目申请报告。专家委员会确定 9 个项目为第三期区域持续发展研究特别支持项目，研究期限 3 年。

7 月，颁布"综考会优秀青年基金实施条例"，成立优秀青年基金奖评委会，名誉主任：孙鸿烈，主任：赵士洞，副主任：谭福安、孙九林。

8 月 1 日，中国科学院下达 1996 年综考会事业费分配指标 374.32 万元。

8 月 1 日，中国科学院任命成升魁为综考会副主任。

8 月 6 日，新任西藏军区司令员蒙进喜少将、政委胡永柱少将、副司令员和志光大校、副政委龚勋宗少将、副政委多嘉大校等，在军区后勤部杨登和部长、杨刚林副部长等的陪同下视察拉萨农业生态试验站和达孜农场。

8月23日，在拉萨参加全国科技援藏会议的国家科委韩德乾副主任在西藏自治区杨松副主席、军区副司令员王顺和以及中国科学院协调局佟凤勤副局长、综考会主任赵士洞的陪同下，视察了拉萨农业生态试验站和达孜农场。

9月10～13日，赵士洞应邀赴日内瓦参加"全球实地观测系统会议"。

9月16日，综考会学位委员会评审通过齐文虎、熊利亚、成升魁、钟耳顺、肖平、欧阳华为博士生导师。

9月16日，为庆祝综考会成立40周年，卢嘉锡、宋健、陈锦华、钱正英、徐冠华、王春正、武衡、郁文、陈宜瑜、孙鸿烈为综考会题词。卢嘉锡题词："发展资源科学，持续做出贡献"。宋健题词："系统研究资源，保障持续发展"。陈锦华题词："实行可持续发展战略，查清保护用好自然资源"。钱正英题词："加强资源研究，为国家宏观规划提供科学依据"。徐冠华题词："加强资源综合研究，为可持续发展作贡献"。王春正题词："进一步加强自然资源研究，为经济和社会发展做贡献"。武衡题词："发挥综合优势，提高专业水平"。郁文题词："团结奋斗，再创辉煌"。陈宜瑜题词："继承优良传统，发展资源科学"。孙鸿烈题词："开拓奋进，再创辉煌"。

9月18～21日，赵士洞应国际全球变化分析、研究和培训系统邀请，赴美国密执安州参加中国环境与持续发展社会经济和地理空间数据研讨会。

10月2～4日，成升魁应日本全球变化工业和社会发展研究所邀请赴东京参加东亚持续发展区域研讨会。

10月8日，庆祝综考会成立四十周年纪念暨学术讨论会在北京召开。全国人大常委会副委员长卢嘉锡，中国科学院老领导武衡、郁文，国家科委副主任徐冠华，中国科学院副院长陈宜瑜、院秘书长竺玄，老科学家叶笃正、刘东生、黄秉维、陈述彭、孙鸿烈院士等出席会议。大会上由综考会领导对参加科学综合考察四十年的杜国垣、黄让堂、华海峰、袁子恭、沈长江、孙鸿烈、赵锋、李文亮、张有实、石玉林、廖国藩、刘厚培、庄承藻、庄志祥、许景江、蔡希凡、张成保等同志颁发荣誉证书及纪念品。

11月4日，西藏军区党委致信国家科委和中国科学院，高度赞扬拉萨农业生态试验站业绩。

12月21日，"九五"国家攀登预选项目"青藏高原形成演化、环境变迁与可持续发展研究"，由叶笃正、李廷栋、马宗晋、孙枢、安芷生、孙儒泳、腾吉文、蒋有绪组成的专家组通过初评。

12月27日，由孙鸿烈院士主持的"青藏高原形成演化、环境变迁与生态系统研究"项目经专家组和主管部门验收结题。

1997 年

1997年2月12日，中国科学院批准成立"区域开发前期研究"第三届专家委员会。主任孙鸿烈，副主任陆亚洲、陆大道，委员10人，办公室主任冯雪华。

2月20日，综考会决定：沈镭为工业布局研究室副主任，丁贤忠为农业资源生态与气候资源研究室副主任。

2月24日，中国科学院致函国家计划委员会，同意对综考会不再实行双重领导。

2月25日，中国科学院自然与社会协调发展局在综考会召开"九五"院重大项目"青藏高原环境变化与可持续发展研究"论证会。对"青藏高原环境变化与可持续发展研究"进行可行性评审。专家委员会主任刘东生，副主任陆亚洲、刘燕华、高登义，委员6人。会议由主任刘东生主持。项目负责人孙鸿烈作可行性报告。专家委员会认为，该项目立项依据充分，既符合我国实际研究前沿领域，又切合我国实际；项目研究目标明确具体，课题设置合理，实施方案可行。

3月8日，中国科学院下达综考会1997年计划职工总数305人。

3月，综考会任命王钟建为拉萨农业生态试验站站长，许毓英、余成群任副站长。

5月，对"我国新亚欧大陆桥双向开放经济带建设研究"项目开展考察研究。1999年5月完成"中国新亚欧大陆桥双向开放经济带建设"报告的编写，并通过专家委员会验收。

1997年5月，对"中国西部区域类型与产业转移综合研究"项目展开考察研究。项目由董锁成负责，于1999年7月通过专家委员会验收。

6月3日，西藏自治区党委副书记巴桑、自治区副主席泽仁桑珠在自治区有关部门陪同下前往拉萨农业生态试验站视察。

1997年6月，对"南昆铁路沿线产业协调发展的建议"项目进行考察研究。项目组由郎一环负责，1999年5月提交了"南昆铁路沿线产业协调发展的建议"研究报告。

6月19日，西藏自治区科委主任肖怀远主持召开拉萨农业生态试验站、西藏自治区农牧科学院、拉萨市委、拉萨市科委、达孜县政府5单位主管领导参加的"达孜县生态农业试验示范区建设项目"协调会。宣布此项目正式启动。

6月23日，经国家科委和中国科学院有关部门批准，《自然资源》正式更名为《资源科学》（双月刊），并从1996年起正式向国内外发行。主编：赵士洞，副主编：成升魁、陈百明、祖莉莉。

7月20日，欧阳华任中国生态系统研究网络科学委员会秘书处副秘书长。

7月31日至8月13日，中国青藏高原研究会组织了中国大学生"世界屋脊"夏令营活动，以了解西藏社会经济发展的伟大成就和发展与展望。

7月10～25日，孙鸿烈一行5人经俄罗斯前往塔吉克斯坦，执行帕米尔高原科学考察任务。

7月30日，综考会与日本东京农业大学、筑波大学签订关于"中国农业生态系统和农业经济可持续协调发展的理论与实践研究"合作意向书。

8月，中国自然资源学会在甘肃省兰州市召开"干旱区绿洲建设与自然资源合理利用国际学术研讨会"。参加会议代表100多人，其中外国专家10余人，收到论文60余篇。会议重点讨论沙漠化防治和自然资源可持续发展问题。

8月4～6日，国家"九五"攀登项目，中国科学院资源与生态环境重大项目"青藏高原环境变迁与区域可持续发展研究"，由孙鸿烈任首席科学家，承担单位综考会，完成时间1997～2000年。

8月4～6日，中国科学院资源环境科学技术局在北京组织召开"青藏高原环境变化与区域可持续发展"项目实施方案讨论会。会议由秦大河主持，陈宜瑜副院长讲话。会上经充分讨论落实了课题合同书和专题计划书。出席会议的有孙鸿烈、施雅风、李吉均等25位科学家。

8月23～24日，综考会规划组负责编制的西藏昌都地区"三江"流域农业综合开发规划在北京通过了由昌都地区行署组织的专家委员会的评审。

9月9日，老红军李友林因病逝世。

9月15日，"青藏高原环境变化与可持续发展"项目专家委员会在孙鸿烈主持下讨论、审定各专题任务合同书。

9月19日，"九五"中国科学院重大和院特别支持项目"青藏高原环境变化与区域可持续发展研究"项目负责人孙鸿烈和综考会代表成升魁，与中国科学院资环局代表秦大河正式签订合同书。

9月20日，综考会获国务院学位委员会博士、硕士学位授权点。

9月22日，国务院学位委员会通知，综考会博士、硕士学位授权点在基本条件合格评估中，均已通过合格评估。

10月31日，综考会学术委员会审查通过上报：香港综合地理信息系统、土地利用信息系统的研究与开发——以夏门为例、常绿阔叶林破坏后荒山森林的生态学和水文学、农业有机废弃物的处理利用对环境的影响及政策研究、华北资源开发与经济发展的系统研究5项成果。

11月11日，刘玉红被选为中国农工民主党第十届中央委员会委员。

11月，中国自然资源学会和湖南省自然资源学会、湖南省经济地理研究所在长沙市联合召开"中国自然资源学会资源工程专业委员会成立大会暨学术讨论会"。

11 月，李文华当选为中国工程院院士。

12 月 8 日，孙鸿烈、石玉林、李文华就综考会定位问题给院长路甬祥、副院长陈宜瑜写信。综考会离退休老干部和老科学家就综考会定位问题给科学院领导写信。

12 月 11 日，拉萨农业生态试验站副站长许毓英被评为野外先进工作者。

12 月 18 日，综考会向院呈送"战略定位、学科发展与改革设想报告"。

12 月 30 日至 1998 年 1 月 4 日，中国科学院资源环境科学技术局与地矿部科技司联合主持，在北京召开"青藏高原环境变化与区域可持续发展"讨论会。

12 月 31 日，根据国家计划委员会计人事(1996)2181 号文和科发计字(1997)0057 号文件通知，综考会不再实行中国科学院和国家计划委员会双重领导，改为完全由中国科学院领导，从 1998 年 1 月 1 日起启用新印章。

1997 年，中国环境与发展国际合作委员会(CCICED)农业专家工作组，考察巫溪红池坝草地畜牧生态系统试验站。

1997 年，中国自然资源学会与《光明日报》理论编辑部联合在《光明日报》组织"加强资源科学研究"专家论坛，连续发表了知名专家撰写的文章："资源科学——正在兴起的科学""我国资源科学的发展与展望""资源科学与可持续利用""论我国资源的开发战略"和"培养可持续管理人才"，并专门介绍《资源科学百科全书》。

1997 年，"重点产粮区主要农作物遥感估产""黄土高原地区综合治理开发战略及总体方案研究"获国家科学技术进步奖二等奖。

1998 年

1998 年 1 月 1 日，启用中国科学院自然资源综合考察委员会、中国共产党中国科学院自然资源综合考察委员会印章。

2 月 15 日，中央领导阅批由中国科学院国情分析研究小组拟定的第 6 号国情报告的内容提要，并批转其他有关领导。

3 月 2 日，"青藏高原环境变化与区域可持续发展研究"项目办与中国青藏高原研究会在北京召开了"藏水北调问题"学术讨论会。会议由中国青藏高原研究会副理事长郑度主持，陈传友在会上作了"藏水北调工程设想"的报告。

3 月 20～21 日，"青藏高原环境变化与区域可持续发展研究"项目年会在北京召开。会议由孙鸿烈院士主持，各课题、专题负责人汇报前一个阶段的工作并进行学术交流，项目专家委员会成员施雅风、李吉均、李文华院士出席了会议。院资环局局长秦大河出席会议并讲话。

5 月 11～13 日，在北京召开了"中国自然资源学会第四届全国会员代表大会暨资源可持续利用学术研讨会"。有 90 多位代表出席会议，收到学术论文 60 多篇。选举产生了第四届理事会。理事长：石玉林，副理事长：史培军、石定寰、何贤杰、李博、李晶宜，秘书长：陈传友，副秘书长：封志明。

7 月 1 日，中国科学院(1998)0296 号文，将"区域可持续发展研究中心"更名为"中国科学院可持续发展研究中心"。孙鸿烈任主任，秦大河、陆大道为副主任；秘书田二垒，办公室主任冯雪华。

7 月 8 日，由中国科学院党组成员、中纪委委员王德顺，京区党委副书记杨建国，中国科学院工会常务副主席穆中红等组成的院工会慰问团抵达拉萨农业生态试验站慰问站上工作人员。

7 月 21～24 日，中国青藏高原研究会、青海省科学技术委员会共同主办的"青藏高原国际科学讨论会"在青海省西宁市召开，来自澳大利亚、奥地利、加拿大、法国、德国、日本、荷兰、巴基斯坦、俄罗斯、瑞典、瑞士、塔吉克斯坦、土耳其、英国、美国和中国等国家和地区 157 名科学家出席了讨论会。讨论会后沿青藏线进行了为期 10 天的科学考察。

7月31日，中国科学院任命成升魁任综考会常务副主任，谭福安、欧阳华任综考会副主任。

7月，中共中央在北京召开"全国再就业工程工作会议"，将中国科学院国情分析研究小组编写的第6号国情报告作为会议的背景文件，直接参与了再就业政策的制定。

8月5日，拉萨农业生态试验站副站长许毓英因公在去拉萨市途中不幸发生车祸，抢救无效去世。

10月6日，中共中国科学院党组决定，谭福安任综考会党委书记。

10月8日，综考会第二届职代会，第五届工会常设主席团成立，主席：郎一环，副主席：马宏、刘爱民。

10月30日，综考会成立五个研究中心：国土资源综合研究中心，主任：陈百明，副主任：王立新、姚治君；资源经济发展研究中心，主任：谷树忠，副主任：董锁成、王礼茂；资源生态与管理研究中心，主任：谢高地，副主任：刘爱民、梁飚；资源环境信息网络与数据中心，主任：刘闯，副主任：杨小唤、陈泉生；文献与期刊中心，主任：张克珏。

11月6日，赵士洞获1998年度中国科学院深圳华为奖教金奖。

11月27日，中国科学院京区党委决定胡淑文任综考会纪委副主任。

12月4日，中国科学院组织对《1：100万中国草地资源图》进行鉴定。鉴定委员会由中国科学院阳含熙和吴传钧分别担任主任委员和副主任委员，鉴定委员有来自地图、草地、牧草、遥感、生态各方面的7位专家。鉴定委员会认为《中国1：100万中国草地资源图》在草地学领域为世界第一本草地地图集，达到国内领先、国际先进水平。

12月9日，经院研究决定：成立第七届中国科学院竺可桢野外科学工作奖委员会。秘书处设在综考会。委员会名单如下：路甬祥、许智宏、陈宜瑜、孙鸿烈、施雅风、刘东生、王景川、李云玲、顾文琪、秦大河、王贵海、成升魁。

12月12日，中国科学院在北京组织了"青海可可西里地区综合科学考察"成果鉴定会。鉴定委员会主任李吉均院士，副主任李廷栋院士，佟伟教授，委员4人。武素功队长作研究报告。鉴定委员会认为，其研究成果总体上达到国际先进水平。

12月14~15日，中国青藏高原研究会在北京召开第三届会员代表大会暨学术讨论会，选举产生第三届理事会。孙鸿烈为理事长，白玛、李廷栋、李吉均、拉巴平措、郑度、洛桑·灵智多杰为副理事长，何希吾为秘书长，冯雪华、陈远生、朱立平、丁林、谷树忠为副秘书长，冯雪华任办公室主任。会上还为获第二届"青藏高原青年科技奖"的中青年科学家颁奖。

12月28~29日，中国自然资源学会与综考会、北师大等单位联合召开了全国有关资源研究部门、教育部门和生产、管理部门主要领导人和资源方面的著名专家参加的"跨世纪资源科学座谈会"，有60多位代表参加了会议。在资源学科定位问题、资源综合研究问题、我国下世纪资源战略问题方面达到共识。会后，向国务院呈交了建议书，建议国务院学位委员会将资源科学列入国家学科序列。中央电视台12月31日播出了采访会议的内容。

1998年起，中国自然资源学会组织5位专家作为青海科技顾问，对青海省黄河上游生态环境建设规划进行了多次论证，并组织审查了生态环境建设规划报告。

1999 年

1999年2月12日，中华人民共和国人事部、全国博士后管理委员会联合通知，综考会生物学作为一级学科首次批准设为博士后科研流动站。

3月27~28日，"青藏高原环境变迁与可持续发展研究"项目在北京召开学术年会。首席科学家孙鸿烈、专家组成员刘东生出席了年会。

4月，中国自然资源学会邀请全国科技名词审定委员会的负责同志来学会参加座谈，通过听取汇报，认为"资源科学"应该作为新的科技名词列入科技名词系列。

4月2日，中国自然资源学会与中国地理学会联合在北京召开"南水北调与我国社会经济可持续发展学术研讨会"。出席会议的代表70多人，大多数来自工程第一线的专家和工程师。长江水利委员会、海河水利委员会、黄河水利委员会以及有关省厅的代表出席了会议。国家计委和水利部同志也到会作报告。中央电视台记者采访了大会，并作了连续报道，《光明日报》《人民日报》《科学时报》也都对大会进行了采访。国土资源部的《资源产业》杂志为大会发了专辑。

4月3日，"青藏高原形成演化及其环境、资源效应"项目启动实施筹备工作会议在北京召开。科技部基础司副司长邵立勤、马宏建，国家基金委马福臣、柴育成、宋长青，项目学术顾问孙鸿烈出席会议并讲了话。会议对项目的设计方案和实施办法进行了认真讨论，经过充分酝酿协商，推荐了与本项目各专题有关的优势单位和科学家队伍。会议决定成立"青藏高原形成演化及其环境、资源效应"项目专家组办公室，挂靠在中国科学院综考会，冯雪华为办公室主任，林振耀为项目学术秘书。

4月12日，在北京召开了国家重点基础研究规划"青藏高原形成演化及其环境、资源效应"项目课题、专题的建议负责人及协调人工作会议。讨论明确课题、专题的研究目标和内容，以及编写专题和课题计划任务书要求。

5月12～14日，专家筹备组及特邀专家组对"青藏高原形成演化及其环境、资源效应"项目第一课题"大陆岩石圈碰撞过程及其成矿效应"计划任务书进行了评审。

5月12～14日，"青藏高原形成演化及其环境、资源效应"项目，在北京召开了课题负责人、专题负责人、专家筹备组和特邀专家组参加的会议。会议由项目首席科学家郑度主持，科技部顾问组、项目专家组、科技司、国家基金委等派代表出席了会议，对专题计划任务书进行了认真评估。

5月18日，瑞典皇家科学院与中国科学院自然资源综合考察委员会就合作出版《人类环境杂志》中文版事宜签署协议。此后，瑞典皇家科学院副院长 B. Aronsson 教授和秘书长 E. Norrby 教授访华，代表瑞典皇家科学院与我会常务副主任成升魁教授、《人类环境杂志》中文版主编李文华院士正式签署两院1999年到2001年出版合同。

5月29日，陈光伟被国际山地综合发展中心(ICIMOD)聘任为山地自然资源处主任，任期3年。

9月10～14日，由中国青藏高原研究会、云南省民委、云南省科协、中甸县政府、云南地理学会主办的"青藏高原横断山区生态建设与可持续发展"研讨会，在云南省昆明市云南大学和中甸县举行，会后组织了滇西北和川西地区科学考察。

9月，庆祝建国50周年期间，中央电视台在新闻联播重大专题新闻中对千烟洲试区作了报道，并在第4套节目《变化中的中国》栏目播放了吉安地委宣传部选送的专题片《春风又绿千烟洲》。同年11月，综考会和江西省山江湖办在泰和县联合召开"纪念吉泰盆地考察20周年"学术研讨会，综考会常务副主任成升魁研究员和江西省山江湖办主任吴国琛研究员主持会议，江西省副省长胡振鹏教授、江西省政协副主席黄懋衡教授、中国科学院章申院士、中国工程院石玉林和李文华院士，以及中国科学院资环局、科技部基础司和江西省有关部门及吉安地区与泰和县领导出席会议。

9月，孙鸿烈、郑度、潘裕生、孔祥儒、施雅风、李吉均、李炳元、汤懋苍、程国栋、林振耀、李文华、周兴民、冯雪华等编著的《青藏高原研究丛书》(5卷)获国家图书奖。

10月9日，孙九林、齐文虎应邀赴美国参加"精准农业示范工程考察团"考察。

10月23～24日，综考会组织会内40余位青年科技人员召开"以资源科学创新为主题"的青年学者座谈会，分别就世纪转折时期资源问题与资源科学、资源科学发展的前沿领域与热点问题、知识创新背景下中国资源科学发展的机遇与挑战，以及资源科学创新思路、领域与研究项目规划等主题，进行了热烈地讨论和交流。

12月23日，中国科学院京区党委决定撤销原地理研究所和原综考会党委会，组建中国科学院地理科学与资源研究所党委会。

12月29日，中国科学院副院长陈宜瑜在地理所五楼会议室宣布院党组对地理科学与资源研究所领导班子和所党委组成的决定。

2000 年

2000 年 1 月 14 日，中国青藏高原研究会在北京召开了"中国青藏高原科学考察研究工作 50 年和中国青藏高原研究会成立 10 周年庆祝大会"。出席会议的有 50 年代以来参加青藏高原综合科学考察的科学家近百人。会上孙鸿烈理事长致开幕词并总结了研究会成立以来的工作。名誉理事长刘东生院士作了"青藏高原科学考察 50 年的启示——试谈青藏高原科学考察效应"为主题的专题报告。

2 月 28 日至 3 月 1 日，"青藏高原形成演化及其环境资源效应"年会在北京召开。会上听取了 3 个课题组有关专题工作总结及研究进展的汇报，随后进行了学术交流。有 18 位同志在大会上作了学术报告。

3 月，中国青藏高原研究会常务理事成升魁带队去西藏，开始"西藏自治区农业中长期发展规划""西藏自治区扶贫开发规划"和"西藏'四江'流域生态环境保护科技规划"的外业调研工作，历时 3 个月，参加人员 30 余人。

4 月 1～2 日，中国自然资源学会、四川省新科协、中国青藏高原研究会、中国科学院区域发展研究中心、中国科学院地理科学与资源研究所、北京师范大学、四川自然资源研究所等单位，在成都市联合召开了"中国西部大开发学术研讨会"。来自全国 14 个省(区、市)40 余个单位的 70 多名代表参加了会议，会议收到学术论文 50 余篇。会议采取专家报告和分组讨论的形式进行，最终形成"建议书"呈报国务院西部开发办及有关部门。

4 月 13 日，中国科学院科发资字[2000]0156 号文件，"关于中国科学院地理科学与资源研究所知识创新工程试点方案"的批复。院长办公会议原则同意中国科学院地理科学与资源研究所的组建方案，在中国科学院地理研究所、中国科学院自然资源综合考察委员会基础上组建地理科学与资源研究所。

5 月初，成升魁副主任总负责，何希吾、葛全胜和谷树忠分别负责，开始西藏昌都地区农业综合开发规划、西藏昌都地区旅游发展规划和西藏昌都地区可持续发展总体规划的野外调研工作，历时两个多月，30 多人参加。

5 月 11～13 日，"青藏高原形成演化及其环境、资源效应"项目的低纬度冰芯研究课题组在兰州召开了"大气甲烷与气候变化国际专家讨论会"，来自德国、美国、瑞士、新西兰及我国专家学者共 30 人出席了会议。

6 月 1 日，中国自然资源学会、中国大百科全书出版社在中国科技会堂举办《中国资源科学百科全书》出版座谈会，20 余位专家、学者和新闻出版单位的代表出席了会议。

7 月，中国青藏高原研究会组织专家组在对昌都地区进行实地考察和研究分析的基础上，提出了昌都地区 21 世纪初期发展战略的若干意见和建议，呈送中央领导。

10 月 1 日，中国科学院常务副院长陈宜瑜等一行 18 人，在西藏自治区党委副书记丹增、科技厅厅长刘玉超和地理科学与资源研究所副所长成升魁等陪同下视察拉萨试验站。

10 月 29 日至 11 月 1 日，中国青藏高原研究会与有关单位联合举办了"中国山地研究与开发学术研讨会"。来自全国 18 个省区市的 123 名科学家出席了会议。

12 月 11～13 日，"青藏高原环境变化与区域可持续发展研究"项目年会在北京劳动大厦召开，5 个项目负责人汇报了 1997～2000 年科研工作，并作了综合性的学术报告，另有 35 位研究人员在会上作了学术报告。

12 月 14 日，"青藏高原形成演化及其环境、资源效应"项目在北京劳动大厦召开项目首席科学家述职报告会，科技部环境咨询顾问刘东生，科技部重大项目处张翼，国家基金委马福臣、周秀骥、宋长青、柴育成、于晟，中国科学院资环局秦大河，项目顾问孙鸿烈以及项目专家组成员郑度、丁国瑜、肖序常、钟大赉、莫宣学、王成善、孔祥儒、姚檀栋、方小敏、李维亮、欧阳华出席了会议。项目首席科学家郑度作了述职报告。

第十篇　附　表

附表 1 领导机构、学术机构、院士

附表 1-1 中国科学院综合考察委员会委员名单

任职年度	职务	姓名
1958.12.09 （第一届）	主任	竺可桢
	副主任	漆克昌
	委员	裴丽生、谢鑫鹤、孙冶芳、尹赞勋、童弟周、张子林、林镕、李秉枢、侯德封、马溶之、朱济凡、熊毅、于强、孙新民、简焯坡、陈道明、施雅风、马秀山

* 1958 年 12 月 9 日中国科学院第十三次常务会议确定第一届中国科学院综合考察委员会委员

1964.04.25 （第二届）	主任	竺可桢
	副主任	漆克昌
	委员	谢鑫鹤、尹赞勋、林镕、李秉枢、侯德封、马溶之、朱济凡、张子林、郭敬辉、李应海、孙新民、冷冰、谷德振、施雅风

* (64)综字第 012 号文，1964.04.25

1986 （第三届）	主任	孙鸿烈
	副主任	刘东生、李文华、黄青禾、吴传钧、覃定超
	委员 （按姓氏笔画排列）	马世骏、马克伟、石玉林、冯兆昆、叶笃正、包浩生、刘允中、许国志、孙尚清、朱震达、杨纪珂、李孝芳、陈述彭、吴征镒、吴致尧、周立三、赵训经、张巧玲、张华令、张有实、胡兆量、赵松乔、侯学煜、夏训诚、唐邦兴、涂光炽、席承藩、贾慎修、康庆禹、黄秉维、童庆禧、曾昭顺、程鸿、程潞、漆克昌

* 1986 年经院批准，决定成立中国科学院资源研究委员会并聘请若干位在自然资源研究领域中有丰富经验的科学家和科学管理干部为我院资源研究委员会委员

附表 1-2 中华人民共和国科学技术委员会综合考察组成员名单

任职年度	职务	姓名
1959.05.08 （第一届）	组长	竺可桢
	副组长	冯仲云、漆克昌、曹言行
	组员	谢鑫鹤、许杰、杨显东、白敏、仲星帆、尹赞勋、林镕、侯德封、马溶之、朱济凡、黄秉维、简焯坡
1962.04.24 （第二届）	组长	竺可桢
	副组长	漆克昌、吕克白
	组员	王勋、白敏、尹赞勋、刘慎谔、孙新民、朱莲青、李秉枢、成润、林镕、赵心斋、马溶之、侯德封、高铁英、郭敬辉、崔宗培、冯仲云、谢鑫鹤
	秘书	李文彦
1965.01.31 （第三届）	组长	竺可桢
	副组长	漆克昌
	组员	冯仲云、白敏、谢鑫鹤、马识途、董杰、尹赞勋、林镕、李秉枢、侯德封、张子林、朱莲青、王勋、高铁英、朱济凡、马溶之、郭敬辉、李应海、孙新民、冷冰、谷德振、施雅风、李廷栋
	秘书	李文彦、张莉萍

附表 1-3　历任主任、副主任名单

职务	姓名	任职时间	职务	姓名	任职时间
综合考察委员会主任	竺可桢（兼）	1956.09.07～1967.04.05	副主任	顾　准 漆克昌 马溶之 李应海	1957.03.18～1957. 1957.10.02～1966.08.13 1965.06.16～1967.04.05 1965.08.27～1967.04.05
综合考察委员会革命委员会组长	何希吾	1967.04.05～1970.07.15	副组长 组员	杨绪山 戴文焕 李友林 李宝庆 薛建寰 陈富田 李文亮 孙永顺	1967.04.05～1970.07.15 〃 〃 〃 〃 〃 〃 〃

☆ 军代表：王克仁、连润芝　　　工人代表：张宝兰（北京毛纺厂）

☆ 综合考察委员会撤销　1970.07.15

☆ 湖北潜江"五七干校"1969.03～1972.03；综合考察委员会负责人：白介夫、赵训经

☆ 合并地理所编入地理所体制机构　1972.04.13～1975.02.17

职务	姓名	任职时间	职务	姓名	任职时间
综合考察组临时领导小组组长	何希吾	1975.04.15～1977.10.24	副组长	刘向九 李友林 孙鸿烈 支路川 冷　冰	1975.04.15～1977.10.24 〃 〃 〃 〃
综合考察组领导小组长	孙一鹏	1977.10.24～1978.03	副组长	闫　铁 何希吾	1977.10.24～1978.08.03 1977.10.24～1977.11.30
综合考察委员会领导小组组长	闫　铁	1978.08.03～1979.05.19	副组长	孙鸿烈 李　群 赵训经 张有实 唐绍林	1978.08.03～1980.07.10 1978.08.03～1980.07.10 1978.08.03～1980.07.10 1978.08.03～1979.05.19 1978.08.03～1983.06.20
综合考察委员会主任	漆克昌	1979.05.19～1983.06.20	副主任	闫　铁 李文亮 赵　锋	1979.05.19～1980.07.10 1979.05.19～1980.07.10 1980.07.10～1983.06.20
综合考察委员会主任	孙鸿烈（兼）	1983.06.20～1994.08.24	副主任	李文华 石玉林 张有实 康庆禹 朱成大 王振寰	1983.07.20～1991.01.28 1984.04.24～1988.02.08 （常务副主任） 1983.07.20～1988.02.08 1988.02.08～1994.08.24 （常务副主任） 1983.07.20～1991.01.28 1986.08.01～1991.01.28 1991.01.28～ （巡视员） 1987.02.24～1994.08.24 1987.01.22～1989 （巡视员）

职务	姓名	任职时间	职务	姓名	任职时间
综合考察委员会 主任	孙鸿烈 （兼）	1983.06.20～1994.08.24	副主任	田裕钊 杨　生 孙九林 慈龙骏	1989.11.25～1993 1991.01.28～1994.08.24 1991.01.28～1994.08.24 1992.09.05～1994.08.24
综合考察委员会 主任	赵士洞	1994.08.24～1998.07.31	副主任	孙九林 杨　生 朱成大 郭长福 成升魁	1994.08.24～1998.07.31 1994.08.24～1996 1994.08.24～ （巡视员） 1995.07.05～1998.07.31 1996.08.01～1998.07.31
综合考察委员会 常务副主任	成升魁	1998.07.31～1999.12	副主任	谭福安 欧阳华 郭长福	1998.07.31～1999.12 1998.07.31～1999.12 1998.07.31～1999.12 （巡视员）

附表 1-4　中共综考会党委成员名单

名称	职务	负责人
中共综合考察委员会党委 （临时） 1960.05.06～1963.04.24	书记	漆克昌
	副书记	于强
	委员	漆克昌、于强、赵星三、李应海、韩沉石、孙新民、石湘君
中共综合考察委员会党委 1963.04.24～1966.02.01	书记	漆克昌
	副书记	韩沉石、石湘君
	委员	漆克昌、韩沉石、石湘君、李应海、夏静轩、孙新民、冷冰、王遵级、张有实
中共综合考察委员会党委 1966.02.01～1967.04.05	书记	漆克昌
	副书记	李应海（1966.03.22）
	委员	漆克昌、李应海、马溶之、韩沉石、冷冰、孙新民、李文亮、李友林
中共自然资源综合考察组党的 临时领导小组 1975.04.15～1978.08.30	组长	何希吾
	副组长	刘向九、李友林
	组员	何希吾、刘向九、李友林、孙鸿烈、支路川、冷冰
中共自然资源综合考察委员会 党的领导小组 1978.08.03～1979.05.19	组长	闫铁
	副组长	唐绍林、孙鸿烈
	组员	闫铁、唐绍林、孙鸿烈、李群、赵训经、张有实
	第一组长	漆克昌（1979.05.19）
	组员	李文亮（1979.08.21）
中共自然资源综合考察委员会 党委 1981.06.16～1988.05.11	书记	漆克昌
	副书记	赵锋、高静波、赵训经
	委员	李文华、赵锋、王振寰、孙鸿烈、赵训经、高静波、漆克昌、石玉林、王达荣
	书记	赵训经（1983.06.20）
	副书记	李文华（1983.07.20）
中共自然资源综合考察委员会 党委 1988.05.11～1992.04.06	书记	赵训经
	副书记	朱成大
	委员	石玉林、胡淑文、朱成大、康庆禹、李文华、张有实、赵训经

名称	职务	负责人
中共自然资源综合考察委员会党委 1992.04.06～1998.10.06	代理书记	杨生(1992.06.23)
	书记	杨生(1993.01.13)
	副书记	谭福安(1995.07.05)
	委员	杨生、韩裕丰、胡淑文、孙九林、谭福安、陈传友、朱成大
中共自然资源综合考察委员会党委 1998.10.06～	书记	谭福安
	副书记	
	委员	成升魁、谭福安、王立新、李廷启、王善敏、胡淑文、郎一环

附表 1-5　纪律监察委员会人员名单

任职年度	职务	姓名
1980.08.25	组长	唐绍林
	副组长	李文亮、石湘君
	组员	唐绍林、李文亮、石湘君、王达荣、王振寰
1984.04	书记	赵训经(兼)
	副书记	庄志祥(1988.04.12 任专职纪监干部，正处级)
	成员	赵训经、庄志祥、刘光荣、孙文线、王达荣
1992.04.06	书记	杨生(兼)
	副书记	钟烈元
	成员	杨生、张烈、胡淑文、李廷启、钟烈元
1998.09.23	副书记	胡淑文
	成员	艾刚、李廷启、王善敏、马宏、胡淑文

附表 1-6　历任学术委员会组成人员名单

任职年度	职务	姓名
1981.03.05 (第一届)	主任	冯华德
	副主任	赵锋、李孝芳
	委员	李文华、王德才、侯光良、李驾三、马式民、石玉林、袁子恭、刘厚培、那文俊、赵训经
	学术秘书	赵训经(兼)
1983.03 (第二届)	主任	冯华德
	副主任	李孝芳、赵锋
	委员	李驾三、孙鸿烈、石玉林、袁子恭、那文俊、刘厚培、王德才、侯光良、赵训经、阳含熙、李文华
	学术秘书	赵训经(兼)
1984.03.17 (第三届)	主任	李孝芳
	副主任	张有实、程鸿
	委员	李文华、袁子恭、沈长江、廖国藩、那文俊、石玉林、朱景郊、刘厚培、康庆禹、容洞谷、王广颖、王德才、郭文卿
	秘书	冯雪华
1988.03.10 (第四届)	主任	李文华
	副主任	沈长江、袁子恭
	委员	石玉林、康庆禹、黄兆良、童庆禧、韩裕丰、刘厚培、孙九林、郭文卿

任职年度	职务	姓名
1992.04.23 （第五届）	主任	石玉林
	副主任	沈长江、章铭陶
	委员	韩裕丰、黄文秀、何希吾、康庆禹、孙九林、蒋世逵、陈百明、姚建华、黄兆良、王乃斌
	学术秘书	王钟建
1995.05.05 （第六届）	主任	孙鸿烈
	副主任	李文华、石玉林、赵士洞（常务）
	委员	陈百明、陈铭、成升魁、董锁成、何希吾、黄文秀、李继由、李文华、石玉林、孙鸿烈、孙九林、王乃斌、姚建华、赵士洞、钟耳顺、朱建华
	特邀委员	阳含熙
	学术秘书	李福波

附表 1-7　历任学位评定委员会组成人员名单

任职年度	职务	姓名
1981.05.19 （第一届）	主席	阳含熙
	副主席	冯华德、李孝芳
	委员	孙鸿烈、石玉林、李文华、沈长江、刘厚培、廖国藩、李驾三、黄让堂、袁子恭、杜国垣、朱景郊、容洞谷
1982.01.15 （第二届）	主席	阳含熙
	副主席	冯华德、李孝芳
	委员	孙鸿烈、石玉林、李文华、沈长江、刘厚培、李驾三、袁子恭、朱景郊
1985.07.01 （第三届）	主席	冯华德
	副主席	李孝芳、孙鸿烈
	委员	李文华、张有实、石玉林、沈长江、刘厚培、那文俊、程鸿、袁子恭、朱景郊、江爱良
1988.11.14 （第四届）	主席	李孝芳
	副主席	孙鸿烈、李文华
	委员	张有实、石玉林、沈长江、刘厚培、那文俊、袁子恭、朱景郊、江爱良
1994.01.07 （第五届）	主席	孙鸿烈
	副主席	石玉林、慈龙骏
	委员	沈长江、李文华、赵士洞、孙九林、章铭陶、那文俊、卫林、陈百明
1999.04.12 （第六届）	主席	孙鸿烈
	副主席	石玉林、李文华、成升魁（常务）
	委员	王乃斌、孙九林、陈传友、陈百明、欧阳华、郎一环、赵士洞、黄文秀、董锁成
	特邀委员	阳含熙

附表 1-8　中国科学院院士、中国工程院院士名单

姓名	当选年度	备注
阳含熙	1991	科学院院士
孙鸿烈	1991	科学院院士
石玉林	1995	工程院院士
李文华	1997	工程院院士
孙九林	2001	工程院院士

附表 2　综合科学考察队

附表 2-1　中国科学院综合科学考察队队长、副队长名单

序号	考察队名称	队长	副队长
1	中国科学院黄河中游水土保持综合考察队(1953~1958)	马溶之	林镕、陈道明(后增)
2	中苏科学院云南紫胶工作队(1955~1957)	刘崇乐 波波夫(苏联)	吴征镒、蔡希陶、孙冀平
3	中国科学院土壤调查队(1955~1960)	熊　毅	席承藩、马秀山
4	中国科学院黑龙江流域综合考察队(1956~1960)	冯仲云 克洛勃夫(苏联)	陈剑飞、朱济凡
5	中国科学院新疆综合考察队(1956~1961)	李连捷 (1956~1957) 周立三	简焯坡、冯兆昆、于强
6	中国科学院盐湖科学调查队(1957~1960)	柳大纲	韩沉石、袁见齐
7	中国科学院华南热带生物资源综合考察队(1957~1970)	张肇骞	李康寿、梁忠
8	中国科学院珠穆朗玛峰登山科学考察队(1958~1960)	刘肇昌	王明业
9	中国科学院青海甘肃综合考察队(1958~1960)	侯德封	漆克昌、马溶之、陈道明、刘福祥(后 2 人替换漆、马)
10	中国科学院云南热带生物资源综合考察队(1958~1970)	刘崇乐	吴征镒、蔡希陶、李文亮
11	中国科学院西部地区南水北调综合考察队(1959~1961)	冯仲云	郭敬辉、汪立勇、俞仪铨、谷德振、孙新民
12	中国科学院治沙队(1959~1964)	邓叔群	刘慎谔、侯学煜、黄秉维、陈道明
13	中国科学院西藏综合考察队(1960~1962)	冷　冰	司黎然
14	中国科学院内蒙古宁夏综合考察队(1961~1964)	侯德封	马溶之、李云海、刘福祥、巴图、李国林
15	中国科学院西南地区综合科学考察队(1963~1966)	冯仲云	郭敬辉、李文亮、孙新民
16	中国科学院西藏综合科学考察队(1966~1968)	刘东生	冷冰、施雅风、胡旭初
17	中国科学院青藏高原(西藏)综合科学考察队(1973~1980)	冷　冰(1973) 何希吾	孙鸿烈、王振寰、周宝阁(1975)、刘玉凯(1975)
18	中国科学院珠穆朗玛峰科学考察队(1975)	张洪波	郎一环
19	中国科学院托木尔峰登山科学考察队(1977~1978)	郎一环、刘东生	苏珍、陈福明、王振寰
20	中国科学院南方山区综合科学考察队(1980~1990)	席承藩	那文俊、李考芳、刘厚培、赵训经、华海峰、朱景郊、李飞、冷秀良
21	中国科学院青藏高原(横断山区)综合科学考察队(1981~1985)	孙鸿烈	程鸿、王振寰、李文华、周宝阁、黄复生、章铭陶(1983)、韩裕丰(1983)
22	中国科学院南迦巴瓦峰登山科学考察队(1982~1984)	刘东生	王振寰、杨逸畴、高登义(1983)
23	中国科学院黄土高原综合科学考察队(1984~1989)	张有实	孙惠南、郭绍礼、刘毓民、陈光伟、杜国恒
24	中国科学院新疆资源开发综合考察队(1985~1989)	石玉林	李文彦、毛德华、周嘉熹、康庆禹、沈长江、郭长福(1986)
25	中国科学院西南地区资源开发考察队(1986~1988)	李文华	章铭陶(常务)、郭来喜、吴积善、韩裕丰、陈书坤、孙九林
26	中国科学院青藏高原(喀喇昆仑山-昆仑山区)综合科学考察队(1987~1990)	孙鸿烈	郑度、武素功、潘裕生
27	中国科学院青海可可西里综合科学考察队(1989~1990)	武素功	李炳元、张以弗、温景春、丁学芝

附表 3　管理系统

附表 3-1　历任综考会主任助理名单

姓名	任职时间
康庆禹	1983.04.22～1986.06.24
陆亚洲	1983.04.22～1985.03
田裕钊	1989.07.03～1989.11.25
黄兆良	1989.03.20～1998.09.24
郭长福	1994.10.14～1995.07.05
谭福安	1994.10.14～1996.01.18
成升魁	1995.10.04～1996.08.01
封志明	1998.09.24～1999.12.31
顾　群	1998.09.24～1999.12.31
谷树忠	1998.09.24～1999.12.31

附表 3-2　历任办公室及负责人

部门名称	职务	姓名	任职时间
办公室	主　任	石湘君	1956.06.05～
	副主任	赵　锋	1957.10～
		王遵侃	～1964.01.23
办公室 （人事保卫科、秘书科 1964.01～1965.03）	主　任	张润通	1964.01.23～1965.03.16
		李友林	1965.03.16～1967.04.05
	负责人	石湘君	1975.04.08～
行政办公室 （秘书科、行政科等， 1965.03～　　　）	主　任	钟烈元	1983.04.22～1992.01.15
		李俊和	1992.01.15～1994.10.14
		黄兆良	1995.03.09～1997.02.20
		艾　刚	1997.02.20～1999.12.31
办公室 （1975.04～1998.11） 党政人事办 （1998.11～1999.12）	副主任	夏静轩	1964.03.10～1966.04.16
		张长胜	1966.04.16～1967.04.05
		王达荣	1975.04～1986.
		王双印	1986.07.17～1992.01.15
		艾　刚	1993.04.21～1997.02.20
		苏宝琴	1995.03.09～1998.11.16

附表 3-3　业务处及负责人

部门名称	职务	姓名	任职时间
计划科	科　长	李龙云	1960.06.27～
业务处	处　长	冷冰（兼）	1963.03.10～
		赵训经	1978.06.09～1983.04.22
		康庆禹	1983.04.22～1986.06.24
		黄兆良	1986.06.24～1991.03.05
		陈传友	1991.03.05～1993.04.05
		谭福安	1993.04.05～1996.01.18
		李福波	1996.01.18～1998.05.18
		封志明（兼）	1998.11.16～1999.12.31
科研财务处 （1998.11.16～1999.12.31）	副处长	赵　锋	1963.03.10～1966.04.16
		夏静轩	1966.04.16～1967.04.05
		李龙云	1978.06.09～1983.10.12
		王振寰	1978.06.09～1983.10.12
		戴文焕	1978.06.09～1983.10.12
		袁天钧	1979.02.16～1981.10.08
		冷秀良	1981.12.08～1983.04.22
		黄兆良	1983.04.22～1986.06.24
		王　旭	1988.02.26～1991.04.02
		王钟建	1991.03.05～1993.04.15
		郭长福	1991.04.02～1993.04.15
		李福波	1993.04.05～1996.01.18
		杨汝荣	1998.05.18～1998.11.16
		邓撵阳	1996.04.22～1998.11.16
		陈远生	1998.11.16～1999.12.31
	负责人	赵训经	1975.04.08
		张炯远	1975.04.08
		李龙云	1975.04.08

附表 3-4　人事处及历任负责人

部门名称	职务	姓名	任职时间
秘书人事科	科　长	夏静轩	1960.06.27～1964.01
办公室 （人事保卫科）	主　任	张润通	1963.03.10～1966.04.16
	副主任	夏静轩	1964.01.23～1966.04.16
	科　长	刘忠轩	1964.04～1966.04.16
政治部 （干部保卫科）	主　任	韩沉石	1966.04.16～1967.04.05
	副主任	石湘君	1966.04.16～1967.04.05
	科　长	刘忠轩	1966.04.16～1967.04.05
政治部 （1975.04～1983.04）	负责人	郎一环	1975.04.08～1977.08
		蒋士杰	1982.12.27～

部门名称	职务	姓名	任职时间
人事干部处 (1983.04~1992.01) 人事教育处 (1992.01~1998.11)	处 长	郑元章	1983.04.22~1985.03.18
		庄承藻	1985.03.18~1989.03.20
		李俊和	1989.03.20~1992.01.15
		胡淑文	1992.01.15~1998.11.16
		艾 刚	1998.11.16~1999.12.31
党政人事办 (1998.11~1999.12)	副处长	胡淑文	1989.03.20~1992.01.15
		张彦英	1993.04.21~1999.12.31

附表3-5 行政处及历任负责人

部门名称	职务	姓名	任职时间
行政科	科 长	华海峰	1960.06.27~1963.03.10
行政处 行政办公室 (1965.03~) 物资处 (1978.06.09~1978.08.11) 行政处与物资处合并 (1978.06.09~1983.04.22) 国有资产处 (1995.03.09~1998.11.16) 综合管理处 (1998.11.16~1999.12.31)	处 长	刘福祥	1963.03.10~1965.03
	负责人	李友林	1965.03~1967.04.05
		王振寰	1975.04.08~1978.06.09
		华海峰	1975.04.08~1978.06.09
		徐振山	1975.04.08~1978.06.09
		王树棠	1975.04.08~1978.06.09
	处 长	陈 斌	1978.06.09~1982.12.11(离休)
		华海峰	1978.06.09~1978.08.11
		陆亚洲	1983.04.22~1985.03
		张 烈	1986.06.24~1989.03.20
		李廷启	1989.03.20~1992.01.15
		王双印	1992.02.15~1995.03.09
		孙炳章	1995.03.09~1998.11.06
		顾群(兼)	1998.11.16~1999.12.31
	副处长	张长胜	1963.04.16~
		王嘉胜	1963.03.10~1965.03
		徐振山	1978.06.09~1984.06
		王福本	1978.06.09~1978.08.11
		张成保	1978.06.09~1978.08.11
		华海峰	1978.08.11~1983.04.22
		王树棠	1978.08.11~1983.04.22
		刘广寅	1984.06.15~1986.07.28
		万丕德	1986.06.24~1989.03.20
		谭新泉	1986.09.03~1988.03.19
		刘光荣	1989.03.20~1992.01.15
		贯秋德 (兼车队队长)	1992.01.15~1995.03.09
		陈宝玉	1995.03.09~1998.11.16
		冯燕强	1998.11.19~1999.12.31

注：① 1960年，行政科科长华海峰

　　② 1964~1966年，行政处下设：总务科、财务器材科科长华海峰、交通科

　　③ 1966~1970年，行政办公室下设：秘书科，副科长王达荣；行政科，科长杨俊生，副科长张成保；联合食堂，副科长徐振山；汽车队队长，唐德生、王树棠

附表 3-6 开发部及负责人

部门名称	职务	姓名	任职时间
开发部	主任	王振寰	1988.02.26~1991.03.05(副局)
		侯光华	1991.03.05~1993.04.05
		郭长福	1993.04.05~1994.10.14
		顾群	1996.02.27~1998.11.19
	副主任(科级)	鲍洁	1993.03.09~1995.10.04
	副主任(常务)	鲍洁	1995.10.04~1999.12.31

附表 3-7 技术条件处及负责人

部门名称	职务	姓名	任职时间
技术条件处	副处长	顾群	1991.04.02~1993.04.21
	处长	顾群	1993.04.21~1995.03.09

附表 3-8 基建办公室及负责人

部门名称	职务	姓名	任职时间
基建办公室	主任	顾群	1995.03.09~1998.11.19

附表 3-9 会计室、财务处及负责人

部门名称	职务	姓名	任职时间
财务	负责财务	陆香芸	1960~1962
行政处 (财务未设单独科室) 器材财务	负责人(财务)	富庆玲	1962~1970.07.15
	负责人	富庆玲	1975.04~1982.12.27
	负责人	富庆玲(副处级)	1982.12.27~1985.07.18
会计室 (1985.07~1998.11)	负责人	于桂芸	1985.07.18~1989.03.20
	主任	刘广寅(正处级)	1989.03.20~1992.06.11
	副主任	于桂芸(副处级)	1989.03.20~1993.04.21
	处长	于桂芸	1993.04.21~1998.08.31
	副主任	姚华(正科级)	1993.04.22~1995.05
	负责人	康智焕	1998.08.31~1998.11.19
科研财务处合并 (1998.11~1999.12)	副处长	康智焕	1998.11.19~1999.12.31

附表 3-10 保卫处及负责人

部门名称	职务	姓名	任职时间
办公室 (人事保卫科、秘书科) (1962~1966)	负责人	吴国栋	1962.09~1970
政治部 (组织科、宣传科、干部、 保卫科) (1966~1970)		吴国栋	1975.04~1985.03

部门名称	职务	姓名	任职时间
保卫处 (1984~1992)	处 长	郑元章	1985.03.18~1988.11.14
		吴国栋	1989~1992
		刘广寅	1996.02.27~1998
	副处长	吴国栋	1984.06.15~1988.11.14
		赵东方	1992.08.15~1996.02.27
		冯燕强(兼)	1998.11~1999.12.31

附表 3-11 党委办公室及负责人

部门名称	职务	姓名	任职时间
办公室	负责人	石湘君	1960.04.18~1963.01.29
政治处 (含人事、保卫)	主 任	石湘君	1964.07.09~1966.04.16
		韩沉石	1966.04.16~1967.04.05
	负责人	郎一环	1975.04.08~1977.08
		石湘君	1977~1978.06.09
	主 任	李 群	1978.06.09~1980.12.11
		高静波	1981.01~1983.04
	副主任	石湘君	1966.04.06~1967.04.05
			1978.06.09~1982.12.11
		丁延年	1981.12.08~1983.04.22
党委办公室 (1983.04~1999.12)	主 任	丁延年	1983.04.22~1984.09
		谢立征	1993~1996.01.29
		胡孝忠	1996.01.29~1998.11
	副主任	庄志祥	1984~1988.04
		胡淑文	1984.12.12~1989.03.21
			1998.11~1999.12.31
		胡孝忠	1989.03.21~1993.04.19

注：① 教育外事科：1988 年设立，科长冯雪华，1991 年 9 月 3 日撤销归业务处，至 1995 年。1995 年 3 月 9 日外事工作仍归业务处，由副
处级干部郑宏英负责。教育归人事教育处管理，由刘彩霞负责

② 扶贫办公室：1991 年 4 月 2 日任命王旭为扶贫办公室主任

附表 4　研 究 系 统

附表 4-1　土地资源、遥感应用研究室历任领导成员名单

部门名称	职务	姓名	任职时间
农业资源土地组		石玉林	1975.04.08～1978.07.28
土地资源研究室 （含资源经济组） (1978.07.28～1989.03.20)	主任	李孝芳	1978.07.28～1984.06.15
	主任	石玉林	1984.06.15～1989.03.20
	副主任	石玉林	1978.07.28～1984.06.15
	副主任	那文俊	1978.11～1984.06.15
	副主任	赵存兴	1984.06.15～1988.01.11
	副主任	陈百明	1988.02.26～1989.03.20
土地资源与遥感应用研究室 (1989.03.20～1995.10.04)	主任	陈百明	1991.03.05～1995.10.04
	副主任	陈百明	1989.03.20～1991.03.05
	副主任	王乃斌	1989.03.20～1995.10.04
	行政副主任	程少华	1992.01.15～1996.02.26
土地资源研究室 (1995.10.04～1998.10.30)	主任	陈百明	1995.10.04～1998.10.30
	副主任	王立新	1995.10.04～1998.10.30
遥感应用研究室 (1995.10.04～1998.10.30)	主任	王乃斌	1995.10.04～1998.10.30
	副主任	陈光伟	1995.10.04～1998.10.30

附表 4-2　水利资源研究室历任领导成员名单

部门名称	职务	姓名	任职时间
水利研究室			1960.02.26～1962.05.07
水利资源研究室 (1962.05.07～1967.04.05)	主任	张有实	1962.05.07～1967.04.05
	政治副主任	王颜和	1966.04.16～1967.04.05
水利组（综合研究室）	负责人	张有实	1975.04.08～1978.07.28
水资源研究室 (1975.04.08～1998.10.30)	主任	李驾山	1979.10～1984.06.15
	主任	袁子恭	1984.06.15～1988.01.11
	主任	章铭陶	1988.01.11～1991.03.05
	主任	关志华	1991.03.05～1998.10.30
	副主任	黄让堂	1978.07.28～1984.06.15
	副主任	袁子恭	1978.07.28～1984.06.15
	副主任	杜国垣	1978.07.28～1984.06.15
	副主任	章铭陶	1984.06.15～1988.01.11
	负责人	何希吾	1988.02.26～1989.03.20
	副主任	苏人琼	1989.03.20～1991.03.05
	副主任	姚治君	1991.03.05～1998.10.30
	行政副主任	马　宏	1993.04.21～1998.10.30

附表 4-3　气候资源研究室历任领导成员名单

部门名称	职务	姓名	任职时间
气候资源研究室 (1984.06.15~1998.10.30)	主任	侯光良	1988.01.11~1991.03.05
		李继由	1991.03.05~1995.10.04
		王其冬	1995.10.04~1997.07.20
	副主任	侯光良	1984.06.15~1988.01.11
		卫　林	1988.01.11~1991.03.05
		王其冬	1991.03.05~1995.10.04
气候资源研究室并入 农业资源生态研究室 (1997.07.20~1998.10.30)	副主任	丁贤忠	1997.07.20~1998.10.30

附表 4-4　农林牧资源研究室历任领导成员名单

部门名称	职务	姓名	任职时间
农林牧资源研究室 (1960.02.06~1967.04.05)	副主任	黄自立	1960.02.06~1964.07.02
	主任	黄自立	1964.07.02~1967.04.05
	政治副主任	韩炳森	1966.04.16~1967.04.05
	副主任	石湘君	1963.01.29~1964.07.10
农业资源室分土地组、气候组：1975.04.08~1978.07.28		
生物资源研究室 (1978.07.28~1984.10.22)	主任	李文华	1978.07.28~1984.06.15
	副主任	沈长江	1978.07.28~1984.06.15
		刘厚培	1978.07.28~1984.06.15
		廖国藩	1978.07.28~1984.06.15
		戴文焕	1980.09.04~1984.10.22
生物资源研究室 (1984.06.15~1989.03.20)	主任	沈长江	1984.06.15~1988.01.11
		韩裕丰	1988.01.11~1989.03.20
	副主任	韩裕丰	1984.06.15~1988.01.11
		黄文秀	1988.01.11~1989.03.20
	行政副主任	苏玉兰	1984.10.22~1989.03.20

附表 4-5　林业资源生态研究室历任领导成员名单

部门名称	职务	姓名	任职时间
林业资源生态研究室 (1989.03.20~1998.10.30)	主任	韩裕丰	1989.03.20~1991.03.05
		李　飞	1991.03.05~1998.10.30
	副主任	赖世登	1989.03.20~1991.03.05
		廖俊国	1991.03.05~1998.10.30
	行政副主任	刘广寅	1992.06.11~1996.02.27

附表 4-6　草地资源与畜牧生态研究室历任领导成员名单

部门名称	职务	姓名	任职时间
草地资源与畜牧生态研究室 (1989.03.20~1998.10.30)	主任	黄文秀	1989.03.20~1995.10.04
		樊江文	1995.10.04~1998.10.30
	副主任	田效文	1989.03.20~1991.03.05
		樊江文	1991.03.05~1995.10.04
		王钟建	1995.10.04~1997.07.20

附表 4-7　农业资源生态研究室历任领导成员名单

部门名称	职务	姓名	任职时间
农业资源生态研究室 (1989.03.20～1998.10.30)	主任	刘厚培	1989.03.20～1991.03.05
		蒋世逵	1991.03.05～1995.10.04
		成升魁	1995.10.04～1997.02
		谢高地	1997.02～1998.10.30
气候资源研究室并入农业 资源生态研究室 (1997.02.20～1998.10.30)	副主任	蒋世逵	1989.03.20～1991.03.05
		成升魁	1991.03.05～1995.10.04
		丁贤忠	1997.02.20～1998.10.30

附表 4-8　矿产资源研究室历任领导成员名单

部门名称	职务	姓名	任职时间
矿产资源研究室 (1960.02.06～1967.04.05)	副主任(代)	赵东旭	1960.02.06～1963.03.10
	副主任	周作侠	1963.03.10～1967.04.05
	政治副主任	郭福有	1966.04.16～1967.04.05

附表 4-9　综合动能研究室历任领导成员名单

部门名称	职务	姓名	任职时间
综合动能研究室 (1963～1967.04.05)	负责人	徐寿波	1963～1964
	副主任	黄志杰	1964.07.02～1967.04.05
	政治副主任	郭福有	1966.04.16～1967.04.05
工交动能组			1975.04.08～1977.01.03
动能室	负责人	张长胜	1977.01.03～1978.07.28
		徐寿波	1977.01.03～1978.07.28
能源研究室 (1978.07.28～1980.12.31)	副主任	黄志杰	1978.07.28～1980.12.31
		徐寿波	1978.07.28～1980.12.31
		唐光泽	1978.07.28～1980.12.31
		张长胜	1980.09.04～1980.12.31

附表 4-10　工业布局研究室历任领导成员名单

部门名称	职务	姓名	任职时间
工业布局研究室 (1984.10.22～1998.10.30)	主任	郭文卿	1984.10.22～1989.02.21
		林发承	1989.02.21～1991.03.05
		姚建华	1991.03.05～1998.10.30
	副主任	林发承	1988.01.11～1989.02.21
		姚建华	1989.02.21～1991.03.05
		李学军	1991.03.05～1995.06.15
		沈 镭	1997.07.20～1998.10.30
	行政副主任	曹丽华	1992.01.15～1997.05.12

附表 4-11　经济研究室历任领导成员名单

部门名称	职务	姓名	任职时间
综合经济研究室 (1960.02.06～1967.04.05)	副主任	李文彦	1960.02.06～1964.07.02
	主任	李文彦	1964.07.02～1967.04.05
	政治副主任	王振寰	1966.04.16～1967.04.05
土地资源研究室 (土地组、地貌组、经济组)	主任	李孝芳	1978.07.28～1984.06.15
	副主任	石玉林	1978.07.28～1984.06.15
		那文俊	1978.11.～1984.06.15
资源经济研究室 (1984.06.15～1988.01.11)	主任	那文俊	1984.06.15～1988.01.11
	副主任	郭文卿	1984.06.15～1984.10.22
		倪祖彬	1984.10.22～1988.01.11
农业资源经济研究室 (1988.01.11～1998.10.30)	主任	倪祖彬	1988.01.11～1995.03.09
		朱建华	1995.10.04～1997.11.
		李福波	1991.03.05～1995.03.09
	副主任	朱建华	1993.03.11～1995.10.04
		谷树忠	1996.07.18～1998.10.30
		蒋士杰	1988.03.19～1991.03.05
	行政副主任	胡孝忠	1993.04.19～1996.03.26
		唐天贵	1996.03.26～1998.09.04

附表 4-12　资源战略研究室历任领导成员名单

部门名称	职务	姓名	任职时间
资源战略研究组	组长	何希吾	1988.10.25～1991.03.05
资源战略研究室 (1991.03.05～1995.10.04) 国情研究室 (1995.10.04～1998.10.30)	主任	何希吾	1991.03.05～1995.10.04
		董锁成	1995.10.04～1998.10.30
	副主任	李立贤	1991.03.05～1998.10.30
	行政副主任	马　宏	1993.04.21～1998.10.30

附表 4-13　技术室、分析室、资源开发应用技术室历任领导成员名单

部门名称	职务	姓名	任职时间
技术室(筹备组) (1976.02.25 成立)	组长	庄承藻	1977.01.03～1978.07.28
	组员	马式民	1977.01.03～1978.07.28
		梁春英	1977.01.03～1978.07.28
		尤梅英	1977.01.03～1978.07.28
		李世顺	1977.01.03～1978.07.28
技术室 (1978.07.28～1989.12.30)	副主任	王德才	1978.07.28～1984.06.15
		马式民	1978.07.28～1981.06.30
		庄承藻	1980.09.04～1985.03.18
	主任	蒋士杰	1984.06.15～1988.01.11
	副主任	梁春英	1984.10.22～1988.01.11
		沈玉治	1985.03.18～1989.12.30

部门名称	职务	姓名	任职时间
分析室（综合分析测试室） 1988.01.11～1991.03.05 （化学分析室） 1991.03.05～1995.10.04	主任	牛喜业	1988.01.11～1995.10.04
	副主任	梁春英	1988.01.11～1994.08.30
科技扶贫与资源开发应用 技术研究室 （1995.10.04～1998.10.30）	主任	王　旭	1995.10.04～1998.10.30
	副主任	田晓娅	1995.10.04～1998.10.30
		管正学	1995.10.04～1998.10.30

注：1956～1960年，分析室、测绘钻探室属原新疆队，分析室负责人：张喜光、马式民。

1960～1967年，分析室、测绘室属业务处技术科领导，分析室负责人：杨俊生、马式民、陈世庆；测绘室负责人：徐效演、何建邦。

1972～1974年，测绘室合并地理所地图室，分析室合并地理所分析室。

1975.04～1977年，制图室、分析室属技术室领导。

附表4-14　国土资源信息研究室历任领导成员名单

部门名称	职务	姓名	任职时间
计算机应用研究室 （1984.06.15～1988.01.11）	副主任	孙九林	1984.06.15～1988.01.11
国土资源信息研究室 （计算机应用研究室、图书 资料室合并 1988.01.11～1989.08）	主任	孙九林（兼）	1988.01.11～1995.10.04
		欧阳华	1995.10.04～1998.10.30
	副主任	韩群力	1988.02.26～1989.03.20
		郭长福	1991.04.02～1993.04.05
		黄志新	1995.10.04～1996.12.23
	行政副主任	胡淑文	1988.04.12～1989.03.20
		李廷启	1993.04.05～1994.12.30

附表4-15　图书资料、情报研究室历任领导成员名单

部门名称	职务	姓名	任职时间
情报组	负责人	郭文卿	1975.04.08～1978.07.28
图书情报室 （1978.07.28～1980.） 图书资料情报研究室 （1980.09.04～1984.06.15） 图书情报资料室 （1984.06.15～1989.03.20）	主任	郭文卿	1980.09.04～1984.06.15
		王广颖	1984.06.15～1989.03.20
	副主任	郭文卿	1978.07.28～1980.09.04
		那文俊	1978.07.28～1978.11
		孟　力	1980.09.04～1984.06.15
		白延铎	1984.06.15～1989.01
图书资料室 （1989.03.20～1991.03.20）	主任	陈国南	1991.03.05～1998.11.16
		张克钰	1998.11.16～1999.12.30
图书资料研究室 （1991.03.20～1992.09.28） 资源与国情文献馆 （1992.09.28～1998.11.16） 文献与期刊中心 （1998.11.16～1999.12.30）	副主任	陈国南	1989.03.20～1991.03.20
		谢立征	1989.03.20～1993.04.19
		戴月音	1991.03.05～1995.10.04
		丁琼瑶	1995.10.04～1998.11.16
		陈国南	1998.11.16～1999.12.30

注：1956～1960年，各考察队设资料员。

1960年，图书资料室由徐宝风负责。

1964年，业务处设计划科、图书资料科。

1966年，业务处设计划科、技术科（分析室、测绘室、器材组）、情报资料科（孟力任副科长）。

1975年，业务处设情报组、图书资料组。

附表 4-16 编辑出版室历任领导成员名单

部门名称	职务	姓名	任职时间
编辑出版室（1982～1998.11.16）	负责人	张天光	1982～1984.10.22
	主任	张天光	1984.10.22～1989.08.09
		杨良琳	1989.08.09～1997.09.03
	副主任	温景春	1984.10.22～1989.08.09
		张克钰	1989.08.09～1998.11.16
文献与期刊中心（1998.11.16～1999.12.30）	主任	张克钰	1998.11.16～1999.12.30
	副主任	陈国南	1998.11.16～1999.12.30

附表 4-17 各研究中心领导成员名单

研究中心	国土资源综合研究中心	资源生态与管理研究中心	资源经济与发展研究中心	资源环境信息网络与数据中心
职务：主任	陈百明	谢高地	谷树忠	刘　闯
副主任	王立新	刘爱民	董锁成	杨小唤
副主任	姚治君	梁　飚	王礼茂	陈泉生
任职时间	1998.10.30～1999.12.31	1998.10.30～1999.12.31	1998.10.30～1999.12.31	1998.10.30～1999.12.31
研究中心所包含的原研究室	土地资源研究室 水资源研究室 科技扶贫与资源开发应用技术研究室	农业资源生态研究室 林业资源生态研究室 草地资源与畜牧生态研究室 气候资源研究室	资源经济研究室 工业布局研究室 国情研究室	国土资源信息研究室 遥感应用研究室

附表 4-18 野外试验站历任领导成员名单

试验站名称	职务	姓名	任职时间
中国科学院、江西省千烟洲红壤丘陵综合开发试验站（1983.11～）	负责人	程　彤	1983～1988
	站长	李文华	1988～1989
		程　彤	1989～1999
		李家永	1999～2003
	常务副站长	程　彤	1988～1989
	副站长	蒋世逵	1988～1992
		游松财	1992～1993
		谭新泉	1992～2002
		李家永	1993～1999
		张红旗	1997～1999
		陈　铭	1995 年 4 月增补为副站长
中国科学院拉萨农业生态试验站（1993.02.17～）	站长	张谊光	1993.02.17～1997.02.20
		王钟建	1997.02.20～1999.05.31
		张宪洲	2000.06～
	副站长	廖俊国	1993.02.17～1997.02.20
		余成群	1993.02.17～2000.06
		许毓英	1997.02.17～1998.08.10
		石培礼	2000.06～

试验站名称	职务	姓名	任职时间
中国科学院巫溪红池坝草地 畜牧生态试验站 （1986～）	站长	廖国藩	1986～1990
		刘玉红	1986～1990
		黄文秀	1991～1995
		樊江文	1996～2000
中国科学院江西省九连山 森林生态研究站 （1981.01～2001）	负责人	李昌华	1981～1989（退休） 1989～2001

附表 5 党群系统

附表 5-1 中共综考会党支部历任成员名单

名称与任职时间	职务	姓名	备注
办公室党支部 1956.01~1958.12.09	书记	石湘君	1个支部
办公室党支部 1958.12.09~1960.04.18	书记	石湘君	1个支部
	委员	漆克昌、孙新民、夏静轩、李龙云	
办公室党支部 1960.04.18~1962.05.17	书记	石湘君	1个支部
办公室、行政处党支部 1962.05.17~1965.05.20	书记	王遵伋	3个支部
	书记	赵锋	
业务处党支部 1962.05.17~1965.07.23	书记	石湘君	
	副书记	那文俊	
研究室党支部 1962.05.17~1964.04.01	委员	王颜和、张有实、孙鸿烈、黄志杰、李作模	
办公室党支部 1965.05.20~1969.06.12	书记	夏静轩	6个支部
	副书记	刘忠轩	
	委员	郭福有、李友林、丁延年	
业务处党支部 1965.07.23~1969.06.12	书记	赵锋	
	副书记	李龙云	
	委员	赵训经、庄承藻、卫绍堂	
行政处党支部 ~1969.06.12	书记	刘福祥	
	副书记	张长胜	
	委员	唐德生、杨俊生、王树棠	
综合经济研究室党支部 1965.~1969.06.12	书记	那文俊	
	委员	王振寰、李文彦	
农林牧资源研究室党支部 1965.~1969.06.12	书记	韩炳森、戴文焕	
	副书记		
	委员		
水利资源研究、矿产资源研究、 综合动能研究室党支部 1965.03.11~1969.06.12	书记	王颜和	
	委员	周作侠、何希吾	
一、二连党支部 1969.06.12~1972.05	书记	支路川	一连由原农林牧资源研究室、水资源研究室组成；二连由综合经济研究室、矿产研究室、综合动能研究室组成
	委员	黄自立、焦桂英、范增林、赵存兴	

名称与任职时间	职务	姓名	备注
三、四连党支部 1969.06.12～1972.05	书记	刘福祥	三连由业务口等组成； 四连由原后勤口等组成
	委员	刘玉凯、张成保、唐德生、孙永顺	
在京留守组党支部 1971.07.20～1972.05	书记	徐振山	
	委员	李文杰、庄志祥	
业务处党支部 1975.05～1978.11.18	书记	李龙云	4个支部
	委员	张炯远、郭文卿	
政治处、办公室党支部 1975.05～1978.11.18	书记	郎一环	
	委员	石湘君、王达荣	
行政处党支部 1975.05～1978.11.18	书记	王振寰	
	委员	华海峰、徐振山、王树棠	
综合研究室党支部 1975.05～1978.06.09	书记	戴文焕	
	副书记	蒋世逵	
	委员	石玉林、赵存兴、徐寿波	
土地资源研究室、水资源研究室、 生物资源研究室联合党支部 1978.06.09～1978.09.19	书记	石玉林(兼)	4个支部
	副书记	赵存兴	
图书资料、情报室联合党支部 1978.06.09～1978.12.08	书记	郭文卿(兼)	
	委员		
技术室党支部 1978.06.09～1978.09.26	书记	庄承藻	
	委员	梁春英、钱克	
综合动能研究室党支部 1978.06.09～1978.09.23	书记	张长胜	
	委员		
土地资源研究室党支部 1978.09.19～1980.08.30	书记	赵存兴	8个支部
	副书记	石玉林	
水资源研究室党支部 1978.09.19～1981.06	书记	黄让堂	
	委员	张有实、关志华	
能源研究室党支部 1978.09.23～1980.09.02	书记	张长胜	
	委员	黄志杰、徐寿波	
技术室党支部 1978.09.26～1980.08.25	书记	庄承藻	
	副书记	王德才	
	委员	梁春英、温凤艳、钱克	
图书情报室党支部 1978.12.08～1981.09.19	书记	郭文卿	
	委员	袁 朴、彭仲伟	
政治处办公室党支部 1978.11.18～1981.06	书记	蒋士杰	
	委员	石湘君、胡淑文	
行政处党支部 1978.09.26～1981.06	书记	陈 斌	
	委员	华海峰、富庆玲、刘光荣、陶宝祥、徐振山、 王树棠	
生物资源研究室党支部 1978.06～	书记	戴文焕	
	副书记	蒋世逵	
	委员	刘厚培、王善敏、王吉秋	

名称与任职时间	职务	姓名	备注
技术室党支部 1980.08.25~1982.03.06	书记	庄承藻	
	副书记	王德才	
	委员	梁春英、刘勇卫、李廷启	
土地资源研究室党支部 1980.08.30~1984.01.16	书记	那文俊	
	委员	魏雅贞、赵存兴	
党委办公室党支部 1981.06~1984.01.16	书记	石湘君	
	委员	高静波、胡淑文	
办公室党支部 1981.06~1984.01.16	书记	陈斌	
	委员	王达荣、韩义学、李新淑、华海峰	9个支部
业务一处党支部 1981.06~1984.01.16	书记	赵训经	
	委员	张天光	
业务二处党支部 1981.06~1984.01.16	书记	王振寰	
	委员	徐振山、冯治平	
水资源研究室党支部 1981.06~1984.01.16	书记	黄让堂	
	委员	关志华、翟贵宏	
图书情报、资料室党支部 1981.09.19~1984.01.16	书记	郭文卿	
	副书记	袁朴	
技术室党支部 1982.03.06~1984.01.16	书记	庄承藻	
	副书记	李廷启	
	委员	梁春英、刘勇卫、韩群力	
党委办公室党支部 1984.01.16~	书记	郑元章	
	委员	胡淑文、庄志祥	
业务处办公室党支部 1984.01.16~1988.05.17	书记	王双印	
	委员	沙玉琴、陈宝玉	
行政处党支部 1984.01.16~1987.02.20	书记	徐振山	
	副书记	刘光荣	
	委员	张双民、孙炳章、陈志华	
土地资源研究室党支部 1984.01.16~1988.	书记	陈国南	
	委员	赵存兴、徐敬宣	
水资源研究室党支部 1984.01.16~1986.04.29	书记	黄让堂	11个支部
	副书记	关志华	
生物资源研究室、气候资源 研究室党支部 1984.01.16~1987.03.18	书记	孙文线	
	副书记	黄文秀	
	委员	韩念勇、王善敏、陈永瑞	
农业资源经济研究室党支部 1984.01.16~1988.04.29	书记	倪祖彬	
	委员	楼兴甫、陈英华(1986年)/李福波(1988年)	
计算机应用研究室党支部 1984.01.16~1988.01	书记	韩群力	
	委员	孙九林、侯光华	
技术室党支部 1984.01.16~1988.01.11	书记	蒋士杰	
	委员	梁春英、李廷启	

名称与任职时间	职务	姓名	备注
图书情报编辑党支部 1984.01.16～1988.01	书记	白延铎	11 个支部
	委员	袁朴、张天光	
老干部党支部 1984.01.16～	书记	唐绍林	
	委员	张成保、李友林	
工业布局研究室党支部 1987.03.15～1992.01.04	书记	袁 朴(1987 年)/ 叶裕民(1989 年)	13 个支部
	副书记	叶裕民/李学军、李俊	
气候资源研究室党支部 1987.03.15～1988.01.	书记	孙文线	
	委员	陈沈斌、郭绍礼	
技术室党支部 1988.	书记	梁春英	
	委员	钱克、王乃斌	
生物资源研究室党支部 1987.03.18～1991.03.16	书记	陈永瑞/ 苏玉兰(1989 年)	
	副书记	苏玉兰	
	委员	邓坤枚、王善敏、孙庆国/郭秀英	
水资源研究室党支部 1986.04.29～1991.06.13	书记	关志华	
	委员	黄让堂、马宏	
行政处党支部 1987.02.20～1991.10.12	书记	贯秋德/李廷启(1989 年)	
	委员	何国勇、陈宝玉、刘淑琴/何国勇、孙炳章	
办公室和业务处党支部 1988.05.17～1991.06.13	书记	沙玉琴	
	副书记	王双印	
中国科学院航空遥感中心党支部 1987.02.11～1988	书记	张守善	
	委员	刘军、陈宝雯	
土地资源研究室、农业资源经济 研究室党支部 1988.～1992.02.18	书记	艾刚(1988 年)/程少华(1989 年)	
	委员	钱克、赵存兴、倪祖彬	
综合分析测试室、气候资源 研究室党支部 1988.01.11～1992.01.04	书记	梁春英	
	委员	王其冬、陈沈斌/孙文线、陈沈斌(1989 年)	
国土资源信息研究室党支部 (图书资料室和计算机应用室合并) 1988.01～1989.08	书记	胡淑文	
	委员	陈国南、侯光华	
党办、人事党支部 1991.10～1993.01.09	书记	李廷启	
	委员	张彦英	
老干部党支部 ～1993.01.09	书记	赵锋	
	委员	唐绍林、李群	
草地资源与畜牧生态研究室党支部 1991.03.16～1996.03	书记	郭秀英	15 个支部
	副书记	孙庆国	
林业资源生态研究党支部 1991.03.16～1996.03	书记	邵彬	
	副书记	邓坤枚	
业务处、办公室党支部 1991.06.13～1996.03	书记	沙玉琴	
	副书记	王双印	

名称与任职时间	职务	姓名	备注
图书资料研究室党支部 1991.06.13～1996.03	书记	叶凌志	
	副书记	姚则安	
水资源研究室党支部 1991.06.13～1996.03	书记	关志华	
	副书记	马宏	
行政处党支部 1991.10.12～1996.3	书记	何国勇	
	副书记	孙炳章	
工业布局研究室党支部 1992.01.04～1996.03	书记	李学军	
	副书记	姚建华	
化学分析室、气候资源研究室 党支部 1992.01.04～	书记	梁春英	
	副书记	王其冬	
国土资源信息研究室党支部 1992.01.04～1996.03	书记	陈沈斌	
	副书记	岳燕珍	
土地资源研究室党支部 1992.02.18～1996.03	书记	程少华	15 个支部
	副书记	钱克	
开发部党支部 1992.02.18～1996.03	书记	张烈	
	副书记	谢国卿	
资源经济研究室党支部 1992.02.18～	书记	庞爱权	
	副书记		
党办、人事党支部 1993.01.09～1996.03	书记	张彦英	
	副书记	李廷启	
老干部党支部 1993.01.09～1996.03	书记	李群	
	副书记	华海峰、庄承藻、李新淑、沈长江	
资源经济研究室、草地资源与畜牧 生态研究室联合党支部 1993.06.24～1996.01.29	书记	胡孝忠	
	副书记	王钟建、姚予龙	
办公室、资产处联合党支部 1996.03～1999.02.08	书记	苏宝琴	
	副书记	孙炳章	
业务处、会计室联合党支部 1996.03～1999.02.08	书记	沙玉琴	
	副书记	于桂芸	
党办、人事联合党支部 1996.03～1999.02.08	书记	李廷启	
	副书记	张彦英	17 个支部
开发部党支部 1996.03～1999.02.08	书记	王双印	
	委员	吴力壮、顾群	
科贸中心党支部 1996.03～1999.02.08	书记	贯秋德	
	委员	李赤、赵勤亮	
文献馆党支部 1996.03～1999.02.08	书记	叶凌志	
	副书记	姚则安	
学会联合党支部 1996.03～1999.02.08	书记	刘燕君	

名称与任职时间	职务	姓名	备注
国土资源信息研究室、生态 网络联合党支部 1996.03～1999.02.08	书记	陈沈斌	
	委员	黄志新、史华	
土地资源研究室党支部 1996.03～1999.02.08	书记	王立新	
	委员	奚泽、郑伟琦	
水资源研究室、资源战略 研究室联合党支部 1996.03～1999.02.08	书记	马宏	
	委员	董锁成、关志华	
工业布局研究室、遥感应用 研究室联合党支部 1996.03～1999.02.08	书记	曹丽华	
	副书记	钱克	
资源经济研究室党支部 1996.03～1999.02.08	书记	唐天贵	
	委员	姚予龙、庞爱权	17个支部
草地资源与畜牧生态 研究室党支部 1996.03～1999.02.08	书记	王钟建	
	委员	樊江文、郭秀英	
气候资源研究室、农业资源生态 研究室联合党支部 1996.03～1999.02.08	书记	王其冬	
林业资源生态研究室党支部 1996.03～1999.02.08	书记	邵彬	
	委员	邓坤枚、刘爱民	
资源开发应用研究室、千烟洲 试验站联合党支部 1996.03～1999.02.08	书记	田晓娅	
	副书记	谭新泉	
老干部党支部 1996.03～1999.02.08	书记	赵训经	
	委员	华海峰、沈长江、李新淑、倪祖彬、张烈	
职能处室党支部 1999.02.08～2000.12	书记	苏宝琴	
	委员	邓撵阳、顾群	
文献与期刊中心和学会、研究会 联合党支部 1999.02.08～2000.12	书记	姚则安	
	委员	王善敏、刘燕君	
国土资源综合研究中心与资源 技术开发室联合党支部 1999.02.08～2000.12	书记	关志华	9个支部
	委员	汪宏清、牛喜业	
资源经济与发展研究中心党支部 1999.02.08～2000.12	书记	陈屹松	
	委员	李岱、董锁成	
资源生态与管理研究中心党支部 1999.02.08～2000.12	书记	梁飚	
	委员	邓坤枚、陈永瑞	

名称与任职时间	职务	姓名	备注
资源环境信息网络与数据中心和 生态网络联合党支部 1999.02.08～2000.12	委员	马志鹏、史华	
	书记	王双印	
开发党支部 1999.02.08～2000.12	委员	孙文线、李赤	9个支部
	书记	王淑强	
研究生党支部 1999.02.08～2000.12	委员	李利峰、康晓风	
	书记	李文柏	
离退休干部党支部 1999.02.08～2000.12	副书记	华海峰	
	委员	冷秀良、庄承藻、曹丽华	

注：档案资料不全，可能有错漏。

附表5-2　民主党派情况
（至1999年年底）

九三学社	民主建国会	农工民主党	民主同盟会	致公党委员会	国民党革命委员会	中国民主促进会
16人	2人	6人	3人	2人	1人	1人

附表5-3　工会、职代会名单

届别	职务	姓名
1956		陈元
1957.04～05	主席	赵锋
	副主席	庄志祥
1957.06～1959.02	主席	华海峰
1959.03～09	主席	赵东昇
1959.08～1961.11	主席	袁学义（代）
1961.12～1962.04	主席	管根荣
1983.10.19～1993.01 工会	主席	张有实
	副主席	张烈、徐敬宣 李廷启（1984.10.22～1986.03.28 专职副主席）
	委员	龙洁（1986.03.28 任专职工会干部） 唐天贵（1992.06.11 任专职工会干部，正处级调研员）
1993.01 职代会成立	主席	何希吾
	副主席	李廷启、唐天贵
	委员	王其冬、姚华、王善敏、李俊和、程彤、倪祖彬
1995.12.21 工会成立	主席	谭福安（兼）
	副主席	李廷启（专职）、史华（兼）
	委员	于桂芸、马宏、艾刚、姜亚东、张雷、胡孝忠
1997.01.10 工会	主席	谭福安（兼）
	副主席	马宏、史华（兼）
	委员	胡孝忠、艾刚、于桂云、张雷、李廷启、姜亚东、钟烈元（特聘）
1998.10.08 第二届职代会 工会	主席	郎一环
	副主席	马宏（常务）、刘爱民
	委员	于桂芸、史华、艾刚、李廷启、张雷、胡孝忠、姜亚东、谭福安

附表 6 统 计 资 料

附表 6-1 享受国务院政府特殊津贴人员名单

年度	人数	姓名
1990	2	冯华德、阳含熙
1991	2	石玉林、李驾三
1992	22	章铭陶、李文华、程鸿、张有实、沈长江、那文俊、孙九林、韩裕丰、刘厚培、陈传友、张天曾、陈百明、汪宏清、廖俊国、王乃斌、郭文卿、侯光良、郭绍礼、石竹筠、杜国垣、陈光伟、廖国藩
1993	27	郭绍礼、杜国垣、郭文卿、陈百明、倪祖彬、关志华、李飞、程彤、陈宝雯、袁子恭、李桂森、赵存兴、苏人琼、康庆禹、李世顺、黄文秀、朱景郊、齐文虎、倪建华、慈龙骏、张谊光、冷秀良、林耀明、李泽辉、霍明远、樊江文
1994	1	唐青蔚
1995	1	卫林
1996	1	欧润生
1997	1	孙尚志
1998	1	苏大学
1999	1	陈沈斌

注：从 1993 年 10 月起，此前享受 50 元/月的改为 100 元/月；从 1995 年度起政府津贴由每月发放 100 元改为一次性发 5000 元。

附表 6-2 享受中国科学院管理人员突出贡献津贴人员名单

年度	人数	姓名
1993	3	杨生、朱成大、黄兆良
1994	2	谭福安、郭长福
1995	2	胡淑文、马志鹏
1996	1	艾刚
1997	1	于桂芸
1998	1	胡孝忠
1999	1	顾 群

附表 6-3 科技副职任职名单

姓名	职 称	任职地点	任职时间
冷秀良	副研究员	山东省临沂市莒南县副县长	1989～1991
卫 林	研究员	福建省福州市罗源县副县长	1993.11～1995.11
李玉祥	副研究员	云南省巧家县副县长	1994.11～1998.11
郎一环	研究员	福建省福州市福清市副市长	1993.11～1995.04
陈光伟	研究员	山东省烟台市开发区副主任	1991.04～1993.05
谢国卿	五级职员	北京市朝阳区金盏乡副乡长	1997.08～
刘喜中	副研究员	云南省鲁甸县副县长	1994.11～1998.11
雷震鸣	副研究员	云南省昭通县副县长	1994.11～1996.11
郑亚新	副研究员	云南省世行办副主任	1994.11～1995.06

附表 6-4　历任研究生教育管理部门负责人名单

主管领导	主管部门	处长(主任)	副处长	科长	成员
赵　锋	业务处	赵训经	冷秀良		祖莉莉
石玉林	人事干部处	李　群			祖莉莉
田裕钊	教育外事处			冯雪华	
田裕钊	人事干部处	庄承藻			赵　军
慈龙骏	人事干部处	胡淑文			刘彩霞
赵士洞	人事教育处	胡淑文			刘彩霞、王淑强
成升魁	业务处	封志明	陈远生		王淑强

附表 6-5　授予学位专业一览表

序号	授予学位专业名称	批准年度	备注
1	自然地理学硕士	1981	
2	生态学硕士	1986.07	
3	人文地理学硕士	1986.07	
4	生态学博士	1986.07	
5	博士后流动站	1999.02	生物学作为一级学科首批设流动站

附表 6-6　博士生导师名单

A. 国务院学位委员会审批的博士生导师名单

批准时间	姓名	学科	批次
1986 年	阳含熙、李文华	生态学	第三批
1992 年	孙鸿烈	自然地理学	第五批
1992 年	慈龙骏	生态学	第五批

B. 综考会历年自行遴选评审的博士生导师名单

遴选时间	姓名	学科	招生年份
1995 年	陈百明、陈传友、黄文秀、江洪、石玉林、孙九林、赵士洞	生态学	1996
1996 年	傅伯杰、郎一环、王乃斌	生态学	1997
1997 年	成升魁、欧阳华、钟耳顺	生态学	1998
1998 年	董锁成	生态学	1999
1999 年	谷树忠、霍明远、刘闯、熊利亚	生态学	2000

附表 6-7　历届研究生获奖(省、部级以上)名单

获奖名称或称号	姓名	获奖年份
中国青年科技奖	封志明	1995
中国青年科学家奖	杨小唤	1997
中国科学院有突出贡献中青年专家	陈百明	1998

附表 6-8　　历届在读研究生或教师获各类奖学金、奖教金名单

获奖年度	获奖名称	获奖人员	奖励级别	奖励日期	颁发单位	备注
1990	优秀导师奖	沈长江 李孝芳	院级	1990.08.29	中科院教育局	导师奖
1990	院长奖学金优秀奖	王立新	—	1991.01.20	—	院长奖
1993	院长奖学金优秀奖	王　彻	—	1993.04.06	—	院长奖
1994	优秀导师奖	王乃斌	—	1994.07.09	—	导师奖
1994	院长奖学金优秀奖	张永桂	—	1994.04.12	中国科学院	院长奖
1995	院长奖学金优秀奖	赵霈生	—	1995.12.04	中科院研究生院	优秀奖
1996	优秀研究生	吴怀民	—	1996.11.18	中科院研究生院	优秀研究生
1996	亿利达一等奖	李利锋	—	1996.11.19	中科院教育局	冠名奖
1996	亿利达二等奖	吴怀民 黄胜利	—	1996.11.19		冠名奖
1996	地奥一等奖	杨　修	—	1996.11.19	—	冠名奖
1996	优秀导师奖	李文华	—	1996.08.20		导师奖
1997	院长奖学金	杨　修	—	1997.10.31	—	院长奖
1997	亿利达二等奖	曹春雷	—	1997.11.31		冠名奖
1997	地奥一等奖	石培礼	—	1997.11.10	—	冠名奖
1997	地奥二等奖	吴　波	—	1997.11.10		冠名奖
1997	深圳华为奖	李文华	—	1997.12.31		奖教金
1998	刘永岑奖	卢显富	—	1998.08.20		奖学金
1998	优秀导师奖	孙鸿烈 赵士洞	—	1998.09.02		导师奖
1998	深圳华为奖	赵士洞	—	1998.11.10		奖教金
1999	伟华奖学金	闵庆文 温　军	—	1999.12.04	中科院人事 教育局	冠名奖
1999	地奥奖学金二等奖	江　东 王礼茂	—	1999.12.04	—	冠名奖
1999	深圳华为奖	黄文秀	—	1999.12.04		冠名奖

附表 6-9　　1978～1999 年录取硕士研究生名单

入学年份	研究生姓名	导师姓名	学位级别	专业	毕业年份	论文题目
1978	汪时荃	沈长江	硕士		1981	滩羊与蒙古羊血红蛋白(HB)与血清蟋酶地区差异的研究
1978	陈光伟	李孝芳	硕士		1981	鄱阳县北部土地资源评价及合理利用
1978	贾中骥	李孝芳	硕士		1981	江西鄱阳县北部土地类型及其合理利用
1978	漆冰丁	李孝芳	硕士		1981	
1978	李　飞	李文华	硕士	生态学	1981	森林群落生产力测定方法的探讨
1978	赵宪国	李文华	硕士	生态学	1981	长白山红松与白桦林矿质营养元素分布规律的探讨
1978	王本楠	阳含熙	硕士	生态学	1981	植物群落的数量分类
1978	王安安	李孝芳	硕士		退学	

入学年份	研究生姓名	导师姓名	学位级别	专业	毕业年份	论文题目
1978	李鼎甲	阳含熙	硕士		1981	
1978	王兆强	沈长江	硕士		1981	湖羊种群若干生态特征
1981	伍业纲	阳含熙	硕士	生态学	1984	红松种群结构分析及其天然更新规律
1981	潘渝德	阳含熙	硕士		1984	云冷杉红松林的演替规律及数学预测
1981	章予舒	朱景郊	硕士		1984	江西省兴国县土地侵蚀与治理
1981	汪宏清	朱景郊	硕士		1984	江西省兴国县农业地貌分异及其评价
1982	李大明	刘厚培	硕士	生态学	1985	油茶产量、品质和生化特性的生态差异性研究
1982	刘建华	刘厚培	硕士	生态学	1985	我国冬小麦生产力(产量与品质)与生态环境条件相关性
1982	许有鹏	李驾三	硕士		1985	石家庄东部平原区地下含水层系统分析
1983	陈百明	石玉林	硕士	自然地理学	1986	新疆呼图壁县平原绿洲土地资源的类型、评价及优化利用
1983	陈念平	李孝芳	硕士		1986	内蒙古东南部干湿过渡带土壤的发生类型及其分布规律
1983	彭仲仁	李昌华	硕士		1986	内蒙古自治区化德县土地资源评价
1983	林 杰	杜国垣	硕士		1986	山西省太原盆地水资源评价及合理利用
1984	向平南	石玉林	硕士		1987	林地资源质量定量评价方法探讨——以广西兴安县林地资源为例
1984	李中菊	李昌华	硕士		1987	江西九连山自然保护区山地常绿阔叶林土壤水分物理
1984	周石桥	李孝芳	硕士		1987	内蒙古翁牛特旗土地资源评价
1984	谢俊奇	李孝芳	硕士		1987	内蒙古翁牛特旗农林牧土地资源合理利用优化经济结构模式
1984	孙云伟	杜国垣	硕士		1987	山西长河流域水资源综合系统分析
1985	封志明	石玉林	硕士		1988	甘肃省定西县土地资源土地承载力研究
1985	杨远盛	江爱良	硕士		1988	
1985	谢海生	阳含熙	硕士	生态学	1988	干扰与长白山红松林演替
1985	李鹤明	李孝芳	硕士		1988	
1985	蒋子凡	石玉林	硕士		1988	定西县唐家堡流域土地生产力与人口承载力的研究
1985	田溯宁	沈长江	硕士	生态学	1988	太湖地区东山乡不同农业生态系统结构与湖羊功能的研究
1985	任 志	袁子恭	硕士		1988	城市水资源系统综合研究
1986	周海林	沈长江	硕士		1989	畜牧业生产系统研究——宁夏盐池半农半牧区牧业系统
1986	顾连宏	阳含熙	硕士		1989	云冷杉阔叶红松林演替与天然更新过程及红松种群动态变化过程
1986	邵 彬	李文华	硕士	生态学	1989	中国云冷杉林分布与生产规律的研究

续表

入学年份	研究生姓名	导师姓名	学位级别	专业	毕业年份	论文题目
1986	夏坚玲	袁子恭	硕士		1989	城市水资源系统的调节——减少用水量和排水量
1986	杨兴宪	程　鸿	硕士		1989	贵州农村产业结构研究
1986	石敏俊	程　鸿	硕士		1989	贵州山区资源开发的经济研究
1986	赵　安	那文俊	硕士		1989	应用模糊论进行农村经济发展区划的研究
1986	刘树华	袁子恭	硕士		1989	城市水资源合理利用与保护战略的研究
1987	赵文石	程　鸿	硕士		1990	核心-外围关系研究
1987	蒋乃华		硕士		1990	
1987	李向党	郭文卿	硕士		1990	地区经济开发中主导产业的选择
1987	孙　弘	郭文卿	硕士		1990	贫困地区工业开发
1987	娄安如	李文华	硕士		1990	我国农林业复合生态系统研究初探
1987	宋维平	沈长江	硕士		1990	四川东部浅丘农业生态系统的牧业亚系统结构与功能
1988	陈远生	章铭陶	硕士	自然地理学	1991	
1988	吴持政	章铭陶	硕士	自然地理学	1991	
1988	丁贤忠	李孝芳	硕士	自然地理学	1991	
1988	高迎春	黄让堂	硕士	自然地理学	1991	
1988	姚治君	黄让堂	硕士	自然地理学	1991	
1988	陈屹松	倪祖彬	硕士	人文地理学	1991	
1988	邓心安	那文俊	硕士	人文地理学	1991	
1988	黄　净	阳含熙	硕士	生态学	1991	
1988	王立新	石玉林	硕士	自然地理学	1991	
1988	张宪洲	侯光良	硕士	自然地理学	1991	
1988	洪杨文	郭文卿	硕士	人文地理学	1991	
1988	吴正章	郭文卿	硕士	人文地理学	1991	
1989	陈德启	郭文卿	硕士	人文地理学	1992	
1989	刘永怀	王乃斌	硕士	自然地理学	1992	
1989	黄兴文	孙尚志	硕士	自然地理学	1992	
1989	王裼来	曹光卓	硕士	自然地理学	1992	
1989	廖顺宝	孙九林	硕士	自然地理学	1992	
1989	鲍江军	齐文虎	硕士	自然地理学	1992	
1990	陈小峰	刘厚培	硕士	自然地理学	1993	
1990	郭学兵	孙九林	硕士	自然地理学	1993	
1990	沈大军	陈传友	硕士	自然地理学	1993	
1990	王　彻	陈宝雯	硕士	自然地理学	1993	
1990	姚逸秋	孙九林	硕士	自然地理学	1993	
1991	付自龙	何希吾	硕士	自然地理学	1994	
1991	付品德	孙九林	硕士	自然地理学	1994	
1991	付俏梅	孙九林	硕士	自然地理学	1994	

入学年份	研究生姓名	导师姓名	学位级别	专业	毕业年份	论文题目
1991	鄂寒梅	黄文秀	硕士	生态学	1994	
1991	张永贵	陈百明	硕士	自然地理学	1994	
1992	张志滨	孙九林	硕士	自然地理学	1995	
1992	苏理宏	孙九林	硕士	自然地理学	1995	
1992	刘红辉	王乃斌	硕士	自然地理学	1995	
1992	张红旗	石竹筠	硕士	自然地理学	1995	
1993	庄海萍	李立贤	硕士	自然地理学	1996	
1993	王 军	慈龙骏	硕士	生态学	1996	
1993	梁 勇	孙尚志	硕士	人文地理学	1996	
1993	徐文石	姚建华	硕士	人文地理学	1996	
1993	郭明新	王乃斌	硕士	自然地理学	1996	
1994	喻朝庆	张谊光	硕士	自然地理学	1997	
1994	李永武	陈宝雯	硕士	自然地理学	1997	
1994	赵霈生	陈百明	硕士	自然地理学	1997	
1995	黄胜利	赵士洞	硕士	生态学	1998	
1995	熊小刚	赵士洞	硕士	生态学	1998	
1995	周才平	赵士洞	硕士	生态学	1998	
1995	吴怀民	董锁成	硕士	人文地理学	1998	
1995	李利锋	孙尚志	硕士	人文地理学	1998	
1995	刘明亮	陈百明	硕士	自然地理学	1998	
1996	郑燕伟	郎一环	硕士	人文地理学	1999	产业转移及其动因的初步研究
1996	曹春蕾	霍明远	硕士	人文地理学	1999	福建省罗渊湾地区隐伏地热的判别模式及其地质解释
1996	董 瑜	成升魁	硕士	生态学	2000	资源流动理论初探和实证分析
1996	邹玮菁	熊利亚	硕士	人文地理学	1999	基于Internet网的实用生态模型系统
1996	袁小华	李家永	硕士	自然地理学	1999	红壤丘陵区土地利用变化对陆地生态系统有机碳储量的影响
1997	康晓风	王乃斌	硕士	自然地理学	2000	基于遥感和GIS的农作物种植面积提取的理论与方法
1997	丁晓强	孙九林	硕士	自然地理学	2000	构建地球科学虚拟科研环境的初步研究
1997	刘飞龙	谷树忠	硕士	人文地理学	2000	中国战略与资源国际贸易伙伴关系研究
1997	赵一如	姚建华	硕士	人文地理学	2000	新亚欧大陆桥(中国段)城市发展研究
1997	程 静	沈 镭	硕士	人文地理学	2000	中国矿业城市可持续发展动力学机制及其优化研究
1997	周志田	成升魁	硕士	生态学	2000	红壤丘陵区不同土地利用方式下土壤CO_2排放对比研究
1998	剑万振	赵士洞	硕士	生态学	退学	
1998	裴志勇	欧阳华	硕士	生态学	2003	青藏高原高寒草原生态系统碳过程研究——以青海省五道梁地区实验点为例

入学年份	研究生姓名	导师姓名	学位级别	专业	毕业年份	论文题目
1998	林 辉	陈泉生	硕士		2000	地球科学虚拟科研环境构建的几个关键技术研究
1998	李香莲	王钟建	硕士	生态学	2000	县域农业资源利用效率系统分析模型的建立与应用
1998	董广霞	董锁成	硕士	人文地理学	2000	黄土高原欠发达地区生态经济发展模式研究
1999	黄智辉	谷树忠	硕士	人文地理学	2002	水资源定价方法的比较研究——以北京市自来水定价为例
1999	安 凯	谢高地	硕士	生态学	2002	精准农业农田地理信息系统研究与开发
1999	丁晓强	刘 闯	硕士	自然地理学	2002	青藏高原山南地区草地变化虚拟系统建造研究
1999	宋 玉	封志明	硕士	自然地理学	2002	中国县域土地利用结构类型研究
1999	闫丽珍	刘爱民	硕士	生态学	2002	中国玉米供求平衡表的建立
1999	肖 玉	谢高地	硕士	生态学	2002	莽措湖流域生态系统服务功能重建研究
1999	蔡玉林	李 飞	硕士	生态学	2002	红壤丘陵区人工林水文学过程的比较研究

附表6-10 1978~1999年录取博士研究生名单

入学年份	研究生姓名	导师姓名	学位级别	专业	毕业年份	论文题目
1987	欧阳兵	阳含熙	博士	生态学	1990	
1987	谢海生	阳含熙	博士	生态学	1990	
1991	刘金勋	李文华	博士	生态学	1994	
1991	侯向阳	阳含熙	博士	生态学	1994	
1992	卢 琦	阳含熙	博士	生态学	1995	
1993	罗天祥	李文华	博士	生态学	1996	
1994	王孟本	阳含熙	博士	生态学	1997	
1994	郭晋平	阳含熙	博士	生态学	1997	
1994	刘玉平	慈龙骏	博士	生态学	1997	
1994	吴 波	慈龙骏	博士	生态学	1997	
1994	杨 修	李文华	博士	生态学	1997	
1994	摆万奇	阳含熙	博士	生态学	1997	
1995	王秀茹	陈传友	博士	生态学	1998	华北平原农业水资源高效利用技术与指标体系的研究
1996	石培礼	李文华	博士	生态学	1999	亚高山林线生态交错带的植被生态学研究
1996	闵庆文	李文华	博士	生态学	1999	区域发展生态学研究——以山东省五莲县为例
1996	张宪洲	李文华	博士	生态学	1999	青藏高原农田生态系统的能量输入与产量形成及其对全球变化的响应

入学年份	研究生姓名	导师姓名	学位级别	专业	毕业年份	论文题目
1996	包维楷	李文华	博士	生态学	1999	瓦屋山常绿阔叶林自然恢复与林窗更新研究
1996	刘伟	赵士洞	博士	生态学	1999	农户行为与西藏农业与农村持续发展——以达孜县为例
1996	汪业勖	赵士洞	博士	生态学	1999	中国森林生态系统碳循环研究
1996	卢显富	孙九林	博士	生态学	1999	全球气候变化对我国河川径流量与水资源需求的潜在影响
1996	廖顺宝	孙九林	博士	生态学	1999	基于多源数据融合的统计数据空间化研究
1996	裴晓菲	黄文秀	博士	生态学	1999	农牧过渡带典型地区畜牧业生产优化模式研究——以内蒙古赤峰地区为例
1996	马 明	陈传友	博士	生态学	1999	基于CGE模型的水资源短缺对国民经济的影响研究
1996	马树文	陈传友	博士	生态学	肄业	
1996	高迎春	陈传友	博士	生态学	肄业	
1996	张红旗	石玉林	博士	生态学	1999	南方红壤丘陵典型区域农业资源优化配置研究
1996	刘广全	赵士洞	博士	生态学	1999	锐齿栎森林生态系统光合产物及其主要营养元素的积累和分配
1996	温 军	孙鸿烈	博士	生态学	1999	
1996	王 燕	江 洪	博士	生态学	1999	天山云杉林的生产力及其对未来气候变化的响应
1996	夏 铭	江 洪	博士	生态学	1999	红松和蒙古栎遗传多样性的研究
1997	李利锋	孙鸿烈	博士	生态学	2000	
1997	周才平	赵士洞	博士	生态学	2000	中国主要类型森林生态系统及区域氮循环研究
1997	黄胜利	孙九林	博士	生态学	2000	基于WWW的"农业资源开发生态"论断信息系统研究——理论、方法与应用
1997	王建华	陈传友	博士	生态学	2000	SD支持下的区域水资源承载力预测模型研究
1997	江 东	王乃斌	博士	生态学	2000	基于人工神经网络的农作物遥感估产模型研究
1997	王礼茂	郎一环	博士	生态学	2000	中国资源安全问题研究
1997	孙 康	赵士洞	博士	生态学	2000	分布式生态数据管理模型研究
1998	陈安宁	陈百明	博士	生态学	2001	我国农业投入和粮食安全问题
1998	杨小唤	石玉林	博士	生态学	2003	基于3S的农作物估产技术研究
1998	雷利卿	孙九林	博士	生态学	2001	高海拔地区遥感应用的理论、方法与相关技术研究

入学年份	研究生姓名	导师姓名	学位级别	专业	毕业年份	论文题目
1998	张 娜	赵士洞	博士	生态学	2001	景观尺度生态系统生产力过程模型研究
1998	鲁春霞	成升魁	博士	生态学	2001	大柳树水利枢纽工程的生态与环境效应
1998	黄兴文	陈百明	博士	生态学	2001	中国生态资产评估与区划研究
1998	高志刚	郎一环	博士	生态学	2001	新疆区域经济差异及其预警研究
1999	徐兴良	欧阳华	博士	生态学	2002	青藏高原嵩草草甸氮运移规律、氮沉降与碳截留及植物有机氮吸收研究
1999	赵 杰	赵士洞	博士	生态学	2002	基于多源数据融合的统计数据空间化研究
1999	苏 筠	成升魁	博士	生态学	2002	科尔沁地区小尺度区域土地利用变化的人类活动驱动机制研究
1999	张蓬涛	成升魁	博士	生态学	2002	中国西部地区退耕及其对粮食生产的影响
1999	陈屺松	陈百明	博士	生态学	2002	农业自然资源利用模式的可持续性研究
1999	李香云	石玉林	博士	生态学	2002	塔里木河干流下游土地荒漠化与流域水资源合理配置
1999	吴玉萍	董锁成	博士	生态学	2002	黄土高原生态脆弱区经济与环境互动激励研究
1999	王立新	石玉林	博士	生态学	肄业	
1999	章予舒	石玉林	博士	生态学	2004	塔里木河下游绿色走廊土地荒漠化研究

附表 7　国家自然科学基金项目

附表 7-1　国家自然科学基金项目

序号	项目名称	申请人	年度
1	中国 1：100 万草地资源图编制	廖国藩	1982
2	中国 1：100 万土地资源图的编制	石玉林	1982
3	自然资源的理论与研究方法的研究	孙九林、齐文虎	1984
4	计算机三维地理图形与数据模型方法研究	陈宝雯	1991～1989
5	自然资源科学三维仿真模型方法研究	陈宝雯	1990～1992
6	全球资源态势与中国对策	李文华、郎一环	1990～1992
7	人地关系调控机理及区域经济发展	毛汉英、齐文虎	1991～1993
8	微地貌真实感景象合成模型方法研究	陈宝雯	1994～1996
9	地理真实感图形物候动态模型方法研究	陈宝雯	1995～1997
10	青藏高原冬小麦田能量输入和潜在产量形成的动态模拟	张谊光	1995～1997
11	自然资源质量指数核算与场势理论研究	谷树忠	1996～1998
12	黄土高原典型地区农业结构真实感图形模拟仿真系统研究	陈宝雯	1997～1999
13	跨国公司资源内部化调控研究——以石油大陆桥为例	李岱	1997
14	中国五种不同类型矿业城市持续发展优化研究	沈镭	1997～2000
15	草地群落退化演替的植被竞争关系和稳定性调控	樊江文	1997～2000
16	地理信息综合分析、评估、存储、检索及信息系统研究(国家自然科学基金委批准的国际合作项目)	陈宝雯	1997～1999
17	西藏高原玉米生态研究	许毓英、成升魁	1998
18	地理信息系统中基于数字证书的空间信息安全技术研究	陈宝雯	1999～2002
19	中国经济增长与环境污染规律和对策研究	董锁成	1999～2000
20	我国短缺资源跨国开发的风险管理	王礼茂	1999
21	阔叶红松林生产力动态及分异规律的研究	于振良	1999
22	贡嘎山高山树线动态及其对气候变化的影响	石培礼	1999

注：项目 1、2 为部分自助。

附表 8 获 奖 成 果

附表 8-1 主持完成获奖项目

序号	获奖日期	获奖成果	获奖类别	等级	授奖部门
1	1988	青藏高原隆起及其对自然环境与人类活动影响的综合研究	自然科学奖	一等	国家科委
2	1990	东北阔叶红松林演替与更新数学模型	自然科学奖	二等	国家科委
3	1999	青海可可西里地区地质环境与生物多样性	自然科学奖	二等	中国科学院
4	1989	黄淮海平原中低产地区农田防护林的效益研究	自然科学奖	三等	中国科学院
5	1991	滩羊生态及生产应用研究	自然科学奖	三等	中国科学院
6	1993	内蒙古典型草原植物及其群落的光合生理生态特征	自然科学奖	三等	中国科学院
7	1997	中国农林复合经营	自然科学奖	三等	中国科学院
8	1978	腾冲地区遥感应用研究	科学技术进步奖	二等	国家科委
9	1992	中华人民共和国1：100万土地资源图的编制与研究	科学技术进步奖	二等	国家科委
10	1995	西南地区资源开发与发展战略研究	科学技术进步奖	二等	国家科委
11	1997	重点产粮区主要农作物遥感估产	科学技术进步奖	二等	国家科委
12	1997	黄土高原地区综合治理开发战略及其总体方案研究	科学技术进步奖	二等	国家科委
13	2003	南方红黄壤地区综合治理与农业可持续发展技术	科学技术进步奖	二等	国家科委
14	1990	黄土高原(安塞试验区)遥感调查与信息系统研究	科学技术进步奖	三等	国家科委
15	1991	新疆资源开发与生产布局	科学技术进步奖	三等	国家科委
16	1992	中国亚热带东部丘陵山区自然资源合理利用与治理途径	科学技术进步奖	三等	国家科委
17	1992	我国亚热带中高山区草地养畜试验	科学技术进步奖	三等	国家科委
18	1993	中国自然保护纲要	科学技术进步奖	三等	国家科委
19	1998	中国国情分析	科学技术进步奖	三等	国家科委
20	1986	青藏高原隆起及其对自然环境和人类活动影响的综合研究	科学技术进步奖	特等奖	中国科学院
21	1978	腾冲地区遥感应用研究	科学技术进步奖	一等	中国科学院
22	1989	黄土高原(安塞试验区)遥感调查与信系统研究	科学技术进步奖	一等	中国科学院
23	1990	新疆资源开发与生产布局	科学技术进步奖	一等	中国科学院
24	1991	中华人民共和国1：100万土地资源图的编制与研究	科学技术进步奖	一等	中国科学院
25	1991	中国亚热带东部山区自然资源合理利用与治理途径	科学技术进步奖	一等	中国科学院
26	1992	黄土高原地区综合治理开发研究与总体方案	科学技术进步奖	一等	中国科学院
27	1996	重点产粮区主要农作物遥感估产	科学技术进步奖	一等	中国科学院
28	1997	中国国情分析	科学技术进步奖	一等	中国科学院
29	1987	洛阳经济区国土资源信息系统	科学技术进步奖	二等	中国科学院
30	1990	植物群落的数量分类方法	科学技术进步奖	二等	中国科学院
31	1992	中国土地资源生产能力及人口承载力研究	科学技术进步奖	二等	中国科学院
32	1992	计算机地理图形与仿真系统	科学技术进步奖	二等	中国科学院
33	1992	黄土高原国土资源数据库及信息系统	科学技术进步奖	二等	中国科学院
34	1993	西南地区资源开发与发展战略研究	科学技术进步奖	二等	中国科学院

序号	获奖日期	获奖成果	获奖类别	等级	授奖部门
35	1993	黄土高原地区资源与环境遥感调查与系列制图	科学技术进步奖	二等	中国科学院
36	1999	1∶100万中国草地资源图的编制研究	科学技术进步奖	二等	中国科学院
37	1980	电子计算机符号图在生态学和自然资源研究中的应用	科学技术进步奖	三等	中国科学院
38	1986	西南国土资源数据库	科学技术进步奖	三等	中国科学院
39	1986	中国宜农荒地资源	科学技术进步奖	三等	中国科学院
40	1986	江西吉泰盆地商品粮生产基地科学考察报告	科学技术进步奖	三等	中国科学院
41	1987	内蒙古喀喇沁旗发展战略规划	科学技术进步奖	三等	中国科学院
42	1988	千烟洲红壤丘陵综合开发治理试验研究	科学技术进步奖	三等	中国科学院
43	1990	中国中亚热带东部丘陵山区农业发展战略	科学技术进步奖	三等	中国科学院
44	1991	福建沿海外向型经济发展与腹地关系、闽台发展前景	科学技术进步奖	三等	中国科学院
45	1994	沂蒙山区(五县)地下水资源系统勘查与综合评价	科学技术进步奖	三等	中国科学院
46	1994	黄土高原重点治理区遥感调查与系列制图	科学技术进步奖	三等	中国科学院
47	1978	青藏高原综合科学考察	全国科学大会奖		全国科学大会
48	1978	珠穆朗玛峰地区科学考察	全国科学大会奖		全国科学大会
49	1978	内蒙古地区自然资源与自然条件及其合理开发利用问题的考察研究	全国科学大会奖		全国科学大会
50	1978	我国工业二次能源合理利用	全国科学大会奖		全国科学大会
51	1978	青藏高原综合科学考察	重大科技成果		中国科学院
52	1978	珠穆朗玛峰地区科学考察	重大科技奖		中国科学院
53	1978	内蒙古地区自然资源与自然条件及其合理开发利用问题的考察研究	重大科技奖		中国科学院
54	1978	我国工业二次能源合理利用	重大科技奖		中国科学院
55	1978	新疆综合考察	重大科技奖		中国科学院
56	1978	我国南方六省热带亚热带地区以橡胶为主的热带作物宜林地综合考察	重大科技奖		中国科学院
57	1980	托木尔峰综合科学考察	重大科技成果奖	二等	中国科学院
58	1986	长白山森林生态系统研究	科技成果奖	二等	中国科学院
59	1964	西辽河大自然改造与农牧业生产发展途径	科技成果奖	优秀	中国科学院
60	1964	关于我国重油的合理利用和分配问题的研究	科技成果奖	优秀	中国科学院
61	1991	我国亚热带中高山区草地养畜试验	科学技术进步奖	二等	农业部
62	1991	中国自然保护区	全国优秀科普著作奖	三等	中国商务印书馆
63	1996	区域规划与开发的综合调查及土地资源评价	"八五"科技攻关重大科技成果奖		国家计委科委、财政部
64	1997	全球气候变化区域评价中农业系统模拟及其在环境评价中的应用	科学技术进步奖	二等	农业部
65	2001	中国资源百科全书	优秀科技图书奖	二等	国家新闻出版总署
66	1997	河北保定地区三维地形与文物分布图	科学技术进步奖	三等	国家文物局
67	1985	中国自然保护区	科普读物奖	优秀	商务印书馆
68	1990	中国自然保护区	优秀作品奖	优秀	全国五个一工程

序号	获奖日期	获奖成果	获奖类别	等级	授奖部门
69	1987	中国自然保护区	全国地理科普读物奖	优秀	商务印书馆
70	1997	中国东部沿海地区 21 世纪资源与环境	科学技术进步奖	三等	环保局
71	1992	计算机地理图形与仿真系统	优秀软件奖	三等	计算机协会
72	1992	计算机地理图形与仿真系统	优秀软件奖	三等	计算所 CAD 开放实验室
73	1980	乌盟滩川地自然资源综合考察	科技成果奖	二等	内蒙自治区
74	1980	乌审旗自然资源综合考察	科技成果奖	二等	内蒙自治区
75	1987	新疆国土资源信息系统	科学技术进步奖	二等	新疆自治区
76	2000	南方红黄壤丘陵中低产地区综合整治与农业可持续发展	科学技术进步奖	二等	四川省
77	2003	南方红黄壤地区综合治理与农业可持续发展技术研究	科学技术进步奖	二等	江西省
78	1983	柑橘生态要求与基地选择	科学技术进步奖	二等	江西省
79	1995	河北保定地区三维地形与文物分布图	科学技术进步奖	一等	河北保定市
80	1991	雁北地区资源信息仿真系统	科学技术进步奖	二等	山西农业区划委
81	1996	天然草地改良和牧草青贮技术	科学技术进步奖	三等	四川畜牧局
82	2000	中国资源科学百科全书	优秀图书奖		山东省
83	1978	贵州长顺农业园田化建设	贵州科学大会奖		贵州科学大会
84	1999	农业自然资源	华为奖		中国科学院

附表 8-2　协作完成获奖项目

序号	获奖日期	获奖成果	获奖类别	等级	授奖部门	主持单位
1	1990	中国土壤	自然科学奖	一等	中国科学院	南京地理所
2	1993	内蒙古典型草原植物及其群落的生理生态特征	自然科学奖	二等	中国科学院	植物所
3	1996	青藏高原地图集	自然科学奖	二等	中国科学院	地理所
4	1985	中国综合农业区划	科学技术进步奖	一等	国家科委	全国农业区划办
5	1988	全国农业气候资源和农业气候区划研究	科学技术进步奖	一等	国家科委	中央气象局
6	1988	黄淮海平原中低产地区综合治理和综合发展研究	科学技术进步奖	二等	国家科委	土壤所、地理所
7	1988	科学数据库及其信息系统	科学技术进步奖	二等	国家科委	网络信息中心
8	1991	中华人民共和国农业地图集及其编制研究	科学技术进步奖	二等	国家科委	南京地理所
9	1993	西藏自治区土地资源调查与利用研究	科学技术进步奖	二等	国家科委	地理所
10	1998	科学数据库及其信息系统	科学技术进步奖	二等	国家科委	遥感所
11	2001	中华人民共和国自然地图集	科学技术进步奖	二等	国家科委	地理所
12	1987	黄淮海平原中低产地区综合治理和综合发展研究	科学技术进步奖	特等	中国科学院	土壤所、地理所
13	1998	国家资源环境遥感宏观调查与动态研究	科学技术进步奖	特等	中国科学院	遥感所
14	1993	中国 1∶100 万土地利用图编制研究	科学技术进步奖	一等	中国科学院	地理所
15	1987	中国地理丛书(西藏农业地理)	科学技术进步奖	一等	中国科学院	地理所
16	1989	中华人民共和国农业地图集及其编制研究	科学技术进步奖	一等	中国科学院	南京地理所

序号	获奖日期	获奖成果	获奖类别	等级	授奖部门	主持单位
17	1997	科学数据库及其信息系统	科学技术进步奖	一等	中国科学院	遥感所
18	2000	中华人民共和国自然地图集	科学技术进步奖	一等	中国科学院	地理所
19	1992	横断山脉彝族山区四川省宁南县农村能源综合建设试点	科学技术进步奖	二等	中国科学院	成都生物所
20	1998	水资源开发利用及其在国土整治中的地位与作用	科学技术进步奖	二等	中国科学院	地理所
21	1999	中国沿海地区区域开发与21世纪可持续发展研究	科学技术进步奖	二等	中国科学院	地理所
22	1993	专题地图色彩机助设计与自动制版	科学技术进步奖	三等	中国科学院	地理所
23	1985	全国农业资源区划展览	科技成果奖	一等	全国农业区划委员会	中国农业展览馆
24	1985	全国农业气候资源与农业气候区划研究	科研成果奖	一等	全国农业区划委员会	中国气象局
25	1985	中国农业发展若干战略问题研究	科技成果奖	一等	全国农业区划委员会	全国农业区划办
26	1992	中国森林土壤研究	科学技术进步奖	一等	林业部	林科院
27	1997	中国自然资源丛书	科技成果奖	三等	国家计委	国家计委
28	2003	西北地区水资源合理配置和承载力研究	大禹水利科学技术奖	一等	水利科学院	地理所
29	1987	内蒙古植被	科学技术进步奖	三等	国家教委	植物所
30	1990	生存与发展	科学技术进步奖	二等	国务院农研中心	院国情小组
31	1990	编制青海省1∶100万土地"三图"和青海土地资源及其利用	科研成果奖	二等	农业部	青海科委
32	1991	黄土高原遥感应用技术	科学技术进步奖	二等	农业部	中国农业大学
33	1985	桃源县综合考察农业区划	科研成果奖	三等	全国农业区划委员会	湖南省科委
34	1985	山西省简明综合农业区划报告	科技成果奖	三等	全国农业区划委员会	山西区划办
35	1994	森林土壤标准物质研究	科学技术进步奖	三等	林业部	林科所
36	1996	中国自然资源丛书	机关成果奖	荣誉	计委机关	国家计委
37	1981	中华人民共和国水资源普查成果	科技成果奖	特等	电力部	电力部
38	1993	西藏自治区土地资源调查与利用研究	科学技术进步奖	特等	西藏自治区	西藏自治区农牧委
39	1981	内蒙古河套灌区长胜竖井排灌改良盐碱地试验研究	科技成果奖	二等	内蒙古自治区	内蒙古科委、水利局
40	1981	浅水运动边界条件近似处理与有限元解法	科技成果奖	二等	内蒙古自治区	内蒙古科委、水利局
41	1987	贵州省草地调查和草地遥感应用研究	科技成果奖	二等	贵州省科委	贵州畜牧局
42	1987	洛阳经济区国土资源信息系统及国土规划	科学技术进步奖	二等	河南省科委	
43	1988	新疆维吾尔自治区1984年投入产出表的研制	科学技术进步奖	二等	新疆维吾尔自治区	新疆维吾尔自治区计委

序号	获奖日期	获奖成果	获奖类别	等级	授奖部门	主持单位
44	1975	新疆荒地资源考察	科学技术进步奖	三等	新疆维吾尔自治区	新疆维吾尔自治区
45	1974	宁夏农业地理	科学技术进步奖	三等	宁夏回族自治区	宁夏农业局
46	1977	贵州山地考察	科学技术进步奖	三等	贵州省	贵州农业局
47	1991	川江流域林业气候区划	科学技术进步奖	三等	四川省	成都地理所
48	1990	引龙入怒促进滇西经济起飞	科学技术进步奖	二等	云南省保山地区	云南保山水利局
49	1990	昌都地区草地资源调查	科学技术进步奖	一等	西藏自治区	西藏农牧林业委
50	1991	萨嘎县草地资源调查	科学技术进步奖	三等	西藏自治区	西藏农牧林业委

附表 9 下放"五七干校"及留京人员名单

附表 9-1 下放中国科学院湖北潜江县"五七干校"人员名单(237人)

丁树玲	万丕德	于丽文	马正发	马式民	马成忠	马德和	孔庆征
尤梅英	支路川	文大化	方士斌	方汝林	方德罗	牛德水	王乃斌
王广颖	王文英	王丕书	王达荣	王连城	王树棠	王洪起	王家诚
王振寰	王泰安	王素芳	王添筹	王联清	王新元	王福海	王德才
冯华德	冯治平	冯德元	田生昆	田兴有	田济马	田效文	石玉林
石竹筠	石湘君	任建科	关志华	刘广寅	刘文生	刘玉红	刘玉凯
刘向九	刘忠轩	刘杰汉	刘厚培	刘晓桂	刘付强	刘静航	华海峰
孙九林	孙永年	孙永顺	孙兴元	孙鸿烈	孙新民	庄承藻	朱景郊
朱霁虹	朱增浩	江绍安	汤火顺	汤淑娟	许观甫	许景江	那文俊
何建邦	何希吾	余光泽	冷 冰	冷秀良	吴国栋	吴贵兴	吴嘉林
吴澍英	张天光	张天曾	张文尝	张长胜	张正敏	张田富	张有实
张克朋	张映祝	张昭仁	张耀光	张炯远	张桂兰	张 烈	张谊光
张传铭	张儒媛	李公然	李友林	李文杰	李文亮	李文彦	李世顺
李立贤	李龙云	李百浩	李作模	李秀云	李宝庆	李实喆	李明森
李杰新	李俊德	李显扬	李桂森	李继由	李 智	李新淑	李蒸民
李德珠	杜占池	杜国垣	杨志荣	杨俊生	杨绪山	杨辅勋	沈长江
沈玉治	沈玉金	沈欣华	沙万英	肖增岳	卢 云	孟 力	苏人琼
苏大学	邹承壁	邹琪陶	陆亚洲	陈万勇	陈世庆	陈建华	陈栋生
陈洪经	陈振杰	陈淑策	陈富田	周云生	周世宽	周玉孚	周汝筠
周庭波	林发承	林钧枢	罗会馨	范增林	金大年	金秀华	金学英
侯光良	侯 奎	爼玉亭	姚建华	姚彦臣	胥俊章	赵东方	赵东生
赵东旭	赵训经	赵存兴	赵维城	赵景绩	赵 锋	赵楚年	赵献英
郝锦山	钟烈元	倪祖彬	倪锦泉	凌纯锡	凌锡求	唐德生	夏明宝
夏静轩	容洞谷	徐寿波	徐爱义	郎一环	袁子恭	袁淑安	袁朝和
郭文卿	郭绍礼	郭寅生	郭碧玉	顾学再	高家表	崔克信	康庆禹
曹光卓	曹伯男	曹丽华	梁春英	梁荣彪	梁嘉怡	梁德生	章铭陶
阎月华	黄文秀	黄让堂	黄自立	黄志杰	黄育才	黄洪钏	黄荣生
黄荣金	黄家宽	黄载尧	傅鸿仪	富庆玲	温景春	蒋世逵	焦桂英
韩炳森	韩裕丰	赖世登	赖俊河	雷士禄	鲍世恒	廖国藩	漆克昌
蔡纯良	潘正甫	薛建寰	戴文焕	魏忠义			

附表 9-2　下放外单位"五七干校"人员名单（3 人）

黄发松	张莉萍	房肇威

附表 9-3　留京人员名单（27 人）

卫绍唐	马溶之	尹　寿	王云彩	王守礼	王淑珍	王惠蓉	王嘉胜
王颜和	任鸿遵	庄志祥	李万元	杨义全	陆德复	陆毅伦	陈斗仁
陈玉新	郑浦清	郝金良	徐振山	梁礼玉	梁笑鸿	黄瑞复	舒定斌
解金花	阚桂兰	魏雅珍					

注：① 人员名单统计日期截至 1971 年 9 月 30 日。

② 在 1971 年 9 月 30 日之前曾经下放"五七干校"，后被调离综考会的有部分人员可能不在名单中。

附表 10　职工名单(1155 人)

丁　中	丁光伟	丁延年	丁国和	丁贤忠	丁昭斌	丁树玲	丁琼瑶
万丕德	于　坚	于　强	于立涛	于丽文	于贵瑞	于贺洲	于振良
于晓光	于桂芸	于福江	卫　林	卫绍唐	马　宏	马　琳	马义杰
马平忠	马正发	马正登	马光宙	马式民	马成忠	马志鹏	马金忠
马珍俊	马溶之	马瑞春	马德和	马毅民	仇田青	卞木兰	孔庆征
孔庆儒	尤梅英	尹　寿	支路川	文绍开	方世斌	方延录	方汝林
方德罗	牛　栋	牛喜业	牛德水	王　为	王　军	王　旭	王　岗
王　杰	王　虹	王育顺	王　海	王　捷	王　菱	王　富	王　强
王　瑜	王　燕	王乃斌	王力克	王广颖	王中雲	王云彩	王介亭
王凤慧	王友华	王双印	王文英	王长松	王丕树	王世宽	王尔和
王本楠	王正兴	王玉英	王礼茂	王立新	王兆珍	王兴昌	王吉秋
王同羊	王同昌	王守礼	王守彬	王庆尤	王庆祝	王有模	王达荣
王克斯	王志孟	王怀仁	王秀玥	王连成	王其冬	王学勤	王宝勇
王建立	王英方	王金弟	王金良	王青怡	王树棠	王洗春	王洪飞
王洪启	王洪喜	王珍庭	王美英	王荣甫	王钟建	王家诚	王振先
王振寰	王晋年	王桂元	王泰安	王素芳	王素琴	王逐仃	王培森
王淑珍(大)	王淑珍(小)	王淑强	王添筹	王清茂	王维伦	王善敏	王惠蓉
王联清	王辉民	王遂亭	王勤学	王新一	王新元	王福本	王福海
王群力	王嘉胜	王遵仅	王毓英	王静芝	王德才	王德田	王颜和
王燕文	王霞雯	邓　冰	邓　芝	邓心安	邓坤枚	邓撑阳	丛者柱
东　礼	冯　卓	冯　强	冯亚军	冯华德	冯治平	冯雪华	冯德元
冯燕强	包世兴	卢　云	卢　红	卢宗业	史　华	叶忆明	叶永榆
叶节英	叶金山	叶昆池	叶凌志	叶裕民	左正立	甘大勇	田　青
田　烨	田　获	田二垒	田凤祥	田生昆	田兴有	田庆玖	田学文
田济马	田效文	田晓娅	田裕钊	田德祥	申依敏	白延铎	白保国
石玉林	石竹筠	石贵良	石培礼	石敏俊	石鸿浩	石湘君	禾德照
艾　刚	边永才	龙　亮	龙　洁	任建科	任忠良	任鸿遵	伍业刚
伏志诚	关克诚	关志华	关俊芳	刘　军	刘　冰	刘　闯	刘　林
刘　健	刘一铭	刘广寅	刘书田	刘允芬	刘文生	刘付强	刘司成
刘玉红	刘玉凯	刘玉明	刘玉森	刘先紫	刘光荣	刘向九(刘学义)	刘红辉
刘学敏	刘欣荣	刘建华	刘忠轩	刘怡富	刘杰汉	刘秉光	刘金勋
刘金喜	刘勇卫	刘厚培	刘昭瑞	刘炳奎	刘科成	刘晓桂	刘海燕
刘爱民	刘祥麟	刘彩霞	刘淑琴	刘喜忠	刘援朝	刘湘元	刘福祥
刘静航	刘增娣	刘燕君	刘燕鹏	刘曙光	华海峰	吉小云	同光华
向平南	吕　耀	吕成宝	孙一鹏	孙九林	孙士啟	孙天顺	孙文线
孙以年	孙永平	孙永年	孙永顺	孙兴元	孙庆国	孙宝元	孙尚志

孙建宏	孙炳章	孙晓华	孙晓勤	孙啟民	孙维时	孙鸿烈	孙新民
孙瑞宝	安宏琴	师长安	庄宁	庄志祥	庄承藻	成升魁	曲敬先
朱兵	朱虹	朱太平	朱世伟	朱光富	朱华忠	朱成大	朱江水
朱志良	朱沛棠	朱建华	朱忠玉	朱振海	朱祥明	朱景郊	朱霁虹
朱增浩	毕厘洪	江东	江洪	江国洪	江招安	江洪清	江爱良
汤火顺	汤淑娟	许观甫	许杏英	许建芬	许景江	许毓英	邢书成
邢国安	邢建铭	邢振峰	那文俊	闫铁	闫月华	闫克显	阮阿毛
阳含熙	齐文虎	齐亚川	齐国森	严佑桃	严茂超	何光	何为华
何希吾	何国勇	何国胜	何建邦	何欣年	何爱宁	余月兰	余光泽
余成群	余养铨	余跃龙	冷冰	冷允法	冷元潮	冷巧玲	冷秀良
利广安	吴秀	吴力壮	吴凤仁	吴加林	吴正芳	吴正章	吴述政
吴国栋	吴岑具	吴建胜	吴持政	吴相群	吴贵兴	吴振刚	吴振洲
吴晓凡	吴祥群	吴艳霞	吴康迪	吴愚如	吴嘉林	吴蔚天	吴澍英
宋起	宋子鑫	宋文杰	宋再兵	宋迎跃	宋惠坤	宋新宇	张光
张华	张灼	张坤	张明	张杰	张欣	张柘	张烈
张莹	张谦	张雁	张雷	张鑫	张云玉	张双民	张天光
张天曾	张文尝	张长江	张长胜	张东昌	张正敏	张永庆	张永桂
张永录	张玉福	张田富	张传铭	张守善	张成保	张有实	张红旗
张克明	张克钰	张君佐	张宏志	张志诚	张志谦	张秀刚	张芳球
张运锋	张连阶	张京生	张国仁	张国庆	张国英	张宝华	张建忠
张泽民	张秉谦	张诗才	张保华	张宪洲	张彦英	张映祝	张映福
张春伏	张昭仁	张树梅	张绩之	张炯远	张秋生	张振华	张晓明
张桂兰	张爱林	张继仁	张莉萍	张谊光	张维利	张喜元	张景荣
张智清	张福林	张福宽	张锡庆	张锡濂	张蔚华	张潮海	张儒媛
张耀光	李卫	李飞	李庆	李芳	李赤	李京	李岱
李征	李俊	李诺	李爽	李强	李斌	李智	李楠
李群	李影	李潮	李又华	李万元	李久明	李广臣	李云积
李公然	李友林	李文华	李文杰	李文亮	李文彦	李文柏	李文卿
李世顺	李兰海	李加洪	李正积	李玉长	李玉京	李玉祥	李立生
李立贤	李龙云	李争鸣	李伟民	李光华	李光兵	李光荣	李刚剑
李安帮	李廷启	李成岭	李百浩	李作模	李孝芳	李应海	李秀云
李秀芝	李凯明	李国华	李学军	李宝庆	李实喆	李昌华	李明森
李杰新	李泽辉	李苗新	李驾三	李俊和	李俊德	李叙勇	李挺芬
李春芳	李春荣	李显扬	李家永	李振芳	李桂荣	李桂森	李继由
李继勇	李曼君	李淑华	李铭国	李新男	李新淑	李福波	李筱高
李蒸民	李缉光	李锦嫦	李增明	李德元	李德珠	李燕书	李燕杰
杜占池	杜国恒	杜明远	杜瑞珍	杨生	杨军	杨艮	杨义全
杨小唤	杨占江	杨正鸣	杨亚萍	杨兴宪	杨吉祥	杨汝荣	杨志荣
杨志敏	杨良琳	杨远盛	杨京京	杨周怀	杨育坤	杨俊生	杨俊英
杨星池	杨素霞	杨焕生	杨绪山	杨维适	杨辅勋	杨富强	杨超武
杨雅萍	杨新力	杨楚英	杨德润	汪纪云	汪达文	汪宏清	汪时荃

沈 镭	沈长江	沈玉全	沈玉治	沈定法	沈欣华	沈新民	沙万英
沙玉琴	狄福来	纵坚平	肖 平	肖国泰	肖增岳	花林丽	苏 文
苏人琼	苏大学	苏永清	苏玉兰	苏志中	苏宝琴	苏展惠	谷树忠
谷燕平	辛卫国	辛定国	连永华	邵 彬	邹承壁	邹振华	邹琪陶
闵庆文	陆书玉	陆亚洲	陆伟津	陆香芸	陆德复	陆毅伦	陈 元
陈 杰	陈 铭	陈 斌	陈万勇	陈才金	陈斗仁	陈世庆	陈占奎
陈永瑞	陈玉新	陈传友	陈传衡	陈光伟	陈光华	陈兴瑶	陈华明
陈安宁	陈屹松	陈百明	陈纪卫	陈志华	陈步生	陈步金	陈沈斌
陈秀兰	陈秀芳	陈远生	陈连魁	陈国南	陈宝雯	陈宝玉	陈建华
陈念平	陈育民	陈英华	陈栋生	陈泉生	陈洪经	陈家珊	陈振杰
陈振培	陈根富	陈淑策	陈维义	陈善同	陈富田	陈超智	陈道明
陈殿鳌	陈溪鹤	陈瑞煊	陈锦秀	陈德华	陈德钧	陈德啟	周 挺
周云生	周天军	周月华	周长进	周世宽	周玉孚	周光华	周兴华
周同衡	周廷波	周汝筠	周作侠	周迎春	周远宽	周晓庆	周海林
周福林	周福盛	周毓娴	周德全	孟 力	季洪德	季惠茹	宝音·乌力吉
尚佳丽	岳 毅	岳志夫	岳燕珍	庞爱权	房成法	房肇威	房德贵
林 戈	林义全	林发承	林吉祥	林志敏	林钧枢	林耀明	欧永清
欧保南	欧阳华	欧润生	武文亭	武文尊	武定斌	泮中民	罗天祥
罗会馨	罗寿芳	罗学用	苟光宗	范惠茹	范勤力	范增林	贯秋德
郎一环	郑 冰	郑 和	郑义德	郑元璋	郑兰芬	郑亚新	郑伟琦
郑宏英	郑宝熙	郑战军	郑凌东	郑凌志	郑浦清	金大年	金永三
金问信	金秀华	金学英	金智敏	侯 石	侯 奎	侯光华	侯光良
侯宏飞	侯彦林	侯美霞	侯辅相	俎玉亭	俞跃龙	俞鼎瑶	冠燕冬
南化章	姚 华	姚 辉	姚予龙	姚则安	姚建华	姚治君	姚彦臣
姚逸秋	姚懿德	姜 仁	姜正庚	姜亚东	娄 格	封志明	封喜华
施洋治	施慧忠	段荣生	段润华	洪 亮	洪仲白	洪扬文	祖莉莉
胡 涛	胡西亮	胡克林	胡孝忠	胡志才	胡秀莲	胡际权	胡宝印
胡宝琴	胡家让	胡振玉	胡淑文	胥俊章	赵 冬	赵 军	赵 锋
赵士洞	赵大勋	赵文利	赵东升	赵东方	赵东旭	赵永南	赵玉祥
赵生祥	赵训经	赵兴芳	赵亚萍	赵伟辉	赵华昌	赵存兴	赵庆喜
赵旭云	赵国才	赵学东	赵建安	赵宪国	赵香恒	赵峻山	赵振英
赵振魁	赵根深	赵淑琴	赵维城	赵维勤	赵景绩	赵勤亮	赵楚年
赵献英	赵福海	赵德才	郝金良	郝锦山	钟 华	钟 霞	钟耳顺
钟华平	钟烈元	饶赛文	倪 平	倪建华	倪祖彬	倪锦泉	凌可予
凌纯锡	凌锡求	唐天贵	唐光泽	唐绍林	唐青蔚	唐桂芬	唐德生
夏文孝	夏坚玲	夏明宝	夏俊伟	夏静轩	奚 泽	容洞谷	徐 放
徐 亮	徐六康	徐凤萍	徐友禄	徐正祥	徐礼福	徐军利	徐有华
徐寿波	徐志平	徐建平	徐宝风	徐振山	徐效演	徐爱义	徐继填
徐敏建	徐银华	徐敬宣	柴孟飞	栗 存	栗 孝	栾景生	桂 纯
班振远	班瑞媛	袁 朴	袁子恭	袁天钧	袁奕奋	袁淑安	袁朝和
贾万福	贾中骥	资云祯	郭丹玲	郭文卿	郭长福	郭民康	郭志芬

郭秀英	郭秀珍	郭连保	郭学兵	郭绍礼	郭金如	郭家利	郭爱朴
郭寅生	郭瑞生	郭福有	郭辑光	郭碧玉	钱 克	钱灿圭	陶宝祥
陶淑静	顾 准	顾 群	顾连宏	顾 凭	顾学再	顾定法	高 日
高长福	高玉珍	高兆杉	高迎春	高佳莉	高和中	高柳青	高家表
高静波	寇晓冬	寇新和	屠 彬	崔四平	崔永革	崔克信	崔敏儒
常世华	康大庚	康庆禹	康智焕	扈传星	扈淑琴	曹光卓	曹丽华
曹伯男	曹振奇	曹晓明	曹景山	梁 飚	梁月娥	梁风祥	梁玉仲
梁礼玉	梁庆余	梁春英	梁荣彪	梁笑鸿	梁殿华	梁嘉怡	梁德功
梁德声	梅厚钧	盛经经	章予舒	章铭陶	鄂振中	阎月华	麻风山
黄 谦	黄 净	黄 健	黄 静	黄文灿	黄文秀	黄发松	黄东初
黄让堂	黄兆良	黄兴文	黄自立	黄志杰	黄志新	黄河清	黄亮明
黄洪钏	黄荣生	黄荣金	黄家宽	黄艳萍	黄载尧	黄瑞复	黄翠珠
黄燕萍	傅建国	傅鸿仪	龚淑芳	富庆玲	彭 梅	彭加木	彭仲伟
彭芳春	彭思均	彭炳荣	彭晓明	曾 伟	曾士录	曾本祥	温风艳
温光松	温宫松	温景春	游松财	焦桂英	程 彤	程 鸿	程川华
程少华	程维华	童立中	童庆禧	童灏华	舒定斌	董文娟	董汉章
董建龙	蒋士杰	蒋世逑	蒋蕴蕖	覃 平	谢立征	谢佩珠	谢国卿
谢宝银	谢高地	谢淑清	韩 云	韩义学	韩沉石	韩进轩	韩念勇
韩炳森	韩振明	韩海森	韩裕丰	韩新华	韩群力	慈龙骏	摆万奇
楼 伟	楼兴甫	楼惠新	简竹坡	蒙芝然	褚 力	解金花	赖世登
赖金鸿	赖俊河	路京选	雷士禄	雷长山	雷震鸣	鲍 洁	鲍世恒
鲍有弟	廖国藩	廖昌良	廖俊国	廖顺宝	漆冰丁	漆克昌	熊 云
熊利亚	熊雨洪	管 静	管正学	缪杭生	翟贵宏	蔡 跃	蔡竹泉
蔡希凡	蔡纯良	蔡锦山	裴燕芳	谭 强	谭冰哲	谭新泉	谭福安
阚桂兰	樊江文	潘正甫	潘仲仁	潘强明	潘渝德	颜克庄	颜铁森
黎绍芳	薛 平	薛小云	薛建寰	霍明远	戴文焕	戴月音	蹇 璞
魏伯珍	魏立平	魏忠义	魏雅贞				

注：因资料不全，名单中可能有错漏。

编　后　语

　　《中国科学院自然资源综合考察委员会会志(1956～1999)》编纂工作，在中国科学院地理科学与资源研究所领导的关心和支持下，经过原综考会全体职工、《会志》编辑工作小组的共同努力，历时5年，顺利完成初稿编写。但是，我们在庆幸之余，还总感到存在许多不尽人意的遗憾之处。

　　综考会自1956年建立后，曾经历起起落落，走过了坎坷的道路。在20世纪70年代初中国科学院体制改革中，于1970年被撤销。后由于国家科学与经济发展的客观需要，综合考察机构又于1974年得到恢复，并随着国家经济社会发展而得到蓬勃发展。但到世纪之交，又因中国科学院体制改革，研究机构调整，而与中国科学院地理研究所进行整合，组建成新的研究所——中国科学院地理科学与资源研究所。对综考会两度被撤销或整合，这样的历史事实，在本单位广大职工中存在着难以理解的情绪。要求应在会志中客观阐述撤销综考会的真实原因。但基于编"志"的性质特点和要求，要做到这一点是不可能的。同时也由于撤销综考会有着各种特殊的历史背景和主客观复杂因素，也很难说清这一事件的真实情况。因此，本《会志》中只好将这一问题留待今后从事研究自然科学发展史的人们去做客观的探讨，以便总结历史经验教训。

　　此外，在编志过程中，虽组织人力查阅大量有关部门的科技档案和文书档案，但也因档案资料的局限性，很难如愿以偿查找到所需要的史料。尤其是几十年来曾参加过数十个大中型科学考察队的广大科技工作者和行政管理人员及司机，总员工数以万计，大的考察队超千人，一般规模的也有数百人之众。由于时间已过近半个世纪，很多参与者的名字已从老人们的记忆中淡忘，或在档案中无法寻觅，因此，在本《会志》中会出现遗漏或错误的现象。为此，我们深感不安和歉意。

　　作为中国科学院直属机构的自然资源综合考察委员虽被撤销，但自然资源科学这门学科是客观存在的，随着经济社会发展对自然资源的巨大需求，自然资源研究工作必将得到全社会的更大关注，自然资源这门学科也将会获得更好的发展。

(P—3045.31)

责任编辑：彭胜潮　吴三保
封面设计：黄华斌

www.sciencep.com

ISBN 978-7-03-049263-0

定　价：398.00元